免费提供网络学习增值服务
手机登录方式见封底

石油石化职业技能培训教程

工程电气设备安装调试工

(上册)

中国石油天然气集团有限公司人事部 编

石油工業出版社

内 容 提 要

本书是由中国石油天然气集团有限公司人事部统一组织编写的《石油石化职业技能培训教程》中的一本。本书包括工程电气设备安装调试工应掌握的基础知识、初级工操作技能及相关知识、中级工操作技能及相关知识,并配套编写了相应层级的练习题,以便于员工对知识点的理解和掌握。

本书既可用于职业技能鉴定前的培训,又可用于员工岗位技术培训和自学提高。

图书在版编目(CIP)数据

工程电气设备安装调试工. 上册/中国石油天然气集团有限公司人事部编. —北京:石油工业出版社,2021. 3

石油石化职业技能培训教程

ISBN 978-7-5183-4327-0

Ⅰ. ①工… Ⅱ. ①中… Ⅲ. ①建筑安装-电气设备-技术培训-教材 Ⅳ. ①TU85

中国版本图书馆 CIP 数据核字(2020)第 220125 号

出版发行:石油工业出版社

(北京市朝阳区安华里 2 区 1 号楼 100011)

网 址:www. petropub. com

编辑部:(010)64256770

图书营销中心:(010)64523633

经 销:全国新华书店

印 刷:北京中石油彩色印刷有限责任公司

2021 年 3 月第 1 版 2021 年 3 月第 1 次印刷

787 毫米×1092 毫米 开本:1/16 印张:45

字数:1060 千字

定价:95. 00 元

(如发现印装质量问题,我社图书营销中心负责调换)

《石油石化职业技能培训教程》

编　委　会

《工程电气设备安装调试工》

编 审 组

主　　编：孟　雁　马国欣　黑云婕　李志娟

参编人员：薛防震　艾　民　王　朗　李建飞　刘　咏

参审人员：（按姓氏笔画顺序）

邵　力　邵明珍　吴　昊　张红林　张红梅

张晓宁　郑奉云　赵海港　梅　鹏　雷　勇

PREFACE 前言

随着企业产业升级、装备技术更新改造步伐不断加快,对从业人员的素质和技能提出了新的更高要求。为适应经济发展方式转变和“四新”技术变化要求,提高石油石化企业员工队伍素质,满足职工鉴定、培训、学习需要,中国石油天然气集团有限公司人事部根据《中华人民共和国职业分类大典(2015 年版)》对工种目录的调整情况,修订了石油石化职业技能等级标准。在新标准的指导下,组织对“十五”“十一五”“十二五”期间编写的职业技能鉴定试题库和职业技能培训教程进行了全面修订,并新开发了炼油、化工专业部分工种的试题库和教程。

教程的开发修订坚持以职业活动为导向,以职业技能提升为核心,以统一规范、充实完善为原则,注重内容的先进性与通用性。教程编写紧扣职业技能等级标准和鉴定要素细目表,采取理实一体化编写模式,基础知识统一编写,操作技能及相关知识按等级编写,内容范围与鉴定试题库基本保持一致。特别需要说明的是,本套教程在相应内容处标注了理论知识鉴定点的代码和名称,同时配套了相应等级的理论知识试题,以便于员工对知识点的理解和掌握,加强了学习的针对性。**此外,为了提高学习效率,检验学习成果,本套教程为员工免费提供学习增值服务,员工通过手机登录注册后即可进行移动练习。**本套教程既可用于职业技能鉴定前培训,也可用于员工岗位技术培训和自学提高。

工程电气设备安装调试工教程分上、下两册,上册为基础知识、初级工操作技能及相关知识、中级工操作技能及相关知识,下册为高级工操作技能及相关知识、技师与高级技师操作技能及相关知识。

本工种教程由中国石油天然气第一建设有限公司任主编单位,参与审核的单位有中国石油天然气第七建设有限公司、中油吉林化建安装工程有限责任公司等。在此表示衷心感谢。

由于编者水平有限,书中不妥之处在所难免,请广大读者提出宝贵意见。

编　者

CONTENTS 目录

第一部分　基础知识

第二部分 初级工操作技能及相关知识

第三部分　中级工操作技能及相关知识

理论知识练习题

附　录

第一部分

基 础 知 识

模块一　识绘图知识

项目一　识绘图基本知识

CAA001 常用电气图形和文字符号含义

一、常用电气图形和文字符号的含义

电气工程图样中常用的图形符号和技术要求见表1-1-1；电气设备常用的文字符号见表1-1-2；电气图样常用的辅助文字符号见表1-1-3。

表1-1-1　电气工程图样中常用的图形符号和技术要求

图形符号	名　称	技术要求	图形符号	名　称	技术要求
	屏、台、箱、柜的一般符号	配电室及进线用开关柜		暗装三相四极插座(带接地)	380V/15A、25A，距地0.3m，容量选择见设计图
	多种电源配电箱(盘)	画于墙外为明装(墙内为暗装)，除注明外，下边距地1.2m或1.4m		安装调光开关	距地1.4m
	电力配电箱(盘)			交流配电线路	为铝(铜芯线)时，为2根2.5mm²(1.5mm²)
M ~	交流电动机	除注明外，只做出线口，防水弯头距机座上0.2m，均附接地螺钉		交流配电线路	铝(铜芯线)时，为3根2.5mm²(1.5mm²)
	按钮盒	圈或点的数目表是按钮数，除注明外均为明装，距地1.4m，按钮组合排见设计图	4	交流配电线路	铝(铜芯线)时，为4根2.5mm²(1.5mm²)
	立柱按钮盒		5	交流配电线路	铝(铜芯线)时，为5根2.5mm²(1.5mm²)
	风扇的一般符号	除注明外，只做出线盒及吊钩		单管荧光灯	规格、容量、型号、数量按工程设计图要求
	电铃	除注明外，距顶0.3m		双管荧光灯	
	明装单相二极插座	250V/10A，距地0.3m，居民住宅及儿童活动场所应采用安全插座，如采用普通插座时，应距地面1.8m		防爆荧光灯	
	照明配电箱(盘)	画于墙外的为明装(墙内为暗装)，除注明外，下边距地2.0m或1.4m，明装电能表板底距地1.8m		投光灯	规格容量见设计图

续表

图形符号	名称	技术要求	图形符号	名称	技术要求
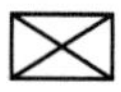	事故配电箱（盘）	画于墙外的为明装（墙内为暗装），除注明外，下边距地1.2m或1.4m	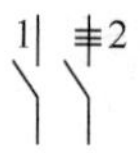	1.开关的一般符号 2.多极开关的一般符号	单极表示（短线表示极数）
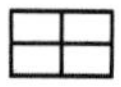	组合开关箱		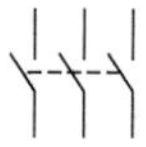	多极开关	多线表示
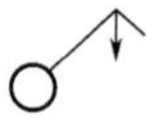	拉线开关（单极二线）	250V/3A		隔离开关	
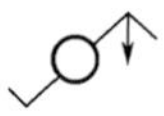	拉线双控开关（单极三线）	250V/3A		熔断器式隔离开关	除注明外，均为RC3型熔断器式隔离开关
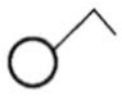	明装单极开关（单极二线）	跷板式开关，250V/6A		断路器	
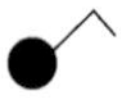	暗装单极开关（单极二线）	跷板式开关，250V/6A		熔断器	除注明外，均为RC1A型瓷插式熔断器
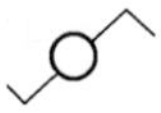	明装双控开关（单极三线）	跷板式开关，250V/6A	 Ⓐ Ⓥ	指示式电流表、电压表	
	天棚灯座（裸灯座）	容量和安装方式见设计图	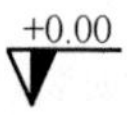 +0.00	安装或敷设高度表示符号	自室内该处地面标起
	墙上灯座（裸灯座）		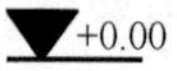 +0.00	安装或敷设高度表示符号	自室外该处地面标起
	明装单相三极插座			壁龛交换箱	
	明装三相四极插座	380V/15A、25A，距地0.3m		室内电话分线盒	
	暗装单相二极插座	50V/10A，距地0.3m，居民住宅及儿童活动场所应采用安全插座，如采用普通插座时，应距地面1.8m	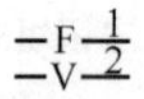 F 1 V 2	1.电话线路 2.电视线路	
	暗装单相三极插座（带接地）		100	设计照度表示符号	表示100lx

表1-1-2 电气设备常用的文字符号

设备、装置和元器件种类		基本文字符号		设备、装置和元器件种类		基本文字符号	
		单字母符号	双字母符号			单字母符号	双字母符号
	电桥		AB		电流互感器		TA
	晶体管放大器		AD		控制电路电源用变压器		TC
组件部件	集成电路放大器	A	AJ	变压器		T	
	放大器		—		电力变压器		TM
	磁放大器		AM		电压互感器		TV

续表

设备、装置和元器件种类		单字母符号	双字母符号	设备、装置和元器件种类		单字母符号	双字母符号
非电量到电量变换器或电量到非电量变换器	送话器	B	—	电感器	感应线圈	L	—
	扬声器				陷波器		
	压力变换器		BP		电抗器		
	位置变换器		BQ	电动机	电动机	M	—
	温度变换器		BT		同步电动机		MS
	速度变换器		BV	测量设备实验设备	指示器件	P	—
电容器	电容器	C	—		电流表		PA
其他元器件	发热器件	E	EH		电能表		PJ
	照明灯		EL		记录仪器		PS
	空气调节器		EV		电压表		PV
保护	避雷器	F	—	电力电路的开关器件	断路器	Q	QF
	熔断器		FU		电动机保护开关		QM
	限压保护器		FV		隔离开关		QS
发电机、电源	同步发电机	G	GS	电阻器	电阻器	R	—
	异步发电机		GA		变阻器		—
	蓄电池		GB		电位器		RP
信号器件	声响指示器	H	HA	控制记忆、信号电路的开关器件选择器	控制开关	S	SA
	光指示器		HL		选择开关		SA
	指示灯		HL		按钮		SB
继电器接触器	过电流继电器	K	KOC		压力开关		SL
	信号继电器		KS		温度开关		ST
	时间继电器		KT		温度传感器		ST
	接触器		KM				

表 1-1-3　电气图样常用的辅助文字符号

ZAA001　电气图样常用辅助文字符号

名　称	文字符号	名　称	文字符号	名　称	文字符号
交流	AC	闭合	ON	逆时针	CCW
直流	DC	黑	BK	正,向前	FW
同步	SYN	蓝	BL	向后	BW
异步	ASY	白	WH	时间	T
自动	A,AUT	黄	YE	温度	T
手动	M,MAN	红	RD	速度	V
停止	STP	绿	GN	高	H
制动	B,BRK	控制	C	低	L
断开	OFF	顺时针	CW	增	INC

续表

名　称	文字符号	名　称	文字符号	名　称	文字符号
减	DEC	保护	P	控制	C
信号	S	保护接地	PE	输入	IN
反馈	FB	保护接地与中性线共用	PEN	输出	OUT
紧急	EM			辅助	AUX
接地	E	不接地保护	PU		
中性线	N	闭锁	LA		

二、电气工程图的分类

电气工程图主要包括系统概略图（系统图）、电气平面图、设备布置图、安装接线图、电气原理图和详图等。

三、电气工程图识图的一般方法

CAA002 电气工程图的分类和识图一般方法

（一）图纸有关说明的查看

图纸说明包括图纸目录、技术说明、器材明细表和施工说明书等。看懂这些内容有助于了解图纸的大体情况、工程的整体轮廓、设计内容和施工要求等。

（二）电气概略图的识读

概略图只是概略表示系统或分系统的基本组成、相互关系及其主要特征，而不是全部组成和全部特征，这是识别概略图应把握的核心内容。

概略图的基本特点是：

（1）概略图和框图多采用单线图，只有在某些380/220V低压配电系统中，概略图才部分采用多线图表示。

（2）概略图中的图形符号应按所有回路均不带电，设备在断开状态下绘制。

（3）概略图应采用图形符号或者带注释的框绘制。框内的注释可以采用符号、文字或同时采用符号或文字。

（4）概略图中表示系统或分系统基本组成的符号和带注释的框均应标注项目代号。项目代号应标注在符号附近，当电路水平布置时，项目代号宜注在符号的上方；当电路垂直布置时，项目代号宜注在符号的左方。在任何情况下，项目代号都应水平排列。

（5）概略图上可根据需要加注各种形式的注释和说明。

（6）概略图宜采用功能布局法布图，必要时也可按照位置布局法布图。布局应清晰，并利于识别和信息的流向。

识别概略图时应主要关注系统的组成和相对位置关系，不要求弄清电气原理和接线等。

CAA003 识读电气原理图

（三）识读电气原理图的基本方法

1. 看主电路

看清主电路中用电设备的数量，及它们的类别、用途、接线方式和一些不同要求等；弄清楚控制用电设备的电气元件。控制电气设备的方法很多，包括开关直接控制、启动器控制和接触器控制；了解主电路中所用的控制电器和保护电器，如电源开关（转换开关及低压断路器)、万能转换开关、低压断路器中的电磁脱扣器及热过载脱扣器的规格、熔断器、热继电器及过电流继电器等元件的用途及规格;看电源,要了解电源电压等级,是380V还是220V,是从母线汇流排供电还是配电屏供电,还是从发电机组接出来的。

2. 看辅助电路

辅助电路包含控制电路、信号电路和照明电路。分析辅助电路时,要根据主电路中各电动机和执行电器的控制要求,逐一找出控制电路中的其他控制环节,将控制线路"化整为零",按功能不同划分成若干个局部控制线路来进行分析。

3. 看联锁与保护电路

生产机械对于安全性、可靠性有很高的要求,除了合理地选择拖动、控制方案以外,在控制线路中还设置了一系列电气保护和必要的电气联锁。

4. 看特殊功能电路

在某些比较复杂的控制线路中,还设置了一些与主电路、控制电路关系不很密切的特殊功能电路,如计数电路、检测电路、触发电路、调温电路等,这些电路往往自成一体,可进行独立分析。

(四)安装接线图的识读

要先看主电路,由电源开始依次往下看,直至终端负载。主要弄清用电设备通过哪些电气元件来获得电源;而识读辅助电路时要按每条小回路去看,弄清辅助电路如何控制主电路的动作。尤其关注各模块电路外接端子的编号和导线的关系。

(五)照明电路的图样识读

要先了解照明原理图与安装图所表示的基本情况,再看供电系统,即弄清电源的形式、外设导线的规格及敷设方式;然后看用电设备,弄清图中各种照明灯具、开关和插座的数量、形式和安装方式;最后看照明配线。

项目二　电气施工图

CAB001 识读电气一次系统图

一、电气一次系统图

电气一次系统图是指一次设备按一定次序连接成的电路图,又称主接线图。这里所指的一次设备为发电机、变压器、导线、开关设备、用电设备等,它们流过的电流都是一次电流或主电流。

电气一次系统图只表示各元件的连接关系,不表示元件的具体形状、安装位置、接线方法。为简明起见,电气一次系统图往往采用单线图,只有某些380/220V低压配线系统才部分采用三线图或三相四线图。电气一次系统图可以反映一项大工程的供电关系,也可以反映某一小区域、小工程的供电关系,甚至是某一用电设备的供电关系。

ZAB001 电气二次接线图基本知识

二、电气二次接线图、原理图

将二次设备按照一定次序连接起来的线路图,称为二次接线图,它包括交流电流回路、交流电压回路、断路器控制和信号回路、继电保护回路及自动装置回路等。这里的二次设备是指对一次设备进行监视、测量、保护与控制的设备。二次接线图可分为原理图和安装图两大类。原理接线图主要用来反映二次设备、装置与系统（如继电保护、电气测量、信号、自动控制等）工作原理的图纸，它通常有整体式和展开式两种表达方式。二次回路展开式原理图中，主电路垂直布置在图的左方或上方。

CAB002 识读动力平面图

三、电气平面布置图

电气平面布置图包括动力、照明两种。主要表示动力、照明线路的敷设位置、敷设方式、导线穿管种类、线路管径、导线截面及导线根数，同时还标出各种用电设备（灯具、电动机、插座等）、配电箱、控制开关等的安装数量、型号、相对位置及安装高度，并附加必要的施工说明。

（一）动力平面布置图

用来表示电动机类动力设备、配电箱的安装位置和供电线路敷设路径、方法的平面图，称为动力平面图。

1. 动力线路的表示方法

动力线路在平面图上采用图线和文字符号相结合的方法表示出线路的走向，导线的型号、规格、根数、长度，线路的配线方式，线路用途等。

2. 动力平面图表示的主要内容

动力平面图所表示的主要内容包括：电力设备（主要是电动机）的安装位置、安装标高；电力设备的型号、规格；电力设备电源供电线路的敷设路径、敷设方法、导线根数、导线规格、穿线管类型及规格；动力配电箱安装位置、配电箱类型、配电箱电气主接线。

某车间动力平面图如图 1-1-1 所示。

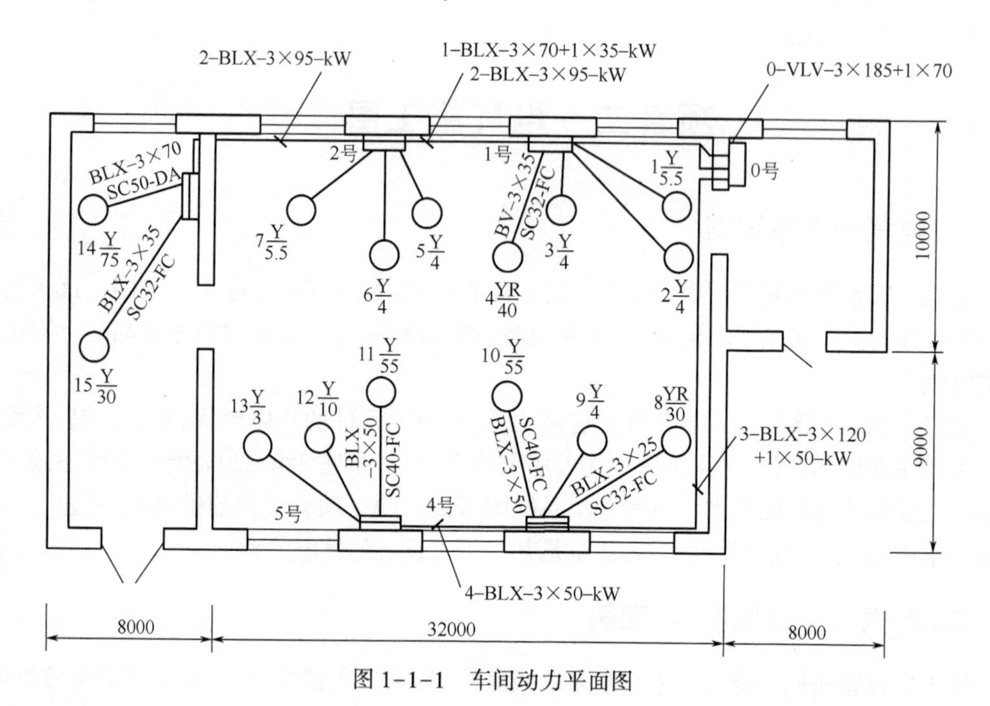

图 1-1-1 车间动力平面图

1)配电干线

配电干线主要是指外电源至总电力配电箱(0号)、总配电箱至各分电力配电箱(1~5号)的配电线路。

图中比较详细地讲述了这些配电线路的布置,如线缆的布置、走向、型号、规格、长度(由建筑物尺寸数字确定)、敷设方式等。例如,由总电力配电箱(0号)至4号配电箱的线缆,图中标注为:3-BLX-3×120+1×50-kW,表示导线型号为BLX,截面积为$3\times120mm^2+1\times50mm^2$,沿墙,采用瓷绝缘子敷设(kW),其长度约40m。

2)电力配电箱

该车间一共布置了6个电力配电箱,其中,0号配电箱为总配电箱,布置在右侧配电间内,电缆进线,3条回出线分别至1号、2号、3号、4号、5号电力配电箱。1号配电箱,布置在主车间,4条回路。2号配电箱,布置在主车间,3条回出线。3号配电箱,布置在辅助车间,2条回出线。4号配电箱,布置在主车间,3条回出线。5号配电箱,布置在主车间,3条回出线。

3)电力设备

图中所描述的电力设备主要是电动机。各种电动机按序编号为1~15,共15台电动机。图中分别表示了各电动机的位置、型号与规格等。

4)配电支线

由各电力配电箱至各电动机的连接线,称为配电支线,图中详细描述了这15条支线的位置、导线型号、规格、敷设方式、穿线管规格等。

(二)照明平面图

CAB003 识读照明平面图

1. 照明线路的表示方法

照明线路在平面图上采用图样和文字符号相结合的方法表示出线路的走向,导线的型号、规格、根数、长度、线路配线方式,线路用途等。

2. 照明器具的表示方法

照明器具采用图形符号和文字标注相结合的方法表示。文字标注的内容通常包括电光源种类、灯具类型、安装方式、灯具数量、额定功率等。

1)表示电光源种类的代号

电光源种类的代号见表1-1-4。

表1-1-4　电光源种类

序号	电光源种类	代号	序号	电光源种类	代号
1	氖灯	Ne	7	电发光灯	El
2	氙灯	Xe	8	弧发光灯	ARC
3	钠灯	Na	9	荧光灯	FL
4	汞灯	Hg	10	红外线灯	IR
5	碘钨灯	I	11	紫外线灯	UR
6	白炽灯	IN	12	发光二极管	LED

2)表示灯具类型的符号

常用灯具类型的符号见表1-1-5。

表1-1-5 常用灯具类型符号

序号	灯具类型	符号	序号	灯具名称	符号
1	普通吊灯	P	8	工厂一般灯具	G
2	壁灯	B	9	荧光灯具	Y
3	花灯	H	10	隔爆灯	G或专用代号
4	吸顶灯	D	11	水晶底照灯	J
5	柱灯	Z	12	防水防尘灯	F
6	卤钨探照灯	L	13	搪瓷伞罩灯	S
7	投光灯	T	14	无磨砂玻璃罩万能灯	Ww

3)表示灯具安装方式的符号

灯具安装方式的符号见表1-1-6。

表1-1-6 灯具安装方式文字符号

序号	名称	英文含义	文字代号		备注
			新符号	旧符号	
1	链吊	Chain pendant	C	L	不注高度
2	管吊	Pipe(conduit)elected	P	G	
3	线吊	Wire pendant	WP	X	
4	吸顶	Ceiling mounted(asborbed)	CM	XD	
5	嵌入	Recessed in	R	Q	
6	壁装	Wall mounted	W	B	

(三)各种支架的加工图和安装图

电气线路敷设离不开金属支架的支撑和固定,金属支架因场合不同,有各种不同类型的结构和安装方式,在看图时应认真仔细,把大小尺寸、孔的位置尺寸搞清楚,这样加工出来的支架才能符合要求。

项目三 建筑结构图

建筑结构图是表示建筑物各承重构件(基础、承重墙、柱、梁、板、屋架等)的布置、形状、大小、材料、构造及其相互关系的图样。它表明了结构设计的内容和各专业(如建筑、给排水、暖通、电气等)对结构的要求。建筑结构图一般由基础图、上部结构的布置和结构详图等组成。

ZAC001 识读基础图

一、基础图

基础图是表示建筑物室内地面以下基础部分的平面布置和详细构造的图样,是施工时放线、开挖基槽和砌筑基础的依据，包括基础平面图和基础详图两部分。

这里主要介绍的是设备基础，设备基础按构造形式大致分为大块式钢筋混凝土基础、墙式钢筋混凝土基础、框式钢筋混凝土基础等三种形式。大块基础为整体浇筑的块体基础。墙式基础是底板、横墙和纵墙，梁和板彼此相联系的基础。框架式基础是用支承于下部平板上的几个横向框架和上部纵梁相连接的基础。

一般情况下，大块式、墙式基础采用不低于 C15 混凝土浇筑，框架式基础用不低于 C20 混凝土浇筑。需要进行二次浇筑的，厚度较大的（≥50mm）可采用细石混凝土，强度≥C20 混凝土，并应比基础高一等级；厚度<50mm 时，可采用 1∶2 水泥混凝土砂浆浇筑。

设备基础上的预埋件，其螺栓和钢结构一般采用 A3F 钢，焊条采用 T-42 或按设计要求。

常见的螺栓锚固有三种方式：

（1）一次埋入法。在浇筑混凝土时直接把螺栓固定在混凝土中。

（2）预留孔法。在浇筑混凝土时，预先按设计要求留好孔洞，然后用膨胀细石混凝土和细石混凝土将螺栓浇固在混凝土基础中。

（3）钻孔锚固法。基础混凝土浇筑完毕，达到一定强度后，按螺栓直径、安装位置、顶部标高与设备实物进行核对，再按设计要求钻孔，用环氧砂浆或其他胶结材料注入孔中，并插入螺栓，养护至一定强度后安装设备。

二、土建布置图

ZAC002 识读土建布置图

土建布置图是表示建筑物内部形状的图样。图样采用正投影绘制。一般有平面图、剖面图和详图。

建筑物的平面图指水平剖视图。多层建筑物若每层布置不同，则每层都应画平面图。若其中几层的平面布置相同，只需画一个平面图。平面图主要表示房屋的建筑面积、内部分隔、房间大小、楼梯及门窗等的位置和大小、墙壁的厚度等。

剖面图是假想用一个平面把建筑物沿垂直方向切开，切面的正投影图。因剖切位置不同，剖面图又分横剖面图和纵剖面图。剖面图主要表明建筑物内部在高度方向上的情况，如分层、房间和门窗的高度，同时也表示出建筑物所采用的结构形式。

项目四 机械零件图和装配图

一、机械零件图和装配图含义与内容

GAA001 机械零件图和装配图的内容

（一）机械零件图

1. 零件图的定义

一台机器或一个部件是由若干个零件组成的。制造零件的图样叫零件图。

2. 零件图应具备的内容

零件图应包含的内容为：

一组能完整而清楚地表达出零件内、外结构形状的视图；

制造零件时所需要的尺寸和形位公差要求；

制造零件时所需要的技术要求，如表面粗糙度、热处理、表面处理等要求；

图纸的标题栏，说明零件的名称、材料、数量、比例、图号等。

（二）装配图

1. 装配图的定义

装配图是指根据机器或部件的工作原理，将机械零件按一定的装配关系和技术要求装配起来的，表达一台机器或一个部件的图样。

装配图反映了设计意图，必须清楚表达机器和部件的结构形状、装配关系（包含零件之间的相对位置、连接关系、配合性质等）、工作原理和技术要求，是施工中重要技术文件和主要依据。

2. 装配图的内容

装配图的基本内容由以下几部分构成。

1）一组视图

一个部件（或机器）的结构特点、各个零件的形状、相互位置、连接方式、配合关系以及工作原理，可以用一组视图清晰表达出来，包括视图、剖视、剖面等各种表达方式。

尺寸标注。装配图尺寸与零件图尺寸的要求有所不同。零件图上要注出零件的全部尺寸，而装配图上只需注出以下尺寸：

（1）表示部件或机器的规格、性能尺寸。

（2）零件之间的配合尺寸。

（3）部件的安装尺寸。

（4）部件的外形尺寸。

2）技术要求

机器（或部件）在装配、安装、检验、调试及试车运转中的技术要求，必须在图样空白处说明。

3）标题栏、明细表和零件编号

装配图中的所有零件，应按顺序编排标明顺序号；零件的名称、规格、材料、数量以及标准件代号等均按顺序写入明细表内；部件或机器名称、图号、比例以及图样责任人签字均应按规定写入标题栏内。

二、识图方法

阅读装配图的目的是从中了解部件（或机器）的性能、工作原理、装配关系以及各个零件的主要结构，一定要认真识图。

（一）了解概况

从装配图标题栏和明细表中，了解部件或机器的名称、性能和体积大小。从零件的明细表和图上标明的零件编号中，了解标准件的名称、数量和图示结构，估计部件或机器的复杂程度。

（二）视图分析

从装配图上各视图之间的投影关系和每个视图的图示含义，找出主要零件的视图轮廓及剖视、剖面的剖切位置。

(三)工作原理和装配关系分析

在概况了解和视图分析的基础上,从部件的传动入手,掌握部件或机器的装配关系和零件的运动情况,从中了解它的工作原理,并从零件的装配关系入手,弄清零件间相互间的配合性质和零件的连接定位方式及润滑、密封形式。

(四)零件的主要结构和形状分析

根据零件在部件或机器中的位置和作用及与其他零件的关系,想象出零件的结构形式。应从主要零件开始,然后再看次要零件。当主要零件一时难以想象出其结构时,可先看与它有关的其他零件,然后再看主要零件。当某些零件在装配图上表达不完全时,可查阅其零件图,直接将装配图上的零件结构完全搞明白为止。

模块二　电气、机械基础知识

项目一　电工学基础知识

电流通过的路径称为电路。电路一般由电源、负载、开关及导线组成。电路的形式有两种类型：一是进行能量的转换；二是信息处理。任何一个电路都可能具有三种状态：通路、断路和短路。按电路中电流流过的电流种类可把电路分为直流电路和交流电路两种。

一、电路的基本概念

CAC001 电阻的概念

（一）电阻、电容和电感

1. 电阻

反映导体对电流起阻碍作用的物理量称为电阻。用符号 R 表示，常用单位是 Ω 或 kΩ。

对于一段材质和粗细都均匀的导体来说，在一定温度下，它的电阻与其长度成正比，与材料的截面积成反比，并与材料的种类有关。用公式表示即：

$$R=\rho\frac{L}{S} \tag{1-2-1}$$

式中　L——导体长度，m；

S——导体截面积，m^2；

ρ——导体电阻率，Ω · m。

导体的电阻除了与材料的尺寸与种类有关外，还与温度有关。一般来说，电阻随温度升高而增加。常用导体的电阻率及温度系数见表 1-2-1。

表 1-2-1　常用导体电阻率与温度关系

材料名称	20℃时的电阻率，10^{-8}Ω · m	0~100℃时的温度系数，1/℃
银	1.63	0.0036
铜	1.75	0.0040
铝	2.83	0.0040

CAC002 电容的概念

2. 电容

电容是表征两导体和其间电介质特性的参量。用公式表示为：

$$C=Q/U \tag{1-2-2}$$

式中　C——电容，F；

Q——两导体分别带有的等量正负电荷，C；

U——两导体间的电压，V。

电容的单位还有微法（μF）、皮法（pF），其关系是：$1F=10^6\mu F=10^{12}pF$。

电容并联后总电容变大，串联后总电容变小。例如，两只均为10μF的电容，并联后总的等效电容为20μF，串联后总的等效电容为5μF。

选择电容时不仅要考虑电容量的大小，还应考虑耐压，有特殊要求的电容还需考虑电容的材料和工作频率等关系。

电容的典型故障主要表现为失效（开路）、电容量减小和击穿。

3. 电感

CAC003　电感的概念

电感是表征载流线圈及其周围导磁物质性能的参量。用公式表示为：

$$L=\frac{\mu N^2 S}{l} \tag{1-2-3}$$

式中　L——电感，H；

μ——介质的磁导率，H/m；

N——线圈的匝数；

S——线圈的横截面积，m^2；

l——线圈的长度，m。

电感的单位还有是毫亨（mH）、微亨（μH），其关系是：$1H=10^3mH=10^6\mu H$。

电感不仅与线圈的形状、大小及匝数有关，还与介质的磁导率μ和线圈周围导磁物质中的磁场分布情况有关。

电感对交流电的阻碍作用称作感抗，用XL表示，单位为Ω。感抗与交流电的频率和线圈的电感成正比。理想电抗（直流电阻视为0Ω）对稳恒直流电可视作短路。

CAC004　电流的概念

（二）电流

电流就是电荷有规律的定向移动。在实际应用中，电流的方向规定为正电荷移动的方向。

电流的大小取决于在一定时间内通过导体截面积的电荷量。通常规定：1s内通过导体截面的电量称为电流，以字母I表示，单位是A。若在1s内通过导体横截面的电量为1C，则电流为1A。若在t时间内通过导体横截面的电量是Q，则电流为$I=\frac{Q}{t}$。

常用的电流强度单位还有kA、mA、μA，它们之间的换算关系是：$1kA=10^3A$，$1mA=10^{-3}A$，$1\mu A=10^{-3}mA$。

CAC008　直流电的概念

电流分交流电和直流电两大类。直流电是指大小和方向都不随时间变化的电流。通路中，将输出固定电流方向的电源，称为“直流电源”。简记“DC”，如：干电池、铅蓄电池等。直流电主要用于各种电子仪器、电解、电镀、直流电力拖动等方面。直流输电采用两线制，直流电没有频率。大小方向都随时间变化的电流叫作交流电流。

电路中电流大小可以用电流表进行测量。测量时是将电流表串联在电路中。在测量直流电流时要注意，应使电流从表的正端流入，负端流出。电流表的量程应大于被测电路中实际电流的数值，否则可能烧坏电流表。

CAC005 电压的概念

（三）电压、电位、电动势

电压、电位、电动势这三个概念是非常重要的，它们都是描述电路能量特性的物理量。

CAC006 电位、电动势的概念

1. 电压

电压（电位差），是指电路中任意两点间电位的差值称为电压（电位差）。A、B 两点的电压以 U_{AB} 表示，$U_{AB}=U_A-U_B$。

电压的单位是伏特，简称伏，用字母 V 表示。常用的电压单位还有 kV、mV，它们的换算关系为：$1kV=10^3V$，$1V=10^3mV$。

2. 电位

在电压的概念中，指出了 A、B 两个点，但都不是特殊点。如果在电场中指定一特殊点“O”（也称参考点），一般参考点是零电位点，那么电场中任意一点 x 与参考点 O 之间的电压，就称为 x 电的电位，用符号 V 表示，单位也是 V。实际上电位是电荷在电场中所具有的位能大小的反映。

3. 电动势

电动势与电压的定义相仿，但实际上它们也有本质的差别：电压是电场力做功，电动势是非电场力做功；在电场力作用下，正电荷由电位高的地方向电位低的地方移动，而在电动势的作用下，正电荷由低电位移到高电位；电压的正方向是正极指向负极、高电位指向低电位，电动势的正方向是负极指向正极、低电位指向高电位；电压是存在于电源外部的物理量，而电动势是存在电源内部的物理量。

（四）电功、电功率

CAC007 电功、电功率的概念

1. 电功

电流所做的功叫电功，用符号 W 表示。电功的大小与电路中的电流、电压及通电时间成正比，即 $W=IUt$。单位是 J。

2. 电功率

单位时间内电流所做的功叫电功率，用符号 P 表示，单位是 W，对于大功率，采用单位 kW 或 MW 表示，对于小功率则用 mW 表示单位。

$$P=\frac{W}{t}=U\cdot I=I^2R=\frac{U^2}{R} \tag{1-2-4}$$

在电源内部，外力做功，正电荷由低电位移向高电位，电流逆着电场方向流动，将其他能量转变为电能，其电动势为 $P=EI$。若计算结果 $P>0$，说明该元件是耗能元件；若计算结果 $P<0$，则该元件为供能元件。

在电工技术中，往往直接用 W·s 作单位，实际中常用 kW·h 作单位，俗称“度”。1 度$=3.6\times10^6$J。

二、电路的基本定律

CAC009 欧姆定律

（一）欧姆定律

欧姆定律是反映电路中电压、电流及电阻三者之间关系的定律。欧姆定律是分析和计算电路的基本定律，有两种表示方式。

1. 部分电路欧姆定律

通过部分电路的电流 I，等于该部分电路两端电压 U 除以该部分电路的电阻 R。基本公式为 $I=U/R$，其他形式为 $U=IR$、$R=U/I$。

2. 全电路欧姆定律

通过全电路（指由外电路和内电路组成的闭合回路）的电流 I，等于电路中的电动势 E 除以电路中的总电阻（外电阻 R 和电源内阻 r 之和），公式表示为 $I=E/(R+r)$。

在整个闭合回路中，电流的大小与电源的电动势成正比，与电路中的电阻之和（包括电源内电阻及外电阻）成反比。电源的电动势和内电阻一般认为是不变的，所以改变外电路电阻，就可以改变回路中的电流大小。

CAC010 基尔霍夫定律

（二）基尔霍夫定律

除了上述的欧姆定律外，电路的基本定律还包括基尔霍夫定律，由基尔霍夫第一定律和基尔霍夫第二定律组成。它们是分析计算复杂电路时不可缺少的基本定律。

1. 基尔霍夫第一定律

基尔霍夫第一定律又称节点电流定律。其内容是：流入节点的电流之和恒等于流出节点的电流之和。节点是多条分支电路的交汇点，如图 1-2-1（a）中 A 点所示。按此定律，对节点 A 可以得到

$$I_1+I_2=I_3+I_4+I_5 \tag{1-2-5}$$

实际上，节点可以是电路的实际交汇点，也可以是假想点，如图 1-2-2（b）中所示的半导体三极管，圆圈内可被看作是假想节点，由基尔霍夫第一定律，可以得到 $I_b+I_c=I_e$。

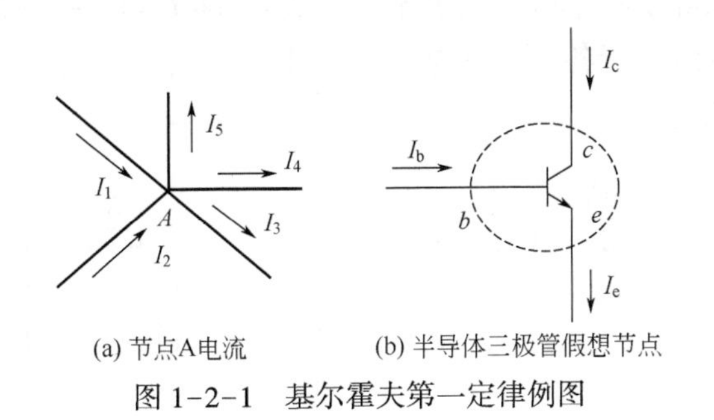

(a) 节点A电流　(b) 半导体三极管假想节点

图 1-2-1　基尔霍夫第一定律例图

2. 基尔霍夫第二定律

基尔霍夫第二定律又称回路电压定律。其内容是：在任一闭合回路中，沿一定方向绕行一周，电动势的代数和恒等于电阻上电压降的代数和，即

$$\sum E=\sum IR \tag{1-2-6}$$

注意，在列回路电压方程时必须考虑电压（电动势）的正负。确定正、负号的方法与列回路方程的步骤如下（图 1-2-2）：

（1）首先在回路中假定各支路电流的方向。

（2）假定回路绕行方向（顺时针或逆时针，图 1-2-2 中是顺时针方向）。

（3）当流过电阻的电流参考方向与绕行方向一致时，电阻上的电压降为正；反之取负。

(4)当电动势方向与绕行方向一致时,该电动势取正;反之取负。

由上述方法及步骤,可列出图1-2-2电路的回路方程为

$$E_1-E_2=I_1R_1-I_2R_2-I_3R_3+I_4R_4 \quad (1-2-7)$$

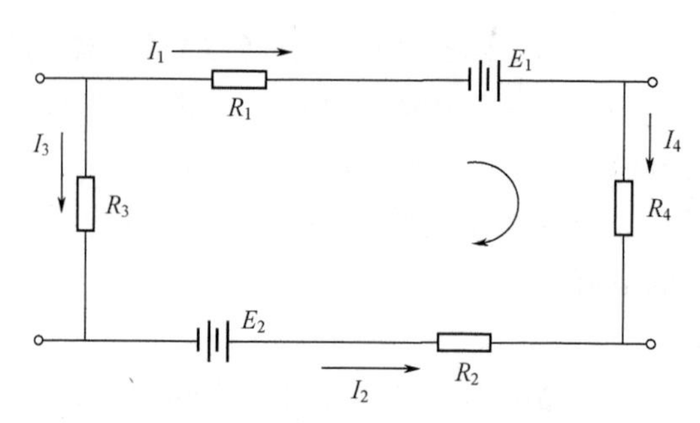

图1-2-2 基尔霍夫第二定律例图

三、电路的连接

ZAD001 电阻串联电路相关知识

(一)电阻串联电路

两个或两个以上的电阻首尾相接,各电阻流过同一个电流的电路称电阻串联电路。图1-2-3(a)为3个电阻的串联电路。

电阻串联电路具有以下特点:

(1)各电阻上流过同一电流。

(2)电路的总电压等于各个电阻上电压的代数和,即 $U=U_1+U_2+U_3$。

(3)电路的等效电阻等于各个串联电阻之和,即 $R=R_1+R_2+R_3$,故图1-2-3(a)电路可用图1-2-3(b)来等效替代。

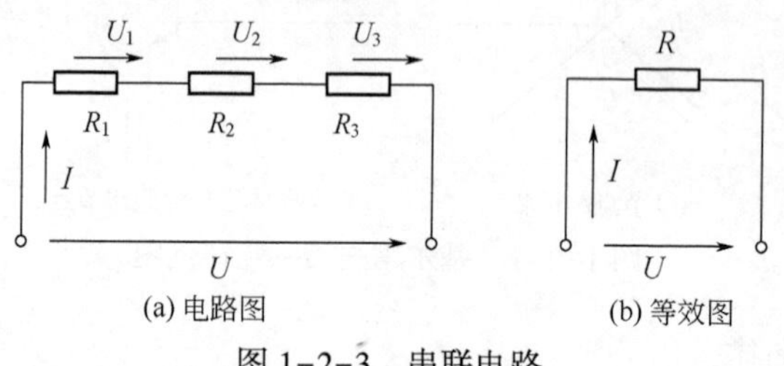

图1-2-3 串联电路

(4)各电阻上的电压降与每个电阻的阻值成正比。

(5)各电阻的消耗的功率之和等于电路所消耗的总功率。

ZAD002 电阻并联电路相关知识

(二)电阻并联电路

两个或两个以上电阻一端接在一起,另一端也接在一起的连接方式叫作并联。如图1-2-4(a)所示,并联电路具有以下特点:

(1)并联的各电阻承受的是同一电压。

(2)电路的总电流等于各支路电流之和,即 $I=I_1+I_2+I_3$。

(3)电阻并联电路的等效电阻 R 的倒数等于个并联支路电阻的倒数之和,即 $I/R=$

$I/R_1+I/R_2+I/R_3$。

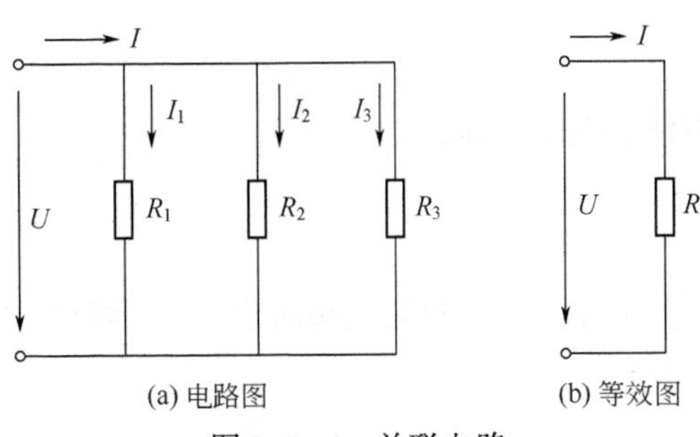

(a) 电路图 (b) 等效图

图 1-2-4 并联电路

特别对于两个电阻并联,有 $I/R=I/R_1+I/R_2$,即 $R=R_1R_2/(R_1+R_2)$,不难看出,等效电阻必定小于并联电阻中的最小阻值。故图 1-2-4(a)电路可用图 1-2-4(b)来等效替代。

(4)各并联电阻中的电流及电阻所消耗的功率均与各电阻的阻值成反比,即 $I_1:I_2:I_3=P_1:P_2:P_3=I/R_1:I/R_2:I/R_3$。

ZAD003 混联电路相关知识

(三)混联电路

既有电阻串联又有电阻并联的电路称为混联电路。图 1-2-5 列出了三重混联电路。

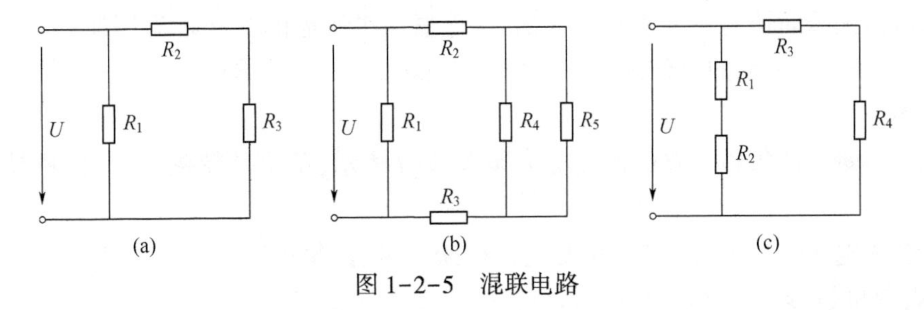

(a) (b) (c)

图 1-2-5 混联电路

混联电路的计算方法是:先按串联、并联等效简化的原则,将混联电路简化为一个无分支电路,再进行电压、电流的计算;根据要求,利用分压、分流方式求出所需的电压及电流。

CAC011 交流电的概念

四、交流电

ZAD005 交流电的表示方法

(一)交流电的概念

交流电是指电流、电压、电动势的大小和方向都随时间按一定规律做周期性变化。交流电分正弦交流电和非正弦交流电两种。日常用的交流电,其大小和方向随时间按正弦规律变化,称为正弦交流电。

ZAD004 正弦交流电的要素

(二)正弦交流电要素及基本特征

大小和方向随时间按正弦规律变化的电流称为正弦交流电流(通常简称交流电流)。

代表交流电瞬时大小与方向的数值叫瞬时值,正弦交流电瞬时值是随时间变化的正弦函数,其一般表达式为

$$u=U_{\mathrm{m}}\sin(\omega t+\phi)$$

$$i=I_{\mathrm{m}}\sin(\omega t+\phi) \tag{1-2-8}$$

式中 U_m——电压的最大值,V;

I_m——电流的最大值,A;

ω——角频率,rad/s;

ϕ——初相角(初相位、初相),rad;

t——时间,s。

1. 最大值

正弦交流电在一个周期内所能达到的最大瞬时值(又称峰值、振幅)。最大值用大写字母加下标"m"表示,如 E_m、U_m、I_m。

2. 有效值(均方根值)

把交流电和直流电分别通入两个电阻值相同的导体中,如果在相同时间内电阻产生的热量相等,就把直流电的大小确定为交流电的有效值,又称均方根值,分别用 E、U、I 表示电动势、电压、电流的有效值。

3. 平均值

正弦交流电流的波形、正负半轴所包含的面积是相同的。故一般所指的平均值是指一个周期内绝对值的平均值,也就是正半周的平均值。

4. 周期

交流电流的瞬时值是不断重复变化的,每重复一次所需的时间称为周期,以 T 表示,单位是秒,用 s 表示。周期的单位还有 ms(毫秒)、μs(微秒)、ns(纳秒)。

5. 频率

交流电流瞬时值每秒重复的次数称为频率,以 f 表示,单位是赫兹(Hz),简称赫。

6. 角频率

正弦交流电变化一周可用 2π 弧度或 360°来计量,其每秒钟变化的弧度数称为角频率,以 ω 表示,单位是弧度/秒(rad/s)。

$$\omega = 2\pi f = 2\pi \frac{1}{T} \tag{1-2-9}$$

7. 相角与相角差

正弦交流电流瞬时值表达式中的电角度($\omega t+\phi$)称为正弦交流电流的相角或相位,当 $t=0$ 时的相角 ϕ 称为初相角,简称初相。两个同频率的正弦量交流电初相角之差称为它们的相角差或相位差。相角差为零的两个正弦量,称之为同相。相角差为 180°的两个正弦量,称之为反相。

8. 正弦量的三要素

正弦量中的最大值(或有效值)、角频率(或频率、周期)与初相位称为正弦量的三要素。只要确定正弦量的三要素,即能唯一确定该正弦量。

CAC012 纯电阻电路相关知识

(三)纯电阻、纯电感与纯电容电路中各量的关系

分析正弦交流电路,主要是分析电路中电压和电流之间的关系(大小和相位)以及功率问题。

1. 纯电阻电路

纯电阻电路就是电路中只有电阻,这种电路和直流电路基本相似。

1）纯电阻电路中电压与电流的关系

当在电阻 R 的两端施加交流电压 $u=U_m\sin\omega t$ 时，电阻 R 中将通过电流 i，电压 u 与电流 i 的关系满足欧姆定律，$i=I_m\sin\omega t$。如果用电流和电压的有效值表示，则有 $I=U/R$。

由以上分析可知，对于纯电阻电路，当外加电压是一个正弦量时，其电流也是同频率的正弦量，而且电流和电压同相位。

2）纯电阻电路中的功率

在纯电阻电路中，电压的瞬时值与电流的瞬时值的乘积叫瞬时功率。由于瞬时功率随时间不断变化，因此没有实际意义，且不易测量和计算，所以通常用瞬时功率在一个周期内的平均值 P 来衡量交流电功率的大小，这平均值 P 称作有功功率。有功功率的单位是：W（瓦）或 kW（千瓦）。

纯电阻电路中有功功率 P 可按下式计算：

$$P=UI \tag{1-2-10}$$

式中　U、I——分别是交流电压和电流的有效值。

CAC013 纯电感电路相关知识

2. 纯电感电路

纯电感电路是电路中只有电感（电阻、电容不考虑）。图 1-2-6（a）所示为由一个线圈构成的纯电感交流电路。

1）纯电感电路中电流与电压的关系

在纯电感电路中电流与电压的相位关系是：电流滞后于电压 90°或者说电压超前电流 90°。波形图如图 1-2-6（b）所示。电流与电压的相量图如图 1-2-6（c）所示。

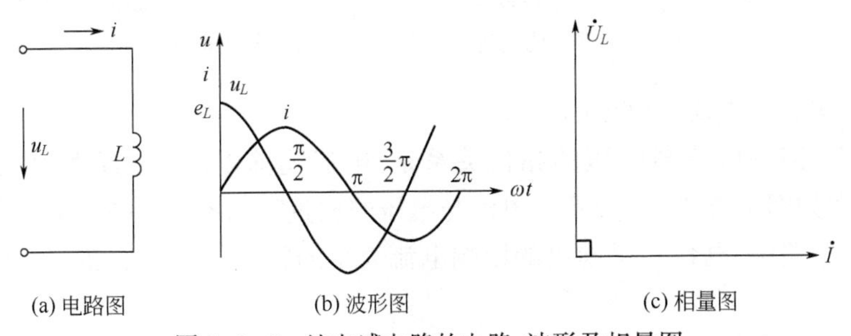

图 1-2-6　纯电感电路的电路、波形及相量图

在电感电路中，电感 L 呈现出来的影响电流大小的物理量称为感抗，用 X_L 表示，单位为 Ω。X_L 按下式计算：

$$X_L=\omega L=2\pi fL \tag{1-2-11}$$

式中　ω——加在线圈两端交流电压的角频率，rad/s；

f——加在线圈两端交流电压的频率，Hz；

L——线圈的电感量，当 L 单位是 H（亨）时，X_L 的单位是 Ω。

在纯电感交流电路中，电流的有效值 I_L 等于电源电压的有效值 U 除以感抗，即

$$I_L=U/X_L$$

上式中，当 U 的单位是 V，X_L 的单位是 Ω 时，I_L 的单位是 A。

2)纯电感电路的功率

纯电感电路的瞬时功率为

$$\begin{aligned} P_L = u_L i_L &= U_m \sin(\omega t + \pi/2) \times I_{Lm} \sin\omega t \\ &= U_m I_{Lm} \sin\omega t \cos\omega t \\ &= \frac{1}{2} U_m I_{Lm} \sin 2\omega t \end{aligned} \tag{1-2-12}$$

电路的无功功率为瞬时功率的最大值,用 Q_L 表示:

$$Q_L = I^2 X_L = U^2 / X_L \tag{1-2-13}$$

无功功率的单位为 var(乏)。当上式中 U 的单位为 V,电流的单位为 A,X_L 的单位是 Ω 时,无功功率 Q_L 的单位为 var。

"无功"的含义是"交换"的意思,而不是"消耗"或"无用",是相对"有功"而言的。

CAC014 纯电容电路相关知识

3. 纯电容电路

纯电容电路中只有电容(电阻、电感不考虑),如图 1-2-7(a)所示。

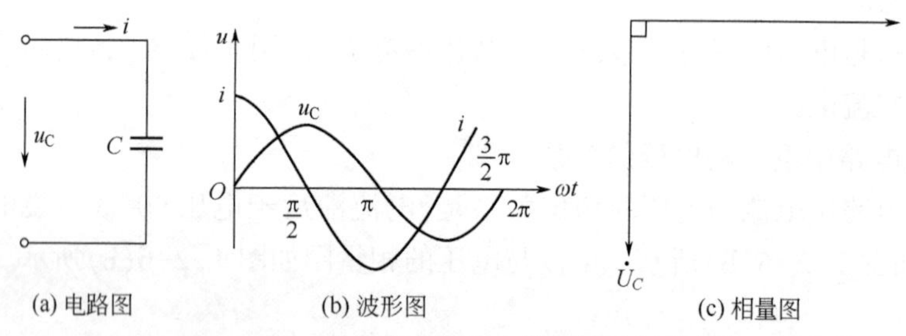

图 1-2-7 纯电容电路的电路、波形及相量图

1)纯电容电路中电流与电压的关系

在纯电容电路中电流与电压的相位关系是:电流超前电压 90°或者说电压滞后电流 90°。其波形图如图 1-2-7(b)所示。电流与电压的相量图如图 1-2-7(c)所示。

在纯电容电路中,电容 C 呈现出的影响电流大小的物理量称为容抗,用 X_C 表示,单位为 Ω。

容抗 X_C 按下式计算:

$$X_C = \frac{1}{\omega C} = \frac{1}{2\pi f C} \tag{1-2-14}$$

式中,假如电容 C 的单位是 F(法),则容抗的单位是 Ω。

2)纯电容电路的功率

纯电容电路的瞬时功率为

$$\begin{aligned} P_C = u_C i_C &= U_m \sin\omega t \times I_{Cm} \sin(\omega t + \pi/2) \\ &= U_m I_{Cm} \sin\omega t \cos\omega t \\ &= \frac{1}{2} U_m I_{Cm} \sin 2\omega t \end{aligned} \tag{1-2-15}$$

电路的无功功率为瞬时功率的最大值,用 Q_C 表示:

$$Q_C = U I_C = I_C{}^2 X_C = U^2 / X_C \tag{1-2-16}$$

无功功率的单位为 var(乏)。上式中,U 的单位为 V,电流的单位为 A,X_C 的单位是 Ω 时,无功功率 Q_C 的单位为 var。

4. 电路功率

1)瞬时功率

交流电路中任一瞬间的功率称为瞬时功率。如某部分电路,其端电压的瞬时值为 u,其电流的瞬时值为 i,并且两者有一致的正方向时,则该部分电路的瞬时功率为 $p=ui$,当 $p>0$,该部分电路从外部电路汲取能量;当 $p<0$,该部分电路向外部电路送出能量。如电压 u 和电流 i 分别为 $u=\sqrt{2}I\sin(\omega t+\phi)$,$i=\sqrt{2}U\sin\omega t$,其中,$\phi$ 为 i 的滞后 u 的角度,即阻抗值,则

$$p=ui=2UI\sin(\omega t+\phi)\sin\omega t=UI\cos\phi-UI\cos(2\omega t-\phi) \quad (1\text{-}2\text{-}17)$$

由此可见,瞬时功率中包含两个部分:一部分为 $UI\cos\phi$,是不随时间变化的固定分量;另一部分为 $UI\cos(2\omega t-\phi)$,是以 2 倍于电源频率随时间做正弦变化的分量。

2)有功功率

ZAD006 有功功率的概念

交流电路的瞬时功率在一个周期内的平均值,称为平均功率,又称有功功率。以 P 表示,单位为 W。

不同于直流电路中的功率,交流电路的有功功率等于 U 和 I 的乘积再乘以 U 和 I 相角差的余弦 $\cos\phi$,即

$$P=UI\cos\phi \quad (1\text{-}2\text{-}18)$$

3)无功功率

ZAD007 无功功率的概念

电路中的纯电感、纯电容为蓄能元件,只进行电能交换而不消耗电能,为表示这种能量交换的规模,还引入了无功功率,以 Q 表示:

$$Q=UI\sin\phi \quad (1\text{-}2\text{-}19)$$

电路的无功功率也具有功率的量纲,但一般 Q 没有什么物理意义。Q 的单位为乏(var)。由于感性、容性之分,所以 Q 也有正有负。当 $\phi>0$(感性)时,$Q>0$;当 $\phi<0$(容性)时,$Q<0$。

4)视在功率

ZAD008 视在功率的概念

$P=UI\cos\phi$ 中的 UI 乘积虽也有功率的量纲,但它不是电路实际消耗的功率,反映的是功率容量,所以称为视在功率,以 S 表示,单位为 VA,即

$$S=UI \quad (1\text{-}2\text{-}20)$$

任何电动机或电器都设计在一定的电压有效值下与一定的电流有效值内运行,分别称为额定电压与额定电流。从而视在功率有一确定的额定值,常标为它的容量。只有当 $\cos\phi$ 确定的电动机或电器,容量才能用有功功率标出。

5)功率三角形

电路中视在功率 $S=UI$,有功功率 $P=UI\cos\phi$,无功功率 $Q=UI\sin\phi$,三者之间的关系恰好构成一个直角三角形,且 $S=\sqrt{P^2+Q^2}$。

6)功率因数

ZAD009 功率因数的概念

交流电路中电压与电流之间的相位差 ϕ 的余弦值被称为功率因数,用 $\cos\phi$ 表示,功率因数是交流电路中有功功率与视在功率的比值。视在功率只有乘以功率因数之后才是电路

的有功功率，即

$$\cos\phi=\frac{P}{S}=\frac{P}{UI} \tag{1-2-21}$$

$\cos\phi$ 中的 ϕ 角称为功率因数角。它也是电流滞后于电压的相角，也就是阻抗角。所以 ϕ 角有正有负。

虽然 ϕ 角的正负并不影响 $\cos\phi$ 的值，但说明了电路阻抗的性质是容性还是感性。所以功率因数常须注明滞后（$\phi>0$）或超前（$\phi<0$）。

五、三相交流电路

（一）概述

ZAD010 三相交流电的产生

1. 三相交流电的特点

单相交流电路中的电源只有一个交变电动势，对外引出两根线。三相交流电路中有三个交变电动势，它们频率相同、相位上相互相差 120°，由三相发电机发生。三相交流电与单相交流电相比，三相交流电具有以下优点：三相发电机比尺寸相同的单相发电机输出的功率要大；在同样条件下，输送同样大的功率时，三相输电线比单相输电线可节省 25%左右的材料，这对远距离输电意义很大；与单相电动势相比，三相电动机结构简单，价格低廉，性能良好，维护使用方便。

由于三相交流电有以上特点，所以三相交流电比单相交流电应用更广泛，而且往往单相交流电都是从三相交流电中取得。

2. 三相正弦交流电动势的产生

三相电动势一般是由三相交流发电机产生。三相交流发电机的结构示意图如图 1-2-8（a）所示，与之相对应的波形图和相量图如图 1-2-9 所示。

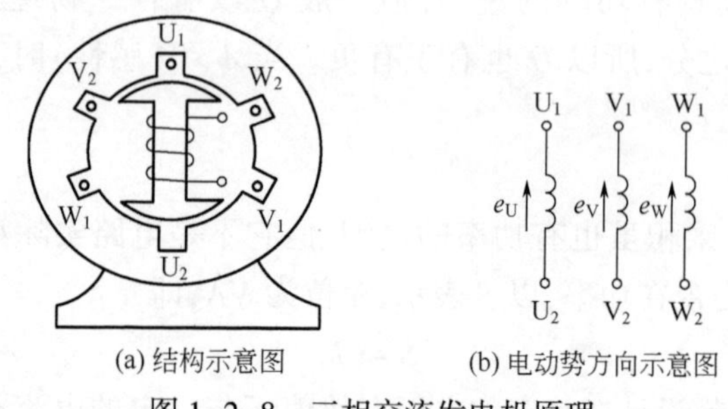

(a) 结构示意图　　(b) 电动势方向示意图

图 1-2-8　三相交流发电机原理

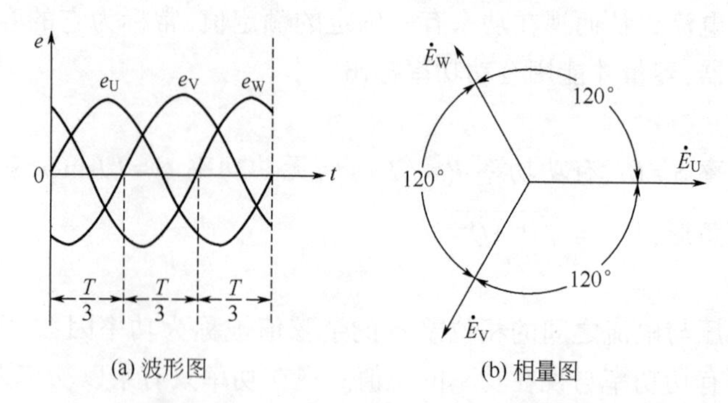

(a) 波形图　　(b) 相量图

图 1-2-9　三相交流电的波形及相量图

三相交流发电机主要由定子和转子构成,在定子中嵌入了三个空间相差 120°的绕组,每一个绕组为一组,合成三相绕组。三相绕组的始端分别为 U_1、V_1、W_1;末端为 U_2、V_2、W_2。转子是一对磁极,它以均匀的角速度 ω 旋转(如顺时针方向旋转)。如果三相定子绕组的形状、尺寸、匝数均相同,则三相绕组中分别感应出的电动势振幅相等、频率相同,但因为三个绕组的布置在空间位置上相互隔开 120°,所以感应电动势最大值出现的时间各相差三分之一周期,即相位上互差 120°。若磁感应强度沿转子表面按正弦规律分布,则在三相绕组中分别感应出振幅相等、频率相同、相位互差 120°的三相正弦交流电动势。

3. 三相正弦交流电动势的表示方法

若规定三相电动势的正方向是从绕组的末端指向首端,如图 1-2-8(b)所示,则三相正弦交流电动势的瞬时值表示为

$e_U = E_m \sin\omega t$

$e_V = E_m \sin(\omega t - 120°)$

$e_W = E_m \sin(\omega t - 240°) = E_m \sin(\omega t + 120°)$

4. 相序

三相电动势到达最大值的先后次序叫作相序。在图 1-2-9(a)中,最先到达最大值的是 e_U,其次是 e_V,再次是 e_W,它们的相序是 $U—V—W—U$,称为正序。若最大值出现的次序是 $U—W—V—U$,与正序相反,则称为负序。一般三相电动势都是指正序而言,并常用颜色黄、绿、红来表示 U、V、W 三相,即 A、B、C 三相。

ZAD011　三相电源的连接

(二)三相电源的连接

三相发电机的三个绕组连接方式有两种:一种叫星形(Y)接法,另一种叫三角形(△)接法。

1. 星形接法

若将电源的三个绕组末端 U_2、V_2、W_2 连接在一起,形成一个公共点,三相绕组的始端 U_1、V_1、W_1 分别引出,这种连接方式称为星形接法,如图 1-2-10 所示。

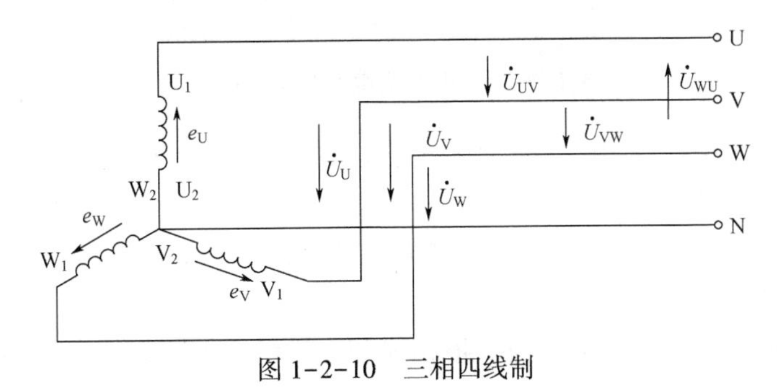

图 1-2-10　三相四线制

图 1-2-10 中,三相绕组末端连接在一起的这个公共点称为中性点,以 N 表示。从三个始端 U_1、V_1、W_1 分别引出的三根导线称为相线。从电源中性点 N 引出的导线称为中性线。如果中性点 N 接地,则中性点改称为零点,用 N_0 表示。由零点 N_0 引出的导线称为零线。有中性线或零线的三相制系统称为三相四线制系统。中性点不引出,即无中性线或零线的三相交流系统称为三相三线制系统,如图 1-2-11 所示。

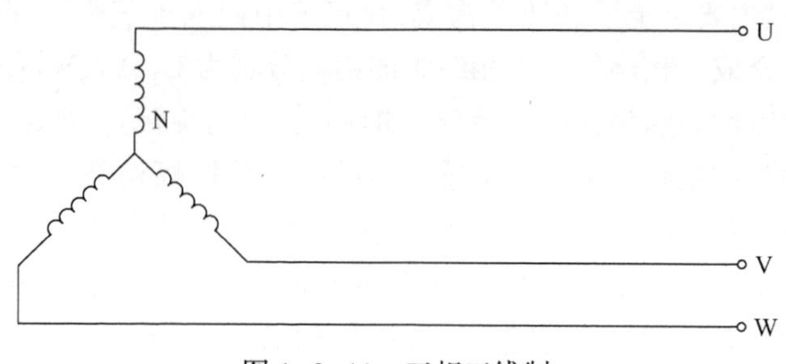

图 1-2-11　三相三线制

在图 1-2-10、图 1-2-11 中，相线与中性线（或零线）间的电压称为相电压，用 U_U、U_V、U_W（旧符号 U_A、U_B、U_C）表示，相电压的有效值用 U_P 表示。两根相线之间的电压称为线电压，用 U_{UV}、U_{VW}、U_{WU}（旧符号 U_{AB}、U_{BC}、U_{CA}）表示，线电压的有效值用 U_L 表示。

星形连接时，线电压在数值上为相电压的$\sqrt{3}$倍，即 $U_L=\sqrt{3}\,U_P$；相位上线电压超前相电压 30°。

2. 三角形接法

如果将三相电源绕组首尾依次相接，则称为三角形连接。例如将 U 相（即 A 相）绕组的末端 U_2 与 V 相（即 B 相）绕组的始端 V_1 相接，然后将 V 相绕组的末端 V_2 与 W 相（即 C 相）绕组的始端 W_1 相接，然后再将 W 相绕组的末端 W_2 与 U 相绕组的始端 U_1 相接，则构成一个三角形接线。三角形的三个角引出导线即为相线，如图 1-2-12 所示。

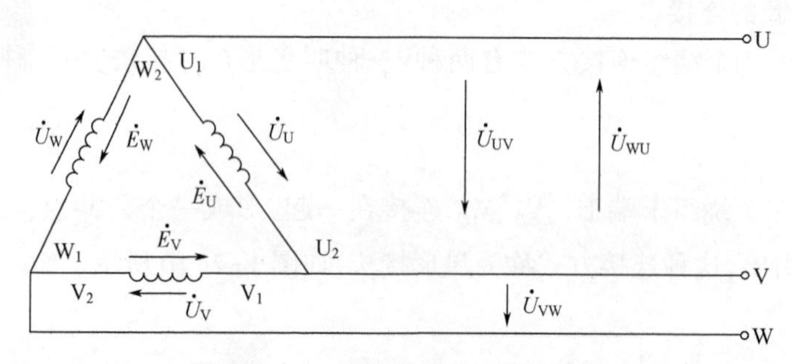

图 1-2-12　电源绕组的三角形接法

从图 1-2-12 可看到：采用三角形接法时，线电压在数值上等于相电压，即 $U_L=U_P$。

ZAD012 三相负载的连接

（三）三相负载的连接

三相负载也有两种连接方式：星形连接法和三角形连接法。

1. 三相负载的星形连接

把三相负载分别接在三相电源的一根相线和中性线（或零线）之间的接法称为三相负载星形连接，如图 1-2-13 所示。

图中 Z_U、Z_V、Z_W 为各相负载的阻抗值，N′为三相负载的中性点。

我们把加在每相负载两端的电压称为负载的相电压。相线之间的电压称为线电压。负载接成星形时，相电压等于线电压的 $1/\sqrt{3}$，即 $U_P=1/\sqrt{3}\,U_L$。

星形接线的负载接上电源后，就有电流产生。我们把流过每相负载的电流称为相电流，用 I_u、I_v、I_w（旧符号 I_a、I_b、I_c）表示，相电流的有效值用 I_p 表示。把流过相线的电流称为线电

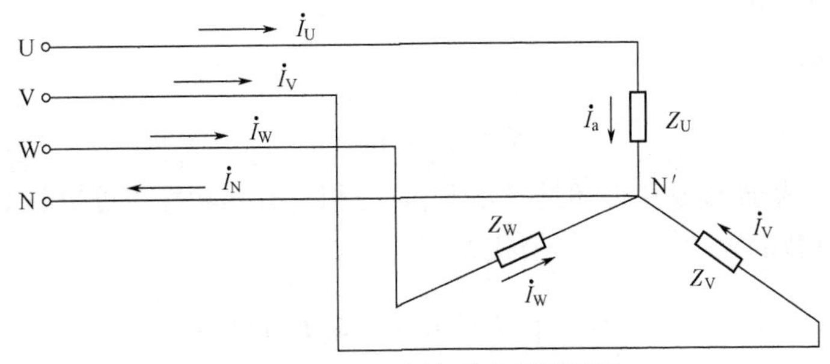

图 1-2-13　三相负载的星形接法

流，用 I_U、I_V、I_W（旧符号：I_A、I_B、I_C）表示，线电流的有效值用 I_L 表示。从图 1-2-13 中可看到：负载做星形连接时，$I_L=I_P$，即线电流等于相电流。

2. 三相负载的三角形连接

把三相负载分别接在三相电源的每两根相线之间的接法称为三角形连接，如图 1-2-14 所示。

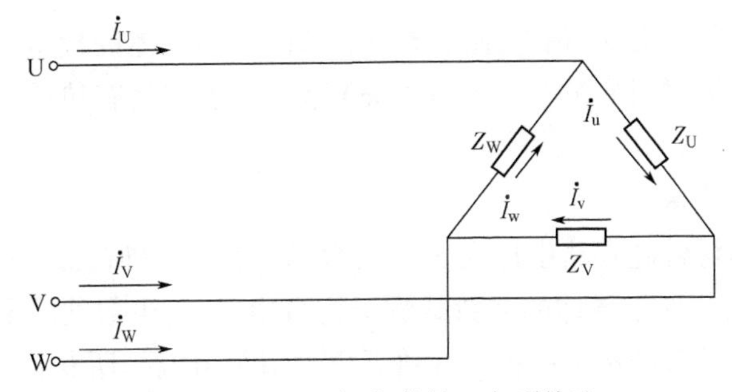

图 1-2-14　三相负载的三角形接法

在负载三角形连接的电路中，由于各相负载接在两根相线之间，因此负载的相电压就是电源（电网）的线电压，即 $U_L=U_P$。

三角形连接的负载接上电源后，便产生线电流和相电流。在图 1-2-14 中所示的 I_U、I_V、I_W 即为线电流；I_U、I_V、I_W 为相电流。通过分析可知负载接成三角形接线时，$I_L=\sqrt{3}I_P$，即：三角形连接时，负载的相电流在数值上等于 $1/\sqrt{3}$ 线电流。

ZAD013　三相电功率的概念

（四）三相电功率

在三相交流电路中，三相负载消耗的总功率，就等于三个单相负载的功率之和，即

$$P=P_U+P_V+P_W=U_uI_u\cos\phi_u+U_vI_v\cos\phi_v+U_wI_w\cos\phi_w \quad (1-2-22)$$

上式中 U_u、U_v、U_w 为各相电压；I_u、I_v、I_w 为各相电流；$\cos\phi_u$、$\cos\phi_v$、$\cos\phi_w$ 为各相的功率因数。

在对称三相交流电路中，各相电压、相电流的有效值相等，功率因数 $\cos\phi$ 也相等，所以上式可写成：

$$P=3U_PI_P\cos\phi \quad (1-2-23)$$

上式表明，在对称三相交流电路中，总的有功功率是每相功率的 3 倍。

在实际工作中，由于测量线电流比测量相电流更方便，所以三相总有功功率也可用线电流、线电压表示成：

$$P=\sqrt{3}U_{\mathrm{L}}I_{\mathrm{L}}\cos\phi \tag{1-2-24}$$

对称负载不管是连接成星形还是三角形，其三相总有功功率均可按照上面两式计算。

同理，对称负载的无功功率计算公式如下：

$$Q=3U_{\mathrm{P}}I_{\mathrm{P}}\sin\phi=\sqrt{3}U_{\mathrm{L}}I_{\mathrm{L}}\sin\phi \tag{1-2-25}$$

项目二　电子电路基础知识

一、半导体元件及其特性

（一）半导体的基本知识

CAD001 半导体的基本知识

1. 半导体的特性

物质就其导电性能可分为导体、绝缘体和半导体。半导体的导电能力介于导体和绝缘体之间。常用的半导体材料有硅（Si）和锗（Ge）等。由于它具有热敏性、光敏性和掺杂性，因而得到广泛应用。

2. P 型和 N 型半导体

在纯净的半导体材料硅和锗中掺入 5 价元素，如磷（P）、砷（As）后，所获得的掺杂半导体称为 N 型半导体。这种半导体的多数载流子为自由电子，少数载流子为空穴。

在纯净的半导体材料硅和锗中掺入 3 价元素，如硼（B）后，所获得的掺杂半导体称为 P 型半导体。这种半导体的多数载流子为空穴，少数载流子为自由电子。

（二）PN 结及其单向导电特性

CAD002 PN结及其特性

1. PN 结的形成

当 P 型半导体和 N 型半导体接触以后，由于交界面两侧半导体类型不同，存在电子和空穴的浓度差，P 区的空穴向 N 区扩散，N 区的电子向 P 区扩散。由于扩散运动，在 P 区和 N 区的接触面就产生正、负离子层。N 区失掉电子产生正离子，P 区得到电子产生负离子，通常称这个正、负离子层为 PN 结。

2. PN 结的特性

1）PN 结的正向导通特性

给 PN 结加正向电压，即 P 区接正电源，N 区接负电源，此时称 PN 结为正向偏置。这时外加电场与内电场方向相反，当外电场大于内电场时，外加电场抵消内电场使空间电荷区变薄，有利于多数载流子运动，形成正向电流，外加电场越强，正向电流越大，这时 PN 结的正向电阻变小。

2）PN 结的反向截止特性

给 PN 结加反向电压，即 N 区接正电源，P 区接负电源，此时称 PN 结为反向偏置。这时外加电场与内电场方向相同，使内电场的作用增强，PN 结变厚，多数载流子运动难于进行，有助于少数载流子运动，少数载流子很少，所以电流很少，接近于零，即 PN 结反向电阻很大。

综上所述，PN 结具有单向导电性，加正向电压时，PN 结处于导通状态；加反向电压时，PN 结处于截止状态。

（三）半导体二极管

CAD003 半导体二极管相关知识

1. 半导体二极管的结构及类型

1）结构

在形成 PN 结的 P 型半导体和 N 型半导体上，分别引出两根金属引线，并用管壳封装，就制成了二极管。其中，从 P 区引出的线为正极（或阳极），从 N 区引出的线为负极（或阴极）。

2）类型

（1）按材料分：有硅二极管、锗二极管。

（2）按结构分：有点接触型、面接触型二极管。

（3）按用途分：有整流、稳压、开关、发光、发电、变容、阻尼二极管等。

（4）按封装形式分：有塑封和金属封二极管。

（5）按功率分：有大功率、中功率及小功率等二极管。

2. 半导体二极管的主要参数及特点

正确使用半导体二极管必须了解其主要参数。半导体二极管参数很多，其中最主要的有以下几个。

（1）最大正向电流，指在规定的散热条件下，二极管长期运行时，允许通过二极管的最大正向电流平均值。使用时不允许超过此值。

（2）反向击穿电压，指二极管所能承受的最大反向电压。超过此值时，二极管将被击穿。

（3）最高反向工作电压，一般为反向击穿电压的 1/2～2/3。

（4）反向电流，指在最高反向电压下，通过二极管的反向电流值，一般越小越好。

（5）正向压降，指在一定正向电流下二极管两端的正向电压降。通常锗二极管为 0.3～0.5V，硅二极管为 0.7～1V。

表示出其最主要的特点是单向导电性。当二极管正极接电源正极，负极接电源负极时，二极管流过正向电流；反之，则二极管基本无电流流过。二极管的使用大多是利用这一特性。

（四）半导体三极管

ZAE001 半导体三极管相关知识

1. 三极管的结构

三极管是通过一定工艺将两个 PN 结合在一起引出三个极封装而成的，三个极分别为发射极（e）、基极（b）、集电极（c）。

2. 三极管分类

三极管的种类很多，按其结构类型分为 NPN 管和 PNP 管；按其制作材料分为硅管和锗管；目前国内生产的硅管多为 NPN 管，锗管多为 PNP 管。按工作频率分为高频管和低频管；按其功率大小分为大功率管、中功率管和小功率管；按其工作状态分为放大管和开关管。

3. 半导体三极管的主要参数

1）直流参数

（1）共发射极直流电流放大倍数 $\beta=I_c/I_b$。

（2）集电极-基极反向截止电流 I_{cbo}，是指 $I_e=0$ 时，基极和集电极间加规定的反向电压时的集电极电流。

（3）集电极-发射极反向截至电流 I_{ceo}（穿透电流），是指 $I_b=0$ 时，集电极和发射极间加规定的反向电压时的集电极电流。

2）交流参数

（1）共发射极交流电流放大倍数 $\beta=\Delta I_c/\Delta I_b$，其中 ΔI_b 是 I_b 对应的变化量，ΔI_c 是 I_c 对应的变化量。

（2）共基极交流放大倍数 $\alpha=\Delta I_c/\Delta I_e\approx1$。

3）极限参数

（1）集电极最大允许电流 I_{cm}，集电极 I_c 值超过一定限度时 β 值会下降，当 β 值下降到额定值的 1/2~2/3 时的 I_c 值叫 I_{cm}，正常工作时不允许超过 I_{cm}。

（2）集电极-发射极击穿电压 BU_{ce0}，是指基极开路时，加在集电极与发射极之间的最大允许电压。使用时如果 $U_{ce}>BU_{ce0}$，管子将会被击穿损坏。

（3）集电极最大容许耗散功率 P_{cm}，集电极电流 I_c 会使管子温度上升，管子因受热而引起的参数变化不超过允许值的功耗就是 P_{cm}，管子实际耗散功率 $P_c=U_{ce}I_c$，使用时必须使 $P_c<P_{ceo}$。

4. 半导体三极管的主要特点

三极管有三种工作状态，即放大状态、截止状态和饱和状态。由此产生了三极管的两种应用场合：放大电路和开关电路。

使半导体管处于放大状态的原则是：发射结（e、b 之间）加正向电压，集电结（c、b 之间）加反向电压。

二、数字电路知识

（一）概述

J(GJ)AA001 数字信号与数字电路

1. 数字信号和数字电路

电子技术中的电信号可分为两大类：模拟信号和数字信号。模拟信号是连续变化的，处理模拟信号的电子电路称为模拟电子线路。数字信号是不连续的脉冲信号，处理数字信号的电路称为数字电路。

2. 数字电路的优点

（1）便于高度集成化。由于数字电路采用二进制，凡具有两个状态的电路都可用来表示 0 和 1 两个数，因此基本单元电路的结构简单，允许电路参数有较大的离散性，有利于将众多的基本单元电路集成在同一块硅片上和进行批量生产。

（2）工作可靠性高、抗干扰能力强。数字信号是用 1 和 0 来表示的有和无，数字电路辨别信号的有和无是很容易做到的，从而大大提高了电路的工作可靠性。

（3）数字信息便于长期保存。

(4)数字集成电路产品系列多、通用性强、成本低。

(5)保密性好。数字信息容易加密处理,不易被窃取。

(二)数制及不同数制间的转换

J(GJ)AA002
数制相关知识

1. 数制

数制是一种计数的方法,它是进位计数器的简称。采用何种计数方法应根据实际需要而定。在数字电路中,常用的计数制除十进制外,还有二进制、八进制和十六进制。

1)十进制

十进制是以 10 为基数的计数体制。在十进制中,每一位有 0、1、2、3、4、5、6、7、8、9 十个数码,它的进位规律是逢十进一,即 $9+1=10=1\times10^1+0\times10^0$。在十进制中,数码所处的位置不同时,其代表的数值是不同的。

2)二进制

二进制是以 2 为基数的计数体制。在二进制中,每位只有 0 和 1 两个数码,它的进位规律是逢二进一。

3)八进制和十六进制

八进制是以 8 为基数的计数体制。在八进制中,每位有 0、1、2、3、4、5、6、7 八个不同的数码,它的进位规律是逢八进一;十六进制是以 16 为基数的计数体制。在十六进制中,每位有 0、1、2、3、4、5、6、7、8、9、A(10)、B(11)、C(12)、D(13)、E(14)、F(15)十六个不同的数码,它的进位规律是逢十六进一。

J(GJ)AA003
不同数制间的转换

2. 不同数制间的转换

1)各种数制转换成十进制

二进制、八进制、十六进制转换成十进制时,只要将它们按权展开,求出各加权系数的和。

2)十进制转换成二进制

十进制分整数部分和小数部分,因此需将整数和小数分别进行转换,再将转换结果排列在一起,就得到该十进制数转换的完整结果。

3)二进制与八进制间的相互转换

二进制转换成八进制数。由于八进制数得基数 $8=2^3$,故每位八进制数由三位二进制数构成。因此,二进制数转换成八进制数的方法是:整数部分从低位开始,每三位二进制数为一组,最后不足三位的,则在高位加 0 补足三位为止;小数点后的二进制数则从高位开始每三位二进制数为一组,最后不足三位的,则在低位加 0 补足三位,然后用对应的八进制数来代替,再按顺序排列写出对应的八进制数。

八进制数转换成二进制数。将每位八进制数用三位二进制数来代替,再按原来的顺序排列起来,便得到了相应的二进制数。

4)二进制与十六进制间的相互转换

二进制转换成十六进制数。由于十六进制数得基数 $16=2^4$,故每位十六进制数由四位二进制数构成。因此二进制数转换成十六进制数的方法是:整数部分从低位开始,每四位二进制数为一组,最后不足四位的,则在高位加 0 补足四位为止;小数部分从高位开始,每四位二进制数为一组,最后不足四位的,则在低位加 0 补足四位,然后用对应的十六进制数来代替，再按顺序排列写出对应的十六进制数。

十六进制数转换成二进制数。将每位十六进制数用四位二进制数来代替，再按原来的顺序排列起来，便得到了相应的二进制数。

（三）基本逻辑门电路

J(GJ)AA004 基本逻辑门电路

1. “与”门电路

当产生某一结果有好几个条件时，如果条件中的所有条件都满足才能产生结果，则这些条件之间关系为“与”的关系，也叫逻辑相乘。

能实现“与”逻辑关系的电路称“与”门电路，简称“与”门。“与”门电路，A、B、C 是三个信号的输入端，Q 是输出端。无论是输出还是输入信号，其电位只有高电位和低电位两种形式，通常用“1”表示高电位，“0”表示低电位。

“与”门电路，只有当电路的三个输入端 A、B、C 都是“1”状态时，输出才是“1”状态；只要三个输入端中有一个是“0”状态，输出就是“0”状态。这个关系用一个表达式来描述，即 $Q=A\cdot B\cdot C$。逻辑表达式是描述数字电路的另一种的方法。

2. “或”门电路

当产生某一结果有好几个条件时，如果条件中的任意一个满足即可产生结果，则这些条件之间关系为“或”的关系，也叫逻辑相加。

能实现“或”逻辑关系的电路称“或”门电路，简称“或”门。“或”门电路，A、B、C 是三个信号的输入端，Q 是输出端。只有当三个输入端 A、B、C 都处于“0”状态，输出才是“0”；A、B、C 中只要有一个（或几个）是“1”状态，输出 Q 就是“1”状态。用逻辑表达式即 $Q=A+B+C$。

3. “非”门电路

当产生某一结果时，如果其中某个条件存在就会导致结果不产生，则这个条件与工作结果之间为“非”的关系，也叫逻辑求反。

该电路由三极管构成。该三极管工作在截止或饱和状态。显然“非”门电路输入与输出的状态正好相反。用逻辑表达是表示为 $Q=\overline{A}$，利用“非”门可实现逻辑“非”运算。

三、晶闸管电路知识

晶闸管简称可控硅，它是一种大功率半导体器件，具有容量大、效率高、控制特性好等优点。它在可控整流、逆变与变频、交流调压、无触点开关等方面获得广泛的应用。

（一）晶闸管器件的原理与测试

1. 晶闸管器件结构与符号

晶闸管器件结构如图 1-2-15 所示。

由图 1-2-15 可见，晶闸管（也称半导体闸流管）器件外部有 3 个电极：阳极 A，阴极 K 和门极（G，又称控制极）。其内部有四层半导体（P_1、N_1、P_2、N_2），所以有 3 个 PN 结 J_1、J_2、J_3 组成。阳极 A 从 P 层引出，阴极由 N_2 层引出，门极由 P_2 层引出。

GAB002 晶闸管的工作原理及测试

2. 晶闸管的工作原理

把晶闸管内部结构分解为 2 个三极管，如图 1-2-16(a)所示。当外部接上电源后，若 Q

是断开的，则 N_1P_1 间的 PN 结 J_2 处于反偏状态，故晶闸管不导通。若 Q 合上，则有一个电流 I_g 流进三极管 VT_2 的基极，只要该电流足够大，就会在晶闸管内部形成正反馈过程，如图 12-16(b)所示。

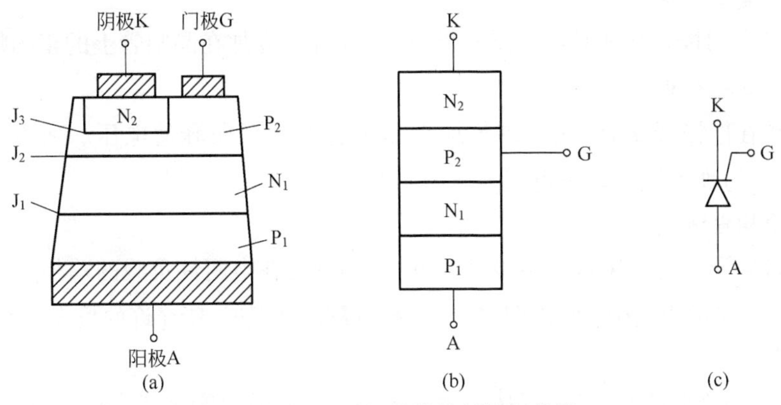

图 1-2-15　晶闸管器件结构与符号

强烈的正反馈使两个三极管瞬间导通（即晶闸管导通）。管子导通后，I_g 失去作用，即门极失去控制作用。如图 1-2-16 所示晶闸管的三个电极所加的电压极性：A 接"+"，K 接"-"，称为正向阳极电压；G 接"+"，K 接"-"，称为正向门极电压。

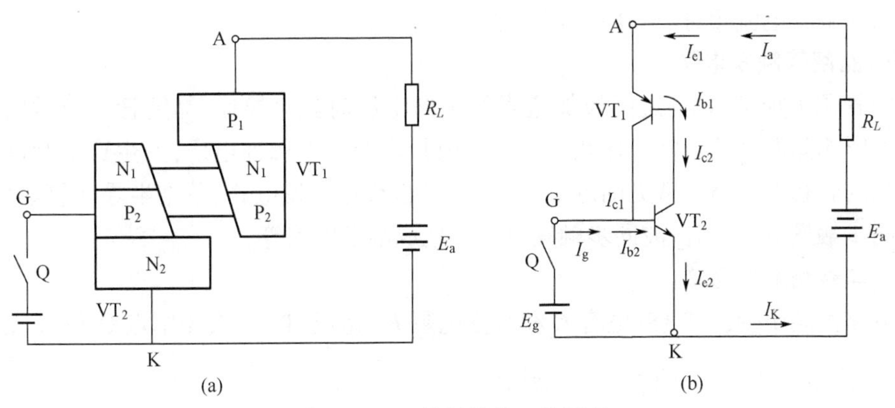

图 1-2-16　晶闸管的工作原理

若减小流过晶闸管的电流 I_a，使管子内部的正反馈过程不能维持时，晶闸管将会关断，这个刚好能维持晶闸管导通的最小电流 I_a，称为维持电流。

综上所述，可以归纳出如下重要结论：

(1)晶闸管导通条件。要使晶闸管可靠导通，应给管子施加一个较大的正向阳极电压和一个适当的正向门极电压。晶闸管导通后，门极失去控制作用。

(2)晶闸管关断条件。晶闸管由导通变为截止的条件是使关断的阳极电流 I_a 小于维持电流。实现这一点的方法有断开阳极电源；降低正向阳极电压；给阳极加反向电压等。

3. 晶闸管器件的简易测试

用万用表的 $R\times1\text{k}\Omega$ 挡测阳极与阴极间的正反向电阻，若阻值都相当大，说明晶闸管正常；如果阻值不大或为零，说明晶闸管性能不好或内部短路。

用万用表 $R\times1\Omega$ 挡测门极与阴极间的电阻，若正、反向阻值为数十欧姆，说明正常；若阻值为零或无穷大，说明门极与阴极之间短路或断路。

（二）晶闸管的主要参数

GAB001 晶闸管的结构和参数

1. 正向重复峰值电压 U_{VM}

U_{VM} 是指在门极开路和晶闸管阻断条件下，允许重复加在晶闸管上的正向峰值电压。

2. 反向重复峰值电压 U_{RM}

U_{RM} 是指在门极开路时，允许重复加在晶闸管上的反向峰值电压。通常 U_{VM} 和 U_{RM} 大致相等，习惯上统称峰值电压。

3. 通态平均电流 I_V

I_V 是在环境温度为40℃和规定冷却条件下，晶闸管在电阻性负载的单相工频正弦半波、导通角不小于170°的电路中，当结温稳定且不超过额定结温时，所允许的最大通态平均电流。

4. 维持电流 I_H

在室温下，门极开路时，晶闸管从较大的通态电流降低至刚好能维持导通的最小电流。

5. 门极触发电流

I_G 是指在室温下，晶闸管加 6V 正向阳极电压时，使其完全开通所必需的最小门极直流电流。

6. 门极触发电压 U_G

与门极触发电流相对应的门极直流电流。

GAB003 晶闸管触发电路

（三）晶闸管触发电路

晶闸管阳极加正向电压，门极加适当的正向电压时就会导通，晶闸管导通后门极有无电压均不影响晶闸管的正常工作状态。即门极只需要一个脉冲电压，产生这个脉冲电压的电路叫晶闸管触发电路。常见的触发电路有：阻容移相触发电路、单结半导体管触发电路、正弦波同步触发电路、锯齿波同步触发电路及集成触发电路等。

1. 阻容移相触发电路

该电路由同步变压器 TS、电容 C 和可变电阻 R_P 组成，TS 二次侧中点 O 与 A 点间的电压，即为输出电压 $\dot{U}_{OA}$，如图 1-2-17 所示。

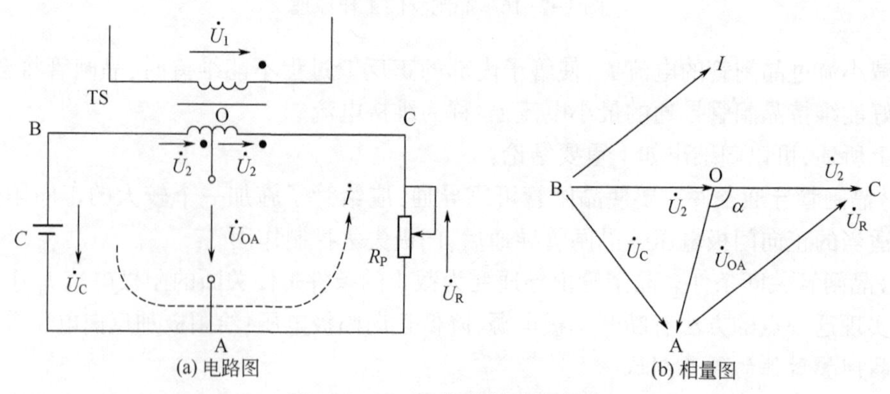

图 1-2-17 阻容移相触发电路

在回路中假设一电流 $\dot{I}$，方向如图 1-2-17(a) 中虚线所示，以 TS 二次电压 $\dot{U}_2$ 为参考相量，画出相量图，如图 1-2-17(b) 所示。观察相量图可见，∠BAC 是直角，改变电阻 R_P 的值，A 点位置将发生变化，A 点变化的轨迹是一个半圆，而 U_{OA} 是其半径。即输出电压 $\dot{U}_{OA}$ 的大小不变，而 $\dot{U}_{OA}$ 与 $\dot{U}_2$ 之间的相位差由 R_P 的阻值而变，变化范围(移相范围)是 180°。然而，由于门极电流等因素影响，该电路移相范围最多能达到 160°，且由于 RP 及 C 的误差，移相精度也不高。因此，该电路只适用于控制精度要求不高的场所。

2. 单结半导体管触发电路

1) 单结半导体管触发电路

单结半导体管的结构与符号如图 1-2-18 所示。由于它只有一个 PN 结，有三个引出脚，故称单结晶体管(又称双基极二极管)。R_{b1}、R_{b2} 分别为 e 极与 b_1、b_2 极之间的电阻。

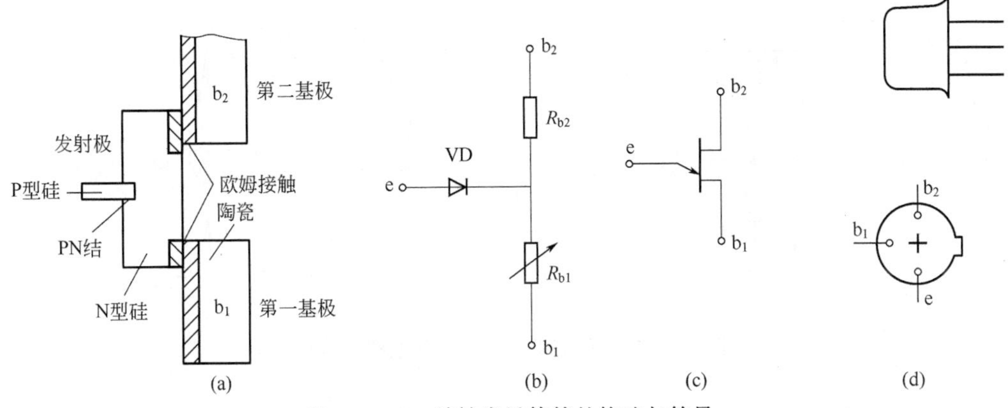

图 1-2-18　单结半导体管的构造与符号

2) 单结半导体管的特性

给单结晶体管基极间加一固定电压 U_{bb}(b_2 接"+"，b_1 接"-")，给发射极 e 与基极 b_1 间加一可变电压 U_e(e 接"+"，b_1 接"-")，当改变 U_e 时，流过发射极 e 的电流 I_e 也发生变化，U_e—I_e 曲线称为单结半导体管的伏安特性曲线，如图 1-2-19 所示。这个曲线的特点是：有一个峰点 P 和一个谷点 V，将特性曲线分为截止区、负阻区和饱和区。当 U_e 从零开始增加时，I_e 起初是一个很小的负值，随 U_e 增大，I_e 逐渐增大，这段区间内单结半导体管是截止的；当 U_e 增加到 P 点时，单结半导体管 e、b_1 间电阻 R_{b1} 突然减小，I_e 增大，U_e 下降，一直到 V 点，P、V 两点间的区域称为负阻区；当 I_e 再增大时，U_e 也缓慢增大，管子进入了饱和区。

3) 单结半导体管自激振荡电路

利用单结半导体管的负阻特性与 RC 电路充放电可组成自激振荡电路，产生频率可调的脉冲。电路如图 1-2-20(a) 所示。当电路加上直流电压 U 后，电容 C 将通过 R_e 充电，U_e 逐渐上升，当达到单结半导体管的峰点电压 U_P 时，管子导通，电容 C 向电阻 R_1 放电，从而在 R_1 上形成脉冲，U_e 迅速下降到谷点，电压为 U_v，使管子截止，电容 C 又开始新一轮充电，如此循环，从而在 R_1 上输出一系列脉冲。这个过程如图 1-2-20(b) 所示。由图可见，脉冲周期 T 由充电时间 $t_{充}$ 和放电时间 $t_{放}$ 构成，一般可选择电路参数使脉冲很窄，即 $t_{放} \ll t_{充}$，这样就有 $T \approx t_{充}$。可由下式计算：

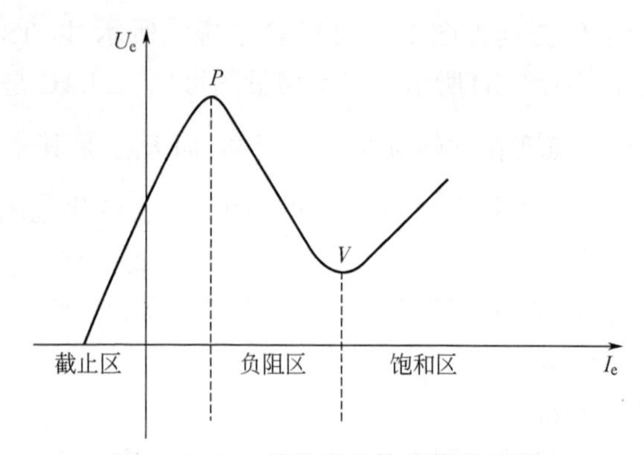

图 1-2-19　单结半导体管伏安特性

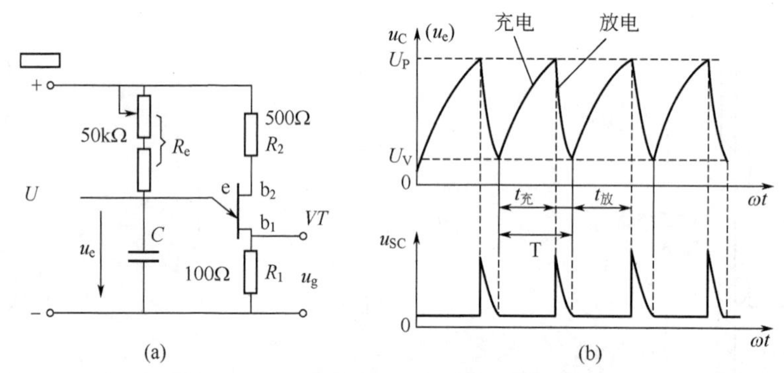

图 1-2-20　单结半导体管振荡电路与波形

$$T=R_eC\ln\left(\frac{1}{1-\eta}\right) \tag{1-2-26}$$

式中　$\eta=\dfrac{R_{b1}}{R_{b1}+R_{b2}}$——单结晶体管的分压比，由内部结构决定，通常为 0.3~0.9。

由上式可见，脉冲周期 T 由 R_e 和 C 决定，通常利用改变 R_e 来调节 T。

4）单结半导体管触发电路

单结晶体管自激振荡电路不能直接用来触发晶体管，因为其脉冲无法实现与晶闸管同步。图 1-2-21(a)是一种单结晶体管触发电路，可用于单相半控桥整流电路。同步变压器 TS、整流桥及稳压管 VD 组成同步电路，为单结半导体管自激振荡电路提供电源，各点波形如图 1-2-21(b)、图 1-2-21(c)所示。整流桥输出电压波形为 u_T、稳压管两端波形为 $u_c=u_{bb}$，电容 C 两端电压波形为 $u_c=u_e$，电阻 R_1 两端电压波形是 u_g，加在晶闸管上，在每个波头里只有第一个触发脉冲起作用。

（四）晶闸管的保护

GAB004 晶闸管的保护

1. 过电流保护

当流过晶闸管的电流超过其额定通态平均电流时称为过电流。为了保证晶闸管在过电流时能迅速切断过电流，从而保护晶闸管，故设置了过电流保护。

常用的过电流保护措施有灵敏过电流继电器保护、直流快速断路器保护和快速熔断器保护,其中多采用快速熔断器保护。快速熔断器在电路中的接入方式有三种:接在直流侧、接在交流侧以及与晶闸管串联。需要注意的是,快速熔断器的标称是以电流有效值标识的,晶闸管额定通态平均电流的 1.57 倍可作为选择快速熔断器熔体电流的依据。

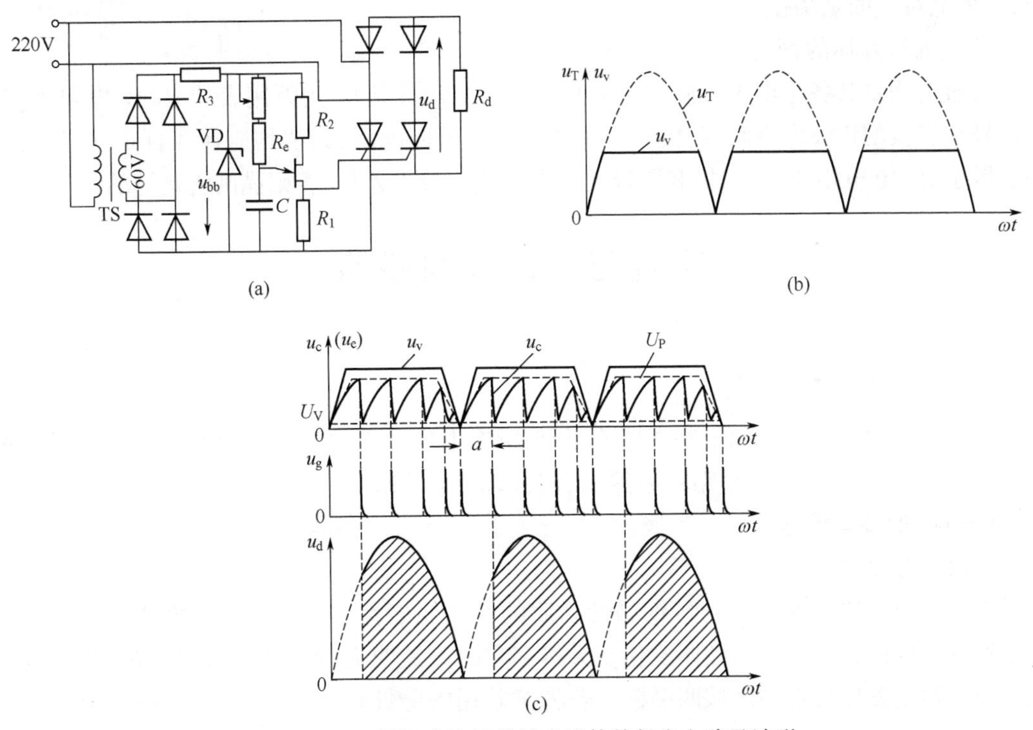

图 1-2-21　单相半控桥单结半导体管触发电路及波形

2. 过电压保护

当加在晶闸管两端的电压超过其额定电压时,称为过电压。常用的过电压保护措施有阻容保护和金属氧化物压敏电阻保护两种。阻容保护是通过串联的 *RC* 阻容吸收回路实现的。压敏电阻保护主要是利用其独有的电压电流特性来抑制过电压。

(五)晶闸管的选择和检测

GAB005 晶闸管的选择和检测

1. 晶闸管的选择

晶闸管电压等级的选择,可按下面的经验公式进行估算:

$$U_{RRM} \geqslant (1.5 \sim 2) U_{RM} \tag{1-2-27}$$

式中　U_{RM}——晶闸管在工作中可能承受的反向峰值电压,V。

晶闸管电流等级的选择,一般按电路最大工作电流来选择:

$$I_{TAV} \geqslant (1.5 \sim 2) I_{LM} \tag{1-2-28}$$

式中　I_{LM}——电路最大工作电流,A。

2. 晶闸管的检测

判别晶闸管的好坏和对应电极的依据是利用其内部结构和特性,使用万用表的电阻挡来进行判别。

1）晶闸管电极的判别

将万用表置于 $R\times10$ 或 $R\times1k$ 电阻挡，首先测量任意两个电极之间的电阻，如果测量出的两电极间的电阻较小，则该两个电极为门极和阴极。测试阻值较小时黑表笔对应的是门极，红表笔对应的是阴极。

2）晶闸管好坏的判别

可通过测量其各个电极之间的电阻来判别。正常情况下，用万用表的 $R\times1k$ 电阻挡，测量阳极和阴极的正反向电阻、门极和阳极之间的正反向电阻，其值均应在几百千欧以上；万用表置于 $R\times10$ 电阻挡时，门极和阴极间的电阻应有较大差异，否则晶闸管是坏的。

项目三　磁场与磁路

一、磁场的基本性质

电和磁是相互联系的两个基本现象，几乎所有电气设备的工作原理都与电和磁紧密相关。这里主要介绍磁现象及规律、磁路的有关知识、电磁感应等。

（一）磁的基本概念

GAC001 磁的基本概念

1. 磁体与磁极

人们把具有吸引铁、镍、钴等铁磁性物质的性质叫磁性。具有磁性的物体叫磁体。使原来不带磁性的物体具有磁性叫磁化。天然存在的磁铁叫天然磁铁，人造的磁铁叫人造磁铁。磁铁两端磁性最强的区域叫磁极。若将试验用的磁针转动，待静止时它停在南北方向上，指北的一端叫北极，用 N 表示；指南的一端叫南极，用 S 表示。

磁极与电荷间相互作用相似，磁极间具有同极性相斥、异极性相吸的性质。

2. 磁场和磁力线

磁体周围存在磁力作用的区域称为磁场，即磁体的磁力所能达到的范围叫磁场。磁场的磁力用磁力线表示。如果把一些小磁针放在一根条形磁铁附近，那么在磁力的作用下，磁针将排列成图 1-2-22(a)的形状，连接小磁针在各点上 N 极的指向，就构成一条由 N 极指向 S 极的光滑曲线。如图 1-2-22(b)所示，此曲线称为磁力线。规定在磁体外部，磁力线的方向是由 N 极出发进入 S 极；在磁体内部，磁力线的方向是由 S 极到达 N 极。

磁力线是假想出来的线，但可以用实验方法显示出来。在条形磁铁上放一块纸板，撒上一些铁屑并轻敲纸板，铁屑会有规律地排列成图 1-2-22(c)所示的线条，这就是磁力线。

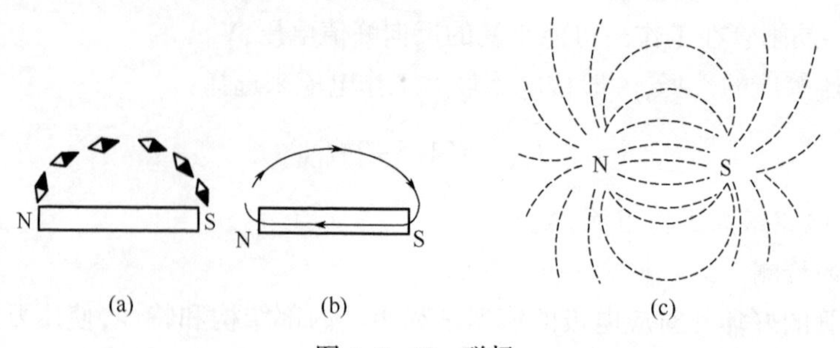

图 1-2-22　磁场

GAC002 电流的磁场

（二）电流的磁场

电流的周围存在着磁场。近代科学证明，产生磁场的根本原因是电流。电流与磁场有着不可分割的联系。

1. 电流产生磁场

在小磁针上面放一根通直流电的直导体，结果小磁针会转动，并停止在垂直于导体的位置上；中断导体中的电流，小磁针将恢复原位置；电流方向改变，小磁针会反向转动。这个实验证明，通电导体周围产生了磁场。

2. 电流磁场方向的判定——右手螺旋定则

电流产生的磁场方向可用右手螺旋定则来判断，一般分两种情况：

（1）直线电流的磁场。右手握直导体，拇指的方向指向电流方向，弯曲四指的指向即为磁场方向。

（2）环形电流产生的磁场。右手握螺旋管，弯曲四指表示电流方向，拇指所指方向即是磁场方向。

GAC003 磁通、磁感应强度的概念

（三）磁通

通过与磁场方向垂直的某一面积上的磁力线的总数，称为通过该面积的磁通。用字母Φ表示，磁通单位是韦伯（Wb），简称韦，工程上常用比韦伯小的单位，叫麦克斯（Mx），简称麦。$1Wb=10^8Mx$。

磁通是描述磁场在一定面积上分布情况的物理量。面积一定时，如果通过该面积的磁通越多，则表示磁场越强。

（四）磁感应强度

磁感应强度是表示磁场中某点磁场强弱和方向的物理量，用符号B表示，磁场中某点磁感应强度B的方向就是该点磁力线的切线方向。

如果磁场中各处的磁感应强度B相同，则这样的磁场称为均匀磁场。在均匀磁场中，磁感应强度可用下式表示：

$$B=\frac{\Phi}{S} \tag{1-2-29}$$

在均匀磁场中，磁感应强度B等于单位面积的磁通量。如果通过单位面积的磁通越多，则磁场越强，所以磁感应强度有时又称磁通密度。

磁感应强度单位是特斯拉（T），简称特，在工程上，常用较小的磁感应强度单位是高斯（Gs），$1T=10^4Gs$。

（五）磁导率

用一个插入软铁棒的通电线圈去吸引铁屑，然后把软铁棒换成铜棒再去吸引铁屑，会发现两种情况，吸引大小不同，前者比后者大得多。这说明不同物质对磁场的影响不同，影响的程度与物质的导磁性能有关。所以引入磁导率来表示物质的导磁性能。磁导率用字母μ表示，单位是H/m（亨/米）。试验测得真空的磁导率$\mu_o=4\pi10^{-7}H/m$，且为一常数。任一物质的磁导率与真空中磁导率的比值称为相对磁导率，用字母μ表示。$\mu_r=\mu/\mu_o$只是一个比值，无单位，根据物质的磁导率不同，可以把物质分为三类：

（1）$\mu_r<1$的物质叫反磁物质，如铜、银等；

(2) $\mu_r>1$ 的物质叫顺磁物质，如空气、锡等；

(3) $\mu_r>>1$ 的物质叫铁磁物质，如铁、钴、镍及其合金等。

铁磁物质由于其相对磁导率远大于1，往往比真空产生的磁场高几千倍甚至几万倍以上。如硅钢片 $\mu_r=7500$，玻莫合金 μ_r 高达几万甚至十万以上。所以铁磁物质广泛用于电工技术方面（制造变压器、电动机的铁芯等）。

GAC004 磁导率、磁场强度的概念

（六）磁场强度

磁场强度是一个矢量，常用字母 H 表示，其大小等于磁场中某点的磁感应强度 B 与媒介质磁导率 μ 的比值。即

$$H=\frac{B}{\mu} \tag{1-2-30}$$

磁场强度的单位是安/米（A/m），较大的单位是奥斯特（O_e），简称奥，换算关系为：$1O_e=80A/m$。

在均匀媒介质中，磁感应强度 H 的方向和所在点的磁感应强度 B 的方向相同。

（七）磁化与磁性材料

GAC005 磁化及磁性材料

1. 磁化

使原来没有磁性的物质具有磁性的过程叫磁化。凡是铁磁物质都能被磁化。

2. 磁化曲线

当铁磁物质从完全无磁化的状态进行磁化的过程中，铁磁物质的磁感应强度 B 将按一定规律随外磁场强度 H 的变化而变化。这种 B 与 H 的关系成为磁化曲线，如图1-2-23所示。

由曲线可见，当 H 较小时，B 随 H 近似成比例增加，如曲线 Oa 段；曲线 ab 段，H 增大而 B 增加缓慢，称为曲线的膝部；当 H 达到相当大时，B 增加甚微，称为曲线的饱和段，即曲线 b 点以后部分。

3. 磁滞曲线

铁磁材料在交变磁场中反复磁化时，可得到如图1-2-24所示磁滞回线。由于在反复磁化过程中，B 的变化总是滞后于 H 的变化，这一现象称为磁滞。

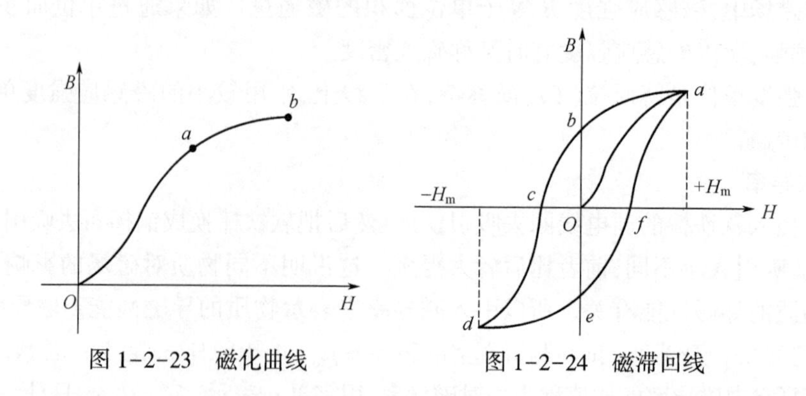

图1-2-23　磁化曲线　　图1-2-24　磁滞回线

不同的外磁场强度 H_m 情况下所得到的一系列磁滞回线如图1-2-25所示，把这些磁滞回线的顶点连接起来所得到的曲线称为基本磁化曲线，今后在磁路计算中所用的曲线都是

这种曲线。图 1-2-26 所示为几种铁磁材料的磁化曲线。

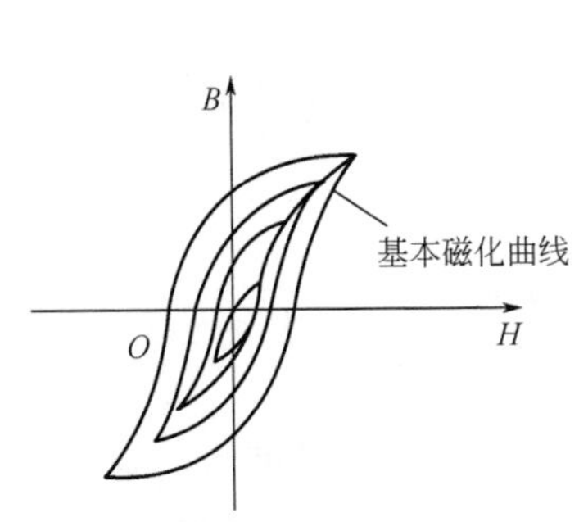

图 1-2-25 不同磁场强度对应不同磁滞曲线

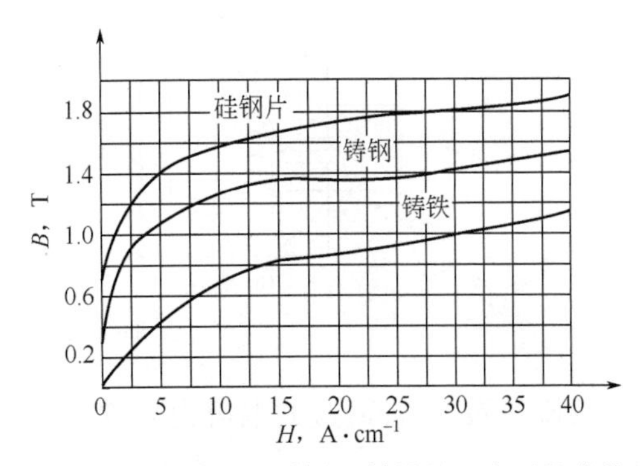

图 1-2-26 硅钢片、铸钢、铸铁的基本磁化曲线

4. 铁磁材料分类及用途

不同的铁磁材料具有不同的磁滞回线,在工程上的用途也各不相同,通常可分为三大类:

1) 软磁材料

软磁材料如硅钢片、纯铁等。其特点是易磁化也易去磁,磁滞回线较窄。常用来制作电动机、变压器等电气设备的铁芯。

2) 硬磁材料

硬磁材料特点是不易磁化,也不易去磁,磁滞回线很宽。常见的这类材料有钨钢、钴钢等。常用来做永久磁铁、扬声器的磁钢等。

3) 矩磁材料

矩磁材料特点是在很小的外磁作用下就能磁化,一经磁化便达到饱和,去掉外磁场后,磁性仍能保持在饱和值。因其磁滞回线近似为矩形而得名,常用来做记忆元件,如计算机中储存器的磁芯。

二、磁路与磁路定律

GAC006 磁路的概念

(一) 磁路的概念

磁通通过的闭合路径称为磁路。在电气设备中,为了获得较强的磁场,常常需要把磁通集中在某一路径中。形成磁路的方法是利用铁磁材料按电器的结构要求而做成各种形状的铁芯,从而使磁通形成所需的闭合路径。

由于铁磁材料的磁导率 μ 远大于空气,所以磁通主要沿铁芯闭合,只有很少部分磁通经空气或其他材料闭合。通过铁芯的磁通称为主磁通;铁芯外的磁通称为漏磁通。

磁路按其结构不同,可分为无分支磁路和分支磁路。分支磁路又可分为对称分支磁路和不对称分支磁路。

GAC007 磁路欧姆定律

(二) 磁路欧姆定律

在图 1-2-27(a) 的铁芯上,绕制一组线圈,便形成一个无分支磁路,如图 1-2-27(b) 所示。

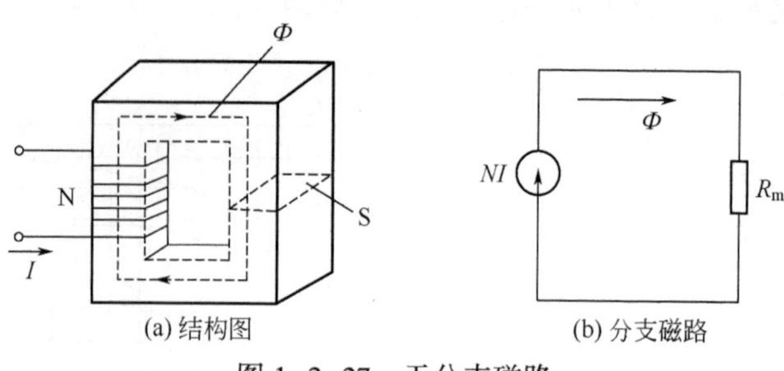

(a) 结构图 (b) 分支磁路

图 1-2-27 无分支磁路

设线圈匝数为 N，通过的电流为 I，铁芯的截面积为 S，磁路的平均长度为 l，则其磁场强度为

$$H=\frac{NI}{l} \tag{1-2-31}$$

式中 NI 相当于电路中的电动势，叫磁动势，单位为安匝。因为 $\Phi=BS$，那么有

$$B=\mu H=\mu\frac{NI}{l} \tag{1-2-32}$$

则

$$\Phi=\mu\frac{NI}{l}S=\frac{NI}{\dfrac{l}{\mu S}} \tag{1-2-33}$$

令

$$R_m=\frac{l}{\mu S} \tag{1-2-34}$$

式中 R_m——磁路中的磁阻，Ω。

可见，磁阻的大小与磁路中的磁力线的平均长度 l 及材料磁导率 μ 成正比，和铁芯截面积成反比。由此得出

$$\Phi=\frac{NI}{R_m} \tag{1-2-35}$$

即

$$磁通=\frac{磁动势}{磁阻}$$

上式称为磁路欧姆定律，它与电路欧姆定律相似，磁通 Φ 相当于电路中的电流 I，电动势 NI 相当于电动势 E，磁阻 R_m 相当于电阻 R。但磁路与电路有本质的不同，磁路无开路状态。

在实际应用中，很多设备的磁路往往要通过几种不同的物质，在图 1-2-28 中，当衔铁未吸合时，磁通不仅要通过铁芯和衔铁，还要两次通过宽度为 δ 的空气隙，其等效磁路如图 1-2-28(b)所示，该磁路中磁通表示为

$$\Phi=\frac{NI}{R_{m1}+R_{m2}+R_{m气}} \tag{1-2-36}$$

式中 R_{m1}——铁芯的磁阻，Ω；

R_{m2}——衔铁的磁阻，Ω；

$R_{m气}$——2δ 的空气隙具有的磁阻，Ω。

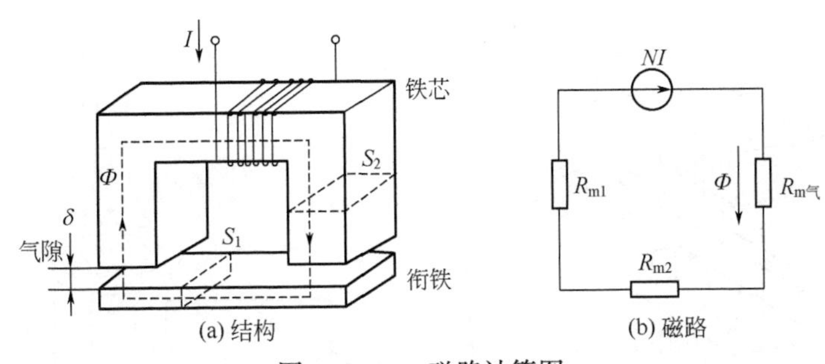

图 1-2-28 磁路计算图

在有气隙的磁路中，气隙虽很短，但因空气的 μ_r 近似等于 1，因此气隙磁阻远大于铁芯的磁阻。

磁路与电路有很多相似之处，表 1-2-2 列出了磁路与电路的对应关系。

表 1-2-2 磁路与电路的对应关系

磁 路		电 路	
磁动势	NI	电动势	E
磁通	Φ	电流	I
磁导率	μ	电阻率	ρ
磁阻	$R_m=\frac{l}{\mu S}$	电阻	$R=\rho\frac{l}{S}$
欧姆定律	$\Phi=\frac{NI}{R_m}$	欧姆定律	$I=\frac{E}{R}$

三、电磁感应定律

GAC008 法拉第电磁感应定律

(一)法拉第电磁感应定律

1. 电磁感应现象及条件

在图 1-2-29(a)中，在均匀磁场中放置一根导体 AB，两端接上灵敏检流计。当导体垂直于磁力线作切割运动时，可以看到检流计指针偏转，说明回路中有电流存在；当导体平行于磁力线方向运动时，导体所在回路中磁通不发生变化，检流计指针不动，回路中无电流存在。

在图 1-2-29(b)中，线圈两端接上检流计 P 构成回路，当磁铁插入线圈时，检流计会向一个方向偏转；如果磁铁在线圈中静止不动时，检流计不偏转；将磁铁迅速由线圈中拔下出时，检流计又向另一个方向偏转。

上述现象说明：当导体切割磁力线或线圈中磁通发生变化时，在导体或线圈中都会产生感应电动势。其本质都是由于磁通发生变化而引起的。由以上分析可知，电磁感应的条件是穿越线圈回路中的磁通发生变化。

2. 法拉第电磁感应定律

在图 1-2-29(b)所示的实验中，当磁铁插入或拔出越快，指针偏转越大。即回路中感

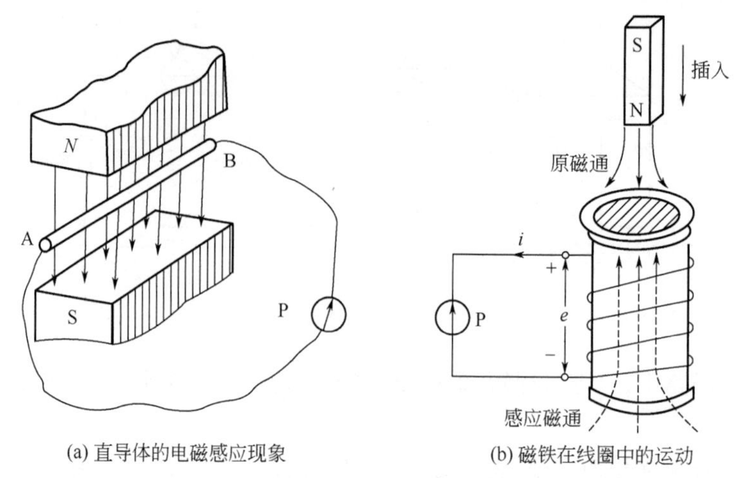

(a) 直导体的电磁感应现象　(b) 磁铁在线圈中的运动

图 1-2-29　电磁感应现象

应电动势的大小与穿过回路的磁通变化率成正比,这就是法拉第电磁感应定律。通过线圈的磁通量为 Φ,则单匝线圈的感应电势大小为

$$e=-\frac{\Delta\Phi}{\Delta t} \tag{1-2-37}$$

对 N 匝线圈,其感应电势为:

$$e=-N\frac{\Delta\Phi}{\Delta t} \tag{1-2-38}$$

式中　e——在 Δt 时间内感应电动势的平均值,V;

N——线圈匝数;

$\frac{\Delta\Phi}{\Delta t}$——磁通变化率。

上式表明,线圈中感应电动势的大小,决定于线圈中磁通变化率。

GAC009 楞次定律

(二)楞次定律

楞次定律是确定感应电动势方向的重要定律,其内容是:感应电动势的磁通总是反抗原有磁通的变化。应用其判断感应电动势方向的具体方法是:

(1)首先确定原磁通方向及其变化趋势。

(2)由楞次定律判断感应磁通方向。如果原磁通增加,则感应磁通与原磁通相反,反之则方向相同。

(3)由感应磁通方向,应用右手螺旋定则判断感应电动势或感应电流的方向。

(4)直导体中感应电动势方向,用右手定则判断更为方便。其具体办法:伸开右手,当磁力线穿过手心,拇指指向导体运动方向,其余四指的方向即感应电动势的方向。

(5)电磁感应定律表达式中的负号:负号实际上是楞次定律在电磁感应定律中的反映,有了负号,电磁感应定律既能表示感应电动势的大小,又能表示其方向。

四、自感、互感、涡流

GAC010 自感、互感的概念

(一)自感

由流过线圈本身的电流发生变化而引起的电磁感应现象称为自感应,简称自感。自感产生的电动势称为自感电动势,用 e_L 表示。

当一个线圈通过变化的电流后,这个电流产生的磁场使线圈每匝具有的磁通 Φ 称为自感磁通,使整个线圈具有的磁通称为自感磁链,用字母 ψ 表示,也称自感。由电磁感应定律,自感电动势为:

$$e_L = -L\frac{\Delta I}{\Delta t} \tag{1-2-39}$$

(二)互感

互感是电磁感应的一种形式,当一个线圈中电流变化,在另一个线圈中产生感应电动势的现象,称为互感。互感现象中产生的感应电动势,称为互感电动势。互感现象不仅发生于绕在同一铁芯上的两个线圈之间,且可发生于任何两个相互靠近的电路之间。利用互感现象,可以把能量从一个线圈传递到另一个线圈。

GAC011 涡流的概念

(三)涡流

涡流也是一种电磁感应现象。在图 1-2-30(a)中,整块铁芯上绕有一组线圈,当线圈中通有交变电流时,铁芯内就会产生交变的磁通,产生感应电动势,形成感应电流。由于这种感应电流在整块铁芯中流动,形成闭合电路,故称涡流。

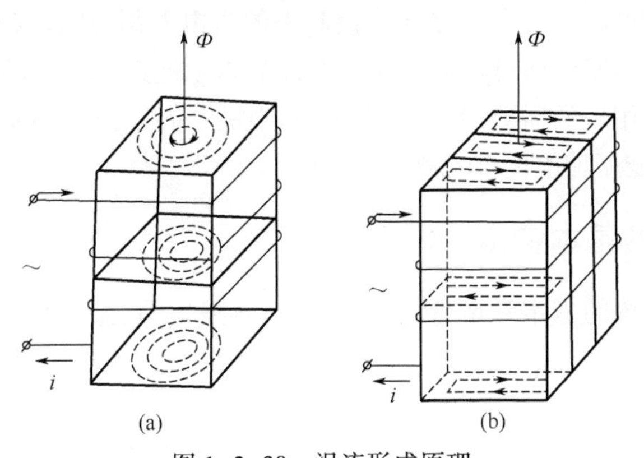

图 1-2-30　涡流形成原理

涡流流动时,由于整块铁芯的电阻很小,常常达到较大的数值,使铁芯发热,而这种热量无法利用,称为涡流损耗。涡流损耗与磁滞损耗合成铁损。涡流产生的磁通将阻止原磁通变化,也将削弱原磁场的作用,称为去磁。

上述涡流损耗和去磁作用对电气设备工作不利,应设法减小。通常用增大涡流回路电阻的方法,可以达到减小涡流的目的。在电动机与变压器的铁芯中,通常使用相互绝缘的硅钢片叠成,一般每片硅钢片 0.35~0.5mm,如图 1-2-30(b)所示。这样,一是将涡流的区域分割小,二是硅钢片的电阻率较大,从而大大限制了涡流。

在另一种情况下,人们利用涡流产生的热来加热金属,如高频感应炉就是一例。

项目四　电力系统供电基础知识

CAE001 电力系统与电力网

一、动力系统

动力系统由水库、锅炉、核反应堆、水轮机、汽轮机、发电机、变压器、电力线路、电能用户和热能用户组成。

在动力系统中，锅炉、汽轮机等动力部分（水电厂为水轮机，核电厂为核反应堆），通过发电机将一次能源转变成为电能，然后由变压器、输电线路输送和分配出去，再经过用电设备转变为所需要的各种形式的能量。

二、电力系统与电力网

电力系统与电力网是两个不同的概念。

电力系统是动力系统的一部分，是由发电机、变压器、电力线路及用电设备组成的，是集发电、输电、变电、用电于一身的完整的统一体。

电力网是电力系统的一部分，是由变电所、配电所和电力线路组成的变换、输送、分配电能的整体，承担着将电力由发电厂输出供给电力用户的工作，即担负着输电、变电与配电（统称为供电）的任务。

电力网按其在电力系统中的作用不同，分为输电网和配电网。输电网是以高电压，甚至超高压将发电厂与变电所或变电所之间连接起来的送电网络，所以又称为电力网中的主网架。电力网中二次降压变电所低压侧直接或降压后将电能送到用户的电网称为配电网。配电网的电压因系统及用户的需要而定，因此配电网中又分高压配电网（35~110kV）、中压配电网（常指10kV）及低压配电网（0.4/0.23kV）。

三、电力系统的基本参量

描述一个电力系统的基本参量有总装机容量、年发电量、最大负荷、额定频率和最高电压等级。

（一）总装机容量

电力系统的总装机容量是指该系统中实际安装与发电机组额定有功功率的总和，以千瓦（kW）、兆瓦（MW）、吉瓦（GW）计。

（二）年发电量

电力系统的年发电量是指该系统中所有发电站机组全年实际发出电能的总和，以千瓦·时（kW·h）、兆瓦·时（MW·h）、吉瓦·时（GW·h）、太瓦·时（TW·h）计。

（三）最大负荷

最大负荷一般是指规定时间内，如一天、一月或一年内，电力系统总有功功率负荷的最大值，以千瓦（kW）、兆瓦（MW）、吉瓦（GW）计。

（四）额定频率

按国家标准规定，中国所有交流电力系统的额定频率均为50Hz。其他国家则有额定频率为 60Hz 或 25Hz 的电力系统。

(五)最高电压等级

同一电力系统中的电力线路往往有几种不同的电压等级。所谓某电力系统的最高电压等级,是指该系统中最高电压等级电力线路的额定电压,以千伏(kV)计。

四、电力系统的负荷

CAE002 电力系统的负荷

(一)概念

所谓电力负荷是指发电厂或电力系统中,在某一时刻所承担的各类用电设备消耗电功率的总和,叫电力负荷,单位用“kW”表示。电力负荷可分为用电负荷、线路损失负荷、供电负荷、厂用电负荷、发电负荷。

1. 用电负荷

用电负荷是指用户的用电设备在某一时刻实际取用的功率的总和。通俗地讲,就是用户在某一时刻对电力系统所要求的功率。

2. 线路损失负荷

电能从发电厂到用户的输送过程中,不可避免地会产生功率和能量的损失,与这种损失所对应的发电功率,叫线路损失负荷。

3. 供电负荷

用电负荷加上同一时刻的线路损失负荷,是发电厂对外供电时所承担的全部负荷,称为供电负荷,但有些大电网在计算供电负荷时,减去了电网调管的高压一次网损,称为电网的供电负荷。有的电网把属于地区调管的公用发电厂的厂用电负荷也作为地区供电负荷。

4. 厂用电负荷

电厂在发电过程中要耗用一部分功率和电能,这些厂用电设备所消耗的功率,称为厂用电负荷。

5. 发电负荷

电网对外担负的供电负荷,加上同一时刻各发电厂的厂用电负荷,构成电网的全部生产负荷,称为电网发电负荷。

(二)电力负荷分类

CAE003 电力负荷的分类

1. 根据用户在国民经济中所在的部门分类

(1)工业用电负荷。

(2)农业用电负荷。

(3)交通运输用电负荷。

(4)照明及市政生活用电负荷。

2. 根据突然中断供电所引起的损失程度分类

1)一类负荷

一类负荷也称一级负荷,是指突然中断供电将会造成人身伤亡或会引起对周围环境严重污染的,突然中断供电将会造成经济上的巨大损失,如重要的大型设备损坏,重要产品或用重要原料生产的产品大量报废,连续生产过程被打乱且长时间才能恢复的;突然中断供电将会造成社会秩序严重混乱或产生政治上的严重影响的,如重要的交通与通信枢纽、国际社交场所等的用电负荷。

2）二类负荷

二类负荷也称二级负荷，是指突然中断供电会造成经济较大的损失，如生产的主要设备损坏，产品大量报废或减产，需较长时间才能恢复等。突然中断供电将会造成社会秩序混乱或在政治上产生较大影响，如交通与通信枢纽、城市主要水源、广播电视、商贸中心等的用电负荷。

3）三类负荷

三类负荷也称三级负荷，是指不属于上述一类和二类负荷的其他负荷，对这类负荷，突然中断供电所造成的损失不大或不会造成直接损失。

用电负荷的这种分类方法，其主要目的是为确定供电工程设计和建设的标准，保证建成并投入运行的供电工程的供电可靠性能满足生产或安全、社会安定的需要。如对于一级负荷的用电设备，应按有两个及以上的独立电源供电，并辅之以其他必要的非电的保护措施。

3. 根据国民经济各个时期的政策和季节的要求分类

（1）优先保证供电的重点负荷。

（2）一般性供电的非重点负荷。

（3）可以暂时限制或停止供电的负荷。

五、电力系统的供电质量

ZAF001 电力系统的供电质量

（一）电压质量

电力系统中，理想的电压应该是幅值始终为额定值的三相对称正弦波电压，但由于系统中存在阻抗及用电负荷的变化、用电负荷不同的性质和不同的特点，造成了实际电压在幅值、波形和对称性上与理想电压之间的偏差。电压的质量是按照国家制定的标准或规范，通过对电压的偏移、波动和波形的质量指标评估得出的。决定电力系统供电质量的指标是电压、波形和频率。

1. 电压偏移

电压偏移是指电网实际电压与额定电压之差（代数差）。电压偏移也称电压损失，通常用的是额定电压的百分之多少表示。电压偏移必须限制在允许的范围内，中国标准规定，用户受电端的电压变动幅度应不超过额定电压的百分数是：35kV 及以上供电和对电压质量有特殊要求的用户电压偏移为±5%；10kV 及以下高压供电和低压电力用户电压偏移为±7%；低压照明用户电压偏移为+5%～-10%。实际电压偏高或偏低，对运行的用电设备均会造成不良的影响。

产生电压偏移的主要原因是正常的负荷电流或故障电流在系统各元件上流过时所产生的电压损失引起的。

为了减小电压偏移，采取的主要措施包括：合理地减少系统的阻抗，增大或减少电缆的截面积，减少系统的变压级数，尽量保持系统三相负荷平衡，高压线伸入负荷中心、多回路并联供电等方法，以降低系统阻抗，减少电压损失。另外，变压器可采用经济运行方式，既可以减少电能损耗，又调节了电压。对用户而言，可以采用有载或无载调压变压器，直接对电压进行调整。对那些功率因数低，带有冲击性负荷的线路，采用无功功率补偿装置，以降低线路电流，达到减少电压偏移的目的。

2. 电压波动

电压波动是指电压在系统电网中作快速、短时的变化，变化更为剧烈的电压波动称为电压闪变。

电压波动主要是由于用户负荷的剧烈变化所引起的。由于电力系统冲击性负荷的作用，都将使电网在某一时期内电压急剧变化而偏离额定值，从而引起电压波动。

中国标准规定电压波动允许值见表1-2-3。

表1-2-3 中国规定电压波动允许值

额定电压，kV	电压波动允许值，%
10及以下	2.5
35~110	2
220及以上	1.6

抑制或减少电压波动的主要措施有：

（1）采用合理的接线方式。

（2）对负荷变化剧烈的大型设备，采用专用线或专用变压器供电。

（3）提高供电电压等级，减少电压损失。增大供电系统容量，减少系统阻抗，对抑制电网的电压波动和闪变也有良好的效果。

（二）波形质量

正弦交流电的波形一般以波形畸变率来衡量。所谓波形畸变率是指各次谐波有效值的平方和的方根值与基波的有效值的百分比。在电力系统中，造成波形畸变的主要原因是由于电力系统中存在有大量非线性阻抗的供用电设备产生谐波而造成的，如变频调速装置、感应炉、大型的晶闸管蒸馏装置和大型电弧炉的运行。谐波源电气设备接入电网后，向电网注入谐波电流，在电气设备上产生谐波电压，引起设备损耗增加，造成局部过热，使发电机机械振动增加，噪声增强；对电子元件及自动装置、测量元件产生干扰，引起工作失常；对电视和光波产生干扰，图像和通信质量下降。

（三）频率质量

中国电力系统中的标准频率为50Hz，俗称工频。工业设备工作频率应与电力系统标称频率一致，如频率偏离正常值，将对用户产生严重的影响，频率的变化将影响产品的产量和质量。频率急剧下降，有可能会使整个电力系统崩溃，因此必须防止这样的严重事故出现。

国家标准规定，频率偏差不得超过±0.5Hz。对容量大的系统，其偏差要求更严，不得超过±0.2Hz。

用户的用电频率质量是由电力系统保证的，在系统运行时，要求整个系统任一瞬间保持频率一致。要达到频率的质量指标，首先应做到电源与负荷间的有功功率平衡。发生频率偏差时，可采用调频装置调频，当供电系统的有功负荷不平衡时，可以切除一些次要负荷，保持有功功率平衡，以维持频率的稳定。

ZAF002 电力系统的电压等级

六、电力系统的电压等级

电力系统的额定电压等级是由国家制定颁布的，中国公布的标准额定电压见表1-2-4。

表 1-2-4　中国交流电力网和电气设备的额定电压

	电力网和用电设备额定电压	发电机额定电压	电力变压器额定电压	
			一次绕组	二次绕组
低压，V	220/127	230	220/127	230/133
	380/220	400	380/220	400/230
	660/380	690	660/380	690/400
高压，kV	3	3.15	3 及 3.15	3.15 及 3.3
	6	6.3	6 及 6.3	6.3 及 6.6
	10	10.5	10 及 10.5	10.5 及 11
		13.8，15.75，18，20	13.8，15.75，18，20	—
	35	—	35	38.5
	63	—	63	69
	110	—	110	121
	220	—	220	242
	330	—	330	363
	500	—	500	550

（一）电力系统的电压等级

电气设备在额定电压下运行时，其技术经济性能最好，也安全可靠。由于有了统一的额定电压标准，电力工业、电工制造业等行业才能实现生产标准化、系列化和统一化。

从额定电压的标准中，可以看出如下特点。

1. 用电设备的额定电压和电网的额定电压一致

当用电设备的额定电压与同级电网的额定电压一致时，才能发挥上述电力网的优点。但事实上，由于输送电能时，在线路和变压器等元件上产生电压损失，造成线路上的电压处处不相等，各点实际电压偏离了额定值。为了用电设备有良好的运行性能，国家对各级电网电压的偏差有严格的规定，一般在用户处电压偏移不得超过±5%，取线路的平均电压为用电设备的额定电压。这样，线路正常运行时，电压的偏移不会超过 10%，即线路首端电压不超过额定电压+5%，末端电压不低于-5%，就能满足用电设备安全、经济运行的要求。而对用电设备而言，其正常的工作电压应具有比电网电压允许偏差更宽的范围。

2. 发电机的额定电压要比同级电网额定电压高

发电机接在电网的首端，其额定电压应比同级电网额定电压高 5%，用于补偿电网上的电压损失。

3. 变压器的额定电压要求不同

变压器的额定电压分为一次绕组额定电压和二次绕组额定电压。当变压器接于电网首端、与发电机引出端相连时，其一次绕组的额定电压应与发电机额定电压相同。变压器二次绕组的额定电压是绕组的空载电压，当变压器为额定负载时，绕组阻抗所造成的电压损失约为 5%；另外，变压器二次侧向负荷供电，相当于电源的作用，其额定电压应比同级电网额定电压高 5%。考虑上述两种因素时，二次绕组额定电压应比同级电网额定电压高 10%。当变压器接于电网末端时，其性质等同于电网上的一个负荷，一般为降压变压器，其一次绕组的额定电压应与同级电网的额定电压一致;而二次绕组的额定电压高于同级电网的额定电压10%,但当二次输电距离较短,或变压器本身绕组阻抗较小,二次绕组的额定电压也可以只比同级电网的额定电压高5%。

ZAF003 电压等级的选择

(二)电压等级的选择

电压等级的选择,涉及因素较多,显然不能用一个简单的公式来概括。正确选择电压等级,对电力系统的投资、运行费用、运行的方便、灵活性及对设备的经济、合理运行等都是十分重要的。

提高所选用的电压等级,在输送距离、输送容量一样时,线路上的功率损耗、电压损失会减少,能保证电压质量,节约有色金属。但电压等级越高,线路上绝缘等级也要相应提高,费用加大,线路上的杆塔、附件及线路敷设方式都要做相应改变,沿线变配电所、开关器件等的投资费用都要随电压等级的升高而增加。因此,设计时要综合考虑,进行技术比较,才能决定所选电压等级的高低。

负荷的大小、输电距离远近对电压选择有很大影响。输送功率越大,输送距离越远,则应选择较高的电压等级。

项目五 继电保护基础知识

ZAG001 继电保护的概念

一、继电保护基本概念

(一)继电保护概述

继电保护装置是在电网、发电厂、变电所及电气设备发生各种故障(如断线、短路、接地等)及不正常运行时(如过载、过热等)及时发出信号,并使断路器自动跳闸,切断故障线路的一种自动装置。电力系统对继电保护的一般要求是:良好的选择性、反应故障的快速性、灵敏性、可靠性及投资维护的经济性。

(二)继电保护的任务

继电保护装置的基本任务是:

(1)当电力系统发生故障时,能自动、迅速、有选择性地将故障设备从电力系统中切除,以保证其他部分迅速恢复正常运行,并使故障设备不再继续遭受损坏。

(2)当系统发生不正常工作情况时,能自动、及时、有选择性地发出信号通知运行人员进行处理,或者切除那些继续运行会引起故障的电气设备。

(3)实现电力系统自动化和远动化,以及工业生产的自动控制。

(三)继电保护的基本组成

继电保护装置一般由测量部分、逻辑部分、执行部分、信号部分及操作电源等组成。

测量部分用来监测被保护对象(电气设备或输电线路)的运行状态,将被保护对象的运行信息(如电流、电压等)通过测量、变换、滤波等加工处理送入逻辑部分。

逻辑部分将测量部分送到的信号与基准整定值进行比较,判断保护装置是否该动作于跳闸或信号是否需要延时等,输出相应的信息。

执行部分根据逻辑元件输出的信息,送出跳闸信息至断路器控制回路或发出报警信号至报警信号回路。

继电保护装置其逻辑部分、执行部分和信号部分均需要操作电源。

ZAG002 继电保护装置的分类

二、继电保护装置的分类

（1）按保护对象分类，可分为：电力线路保护、发电机保护、变压器保护、电容器保护、电抗器保护、电动机保护和母线保护等。

（2）按保护原理分类，可分为：电流保护、电压保护、距离保护、差动保护、方向保护和零序保护等。

（3）按保护所反映故障类型分类，可分为：相间短路保护、接地故障保护、匝间短路保护、断线保护、失步保护、失磁保护及过励磁保护等。

（4）按保护装置的作用分类，可分为：主保护、后备保护和辅助保护等。主保护是指满足系统稳定和设备安全要求，能以最快的速度有选择地切除被保护元件故障的保护。后备保护是指当主保护或断路器拒动时用来切除故障的保护。后备保护又分为远后备保护和近后备保护两种。远后备保护是指当主保护或断路器拒动时，由相邻电力设备或线路的保护来实现的后备保护。近后备保护是指当主保护拒动时，由电力设备或线路的另一套保护来实现的后备保护。辅助保护是指为补充主保护和后备保护的性能或当主保护和后备保护退出运行而增设的简单保护。

ZAG003 保护继电器一般知识

三、常用保护继电器一般知识

常用的保护继电器可分为电量和非电量两大类。属于电量的继电器有：电流继电器、电压继电器、中间继电器、时间继电器等；属于非电量的有：气体（瓦斯）继电器、温度继电器等。保护继电器按其结构原理又可分为电磁式继电器、感应式电流继电器、气体继电器等。

（一）电磁式继电器

1. 电流继电器

这种继电器的检测对象是电流，当线圈中电流增加到某一定值时继电器触点将动作。它在继电保护中的作用是作为电流继电保护装置的启动元件。

2. 电压继电器

这种继电器的检测对象是电压，在电压继电保护装置中作为启动元件。

3. 时间继电器

该继电器从线圈得电到触电闭合有一个延时，在继电保护装置中，时间继电器可使保护具有一定的动作时限，从而实现保护的选择性。

4. 中间继电器

该继电器的特点是触头数量多、容量大，在继电保护中的作用是信号放大，提高触点的容量及增加保护回路的触点数量。

（二）感应式电流继电器

感应式电流继电器由电磁式的瞬动元件和感应式延时元件两部分组成。它兼有上述电流继电器、时间继电器、中间继电器的作用，从而能大大简化继电保护的接线。其延时特性兼有定时限和反时限的延时特性。

(三)气体继电器

这是一种非电量继电器,检测对象是气体。气体继电器专门用来保护电力变压器。在油浸式电力变压器的油箱发生故障时,变压器内部的油会分解产生大量的气体,从油箱经气体继电器通过时,带动触头动作,从而实现保护。气体继电器有两种触点:一种只用来发出警告信号,叫轻瓦斯;另一种使断路器跳闸,叫重瓦斯。

ZAG004 过电流保护知识

四、常用继电保护的基本原理

(一)过电流保护

过电流保护是一种最基本的电流保护,用来反映短路故障及严重的过载故障。保护对象很广泛:如线路、发电机、变压器和各种负载等。过流保护一般带有动作时限,可分为定时限和反时限两种。定时限是指保护的延时时间与过电流的大小无关,是一个定值。反时限是指保护的延时时间与过电流大小有关,过电流较大时,延时较短;过电流较小时,延时则较长。

1. 定时限的过流保护

定时限过流保护电路中,继电器均采用电磁式,其操作电源由专门的直流电源提供。

2. 反时限过流保护

反时限电流保护一般采用感应式电流继电器,操作电源直接由交流电源提供。

3. 过电流保护动作电流的整定

整定原则是电流继电器的返回电流 I_{re} 应大于线路中的最大负荷电流 I_{Lmax}。根据这个原则可以得出动作电流 I_{op} 的整定值计算为

$$I_{op}=\frac{K_{rel}K_{w}}{K_{re}K_{i}}I_{Lmax} \tag{1-2-40}$$

式中 I_{op}——电流继电器的动作电流,A;

K_{rel}——可靠系数,对 DL 型电流继电器取 1.2,GL 型电流继电器取 1.3;

K_{w}——接线系数;

K_{re}——保护装置的返回系数,$K_{re}=\frac{\text{返回电流 }I_{re}}{\text{动作电流 }I_{op}}$(可取 0.80~0.85);

K_{i}——电流互感器的变比。

4. 过电流保护的动作时限整定

动作时限的整定原则称为“阶梯原则”,即相邻两级过电流保护的动作时间相差一个时限阶段 Δt。时限阶段 Δt 的取值:定时限取 0.5s,反时限 0.7s。

5. 过流保护灵敏度校验

灵敏度是继电保护装置的要求之一,反映灵敏性的参数就是灵敏度 s_{p},其定义如下:

$$s_{p}=\frac{\text{本级线路末端的最小短路电流}}{\text{动作电流折算到初级的值}}=\frac{I_{kmin}}{I_{opl}}$$

过流保护要求 $s_{p}\geqslant 1.25\sim1.5$,即

$$s_{p}=\frac{I_{kmin}}{I_{opl}}=\frac{K_{w}I_{kmin}}{K_{i}\ I_{op}}\geqslant 1.25\sim1.5 \tag{1-2-41}$$

ZAG005 线路速断保护知识

（二）线路速断保护

这是一种反映严重短路故障的电流保护形式，这种保护没有延时，是瞬间动作的。速断保护通常与过流保护配合使用，构成所谓的“两段式保护”。

1. 速断保护动作电流整定

整定原则：速断保护的动作电流 I_{qb} 应躲过它所保护的线路末端的最大短路电流 I_{kmax}。根据这个原则可得：

$$I_{qb}=\frac{K_{rel}K_w}{K_i}I_{kmax} \tag{1-2-42}$$

式中 K_{rel}——可靠系数，对 DL 取 1.2～1.3，对 GL 取 1.4～1.5。

2. 电流速断保护的“死区”问题

由速断保护整定原则可见，当本机线路末端发生最严重的短路故障，速断保护不能反应。因此，速断保护只能保护本级线路靠近电源的一部分线路，另一段线路就称为速断保护的“死区”。

3. 速断保护灵敏度的检验

速断保护的灵敏度，应按其安装处（即线路首端）的两相短路电流作为最小短路电流来校验，即

$$s_p=\frac{K_w I_k^{(2)}}{K_i\ I_{qb}}\geqslant 1.25\sim 1.5 \tag{1-2-43}$$

式中 $I_k^{(2)}$——线路首端的两相短路电流，A。

ZAG006 差动保护知识

（三）差动保护

差动保护是利用基尔霍夫电流定律工作的，也就是把被保护的电气设备看成是一个接点，那么正常时流进被保护设备的电流和流出的电流相等，差动电流等于零。当设备出现故障时，流进被保护设备的电流和流出的电流不相等，差动电流大于零。当差动电流大于差动保护装置的整定值时，保护动作，将被保护设备的各侧断路器跳开，使故障设备断开电源。其保护的范围是输入的两端电流互感器之间的设备（可以是线路、发电机、电动机、大容量变压器等电气设备）。

电力变压器的差动保护，其电流取自变压器高、低压侧的变压器电流互感器；输电线路的差动保护，其电流取自该线路两端变电站内线路用电流互感器。

（四）单相接地保护

单相接地保护也称零序保护，可分为大电流接地系统的零序保护和小电流接地系统的零序保护两种。对大电流接地故障，实际上是单相短路，过电流保护虽能反应，但灵敏度较低，动作时限长，故需装设专门的接地保护，以提高灵敏度。对小电流接地系统，单相接地只是一种不正常的运行状态，发生这种故障后，按规定系统还可以继续工作 2h，故这种接地保护一般只作用于信号。

（五）线路两段式电流保护

对于电流保护，由于延时与短路电流无关，所以保护的速动性不好，有可能使短路造成严重的伤害；对于速断保护，又存在死区。因此，一般规定过流保护的时限超过 1s 时，就应装设速断保护。这种将过流保护和速断保护装设在一起的电流保护就称为两段式电流保

护。这样,在速断区发生短路故障,由速断保护来反应,而过流保护作为后备保护。在速断保护的死区,由过流保护来作为主保护。

(六)自动重合闸装置

自动重合闸装置(ZCH)是电力系统中广泛采用的一种自动化装置。电力系统采用自动重合闸装置,极大地提高了供电的可靠性,减少了停电损失,而且还提高了电力系统的暂态稳定水平,增强了线路的送电容量。

对自动重合闸装置的要求:

(1)当用控制开关断开断路器时,ZCH 不应动作,但当保护装置跳开断路器时,在故障点充分去游离后,应重新投入工作。

(2)当用控制开关投入断路器于故障线路上而被保护装置断开时,ZCH 不应动作。

(3)自动重合的次数应严格符合规定,当重合失败后,必须自动解除动作。

(4)当 ZCH 的继电器及其他元件的回路内发生不良情况时,应具有防止多次重合故障线路的环节。

项目六　电工测量仪器仪表基础知识

一、电气测量仪表的一般知识

CAF001　电工仪表的分类

电工测量仪表的种类很多,按用途分为电流表、电压表、钳形表、万用表、绝缘电阻表、电能表等;按工作原理分为磁电系、电磁系、电动系、感应系等;按使用方式分为安装式(开关板式)和便携式。

常用安装式仪表的型号规定如图 1-2-31 所示:

[1] [2] [3] [4]—[5]

图 1-2-31　常用安装式仪表的型号规定

1—形状的第一位代号;2—形状的第二位代号;3—系列号;4—设计序号;5—用途号

形状代号都是数字,表示仪表的外表和尺寸。仪表的外形有五种,最大尺寸为 400mm,最小尺寸为 25mm,仪表系列代号的含义见表 1-2-5。

表 1-2-5　仪表系列代号的含义

代号	B	C	D	E	G	L	Q	R	S	T	U	Z
系列	谐振	磁电	电动	热电	感应	整流	静电	热线	双金属	电磁	充电	电子

用途代号表示该仪表的用途,如 A—电流表;V—电压表;W—功率表等。

CAF005　电流表基础知识

CAF006　电压表基础知识

(一)电流表、电压表

电流表、电压表是用来测量线路中的电流和电压的仪表。有测量直流的直流表和测量交流的交流表之分,也有交、直流两用的电流表和电压表。

1. 电流的测量

测量电流用的仪表称为电流表。为了测量一个电路中的电流,电流表必须和这个电路串联。为了使电流表的接入不影响电路的原始状态，电流表本身的内阻抗要尽量小，或者说与负载阻抗相比要足够小。否则，被测电流将因电流表的接入而发生变化。

仪表的测量范围通常又称为量程。任何一只已经制成的仪表，它的量程是一定的。仪表不能在超过其量程的情况下工作。例如，量程是5A的电流表，就不能用来测量超过5A的电流，否则，就会造成仪表的烧毁或损坏。为了测量更大的电流，就必须扩大仪表的量程。扩大直流电流表量程的方法，通常是采用分流器。分流器实际上就是一个和电流表并联的低值电阻。扩大交流电流表量程的方法，则常采用电流互感器。不论是分流器还是电流互感器，其作用都是使电流中只通过和被测电流成一定比例的较小电流，以达到扩大电流量程的目的。

2. 电压的测量

用来测量电压的仪表称为电压表。为了测量电压，电压表应跨接在被测电压的两端之间，即和被测电压的电路和负载并联。为了不影响电路的工作状态，电压表本身的内阻抗要尽量大，或者说与负载的阻抗相比要足够大，以免由于电压表的接入而使被测电路的电压发生变化，形成不能允许的误差。

串联一个高值的附加电阻，以及在交流电路中采用电压互感器，都可以使较高的被测电压按一定的比例变换成电压表所能承受的较低电压，从而扩大电压表的量程。

按电压表的量程不同，有伏特表、毫伏表等。

3. 电流表、电压表的使用与维护

电流表、电压表的使用与维护应注意以下几点。

(1)电流表必须串联接入电路：直接串联或与分流电阻并联后串入。

(2)电压表必须并联接入电路：直接并联或与分压电阻串联后并入。

(3)注意电流表、电压表量程的选择，避免烧坏仪表。

(4)直流仪表应注意极性的选择，避免指针反偏，打坏指针。

(二)钳形表

CAF007 钳形表基础知识

1. 常用钳形电流表的规格型号

常用钳形电流表的规格型号见表1-2-6。

表1-2-6 常用钳形表的规格符号

型 号	级别	用 途	测量范围
MG20	5	测量交、直流电阻	0~100A，0~200A，0~300A 0~400A，0~500A，0~600A
MG21	5	测量交、直流电流	0~750A，0~1000A，0~1500A
MG25	2.5	测量交流电流、电压和直流电阻	交流电流为5A/25A/100A，5A/50A/250A 交流电压为300V/600V 直流电阻0~50kΩ
MG4-AV	2.5	交流电流、电压	交流电压为0~150~300~600V 交流电流0~10~30~100~300~1000A
T301-A	2.5	交流电流	0~10~25~50~100~250A 0~10~30~100~300~600A 0~10~30~100~300~1000A

续表

型　号	级别	用　途	测量范围
T302-AV	2.5	交流电流、电压	交流电流 0~10~50~250~1000A 交流电压 0~250~500V,0~300~600V

2. 钳形表的使用和维护

(1)使用钳形表时应有两人操作。测量时,必须戴绝缘手套并站在绝缘垫上,不得触及其他设备。观察仪表时,要特别注意保持头部与带电设备的安全距离。

(2)测量时,被测载流导体应放在钳口中央。钳口两个面要闭合紧密。测量时如果有噪声,可将钳口打开,重新合一次。

(3)测量前应先估计被测电流的大小,选用适当量程。

(4)测量完毕、应立即取下仪表,并拨到最大电流挡。使用完毕,将钳形表放入盒内存放。

CAF008 万用表基础知识

(三)万用表

万用表是电工最常用的仪表,主要用来测量电路的电压、电流、电阻等参量,也可以用来判断元器件的性能和电路的状态等。高档的多功能智能数显万用表除了具备常用万用表的一切功能外,还可以用来测量绝缘电阻、交流电流、相位、功率因数、温度、噪声分贝等。常用的万用表分为指针式万用表和数字式万用表。

1. 指针式万用表

普通的 MF47 型指针式万用表常用来测量交直流电压、直流电流、电阻等。

1)测量交、直流电压

(1)选择量程:将转换开关转到直流电压挡,将红、黑表棒分别插入"+""-"插孔中。该表的直流电压挡有 1V、2.5V、10V、50V、250V、500V、1000V 等挡位,根据所测电压大小将量程转换开关置于相应的测量挡位上。如果所测电压数值无法确定大小时,可先将万用表的量程转换开关旋在最高测量挡位,若指针偏转很小,再逐渐调低到合适的测量挡位。

(2)测量方法:将红、黑两支表笔搭在被测直流电源的高电位和低电位端。测量时应注意正、负极性,如果指针反偏应及时调换红、黑表笔。

(3)读取数据。

(4)测量交流电压首先将万用表量程转换开关旋在"~"挡合适的量程,然后将其两测量端直接并接于被测线路或负载两端即可读取。

2)测量直流电流

(1)选择量程:将转换开关转到直流电流挡,将红、黑表棒分别插入"+""-"插孔中。该表的直流电流挡有 50μA、0.5mA、5mA、50mA、500mA 和 5A 等挡位。根据所测量电流将量程转换开关置于相应的测量挡位上。如果所测的电流数值无法确定大小时,可先将万用表的量程转换开关旋在 500mA 挡,指针若偏转很小,再逐级调低到合适的测量挡位。

(2)测量方法:将红、黑两表笔串入电路中,红表笔接电路高电位端,黑表笔接电路低电位端。如果指针反偏应及时调换红黑表笔。

(3)读取数据。

3）测量电阻

（1）测量步骤：初步估测电阻大小选择合适倍率；将两表笔短接，调节调零电位器旋钮，直至指在第一条欧姆刻度线的零位上；直接用万用表的红黑表笔接触被测电阻的两引脚，当指针停留在表盘满刻度的1/3～2/3范围内变化时可读数；待指针稳定后，读取欧姆刻度线上的指针指示数值；计算被测电阻值；判断电阻器性能。

（2）注意事项：禁止带电测量电阻；必须考虑被测电阻所在回路中所有可能的串、并联电阻对测量结果的影响，最好焊下被测电阻的一端引脚，然后测量。测量完毕应将万用表转换开关旋在交流电压最高挡，防止下次测量时不注意转换开关的位置，而直接去测交流电压将表烧坏。

4）估测电容性能

在设备维修过程中经常会遇到电容器发生断路（即开路或失效）、击穿（即短路）、漏电等典型故障，一般情况下这些故障都可用普通的指针式万用表估测出来。

2. 数字式万用表

数字型万用表除了可以直接测量电压、电流、电阻等基本参量外，还可以测量电容、二极管、三极管等设备的部分参数。由于采用液晶屏直接数显，可以即测即读，所以使用极其方便。

CAF009 绝缘电阻表基础知识

（四）绝缘电阻表

绝缘电阻表是进行绝缘电阻测量的仪表。

1. 绝缘电阻表的选用

不同额定电压的绝缘电阻表使用范围见表1-2-7。

表1-2-7 不同额定电压的绝缘电阻表使用范围

测量对象	被测对象的额定电压，V	所选绝缘电阻表的额定电压，V
线圈绝缘电阻	500以上 500以下	500 1000
电力变压器和电动机的线圈绝缘电阻	500以上	1000～2500
发电机线圈绝缘电阻	380以下	1000
电气设备绝缘电阻	500以下 500以上	500～1000 2500
瓷瓶	—	2500～5000

2. 绝缘电阻表的维护

（1）在测量前，被测设备必须切断电源，并充分放电。

（2）绝缘电阻表与被测设备的连线不能用双股线，必须用单股线分开单独连接，以免引起误差。

（3）测量前先检查绝缘电阻表的性能，方法是摇动手柄，先将表笔断开，指针应在“∞”处；再将表笔短接，指针应在“0”处。

（4）测量时，手摇绝缘电阻表手柄由慢到快，转速应达到120r/min，并保持匀速，使指针稳定。

（5）在测量电缆的缆芯对缆壳的绝缘电阻时，除将缆芯和缆壳分别接于L（线）和E

(地)接线柱外,还要将电缆壳芯之间的内层绝缘物接G(屏蔽)接线柱,消除因表面漏电而引起的误差。

CAF010 电能表基础知识

(五)电能表

1. 电能计量

用于计量电能的装置叫电能计量装置。电能计量装置包括各种类型电能表、计量用电压表、电流互感器及其二次回路、电能计量柜(箱)等。根据DL/T 448—2016《电能计量装置技术管理规程》的规定,用于贸易结算和电力企业内部经济技术指标考核用的电能计量装置按其所计量电能的多少和计量对象的重要程度分为Ⅰ、Ⅱ、Ⅲ、Ⅳ、Ⅴ五类,其适用对象见表1-2-8。

表1-2-8　计量装置分类及适用对象

类　别	适用对象
Ⅰ类电能计量装置	月平均用电量500万kW·h及以上或变压器容量为10000kVA及以上的高压计费用户;200MW及以上发电机、发电企业上网电量、电网经营企业之间的电能交换点;省级电网经营企业与其供电关口计量点
Ⅱ类电能计量装置	月平均用电量为100万kW·h及以上或变压器容量为2000kVA及以上的高压计费用户;100MW及以上发电机、供电企业之间的电能交换点
Ⅲ类电能计量装置	月平均用电量10万kW·h及以上或变压器容量为315kVA及以上的计费用户;100MW以下发电机、发电企业(厂、站)用电量、供电企业内部用于承包考核的计量点、考核有功功率平衡的110kV及以上的送电线路
Ⅳ类电能计量装置	负荷容量为315kVA以上的计费用户;发供电企业内部经济技术指标考核用
Ⅴ类电能计量装置	单相供电的电力用户计费用电计量装置

2. 普通电能表

电能表是专门用来测量电能累计值的一种仪表。常见的普通单相电能表有感应式(机械式)电能表和静止式(电子式)电能表两种。

1)感应式电能表

利用固定交流磁场与由该磁场在可动部分的导体中所感应的电流之间的作用力而工作的仪表,称为感应式仪表。常用的交流电能表就是一种感应式仪表,它由测量机构和辅助部件两大部分组成。测量机构包括驱动元件、传动元件、制动元件、轴承及计数器;辅助部件包括基架、底座、表盖、端钮盒及铭牌。

2)电子式电能表

电子式电能表也称为静止式电能表,它是把单相或三相交流功率转换成脉冲或其他数字量的仪表。电子式电能表有较好的线性度,具有功耗小、电压和频率的响应速度快、测量精度高等优点。

3. 智能电能表

智能电能表由测量单元、数据处理单元、通信单元等组成,是具有电能计量、信息存储及处理、实时监测、自动控制、信息交换等功能的电能表。

智能电能表具有以下特点:

(1)减少了电流的规格等级,去掉了 3A、15A、30A 这样的规格。

(2)单相表均为费控表,费控分负荷开关内置与外置两种。

(3)所有表都有电压、电流、功率、功率因数等监测参数。

(4)通信模块采用可插拔方式,不影响计量,方便升级更换与技术改进。

(5)统一了通信协议、通信接口,各厂家的掌机程序或通信软件可通用。

(6)增加了阶梯电价功能。

二、常见电工测量仪表的结构及工作原理

常见的电工指示仪表的测量机构通常有四种类型:磁电系、电磁系、电动系和感应系。无论哪一种类型的测量机构都由四部分构成,即产生转动力矩的装置、产生反作用力矩的装置、产生阻尼力矩的装置和读数装置。

CAF002 磁电系仪表知识

(一)磁电系仪表

磁电系仪表常被用来测量直流电流与直流电压,通常按其结构可分为外磁式、内磁式和内外磁结合式。磁电系仪表工作原理如图 1-2-32 所示。当可动线圈通入电流后,载流的动圈在永久磁铁的磁场作用下产生转动力矩,使线圈发生偏转。同时,与动圈同轴的游丝产生反作用力矩,它随偏转角的增大而增大。当转动力矩等于反作用力矩时,活动部分停在某一位置上,指针在标度尺上指示出被测数值。

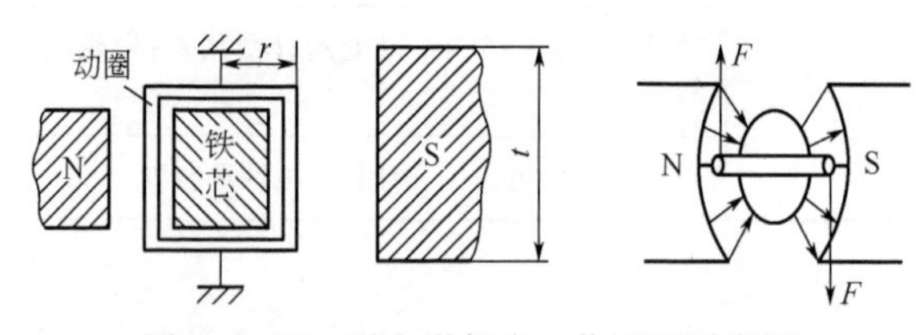

图 1-2-32 磁电系仪表工作原理示意图

磁电系仪表测量机构允许通过的电流很小(微安级),因此将其制成仪表时,必须扩大量程。对于电流表,通常并联一个小电阻(称为分流器);对于电压表,通常串联一个大电阻(称为附加电阻)。

CAF003 电磁系仪表知识

(二)电磁系仪表

电磁系仪表通常用来测量交流电流和交流电压。按其结构不同,分为吸引型、排斥型两种主要形式。吸引型电磁系仪表原理图如图 1-2-33 所示。被测电流通过不动的静止线圈而产生磁场。活动部分是一块高磁导率的软铁片,处在静止线圈的磁场中而被磁化,从而产生转矩带动指针偏转,当转动力矩与反作用力矩相平衡时,指针稳定指出被测量。

CAF004 电动系仪表知识

(三)电动系仪表

电动系仪表与电磁系仪表相比,最大特点是以可动线圈代替可动铁芯,从而消除了磁滞与涡流的影响,使其精度大为提高,常用来进行交流电量的精密测量。它既可作电流表,又可作电压表和功率表。电动系仪表的工作原理如图 1-2-34 所示。电动系仪表由固定线圈和活动线圈组成,当它们通以被测电流时,两线圈受电磁力相互作用,使动圈偏转,当转动

力矩与游丝的原作用力矩平衡时，指针指出被测数值。

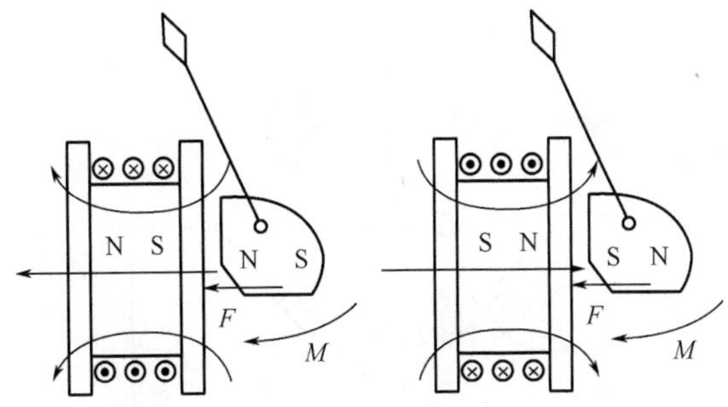

图 1-2-33　吸引性电磁系仪表原理图

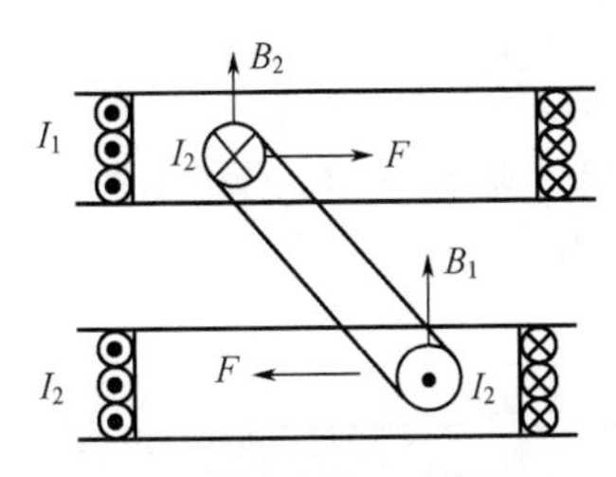

(a) 可动线圈在固定线圈磁场中受到电磁力作用面旋转

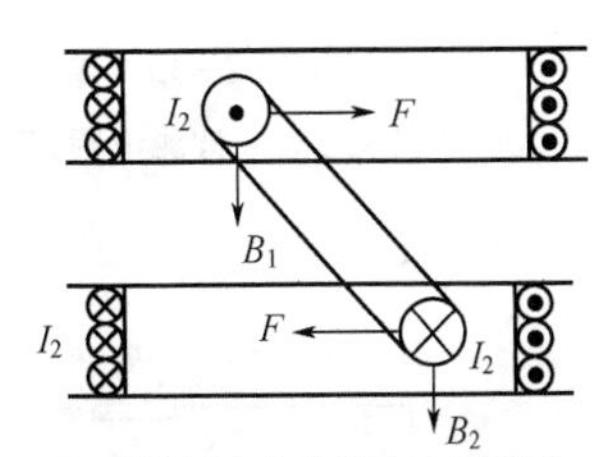

(b) 两线圈中的电流方向同时改变时，动圈受力方向不变

图 1-2-34　电动系仪表的工作原理

ZAH001　单双臂电桥相关知识

(四) 单、双臂电桥

单臂、双臂电桥是用来精确测量电阻值的仪器。单臂电桥适用于测量中值电阻（$1\sim10^6\Omega$）；双臂电桥适用于测量低值电阻（1Ω 以下）。

1. 直流单臂电桥

直流单臂电桥又称为惠斯登电桥，其工作原理如图 1-2-35 所示。图中 ac、cb、bd、da 四支路称为电桥的四个臂，其中一个臂连接被测电阻 R_x，其余三个臂连接可调标准电阻。测量时调节一个臂或几个臂的电阻，使检流计指针指在零位，这时被测电阻 R_x 为

$$R_x=\frac{R_2}{R_3}R_4 \tag{1-2-44}$$

2. 直流双臂电桥

直流双臂电桥又称凯尔文电桥，与单臂电桥相比，其特点在于它能消除用单臂电桥无法克服的接线电阻和接触电阻造成的测量误差。如图 1-2-36 所示，因此双臂电桥可用来测量小电阻（$10^{-5}\sim1\Omega$）。R_n 为标准电阻，作为电桥的比较臂，R_x 为被测电阻。标准电阻和被测电阻各有一对电流接头和电压接头，电阻 $R_1\sim R_4$ 为桥臂电阻，阻值都很小，一般不超过 10Ω。当电桥达到平衡时，被测电阻 R_x 为

$$R_x=\frac{R_2}{R_1}R_n \tag{1-2-45}$$

3. 直流电桥使用维护

（1）测量前应先估计被测电阻的大小，选择适当的比例臂（倍率），充分利用“比例臂”

调节电阻挡位，提高读数精度。

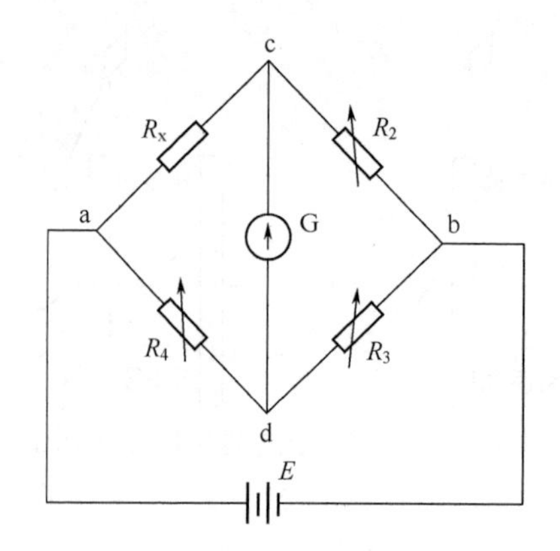

图 1-2-35 直流单臂电桥工作的原理

G—检流计；R_x—被测电阻；E—直流电源；R_2，R_3，R_4—标准电阻

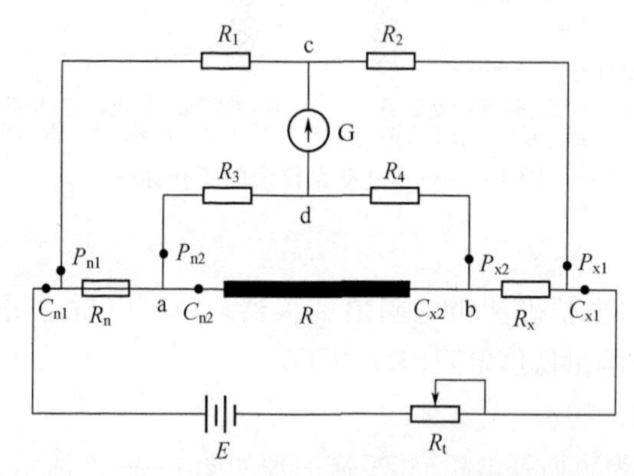

图 1-2-36 直流双臂电桥电路图

G—检流计；E—直流电源；R_n—标准电阻；R_1～R_4—桥臂电阻；R_x—被测电阻；

R_t—调节电阻；C_{n1}～C_{n2}，C_{x1}～C_{x2}—电流接头；P_{n1}～P_{n2}，P_{x1}～P_{x2}—电压接头

(2)使用电桥时，应先将检流计锁扣打开，检查指针是否指零位，否则应调至零位。电池电压不足时应更换。

(3)采用外接电源时，必须注意极性，电压的大小应根据电桥要求选择。

(4)测量端钮与被测电阻间，应尽量使用截面较大的短导线连接，连接要牢固。

(5)测量时，先按下电源按钮并锁住，然后按下检流计按钮，若指针向正方向偏转，说明比较臂数值不够，应加大，反之应减小。反复调节直至指针停止在零位。

(6)测量完毕，先松开检流计按钮，再松开电源按钮，并将检流计锁扣锁住，以免搬动时损坏检流计。

(7)对于双臂电桥除上述注意事项外，还应注意：被测电阻电压接头 P_{x1}～P_{x2} 应在电流接头的内侧，即电压接头的引出线应比电流接头更接近被测电阻。

(8)选用标准电阻时，应尽量使其阻值与被测电阻在同一数量级。

ZAH002 接地电阻测试仪表相关知识

（五）接地电阻测量仪表

1. 工作原理

接地电阻测量仪俗称“接地摇表”，是测量接地电阻的专用仪表。它主要由手摇发电机、电流互感器、滑线电阻和检流计构成，其附件有两根接地探针、三根导线。

2. 使用维护

（1）仪表水平放置并调零。

（2）将倍率开关置于最大倍率，缓缓摇动发电机手柄，调节“测量标度盘”，使检流计电流趋近于零，然后加快发电机转速，达到 120r/min，调节“测量标度盘”，使指针完全指零，这时：

$$接地电阻 = 倍率 \times 测量标度盘读数$$

若测量标度盘读数小于 1，应将倍率置于较小的一挡重新测量。

（3）在测量时，如果检流计的灵敏度过高，可把电位探针插得浅一些；如果检流计灵敏度不够，可沿电位探针和电流探针注水，使土壤湿润。

（4）接地电阻测量仪和其他仪器、仪表一样，搬运时必须小心轻放，避免剧烈震动。保存环境应较好，周围无腐蚀性气体等。

ZAH003 功率表相关知识

（六）功率表

1. 功率表的工作原理

功率表一般都是电动系的，它与其他电动系仪表的区别在于其定圈与动圈不是串联使用的，而是将定圈串入负载电路（称为电流支路），将动圈与附加电阻串联后再并入负载电路（称为电压支路）。这样测量机构的偏转角与负载的电压和电流的乘积成正比，因而能测量负载的功率。

2. 功率表使用注意事项

（1）功率表量限的选择实际上是电流量限和电压量限的选择。只有这两个量限都满足要求，功率表的量限才满足要求。

（2）功率表的接线必须正确，否则不仅无法读数，而且可能损坏仪表。正确的接线方法是：将标有“ * ”的电流端接到电源端，另一端接至负载端；标有“ * ”的电压端可接至电流端钮的任一端，而另一端则跨接到负载的另一端。

（3）功率表的刻度标的不是瓦特数，而是格数。不同量限的表，每一格代表不同的瓦特数，称为分格常数 C（W/格）。

GAD001 示波器的结构与工作原理

（七）示波器

1. 示波器原理

示波器主要由示波管、扫描发生器、垂直（Y 轴）放大器、水平（X 轴）放大器及电源五部分组成。各部分作用是：

（1）示波管又称阴极发射线管，它是利用高速电子束轰击荧光屏使之发光的一种显示器件，被测信号通过一定的转换，就变为荧光屏上显示的图形。

（2）扫描发生器是用来产生锯齿波电压信号，经水平放大器放大后，在荧光屏上产生一条代表时间的水平线。

（3）垂直放大器是将被测信号放大并加到示波管的垂直偏转板上。

(4)水平放大器是将锯齿波信号或外加信号放大并加到示波管的水平偏转板上,示波管将垂直信号及水平信号叠加后,在荧光屏上显示被测信号的波形图。

(5)电源部分是为示波管及各电路提供电源。

2. 示波器的使用

(1)打开电源开关,经规定的预热时间,在荧光屏上出现一个亮点或水平亮线,调节辉度与聚焦,使亮点与亮线显示适当。

(2)利用探头接入被测信号,分别调节 X、Y 轴衰减及微调使荧光屏稳定显示若干个完整波形。

(3)观察波形可分别得出被测信号的幅值(V)及时间(s)。需注意被测信号的实际幅值还需乘以探头的衰减倍数。

3. 示波器的日常维护

示波器在存储和使用过程中,应保持干燥、清洁。不用时应盖上防尘罩,使用一段时间后,用强力吹风机或软毛刷除去机箱内外的灰尘。长期不用时,应定期通电除潮,尤其在潮湿季节,更应每天通电 20min 以上。

三、测量方法

J(GJ)AB001 测量的基本方法

(一)测量基本方法

测量方法的正确选择和应用直接关系到整个测量工作能否顺利进行,并直接影响结果的可信度和科学性。测量方法一般可分为直接测量和间接测量两种。

1. 直接测量

直接将被测量与同类标准值相比较或直接从测量仪器上读取刻度值的测量方法称为直接测量。如用电流表测电流、用电能表测电能、用直流电桥测电阻等都属于直接测量。

2. 间接测量

通过直接测量与被测量有一定函数关系的量,然后用函数关系计算出待求被测量的方式叫作间接测量。如用伏安法测电阻,即先用电压表、电流表分别测出电阻两端的电压和流经电阻的电流,然后利用欧姆定律 $R=U/I$ 计算出被测电阻值的方法就是间接测量法。

J(GJ)AB002 测量误差的分类

(二)测量误差

由于人们对客观事物认识的局限性,测量手段的不完善或测量工具的不准确等因素的影响,测量值只能趋向于其真值。因此,被测量的真值只能是一种客观存在,即:真值通常指定义在规定时间下得到的量值。测量误差是指被测量值与真值之间的差异。

1. 测量误差的分类

根据测量的性质和特点,测量误差可分为系统误差、随机误差和疏失误差 3 类。

(1)系统误差:是指在相同的条件下,多次测量同一量时,大小和符号均保持不变或按一定规律变化的误差。系统误差决定了测量的准确度。系统误差越小,测量结果越准确。

(2)随机误差:在相同测试条件下多处测量同一量时,绝对值和符号都以不可预知的方式变化的误差,称为随机误差或偶然误差。随机误差决定了测量的精密度。随机误差越小,测量结果的精密度越高。随机误差出现正负误差的概率相等,可以通过多次测量,采用统计学求平均的方法来消除。

（3）疏失误差：又称粗大误差，是指在一定的测量条件下，测量值明显偏离实际值所造成的测量误差。由于疏失误差明显歪曲测量结果，所以应将它剔除。

2. 测量误差的来源

（1）由于测量仪器中的电器或机械结构不完善引起误差。如磁电系仪表运动部位的摩擦阻力、指针式仪表的非线性刻度、放大器中的零点漂移、数字式仪表的量化引起的误差。定期对仪器进行校准和计量，可以减少这种误差。

（2）由于人们对仪器的安装、调节、使用不当等引起的误差。如未按照规定的方向或位置安装和调试仪器、连接电缆和负载阻抗不匹配、外壳接地不良等都会产生使用误差。在测量中，应严格按技术规程使用，不断提高试验技能，以减少或消除这种误差。

（3）由于测量者的分辨力、疲劳程度、固有习惯等引起的误差。

（4）由于依据的理论不严密或计算公式简化引起的误差。

（5）由于受周围温度、压力、湿度、电源波动、电磁场、光辐射、放射物等影响而产生的环境误差。例如，仪器对温度和电源的变化极其敏感，超出其规定适用范围，均会产生影响误差。

不难看出：减小系统误差的方法是选择更为合理的测量方法、使用精度更高的测量仪器、引入修正值法；减小随机误差的方法是在相同条件下进行多次测量取平均值；确认的疏失误差必须及时剔除。

J(GJ)AB003 测量误差的表示方法

3. 测量误差的表示方法

（1）绝对误差：测量值 A_x 与真值 A_0 之差称为绝对误差，用 ΔA 表示，即

$$\Delta A = A_x - A_0 \tag{1-2-46}$$

ΔA 既有大小，又有符号和单位。当 $\Delta A<0$ 时，说明测量值小于真值。

由于真值是一个理想的数值，不容易获得，通常用实际值 A 来近似代替真值。实际值是根据测量误差的要求，用更高一级的标准器具测量所得之值。

与绝对误差大小相等、但符号相反的量值称为修正值，用 G 表示，即

$$G = -\Delta A = A - A_x \tag{1-2-47}$$

对测量仪器进行检测时，用高一级的标准仪器与之相比较，以表格、曲线或公式的形式给出受检仪器的值，就是修正值。

测量时，将测量值与修正值相加即可得到实际值。

（2）相对误差：相对误差是用百分比的形式说明测量的准确度，通常有以下几种表示方法。

① 实际相对误差 γ_A，绝对误差 ΔA 与被测量的实际值 A 的百分比，即

$$\gamma_A = (\Delta A/A) \times 100\% \tag{1-2-48}$$

② 示值相对误差 γ_x，绝对误差 ΔA 与被测量测量值 A_x 的百分比，即

$$\gamma_x = (\Delta A/A_x) \times 100\% \tag{1-2-49}$$

③ 满度相对误差 γ_m，又称引用相对误差，是绝对误差 ΔA 与仪表的满度 A_m 的百分比，即

$$\gamma_m = (\Delta A/A_m) \times 100\% \tag{1-2-50}$$

满度相对误差主要用于电工仪表准确度的等级。

γ_m 给出了仪表在工作条件下不应超过的最大相对误差，它反映了该仪表综合误差的大小。

从以上的分析不难看出：当测量值等于满度值时，γ_x 与 γ_m 两者相等。通常情况下，测量值的准确度总是低于仪表的准确度。因此使用指针式仪表进行测量时，应选择好仪表的量程，尽可能使仪表的指针处于满度值的 2/3 以上区域。

J(GJ)AB004 测量数据的处理

（三）测量数据的处理

测量结果一般用数字或图形来表示。图形可以在各种显示屏上直接显示出来，也可以通过试验数据进行描点作图而绘出。用数字表示的测量结果，必须包括两部分，即：数值和单位。不标注单位的测量结果毫无意义。

所谓数据处理，就是从测量所得到的数据中获取最佳估计数字，并按运算规则进行计算，得出计算结果的过程。下面从数字的认识、数字舍入规则及近似运算规则等三个方面来讲解数据的处理。

1. 有效数字的认识

有效数字是指在它的绝对误差不超过末位单位数字的 1/2 时，在它的左边数字列中，从第一个不为零的数字算起，直到末位为止（末位可以是零）的全部数字。用有效数字记录测量结果时应注意以下几点：

（1）用有效数字来表示测量结果时，可以从有效数字的位数估计出测量的误差。一般规定误差不超过末位有效数字的 1/2。例如，测量结果记为 8.01A，单位数字的一半即为 0.005A，测量误差可能为正，也可能为负，所以 8.01A 这一结果的测量误差为±0.005A。

（2）在测量结果的数字列中，前面的“0”不算是有效数字，而末位的“0”才重要。如 0.008 只表示一位有效数字。

（3）有效数字的位数不能因采用的单位变化而增加或减少。例如，若测量结果为 4.700kΩ 以 Ω 为单位时，记作 47000Ω，两者均为 4 位有效数字。如测量结果记为 4.7kΩ，它是两位有效数字；以 Ω 为单位，不能记作 4700Ω，因为 4700 是 4 位有效数字，这样夸大了测量精度，这时应记作 $4.7\times10^3\Omega$，它仍为两位有效数字。

2. 数字舍入规则

当测量结果的有效数字超过指定位数时，多余的位数应按规定予以舍去，舍入规则如下：

（1）大于 5 时向前进 1，小于 5 时舍去不进位。

（2）若恰好等于 5 时，采用“奇进偶不进”原则。即 5 之前是奇数舍后进 1，5 之前是偶数舍后不进位。

3. 近似运算规则

（1）有效数字的加减运算规则：

① 对参加加减运算的各项数字进行修约时，应使各数修约到比小数点后位数最少的那项数字多保留一位小数。

② 进行加减运算。

③ 对运算结果进行修约时，应使小数点后的位数与原各项数字中小数点后尾数的最少的那项相同。

(2)乘法运算时,有效数字位数的取舍决定于有效数字最少的一项数字,而与小数点的位置无关。

(3)乘方或开方运算时,应保留的有效数字位数与原有效数字的位数相同。

(4)对数运算时,计算结果与其真数有效数字的位数相同。

项目七　计算机基础与数字通信基础知识

一、计算机基础知识

一个完整的计算机系统包括硬件系统和软件系统两个部分。组成一台计算机的物理设备的总称叫作硬件系统,是计算机工作的基础。指挥计算机工作的各种程序的集合称为软件系统,是控制和操作计算机工作的核心。

J(GJ)AC001 计算机硬件系统相关知识

(一)硬件系统

计算机硬件系统由主机、显示器、键盘、鼠标等组成。另外,计算机还可以外接打印机、扫描仪、数码相机等设备。

1. 主机

计算机最主要的部分就是主机,主机内部有主板、CPU、内存、硬盘、光驱、显卡、声卡、电源等。

1)中央处理器(CPU)

CPU 用来直接处理计算机的大部分数据,它处理数据速度的快慢直接影响着整机性能的发挥。CPU 有主频、倍频、外频三个重要参数,它们的关系是:主频=外频×倍频。主频是 CPU 内部的工作频率,外频是系统总线的工作频率,倍频是它们相差的倍数。CPU 的运行速度通常用主频表示,以赫兹(Hz)作为计量单位。CPU 的工作频率越高,速度就越快,性能就越好,价格也就越高,CPU 的两大部件包括运算器和控制器。

2)内存与硬盘

内存和硬盘都是计算机用来存储数据的,它们的单位为字节(Bytes),常用 B 表示。计算机在处理数据时,它把大量有待处理和暂时不用的数据都存放在硬盘中,只是把需要立即处理的数据调到内存中,处理完毕后立即送回硬盘,再调出下一部分数据。计算机在实际工作时将一切要执行的程序和数据都要先装入内存。内存是内部存储器的简称,包括随机存取存储器(RAM)和只读存储器(ROM),因为 RAM 是其中最主要的存储器,因此人们习惯将 RAM 直接称为内存。RAM 分为静态 RAM(SRAM)和动态 RAM(DRAM)两种。目前微型计算机中的内存大都采用半导体存储器,基本上是采用内存条的形式,其优点是扩展方便。容量以“MB”为单位(1MB=1024KB=1024×1024B)。比 RAM 运算速度还要快的是在 CPU 与内存之间的高速缓冲存储器,它固化在主板上,容量相对较小。硬盘的容量要比内存大得多,硬盘在使用时常将其容量分配给不同的逻辑驱动器,称为硬盘分区;硬盘分区有利于计算机管理繁杂的信息,而且当某一区出现故障时,不会影响其他区的正常操作。常用的 C、D、E 是硬盘逻辑驱动器的名称,操作系统一般放在 C 盘驱动器。内存和硬盘都是越大越好。

3）驱动器

驱动器分为硬盘驱动器（简称为硬驱）、软盘驱动器（简称为软驱）和光盘驱动器（简称为光驱）。硬盘和硬驱是一体的，软驱和软盘、光驱和光盘是分开的。将软盘插入软盘驱动器时要注意方向，3.5in软盘在插入时应该使转轴面向下，金属片朝前，听到驱动器口下方的弹出按钮“喀哒”一声弹出，说明软盘插好了。取出时，应该先按一下弹出按钮，软盘会自动弹出一部分，接着将软盘抽出。值得注意的是，软盘驱动器的上方或下方有一个小小的指示灯，当指示灯亮时，说明计算机正在读或写这个驱动器内的软盘；硬盘驱动器同样有位于主机箱前面板上的指示灯，指示灯亮时，表明计算机正在读或写硬盘。驱动器指示灯亮时，不能取出相应驱动器内的软盘或关机，否则可能会对磁盘造成损坏。光盘驱动器是读取光盘信息的设备。驱动器的名字都是用单个的英文字母表示的，常用A和B来表示软盘驱动器，用C、D、E来表示硬盘驱动器，光盘驱动器一般用硬盘驱动器后面的字母来表示。

4）光盘

光盘是计算机中数据运输和存储的得力助手。光盘通常分为CD光盘和DVD光盘两大类。

5）电源

计算机内部所需电压不超过12V，而供电电压是220V。计算机电源相当于一个变压器，把220V电压转化为计算机内硬件设备所需的各组电压，如：12V、5V、3.3V。电源上有一束颜色不同并带接口的导线，它们用来与主板、软驱、光驱、硬盘、CPU、风扇等部件的电源接口相连，给它们供电。

6）主板

主板上有一排排的插槽，呈棕色和白色，长短不一，声卡、显卡、内存条等设备就是插在这些插槽里与主板联系起来的。除此之外，还有各种元器件和接口，它们将机箱内的各种设备连接起来。如果说CPU是计算机的心脏，那么，主板就是血管和神经。有了主板，计算机的CPU才能控制硬盘、软驱等周边设备。

7）声卡

声卡是计算机内专用的声音处理芯片。声卡把计算机中反映声音的信息转化成电流信号，用音频放大器放大，使音箱的扬声器产生震颤，造成空气压力的变化，最终形成人耳所能听到的声音。声卡还负责将传声器较低的电压信号采集到计算机内。声卡要插到扩展槽中与主板连为一体才能发挥作用。

8）显卡

把影像信息由二进制码转化为我们看得见的影像的计算机部件就是显示卡，简称显卡。显卡的主要结构之一是显示内存，它与系统主存的功能是一样的，只不过负责的区域不同。显示内存用来暂存显卡芯片所处理的数据，而系统主存则用来暂存CPU所处理的数据。显卡最基本的三项指标是分辨率、色深和刷新频率。

2. 显示器

计算机显示器常见的有传统CRT显示器和液晶显示器两种，规格有17in以下、18.5in、19in、20in、21.5in等几种。传统CRT显示器体形巨大且笨重，功耗大，其辐射大，维修困难，现已基本淘汰。液晶显示器轻便紧凑，色泽柔和，电磁辐射小，可靠性高，深受广大用户喜爱。

3. 键盘

键盘上有很多按键,各个按键有着不同的功能,按键每受一次敲击,就给计算机的中枢神经系统送去一个信号,计算机就是根据这些信号的指示来执行一个又一个任务。如打字就是通过键盘将文字输入到计算机中的。

4. 鼠标

像键盘一样,它是给计算机的中枢送信号、下指令的。鼠标按工作原理可分为光电鼠标和机械鼠标。通常的鼠标有左键、右键两个按键,也有的增加一个中键,另外鼠标中间带有滚轮。你只需握住它,移动其底部,这时,屏幕上就会有一个箭头样的“光标”移动,当光标停在屏幕上你要执行的命令位置时,根据具体情况按动按键,计算机就会执行你下达的操作命令。

J(GJ)AC002
计算机软件系统相关知识

(二)软件系统

1. 程序

计算机本身只能完成一些很简单的基本操作,如加法、减法、传送数据、发送控制电压脉冲等,这些简单的基本工作叫作计算机指令。一台计算机不过有几十条指令,把它们合起来叫作计算机的指令系统。计算机无论做多么复杂和高级的工作,都是靠着把指令适当地排列成一个序列,逐条地执行指令,最后完成整个工作。这种把指令排列成一定的执行顺序并能完成一定目标工作的指令序列,就叫作程序。

2. 软件

软件就是一大段程序,具有专门且完善的功能。比如我们熟悉的 WPS 和 Word 字处理软件,就具有完善的文字编辑功能。人类的著作用墨汁印刷在纸张上呈现给我们看,音乐录制在磁带上给我们欣赏,软件则是存储在 U 盘或光盘上供我们使用。

3. 软件分类

软件包括系统软件和应用软件。为了方便地使用计算机及其输入输出设备,充分发挥计算机系统的效率,围绕计算机系统本身开发的程序系统叫作系统软件。

4. 驱动程序

给计算机安装声卡等新硬件时,只把它们与计算机的其他硬件连接起来是不够的,必须把新硬件“驱动”一下,它才能工作。行使“驱动”任务的就是硬件的驱动程序。驱动程序是设备与操作系统的接口,硬件与其他部件连接后,必须在操作系统下安装该硬件的驱动程序,安装完成后,该硬件才能被计算机系统承认并允许它工作。声卡、显卡、光驱、打印机、扫描仪等硬件在出售时都附带装有该硬件驱动程序的驱动盘,不同型号的设备有不同的驱动程序。

J(GJ)AC003
数字通信技术相关知识

二、数字通信技术

(一)数字通信系统的基本模型

图 1-2-37 所示为数字通信系统的模型框图。图中加密器和解密器的位置可前可后,例如加密器可以在信道编码器之前,也可以在信道编码器之后。另外对于一个实际的数字通信系统来讲,其中有的矩形框可能没有。例如不使用保密功能时,加密器和解密器就不要

了;不需要抗干扰的信道编码时,信道编码器和信道译码器就不要了。此外,数字通信系统中必不可少的同步系统,由于它和很多部件结合在一起,没有单独画出。

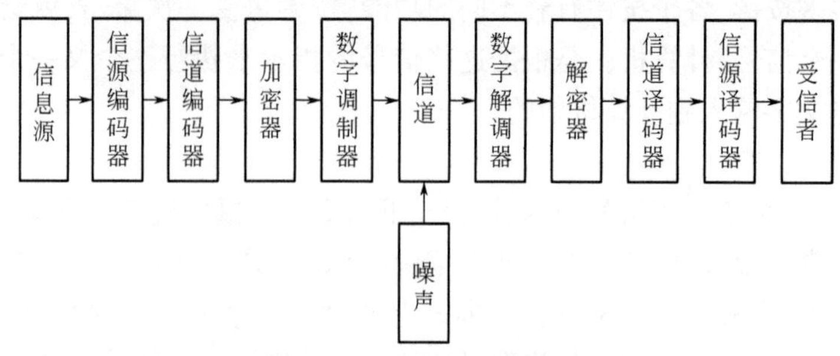

图 1-2-37 数字通信系统模型框图

(二)数字通信系统各部分的作用

1. 信息源

信息源一般指的是由电传机、纸带读出机等送来的数字基带信号。最典型的数字基带信号为二进制矩形脉冲,平常我们称它为二进制码或二进制代码。这种二进制数字信号只有这两个值,A 和 O(或-A)。在接收端判决结果也只有这两个值,这一点与模拟信号(取值是连续的)完全不同。

2. 信源编(译)码器

信源编码器的主要作用是进行降低信号多余度,其目的是减少码元数目和降低码元速率。如果信息源送来的是模拟信号,那么信源编码还包含一个把模拟信号转换为数字信号的模-数转换器,即通过取样、量化和编码三个步骤把模拟信号变成数字信号。有时候就把模-数转换称作信源编码。信源译码器的作用与信源编码器相反,例如信源编码器为模-数转换器时,信源译码器就是数模转换器。

3. 信道编(译)码器

信道编码器又称为抗干扰编码器和纠错编码器。它是将信源编码器输出的数字基带信号人为地按照一定的规律加入多余码元,以便在接收端译码器中发现或纠正码元在传输中的错误,这样可以降低码元传输的错误率。初看起来,信道编码器增加多余度的作用与信源编码器降低多余度的作用互相抵消了。其实不然,因为信源编码器中降低的是输入数字信号中的自然多余度,这种自然多余度不能起纠正错码的作用。而信道编码器中加入的多余码元是有一定规律的,这种规律能有效地提高传输性能,降低码元传输的错误率。

4. 加(解)密器

它的位置可以在信道编(译)码器的前面,也可以在信道编(译)码器的后面。加密的方法很多,例如可以把数字信号和一个周期很长的 M 序列进行模二相加,这样将原来的数字信号变成一个不可理解的另一序列,被人窃取后就无法理解其内容了。在接收端必须加上一个同发送端一样的负序列,和收到的信号再次进行模二相加,就可以恢复原来发送的数字信号。

5. 数字调制(解调)器

前面得到的数字信号都是基带信号,数字调制器是将数字基带信号经过各种不同的调制变为适合于信道传输的频带信号。数字调制的方法很多，有的可以和模拟通信系统中的调制方法一样。但由于数字基带信号往往是二进制脉冲序列，因此数字调制往往用键控方式调制，这样就有振幅键控法（ASK）、频率键控法（FSK）和相位键控法（PSK）等数字调制方式。

（三）数字通信系统的主要优缺点

数字通信的主要特点是：抗噪声性能好；数字通信中可以采用信道编码技术使错码率降低；数字通信便于加密；数字信号便于处理、存储、交换，便于和计算机等设备连接。

数字通信最主要的缺点是占用的频率比较宽；另外，数字通信的设备一般比模拟通信的设备复杂。

项目八　可编程序控制器（PLC）基础

一、PLC 的组成

GAE001 PLC 的组成及特点

可编程序控制器（PLC）是一种数字运算操作的电子系统，专为在工业环境下应用而设计的。采用了可编程序存储器，用来在其内部存储执行逻辑运算、顺序控制、定时、计数和算术运算等操作的指令，并通过数字式或模拟式的输入和输出，控制各种类型机械的生产过程。可编程序控制器及其有关外围设备，都按易于与工业系统连成一个整体、易于扩充其功能的原则设计。

可编程序控制器由输入、处理及输出等部分组成。

PLC 通过编程器编制控制程序，将 PLC 内部的各种逻辑部件按照控制工艺进行组合以达到一定的逻辑功能。PLC 将输入信息存入 PLC 内部，执行逻辑组合，达到所需逻辑功能，最后输出控制要求。

二、PLC 的功能和特点

PLC 可用于单台机电设备的控制，也可以用于生产流水线的控制，使用时可以根据生产过程和工艺要求设计控制程序，然后将程序通过编程器送入 PLC。程序投入运用后，PLC 就在现场输入信号的作用下，按照预先送入的程序控制现场的执行机构按一定规律动作。

（一）PLC 的主要功能

PLC 集动画技术、计算机技术、通信技术为一体，它能完成以下功能：条件控制、定时控制、计数控制、步进控制、A/D 和 D/A 转换、数据处理、通信联网、监控等。

（二）PLC 的特点

（1）通用性强。PLC 是通过软件来实现控制的。同一台 PLC 可用于不同的控制对象，只需改变软件就可以实现不同的控制要求。

（2）可靠性高。PLC 采用了屏蔽、滤波、隔离等抗干扰措施，在恶劣的工作环境下，它的平均无故障时间可达 50000～100000h，甚至更高。PLC 还具有完善的自诊断能力，检查故障迅速方便，因而便于维修。

（3）功能强。PLC 不仅具有逻辑运算、时间、技术、步进等功能，而且还能完成 A/D 和

D/A 转换数据运算和数字处理以及通信联网、生产过程控制等。

（4）接线简单。PLC 接线只需将输入信号的设备与 PLC 输入端子连接将执行元件（接触器、电磁阀等）与 PLC 输出端子连接。

（5）编程简单、使用方便。

（6）体积小、质量轻、功耗低。

当然 PLC 也有缺点，比如价格较高；工作速度较计算机慢；使用者要有一定的计算机知识等。

三、PLC 硬件及各部分作用

GAE002 PLC 硬件及各部分作用

（一）中央处理单元（CPU）

中央处理单元（CPU）由微处理器、存储器、辅助逻辑电路所组成。

1. 微处理器

微处理器是 PLC 的核心组成部分，主要采用循环扫描技术对输入信号扫描，然后将输入信号的状态写入 I/O 状态表中，最后对输出接口进行刷新，对执行元件进行控制。在每个循环中，微处理器还要进行故障诊断、系统管理等。

2. 存储器

根据 PLC 运行中执行程序的要求，存储器可分为系统程序存储器和用户程序存储器两种。系统程序存储器用以存放系统工作程序、模块化应用功能子程序、命令解释、功能子程序等，这些程序与用户无直接关系，由厂家直接固化到 EPROM 中。用户程序存储器用以存放用户程序，即存放通过编程器输入的用户程序，这部分程序存入了带有后备电源的 RAM 中，一旦程序固定不变，也可固化到 EPROM 中，长期保留。

（二）编程器

编程器用于用户程序的输入、编辑、调试、检查和监视，还可以通过编程器键盘去调用和显示 PLC 的一些内部状态和系统参数，是一种人机对话设备。目前编程器的类型主要有简易编程器、图形编程器、个人计算机辅助编程系统等几种。

（三）I/O 模块

I/O 模块是 CPU 与现场 I/O 装置或其他外部设备之间的连接部件。它将外部输入信号变换成 CPU 能接受的信号，或将 CPU 的输出信号变换成需要的控制信号，去驱动控制对象，以确保整个系统正常工作。

（四）电源

电源是可编程序控制器最重要的模块之一，其功能是当有强烈的干扰输入时，输出电压也要能保持稳定，它是可编程序控制器可靠工作的首要条件。因此，在 PLC 的电源技术中，采用了许多稳压抗干扰技术。例如，采用浪涌吸收器、隔离变压器等。

四、PLC 初步编程

GAE003 PLC 编程相关知识

（一）编程器的使用

1. 编程器的操作面板

操作面板由液晶显示屏和键盘（功能键、指令键、元件符号键、数字键等）组成。液晶显示屏能同时显示4行，每行16个字符，其左上角是功能提示符，有以下几种提示符：R(READ)读出；W(WRITE)写入；I(INSERT)插入；D(DELETE)删除；M(MONITOR)监控；T(TEST)测试。

2. 编程器的编程准备

在进行编程之前，首先打开PLC主机上的插座盖板，用电缆把主机和编程器连接起来，接通主机后，编程器也就通电了；根据显示屏上光标的指示，选择联机方式或脱机方式；然后再进行功能选择。

编程功能：将PLC内部的用户程序存储器的程序全部清除，然后用键盘编程。

监控功能：监视元件动作和控制状态，对指定元件实行强制ON/OFF及常数修改。

3. 编程器使用步骤

(1)RAM的清零。键盘操作顺序：RD、WR、NOP，A、GO、GO，则程序被清除。

(2)写入程序。按WR键输入指令、数据，按GO。每输入一条指令，都要按一次GO键，最后用END指令结束。

(3)读出程序。按RD、STEP，键入步序号，按GO。

(4)程序修改。读出需要修改的某条指令，用WR写入新的指令和数据，按GO键。

(5)删除指令。读出需删除的某条指令，按DEL键，按GO键，该条指令被删除，步序自动减1。

(6)插入指令。先读出某条指令，按INS键，输入准备插入的指令和元素号，该指令被插入，步序自动加一。

(7)元件监视。元件监视是指监视指定元件的ON/OFF状态、设定值及当前值。

(二)PLC的基本指令系统

PLC产生的最直接原因是为了取代继电器控制，而梯形图则是从继电器电路图演变而来的。目的是使工程技术人员、现场电气维修人员感觉不到PLC与继电器控制有什么太大的区别。因此，80%以上的PLC制造商都采用了梯形图作为编程语言，通过PLC的指令系统将梯形图转变成PLC能接收的程序，由编程器将程序键入到PLC的用户存储区中去。PLC的基本指令主要包括与、或、非、定时器、计数器、移位寄存器等。

(三)梯形图的使用原则

PLC的梯形图具有形象直观、逻辑关系明显、实用，是目前使用最多的一种PLC编程语言。在使用梯形图时应符合以下规则：

(1)每个梯形图由多个梯级组成，每个线圈可构成一个梯级，每个梯级可由多条支路组成，一个梯级最右边的元件必须是输出元件。

(2)梯形图的执行过程是按照从上到下、从左到右的顺序执行。

(3)梯形图中的继电器触点，可在编制用户程序时无限次地使用，既可常开又可常闭。

(4)梯形图中输入触点和输出线圈，不是物理触点和线圈。用户程序的解算是根据PLC的输入和输出状态表的内容，而不是根据解算时现场的开关状态。

(5)输出线圈只对应输出状态表的相对位置，不能用该编程元件直接驱动现场执行元件，该状态必须通过I/O模块上对应的输出晶体管开关、继电器或双向晶闸管，才能驱动现场的执行元件。

项目九　应用机械基础知识

一、机械传动知识

机械传动是一种最基本的传动方式。电气设备(特别是电梯)的工作过程实际上包含多种机构和零部件的运动过程。这里主要介绍带传动、链传动和齿轮传动方式的工作原理。

J(GJ)AD001 带传动相关知识

(一)带传动

带传动是一种应用广泛的机械传动方式。它依靠带作为中间的挠性物,通过与带轮之间的摩擦力来传递运动。

1. 传动比

传动比指主动轮与传动轮转速之比。带传动中两轮速度之比与直径之比成反比。

2. 包角

带包围在带轮上的弧线部分称为接触弧。接触弧对应的中心角叫包角,包角越大,带与带轮面间的摩擦力越大,传递的功率就越大。包角太小时,带容易打滑。小轮的包角与大轮相比要小,为保证带的正常工作,小轮的包角对平带而言不能小于150°,对V带而言不能小于120°。

3. 带传动的特点

带传动适用于两轴相距较远的传动,具有以下优点:结构简单、成本低、维护方便、损坏后易于更换;可以缓和冲击和振动,传动平稳无噪声,过载时,带能在带轮上打滑,可以防止零件损坏。缺点是传动效率低、带寿命短、不能保证准确的传动比,外廓尺寸较大。

传动用的带形状有平带、V带、同步齿形带等。其中平带和V带应用较为广泛。

V带传动用于两轴轴间距不大的情况,其中心距比平带传动小。它是利用带和带轮的梯形槽之间的摩擦力来传递动力的,传递动力比平带大。在相同条件下,传递动力为平带的3倍,所以V带应用最为广泛。

平带传动是带的环形内表面与带轮缘接触,结构最为简单,带轮制造也简单。由于平带较薄,挠曲性较好,适用于高速传动。其传动形式有传递平行轴运动的开式传动、交叉传动和相错轴的半交叉传动等。

J(GJ)AD002 链传动相关知识

(二)链传动

链传动是由一个具有特殊齿形的主动链轮,通过链条带动另一个具有特殊齿形的从动链轮来传递运动和动力的装置。

1. 传动比

链传动的传动比为两链轮转速之比,链传动的传动比与两轮的齿数成反比。

2. 传动链

传动链有套筒滚子链和齿形链两种类型,其中套筒滚子链最常用。

套筒滚子链由内链板、外链板、销轴、套筒和滚子几部分组成。销轴与外链板、套筒与内链板分别采用过盈配合固定。而销轴与套筒、滚子与套筒之间则为间隙配合,这样就构成一个铰链。当链接屈伸时,内链板与外链板之间就能相对转动,套筒、滚子与销轴之间也能自由转动。而当链条与链轮进入或脱离啮合时,滚子可在滚轮上滚动,两者之间主要是滚动,减少了链条与链轮的磨损。

链条上相邻两轴中心的距离为链的节距,是链条的主要参数。传动功率较大时可用双排、三排或多排链。

3. 链传动的特点

链传动适用于中心距较大,传动功率较大、传动比要求准确的两平行轴间的传动。链传动的传动比 $i \leqslant 6$,中心距 $A<(5\sim6)$ m,传动功率 $P<100$kW。链传动与带传动相比,有传动比准确、传动功率大、传递效率高等优点。

(三)齿轮传动

J(GJ)AD003 齿轮传动相关系知识

齿轮传动是机械传动中应用最广泛和最重要的一种传动。

1. 类型

按防护方式的不同,齿轮传动分开式和闭式传动。开式传动指不设防护箱体,齿轮外露。由于易沾灰尘、润滑条件差、齿面易磨损,一般只用在速度不高、传递动力小、不重要的传动装置上。闭式传动将齿轮密封在箱体内,能保证良好的润滑和工作条件,常用于速度较高、传递功率高和重要的传动装置,但闭式传动结构复杂,制造成本高。

按齿轮传动两轴位置的空间位置不同,又分为两轴平行、两轴相交和两轴相错的齿轮传动。两轴平行的齿轮传动有直齿轮传动、斜齿圆柱齿轮传动和人字齿圆柱齿轮传动;两轴相交的齿轮传动有直齿圆锥齿轮传动、斜齿圆锥齿轮传动和弧齿齿轮传动;两轴相错的齿轮传动有螺旋齿轮传动和蜗杆蜗轮传动等。

2. 传动比

齿轮传动比为两齿轮的匝数之比,一对齿轮的传动与其匝数成反比。

3. 特点

齿轮传动与带传动相比较,优点是结构紧凑,工作可靠,传动比准确,传动效率高(0.90~0.95),使用寿命长,转速范围和功率范围大,作用于轴和轴承的压力小。缺点是制造精度高,需要专门齿轮制造设备。两轴中心距较大时,传动装置庞大,过载时,齿轮易损坏。

二、机械零部件的装配知识

任何机械设备都是由一些基本零件组成的。这些零件主要为螺栓、键、销、轴承、齿轮、联轴节等。零件和部件的安装质量不高,将造成机械精度下降,运转性能差,磨损快,使用寿命短。因此,必须掌握正确的安装知识,严格控制安装误差。

(一)螺栓、键、销的安装

J(GJ)JAD004 螺栓、键、销的安装

螺栓、键、销均属可拆的零件连接固定组件,具有结构简单、连接可靠、拆卸方便迅速等优点。

1. 螺栓连接

拧紧力矩需克服旋合螺纹间的摩擦力、螺母与连接件面的摩擦力,并使螺栓产生预紧应力。预紧应力控制为螺栓的材料屈服应力的50%~70%为宜。为了保证所需的预紧力矩,需专门工具(风动扳手、测力扳手、定扭矩扳手等)控制其拧紧力矩。

防松装置是为了防止在冲击、振动和交变载荷作用下，自锁性被破坏而松动的装置。通常的防松装置有弹簧垫圈、开口销、止退垫圈及串联钢丝等。

螺栓安装时，必须使用润滑油，防止螺栓拧入时卡死；双头螺栓的轴心必须与机体表面垂直，螺母与零件贴合面应光洁、平整。拧紧成组螺母时必须对称拧紧，避免单面一次性紧固到位。

2. 键的连接

键是用来连接轴和轴上零件的，主要用于轴向固定以传递扭矩的一种机械零件。根据其结构特点和用途分为松键、紧键和花键，一般用45号钢来制造。

松键靠键的背面传递扭矩，只能对轴上零件做圆周固定，不能承受轴向力。因此松键的对称性好，适宜于高速和精密的传动。松键安装时，键的侧面与轴槽的配合宜稍紧，以免轴在转动时产生松动。键的顶部与轴槽必须留有0.1~0.4mm间隙，以使键在拆卸时不被损坏。装配面应加机油润滑。

紧键又称斜键。键的侧面和键槽间有一定的间隙，键的上表面与轮壳槽的底表面均有1∶1000的倾斜度；安装时沿轴向用力将键打入键槽。紧键只适用于对中性要求不高的扭矩传递和单侧轴向受力的设备。键的斜度必须与轮壳槽的斜度保持一致，否则轮壳槽将发生歪斜，因此在安装时，应用涂色法检查和修整键的斜度，保证其紧密贴合。

花键连接具有传递扭矩大、对中性好和导向性好、强度高等特点。花键与套件的连接有固定式和滑动式两种。固定式花键大部分为过渡配合，有少量过盈，装配时可将套件加热至80~120℃后进行装配。

3. 销连接

销在机械设备中，除了起连接作用外，还可以起定位作用。销与孔应为大部分过渡配合，有少量过盈，依靠过盈固定在孔中，用以固定零件，传递动力。销孔必须同时钻铰，以保证其装配精度，圆柱销不宜多拆。圆锥销具有1∶50的锥度，定位准确，在横向力作用下可自锁，一般只作定位用。

J(GJ)AD005 轴承的安装

（二）轴承的安装

轴承是用来支撑轴的部件，轴承可分为滑动轴承和滚动轴承两大类。

1. 滑动轴承

利用滑动摩擦来支撑轴的部件，使轴颈与轴承表面建立起润滑膜，达到吸收振动、减少摩擦损失和表面磨损的目的。滑动轴承可承受较大的冲击载荷，适用于高速运转的机械设备。滑动轴承的润滑形式有静压润滑和动压润滑两种。静压润滑是利用外界油压系统供给一定压力的润滑油（对称供油），使轴颈与轴承处于完全液体摩擦状态，其油膜压力与轴的转速无关，因此承载能力大，抗震性能好，回转精度高。动压润滑是利用轴的高速运转和润滑油的黏性作用，将油带进楔形空间建立起压力油膜，将轴颈和轴承表面分开。

1）滑动轴承的安装

滑动轴承装配时，主要应使轴颈与轴承孔之间获得需要的间隙和良好的接触，使轴在轴承内运动平稳。

2）整体式向心滑动轴承的安装

整体式向心滑动轴承又叫轴套，其安装工艺如下：压入轴套，轴套和轴承座孔应为过渡配合，压入前测量外径和座孔内径，计算过盈量应符合规范，过盈偏小时应加垫板。压入时应注意配合面的清洁并涂上润滑油，为了防止轴套歪斜，可采用导向心轴导向。轴套定位，压入轴套后应用坚固蝶、钉或定位销固定，防止加载后松动。轴套孔的修整，轴套压装时内孔易变形，压装后用内径千分表检查轴套内径是否有椭圆、锥度或缩小。用厚薄规检查孔轴线对端面的不垂直度，对其变形部分用绞刀和刮刀进行修整。

3）剖分式滑动轴承的安装

剖分式滑动轴承由轴承套、轴承盖、上下轴瓦、垫片及螺栓等组成。安装后，轴瓦在机体中，无论在圆周方向或轴向都不允许有位移，常用定位销和轴瓦上的突台来制动。其安装工艺如下：

（1）轴承安装，上下轴瓦与轴承座、轴承盖装配时，应使瓦的背面与座孔接触良好，上轴瓦的接触面不小于40%，下轴瓦不小于50%，而且接触面分布均匀，下底部和两侧面不允许有明显间隙，轴瓦与轴瓦座之间的接触斑点应为每平方厘米1～2个点。对不符合要求的应以轴承座为基准，对轴瓦的背面进行刮研或选配。

（2）轴瓦内孔的刮研，轴瓦内孔与轴颈需要良好的配合，通常用接触角和接触点来控制。

因此对轴瓦内孔的刮研是不可缺少的一道工序。刮研必须在设备精平后进行。刮研的顺序是先下轴瓦后上轴瓦。刮瓦时可在轴颈上涂一层薄红丹粉，将轴放在轴瓦上正、反转一周后取出，观察轴瓦上出现的印迹分布情况，对其分布不均部分用刮刀刮去，反复多次，直至轴瓦内表面印迹分布均匀，符合要求。

4）滑动轴承间隙的调整

滑动轴承的间隙包括顶间隙、侧间隙和轴向间隙。顶间隙一般控制为0.001～0.003d（d为轴承内径，mm），侧间隙约为顶间隙的一半，轴向间隙应考虑轴向受热膨胀的伸长量，不得小于该膨胀量。

（1）顶间隙用压铅法来测量。测量时打开轴承盖，用直径1.5～2倍顶间隙的软铅丝，约为10～40mm长，涂上黄油膏分别摆放在轴颈顶部的不同位置上，装上轴承盖对称均匀地拧紧螺钉。当轴瓦结合面已均匀接触后，打开轴承盖测量被压扁的铅丝厚度，计算其平均值即为顶间隙。如顶间隙太小，应在上、下轴瓦结合面之间加垫片调整；如间隙太大，应减少。

（2）侧间隙和轴向间隙一般用塞尺来测量。以塞尺塞进长度为轴径的四分之一以上为其间隙值。轴向间隙应将轴推到固定端极限位置来测量，若间隙太小应刮研轴瓦端面，间隙太大应调整止推螺钉。

5）多支撑轴承座的安装

多支撑的轴承座安装时，必须保证各轴承孔在同一轴线上，否则，将会造成各轴承的间隙不均匀，使轴颈与轴瓦产生局部摩擦。为了提高支撑轴承座的安装精度，应把轴瓦装在轴承座上，按轴瓦的中心来找正，使各轴瓦的中心在同一条轴线上。对轴瓦孔径大于200mm，两轴承跨距较小时，可用平尺找正。当轴承距较大时，常用拉线法找正。当传动精度要求较高时，可用激光仪找正。

2. 滚动轴承

滚动轴承由内外圈、滚动体和隔离罩等元件组成。工作时，滚动体在内外圈的滚道上滚动，形成滚动摩擦。滚动轴承具有摩擦小、效率高、轴向尺寸小、拆卸方便等优点。滚动轴承按其形状分为滚珠轴承、滚子轴承和滚针轴承；按承受载荷方向分为向心轴承、向心推力轴承、推力轴承。

滚动轴承是一种精密部件，安装时必须细致地进行清洗、检查、拆卸、安装和调整间隙。

滚动轴承出厂时都涂有防锈油脂，该油脂不能直接代替润滑油的使用。安装前必须将其挖出并用热机油、柴油、煤油或汽油清洗干净，同时，检查其内外圈、滚动体、隔离罩等是否有生锈、破坏和损坏，转动是否灵活，间隙是否合适，内外圈的内外径、圆锥度是否符合要求。

滚动轴承的装配注意事项：

(1)向心轴承应先将配合较紧的一端(内圈或外圈)压入轴颈或座孔中；

(2)压入轴承时，严禁通过滚动体传递力量，应直接将压力施加在内圈或外圈上；

(3)施加的压力应均匀分布，应通过合适直径的套筒或圆环传递压力；

(4)装配前应认真清理轴颈和轴承座孔，并涂上一层薄油，减少摩擦；

(5)推力轴承应注意区分松环和紧环，向心轴承标有代号的端面应在可见部位。

滚动轴承的拆卸一般借助专用工具来完成。常用的工具有压力机和拉出器。用压力机拆卸时，支撑面必须在轴承内圈的对称侧。用拉出器拆卸时，拉杆应可靠地扣住轴承内圈的对称点，避免借助滚动体传递拉力或单边不对称受力，损伤轴颈和滚动体。

J(GJ)AD006 齿轮安装工艺

(三)齿轮安装工艺

齿轮是机械传动装置的主要部件，可以传递扭矩，改变旋转的速度和方向，具有传动准确、结构紧凑、体积小、效率高等优点。

齿轮的传动精度包括运动精度、平稳精度和接触精度三个方面。

运动精度为齿轮在转动一周范围内转角的误差值，也叫传动比的准确度。

接触精度为齿轮工作时相应啮合的齿面接触的均匀度和齿面与接触斑点面积的比例。接触精度是安装质量的反映，直接影响到齿轮的承载能力和工作寿命。

平稳精度为齿轮在转动一周范围内，转角误差重复的次数。平稳精度差是产生冲击、振动和噪声的直接原因。

齿侧间隙是一对齿轮非工作面间留有的间隙，主要有储存润滑、补偿加工误差、安装误差和温度变形等作用。

1. 圆柱齿轮的安装

圆柱齿轮与轴的安装可以是动配合，也可以是过渡配合，在轴上空转或滑动的齿轮与轴为动配合，主要依靠键传递力矩，其装配精度依靠零件本身的加工精度来保证，装配后齿轮在轴上不得有晃动，其中心线重合，齿端面与轴心线垂直，齿轮轮缘的径向跳动和端向跳动应在规范要求以内。因此，对零件的配合表面粗糙度、尺寸公差和形位公差都有较高的要求，安装前必须认真检查。在轴上固定的齿轮，通常与轴有少量的过盈，装配时需施加一定的外力，压装时要避免齿轮歪斜或变形、偏心；过盈量较大时，应使用压力机安装。

将齿轮、轴及其他部件装入箱体是一个极为重要的工序。装配前必须对箱体主要部位的各项尺寸和表面粗糙度认真进行检查。一般检查的部位和内容包括：孔和平面尺寸公差及形位公差;孔和平面的相互位置公差;孔和平面的表面粗糙度和外观检查等。检查项目包括同轴度、孔距的公差、两孔轴线的垂直度、孔中心线与孔端面的垂直度等。

圆柱齿轮啮合质量的检查和调整。齿轮啮合质量是指将齿轮、轴及其部件装入箱体轴承后,两齿啮合时的间隙和接触面积。齿侧间隙的要求与齿轮模数和精度等级有关。

齿侧间隙的测量可用塞尺法或百分表法进行测量,塞尺法最为简单,百分表法比较精确。

啮合两齿的接触面积可用涂色压痕斑点的方法检查,其印痕面积在齿高上不少于30%~50%,在齿宽上不少于40%~70%,印痕应在齿高的中部。双向工作时,正、反面均要检查。

齿侧间隙和接触面积均与两齿的中心距和两轴中心线的平行度有关,应通过调整两轴的轴承位置加以调整。当印痕的位置正确而面积较小时,需进行齿面跑合,在啮合面上加研磨沙进行跑合研磨,增大接触面积。

2. 蜗杆传动机构的安装

蜗杆传动具有传动比较大、传动平稳、噪声小、机构紧凑等优点;但传动效率低,工作时易产生摩擦,发热量大,必须保证良好的润滑。

蜗杆传动的精度。蜗杆和蜗轮的传动精度按规定有三种规范,即蜗杆制造精度规范、蜗轮制造精度规范和蜗轮蜗杆传动安装规范。安装规范是指蜗杆与蜗轮安装相互位置和齿侧面之间接触的偏差。传动的精度等级近似按圆周速度选择,其齿侧接触面积按精度等级确定。齿侧间隙在精度等级中不做规定,而是另外规定为结合形式:D 表示保证零侧隙,D_b 表示保证较小侧隙,D_c 表示保证标准侧隙,D_e 表示保证较大侧隙。

蜗杆传动机构的安装。为了确保蜗杆传动机构的可靠运行,安装时必须控制好安装误差,内容包括:蜗杆和蜗轮轴心线与蜗轮中间平面之间的偏移;蜗杆和蜗轮啮合侧隙和接触斑点的面积等。其安装过程和检查方法与圆柱齿轮相同。

安装的顺序一般是先将蜗轮齿圈压装在轮毂上固定,再将蜗轮装入箱体,最后安装蜗杆。一般蜗杆的中心线由箱体安装孔确定,其轴向位置可通过改变垫片厚度来调整。安装后应采用涂色法检查其斑点和用百分表法检查其侧间隙。出现偏差时可通过移动蜗轮中间平面位置来改变其啮合接触位置,或刮削轴瓦找正中心线的偏差。

J(GJ)AD007
联轴节的安装

(四)联轴节的安装

联轴节主要用于两轴相互连接或轴与其他零件之间的连接,并传递扭矩,有时也作为一种安全装置用来防止被连接机件承受过大的载荷,起到过载保护的作用。

1. 联轴节的分类

联轴节可分为固定式和移动式两大类。固定式联轴节包括包壳式和凸缘式。包壳式将联轴节做成上、下两半部,其内孔径应略小于被连接轴的外径,连接时用螺栓将被连接的两轴抱紧在同一轴线上,是刚性连接。凸缘式在连接轴的端部各固定一个连接盘,连接时用螺栓传递扭矩。固定式联轴节对同心度要求很高。可移式联轴节有齿轮式、弹性柱销式、弹性牙接式和十字沟槽式。在主动轴正常运转的条件下,从动轴可以选择连接传动的时间。可移式联轴节允许两轴心线有一定的偏差,因此安装和找正比较方便。

2. 联轴节的安装和找正方法

联轴节的安装工艺关键是对主动轴和从动轴轴心找正对中，使其轴心线保持严格的同轴度，否则，将使轴、轴承及轴上其他零件承受额外载荷，影响正常运转，甚至造成破坏性事故。找正的基本方法是测量联轴节两半之间的轴向间隙和径向间隙，测量时应分别在0°、90°、180°、270°四个对称性位置进行测量。测量方法以塞尺及直尺测量最为简单；塞尺及中心卡测量也简单，精度也高，使用较为广泛；以中心卡和百分表结合测量可大大提高测量精度。

模块三　工程电气设备安装知识

项目一　安装、调试常用器具设备知识

一、电工常用工具的正确使用

电工工具不合规格、质量不好或使用不当，都将影响施工质量，降低工作效率，甚至造成事故。因此，必须掌握电工常用工具的结构、性能和正确的使用方法。

CAG001 验电器的使用

（一）验电器

验电器是检验线路和设备带电部分是否带电的工具，通常制成笔式和螺钉旋具式两种。

验电器在每次使用前，应先在确认有电的带电体上试验，检查其是否能正常验电，以免因氖管损坏，在检验中造成误判，危及人身或设备安全。使用时，注意手指必须接触验电器顶部的金属体，使电流由被测带电体经验电器和人体与大地构成回路。只要被测带电体与大地之间的电压超过60V时，氖管就会起辉发光。观察时应将氖管窗口背光朝向操作者。低压验电器用以检验对地电压在250V及以下的电气设备。

CAG002 螺钉旋具的使用

（二）螺钉旋具

1. 螺钉旋具的式样和规格

螺钉旋具又称旋凿或起子，它是一种紧固或拆卸螺钉的工具。

用按其功能和头部形状不同，可分为"一"字槽和"十"字槽；一字形螺钉旋具常用的规格有50mm、100mm、150mm、200mm等规格，电工必备的是50mm和150mm两种。十字形螺钉旋具专供紧固和拆卸十字槽的螺钉，常用的规格有四个，Ⅰ号适用于螺钉直径为2～2.5mm，Ⅱ号为3～5mm，Ⅲ号为6～8mm，Ⅳ号为10～12mm。按握柄材料的不同，又可分木柄和塑料柄两类。现在流行一种组合工具，由不同规格的螺钉旋具、锥、钻、锯、锉、锤等组成，柄部和刀体可以拆卸使用。

使用螺钉旋具时，应按螺钉的规格选用适合的刀口，以小代大或以大代小均会损坏螺钉或元器件。

2. 使用螺钉旋具的安全知识

（1）不可使用金属杆直通柄顶的螺钉旋具，否则使用时很容易造成触电事故。

（2）使用螺钉旋具紧固和拆卸带电的螺钉时，手不得触及螺钉旋具的金属杆，以免发生触电事故。

（3）为了避免螺钉旋具的金属杆触及皮肤或触及邻近带电体，应在金属杆上穿绝缘管。

CAG003 电工钳的使用

（三）电工钳

电工钳有铁柄和绝缘柄两种，绝缘柄为电工用钢丝钳，常用的规格有150mm、175mm和200mm三种。

1. 电工钳的构造和用途

电工钳又称为钢丝钳，是电工用于剪切导线、弯绞导线、拉剥电线绝缘层和紧固及拧松螺钉的工具。电工钢丝钳由钳头和钳柄两部分组成，钳头有钳口、齿口、刀口和铡口四部分组成。

电工钳的钳口用于弯绞和钳夹线头或其他金属、非金属物体，齿口用于旋动螺栓螺母，刀口用于切断电线、起拔铁钉、削剥导线绝缘层等，铡口用于铡断硬度较大的金属丝，如钢丝、铁丝等。电工用电工钳柄部加有耐压500V以上的塑料绝缘套。

2. 使用电工钳的安全知识

（1）使用前应检查绝缘套是否完好，绝缘套破损的电工钳不能使用；

（2）在切断导线时，不得将相线和中性线同时切断，或同时剪切两根相线，以免发生短路。

CAG004 尖嘴钳、剥线钳的正确使用

（四）尖嘴钳

尖嘴钳是由尖头、刃口和钳柄组成。它头部尖细，适用于狭小空间操作，主要用于切断较小的导线、金属丝、夹持小螺钉、垫圈，并可将导线端头弯曲成形，其握法与电工钳的握法相同。电工用尖嘴钳柄部加有耐压500V以上的塑料绝缘套。

（五）断线钳

断线钳又称斜口钳，钳炳有铁柄、管柄和绝缘柄三种形式，其耐压为1000V，斜口钳钳头为圆弧形，剪切口与钳柄呈一定角度。它用于剪切较粗的金属丝、线材及电线电缆等。

（六）剥线钳

剥线钳用于剥削直径在6mm以下的塑料、橡皮电线线头的绝缘层。其主要部分是钳头和手柄，它的钳口工作部分有多个0.5~3mm不同孔径的切口，以便剥削不同规格的线芯绝缘层。剥线时，为了不损伤线芯，线头应放在略大于线芯的切口上剥削。

CAG005 活扳手、电工刀的正确使用

（七）活扳手

活扳手是用来紧固或旋松螺母的一种专用工具，其钳口可在规格所定范围内任意调整大小。扳动较大螺杆、螺母时，所用力矩较大，手应捏在手柄尾部。扳小型螺杆、螺母时，为防止钳口处打滑，手可握在接近头部的位置，且用拇指调节和稳定蜗杆。使用活扳手时，不能反方向用力，否则容易扳裂活扳唇，也不准用钢管套在手柄上做加力杆使用，更不准用作撬棍撬重物或当锤子敲打。旋动螺杆、螺母时，必须把工件的两侧平面夹牢，以免损坏螺杆或螺母的棱角。

（八）电工刀

电工刀在电气设备安装操作中主要用于剖削导线绝缘层、削制木棒、切割木台缺口等。由于它的刀柄没有绝缘，不能直接在带电体上进行操作。割削时刀口应朝外，以免伤手。剖削导线绝缘层时，刀面与导线呈45°倾斜，以免削伤线芯。

二、安装电工专用工具的正确使用

CAG006 冲击电钻的正确使用

（一）冲击电钻

冲击电钻常用于在配电箱（盘）、建筑物或其他金属材料、非金属材料上钻孔。它的用法是：把调节开关置于“钻”的位置，钻头只旋转而没有前后的冲击动作，可作为普通钻使用。若调到“锤”的位置，通电后边旋转边前后冲击，便于钻削混凝土或砖结构建筑物上的孔。有的冲击电钻调节开关上没有标明“钻”或“锤”的位置，可在使用前让其空转观察，无冲击动作是在“钻”的位置，有冲击动作则是在“锤”的位置。也有的冲击电钻没有装调节开关，通电后只有边旋转边冲击一种动作。在钻孔时应经常把钻头从钻孔中拔出，以便排除钻屑。钻削较坚硬的工件或墙体时，施加压力不能过大，否则将使钻头退火或电钻过载而损坏。电工用冲击电钻，可钻 6~16mm 圆孔。作普通钻时，使用麻花钻头；作冲击钻时，使用专用冲击钻头。

(二)喷灯

喷灯是一种利用喷射火焰对工件进行加工的工具，常用来焊接铅包电缆的铅包皮，大截面铜导线连接处的搪锡，以及其他电连接表面的防氧化镀锡等。

1.喷灯的分类和使用方法

按使用的燃料不同，将喷灯分为煤油喷灯和汽油喷灯两种。喷灯的使用方法如下：

(1)加油时旋下加油阀的螺栓，倒入适量的油，一般以不超过筒体的 3/4 为宜，保留一部分空间储存压缩空气以维持必要的空气压力。加完油后应旋紧加油口的螺栓，关闭放油阀的阀杆，擦净撒在外部的汽油，并检查喷灯各处是否有渗漏现象。

(2)在预热燃烧盘(杯)中导入汽油，用火柴点燃，预热火焰喷头。

(3)待火焰喷头烧热后，燃烧盘中汽油烧完之前，打气 3~5 次，将放油阀旋松，使阀杆开启，喷出油雾，喷灯即点燃喷火；而后继续打气，到火力正常时为止。

(4)如需熄灭喷灯，应先关闭放油调节阀，直到火焰熄灭，再慢慢旋松加油口螺栓，放出筒体内的压缩空气。

2.使用喷灯的安全注意事项

(1)不得在煤油喷灯的筒体内加入汽油。

(2)汽油喷灯在加汽油时，应先熄火，再将加油阀上螺栓旋松，听见放气声后不要再旋出，以免汽油喷出，待气放尽后，方可开盖加油。

(3)在加汽油时，周围不得有明火。

(4)打气压力不可过高，打气完后，应将打气柄卡牢在泵盖上。

(5)在使用过程中应经常检查油桶内油量是否少于筒体容积的 1/4，以防筒体过热发生危险。

(6)经常检查油路密封圈零件配合处是否渗漏跑气现象。

(7)使用完毕后应将剩气放掉。

(三)紧线器

紧线器又名收线器或收线钳，主要出钳头、定位钩、收紧齿轮和手柄组成。在室内外架空线路的安装中用以收紧将要固定在绝缘子上的导线，以便调整弧垂。使用时先将 ϕ4~16mm 的多股绞合钢丝绳的一端绕于滑轮上拴牢，另一端固定在角钢支架、横担或被收紧导线端部附近紧固的部位，并用夹线钳夹紧待收导线，适当用力摇转手柄，使滑轮转动，将钢丝绳逐步卷入滑轮内，最后将架空线收紧到合适弧垂。如是用于收紧铝导线，应在夹线钳和铝线接触部位包上麻布或其他保护层，以免钳口夹伤导线。

（四）弯管器

弯管器是用于管道配线中将管道弯曲成形的专用工具。电工常用的有管弯管器和滑轮弯管器两类。

（五）滑轮

滑轮是电气设备安装中用于起吊重物的工具，电工常用的有手动和电动滑轮两类。

项目二　钳工相关知识

钳工是利用各种手工工具对材料或零件进行加工的一门工种。电气设备安装工在进行电气设备的安装和修理时，除了应具备必要的电工知识外，还应掌握一定的钳工知识和操作技能。

CAH001 划线与冲眼相关知识

一、划线与冲眼

根据图纸或实物的尺寸，用划线工具准确地在工件表面上划出加工界线操作称为划线。划线的作用是确定各加工面的加工位置和余量，使加工时有明确的尺寸界线；能及时发现和处理不合格的毛坯，避免损失；在样板上划线下料可以做到正确排料，合理使用材料。

划线精度一般要求控制在0.25mm、0.5mm以内。因此，工件加工的最后尺寸要通过量具的测量来保证，而不能靠划线直接确定。

（一）划线工具

划线工具包括划线平台、划针、样冲及高度游标尺等。

（二）划线方法

1. 划线前的准备

划线前的准备工作包括：工件的清理；工件的涂色；在有孔的工件上装设中心塞块。在孔中装设的中心塞块，对于小孔可用铅块；对于较大的孔可用木料。

工件的涂色：工件表面划线前，在工件划线部位的表面涂上一层薄而均匀的涂料，从而使划出的线条清晰。涂料与其表面要有一定的附着力。

2. 选择划线基准

划线时选择一个或几个平面（或线）作为划线的根据，划其余的尺寸线都从线或面开始，这样的线或面就是划线基准。选定划线基准应尽量与图纸上的设计基准一致。常见选择基准的类型有以下三种：以两个互成直角的平面为基准，以两条中心线为基准或以一个平面和一条中心线为基准。一般平面划线选两个基准。

3. 划线时的找正和借料

1）找正

划线前做好对毛坯工件的找正，使毛坯表面与基准面处于平行或垂直的位置。其目的是使加工表面与不加工表面之间保持尺寸均匀，并使加工表面的加工余量得到合理和均匀分布。

2)借料

由于毛坯(如铸、锻件)工件在尺寸、形状和位置上存在一定的缺陷和误差,当误差不大时,通过试剂和调整可使各加工表面都有一定的加工余量,从而使缺陷和误差得到弥补。

(三)冲眼

1. 冲眼方法

冲眼时要看准位置,先将样冲外倾,使尖端对正线的正中。然后再将样冲直立冲眼,同时手要搁实。

2. 冲眼要求

(1)对线位置要准确,冲点不能偏离线条。

(2)线条长而直时,冲眼距离可大些;线条短而曲时,冲眼距离要小些,但至少有3个冲眼;在线条交叉与转折处必须冲眼。

(3)冲眼的深浅要适当,薄壁零件冲眼要浅些,应轻敲;光滑表面也要浅些,精加工表面严禁冲眼,粗糙表面冲眼要深些,钻孔的中心线要大而深。

(4)为检查钻孔后的位置是否正确,在划线时就应该同时划出几个同心检验圆,在与加工尺寸线相同的一个圆上冲眼。

二、锯削

CAH002 锯削相关知识

用手锯分割原材料或加工工件的操作叫锯削。

(一)锯削工具的安装和选用

常用的锯削工具有手锯,手锯由锯弓和锯条组成。

1. 锯弓

锯弓用来张紧锯条,分为固定式和可调式两种,常用的是可调式。

2. 锯条

锯条根据锯齿的牙距大小可分为粗距、中距和细距3种。常用的长度规格为300mm。

(1)锯条应该根据所锯材料的软硬、厚薄来选用。粗齿锯条适宜锯削软材料或锯缝长的工件;细齿锯条适宜锯削硬材料、管子、薄板料及角钢。

(2)锯条安装:可按加工需要,将锯条装成直向的或横向的,且锯齿的齿尖方向要向前,不能反装。锯条的绷紧程度要适当,若过紧,锯条会因受力而失去弹性,锯削时稍有弯曲,就会崩断;若过紧,锯削时不但容易弯曲造成折断,而且锯缝易歪斜。

3. 台虎钳

台虎钳又称台钳,是用来夹持工件的工具,分为固定式和回转式两种。台虎钳的规格用钳口的宽度表示,有100mm、125mm和150mm等。台虎钳在安装时,必须使固定钳身的工作面处于钳台边缘以外,钳台的高度800~900mm。

使用时,不可夹持与台虎钳规格不相称的过大工件;不可用钢管接长摇柄,或用手锤敲击摇柄,施加过大的夹紧力;活动面要经常加油保持润滑。

(二)锯削操作方法

1. 工件夹持

工件一般可任意加在钳口的左右侧,锯缝应尽量靠近钳口且与钳口侧面保持平行。夹持要紧固，但也要防止过大的夹紧力将工件夹变形。

2. 起锯方法

起锯分远起锯和近起锯两种方法。起锯时为保证在工件的正确位置上起锯，可用左手拇指靠住锯条；起锯时施加的压力要小，往复行程要短，速度要慢，起锯角度约15°。一般厚型、薄型工件都可用近起锯，管状工件可用远起锯。

3. 锯削速度和压力

（1）锯削速度以20~40次/min为宜，锯削软材料可快些；硬材料可慢些。

（2）锯削时应尽量利用锯条的全长，一次往复的距离不大于锯条全长的2/3。

（3）锯削硬材料时压力可大些，否则锯齿不易切入，造成打滑；锯削软材料时，压力要稍小些，否则锯齿切入过深会发生咬住现象。当工件快锯断时，推锯压力要轻，速度要慢，行程要短，并尽可能扶住工件即将掉落下来的部分。

（4）锯削时，如发生锯齿崩裂现象，应立即停锯，取出锯条，将断齿后的二三个齿磨斜即可继续使用。

ZAI001 錾削相关知识

三、錾削

錾削是用手敲击錾子对工件进行切削加工的一种方法。

（一）錾削工具

1. 手锤

它是钳工常用的敲击工具，是由锤头、木柄和楔子组成。

2. 錾子

錾子是錾削的切削工具，是用工具钢锻打成型后进行刃磨，并经淬火和回火处理而制成。

錾削时，錾子的刃口要根据加工材料性质选用合适的几何角度，其中主要的是楔角和后角。

楔角是錾子切削刃前面和后面间的夹角，楔角应为錾子的几何中心线等分。楔角越小，錾子的刃口越锋利，但强度差；楔角大，錾子的强度较好，但錾削时阻力较大。錾削硬钢和铸铁时楔角取60°~70°，錾削一般钢材时取50°~60°，錾削铜铝等软材料时一般取30°~50°。

后角是錾子切削刃后面与切削面之间的夹角，后角取决于握錾位置，一般取5°~8°。后角大，切入深，过大会造成錾削困难；过小则容易打滑。

錾子应按加工要求磨出适宜的楔角。扁錾的刃口应略成凸圆弧形；狭錾的切削刃应与槽宽相适应，两个侧面的宽度应从切削刃口起向柄部逐步变窄。錾子刃磨时，前后两刃面要光滑平整。刃磨后的錾子要进行淬火和回火处理，使錾子的切削部分获得所需的硬度和一定的韧性。

（二）錾削的操作方法

起錾方法：起錾时锤击力要小。錾削平面时，应采用斜起錾法，先在工件的边缘尖角处，将錾子放在负角，轻轻錾出一个斜面，然后按照正常的錾削角度（后角为5°~8°）逐步向中间錾削。不能在夹角处起錾的工件，起錾时錾子的全部刃口贴在工件錾削部分的端面，錾出一个斜面，然后按正常角度錾削。錾削过程中，每錾2~3次后，可将錾子退回一些，观察錾削表面的平整程度,然后再继续錾削。

(三)平面的錾削

錾削较窄的平面,錾子的切削刃应与錾削方向保持一定的斜度,使切削刃与工件有较多的接触面。这样簪子易于掌握,錾削出的平面较平整。

四、锉削

ZAI002 锉削相关知识

锉削是用锉刀对工件表面进行切削加工的操作。锉削是钳工的基本操作之一,主要用于零配件的修整及精加工。锉削的精度可达到0.01mm,表面粗糙度可达 *Ra*0.8。

(一)锉刀

锉刀由优质的碳素工具钢 T12、T13 或 T12A、T13A 制成,经热处理后切削部分硬度达62HRC~72HRC。它由锉身和锉柄两部分组成。

锉刀有大量的锉齿,按锉齿的排列方向分,锉刀的齿纹有单齿纹和双齿纹两种。

(二)锉刀的种类

按用途不同,锉刀可分为普通钳工锉、异形锉和整形锉。

普通钳工锉按其端面形状大小又可分为平锉(板锉)、方锉、三角锉、半圆锉和圆锉5种。

异形锉有刀口锉、菱形锉、扁三角锉、椭圆锉等。异形锉主要用于锉削工件上特殊的表面。

整形锉又称什锦锉,主要用于修整工件细小部分的表面。

(三)锉刀的规格及选用

锉刀的规格分尺寸规格和锉纹的粗细规格。

对于尺寸规格来说,圆锉以其端面直径为尺寸规格。方锉以其边长为尺寸规格,其他锉刀以锉身长度表示尺寸规格。常用的有 100mm、150mm、200mm、250mm 和 300mm 等几种。

锉刀的选择应根据工件表面形状、尺寸大小、材料的性质、加工余量的大小以及加工精度和表面粗糙度要求的高低来进行。锉刀断面形状应与工件被加工表面形状相适应。

(四)锉削的操作要点

锉削时要保持正确的操作姿势和锉削速度。

锉削速度一般为 40 次/min 左右。

锉削时两手用力要平衡,回程时不要施加压力,以减少锉齿的磨损。

五、孔加工

ZAI003 孔加工相关知识

(一)钻孔

钻孔是用钻头在材料或工件上钻削孔眼的加工方法。

1. 工具

钻孔使用的刃具是钻头,使用的设备有钻床、手电钻等。钻头的种类很多,常用的是麻花钻头,它有两种形式:直柄和锥柄。锥柄可以传递较大的扭矩,多用于 12mm 以上的钻头。麻花钻头切削部分包括横刃和两条主切削刃。钻床有台钻、立式台钻等。钻头通过钻头夹具与钻孔设备相连接。钻头夹具有两种,钻夹头和钻头套。钻夹头用于 13mm 以下直柄钻头，钻头套用于锥柄钻头。

2. 钻孔方法

先在钻孔中心上打好样冲眼，备好冷却液以便冷却钻头。钻时先锪窝，检查是否偏斜。

(1)钻普通孔时，应按钻头深度调整挡块，并通过测量实际尺寸来检查钻孔深度是否准确。

(2)钻深孔时，一般钻孔深度达到直径3倍时钻头要退出排屑，以后每钻进一定深度，钻头要退出排屑一次，以免钻头因排泄不畅而扭断。

(3)直径超过30mm的大孔，先用0.5~0.7倍孔径的钻头先钻小孔，然后再用所需孔径的钻头扩孔。

(4)在斜面上钻孔时，必须先在钻孔上錾出一个与钻头相垂直的平面，然后再进行钻孔。

(二)扩孔

扩孔是用扩孔工具将工件上原来的孔径扩大的加工方法。

常用的扩孔方法有：用麻花钻扩孔和用扩孔钻扩孔。

项目三 电焊、气焊及热熔焊知识

一、电焊基本操作方法

(一)电弧焊的设备与工具

CAI001 电弧焊的设备与工具

1. 电焊机

电焊机的主体是一台特殊变压器，叫作电焊变压器，也叫交流弧焊机。它是按照变压器原理，将一次绕组中的较高电压和较小电流在二次绕组中变换成低压大电流，为焊条和电弧提供能源。电能通过焊条和电弧转换成热能，用于对工件的局部加热，使接触处的金属熔化。同时焊条熔化作为填充金属，使需要连接的两块金属连成一个整体。

焊接电流的大小，可以根据焊条的大小、形状、焊缝的深度和宽度进行调节。对常用的交流弧焊机，焊接电流的调整分为粗调和细调两种。粗调是调换接线板上的连接片，细调是调整露出电焊机罩壳外的手柄。摇动手柄，可调节位于电焊变压器动铁芯的位置，以改变电焊变压器的漏磁通，从而调节输出电流的大小。

2. 焊钳和面罩

焊钳又叫作电焊钳，位于前端的钳口用于夹持焊条，后面的绝缘手柄供操作用。面罩是操作人员的防护用具，用于遮滤电弧光，以保护操作人员的面部，特别是眼睛。面罩分为手持式和头戴式两种。在电气安装焊接中，手持式面罩用得更多。

(二)焊条

焊条在电弧焊中作为填充焊缝的焊料。它的表面涂有一层较厚的固体助焊剂，用于焊接时除去焊接面上的氧化层。电工常用的是结构钢焊条。为适应不同厚度的需要，焊条的规格也有多种。一般说，焊条直径大小的选择是根据工件厚度而定的，工件越厚，焊条直径选得越大，通常焊条直径不应超过工件厚度。在施焊时，选用的焊条直径不同，焊接电流也不一样。如直径为3.2mm的焊条所需焊接电流为100~130A。

ZAJ001　工件接头类型与焊接方式

（三）工件接头形式

根据电弧焊的性能特点以及焊件厚度和形状的不同，工件的接头形式有对接接头、T形接头、角形接头和搭接接头四种。焊接时，工件接头处的对缝尺寸为0~2mm，其大小与工件接头形式、焊件厚度和坡口形式有关。

（四）焊接方式

工件的焊接方式按工件的结构、形式、体积和所处位置的不同，分为平焊、立焊、横焊和仰焊四种。

1. 平焊

平焊焊缝位于水平位置。其优点是操作方法简单、方便、焊接速度快；缺点是熔融的金属液和熔渣容易相混，影响焊接质量。所以平焊时要边焊接，边用尖头锤敲掉焊渣。运条时注意掌握运条方向与工件成65°~80°夹角。对需要焊接的工件，在焊接正面时，运条速度要慢，以便加大焊接深度和坡口宽度；焊接反面时，运条速度要适当加快，以减小焊缝宽度，使焊件牢固美观。

2. 立焊和横焊

与平焊相比，立焊和横焊这两种焊接方式难度要大一些。因为这两种焊接位置很容易使熔融的液态金属因自重下淌，造成焊不透或积瘤成堆的现象。所以这两种焊接方式只能采用直径较小的焊条和较短的电弧施焊，焊接电流也应适当调小。

3. 仰焊

与平焊相反，仰焊是工件在上、焊条在下的一种倒立焊接。焊接时熔化的铁液很容易滴落，在电弧焊中技术难度最高。只能采用直径较小的焊条和较短的电弧施焊。

ZAJ002　焊接引弧、运条及焊接安全要求

（五）焊接引弧、运条及焊接安全要求

1. 焊接引弧

焊件定位后，将接通焊接电源的焊条在焊件上引燃电弧（简称引弧）。引弧的方法有划擦法和接触法两种。划擦法是将接通焊接电源的焊条前端对准焊缝，握电焊钳的手腕轻微扭转，像划火柴一样，使焊条在焊件表面划擦，焊条前端落入焊缝范围，并将焊条向上提起3~4mm，电弧即可引燃。接着将电弧长度（即焊条与焊缝之间的距离）保持在与焊条直径相应的范围内，并运条焊接。接触法是将接通焊接电源的焊条前端对准焊缝，使焊条前端轻触一下焊件表面后，迅速向上提起3~4mm，即可引弧。其电弧长度的控制与划擦法相同。

2. 运条

如果引弧时出现焊条与焊件粘连，可用电焊钳将焊条左右扳动，使其脱开工件。若不能奏效，可使电焊钳脱离焊条，待其冷却后，用手扳下。电弧引燃后，将电弧稍微拉长，给焊件加热，然后缩短焊条与焊件之间的距离，使电弧长度适当后，开始运条。运条时焊条前端按三个方向移动：第一，随着焊条的熔蚀，其长度渐短，应逐渐向焊缝方向送进，送进速度应与焊条熔化速度相适应；第二，焊条横向摆动，以扩宽焊接面；第三，使焊条沿着焊缝，朝着未焊方向前进。在焊接过程中，这三个动作应有机配合，方能保证焊接质量。当焊缝焊完时，焊

条前端在焊缝终点做半径很小的圆周运动，待金属液填满弧坑后，提起焊条，终止焊接，最后用尖头锤敲去焊渣，检查焊点质量，看是否符合要求。

3. 焊接安全要求

（1）下列场合不准使用电弧焊：5m 以内堆有易燃易爆物品的场所；装有气体或液体的压力容器；距带电体 3m 以内的场所；密封或盛装有物质性质不明的容器；具有两级以上风力的环境。

（2）为确保操作人员安全，施焊时必须戴好面罩，穿好工作服，戴上脚盖和手套；潮湿环境下，应穿好绝缘鞋；电焊机外壳应良好接地；焊条必须完好无损。

（3）焊接现场，应准备足够的消防器材。如需照明，应用 36V 以下的安全灯。

二、热熔焊与气割基本原理

（一）热熔焊

ZAJ003 热熔焊知识

1. 热熔焊的概念

热熔焊接是放热熔接的一种，它利用化学反应（放热反应）时产生热量来完成熔接的一种方法。热熔焊接又称为：火泥焊接、火泥熔焊、放热熔焊、放热焊接及热化学熔焊等。

2. 热熔焊的焊接范围

热熔焊接主要可焊接纯铜、黄铜、青铜、铜包钢、纯铁、不锈钢、锻铁、镀锌钢铁、铸铁、铜合金、合金钢等金属材料。

3. 热熔焊的焊接类型

热熔焊的焊接类型共有 8 种，包括导线与导线的焊接，导线与金属排（带）焊接，导线与接地棒（极）的焊接，导线与金属板的焊接，金属排（带）与金属排（带）的焊接，金属排（带）与接地棒（极）的焊接，金属排（带）与金属板的焊接，金属棒与金属板焊接。

4. 热熔焊的焊接方法

热熔焊每种焊接类型又包含不同的连接方式，如导线与导线焊接中有对接、十字交叉、平行连接、丁字连接，等等，各种类型均可完成很好的焊接。

5. 热熔焊的特点

热熔焊接的化学反应速度非常快，仅几秒就能完成焊接，产生的热量极高可以有效地传导至熔接部位，使其熔化成一体，形成分子结合。它无须其他任何热能，若用于接地线路金属导体的连接是最好的方法。热熔焊接广泛用于放静电接地、防雷接地、保护接地、工作接地等的焊接。

（二）气割

ZAJ004 气割知识

1. 气割的概念

气割是利用可燃气体与氧气混合燃烧的预热火焰将金属加热到燃烧点，并在氧气射流中剧烈燃烧而将金属分开的加工方法。可燃气体与氧气混合以切割的射流是通过割炬来完成的，切割所用的可燃气体主要是乙炔和丙烷。

2. 切割过程

（1）用预热火焰加热起割点的金属到燃烧温度，在切割氧流作用下，产生燃烧反应。

（2）燃烧反应向下层金属传播。

(3)通过切割氧流的冲力,将燃烧生成的氧化物(熔渣)强行排除,使其达到切断金属的目的。

(4)反应热不断地把切割氧流前方的金属迅速加热到燃烧温度,使其切割过程继续进行。

3. 切割的实质

氧气切割的实质是金属在高纯度氧中的燃烧,并用氧气吹力将熔渣吹出的过程,而不是金属的熔化过程。气割时,金属燃烧的反应热比预热火焰高 6~8 倍,气割过程中所要的热量来自铁-氧燃烧反应,预热火焰供给的热量是次要的。

项目四　起重、吊装基础知识

一、起重概念及术语

ZAK001 起重概念与术语

(一)概念

起重、吊装作业是电气设备安装的重要环节,是指重物的装卸运输、重物的捆绑、起扳竖立、吊装就位等起重、吊装的施工作业过程。

根据施工单位配备的吊装工具的不同,对同一设备的吊装方法也不一样。即使同样的设备、同样的施工条件,对不同的施工单位、不同的施工现场,也会有不同的吊装方法。

(二)起重术语

(1)起重施工:指用机械或机具装卸、运输和吊装工作。

(2)工件:设备、构件及其他被起重的物体的统称。

(3)安全系数:在工程结构和吊装作业中,各种索具材料在使用时的极限强度与容许应力之比。

(4)索具:在起重作业中,用于承受拉力的柔性件及其附件的统称。一般常用索具包括麻绳、尼龙绳、尼龙带、钢丝绳、滑车、卸扣、绳卡、螺旋扣等。

(5)专用吊具:为满足起重工艺的特殊要求而设置的设备吊耳、吊装梁或平衡梁等的统称。

(6)吊耳:设置在工件上,专供系挂吊装索具的部件。

(7)单吊车吊装:用一台主吊车和一台或两台辅助吊车进行的吊装。

(8)双吊车吊装:用两台主吊车和一台或两台辅助吊车进行的吊装。

(9)信号:在指挥起重机械操作时,常因工地声音嘈杂不易听清,或口音不对容易误解,或距离操作台司机较远无法听见等,故常用信号来指挥,常用的信号有手示信号、旗示信号及口笛信号三种。

(10)额定起吊量:指起重机在各种工作状况下安全作业时所允许的起吊重物的最大质量,常用 Q 表示,单位为 t。

(11)作业半径:作业半径是指起重机吊钩中心线(即被吊重物的中心垂线)到起重机回转中心线的距离。

(12)起重机性能表上 75%、85%的含义:起重机性能表右上角一般都标明 75%或 85%,

是指性能表中的额定起重量与理论计算的整机倾覆载荷的百分比。实际操作过程中应严格控制在表明的百分比以内进行作业。

二、起重机具

（一）起重索具

ZAK002 起重机具

1. 棕绳

棕绳由纤维捻制而成，按其材料不同可分为白棕绳、混合绳和线麻绳三种。在结构吊装中，常用作溜绳或者起吊较轻的构件。

2. 钢丝绳

钢丝绳是建筑起重机及起重吊装作业中的主要绳索，由高强碳素钢丝先捻成股，再由股捻制成的绳。具有质量轻、强度大、弹性大、能承受冲击载荷等特点。吊装中常用钢丝绳的型号为三种。每绳含6股，每股含17、37和61根钢丝。相同直径的钢丝绳，每股中的钢丝数越多，钢丝越细，则钢丝绳的柔性越好，但耐磨性越差。

3. 卡环

主要用作吊索与吊索、吊索与构件吊环之间的连接工具。

使用卡环时，应使卡环长度方向受力，轴销卡环应预防销子滑脱，卡环主体和销子必须系牢在绳扣上，并将绳扣收紧，严禁在卡下方拉销子。

（二）起重机械

起重机械有桅杆式和机械式两种，在建筑安装工程中，常用的机械式起重机械有运行式回转起重机、塔式起重机、桥式起重机等几种类型。

1. 汽车起重机

汽车起重机是将起重机构安装在通用或专用汽车底盘上的起重机械。它具有汽车的行驶通过性能，机动性强、行驶速度高，可以快速转移，是一种用途广泛、适用性强的通用型起重机。

汽车起重机按起重量大小可分为轻型、中型和重型三种。起重量在20t以内的为轻型；20t到50t的为中型；50t以上的为重型。按起重臂形式可分为桁架臂和箱形臂两种。按传动装置形式可分为机械传动、电力传动、液压传动三种。

2. 桅杆式起重机

桅杆式起重机按其制作材料可分为金属和木质两类，并制成圆形和格构式。按构造形式可分为独角式、人字式、桅杆式、悬臂式和龙门式等。

三、设备吊装

GAF001 吊装知识

（一）设备装卸

设备的装卸因场地和路线的不同，可以有不同的装卸方法。因场地狭窄，不能使用起重机械或桅杆式装卸设备的情况下，在安装现场多数采用滚杠装卸和滑行装卸。

（二）设备运输

在安装工地上，设备的运输可以采用各种机械式起重机和运输机械（大平板车）。但受场地和路线的限制，常用滚杠拖排运输设备。常用的运输方法有拖排、滚杠和滑台轨道运输三种形式。

(三)设备吊装

设备的吊装,应根据安装现场的条件和起重机械来确定吊装工艺。设备吊装一般可归纳为分体吊装、整体吊装和综合吊装。起重机械一般有自行式起重机、桅杆式起重机和桥式起重机等。

吊装一般重型和中小型设备、最合理的吊装机具是使用自行式起重机,它的工作效率较高。

(四)起重吊装的安全注意事项

起重机常见的事故原因:一是机械事故;二是方案有误或不同;三是人为因素。在起重作业时,由于各施工现场的工作环境不同、使用的设备情况不一样,可能还会有其他种种原因造成的事故。

起重机使用前应进行安全检查,检查起重钢丝绳有无磨损、断丝、断股现象,绳索扣必须牢固。起重机空载时各机构运转必须正常。

在起重作业中要做到“十不吊”。

项目五　电气材料基本知识

一、常用的电工材料

CAJ001　常用的导电材料知识

(一)导电材料

导电材料的用途是输送和传导电能,它是制造各种电器的主要材料之一。导电材料一般可分为良导体材料和高电阻导电材料。常用的良导体材料主要有铜、铝、铁等,其他如金、银,其导电性能很好但价格较贵,只用于特殊场所。高电阻导电材料主要有康铜、锰铜、铁铬铝合金等,它们用于制造精密电阻器。

应用在工程中的导电材料应具备以下特点:

(1)导电性能好。

(2)有足够的机械强度。

(3)耐腐蚀。

(4)容易加工和焊接。

(5)价格便宜。

铜、铝是具备以上特点的最常用材料。

CAJ002　常用的绝缘材料知识

(二)绝缘材料

绝缘材料又称电介质。这类材料的主要特点是具有极高的电阻率,在电压作用下,几乎无电流流过,所以常被用来隔离带电体,使电流能沿一定的方向流通,绝缘材料是保证电器安全的物质基础,它的种类很多,常见的有三大类。

(1)气体绝缘材料:空气、氮气、六氟化硫、二氧化碳等。

(2)液体绝缘材料:如变压器油、电容器油等矿物质等。

(3)固体绝缘材料:如胶、纸板、木材、塑料、橡胶、云母等。

绝缘材料统一的型号规格一般由四位数组成,第1、2位是材料的大、小类号;第3位是材料的耐热等级,按绝缘材料的最高允许工作温度可分为七个等级;第4位是同一产品的顺序号,用以表示配方成分或性能差异,详见表1-3-1。

表1-3-1 绝缘材料极限工作温度等级及代号

代 号	0	1	2	3	4	5	6
耐热等级	Y	A	E	B	F	H	C
极限工作温度,℃	90	105	120	130	155	180	>180

电工生产和实践中常用的绝缘材料主要有绝缘浸渍漆、电缆浇注胶、浸渍纤维制品、层压制品、绝缘纸、黑胶布带和聚氯乙烯带等。

CAJ003 常用的磁性材料知识

(三)磁性材料

电工常用的磁性材料是铁磁材料,不同的铁磁材料具有不同的磁滞曲线,在工程中的用途也各不相同,通常可分为三类。

(1)软磁材料:如硅钢片、纯铁等。其特点是易磁化也易去磁。磁滞回线较窄。常用来制作电动机、变压器等电气设备的铁芯。

(2)硬磁材料:其特点是不易磁化,也不易去磁,磁滞回线很宽。常见这类材料有钨钢、钴钢等。常用来做永久磁铁、扬声器的磁钢等。

(3)矩磁材料:其特点是在很小的外磁作用下就能磁化,一经磁化便达到饱和,去掉外磁场后,磁性仍能保持在饱和值。因其磁滞回线近似为矩形而得名,常用来做记忆元件,如计算机存储器的磁芯。

导电材料是电的良导体,磁性材料是磁的良导体,主要用来构成磁场的通路。

(四)电碳材料

电碳材料实际上是一种特殊的导电材料。主要用来制造电动机的电刷,连接旋转的转子与外部电源。其主要特点是具有良好的导电性及优越的电接触性能,一般是以石墨为主制造的。

CAJ004 铝导线的特点

二、铜、铝导线的特点及使用

CAJ005 铜导线的特点

导线是传输电能、传递信息的电工线材。一般由线芯、绝缘层、保护层三部分组成,其线芯绝大部分是用铜或铝拉制而成。电工所用导线分成两大类:电磁线及电力线。电磁线用来制作各种电感线圈,常见的有漆包线、丝包线、纱包线等。电力线则用来做各种电路连接,分为绝缘线和裸导线两类。绝缘线根据外包的不同绝缘材料又分为塑料线、塑料护套线、橡皮线、棉纱编制橡皮软线(花线)等。裸导线无绝缘包层,主要有裸铝导线、钢芯铝绞线及各种型材,如母线、铝排等。

如果在一个绝缘护套内按一定形状分布有单根、多根互相绝缘的导线称为电缆。电缆的型号由七部分构成,型号中各部分代号及含义见表1-3-2。

表 1-3-2　电缆型号各部分的代号及其含义

类别、用途	导体	绝缘层	内护层	特征	外护层	派生
A—安装线	G—铁芯	V—聚氯乙烯塑料	BL—玻璃丝编制涂蜡克	C—重型	O—相应的裸外护层	1—第一种（户外用）
B—绝缘线	J—钢铜线芯			H—焊机用	1—麻被护层	2—第二种
C—船用线		X—橡皮	F—复合物	G—高压	2—钢带铠装	0. 3—拉断力为 0. 3t
J—电动机引出线	Z—铝芯	XD—丁基橡皮	H—橡套	Z—中型	麻被护层	
K—控制电缆		XF—氯丁橡胶	N—尼龙护套	W—户外用	3—单层钢丝铠装麻被护层	1—拉断力 1t
D—信号电缆		XG—硅橡皮	Q—铅包	Q—轻型		
R—软线		Y—聚乙烯塑料	V—聚氯乙烯护套	R—柔软	4—双层细钢丝铠装麻被护层	65—耐温为 65℃
Y—移动电缆				S—双绞型		
U—矿用电				P—屏蔽型	5—单层粗钢丝铠装麻被护层	105—耐温为 105℃
				T—耐热	31—镀锌钢丝编织	
				Z—直流	32—镀锡钢丝编织	
				J—交流		

铜铝导线连接时应注意以下几点：

(1)铜导线不能与铝导线直接连接。

(2)铜、铝导线自身互连时应注意接触处的良好，避免出现大的接触电阻，引起连接引线过热。

(3)导线连接时应保证足够的机械强度。

三、常用线管

安装电气线路时用来支持、固定、保护导线的钢管或塑料管叫线管。线管的种类一般有钢管及塑料管两类。线管的规格按大小来划分，常用的线管管径规格有 15mm、20mm、25mm、32mm、40mm、50mm、70mm、80mm、100mm 等。

项目六　电气设备安装基本过程

电气设备安装工程是依据设计与生产工艺的要求，依照施工平面图、标准规范、设计文件、施工标准图集等技术文件的具体规定，按特定的线路保护和敷设方式将电能合理分配输送至已安装就绪的用电设备及用电器具上；通电前，进行元器件各种性能的测试、系统的调整试验，在试验合格的基础上，送电试运行，使之与生产工艺系统配套，使系统具备使用和投产条件。其安装质量必须符合设计要求，符合施工及验收规范，符合质量检验评定标准。

总而言之，电气设备安装基本过程通常包括准备、施工、收尾调试和竣工验收四个阶段。

ZAL001 准备阶段、施工阶段相关内容

一、准备阶段

电气设备安装前的施工准备阶段是安装工程中一项极为重要的工作，它关系到安装工作能否顺利进行，并影响工程安装的质量。因此在施工前必须认真做好准备工作。

（一）技术准备工作

首先应熟悉和审查施工图样，掌握有关施工验收规范内容，参加建设单位、设计单位组织的图样会审。了解与电气工程有关的土建情况，根据土建进度划分电气施工程序，编制施工组织设计或施工方案，做出施工预算。

（二）施工组织

施工前应组成项目管理机构，包括项目负责人和管理人员，并根据具体情况配备作业人员，做好劳动力组织和劳动力计划，根据工程情况编制施工进度计划。

（三）安装材料、设备供应准备

应按照图样或工程预算提供的材料单进行备料，如需采用代用设备和代用材料时，必须征得设计单位的同意，并办好变更手续。

（四）施工机具、设备准备

根据工程情况，准备工机具、仪器仪表等，列出主要施工机具设备表，并对上述机具、设备做好维护保养工作。

（五）临时设施根据工程平面布置图

提供设备、材料和工具的存放地点，落实加工场所，实现施工现场的三通（场地道路通、施工用水通、工地用电通）、一平（场地平整）。

二、施工阶段

当施工准备工作均已完成、具备施工条件后，就可进入安装工程的施工阶段。

（一）预埋工作

预埋工作的特点是时间性强，需要与土建施工交叉配合，并应密切配合主体工程的施工进行。隐蔽工程的施工，如电气埋地保护管等，需在土建铺设地坪时预先敷设好；一些固定支撑件的预埋，如固定配电箱、避雷带的支座等，需在土建砌墙或浇灌时同时埋设。预埋工作相当重要，如漏埋、漏敷或错埋、错敷，不仅会给安装带来困难，影响工程进度和质量，有时候还会造成安装无法进行而不得不修改设计。

（二）电气线路敷设和设备的安装

电气线路敷设和设备的安装，按照电气设备的安装方法和电气管线的敷设方法进行安装施工，大致包括定位划线、配件加工和安装工程、管线的敷设、电器的安装、电气系统的接线和接地方式的连接等。

三、收尾调试阶段

ZAL002 收尾调试阶段、竣工验收阶段相关内容

（一）电气线路和设备的调试

当各电气项目施工完成后，要进行系统的检查和调整（如线路、开关、用电设备的相互连接情况；检查线路的绝缘和保护整定情况；动力装置的空载调试等），发现问题应及时进

行整改。

(二)施工资料的整理和竣工图的绘制

工程结束后,应整理施工中的有关资料,如图样会审记录、设计变更通知单、隐蔽工程的验收报告、电气试验的记录表以及施工记录等,特别是因情况不符,施工与原施工图的要求不同时,在交工前应按实际情况画出竣工图,以便交付用户,为用户运行维护、扩建、改建提供依据。

(三)安装的质量评定

质量评定包括施工班组的自检、互检和施工单位质量部门的检查评定。质量评定应按国家颁布的安装技术规范、质量标准以及本部门的有关规定进行,若不符合标准和要求,应进行整改。

(四)通电试运行和竣工报告

质量检查合格后,需通电试运行,验证工程能否交付使用。上述项目完成后,即可撰写竣工报告书。

四、竣工验收阶段

电气安装工程施工结束,应进行全面质量检验,合格后办理竣工验收手续。质量检验和验收工程应依据现行电气装置安装工程施工及验收规范,按分项、分部和单位工程的划分,对其保证项目、基本项目和允许偏差项目逐项进行检验和验收。

一般工程正式验收前,应由施工单位自检预验收,检查工程质量及有关技术资料,发现问题及时处理,充分做好交工验收前的准备工作,然后提出竣工验收报告,由建设单位、设计单位、施工单位、当地质检部门及有关工程技术人员共同进行检查验收。

项目七 施工前的组织与准备

一、施工设计的编制依据和原则

J(GJ)AE001 施工组织设计的编制依据和原则

(一)施工组织设计的编制依据

(1)与工程建设有关的法律、法规和文件。

(2)国家现行有关标准和技术经济指标。

(3)工程所在地区行政主管部门的批准文件,建设单位对施工的要求。

(4)工程施工合同和招标投标文件。

(5)工程设计文件。

(6)工程施工范围内的现场条件、工程地质及水文地质、气象等自然条件。

(7)与工程有关的资源供应情况。

(8)施工企业的生产能力、机具设备状况、技术水平等。

(二)施工组织设计的编制原则

(1)符合施工合同或招标文件中有关工程进度、质量、安全、环境保护、造价等方面的要求。

（2）积极开发、使用新技术和新工艺，推广应用新材料和新设备。

（3）坚持科学的施工程序和合理的施工顺序，采用流水施工和网络计划等方法，科学配置资源，合理布置现场，采取季节性施工措施，实现均衡施工，达到合理的经济技术指标。

（4）采取技术和管理措施，推广节能和绿色施工。

（5）与质量、环境和职业健康安全三个管理体系有效结合。

二、施工组织设计的编制过程

J(GJ)AE002 工程概况和施工部署

（一）工程概况

工程概况是对工程项目的总体说明和概略分析。一般包括下列内容：

（1）工程项目名称、工程规模、性质、总投资、占地面积、工期要求、质量等级等。

（2）建设地区的自然条件和技术经济条件。

（3）电源进户位置、电压等级、变压器容量及台数等。

（4）电缆、导线、开关、配管等估算工作量。

（5）新设备、新材料、新技术、新工艺的项目及复杂程度。

（6）主要设备、材料等的到货供应情况等。

（二）施工部署

施工部署包括项目的质量、进度、成本及安全目标、分包计划、劳动力计划、材料供应计划和机械设备供应计划、施工程序和工程管理总体安排等。

J(GJ)AE003 施工方案的编制

（三）施工方案的编制

施工方案既是分项工程组织施工的主要依据，也是编制施工进度计划和绘制施工现场平面图的依据。

1. 施工方案编制的基本要求

（1）连续性。

（2）比例性。

（3）均衡性。

2. 施工方案编制的主要内容

（1）施工方法分为顺序施工法、平行施工法和流水施工法。

（2）安装工序的安排一般按工程的工艺顺序，也可根据现场情况或工期要求同步进行。但主要应考虑施工工序的衔接。

J(GJ)AE004 施工进度计划和资源需求计划

（四）施工进度计划

1. 建设工程项目施工进度计划

施工进度计划一般包括施工总进度计划和单位工程施工进度计划两大部分。

2. 电气安装工程施工进度计划

电气安装工程作为施工项目的重要组成部分，同样也需要编制科学、严谨、合理的具体施工进度计划，以确保工程按约定日期完成。

施工进度计划的表达方式有施工横断图和施工网络图两种形式。

（五）资源需求计划

资源需求计划主要体现在人、机、料三方面的需求。具体包括：劳动力需求计划、主要材料和周转材料的需求计划、机械设备需求计划等。

J(GJ)AE005 施工准备及施工技术组织措施计划

(六)施工准备工作计划

建设工程项目准备工作计划,主要应做好的以下工作:

(1)施工准备工作组织及时间安排;

(2)技术准备及编制质量计划;

(3)施工现场准备;

(4)作业队伍和管理人员的准备;

(5)物资准备等。

(七)施工技术组织措施计划

建设工程项目中施工技术组织措施计划包括技术措施、组织措施、经济措施和合同措施4个方面的要求。具体内容包括:保证进度目标、质量目标、安全目标、成本目标、按季节使用、环境保护和文明施工的措施。

(八)施工现场平面布置图

1. 主要内容

平面布置是指施工现场内各种设施的分布,主要有办公机构、临建的安排、材料堆放及保管措施、道路、水电气供应及管线布置、预制场等。

2. 设计原则

(1)合理布置仓库、预制场等,合理选择运输方式、最大限度地降低工地运输费用。

(2)各种临时设施、易燃物仓库等应充分考虑防火与技术安全的要求。

(3)在不影响正常施工的前提下,充分利用原有的建筑物,尽量降低临时工程和修建费用。

(4)便于生产和生活。

J(GJ)AE006 电气工程施工预(决)算

三、电气工程施工预(决)算

(一)工程预算编制

1. 工程预算编制依据

(1)经批准并已审批的施工图。主要有施工图、标准施工图集和设计说明等。

(2)材料预算价格表。材料预算价格表是指各种材料到达建筑工地或进入工地仓库后的价格,它包括产地的材料原价、材料供销手续费、包装费、运输费和采购保管费等。

(3)地区单位估价表。

(4)施工组织设计。

(5)《全国统一安装工程基础定额》《石油建设安装工程预算定额》。

2. 工程预算编制步骤和方法

(1)熟悉资料,熟悉单位估价表、施工图样、有关文件等。

(2)计算工程量。

(3)编制预算书。

(二)材料单编制

材料单编制包括辅助材料的计入和未计价材料的计入。

（三）工程决算编制

工程竣工验收后，要进行工程决（结）算。结算就是清理最后的工程款项或工程进行到某一阶段而进行的结算，而决算是工程竣工验收后的最后一项工作。

1. 工程决算依据

工程预算书和施工图是决算的主要依据。预算是按照原图样编制的，在安装过程中更改或新增的图样中的工程量计费用一般列入决算中。

竣工图是根据实际安装的结果绘制的一种工程图样，凡是施工图中发生变化的均应重新绘制。竣工图应和原施工图、各种签证变更一起存档保管，作为决算和今后运行的依据。

2. 工程决算编制方法

工程决算的编制应按照有关规定执行，均在工程预算书的基础上进行增减调整。

四、检查、审核施工前的准备情况

J(GJ)AE007 施工方案和施工预算的审查

（一）施工方案、施工预算的审查

1. 审查的目的

审查施工方案和施工预算是核实工程造价、合理使用建设资金的一项有力措施。

2. 审查的原则

为了合理地确定工程造价，评价投资效益，提高预算编制水平，提高审查质量，维护建设和施工单位的合法权利，审查部门在施工方案和施工预算的审查工作中，必须遵循以下原则：

（1）必须严格执行国家的有关方针、政策及规定，认真核实，坚持实事求是、公平合理的原则。

（2）必须做到该增则增、该减则减，本着以理服人、协商办事的原则，做好审查工作。

3. 审查的要求

在审查前，在熟悉施工图设计和规定的施工方法外，掌握实际情况和有关数据，做好审查准备工作。在审查中，除要全面审查外，还要选定审查重点，逐项核实，努力做到不漏审，不断提高审查质量，努力完成审查任务。

4. 审查的依据

审查施工方案和施工预算时，主要依据下列技术文件资料或规定：

（1）施工图样及设计说明书。

（2）建筑安装材料预算价格及有关材料调价的规定。

（3）费用定额及其他有关规定。

（4）《全国统一安装工程预算定额》及《全国统一安装工程预算定额》“地区估价表”或“价目表”。

（5）其他设计资料及经济合同或洽商协议等。

5. 审查的内容

（1）工程项目及预算是否符合批准的工程计划和概算范围。

（2）工程量计算和定额的套用、换算及取费是否准确。

（3）人工、材料、机械费调整系数及计算是否符合文件规定。

(4)设计变更、现场签证费用的增减内容是否符合要求。

(5)设计图样项目以外有关费用计算是否符合定额或有关文件的规定。

(6)计划利润与税金的计算方法是否正确。

(7)单位工程预算造价计算程序是否与部门或地区规定相符合。

6. 审查的步骤

(1)施工方案和施工预算送交审查的单位。

(2)审查的依据及资料准备工作。

① 清点、整理施工图样,熟悉并核对相关图样。

② 设计变更、洽商协议等。

③ 招标文件、工程合同等。

④ 施工组织设计及说明。

(3)编制施工图预算的其他有关资料等。

① 了解施工方案和施工预算的内容范围。

② 严格执行国家和地区的相关规定。

③ 结合工程实际情况进行审查。

7. 审查的形式

审查的形式分为单审、联审和专门机构审查三种。

8. 审查的方法

审查的方法有全面审查法、重点审查法、指标审查法、分解对比审查法、经验审查法等。

(二)施工前的协调组织工作

(1)参加建设单位组织的图样会审核设计交底,根据熟悉图样、审核设备材料计划、现场调查和审查图样,结合设计交底,指出设计中的不足之处,并对图样存在的问题取得一致性的意见,如需变更,应和设计单位会签变更,并设计更改设计图纸或写入会审纪要中,作为施工及竣工交接、结算的依据。

(2)和材料员一起会同建设单位了解主要设备的到货情况,检查其规格型号与图样是否相符,缺项的能否保证安装前到货,主要材料应基本到齐,并具备安装条件。

(3)施工组织设计审批后,进行交底,落实施工方案的各种事宜,使工程按计划进行。

(4)编制预制加工清单,绘制加工图,安排物资部门组织加工,技术部门、质量部门进行监督,保证质量和工期。

(5)组织作业班组的人力、机具,并落实负责人,根据土建的进度,准备进入安装现场。按照保质保量、保安全、保工期的原则,组织全体安装人员研究技术措施、人员的组织分工、学习施工组织设计,特别是技术交底、安全交底,做到万无一失。

模块四　其他必备知识

项目一　计量基础知识

ZAM001 计量基础知识

一、计量的概念

计量是以法制的形式，通过技术手段，保证计量单位统一、量值准确一致的测量，是技术进步、保证和提高产品质量、降低消耗、提高企业经济效益的重要保证手段之一。计量管理主要是以科学的方法研究、实施、处理计量技术的全部内容以及协调它们之间关系的全部过程。计量分长度计量、力学计量、电磁计量等。

对产品质量实行有效的控制，需要依靠准确的计量测试器具和计量工作的保证。计量工作贯穿于从准备到交工后服务的全过程中，为质量管理提供科学的、准确的信息和数据。

二、施工企业的计量管理

（一）企业计量管理的目的

施工企业计量管理的目的在于保证计量器具准确，管好、用好计量器具，保证各种测试数据的准确可靠，为搞好质量管理和经济核算提供可靠的计量保证。

（二）计量管理的基础工作

企业计量管理制度要做好以下基础工作：建立企业计量管理制度；完善计量测试手段绘制计量检测网络图；建立计量技术档案，其中包括企业计量器具目录、计量器具档案卡片、各种原始记录和说明书、计量器具流转记录、计量器具检修记录等；计量人员培训考核；搞好指标考核工作，企业的计量工作水平一般用计量器具配备率、计量检测率及计量标准器周期受检率等指标进行考核。

（三）计量器具的检定

对企业使用的各种计量器具进行检定是保证量值统一、准确的重要手段，是企业计量管理的重要工作之一。具体的检定形式有入库检定、发放检定、周期检定、返回检定、工地检定、临时检定等。

入库检定是对企业外购和自制的计量器具在入库前实行的检定，其目的是保证入库保管的计量器具符合标准。

发放检定是将库存的计量器具对外发放时所实行的检定。对于在合格期内的计量器具，发放时一般只进行外观检查和相互作用检查，对于已超过合格证有效期的计量器具，则应按规定实行正常程序的检定。

周期检定是计量器具检定工作中最重要的一种检定形式，即按规定检定周期，对在用的各种计量器具实行的检定。

返回检定是对借出的计量器具，在其归还后进行的检定，返回检定一般只作外观、相互作用检查和零位检定，如发现异常，则应做全面检定。

对重点工程产品、关键工艺的现场所使用的计量器具进行的巡回检定，如长度器具的零位校对。

临时检定是计量器具在有效期内发生故障，而临时决定进行的检定。

项目二　电气安全技术知识

电力作为生产和生活的重要能源，在给人们带来方便的同时，也具有很大的危险性和破坏性。如果操作和使用不当，就会危及人的生命、财产甚至电力系统的安全，造成巨大的损失。因此必须严格遵守规程规范、掌握电气安全技术，熟悉保证电气安全的各项措施，防止事故的发生。

一、人身触电预防

ZAN001　电流对人体的伤害

(一)电流对人体的危害

电流通过人体，它的热效应、化学效应会造成人体电灼伤、电烙印和皮肤金属化；它产生的电磁场能量对人体的影响，会导致人头晕、乏力和神经衰弱。电流通过人体头部会使人立即昏迷，甚至醒不过来；通过人体骨髓会使人肢体瘫痪；通过中枢神经或有关部位会导致中枢神经系统失调而死亡；通过心脏会引起心室颤动，致使心脏停止跳动而死亡。

电流通过人体，对人的危害程度与通过的电流大小、持续时间、电压高低、频率、通过人体的途径、人体电阻状况和人身健康状况等有密切关系。

(二)电流对人体的伤害分类

电流对人体的伤害可分为电击和电伤两大类。

1. 电击

电击就是我们通常所说的触电，是电流通过人体对人体内部器官的一种伤害，绝大部分的触电死亡事故都是电击造成的。当人体在触及带电导体、漏电设备的金属外壳或距离高压电太近以及遭遇雷击、电容器放电等情况下，都可以导致电击。

2. 电伤

电伤是指触电时电流的热效应、化学效应和机械效应对人体外表造成的局部伤害。电伤多见于肌肉外部，而且在肌体上往往留下难于愈合的伤痕。常见的电伤有电弧烧伤、电烙印和皮肤金属化等。

1)电弧烧伤

电弧烧伤是最常见也是极严重的电伤。在低压系统中，带电荷(特别是感性负荷)拉合裸露的闸刀时，产生的电弧可能会烧伤人的手部和面部；线路短路，跌落式熔断器的熔断丝熔断时，炽热的金属微粒飞溅出来也可能造成灼伤；在高压系统中由于误操作，如带负荷拉合隔离开关、带电挂接地线等，会产生强烈的电弧，将人严重灼伤。另外人体过分接近带电体，其间距小于放电距离时，会直接产生强烈的电弧对人放电，造成人触电死亡或大面积烧伤而死亡，强烈电弧的照射还会使眼睛受伤。

2）电烙印

电烙印也是电伤的一种，当通过电流的导体长时间接触人体时，由于电流的热效应和化学效应，使接触部位的人体肌肤发生变质，形成肿块，颜色呈灰黄色，有明显的边缘，如同烙印一般，称之为电烙印。电烙印一般不发炎、不化脓、不出血，受伤皮肤硬化，造成局部麻木和失去知觉。

3）皮肤金属化

在电流电弧的作用下，使一些熔化和蒸发的金属微粒渗入人体皮肤表层，使皮肤变得粗糙而坚硬，导致皮肤金属化，给身体健康造成很大的伤害。

ZAN002 触电方式

（三）人体触电类型

人体触电可分为直接接触触电和间接接触触电两大类。直接接触触电又可分为单相触电、两相触电和电弧伤害。间接接触触电包括跨步电压和接触电压触电两种类型。

1. 直接接触触电

人体直接碰到带电导体造成的触电或离高压带电体距离太近，造成对人体放电的触电称之为直接接触触电。

1）单相触电

如果人体直接碰到电气设备或电力线路中一相带电导体，或者与高压系统中一相带电导体的距离小于该电压的放电距离而造成对人体放电，这时电流将通过人体流入大地，这种触电称为单相触电。

2）两相触电

两相触电是人体同时接触带电线路的两相，或在高压系统中，人体同时接近不相同的两相带电体而发生的电弧放电，电流从一相导体通过人体流入另一相导体，这种触电称为两相触电。

发生两相触电时，作用于人体的电压等于线电压，当电压为380V时，人体电阻假设为1000Ω，触电电流可达380mA。因此两相触电比单相触电要严重得多。

3）电弧伤害

电弧是气体间隙被强电场击穿时的一种现象。人体过分接近高压带电体会引起电弧放电，带负荷拉、合刀闸会造成弧光短路。电弧不仅使人受电击，而且使人受电伤，对人体的伤害往往是致命的。

2. 间接接触触电

1）跨步电压触电

跨步电压触电是指人在接地故障点或在接地装置附近，由两脚之间（一般为0.8m）的跨步电压引起的触电事故。跨步电压离故障点或接地极越近，其电压越大，相距20m以外时，跨步电压将接近于零。

2）接触电压触电

当电气设备因绝缘损坏而发生接地故障时，接地电流流过接地装置时，在大地表面形成分布电位，如果人体的两个部位（通常是手和脚）同时触及漏电设备的外壳和地面，人体所承受的电压就称为接触电压。由接触电压引起的人体触电称为接触电压触电。接触电压的大小和人体站立的位置有关，当人体距离接地故障越远时，其值越大。当人体在距接地体20m以外处与带电设备外壳接触，接触电压几乎等于设备的对地电压值。当人体站在接地点与设备外壳接触时，接触电压为零。

（四）防止人身触电的技术措施

防止人身触电的技术措施有保护接地、保护接零、采用安全电压及装设剩余电流保护器等。

ZAN003　保护接地和保护接零知识

1. 保护接地和保护接零

1）保护接地

将电气设备的外露可导电部分（如电气设备金属外壳、配电装置的金属框架等）通过接地装置与大地相连称为保护接地。

接地装置是接地体和接地线的总称。接地体是埋在地下与土壤直接接触的金属导体；接地线是连接设备接地部分与接地体的连线。

保护接地的接地电阻不能大于4Ω。采用保护接地后，加入电气设备发生带电部分碰壳或漏电，如前所述人的电阻有1000~2000Ω，而保护接地电阻小于4Ω，人体电阻较保护接地的接地电阻大得很多，因此大部分电流通过保护接地装置走了，仅一小部分电流流过人体，这样就大大减轻了人体触电危险。保护接地的接地电阻越小，流过人体的电流就越小，这样危险性就越小；反之，假如保护接地的接地电阻不符合要求，电阻越大，那流过人体的电流就越大，就不能起到安全保护的作用。所以在实施保护接地时，接地电阻必须符合要求，而且越小越好。

2）保护接零

保护接零是指低压配电系统中将电气设备外露可导电部分（如电气设备的金属外壳）与供电变压器的零线（三相四线制供电系统中的零干线）直接相连接。

实施保护接零后，假设电气设备发生漏电或带电部分碰到外壳（碰壳），就构成单相短路，短路电流很大，使碰壳相电源自动断开（熔断器熔丝熔断或自动空气开关跳闸），这时人碰到设备外壳时，就不会发生触电，这就是保护接零保护人身安全的基本原理。

实施保护接零时，必须注意零线不能断线。否则，在接零设备发生带电部分碰壳或漏电时，就构不成单相短路，电源就不会自动断开。这样产生两个后果：一是使接零设备失去安全保护，因为这时等于没有实施保护接零；二是会使后面的其他完好的接零设备外壳、保安插座的保安触头带电。引起大范围电气设备和移动电器（例如家用电器）外壳带电，造成可怕的触电危险。

3）实施保护接地和保护接零时注意事项

实施保护接地和保护接零时必须注意在同一配电变压器供电的低压公共电网内，不准有的设备实施保护接地，而有的设备实施保护接零。假如有的采用保护接地，有的采用保护接零，那当保护接地的设备发生带电部分碰壳或漏电时，会使变压器零线（三相四线制中的零干线）电位升高，造成所有采用保护接零的外壳带电，构成触电危险。

4）IEC对配电网接地方式的分类

国际电工委员会（IEC）第64次技术委员会将低压电网的配电制及保护方式分为IT、TT、TN三类。

（1）IT 系统。IT 系统是指电源中性点不接地或经足够大阻抗（约 1000Ω）接地，电气设备的外露可导电部分（如电气设备的金属外壳）经各自的保护线 PE 分别直接接地的三相三线制低压配电系统。

（2）TT 系统。TT 系统是指电源中性点直接接地，而设备的外露可导电部分经各自的 PE 分别直接接地的三相四线制低压供电系统。

（3）TN 系统。电源系统有一点（通常是中性点）接地，而设备的外露可导电部分（如金属外壳）通过保护线连接到此接地点的低压配电系统，称为 TN 系统。依据中性线（零线）N 和保护线 PE 的不同组合情况，TN 系统又分为 TN-C、TN-S、TN-C-S 三种形式。

① TN-C 系统。整个系统内中性线（零线）N 和保护线 PE 是合用的，且标为 PEN。

② TN-S 系统。整个系统内中性线（零线）N 和保护线 PE 是分开的。

③ TN-C-S 系统。整个系统内中性线（零线）N 与保护线 PE 是部分合用的。即前边为 TN-C 系统（N 线和 PE 线是合一的），后边是 TN-S 系统（N 线与 PE 线是分开的，分开后不允许再合并）。

ZAN004 安全电压的概念

2. 安全电压

安全电压是低压，但低压不一定是安全电压。《电力安全工作规程　发电厂和变电站电气部分》（GB 26860—2011）中规定，低[电]压是指用于配电的交流系统中 1000V 及其以下的电压等级。高[电]压是指：（1）通常指超过低压的电压等级。（2）特定情况下，指电力系统输电的电压等级。人接触到工频 1000V 电压时，会发生触电伤亡事故，所以低压不等于安全电压。

我国国家标准《特低电压（ELV）限值》（GB/T 3805—2008）规定的安全电压值为 42V、36V、24V、12V 和 6V，应根据作业场所、操作员条件、使用方式、供电方式、线路状况等因素选用。例如机床的局部照明应采用 36V 及以下安全电压；行灯的电压不应超过 36V；在特别潮湿场所或工作地点狭窄、行动不方便场所（如金属容器内）应采用 12V 安全电压；还有一些移动电气设备等都应采用安全电压，以保护人身用电安全。

3. 装设剩余电流保护器

剩余电流动作保护装置是指电路中带电导体对地故障所产生的剩余电流超过规定值时，能够自动切断电源或报警的保护装置。它包括各类剩余电流动作保护功能的断路器、移动式剩余电流动作保护装置、剩余电流动作电气火灾监控系统、剩余电流继电器及其组合电器等。

在低压配电系统中，广泛采用额定动作电流不超过 30mA、无延时动作的剩余电流动作保护器，作为直接接触触电保护的补充防护措施（附加防护）。

安装和使用保护器注意事项：

（1）装在中性点直接接地电网中的保护器后面的电网零线不准再重复接地，电气设备只准保护接地，不准保护接零，以免引起保护器误动作。

（2）被保护支路应有各自的专用零线，以免引起保护器误动作。

（3）用电设备的接线应正确无误，以保证保护器能正确工作。

（4）安装保护器的设备和没有安装保护器的设备不能共用一套接地装置。

ZAN005 触电急救

二、触电急救

(一)触电急救的要点

触电急救的要点是:抢救迅速与救护得法,即用最快的速度现场采取积极措施,保护触电人员生命,减轻伤情,减少痛苦,并根据伤情要求,迅速联系医疗部门救治。即使触电者失去知觉心跳停止,也不能轻率地认定触电者死亡,而应看作是“假死”,施行急救。

触电救护第一步是使触电者迅速脱离电源,第二步是现场救护。

(二)解救触电者脱离电源的方法

触电急救的第一步是使触电者迅速脱离电源,因为电流对人体的作用时间越长,对生命的威胁越大,具体方法如下:

1. 脱离低压电源的方法

脱离低压电源可用“拉”“切”“挑”“拽”“垫”五字概括。

(1)拉。指就近拉开电源开关、拔出插头或瓷插熔断器。

(2)切。当电源开关、插座或瓷插熔断器距离触电现场较远时,可用带有绝缘柄的利器切断电源线。切断时应防止带电导线断落触及周围的人体。多芯绞合线应分相切断,以防短路伤人。

(3)挑。如果导线搭落在触电者身上或压在身下,这时可用干燥的木棒、竹竿等挑开导线,或用干燥的绝缘绳套拉导线或触电者,使触电者脱离电源。

(4)拽。救护人员可戴上手套或在手上包缠干燥的衣服等绝缘物品拖拽触电者,使之脱离电源,也可站在干燥的木板、橡胶垫等绝缘物品上,用一只手将触电者拖拽开来。

(5)垫。如果触电者由于痉挛,手指紧握导线或导线缠在身上,可先用干燥的木板塞进触电者身下,使其与大地绝缘,然后再采取其他的方法把电源切断。

2. 脱离高压电源的方法

由于电源电压等级高,一般绝缘物品不能保证救护人的安全,而且高压电源开关距离现场较远,不便拉闸。因此,使触电者脱离高压电源的方法与脱离低压电源有所不同。通常的做法是:

(1)立即电话通知有关供电部门拉闸停电。

(2)如果电源开关离触电现场不太远,则可戴上绝缘手套,穿上绝缘靴,拉开高压断路器,或用绝缘棒拉开高压跌落式熔断器以切断电源。

(3)往架空线路抛挂裸金属软导线,人为造成线路短路,迫使继电器保护装置动作,从而使电源开关跳闸,抛挂前,将短路线的一端先固定在铁塔或接地引下线上,另一端系重物。抛掷短路线时,应注意防止电弧伤人或断线危及人员安全,也要防止砸伤人。

(4)如果触电者触及断落在地上的带电高压导线,且尚未确认线路无电之前,救护人员不可进入端线落地点8~10m,以防止跨步电压触电。进入该范围的救护人员应穿上绝缘靴或临时双脚并拢跳跃地接近触电者。触电者脱离带电导线后应迅速将其带至8~10m以外,立即开始触电急救。

3. 现场救护

当触电者脱离电源后,应立即组织抢救。若条件许可,组织抢救时应做好以下几方面的工作：一是安排人员正确救护；二是派人通知有资格的医务人员到触电现场；三是做好将触电者送往医院的一切准备工作；四是维护现场秩序，防止无关人员妨碍现场救护工作。

参加急救者可根据触电者受伤程度不同，采取相应措施。现场救护有以下几种措施。

（1）触电者未失去知觉的救护措施：如果触电者所受的伤害不太严重，甚至尚清醒、头晕、出冷汗、恶心、呕吐、四肢发麻、全身乏力，甚至一度昏迷但未失去知觉，则可先让触电者在通风暖和的地方静卧休息，并派人严密观察，同时请医生前来或送往医院救治。

（2）触电者已失去知觉的抢救措施：如果触电者已失去知觉，但呼吸和心跳尚正常，则应使其舒适地平卧着，解开衣服以利呼吸，四周不要围人，保持空气流通，冷天应注意保暖，同时立即请医生前来或送往医院诊治。若发现触电者呼吸困难或心跳失常，应立即施行人工呼吸或胸外心脏按压。

（3）对"假死"者的急救措施。如果触电者呈现"假死"现象，则可能有三种临床症状：①心跳停止，但尚能呼吸；②呼吸停止，但心跳尚存（脉搏很弱）；③呼吸和心跳均已停止。"假死"症状的判定方法是"看""听""试"。"看"是观察触电者的胸部、腹部有无起伏动作；"听"是用耳贴近触电者的口鼻处，听有无呼气的声音；"试"是用手或小纸条测试口鼻有无呼吸的气流，再用两个手指轻压一侧喉结旁凹陷处的颈动脉有无搏动感觉。

4. 抢救触电者生命的心肺复苏法

所谓心肺复苏法，就是支持生命的三项基本措施，即通畅气道、口对口（鼻）人工呼吸，胸外按压。

1）通畅气道

若触电者呼吸停止，应采取措施始终确保起到通畅，其操作要领是：

（1）清除口中异物。使触电者仰面躺在平硬的地方，迅速揭开其领口、围巾、紧身衣和裤带。如发现触电者口内有食物、假牙、血块等异物可将其身体及头部同时侧转，迅速用一个手指或两个手指交叉从口角处插入，从中取出异物，要注意防止将衣物推到咽喉深处。

（2）采用仰头抬颌法通畅气道。一只手放在触电者前额，另一只手的手指将其颌骨向上抬起，气道即可通畅。

（3）口对口（鼻）人工呼吸。救护人在完成气道通畅的操作后，应立即对触电者实行口对口或口对鼻人工呼吸。口对鼻人工呼吸适用于触电者嘴巴紧闭的情况。

2）胸外按压

胸外按压是借助人力使触电者恢复心脏跳动的急救方法。其有效性在于选择正确的按压位置和采取正确的按压姿势。

项目三　电气安全用具

一、概述

所谓电气安全用具，系指用以保证电气工作安全运行所必不可少的工具和用具等，它们可以防止触电、弧光灼伤和高空摔跌等伤害事故的发生。

电气安全用具可分为:绝缘安全用具、验电笔、高空作业安全用具及其他安全用具。

使用安全用具必须注意的两点是:必须使用合格的安全用具;应做到正确使用安全用具。

ZAO001 绝缘安全用具相关知识

二、绝缘安全用具

(一)绝缘安全用具的分类

绝缘安全用具按其功能可分为两大类:绝缘操作用具和绝缘防护用具。

绝缘操作用具主要是用来进行带电操作、测量和其他需要直接触及电气设备的特定工作的。为正确使用绝缘操作工具,需注意以下两点:

(1)绝缘操作用具本身必须具备合格的绝缘性能和机械强度(合格的绝缘用具)。

(2)只能在和其绝缘性能相适应的电气设备上使用。

绝缘防护用具则是对有关电气伤害直接起到防护作用,其主要用来对泄漏电流、接触电压、跨步电压触电和对有电设备造成危险解禁等进行防护。

(二)绝缘操作用具

绝缘操作用具包括绝缘操作杆、绝缘夹钳等,这些操作用具均由绝缘材料制成。绝缘操作用具一般可由以下部分组成:

(1)工具部分。起到完成特定操作功能的作用,大多由金属材料制作,安装在绝缘部分上方。

(2)绝缘部分。起到绝缘隔离作用。一般采用电木、胶木、等绝缘材料制成。绝缘部分与握手部分交接处设有绝缘的罩护环,其作用是使绝缘部分与握手部分有明显的隔离点。

(3)握手部分。用与绝缘部分相同的材料制成,为操作人员手握的部分。为了保证人体和带电体有一定的绝缘距离,操作人员在操作时,握手部分不得超越罩护环以上部分。

(4)为了保证足够的绝缘安全距离,绝缘操作用具的绝缘部分长度决定于所操作电气设备的电压等级。

(三)绝缘防护用具

常用的绝缘防护用具有绝缘手套、绝缘靴、绝缘隔板、绝缘垫(毯)等。

1. 绝缘手套

绝缘手套用特制橡胶制成。它一般作为使用绝缘棒进行带电操作时的辅助安全工具,以防泄漏电流对人体发热异常影响。绝缘手套的长度至少应超过手腕 10cm。

绝缘手套在使用前应做外观检查,如发现黏胶、破损应立即停止使用。

2. 绝缘靴

绝缘靴的主要作用是防止跨步电压的伤害,但它对泄漏电流和接触电压等同样具有一定的防护作用。雨天操作室外高压设备时,除应戴绝缘手套外,还必须穿绝缘靴。

3. 绝缘隔板

绝缘隔板用环氧玻璃布板或聚氯乙烯塑料制成,是防止工作人员对带电设备发生危险接近的一种防护用具。

绝缘隔板有两种安装方法:一种是和带电部分保持一定的安全距离,另一种是和带电体直接接触。但只限于 35kV 及以下的情况下使用,且应注意工作中工作人员不得和绝缘隔板相接触。另外，在放设绝缘隔板时，还要做到带电体到绝缘隔板边缘距离不得小于20cm。

4. 绝缘垫和绝缘站台

绝缘垫的保安作用和绝缘靴相同，因此可把它视为一种固定的绝缘靴。在控制屏、保护屏等处放置绝缘垫可起到良好的保安效果。绝缘垫还通常用来作为高压试验电气设备时的辅助安全用具。

三、验电器

验电器是检验电气设备是否确无电压的一种安全用具。因所验证的电压等级不同，可大体分为低压验电器和高压验电器两种。验电器一般是利用电容电流经氖气灯光发光的原则制成的，这种最常用的验电器称为发光型验电器。

（一）低压验电器

低压验电器又叫低压验电笔，是用来检验低压电气设备和线路是否有电的专用工具，其外形有钢笔式、改锥式和组合型多种。

在使用电笔前，应先在有电的地方验证一下，检查验电笔是否完好，防止因氖泡损坏而造成误判断，引起触电事故。

低压验电器除主要用来检查、判断低压电气设备或线路是否带电外，还有下列用途：

（1）区分火线（相线）和地线（中性线或零线）。氖光灯泡发亮的是火线（相线），不亮的则是地线（中性线）。

（2）区分交流电和直流电。交流电通过氖光灯泡时，两级附近都发亮；而直流电通过时，仅一个电极附近发亮。

GAG001 高压验电器知识

（二）高压验电器

高压验电器用以检验对地电压在250V以上的设备。

1. 发光型高压验电器

高压验电器有指示器部分、绝缘部分、握手部分和罩护环组成。指示器部分系有金属接触端、压紧弹簧、氖气管、电容纸箔管或电子元件等组成；绝缘部分指的是自指示器下部的金属衔接螺栓直至罩护环的部分；握手部分指罩护环以下的部分；罩护环是绝缘部分和握手部分的分界点，罩护环的直径需比握手部分大20~30mm。

2. 高压验电器的使用

使用验电器时必须注意其额定电压和被检验电气设备的电压等级相适应，否则可能会危及验电操作人员的人身安全或造成错误判断。验电时操作人员应戴绝缘手套，手握在罩护环以下的握手部分，先在有电设备上进行检验，检验时应渐渐移近带电设备至发光或发声为止，已验证验电器性能完好，然后再在需要进行验电的设备上检测。

验电时要防止验电器受邻近带电体的影响发出信号而造成操作人员的错误判断。

四、绝缘安全用具的试验

GAG002 绝缘安全用具的试验

（一）绝缘棒、操作杆的试验

绝缘棒和操作杆试验按照国家标准进行出厂试验和预防试验。

(二)绝缘手套、绝缘靴等橡胶制品的安全用具

绝缘手套、绝缘靴须进行泄漏电流和交流耐压试验。凡试验合格应贴合格标记,试验不合格的则不能继续使用。

(三)高压验电器的试验

高压验电器应每半年进行一次试验,试验分发光试验和耐压试验两部分。凡试验合格应贴合格标记,试验不合格的则不能继续使用。

对声光验电器,还需做发响最低电压试验。10kV 及以下发响时最低电压不得超过 1000V;35~110kV 发响时最低电压不得超过 6000V。

五、安全用具的使用保管

GAG003 绝缘安全用具使用保管

(一)使用前的外观检查

电工安全用具直接保护人身安全,必须保持良好的性能。因此,使用前应对其进行以下外观检查:

(1)安全用具是否符合规程要求。

(2)安全用具是否完好,表面有无损坏、是否清洁;有灰尘的应擦拭干净。

(3)安全用具中的橡胶制品,如橡胶制的绝缘手套、绝缘靴和绝缘垫不得有外伤、裂纹、漏洞、气泡、毛刺、划痕等缺陷。

(4)安全用具的瓷元件不得有裂纹和破损。

(5)检查安全用具的电压等级与拟操作设备的电压等级是否相符。

(二)使用电工安全用具的注意事项

(1)操作高压开关或其他带有传动装置的电器,通常需使用能防止接触电压及跨步电压的辅助安全工具。除这些操作外,任何其他操作均需使用基本安全用具,并同时使用辅助安全用具。

(2)潮湿天气的室外操作,不允许使用无特殊防护装置的绝缘夹。

(3)无特殊防护装置的绝缘杆不得在下雨或下雪时在室外使用。

(4)安全用具不得任意作为他用,更不能用其他工具代替安全用具。

(5)安全用具每次使用完毕后应擦拭干净,放回原处,防止受潮、脏污和损坏。

项目四　消防基本知识

一、火灾

(一)火灾的概念

ZAP001 火灾的概念及分类

在时间和空间上失去控制并造成一定伤害的燃烧现象,称为火灾。

(二)火灾的等级

按照一次火灾事故造成的人员伤亡、受灾户数和直接财产损失,火灾可分为一般火灾、较大火灾、重大火灾、特别重大火灾四个等级。

特别重大火灾是指造成 30 人以上死亡,或者 100 人以上重伤,或者 1 亿元以上直接财产损失的火灾；

重大火灾是指造成 10 人以上 30 人以下死亡，或者 50 人以上 100 人以下重伤，或者 5000 万元以上 1 亿元以下直接财产损失的火灾；

较大火灾是指造成 3 人以上 10 人以下死亡，或者 10 人以上 50 人以下重伤，或者 1000 万元以上 5000 万元以下直接财产损失的火灾；

一般火灾是指造成 3 人以下死亡，或者 10 人以下重伤，或者 1000 万元以下直接财产损失的火灾。

（三）火灾的分类

A 类火灾：可燃固体火灾，含碳固体可燃物如木材、棉、毛、麻、纸张等燃烧的火灾。

B 类火灾：液体火灾，甲乙丙类液体如汽油、煤油、柴油、甲醇、乙醚、丙酮等燃烧的火灾。

C 类火灾：气体火灾，可燃气体如煤气、天然气、甲烷、丙烷、乙炔、氢气等燃烧的火灾。

D 类火灾：金属火灾，可燃金属如钾、钠、镁、钛、锆、锂、铝、镁合金等燃烧的火灾。

E 类火灾：带电物体、精密仪器火灾。

F 类火灾：烹饪器具内的烹饪物（如动植物油脂）火灾。

ZAP002 灭火器的分类及使用

二、灭火器的分类及使用

灭火器是火灾扑救中常用的灭火工具，在火灾初起之时，由于范围小、火势弱，是扑救火灾的最有利时机，正确及时使用灭火器，可以挽回巨大的损失。

（一）灭火器的分类

灭火器结构简单，轻便灵活，稍经学习和训练就能掌握其操作方法。目前常用的灭火器有泡沫灭火器、二氧化碳灭火器、干粉灭火器等。

（二）灭火器的灭火作用及灭火范围

1. 泡沫灭火器的灭火作用

在燃烧物表面形成的泡沫覆盖层，使燃烧物表面与空气隔绝，起到窒息灭火的作用。由于泡沫层能阻止燃烧区的热量作用于燃烧物质的表面，因此可防止可燃物本身和附近可燃物的蒸发。泡沫析出的水对燃烧物表面进行冷却，泡沫受热蒸发产生的水蒸气可以降低燃烧物附近的氧浓度。

泡沫灭火器适用于扑救 A 类火灾，如木材地、棉、麻、纸张等火灾，也能扑救一般 B 类火灾，如石油制品、油脂等火灾；但不能扑救 B 类火灾中的水溶性可燃、易燃液体的火灾，如醇、酯、醚、酮等物质的火灾。

2. 干粉灭火器的作用

一是消除燃烧物产生的活性游离子，使燃烧的连锁反应中断；二是干粉遇到高温分解时吸收大量的热，并放出蒸气和二氧化碳，达到冷却和稀释燃烧区空气中氧的作用。

干粉灭火器适用于扑救可燃液体、气体、电气火灾以及不宜用水扑救的火灾。ABC 干粉灭火器可以扑救 A、B、C 类物质燃烧的火灾。

3. 二氧化碳灭火器的灭火作用

当燃烧区二氧化碳在空气的含量达到 30%～50%时，能使燃烧熄灭，主要起窒息作用，同时二氧化碳在喷射灭火过程中吸收一定的热能，也就有一定的冷却作用。适用于扑救

600V 以下电气设备、精密仪器、图书、档案的火灾，以及范围不大的油类、气体和一些不能用水扑救的物质的火灾。

(三) 灭火器的使用方法

1. 手提式灭火器的使用

1) 机械泡沫、二氧化碳、干粉灭火器的使用

上述灭火器一般由一人操作，使用时将灭火器迅速提到火场，在距起火点 5m 处，放下灭火器，先撕掉安全铅封，拔出保险销，然后右手紧握压把，左手握住喷射软管前端的喷嘴(没有喷射软管的，左手可扶住灭火器底圈)对准燃烧处喷射。灭火时，应把喷嘴对准火焰根部，由近而远，左右扫射，并迅速向前推进，直至火焰全部扑灭。泡沫灭油品火灾时，应将泡沫喷射大容器的器壁上，从而使得泡沫沿器壁流下，再平行地覆盖在油品表面上，从而避免泡沫直接冲击油品表面，增加灭火难度。

2) 化学泡沫灭火器的使用

将灭火器直立提到距起火点 10m 处，使用者的一只手握住提环，另一只手抓住筒体的底圈，将灭火器颠倒过来，泡沫即可喷出，在喷射泡沫的过程中，灭火器应一直保持颠倒和垂直状态，不能横式或直立过来，否则喷射会中断。

2. 推车灭火器的使用

1) 机械泡沫、二氧化碳、干粉灭火器

推车灭火器一般由两人操作，使用时，将灭火器迅速拉到或推到火场，在离起火点 10m 处停下。一人将灭火器放稳，然后撕下铅封，拔出保险销，迅速打开气体阀门或开启机构；一人迅速展开喷射软管，一手握住喷射枪枪管，另一只手扣动扳机，将喷嘴对准燃烧场，扑灭火灾。

2) 化学泡沫灭火器

使用时两人将灭火器迅速拉到或推到火场，在离起火点 10m 处停下，一人逆时针方向转动手轮，使药液混合，产生化学泡沫，一人迅速展开喷射软管，双手握住喷枪，喷嘴对准燃烧场，扑灭火灾。

项目五　生产管理知识

一、班组管理基本知识

GAK001 班组管理基本知识

施工班组是施工企业从事建筑安装活动的基本单位。所谓班组管理是指对班组进行组织、计划、协调、控制、监督、激励与创新等，以确保完成班组各项经济技术指标的一种活动过程。建立健全班组管理，是现代企业管理中一个重要的组成部分，也是搞好现代企业的基础。

(一) 班组管理按管理性质分类

班组管理按管理性质的不同，可分为常规管理和专业管理。

(1) 常规管理是指企业的一般性项目管理，如围绕企业的生产、生活、安全和学习等方面建立的班组各项规章制度；围绕企业的施工内容的质量、数量、工艺、分配等方面建立的各

项计量、定额、原始记录、标准化等工作；围绕企业职工的政治思想、安全意识、职业道德、业务能力等方面开展的各种教育活动等。

（2）专业管理是指针对班组的施工对象和施工过程的专项管理，如电气安装班组围绕施工过程而开展的施工前的组织准备、技术准备管理工作；施工阶段的计划、实施、检查和处理等环节的管理工作；工程竣工验收阶段的资料整理、质量评定和交接验收等方面的管理工作。

（二）班组管理按管理对象分类

班组管理按管理对象的不同，可分为生产管理、生活管理和制度管理三种。

（1）生产管理是指安装企业围绕着优质施工、安全作业、高效运行开展的各项管理工作，如施工工序管理、施工工艺管理、工具设备管理、水电气及原材料管理、安全保卫管理等。

（2）生活管理是指班组可通过民主生活会等多种形式组织职工参与班组和企业的管理，体现当家作主；通过组织劳动竞赛、爱岗敬业及争先创优活动等，增强职工的主人翁意识。

（3）制度管理：主要指班组围绕岗位责任制为核心制定、贯彻、执行、检查与考核各项管理制度、方法、标准等。

GAK002 班组经济核算

二、班组经济核算

班组经济核算是建筑安装企业全面经济核算的一个基本环节。它以班组为单位，对班组在施工及其管理过程中的劳动消耗、物资消耗、资金占用和经济效益进行计算、对比和分析。

（一）班组经济核算的作用

（1）指导经济活动。实行班组经济核算，使班组在经济上具有相对的独立性和一定的自主权。

（2）承担经济责任。班组要对自己的经济利益承担经济责任，确保在施工过程能够团结协作。

（3）提高经济效益。通过班组经济核算促使每个班组都主动关心产品质量和消耗情况，从中发现问题，研究改进方法。为降低消耗、扩大经营成果、提高企业的经济效益创造条件。

（4）体现按劳分配。通过班组经济核算，可以比较准确地反映每个班组、每个职工的贡献大小，以便进行班组和个人的利益分配，实现按劳分配。

（二）班组经济核算的原则、要求和方法

班组经济核算的原则是“干什么、管什么、算什么”。

班组经济核算一般以施工任务单为基本依据。签发施工任务单要向班组交清施工任务、质量和安全要求，同时还要交清完成任务的工时定额和材料消耗定额。在施工生产过程中，班组或个人要充分注意利用工时，合理用料，并及时做好用工用料等记录。在完成任务或月终时，应对完成的任务进行验收、结算任务单。根据任务单实际完成的实物量计算工料定额用料；根据原始记录（如考勤、工时记录、限额领料单、已领未用材料盘点单等）核算工、料消耗。

核算的主要内容是：在保证质量、安全、工期的前提下，核算人工和材料的消耗。

(1)材料的核算采用以下公式进行，即

材料节约(超出)数量=材料消耗定额×完成工程量-实际消耗量

(2)人工的核算采用以下公式进行，即

工日节约(超出)数量=劳动定额×完成工程量-实际用工数

(三)班组经济活动分析

在班组经济核算取得成绩后，把经营成果指标与计划指标进行比较，从中寻找出积极因素和消极因素，总结经验，挖掘潜力，以期达到更高的经济效益。

班组经济活动分析的方法主要有比较法和差额分析法。

(1)比较法：通过对有可比性的指标进行对比，找出差异，然后从中找出差异的原因。常采用实际数和定额数比较，本期数与前期数比较，单位之间比较和项目之间比较。

(2)差额分析法：又称为量差和价差分析法。用数量差异乘以计划单价，得出数量对计划影响的数值；用价格差异乘以实际耗用数量，得到价格差异对计划影响的数值。

三、班组作业计划

(一)班组作业计划的主要内容

GAK003 班组作业计划的制定

(1)班组施工作业计划详见表1-4-1。

表1-4-1 施工作业计划

班组　　　　　　　　　　　　　　　　　　　　　　　　年　　月　　日

<table>
<tr><th rowspan="2">工程项目</th><th rowspan="2">分部分项工程</th><th rowspan="2">单位</th><th colspan="3">工程量</th><th rowspan="2">合计工时</th><th colspan="12" rowspan="2">本旬分日进度</th><th rowspan="2">备注</th></tr>
<tr><th>月计划量</th><th>至上月完成量</th><th>本旬计划</th></tr>
<tr><td></td><td></td><td></td><td></td><td></td><td></td><td></td><td></td><td></td><td></td><td></td><td></td><td></td><td></td><td></td><td></td><td></td><td></td><td></td><td></td></tr>
<tr><td></td><td></td><td></td><td></td><td></td><td></td><td></td><td></td><td></td><td></td><td></td><td></td><td></td><td></td><td></td><td></td><td></td><td></td><td></td><td></td></tr>
<tr><td></td><td></td><td></td><td></td><td></td><td></td><td></td><td></td><td></td><td></td><td></td><td></td><td></td><td></td><td></td><td></td><td></td><td></td><td></td><td></td></tr>
<tr><td></td><td></td><td></td><td></td><td></td><td></td><td></td><td></td><td></td><td></td><td></td><td></td><td></td><td></td><td></td><td></td><td></td><td></td><td></td><td></td></tr>
</table>

(2)实物工程量计划。

(3)材料、加工件的需用计划。

(4)劳动力计划。

(二)班组施工作业计划的编制

(1)确定施工项目。

根据总体施工作业计划要求，结合班组的具体施工能力及施工作业计划的实际进度，确定施工项目。

(2)根据施工图样及施工预算计算工程量。

(3)确定施工工期。

参考下式确定该工种的生产能力，即

该工种的生产能力=职工人数×制度时间×计划出勤率×计划效率×定额单产×出勤工日

计划利用率。

参考下式确定该工种日完成工程量，即

日完成工程量=该工种生产能力/制度天数

参考下式确定施工工期，即

施工工期=分项工程量/日完成工程量

项目六　质量管理知识

一、质量的基本内容

GAH001 质量的基本内容

（一）质量的概念

质量即指“一组固有特性满足要求的程度”。质量概念所描述的对象早期大多仅仅局限于产品，以后又逐渐延伸到了服务，而如今则不仅包括产品和服务，而且还扩展到了过程、活动、组织及至它们的结合。

（二）质量特性

质量特性指产品、过程或体系与要求有关的固有特性。

质量特性可以分为以下几种类型：

（1）技术性或理化性的质量特性。

（2）心理方面的质量特性。

（3）时间方面的质量特性。

（4）安全方面的质量特性。

（5）社会方面的质量特性。

（三）工程质量的含义

建筑安装工程质量是指满足固定或潜在的要求（或需要）的特征总和。这里所说的满足规定即符合国家有关规定、技术标准；满足于潜在要求一般是指满足用户需要（或合同规定要求）的对工程产品的适用、安全和其他特性的要求。具体地讲，工程产品质量是指建筑安装工程适用于某种规定的用途，满足于人们要求其所具备的基本属性或特性的程度。

GAH002 与质量相关的术语

二、与质量相关的术语

在质量领域中要进行有效的沟通，需要借助于一系列明确定义的术语。组织可以通过对这些关键术语和短语的统一定义来减少混乱和歧义，编制术语表是基本工具之一。以下是与质量有关的几个最重要的术语和定义。

（一）过程

过程是指将输入转化为输出的相互关联或相互作用的一组活动。若将上述定义中的修饰语均去掉，剩下来的核心词汇是“活动”，也就是说，所谓“过程”也就是一系列的活动。我们可以把组织看成是由诸多过程所构成的一个集合体。

（二）产品

产品即过程的结果。从定义中可以看出，“过程”也就是产出“产品”的活动。“产品”

这一常用词汇在这里被赋予了更为广泛的含义，任何活动或过程的结果均可以被称为产品。产品可以是有形的，也可以是无形的，还可以是两者的组合。国际标准化组织把产品分成了四个大类：硬件、软件、流程性材料和服务。

（三）顾客

顾客是接受产品的组织或个人。“顾客”一词常常有着许多的含义，它可以指一个组织，一个组织中的一部分人或某一个人。有许多类型的顾客，有些是显在的，有些则是潜在的。顾客可以是外部的，也可以是内部的。组织内部互相协作的下一个环节便是内部的顾客。

（四）供方

供方即提供产品的组织或个人。典型的供方如制造商、批发商、零售商等。供方可以是外部的，也可以是内部的。组织内部互相协作的上一个环节便是内部的供方。

（五）顾客满意

顾客满意是指顾客对其要求已被满足程度的感受。

（六）合格

合格是指满足要求。具体说来是指产品、过程、人以及体系等满足了相关方的要求，如产品或者文件符合规定要求。

GAH003 质量管理的原则

三、质量管理原则

七项质量管理原则是在总结质量管理实践经验的基础上用高度概括的语言所表述的最基本、最通用的一般规律，是组织领导做好质量管理工作必须遵循的准则。

（一）以顾客为关注焦点

组织依存于顾客。因此，组织应当理解顾客当前和未来的需求，满足顾客要求并争取超越顾客期望；组织和顾客之间是一种依存关系；组织的生存和发展完全取决于其顾客的满意和信任，组织失去了顾客，也就丧失了市场占有份额，不能生存，更谈不上发展。

（二）领导作用

领导者确定组织统一的宗旨及方向，他们应当创造并保持使员工能充分参与实现组织目标的内部环境；领导处于一个组织的最高层，对组织实施指挥和控制。

（三）全员积极参与

各级人员都是组织之本，只有他们的积极参与，才能使他们的才干为组织带来收益。

（四）过程方法

将活动和相关的资源作为过程进行管理，可以更高效地得到期望的结果。

（五）改进

持续改进总体业绩应当是组织的一个永恒目标。

（六）循证决策

有效决策是建立在数据和信息分析的基础上，可靠的信息和数据是决策的基础。

（七）关系管理

组织与供方是相互依存的、互利的关系可增强双方创造价值的能力。

四、工程项目质量管理体系

工程项目质量管理体系是制定质量方针和质量目标并实现这些目标的体系，是质量管理的核心，是组织机构、职责、权限、程序之类的管理能力的综合体现。管理体系作为一个组织管理系统，不易直观体现。因此建立质量管理体系时，应该形成必要的体现文件，这些文件可以直接体现并用以规范和约束各项质量行为。

质量管理体系文件通常包括质量管理手册，程序性文件（包括管理性程序文件和技术性程序文件），相关法律法规和标准、规范等，工程图纸及合同，施工组织设计，施工技术措施，质量计划，管理评审报告，质量检验计划，作业指导书及质量记录等。

（一）工程项目质量管理体系的内容

GAH004 质量管理体系的内容

1. 质量计划

质量计划是指对特定的产品、服务、过程、人员、组织、体系或资源，规定由谁及何时应用程序和相关资源的规范。质量计划引用质量手册的部分内容或程序文件，质量计划是质量策划的结果之一。质量计划可用于组织内部以确保相应产品、项目或合同的特殊质量要求，也可用于向顾客证明其如何满足特定合同的特殊质量要求。

2. 质量保证

质量保证是质量管理的一部分，致力于提供质量要求会得到满足的信任。它是为实施达到质量计划要求的所有工作提供基础和组织的可靠保证，为项目质量管理体系的正常运转提供全部有计划、有系统的活动，以满足项目的质量标准。它应贯穿于项目实施的全过程之中。质量保证是项目团队的工作过程，必须发挥团队的效率。

项目质量保证通常是由项目的质量保证部门提供的。项目质量保证通常不仅给项目管理组织以及实施组织（项目内部）提供质量保证，而且给项目产品或为项目服务的用户，以及项目工作所涉及的社会（项目外部）提供质量保证。质量保证涉及与用户的关系，应首先考虑直接用户的需要。

3. 质量控制

质量控制是质量管理的一部分，致力于满足质量要求。

质量控制贯穿于项目实施的全过程。主要是监督项目的实施结果，将项目实施的结果与事先制定的质量标准进行比较，找出存在的差距，并分析形成差距的原因。项目实施的结果包括产品结果（如可交付成果）以及管理结果（如实施的费用和进度）。质量控制虽然是由质量控制部门或类似的质量责任单位主要负责，但必须有各个组织团队的参与。

GAH005 质量管理文件

（二）质量管理文件

质量管理文件指在项目实施过程中，为达到预期的质量要求所做出的与实施和管理过程有关的各种书面规定。

1. 质量保证大纲

质量保证大纲的目的是为了提高项目实施和管理过程的有效性，提高工程系统的可用度，降低质量成本，提高工程实施的经济效益。质量保证大纲的内容包括以下几个方面。

按项目特点和有关方面的要求，提出明确的质量指标要求。

明确规定技术、计划、合同、质量和物资等职能部门的质量责任。

确定各实施阶段的工作目标。

提出质量控制点和需要进行特殊控制的要求、措施、方法及相应的完成标识和评价标准。

对设计、施工工艺和工程质量评审的明确规定。

2. 质量计划文件

质量计划文件是对特定的项目、服务、合同规定专门的质量措施、资源和活动安排的文件。

3. 技术文件

技术文件包括设计文件、工艺文件、研究试验文件，是项目实施的依据和凭证；项目的技术文件应完整、准确、协调一致；项目技术文件、工艺文件应与项目实际施工一致；研究试验文件应与项目实际过程一致。

为保证每一项目和工作技术文件的完整性，应根据技术文件的管理规定，在实施工作开始时，提出技术文件完整性的具体要求，列出文件目录并组织实施。

GAH006 工程项目质量控制概述

五、工程质量控制的实施主体

工程质量控制按其实施主体不同，分为自控主体和监控主体。前者是指直接从事质量控制职能的活动者，后者是指对他人质量控制能力和效果的监控者。质量控制的实施者主要包括以下几点。

（一）政府的工程质量控制

政府属于监控主体，它主要是以法律法规为依据，通过抓工程报建、施工图设计文件审查、施工许可、材料和设备准用、工程质量监督、重大工程竣工验收备案等主要环节进行的。

（二）工程监理单位的质量控制

工程监理单位属于监控主体，它主要是受建设单位的委托，代表建设单位对工程实施全过程进行的质量监督和控制，包括勘察设计阶段质量控制、施工阶段质量控制，以满足建设单位对工程质量的要求。

（三）勘察设计单位的质量控制

勘察设计单位属于监控主体，它是以法律、法规及合同为依据，对勘察设计的整个过程进行控制，包括工作程序、工作进度、费用及成果文件所包含的功能和使用价值，以满足建设单位对工程质量的要求。

（四）施工单位的质量控制

施工单位属于自控主体，它是以工程合同、设计图纸和技术规范为依据，对施工准备阶段、施工阶段、竣工验收交付阶段等施工全过程的工作质量和工程质量进行的控制，以达到合同文件规定的质量要求。

GAH007 PDCA 循环原理概述

六、PDCA 循环原理概述

PDCA 循环又叫戴明环，是美国质量管理专家戴明博士首先提出的。PDCA 循环是建立质量管理体系和进行质量管理的基本方法。PDCA 循环如图 1-4-1 所示，PDCA 管理就是确认任务目标，并通过 PDCA 循环来实现预期目标。每一循环都围绕着实现预期的目标，进行计划、实施、检查和处置活动，随着对存在问题的解决和改进，在一次一次的滚动循环中逐步上升，不断增强质量管理能力，不断提高质量水平。每一个循环的四大职能活动相互联系，共同构成了质量管理的系统过程。

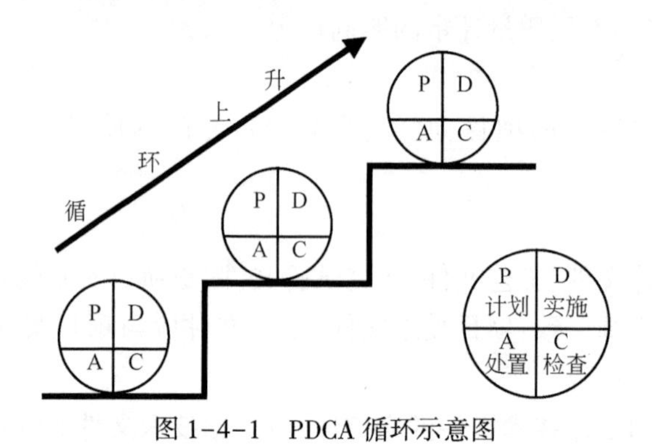

图 1-4-1　PDCA 循环示意图

（一）计划 P（Plan）

可以理解为质量计划阶段，计划由目标和实现目标的手段组成，质量管理的计划职能，包括明确质量目标并制定实现质量目标的行动方案两方面。

建设工程项目的质量计划，是由项目参与各方根据其在项目实施中所承担的任务、责任范围和质量目标，分别制定质量计划而形成的质量计划体系。施工项目部在明确质量目标的基础上，制定实施相应范围质量管理的行动方案，包括技术方法、业务流程、资源配置、检验试验要求、质量记录方式、不合格处理及相应管理措施等具体内容和做法的质量管理文件，同时亦对其实现预期目标的可行性、有效性、经济合理性进行分析论证，并按照规定的程序与权限，经过审批后执行。

（二）实施 D（Do）

实施包含两个环节，即计划行动方案的交底和按计划规定的方法与要求展开工程作业技术活动。在各项质量活动实施前，要根据质量管理计划进行行动方案的部署和交底，交底的目的在于使具体的作业者和管理者明确计划的意图和要求，掌握质量标准及其实现的程序与方法。在质量活动的实施过程中，则要求严格执行计划的行动方案，规范行为，把质量管理计划的各项规定和安排落实到具体的资源配置和作业技术活动中去。

（三）检查 C（Check）

检查指对计划实施过程进行各种检查，包括作业者的自检、互检和专职管理者专检。各类检查也都包含两大方面：一是检查是否严格执行了计划的行动方案，实际条件是否发生了变化，不执行计划的原因；二是检查计划执行的结果，即施工的质量是否达到标准的要求，以此进行确认和评价。

（四）处置 A（Action）

对于质量检查所发现的质量问题或质量不合格，及时进行原因分析，采取必要的措施，予以纠正，保持质量形成的受控状态。处置分纠偏和预防改进两个方面。前者是采取有效措施，解决当前的质量偏差、问题或事故；后者是将目前质量状况信息反馈到管理部门，反思问题症结或计划时的不周，确定改进目标和措施，为今后类似质量问题的预防提供借鉴。

七、三阶段控制原理概述

GAH008 三阶段控制原理概述

三阶段控制原理是指运用动态控制原理，进行质量的事前控制、事中控制和事后控制。

（一）事前质量控制

事前质量控制即在正式施工前进行的事前主动质量控制，通过编制施工质量计划，明确质量目标，制定施工方案，设置质量管理点，落实质量责任，分析可能导致质量目标偏离的各种影响因素，针对这些影响因素制定有效的预防措施，防患于未然。

事前质量预控必须充分发挥组织的技术和管理方面的整体优势，把长期形成的先进技术、管理方法和经验智慧，创造性地应用于工程项目。

事前质量预控要求针对质量控制对象的控制目标、活动条件、影响因素进行周密分析，找出薄弱环节，制定有效的控制措施和对策。

（二）事中质量控制

事中质量控制指在施工过程中进行质量控制，包括质量活动主体的自我控制和他人监控的控制方式。自我控制是第一位的，即作业者在作业过程中对自己质量活动行为的约束和技术能力的发挥，以完成符合预定质量目标的作业任务；他人监控是对作业者的质量活动过程和结果，由来自企业内部管理和企业外部有关方面进行监督检查，如工程监理机构、政府质量监督部门等的监控。自控主体的质量意识和能力是关键，是施工质量的决定因素。

事中质量控制的策略是全面控制施工过程及其有关方面的质量；重点是工序质量、工作包质量和质量控制点的控制；要点是工序交接有检查，质量预控有对策，施工项目有方案，技术措施有交底，图纸会审有记录，配置材料有试验，隐蔽工程有验收，计量器具有复核，设计变更有手续，质量处理有复查，成品保护有措施，行使质控有否决，质量文件有档案。

（三）事后质量控制

事后质量控制也称为事后质量把关，以使不合格的工序或最终产品（包括单位工程或整个工程项目）不流入下道工序、不进入市场。事后控制包括对质量活动结果的评价、认定，对工序质量偏差的纠正，对不合格产品进行整改和处理。控制的重点是发现施工质量方面的缺陷，并通过分析提出施工质量改进的措施，保持质量处于受控状态。

以上三个环节，不是互相孤立和截然分开的，它们共同构成有机的系统过程，实质上也就是质量管理 PDCA 循环的具体化，并在每一次滚动循环中不断提高，以达到质量管理的持续改进。

GAH009 “三全”控制原理概述

八、“三全”控制原理概述

“三全”管理是来自于全面质量管理（TQC）的思想，同时包容在质量体系标准中。“三全”管理其基本原理就是强调在企业或组织最高管理者的质量方针指引下，实行全面质量管理、全过程质量管理和全员参与质量管理。

（一）全面质量管理

全面质量管理是指工程（产品）质量的形成，对于施工项目而言，全面质量还应包括施工项目各参与主体的工程（产品）质量和工作质量的全面控制，如施工项目部、各个作业队、施工分包单位、材料设备供应商等，任何一方任何环节的怠慢疏忽或质量责任不到位都会对施工项目的质量造成影响。

（二）全过程质量管理

全过程质量管理的范围是产品或服务质量的产生、形成和实现的全过程，包括从产品的研究、设计、生产（作业）、服务等到全部有关过程的质量管理。对于施工项目而言，施工项目的全过程包括投标选择、投标、准备、施工、竣工验收和维修服务。所以在施工项目全过程的各个环节中应做到以预防为主，防检结合，不断改进，做到一切为用户服务，以达到用户满意的目的，如在材料的采购与检查、施工组织与施工准备、检测设备控制、施工生产的检验试验、施工质量的评定、竣工验收与交付、工程回访维修服务等过程加强质量管理。

（三）全员参与质量管理

按照全面质量管理的思想，组织内部的每个部门和工作岗位都承担着相应的质量职能，组织的最高管理者确定了质量方针和目标，就应组织和动员全体员工参与到实施质量方针的系统活动中去，发挥自己的角色作用。开展全员参与质量管理的重要手段就是运用目标管理方法，将组织的质量总目标逐级进行分解，使之形成自上而下的质量目标分解体系和自下而上的质量目标保证体系，发挥组织系统内部每个工作岗位、部门或团队在实现质量总目标过程中的作用。

J(GJ)AF001 质量管理的依据和影响

九、电气安装工程质量管理的依据

电气安装工程质量管理的依据主要是指使管理本身具有普遍意义和约束力的各种有效的文件、标准、规范、规程等。这种依据大体可分为以下两类。

（一）一般依据

一般依据指工程承包合同、工程设计图样、设计说明、标准图集等。它们是对安装工程质量实行管理的依据，具有通用性、具体化、强制执行的特点。

（二）行业依据

行业依据一般有现行工程质量检验评定标准、工程施工及验收规范、施工过程中的操作规程和工艺规程等。

十、影响电气安装工程质量的因素

影响电气安装工程质量的因素主要有 5 个方面，即劳动者的综合素质、安装材料和设备的质量、施工机械和机具的性能、施工方案的先进性、一级施工环境的影响等。

（一）劳动者的综合素质

这里的劳动者广义上是指原装工程相关的工程决策者、项目管理者、现场指挥者和施工操作者。劳动者的综合素质应包括以下 3 个方面。

1. 职业道德

相关人员要牢固树立“质量第一”的思想，从切实维护人民群众的生命财产安全出发，团结协作、科学规范地将分部、分项工程中每一个环节的具体工作做好、做细、做实，不草率、不推诿、不怠工、不留隐患。

2. 业务水平

处于质量控制环节上的工程决策者必须坚持实事求是、统筹兼顾，合理安排人、财、物、事件、时间、地点的观念，科学决策。项目管理者和现场指挥者要不断学习国外的、行业内的先进的、科学高效的、全过程的质量管理理念。施工操作者不仅要求熟练掌握本工种本工艺段的操作技术，还应熟悉相邻或相近工艺要求；不仅要掌握传统的施工方法和操作技术，还应主动学习“四新技术”（新材料、新设备、新技术和新工艺）。

3. 心理和身体素质

由于电气安装施工人员的职业特殊性，且经常会登高进行设备的安装、调试和检修，故对从业人员的心理与身体素质有较高的要求。

（二）安装材料和设备的质量

这里的材料是指安装过程中所消耗的主材料和辅助材料。设备具体指待安装的供电、配电、用电设备及相关计量、显示仪表等。材料和设备的质量将直接影响施工的安全性和设备运行的可靠性、稳定性、使用寿命等。

安装材料和设备是工程施工的物质基础，材料和设备不符合标准，工程质量就必然达不到要求，对材料和设备的质量控制是保证工程质量的先决条件。

（三）施工机械和机具的性能

施工机械和机具的型号、精度、稳定性、适用性以及操作工人对设备和机具使用熟练程度等都将对安装工程的质量、进度产生较大影响。

（四）施工方案的先进性

结合工程实际，从技术、组织、管理、工艺操作和经济等方面进行全面分析，综合考虑，制定施工方案，要求技术可行、工艺先进、措施得力、经济合理、操作方便。

（五）施工环境的影响

电气设备安装工程的施工环境包括施工现场自然环境、项目管理环境和劳动生产环境3个方面。施工现场自然环境是指施工现场的气象、水文、地质、交通、电力和通信等；项目管理环境是指工程质量管控体系及一系列的会审、自检、互检、交接和评定制度等；劳动生产环境是指施工人员的配备组合、交叉作业的协调牵制等。相关人员必须充分认识到施工环境对工程质量的影响，并能结合工程特点和具体条件，早预见、早预防、早打算、因地制宜。

十一、电气安装工程质量控制

J(GJ)AF002 电气安装工程质量控制

（一）施工准备阶段的质量控制

1. 技术交底和设计图样会审工作

（1）客观、全面地收集与施工环境有关的资料，如有关的地形、地貌、地质、水文、气象等自然条件，一级建设主管部门及市政、环保、交通、旅游等其他部门的要求等。

（2）熟悉施工图设计依据、设计意图、初步设计文件、采用的设计规范、材料及设备的保障情况。如施工图是否由设计单位正式签署；施工图样、设计文件及选用的通用图集是否齐全；图样设计是否满足抗震、消防等要求；图样中有无遗漏、差错及相互矛盾之处；所采用的材料来源有无保证，是否有替代产品等。

2. 对施工方案的质量控制

施工组织设计和施工方案是指导施工的技术性文件，其中保证工程质量的各项技术措施尤为关键。

3. 工程施工相关人员的管理

对现场管理人员、技术人员及特殊岗位的操作人员，实行资质审查、新技术岗前培训与考核是确保施工质量的必要条件之一。

4. 进场材料和设备的质量控制

材料、设备进场必须严格把好检验关。这项工作包括以下几方面的内容：

(1) 检查材料、设备出厂合格证、质保书。

(2) 材料和设备必须具备国家权威认证机构的认证。

(3) 外观检查合格。

(4) 对主材进行必要的物理、化学实验。

(5) 对待安装的电气设备应按规定做必要的电气性能试验。

5. 施工机械设备和机具的质量控制

重点检查施工机械设备和机具的型号、规格和性能参数及投入数量是否恰当，能否满足该工程的要求。

(二) 施工过程中的质量控制

1. 施工阶段质量控制的主要任务

施工阶段质量控制的主要任务是严格按设计图样的要求，依据现行的操作规程、施工及验收规范、国家标准，结合实际施工条件，合理组织安排人、财、物，保质、保量、按期完成施工任务。

2. 施工阶段质量控制的基本方法

坚持现场检查、巡检制度，是对施工阶段进行工程质量控制最有效、最普遍的方法。现场质量检查的方法通常采用以下几种。

(1) 目测法：凭借现场质量管理人员或监理人员的实践经验，对安装设备或部位进行直观检查。

(2) 测量法：借助仪器、仪表、工具和量具等，将实际测量值与规定值或现场质量标准进行比较，以判断安装过程中的工程质量是否符合要求。一旦发现问题，责令有关部门或相关人员限期整改，并做好记录，签好字。待该道工序或工程段验收合格后，方可转入下道工序或工程段继续作业。

(三) 工程试运行与竣工验收

1. 工程试运行

电气设备安装工程结束后，应按规定做好实验、调整和试运行工作。应由专人完成各项记录，为工程交工验收和质量评定做好准备工作。

2. 竣工验收

竣工验收是对一项工程的综合考评，是对工程质量的肯定。工程试车合格后就应该及时组织有关部门竣工验收。验收的依据主要有合法批准的设计图样、施工中的设计变更、国家现行工程施工及验收规范、工程质量检验评定标准等。

项目七 HSE 管理知识

GAI001 HSE的含义

一、HSE 含义

HSE 是环境(Environment)、健康(Health)、安全(Safety)的缩写。HSE 管理即健康、安全、环境的管理。

二、HSE 的发展历程

健康、安全与环境体系的形成和发展是石油勘探开发多年管理工作经验积累成果,它体现了完整的一体管理思想。20 世纪 60 年代以前主要是体现安全方面的要求,在装备上不断改善对人们的保护,利用自动化控制手段使工艺流程的保护性能得到完善;20 世纪 70 年代以后,注重了对人的行为的研究,注重考察人与环境的相互关系;1974 年,石油工业国际勘探和开发论坛(E&P Forum)建立,作为石油公司国际协会的石油工业组织,它组织了专题工作组,从事健康、安全和环境管理体系的开发。20 世纪 80 年代以后,逐渐发展形成了一系列安全管理的思想和方法。

HSE 管理体系主要体现在拥有一切事故都可以预防的思想;全员参与的观点;层层负责制的管理模式;程序化、规范化的科学管理方法;事前识别控制险情的原理。

20 世纪 90 年代至今,HSE 作为一种管理体系,从管理上解决了安全、健康、环境三者的管理问题。使管理工作从事后走向事前,事故从管理的角度大大降低,HSE 管理成了企业文化的一个组成部分。

GAI002 HSE管理体系

三、HSE 管理体系

HSE 管理体系是管理体系的一个部分,用以制定和实施健康、安全与环境方针,并对其业务相关的健康、安全与环境风险进行管理。包括组织结构、策划活动(包括风险评价、目标建立等)、职责、管理、程序、过程和资源。

HSE 管理体系遵循 PDCA 管理模式,即:策划(Plan)、实施(Do)、检查(Check)和改进(Action)。

GAI003 HSE体系的基本内容

四、HSE 管理体系的基本要素和基本内容

(一)领导和承诺

组织应明确各级领导健康、安全与环境管理的责任,保障健康、安全与环境管理体系的建立与运行。最高管理者应对组织建立、实施、保持和持续改进健康、安全与环境管理体系提供强有力的领导和明确的承诺。组织健康、安全与环境的最终责任由最高管理者承担。

(二)健康、安全与环境方针

组织应具有经过最高管理者批准的健康、安全与环境方针,规定组织的健康、安全与环境的原则和政策,与上级组织的健康、安全与环境方针保持一致。

（三）策划

策划包括四个二级要素，即：危害因素辨识、风险评价和控制措施的确定；法律法规和其他要求；目标和指标；方案。

1. 危害因素辨识、风险评价和控制措施的确定

组织应建立、实施和保持程序，用来确定其活动、产品或服务中能够控制或能够施加影响的健康、安全与环境危害因素，以持续进行危害因素辨识、风险评价和实施必要的风险控制和削减措施。

2. 法律法规和其他要求

及时更新相关法律法规和其他要求的信息，并向在其控制下工作的人员和其他有关相关方传达相关法律法规和其他要求的信息。

3. 目标和指标

目标和指标应可测量，应符合健康、安全与环境仿真及战略目标。

4. 方案

方案应形成文件，应定期或在计划的时间间隔内对方案进行调整。

（四）组织结构、职责、资源和文件

该项包括6个二级要素，即组织结构和职责；资源；能力、培训和意识；沟通、参与和协商；文件；文件控制。

（五）实施和运行

该项包括10个二级要素，即设施完整性；承包方和/或供应方；顾客和产品；社区和公共关系；作业许可；职业健康；清洁生产；运行控制；变更管理；应急准备和响应。

（六）检查和纠正措施

该项包括6个二级要素，即绩效测量和监视；合规性评价；不符合、纠正措施和预防措施；事故、事件；记录控制；内部审核。

（七）管理评审

组织的最高者应按计划的时间间隔对健康、安全与环境管理体系进行评审，以确保其持续的适宜性、充分性和有效性。评审应包括评价改进的机会和对健康、安全与环境管理体系进行修改的需求。

GAI004 安全生产管理制度

五、施工现场 HSE 管理制度

由于建设工程规模大、周期长、参与人数多、环境复杂多变，安全生产的难度很大，因此，通过建立各项制度，规范建设工程的生产行为，对于提高建设工程安全生产水平是非常重要的。现阶段执行的主要安全生产管理制度包括：安全生产责任制度、安全生产许可证制度、安全生产教育培训制度、安全措施计划制度、特种作业人员持证上岗制度、安全检查制度、三同时制度、生产安全事故报告和调查处理制度、意外伤害保险制度等。

现就几个主要的安全生产管理制度进行说明。

（一）安全生产责任制度

安全生产责任制是最基本的安全管理制度，是所有安全生产管理制度的核心。安全生产责任制是按照安全生产管理方针和“管生产的同时必须管安全”的原则，将各级责任人

员、各职能部门及其工作人员和各岗位施工工人在安全生产方面应做的事情及应负的责任加以明确规定的一种制度。

安全生产责任制度主要包括企业主要负责人的安全责任，负责人和其他副职的安全责任，项目经理的安全责任，施工、技术、材料等职能管理负责人及其工作人员的安全责任，专职安全生产管理人员和施工员的安全责任，班组长的安全责任和岗位人员的安全责任等。

项目的主要工种应有相应的安全技术操作规程。

(二)安全生产许可证制度

企业在进行生产前，应当依据《安全生产许可证条例》的规定向安全生产许可证颁发管理机关申请领取安全生产许可证，安全生产许可证的有效期为 3 年，安全生产许可证有效期满需要延期的，企业应当于期满前 3 个月向安全生产许可证颁发管理机关办理延期手续。

(三)安全生产教育培训制度

施工企业安全生产教育培训一般包括对管理人员、特种作业人员和企业员工的安全教育。

管理人员的安全教育包括企业法定代表人、项目经理、技术负责人和其他管理人员的安全教育，主要侧重于安全生产方针、政策和法律、法规，以及本职的安全生产责任等。

特种作业人员必须经专门的安全技术培训并考核合格，取得《中华人民共和国特种作业操作证》后，方可上岗作业。特种作业操作证有效期为 6 年，每 3 年复审 1 次。

企业员工的安全教育主要有员工上岗前的三级安全教育、改变工艺和变换岗位安全教育、经常性安全教育三种形式。

对建设工程来说，员工上岗前的三级安全教育具体指企业、项目(或工程处、施工队)、班组三级。

(四)“三同时”制度

“三同时”制度是指凡是我国境内新建、改建、扩建的基本建设项目、技术改建项目等，其安全生产设施必须符合国家规定的标准，必须与主体工程同时设计、同时施工、同时投入生产和使用。安全生产设施主要是指安全技术方面的设施、职业卫生方面的设施、生产辅助性设施。

六、工程施工安全检查的主要内容、形式

GAI005　工程施工安全检查的主要内容

(一)电气工程施工安全检查的主要内容

电气工程施工安全检查主要是以查安全思想、查安全责任、查安全制度、查安全措施、查安全防护、查设备设施、查教育培训、查操作行为、查劳动防护用品使用和查伤亡事故处理等为主要内容。

安全检查要根据施工生产特点，具体确定检查的项目和检查的标准。

(1)查安全思想。主要是对照国家有关健康、安全、环境的方针政策和有关文件及标准规范和规章制度，检查项目负责人和施工管理与作业人员(包括分包作业人员)的安全生产意识和对安全生产工作的重视程度。

(2)查安全责任。主要是检查现场安全生产责任制度的建立；安全生产责任目标的分解与考核情况；安全生产责任制与责任目标是否已落实到了每一个岗位和每一个人员，并得

到了确认。

(3)查安全制度。主要是检查现场各项安全生产规章制度和安全技术操作规程的建立和执行情况。

(4)查安全措施。主要是检查现场安全措施计划及各项安全专项施工方案的编制、审核、审批及实施情况；重点检查方案的内容是否全面，措施是否具体并有针对性，现场的实施运行是否与方案规定的内容相符。

(5)查安全防护。主要是检查现场临边、洞口等各项安全防护设施是否到位，有无安全隐患。

(6)查设备设施。主要是检查现场投入使用的设备设施的购置、租赁、安装、验收、使用、过程维护保养等各个环节是否符合要求；设备设施的安全装置是否齐全、灵敏、可靠、有无安全隐患。

(7)查教育培训。主要是检查现场教育培训岗位、教育培训人员、教育培训内容是否明确、具体、有针对性；三级安全教育制度和特种作业人员持证上岗制度的落实情况是否到位；教育培训档案资料是否真实、齐全。

(8)查操作行为。主要是检查现场施工作业过程中有无违章指挥、违章作业、违反劳动纪律的行为发生。

(9)查劳动防护用品的使用。主要是检查现场劳动防护用品、用具的购置、产品质量、配备数量和使用情况是否符合安全与职业卫生的要求。

(10)查事故处理。主要是检查现场是否发生伤亡事故，是否及时报告，对发生的伤亡事故是否已按照“四不放过”的原则进行了调查处理，是否已有针对性地制定了纠正与预防措施；制定的纠正与预防措施是否已得到落实并取得实效。

GAI006 工程施工安全检查的主要形式

(二)电气工程施工安全检查的主要形式

电气安装工程施工安全检查的主要形式一般可分为日常巡查、专项检查、定期安全检查、经常性安全检查、季节性安全检查、节假日安全检查、开复工安全检查、专业性安全检查和设备设施安全验收检查等。

安全检查的组织形式应根据检查的目的、内容而定，因此参加检查的组成人员也就不完全相同。

1. 定期安全检查

建筑施工企业应建立定期分级安全检查制度，定期安全检查属于全面性和考核性的检查，电气工程施工现场应至少每旬开展一次安全检查工作，施工现场的定期安全检查应由项目经理亲自组织。

2. 经常性安全检查

建筑工程施工应经常开展预防性的安全检查工作，以便于及时发现并消除事故隐患，保证施工生产正常进行。施工现场经常性的安全检查方式主要有：现场专(兼)职安全生产管理人员及安全值班人员每天例行开展的安全巡查；现场项目经理、责任工程师及相关专业技术管理人员在检查生产工作的同时进行的安全检查；作业班组在班前、班中、班后进行的安全检查。

3. 季节性安全检查

季节性安全检查主要是针对气候特点(如:暑期、雨季、风季、冬季等)可能给安全生产造成的不利影响或带来的危害而组织的安全检查。

4. 节假日安全检查

在节假日,特别是重大或传统节假日(如:元旦、春节、等)前后和节日期间,为防止现场管理人员和作业人员思想麻痹、纪律松懈等进行的安全检查是节假日安全检查。节假日加班,更要认真检查各项安全防范措施的落实情况。

5. 开工、复工安全检查

开工、复工安全检查是针对工程项目开工、复工之前进行的安全检查,主要是检查现场是否具备保障安全生产的条件。

6. 专业性安全检查

专业性安全检查是由有关专业人员对现场某项专业问题或在施工生产过程中存在的比较系统性的安全问题进行的单项检查。这类检查专业性强,主要应由专业工程技术人员、专业安全管理人员进行。

7. 设备设施安全验收检查

针对现场电焊机、电动煨弯机、电动套丝机、电气试验设备、脚手架等设备设施在安装、搭设过程中或完成后进行的安全验收、检查称为设备设施安全验收检查。

七、安全检查的要求、方法

GAI007 电气工程安全检查的要求

(一)安全检查的要求

(1)建立检查的组织领导机构,配备检查力量,抽调较高技术业务水平的专业人员,确定检查负责人,明确分工。

(2)应有明确的检查目的和检查项目、内容及检查标准、重点、关键部位。对大面积数量多的项目可采取系统的观感和一定数量的测点相结合的检查方法。检查时尽量采用检测工具,用数据说话。

(3)对现场管理人员和操作工人不仅要检查是否有违章指挥和违章作业行为,还应进行“应知应会”的抽查,以便了解管理人员及操作工人的安全素质。对于违章指挥、违章作业行为,检查人员可以当场指出并进行纠正。

(4)认真、详细进行检查记录,特别是对隐患的记录必须具体,如隐患的部位、危险性程度及处理意见等。采用安全检查评分表的,应记录每项扣分的原因。

(5)建立检查档案。结合安全检查表的实施,逐步建立健全检查档案,收集基本的数据,掌握基本安全状况,为及时消除隐患提供数据,同时也为以后的职业健康安全检查奠定基础。

(6)检查中发现的隐患应该进行登记,并发出隐患整改通知书,引起整改单位的重视,并作为整改的备查依据。对即发性事故危险的隐患,检查人员应责令其停工,被查单位必须立即整改。

(7)尽可能系统、定量地做出检查结论,进行安全评价。以利受检单位根据安全评价研究对策进行整改,加强管理。

(8)检查后应对隐患整改情况进行跟踪复查。查被检单位是否按“三定”原则(定人、定期限、定措施)落实整改,经复查整改合格后,进行销案。

GAI008 电气工程检查的方法

(二)电气工程安全检查的方法

电气安装工程安全检查在正确使用安全检查表的基础上,可以采用“听”“问”“看”“量”“测”“运转试验”等方法进行。

(1)“听”。听取基层管理人员或施工现场安全员汇报安全生产情况,介绍现场安全工作经验、存在的问题、今后的发展方向。

(2)“问”。主要是指通过询问、提问、对以项目经理为首的现场管理人员和操作工人进行“应知应会”抽查,以便了解现场管理人员和操作工人的安全意识和安全素质。

(3)“看”。主要是指查看施工现场安全管理资料和对施工现场进行巡视。例如:查看项目负责人、专职安全管理人员、特种作业人员等的持证上岗情况;现场安全标志设置情况;劳动防护用品使用情况;现场安全防护情况;现场安全设施及机械设备安全装置情况等。

(4)“量”。主要是指使用测量工具对施工现场的一些设施、装置进行实测实量。例如:对配电柜垂直度和水平偏差的测量;对现场母线的安全距离的测量等。

(5)“测”。主要是指使用专用仪器、仪表等监测器具对特定对象关键特性技术参数的测试。例如:使用接地电阻测试仪对现场各种接地装置接地电阻的测试;使用兆欧表对电动机绝缘电阻的测试;使用直流电阻仪对变压器绕组的电阻测试等。

(6)“运转试验”。主要是指由具有专业资格的人员对机械设备进行实际操作、试验,检验其运转的可靠性或安全限位装置的灵敏性。

八、日常安全检查表的编制

GAI010 日常安全检查表的编制

(一)两书一表

《HSE作业指导书》《HSE作业计划书》和《HSE现场检查表》(简称两书一表)是集团公司基层组织HSE管理基本模式,是HSE管理体系在基层的文件化表现。《HSE作业计划书》应随工程施工项目的变更而编写。生产作业场所固定、经初始状态风险评价变化不大的基层组织可将《HSE作业指导书》和《HSE作业计划书》合并编写。

(二)HSE现场检查表的格式和内容

《HSE现场检查表》(又称安全检查表)的内容决定其应用的针对性和效果。安全检查表的格式没有统一的规定,可以依据不同的要求,设计不同需要的安全检查表。日常安全检查表为安全监察部门进行日常安全检查和24小时安全巡回检查时使用。

一般情况下,安全检查表的格式内容应包括分类、项目、检查要点、检查结果及整改处理、检查日期及检查者。检查结果用“是”“否”或者用“√”“×”或者“符合”“不符合”表示。

(三)编制安全检查表的依据

为了使检查表在内容上能结合实际、突出重点、简明易行、符合安全要求,应依据以下四个方面进行编制。

(1)有关标准、规程、规范及规定。

(2)事故案例和行业经验。

(3)通过系统分析,确定危险部位及防范措施。

(4)新知识、新成果、新方法、新技术、新法规和标准。

(四)编制安全检查表的程序

根据不同的职责范围、岗位、工作性质,制定不同类型的安全检查表,设计不同的表格。编制安全检查表的程序如下。

1. 系统功能的分解

一般工程系统都比较复杂,难以直接编制总的安全检查表。我们可按系统工程观点将系统进行功能分解,建立功能结构图。这样既可以显示各构成要素、部件、组件、子系统与总系统之间的关系,又可以通过各构成要素的不安全状态的有机组合求得总系统的检查表。

2. 人、机、物、管理和环境因素的分析

施工中的人、机、物、管理和环境都是施工系统的子系统。从安全的观点出发,应从这五方面考虑。

3. 潜在危害因素的探求

设想潜在的危害因素和不安全状态,首先设想系统可能存在哪些危险及其潜在部分,并推论其事故发生过程和概率,然后逐步将危害因素具体化,最后寻求处理危险的方法。通过分析不仅可以发现其潜在的危害因素,而且可以掌握事故发生的概率和规律。

九、工作票制度

GAI009　电气工作票

(一)工作票的内容

工作票是准许在电气设备或线路上工作的书面安全要求之一。是工作班组内部以及工作班组与运行人员之间为确保检修工作安全的一种联系制度。工作票包括编号、工作地点、工作内容、计划工作时间、工作许可时间、工作终结时间、停电范围和安全措施,以及工作票签发人、工作许可人、工作负责人和工作班成员等内容。

(二)工作票的种类

根据工作性质和工作范围的不同,工作票有第一种工作票(图1-4-2)、第二种工作票(图1-4-3)、带电作业工作票、事故应急抢修单等种类。

(三)工作票的使用范围

第一种工作票的使用范围是:

(1)高压设备上工作需要全部停电或部分停电者。

(2)二次系统和照明等回路上的工作,需要将高压设备停电或做安全措施者。

(3)高压电力电缆需停电的工作。

(4)其他工作需要将高压设备停电者或做安全措施者。

第二种工作票的使用范围是:

(1)控制盘和低压配电盘、配电箱、电源干线上的工作。

(2)二次系统和照明回路上的工作,无须将高压设备停电者或做安全措施者。

(3)转动中的发电机、同期调相机的励磁回路或高压电动机转子电阻回路上的工作。

(4)非当值班人员用绝缘棒和电压互感器定相或用钳形电表测量高压回路的电流。

(5)大于表1-4-2规定安全距离的相关场所和带电设备外壳上的工作以及不可能触及带电设备导电部分的工作。

发电厂(变电所)第一种工作票

1. 工作负责人(监护人)：＿＿＿＿＿＿ 班组：＿＿＿＿＿＿
2. 工作班人员：＿＿＿＿＿＿ 共 ＿＿＿＿＿＿ 人
3. 工作内容和工作地点：＿＿＿＿＿＿
4. 计划工作时间：自 年 月 日 时 分
   至 年 月 日 时 分
5. 安全措施：

下列由工作票签发人填写	下列由工作许可人(值班员)填写
应拉断路器和隔离开关，包括填写前已拉断路器和隔离开关(注明编号)	已拉断路器和隔离开关(注明编号)
应装接地线(注明确实地点)	已装接地线(注明接地线编号和装设地点)
应设遮栏、应挂标示牌	已设遮栏、已挂标示牌(注明地点)
	工作地点保留带电部分和补充安全措施
工作票签发人签名： 收到工作票时间： 年 月 日 时 分 值班负责人签名：	工作许可人签名： 值班负责人签名：

(发电厂值长签名：)

6. 许可开始工作时间：＿＿年＿＿月＿＿日＿＿时＿＿分
   工作许可人签名：＿＿＿＿工作负责人签名：＿＿＿＿
7. 工作负责人变动：
   原工作负责人＿＿＿＿离去；变更＿＿＿＿为工作负责人。
   变动时间：＿＿年＿＿月＿＿日＿＿时＿＿分
   工作票签发人签名：＿＿＿＿
8. 工作票延期，有效期延长到：＿＿年＿＿月＿＿日＿＿时＿＿分
   工作负责人签名：＿＿＿＿ 值长或值班负责人签名：＿＿＿＿
9. 工作终结：工作班人员已全部撤离，现场已经清理完毕。
   全部工作于＿＿年＿＿月＿＿日＿＿时＿＿分结束。
   工作负责人签名：＿＿＿＿ 工作许可人签名：＿＿＿＿
   接地线共＿＿＿＿组已拆除。
   值班负责人签名：＿＿＿＿
10. 备注：＿＿＿＿＿＿

图 1-4-2 第一种工作票格式

发电厂(变电所)第二种工作票

1. 工作负责人(监护人)：＿＿＿＿ 班组：＿＿＿＿
   工作班人员：＿＿＿＿＿＿
2. 工作任务：＿＿＿＿＿＿
3. 计划工作时间：自＿＿年＿＿月＿＿日＿＿时＿＿分
   至＿＿年＿＿月＿＿日＿＿时＿＿分
4. 工作条件(停电或不停电)：＿＿＿＿＿＿
5. 注意事项(安全措施)：＿＿＿＿＿＿
   工作票签发人签名：＿＿＿＿
6. 许可开始工作时间：＿＿年＿＿月＿＿日＿＿时＿＿分
   工作许可人(值班员)签名：＿＿＿＿ 工作负责人签名：＿＿＿＿
7. 工作结束时间：＿＿年＿＿月＿＿日＿＿时＿＿分
   工作负责人签名：＿＿＿＿工作许可人(值班员)签名：＿＿＿＿
8. 备 注：＿＿＿＿＿＿

图 1-4-3 第二种工作票格式

(6)高压电力电缆不需停电的工作。

表 1-4-2　设备不停电时的安全距离

电压等级,kV	安全距离,m
10 及以下	0.70
20、35	1.00
66、110	1.50
220	3.00
330	4.00
500	5.00
750	7.20
1000	8.70

注:(1)数据摘自 GB 26860—2011《电力安全工作规程 发电厂和变电站电气部分》。
(2)表中未列电压等级按高一挡电压等级安全距离。
(3)13.8kV 执行 10kV 的安全距离。
(4)750kV 数据按海拔 2000m 校正,其他等级数据按海拔 1000m 校正。

带电作业工作票的使用范围是:带电作业或带电设备距离小于表 1-4-2 规定的安全距离但按带电作业方式开展的不停电工作,填用带电作业工作票。

事故应急抢修单的使用范围是:事故紧急抢修工作使用事故应急抢修单。非连续进行的事故修复工作应使用工作票。

(四)工作票的填写与签发

电气工作票分为手工填写和使用工作票管理系统填写两种形式,手工填写工作票和工作票管理系统打印工作票,要使用统一标准格式填写,应一式两联,两联工作票编号相同。手工填写的工作票要用蓝色或黑色的钢笔或圆珠笔填写,字迹应清楚。

工作票由设备运行维护单位签发或由经设备运行维护单位审核合格并批准的其他单位签发。

工作票一份应保存在工作地点,由工作负责人收执,另一份由工作许可人收执,按执移交。一个工作负责人只能发给一张工作票。变更工作班成员或工作负责人时,应履行变更手续。几个班同时进行工作时,工作票可发给一个总负责人,在工作班成员栏内只填明各班的工作负责人,不必填写全部工作人员名单。

执行工作票的作业,必须有人监护。在工作间断、转移时执行间断、转移制度。工作终结时,应执行终结制度。

十、施工现场文明施工管理

J(GJ)AG001 施工现场文明施工管理

(一)施工现场文明施工的要求

文明施工的要求主要包括现场围挡、封闭管理、施工场地、材料堆放、现场住宿、现场防火、治安综合管理、施工现场标牌、生活设施、保健急救、社区服务等内容。总体上应符合以下要求:

(1)有整套的施工组织设计或施工方案,施工总平面布置紧凑,施工现场规划合理,符合环保、市容、卫生的要求。

(2)有健全的施工组织管理机构指挥系统,岗位分工明确;工序交叉合理,交接责任明确。

(3)有严格的成品保护措施和制度,大小临时设施和各种材料构件、半成品按平面布置堆放整齐。

(4)施工场地平整,道路畅通,排水设施得当,水电线路整齐,机具设备状况良好,使用合理,施工作业符合消防和安全要求。

(5)搞好环境卫生管理,包括施工区、生活区环境卫生和食堂卫生管理。

(6)文明施工应贯穿施工结束后的清场。

实现文明施工,不仅要抓好现场的场容管理,而且还要做好现场材料、机械、安全、技术、保卫、消防和生活卫生等方面的工作。

(二)施工现场文明施工的措施

1. 加强现场文明施工的管理

应确定项目经理为现场文明施工的第一责任人,建立各级文明施工岗位责任制,建立定期的检查制度,实现自检、互检、交接检制度,建立奖惩制度等。

2. 落实现场文明施工的各项管理措施

针对现场文明施工的各项要求,落实相应的各项管理措施。施工总平面图是实现生产管理、文明施工的依据。施工总平面图应对施工机械设备、材料和构配件的堆场、现场加工场地,以及现场临时运输道路、临时供水供电线路和其他临时设施进行合理布置,并随工程施工的不同阶段进行场地和调整。

施工现场必须实行封闭管理,设置进出口大门,制定门卫制度,严格执行外来人员进场登记制度。施工现场必须设有“五牌一图”,即工程概况牌、管理人员名单及监督电话牌、消防保卫牌、安全生产牌、文明施工牌和施工现场总平面图。

施工现场应积极推行硬地坪施工,作业区、生活区主干道地面必须用一定厚度的混凝土硬化,场地其他道路地面也要硬化处理。施工现场道路畅通、平坦,设置排水系统,排水畅通、不积水,在适当地方设置吸烟处,作业区内禁止吸烟。

材料应按照施工现场总平面布置图堆放,布局合理,建立材料收发管理制度,易燃易爆物品分类堆放,专人负责,确保安全。

施工现场建立清扫制度,落实到人,做到工完料尽场地清,车辆进出场应有防泥带出措施,建筑垃圾及时清运。

建立现场消防管理制度和施工不扰民措施,现场不得焚烧有毒、有害物质等。

3. 建立检查考核制度

项目应结合相关标准和规定建立文明施工考核制度,推进各项文明施工措施的落实。

4. 抓好文明施工建设工作

建立宣传教育制度,坚持以人为本,加强管理人员和班组文明建设。教育职工遵纪守法,提高企业整体管理水平和文明素质。主动和有关单位配合,积极开展共建文明活动,梳理企业良好的社会形象。

十一、施工现场环境保护的管理

J(GJ)AG002 施工现场环境保护的管理

(一)施工现场环境保护的要求

建设工程项目选址、选线、布局应当符合区域、流域规划和城市总体规划。应满足项目所在区域环境质量、相应环境功能区划和生态功能区划标准或要求。拟采用的污染防治措施应确保污染物排放达到国家和地方规定的排放标准,满足污染物总量控制要求。尽量减少建设工程施工中产生干扰周围生活环境的噪声。应采取生态保护措施,有效预防和控制生态破坏。

(二)施工现场环境保护的措施

施工现场环境保护措施主要包括大气污染的防治、水污染的防治、噪声污染的防治、固体废弃物的处理以及文明施工措施等。

1. 大气污染的防治

大气污染物的种类有数千种,已发现有危害作用的有100多种,其中大部分是有机物。大气污染物通常以气体状态和离子状态存在与空气中。

大气污染的防治措施有:施工现场垃圾渣土要及时清理出现场;高大建筑物清理施工垃圾时,要使用封闭式的容器或者采取其他措施处理高空废弃物,严禁凌空随意抛撒;施工现场道路应指定专人定期洒水清扫,形成制度,防止道路扬尘。车辆开出工地要做到不带泥沙,减少对周围环境污染;机动车都要安装减少尾气排放的装置,确保符合国家标准等。

2. 水污染的防治

水污染的主要来源有:工业污染源、生活污染源、农业污染源。

施工现场水污染的防治措施有:禁止将有毒有害废弃物做土方回填;现场存放油料,必须对库房地面做防渗处理;工地临时厕所、化粪池应采取防渗漏措施。

3. 噪声污染的防治

噪声的分类:按照噪声的来源可分为交通噪声、工业噪声、建筑施工噪声、社会生活噪声。根据国家标准建筑施工过程场界环境噪声排放限值昼间为70dB(A),夜间为55dB(A)。

施工现场噪声的控制措施:噪声控制技术可从声源、传播途径、接收者防护等方面来考虑。

4. 固体废弃物的处理

施工工地上常见的固体废物主要有:建筑渣土、废弃的散装大宗建筑材料、生活垃圾、设备材料等的包装材料、粪便。

固体废弃物的主要处理方法有:回收利用、减量化处理、焚烧、稳定和固化、填埋。

十二、施工现场职业健康安全卫生的要求

J(GJ)AG003 施工现场职业健康安全卫生管理

(一)施工现场职业健康安全卫生的要求

施工现场职业健康安全卫生主要包括现场宿舍、现场食堂、现场厕所、其他卫生管理等内容。基本要符合以下要求:

(1)施工现场应设置办公室、宿舍、食堂、厕所等临时设施。临时设施所用建筑材料应符合环保、消防要求。

(2)办公区和生活区应设密闭式垃圾容器;应制定施工现场的公共卫生突发事件应急预案。

(3)应配备常用药品及绑带、止血带、担架等急救器材。

(4)施工现场必须建立环境卫生管理和检查制度,并应做好检查记录。

(二)施工现场职业健康安全卫生的措施

1. 现场宿舍的管理

宿舍内应保证有必要的生活空间,室内净高不得小于2.4m,通道宽度不得小于0.9m,每间宿舍居住人员不得超过16人;必须设置可开启式窗户、设置垃圾桶。

2. 现场食堂的管理

食堂须有卫生许可证,炊事人员必须持身体健康证上岗;食堂应设置独立的制作间、储藏间等;食堂应配备必要的排风措施和冷藏设施;食堂的燃气罐应单独设置存放间等。

3. 现场厕所的管理

施工现场应设置水冲式或移动式厕所,厕所的地面应硬化,门窗应齐全等;厕所的大小应根据作业人员的数量设置等。

模块五 法律、法规和标准、规范知识

项目一 《中华人民共和国劳动法》有关内容

GAJ001 《中华人民共和国劳动法》有关内容

一、总则

劳动者享有平等就业和选择职业的权利、取得劳动报酬的权利、休息休假的权利、获得劳动卫生保护的权利、接受职业技能培训的权利、享受社会保险和福利的权利、提请劳动争议处理的权利以及法律规定的其他劳动权利。

劳动者应当完成劳动任务，提高职业技能，执行劳动安全卫生规程，遵守劳动纪律和职业道德。

二、劳动合同

劳动合同是劳动者与用人单位确立劳动关系、明确双方权利和义务的协议。建立劳动关系应当订立劳动合同。

订立和变更劳动合同，应当遵循平等自愿、协商一致的原则，不得违反法律、行政法规的规定。劳动合同订立后具有法律约束力，当事人必须履行劳动合同规定的义务。

劳动合同应当以书面形式订立，并具备以下条款：劳动合同期限；工作内容；劳动保护和劳动条件；劳动报酬；劳动纪律；劳动合同终止的条件；违反劳动合同的责任。除上述条款外，也可约定其他内容。

劳动者有下列情形之一的，用人单位可以解除劳动合同：在试用期间被证明不符合录用条件的；严重违反劳动纪律或者用人单位规定的；严重失职，营私舞弊，对用人单位造成重大损失的；被依法追究刑事责任的。

三、工作时间和休息休假

国家实行劳动者每日不超过 8h、平均每周工作时间不超过 44h 的工时制度。用人单位应当保证劳动者每周休息一天。用人单位应在国家规定的节日期间安排休息。如安排劳动者延长工作时间或法定休假日工作的，应按规定支付报酬。

四、工资

工资分配应当遵循按劳分配原则，实行同工同酬。用人单位支付劳动者的工资不得低于当地最低工资标准。工资应当以货币形式按月支付，不得克扣或者无故拖欠。

五、劳动安全卫生

用人单位必须建立、健全劳动安全卫生制度，严格执行国家劳动安全卫生规程和标准，对劳动者进行劳动安全卫生教育,防止劳动过程中的事故,减少职业危害。

用人单位必须为劳动者提供符合国家规定的劳动安全卫生条件和必要的劳动防护用品,对从事有职业危害作业的劳动者应定期进行健康检查。从事特种作业的劳动者必须经过专门培训并取得特种作业资格。劳动者在劳动过程中必须严格遵守安全操作规程。

六、职业培训

用人单位应当建立职业培训制度,按照国家规定提取和使用职业培训经费,根据本单位实际,有计划地对劳动者进行职业培训。从事技术工种的劳动者,上岗前必须经过培训。

国家确定职业分类,对规定的职业制定职业技能标准,实行职业资格证书制度,由经过政府批准的考核鉴定机构负责对劳动者实施职业技能考核鉴定。

七、劳动争议

用人单位与劳动者发生劳动争议,当事人可以依法申请调解、仲裁、提起诉讼,也可以协商解决。劳动争议发生后,当事人可以向本单位劳动争议调解委员会申请调解;调解不成,当事人一方要求仲裁的,可以向劳动争议仲裁委员会申请仲裁。当事人一方也可以直接向劳动争议仲裁委员会申请仲裁。对仲裁裁决不服的,可以向人民法院提起诉讼。

项目二 《中华人民共和国建筑法》有关内容

J(GJ)AH001 《中华人民共和国建筑法》相关知识

一、制定《中华人民共和国建筑法》的目的

制定《中华人民共和国建筑法》的目的是加强对建筑活动的监督管理,维护建筑市场秩序,保证建筑工程的质量,促进建筑业健康发展。这里所称的建筑活动是指各类房屋建筑及其附属设施的建造和与其配套的线路、管道、设备的安装活动。

二、建筑许可

(一)建筑工程施工许可

建筑工程开工前,建设单位应当按照国家有关规定向工程所在地县级以上人民政府建设行政主管部门申请领取施工许可证;但是,国务院建设行政主管部门确定的限额以下的小型工程除外。

按照国务院规定的权限和程序批准开工报告的建筑工程,不再领取施工许可证。

(二)从业资格

从事建筑活动的建筑施工企业应当具备以下条件:要有符合国家规定的注册资本;有与其从事的建筑活动相适应的具有法定职业资格的专业技术人员;有从事相关建筑活动所具有的技术装备。

三、建筑工程发包与承包

建筑工程的发包单位与承包单位应当依法订立书面合同,明确双方的权利和义务;建筑

工程发包与承包的招标、投标活动,应当遵循公开、公正、平等竞争的原则,择优选择承包单位,提倡对建筑工程实行总承包,禁止将建筑工程肢解分包;禁止总承包单位将工程分包给不具备相应资质条件的单位;禁止分包单位将其承包的工程再分包。

四、建筑工程监理

国家推行建筑工程监理制度;实行监理的建筑工程,由建设单位委托具有相应资质的工程监理单位监理。建筑工程监理应当依照法律、行政法规及有关技术标准、设计文件和建筑工程承包合同,对承包单位在施工质量、建设工期和建设资金使用等方面,代表建设单位实施监督。

五、建筑安全生产管理

建筑工程安全生产管理必须坚持安全第一、预防为主的方针,建立健全安全生产的责任制度和群防群治制度。建筑施工企业应当在施工现场采取维护安全、防范危险、预防火灾等措施,有条件的,应当对施工现场实行封闭管理。建筑施工企业必须依法加强对建筑安全生产的管理,执行安全生产责任制度,采取有效措施,防止伤亡和其他安全生产事故的发生。

六、建筑工程质量管理

国家对从事建筑活动的单位推行质量体系认证制度;建设单位不得以任何理由,要求建筑设计单位或者建筑施工企业在工程设计或者施工作业中,违反法律、行政法规和建筑工程质量、安全标准,降低工程质量;建筑施工企业对工程的施工质量负责,建筑工程实行质量保修制度。

项目三　《中华人民共和国电力法》有关内容

J(GJ)AI001
《中华人民共和国电力法》总则和电力建设

一、总则

制定《中华人民共和国电力法》的目的是保证和促进电力事业的发展,维护电力投资者、经营者和使用者的合法权益,保障电力安全运行。适用于电力建设、生产、供应和使用活动。禁止任何单位和个人危害电力设施安全或者非法侵占、使用电能。电力建设、生产、供应和使用应当依法保护环境,采用新技术,减少有害物质排放,防治污染和其他公害。

二、电力建设

电力发展规划,应当体现合理利用能源、电源与电网配套发展、提高经济效益和有利于环境保护的原则。

城市人民政府应当按照规划,安排变电设施用电、输电线路走廊和电缆通道。任何单位和个人不得非法占用变电设施用地、输电线路走廊和电缆通道。

地方人民政府应当根据电力发展规划,因地制宜,采取多种措施开发电源,发展电力建设。

输配电工程、调度通信自动化工程等电网配套工程和环境保护工程,应当与发电工程同时设计、同时建设、同时验收、同时投入使用。

三、电力生产与电网管理

电网运行应当遵循安全、优质、经济的原则,电网运行应当连续、稳定,保证供电可靠性。

电力企业应当对电力设施定期进行检修和维护,保证其正常运行。

电力企业应当加强安全生产管理,坚持安全第一、预防为主的方针,建立健全安全生产责任制。

电网运行实行统一调度、分级管理。任何单位和个人不得非法干预电网调度。

J(GJ)AI002 电力生产和电力供应

四、电力供应与使用

国家对电力供应和使用实行安全用电、节约用电、计划用电的管理原则。

供电营业区的划分,应当考虑电网的结构和供电合理性等因素。一个供电营业区只设立一个供电营业结构。

申请新装用电、临时用电、增加用电容量和终止用电,应当依照规定的程序办理手续。

用户应当安装用电计量装置,用户使用的电力电量,以计量检定机构认可的用电计量装置的记录为准。用户用电不得危害供电、用电安全和扰乱供电、用电秩序。

项目四 《中华人民共和国安全生产法》有关内容

一、总则

制定《中华人民共和国安全生产法》的目的是为了加强生产工作,防止和减少生产安全事故,保障人民群众生命和财产安全,促进经济社会持续健康发展。从事生产经营活动的单位的安全生产,使用本法。安全生产工作应当以人为本,坚持安全发展,坚持安全第一、预防为主、综合治理的方针。生产经营单位的主要负责人对本单位的安全生产工作全面负责。

J(GJ)AJ001 生产经营单位的安全生产保障

二、生产经营单位的安全生产保障

生产经营单位应当具备本法和有关法律、行政法规和国家标准或者行业标准规定的安全生产条件;不具备安全生产条件的,不得从事生产经营活动。

生产经营单位的安全生产责任制应当明确各岗位的责任人员、责任范围和考核标准等内容。

矿山、金属冶炼、建筑施工、道路运输单位和危险物品的生产、经营、储存单位,应当设置安全生产管理机构或者配备专职安全生产管理人员。

生产经营单位的安全生产管理机构以及安全生产管理人员应恪尽职守,依法履行职责。

生产经营单位的主要负责人和安全生产管理人员必须具备与本单位所从事的生产经营活动相应的安全生产知识和管理能力。

生产经营单位应当对从业人员进行安全生产教育和培训,保障从业人员具备必要的安全生产知识。未经安全生产教育和培训合格的从业人员，不得上岗作业。

生产经营单位接收中等职业学校、高等学校学生实习时，应当对学生进行相应的安全生产教育和培训，提高必要的劳动防护用品。

生产经营单位应当在有较大危害因素的生产经营场所和有关设施、设备上，设置明显的安全警示标志。

生产经营单位对重大危险源应当登记建档，进行定期监测、评估、监控，并制定应急预案，告知从业人员和相关人员在紧急情况下应当采取的应急措施。

两个以上生产经营单位在同一作业区域内进行生产经营活动，可能危及堆放生产安全的，应当签订安全生产管理协议。

J(GJ)AJ002
从业人员的安全生产权利、义务

三、从业人员的安全生产权利、义务

生产经营单位与从业人员订立的劳动合同，应当注明有关保障从业人员劳动安全、防止职业危害的事项，以及依法为从业人员办理工伤保险的事项。

从业人员有权对本单位安全生产工作中存在的问题提出批评、检举、控告；有权拒绝违章指挥和强令冒险作业。

从业人员在作业过程中，应当严格遵守本单位的安全生产规章制度和操作规程，服从管理，正确佩戴和使用劳动防护用品。

从业人员发现事故隐患或者其他不安全因素，应当立即向现场安全生产管理人员或者本单位负责人报告。

工会有权对建设项目的安全设施与主体工程同时设计、同时施工、同时投入生产和使用进行监督，提出意见。工会有权依法参加事故调查，向有关部门提出处理意见，并要求追究有关人员的责任。

四、安全生产的监督管理

安全生产监督管理部门应当按照分类分级监督管理的要求，制定安全生产年度监督检查计划，并按照年度监督检查计划进行监督检查，发现事故隐患，应当及时处理。

负有安全生产监督管理职责的部门依照有关法律、法规的规定，对涉及安全生产的事项需要审查批准或者验收的，必须严格依照有关法律、法规和国家标准或者行业标准规定的安全生产条件和程序进行审查。

负有安全生产监督管理职责的部门对涉及安全生产的事项进行审查、验收，不得收取费用；不得要求接受审查、验收的单位购买其指定品牌或者指定生产、销售单位的安全设备、器材或者其他产品。

安全生产监督检查人员执行监督检查任务时，必须出示有效的监督执法证件；对涉及被检查单位的技术秘密和业务秘密，应当为其保密。

安全生产监督检查人员应当将检查的时间、地点、内容、发现的问题及其处理情况，做出书面记录，并有检查人员和被检查单位的负责人签字。

负有安全生产监督管理职责的部门在监督检查中，应当互相配合，实行联合检查；确需分别进行检查的，应当互通情况。

负有安全生产监督管理职责的部门依法对存在重大事故隐患的生产经营单位作出停产停业、停止施工、停止使用相关设施或者设备的决定。

生产经营单位对负有安全生产监督管理职责的部门的监督检查人员依法履行监督检查职责，应予以配合，不得拒绝、阻挠。

J(GJ)AJ003 生产安全事故的应急救援与调查管理

五、生产安全事故的应急救援与调查处理

生产经营单位应当制定本单位生产安全事故应急救援预案，并定期组织演练。

生产经营单位发生生产安全事故后，事故现场有关人员应当立即报告本单位负责人。单位负责人接到事故报告后，应当迅速采取有效措施，组织抢救，防止事故扩大，减少人员伤亡和财产损失，并按照国家有关规定立即如实报告当地负有安全生产监督管理职责的部门，不得隐瞒不报、谎报或者迟报，不得故意破坏事故现场、毁灭有关证据。

第二部分

初级工操作技能及相关知识

模块一 施工技术准备

项目一 相关知识

CBA001 常用电气施工质量验收规范和标准图集

一、常用电气施工质量验收规范和标准图集

(一)标准、规范选用原则

电气施工质量验收规范和标准是工程电气施工的技术准则,是施工企业组织施工、检验和质量等级评定的依据。

如果设计文件已明确规定,按设计文件选用标准规范。新版规范颁发后,提请业主决定,根据业主决定执行。若设计文件无明确规定时,由专业技术人员提出使用建议,技术部门组织各个主管责任工程师审核后向业主书面申请,经同意后使用或者请业主选定执行规范。

施工中当各种规范要求不一致时,采用要求较高的标准规范,或书面通知业主,以便及时确认。“工程建设强制性条款”在施工中必须执行。

(二)标准代号与名称

标准分为国家标准、行业标准、地方标准和企业标准四级。标准代号与名称对应如表 2-1-1 所示。

表 2-1-1 标准代号与名称对应表

代 号	名 称
GB、GB/T	国家标准
GBJ	工程建设国家标准
IEC	国际电工协会标准
AP I505	美国石油协会标准
CECS	工程建设标准化协会标准
SY、SY/T、SYJ	石油天然气行业工程建设标准
SH、SH/T、SHS	石油化工行业工程建设标准
HG、HG/T、HGJ	化工行业工程建设标准
DL、DL/T	电力行业工程建设标准
JGJ(CJ、CJJ)	建设部工程建设标准(城建标准)
JB、JB/T	机械行业标准
NB、NB/T	能源部标准
YB、YB/T	冶金行业标准

续表

代　　号	名　　称
CB、CB/T	船舶行业标准
YD	通讯行业标准
GBZ	国家职业安全卫生标准
DB	地方标准
Q/SY	集团公司企业标准

（三）常用电气施工及验收规范清单

常用电气施工及验收规范清单如表 2-1-2 所示，如有新版规范颁布后，按照新版执行。

表 2-1-2　常用电气施工及验收规范清单

序号	标准代号	标准名称
1	GB 50147—2010	《电气装置安装工程　高压电器施工及验收规范》
2	GB 50150—2016	《电气装置安装工程　电气设备交接试验标准》
3	GB 50168—2018	《电气装置安装工程　电缆线路施工及验收标准》
4	GB 50169—2016	《电气装置安装工程　接地装置施工及验收规范》
5	GB 50170—2018	《电气装置安装工程　旋转电机施工及验收标准》
6	GB 50171—2012	《电气装置安装工程　盘柜及二次回路接线施工及验收规范》
7	GB 50172—2012	《电气装置安装工程　蓄电池施工及验收规范》
8	GB 50257—2014	《电气装置安装工程　爆炸和火灾危险环境电气装置施工及验收规范》
9	GB 50149—2010	《电气装置安装工程　母线装置施工及验收规范》
10	GB 50173—2014	《电气装置安装工程　66KV 及以下架空电力线路施工及验收规范》
11	GB 50148—2010	《电气装置安装工程　电力变压器、油浸电抗器、互感器施工及验收规范》
12	GB 50254—2014	《电气装置安装工程　低压电器施工及验收规范》
13	GB 50255—2014	《电气装置安装工程　电力变流设备施工及验收规范》
14	GB 50256—2014	《电气装置安装工程　起重机电气装置施工及验收规范》
15	GB/T 50976—2014	《继电保护及二次回路安装及验收规范》
16	GB 50233—2014	《110kV~750kV 架空输电线路施工及验收规范》
17	GB 50575—2010	《1kV 及以下配线工程施工与验收规范》
18	GB 50617—2010	《建筑电气照明装置施工与验收规范》
19	GB 50303—2015	《建筑电气安装工程施工质量验收规范》
20	GB 50601—2010	《建筑物防雷工程施工与质量验收规范》
21	SH 3552—2013	《石油化工电气工程施工质量验收规范》
22	SH 3612—2013	《石油化工电气工程施工技术规程》
23	GB 50166—2019	《火灾自动报警系统施工及验收标准》
24	SH/T 3563—2017	《石油化工电信工程施工及验收规范》

（四）常用电气施工标准图集清单

常用电气施工标准图集清单如表 2-1-3 所示。

表 2-1-3　常用电气施工标准图集清单

序号	标准代号	图集名称
1	99D201-2	《干式变压器安装》
2	D203-1~2	《变配电所二次接线(2002 年合订本)》
3	15D502	《等电位联结安装》
4	03D103	《10kV 及以下架空线路安装》
5	17D201-4	《20/0.4kV 及以下油浸变压器室布置及变配电所常用设备构件安装》
6	D301-1~3	《室内管线安装(2004 年合订本)》
7	04D201-3	《室外变压器安装》
8	D701-1~3	《封闭式母线及桥架安装(2004 年合订本)》
9	D702-1~3	《常用低压配电设备及灯具安装(2004 年合订本)》
10	06D105	《电缆防火阻燃设计与施工》
11	06D401-1	《吊车供电线路安装》
12	06SD702-5	《电气设备在压型钢板、夹芯板上安装》
13	08D800-4	《民用建筑电气设计与施工　照明控制及灯具安装》
14	12D401-3	《爆炸危险环境电气线路和电气设备安装》
15	12D101-5	《110kV 及以下电缆敷设》
16	13CD701-4	《铜铝复合母线(参考图集)》
17	13D101-1~4	《110kV 及以下电力电缆终端和接头》
18	D500~D502(上册)	《防雷与接地　上册(2016 年合订本)》
19	D503~D505(下册)	《防雷与接地　下册(2016 年合订本)》

工程电气施工中依据的标准图集不仅限于此表所列图集，列表中只体现了常见的炼化工程电气施工标准图集。以上图集如有新版颁发后，按照新版执行。

二、施工技术措施/方案、技术交底

CBA002 施工技术措施(方案)、技术交底

（一）施工技术措施/方案

在施工准备阶段，电气专业技术人员除参与编制工程整体组织设计、质量计划外，还需编制本专业的施工技术措施。并依据施工进展情况分阶段制定各类专项施工技术措施，及时指导现场施工。施工技术措施由施工队、作业班组负责实施，电气施工人员应熟悉这些施工技术措施。

一般电气安装工程需编制的施工技术措施有：接地施工技术措施、照明施工技术措施、变压器安装施工技术措施、高低压盘柜安装施工技术措施、电缆桥架(支架)施工技术措施、电缆工程施工技术措施、母线安装施工技术措施、高压电缆终端制作施工技术措施、二次接线施工技术措施、电气设备试验技术措施等。

电气施工技术措施(方案)应具有以下基本内容:工程概况、施工进度计划、主要施工方法、质量标准和保证施工质量的措施、劳动力需求计划、主要施工机具设备配置计划、施工手段用料计划、工作危害分析及安全技术措施等。

(二)技术交底

1. 技术交底的目的

工程施工前,专业技术人员按照图纸、施工验收规范结合施工现场实际,就明确设计意图、施工内容、工序要求、工艺方法、资源配置、质量标准、工作危害分析等方面向全体施工人员进行技术措施交底。其目的是使施工人员对工程特点、技术质量要求、施工方法与措施和安全等方面有一个较详细的了解,以便于科学地组织施工,避免技术、质量、安全及环保等事故的发生。

2. 技术交底的形式

各专业技术管理人员应通过书面形式配以现场授课的方式进行技术交底,技术交底的内容应单独形成交底文件。由交底人填写技术交底记录,交底内容应有交底的日期,有交底人、接收人和每个参与交底人员的签字。

3. 技术交底注意事项

对不同层次的施工人员,其技术交底深度与详细的程度不同,也就是说对不同人员其交底内容深度和说明的方式要有针对性。参与施工的人员都必须参加相应层级的施工技术交底并签字。

因施工技术文件有误而导致安全、质量隐患或事故,设计者、编制者负直接责任,审批者负主要责任;因施工技术交底不清而导致安全、质量隐患或事故,交底人负主要责任;施工负责人或作业人员不按交底的施工作业文件进行施工而导致安全、质量隐患或事故,施工负责人或作业人员负全部责任。

当施工情况发生变化时,应进行再次交底。

三、常用设备、材料的标识方法

CBA003 常用设备、材料的标识方法

(一)电气工程常用设备代号

电气工程常用设备代号如表 2-1-4 所示。

表 2-1-4 电气工程常用设备代号

设备名称	代号	设备名称	代号	设备名称	代号
变压器	T	开关柜、配电盘	SB	直流盘、柜	DP
不间断电源装置	UPS	柴油发电机	DG	动力配电箱	AP
紧急电源装置	EPS	端子柜	TP	照明配电箱	LP
投光灯塔	FLC	异步电动机	M	应急照明箱	ELP
接地极	GE	接地线	LE	接线盒	JB

(二)电气工程常用材料规格型号

电气工程常用材料规格型号如表 2-1-5 所示。

表 2-1-5　电气工程常用材料规格型号

序号	材料名称	规格型号	备　注
1	镀锌焊接钢管(SC),mm	*DN*15、*DN*20、*DN*25、*DN*32、*DN*40、*DN*50、*DN*65、*DN*80、*DN*100、*DN*150	
2	扣压式薄壁钢管	KBG15、KBG20、KBG25、KBG32、KBG40、KBG50	
3	半硬质阻燃塑料管	FPC16、FPC20、FPC25、FPC32、FPC40、FPC50、FPC63、FPC70、FPC80	
4	刚性阻燃塑料管	PVC15、PVC20、PVC25、PVC32、PVC40、PVC50	
5	金属软管	CP15、CP20、CP25、CP32、CP40、CP50	
6	镀锌圆钢,mm	ϕ6、ϕ8、ϕ10、ϕ12、ϕ14、ϕ16	
7	镀锌扁钢	-25×4、-40×4	
8	角钢	∟30×3、∟40×4、∟50×5	
9	槽钢	8 号、10 号	
10	塑料铜线	BV-1.0、BV-1.5、BV-2.5、BV-4、BV-6 等	
11	交联聚氯乙烯电缆	单芯:YJV-0.6/1kV-1×(1.5~400)mm^2。 两芯:YJV-0.6/1kV-2×(1.5~400)mm^2。 三芯:YJV-0.6/1kV-3×(1.5~400)mm^2。 四芯:YJV-0.6/1kV-3×(10~400)+1×(6~120)mm^2。 五芯:YJV-0.6/1kV-3×(10~400)+2×(6~120)mm^2	铠装电缆表示为 YJV_{22},若为阻燃电缆则用 ZR 表示。中压电缆等级一般为 8.7/10kV
12	变频专用动力电缆	BP-YJV-ZRA-0.6/1kV	
13	阻燃塑料铜线	ZRBV1.0、ZRBV1.5、ZRBV2.5、ZRBV4、ZRBV6、ZRBV10、ZRBV16、ZRBV25、ZRBV35、ZRBV50 等	
14	电缆桥架	600mm(*H*)×150mm(*W*)等	

(三)防爆电气设备标识方法

1. 防爆标志的构成

防爆标志一般由以下 5 个部分构成:

(1)防爆标志 EX。表示该设备为防爆电气设备。

(2)防爆结构形式。表明该设备采用何种措施进行防爆,如 e 为增安型,d 为隔爆型,p 为正压型,i 为本安型等。

(3)防爆设备类别。分为两大类,Ⅰ为煤矿井下用电设备,Ⅱ为工厂用电气设备。

(4)防爆级别。分为 A、B、C 三级,说明其防爆能力的强弱。

(5)温度组别。分为 T1~T6 六组,说明该设备的最高表面温度允许值。

2. 举例说明

一台照明配电箱的防爆标志为 EXdIIBT4,其含义表示:

EX——防爆总标志;

d——结构形式,隔爆型;

Ⅱ——类别,工厂用;

B——防爆级别,B 级;

T4——温度组别,T4 组最高表面温度≤135℃。

一台进口气相色谱仪的防爆标志为 EEXdp IIB+H2 T6,其含义表示如下:

EEX——欧洲共同体防爆总标志；

dp——该仪表采用隔爆、正压两种防爆措施；

II——工厂用电气设备；

B——防爆级别，B 级；

+H2——也适用于 H2 场所（B 级防爆不适用于 H2，该仪表由于采取多种防爆措施，也可用于 H2 场所）；

T6——表面最高温升≤100℃。

四、电工安全技术操作规程

CBA004 电工安全操作规程

（一）专业安全要求

任何电气设备在未查明无电以前，一律视为有电。

所有电气设备的金属外壳（安全电压除外）均应接地良好。

三相设备应用四孔插座，单相设备应用三孔插座，保护接地或接零应接在正上方孔。三孔插座相线接于右孔。不允许工作零线和保护零线共用一根导线，必须从接地干线上引下专用保护零线。

发现有人触电，应立即切断有关电源，电源不能切断时，应用干燥不导电物体将触电者脱离电源，并立即对触电者采用心肺复苏等方法进行急救。

变配电间应备有安全防火用具，如四氯化碳灭火器、干粉灭火器及黄沙等。电工要进行电气火灾扑救演习。

（二）电气设备安装

在搬运和安装变压器、电动机、各类高低压开关柜、盘、箱及其他电气设备时，应有专人指挥，防止倾倒、剧烈震动和冲击，保证继电器、仪表等电气元件不受损坏。

变压器吊芯时，吊装绳扣要牢固，不要碰坏瓷件，勿将异物掉进油箱内。

在安装、调整开关及母线时，不得攀登套管及瓷绝缘子。调隔离开关时，在刀刃、动触头和梁附近不应有人，以免开关动作伤人。

（三）架空线路的安装

登杆工作应事先检查所使用的工具，检查电柱根部的牢固程度，必要时采取加固措施。登杆工作须有专人配合并作监护。

穿越带电导线架线时，须停电进行。如低压线路确实不能停电时，必须在穿越带电导线的两侧搭设隔离设施。

架空线路施工完毕后，如果有关防雷设施未安装完毕或者尚未交接送电之前，应将首尾两处导线短路并接地。

（四）高压部分

现场变配电的高压电气设备无论带电与否，单人值班不准超越遮拦和从事修理工作。

欲将运行中的电气设备与电源完全断开，其停电程序应是先低压后高压，即先拉掉低压开关，然后依次断开高压主开关和隔离开关。严禁带负荷拉合隔离开关。

电气设备或线路停电后，按电压等级使用试验合格的验电器进行验电。验电时带好绝缘手套，并有人监护。

在已断开电源的设备上工作时,要求在设备的两侧接地或分段接地。对长度在 10m 以上的母线至少要有两处接地。

恢复供电时应符合下列要求:

(1)工作完毕,工作人员全部退出工作场地,并仔细检查,不得有工具材料等物遗留在设备上。

(2)拆除接地线;拆除各种标示牌和临时遮拦,恢复常设遮拦。

(3)合闸送电按先高压后低压、先隔离开关后主开关的顺序进行。

项目二　单人徒手心肺复苏操作

一、准备工作

(一)设备

假想遭受电击人体(智能模拟人)。

(二)材料、工具

裸导线、电源进线、配电箱(内附空气开关)等。

(三)人员

电气安装调试工。

二、操作规程

(1)断开事故开关。

(2)验电。

(3)拨打急救电话 120。

(4)呼叫并轻拍伤员判断其意识是否清醒,用耳朵贴近伤员的口鼻处听有无呼吸。

(5)用手指在伤员喉结旁凹陷处的颈动脉处试有无心跳并检查伤员瞳孔是否放大。

(6)将伤员身体及头部侧转,迅速用手指从口角插入口腔把异物取出。

(7)用一只手放在伤员前额,另一只手将伤员下颌骨抬起,双手协同将头部推向后仰,使舌根随之抬起畅通气道,捏住伤员鼻翼,与伤员口对口紧合连续大口吹气 2 次。

(8)用食指和中指找到伤员肋骨和胸骨接合处的中点,两手指并齐,中指放在剑突底部,食指平放在胸骨下部,食指上缘为压点,跪在伤员一侧。

(9)救护人员两肩位于伤员胸骨正上方,两臂伸直,肘关节固定不屈,两手掌根相叠,手指翘起,利用上身中立垂直将伤员胸骨压陷 3~5cm,压至要求程度立即全部放松,放松时救护人员掌根不得离开伤员胸腔。

(10)按先吹气 2 次,按压 30 次后再吹气 2 次,再按压 30 次后再吹气 2 次,再按压 30 次的频率救护。

(11)救护完毕清理现场,把物品放回原位。

三、技术要求

(1)打开气道时,手指不能压向颌下软组织深处,以免阻塞气道。

（2）按压位置为两乳头连线中点部位，按压时双手掌根重叠，十指相扣，手指翘起不接触胸腔，掌根紧贴伤者皮肤。

（3）按压吹气比为 30∶2。

（4）每次给气时间不少于 1s，观察胸廓有无起伏。

四、注意事项

（1）按压方法正确，避免引起肋骨骨折。

（2）通气有效，避免吹气不足或过度吹气。

（3）复苏成功后及时记录时间。

项目三　电气火灾的扑救

一、准备工作

（一）设备

开关柜、泡沫灭火器、干粉灭火器、CO_2 灭火器。

（二）材料、工具

绝缘手套、绝缘靴。

（三）人员

电气安装调试工。必须穿戴劳动保护用品，严格按操作规程操作。

二、操作规程

（1）检查绝缘手套、绝缘靴。

（2）检查灭火器的压力、铅封和出厂日期。

（3）判断母线电压等级并说明。

（4）检查风向。

（5）穿戴安全用品。

（6）断开着火用电设备的电源。不能因带负荷拉隔离开关造成弧光短路扩大事故。操作时戴绝缘手套穿绝缘靴，注意安全距离。

（7）正确选择灭火器。应使用不导电的灭火器灭火，例如干粉灭火器、CO_2 灭火器和四氯化碳灭火器。因泡沫灭火剂导电，在带电灭火时严禁使用。

（8）正确使用灭火器。使用时，必须保持足够的安全距离，对 10kV 及以下的设备，该距离不应小于 40cm。使用四氯化碳灭火器灭火，操作人员要站在上风侧，以防中毒。

（9）向上级单位说明灭火地点、开关柜号。

（10）清扫现场，将器具放置原位。

模块二 施工资源准备

项目一 相关知识

一、电气设备安装前达到的施工条件

CBB001 电气设备安装前达到的施工条件

(一)电气设备安装前,建筑工程应具备的条件

(1)屋顶、楼板应施工完毕,不得渗漏。

(2)对电气设备安装有妨碍的模板、脚手架等应拆除,场地应清扫干净。

(3)室内地面基层应施工完毕,并应在墙上标出地面标高。

(4)环境温度应达到设计要求或产品技术文件的规定。

(5)电气配电间及控制室的门、窗、墙壁、装饰棚应施工完毕,地面应抹光。

(6)设备基础和构架应达到允许设备安装的强度;焊接构件的质量应符合要求,基础槽钢应固定可靠。

(7)预埋件及预留孔的位置和尺寸应符合设计要求,预埋的电气管路不得遗漏、堵塞,预埋件应牢固。

(二)变配电所的形式和建筑布置要求

(1)变配电所一般不设置在爆炸危险区域内。配电装置宜采用户内式。

(2)中低压开关柜的柜顶净空宜不小于1.2m,如有通风管道,还应考虑通风管道的高度。

(3)当与爆炸危险区域相邻且位于附加二区内时,变配电室地坪应较室外地坪提高0.6m以上。

(4)中压配电装置每段应预留1~3台备用柜和10%~20%的备用空位;低压配电装置按各段母线应有不少于20%的备用出线回路。

(5)长度大于6m的配电装置室,应设2个出口;长度大于60m的配电装置室,应设3个出口。

(6)电气值班(或控制)室采用抗静电地板,高低压配电室应采用耐磨、防滑、高强度地面,一般采用水磨石地面。控制室、配电室、电容器室的墙面、顶棚应做耐火处理,一般耐火等级不应低于2级,变压器室的防火等级不应低于1级。

(7)变配电所的门应设置向外开启的防火门,严禁采用门闩;相邻配电室之间有门时,应能双向开启。

(8)露天或半露天放置变压器的变电所中,油量为1000kg及以上的变压器应设挡油

坑,坑内放置鹅卵石;110kV、35kV 变压器设事故排油措施。

二、人力及安装机具准备

CBB002 人力及安装机具准备

(一)人员资质要求

1. 工程电气设备安装人员资质要求

所有对电气设备进行运行、维护、安装、检修、改造、施工、调试等作业的施工人员必须持有特种作业操作证。特种作业电工作业包括 6 个操作项目:低压电工作业、高压电工作业、电力电缆作业、继电保护作业、电气试验作业和防爆电气作业。

(1)低压电工作业指对 1kV 以下的低压电气设备进行安装、调试、运行操作、维护、检修、改造施工和试验的作业。

(2)高压电工作业指对 1kV 及以上的高压电气设备进行运行、维护、安装、检修、改造、施工、调试、试验及绝缘工、器具进行试验的作业。

(3)电力电缆作业指对电力电缆进行安装、检修、试验、运行、维护等作业。

(4)继电保护作业指对电力系统中的继电保护及自动装置进行运行、维护、调试及检验的作业。

(5)电气试验作业指对电力系统中的电气设备专门进行交接试验及预防性试验等的作业。

(6)防爆电气作业指对各种防爆电气设备进行安装、检修、维护的作业,适用于除煤矿井下以外的防爆电气作业。

特种作业操作证(电工)由安全监管部门考核发放,有效期为 6 年,每 3 年复审一次,满 6 年需要重新考核换证。特种作业人员在特种作业操作证有效期内,连续从事本工种 10 年以上,严格遵守有关安全生产法律法规的,经原考核发证机关或者从业所在地考核发证机关同意,特种作业操作证的复审时间可以延长至每 6 年 1 次。

2. 集团公司对工程电气设备调试人员资质要求

根据《中国石油集团公司计量人员考核发证管理规定》,调试人员应取得相应范围内的计量校准员证。校准范围包括:电压表、电流表、交流耐压、继电器等,调试人员取得的校准范围必须符合工作内容,计量校准员证有效期为 3 年。

(二)电气安装机具准备

根据施工要求,准备好施工过程中用到的仪器、仪表、工具及设备。初级工要求能正确使用与保养万用表、绝缘电阻表、钳形电流表和接地电阻测试仪等电气测量仪表,并能正确使用与保养手电钻、冲击电钻、压接钳、弯管机、套丝机等安装工机具。

防雷及接地系统安装主要机具及量具包括:钢管、角钢加工工具、土方工具、冲击电钻、电焊机或热熔焊机、皮尺、手锤等。

防雷及接地系统调试主要测量设备包括:接地电阻测试仪、接地电阻导通仪等。

照明系统安装主要机具及量具包括:无齿锯、锯弓、手电钻、台式钻、冲击电钻、套丝机、弯管器、电工工具、卷尺、圆锉等。

照明系统安装调试主要测量设备包括:万用表、绝缘电阻表、钳形电流表等。

三、个人防护要求

CBB003 个人防护要求

(一)常规要求

(1)进入施工现场必须穿长袖长裤工作服,佩戴安全帽,系好下颌带。

(2)进入现场人员穿戴符合国家标准的防砸、绝缘的安全鞋。

(3)在进入超过 85dB 声音标准的强噪声作业区前必须戴上耳塞,以保护听力不受损害。

(4)超过 2m 高处作业,须系安全带。

(5)在易燃易爆场所作业,应穿戴防静电工作服和防静电工作鞋。

(二)工程电气设备安装调试个人防护特殊要求

在工程电气设备安装调试作业中,除了按照常规要求配置电工个人防护用品外,还应根据工作性质配备绝缘安全用具。绝缘安全用具按照功能分为绝缘操作用具和绝缘个人防护用具,这里主要介绍绝缘个人防护用具。

常用的绝缘防护用具有绝缘手套、绝缘鞋和绝缘靴等。作为辅助安全用具,绝缘手套可作为低压工作的基本安全用具,绝缘鞋可作为防护跨步电压的基本安全用具。绝缘手套、绝缘鞋和绝缘靴除按期更换外,还应做到每次使用前做绝缘性能的检查和每半年做一次耐压试验。耐压试验过程中不允许击穿,同时绝缘手套、绝缘鞋和绝缘靴的泄漏电流不大于限定值。

1. 绝缘手套

绝缘手套是天然橡胶或合成橡胶制作而成的,每只手套上标有使用电压等级、制造年月、规格型号、尺寸等标记。

绝缘手套使用注意事项:

(1)使用前要进行外观检查和充气检验,如果发现有破损、霉变、粘胶、真空、裂纹、砂眼等现象,都不可继续使用。

(2)检查绝缘手套上应贴有统一的试验合格标签,若不在试验合格的有效期内,不能使用。

(3)作业时,必须将衣服袖口套入手套筒口内,以免发生意外,绝缘手套的长度至少应超出手腕 10cm。

(4)使用后将内外污渍擦洗干净,晾干后撒上滑石粉,将其放平整,以防受压受损,不要将绝缘手套放在地上。

(5)不允许超过绝缘手套的标称电压等级使用。

2. 绝缘鞋、绝缘靴

绝缘鞋(靴)是使用绝缘材质制作而成的一种安全鞋(靴),耐电压 15kV 以下的绝缘鞋(靴)适用于工频电压 1kV 以下,耐电压 15kV 以上的绝缘鞋(靴)和聚合材料的鞋(靴)适用于工频电压 1kV 以上的作业环境。

绝缘鞋(靴)使用注意事项:

(1)绝缘鞋(靴)使用前如果发现有任何破损的话不要继续使用。

(2)绝缘鞋(靴)注意勿受潮,受潮后严禁使用,一旦受潮,放在通风透气阴凉处自然风干。

（3）绝缘鞋（靴）不宜在雨天穿，更不宜水洗。

（4）高压作业时必须将裤口套进绝缘靴筒内。

（5）绝缘鞋（靴）使用时要注意底部磨损情况，如果花纹磨掉后，不要继续使用。

CBB004 计量器具的检验和使用要求

四、计量器具的检验和使用要求

根据《计量器具 ABC 分类管理办法》，计量器具按范围划分为 A、B、C 三类，列入国家强制检定目录的工作计量器具中需要强检的工作计量器具，按照计量法有关规定，送法定计量检定机构，定期检定。在工程电气设备安装、调试工程中，电气试验设备、接地电阻测量仪、绝缘电阻测试仪、钳形电流表属于 A 类计量器具，检定周期一般为 1 年，严格实行周期检定，受检率须达到 100%。

其他仪表属 B 类计量器具，可送交所属企业中心试验室定期检定校准，中心试验室无权检定的项目，可提交社会法定计量检定机构就近检定。

数字多用表、万用表、兆欧表检定周期一般为 2 年，检定间隔时间原则上不能超过检定规程要求的检定周期，受检率须达到 100%。

钢直尺、刻度直角钢尺、盘尺等计量器具属于 C 类，检定周期一般为 1 年。C 类计量器具也要进行检定。但可根据其类别和使用情况，进行一次性检定或有效期管理。

项目二　万用表测量交/直流电压、电阻

一、准备工作

（一）设备

万用表。

（二）材料、工具

操作平台、干电池、220V 交/直流电源插排、标准电阻、电容、二极管、记号笔、电工工具。

（三）人员

电气安装调试工。

二、操作规程

CBB005 万用表的使用

（一）直流电压的测量

（1）将电源开关置于“ON”位置。

（2）将黑表笔插进万用表的“COM”插座，红表笔插进万用表的“V/Ω”插座。“+”表笔（红表笔）接到高电位处，“-”表笔（黑表笔）接到低电位处。

（3）万用表的挡位旋钮打到直流挡“V—”，然后将旋钮调到比估计值大的量程。

（4）把表笔并联在被测电源或电池两端，并保持接触稳定。

（5）如果事先对被测电压范围没有概念，应将量程开关转到最高的挡位，然后根据显示值转到相应挡位上。换挡时应先断开表笔，换挡后再去测量。如果屏幕显示“1”，表明已经

超过量程范围,需将量程开关转到较高挡位上。

(二)交流电压的测量

(1)将电源开关置于“ON”位置。

(2)将黑表笔插进万用表的“COM”插座,红表笔插进万用表的“V/Ω”插座。

(3)把万用表的挡位旋钮打到交流挡“V~”,然后将旋钮调到比估计值大的量程。

(4)把表笔接到电源的两端,然后从显示屏上读取测量数值。

(5)如果事先对被测电压范围没有概念,应将量程开关转到最高的挡位,然后根据显示值转到相应挡位上。

(三)直流电流的测量

(1)将电源开关置于“ON”位置。

(2)将黑表笔插入万用表的“COM”插座,若测量大于200mA的电流,则要将红表笔插入“20A”插孔,将旋钮打到直流“20A”挡;若测量小于200mA的电流,则将红表笔插入“200mA”插孔,将旋钮打到直流200mA以内的合适量程。

(3)将挡位旋钮调到直流挡“A—”的合适位置,调整好后,开始测量。将万用表串联在被测电路中,保持稳定,从显示屏上读取测量数据。

(4)测试结束后,将电源开关置于“OFF”位置,并将表笔从电流插孔中拔出,插入电压插孔内,以防再次使用时误操作。

(四)交流电流的测量

测量方法与直流电流的测量方法基本相同,不过挡位应该打到交流挡位“A~”,电流测量完毕后应将红表笔插回“V/Ω”插座。

(五)电阻的测量

(1)将电源开关置于“ON”位置。

(2)将黑表笔插进“COM”插座,红表笔插进万用表的“V/Ω”插座。

(3)把挡位旋钮调到相应电阻量程上,用表笔接在电阻两端金属部位。

(4)保持表笔和电阻接触良好的同时,开始从显示屏上读取测量数据。

(5)如果电阻值超过所选的量程值,则会显示“1”,需将量程开关转到较高挡位上。当测量电阻值超过1MΩ时,读数需要几秒钟时间才能稳定,这在测量高电阻时是正常的。当输入端开路时,则显示过载情景。

(六)电容的测量

(1)先对电容进行充分的放电。

(2)将电源开关置于“ON”位置。

(3)将红表笔插进“COM”插座,黑表笔插进万用表的“mA”插座中。

(4)将挡位旋钮调到相应电容量程上,表笔对应极性(注意红表笔极性为“+”极)接入被测电容,被测电容值显示在屏幕上。

三、技术要求

(1)使用万用表前,先进行万用表通断的检查。

(2)测量在线电阻时,注意要确认被测电路所有电源已经关断以及所有电容已经完全放电后，才可以进行测量。

(3)测量电阻时，避免用手同时接触电阻两端，否则会影响测量准确度。

(4)如果采用指针式万用表，使用前先进行机械调零，注意每换一次电阻挡后都要先进行调零。

四、注意事项

(1)测量电源电压时，要注意避免触电。

(2)在测电流、电压时，不能带电换量程，如需换挡，应先断开表笔，换挡后再去测量，否则会使万用表毁坏。

(3)万用表在使用时必须水平放置，以免造成误差。同时还要注意到避免外界磁场对万用表的影响。

(4)万用表使用完毕，应将转换开关置于交流电压的最大挡。如果长期不使用，还应将万用表内部的电池取出，以免电池腐蚀表内其他器件。

项目三　使用压线钳进行铜终端压接

一、准备工作

(一)设备

手动液压接钳。

(二)材料、工具

动力电缆、铜终端、记号笔、电工工具、绝缘带、卷尺。

(三)人员

电气安装调试工。

二、操作规程

(1)准备工作。穿戴工装，检查工具和材料是否齐全。

(2)检查压线钳。检查压线钳配件是否齐全，正确放置压接钳，正确选择模具。

(3)剥切电缆终端的绝缘层。电缆终端制作不能划伤线芯绝缘层和内护层，线芯绝缘层切剥尺寸和接线端子尺寸配套。

(4)使用压接钳压接铜终端。制作过程中每个铜终端压接不少于 2 次，压接间距均匀；接线端子压接后需清理毛刺，并用绝缘带包缠。

(5)清理现场。操作完毕检查整理压接钳，清理打扫现场，做到工完料净场地清。

模块三 防雷及接地系统预制、安装

项目一 相关知识

一、电气接地装置

CBC001 电气接地装置相关知识

(一)接地装置

接地装置是由接地极和接地线所组成。接地极可分为自然接地极和人工接地极。

常用的人工接地极多采用角钢接地极、钢管接地极、扁钢与圆钢等型钢制成,螺纹钢不能作接地极。在一般土壤中采用角钢接地极,在坚实土壤中采用钢管接地极。材质一般是镀锌钢、铜棒、铜包钢、钢镀铜等材料,腐蚀地区采用纳米碳复合防腐镀锌扁钢或者锌基合金材料,地下不得采用铝导体作为接地极和接地线。

角钢接地极一般为 40mm×40mm×4mm 或 50mm×50mm×5mm 角钢,钢管接地极一般采用 ϕ40mm、ϕ50mm 的钢管。一般情况下,接地极长度为 2.5m,端部削尖,以便垂直打入土中。

(二)接地装置之间的连接

接地装置之间的连接一般采用焊接搭接形式,纯铜、铜包钢及锌基合金等材质的接地装置采用放热焊接。扁钢搭接长度应为其扁钢宽度的 2 倍以上,并且应至少焊接 3 个棱边;圆钢搭接长度应为其直径的 6 倍以上。焊后应进行防腐处理。不能焊接时,可采用螺栓或卡箍连接,但必须保持接触良好。在爆炸危险环境内接地采用的螺栓,应有防松装置,接地紧固前,其接地端子及紧固件均应涂电力复合脂。

爆炸危险环境内的电气设备与接地线的连接宜采用多股软绞线,其最小截面面积不得小于 $4mm^2$。

CBC002 工作接地相关知识

二、工作接地

(一)工作接地的定义

工作接地是为了保证电力系统和设备达到正常工作要求而进行的一种接地,例如电源中性点的直接接地或经消弧线圈接地、防雷接地等。

(二)工作接地的作用

各种工作接地都有各自的功能,如电源中性点直接接地,其作用主要有:

(1)满足系统运行的需要。中性点接地可使继电保护准确动作,并消除单相接地过电压;中性点接地可以防止零序电压偏移,保持三相电压基本平衡。

(2)降低人体接触电压。若中性点不接地,当一相接地时,人站在地面上又触及另一相时,人体受到的接触电压将接近线电压。而中性点接地时,因中性点接地电阻小,中性点与地之间的电位差接近零,如发生一相接地,人站在地面上又触及另一相时,人体将受到的接触电压只接近相电压,因此降低了人体的接触电压。

(3)保证迅速切断故障设备。在中性点不接地系统中,当一相接地时接地电流很小,保护设备不能迅速动作切断电流,故障将长期持续下去。在中性点接地系统中,当一相接地时,接地电流成为很大的单相短路电流,保护设备能迅速动作切除故障线路,保持其他线路和设备正常运行。

(4)可降低电气设备和电力线路的设计绝缘水平。中性点接地系统中,发生一相接地时,其他两相的对地电压仍保持接近或等于相电压,故绝缘设计只按相电压考虑,可节约投资。

(5)对于110kV以上电压等级的主变压器中性点接地,还有防止操作过电压的作用,当一台主变压器在操作前,先把中性点接地刀闸合上,限制各电气部件的对地电压。

(三)工作接地和其他接地的区别

接地的形式有工作接地、保护接地及重复接地,此外还有保护接零等。

工作接地是以大地为电荷大电容,形成一个回路,以使电路或设备在正常和事故情况下可靠地工作,这是工作接地与其他接地的根本区别。

在炼油化工装置电气设计中,一般工作接地、防雷接地、防静电接地和保护接地共用一个接地系统。

三、保护接地

CBC003 保护接地相关知识

(一)保护接地的定义

保护接地是为保障人身安全、防止间接触电,将电气设备正常情况下的外露可导电部分接地。所谓保护接地就是将正常情况下不带电,而在绝缘材料损坏后或其他情况下可能带电的电器金属部分,用导线与接地体可靠连接起来的一种保护接线方式。保护接地一般用于配电变压器中性点不直接接地(三相三线制)的供电系统中。

(二)保护接地的形式

保护接地有两种形式:一种是设备的外露可导电部分经各自的接地线(PE线)直接接地;另一种是设备的外露可导电部分经公共的PE线接地。

四、保护接零

CBC004 保护接零相关知识

(一)保护接零的定义

为了防止因电气设备的绝缘损坏而使人身遭受触电的危险,将电气设备正常运行时不带电的金属外壳及架构与变压器中性点引出来的零线(PEN线或PE线)相连接,称为保护接零。保护接零是借助接零线路使设备漏电形成单相短路,促使线路上的保护装置动作,以及切断故障设备的电源。

(二)适用范围

保护接零只适用于中性点直接接地的低压电网。

在TN系统中,下列电气设备不带电的外露可导电部分应做保护接零:

(1)电动机、变压器、电器、照明器具、手持式电动工具的金属外壳;

(2)电气设备传动装置的金属部件；

(3)配电柜与控制柜的金属框架；

(4)配电装置的金属箱体、框架及靠近带电部分的金属围栏和金属门；

(5)电力线路的金属保护管、敷线的钢索、起重机的底座和轨道、滑升模板金属操作平台等；

(6)安装在电力线路杆(塔)上的开关、电容器等电气装置的金属外壳及支架。

(三)对保护接零系统的安全技术要求

(1)电源侧中性点必须进行工作接地，其接地电阻值不应大于4Ω；

(2)零线应在规定地点做重复接地，其接地电阻值不应大于10Ω；

(3)零线上不得装设熔断器及开关；

(4)零线所用材质与相线相同时，其应符合以下要求：相线截面不大于16mm^2时，保护零线最小截面为5mm^2；相线截面大于16mm^2同时小于等于35mm^2时，保护零线最小截面为16mm^2；相线截面大于35mm^2时，保护零线截面不小于相线截面的1/2。

(5)在同一低压配电系统中，保护接零和保护接地不能混用。

(四)保护接地和保护接零比较

保护接地和保护接零是在电力网中维护人身安全的两种技术措施，两者的不同之处有以下几点。

1. 保护原理不同

保护接地的基本原理是限制漏电设备的对地电压，使其不超过某一安全范围；保护接零的主要作用是接零线路使设备漏电形成单相短路，促使线路上保护装置迅速动作。

2. 使用范围不同

保护接地适用于高、低压中性点不接地电网，保护接零适用于中性点直接接地的低压电网。

3. 结构不同

保护接地系统除相线外，只有保护地线，保护接零系统除相线外，必须有零线，在很多场合工作零线和保护零线分别敷设，其重复接地处也应有地线。

同一供电系统内，电气设备的保护接地、保护接零应保持一致，不得一部分设备做保护接零，另一部分设备做保护接地。

五、屏蔽接地

CBC005 屏蔽接地相关知识

(一)屏蔽接地的定义

为了防止电磁干扰，在屏蔽体与地或干扰源的金属壳体之间所做的永久良好的电气连接称为屏蔽接地。

(二)屏蔽接地的两种方式

屏蔽接地通常采用两种方式来处理：屏蔽层单端接地和屏蔽层双端接地。当频率低于1MHz时，采用屏蔽层单端接地；当频率高于1MHz时，最好在多个位置接地，一般至少应做到双端接地。

一般情况下，DCS系统中模拟信号电缆的屏蔽层应做屏蔽接地，线缆屏蔽层一端接地，防止形成闭合回路干扰。铠装电缆的金属铠不应作为屏蔽保护接地，必须是铜丝网或镀铝屏蔽层接地。原则上在控制室端接地，屏蔽网线应该单独做接地，不允许和电气地线混接。

1. 屏蔽层单端接地

屏蔽层单端接地是在屏蔽电缆的一端将金属屏蔽层直接接地，另一端不接地或通过保护接地。屏蔽层单端接地适合长度较短的线路。在屏蔽层单端接地情况下，非接地端的金属屏蔽层对地之间有感应电压存在，感应电压与电缆的长度成正比，但屏蔽层无电势环流通过。单端接地就是利用抑制电势电位差达到消除电磁干扰的目的。

2. 屏蔽双端接地

双端接地是将屏蔽电缆的金属屏蔽层的两端均连接接地。在屏蔽层双端接地情况下，金属屏蔽层不会产生感应电压，但金属屏蔽层受干扰磁通影响将产生屏蔽环流通过，如果地点 A 和地点 B 的电势不相等，将形成很大的电势环流，环流会对信号产生抵消衰减效果。

六、重复接地

CBC006 重复接地相关知识

（一）重复接地的定义

在 TN 系统中，除了对电源中性点进行工作接地外，还在一定的处所把 PE 线或 PEN 线再进行接地，这就是重复接地。

（二）重复接地的作用

（1）TN（或 PEN）线完整时，重复接地可以降低碰壳故障时所有被保护设备金属外壳的对地电压，减轻开关保护装置动作之前触电的危险性。

（2）在 TN（或 PEN）断线的情况下，重复接地可以降低断线点后面碰壳故障时 PE 线的对地电压，减轻触电事故的严重程度。所以应在接零装置的施工和运行中，谨防 PE 线断线事故的发生，并严禁在 PE（PEN）线上安装熔断器和单级开关。

（3）缩短漏电故障持续时间。由于重复接地在短路电流返回的路径上增加了一条并联支路，可增大单相短路电流，缩短漏电故障持续时间。

（4）改善架空线路的防雷性能。由于重复接地对雷电流起分流作用，可以降低雷击过电压，改善架空线路的防雷性能。

（5）重复接地的其他作用。由于保护线或保护零线重复接地，电阻与电源工作接地电阻并联的结果，起到了等效降低工作接地电阻的作用，还可以降低三相负载不平衡时零线的对地电压。

（三）重复接地的装设地点

TN 系统的保护线或保护零线必须在以下处所装设重复接地：

（1）架空线路干线和长度超过 200m 的分支线的终端以及沿线路每 1km 处。

（2）电缆线路或架空线路引入配电室及大型建筑物的进户处。

（3）采用金属管线配线时，金属保护管与保护零线连接后做重复接地，采用塑料管配线时，另行敷设保护零线并做重复接地。

（4）同杆架设的高、低压架空线路的共同敷设段的两端。

在 TN-S（三相五线制）系统中，装有剩余电流动作保护器后的 PEN 导体不允许设重复接地。因为如果中性线重复接地，三相五线制漏电保护检测就不准确，无法起到准确的保护作用。

CBC007 等电位联结安装要求

七、等电位联结

(一)等电位联结的意义和种类

建筑中的等电位联结是将建筑物中各电气装置和其他装置外露的金属及可导电部分、人工或自然接地极同导体连接起来,使整个建筑物的正常非带电导体处于电气连通状态,以达到减少电位差的效果。等电位联结有总等电位联结、局部等电位联结和辅助等电位联结。

等电位联结导体的连接方式有焊接连接和螺栓连接两类。焊接连接一般用于永久性连接,螺栓连接一般用于时常需要检查维修的场合。对地下暗敷的等电位联结导体平时是不需要维护和检修的,属永久性连接。

(二)等电位联结的安装要求

等电位联结采用焊接时,扁钢的搭接焊接长度不小于宽度的 2 倍,三面施焊;圆钢的搭接焊接长度不小于圆钢直径的 6 倍,双面施焊;圆钢与扁钢连接时,其搭接长度不应小于圆钢直径的 6 倍,双面施焊;焊接接头应有防腐措施。

当等电位联结线采用不同材质的导体连接时,可采用熔接法进行连接,也可采用压接法,压接时压接处应进行热搪锡处理。当等电位联结导体在地下暗敷时,其导体间的连接不得采用螺栓压接。

等电位联结线应有黄绿相间的色标,在等电位联结端子板上应刷黄色底漆并标以黑色记号,其符号为“≐”。

金属管道连接处不需加跨接线,给水系统的水表需加跨接线,以保证水管的等电位联结和接地的有效。

装有金属外壳排风机、空调器的金属门、窗框或靠近电源插座的金属门、窗框以及距外露可导电部分伸臂范围内的金属栏杆、吊顶龙骨等金属体需做等电位联结。

为避免用煤气管道作接地极,煤气管入户后应插入绝缘段,以与户外埋地煤气管隔离。

为防止雷电流在煤气管道内产生电火花,在此绝缘段两端应跨接火花放电间隙(具体由煤气公司确定选型与安装)。

总等电位的铜保护联结线的截面积不应小于 $6mm^2$;辅助等电位、局部等电位有机械保护时,铜保护联结线的截面积不应小于 $2.5mm^2$,铝保护联结线的截面积不应小于 $16mm^2$,在无机械保护时铜保护联结线的截面积不应小于 $4mm^2$。

(三)等电位联结导通性的测试

等电位联结安装完毕后应进行导通性测试,测试用电源可用空载电压为 4~24V 的直流或交流电源,测试电流不应小于 0.2A,若等电位联结端子板与等电位联结范围内的金属管道等金属体末端之间的电阻不大于 3Ω,可认为等电位联结是有效的,如发现导通不良的管道连接处,应作跨接线。在施工时,各工种间需密切配合,以保证等电位联结的始终导通。在投入使用后应定期做测试。

CBC008 防静电接地相关知识

八、防静电接地

(一)防静电接地的定义

当制造、输送或储存低导电性物质、压缩空气和液化气体时,经常由于摩擦而产生静电,这些静电聚集在加工设备、管道、容器和储罐上，形成高电位，危及人身、设备的安全。如这些物质的电阻率大于10Ω·m时，就容易产生危险的静电电位和火花放电。防静电接地就是需要将聚集在不良导体中的电荷经接地装置引入大地的接地。

（二）防静电接地施工要求

如设计图纸已标明静电接地技术要求的，应按照图纸进行施工与验收。图纸未标明技术要求的，爆炸和火灾危险环境的静电接地施工应符合下列规定：

（1）储存池、储罐、气罐以及产品输送设备、封闭的运输装置（包括密闭的运煤带、排注设备、混合器、过滤器和吸附器等）都必须接地。如袋形过滤器等由纺织物或类似物品制成时，最好用金属细索穿缝，并进行接地。

（2）输送油品的管路以及各种阀门，空压机、通风装置、空气管道及通风管道上的金属网过滤器等，都需连成连续的导电体，并进行可靠接地。

（3）设备、机组、储罐、管道等的防静电接地线，应单独与接地极（自然接地极或建筑钢筋环梁）或接地干线相连，连接螺栓不应小于M10，并应有防松装置且涂电力复合脂。当采用焊接端子连接时不得降低损伤管道强度。

（4）当金属法兰采用金属螺栓或卡子相紧固时，可不另装跨接线。在腐蚀条件下安装前，应有两个及两个以上螺栓和卡子之间的接触面去锈和除油污，并应加装防松螺母。

（5）当爆炸危险区内的非金属构架上平行安装的金属管道相互之间的净距离小于100mm时，宜每隔20m用金属线跨接；金属管道相互交叉的净距离小于100mm时，应采用金属线跨接。

（6）容量为50m^3及以上的储罐，其接地点不应少于两处，且接地点的间距不应大于30m，并应在罐体底部周围对称与接地体连接，接地体应连成环形的闭合回路。

（7）易燃或可燃液体的浮顶罐，其罐顶与罐体之间应采用铜软线做不少于两处跨接，其截面不应小于25mm^2。

（8）非金属的管道（非导电的）、设备等，其外壁上缠绕的金属丝网、金属带等，应紧贴其表面均匀地缠绕，并应可靠接地。

（三）管道静电接地点的选取

（1）管道进出装置处、分支处、弯管、阀门法兰处均是主要静电接地点。

（2）主要静电接地点确认后，如遇长距离无分支的管道，应在间隔以内100m重复接地一次。

（3）静电接地点的选取综合考虑易于检修、防腐防锈、不易受损、不妨碍操作、便于连接接地干线这几个因素。

九、防雷和防雷装置

CBC009 防雷和防雷装置相关知识

（一）雷电危害

根据雷电造成危害的形式和作用，一般可分为直击雷、感应雷两大类。无论是直击雷还是感应雷，都可能演变成雷电的第三种形式——高电位侵入，即很高的电压（可达数十万伏）沿着供电线路和金属管道，高速涌入变电所、建筑物等。

防雷装置就是利用金属线路为雷电流提供直接泄入大地的通道，有效保护变电所、烟囱等建筑。

(二)防雷系统

一个完整的防雷系统一般由接闪器、引下线和接地装置三部分组成。

1. 接闪器

接闪器就是专门接受直接雷击的金属物体。接闪的金属杆称为避雷针;接闪的金属线称为避雷线;接闪的金属带或金属网称为避雷带或避雷网。特殊情况下也可直接用金属屋面和金属构件作为接闪器。所有接闪器都必须经过引下线与接地装置相连。

1)避雷针

避雷针一般用镀锌圆钢或镀锌钢管焊接制成,通常安装在构架、支柱或建筑物上,其下端经引下线与接地装置焊接。避雷针的功能是引雷,它把雷电波引入地下,从而保护了建筑物和设备等。

2)避雷带和避雷网

避雷带和避雷网普遍用在较高的建筑物上,用来保护建筑物免遭直击雷和感应雷。避雷带一般沿屋顶周围装设,高出屋面 100~200mm,支持卡间距 1~1.5m。避雷网除沿屋顶周围装设外,需要时屋顶上面还用圆钢或扁钢纵横连接,形成网格。避雷带、避雷网必须经引下线与接地装置可靠连接。

避雷网和避雷带宜采用镀锌圆钢或扁钢,优先选用圆钢。圆钢直径不应小于 8mm;扁钢截面积不应小于 $48mm^2$,其厚度不应小于 4mm。

3)避雷线

避雷线架设在架空线路的上方,以保护架空线路或其他物体(包括建筑物)免遭直接雷击。避雷线宜采用截面积不小于 $35mm^2$ 的镀锌钢绞线。

2. 引下线

引下线宜采用镀锌圆钢或扁钢,优先选用圆钢,圆钢直径不应小于 8mm;扁钢截面积不应小于 $48mm^2$,其厚度不应小于 4mm。引下线应沿建筑物外墙明敷,并经最短路径接地;也可暗敷,但其圆钢直径不应小于 10mm,扁钢截面积不应小于 $80mm^2$。

采用柱内钢筋作引下线时,要求钢筋直径不小于 12mm,每根柱子焊接不少于两根主筋。装设在烟囱上的引下线,若明装应采用直径不小于 8mm 的镀锌钢筋;暗装时则可以用 ϕ12mm 镀锌钢筋。金属烟囱本身也可以兼作引下线。

采用多根引下线时,宜在各引下线上距地面 0.3~1.8m 安装断接卡。

在易受机械损坏和防人身接触的地方,地面上 1.7m 至地面下 0.3m 的一段接地线应采取暗敷镀锌角钢、PVC 管等保护设施。

3. 接地装置

埋于土壤中的人工垂直接地极宜采用角钢、钢管或圆钢;埋于土壤中的人工水平接地极宜采用扁钢或圆钢。人工垂直接地极的长度宜为 2.5m,人工垂直接地极间的距离不小于 5m。

CBC010 携带式和移动式电气设备的接地

十、携带式和移动式电气设备的接地

携带式和移动式用电设备应用专用的绿/黄双色绝缘多股软铜绞线接地。移动式用电设备的接地线截面积不应小于 2.5mm^2，携带式用电设备的接地线截面积不应小于 1.5mm^2。

携带式用电设备的插座上应备有专用的接地触头。插座和插销的接地触头应在导电的触头接触之前连通，并应在导电的触头脱离之后才断开。

由固定电源或由移动式发电设备供电的移动式用电设备的金属外壳或底座，应和这些供电电源的接地装置有可靠的电气连接；在中性点不接地系统中，可在移动式用电设备附近装设接地装置代替敷设接地线，如附近有自然接地体应充分利用，并应保证其电气连接和热稳定，其接地电阻应符合相关规程的规定。

移动式发电机系统接地应符合电力变压器系统接地的要求，下列情况可不另做保护接地：

（1）移动式发电机和用电设备固定在同一金属支架上，且不供给其他设备用电时；

（2）不超过 2 台的用电设备由专用的移动式发电机供电，供/用电设备间距不超过 50m，且供/用电设备的金属外壳之间有可靠的电气连接。

项目二　接地极、接地线及断接卡的预制

一、准备工作

（一）设备

无齿锯、电焊机、榔头、冲击钻、铁锤、煨弯机、磨光机。

（二）材料、工具

镀锌角钢 50mm×50mm×5mm、镀锌钢管 *DN*50mm、镀锌圆钢 ϕ20mm、钢板 100mm×100mm×8mm、焊材。

（三）人员

电气安装调试工。必须穿戴劳动保护用品，严格按操作规程操作。

二、操作规程

CBC011 接地极、接地线、断接卡的预制

（一）接地极的预制

（1）首先采用无齿锯截取长度不小于 2.5m 的 50mm×50mm×5mm 镀锌角钢或者 *DN*50mm 镀锌钢管或者 ϕ20mm 镀锌圆钢。

（2）角钢的一端采用机械切割加工成尖头形状，尖点应保持在角钢的角脊线上并使两斜边对称制成接地极，在接地极的顶端安装护帽套，角钢接地极预制方法如图 2-3-1 所示。

（3）钢管或圆钢端部锯成斜口或加热后打尖，制成接地极，在接地极的顶端安装护帽套，钢管接地极预制方法如图 2-3-2 所示。

（4）镀锌层破坏处涂刷防腐漆。

（二）接地线的预制

（1）镀锌扁钢施工中经常遇到需要 L 形 90°转弯、T 形垂直连接等其他形状的情况，需提前进行预制。

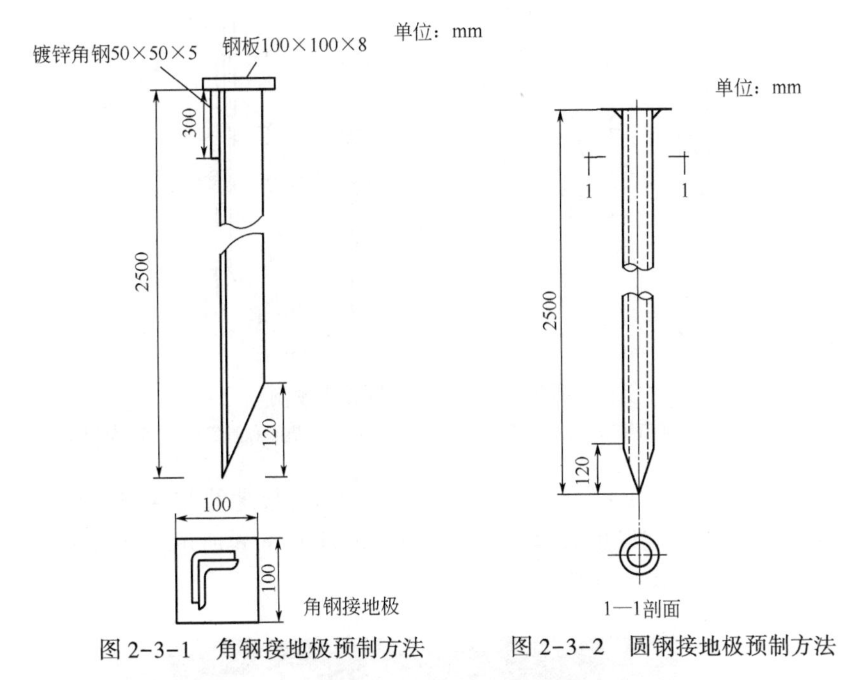

图 2-3-1 角钢接地极预制方法　　图 2-3-2 圆钢接地极预制方法

(2) 整根接地线先矫正和平直，采用无齿锯截取 500mm 长接地线。

(3) 自行制作扁钢冷煨制模具，配合液压弯管机进行加工。

(4) 进行煨制。首先将扁钢插入模具中间，如图 2-3-3 所示，用螺栓紧固。将组装好的模具安装到液压弯管机上，将扁钢弯成需要的角度，煨制到位后，松开螺栓，将扁钢取出。90°接地线现场安装效果如图 2-3-4 所示。

图 2-3-3 自制模具预制 90°接地线

图 2-3-4 90°接地线现场安装效果

(三) 断接卡的预制

(1) 在接地电阻检测点及引下线和接地线连接处设置断接卡，接地线与反应器、罐、换热器等设备连接处，也需设置便于检修拆卸的断接卡，在施工前先进行断接卡的预制工作。

(2) 首先进行接地干线的矫正和平直，按照图 2-3-5 所示进行下料。

(3) 根据所需位置测位、钻孔、煨弯，并预制断接卡子及接地端子。

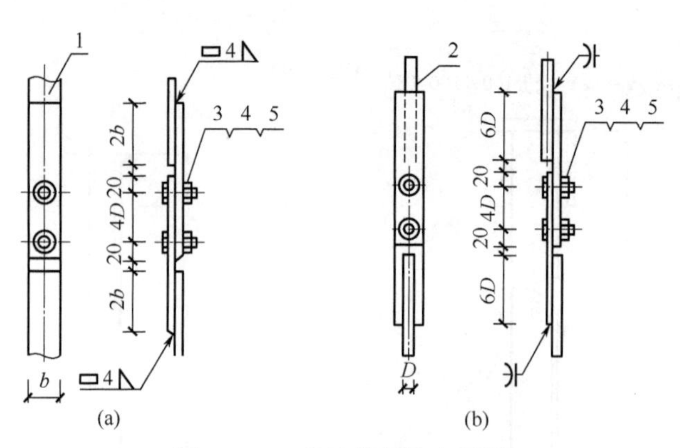

图 2-3-5　接地线断接卡预制

1—扁钢接地线；2—圆钢接地线；3—M10×30 镀锌螺栓；4—平垫圈和弹簧垫圈；5—M10 镀锌螺母

（4）在换热器和其他有膨胀的设备进行接地连接时，接地线与换热器滑动端连接或其他有膨胀的设备连接时，应设置有弧度的断接卡，如图 2-3-6 所示。断接卡采用自制工具进行冷煨，镀锌层破坏处涂刷防腐涂料。

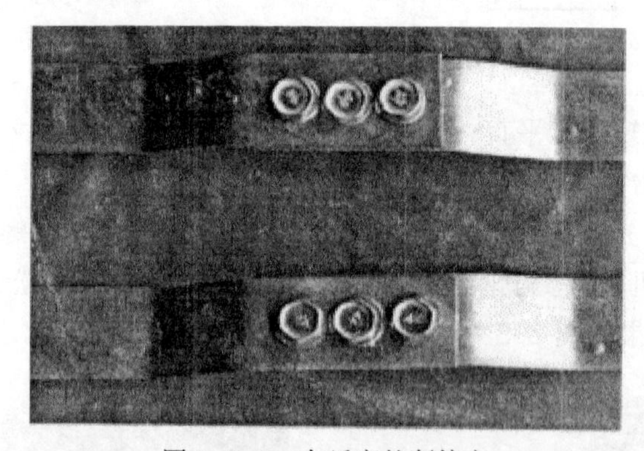

图 2-3-6　有弧度的断接卡

三、注意事项

（1）接地线预制模具的螺栓要求紧固，夹紧扁钢，避免在煨制的过程中扁钢形起褶皱。

（2）采用冷弯接地线时，冷弯半径≥20mm 时涂层不受损伤，但应该避免反复弯折。冷弯时，弯曲工具的夹痕要进行补刷防腐银粉，接触面禁止补漆。

（3）避免采用加热方式进行热煨接地线。

项目三　接地极的安装

一、准备工作

（一）设备

挖掘机、电焊机。

(二)材料、工具

接地极、铁锤、铁锹、磨光机。

(三)人员

电气安装调试工、力工。必须穿戴劳动保护用品,严格按操作规程操作。

二、操作规程

(一)沟槽开挖

根据设计图要求,对接地极(网)的线路进行测量弹线,在此线路上挖掘深为 0.8~1m、宽为 0.5m 的沟槽,沟顶部稍宽,底部渐窄,沟底如有石子应清除。

CBC012 接地极的安装

(二)人工接地极安装

(1)沟槽开挖后应立即安装接地极和敷设接地扁钢,防止土方倒塌。先将接地极放在沟槽的中心线上,打入地下。一般采用大锤打入,一人扶着接地极,一人用大锤敲打接地极顶部。为了防止接地极上端打裂,应在接地极顶端套上护帽,使用大锤敲打接地极时要平稳,锤击接地极正中,应与地面保持垂直,当接地极顶端距离地面 600mm 时停止打入。

(2)如果现场地质情况致使接地极无法垂直砸入地下,可采用钻孔的方法施工,如图 2-3-7 所示,先在接地极的位置采用钻孔机钻一直径为 80mm、深为 3.3m 的孔,然后将接地极植入孔内,接地极与孔之间的空隙用黏土回填并浇水使之密实,并在接地极上端焊接一根钢筋露出地面,以便在接地线施工时找到其位置。

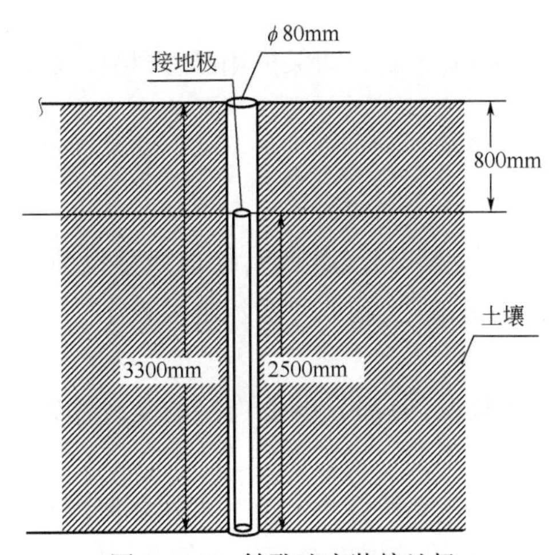

图 2-3-7 钻孔法安装接地极

(三)自然基础接地极安装

(1)利用底板钢筋或深基础作接地极。按设计图尺寸位置要求,标好位置,将底板钢筋搭接焊好,再将柱主筋(不少于 2 根)底部与底板筋搭接焊,在室外地面以下将主筋焊接连接板,清除药皮,并将两根主筋用色漆做好标记,以便引出和检查。

(2)利用柱形桩基及平台钢筋作接地极。按设计图尺寸位置,找好桩基组数位置。把每组桩基四角钢筋搭接封焊,再与柱主筋(不少于 2 根)焊好,在室外地面以下将主筋焊接预埋接地连接板,清除药皮,并将两根主筋用色漆做好标记,便于引出和检查。

三、技术要求

(1)接地极顶面埋设深度与间距应符合设计要求。当无具体规定时,接地极顶面埋设深度不应小于0.6m,水平接地极的间距不宜小于5m,垂直接地极的间距不宜小于其长度的2倍。

(2)除环形接地极外,接地极埋设位置应在距建筑物3m以外。距建筑物出入口或人行道也应大于3m,如小于3m时,应采用均压带做法或在接地装置上面敷设50~90mm厚度的沥青层,其宽度应超过接地装置2m。

(3)接地极敷设完毕,基坑回填土内不应夹有石块和建筑垃圾等。

项目四　接地线的安装

一、准备工作

(一)设备

电焊机、放热焊设备、冲击钻。

(二)材料、工具

接地线、焊条、防腐漆、钢锉、铁锹、毛刷。

(三)人员

电气安装调试工、焊工。必须穿戴劳动保护用品,严格按操作规程操作。

二、操作规程

CBC013 接地线的安装

(一)室外接地线敷设

敷设前按设计要求的尺寸位置先开挖沟槽,接地线敷设前应调直,然后将接地线放置于沟内。接地扁钢应侧放而不可放平,侧放时散流电阻较小。

(二)室内接地干线敷设

(1)室内接地干线多为明敷设,但部分设备连接的支线需在沟槽内敷设后引出地面敷设,这里以明敷设为例。

(2)接地线一般用螺栓固定在支持件上。支持件用膨胀螺栓制作。

(3)先把扁钢矫直,按膨胀螺栓的规格在扁钢上钻孔,然后用粉线在墙上弹出水平或垂直的线,水平线高度为200mm。用冲击钻在线的位置上按扁钢孔距钻孔,最后用膨胀螺栓把扁钢固定在墙上,加垫片调整扁钢到距墙壁距离为10mm,如图2-3-8所示。

(4)接地线的敷设位置不应妨碍设备的拆卸与检修,在接地线跨越建筑物伸缩缝、沉降缝时,应设置补偿器,补偿器可用接地线本身弯成弧形代替,如图2-3-9所示。

(5)明敷接地线,在导体的全长度或区间段及每个连接部位附近的表面,应涂刷15~100mm宽度相等的黄、绿相间的条纹。当使用胶带时,应使用双色胶带。

(三)接地线、接地极的连接

(1)接地线与接地极采用电焊焊接。纯铜、铜包钢及锌基合金等材质的接地装置采用

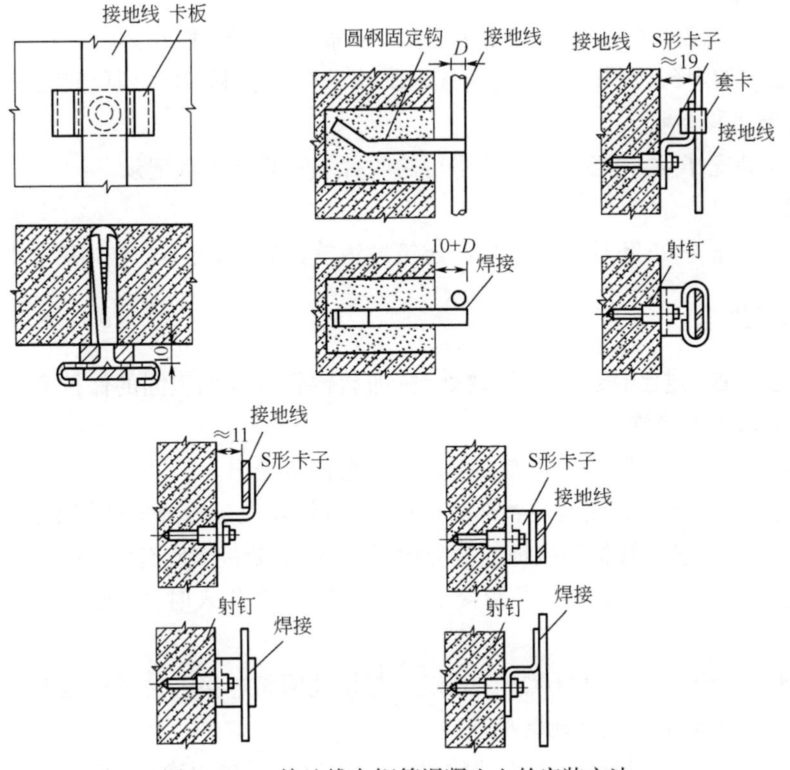

图 2-3-8 接地线在钢筋混凝土上的安装方法

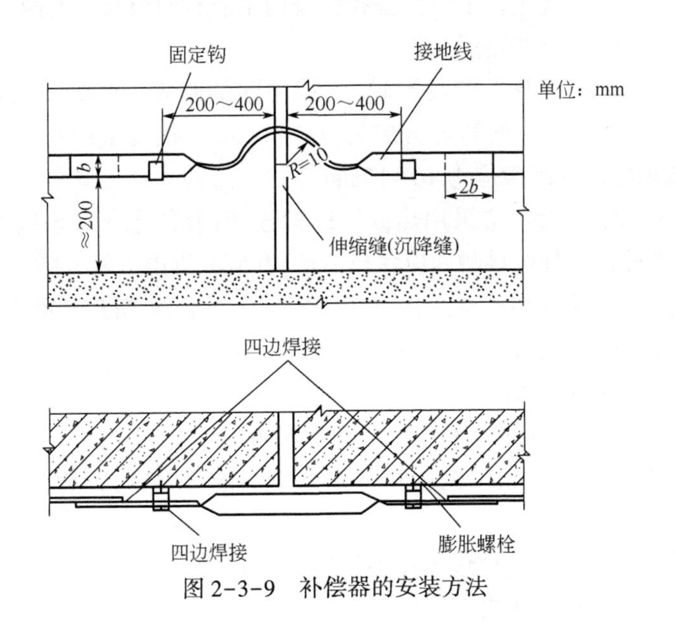

图 2-3-9 补偿器的安装方法

放热焊接(热剂焊)。接地线与接地极连接的位置距离接地体最高点约100mm。接地线与接地线间采用搭接焊接。

(2)镀锌扁钢与镀锌钢管接地极焊接时,除应在其接触部位两侧进行焊接外,应焊以由钢带弯成的弧形卡子。

（四）防腐处理

焊后在焊接部位外侧100mm范围内应采取可靠的防腐处理，在做防腐处理前，表面必须除锈并去掉残留的焊药；如采用复合防腐接地线，需刷专用涂料，并按照厂家说明的工艺刷涂。

（五）隐蔽工程验收

接地网安装完毕后，由各验收单位进行验收并填写隐蔽工程记录。

（六）回填

回填土应分层夯实，不应夹有石块和建筑垃圾等，如果原土不合格则需外取土壤回填。

三、技术要求

（1）接地线在穿过已有建（构）筑物处，应加装钢管或其他坚固的保护套。有化学腐蚀的部位还应采取防腐措施。

（2）接地干线在直线段上不应有高低起伏及弯曲等情况。

（3）接地装置由多个分接地装置部分组成时，应设置便于分开的断接卡；自然接地体与人工接地极连接处、进出线构架接地线等应设置断接卡，断接卡应有保护措施。接地线设有测量接地电阻而预备的断接卡子。断接卡子若采用暗盒装入时，需加装盒盖并做上接地标记。

（4）接地干线应在不同的两点或两点以上与接地网相连接。自然接地极应在不同的两点或两点以上与接地干线或接地网相连接。

（5）每个电气装置的接地应以单独的接地线与接地干线相连接，严禁在一个接地线中串联几个需要接地的电气装置。重要设备和设备构架应有两根与接地网不同点连接的接地引下线，连接引线应便于定期检查测试。

（6）接地线沿建筑物墙壁水平敷设时，支持件间的距离，在水平直线部分应为0.5~1.5m，垂直部分应为1.5~3m，转弯部分应为0.3~0.5m。接地干线离地面距离应为250~300mm，与建筑物墙壁间的间隙应为10~15mm。

（7）电气设备上的接地线，应采用热镀锌螺栓连接；有色金属接地线不能采用焊接时，可用螺栓连接。螺栓连接处的接触面应保持清洁，并应涂以电力复合脂。

（8）接地线、接地极采用电弧焊连接时应采用搭接焊接，其搭接长度应符合下列规定：

① 扁钢应为其宽度的2倍且不得少于3个棱边焊接；

② 圆钢应为其直径的6倍；

③ 圆钢与扁钢连接时，其长度应为圆钢直径的6倍。

（9）接地线、接地极的连接工艺采用放热焊接（热剂焊）时，其焊接接头应符合下列规定：

① 被连接的导体截面应完全包裹在接头内；

② 接头的表面应平滑且无贯穿性的气孔；

③ 被连接的导体接头表面应完全熔合。

四、注意事项

（1）主接地干线基槽的开挖后尽快敷设接地线，以减少开挖土石方量，开挖时联系业主和监理,对地下情况进行核实,注意地下管线和电缆。

(2)接地线涂刷防腐涂料时,在下雨、下雪等空气相对湿度≥90%时禁止施工。涂刷后的3h内严禁遇水。

项目五　接地模块的安装

一、准备工作

(一)设备

挖掘机、电焊机。

(二)材料、工具

接地模块、铁锹、水桶、焊材、防腐漆。

(三)人员

电气安装调试工、力工。必须穿戴劳动保护用品,严格按规程操作。

CBC014 接地模块的安装

二、操作规程

(1)按照设计图纸规定进行开挖接地沟,并按照接地模块的位置开挖埋设基坑。

(2)根据工程实际需要,平板形接地模块一般用于水平埋设,圆柱形和梅花形模块一般用于垂直埋设,也可做其他任何适合地形的形式埋设。接地模块按照设计要求垂直或水平就位,不应倾斜放置,保持与原土层接触良好,受力均匀。

(3)采用耐腐蚀的接地干线将接地模块并联焊接成一个环路,接地模块的电极芯与接地线采用搭接焊,搭接长度不能小于扁钢宽度的2倍,且应多边焊接。若垂直模块钢芯为圆管或圆钢时,应将连接扁钢立起来,以便与钢芯有效接合,并在钢芯两侧加焊钢筋头加固,如图2-3-10所示。建议焊缝长度不小于80mm,不得虚焊、漏焊。

图2-3-10　接地模块安装

（4）焊后回填。应采用细粒土为填料，不得采用碎砖、沙石等，分层填设，每次添加填料约300mm厚，适当洒水夯实，保证土壤的湿润，令接地模块充分吸湿。如此反复操作，直至坑槽与地面齐平。

三、技术要求

（1）一般接地模块顶面埋深不应小于0.6m，如果土壤电阻率比较高则宜适当深埋。接地模块间距不应小于模块长度的3～5倍。接地模块埋设基坑宜为模块外形尺寸的1.2～1.4倍。

（2）接地模块中内置的电极芯一般采用热镀锌钢、纯铜、锌包钢、不锈钢或铜覆钢等材料，当电极芯与接地干线连接材料为铜与铜或铜与钢材时，应采用热剂焊。

项目六　管线、设备及钢结构的接地连接

一、准备工作

（一）设备

角钢加工工具、电焊机。

（二）材料、工具

接地线、抱卡、常用电工工具、钢锉、焊材、防腐漆。

（三）人员

电气安装调试工。必须穿戴劳动保护用品，严格按操作规程操作。

二、操作规程

CBC015 管线、设备及钢结构的接地连接

（一）管线防静电接地

（1）采用黄绿相间的铜芯软绞线压接后进行跨接，跨接前处理好导电接触面。

（2）管道在进出装置区（含生产车间厂房）处、分岔处应进行接地。长距离无分支管道应每隔100m接地一次。

（3）平行管道净距小于100mm时，应每隔20m加跨接线。当管道交叉且净距小于100mm时，应加跨接线。

（4）当金属法兰采用金属螺栓或卡子紧固时，一般可不必另装静电连接线，但应保证至少有两个螺栓或卡子间具有良好的导电接触面。

（5）金属配管中间的非导体管段，两端的金属管应分别与接地干线相连，或用截面不小于6mm^{2}的铜芯软绞线跨接后接地。非导体管段上的所有金属件均应接地。

（二）设备和钢结构的接地连接

（1）预制接地耳和断接卡。

（2）对引出地面的接地线进行下料切割。

（3）焊接断接卡或接地耳，焊接后敲药皮再用防腐漆。

（4）拆卸钢结构和设备的接地连接螺栓。

(5)打磨连接螺栓处的油漆,露出金属,涂刷电力复合脂。

(6)把预制钻孔好的接地线用接地连接螺栓固定。静设备接地连接如图 2-3-11 所示。

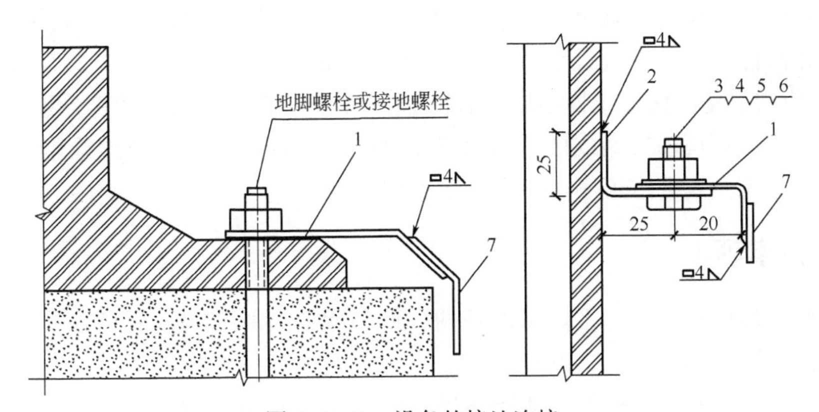

图 2-3-11　设备的接地连接

1—连接片;2—接地耳;3—螺栓 M6;4—螺母 M6;5—弹簧垫圈;6—垫圈;7—接地线

(7)钢结构可以直接焊接,如图 2-3-12 所示,焊接的搭接长度要大于接地线宽度的 2 倍,焊接后敲药皮再用防腐漆。

图 2-3-12　钢结构的接地连接

(8)接地线本体从地面以上全长刷黄绿相间的防腐漆(螺栓也包括在内)。

(9)腐蚀环境下,按设计要求在接地线上套保护钢管,一般情况保护钢管地下长 200mm,地上的保护钢管长度根据断接卡的高度确定。

三、技术要求

(1)工艺管线的始末端、拐角处及管线直线长度距离 100m 和分支处等做接地。对爆炸、火灾危险场所内可能产生静电危险的设备和管道,均应采取防静电接地措施。

（2）装置内的金属构架、壁厚大于 4mm 的塔、容器等不设接闪器，只做防雷防静电接地，接地点不应少于 2 处，两接地点间距离不宜大于 18m。

（3）爆炸危险环境内电气设备（如电动机、操作柱等）与接地线的连接宜采用多股软绞线（黄绿色相间标识），其铜线最小截面不得小于 4mm。铠装电缆接入电气设备时，其接地或接零芯线应与设备内接地螺栓连接；钢带及金属外壳应与设备外接地螺栓连接。

（4）爆炸危险环境内接地或接零用的螺栓应有防松装置，接地端子应涂电力复合脂。

（5）地下直埋金属管道可不做静电接地处理。

四、注意事项

（1）明敷接地线敷设位置不妨碍设备的拆卸与检修，便于检查，保证横平竖直，相同设备的接地线应保持一致。

（2）连接到设备和钢结构的接地线，安装时要预留出防火涂料和保温层的厚度。

（3）拆除脚手架或搬运物件时不得碰坏接地干线。

（4）装置内接地线与反应器、罐、换热器等设备连接处，设置便于检修拆卸的断接卡，连接到设备膨胀端的接地线的断接卡要设置一定的弯度。

项目七　避雷针的安装

一、准备工作

（一）设备

角钢或钢管加工工具、电焊机、冲击电钻、吊车等。

（二）材料、工具

镀锌圆钢或钢管（或成品避雷针）、筋板、常用电工工具、线坠、卷尺、大绳、倒链、钢锯、锯条、焊材、防腐漆。

（三）人员

电气安装调试工、架子工。必须穿戴劳动保护用品，严格按操作规程操作。

二、操作规程

CBC016 避雷针的安装

（一）避雷针制作

如果避雷针没有采购成品，需现场制作，则按下列步骤进行施工。

（1）避雷针一般采用镀锌圆钢或钢管制成，其直径不应小于下列数值：独立避雷针一般采用 ϕ19mm 镀锌圆钢；屋面上的避雷针一般采用 ϕ25mm 镀锌钢管；水塔顶部避雷针圆钢直径为 25mm，钢管直径为 40mm；烟囱顶上圆钢直径为 25mm；避雷环圆钢直径为 12mm；扁钢截面长 100mm，厚度为 4mm。

（2）把放电尖端打磨光滑后进行涮锡。如针尖采用钢管制作，可先将上节钢管一端锯成锯齿形，用手锤收尖后，焊缝磨平、涮锡。

（3）按设计要求的材料所需的长度分多节进行下料，然后把各节管按粗细拼装起来，相邻两节应把细管插入粗管中一段,插入长度一般为 250mm。最后把各个接头用 ϕ12mm 铆钉铆接或采用开槽焊接,接口部分应焊牢。

(4)焊接后把避雷针通体镀锌或涂银粉。

(二)避雷针安装

(1)若屋顶设计有女儿墙或山墙时,可将避雷针支架预先埋入女儿墙或山墙内,可采用膨胀螺栓将支架固定在定位后的墙上。

(2)若屋顶没有女儿墙,可选用钢筋混凝土底座固定安装避雷针。底座的地脚螺栓或锚筋应与屋面板的钢筋用焊接相连。底座固定安装避雷针的方法可分为预埋地脚螺栓和预埋板两种方法。在沿海、山地等大风、台风多发地区,在设计安装避雷针之前应检验风载荷。

(3)安装前先检查预埋地脚螺栓或预埋板是否符合设计要求。

(4)将避雷针主杆底部与避雷针增高桅杆(无缝钢管或镀锌钢管等)用电焊进行焊接;或用特制针用法兰盘连接。

(5)用扳手拧紧主针尖。

(6)将焊接完毕的桅杆进行垂直吊装。

(7)将支座钢板的底板固定在预埋地脚螺栓上,焊上一块肋板,再将避雷针立起、找直、找正后进行点焊,然后加以校正,焊上其他三块肋板。

(8)最后将引下线焊在底板上,避雷针底座应于 180°方向焊接两根引下线与接地网或避雷带连接,清除药皮刷防锈漆及银粉。

三、技术要求

(1)需要预制的避雷针采用镀锌钢管制作针尖,管壁厚度不得小于 3mm,针尖涮锡长度不得小于 70mm。

(2)避雷针使用的紧固件均应使用镀锌制品,当采用没有镀锌的地脚螺栓时应采取防腐措施。

(3)避雷针应垂直安装牢固,垂直度允许偏差为 3/1000。

(4)独立避雷针及其接地装置与道路或建筑物的出入口等的距离应大于 3m。当小于 3m 时,应采取均压措施或铺设卵石或沥青地面。

(5)独立避雷针应设置独立的集中接地装置,其与接地网的地中距离不应小于 3m。当小于 3m 时,在满足避雷针与主接地网的地下连接点至 35kV 及以下设备与主接地网的地下连接点,沿接地极的长度不得小于 15m 的情况下,该接地装置可与接地网连接。

(6)建筑物上的避雷针或防雷金属网,应和建筑物顶部的其他金属物体连接成一个整体。

四、注意事项

(1)必须在接地装置及引下线施工完成后才能安装避雷针,且与引下线连接。

(2)搬运及吊装避雷针时避免碰撞。

项目八　避雷带的安装

一、准备工作

（一）设备

电焊机。

（二）材料、工具

避雷线、固定卡、手锤、常用电工工具、倒链、卷尺、大绳、粉线袋、焊材、防腐漆。

（三）人员

两名电气安装调试工。必须穿戴劳动保护用品，严格按操作规程操作。

CBC017 避雷带的安装

二、操作规程

（1）避雷线如为扁钢，可放在平板上用手锤调直；如为圆钢，可将圆钢放开一端固定在牢固地锚的夹具上，另一端固定在绞磨（或倒链）的夹具上，进行冷拉调直。

（2）将调直的避雷线运到安装地点。

（3）将避雷线用大绳提升到顶部，测量弹线定位，支架埋设，敷设，卡固，焊接连成一体，如图 2-3-13 所示，同引下线焊接。焊接的药皮应敲掉，进行局部调直后刷防锈漆及银粉。

图 2-3-13　避雷带的安装

（4）建筑物屋顶上有突出物，如金属旗杆、透气管、铁栏杆、爬梯、冷却水塔、电视天线等，这些部位的金属导体都与避雷网焊接成一体。顶层的烟囱应做避雷带或避雷针。

（5）避雷线在建筑物的变形缝处应做补偿跨越处理。

三、技术要求

（1）避雷线卡固时应加镀锌弹垫、平垫。

（2）避雷线应平直、牢固，不应有高低起伏和弯曲现象，距离建筑物距离应一致。

（3）避雷线弯曲处不得小于 90°，弯曲半径不得小于圆钢直径的 10 倍。

(4)避雷线如用扁钢,截面不得小于 $100mm^2$ 且厚度不小于4mm;如为圆钢直径不得小于8mm。

(5)避雷线明敷设时,高度不大于100mm,其支持件间距应均匀,间距距离应符合水平直线部分不大于1m,垂直直线部分不大于2m,弯曲部分不大于0.3m。

(6)遇有变形缝处应做煨弯补偿。

四、注意事项

(1)遇坡顶瓦屋面,在操作时应采取措施,以免踩坏屋面瓦。

(2)不得损坏外檐装修。

(3)避雷网敷设完毕后,应注意保护,防止外墙装修污染避雷线。

(4)避雷网敷设必须在引下线连接到接地网后才进行施工。

项目九　避雷引下线的安装

一、准备工作

(一)设备

电焊机、冲击钻。

(二)材料、工具

避雷线、手锤、常用电工工具、倒链、卷尺、大绳、粉线袋、线坠、焊材、防腐漆。

(三)人员

电气安装调试工。必须穿戴劳动保护用品,严格按操作规程操作。

CBC018 避雷引下线的安装

二、操作规程

(1)引下线如为扁钢,可放在平板上用手锤调直;如为圆钢可将圆钢放开,一端固定在牢固地锚的机具上,另一端固定在绞磨(或倒链)的夹具上进行冷拉直。

(2)将调直的引下线运到安装地点。

(3)将引下线用大绳提升到最高点,然后由上而下逐点固定,直至安装断接卡子处。如需接头或安装断接卡子,则应进行焊接。

(4)焊接后清除药皮,局部调直,刷防锈漆(或银粉)。

(5)将引下线地面以上1.8m段套上保护管或采用角钢防护,卡固,刷红白油漆。

(6)用镀锌螺栓将断接卡子与接地线连接牢固。

(7)避雷引下线与避雷针(带)之间的连接应采用电焊或热剂焊(放热焊接)。

(8)避雷引下线与接地装置使用镀锌螺栓连接。

三、技术要求

(一)避雷引下线需要装设断接卡子或测试点的部位、数量

原则上按图纸设计设置,无要求时按以下规定设置:

（1）引下线扁钢截面不得小于25mm×4mm；圆钢直径不得小于12mm。

（2）建、构筑物只有一组接地极时，可不做断接卡子，但要设置测试点。

（3）建、构筑物采用多组接地极时，每组接地极均要设置断接卡子。

（4）断接卡子或测试点设置的部位应不影响建筑物的外观且应便于测试，暗设时距地高度为0.5m，明设时距地高度为1.5～1.8m；地面上1.7m至地面下0.3m与引下线连接的这段接地线，应采取防机械损伤的保护措施，采用塑料管或镀锌角钢加以保护。断接卡子所用螺栓直径不得小于10mm，并需加镀锌垫圈和镀锌弹簧垫圈。

（二）避雷引下线明敷设的有关规定

（1）引下线应躲开建筑物的出入口和行人较易接触到的地点，以免发生危险。

（2）引下线必须调直后方可进行敷设，弯曲处不应小于90°，并不得弯成死角。

（3）引下线除设计有特殊要求外，镀锌扁钢截面不得小于50mm^2，厚度不应小于2.5mm，镀锌圆钢直径不得小于8mm。

（三）避雷引下线暗敷设的有关规定

（1）利用主筋作暗敷设引下线时，每条引下线不得少于两根主筋，每根主筋直径不能小于ϕ12mm。每栋建筑物至少有两根引下线（投影面积小于50m^{2}的建筑物例外）。防雷引下线最好为对称位置。引下线间距离不应大于20m，当大于20m时应在中间多引一根引下线。

（2）现浇混凝土内敷设引下线不做防腐处理。

（3）主筋搭接处按接地线要求焊接，当主筋连接采用压力埋弧焊、对焊、冷挤压、丝接时，其接头处可不焊跨接线及其他的焊接处理。

模块四　防雷及接地系统调试

项目一　相关知识

CBD001 接地电阻的要求

一、接地电阻的要求

对于各类常用的接地装置，其允许接地电阻值(Ω)应符合设计文件规定，当设计文件没有规定时应符合下列要求：

(1)电源容量100kVA(含)以上的变压器或发电机的工作接地，接地电阻不宜大于4Ω。

(2)电源容量小于100kVA的变压器或发电机的工作接地，接地电阻不应大于10Ω。

(3)100kVA以下低压配电系统的零线重复接地，接地电阻不应大于10Ω；当重复接地有3处以上时，接地电阻不应大于30Ω。

(4)电气设备不带电金属部分的保护接地，接地电阻不宜大于4Ω。

(5)独立的燃油、易燃气体储罐及其管道，接地电阻不宜大于10Ω。

(6)对于非有效接地系统的架空线路钢筋混凝土杆、金属杆，接地电阻不宜大于30Ω。对于低压进户线绝缘子铁脚，接地电阻不宜大于30Ω。

(7)对于中性点不接地的低压电力网线路的钢筋混凝土杆、金属杆，接地电阻不宜大于50Ω。

(8)独立避雷针的接地电阻不宜大于10Ω。

(9)烟囱的防雷保护接地，接地电阻不宜大于30Ω。

(10)防静电接地的接地电阻不宜大于100Ω，如与其他接地系统连接，应满足接地电阻最低要求值。

CBD002 降低接地电阻的措施

二、降低接地电阻的措施

降低接地电阻，主要从选择复式接地装置和降低土壤电阻率这两方面进行。

(一)选择复式接地电阻装置

为了降低接地电阻，往往用多根的单一接地极以金属体并联连接而组成复合接地极或接地极组。例如用三根垂直接地极并联组成的复式接地装置，由于采用多个并联支路，加之接地极与土壤的接触面增大，各接地极之间的相互屏蔽作用妨碍了每个接地极向土壤中扩散电流，所以它的冲击接地电阻比单根接地极的要小。

(二)降低土壤电阻率

1.更换土壤

将接地装置附近的高电阻率的土壤置换成低电阻率的土壤，置换范围为接地体周围

0.5m 以内和接地体的 1/3 处。但这种取土置换方法对人力和工时耗费都较大。在选用换土法时应注意两点:

(1)所选择的土壤应能与接地电极及原土壤紧密接触,否则效果将大大削弱,甚至比直接将电极插入原土壤的接地电阻更大。

(2)选用的土壤最好呈中性或碱性,避免使用酸性土壤。酸性土壤会腐蚀接地电极,导致接地电阻增加。

2. 深埋接地极

当地下深处的土壤或水的电阻率较低时,可采取深埋接地极来降低接地电阻值。这种方法对含砂土壤最有效果。这种方法可以不考虑土壤冻结和干枯所增加的电阻系数,但施工困难,土方量大,造价高,在岩石地带困难更大。

3. 采用多支外引式接地装置

如接地装置附近有导电良好及不冻的河流湖泊,可采用多支外引式接地装置来降低接地电阻值。但在设计、安装时,必须考虑到连接接地极干线自身电阻所带来的影响,因此,外引式接地极长度不宜超过 100m。

4. 利用自然接地体

充分利用水工建筑物(水井、水池等)以及其他与水接触的混凝土内的金属体作为自然接地体,可在水下钢筋混凝土结构物内绑扎成的许多钢筋网中选择一些纵横交叉点加以焊接,与接地网连接起来。

5. 采取深井接地方法

当地下较深处的土壤电阻率较低时,有条件时还可采用深井接地法。用钻机钻孔(也可利用勘探钻孔)把钢管接地极打入井孔内,并向钢管内和井内灌注泥浆。

6. 填充接地电阻降阻剂

在接地极周围敷设了降阻剂后,可以起到增大接地极外形尺寸,降低与周围大地介质之间接触电阻的作用,因而能在一定程度上降低接地极的接地电阻。降阻剂用于小面积的集中接地、小型接地网时,其降阻效果较为显著。

三、接地装置的其他特性参数及测试要求

CBD003 接地装置的其他特性参数

(一)特性参数

接地装置的特性参数主要包括:接地装置的电气完整性、接地电阻、场区地表电位梯度、接触电位差、跨步电压和转移电位等参数或指标。除了电气完整性,其他参数为工频特性参数。

为了更利于接地装置全寿命周期管理和状态评价工作的开展,在 GB 50150—2016《电气装置安装工程 电气设备交接试验标准》中,增加了接地装置的场区地表电位梯度、接触电位差、跨步电压和转移电位测量试验项目及标准。

(1)接地装置的电气完整性是指接地装置中应该接地的各种电气设备之间、接地装置的各部分及与各设备之间的电气连接性,即直流电阻值,也称为电气导通性。

(2)场区地表电位梯度是指接地短路电流或试验电流流过接地装置时,被试接地装置所在的场区地表面形成的电位梯度。场区地表电位梯度是一个重要的表征接地装置状况的

参数，大型接地装置的状况评估和验收试验，应测试接地装置所在场区的电位梯度分布曲线，中小型接地装置则应视具体情况尽量测试，某些重点关注的部分也可测试。

(3)接触电位差是指当接地短路电流流过接地装置时，地面上距设备水平距离 1.0m 处与沿设备外壳、架构或墙壁离地面的垂直距离 1.8m 处两点间的电位差。

(4)跨步电位差是指当接地短路电流流过接地装置时，地面上水平距离为 1.0m 的两点间的电位差。

(5)转移电位是指当接地短路电流流过接地装置时，由一端与接地装置连接的金属导体传递的接地装置对地电位。

大型接地装置的交接试验应进行各项特性参数的测试。大型接地装置是指：110kV 及以上电压等级变电所的接地装置，装机容量在 200MW 以上的火电厂和水电厂的接地装置，或者等效面积在 $5000m^2$ 以上的接地装置。

CBD006 场区地表电位梯度、接触电位差、跨步电压和转移电位测试

(二)场区地表电位梯度、接触电位差、跨步电压和转移电位测试要求

1. 场区地表电位梯度测试

接地装置按照测试回路的有关要求施加试验电流，将被试场区合理划分，场区电位分布用若干条曲线来表述，在曲线路径上中部选择一条与主接地网连接良好的设备接地引下线作为参考点。从曲线的起点，等间距(间距 d 通常为 1m 或 2m)测试地表与参考点之间的电位梯度 U，直至终点，根据所得数据绘制各条 $U-x$ 曲线，即场区地表电位梯度分布曲线。

2. 跨步电压、接触电位差和转移电位测试

跨步电位差数值上即单位场区地表电位梯度。测试设备的接触电位差，重点是场区边缘的和运行人员常接触的设备，如隔离开关、接地开关、构架等。参照接触电位差的测试方法，可测试接地装置外引金属体，如金属管路的转移电位。

3. 场区地表电位梯度测试结果的判定

状况良好的接地装置的电位梯度分布曲线表现比较平坦，通常曲线两端较高；有剧烈起伏或突变通常说明接地装置状况不良。

4. 跨步电压、接触电位差和转移电位测试结果的判定

当该接地装置所在的变电所的有效接地系统的最大单相接地短路电流不超过 35kA 时，跨步电位差一般不宜大于 80V。

一个设备的接触电位差不宜明显大于其他设备，一般不宜超过 85V。

转移电位一般不宜超过 110V。

项目二　接地电阻的测量

一、准备工作

(一)设备

指针式接地电阻测试仪或钳式接地电阻表。

（二）材料、工具

接地极、ϕ6mm 以上的钢棍、导线、皮尺、电工工具、手锤、钢丝刷、温湿计、卷尺或直尺、帆布手套、接地电阻记录表格、签字笔。

（三）人员

电气安装调试工、力工。必须穿戴劳动保护用品，严格按操作规程操作。

二、操作规程

CBD004 接地电阻的测量

（一）准备工作

检查接地网是否断开，检查接地电阻表型号，进行引线长度复核。

（二）接地电阻测试仪法测量接地电阻

1. 接线

（1）将表线放开，分别在距被测接地体 20m 和 40m 处打入两根辅助接地极 P 和 C，深度不小于 0.4m。如果辅助接地极缺失，可以用 ϕ6mm 以上的钢棍作为辅助接地极。

（2）将接地电阻测试仪放置在离测试点 1～3m 处，水平放置，机械调零。

（3）将被测接地体与接地电阻表的接线柱 E 相连，较远的辅助电极 C 与端子 C_1（电流端）相连，较近的辅助接地极 P 与端子 P_1（电位端）相连。每个接线头的接线柱都必须接触良好，连接牢固。

（4）当用 0～1/10/100Ω 规格的测试仪（具有 4 个端钮）测量小于 1Ω 的接地电阻时，应将仪表接线柱上（带接地符号）的短接片打开，分别用导线连接到被测接地体上，以消除测量时连接导线电阻的附加误差。测高压输电铁塔的接地电阻常用四线法测量。

2. 调整零位

将仪表放于水平位置，检查检流计的指针是否指于中心线上（即零线），否则可用零位调整器将其调正指于中心线。

3. 选择倍率挡位

（1）将倍率开关置于最大倍数上，缓慢摇动仪表摇柄，同时转动“测量分度盘”，直至检流计指针处于中心线位置上。

（2）当检流计指针接近平衡时，加快手柄转速（120r/min），再转动“测量分度盘”，使检流计指针稳定在中心线位置上，停转，读取被测接地值。

（3）若“测量分度盘”的读数过小（小于 1）不易读准确时，说明倍率标度倍数过大。此时应将倍率开关置于较小的倍数，重新调整“测量分度盘”使指针指向中心线上并读出准确读数。

4. 计算测量结果

接地电阻值=测量分度盘读数×倍率。

5. 清理现场

测试完毕，清理现场，回收表线，擦拭钢钎，将接地摇表归位。

（三）钳表法测量接地电阻

（1）使用钳式接地电阻表测量接地电阻时不需打入辅助接地极，不用断开杆塔接地螺栓连接，只需要卡钳卡住接地极导线，仪表上的显示屏便呈现出电阻数据来。

（2）开机前，扣压扳机一两次，确保钳口闭合良好。

(3)按“Power”键,进入开机状态,受限自动测试液晶显示器,其符号全部显示,然后开始自检,当“OLΩ”出现后,自检完成,自动进入电阻测量模式。如果开机出错,会显示“Er”符号,需重启。

(4)自检过程中,不要扣压扳机,不能张开钳口,不能钳任何导线,要保持钳表的自然静止状态。

(5)自检完成后,扣压扳机,打开钳口,钳住待测回路,读取电阻值。

(6)若认为有必要,用随机的测试环检验一下。其显示值应该与测试环上的标称值一致(5.0~5.2Ω 为正常)。

(四)记录数值,填写表格

填写接地电阻测试记录,进行结果分析,判断接地电阻是否符合设计要求。

三、技术要求

(1)每个接地网需至少测试两点接地电阻。

(2)接地电阻测试记录应包括:测量位置、接地电阻规定值和实测值、测量日期、当天湿度、当天及前三天内天气情况以及简绘接地布置图,并简述接地情况,最后得出检测结论。

(3)接地电阻值应符合设计文件规定,当设计文件没有规定时应符合本模块相关知识的要求。

(4)试验时应排除与接地网连接的架空地线、电缆的影响,从断接卡那里拆除连接。

(5)测试回路尽量远离地下金属管道和运行中的输电线路,避免与之长段并行、与之交叉时垂直跨越。

(6)两根辅助电极设置的土质必须坚实,不能设置在泥地、回填土、树根旁、草丛等位置。

(7)当检流表指针缓慢移到0平衡点时,才能加快仪表发电机的手柄,手柄额定转速为120r/min。严禁在检流表指针仍有较大偏转时加快手柄的旋转速度。

(8)接地电阻不满足要求时必须进行场区地表电位梯度、接触电位差、跨步电压和转移电位的测量,以便进行综合分析判断,进行有针对性检查处理。

四、注意事项

(1)试验期间电流线严禁断开,电流线全程或电流极处要有专人看护。

(2)钳式接地电阻测量仪不适用于单点接地系统,只能检测环路接地电阻。

(3)测试时间应尽量在干燥季节和土壤未冻结时进行,不应在雷、雨、雪中或雨、雪后立即进行,如果有雨、雪天气,最好在雨雪后连续3个晴天后进行接地电阻的测试。

项目三 接地装置的电气完整性测试

一、准备工作

(一)设备

电源、接地导通测试仪(分辨率为1mΩ,准确度不低于1.0级)或采用高内阻电压表。

（二）材料、工具

电源开关、接地网、导线、电工工具、钢丝刷、温湿计、毛刷、帆布手套、记录表格、签字笔。

（三）人员

电气安装调试工、力工。必须穿戴劳动保护用品，严格按操作规程操作。

CBD005 接地装置的电气完整性测试

二、操作规程

（1）首先选定一个很可能与主接地网连接良好的设备的接地引下线为参考点。

（2）再测试周围电气设备接地部分与参考点之间的直流电阻。测试接线方法如图 2-4-1 所示。

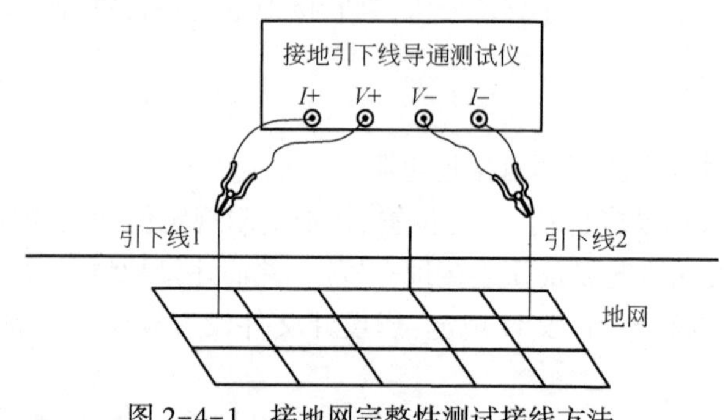

图 2-4-1 接地网完整性测试接线方法

使用仪器自配的两根测量线（50m、5m）一端插入仪器接线座，带有测试钳的一端夹到基准点和被测点（其中黑色测试线夹在基准点，红色测试线夹在各个被测试点上）上。

为了保证测出数据的正确性，尽量处理干净被测点的接触面。

（3）接线检查确认无误后，接入 220V 交流电，合上电源开关，仪器进入开机状态。

（4）按“测量”键后即开始测试，屏幕中间的显示区显示测量的电阻值即为导通电阻值，单位为 mΩ，注意转换为 Ω。

（5）如果开始即有很多设备测试结果不良，则考虑更换参考点。

（6）仪器采用的是四端子法测量，因此可消除导线电阻和接触电阻带来的误差。

（7）如果采用高内阻电压表测试，需在被试电气设备的接地部分与参考点之间加恒定直流电流，再用高内阻电压表测试由该电流在参考点通过接地装置到被试设备的这段金属导体上产生的电压降，并换算到电阻值，但应注意扣除测试引线的电阻。

三、技术要求

（一）接地装置的电气完整性测试的意义和周期

在电力设备的长时间运行过程中，接地装置的地下接地极、接地线及接地引下线等连接部分也可能因受潮等因素影响，出现锈蚀甚至断裂现象，导致接地引下线与主接地网连接点电阻增大，从而不能满足电力规程的要求，使设备在运行中存在安全隐患，严重时会造成设备失地运行。因此，定期对接地装置进行电气完整性测试是很有必要的。接地装置的导通检测工作应每年进行一次。

(二)测试结果的判断和处理

(1)测试连接与同一接地网的各相邻设备接地线之间的电气导通情况,以直流电阻值表示。直流电阻值不应大于0.05Ω,状况良好的设备测试值应在0.05Ω以下。

(2)测试值在0.05~0.2Ω的,表示设备接地状况尚可,宜在以后例行测试中重点关注其变化,重要设备宜在适当时候检查处理。

(3)测试值在0.2~1Ω的,表示设备状况不佳,对重要设备应尽快检查处理,其他设备宜在适当时候检查处理。

(4)测试值在1Ω以上的,表示设备与主接地网未连接,应尽快检查处理。

(5)独立避雷针的测试值应在0.5Ω以上。

(6)测试中相对值明显高于其他设备,而绝对值又不大的,按状况尚可对待。

四、注意事项

测试中应注意减小接触电阻的影响。当发现测试值在0.05Ω以上时,需反复测试验证。

项目四　土壤电阻率的测试

一、准备工作

(一)设备

接地电阻测试仪。

(二)材料、工具

接地极、铁锤、电工工具、卷尺、温湿计、毛刷、帆布手套、记录表格、签字笔。

(三)人员

电气安装调试工。必须穿戴劳动保护用品,严格按操作规程操作。

二、操作规程

CBD007　土壤电阻率的测试

(一)采用单级法进行测试

在被测场地打入一直径为 d 的单级垂直接地极,埋设深度为 h。

用接地电阻测试仪测试得到该单级接地极的接地电阻 R,然后由下式计算得到等效土壤电阻率 ρ。

$$\rho=\frac{2\pi hR}{\ln\frac{4h}{d}} \tag{2-4-1}$$

式中　R——单级接地极的接地电阻,Ω;

d——单级接地极的直径,m;

h——单级接地极的埋深深度,m。

改变被试接地极的埋设深度 h,可反映不同深度的土壤电阻率 ρ 的变化。单级法能测试相当于被试接地极埋设深度 h 的 5~10 倍的土壤电阻率,但需要多次测试接地电阻。

(二)四级法测试土壤电阻率

如果要测试被试电极较远地区或较大区域的土壤,以及水平或垂直分层不均匀的土壤特性,应采用四级法测试。

用四级法测量土壤电阻率,电极可用 4 根直径 2cm 左右,长 0.5~1.0m 的圆钢或钢管作电极,考虑到接地装置的实际散流效应,极间距离可取 20m 左右,测量变电所的土壤电阻率时,应取 3~4 点以上测量数的平均值作为测量值。

采用四级法测量土壤电阻率,被测场地土壤中的电流场的深度与极间距离有密切关系,当极间距离不大时所测得的电阻率,仅为大地表层的电阻率。两电极之间的距离不应小于电极埋设深度的 20 倍。

三、技术要求

(1)单级接地极的直径 d 不应小于 1.5m,长度应不小于 1m。

(2)单级法只适用于土壤电阻率较均匀的场地。

(3)土壤电阻率测试应避免在雨后或雪后立即进行,一般宜在连续天晴 3 天后或在干燥季节进行。在冻土区,测试电极需打入冰冻线以下。

(4)尽量减小地下金属管道的影响,要求最近的测试电极与地下管道之间的距离不小于极间距离。

模块五　照明系统预制、安装

项目一　相关知识

一、照明方式和种类

(一)照明方式

CBE001 照明方式和种类

1. 一般照明

一般照明是指在整个场所或场所的某部分照度基本上相同的照明,对于工作位置密度很大而对光照方向又无特殊要求,或工艺上不适宜装设局部照明设置的场所,宜单独使用一般照明。

2. 局部照明

局部照明是指局限于工作部位的固定的或移动的照明,对于局部地点需要高照度并对照射方向有要求时宜采用局部照明。

3. 混合照明

混合照明是指一般照明与局部照明共同组成的照明。对于部分作业面照度要求较高,只采用一般照明不合理的场所,宜采用混合照明;对于工作部位需要较高照度并对照射方向有特殊要求的场所,宜采用混合照明。

根据炼化装置的生产、布置情况,大多工作场所采用一般照明,对部分观察位置等处采用混合照明或分区一般照明,即在一般照明的基础上加局部照明或采用不同照度的照明。

(二)照明种类

炼化装置现场照明种类主要分为:正常照明、应急照明、警卫照明和障碍照明。

1. 正常照明

正常照明是指用来保证在照明场所正常工作时所需的照度适合视力条件的照明。

2. 应急照明

应急照明是指因正常照明的电源失效而启用的照明。应急照明包括备用照明、安全照明和疏散照明。

装置区管架、仪表控制室、值班室、变电所主要设备间及其他人员密集处及疏散通道设应急照明。应急照明一般应采用 EPS 集中供电方式,在应急照明较少或 EPS 电源难以取得处也可采用自带蓄电池的应急灯。

正常照明因故障熄灭后,需确保正常工作或活动继续进行的场所,应设置备用照明。

正常照明因故障熄灭后,需确保人员安全疏散的出口和通道,应设置疏散照明。

3. 警卫照明

有警戒任务的场所,应根据警戒范围的要求设置警卫照明。

4. 障碍照明

障碍照明是指在可能危及航行安全的建筑物或构筑物上安装的标志灯。

高架结构应安装航空障碍灯,以满足空中及安全导航的规定。通常每个装置内45m以上的烟囱、高塔安装障碍照明,超过90m以上烟囱中间也要加障碍灯。

二、电光源的种类及选用原则

CBE002 电光源的种类及选用原则

(一)电光源的种类

光源按发光原理可分为热辐射光源、气体放电光源、固体发光光源。

1. 热辐射光源

热辐射光源是电流流经导电物体,使之在高温下辐射光能的光源。如白炽灯、玻璃反射灯、卤钨灯等。

2. 气体放电光源

气体放电光源是指电流流经气体或金属蒸气,使之产生气体放电而发光的光源。气体放电光源有荧光灯、紧凑型荧光灯、低压钠灯、高压钠灯、高压汞灯、金属卤化物灯、霓虹灯、激光等。

3. 固体发光光源

固体发光光源指某种固体材料与电场相互作用而发光的现象。固体发光光源包括无极感应灯、微波硫灯、发光二极管LED等。

(二)光源的选择原则

炼化装置现场光源的选择原则一般为:

(1)变配电所、控制室、机柜间、值班室、办公室等辅助设施采用日光色荧光灯,功率可选2×36W或1×36W,或采用LED节能灯。

(2)高大生产厂房、电修及机修厂房的正常照明主要采用金属卤化物灯,金属卤化物灯可根据需要选择70W、100W或250W等。

(3)塔群及户外装置区主要采用金属卤化物灯或荧光灯。

(4)路灯照明采用高杆灯,路灯全厂选型应一致,选用高压钠灯或LED灯。

(5)应急照明灯和应急疏散灯选用荧光灯等能瞬时可靠点燃的光源灯,不应采用金属卤化物灯和钠灯等启动时间较长的灯具。

(6)罐区、污水处理场等场所宜选用高杆灯或投光灯。

(7)在高于45m的烟囱顶部及中部设置航空障碍灯,应优先采用太阳能航空障碍灯,自动启闭、晚间运行,红色闪光,频率为20~60次/min。

三、电光源的主要性能指标

CBE003 电光源的主要性能指标

(一)电光源的光度参量

(1)光通量:发光体在单位时间内发出的光度能量,单位为lm。

(2)发光效率:发光体单位电功率所发出的光通量,单位为lm/W。

(3)照度:被照物体单位面积所接受的光通量,单位为lx。

(二)电光源的色度参量

电光源的色度参量主要包括相关色温、显色指数、色品坐标、色容差、色表等性能指标。

(三)炼化装置照明主要考虑性能指标

炼化装置照明主要性能指标为照度。一般采用利用系数法进行照度计算,对特殊照明用途者可用逐点计算法计算照度。照度应满足 SH/T 3027—2003《石油化工企业照度设计标准》的要求。常见工作场所工作面上的照度值如表 2-5-1 所示。

表 2-5-1　常见工作场所的照度值

区　域	平均照度,lx	照度计算点
主控室	250~300	控制屏的屏面(距地面 1.7m)
一般控制室	150~200	控制屏的水平面(距地面 0.8m)
配电室	100~200	柜前距地面 0.8m 水平面
主压缩机房	100~150	距地面 0.8m 水平面
操作平台	40~75	距平台面 0.8m 水平面
炉区、塔区、框架区	20~50	距地面 0.8m 水平面
装卸栈台	15~30	地面
主干道路	10~20	地面

四、卤钨灯的特点和适用场合

CBE004　卤钨灯的特点和适用场合

卤钨灯是在白炽灯泡中充入微量卤化物,灯丝温度比一般白炽灯高。当灯丝发热时,钨原子被蒸发后向玻璃管壁方向移动;当接近玻璃管壁时,钨蒸气被冷却到大约 800℃并和卤素原子结合在一起,形成卤化物(碘化钨或溴化钨)。卤钨灯有两种:一是硬质玻璃卤钨灯;另一种是石英卤钨灯。石英卤钨灯卤钨再生循环好,透光性好,光通量的输出不受影响,而且石英的膨胀系数很小,即使点亮的灯碰到水也不会炸裂。

在普通白炽灯中,灯丝的高温造成钨的蒸发,蒸发的钨沉淀在玻璃灯壳内壁上,产生灯泡玻壳发黑的现象,卤钨灯利用卤钨循环的原理消除了这一发黑的现象。

卤钨灯的优点是效率高于白炽灯,光色好,寿命较长。缺点是灯座温度高,必须有隔热措施,不可在灯管周围放置易燃物品,以免发生火灾;安装要求高,水平安装,偏角不得大于 40°。

卤钨灯主要适用于照度要求较高,悬挂高度较高的室内外照明。

五、荧光灯的特点和适用场合

CBE005　荧光灯的特点和适用场合

(一)荧光灯的发光原理

荧光灯又称日光灯,传统型荧光灯即低压汞灯,是利用低气压的汞蒸气在通电后释放紫外线,从而使荧光粉发出可见光的原理发光,是应用最广泛的气体放电光源。

荧光灯管内所涂荧光粉和所填充气体种类不同,荧光灯管所表现的光色就不同。荧光灯管涂卤素荧光粉，填充氩气、氪氩混合气体时，荧光灯管光色为冷白日光色和暖白日光色，显色性能和发光效率较低，显色指数小于40；荧光灯管涂三基色稀土荧光粉，填充高效发光气体时，荧光灯管光色为三基色合成的高显色性太阳光色。

（二）荧光灯的分类

目前生产的荧光灯有普通荧光灯、三基色荧光灯和无极荧光灯。三基色荧光灯相比普通荧光灯具有高显色指数，能保证物体颜色的真实性。

无极荧光灯即无极灯，它取消了传统荧光灯的灯丝和电极，由高频发生器、耦合器和灯泡三部分组成。利用电磁耦合的原理，使汞原子从原始状态激发成激发态，其发光原理和传统荧光灯相似，有寿命长、显色性好等优点，无极灯光效一般为65lm/W，远低于钠灯和金属卤钨灯。

（三）荧光灯的特点和使用场合

荧光灯的优点是效率高，发光表面亮度和温度低，缺点是功率因数低、寿命短，需镇流器、启辉器等附件。

荧光灯广泛应用于照度要求较高，需要辨别颜色的室内照明。无极灯特别适用于换灯困难且费用昂贵的场所以及对安全要求极高的重要场所。

（四）荧光灯应用的注意事项

过于频繁的开灯会导致荧光灯管的两端过早变黑，加速灯管的老化，影响灯管的输出功率，而且要注意在关灯后重新启动灯要等5~15min。

如果电压很低，灯管的两极会在点亮的开始阶段发射出钨，从而让灯管内部产生许多点状的污染物，这是灯管损害的原因之一，所以，建议尽量在电压正常的条件下开灯。

灯管与镇流器、变压器必须匹配，否则会难以保证灯管启动到适合的功率。

CBE006 高压汞灯的特点和适用场合

六、高压汞灯的特点和适用场合

高压汞灯的发光原理与荧光灯类似，是由石英电弧管、外泡壳（通常内涂荧光粉）、金属支架、电阻件和灯头组成。电弧管为核心元件，内充汞与惰性气体。放电时，内部汞蒸气压为2~15个大气压，因此称为高压汞灯。高压汞灯通常采用并联补偿电容的电感镇流器。另一种自镇流高压汞灯，由于在外泡壳内安装了一根钨丝作为镇流器，因此不必再外接镇流器而方便使用。

高压汞灯的优点是光效高、寿命长、耐震动，缺点是功率因素低，启动时间长，显色指数低。高压汞灯主要适用于道路、广场等不需要仔细辨别颜色和悬挂高度较高的大面积的室外场所。这种光源目前已逐渐被高压钠灯取代。

CBE007 高压钠灯的特点和适用场合

七、高压钠灯的特点和适用场合

高压钠灯是利用高压钠蒸气放电而发光的原理。高压钠灯发出的是金黄色的光，它的发光效率是高压汞灯的2~3倍；寿命长达2500~5000h，是高压汞灯的4倍；缺点是显色性差，光源的色表和显色指数都比较低。高压钠灯必须串联与灯泡规格相应的镇流器后方可使用，与高压钠灯配套使用的镇流器一般为电感性镇流器。高压钠灯的电路是一个非线性电路，功率因数较低，因此在网络上考虑接补偿电容，以提高网络的功率因数。

高压钠灯启动时间长,需 10min 左右。主要适用于石油化工炼厂、道路、广场等大面积照明。

八、金属卤化物灯的特点和适用场合

CBE008 金属卤化物灯的特点和适用场合

(一)金属卤化物灯的发光机理

金属卤化物灯是利用各种不同的金属蒸气发出各种不同光色的灯,简称金卤灯,是在高压汞灯基础上添加各种金属卤化物制成的第三代光源。

灯的发光效率与灯的外形尺寸、工艺结构和所含金属种类有关。

(二)金属卤化物灯的分类

金属卤化物灯按填充物可分为四类:钠铊铟类、钪钠类、镝钬类、卤化锡类。钪钠系列的灯为我国广泛采用。

金卤灯有"欧标"与"美标"之分,两者的内胆填充物是不一样的。美标金卤灯内填充物质以钪和钠为主,称为"钪钠系列";欧标金卤灯内填充物质是钠和坨、铟等多种稀土元素,称为"稀土系列"。填充物的不同导致发光相差很大,美标的光通量高,而欧标的显色性好。还有很多其他方面的特性差异:欧标金卤灯采用的镇流器是串联的扼流圈,灯泡靠触发器启动;美标金卤灯采用的镇流器是个自耦变压器,靠电容充放电启动灯泡。欧标和美标光源严禁混用。

(三)金属卤化物灯的特点和适用场合

金属卤化物灯具有发光效率高、光色接近自然光、显色性能好等特点,紫外线向外辐射少,但无外壳的金属卤化物灯紫外线辐射较强,应增加玻璃外罩或悬挂高度不低于 14m。缺点是相对寿命短,由于材料、工艺的限制,如今国产金属卤化物灯寿命在 8000h。金属卤化物灯适用于石油化工炼厂建筑物泛光、投光照明、商店橱窗照明。

九、LED 灯的特点和适用场合

CBE009 LED 灯的特点和适用场合

LED 节能灯是用高亮度白色发光二极管发光源,LED 灯是新一代固体冷光源,具有光效高、耗电少,寿命长、易控制、免维护、安全环保的特点;因为 LED 灯发热量不高,把电能量尽可能地转化成了光能,而普通的灯因发热量大把许多电能转化成了热能,白白浪费。对比而言,LED 照明就显得节能。LED 灯没有汞的有害物质。LED 灯泡的组装部件非常容易拆装,容易回收,所以 LED 灯是环保节能灯。

LED 节能灯有效利用光通量,能耗低,光效高,光效是传统的普通节能灯、卤素灯、白炽灯泡的 1.6 倍、4 倍、5 倍。LED 节能灯有优异的显色指数,比普通节能灯长 10 倍的使用寿命,甚至是白炽灯泡寿命的 50 倍。LED 光源为低压直流工作,不需要整流器,直流驱动电源与 LED 光源一体化于灯具中。

LED 灯与高压钠灯、金卤灯相比具有以下优点:环保节能、综合成本低、使用寿命长、表面温度低、安全可靠、免维护、无频闪、可瞬间启动等,因此目前 LED 灯逐渐代替后两者。

LED 灯主要应用在炼化装置现场、户外投光、建筑装饰、工业场所、体育中心及室外体育场、港口、码头等场所。

十、照明配电与控制

CBE010 照明配电与控制

（一）照明配电

（1）各装置及建筑物的照明电源来自就近变电所的照明专用配电柜或照明回路，正常照明和应急照明电源分别来自正常母线段和事故母线段。应急电源原则上采用 EPS 供电，应急配线困难时，采用带蓄电池的应急灯，应急照明时间不低于 90min。

（2）由变电所的照明专用配电柜或照明回路以放射式向各装置及建构筑物照明配电箱供电。由各照明配电箱向灯具及 220V 插座供电。照明箱进线电源侧加进线总开关，进线总开关的脱扣器的额定电流应较计算电流大 1~2 级，一般可选 40A。

（3）检修照明插座回路须与照明回路分开设置，并设漏电保护开关，配线采用 220V 单相三芯线，检修照明电压应降至安全电压供电，用于塔或容器人孔的手提行灯应以 12V 安全电压供电。

（4）不同照明功能的线路应分管敷设，线路保护管管径不小于 *DN*20mm。

（5）照明线路每单相分支回路的电流，一般不宜超过 15A，所接灯头数不宜超过 25 个。插座宜单独设置分支回路。对高强气体放电灯，单相分支回路的电流不宜超过 30A。

（6）应急照明占其全部照明灯的数量应不小于如下规定：

① 主要工艺生产装置区不小于 15%；

② 变电所、现场控制小室、仪表分析小室、压缩机房、发电机房等不小于 25%。

（二）照明控制方式

（1）照明控制方式应符合下列规定：

① 正常环境室内部分采用就地分散控制，正常环境室外部分宜采用集中控制。

② 爆炸危险环境或大型厂房宜采用照明箱集中控制。个别较分散的灯具，也可采用就地分散控制。

③ 露天装置区和道路照明，采用手动和自动控制方式，采用智能照明调控装置自动控制（具备稳压、节能、时控、光控等功能），并设手动、自动转换开关；户内场所采用智能照明调控装置稳压，就地分散控制。

（2）照明控制采用节能型工业照明自动控制设备。

（3）道路照明采用高杆灯照明方式，其电源引自附近生产装置的低压电源。集中手控，同时采用光电控制，自动投切。

十一、照明配线方式

CBE011 照明配线方式

（一）照明供配电系统配线方式

照明供配电系统配线方式有放射式、树干式或放射式与树干式两种相结合的方式。照明箱配线采用电缆敷设，敷设方式为桥架敷设或者电缆沟敷设，电缆进线一般采用下进线方式。

（二）照明导线配线方式

低压照明导线敷设方法分为明敷和暗敷。配线方式有钢管配线、塑料管配线、钢索配线、槽板配线等。常见线路敷设方式的标注符号如表 2-5-2 所示。

表 2-5-2　常见线路敷设方式的标注符号

序号	名　称	标注符号	序号	名　称	标注符号
1	穿焊接钢管敷设	SC	6	直接埋设	DB
2	穿电线管敷设	MT	7	电缆沟敷设	TC
3	穿硬塑料管敷设	PC	8	用钢索敷设	M
4	穿电缆桥架敷设	CT	9	混凝土排管敷设	CE
5	穿金属软管敷设	CP	10	穿聚氯乙烯塑料波纹电线管敷设	KPC

(三)炼化装置现场常用配线要求

(1)爆炸危险场所的正常照明配线一般采用阻燃电缆穿镀锌钢管明配方式;加热炉等环境温度较高的场所采用耐高温电缆穿镀锌钢管明配方式;应急照明配线采用耐火电缆穿镀锌钢管明配方式;电缆设专用接地线芯。条件不允许的情况下,也可用绝缘导线代替电缆。

(2)装置内照明线路采用铠装电缆直埋敷设。

(3)生产厂房的照明配线一般采用绝缘导线穿镀锌钢管明配或塑料管暗配;变/配电所、控制室、辅助设施建筑物内一般采用绝缘导线穿钢管暗配,对金属灯具、开关需设专用接地线。

(4)爆炸危险环境照明线路的电线和电缆额定电压不得低于750V,且电线必须穿于钢导管内。电线管内敷设导线总面积(包括绝缘层)不应超过管内净截面积的40%。

CBE012　导线截面的选择

十二、导线截面的选择

导线截面的选择一般来说,要考虑载流量、电压损失、机械强度和热稳定校验等因素,但在具体情况下,往往有所侧重,哪一因素是主要的、起决定作用的,就侧重考虑该因素。例如,低压动力线路的负荷电流较大,一般先按发热条件来选择导线截面,然后验算其机械强度和电压降;对于长距离输电线路,主要考虑电压降,导线截面根据限定的电压降来确定;对于负荷较小的架空线路,通常根据机械强度来确定导线截面;对于低压照明供电线路,因照明对电压水平要求较高,所以一般先按允许电压损耗来选择截面,然后校验其发热条件和机械强度,若不能满足要求,则应加大截面。

(一)按载流量选择

载流量选择即按导线的允许温升选择。在最大允许连续负荷电流通过的情况下,导线发热不超过线芯所允许的温度,选用时导线的允许载流量必须大于或等于线路中的计算电流值。

(二)按电压损失选择

导线上的电压损失应低于最大允许值,以保证供电质量,照明线路最大允许电压损失为±5%。

(三)按机械强度要求

在正常工作状态下,导线应有足够的机械强度以防断线,保证安全。按照机械强度要求,一般工业建筑内的照明用灯头的铜线线芯的最小截面为0.8mm^2,室外照明用灯头的铜线线芯的最小截面为 $1mm^2$，穿管敷设的铜绝缘导线的最小截面为 $1mm^2$，铝芯最低的最小截面为 $2.5mm^2$。

（四）热稳定校验

由于电缆或电线散热条件差，为使其短路电流通过时不至于由于导线温升超过允许值而被破坏，还须校验其热稳定。

十三、导线的连接工艺要求

CBE013 导线的连接工艺要求

（一）导线的剥皮要求

导线连接到照明附件时需用电工刀或剥线钳将绝缘层剥去一段，剥皮时，用力要均匀且轻，避免导线芯线受损，剥去的长度视需要而定。常用的切剥方法有斜剥法和级段剥法两种，护套线应采用级段剥法，塑料软线可采用火烧法剥皮。

（二）导线的连接要求

导线的连接必须按规定操作，才能保证接头的机构强度不小于原导线的 80%，导电性能不变，否则易引起断线或火灾等事故。

1. 导线间连接

（1）照明接线在接线盒和灯具内进行，线头采用压接法、挂锡法、螺柱法或铰接法等连接方式。接线完毕，用 500V 摇表测试其回路绝缘电阻。

（2）双芯护套线双股并接，注意两个接头要错开一段距离。

（3）在非爆炸危险环境中的照明导线连接，如果没有接线柱，截面 $6mm^2$ 以下铜线连接时，本身自缠要不少于 5 圈，缠绕后搪锡。

2. 导线与设备的连接

（1）截面积在 $10mm^2$ 及以下的单股铜芯线和单股铝芯线直接与设备、器具的端子连接。

（2）截面积在 $2.5mm^2$ 及以下的多股铜芯线拧紧搪锡或接续端子后与设备、器具的端子连接。

（3）截面积大于 $2.5mm^2$ 的多股铜芯线，除设备自带插接式端子外，接续端子后与设备或器具的端子连接；多股铜芯线与插接式端子连接前，端部拧紧搪锡。

（4）多股铝芯线接续端子后与设备的端子连接。

（5）每个设备的端子接线不多于 2 根电线。

（6）导线压接要严实，不能有松脱、虚接现象。

（三）接头包扎方法

接头处应用绝缘胶带缠绕包扎，包扎时，先要在绝缘层上包扎一定长度，然后将裸露包紧，使其基本上恢复到原绝缘层的厚度，最后用黑胶布把所有包扎部分包缠两层，要求缠绕得平整严密。

接头绝缘包缠层不低于原导线的绝缘强度，绝缘层应具有防水防潮性。

（四）爆炸危险环境的导线连接要求

爆炸危险环境的导线连接，应采用有防松措施的螺栓固定，或压接、钎焊、熔焊，但不得绕接。铝芯与电气设备的连接，应有可靠的铜-铝过渡接头等措施。

项目二　照明支架预制、安装

一、准备工作

(一)设备

砂轮锯、台钻、电焊机。

(二)材料、工具

镀锌角钢、钢锯、卷尺、拐尺、磨光机、钢锉、小锤、焊材、银粉漆、电工工具、记号笔。

(三)人员

电气安装调试工、焊工。必须穿戴劳动保护用品,严格按操作规程操作。

CBE014 支架预制、安装

二、操作规程

(1)下料与打磨。支架一般采用∠30×3mm 或∠40×4mm 的镀锌角钢进行配制。配制前,先对角钢进行平直,根据要求画出尺寸,用砂轮锯或手锯进行切割,再用磨光机或手锉把毛刺打磨干净。

(2)钻孔。采用台钻或手提钻给截好的角钢钻孔,先按照 U 形卡尺寸定位孔位,选用合适的钻头钻孔。

(3)支架焊接固定。按施工图确定灯具安装位置,在钢结构或劳动保护栏杆上,确定管路支架的固定位置并焊接固定。先将支架点焊,再用拐尺找直,最后再找平,然后进行满焊,焊后敲药皮,打磨干净,在焊缝及周围 100mm 内刷上一层银粉漆。

三、技术要求

(1)角钢应平直,无明显扭曲,下料误差应在 5mm 范围内,切口应无卷边、毛刺。

(2)直管段照明支架间距应为 1.5~2m,均匀布置,在距离转弯处、接线盒、分支处或保护管终端 0.3~0.5m 处增设支架。

(3)保护管支架应安装牢固,无明显扭曲。

四、注意事项

(1)在找平过程中敲击支架避免造成支架的坠落。

(2)在台钻钻孔时,如果支架太短没有东西固定,采用手持或者使用手钳辅助作业的危险性很大,要预防机械伤害的发生。

项目三　照明保护管预制

一、准备工作

(一)设备

管子割刀或电动切割机、手动套丝机或电动套丝机。

（二）材料、工具

卷尺、钢锯、钢管、弯管弹簧、手动弯管器、电动液压弯管器、磨光机、钢锉。

（三）人员

电气安装调试工、焊工。必须穿戴劳动保护用品，严格按操作规程操作。

二、操作规程

CBE015 照明保护管预制

（一）下料与锯管

（1）下料前应检查保护管质量，有裂缝、塌陷及管内有锋口或杂物等时均不能使用。应按两个接线盒之间为一个线段，根据线路弯曲转角情况来决定用几根保护管接成一个线段和确定弯曲部位，然后按需要长度锯管。一个线段内应尽可能减少管口的连接接口。

（2）保护管切割。如果管子批量较大，最好采用砂轮切割机切割，如果管子数量较少，可使用钢锯、管子割刀或割管器切割，严禁使用气割。

（3）下锯时，锯要扶正，向前推动时适度施加压力，但不得用力过猛，以防折断锯条。钢锯回拉时，应稍微抬起，减少锯条磨损。在割锯时，为防止钢锯发热，需要在锯口上加注润滑油。锯断后，用半圆锉锉掉管口内侧的棱角，以免穿线时割伤导线。

（4）用锉刀或者磨光机打磨管口，确保无铁屑及毛刺。

（二）除锈与涂漆

（1）如果采用的是金属保护管，应进行除锈涂漆。常用的除锈方法有两种：

① 手工除锈法。将圆形钢丝刷两头各绑一根长度适当的铁丝，将铁丝和钢丝刷穿过线管，来回拉动钢丝刷即可除去线管内壁的锈块。线管外壁的锈蚀可直接用钢丝刷去除。

② 压缩空气吹除法。在管子的一端注入高压压缩空气，吹净管内脏物。

（2）线管除锈后，立即在线管内外表面涂防锈漆。但在混凝土中埋设的管子外壁不能涂漆，否则影响线管与混凝土之间的结构强度。

（三）保护管套螺纹

（1）套螺纹前，固定好保护管，选用手动套丝机或者电动套丝机进行套螺纹。

（2）根据管子的管径选择合适的板牙组，松开前后卡盘，从后卡盘一侧将管子穿入，在管子端部进行套丝。

（3）检查套丝机油箱内是否有足够的切削油，如需加油可通过油盘加入。

（4）若采用手动套丝机，左手用力推牙模头，右手操作机轮手柄，使牙模头顺时针旋转（右手螺纹），在板牙吃进管道一圈后，可松开左手，靠板牙上的纹路自行进给，此时可适当加一些切削油。当管道的边缘与板牙末端平齐时，停止套丝。

（5）管径不大于 20mm 时，应分二板套成；管径不小于 25mm 时，应分三板套成。

（6）将棘轮手柄调节为反转，慢慢将板牙头退出管道。一般情况套螺纹 6~8 牙。

（7）工作完毕后切断电源，清理铁屑，润滑机器。

（四）保护管煨弯

（1）一般管径不大于 25mm 时，用手动弯管器就地弯制。先在需要弯曲处划上尺寸，然后将管子需弯曲部位的前段置于弯管器内，再用脚踩着钢管的一端，扳动弯管器手柄，加一点力，使管子略有弯曲，立即换下一个点，沿管子的弯曲方向逐渐移动弯管器杆，直至把管子弯成所需的弧度和角度。

(2)管径大于 25mm 时,使用液压弯管机进行煨弯,选取与钢管规格相对应的模具安装在弯管机上,将管子放入模具,压动拉杆或开动电动弯管机的液压泵,注意观察钢管的弯曲情况,达到所需要的弯曲度后,及时停止液压动作。

对于硬塑料管选用弯管弹簧进行煨弯。

三、技术要求

(1)钢管切断口应平整,管口应光滑,管内应无铁屑及毛刺。

(2)电线保护管的弯曲处,不应有折皱、裂缝和凹陷,且弯扁程度不应大于管外径的 10%。

(3)保护管弯曲半径不宜小于管外径的 6 倍,当两个接线盒间只有一个弯曲时,其弯曲半径不宜小于管外径的 4 倍。

四、注意事项

(1)套丝和下料切割时,不得戴围巾和手套,应把袖口扎紧,长发盘入帽内。

(2)煨弯时要保护好螺纹。

项目四　照明保护管敷设

一、准备工作

(一)设备

管子割刀或电动切割机、电焊机、套丝机。

(二)材料、工具

保护管、接地线、手锤、钢锯、电锤、手动煨管器、液压煨管器、管钳、台钻、电钻、角尺、卷尺、电工工具、黏合剂、喷灯。

(三)人员

电气安装调试工、焊工。必须穿戴劳动保护用品,严格按操作规程操作。

二、操作规程

CBE016 照明保护管敷设

(一)支吊架制作安装

预制支吊架,并按施工图确定电气设备安装位置,在钢结构或劳动保护栏杆上确定管路支架固定位置,并焊接固定。详见“项目二　照明支架预制安装”部分。

(二)预制加工管

预制保护管,详见“项目三　照明保护管预制”部分。

(三)管路敷设

1. 镀锌钢管敷设工艺

(1)照明管路敷设应在梯子平台及劳动保护完成后进行,施工前与相关工艺、自控专业仔细核对施工图纸,以避免交叉冲突。

(2)大多数石油化工厂照明保护管采用热镀锌钢管、活接头、接线盒连续密封方式。

(3)沿建筑物、框架或平台敷设保护管,要求横平竖直。

(4)明管进特殊地段或沿墙转弯时,应在转弯处弯曲成“鸭脖弯”。

(5)若照明配线采用电缆,在设计要求或建设单位同意的情况下,照明保护管施工可采用断续配管方式,管与管之间断开距离不得大于150mm,连接用照明电缆保护套筒,并配套安装套筒接地跨接线。

2. 硬塑料管敷设工艺

硬塑料管敷设工艺与镀锌钢管敷设基本相同,但注意以下几个方面:

(1)明敷的硬塑料管,在易受机械损伤的部位应加钢管保护。例如在埋地敷设和进入设备时,其伸出地面200mm段、伸入地下50mm段应用钢管保护。

(2)硬塑料管要与热力管间距大于50mm。

(3)与塑料管配套的接线盒、灯头盒只能采用塑料制品,塑料管与接线盒、灯头盒之间的固定多用胀管扎头绑扎。

(四)管路连接

(1)钢管与钢管之间的连接,采用管箍连接,用管钳拧紧,使两管间吻合,不应采用焊接连接。管路之间连接不得采用倒扣,应使用防爆活接头。

(2)当钢管与设备直接连接时,应将钢管敷设到设备的接线盒内。

(3)当钢管与设备间接连接时,宜增设可挠金属保护管后引入设备的接线盒内,且管口应包扎紧密;对于室外或室内潮湿场所,钢管端部应增设防水弯头。

(4)明配钢管或暗配的镀锌钢管与盒(箱)连接应采用锁紧螺母或护圈帽固定,用锁紧螺母固定的管端螺纹宜外露锁紧螺母2~3扣。

(5)硬塑料管的连接方法有插入法和套接法两种,采用喷灯加热。

(五)变形缝处理

(1)当配管经过建筑物的伸缩缝、沉降缝(统称为变形缝)时,为防止建筑物基础伸缩不均而损坏管子和导线,需要采取补偿措施。

(2)明配管的补偿措施是在建筑物伸缩缝两边的线管端部安装一段略有弧度的软管。

(3)暗配管的补偿措施是在建筑物伸缩缝的一边,按管子的大小和数量的多少,适当地安装一只或两只补偿盒。在补偿盒的一侧开一长孔将线管穿入,无须固定,而另一侧用六角螺母将伸入的线管与补偿盒固定。

(4)硬塑料管的补偿措施是每隔30m要装设一个温度补偿装置,将两塑料管的端头伸入补偿盒内,由补偿盒提供热胀冷缩的余地。

(六)接地处理

(1)在保护管间、保护管与配电箱及接线盒等连接处,用圆钢或多股导线制成跨接线连接。干线始末端和分支线管应分别与接地体连接并使线路所有线管都接地。

(2)黑色钢管螺纹连接时,连接处的两端应焊接跨接接地线或采用专用接地线卡跨接。

(3)镀锌钢管或可挠性金属电线保护管的跨接地线宜采用专用接地线卡跨接,不应采用熔焊连接。

(4)采用镀锌钢管断配时,需在断配管口加配带接地螺栓的护口和接地跨接线。

三、技术要求

(1)水平或垂直敷设的明配保护管,其水平或垂直安装的允许偏差为 1.5‰,全长偏差不应大于管内径的 1/2。

(2)钢管间和钢管与电气设备、接线盒、灯位盒、隔离密封盒、挠性连接管间的螺纹连接处,螺纹应完好、无滑扣,螺纹啮合应紧密且有效扣数要求如下:管径为 *DN*25mm 以下的钢管不少于 5 扣,管径为 *DN*32mm 及以上的钢管不少于 6 口,连接后外露螺纹不应过长(2~3 扣)。

(3)薄壁钢管连接必须采用螺纹连接。

(4)硬塑料管采用插入法连接时插入深度为管内径的 1.2~1.5 倍,采用套管法连接时套管长度为连接管内径的 2.5~3 倍。

(5)暗配的导线管埋设深度与建筑物、构筑物表面的距离不应小于 15mm。

项目五　室内照明灯具的安装

一、准备工作

(一)设备

管子割刀或电动切割机、套丝机。

(二)材料、工具

胀管、木螺钉、灯头铁件、灯具、吊杆、吊盒、胶带、卷尺、电工工具、万用表、线坠、水平尺、电锤、安全带、兆欧表、高凳。

(三)人员

电气安装调试工。必须穿戴劳动保护用品,严格按操作规程操作。

二、操作规程

CBE017　室内照明设备的安装

(一)灯具检查

(1)检查灯具是否符合设计要求的型号和规格。

(2)检查灯内配线是否符合规定:多股软线的端头需盘圈,灯内导线应采取隔热措施,导线不得承受额外应力和磨损。

(3)特殊灯具检查:震动场所灯具应有防震措施(如采用吊链软性连接);潮湿厂房内的灯具应具有泄水孔;多尘的场所应采用封闭式灯具。检查标志灯的指示方向是否正确,应急灯是否灵敏可靠。

(二)灯具组装

(1)组合式吸顶花灯的组装。首先将灯具的托板放平,然后按照说明书及示意图把各个灯口装好,确定出线和走线的位置,将端子板用螺钉固定在托板上。根据已固定好的端子板至各灯口的距离掐线,把导线削除线芯、盘好圈后,压入各个灯口,理顺各灯头的相线和零线,用线卡子分别固定,并且按供电要求分别压入端子板。

(2)吊顶花灯组装。首先将导线从各个灯口穿到灯具本身的接线盒内。一端盘圈压入各个灯口。理顺各个灯头的相线和零线，根据相序分别连接，包扎并甩出电源引入线，将电源引入线从吊杆中穿出。

（三）灯具安装

（1）普通灯具安装。将灯头盒内的电源线从塑料台的穿线孔中穿出，留出接线长度，削出线芯，将塑料台紧贴建筑物表面，用木螺钉将塑料台固定在灯头盒上。将电源线由吊线盒底座出线孔内穿出，并压牢在其接线端子上，余线送回至灯头盒，然后将吊线盒底座或平灯座固定在塑料台上。

（2）吸顶荧光灯安装。首先确定灯具位置，然后将电源线穿入灯箱，将灯箱贴紧建筑物表面，用胀管螺栓固定。

（3）吊链日光灯安装。首先根据灯具至顶板的距离截好吊链，把吊链一端挂在灯箱挂钩上，另一端固定在吊线盒内，在灯箱的进线孔处应套上橡胶绝缘胶圈或阻燃黄蜡管以保护导线，在灯箱内的端子板上压牢。导线连接应搪锡，并用绝缘套管进行保护。最后将灯具的反光板用镀锌螺栓固定在灯箱上，装好灯管。

（4）壁灯的安装。把灯具摆放在木台上面，四周留出的余量要对称，然后用电钻开好出线孔和安装孔，将灯具的灯头线从木台的出线孔中甩出，在墙壁上的灯头盒内接头，并包扎严密，将接头塞入盒内，把木台对正灯头盒，用螺钉固定，调整后用螺钉将灯具固定在灯具底托上，最后配好灯泡、灯罩。

（四）插座安装

（1）安装插座面板紧贴墙面，安装牢固。

（2）单相两孔插座，面对插座右孔或上孔与相线连接，左孔或下孔与零线连接；单相三孔插座、三相四孔及三相五孔插座的接地线或接零线均应接在上孔，插座的接地端子不应与零线端子连接。保护接地线（PE）在插座间不得串联连接。

三、技术要求

（1）吸顶或墙面上安装的灯具，固定用的螺栓或螺钉不应少于 2 个，安装应牢固。

（2）质量大于 0.5kg 的软线吊灯应增设吊链（绳）；质量超过 3kg 的悬吊灯具，应固定于预埋的吊钩上，吊钩的圆钢直径不应小于灯具挂销直径，且不应小于 6mm；采用钢管作灯具吊杆时，钢管应有防腐措施，其内径不应小于 10mm，壁厚不应小于 1.5mm。

（3）同一场所成排安装的灯具，其中心线偏差不大于 5mm。

（4）一般暗装插座安装高度为距地面 0.3m。开关边缘距门框的距离宜为 0.15~0.2m，开关距地面高度宜为 1.3m。同一室内安装的开关高度差不应大于 5mm。

项目六　室外照明系统安装

一、准备工作

（一）设备

管子割刀或电动切割机、套丝机、电焊机。

(二)材料、工具

钢管、支架、接线盒、电缆或导线、隔离密封盒、挠性连接管、立杆灯、弯杆灯、电工工具、万用表、兆欧表、胶带、卷尺、钢丝、吊坠、电力复合脂、密封填料、防腐漆、焊材、滑石粉。

(三)人员

电气安装调试工。必须穿戴劳动保护用品,严格按操作规程操作。

二、操作规程

(一)钢管布线的安装

(1)明敷的照明配管沿管架、平台、扶梯等敷设。电缆管应安装牢固,支架间距不大于2m,支架焊接必须满焊,焊接饱满无缺失,焊接后清除焊渣,涂防腐漆。

(2)照明保护管采用 *DN*20mm 或 *DN*25mm 的镀锌钢管,绝缘导线穿钢管敷设,如果钢管距离过长,可在管内先放置钢丝。

(3)在安装过程中,钢管间、钢管与设备、接线盒、灯位盒、隔离密封盒、防爆挠性管间的连接处,采用钢管螺纹连接。连接时,先在螺纹上涂上电力复合脂,然后拧紧,螺纹应无乱牙,啮合应紧密,且拧入有效牙数不少于 5 牙,其外露螺纹也不宜过长。

(4)穿入导线时,需要两人在管子两端配合,一人在管口的一端慢慢抽拉引线钢丝,另一人慢慢将线束送入管内。

(5)穿管时同一管内的导线必须同时穿入,注意零线也要和相线一起穿在同一管内,导线在管子中不允许有接头。

CBE018　室外照明灯具安装

(二)室外灯具安装

(1)在安装前先对灯具进行外观检查和绝缘测试,引出电线的绝缘电阻不合格的不能安装。

(2)在设备和钢结构平台上采用立杆灯,在管架立柱上采用弯灯,在管廊及平台下采用吊杆灯或吸顶灯。灯具安装的标高严格按施工图进行,如设计无要求,一般情况下,弯灯的标高为中心距地面 3.5m,平台立杆灯的标高为中心距地面 2.2m,防爆插座装高为中心距地面 0.6m。

(3)平台立杆灯安装时采用线坠进行垂直度调整。

(4)如碰到灯具和工艺管线平等或交叉时,待工艺管线安装完毕后,再进行安装。

(5)成排、成列安装的照明灯具、开关及插座的中心轴线、垂直度偏差、距地面高度应符合设计和规范要求。

(6)照明开关和插座安装在同一高度,标高位置一定要整齐,保持在一条线上。

(7)吊杆灯和吸顶灯安装高度由安装点结构梁的高度确定,当没有横梁时用槽钢做支架。

(三)隔离密封盒的安装

(1)按设计要求,钢管穿线时,在电气设备的进线口(无密封装置),管路通过隔墙、楼板或地面引入其他场所时,离楼板、墙面或地面 300mm 左右处以及管径为 50mm 以上的管路每隔 15m 处,安装隔离密封盒;易积冷凝水处、管路垂直段的下方还要加装排水式隔离密封盒。

(2)隔离密封盒应无锈蚀、灰尘、油渍；导线在盒内不得接头；将盒内导线分开安放，使导线之间、导线与盒壁之间分开至最大距离。

(3)严格按产品说明书配置密封填料，并灌入密封盒，要控制速度，浇灌时间不得超过其初凝时间。

(4)填充密封胶泥或密封填料时，应将盖内充实。

(5)排水式密封盒充填后的表面要光滑，充填时密封盒一头应填高一些，使填料表面有自行排水的坡度。

(四)挠性连接管的安装

(1)钢管布线时，在与电气设备连接有困难处，管路通过建筑物的伸缩缝、沉降缝处装设防爆挠性连接管。

(2)先检查挠性连接管有无裂纹、孔洞、机械损伤、变形等缺陷，有缺陷则应更换；穿线后，在挠性连接管两头的内螺纹接头与外螺纹接头的螺纹上涂以电力复合脂或导电性防锈脂，一端接钢管，另一端接设备进线引入装置，旋紧两端螺纹，至少旋进 5 牙以上，再旋紧两头的接头螺母。

(五)接线与检测

(1)接线时，要适当采取措施，用钳子或扳手固定接线柱，以防止接线时因转动使接线柱根部的导线拧断。

(2)用螺母压紧时，应在螺母下面用弹簧垫圈或采用双螺母。

(3)用 500V 兆欧表测量导线的绝缘电阻。

(六)密封与修补

(1)接线与绝缘检测完毕，盖上接线盒盖，并用密封胶泥密封。

(2)电气设备、接线盒和照明配电箱上多余的孔，应用丝堵堵塞严密，当孔内有弹性密封圈时，外侧应设钢质封堵件，钢质封堵件应经螺母压紧。

(3)照明系统安装完毕后，通知土建部门对安装照明时造成的建筑物损伤进行修补或粉刷；对钢结构或平台扶手上的焊后污染进行修补或刷漆。

三、技术要求

(1)检查并确保灯具的防爆标志、外壳防护等级和温度组别符合设计要求。

(2)灯具的外壳应完整，无损伤、凹陷变形，灯罩无裂纹，金属护网无扭曲变形，紧固螺栓应无松动、锈蚀现象，密封垫圈应完好。

(3)灯具的安装位置应离开释放源，且不得在各种管道的泄压口及排放口上方或下方。

(4)弯杆灯应在弯管处用镀锌链条或型钢拉杆加固。

(5)导线的绝缘电阻以不小于 0.5MΩ 为合格。

四、注意事项

(1)管内滑石粉在穿线完毕后应进行清除，避免留有的滑石粉因受潮而结成硬块，增加以后更换导线的困难。

(2)线管内导线不允许有接头。除直流回路导线和接地线外，不得在钢管内穿单根导线。

(3)照明配管安装过后,做好成品保护工作,严禁其他人员踩踏和污染。

(4)在通电试运行前,进行全部检查,若发现照明保护管或电缆断裂、损坏的情况要进行返工。

项目七 照明配电箱的安装

一、准备工作

(一)设备

照明配电箱、切割机。

(二)材料、工具

槽钢、电锤或冲击钻、台钻、金属膨胀螺栓、镀锌螺栓、剥线钳、电工工具、水平仪、弹线、吊坠。

(三)人员

电气安装调试工。必须穿戴劳动保护用品,严格按操作规程操作。

CBE019 照明配电箱的安装

二、操作规程

(一)弹线定位

按照照明安装平面图确定配电箱位置,准确找出预埋件,并按照明配线箱的外形尺寸进行弹线定位,画出金属膨胀螺栓或射钉的位置。

(二)支架制作

(1)装置内照明配电箱若未提供成品支架,需进行现场支架制作,一般采用10号槽钢下料预制。

(2)将槽钢或角钢调直,量好尺寸,画上锯口线,采用切割机机械切割。

(3)对下料后的槽钢或角钢进行喷砂除锈,刷防锈漆或银粉。

(4)根据配电箱固定螺栓的位置进行螺栓孔标注,在支架上钻孔。

(5)把支架焊接在钢结构或者预埋件上。

(三)配电箱固定

配电箱的固定方式按照配电箱形式不同,可分为暗装照明配电箱埋设固定、支架固定明装配电箱和金属膨胀螺栓固定明装配电箱三种。

1. 暗装照明配电箱埋设固定

(1)首先根据施工图要求的标高和预留洞位置,将卸下箱门、箱芯的箱体放入洞内,找好标高和水平位置,并将箱体与管路连接固定好。

(2)用水泥砂浆填实周边并抹平。

(3)待土建人员粉刷装饰好墙面后,再进行箱芯安装接线、箱门的安装工作。

2. 支架固定明装配电箱

(1)将配电箱放置到已固定好的支架上。

(2)采用镀锌螺栓固定,拧到一半,再固定对角方向的螺栓。

(3)用水平仪对箱体进行找正,视情况进行微调,然后拧紧固定螺栓。

(4)爆炸危险环境中的螺栓上要有弹簧垫片。

3. 金属膨胀螺栓固定明装配电箱

(1)根据弹线定位的要求找到准确的固定位置。

(2)用电锤或冲击钻在固定点位置钻孔,孔洞应平直,不得歪斜。

(3)固定配电箱,同时要对箱体进行找正。

(四)安装接线

(1)首先将箱体内杂物清理干净,将导线理顺、分清支路和相序,并将理顺的导线绑扎成束。

(2)按照照明系统图进行线路连接,根据连接所需长度进行切割导线,剥皮露出线芯。

(3)导线采用压接法连接到箱内的端子上。

三、技术要求

(1)照明配电箱应安装牢固,其垂直偏差不应大于 2mm。暗装时照明配电箱四周应无空隙,其面板四周边缘应紧贴墙面。

(2)如果设计无要求,配电箱明装时中心距地面 1. 5m;暗装时中心距地面 1. 2m。

(3)照明配电箱内分别设置零线和保护地线汇流排,零线和保护地线应在汇流排上连接,不得铰接,并应有标识及编号。

(4)箱内配线应整齐,无铰接现象;导线连接紧密,不伤芯线;多股电线应压接接线端子或搪锡;螺栓垫圈下螺栓两侧压接的导线截面相同;同一端面端子上导线连接不多于 2 根;防松垫圈等零件齐全。

(5)照明配电箱上应标明用电回路名称;开关动作灵活可靠;带有剩余电流动作保护装置的回路动作电流不大于 30mA,动作时间不大于 0. 1s。

模块六　照明系统调试

项目一　相关知识

一、照明三相负荷不平衡的危害

(1)三相负荷不平衡,中性线就有电流通过,低压供电线路损耗增大。

(2)三相负荷不平衡,造成三相电压不对称,使中性点电位产生位移。三相中负荷大的相电压会降低,而负荷小的相电压会升高。为此,如果控制中性线电流不超过20%,则中性点位移不会造成三相电压的严重不对称。

(3)三相负荷不平衡,使有的相电压高,另外的相电压降低,这对照明中大量使用白炽灯也会产生不良影响。当端电压降低5%时,其光通量将减少18%,照度降低;而端电压升高5%,灯泡寿命减少一半,灯泡消耗量将剧增。

(4)中性线电流过大,中性线导线可能会烧断。

CBF001　照明三相平衡的技术要求

二、照明三相平衡的技术要求

(1)三相照明配电干线的各相负荷宜分配平衡,其最大相负荷不宜超过三相负荷平均值的115%,最小相负荷不宜小于三相负荷平均值的85%。

(2)每一分支线灯数(一个插座也算一个灯头)一般在20个以内;最大负荷电流在10A以内时可增至25个;分支线的最大负荷电流不超过15A。

(3)1kV以下电源中性点直接接地时,三相四线制系统的电缆中性线截面不得小于按线路最大不平衡电流持续工作所需最小截面;有谐波电流影响的回路、气体放电灯为主要负荷的回路,中性线截面不宜小于相芯线截面。

项目二　照明系统绝缘检查

一、准备工作

(一)设备

兆欧表。

(二)材料、工具

剥线钳、电工工具、绝缘电阻测试记录、签字笔。

(三)人员

电气安装调试工。必须穿戴劳动保护用品,严格按操作规程操作。

二、操作规程

CBF002 照明系统绝缘检查

(一)准备工作

断开所测照明回路的电源,从接线端子或者开关下端拆卸照明回路相线和零线,分别对地放电 1min。

(二)检查数字兆欧表

(1)开路检查。把兆欧表的“L”和“E”所接表针分开,不能铰接,打开兆欧表电源开关,检查表面指针是否指向∞ 。

(2)短路检查。把兆欧表的“L”和“E”所接表针短接,检查表面指针是否指向 0。

(三)进行测量线路接线

将“L”端钮与照明回路的相线相接,接地“E”端钮与照明箱接地端子或其他接地点相接。

(四)测试

(1)开启兆欧表电源开关“ON”,选择所需电压等级 500V 挡,对应指示灯亮,轻按一下高压开关“TEST”键,高压指示灯亮,选择量程转换按钮采用 2GΩ 量程,数字显示的稳定数值即为被测线路的当前电压下的绝缘电阻值。当测试数据显示最高位“1”时,说明被测的绝缘电阻值超过仪表量程的上限值,需转换更高量程。

(2)测试完毕后,按一下高压开关“TEST”键,测试高压输出已经断开,再将功能按钮旋至“OFF”位置,关闭整机电源。

(五)清理并记录

整理现场,收拾工具、用具,填写测量记录。

三、技术要求

(1)照明线路对地间的绝缘电阻值应大于 0. 5MΩ。

(2)测量绝缘电阻可采用电子兆欧表、手摇兆欧表(俗称摇表)或钳式绝缘电阻测试仪。电子式绝缘兆欧表能输出 500V、1000V、2000V、2500V 等多个电压等级。手摇兆欧表一般只有一个电压等级,照明线路的绝缘电阻测试需选择电压等级为 500V 的手摇式兆欧表进行测量。

项目三　照明回路通电试亮

一、准备工作

(一)设备

数字兆欧表(500V)、380V 交流电源。

(二)材料、工具

剥线钳、电工工具、人字梯、数字式万用表、钳形电流表、绝缘电阻测试记录、签字笔。

（三）人员

电气安装调试工。必须穿戴劳动保护用品，严格按操作规程操作。

二、操作规程

CBF003 照明回路通电试亮

（一）通电试运行前检查

（1）复查总电源开关至各照明回路进线电源开关接线是否正确。

（2）灯具控制回路与照明配电箱的回路标识应一致。

（3）检查剩余电流保护器接线是否正确，严格区分工作零线（N）与地线（PE），地线严禁接入保护器。

（4）检查开关箱内各接线端子连接是否正确可靠。

（5）测试各回路的绝缘电阻，测试结果应合格。

（6）断开各回路分电源开关，合上总进线开关，检查漏电测试按钮是否灵敏有效。

（二）分回路试通电

（1）将各回路灯具等用电设备开关全部置于断开位置。

（2）逐次合上各分回路电源开关。

（3）分回路逐次合上灯具等的控制开关，检查开关与灯具控制顺序是否对应。

（4）用试电笔检查各插座相序连接是否正确。

（5）剩余电流动作保护装置应动作准确。

（三）故障检查整改

（1）发现问题应及时排除，不得带电作业。

（2）对检查中发现的问题应采取分回路隔离排除法予以解决。

（3）针对一开关送电漏电保护就跳闸的现象，重点检查工作零线与保护零线是否混接，导线是否绝缘不良。

（四）系统通电连续试运行

（1）照明系统通电连续试运行时间应为24h，所有照明灯具均应开启，且每2h记录运行状态1次。

（2）有自控要求的照明工程应先进行就地分组控制试验，后进行单位工程自动控制试验，试验结果应符合设计要求。

三、技术要求

（1）检查整改时应分回路逐次检查，直至整个系统。

（2）炼化装置及公用建筑照明系统通电连续试运行时间要求为24h，民用住宅照明系统通电连续试运行时间要求为8h。所有照明灯具均应开启，且每2h记录运行状态1次，连续试运行时间内无故障为合格。

模块七　变压器安装调试

项目一　相关知识

CBG001 变压器的工作原理

一、变压器的工作原理

变压器是根据电磁感应的原理制成的，是能将某一等级的交流电压和电流转换成同频率的另一等级电压和电流的设备，它具有变压、变流和变阻抗的作用。

（一）变压器的空载运行和变压原理

变压器空载运行的工作状态为原绕组加上额定电压，副绕组开路。当原边加上电压后，流过的电流叫作空载电流，其值为额定电流的3%~8%。由基尔霍夫电压定律可知：

$$\dot{U}_1=-\dot{E}_1 \tag{2-7-1}$$

根据电磁感应定律，感应电势的绝对值应为

$$|e|=N\left|\frac{\Delta\Phi}{\Delta t}\right| \tag{2-7-2}$$

式中　e——感应电势的瞬时值，V；

　　　N——绕组的匝数。

在变压器中，一次绕组的电动势 E_1 与二次绕组电动势 E_2 之比称为变压器变比，用 k 表示，即

$$k=\frac{E_1}{E_2}=\frac{N_1}{N_2} \tag{2-7-3}$$

当变压器空载运行时，由于 $U_1\approx E_1$，故可得

$$k=\frac{E_1}{E_2}=\frac{U_1}{U_2} \tag{2-7-4}$$

（二）变压器的负载运行和变流原理

变压器原绕组接上电源、副绕组接负载时的运行状态，叫负载运行。变压器空载运行时，原边空载电流 $\dot{I}_0$ 分别在原、副绕组中产生感应电势 E_1、E_2。当副边接上负载后，副边有负载电流 I_2，按照楞次定律，原边电势平衡方程式：

$$\dot{U}_1=-\dot{E}_1+\dot{I}_1Z_{S1} \tag{2-7-5}$$

由于原边漏阻抗上的压降 I_1Z_{S1} 远小于 E_1，可近似认为 E_1 是不变的，因此，可得出磁势

平衡方程式：

$$\dot{I}_1N_1+\dot{I}_2N_2=\dot{I}_0N_1 \tag{2-7-6}$$

由此变形可得

$$\dot{I}_1=\dot{I}_0+\left(-\frac{N_2}{N_1}\dot{I}_2\right)=\dot{I}_0+\dot{I}_3 \tag{2-7-7}$$

式(2-7-7)表明，原边电流 $\dot{I}_1$ 由两部分组成，其中 I_0 为励磁分量；$\dot{I}_3$ 为负载分量。当变压器的负载电流 $\dot{I}_2$ 变化时，原边电流 $\dot{I}_1$会相应变化，以抵消副边电流的影响，使铁芯中的磁通基本不变。变压器在额定负载下运行时，I_0 很小，可忽略不计，则式(2-7-7)可写成

$$\dot{I}_1=-\frac{N_2}{N_1}\dot{I}_2=-\frac{1}{k}\dot{I}_2 \tag{2-7-8}$$

综上所述可得

$$\frac{U_1}{U_2}=\frac{I_2}{I_1}=\frac{N_1}{N_2}=k \tag{2-7-9}$$

(三)变压器的阻抗变换原理

变压器除了具有变压和变流的作用外，还有变换阻抗的作用。

变压器原边接电源 U_1，副边接负载阻抗$|Z_L|$，对于电源来说，电路可用另一个阻抗$|Z_L'|$来等效。所谓等效，就是它们从电源吸取的电流和功率相等。当忽略变压器的漏磁和损耗时，等效阻抗由下式求得

$$|Z_L'|=\frac{U_1}{I_1}=\frac{\left(\frac{N_1}{N_2}\right)U_2}{\left(\frac{N_2}{N_1}\right)I_2}=\left(\frac{N_1}{N_2}\right)^2|Z_L|=k^2|Z_L| \tag{2-7-10}$$

可见，对于变比为 k 且变压器副边阻抗为$|Z_L|$的负载，相当于在电源上直接接一个阻抗$|Z_L'|=k^2|Z_L|$的负载。因此，通过选择合适的变比 k，可把实际负载阻抗变换为所需的数值，这就是变压器的阻抗变换作用。

二、变压器的分类及型号

CBG002 变压器的分类及型号

(一)变压器的分类

变压器可以按用途、绕组数目、相数、冷却方式等进行分类。

(1)按用途分为电力变压器、仪用变压器(如电压互感器、电流互感器等)、电炉变压器、整流变压器、电焊变压器和特殊变压器。

(2)按相数分为单相变压器和三相变压器。

(3)按铁芯形式分为芯式变压器和壳式变压器(如电炉变压器、电焊变压器等)。

(4)按绕组分为双绕组变压器、三绕组变压器和自耦变压器。

(5)按冷却方式分为干式变压器和油浸式变压器。

(二)变压器的型号表示方法

变压器的型号表示方法如图 2-7-1 所示。

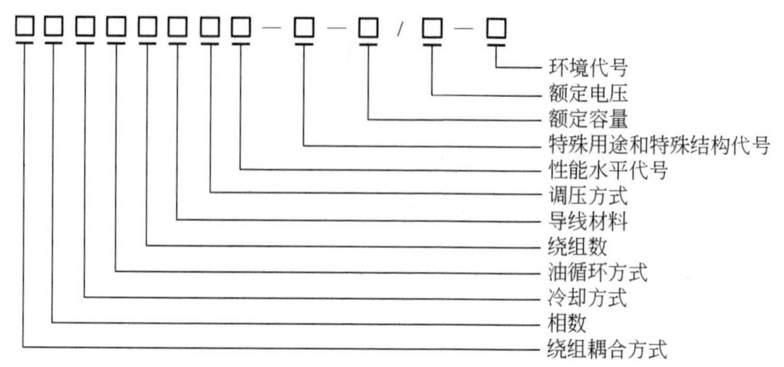

图 2-7-1 电力变压器型号表示方法

例如 SFZ-10000/10 表示自然循环风冷有载调压,额定容量为 10000kVA,高压绕组额定电压 10kV 电力变压器。一台三相、油浸、风冷、双绕组、无励磁调压、铜导线、20000kVA、110kV 级电力变压器产品,其性能水平为 10,该产品的型号可表示为 SF11-20000/110。

CBG003 变压器的用途

三、变压器的用途

变压器的用途很多,具有变换电压、电流和阻抗的作用,还有隔离高电压或大电流的作用;特殊结构的变压器,还可以具有稳压特性、陡降特性或移相性等。如测量系统中的仪用变压器,把大电流或高电压变成小电流或低电压,以便隔离高压和用于测量等。

变压器变压、变流、变阻抗的过程实际在传递电功率,此过程遵守能量守恒定律。传送一定的电功率时,电压越高则电流越小,损耗在线路的功率越少,所用导线的截面积也越小,可以节约有色金属材料和钢材,达到减少投资和降低运行费用的目的。

四、变压器的基本结构及铭牌

CBG004 变压器的基本结构及铭牌

(一)变压器的基本结构

变压器的基本结构可分为铁芯、绕组、油箱、套管。

(1)铁芯是变压器的磁路部分,由铁芯柱和铁轭两部分组成。铁芯的结构一般分为芯式和壳式;芯式变压器适用于大容量、高电压的电力变压器。铁芯常采用硅钢片叠制而成,硅钢片厚则涡流损耗大,硅钢片薄则涡流损耗小。硅钢片中含硅量高时可以改善电磁性能,但并不是含硅量越高越好。

(2)绕组是变压器的电路部分,一般用绝缘纸包铜线绕制而成。根据高、低压绕组排列方式的不同,绕组分为同心式和交叠式。

(3)油箱是油浸变压器的外壳,变压器的器身置于油箱内,箱内灌满变压器油。油箱结构分为吊器身式油箱和吊箱壳式油箱。

(4)变压器的引线从油箱内穿过油箱盖时,必须经过绝缘套管,以使高压引线和接地的油箱绝缘。绝缘套管一般是瓷质的,为了增加爬电距离,套管外线做成多级伞形,10~35kV

套管多采用充油套管。

（二）变压器的铭牌

变压器的参数一般都标在铭牌上。按照国家标准，铭牌上除应标出变压器的名称、型号、产品代号、标准代号、制造厂名、出厂序号、制造年月外，还要标出变压器的技术参数。变压器除装设标有以上项目的主铭牌外，还应装设标有关于附件性能的铭牌，需要分别按所用附件（分接开关、冷却装置等）的相应标准列出。

五、变压器的技术参数

CBG005 变压器的技术参数

（一）变压器的额定电压

变压器的额定电压指变压器长时间运行时所规定的工作电压，单位是 V 或 kV，用 U_N 表示。对于铭牌上的 U_N 值，一次侧绕组的额定电压是指变压器在空载时，变压器额定分接头对应的电压；二次侧额定电压是指在一次侧加上额定电压时，二次侧的空载电压值。对三相电力变压器，额定电压是指线电压。

（二）变压器的额定容量

变压器的额定容量是指在额定状态下变压器输出功率的保证值，单位为 kVA，用 S_N 表示。由于电力变压器的效率极高，规定一次侧、二次侧容量相同。对于三相变压器，额定容量是三相容量之和。

（三）变压器的额定电流

变压器的额定电流指变压器在额定容量下允许长期通过的电流，可以根据变压器的额定容量和额定电压计算出来，单位为 A 或 kA，用 I_N 表示。对三相电力变压器，额定电流是指线电流。

对于单相变压器，一、二次额定电流为

$$I_N=\frac{S_N}{U_N} \tag{2-7-11}$$

对于三相变压器，一、二次额定电流为

$$I_N=\frac{S_N}{\sqrt{3}U_N} \tag{2-7-12}$$

三相变压器绕组为 Y 连接时，线电流为绕组电流；D 连接时，线电流为$\sqrt{3}$倍的绕组电流。

（四）变压器的额定频率

变压器的额定频率是所设计的运行频率，我国规定为 50Hz，用 f_N 表示。

（五）变压器的极性

变压器的极性是指变压器原、副绕组在同一磁通的作用下所产生的感应电势之间的相位关系。

（六）变压器的连接组

变压器的连接组是指变压器高、低压绕组的连接方式以及以时钟序数表示的相对位移的通用标号。

（七）变压器的调压范围

变压器接在电网上运行时，变压器二次侧电压将由于种种原因发生变化，影响用电设备的正常运行，因此变压器应具备一定的调压能力。变压器调压方式通常分为无励磁调压和有载调压两种方式。

（八）变压器的空载电流

变压器空载运行时一次绕组中通过的电流称为空载电流，用 I_0 表示。它主要用于产生磁通，以形成平衡外施电压的反电动势。

（九）变压器的阻抗电压

阻抗电压也称短路电压（$U_Z\%$），它表示变压器通过额定电流时在变压器自身阻抗上所产生的电压损耗（百分值）。将变压器二次侧短路，在一次侧逐渐施加电压，当二次绕阻通过额定电流时，一次绕阻施加的电压 U_Z 与额定电压 U_N 之比的百分数，即

$$U_Z\% = U_Z/U_N \times 100\% \tag{2-7-13}$$

（十）变压器的电压调整率

电压调整率即说明变压器二次电压变化的程度大小，是衡量变压器供电质量的数据；其定义为：变压器一次绕组加额定频率的额定电压，在给定负载功率因数下二次空载电压 U_{2N} 和二次负载电压 U_2 之差与 U_{2N} 的比，即

$$\Delta U\% = \frac{U_{2N} - U_2}{U_{2N}} \times 100\% \tag{2-7-14}$$

（十一）变压器的效率

变压器的效率为输出的有功功率与输入的有功功率之比的百分数。通常中小型变压器的效率为90%以上，大型变压器的效率在95%以上。变压器的铁损和铜损相等时，变压器处于最经济运行状态。

CBG006 绝缘电阻及吸收比的测量原理

六、绝缘电阻及吸收比的测量原理

绝缘电阻和吸收比试验是高压试验中最基本、最简单、用得最多的试验项目。通过绝缘电阻和吸收比试验可以初步了解电气设备的绝缘状况。

（一）直流电压作用下流过绝缘介质的电流

直流电压加到电力设备的绝缘介质上时，会有一个随时间逐渐减少，最后趋于稳定的极微小的电流通过。这个电流可视为由电容充电电流、吸收电流和泄漏电流三部分组成，如图 2-7-2 所示。

（1）电容充电电流是直流电压作用到电力设备的绝缘介质上，加压瞬间相当于电容充电，产生一个随时间迅速衰减的充电电流。它与电容量和外加电压有关，也称几何电流。

（2）吸收电流是在加直流电压时，介质的偶极子在直流电压电场的作用下发生缓慢转动而引起的偶极子极化电流，以及由不同介质或介质的不均匀引起的夹层式极化电流。它的大小与衰减时间与绝缘介质的性质、不均匀程度及构成有关。电容充电电流是衰减特别迅速地无损耗极化电流，吸收电流是衰减缓慢的有损耗极化电流。

（3）泄漏电流是当直流电压加到被试品上时，绝缘介质内部或表面会有带电粒子，它们做定向移动形成的电流，也称传导电流。它的大小与时间无关，不衰减；与绝缘内部是否受

潮、表面是否清洁等因素有关。

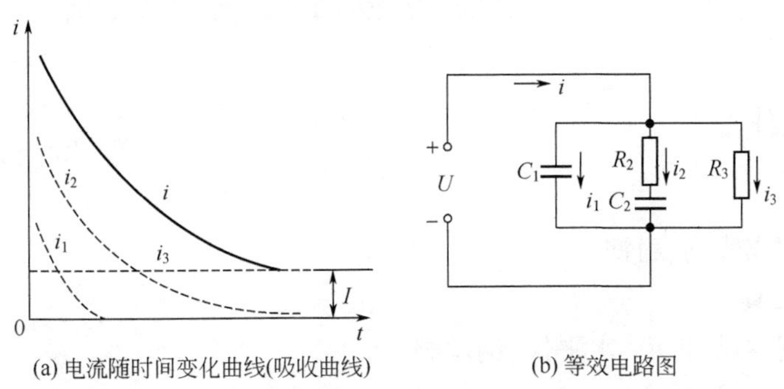

(a) 电流随时间变化曲线(吸收曲线)　(b) 等效电路图

图 2-7-2　直流电压作用下电力设备绝缘介质中流过的电流

i—总电流;i_1—电容充电电流;i_2—吸收电流;i_3—泄漏电流;C_1—绝缘体等值电容;C_2,R_2—吸收电流等值电路电容和电流;R_3—绝缘介质电阻

(二)绝缘电阻、吸收比和极化指数

1. 绝缘电阻

绝缘电阻是电气设备绝缘层在直流电压作用下呈现的电阻值。根据欧姆定律可知,当直流电压不变时,电路中电流与电阻值成反比。它的单位是 MΩ(兆欧)。绝缘电阻测试方法简便,在现场普遍采用绝缘电阻表测量绝缘电阻。绝缘电阻值的大小能灵敏地反映绝缘状况,有效地发现设备是否有局部或整体受潮和脏污,以及有无过热老化甚至击穿短路等情况。

2. 吸收比

用绝缘电阻表测量设备的绝缘电阻,由于受介质吸收电流的影响,绝缘电阻表的指示值随时间由小逐步增大,要读取稳定值时需要等待一定时间。吸收电流衰减时间与被试品的电压高低、容量大小以及绝缘结构等多种因素有关。为了统一起见,一般规定读取施加电压 60s 时绝缘电阻表指针的指示值为绝缘电阻测试值。

所谓吸收比是指 60s 时的绝缘电阻值与 15s 时的绝缘电阻值之比,即吸收比 $k_1=\frac{R_{60s}}{R_{15s}}$。

当电气设备绝缘受潮、脏污或存在其他缺陷时,泄漏电流明显增大。泄漏电流在总电流中的分量增加,而吸收电流在总电流中所占的比重相对减小,绝缘电阻随时间的变化变得平滑。同类型电气设备的绝缘电阻吸收比具有可比性,曲线平滑则绝缘状况较差,受潮较为严重,应进行干燥处理。

3. 极化指数

测量极化指数也是为了判断被试品是否存在受潮、脏污等绝缘缺陷,但是极化指数测量一般用于高电压、大容量绝缘电阻吸收曲线达到稳定值需要特别长时间的电气设备上。对被试品进行绝缘电阻测试,读取 10min 时的绝缘电阻(R_{10min})和 1min 时的绝缘电阻(R_{1min}),计算出比值,称为极化指数,即 $k_2=\frac{R_{10min}}{R_{1min}}$。

项目二　变压器基础安装与验收

一、准备工作

（一）设备

电焊机、型钢或槽钢、扁铁。

（二）材料、工具

电工工具、钢卷尺、板尺、水平仪、钢丝刷。

（三）人员

电气安装调试工、电焊工、辅助工。必须穿戴劳动保护用品，严格按操作规程操作。

CBG007 变压器基础安装及验收

二、操作规程

（1）对于直接安装在基础上的变压器，在安装前应将基础和现场清理干净，把基础顶部的水泥刮去，露出预埋件；按照设计图纸要求对设备基础进行验收，一般可用卷尺、水平仪或水准仪等工具进行测量，当误差超过设计要求时可要求土建专业及时修正处理。

（2）当现场需要制作基础型钢时，型钢金属构架的几何尺寸应符合设计基础配制图的要求与规定，如设计对型钢构架高出地面无要求，施工时可将其顶部高出地面 100mm。

（3）型钢基础构架与接地扁钢连接不宜少于两端点，在基础型钢构架的两端，用不小于 40mm×4mm 的扁钢焊接。焊接扁钢时，焊缝长度应为扁钢宽度的两倍，焊接 3 个棱边，焊完后去除氧化皮，焊缝应均匀牢靠，焊接处做防腐处理后再刷两遍灰面漆。

三、技术要求

（1）基础的中心与标高应符合设计要求，轨距与轮距应互相吻合：轨道水平误差不应超过 5mm；实际轨距不应小于设计轨距，误差不应超过+5mm；轨面对设计标高的误差不应超过±5mm。

（2）变压器基础应能使设备保持水平，并能承受荷载，为了防止水浸变压器，基础要高于地平面。

（3）安装小型变压器时，基础高度不应小于 300mm，且应用防止移动的金具固定。

（4）当变压器基础上需要安装轨梁时，基础轨距和变压器规矩应吻合，轨梁端部距墙不应小于 600mm，距墙不应小于 800mm。

（5）变压器轨道应接地，接地扁铁焊接在预埋铁件上。

四、注意事项

（1）配电变压器钢槽（或基础）应水平安装，本体安装需可靠，本体接地应牢固、规范。

（2）水泥基础应没有破裂，台架变槽钢完好、无弯曲变形，能起支撑作用。

（3）变压器基础的轨道应水平，轨距与轮距应配合，装有气体继电器的变压器，应使其顶盖沿气体继电器气流方向有 1%～1. 5%的升高坡度（制造厂规定不需安装坡度者除外）。

项目三　变压器外观检查

一、准备工作

（一）设备

变压器及其附件。

（二）材料、工具

电工工具、力矩扳手、钢卷尺、板尺、白布。

（三）人员

电气安装调试工、辅助工。必须穿戴劳动保护用品，严格按操作规程操作。

CBG008 变压器外观检查

二、操作规程

（1）本体外观检查：检查变压器器身、标识、电缆接线及密封状况是否良好。

（2）引线外观检查：检查引出线接线，测量安全距离，用力矩扳手检查引出线与套管连接螺栓的紧固情况。

（3）铭牌检查：检查铭牌内容及各项参数是否符合要求。

（4）储油柜检查：检查储油柜连接管路、密封情况及液位指示装置是否良好。

（5）散热器检查：检查散热器外观情况，按制造厂规定检查密封性试验，用扳手检查阀门动作情况；检查外接管路流向；检查油泵位置指示及密封状况是否良好。

（6）分接开关外观检查：检查分接开关位置、指示及密封情况是否良好。

（7）气体继电器外观检查：检查气体继电器位置、密封及方向标示情况是否良好；检查试验报告，确认继电器校验情况；检查气体继电器是否已解除运输用的固定装置。

（8）压力释放阀外观检查：检查压力释放阀密封情况是否良好，检查阀盖及弹簧应无松动；根据厂家试验报告核查电触点动作及绝缘状况。

（9）套管外观检查：检查套管安装位置、表面清洁情况、有无裂纹；用力矩扳手检查法兰及连接螺栓连接状况。

（10）测温装置检查：检查测温包毛细导管安装状况，根据厂家校验报告核对是否已校验。

（11）吸湿器检查：检查吸湿器与储油柜间的连接管的密封应良好，呼吸应畅通。吸湿剂应干燥。

（12）干式变压器应检查铁芯、绕组、外壳及检测装置。

（13）其他检查：检查变压器是否油漆完好、相色标示情况是否良好。

三、技术要求

（1）变压器器身洁净、无凹陷破损、密封盖板完好，起吊、千斤顶支撑、各阀门等标识清楚，无渗漏油现象、油漆完整美观，铭牌标示清晰并面向巡视通道方向，内容齐全（所用绝缘油应注明油规格及厂家），本体二次电缆排列整齐，电缆无中间接头，各处电缆接线口密封良好。

（2）套管引出线长度合适、接线美观、安全距离足够，软导线无散股、断股现象，硬母线与套管连接处应用伸缩节连接。

（3）铭牌内容正确、齐全，各项参数符合设计要求。

（4）储油柜外观干净整洁，无凹陷破损、密封盖板完好、油漆完整、油位指示清晰、油位指示装置无破损、无入水现象、无渗漏油、无变形、进出油管指示清晰。

（5）散热器外观清洁、安装齐整、无凹陷破损、密封盖板完好、油漆完整、编号清晰、无渗漏油、油泵位置指示正确。

（6）分接开关挡位指示清楚、无渗漏油，挡位操作箱密封良好。

（7）气体继电器无渗漏油，清洁、无破损。气体继电器安装方向标示清晰正确。检查气体继电器是否已解除运输用的固定，应有不锈钢防雨罩并完好。

（8）压力释放阀应无渗漏油，阀盖内应清洁，密封良好。

（9）套管表面清洁，无裂缝，无损伤，无放电痕迹，无渗漏油，安装中心度正常。

（10）测温装置应装有供水银温度计用的管座。管座应设在油箱的顶部，并伸入油内120mm±10mm。温度计指示正常。

（11）变压器整体油漆均匀完好，相色标识正确。

（12）干式变压器应检查铁芯、绕组、外壳及监测仪表，具体要求如下：

① 铁芯和金属件均应可靠接地（铁轭螺杆除外），有防腐蚀的保护层。接地装置应有防锈镀层并附有明显的接地标志。

② 变压器各绕组应有相应的接线端子标志，所有标志应牢固且耐腐蚀。

③ 变压器外壳采用组合式。保护外壳的门应高低压侧分别设置并加标志，外壳采用铝合金材料（防护等级为IP20），要求质量轻、安装拆卸方便、通风良好。外壳及外壳门必须有效接地。

④ 变压器应装设数字显示式温度计，监测变压器运行温度，并设有测温报警或跳闸接点。温度计应装于变压器上或前柜门上（带保护外壳变压器）。控制箱应装在柜门的一侧。

四、注意事项

（1）攀登器身的梯子不可直接搭在绕组引线或绝缘件上，施工人员不可攀登引线支架上器身。

（2）高空作业必须系好安全带，安全带应系在牢固的构件上，严禁将物品上下抛掷，要按规定使用绳索或梯子。

（3）使用梯子时，必须放置稳固，由专人扶持。

（4）在检查过程中避免损坏设备。

（5）检查完毕，回收检查工具，避免遗留在器身上。

项目四　整体到货变压器安装

一、准备工作

(一)设备

吊车、汽车、电焊机、变压器。

(二)材料、工具

起吊工具、倒链、方木、撬棍、滚杠、电工工具、力矩扳手、梯子、钢卷尺、板尺、水平仪、白布、酒精、变压器安装记录表。

(三)人员

电气安装调试工、起重工、焊工、架子工、辅助工。必须穿戴劳动保护用品,严格按操作规程操作。

CBG009 整体到货变压器安装

二、操作规程

(1)变压器基础验收和外观检查合格后方可进行安装固定。当变压器某些不合格附件在安装完后不影响更换的,可与业主、监理、厂家协商后先进行安装再进行处理。

(2)配电变压器起吊。变压器不论是安装在室内、室外落地式变台或者杆上变台,其装卸、就位都需要起吊。其起吊方法将根据变压器的大小及周围环境而定。使用汽车吊起吊既安全又省事,有条件时应优先使用。没有条件使用汽车吊时,起吊变压器常用的方法是人字抱杆和倒链。

(3)变压器就位。杆上变台就位时,可利用两根副杆顶部临时绑一横梁直接挂上倒链吊就位;变压器安装在室内时,变压器卸车后不可能直接吊在变压器基础上,应先放在室外预先用枕木搭好的与变压器基础等高的平台上,平台上方有厚壁钢管滚杠,用撬棍撬动变压器至基础上,用千斤顶顶起变压器取出滚杠。当撬动滚杠困难时,可用倒链牵引使变压器移动。室外落地式变压器安装过程中,因周围条件不能直接将变压器直接吊装至基础时,采用与室内变压器相同的方法进行就位。

(4)变压器固定。杆上变压器固定,采用 $\phi4$ 镀锌铁丝在变压器腰部缠绕 5 圈以上,铁丝不应有接头,缠好后将铁丝绞紧。室内变压器及室外落地式变台均有混凝土基础,在此基础上,根据变压器轨距预埋的钢板或槽钢,将变压器直接放在基础槽钢上,然后利用角钢或槽钢对变压器在不同方向上进行限位固定。

(5)变压器接地。变压器就位固定后,应及时按接地要求进行接地;变压器的接地一般共有 3 个点,即变压器外壳的保护接地、低压侧中性点的工作接地和避雷器下端的防雷接地。这 3 个接地点的接地线须单独设置,且三者之间必须有金属连接,即所谓的“三位一体”接地。

(6)安装完成后能够按照实际情况正确填好记录,做到不漏项且数据真实可靠。

三、技术要求

(1)变压器就位时,应注意其方位和距离墙的尺寸应与图纸相符,允许误差为±25mm,并将屋内吊环的垂线位于变压器中心,以便于吊芯。

(2)装有滚轮的变压器,滚轮应能转动灵活,在变压器就位后,应将滚轮用能拆卸的制动装置加以固定。

(3)变压器基础的轨道应水平,轨距与轮距应配合,装有气体继电器的变压器,应使其顶盖沿气体继电器气流方向有1%~1.5%的升高坡度(制造厂规定不需安装坡度者除外);气体继电器顶盖上的箭头方向应指向油枕。

(4)变压器宽面推进时,低压侧应向外;窄面推进时,油枕侧一般应向外。在装有开关的情况下,操作方向应留有1200mm以上的宽度。

(5)变压器到货后,应及时进行开箱检查,具体项目如下:

① 变压器的型号规格是否与设计相符。

② 变压器外壳是否有机械损伤及渗漏油情况,有无较大的凹坑,是否伤及内部结构等。

③ 各人孔、套管孔、散热器蝶阀等处的密封是否严密,螺栓是否紧固等;储油柜油位是否正常;充氮运输时应检查剩余压力,数值是否在0.01~0.03MPa。

④ 变压器出厂资料应齐全,如设备图纸、安装使用说明书、出厂试验报告、出厂合格证以及装箱清单等资料均应具备。

⑤ 变压器有无小车,轨距与轨道设计距离是否相符,如不相符应调整规矩。当不能调整时及时与厂家联系。

⑥ 通过检查判断变压器有无受潮的可能性,如发现情况严重应及时处理,并将检查情况做好记录。

⑦ 按照装箱清单清点零部件的数量。

四、注意事项

(1)变压器吊装时,起重吊点的选择以及所用锁具的规格型号均应符合设计和有关规范要求。钢丝绳必须挂在油箱的吊钩上,上盘的吊环仅做吊芯用,不得用此吊环吊装整台变压器。

(2)变压器搬运时,应注意保护瓷瓶,最好用木箱或纸箱将高低压瓷瓶罩住,使其不受损伤。

(3)变压器搬运过程中,不应有冲击或严重震动情况,利用机械牵引时,牵引的着力点应在变压器重心以下,以防倾斜,运输斜角不得超过15°,防止内部结构变形。

(4)变压器在搬运或装卸前,应核对高低压侧方向,以免安装时调换方向发生困难。

(5)油浸变压器的安装应考虑能在带电的情况下,便于检查油枕和套管中的油位、上层油温、瓦斯继电器等。

项目五　变压器绝缘电阻及吸收比试验

一、准备工作

(一)设备

高压绝缘摇表、万用表、变压器。

(二)材料、工具

温湿计、电工工具、清洁剂(或酒精)、擦布、接地线、变压器试验数据记录表。

(三)人员

电气试验工。必须穿戴劳动保护用品,严格按操作规程操作。

CBG010 变压器绝缘电阻及吸收比试验

二、操作规程

(1)断开被试品的电源,拆除或断开对外的一切连线,并将其接地放电。

(2)用干燥清洁柔软的布擦去被试品表面的污垢,必要时可先用酒精或其他适当的去垢剂洗净套管表面的积污。

(3)检查绝缘摇表是否正常,可对绝缘摇表进行短路试验和开路试验。

(4)将变压器低压绕组用短接线短接,高压绕组短接接地,测量低压绕组的绝缘值,记录测量值,进行放电;将变压器高压绕组用短接线短接,低压绕组短接接地,测量低压绕组的绝缘值,做好记录,进行放电。

(5)测量吸收比或极化指数时,应分别读取 15s 和 60s 或 10min 时的绝缘电阻值。

(6)测试完毕应,先断开绝缘摇表的连线再对测试部位进行充分放电。

(7)记录测试设备铭牌、编号、环境温度及使用绝缘摇表的型号。

三、技术要求

(1)测量绝缘电阻、吸收比能有效发现变压器绝缘受潮及局部缺陷问题,如瓷件破裂、引出线接地、器身内部有金属接地及绕组围裙老化等。新安装或检修后及停运半个月以上的变压器,投入运行前,均应测定线圈的绝缘电阻。

(2)使用手动绝缘电阻表时将表放平,先试“0”和“∞”两个位置指示的准确性,转速应稳定。

(3)测试变压器绝缘时,应先读取温度、湿度值。

(4)变压器的绝缘电阻值应不低于产品出厂试验值的 70%,且换算到同一温度时的数值进行比较。

(5)变压器电压等级为 35kV 及以上,且容量在 4000kVA 及以上时,应测量吸收比。吸收比与产品出厂值相比应无明显差别,在常温下应不小于 1.3;当 R_{60s} 大于 3000MΩ 时,吸收比可不做考核要求。

(6)变压器电压等级为 220kV 及以上,且容量为 120MVA 及以上时,宜用 5000V 兆欧表测量极化指数。测得值与产品出厂值相比应无明显差别,在常温下不小于 1.3;当 R_{60s} 大于

10000MΩ 时，极化指数可不做考核要求。

四、注意事项

（1）被试变压器严禁有人工作。

（2）测量时依次测量各线圈对地及线圈间的绝缘电阻，被试线圈引线端短接，非被试线圈引线端短路接地，测量前被试线圈应充分放电；测量在交流耐压前、后分别进行。

（3）变压器应在充油后静置 5h 以上，8000kVA 以上的变压器应静置 24h 以上才能测量。

（4）读数后应先断开被试品一端，后停摇兆欧表，最后充分对地放电。

（5）测量时应注意套管表面的清洁及温度、湿度的影响。

（6）应正确记录测试结果。

模块八　盘柜及母线安装调试

项目一　相关知识

一、低压配电装置的用途及分类

CBH001 低压配电装置的用途及分类

(一)低压配电装置的用途

低压配电装置又叫开关屏或配电柜,它是将低压电路所需的开关设备、测量仪表、保护装置和辅助设备等,按一定的接线方案安装在金属柜内构成的一种组合式电气设备,用以控制、保护、计量、分配和监视等。适用于发电厂、变电所、厂矿企业中作为额定工作电压不超过380V低压配电系统中的动力、配电、照明配电之用。

(二)低压配电装置的结构

按结构体征可分为固定式和手车式(抽屉式)两大类;按基本结构可分为焊接式和组合式两种;按用途可分为低压配电柜和动力、照明配电控制箱。

固定式低压配电柜按外部设计不同可分为开启式和封闭式。

低压配电系统通常包括计量柜、受电柜、馈电柜、无功功率补偿柜等。

CBH002 常用低压成套配电装置介绍

二、常用低压成套配电装置介绍

常用的低压成套配电装置有PGL、GGD、GBD型固定式低压配电柜和GCK(GCL)、GCS、MNS抽屉式开关柜等。

(一)GGD型低压配电柜

GGD型低压配电柜适用于发电厂、变电所、工业企业等电力用户,在交流50Hz、额定工作电压380V、额定电流3150A的配电系统中作为动力、照明及配电设备,用以电能转换、分配与控制。

GGD型配电柜具有分断能力强、防护等级高、机械强调高、绝缘性能好、安装简单、使用方便等优点。

(二)GCL低压抽出式开关柜

GCL(K)系列抽出式开关柜用于交流50(60)Hz,额定工作电压660V及以下,额定电流400~4000A的电力系统中作为电能分配和电动机控制使用。

GCL系列抽出式开关柜柜体分为母线室区、功能单元区和电缆区,一般按上、中、下顺序排列。

(三)GCK系列电动开关柜

GCK系列电动控制柜柜体共分水平母线区、垂直母线区、电缆区和设备安装区等4个互相隔离的区域，功能单元分别安装在各自的小室内。

（四）GCS 低压抽屉式开关柜

GCS 抽屉式（抽出式）低压开关柜，除具有一般抽屉式开关柜的特点外，还可与计算机接口实现高度自动化。

（五）MNS 低压抽屉式开关柜

MNS 低压抽屉式开关柜是采用标准模件的组合式低压开关柜，开关柜结构紧凑、功能齐全，具有通信功能。

三、盘柜上电器的安装要求

CBH005 盘柜上电器的安装要求

（一）盘、柜上的电器安装应符合的规定

（1）电气元件质量良好，型号、规格符合设计要求，外观完好，附件齐全，排列整齐，固定牢固，密封良好。

（2）电器单独拆装、更换不影响其他电器及导线束的固定。

（3）发热元件安装在散热良好的地方，两个发热元件之间的连线采用耐热导线。

（4）熔断器的规格、断路器的参数应符合设计及装配要求。

（5）压板接触良好，相邻压板间有足够的安全距离，切换时不应碰及相邻的压板。

（6）信号回路的声、光、电信号正确，工作应可靠。

（7）带有照明的盘、柜，照明完好。

（二）端子排的安装应符合的规定

（1）端子排无损坏，固定牢固，绝缘良好。

（2）端子有序号，端子排便于更换且接线方便；离底面高度大于 350mm。

（3）回路电压超过 380V 的端子板有足够的绝缘，并涂以红色标识。

（4）交、直流端子分段布置。

（5）强、弱电端子分开布置，有明显标识，并设空端子隔开或设置绝缘的隔板。

（6）正、负电源之间以及经常带电的正电源与合闸回路之间，宜以空端子或绝缘隔板隔开。

（7）电流回路应经过试验端子，其他需断开的回路宜经过特殊端子或试验端子。试验端子接触良好。

（8）潮湿环境宜采用防潮端子。

（9）接线端子应与导线截面匹配，不得使用小端子配大截面导线。

（10）配电柜内的配线采用截面不小于 $1.5mm^2$。

（三）其他要求

（1）二次回路的连接件均采用铜质制品，绝缘件采用自熄性阻燃材料。

（2）盘、柜的正面及背面各电器、端子排等应标明编号、名称、用途及操作位置，且字迹清晰、工整，不易脱色。

（3）盘、柜上的小母线采用直径不小于 6mm 的铜棒或铜管，铜棒或铜管应加装绝缘套。小母线两侧应有标明代号或名称的绝缘标识牌，标识牌的字迹清晰、工整，不易脱色。

（4）二次回路的电气间隙和爬电距离应符合现行国家标准。屏顶上小母线不同相或不同极的裸露载流部分之间，以及裸露载流部分与未经绝缘的金属体之间，其电气间隙不得小于12mm，爬电距离不得小于20mm。

（5）盘、柜内带电母线应有防止触及的隔离防护装置。

CBH006 低压配电屏的安装及投运前检查

四、低压配电屏的安装及投运前检查

配电装置需保持必要的安全通道，低压配电装置正面通道宽度单列布置时不小于1.5m。低压配电屏在安装或检修后，投入运行前进行下列各项检查试验：

（1）检查柜体与基础型钢固定是否牢固，安装是否平直。屏面油漆应完好，屏内应清洁，无积垢。

（2）各开关应操作灵活，无卡涩，各触点应接触良好。

（3）用塞尺检查母线连接处接触是否良好。

（4）二次回路接线应整齐牢固，线端编号应符合设计要求。

（5）检查接地是否良好。

（6）抽屉式配电屏应检查推抽是否灵活轻便，动、静触头应接触良好，并有足够的接触压力。

（7）试验各仪表是否准确，继电器动作是否正常。

（8）用1000V兆欧表测量绝缘电阻，应不小于0.5MΩ，并按要求进行交流耐压试验，一次回路的试验电压为工频1kV。

（9）盘柜送电空载运行24h无异常现象，方可办理验收手续交建设单位使用。

CBH007 低压配电屏的巡视检查

五、低压配电屏的巡视检查

配电屏上的仪表和电器应经常进行检查和维护，并做好记录，以便随时分析运行及用电情况，及时发现问题和消除隐患。对运行中的低压配电屏，通常检查以下内容：

（1）检查配电屏上安装的电气元件的名称、标志、编号等是否清楚、正确，屏上所有的操作把手、按钮和按键等的位置与现场实际情况是否相符，固定是否牢靠，操作是否灵活。

（2）检查配电屏上表示“合”“分”等信号灯和其他信号指示是否正确。

（3）检查隔离开关、断路器、熔断器和互感器等的连接触点是否牢靠，有无过热、变色现象。

（4）检查二次回路导线的绝缘是否有破损、老化，并测量其绝缘电阻。

（5）配电屏上标有操作模拟板时，检查模拟板与现场电气设备的运行状态是否对应。

（6）检查仪表或表盘玻璃是否松动，仪表指示是否正确，并清扫仪表和其他电器上的灰尘。

（7）检查配电室内的照明灯具是否完好，照度是否明亮均匀，观察仪表时有无眩光。

（8）巡视检查中发现的问题应及时处理，并记录。

（9）检查低压配电屏内的一次回路电气设备与母线及其他带电导体布置的最小距离，不小于表2-8-1的规定值。

表 2-8-1 低压配电装置的最小距离(室内)

距离名称		距离,mm
不同极性的裸导体间及其至接地部分之间①	沿绝缘表面的距离	30
	空气中距离	15
	由裸导体至栏杆或保护网	100
	可拆卸的遮蔽式围栏	50
	外人能触及的室内配电装置的网状围栅	700
配电装置正面或后面的维护通道	通道净宽度②	800
	通道净高度	1900
	通道门宽度	750
	通道门高度	1900

① 照明配电盘例外,该两项距离可分别减小到 20mm 和 10mm。
② 因建筑结构突出而受限制的个别地点,通道宽度允许减小到 600mm。

CBH008 低压配电装置的运行维护

六、低压配电装置的运行维护

低压配电装置的有关设备,应定期清扫和摇测绝缘电阻。如用 500V 兆欧表测量母线、断路器、接触器和互感器的绝缘电阻,以及测量二次回路的对地绝缘电阻等均应符合规程要求。

低压断路器故障跳闸后,应检修或更换触头和灭弧罩,只有查明并消除跳闸原因后,才可再次合闸运行。

对频繁操作的交流接触器,每 3 个月进行一次检查。检查内容包括:清扫一次触头和灭弧栅,检查三相触头是否同时闭合或分断,摇测相间绝缘电阻。

定期校验交流接触器的吸引线圈,在线路电压为额定值的 85%~105%时吸引线圈应可靠吸合,而电压低于额定值的 40%时则应可靠地释放。

经常检查熔断器的熔体与实际负荷是否相匹配,各连接点接触是否良好,有无烧损现象,并在检查时清除各部位的积灰。

注意铁壳开关的机械闭锁是否正常,速动弹簧是否锈蚀、变形。

检查三相瓷底胶盖刀闸是否符合要求,用作总开关的瓷底胶盖刀闸内的熔体是否已更换为铜或铝导线,在开关的出线侧是否加装了熔断器与之配合。

七、支柱绝缘子安装

CBH009 支柱绝缘子的安装

(一)支柱绝缘子作用

(1)使母线对地绝缘。

(2)支持固定母线。

支柱绝缘子支持固定 3~10kV 的垂直母线时,其支持点的距离为 1000mm;支持水平母线时,距离为 1200mm。

(二)支柱绝缘子的检查

1kV 绝缘子安装前要摇测绝缘,绝缘电阻值大于 1MΩ。支柱绝缘子在安装前,应进行外部检查,绝缘子的法兰、铁件和瓷件应完好无裂纹、破损或瓷釉损伤。瓷件与铁件应结合牢固。

(三)支柱绝缘子的固定

固定绝缘子前,应对固定孔进行检查,检查各个开关柜排在一起后,同相的固定孔是否在一条线上,如固定孔偏离中心大于 5mm,则应用圆锉刀或手电钻进行修整。三相孔位检查或经修整无误后,即可逐个用螺栓将支柱绝缘子固定在支架上,每条螺栓均应带有圆垫片及弹簧垫,螺栓应拧紧。

CBH010 母线的制作

八、母线的制作

(一)母线矫直

对弯曲不平的母线,应进行矫直、矫正,矫正的方法有手工矫正和机械矫正两种。

手工矫正就是将母材放在平台或平直的工字钢上,用硬质木槌直接敲打弯曲变形部分,使之平直;也可用木槌或垫块(同质金属块或硬木块均可)垫在母线弯曲变形部分的上面,下面是平台或工字钢,然后用大铁锤直接敲打垫块,使母材间接受力而平直。其中平台和工字钢必须光洁平直,上面无任何杂物。

(二)母线尺寸测量

母线制作加工前应在其安装现场测量加工尺寸。如图 2-8-1 标出了两个不同垂直面上安装一段母线的测量方法,先在两个绝缘子与母线触面的中心各放置一只线坠,然后用尺子量出两条铅垂线的距离 A_1 和两个绝缘子中心的间距 A_2,B_1 和 B_2 可根据实际情况而定,通常尽量把夹角 α 做得大于 90°。将测得的数据在平台上画出大样图,用此作为加工母线的依据。有时为了节省时间,也可用 ϕ4mm 的铁丝作为加工母线的模型,然后再用尺子复测距离尺寸。

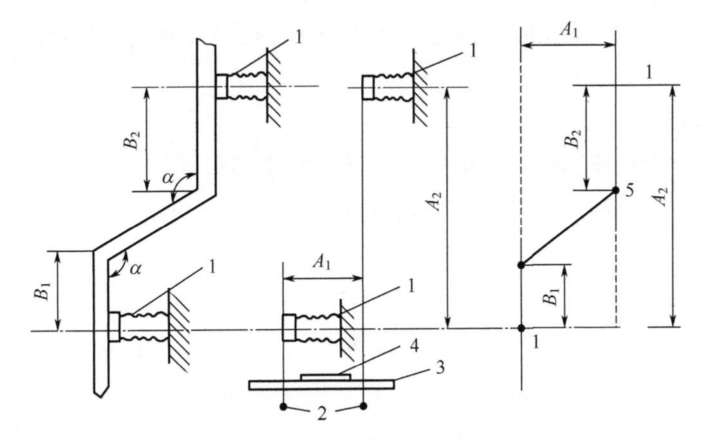

图 2-8-1　母线的测量方法

1—支持绝缘子;2—线坠;3—平板尺;4—水平尺

母线的直接连接若采用螺栓搭接时,要注意前后支持绝缘子的距离,连接处距支持绝缘子的支持夹板边缘不小于 50mm,上面母线端头与其下片母线平弯处的距离应不小于 25mm。

（三）母线下料

母线下料一般有手工或机械下料两种方法。手工下料可用钢锯，机械下料可用锯床、电动冲剪机等。母线切断前，应按预先测得的尺寸，用铅笔在母线上划好线，然后进行切割。对于母线断口处的毛刺，要用锉刀或其他割削工具将其去掉。需要弯曲的母线，最好在母线弯曲后再进行切断。

（四）母线弯曲

母线的弯曲分为平弯、立弯、扭弯、折弯等，具体制作要求如下：

（1）平弯。先在母线要弯曲的部位画上标记，再将母线插入平弯机内，校正无误后，拧紧压力丝杆，慢慢压下平弯机的手柄，使母线逐渐弯曲。

（2）立弯。将母线需要弯曲的部位套在立弯机的夹板上，再装上弯头，拧紧夹板螺栓，校正无误后，操作千斤顶，使母线弯曲。

（3）扭弯。将母线扭弯部位的一端夹在虎钳上，钳口部分垫上薄铝皮或硬木片。在距钳口大于母线宽度 2.5 倍处，用母线扭弯器夹住母线，用力扭转扭弯器手柄，使母线弯曲到所需要的形状为止。这种方法适用于弯曲 100mm×8mm 以下的铝母线，超过这个范围就需将母线弯曲部分加热再进行弯曲。

（4）折弯。可用于手工在虎钳上敲打成形，也可用折弯模压成。方法是先将母线放在模子中间槽的钢框内，再用千斤顶加压。

（五）母线的开孔

母线与电气设备的连接或者母线本身需要拆卸的接头，以及母线和支持绝缘子的固定，都是用螺栓紧固的，其螺栓在母线上的分布尺寸和孔径的大小应符合规范规定。

开孔应使用液压开孔器、台钻或钻床，先在母线上划出开孔的位置，并用冲子在孔的中心冲眼，然后夹紧在钻台上开孔，较厚的母线应浇注机油，孔径一般不大于连接螺栓直径 1mm，孔位应准确、垂直，开孔后用圆锉将毛刺除掉，孔口要光滑，任何情况下严禁用气割开孔。

（六）母线连接

母线连接可分为螺栓连接和焊接连接。母线的连接包括接触面的处理、钻孔和紧固螺栓。电气工程中规定，螺栓连接处的接触电阻不得大于同长度同截面同质材料的 20%。

1. 接触面处理

在现场制作时常使用母线平整机或手工锉处理接触面。

母线平整机是一个千斤顶和两块用磨床磨光的 50mm 厚的钢块，使用时将接触面夹于钢块之间，用千斤顶顶死，逐渐操作千斤顶，进而使接触面压平。压好后应用平尺检验，合格后再用金属刷清除表面的氧化膜即可。

用手工锉处理接触面时，要求操作者有较高的钳工操作水平，并随时用平尺检验，合格后即停止搓动。有条件的情况下，处理接触面应用铣床或刨床，效率高、效果好。手工锉和机床处理接触面，母线截面都有所减小，电气工程中规定，铜材不得减少原截面 3%，铝材不得减少原截面的 5%。

接触面处理之后，对于铝母线应随即涂上一层中性凡士林；对于铜母线则应搪锡处理。

2. 螺栓搭接技术要求

(1)母线连接用的紧固螺栓应用强度为4.6级的钢制螺栓,其辅件应符合国家标准。

(2)母线与母线、母线与分支线、母线与电器接线端子搭接时,其搭接面的处理应符合下列规定:铜母线和铜母线在干燥场所可直接搭接,但一般情况都应搪锡;铝母线和铝母线一般直接搭接,也可搪锡;钢母线和钢母线搭接必须搪锡或镀锌;铜母线和铝母线搭接,干燥场所铜母线应搪锡,否则应有铜铝过渡措施;钢母线和铜或铝母线,钢应搪锡或镀锌,铜应搪锡;封闭母线螺栓搭接应镀银。

九、母线安装

CBH011 母线的安装

母线安装主要是在支柱绝缘子上的固定及母线的连接,多在柜体的顶部,或者是安装在角钢支架和墙上。硬母线长度超过20m应加伸缩节。

(一)在柜顶的安装

把柜顶的盖拆掉,将制作加工好的母线抬到柜上,按原来测量的位置放在支持绝缘子或母线绝缘夹板上。先把每一段母线用塑料带捆扎在支持绝缘上加以固定,绑扎点不得少于两点,然后用红蓝铅笔画出母线和绝缘子用螺栓固定的螺孔位置,画出母线和每一个回路连接的螺孔位置。画好后将母线抬下,用钻床或台钻按前述的方法开孔。

母线在母线室的安装有立装和平装两种,这是由支持绝缘的构造决定的。

(二)母线在绝缘子上的固定安装

(1)用螺栓直接将母线拧在支柱绝缘子上。先在母线上钻长圆形孔,此孔长轴与母线走向一致,母线能够沿长圆形孔伸缩、移动,不致使绝缘子受力而损坏。

(2)用夹板固定。先用沉头螺栓将下夹板固定在绝缘子上,并在下面垫好红钢纸垫片,其螺母则和下夹板平,然后将母线放在下夹板上,上面压上上夹板,再将两边的夹紧螺钉上好即可。

(3)用卡板固定。先将卡板用沉头螺栓固定在绝缘子上,同样垫好红钢垫片,螺母和卡板平,把母线放在卡子内,把卡板转一个角度卡住母线即可。

母线固定在支柱绝缘子上,可以平放也可立放。当母线平放时,固定夹板外面的螺栓应套上支持套筒,使母线与夹板之间有1~1.5mm的间隙。当母线立放时,母线间要有垫片,使上部压板与母线之间保持1.5~2mm间隙。

柜顶的母线安装好后,要把每个回路的支母线按前述要求用螺栓和母线连接好,支母线一般都随柜配套由厂家装好。

(三)母线在支架上的安装

先丈量尺寸制作支架。然后把绝缘子装在支架上,绝缘子和支架间应垫红钢纸垫片,装绝缘子前应将支架刷成和盘柜相符的色漆。装绝缘子时,必须使每一相的绝缘子在一条直线上,且三相要平行,其中中相还应和进户窗口的中心对正。画线要准确,开孔位置确定后应立即用冲子在开孔中心冲样,一般开长孔。

(四)母线绝缘防护盒的安装

母排接头绝缘保护盒,也称母线保护盒、母排接头盒、绝缘盒、保护套、母排绝缘罩、接头保护罩等,有1kV、10kV和35kV不同耐压等级。主要用于电气设备导体、带电体连接处的绝缘防护，以及高压开关柜、低压开关柜、断路器、母线连接处、变压器接线端等特殊部分的绝缘防护。

母线安装完毕后，在母线的连接处要安装绝缘防护盒，一般是卡扣式的，主要是反措的要求。它有I形、L形和T形，直接扣在母线连接处就可以了。但应注意选用的母排接头保护盒要和母排热缩管相对应。

（五）其他母线的安装

成品母线、D形母线和管形母线，在其物理性能和电气性能上，相比矩形母线，有很大的优势，应用相当广泛。

管形母线、D形母线应采用专用的连接金具连接，不得采用内螺纹管接头或锡焊连接。安装前应对连接金具和管形母线导体接触部位的尺寸进行测量，其误差应符合技术文件要求。与管形母线连接金具配套使用的衬管应符合设计和产品技术文件要求。管形母线连接金具螺栓坚固力矩应符合产品技术文件要求。管形母线安装在滑动式支持器上时，支持器的轴座与管母线之间应有1~2mm的间隙。成品母线、D形母线、GIS管形母线以及户外管形母线，应严格按照设计或厂家图纸进行预制安装，需要对照厂家图纸和编号，依据产品技术文件要求的力矩进行紧固。

CBH012 母线涂色及排列的规定

十、母线涂色及排列的规定

母线安装完毕，要进行刷漆。刷漆的作用有：(1)便于识别相序；(2)防止腐蚀；(3)提高母线表面散热系数，改善母线冷却条件；(4)表示带电体。

（一）母线涂色

1. 母线着色规定

(1)A、B、C三相交流母线的颜色依次为：黄、绿、红。

(2)单相交流母线：与引出相的颜色相同。

(3)直流母线：正极为赭色，负极为蓝色。

(4)三相电路的零线或中性线均应为淡蓝色。

(5)封闭母线：母线外表面及外壳内表面涂无光泽黑漆，外壳外表面涂浅色漆。

2. 母线在下列各处应刷相色漆

(1)单片母线的所有面。

(2)多片母线的所有可见面。

(3)钢母线的所有表面应涂防腐相色漆。

3. 铜母线所有应涂防腐漆的表面

(1)母线的螺栓连接处及支持连接处，母线与电器的连接处以及距所有连接处10mm以内的地方。

(2)供携带式接地线连接用的接触面上，不刷漆部分的长度应为母线的宽度或直径，且不应小于50mm，并在其两侧涂以宽度为10mm的黑色标志带。

(3)刷有测温涂料的地方。

（二）母线排列

母线排列在设计图纸中均有规定。如无规定时，可按下列要求排列。

(1)上下布置时,交流母线A、B、C相的排列秩序为由上向下;直流母线为正极在上,负极在下。

(2)水平布置时,交流母线A、B、C相的排列秩序为由盘后到盘面;直流母线为正极在后,负极在前。

(3)引下线,交流母线A、B、C相的排列秩序为由左到右;直流母线为正极在左,负极在右。

十一、母线安装的技术要求

CBH013 母线安装的技术要求

(一)母线弯曲的规定

(1)矩形母线应进行冷弯,不得进行热弯。

(2)母线开始弯曲处距最近绝缘子的母线支持不应大于0.25L(L为母线两支持点间的距离),但不得小于50mm。

(3)母线开始弯曲处距母线连接位置不应小于50mm。

(4)矩形母线应减少直角弯曲,弯曲处不得有裂纹及显著的折皱,母线的最小弯曲半径应符合表2-8-2的规定。

表2-8-2　矩形母线最小允许弯曲半径值

弯曲方式	母排尺寸,mm	最小弯曲半径R,mm		
		铜	铝	钢
平弯	≤50×5	2b	2b	2b
	≤120×10	2b	2.5b	2b
立弯	≤50×5	1a	1.5a	0.5a
	≤125×10	2a	2a	1a

注:a为母线宽度,mm;b为母线厚度,mm。

(5)多片母线的弯曲度应一致。

(二)矩形母线搭接要求

矩形母线搭接连接时,应按表2-8-3规定进行。

表2-8-3　母线电气连接的最小接触面积　单位:mm^2

接触面的材料	各种额定电流的接触面积		
	200A	600A	1000A
紫铜与紫铜	670	3000	6700~10000
铜与铝	870	3900	9100
铝与铝	1000	4500	14000
紫铜与黄铜	1300	6000	20000
紫铜与钢	4700	20000	72000
钢与钢	20000	100000	250000

(三)母线及母线与引线连接安装要求

(1)母线接触面加工后必须保持清洁,并涂以电力复合脂,严禁机械碰撞。

（2）母线平置时，贯穿螺栓应由下往上穿，其余情况下，螺母应置于维护侧，螺栓长度宜露出螺母2~3扣。

（3）贯穿螺栓连接的母线两外侧均应有平垫圈，相邻螺栓垫圈间应有3mm以上的净距，螺母侧应装有弹簧垫圈或锁紧螺母。

（4）螺栓受力应均匀适中，不应使电器端子受到额外的应力；接触面上多条螺栓应轮流紧固或对角线紧固的方法；螺母不得拧得太紧，紧度应适中，通常应使用力矩扳手紧固；紧好后应用0.05mm×10mm的塞尺检查。母线宽度在63mm及以上者不得塞入6mm，宽度在56mm及以下者不得塞入4mm。

（5）母线的基础面应连接紧密，连接螺栓应用力矩扳手紧固，其紧固力矩值应符合规范或厂家要求；紧固后还应用0.05mm×10mm的塞尺检查。

（6）母线与螺杆形接线端子连接时，母线的孔径不应大于螺杆接线端子直径1mm，螺纹的氧化膜必须刷净，螺母接触面必须平整，螺母与母线间应加铜质搪锡平垫圈，有锁紧螺母，但不得加弹簧垫。

（7）母线安装的净距离要求符合规范规定。

（8）母线涂漆应均匀，不得有起层、皱皮等缺陷。

CBH014 母线的维修

十二、母线的维修

（1）检查母线是否清洁，并定期清除灰尘、污垢。

（2）检查母线相色是否正确以及油漆是否完整，如有脱落，应趁停电时补涂。

（3）检查变色漆或试温蜡片是否有异常情况，以监视母线是否过热。

母线接头的长期允许最高温度见表2-8-4，螺栓连接时母线接头的长期最高发热温度及允许温升见表2-8-5。

表2-8-4 母线接头的长期允许最高温度

接头形式	长期允许最高温度，℃
无镀层的铜或铝接头	90
镀（搪）锡的铜或铝接头	105
镀银的铜接头	115

表2-8-5 螺栓连接时母线接头的长期最高发热温度及允许温升 单位：℃

接头处理方法	长期允许最高发热温度	环境温度为40℃时的温升
铝-铝	80	40
铜-铜		
铝镀锡-铝镀锡	80	40
铜镀锡-铜镀锡		
铜镀银-铜镀银	105	65
铜镀银、银层厚度大于50μm或镶银片	120	80

（4）检查母线搭接处有无过热现象，螺栓是否发红，有无氧化气膜生成。定期检查螺栓、弹簧垫、垫圈及压紧情况。如发现弹簧垫失去弹性，应予以更换；若连接处有氧化膜生

成,可用细锉修整打光(不能用砂布打磨,以免砂粒嵌入接触面而增大接触电阻),然后涂上导电膏,将螺栓拧紧。

(5)检查母线支持绝缘子及设备端子是否有因受额外应力而损伤的情况。如有,应予以更换、修理,并消除额外应力。

(6)对重负荷线路的接头要做重点检查,尤其是一些混合接头易振动性机械设备上的母线或电气接头。

(7)定期测量母线的绝缘电阻。对于运行中或经大修后的母线,其对地的绝缘电阻不应低于 1MΩ/kV。

项目二 盘柜基础制作安装

一、准备工作

(一)设备

台钻、手电钻、砂轮、电焊机、气焊工具、台虎钳、水准仪等。

(二)材料、工具

电工工具、槽钢、垫片、镀锌螺栓、螺母、垫圈、弹簧垫、地脚螺栓、镀锌铁丝、塑料软管、异型塑料管、焊条、锯条、氧气、乙炔气、水平尺、钢直尺、钢卷尺、塞尺、线锤、锉刀、扳手、钢锯、钢丝钳、螺钉旋具、电工刀等。

(三)人员

电气安装调试工、电焊工、辅助工。必须穿戴劳动保护用品,严格按操作规程操作。

二、操作规程

CBH003 盘柜基础的制作安装

(一)盘柜检查验收

(1)按照设备清单核对设备本体及附件、备件的规格型号,检查附件、备件是否齐全,产品合格证、技术资料、说明书是否齐全。

(2)盘柜本体外观检查应无损伤,油漆应完整无损。

(3)盘柜内部检查:电气装置及元器件、绝缘瓷件齐全、无损伤、裂纹等缺陷。

(二)基础型钢制作

先要实测盘柜底座的几何尺寸以及盘柜的台数。

(1)槽钢的选料。型钢一般选用 10 号槽钢。

(2)槽钢的下料及焊接。基础型钢要做成矩形,宽为柜体的厚,长为 n 个柜体宽的总和再加上$(n-1)(1\sim2)$mm,其中 1~2 柜体间隙,是根据柜体的制造质量和安装技术的熟练程度决定的。

下料后将端部锯成 45°,在平台上或较高的厚钢板上对接,先点焊好,测量其角度、水平度后即可焊接。不直度小于 0.5mm/m,水平度小于 1mm/m,全长误差控制在 2‰之内。总长一般每超过 3m,即可在中间加焊一根加强连接梁。

(3)测量柜体地脚螺栓的纵横间距(安装尺寸),并在槽钢的上划好开孔的位置。

(4)防腐处理。先清除焊渣及毛刺,然后用钢锯将内外的铁锈除掉;内外涂防锈漆两道,色漆要和柜体的颜色一致或对应。

(三)基础型钢的埋设

基础型钢的埋设方法有下列三种:直接埋设、预留沟槽埋设和地脚螺栓埋设法。

1. 直接埋设法

先在埋设位置找到型钢中心线,再按图纸的标高尺寸测量其安装高度和位置,做上记号。将型钢放在所测量的位置上,使其与记号对准,用水平尺调好水平度。水平低的型钢可用铁片垫高,以达到要求值。找平一般用水平尺,超过 10m 的要用水准仪。水平调好后即可将型钢固定。固定方法一般是将型钢焊在钢筋上,也可用铁丝绑在钢筋上。

2. 预留沟槽埋设法

在土建打混凝土时,根据图纸要求在型钢埋设位置先预埋固定基础型钢用的铁件(钢筋或钢板)或基础螺栓,同时预留出沟槽。沟槽宽度应比基础型钢宽;深度为基础型钢埋入深度减去二次抹灰层厚度,再加深 10mm 作为调整裕度。待混凝土凝固后(二次抹灰之前),将基础型钢放入预留沟槽内,加垫铁调平后与预埋铁件焊接或用基础螺栓固定,型钢周围用混凝土填充并捣实。

3. 地脚螺栓埋设法

在土建施工做基础时,先按底座尺寸预埋地脚螺栓,待基础凝固后再将槽钢底座固定在地脚螺栓上。基础型钢顶部应高出磨平面 10mm(手车式柜除外)。埋设的基础型钢应做好良好的接地,一般均用扁钢将其与接地网焊接,接地点不少于 2 处,且漏出地面的部分应涂防锈漆。

三、技术要求

(1)基础型钢埋设偏差要求见表 2-8-6。

表 2-8-6 配电柜(屏)基础型钢埋设允许偏差

项　目	允许偏差,mm	
不直度	每米	<1
	全长	<5
水平度	每米	<1
	全长	<5

(2)基础型钢安装后,其顶部宜高出地面 10~20mm;手车式成套柜应按产品技术要求执行。

四、注意事项

(1)开孔应用电钻钻孔,然后用锉刀锉成长孔,不得用气焊开孔。

(2)索取配合土建时的图样资料,进行核对,碰歪碰坏的地脚要进行修整,必要时要重新进行埋注。

项目三　盘柜安装

一、准备工作

(一)设备

汽车、汽车吊、手推车、卷扬机、钢丝绳、麻绳索具、手电钻、电锤、万用表、水准仪等。

(二)材料准备

垫片、镀锌螺栓、螺母、垫圈、弹簧垫、地脚螺栓、镀锌铁丝、水平尺、钢直尺、钢卷尺、吸尘器、塞尺、磁力线坠、塑料软管、异型塑料管、尼龙卡带、细白线、绝缘脚垫、标志牌、锯条砂轮、锉刀、扳手、钢锯、钢丝钳、螺钉旋具、电工工具等。

(三)人员

电气安装调试工、起重工、电焊工、辅助工等。必须穿戴劳动保护用品,严格按操作规程操作。

二、操作规程

CBH004　盘柜的安装

(1)安装前核对基础槽钢的安装尺寸,检查其不平度、不直度,合格后方可进行安装。

(2)将盘柜运到配电室内,除去外部包装,按先里后外的顺序将双屏盘柜运至安装位置附近,并依次放好。打开进线仓及电缆仓柜门,取出松散的部件。

(3)从成列盘柜一端开始安装第一块盘柜,用水平尺、磁性线坠和钢板尺进行找正。测量时先测量柜体正面的垂直度,测量方法是将磁性线坠分别置于柜体正面的两个前立柱从下至上 2/3 高的位置上,然后把铅坠放下,再用钢板尺分别测量垂线上部和下部与前立柱的距离,如相等则说明柜体前后垂直基础槽钢;如下部距离大,则说明柜体前后面向前倾斜,应该在柜体的下框架前面放垫片,直至上下相等;反之,柜体向后倾斜,则在下框架后面垫垫片调整。每处垫片最多不超过 3 片。

(4)用同样的方法测量并调整柜体的侧面,最后再测量一次正面并细调一次,直至前后左右的铅垂线上下距离相等,其误差应≤0.5mm。

(5)松开第一块、第二块盘柜母线螺栓,并拆下连接铜板,慢慢将第二块盘紧靠在第一块盘旁,再以第一柜为标准将其调整;调整顺序,可以从左到右或从右到左,也可以左右分开调整;配电柜的水平调整,用水平尺测量;垂直情况调整,可在柜顶沿柜面悬挂一线坠,测量柜面上下端与吊线的距离,直到调整达到要求为止。调整完毕后再全面检查一遍,看是否符合质量要求。

(6)并盘。取出所有抽屉,装上盘间螺栓(M8×16),注意全部螺栓已装好后插入所有抽屉。

(7)按以上步骤将剩下的盘柜依次进行并盘安装。

(8)盘柜的固定。用电焊或螺栓将配电柜底座固定在基础型钢上。如用电焊,每个柜的焊缝不应少于 4 处,每处焊缝长约 10mm;焊缝应在柜体的内侧。

(9)成列的配电柜安装好后,应将两头的边屏装上,将端面封闭。

(10)盘柜的接地。每台柜(盘)单独与基础型钢连接。每台柜在后面左下部的基础型钢侧面上焊上电缆终端,用截面积为 $6mm^2$ 的铜线与柜上的接地端子连接牢固。

(11)盘柜的内部清扫。配电柜固定好后,应进行内部清扫,柜内不应有杂物。

(12)成品保护。盘柜安装完毕后要用塑料布将盘柜盖上,防水、防尘。盘柜安装完毕后,若条件具备应将配电间门锁上,并由专人管理钥匙。

三、技术要求

(1)配电柜单独或成列安装时,其垂直度、水平度以及盘柜面偏差和盘柜间接缝允许值应符合表 2-8-7 规定。

表 2-8-7 盘柜安装的允许偏差

项目		允许偏差,mm
垂直度(每米)		<1.5
水平偏差	相邻两盘顶部	<2
	成列盘顶部	<5
盘面偏差	相邻两盘边	<1
	成列盘面	<5
盘间接缝		<2

(2)柜体内外清洁,柜门开闭灵活,接线整齐,装有电器的可开启门,应以裸铜软线与接地的金属构架可靠接地。

(3)主控制柜、继电保护盘、自动装置盘等不宜与基础型钢焊死。

(4)柜(盘)就位、找正、找平后,除柜体与基础型钢固定外,柜体与柜体、柜体与侧挡板均用镀锌螺栓连接。将盘柜之间的螺钉上好平垫、弹簧垫拧紧,螺钉的穿过方向一致。多台配电柜的安装要保证柜顶的水平度,必要时可用垫片调整。

(5)抽屉式配电柜安装完后,对所有的抽屉进行检查调整,着重检查抽屉推拉的灵活性、抽屉机械与电气联锁装置的可靠性、同规格抽屉的互换性。

(6)手车式配电柜安装完成后对所有手车进行检查调整,检查时着重手车推拉的灵活性,防止电气误操作的装置应齐全、动作可靠,相同型号手车要有互换性。

四、注意事项

(1)开关柜体与基础型钢要连接牢固,接地可靠,柜体接缝平整,盘面标志牌、标志框齐全、准确并清晰。

(2)盘柜搬运及并盘过程中要注意防止盘柜倾倒和挤压伤手脚。

项目四　母线制作安装

一、准备工作

(一) 设备

母线平弯机、母线立弯机、台钻或打孔机、母线矫正机、母线扭弯器、电动圆齿锯、母线平整机、摇臂钻床、铣床、刨床等。

(二) 材料、工具

电工工具、钢锯、水平尺、直角尺、木槌、铁平槌、钢丝刷、喷灯、母线、型钢、铝皮、铜皮、中性凡士林、支持绝缘子、母线金具、各种连接螺栓、螺母、平垫圈、弹簧垫圈及焊锡膏、锡等。

(三) 人员

电气安装调试工、起重工、辅助工等。必须穿戴劳动保护用品，严格按操作规程操作。

二、操作规程

(1) 安装前检查与硬母线安装有关的其他工程项目是否已全部完成，并对设备易损部位做好防护措施。

(2) 在安装现场搭设临时工作台，安装硬母线煨弯机、台钻等工具、机具。

(3) 测量下料煨弯。

① 测量主母线直线部分的长度，根据测量结果合理选配各种不同制造长度的硬母线，搭配成满足使用要求的长度。

② 测量主母线平弯、立弯的位置及尺寸，并做好记录。

③ 标定各段母线连接尺寸及煨弯位置的起始点。

④ 按硬母线规格选用与其弯曲半径相对应的模具进行煨弯。

⑤ 精确测定各段母线在连接后实际达到的长度。

⑥ 主母线安装就位后，再依上述程序进行分支母线或设备连接线的测量下料作业。

(4) 接触面加工及钻孔。

① 将硬母线需要加工的部位固定在台钳上，且被加工面呈水平状态。

② 先用锉刀锉掉硬母线端部的尖角，然后修整接触面至符合规定。

③ 用定位样板在标定的母线搭接面上确定钻孔位置，并利用样冲定位。

④ 从台钳上卸下母线，用台钻或打孔机钻孔。

⑤ 钻孔后，用圆锉把孔壁修整光滑，并在接触面涂敷一层电力复合脂。

(5) 主母线安装。

① 把各段硬母线摆在工作台或地面上，按设定的连接顺序组装成一个整体，检查各部尺寸应与测量结果相符。

② 用扭矩扳手对各连接部位进行检查。

③ 将硬母线整体一次放到安装位置，用母线金具临时固定一下，然后经仔细调整安装位置后再固定牢靠。

（6）分支母线安装。

在主母线安装好后，各分支母线或设备连接线可依安装顺序一次完成。

① 分支母线、设备连接线的测量、下料、煨弯工作与前述主母线程序相同。当所加工的母线较短且弯曲部位在两处以上时，可先用裸线材煨制一个样板，然后再依样加工。

② 分支母线或连接线加工好后，直接放在安装位置测定连接位置及其安装孔中心。

③ 用台钻或打孔机打孔，修整接触面，切除连接部位以外的多余部分。

④ 安装分支母线或设备连接线。

三、技术要求

（1）母线安装前应矫正平直，切断面应平整。

（2）绝缘子和盘柜、支架的固定应平整牢固，不应使其所支持的母线受到额外应力。

（3）母线在支持绝缘子上的固定死点应位于母线全长或两个母线补偿器间的中点。

（4）连接用的螺栓、螺母、平垫圈、弹簧垫圈大小要适当，除弹簧垫圈外均应有防锈层。

（5）母线与设备端子连接时，如果是铜铝连接或铜母线与铝母线连接，则应采用铜铝过渡板。

（6）用压板连接母线时，最好用铜螺栓。用夹板时，不允许四角同时使用铁质螺栓，应在方形夹板的一边用两个铜螺栓，最好用非磁性夹板，以减少涡流损耗。

（7）母线及其固定装置应无显著的棱角，以防止尖端放电。

四、注意事项

（1）在硬母线安装工作开始前，首先应做好设备瓷套和支柱绝缘子等易损件的安全防护准备。工作中，严禁蹬踏电气设备或绝缘子。

（2）进行钻孔操作时，作业人员应戴护目镜，但不得戴手套，严禁直接用手清除钻屑。

模块九　二次接线与检验

项目一　相关知识

CBI001　电气一、二次设备和回路的概述

一、电气一、二次设备和回路的概述

在电力系统中，通常根据电气设备的作用将其分为一次设备和二次设备。一次设备是指直接用于生产、输送、分配电能的电气设备，是构成电力系统的主体。二次设备是用于对电力系统及一次设备的工况进行监测、控制、测量、调节和保护的低压电气设备。

(一)一次电气设备及回路

(1)母线是电气主接线和各级电压配电装置中的重要环节，它的作用是汇集、分配和输送电能。

(2)高压断路器是电力系统最重要的控制和保护设备，是开关电器中最完善的一种设备，它具有断合正常负荷电流和切断短路电流的功能，具有完善的灭弧装置。

(3)隔离开关是主要作隔离电源的电器，它没有灭弧装置，不能带负荷拉合，更不能切断短路电流。

(4)电压互感器将系统的高电压转变为低电压，供测量、保护、监控用。

(5)电流互感器将高压系统中的电流或低压系统中的大电流转变为标准的小电流，供测量、保护、监控用。

(6)熔断器是在电路发生短路或严重过负荷时，自动切断故障电路，从而使电气设备得到保护的设备。

(7)负荷开关用来接通和分断小容量的配电线路和负荷，它只有简单的灭弧装置。常与高压熔断器配合使用，电路发生短路故障时由高压熔断器切断短路电流。

(二)电气主接线

电气主接线是指发电厂、变电所中的一次设备按照设计要求连接而成的电路，也称发电厂、变电所主电路或一次接线。电气主接线的形式对配电装置布置、供电可靠性、运行灵活性和建设投资资金都有很大影响。典型的电气接线大致可分为有母线和无母线两类，有母线主接线包括单母线、双母线及带旁路母线的接线等；无母线类主接线包括桥形接线、多角形接线和单元接线。

(三)配电装置

根据发电厂或变电所电气主接线的要求，将开关电器、载流导体及各种辅助设备按照一定方式建造、安装而成的电工建筑物，称为配电装置。配电装置按其电气设备安装场所的不同，分为屋内配电装置和屋外配电装置；按其电气设备组装方式的不同可分为装配式配电装置和成套配电装置。

（四）二次设备及回路

电气二次设备包括继电保护系统、自动装置系统、测量仪表系统、控制系统、信号系统和操作电源等子系统。由二次设备互相连接构成的电路称为二次接线，又称为二次回路。二次接线的基本任务是反映一次设备的工作状况，控制一次设备；当一次设备发生故障时，能将故障部分迅速退出工作，以保持电力系统处于最佳运行状态。

CBI002 二次回路图的分类及编号

二、二次回路图的分类及编号

电力系统的二次回路是个非常复杂的系统。为便于设计、制造、安装、调试及运行维护，通常在图纸上使用图形符号及文字符号按一定规则连接来对二次回路进行描述。这类图纸称之为二次回路接线图。

（一）二次回路图的分类

按图纸的作用，二次回路的图纸可分为原理图和安装图。原理图是体现二次回路工作原理的图纸，按其表现的形式又可分为归总式原理图及展开式原理图。安装图按其作用又分为屏面布置图及安装接线图。

1. 二次回路原理图

1）归总式原理图

归总式原理图的特点是将二次回路的工作原理以整体的形式在图纸中表示出来。这种接线图的特点是能够使读图者对整个二次回路的构成以及动作过程都有一个明确的整体概念。其缺点是对二次回路的细节表示不够，不能表示各元件之间接线的实际位置，不便于现场的维护与调试，对于复杂的二次回路读图比较困难。因此在实际使用中，广泛采用展开式原理图。

2）展开式原理图

展开式原理图是以二次回路的每个独立电源来划分单元进行编制的。展开式原理图的接线清晰，易于阅读，便于掌握整套继电保护及二次回路的动作过程、工作原理，特别是在复杂的继电保护装置的二次回路中，用展开式原理图表示其优点更为突出。

2. 二次回路安装图

1）屏面布置图

屏面布置图是加工制造屏柜和安装屏柜上设备的依据。上面每个元件的排列、布置，是根据运行操作的合理性，并考虑维护运行和施工方便来确定的，因此应按一定比例进行绘制，并标注尺寸。

2）安装接线图

安装接线图是以平面布置图为基础，以原理图为依据而绘制成的。它标明了屏柜上各个元件的代表符号、顺序号，以及每个元件引出端子之间的连接情况，它是一种指导屏柜上配线工作的图纸。

（二）读图方法

读图前首先要弄懂该图纸所绘继电保护的功能及动作原理、图纸上所标符号的含义，然后按照先交流后直流，先上后下，先左后右的顺序读图。对交流部分，要先看电源，再看所接元件。对直流元件，要先看线圈，再查接点。

(三)二次回路的编号

二次设备数量多,相互之间连接复杂。根据二次连接线的性质、用途和走向,按一定规律为每一根线分配唯一的编号,就可以把二次线区分开来。常用的编号方法有以下几种。

(1)回路编号法。按线的性质、用途进行编号叫回路编号法。回路编号按等电位的原则标注,即在电气回路中,连于一点上的所有导线均标以相同的回路编号,一般用3位或3位以下的数字组成。如控制和保护回路常用001~099及100~599表示,励磁回路用601~699表示,电流回路用400~599表示,电压回路用600~799表示等。

(2)相对编号法。按线的走向、按设备端子进行编号叫相对编号法,常用于安装接线图中,供制造、施工及运行维护人员使用。当甲、乙两设备需要互相连接时,在甲设备的接线端子上写乙设备的编号及具体接线端子的标号,而在乙设备的接线端子上写甲设备的编号及具体接线端子的标号,这种相互对应编号的方法称为相对编号法。

(3)设备接线端子编号。每个设备在出厂时其接线端子都有明确编号,在绘制安装接线图时就应将这些编号按排列关系、相对位置表达出来,以求得图纸和实物的对应。对于端子排,通常按从左到右、从上到下的顺序用阿拉伯数字顺序编号。

(4)控制电缆的编号。在变电所或发电厂中二次回路控制电缆较多,需要对每一根电缆进行唯一编号,并悬挂于电缆根部。

(5)小母线编号。柜顶小母线的编号一般由表明母线性质的"+""-"号和表征相别的英文字母组成。如+KMⅠ表示Ⅰ段直流控制母线正极,1YMa表示Ⅰ段电压小母线A相。

三、二次回路接线端子介绍

CBI003　二次回路接线端子介绍

(一)接线端子的作用及分类

屏内设备和外部设备相连接时,都要通过接线端子和电缆来实现,这些端子组合起来就称为端子排。在接线图中,端子排的项目代号为X,端子前缀符号为":"。

端子按功能分有试验端子、连接端子、一般端子和终端端子等。试验端子用于互感器二次回路中接入试验仪表以对电路中仪表进行测试;连接端子用于连接端子始端;一般端子用于连接仪表或电气设备不同部分导线;终端端子用于连接端子终端。端子按外形分有欧式接线端子、插拔式接线端子、栅栏式接线端子、弹簧式接线端子及轨道式接线端子等。

(二)端子的连接

导线与端子在进行连接时,应根据不同的端头选择相适应的专用冷压接钳,其连接尺寸长度应符合规范要求。

(三)压接位置

预绝缘端子压痕应在筒中央的两边均匀压接,一端使端头与导线压接,另一端使绝缘管与导线绝缘层吻合。管形预绝缘端头应在端头的管部均匀压接。裸端头压痕在筒中央处,且在端头套部的焊接缝上。触针式端头压接部位与上、下钳嘴相配合,钳嘴以缺口为准,宽边压在线芯上,窄边压在导线绝缘层上。

(四)压接工艺要求

预绝缘端头压接后,绝缘部分不能出现破损或开裂。导线芯插入冷压接端头后,不能有未插入的线芯或线芯露出端子管外部以及绞线的现象,更不能剪短线芯。剥取导线绝缘层后，应尽快与冷压接端子压接，避免线芯产生氧化膜或粘有油污。压接后导线与端头的抗拉强度应不低于导体本身抗拉强度的60%。针形端头、片形端头和管形端头长度应根据所接入的端子情况而定，接触长度应与端子相一致或至少长出压线螺钉；有两个压线螺钉时（如电度表），其端头长度应保证两个螺钉均接触固定。

通常不允许两根导线接入一个冷压接线端头，因接线端子限值必须采用时，宜先采用两根导线压接的专用端头，否则宜选用大一级或大两级的冷压接端头。

（五）接线端子的安装与连接

（1）端子排安装时，槽板宽边在下方；垂直安装时，槽板宽边在右方。

（2）安装于屏（柜）前、后一侧的端子排最小配线空间应不小于75mm。同一侧两排端子间隔距离应不小于100mm。

（3）每个安装单位的端子排按照由上至下（或由左至右）的顺序排列时，一般按交流电流回路、交流电压回路、信号回路、控制回路及其他回路等进行分组。

（4）电流回路应经过试验端子，其他需要断开的回路宜经特殊端子或试验端子。试验端子应接触良好。

（5）正、负电源之间以及经常带电的正电源与合闸或跳闸回路之间，宜以一个空端子或隔离端子隔开。

（6）接线端子的紧固用螺钉和螺母除固定接线端子本身就位或防止其松动外，不应作为固定其他任何零部件用。

（7）在拧紧螺钉的过程中，应用手扶持导线，以避免接线座底脚承受扭矩及安装轨道变形。

（8）每个接线端子每侧接线宜为1根导线，不得超过2根。当2根导线与同一端子连接时，优先采用连接端子。

（9）连接端子的导线线芯不能露出端子外，以保证相邻两导线间可靠的电气间隙。

（六）接线端子的识别和标志

（1）回路电压超过400V者，端子板应有足够的绝缘并涂以红色标志。

（2）应对弱电端子采用不同于强电端子的颜色予以标识或进行区分。

（3）端子排必须有序号标记，也可以采用标记性端子，每5个为一档。

（4）为保证保护接地端子的标志能清楚而永久地识别，应尽量采用黄绿双色的专用保护接地端子。

CBI004 控制电缆芯数和根数的选择

四、二次回路控制电缆芯数和根数的选择

（1）控制电缆宜采用多芯电缆，应尽可能减少电缆根数。当芯数截面为1.5mm^{2}时，电缆芯数不宜超过37芯。当芯线截面为2.5mm^{2}时，电缆芯数不宜超过24芯。当芯线截面为4~6mm^{2}时，电缆芯数不宜超过10芯。弱电控制电缆不宜超过50芯。

（2）截面小于4mm^{2}的较长控制电缆应留有必要的备用芯。但同一安装单位的同一起止点的控制电缆不必在每根电缆中都留有备用芯，可在同类性质的一根电缆中预留备用芯。

（3）应尽量避免将一根电缆中的各芯线接至屏上两侧的端子排，若芯数为6芯及以上时，应采用单独的电缆。

（4）对较长的控制电缆应尽量减少电缆根数，同时也应避免电缆的多次转接。在同一根电缆中不宜有两个及以上安装单位的电缆芯。在一个安装单位内，截面要求相同的交流、直流回路，必要时可共用一根电缆。

（5）下列情况的回路，相互间不宜合用同一根控制电缆：

① 弱电信号、控制回路与强电信号、控制回路。

② 低电平信号与高电平信号回路。

③ 交流断路器分相操作的各相弱电控制回路。

CBI005　二次回路导线截面的选择

五、二次回路导线截面的选择

（1）二次回路绝缘导线和控制电缆的工作电压不应低于500V。

（2）测量、控制、保护回路除断路器电磁合闸线圈外，应采用铜芯的控制电缆和绝缘导线。

（3）按机械强度要求，采用的电缆芯或绝缘导线最小截面为：连接于强电端子的铜线不应小于1.5mm^2；铝线不应小于2.5mm^2。

（4）二次回路通常采用多股铜芯绝缘导线，当为屏内接线时一般采用塑料绝缘铜芯导线，当为屏外部接线时一般采用控制电缆。除特殊情况外，导线截面积应按其电路额定值进行选择，如表2-9-1所示。

表2-9-1　导线截面积与额定值的关系

电路特征		导线截面，mm^2
交流电压电路，V	100～380	1.5
直流电压电路，V	≤220	1.5
交流电流电路，A	1～5	2.5
直流电流电路，A	10～25	2.5

（5）盘柜内电流回路配线一般采用截面不小于2.5mm^2、标称电压不低于450V/750V的铜芯绝缘导线，其他回路截面应不小于1.5mm^2。

（6）电能计量柜中计量元件的电流线路导线截面积不应小于4mm^2；电压电路导线截面积不应小于2.5mm^2。

（7）计量回路导线颜色必须采用相序颜色，即A、B、C、N和PE分别对应黄色、绿色、红色、浅蓝色和黄-绿相间颜色的导线。

（8）二次回路接地导线最小截面积不应小于表2-9-2的规定值。

表2-9-2　导线最小截面积规定值

导线类型	低压设备保护导线最小截面积，mm^2	高压设备保护导线最小截面积，mm^2
绝缘导线	2.5	4
裸铜编织线	4	6
护套软铜线	2.5	4

（9）保护导线的截面积还不能小于被保护的金属构件上所安装的电气元件最大额定电流所接的导线截面积。

(10)导线选用黑色,接地导线可选择黄绿双色绝缘导线、裸铜编织线和软铜绞线。应优选选用透明塑料护套的软铜绞线。

项目二　二次回路盘内布线

一、准备工作

(一)设备

万用表。

(二)材料、工具

斜口钳、剥线钳、尖嘴钳、扁嘴钳、剪刀、螺丝刀、扳手、塑料圈、冷压钳、卷尺、所需导线、与导线配套的端子、号码管、标签等。

(三)人员

电气安装调试工、辅助工。必须穿戴劳动保护用品,严格按操作规程操作。

CBI006　二次回路的布线方法

二、操作规程

(1)熟悉图样。看懂并熟悉电路原理图、施工接线图、平面布置图。

(2)放线。二次导线放线前应选择最佳的配线路径,两端子间的连接导线应尽可能短;一般情况下,量取导线两点间的长度时应留有150~200mm余量,以便接线时留出导线弧长;截线时应采用专用剪线钳,断口平直整齐,线芯没有钝头和弯曲;在导线两端套上标记管。

(3)敷设。导线的敷设应横平竖直,布线时选择最短和最佳的配线途径,避免不必要的绕道或走弯路;布线平直、清晰、整齐、美观。

(4)包扎。导线在敷设的过程中,应边敷设边包扎,根据元器件布置,依次分出所连接的导线。在整个敷设包扎的过程中,逐渐形成由总体线束和分支线束组成的二次线路。

(5)剥线头及压接终端。根据导线的截面选择终端规格,用冷压钳将导线压入端头内;每根导线必须有弧形余量,剪断多余部分,剥线时不得损失线芯。

(6)接线。接线前先用万用表校对是否正确;标号套套入导线,应长度统一,排列整齐;将导线接入器件接头时,螺钉必须拧紧,不得有滑牙现象。

三、技术要求

(1)配电盘内的配线应排列整齐,接线正确、牢固,做到与安装接线图一致。

(2)导线与电器的连接,必须加垫圈或花垫,且应牢固可靠。

(3)盘柜内的导线不应有接头,导线线芯应无损伤。

(4)标记管的套入应清楚地考虑接线端子方向或接线方向,字迹清晰且不易褪色。文字方向应符合规定。

(5)捆扎导线时,导线标称截面积为1.5mm^2的导线束,一般要求导线数量不应超过30根,最大不得超过50根。

(6)盘柜内的配线及电缆芯线应成排成束、垂直或水平、有规律地配置,不得任意交叉连接,长度超过200mm时,应加绑扎。

(7)二次回路中不同电位两裸导电部件之间的电气间隙和爬电距离不应小于4mm和6mm。

四、注意事项

(1)二次导线敷设时,在配线和维修方便的情况下应尽量隐蔽。

(2)二次导线敷设应避开发热元件,遇发热元件时,应在其下方布置,并距离发热元件不小于50mm。

(3)二次绝缘导线不能直接贴于裸露导电部件上,也不能直接在带有尖角的金属边缘上敷设。

(4)二次导线不允许从隔板、立柱等安装孔中穿过。

(5)导线不能悬空布置,不能承受外在的机械应力;导线敷设应有适当的固定,其水平布置时最大固定间距为150mm,垂直布置时最大固定间距为200mm。

(6)二次导线跨过活门时应采用多股铜芯绝缘导线。

(7)线槽内导线敷设应理顺平直,不允许有扭结和损伤现象,且导线总面积不宜超过线槽截面积的75%,导线不允许有接头,可适当进行槽内绑扎或与槽底板绑扎固定,绑扎应在每段行线槽的端部小于50mm处和中间的适当部位,绑扎时应采用尼龙扎带,不得用金属丝或导线进行绑扎。

项目三　二次回路的电缆接线

一、准备工作

(一)设备

万用表、绝缘摇表。

(二)材料、工具

斜口钳、剥线钳、尖嘴钳、扁嘴钳、剪刀、螺丝刀、扳手、塑料圈、冷压钳、卷尺、打号机、对讲机、所需电缆、与芯线配套的端子、号码管、标签、电缆盘、粘胶带等。

(三)人员

电气安装调试工、辅助工。必须穿戴劳动保护用品,严格按操作规程操作。

二、操作规程

CBI007　二次回路的电缆接线

(1)熟悉图纸,了解盘柜实际工况。

(2)电缆敷设。其工艺参考电缆线路安装调试内容。

(3)电缆进盘及整理。电缆应避免交叉,固定牢固。

(4)电缆头制作。剥除电缆保护层,穿线号,电缆芯线破束并拉直,制作电缆头。

(5)电缆接线。电缆标示牌悬挂,电缆绑把分线,芯线压接。

（6）依据施工图纸复查电缆接线。

三、技术要求

（1）电缆标志牌内容应齐全，至少包含电缆编号、起始点、电缆型号等内容。

（2）电缆在盘内应排列整齐，弯曲弧度一致，绑扎方向统一。

（3）铠装电缆钢铠应接地。

（4）剥除电缆头时要用力适当，避免损伤线芯绝缘。

（5）线芯拉直时切勿用力过大，避免影响导线截面。

（6）电缆头位置应低于接线位置 150~200mm，同一盘内电缆头高度应一致。

（7）线芯绑扎间距宜间隔 70mm，松紧适当、均匀。

（8）备用芯线长度应能保证至本盘最远一个端子处。

（9）屏蔽电缆及其他要求接地的电缆应可靠接地。

（10）电缆接线不能错位、漏芯，接线牢固可靠，导通良好。

四、注意事项

（1）进入施工现场必须戴好安全帽。

（2）电缆开剥时应注意不能破坏芯线的绝缘层，在电缆头包扎时应对包扎部位进行检查后方可包头。

（3）电缆开剥后的塑料皮应及时回收，集中处理。

（4）倡导成品保护意识，加强对墙、地面及电气设备的成品保护，做到文明施工。

（5）施工现场不得乱扔、乱堆电缆皮、钢铠等。

模块十　架空线路安装调试

项目一　相关知识

一、架空线路安装概述

CBJ001　架空线路安装概述

(一)架空线路分类

电力线路是电力网的主要组成部分,其作用是输送和分配电能。电力线路一般分为输电线路和配电线路。输电电压等级220kV及以上称为高压输电线路,330kV、500kV、750kV称为超高压输电线路,1000kV及以上称为特高压输电线路。配电线路又可分为高压配电线路(电压为35kV或110kV)、中压配电线路(电压为10kV或20kV)和低压配电线路(电压为220/380V)。

(二)架空线路构成

架空电力线路构成的主要元件有导线、杆塔、绝缘子、金具、拉线、基础、防雷设施及接地装置。它们的作用分别如下:

(1)导线用来传导电流,输送电能。

(2)杆塔用来支撑导线和地线,并使导线和导线之间、导线和地线之间、导线和杆塔之间以及导线和被跨越物之间,保持一定的安全距离。

(3)绝缘子用来固定导线,并使它们之间保持绝缘状态。

(4)金具在架空线路中主要起支持、固定、连接、接续、调节及保护的作用。

(5)拉线用来加强杆塔的强度,承担外部荷载的作用力。

(6)杆塔基础用来保证杆塔不发生倾斜或倒塌。

(7)防雷设施及接地装置的作用是当雷击线路时把电流引入大地来保护线路绝缘。

(三)安装施工一般要求

(1)混凝土电杆的埋设深度通常为杆高的1/6。

(2)横担的方向应安装在靠负荷的一侧。

(3)当面向负荷时,架空线在电杆上的排列次序左起依次是L_1、N、L_2、L_3、PE。

(4)当架空线路为多层架设时,自上而下的顺序是:高压、动力、照明及路灯。

(5)在同一档距内同一相导线的接头最多只能有1个。

(6)在同一档距内不得将不同截面、不同金属、不同绞向的导线相连接。

(7)拉线和电杆的夹角不应小于45°,条件限制时也不得小于30°。

(8)导线最大弧垂时与建筑物的垂直距离:10kV不小于3m;1kV不小于2.5m。

(9)边线最大倾斜时与建筑物的水平距离:10kV不小于1.5m;1kV不小于1.0m。

二、杆塔及基础的分类

CBJ002 杆塔及基础的种类

(一)按杆塔的材料分类

(1)杆塔按使用的材料可分为钢筋混凝土杆和金属杆塔。

① 钢筋混凝土杆。钢筋混凝土杆俗称水泥杆,优点是结实耐用、使用年限长;维护简单、运行费用低;节约钢材,造价低,施工工期短。缺点是比较笨重、运输困难。目前生产的钢筋混凝土电杆有等径环形截面和拔梢环形截面,使用最多的是拔梢杆(锥度一般为1/75)。低压架空线路绝大部分使用锥形杆,梢径一般为150mm,杆高8~10m;中、高压架空线路也采用锥形杆,梢径190mm和230mm,杆高有10m、11m、12m、13m、15m等几种。

② 金属杆塔。金属杆塔有铁塔、钢管杆和型钢杆等。优点是坚固、可靠,使用期限长,但钢材消耗量大,造价高,施工工艺比较复杂,维护工作量大。

(2)按其在线路上的用途分为:直线杆塔(Z)、耐张杆塔(N)、转角杆塔(J)、终端杆塔(D)、跨越杆塔(K)、分支杆塔(F)等。

(二)杆塔基础分类

杆塔基础一般分为混凝土电杆基础和铁塔基础。

对于杆塔基础,埋深必须在冻土层深度以下,且不小于0.6m,在地面应预留300mm高的防沉土台。单回路的配电线路,电杆埋设深度宜采用表2-10-1的数值。

表2-10-1 电杆埋设深度

杆高,m	8.0	9.0	10.0	11.0	12.0	13.0	15.0	18.0
埋深,m	1.5	1.6	1.7	1.8	1.9	2.0	2.3	2.6~3.0

三、导线的分类及应用

CBJ003 导线的分类及选用

(一)导线材料

导线的材料有铜、铝、钢、铝合金等。其中铜的导电率高、机械强度高。铝的导电率次于铜,密度小,且价格低,广泛应用于架空线路中,但铝的机械强度低,不适应大跨度架设,因此常采用钢芯铝绞线或钢芯铝合金绞线。

(二)裸导线结构

裸导线的结构总的可以分为三类:单股导线、多股绞线和复合材料多股绞线。

(三)导线种类

(1)裸导线可分为铜绞线(TJ)、铝绞线(LJ)、钢芯铝绞线(LGJ)、轻型钢芯铝绞线(LGJQ)、加强型钢芯铝绞线(LGJJ)、铝合金绞线(LHJ)和钢绞线(GJ)等,应根据不同场合和环境进行选择。如铝绞线常用于35kV以下的档距较小的配电线路,且常作分支线使用;铝合金绞线常用于110kV及以上的输电线路上;钢绞线常用作架空地线、接地引下线及杆塔的拉线。

(2)绝缘导线按电压等级可分为中压(10kV)绝缘线和低压绝缘线;按材料可分为聚氯乙烯绝缘线、聚乙烯绝缘线和交联聚乙烯绝缘线。导线型号的表示方法如表2-10-2所示。

表 2-10-2　导线型号表示举例

导线种类	代表符号	型号含义
铝绞线	LJ	LJ-25 标称截面为 $25mm^2$ 的铝绞线
钢芯铝绞线	LGJ	LGJ-35/6 铝芯部分标称截面为 $35mm^2$、钢芯标称截面为 $6mm^2$ 的钢芯铝绞线
铜绞线	TJ	TJ-50 标称截面为 $50mm^2$ 的铜绞线
钢绞线	GJ	GJ-25 标称截面为 $25mm^2$ 的钢绞线
铝芯交联聚乙烯绝缘线	JKLYJ	JKLYJ-120 标称截面为 $120mm^2$ 的铝芯交联聚乙烯绝缘线

（四）导线选用的一般原则

1. 架空线路适用的导线种类

架空配电线路干线、支线一般采用裸导线，但在人口密集的居民区、厂区内部的线路，为了安全也可以采用绝缘导线。从 10kV 高压线路到配电变压器高压套管的高压引下线应用绝缘导线；低压接线户和进线户也必须采用硬绝缘导线。

2. 架空线路最小允许截面

架空导线在运行中除了受自身重量的荷载以外，还承受温度变化及冰、风等外载荷。为了保证安全，国家标准规定了架空导线最小允许截面，在实际工作中，所选择的导线不得小于表 2-10-3 所规定的值。

表 2-10-3　导线的最小截面　　单位：mm^2

导线种类	35kV 线路	3~10kV 线路		0.4kV 线路	接户线
		居民区	非居民区		
铝绞线及铝合金线	35	35	25	16	绝缘线 4.0
钢芯铝绞线	35	25	16	16	
铜绞线	35	16	16	10	绝缘铜线 2.5

3. 导线截面的选择

为了保证电力用于正常工作，选择导线除了遵照一般原则外，还必须满足发热、电压损失、机械强度及保护等条件；除此之外，还应根据经济电流密度选择导线截面。

四、绝缘子的型号及选用

CBJ004　绝缘子的型号及选用

（一）绝缘子型号

（1）针式绝缘子主要用于直线杆塔或角度较小的转角杆塔上。它制造简易、价格便宜，承受张力不大，耐雷水平不高，易闪络，故在 35kV 以下配电线路上应用较多。代号是 P。

（2）瓷横担绝缘子一般用于 10kV 配电线路直线杆，它能起到绝缘子和横担的双重作用。广泛应用于 10kV 配电线路上。代号是 CD。

（3）悬式绝缘子具有良好的电气性能和较高的机械强度，一般作为耐张或绝缘子串使用。代号是 X。

（4）棒式绝缘子。一般只用在应力比较小的直立杆，且不宜用于跨越公路、铁路、市中心或航道等重要地区的线路。

（5）蝶式绝缘子常用于低压配电线路上，作为直线或耐张绝缘子，也可同悬式绝缘子配套，用于 10kV 配电线路耐张杆塔、终端杆塔或分支杆塔上。代号是 E。

绝缘子的材质一般分为电瓷和玻璃两种。近几年来，我国成功研制了各电压等级的合成绝缘子和合成横担，在电网中运行效果良好。合成绝缘子具有体积小、重量轻、机械强度高、抗污染性能强等优点。

（二）绝缘子的选用

绝缘子在工作中受各种大气环境的影响，并且可能受到工作电压、内部过电压和大气过电压的作用，因此要求绝缘子要在这三种电压作用下以及相关的环境之下能够正常工作或保持一定的绝缘水平。同时，还要考虑绝缘子的机械强度及最大使用荷载等参数来进行选择。

五、金具的分类及选用

CBJ005 金具的类型及选用

（一）支持金具

支持金具的作用是支持导线或避雷线，使导线和避雷线固定于绝缘子或杆塔上，一般用于直线杆塔或耐张杆塔的跳线上，又称线夹，分为悬垂线夹和耐张线夹。

（二）连接金具

连接金具的作用是将悬式绝缘子组装成串，并将一串或数串绝缘子连接起来悬挂在横担上。常用的连接金具有球头挂环、碗头挂板、U 形挂环、直角挂板、平行挂板、平行挂环、二联板和直角环等。

（三）接续金具

接续金具用于导线和避雷线的接续和修补等。它分为承力接续和非承力接续两种。

（1）承力接续金具主要有导线、避雷线的接续管等，其握着力不小于该导线、避雷线计算拉断力的 95%。

（2）非承力接续金具主要有并沟线夹、带电装卸线夹、安普线夹和异径并沟线夹等；其握着力不应小于该导线计算拉断力的 10%。

（四）保护金具

保护金具主要有用于防止导线在绑扎或线夹处磨损的铝包带和防止导线、地线振动的防震锤。

（五）拉线金具

拉线金具用于拉线的连接、紧固和调节，主要有：

（1）连接金具。用于使拉线与杆塔、其他拉线金具连接成整体，主要有 U 形挂环等。

（2）紧固金具。用于紧固拉线端部，与拉线直接接触，要求有足够的握着力度，主要有楔形线夹等。

（3）调节金具。用于施工和运行中固定与调整拉线的松紧，要求有调节方便、灵活的性能，主要有可调式和不可调式 UT 线夹。

六、拉线的分类及安装要求

CBJ006 拉线的分类及安装要求

（一）拉线的作用

拉线的作用是在架设导线后平衡杆塔所承受的导线张力和水平风力，防止杆塔倾倒、影响安全正常供电。拉线应根据杆塔的受力情况装设。

(二)拉线形式

拉线按其作用可分为张力拉线和风力拉线两种;按其形式又可分为普通拉线、水平拉线、弓形拉线、共同拉线和V形拉线等。

(三)拉线的结构

拉线应用镀锌钢绞线制作,特殊情况也可用镀锌铁线。拉线规格由设计计算确定,但应不小于规程规定的最小截面,即镀锌钢绞线不小于25mm^2;镀锌铁线不小于3×ϕ4mm。

(四)拉线的装设要求

(1)拉线从导线之间穿过,应装设拉线绝缘子。

(2)终端杆的拉线应设在线路中心线的延长线上;防风拉线应与线路方向垂直。

(3)水平拉线对路面中心的垂直距离不小于6m;在拉线柱处不应小于4.5m。

(4)拉线坑深度按受力大小与地址情况确定,一般为1.2~2.2m深。

(5)拉线棒一般采用镀锌防腐,最小直径为16mm;拉线棒外露地面部分的长度应为500~700mm。

(6)在断开拉线的情况下,拉线绝缘子距地面应不小于2.5m。

CBJ007 杆塔组立工艺及要求

七、杆塔组立工艺及要求

杆塔组立就是将杆塔上的各部件组装成杆塔整体,并立于基础之上,包括测量、基坑及基础埋设、排杆、组杆、立杆、附件及拉线安装等施工程序。

(一)架空线路测量

施工阶段测量主要是复测分坑和杆位测量、测定杆塔基础及观察弛度等。测量用的仪器主要有光学经纬仪、红外测距仪、水准仪、测高仪、钢尺、塔尺等。

(二)基坑及基础埋设

基坑施工前的定位应符合设计及规范规定。基坑深度的允许偏差,电杆基础坑深度应符合设计规定。电杆基坑底采用底盘时,底盘的圆槽应与电杆中心垂直,找正后应填土夯实至底盘表面。电杆基础用卡盘时,应按规定在安装前将其下部土壤分层回填夯实。

(三)排杆

根据杆号及杆型,将水泥杆分别运到便于立杆的对应杆坑处。

(四)组杆

为施工方便,一般都在地面上将电杆顶部全部组装完毕,然后整体立杆。在组装时应注意:

钢筋混凝土电杆上端要求封堵,底部是否封堵应根据设计要求或地域环境决定。等径混凝土电杆焊完后的整杆弯曲度不应超过电杆全长的2/1000,超过时应割断重新焊接。焊接后,当钢圈与水泥粘接处附近水泥产生宽度大于0.05mm的纵向裂缝时,应予补修。

(五)立杆

钢筋混凝土杆组立方法有单吊组装法、整体立杆法和单板法;整体立杆法是最常用的立杆法。铁塔组立常见的方法有外拉线抱杆组塔法、内拉线抱杆组塔法、摇臂抱杆分接组塔法和铁塔整体组立等。在立杆时应注意:

（1）在起立15m混凝土电杆时应采取两点固定以防止电杆弯曲损坏。

（2）电杆离地面1m左右时，应停止起立，观察立杆工具和绳索受力情况，如无异常情况可继续。

（3）单电杆立好后应正直。

（4）终端杆立好后，应向拉线侧预偏，其预偏值不应大于杆梢直径。紧线后不应向受力侧倾斜。双杆立好后，位置偏差应符合规定：直线杆结构中心与中心桩之间的横向位移不应大于50mm；转角杆结构中心与中心桩之间的横、顺向位移不应大于50mm。

（六）附件安装

（1）以抱箍连接的叉梁。其上端抱箍组装尺寸的允许偏差应在±50mm范围内；分段组合叉梁组合后应正直。

（2）横隔梁安装后，应保持水平；组装尺寸的允许偏差应在±50mm范围内。

（3）线路单横担安装时，直线杆应装于受电侧，分支杆、转角杆及终端杆应装于拉线侧。横担安装应平正，偏差应符合规定：横担端部上、下倾斜不应大于20mm；横担端部左右扭斜不应大于20mm。双杆的横担，横担与电杆连接处的高差不应大于连接距离的5/1000，左右扭斜不应大于横担总长度的1/100。

（4）绝缘子安装前应测试其绝缘电阻，35kV架空电力线路的悬式瓷绝缘子安装前应用5kV的兆欧表逐个测量，其绝缘阻值在干燥情况下不得小于500MΩ。绝缘子应安装牢固、连接可靠。

（七）拉线安装

（1）拉线盘的埋深和方向应符合设计要求。拉线棒与拉线应垂直，连接处应采用双螺母；拉线宜设防沉层。

（2）安装后对地平面夹角与设计值的允许偏差值：35kV架空线路不应大于1°，10kV及以下不应大于3°。

（3）当一条杆上装设多条拉线时，各拉线受力应一致。

（八）螺栓连接要求

以螺栓连接的构件，螺杆应与构件面垂直，螺头平面与构件间不应有间隙。螺栓紧固后，螺杆螺纹露出的长度：单螺母不应少于2个螺距；双螺母可与螺母相平。当必须加垫圈时，每端垫圈不应超过2个。螺栓的穿入方向应符合规定。

八、导线架设工艺及要求

CBJ008 导线架设工艺及要求

（一）放线

放线时，要单条放，不要使导线磨损和断股，不要有死弯（背花）。放线若需要跨过带电导线时，应将带电导线停电后再施工。

（二）紧线

紧线前做好耐张杆、转角杆和终端杆的拉线，然后分段紧线。紧线时应遵循先地线后导线、先中相后边相的原则。为了防止横担扭转，可先紧两边线，再紧中间线，或者3根线同时紧。

紧线时要根据当时的气温，确定导线的弧垂值。观测弧垂的方法有等长法和张力法，施工中常用等长法。弧垂观测时应先挂线端(即远方),后紧线场端(即近方)。弧垂观测档的位置选择应符合规定。

35kV 架空电力线路的紧线弧垂应在挂线后随即检查,弧垂误差不应超过设计弧垂的-2.5%~+5%,且正误差最大值不应超过 50mm。10kV 及以下架空电力线路的导线紧好后,弧垂的误差不应超过设计弧垂的±5%。同档内各相导线弧垂宜一致,水平排列的导线弧垂相差不应大于 50mm。

(三)导线的连接

导线的连接方法有很多,常用的接线法有钳压、液压、爆压和叉接缠绕法等。叉接缠绕法适用于容量小、档距不大的低压架空线路及架空线路的过引跨接线的连接。钳压、液压和爆压常用于高压电力线路中。

钳压压接连接法是将被接导线重叠插入特制规格的椭圆形连接管内,然后用钳压器(机械压钳或油压压接钳)及其凹凸模具在管外压下规定数目的凹坑;且线端露出长度应大于 20mm,压后应检查凹槽的深度,如不合格应进行调整。对接液压法连接是将被接导线对头插入特制规格的圆形钢连接管,然后用导线压接机及其钢模,按照规定的压接顺序,将导线和连接管压接成一体,再套入铝接管继续压接而成。爆压连接是在连接管内装上定量炸药,在其爆炸瞬间产生的高压气体作用下,使其产生塑形变形,使导线连接起来。插接缠绕法是把两根被连接导线的端头散开成散装,散开长度根据导线直径而定(导线截面积在 $50mm^2$ 以下一般为 100~300mm),用钳子使其紧密地结合在一起,用自身的导线向后逐步缠绕而成。

导线连接的总体要求如下:

(1)不同金属、不同规格、不同绞制方向的线材,不得在同一耐张段内连接。

(2)接头处的机械强度不应低于原导线强度的 90%;接头处的电阻不应超过同长度原导线电阻的 1.2 倍。

(3)导线的连接部分不得有线股缠绕不良、断股、缺股等缺陷。

(4)在同一档距内,一根导线只允许有 1 个直线连接管及 3 个修补管,且它们的间距不宜小于 15m。

(5)连接后接头部分的外观应平直,弯曲度应小于管长的 2%,大于 3%时应锯断重接;在 2%~3%时可垫木块用木槌校正。表面应无毛刺毛边,不允许有任何裂纹,两线端头露出管的长度应大于 20mm。

(6)连接后的外形尺寸要求应卡尺测量,并符合各种连接方法对应的尺寸误差。

(四)导线在绝缘子上的固定

导线紧线完毕后,应立即将导线固定在横担的绝缘子上,通常用绑扎法。绑扎法因绝缘子形式和安装地点不同而异,常用的有顶绑法、侧绑法和终端绑扎法。导线的固定或绑扎都有规定的方法和技术要求,必须遵守。

(五)附件的安装

架空线路受风的影响而产生共振,长期的强烈振动,将引起线路材料损坏、螺栓松动、断股断线等事故。为了减轻危害,有效的办法是安装防振锤和阻尼线,35kV 及以上的线路一般都设置。

防震锤安装要按导线的规格、档距选择，安装数量的多少根据运行经验和实际风力大小决定。阻尼线是总长 7～8m、与架空线同型号同规格的一段导线，按花边状悬挂在导线悬挂点的两侧。

九、架空线路的技术要求

CBJ009 架空线路的技术要求

（一）导线截面的选择

导线截面的选择一般应符合的要求：应结合地区配电网发展规划，无配电网规划地区不宜小于规范规定。按规范要求确定导线截面后还需要按允许电压损失和发热条件进行校验。

对于线路的电压损失规定：1～10kV 配电线路，自供电的变电所二次侧出口至线路末端变压器或末端受电变电所一次入口的允许电压损失为供电变电所二次侧额定电压的 5%；低压配电线路，自配电变压器二次侧出口至线路末端的允许电压损失为额定低压配电电压的 4%。

对按经济电流密度选择的导线截面，还应根据不同的运行方式及事故情况下的线路电流按发热条件进行校验。规程规定：铝及钢芯铝导线在正常情况下运行的最高温度不得超过 70℃，事故情况下不得超过 90℃。

（二）对地距离及交叉跨越

（1）导线与地面或水面的距离，在最大计算弧垂的情况下，不应小于表 2-10-4 所列数值。

表 2-10-4 导线与地面或水面的最小距离 单位：m

线路经过地区	线路电压		
	35kV	3～10kV	3kV 以下
居民区	7.0	6.5	6.0
非居民区	6.0	5.5	5.0
不能通航及不能浮运的河、湖的冬季冰面	6.0	5.0	5.0
不能通航及不能浮运的河、湖的最高水位	3.0	3.0	3.0
交通困难地区	5.0	4.5	4.0

（2）导线与建筑物的垂直距离在最大计算弧垂情况下，35kV 线路不应小于 4.0m，3～10kV 线路不应小于 3.0m，3kV 以下不应小于 2.5m。

（3）架空电力线路导线与树木之间的最小垂直距离：35kV 线路不应小于 4.0m，10kV 及以下不应小于 3.0m。

（4）架空线路跨越架空弱电线路时，一般在弱电线路的上方，其交叉角对于一级弱电线路不应小于 45°，对于二级弱电线路不应小于 30°。

（三）架空配电线路的导线排列、档距与线间距离

1. 导线排列

10～35kV 架空线路的导线，一般采用三角排列或水平排列，多回线路同杆架设的导线，一般采用三角、水平混合排列或垂直排列。低压配电线路多采用水平排列。

同一地区低压配电线路的导线在电杆上的排列应统一。零线应靠电杆或建筑物。同一回路的零线不应高于相线。

2. 架空配电线路档距

架空配电线路的档距应符合规定。一般情况下,35kV 架空线路耐张段的长度不宜大于5km,10kV 及以下架空线路耐张段的长度不宜大于 2km。

3. 导线的线间距离

架空配电线路的线间距离,一般采用表 2-10-5 所列数值。

表 2-10-5　架空配电线路导线的最小线间距离　　单位:m

线路电压	档距						
	≤40	50	60	70	80	90	100
高压	0.6	0.65	0.7	0.75	0.85	0.9	1.0
低压	0.3	0.4	0.45	—	—	—	—

注:靠近电杆的低压的两侧导线水平距离不应小于 0.5m。

10kV 及以下线路与 35kV 线路同杆架设时,导线间的垂直距离不应小于 2.0m;35kV 双回或多回线路的不同回路、不同相导线间的距离不应小于 3.0m。

高压配电线路架设在同一横担上的导线,其截面差不宜大于三级。

高压配电线路每相的过引线、引下线与相邻的过引线、引下线或导线之间的净空距离不应小于 0.3m;高压配电线路的导线与拉线、电杆或构架间的净空距离不应小于 0.2m;高压引下线与低压线间的距离不宜小于 0.2m。

CBJ010　架空线路的测试要求

十、架空线路的测试要求

架空线路安装结束后,应进行送电前的准备工作,主要有巡线检查,核对相序,测试电气参数、导线垂度、安全距离、电气间隙等,并整理有关安装记录、技术资料,所有内容合格后才能允许申请冲击试验或试运行。

(一)巡线检查

巡线检查的内容主要包括:

(1)杆身、塔身、横担有无歪斜超差;绝缘子有无裂纹、污渍,绑扎是否松动;杆塔上或导线上有无杂物等。

(2)相序是否正确。

(3)用望远镜观测架空线有无断股、背花,接头是否良好;对地面距离是否符合要求,垂度有无变化等。

(4)杆塔基础有无变化、松动,杆身、塔身有无缺陷等。

(5)拉线有无松动,地锚有无异常,拉线方向、角度是否正确。

(6)接地装置是否完整,连接是否可靠牢固,实测接地电阻值是否在规定范围内。

(二)绝缘电阻测试

根据线路的电压等级选择合适的绝缘电阻测试仪,进行绝缘电阻测试。

35kV 高压线路用 5000V 摇表测试时阻值应大于 500MΩ,10kV 高压线路用 2500V 摇表测试时阻值应大于 300MΩ;低压线路用 500V 摇表测试时阻值应大于 1MΩ。

（三）升压试验

对于35kV及以上的线路应做升压试验，升压试验与耐压试验相同。升压试验时应派人分段监视，随时将线路情况报告试验台人员；升压试验杆塔上面不得有人。

（四）合闸冲击试验

以上试验与检测合格后即可进行冲击合闸试验。合闸试验是在额定电压下，对空载线路冲击合闸三次。所谓冲击合闸就是将送电开关合闸后再立即拉闸，其时间间隔不做规定，但应小于30s；每次拉闸后，再合闸的时间间隔应小于20s。合闸的过程中，线路的所有绝缘不得有任何破坏。

（五）试运行

冲击合闸试验成功后，线路即可进行空载运行72h。空载运行时应加强巡视，观察有无异常、闪络或其他不正常现象。空载运行时，用户或负载的开关必须有人监护。72h空载试运行成功后即可正式投运。

项目二　组装并安装低压横担

一、准备工作

（一）设备

低压横担、低压裙式绝缘子。

（二）工具、用具准备

U形抱箍卡、水泥电杆、螺栓、脚扣、提绳、安全带、登高安全带、记号笔、电工工具、卷尺等。

（三）人员

电气安装调试工、辅助工。必须穿戴劳动保护用品，严格按操作规程操作。

二、操作规程

（1）选择施工材料及工具。

（2）检查电杆及使用合格的安全用具。

（3）组装横担，安装绝缘子。

（4）登杆到预定位置，系好安全带。

（5）吊取横担进行安装，校正方向及平整情况后拧紧螺栓。

（6）下杆并整理脚扣。

三、技术要求

（1）施工前对施工所用器具逐一检查，确保人身安全。

（2）登杆前检查杆根是否牢固、电杆表面是否平整光滑，作业时必须正确使用安全带。

（3）杆下配合人员必须戴安全帽，且距杆根3m以外。

（4）横担金具安装顺序应正确，位置尺寸和紧固程度符合技术要求；螺母紧固后，露出的螺纹不应小于2扣。

(5)螺栓穿入方向应正确。对立体结构水平方向由内向外,垂直方向由下向上。

(6)线路横担位置正确,直线杆应装于受电侧。

(7)横担安装完毕后其端部上下倾斜不应大于20mm,左右扭斜不应大于20mm。

四、注意事项

(1)杆上作业时,安全带不应拴得太长,最好在电杆上缠两圈。

(2)当吊起的横担放在安全带上时,应将吊物整理顺当。

(3)不用的工具不能随手放在横担及杆顶上,应放入工具袋或工具夹内。

(4)地面工作人员工作完后应离开杆下,以免高空掉物伤人。

项目三　架空线路紧线、观测弧垂

一、准备工作

(一)材料、工具

紧线器、耐张线夹、登杆工具、温度计、钳子、活扳手、手锤、工具袋、小型绞磨、滑轮、铝包带、绑线、8号铁丝或$\phi 6 \sim 10$mm的钢筋、$\phi 20 \sim 30$mm棕绳、$\phi 50$mm的钢管、35mm^{2}钢绞线等。

(二)人员

电气安装调试工、辅助工。必须穿戴劳动保护用品,严格按操作规程操作。

二、操作规程

(1)紧线操作人员按要求选择紧线工具(紧线器、铝包带、绑线、活扳手、手锤、等杆工具、铁丝),运到现场;工具、器具应满足工作需要。

(2)登杆前对安全带、脚扣进行冲击试验,并检查所登电杆外观及杆根和拉线的松紧度。

(3)登杆及站位动作规范、熟练,工作站位应符合紧线工作的需要。

(4)紧线端操作人员登上杆塔后,将导线末端穿入紧线杆塔上的滑轮后即顺延在地下,一般先由人力拉导线,使其离开地面2~3m(所有档距内),然后用牵引绳将其拴好,牵引绳与导线的连接必须牢固可靠。

(5)紧线前将与导线规格相对应的紧线器预先挂在与导线对应的横担上,同时将耐张线夹及其附件、绑线、铝包带、工具等用工具袋带到杆上挂好。

(6)用镀锌铁丝穿入紧线器卷轮的孔内,然后用紧线手柄按顺时针紧线方向转动卷轮,使铁丝先在卷轮上缠2~4圈,然后留出适当长度(1000~1500mm)并在横担上绑扎牢固,将钳口处夹在已缠包好铝包带的导线上。

(7)通过规定的信号在紧线系统内(始端、中途杆上、垂度观察员、牵引装置等)进行最后的检查和准备工作,一切正常后即可由指挥者发出启动紧线装置指令,牵引速度宜慢不宜快，并要特别注意观察拉线、地锚、拉线金具、绝缘子及挂钩、横担、地面、滑轮等有无异常。

（8）弧垂的观察。弧垂一般由人肉眼观察，必要时应用经纬仪观察。在耐张杆档的两端上，从挂线处用尺子量出规定的弧垂直，并做上标记，当导线最低点达到标记处后即停止牵引。

（9）固定。

三、技术要求

（1）检查耐张线夹端内拉线是否牢固，地锚底部有无松动现象。

（2）检查导线有无损伤、交叉混淆、障碍、卡住等情况。

（3）牵引设备应准备就绪，观察导线弧垂的人员应到达指定杆位并做好准备。

（4）导线离开地面时，应将导线上的杂草杂物等清除干净。

（5）挂线时必须等接近挂线处再进行操作，一般应保持侧身操作；挂线时要尽量减小导线所承受的牵引张力。

（6）紧线时必须匀速且慢，且导线下不得站人。

（7）紧线和放线工作最好连续作业，当天完成。

四、注意事项

（1）紧线工作应设专人统一指挥、统一信号，还应注意检查紧线工具及设备是否良好。

（2）紧线、撤线前应先检查拉线、拉桩及杆根。如不牢固时，应加设临时拉绳加固。

（3）紧线前，应检查导线有没有被障碍物挂住。紧线时，应检查接线管或接线头以及过滑轮、横担、树枝、房屋等有无卡住现象。如发现导线被挂住、卡住，应停止紧线，并妥善处理。

（4）工作人员不得跨在导线上或站在内角侧，防止意外跑线时抽伤。

（5）紧线时，如导线较细（小于 $50mm^2$）则可用拉固定，终端用双钩紧线，应注意线的弧度一致。如导线大于 $50mm^2$ 应采用分段紧线，每个横担过线时应采用滑轮，防止伤线。

项目四　采用钢绞线与 UT 线夹制作拉线

一、准备工作

（一）材料、工具

活动扳手、手锤、钢丝钳、钢卷尺、断线钳、紧线器、UT 线夹一套、10～12 号铁丝、$25mm^2$ 钢绞线、18～20 号铁丝、记号笔、工具包等。

（二）人员

电气安装调试工、辅助工。必须穿戴劳动保护用品，严格按操作规程操作。

二、操作规程

(1)根据要求选择并检查材料。

(2)根据拉线下料长度量好尺寸,然后将钢绞线摆平、拉直,用钢尺量出割线位置及弯点位置,做好标记,用20号铁丝将其端部绑牢后割断。

(3)弯曲钢绞线。用脚踩住主线,一手拉住钢绞线头,另一手控制钢绞线弯曲部位,进行弯曲。

(4)将钢绞线由线夹出口端穿入,线夹的凸肚必须在断头侧,严禁断头侧在凸肚的对侧。

(5)绑扎尾线。应先顺钢绞线平压一段扎丝,再缠绕压紧该端头。在钢绞线处扎12圈,每圈铁丝都扎紧无缝隙。

三、技术要求

(1)钢绞线断头处应用铁丝绑扎以防散花。

(2)钢绞线弯曲部分不应有松股、散花现象;制作时,应注意绞线弹回伤人。

(3)尾线位置应在线夹的凸肚侧,尾线与本绑扎尺寸为50~100mm,尾线露出长度为300~500mm。

(4)钢绞线与线夹结合处不得有死角和空隙。

(5)UT线夹在双螺母紧固后,露出螺纹两扣以上,不得大于螺纹总长的一半。

四、注意事项

(1)选用拉线线型时,要注意钢绞线的截面积是否符合要求。

(2)拉线缠绕铁丝应留有足够的长度;缠绕时要认真,用力均匀,使铁丝不回弹;制作扣鼻圈要方法得当,手劲足、用力准。

(3)拉线悬挂部分的安装一般应在地面上完成,以减少高空作业人员的劳动强度。

(4)将钢绞线穿入线夹体,装舌板时要注意舌板直线边应在受力钢绞线一侧。

(5)拉线制作后应妥善保管,防止车压等变形。

项目五　停电更换线路的绝缘子

一、准备工作

(一)材料准备

提绳、工具袋、电工工具、绝缘手套、绝缘鞋、验电器、接地线、绝缘杆、梯子、绝缘子、标志牌、绑线等。

(二)人员

电气安装调试工、辅助工。必须穿戴劳动保护用品,严格按操作规程操作。

二、操作规程

（1）填写更换直线杆绝缘子的操作票，选择工具、器具、材料、着装，穿戴好安全带（帽）。要求工具、器具及材料应满足工作需要，穿戴正确无误。

（2）做好安全措施（停电、验电、挂接地线和标示牌）。用10kV绝缘杆拉跌落式开关，先挂接地侧后挂线路侧。

（3）登杆作业。杆塔上作业人员佩戴安全帽、安全带后，携带绝缘绳、滑车及个人工具等，沿着脚钉或使用脚扣上杆，攀登时眼光应微抬向上看。

（4）绝缘子更换。

① 导线侧工作人员在绝缘子合适位置用传递绳绑扎紧固，收紧紧线工具，使绝缘子的力转移到紧线工具上，直至能脱出导线侧绝缘子碗头，检查紧线工具及其他部位的受力情况，确定无异常后，拔出绝缘子串的弹簧销子，脱出导线侧绝缘子碗头。

② 地面工作人员配合收紧吊物传递绳，同时横担侧工作人员拔出绝缘子串横担处弹簧销子，使绝缘子串与球头挂环脱离，悬在吊物绳上。地面人员将旧绝缘子串匀速缓慢降落至地面。

③ 地面工作人员将新绝缘子传递至合适位置后，配合杆上人员安装新绝缘子。检查各部位金具连接及绝缘子串受力情况。

④ 导线侧人员松动紧线工具，使荷载恢复至新绝缘子串上后，拆除紧线工具。

（5）拆除安全措施。拆除接地线应从线路侧拆下，并对电杆上做好全面检查，确认无误后方可下杆。

（6）验收检查、送电。检查绝缘子的安装是否坚固，导线绑扎是否正确牢固，确认无误后方可送电。

三、技术要求

（1）登杆前应对电杆表面、根部进行全面检查，确定无裂纹；对登杆工具做冲击试验，注意登杆动作熟练、规范，工作位置确定合适，安全带系绑正确。

（2）杆塔上作业人员在横担上合适位置配合安装传递滑车及传递绳，滑车必须紧扣牢固，防止绳索滑脱。

（3）传递物件时，地面、塔上人员应相互配合，防止绳索打扭以及物件碰撞杆塔。

（4）同塔架设多回线路验电时，先验低压，后验高压；先验下层，后验上层。

（5）装设接地线时，应先接接地端，后接导线端。

（6）验电要用合格的、相应电压等级的专用验电器，佩戴绝缘手套进行操作，并有专人监护。

四、注意事项

（1）按施工要求认真填写操作票，并做好安全保障的组织措施和安全措施。

（2）按安全操作规程作业，停电，验电，挂接地线，挂标示牌。

（3）绝缘子更换完毕后，仔细检查确认无误后，上交作业票方可送电。

项目六　运行线路的缺陷查找

一、准备工作

(一)材料、工具

望远镜、红外线测温仪、图纸、记录本、登高工具、安全带等。

(二)人员

电气安装调试工、辅助工。必须穿戴劳动保护用品,严格按操作规程操作。

二、操作规程

(1)巡视检查线路通道环境。检查各种建筑物及障碍物、树木与导线的距离;检查在线路附件是否有新建化工厂、打靶厂、道路等;检查是否有被洪水河流冲刷的杆基及其他不正常现象。

(2)检查杆塔及部件。检查杆塔基座周围培土变化情况,有无基础本身下沉、开裂,杆身歪斜、变形,缺少螺栓、螺丝松动、绑线断裂等情况。

(3)检查导线、护线。检查导线、护线有无磨损、弛度不平、损伤、闪络烧伤的痕迹,检查导线、护线对地、交叉设施及其他物体距离有无不够的情况。

(4)检查绝缘子及金具。检查绝缘子有无裂纹、脏污、闪络烧伤,金属紧固件有无腐蚀变形。

(5)检查防雷和接地装置。检查接地装置是否有腐蚀、断线、丢失情况,连接螺母有无松动或丢失情况。

(6)检查杆上设备。检查设备瓷件是否破裂、烧伤,套管有无脏污、裂纹及闪络现象。

三、技术要求

(1)夜巡时应沿线路外侧进行,大风天气巡线时应沿上风侧进行。

(2)事故巡视应始终认为线路带电,即使明知线路已经停电也应认为随时有恢复送电的可能。

(3)发现导线悬吊空中或断落地面,断线点 8m 以内应设法防止行人靠近。

(4)杆塔基础周围土方应及时培土、补充基础。

(5)导线、金具腐蚀严重的应马上进行更换。

四、注意事项

(1)在巡视线路时,无人监护一律不准登杆巡视。

(2)巡线时必须全面巡视,逐杆进行,不得遗漏。

(3)故障巡线时,应将发现的所有可能造成故障的物件都搜集带回,并做好详细记录。

(4)事故巡线应始终认为线路带电。

模块十一　电缆线路安装调试

项目一　相关知识

CBK001 电缆的基本结构

一、电缆的基本结构

电缆由线芯、绝缘层和保护层三部分组成。

（一）线芯

线芯导体有良好的导电性，可以减少输电时线路上能量的损失。电缆线芯导体分铜芯和铝芯两种。单芯或三芯电缆的截面为空心圆形，双芯电缆的截面为弓形，三芯、四芯电缆的截面为扇形。

（二）绝缘层

绝缘层的作用是将线芯之间及保护层相隔离，因此必须要求绝缘性能、耐热性能良好。它决定电缆的基本性能。绝缘层有油浸纸绝缘、塑料绝缘和橡皮绝缘等几种。

（三）保护层

保护层用来保护绝缘层，使电缆在运输、储存、敷设和运行中，绝缘层不受外力的损伤和水分的浸入，故应有一定的机械强度。

保护层分内护层和外护层，内护层起密封、保护线芯和绝缘层的作用，由铝、铅或塑料紧包在绝缘层上，成为铅包、铝包、塑料护套等。外保护层用来保护内护层免受外界的机械损伤和化学腐蚀，是由钢带或不同粗细的钢丝绕制而成的铠甲及黄麻等材料组成的衬垫。在钢铠层外还有一层保护其不受外界腐蚀的外皮层。

CBK002 电缆的种类和特点

二、电缆的种类和特点

电缆型号规格很多，在实际使用中根据不同情况进行分类，可按电压等级、导电线芯截面、导电线芯数、绝缘材料、传输电能的形式等分类。其中按绝缘材料类型可分为以下几类。

（一）油浸纸绝缘电缆

油浸纸绝缘电缆的优点是使用寿命长、成本低、结构简单、制造方便、易于安装和维护；缺点是浸渍剂容易淌流，不宜做高落差敷设，允许工作场强较低。

（二）塑料绝缘电力电缆

（1）我国早期大量使用的低压电力电缆一般为油浸纸绝缘电力电缆和橡皮绝缘电力电缆，随着世界范围内的石油化学工业大发展，塑料绝缘电力电缆由于制造工艺简单，没有敷设落差的限制，工作温度可以提高，电缆的敷设、维护、接续比较简便，又有较好的抗化学药品的性能等优点，已成为电力电缆中正在迅速发展的一类重要品种。

（2）按照常规绝缘材料可以细分为聚氯乙烯绝缘电缆、聚乙烯绝缘电缆和交联聚乙烯绝缘电缆。

聚氯乙烯绝缘电缆特点是：安装工艺简单，聚氯乙烯化学稳定性高，具有非燃性，材料来源充足，能适应高落差敷设，敷设维护简单方便；聚氯乙烯电气性能低于聚乙烯，工作温度高低对其机械性能有明显的影响。允许最高工作温度为65℃，-15℃以下低温环境不宜用聚氯乙烯绝缘电缆，聚氯乙烯材料在低温的情况下会发生脆化。

聚乙烯绝缘电缆有优良的介电性能，工艺性能好，易于加工，但抗电晕、游离放电性能差，耐热性差，受热易变形，易延燃，易发生应力龟裂。允许最高工作温度为70℃。

交联聚乙烯绝缘电缆的特点是：允许温升较高，故电缆的允许载流量较大；耐热性能好，有优良的介电性能，适宜于高落差和垂直敷设；抗电晕、游离放电性能差。10kV及以下允许最高工作温度为90℃，20kV及以下允许最高工作温度为80℃。

(3)按照阻燃特性和耐火特性可以分为阻燃电缆和耐火电缆。

阻燃电缆的结构和普通电缆基本相同，不同之处在于它的绝缘层、护套、外护层以及辅助材料(包带及填充)全部或部分采用阻燃材料。

耐火电缆与普通电缆不同之处在于，耐火电缆的导体采用耐火性能好的铜导体，并在导体和绝缘层间增加耐火层，耐火层由多层云母带绕包而成。

耐火电缆与阻燃电缆的主要区别是：耐火电缆在火灾发生时能维持一段时间的正常供电，一般适用于应急照明和消防系统。

(三)橡皮绝缘电力电缆

橡皮绝缘电力电缆柔软性好，易弯曲，适宜作多次拆装的线路，耐寒性能较好，有较好的电气性能、机械性能和化学稳定性，对气体、潮气、水的渗透性较好，耐热晕、耐臭氧、耐热、耐油的性能较差，一般作低压电缆使用。

三、电缆、电线的型号

CBK003 电缆、电线的型号

(一)电缆型号

电缆型号由几个大写的汉语拼音字母和阿拉伯数字组成，组成和排列顺序如图2-11-1所示。

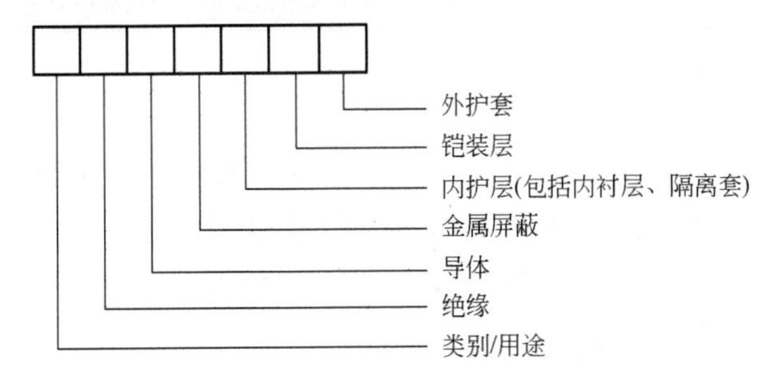

图2-11-1　电缆型号的组成和排列顺序

(二)常用电缆、电线型号中代号的含义

常用电缆、电线型号中代号的含义如表2-11-1所示。

表 2-11-1　常用电缆型号中代号的含义

类别、用途	绝　缘	导　体	金属屏蔽	内护层	铠装层	外护层
电力电缆（一般省略，不表示 B：绝缘电线 BC：补偿线 K：控制电缆 P：信号电缆 R：绝缘软线 Y：移动式软电缆 H：室内电话电缆 HB：通信电线 HO：同轴电缆	X：天然橡皮 V：聚氯乙烯 Y：聚乙烯 YJ：交联聚乙烯 Z：油浸纸	T：铜线（一般省略） L：铝线 G：钢线	D：钢带屏蔽（一般省略） S：钢丝屏蔽	V：聚氯乙烯护套 VV：双层塑料护套 Q：铅套 Y：聚乙烯护套	2：双钢带铠装 3：细圆钢丝铠装 4：粗圆钢丝铠装 6：双非磁性金属带铠装 7：非磁性金属丝铠装	2：聚氯乙烯外护套 3：聚乙烯外护套 4：弹性体外护套

电缆常用型号如表 2-11-2 所示。

表 2-11-2　电缆常用型号

型　号		名　称
铜芯	铝芯	
VV	VLV	聚氯乙烯绝缘聚氯乙烯护套电力电缆
VY	VLY	聚氯乙烯绝缘聚乙烯护套电力电缆
VV22	VLV22	聚氯乙烯绝缘钢带铠装聚氯乙烯护套电力电缆
VV23	VLV23	聚氯乙烯绝缘钢带铠装聚乙烯护套电力电缆
VV32	VLV32	聚氯乙烯绝缘细钢丝铠装聚氯乙烯护套电力电缆
VV33	VLV33	聚氯乙烯绝缘细钢丝铠装聚乙烯护套电力电缆
KVV22	KVLV22	聚氯乙烯绝缘钢带铠装聚氯乙烯护套控制电缆
YJV	YJLV	交联聚乙烯绝缘聚氯乙烯护套电力电缆
YJY	YJLY	交联聚乙烯绝缘聚乙烯护套电力电缆
YJV22	YJLV22	交联聚乙烯绝缘钢带铠装聚氯乙烯护套电力电缆
YJV23	YJLV23	交联聚乙烯绝缘钢带铠装聚乙烯护套电力电缆
YJV32	YJLV32	交联聚乙烯绝缘细钢丝铠装聚氯乙烯护套电力电缆
YJV33	YJLV33	交联聚乙烯绝缘细钢丝铠装聚乙烯护套电力电缆

注：本表中未列出的电缆型号可按表 2-11-1 规定组成。

（三）电缆表示方法

电缆的规格除标明型号外，还应说明电缆的额定电压、芯数、标称截面积和阻燃、耐热等。例如：交联聚乙烯绝缘钢丝屏蔽聚氯乙烯护套钢带铠装聚氯乙烯护套电力电缆，额定电压为 8.7/10kV，三芯，标称截面积 120mm^2，表示为：YJSV22-8.7/10 3×120。

CBK004 电缆载流能力及温升

四、电缆载流能力及温升

（一）载流量的含义

载流量是指某种电缆允许传送的最大电流值。电缆导体中流过电流时，导体会发热，绝缘层中会产生介质损耗，护层中又有涡流等损耗。如果在某一个状态下发热量等于散热量中，电缆导体就有一个稳定的温度。使导线的稳定温度达到电缆最高允许温度时的载流量，称为允许载流量或安全载流量。

电缆的载流量主要取决于：规定的最高允许温度和电缆周围的环境温度、电缆各部分的结构尺寸及其材料特性（如绝缘热阻系数、金属的涡流损耗系数）等因素。

由于电缆导体的发热有一个时间过程才能达到稳定值，因此在实际应用中载流量就有三类：一是长期工作条件下的允许载流量；二是短时间允许通过的电流；三是在短路时允许通过的电流。

（二）长期允许载流量

当电缆导体温度等于电缆的最高长期工作温度，而电缆中的发热与散热达到平衡时的负载电流，即为长期允许载流量。一般电缆的长期允许载流量可查有关手册得到数据，载流量与敷设方式有关，需要按照敷设方式查阅电缆载流量。

表 2-11-3 给出了常见电缆（无铠、铜芯）在空气中长期允许载流量。电缆导体的长期允许工作温度不应超过表 2-11-4 所规定的值（若与制造厂的规定有出入时，应以制造厂给定值为准）。

表 2-11-3　常见电缆（无铠、铜芯）在空气中（25℃）长期允许载流量

导体截面，mm^2	长期允许载流量，A				
	1～3kV		6kV	10kV	20～35kV
	聚氯乙烯绝缘 二芯	聚氯乙烯绝缘 三芯或四芯	聚氯乙烯绝缘 三芯	交联聚乙烯绝缘 三芯	交联聚乙烯绝缘 三芯
2.5	23	19	—	—	—
4	28	27	—	—	—
10	57	49	52	—	—
16	77	67	70	—	—
25	102	89	92	129	116
35	123	106	110	159	148
50	156	134	139	182	174
70	190	166	166	223	213
95	233	200	206	276	239
120	272	233	239	317	271
150	312	272	273	359	297
185	—	317	317	413	323

表 2-11-4　电缆导体的长期允许工作温度　　单位：℃

电缆种类	3kV 及以下	6kV	10kV	20～35kV
天然橡胶绝缘	65	65	—	—
聚氯乙烯绝缘	65	65	—	—
聚乙烯绝缘	—	70	70	—
交联聚乙烯绝缘	90	90	90	80

CBK005 电缆及附件的运输与保管

五、电缆及附件的运输与保管

（一）电缆及附件的运输

在装卸运输的全过程中，必须确保电缆不受机械损伤，为此，应注意以下几点：

（1）电缆及附件的运输与保管，应避免强烈的震动、倾倒、受潮、腐蚀，确保不损坏箱体外表面以及箱内部件。

（2）在运输装卸过程中，不应使电缆及电缆盘受到损伤。严禁将电缆盘直接由车上推下。电缆盘不应平放运输，以免挤压或电缆线圈混乱。

（3）运输或滚动电缆盘前，必须保证电缆盘牢固，电缆绕紧，电缆两端应固定。滚动时必须顺着电缆盘上的箭头指示或电缆的缠紧方向进行，防止电缆松脱而混绞在一起。

（二）电缆及附件的保管

电缆及其有关材料如不立即安装，应按下列要求储存：

（1）电缆应集中分类存放，并应标明型号、电压、规格、长度。电缆盘间应有通道。地基应坚实，当受条件限制时，盘下应加垫，存放处不得积水。

（2）电缆附件的绝缘材料的防潮包装以及防火涂料、堵料等防火材料，应密封良好，并应根据材料性能和保管要求储存和保管，在存放电缆盘的场地，应备有灭火器、黄沙桶等消防设施。

（3）电缆盘不得平卧放置，电缆盘上标识应清晰可见，应标明电缆盘号、制造厂名、型号规格、长度以及电缆正确转动方向的箭头标示。

（4）电缆桥架应分类保管，不得因受力变形。

（5）电缆及附件在安装前的保管，其保管期限为一年及以内，当需长期保管时，应符合设备保管的专门规定。

CBK006 电缆线路敷设的类别和一般要求

六、电缆线路敷设的类别和一般要求

（一）电缆线路的敷设方式

电缆线路的敷设方式主要有电缆直埋铺沙盖砖或盖混凝土板、电缆沿沟内敷设、电缆穿钢管埋设、电缆沿墙明敷设、电缆穿混凝土管敷设、电缆沿电缆托盘或桥架敷设等。

（二）电缆敷设方法

电缆敷设方法按动力源可分为人工敷设和机械牵引敷设；按方向可分为水平敷设和垂直敷设。

（三）电缆敷设前的检查

电缆敷设前应检查：电缆通道畅通，排水良好；金属部分的防腐层完整；隧道内照明、通风符合要求；电缆型号、电压、规格应符合设计；电缆外观应无损伤，敷设前进行绝缘电阻测试，合格后方可敷设；电缆放线架应放置稳妥，钢轴的强度和长度应符合电缆盘重量要求；敷设前应按设计和实际路径计算每根电缆的长度，合理安排每盘电缆，减少电缆接头。

（四）电缆敷设的一般要求

电力电缆在终端头与接头附近宜预留备用长度。

电缆间或电缆与其他管道、建筑物相互接近或交叉时，其间距应符合设计的规定，电缆间或电缆与其他管道间要保持一定的距离。

机械敷设电缆的速度不宜超过 15m/min,110kV 及以上电缆或在较复杂路径上敷设时,其速度应适当放慢,转弯处的侧压力不应大于 3kN/m。

机械敷设电缆时,最大牵引强度应符合表 2-11-5 的规定。

表 2-11-5　电缆最大牵引强度　　单位:N/mm^2

牵引方式	牵引头		钢丝网套		
受力部位	铜芯	铝芯	铅套	铝套	塑料护套
允许牵引强度	70	40	10	40	7

七、电缆桥架的种类和使用场所

CBK007　电缆桥架的种类和使用场所

(一)电缆桥架的组成

电缆桥架是由直线段、弯通、三通、四通组件以及托臂(臂式支架)、吊架等构成具有密接支撑电缆的刚性结构系统之全称(有时简称桥架)。电缆桥架的直通单件的尺寸,可采用 2m、3m、4m、6m 等规格的长度;宽度常见的有 100mm、200mm、300mm、400mm、600mm 等;边高可以采用 100mm、150mm 或 200mm 等。

(二)根据结构形式分类

电缆桥架根据结构形式可分为梯级式桥架、托盘式桥架、槽式桥架、大跨距汇线桥架,还有新型的组合式桥架。

(1)梯级式电缆桥架:具有重量轻、成本低、安装方便、散热好、透气好等优点。适用于一般直径较大电缆的敷设,适合于高、低压动力电缆的敷设。

(2)托盘式电缆桥架:托盘式电缆桥架是石油、化工、轻工、电信等方面应用最广泛的一种。它具有重量轻、载荷大、造型美观、结构简单、安装方便、防尘、防干扰等优点。它既适用于动力电缆的安装,也适合于控制电缆的敷设。需要屏蔽电磁干扰的电缆线路或有防护外部影响(如户外日照、油、腐蚀性液体、易燃粉尘等)环境要求时,应选用托盘式电缆桥架。

(3)槽式电缆桥架:是一种全封闭型电缆桥架,具有防尘、防干扰的优点。它最适用于敷设计算机电缆、通信电缆、热电偶电缆及其他高灵敏系统的控制电缆等。它对控制电缆的屏蔽干扰和重腐蚀中环境电缆的防护都有较好的效果。

(4)大跨距电缆桥架:目前大跨距电缆桥架一般是由拉挤玻璃钢型材组装而成,适用于电力电缆、控制电缆、照明电缆及配件等。与钢制桥架相比,具有使用寿命长(一般设计寿命为 20 年)、安装方便且成本低、切割方便、不需维护等优越性。

(5)组合式电缆桥架:是一种新型桥架,是电缆桥架系列中的第二代产品。它适用各项工程、各种单位、各种电缆的敷设,具有结构简单、配置灵活、安装方便、形式新颖等特点。

(三)根据制造材料分类

电缆桥架根据制造材料可分为钢制电缆桥架、铝合金电缆桥架、玻璃钢电缆桥架及复合性电缆桥架。

(1)钢制电缆桥架一般又分热浸镀锌电缆桥架、电镀锌电缆桥架、喷涂粉末和涂漆电缆桥架以及不锈钢电缆桥架。

（2）铝合金电缆桥架具有安装方便、外形美观、结构前度高、载荷能力大、耐腐蚀能力强等特点。对耐腐蚀性能要求较高、要求洁净的场所或者临海盐雾腐蚀环境，宜选用铝合金电缆桥架。在工程防火要求较高的场所，不宜采用铝合金电缆桥架。

（3）玻璃钢电缆桥架机械强度高，它既有金属桥架的刚性又有玻璃钢桥架的韧性，耐腐蚀性能好、抗老化性能强、造型美观、安装方便、使用寿命长。环氧树脂及环氧树脂复合型电缆桥架适合在强腐蚀环境、大跨距、重载荷条件下使用。

（4）复合性电缆桥架特别适用于火灾危险性大、腐蚀性强的环境中。

CBK008 爆炸危险环境内的电缆线路施工要求

八、爆炸危险环境内的电缆线路施工要求

炼油化工装置内大部分区域划为爆炸危险环境，电缆线路施工应符合相关要求。

（一）电缆连接

（1）在爆炸1区内电缆线路严禁有中间接头，在2区内不应有中间接头，电缆线路在爆炸危险环境内，必须在相应的防爆接线盒或分线盒内连接或分路。

（2）施工人员必须做到周密安排，按电缆的长度把电缆的中间接头安排在爆炸危险区域之外。

（3）铝芯绝缘电缆的连接与终端应采用压接、熔焊或钎焊，当与设备（照明灯具除外）连接时，应采用铜-铝过渡接头。

（二）电缆线路的隔离密封措施

（1）电缆线路穿过不同危险区域或界面时，应采取隔离密封措施，目的是将爆炸性气体或火焰隔离切断，防止通过电缆沟、孔洞或者管内传播到其他部分。

（2）在两级区域交界处的电缆沟内，应采取充砂、填阻火堵料或加设防火隔墙。

（3）电缆通过与相邻区域共用的隔墙、楼板、地面及易受机械损伤处，均应加以保护；留下的孔洞，应堵塞严密。

（4）保护管两端的管口处，应将电缆周围用非燃性纤维堵塞严密，再填塞密封胶泥，密封胶泥填塞深度不得小于管子内径，且不得小于的40mm。

（三）电缆引入防爆电气设备及接线盒的进线口的密封要求

（1）当电缆外护套穿过弹性密封圈或密封填料时，应被弹性密封圈挤紧或被密封填料封固。

（2）外径不小于20mm的电缆，在隔离密封处组装防止电缆拔脱的组件时，应在电缆被拧紧或封固后，再拧紧固定电缆的螺栓。

（3）电缆引入装置或设备进线口的密封要求：装置内的弹性密封圈的一个孔，应密封一根电缆；被密封的电缆断面，应近似圆形；弹性密封圈及金属垫应与电缆的外径匹配，其密封圈内径与电缆外径允许差值为±1mm；弹性密封圈压紧后，应将电缆沿圆周均匀挤紧。

（4）对于防爆设备上未使用的电缆入口，均应使用防爆堵头进行密封。

（四）挠性连接密封要求

施工时，电缆保护钢管应尽量靠近电缆入口，当设计要求电缆配线引入防爆电动机需挠性连接时，可采用挠性连接管，防爆电动机接线盒的电缆密封接头应带有外螺纹，挠性连接管接口处的内螺纹应与之匹配，不同的使用环境条件应采用不同材质的挠性连接管。

CBK019 电缆升温措施

九、电缆升温

在低温情况下敷设电缆会损伤电缆的绝缘层和外护层，当电缆存放地点在敷设前24h内，平均温度和敷设时温度低于表2-11-6数值时，应进行电缆升温。电缆升温的方法有室内空气升温法和电流加热法两种。

表2-11-6　电缆允许敷设最低温度

电缆类型	电缆结构	允许敷设最低温度℃
橡皮绝缘电力电缆	橡皮或聚氯乙烯护套	-15
塑料绝缘电力电缆	聚氯乙烯护套或聚乙烯护套	0
控制电缆	耐寒护套	-20
	橡皮绝缘聚氯乙烯护套	-15
	聚氯乙烯绝缘聚氯乙烯护套	-10

(一)采用提高周围空气温度的方法升温

一般采取把电缆整体移到具有足够空间的房屋或封闭的防护棚内，提高室内空气温度进行电缆预热，当空气温度为5~10℃时，电缆需要静置72h；空气温度为25℃时，电缆需要静置24~36h。

(二)采用电流通过电缆线芯的方法升温

电流加热法是利用电缆本身具有的小阻值电阻，采用直流电焊机作电源给电缆通电，根据焦耳定律，电缆会产生内能。控制监测电压和电流的大小和时间，电缆自身就会逐渐升温，当与散热达到平衡时会保持一定的恒温。注意通过的电流不能超出电缆的载流量。

加热时应随时监视电缆的升温电流及电缆表面温度，用红外线温度仪测量电缆表面温度，35kV电缆表面温度不超过25℃；6~10kV电缆表面温度不超过35℃；3kV及以下电缆表面温度不超过40℃。

待电缆温度达到并高于规定温度再进行快速敷设施工，敷设前放置时间一般不得超过1h。当电缆冷却到低于上述规定环境温度时，不得再弯曲。

用单相电流升温铠装电缆时，电缆金属护层两端接地，防止在铠装内形成感应电流。

CBK009 支吊架的制作与安装

项目二　支吊架的制作与安装

一、准备工作

(一)设备

剪板机或切割机、电焊机。

(二)材料、工具

自制下料模具、锤子、冲击电钻、磨光机、防腐漆、毛刷、线坠、墨斗、电工工具、撬棍、焊材、水平尺、钢卷尺、钢直尺。

（三）人员

电气安装调试工、焊工。必须穿戴劳动保护用品，严格按操作规程操作。

二、操作规程

（一）电缆沟内支架制作与安装

1. 材料检查

现场预制前先检查角钢等型材是否具有出厂合格证和检验报告。检查型材尺寸是否满足设计要求。

2. 电缆支架制作

（1）用剪板机或切割机对镀锌角钢下料。

（2）将所下的角钢进行除锈，除锈后的角钢如仍有棱角、毛刺，需将其打磨光滑。

（3）切割作为横担用的角钢末端一个棱边，另一个棱边上挑成弧形。

（4）支架组对焊接，焊接时要自制限位板预防变形。

（5）金属电缆支架及焊道涂刷防腐漆。位于湿热、盐雾以及有化学腐蚀地区时，应做特殊的防腐处理。

3. 电缆沟土建验收

检查电缆沟内侧平整度、检查预埋件间距是否符合要求。把电缆沟内的预埋铁全部找出并把表面清除干净。

4. 测量定位

根据土建专业标出的0标高或水平线，用墨斗把电缆支架安装顶端的位置线弹出来，保证每个支架的安装高度统一。

5. 电缆支架安装

（1）安装前应清理电缆沟，对金属支架进行放样，间距应一致。

（2）用水平尺检验支架立柱的垂直度，确定无误后，将支架立柱与沟壁上下预埋件焊接。

（3）先安装直线段两端的支架，用两根线绳在两根立柱间绷紧两条直线，顶部与下部各一条。以此直线为基准安装其他支架，保证支架都在一条直线上。

（4）在电缆沟十字交叉口、丁字口处、转弯处宜增加电缆支架，防止电缆落地或过度下垂。

（5）焊接固定后去除药皮，在电缆支架焊接处两侧100mm范围内用防腐漆或银粉做防腐处理。

（6）复合材料支架采用膨胀螺栓固定。

6. 接地线安装

焊接前应对接地线进行校直，焊接在支架上，焊接部位进行防腐处理。

电缆沟内通长扁钢跨越电缆沟伸缩缝处应设伸缩弯。

（二）电缆桥架支架制作与安装

1. 电缆桥架立柱和托臂制作

（1）如果没有提供成品电缆桥架托臂，可现场用槽钢和角钢进行预制。

(2)用切割机进行下料切割,槽钢作为立柱,角钢作为托臂。

(3)把角钢焊接在槽钢的立面上,调整点焊完毕后再焊接牢固,全部满焊,焊后清除药皮。

(4)对预制好的支架进行除锈防腐。

2. 安装支架

(1)把预埋件清理出来,安装桥架起始点的立柱。

(2)在起终点两立柱间拉一钢丝,以保证其他立柱在同一直线上。

(3)按图纸设计层数在立柱上安装托臂,调整同一层托臂使其处于同一水平面。

(4)没有预埋件的话,先确定桥架安装高度后弹出支架安装水平线,再用支架对准安装线把支架固定孔用铅笔在墙上描出,用冲击钻按描好的位置钻孔,打入膨胀螺栓。

(5)最后将支架固定在膨胀螺栓上。

三、技术要求

(1)加工电缆支架时,钢材应平直,无明显扭曲。下料误差在5mm范围内,切口不应有卷边、毛刺。支架焊接牢固,无显著变形。各横撑间的垂直净距与设计偏差不大于5mm。

(2)电缆支架的层间允许最小距离,当设计无规定时,层间净距不应小于两倍电缆外径加10mm,35kV及以上高压电缆不应小于2倍电缆外径加50mm。

(3)电缆支架应安装牢固,横平竖直,各支架的同层横档应在同一水平面上,高低偏差不应大于5mm,托架支吊架沿桥架走向左右的偏差不应大于10mm。

(4)电缆支架最上层至沟顶、楼板及最下层至沟底、地面的距离不宜小于表2-11-7的数值。

表2-11-7　电缆支架最上层至沟顶、楼板及最下层至沟底、地面的距离　单位:mm

敷设方式	电缆隧道及夹层	电缆沟	吊　架	桥　架
最上层至沟顶或楼板	300~350	150~200	150~200	350~450
最下层至沟底或地面	100~150	50~100	—	100~150

CBK010 电缆管的加工及敷设

项目三　电缆管的加工及敷设

一、准备工作

(一)设备

切割机、电焊机、液压弯管机。

(二)材料、工具

电缆保护管、钢锯、扁锉、圆锉、铁锹、打夯机、卷尺、线坠、水平尺、防腐漆、毛刷。

(三)人员

电气安装调试工、力工。必须穿戴劳动保护用品,严格按操作规程操作。

二、操作规程

（一）电缆管加工

（1）材料准备。

下料前检查保护管质量。

切割钢管采用电动切割机或钢锯，严禁使用气割。硬塑料管采用管子割刀切割。

金属保护管如果不是镀锌成品，应进行除锈涂漆，埋入现浇混凝土时，可不刷防腐漆，但应除锈。

（2）电缆管煨弯。

电缆管弯曲采用液压弯管机或者弯管器进行机械冷弯。煨弯时，应将焊缝放置在上面。

（3）电缆管下料、配料、切断。

按设计要求量出设计地坪至设备接线盒间的尺寸和设备侧至电缆沟壁内侧的尺寸，加上电缆管埋设深度，算出每根电缆管的长度，然后根据此长度采用钢锯、无齿锯或砂轮锯进行切割。

钢管下料后将管口进行钝化处理，切口的毛刺用圆锉锉干净，将管内铁屑清除掉，以免划伤电缆。

（4）穿铁丝。

电缆管弯制、下料完成后，在敷设前应先穿好铁丝或铅丝，管子两端留有余量，供穿电缆用。

（二）电缆管暗敷

（1）管槽开挖。

电缆管敷设沟槽采用人工开挖方式，开挖前应按设计图纸及已经安装好的设备确定电缆管走向，以电缆最短和弯头最少为最佳路径。

管槽开挖深度应符合设计图纸要求，并不得小于0.7m。

冬季施工应事先对土方采取解冻措施，待其完全解冻后，方可开挖管槽进行电缆管敷设。

（2）管路敷设。

电缆管应有不小于0.1%的排水坡度，室内方向或者设备端较高。

电缆管采用套接，不能对焊。

（3）电缆管接地连接。

电缆保护管焊接跨接地线时，严禁焊漏、漏焊和焊接不牢。

（4）管槽回填。

土方回填前应将周围或地坪上的垃圾及杂物清理干净。

每层铺土厚度不得大于250mm，铺摊后耙平，用蛙式打夯机打夯，不能少于4遍。

（三）电缆管明敷

电缆保护管应采用配套管卡固定在支架上。支架应焊接牢固，间距均匀。

明敷电缆保护管采用线坠与水平尺校正。必须做到横平竖直，弯度一致，整齐美观，避免交叉,并应尽量做直线敷设。

引至设备的电缆管管口位置,应便于与设备连接并不妨碍设备拆装和进出,并列敷设的电缆管口应排列整齐,高度一致。

三、技术要求

(1)加工电缆管时,管口应无毛刺和尖锐棱角,弯制电缆管,不应有裂缝和显著的凹瘪现象,其弯曲程度不宜大于管子外径的10%。

(2)每根电缆管的弯头不应超过3个,直角弯不应超过2个。

(3)明敷电缆管的支持点间的距离,无设计规定时,不宜超过3m。

(4)金属电缆管的连接采用套接,连接应牢固,密封应良好,两管口对准。套接的短套管或带螺纹的管接头的长度不应小于电缆管外径的2.2倍。金属电缆管不宜直接对焊。

(5)硬塑料管在套接或插接时,其插入深度宜为管子内径的1.1~1.8倍,在插接面应涂以胶合剂粘牢密封,采用套接时套管两端应封焊。

四、注意事项

保护管的接地焊接一定要在电缆穿管前施工,避免造成电缆绝缘层损伤。

CBK011 直埋电缆的敷设

项目四　直埋电缆的敷设

一、准备工作

(一)设备

电缆敷设机、牵引机、打夯机。

(二)材料、工具

电缆、铁锹、卷尺、牵引网套、不旋转钢丝绳、保护管、细沙、红砖或电缆盖板、标桩、隐蔽工程记录、签字笔。

(三)人员

电气安装调试工、力工。必须穿戴劳动保护用品,严格按操作规程操作。

二、操作规程

(一)挖沟

按设计要求深度进行挖沟,清除沟内杂物,铺设底沙或细土。

(二)电缆敷设

电缆敷设可用人力拉引或机械牵引。

电缆敷设时,应注意电缆弯曲半径应符合规范要求。

电缆在沟内敷设应有适量的蛇形弯,电缆的两端、中间接头、电缆井内、过管处、垂直位差处均应留有适当的余度。

(三) 铺砂盖砖

电缆敷设完毕，应请建设单位、监理单位及施工单位的质量检查部门共同进行隐蔽工程验收。

隐蔽工程验收合格，电缆上下分别铺盖不小于100mm厚的软土或沙层，然后用砖块或电缆盖板将电缆盖好，覆盖宽度应超过电缆两侧50mm。使用电缆盖板时，盖板应指向受电方向。

(四) 回填土

回填土前，再做一次隐蔽工程检验，合格后，应及时回填土并进行分层夯实。

(五) 埋标桩

直埋电缆在直线段每隔50~100m处、电缆接头处、转弯处、进入建筑物等处，应设置明显的方位标志或标桩，标桩露出地面以150mm为宜。

(六) 防水处理

直埋电缆进出建筑物，室内过管口低于室外地面者，对其过管按设计或标准图册做防水处理。

三、技术要求

(1) 直埋电缆的埋置深度应符合下列要求：

① 电缆表面距地面的距离不应小于0.7m。穿越农田时不应小于1m。在引入建筑物、与地下建筑物交叉及绕过地下建筑物处，可浅埋，但应采取保护措施。

② 直埋敷设于冻土地区时，电缆宜埋入冻土层以下，当无法深埋时可埋设在土壤排水性好的干燥冻土层或回填土中，也可采取其他防止电缆受到损伤的措施。

(2) 电缆从地下或电缆沟引出地面时，地面上2m一般应采用保护管保护，保护管的下端应伸入地面下0.1m；在发电厂、变电站内的铠装电缆，如无机械损伤的可能时，可不加保护管。

(3) 直埋敷设的电缆，严禁平行敷设于地下管道的正上方或正下方。高电压等级的电缆宜敷设在低电压等级电缆的下面。

CBK012 电缆导管内电缆的敷设

项目五　电缆导管内电缆的敷设

一、准备工作

(一) 设备

电缆敷设机、绝缘电阻测试仪。

(二) 材料、工具

电缆、铁锹、卷尺、保护管、滑石粉、铁丝、电缆标牌、非燃性纤维、密封胶泥、防火堵料、塑料护圈、透明胶带。

(三) 人员

电气安装调试工、力工。必须穿戴劳动保护用品，严格按操作规程操作。

二、操作规程

(一)敷设前准备

(1)电缆保护管在穿线前,应先清扫管路。

(2)预穿钢丝。如果管路较长,从一端穿通钢丝有问题时,可由管子两端同时穿入钢丝,钢丝端部弯成小钩,当两段钢丝在管中相遇时,用手转动引线使其钩在一起,然后将一根钢丝拉出。

(3)测试敷设电缆的绝缘电阻,合格后才能敷设。

(4)将临时电缆标牌用透明胶带裹扎在电缆前部。

(二)电缆穿管

(1)保护管短的可以直接将电缆穿管。

(2)预穿钢丝的,可以从一端将电缆绑扎在钢丝上,牵引电缆入管。

(3)管路很长时,可以涂滑石粉,用预穿的一端钢丝绑扎在电缆顶部把电缆拉入管中,电缆穿管时,应一端有人拉,一端有人送,两者动作要协调。

(三)防护密封

电缆敷设完后,保护管口用非燃性纤维堵塞严密,再堵塞密封胶泥,或者直接堵塞防火堵料,若业主有要求时可以用塑料护圈保护。

三、技术要求

(1)在下列地点,电缆应有一定机械强度的保护管或加装保护罩:

① 电缆进入建筑物、隧道、穿过楼板及墙壁处。

② 从电缆沟引到设备、墙外表面或屋内行人容易接近处,距地面高度 2m 以下的一段。

③ 可能有载重设备经过电缆上面的区段。

④ 从电缆桥架引到电气设备的电缆。

⑤ 其他可能受到机械损伤的地方。

(2)管道内部应无积水,且无杂物堵塞。穿电缆时,不得损伤护层,可采用无腐蚀性的润滑粉。

(3)交流单芯电缆不得单独穿入钢管内。

(4)爆炸危险环境内的电缆保护管两端的管口处,必须将电缆周围用非燃性纤维堵塞严密,再堵塞密封胶泥,或者直接堵塞防火堵料。填塞深度不得小于管子内径,且不得小于 40mm。

CBK013 电缆沟内电缆的敷设

项目六　电缆沟内电缆的敷设

一、准备工作

(一)设备

汽车吊、牵引机、电缆敷设机、滚轮。

（二）材料、工具

配电箱、电缆、牵引电缆网套、电缆盘支撑架、不旋转钢丝绳、铁锹、卷尺、保护管、绑扎、电缆沟盖板、撬棍。

（三）人员

电气安装调试工、力工。必须穿戴劳动保护用品，严格按操作规程操作。

二、操作规程

（一）电缆沟敷设前的准备

掀开电缆沟盖板，全部置于不利展放电缆的一侧，清除沟内外杂物，在电缆沟底安放滑轮。

（二）电缆敷设

（1）在电缆引入电缆沟处和电缆沟转角处必须放置转角导向滚轮，组成适当圆弧，控制电缆弯曲半径，防止电缆在牵引时受到沟边或沟内金属支架擦伤。

（2）一般情况下是先放支架最下层、最里侧的电缆，然后从里到外，从下层到上层依次展放。

（3）电力电缆和控制电缆应分别安装在沟的两边支架上，如不能满足，则将 1kV 及以上电力电缆安置在控制电缆之下的支架上。

（4）将电缆绑扎在支架上，每隔两档支架绑扎一次。

（5）如敷设单芯电缆，将三相单芯电缆呈品字形绑扎在一起。

（6）电缆线路如有接头，可将接头用防火保护盒保护。

（三）防火阻燃处理

参见下文“项目十一　电缆线路防火阻燃设施的施工”相关内容。

（四）覆盖盖板

电缆敷设完毕，及时将沟内杂物清理干净，盖好盖板，必要时，应将盖板缝隙密封，以免水、汽、油、灰等侵入。

三、技术要求

（1）电缆沟内的金属架构应接地，并与外部接地网连接。

（2）高低压电缆同沟敷设时，高压电缆应在下层，低压电缆在上层。

（3）当采用机械牵引敷设电缆时，电缆允许的最大牵引强度不应超出表 2-11-5 规定，必要时应进行计算，防止电缆因受拉力过大而造成损伤。

（4）电缆沟应有必要的防火措施，包括：设置适当的阻火分割封堵，选用阻燃电缆，电缆接头表面阻燃处理，选用阻燃材料绑扎，封堵进出电缆沟的电缆保护管管口。

四、注意事项

（1）牵引电缆时，特别注意要防止电缆在牵引过程中被电缆沟边或电缆支架刮伤。

（2）敷设时，处于转角地段的人员须站在电缆弯曲的外侧，切不可站在内侧，以防挤伤摔倒。

项目七　电缆桥架的敷设

CBK014 电缆桥架的敷设

一、准备工作

(一)设备

汽车吊、金属切割机、液压开孔器。

(二)材料、工具

电缆桥架(槽盒)、接地线、搬运小车、倒链、粉线、线坠、电工工具、卷尺。

(三)人员

电气安装调试工、起重工。必须穿戴劳动保护用品,严格按操作规程操作。

二、操作规程

(一)材料准备

(1)敷设前检查电缆桥架(托盘)的型号和规格是否符合设计要求。

(2)对于特殊形状桥架,将现场测量的尺寸交于材料供应商,由供应商依据尺寸制作,减少现场加工。

(3)如需现场加工,采用机械切割,下料煨制,严禁采用火烤方式预制。

(4)桥架敷设前,先进行扫线,检查设计路径是否与工艺、设备、土建冲突,避免与大口径消防管、喷淋管、冷热水管、排水管及空调、排风设备发生矛盾。

(二)调平

安装前先对桥架进行调平,保存好桥架盖板。

(三)桥架安装

(1)将桥架举升到预定位置,采用倒链移放置支架上,进行桥架调直。

(2)在水平段固定桥架或槽盒时,采用外部焊接限位固定方式;在垂直段固定桥架或槽盒时,采用内部连接螺栓固定方式。

(3)桥架与桥架之间用连接板连接,连接螺栓采用半圆头螺栓,半圆头在桥架内侧,螺母应位于桥架的外侧。

(4)跨越建筑物伸缩缝(沉降缝)的桥架应做好伸缩缝处理,桥架直线段超过一定长度时,应设热胀冷缩补偿装置。

(四)桥架接地

(1)按设计要求对桥架进行接地,如果无设计要求时,对非镀锌电缆桥架间连接板的两端,跨接黄绿铜软导线。

(2)当沿电缆桥架全线单独敷设接地干线时,接地线截面应符合设计要求。

(3)将桥架分段用镀锌扁钢接入电气接地网。

三、技术要求

(1)电缆桥架安装时应做到安装牢固,横平竖直,同一水平面内水平度偏差不超过

5mm/m，直线度偏差不超过 5mm/m。

（2）当钢制电缆桥架直线段长度超过 30m，铝合金或玻璃钢制电缆桥架超过 15m 时，或当电缆桥架经过建筑伸缩（沉降）缝时应留有 20～30mm 补偿余量，其连接宜采用伸缩连接板。

（3）安装在热浸锌钢制支吊架上的铝合金电缆桥架时，支架可以和桥架直接接触，但钢制支吊架表面为喷涂粉末涂层或涂漆时，应在与铝合金桥架接触面之间采用聚氯乙烯或氯丁橡胶衬垫隔离。

电缆桥架转弯处的转弯半径，不应小于桥架上的电缆最小允许弯曲半径的最大者。

（4）为了防止电化学腐蚀作用，在铝合金电缆桥架上不得用裸铜导体作接地干线。

CBK015 桥架上电缆的敷设

项目八　桥架上电缆的敷设

一、准备工作

（一）设备

汽车吊、牵引机、电缆敷设机、金属切割机、绝缘电阻测试仪。

（二）材料、工具

配电箱、电缆、牵引电缆网套、电缆盘支撑架、不旋转钢丝绳、卷尺、保护管、绑扎、电缆桥架盖板、对讲机。

（三）人员

电气安装调试工（根据电缆长度和路径情况决定）、力工。必须穿戴劳动保护用品，严格按操作规程操作。

二、操作规程

（一）电缆敷设前的准备

（1）编制电缆敷设表，搭设脚手架，检查电缆桥架内是否有杂物，检查敷设通道是否安全。

（2）由技术人员向全体施工人员进行技术交底，说明敷设电缆根数、始末端、工艺要求及安全注意事项等。

（3）测试电缆绝缘电阻是否符合要求，把电缆盘垂直放置在支撑架上。

（4）如需机械牵引，设置卷扬机、电缆敷设机以及滚轮，在电缆引入电缆桥架和电缆桥架转角处必须放置转角导向滚轮。

（5）配备可靠的通信联络设施。

（6）将临时电缆标牌用透明胶带裹扎在电缆前部，敷出 3m 后再裹扎一只临时标牌。

（二）电缆敷设

1. 水平敷设

（1）电缆敷设时牵引可用人力或机械牵引。电缆盘采用吊车或自制电缆盘架进行固定，方便灵活转动。

(2)在指挥人员的统一指挥下均匀地牵拉电缆。

(3)电缆敷设时,电缆应从电缆盘的上方引出,引出端头如有松弛,应用绑线绑紧,电缆盘的转动速度与牵引速度应很好地配合,每次牵引的电缆长度不宜过长,以免在地上拖拉。

(4)电缆到位并留足长度后,裹扎另两只临时标牌,用电缆剪或钢锯剪断电缆。

(5)单层敷设,排列整齐,不得有交叉,拐弯处应以桥架内电缆最小允许弯曲半径为准。聚氯乙烯绝缘电缆的最小弯曲半径为电缆外径的10倍;交联聚乙烯绝缘电缆的最小弯曲半径为电缆外径的15倍;多芯控制电缆的最小弯曲半径为电缆外径的10倍。

(6)不同等级电压的电缆应分层敷设,高压电缆应敷设在上层。同等级电压的电缆沿支架敷设时,水平净距不得小于35mm。

2. 垂直敷设

(1)有条件时最好自上而下敷设。采用吊车将电缆吊至桥架上端。

(2)如果自下而上敷设时,低层小截面电缆可用滑轮大绳人力牵引敷设。高层、大截面电缆宜用机械牵引敷设。

(三)电缆固定

(1)敷设时,应放一根电缆立即用绑扎固定上,并及时挂上标志,再敷设下一根电缆。

(2)绑扎使用统一阻燃绑扎,不能使用铁丝或者易燃物。

(四)挂标志牌

在电缆两端、拐弯处、交叉处应挂标志牌,直线段应适当增设标志牌。标志牌规格应一致,并有防腐性能,挂装应牢固。标志牌上应注明电缆编号、规格、型号及电压等级。

(五)防火阻燃处理

电缆敷设在穿越不同防火区域的电缆桥架处,需采取防火隔断措施,具体措施参见下文“项目十一 电缆线路防火阻燃设施的施工”相关内容。

(六)覆盖盖板

电缆敷设完毕,及时将桥架内杂物清理干净,盖好最上层桥架盖板。

三、技术要求

(1)电缆垂直敷设或超过45°倾斜敷设在桥架上时,每隔2m处将电缆加以固定;水平敷设的电缆,在电缆首末两端及转弯、电缆接头的两端处以及每隔5~10m的直线段对电缆加以固定。

(2)并联运行的电力电缆,敷设时应长度相等。

(3)并列敷设电力电缆,其接头盒的位置应相互错开。

项目九 电缆竖井内电缆的敷设

CBK016 电缆竖井内电缆的敷设

一、准备工作

(一)设备

电缆敷设机、卷扬机、制动装置。

（二）材料、工具

电缆盘、接地扁钢、焊材、卷尺、滚轮、牵引头、钢丝绳、防捻器、绑扎。

（三）人员

电气安装调试工、力工。必须穿戴劳动保护用品，严格按操作规程操作。

二、操作规程

（一）敷设前准备

（1）电缆竖井敷设，按施工场地条件和电缆结构，可选择上引法和下降法两种牵引方法。

（2）按照选择的敷设方法，设置电缆盘、卷扬机、电缆敷设机以及滚轮，几台电缆敷设机使用联动控制开关串联在电路上，事先进行调试。

（3）配备可靠的通信联络设施和照明设施。

（4）检查竖井内电缆支架安装是否牢固，全长接地线是否焊接。

（二）上引法

自低端向高端敷设，电缆盘安放在竖井下端，卷扬机放在上端，电缆敷设机、卷扬机和钢丝绳应具有提升竖井全长电缆重力的能力。

（三）下降法

自高端向低端敷设，电缆盘安放在竖井上口，用电缆敷设机将电缆推进到竖井口，借助电缆自重和安放在竖井中的敷设机，将电缆自上而下敷设，牵引钢丝绳引导电缆向下，卷扬机将钢丝绳收紧。如图 2-11-2 所示，采用下降法牵引敷设时，在电缆盘上要安装可靠的制动装置，所有电缆敷设机和卷扬机应有联动控制装置。

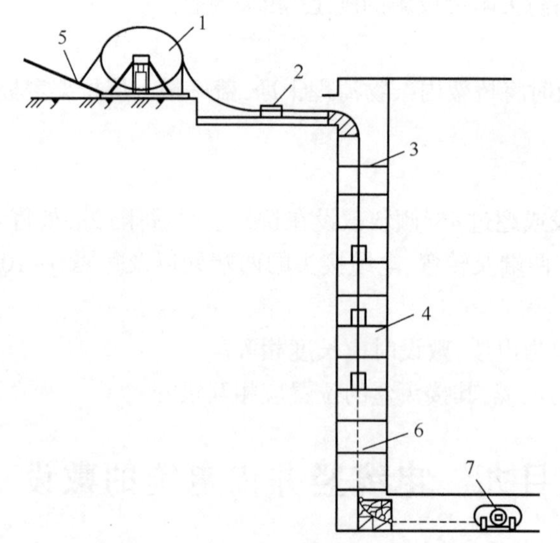

图 2-11-2　竖井中用下降法敷设电缆

1—电缆盘；2—敷设机；3—电缆；4—竖井；5—制动装置；6—钢丝绳；7—卷扬机

三、技术要求

(1)敷设在竖井中的电缆必须具有能承受纵向拉力的铠装层,选用不延燃的塑料外护套或阻燃电缆,也可选用裸细钢丝铠装电缆,优先选用交联聚乙烯电缆。

(2)电缆竖井敷设时,在电缆端部与牵引钢丝绳之间应加装防捻器,使电缆上的扭力能及时释放。

四、注意事项

(1)下雨天气不能进行竖井电缆敷设,敷设前清理竖井内积水和杂物。

(2)在竖井的出风口装设强迫排风管道装置进行通风。

(3)严格执行受限空间作业安全措施,进入竖井内部前,进行气体检测,合格后方能进入作业,安排监护人,填写作业记录。

项目十 电缆隧道内电缆的敷设

CBK017 电缆隧道内电缆的敷设

一、准备工作

(一)设备

电缆敷设机、卷扬机、电焊机。

(二)材料、工具

电缆、接地扁钢、焊材、卷尺、滚轮、牵引头、钢丝绳、防捻器、绑扎。

(三)人员

电气安装调试工、力工。必须穿戴劳动保护用品。

二、操作规程

(一)隧道敷设前的准备

(1)如图 2-11-3 所示,将电缆盘和卷扬机分别安放在隧道入口处,在隧道底部每隔 2~3m 安放一只滚轮。

(2)在电缆盘处和隧道中转弯处设置电缆敷设机,如果电缆重量较大,可在隧道内每隔 30m 设置一台电缆敷设机。几台电缆敷设机使用联动控制开关串联在电路上,事先进行调试。

(3)配备可靠的通信联络设施和照明设施。

(二)安装接地线

装设贯通全长的连续接地线,接地线与金属支架焊接,焊后清除药皮进行防腐。

(三)电缆敷设

一般采用卷扬机钢丝绳牵引电缆,并结合电缆敷设机和滚轮,电缆从工作井引入,端部使用牵引套和防捻器。

电缆头安装电缆牵引网套,打开敷设机履带,电缆头穿过敷设机,闭合敷设机履带,调整履带间隙,开启敷设机、牵引机开关,电缆依次通过各敷设机及滚轮。

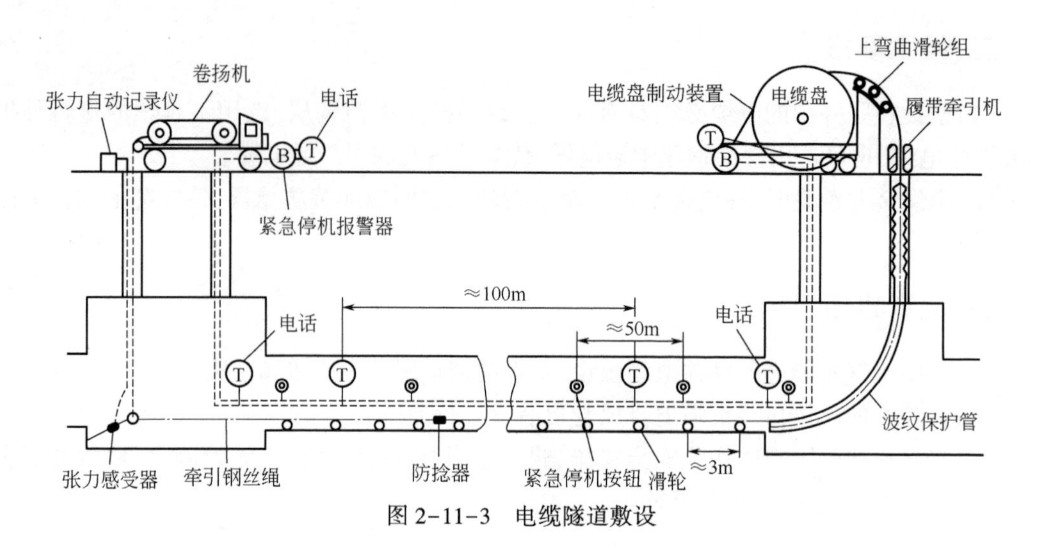

图 2-11-3　电缆隧道敷设

电缆敷设完后，根据设计施工图纸规定将电缆安装在支架上，并用夹具固定。

三、技术要求

（1）电缆隧道适用的场合一般有：大型电厂或变电所，进出线电缆在 20 根以上的区段，电缆并列敷设在 20 根以上的城市道路，有多根高压电缆从同一地段跨越内河。

（2）隧道中宜选用交联聚乙烯电缆。

（3）机械敷设电缆时，应在牵引头或钢丝网套与牵引钢丝绳之间装设防捻器。

四、注意事项

（1）在隧道的人孔处或隧道进出口处装设进出风口，在出风口装设强迫排风管道装置进行通风，通风要求在夏季以不超过室外空气温度 10℃ 为原则。

（2）严格执行受限空间作业安全措施，进入隧道前，进行气体检测，合格后方能进入作业，安排监护人，填写作业记录。

（3）临时照明用的电源电压不得大于 36V。

（4）电缆敷设时，不能损坏电缆隧道的防水层。

CBK018 电缆线路防火阻燃设施的施工

项目十一　电缆线路防火阻燃设施的施工

一、准备工作

（一）材料、工具

电工工具、保护钢管、抹布、防火涂料、毛刷、有机或无机防火堵料、柔性有机防火堵料、铲刀、模板若干。

（二）人员

电气安装调试工、瓦工。必须穿戴劳动保护用品，严格按操作规程操作。

二、操作规程

(一)防火涂料涂刷

在电力电缆接头两侧及相邻电缆2~3m长的区段、进入孔洞的电缆两侧1m范围内涂刷防火涂料：

(1)先对电缆进行表面处理,清除电缆上的灰尘及锈污,所涂刷的电缆表面必须保证无油脂、水分、灰尘、洁净、干燥。清除时注意电缆接头和老化的电缆。

(2)使用前将防火涂料搅拌均匀。

(3)涂料应按说明书中规定的方法使用,并应按电缆长度方向进行涂刷。

(4)每道涂层间隔时间按说明书要求,最好在第一道漆未完全干燥前即涂第二道漆。

(二)电缆穿(排)管防火封堵

(1)电缆穿保护管敷设,保护管两端伸出孔洞300mm以上。

(2)有机(无机)堵料的使用方法应严格执行材料使用说明书中的要求,按比例混合。

(3)把调配好的堵料用铲刀封堵在保护管和电缆之间的孔隙内,堵料嵌入管口的深度不小于50mm,封堵应严实。

(三)电缆桥架防火封堵

电缆桥架在进出建筑物,穿越隔墙、楼板处,或者在穿越不同防火区的电缆桥架处,按设计要求位置,采取防火堵料封堵措施：

(1)电缆防火段除净灰尘及油污后铺设于阻燃槽盒内。

(2)在电缆穿过封堵墙两侧1m范围涂刷防火涂料。

(3)用有机(无机)堵料按说明书要求混合后填充电缆之间,或者采用防火包进行封堵,以对侧不透光达到密实均匀、厚度平滑为原则。

(4)修整及保养。

(四)电缆沟防火封堵

电缆沟进入建筑物处采取防火堵料封堵：

(1)将无机防火涂料和水按照说明书要求均匀混合。

(2)用胶合板等在安装阻火墙的位置支模板,并在两侧下方各安装两根钢管作为排水管。

(3)在适当位置预留孔洞作为增设电缆备用,孔洞内填塞柔性有机防火堵料。

(4)将混合好的防火堵料用铲刀紧密填入模板内,封堵严实。

(5)在阻火墙与电缆之间缝隙以及电缆间隙内堵塞柔性有机防火堵料。

(6)阻火墙两侧电缆施加防火包带或涂料。

(7)拆除模板后,用防火堵料修补不平整的表面。

三、技术要求

(1)对易受外部影响着火的电缆密集场所或可能着火蔓延而酿成严重事故的电缆线路,必须按设计要求的防火阻燃措施施工。

(2)防火阻燃材料质量与外观应符合下列要求:有机堵料不氧化、不冒油,软硬适度,具备一定的柔韧性；无机堵料无结块、无杂质；防火隔板平整、厚薄均匀；防火包遇水或受潮后不结块；防火涂料无结块、能搅拌均匀；阻火网网孔尺寸大小均匀，经纬线粗细均匀，附着防火复合膨胀料厚度一致。阻火网弯曲时不变形、不脱落，并易于曲面固定。

（3）涂料应按一定浓度稀释，搅拌均匀，并应顺电缆长度方向进行涂刷，漆膜厚度需保证在0.8mm以上，涂刷一般为2~3遍。所有涂层不得漏涂，涂层表面应光滑平整，颜色一致，无针孔、气泡、流挂、剥落、粉化和破损等缺陷，无明显的刷痕、纹路及阴影条纹。每道厚度及总干膜厚度完全满足该涂料的技术指标要求。

（4）在封堵电缆孔洞时，封堵应严实可靠，不应有明显的裂缝和可见的孔隙，孔洞较大者应加耐火衬板后再进行封堵。封堵后的外形要平整，各类孔洞的造型要一致。

（5）有机防火堵料在施工时禁止表面沾有水分，否则影响堵料自身的黏结质量。

（6）阻火墙上的防火门应严密，孔洞应封堵。

（7）阻火包的堆砌应密实牢固，外观整齐，不应透光。

四、注意事项

（1）为防止柔性有机堵料（密封胶泥）干固，应及时用塑料袋封好。

（2）冬季施工时，如柔性有机堵料变硬，将其放在温室内放置一段时间后再用，严禁用明火烘烤。

CBK020 电缆绕包式终端制作

项目十二　电缆绕包式终端制作

一、准备工作

（一）设备

绝缘电阻表、放电棒。

（二）材料、工具

电缆、电缆铜终端、电工工具、电缆剥切刀、钢锯、压接钳、电烙铁、铁剪子、铜编织带、2.5mm裸铜线、自粘带、平锉刀、开口端子、卷尺、直尺、砂纸、棉布。

（三）人员

电气安装调试工。必须穿戴劳动保护用品，严格按操作规程操作。

二、操作规程

（一）作业前准备

（1）对电缆进行放电，擦拭电缆外皮。

（2）测试电缆绝缘电阻。

（3）测试完毕对电缆进行放电。

（二）剥切电缆外护套

量取规定长度，剥除电缆的外护套。注意为防止剥外套时钢铠松散，可先对电缆末端的钢铠做简单绑扎处理。

(三)绑铜扎线或打钢铠卡子

在锯钢铠部位用2.5mm² 铜线顺钢带缠绕方向绑3~4圈,或者采用废钢铠制作钢卡子。

(四)锯钢铠

在铜绑扎线的边缘锯一环形深痕,深度约为钢带厚度的2/3,锯完后用电工刀从钢铠锯环的尖角处将钢铠挑起,再用尖嘴钳夹牢挑起的钢铠往电缆末端撕下。

(五)剥除内护套和填料

用电工刀在内护套剥除的起点处切一环形深痕,再用电工刀沿电缆纵向切深痕,纵向剥切内护套层。

(六)焊接地线

(1)用锯条将钢铠焊接地线部位打毛镀锡,用电烙铁焊接铠装层接地线。

(2)接地铜编织带在外护套端口下10mm处,采用焊锡将铜编织带充填成实心导体制作防潮段,防止因毛细孔作用吸收水分。

(七)包绕电缆头

按照中间厚两端薄的模式包绕自粘带,外形应饱满紧密,自粘带尾端固定牢固。

(八)压接电缆铜终端

根据尺寸切割电缆线芯,剥切绝缘层,选择合适的模具和铜终端,用压接钳压接铜终端,不少于2次,压接后清理毛刺。

(九)包绕防潮锥和相色带

(1)在接线端子和线芯绝缘连接处,采用聚氯乙烯胶粘带包绕防潮锥。

(2)在线芯端部包绕相色聚氯乙烯带。

三、技术要求

(1)绕包式电缆终端适用0.6/1kV及以下的交联聚乙烯绝缘电缆及聚氯乙烯电缆的户内终端头,如图2-11-4所示。

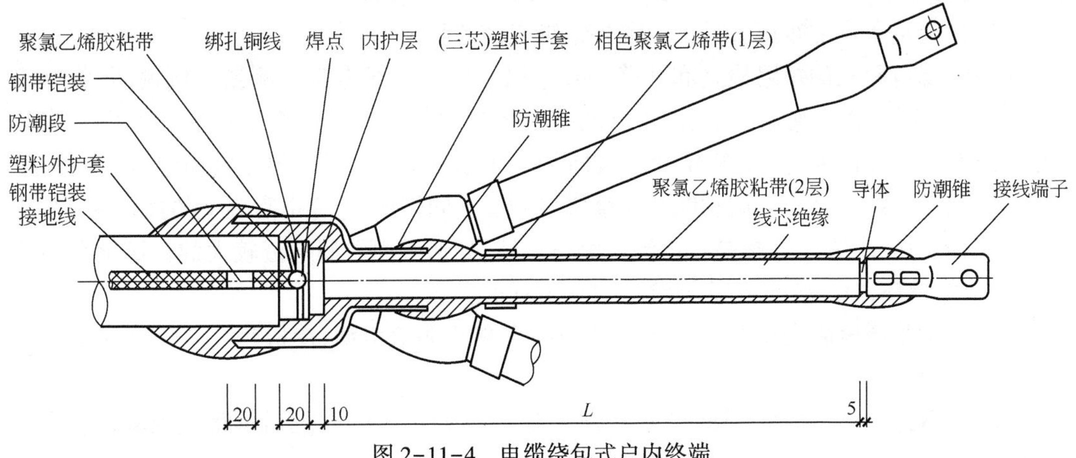

图2-11-4　电缆绕包式户内终端

(2)电力电缆接地线应采用铜绞线或镀锡铜编织线,其截面积不大于120mm² 时,接地

线截面积不小于 $16mm^2$；截面积不小于 $150mm^2$ 时，接地线截面积不小于 $25mm^2$。

（3）防潮锥由聚氯乙烯胶粘带包绕而成，其外径为相应部分的绝缘外径加 8mm。

（4）电缆终端上应有明显的相色标志，且应与系统的相位一致。

四、注意事项

（1）制作现场应保证干燥、清洁，不应在雨天、雾天施工。环境温度宜控制在 0～35℃，相对湿度不宜大于 70%。

（2）操作时保证手和工具及材料清洁。

CBK021 电缆绝缘电阻测量

项目十三　电缆绝缘电阻测量

一、准备工作

（一）设备

绝缘电阻表（兆欧表）、放电棒。

（二）材料、工具

电工工具、短接线、抹布、记录纸、笔。

（三）人员

电气安装调试工。必须穿戴劳动保护用品，严格按操作规程操作。

二、操作规程

测量绝缘电阻有手摇兆欧表、电子兆欧表和钳式兆欧表等工具，这里以手摇兆欧表为例进行说明。

（1）断开被试电缆的电源，拆除或断开对外的一切连线，将被试品接地放电。对电容量较大的电缆充分放电（5min）。放电时应用绝缘棒等工具进行。

（2）用清洁干燥的布擦去被试电缆外绝缘表面的脏污。

（3）绝缘电阻表的短路检查和开路检查。以手摇式绝缘电阻表测量为例说明，将绝缘电阻表水平放稳，转动绝缘电阻表，用导线瞬时短接“L”和“E”表笔，其指针应指零。表笔开路时，绝缘电阻表转速达到额定转速，表面指针应指向“∞”，然后停止转动绝缘电阻表。

（4）按图接线。将非被试相缆芯与金属保护层一同接地，绝缘电阻表上的接线端子“E”接被试电缆的接地端，“L”接被试电缆的测量芯线，如遇表面泄漏电流较大的被试电缆还要接上屏蔽保护环，“G”接屏蔽端，如图 2-11-5 所示。

（5）驱动绝缘电阻表达到额定转速，或接通绝缘电阻表电源，待指针稳定后（或 60s），读取绝缘电阻值。

（6）读取绝缘电阻值后，先断开接至被试电缆芯线的连接线，然后再将绝缘电阻表停止运转。

（7）断开绝缘电阻表后对被试电缆充分放电。

（8）记录温度、湿度、气象情况、试验日期、使用仪表及绝缘电阻值等数据。

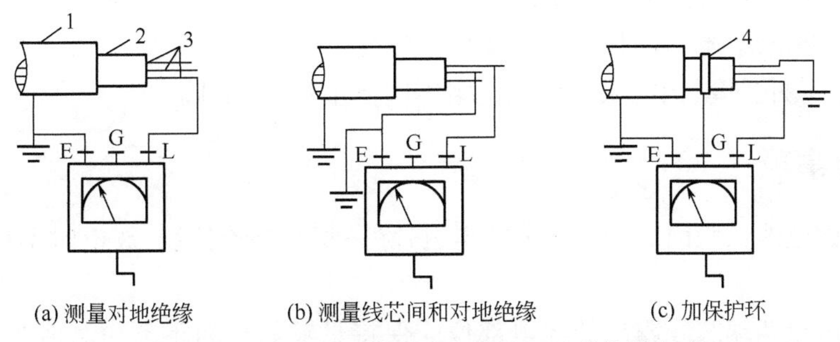

图 2-11-5　电力电缆测量绝缘电阻几种接线方式

1—外部金属保护层；2—统包绝缘层；3—缆芯导体；4—保护环

三、技术要求

(1)通过测量绝缘电阻可以检查电缆绝缘受潮、脏污及局部缺陷，也可判别出由耐压试验所暴露的缺陷性质。

(2)测量仪表的选用。

电缆绝缘电阻检测采用绝缘电阻表；测量 0.6/1kV 电缆用 1000V 绝缘电阻表；测量 0.6/1kV 以上电缆用 2500V 绝缘电阻表；测量 6/6kV 及以上电缆也可用 5000V 绝缘电阻表。橡塑电缆外护套、内衬层的测量用 500V 绝缘电阻表。

(3)测试结果判断。

① 新电缆绝缘电阻的最低值(非测量相接地)。

电缆绝缘电阻值与电缆的长度和测量时的温度有关，新电缆绝缘电阻的最低值可比照制造厂给出的 20℃条件下，每千米长度的绝缘电阻的最低值(按电缆的实际长度、电缆绝缘的实际温度折算到对应的数值)。

为便于比较，可将不同温度时的绝缘电阻值换算到 20℃时的值，换算公式为

$$R_{20}=R_tK_t \tag{2-11-1}$$

式中　R_{20}——温度为 20℃时绝缘电阻值，MΩ；

R_t——温度为 t℃时绝缘电阻值，MΩ；

K_t——电缆绝缘电阻温度换算系数。

电缆绝缘电阻温度换算系数如表 2-11-8 所示。

表 2-11-8　电缆绝缘电阻温度换算系数

温度 t,℃	0	5	10	15	20	25	30	35	40
绝缘电阻温度换算系数 K_t	0.48	0.57	0.70	0.85	1.0	1.13	1.41	1.66	1.92

② 运行中电缆的绝缘电阻。

运行中电缆绝缘电阻与历史数据相比，换算到同一温度下。其值不得低于历史数据的 1/3。

③ 对多芯电缆，在测量绝缘电阻时，绝缘电阻值应比较一致；若不一致，则不平衡系数

不得大于 2~2.5。不平衡系数等于同一电缆各芯线的绝缘电阻值中最大值与最小值之比。

④ 耐压试验前后,绝缘电阻测量应无明显变化。

⑤ 橡塑电缆外护套、内衬层的绝缘电阻不应低于 0.5MΩ/km。

四、注意事项

(1)对被试电缆试验前后均应充分放电,拆除一切对外连接线,放电时不得用手碰触放电导线。

(2)被试电缆两端芯线露出的导电部位应保持足够的相间距离和对地距离,以免杂散电流影响绝缘电阻数值。

(3)被试电缆的两端都布置好安全措施,派人看守,避免被人误碰出现意外情况。

模块十二　电动机安装调试

项目一　相关知识

一、电动机的分类

CBL001　电动机的分类

电动机按其供电电源种类可分直流电动机和交流电动机两大类。交流电动机按其工作原理的不同,可分为同步电动机和异步电动机两大类。同步电动机的旋转速度与交流电源的频率有严格的对应关系,在运行中转速保持恒定不变;异步电动机的转速随负载的变化稍有变化。按所需交流电源相数的不同,交流电动机可分为单相交流电动机和三相交流电动机两大类。三相异步电动机多用在工业上,单相交流电动机多用在民用电器上。目前在工程中较常用的主要是三相交流异步电动机。

二、三相交流异步电动机的结构

CBL002　三相交流异步电动机的结构

三相交流异步电动机广泛应用于炼油化工生产所需的各种电力拖动系统中,具有结构简单,制造、使用和维护方便等诸多优点。按照转子绕组结构不同,三相异步电动机可分为笼形异步电动机和绕线转子异步电动机两大类。

(一)三相笼形异步电动机的结构

三相笼形异步电动机主要由定子和转子两部分组成,如图 2-12-1 所示。

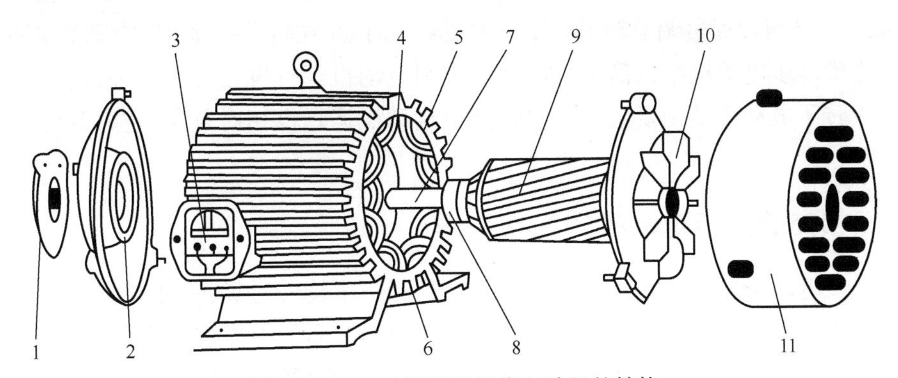

图 2-12-1　三相笼形异步电动机的结构

1—轴承盖;2—端盖;3—接线盒;4—定子铁芯;5—定子绕组;6—机座;7—转轴;8—轴承;9—转子;10—风扇;11—罩壳

定子由定子铁芯、定子绕组和机座等组成。定子铁芯由相互绝缘的 0. 35~0. 5mm 厚的硅钢片叠压而成;三相对称定子绕组嵌放在定子内圆均匀分布的槽内,三组均匀分布,空间位置彼此相差 120°,按一定连接方式引出 6 根线头,分别为 U_1、V_1、W_1 和 U_2、V_2、W_2,引出接到机座外的接线盒内。

转子由转子轴、转子铁芯和转子绕组组成。转子铁芯由圆形硅钢片叠压而成，转子铁芯固定在转轴上，呈圆柱形并冲有均匀分布的槽孔，槽内嵌放转子绕组，因为绕组形状类似鼠笼，因此采用这种转子的电动机被称为笼形电动机。

转子铁芯与定子铁芯之间留有0.35~0.5mm的间隙，称为气隙。

（二）三相绕线转子异步电动机的结构

三相绕线转子异步电动机由定子和转子两大部分构成，如图2-12-2所示。与笼形异步电动机相比较，两者只是在转子的构造上有所不同。

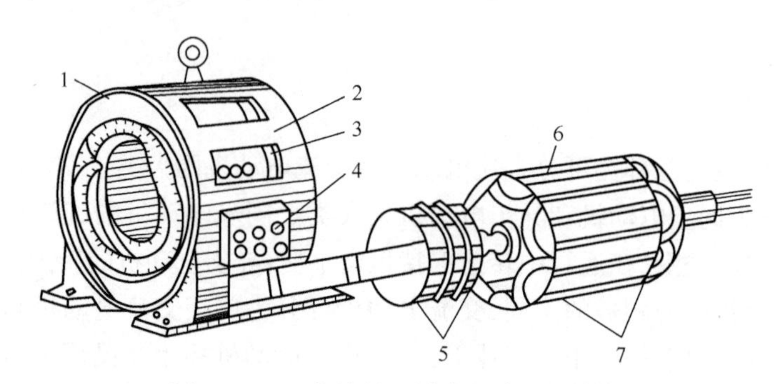

图2-12-2　绕线转子异步电动机的结构

1—定子绕组；2—机座；3—定子铁芯；4—接线盒；5—集电环；6—转子铁芯；7—转子绕组

绕线转子异步电动机的转子铁芯槽内嵌有三相对称绕组，它们连接成星形，每相绕组始终通过三个固定在转轴上的彼此绝缘的集电环与电刷滑动接触，然后与外电路连接。若在转子电路中串接可调电阻即可进行调速，以满足拖动机械改善启动性能和调速要求。

三相绕线转子异步电动机与笼形异步电动机相比较，启动方式稍有不同。首先是它们都可以直接启动；其次是鼠笼式的异步电动机因为转子的结构原因，它必须要借助于外接设备（自耦变压器或接触器）才能实现降压启动，绕线转子异步电动机除了可以借助外接设备实现降压启动之外，还可以通过调节转子电流来实现降压启动（在转子回程串联有调节电阻）。

由于笼型异步电动机结构简单、价格低，控制电动机运行也相对简单，所以得到广泛采用。而绕线转子电动机结构复杂，价格高，控制电动机运行也相对复杂一些，其应用相对要少一些。

CBL003　三相交流异步电动机的工作原理

三、三相交流异步电动机的工作原理

三相异步电动机要旋转起来的先决条件是具有一个旋转磁场，三相异步电动机的定子绕组就是用来产生旋转磁场的。三相交流电源相与相之间的电压在相位上是相差120°的，三相异步电动机定子中的三个绕组在空间方位上也互差120°，这样，当三相交流电源加到定子绕组上时，定子绕组就会产生一个旋转磁场，电流每变化一个周期，旋转磁场在空间旋转一周，即旋转磁场的旋转速度与电流的变化是同步的。

旋转磁场的转速为

$$n=60\times\frac{f}{p} \tag{2-12-1}$$

式中　f——交流电源频率，Hz；

p——磁场的磁极对数,个;

n——每分钟转数,r/min。

为此,控制交流电动机的转速有两种方法:改变磁极对数和改变交流电源频率。变极调速技术是指通过在电动机中嵌入多个磁极对数的绕组,改变磁极对数来改变电动机转速。变频调速技术是指改变交流电源频率的方法,就是利用变频调速器产生可以改变频率的电源,改变电动机转速。

变频调速技术能实现电动机的无级变速控制,变极调速只能实现有级变速控制,例如2级电动机同步转速为3000r/min,4极电动机同步转速为1500r/min,8极电动机同步转速为750r/min。

定子绕组旋转磁场的旋转方向与绕组中电流的相序有关。相序U、V、W顺时针排列,磁场顺时针方向旋转,若把三相电源线中的任意两相对调,例如将V相电流通人W相绕组中,W相电流通人V相绕组中,则磁场必然逆时针方向旋转。利用这一特性我们可很方便地改变三相电动机的旋转方向。

定子绕组产生旋转磁场后,转子绕组(笼条)将切割旋转磁场的磁力线而产生感应电流,转子导条中的电流又与旋转磁场相互作用产生电磁力,电磁力产生的电磁转矩驱动转子沿旋转磁场方向以 n_1 的转速旋转起来。一般情况下,电动机的实际转速 n_1 低于旋转磁场的转速 n。因为假设 n 和 n_1 相等,则转子导条与旋转磁场就没有相对运动,不会切割磁感线,也就无法产生电磁转矩,所以转子的转速 n_1 必然小于 n,为此我们称这种三相电动机为异步电动机。

CBL004 三相异步电动机的铭牌参数

四、三相异步电动机的铭牌参数

异步电动机的铭牌在其对应栏内通常标有电动机的型号、额定值、接法等有关技术参数,如表2-12-1所示。

表2-12-1 三相异步电动机的铭牌

三相异步电动机					
型号	Y90L-4	电压	380V	接法	Y
容量	1.5kW	电流	3.7A	工作方式	连续
转速	1400r/min	功率因数	0.79	温升	90℃
频率	50Hz	绝缘等级	B	出厂年月	××年××月
×××电机厂		产品编号		质量	25kg

(1)型号:用以表明电动机的产品种类、机座类型、磁极数等。例Y90L-4中,Y表示笼形异步电动机(T表示同步电动机,Z表示直流电动机,TF表示同步发电机);90表示电动机轴中心高度,单位为mm;L表示长机座(M表示中机座,S表示短机座);4表示电动机磁极数为4。

(2)额定功率 P_N:指电动机在额定状态下运行时,其轴上输出的机械功率,单位为kW。

(3)额定电压 U_N:指额定运行状态下加在定子绕组上的线电压,单位为V。

(4)额定电流 I_N:指电动机在定子绕组上加额定电压、轴上输出额定功率时,定子绕组中的线电流,单位为 A。

(5)频率 f:我国工业用电的频率为 50Hz。

(6)额定转速 n_N:指电动机定子加额定频率的额定电压,且轴端输出额定功率时电动机的转速,单位为 r/min。

(7)功率因数 $\cos\phi$:指电动机额定运行时,电动机从电网吸收的有功功率与视在功率的比值。通常为 0.75~0.9,电容运转式单相异步电动机的功率因数会更高些。

(8)效率 η:指电动机满载时轴上输出的机械功率与输入电功率之比。

(9)绝缘等级:规定了电动机绕组及相关绝缘材料的允许温度。绝缘等级分为 A、E、B、F、H 五级。Y 系列电动机为 B 级绝缘,极限温度为 130℃;F 级绝缘等级的极限温度为 100℃;而高压大功率电动机多采用 H 级绝缘,极限温度为 180℃。

(10)接法:指定子三相绕组电源接入方式。在电动机接线时应注意短接片的连接方式。图 2-12-3(a)所示为星形连接,铭牌表示方法为 Y;图 2-12-3(b)所示为三角形连接,铭牌表示方法为△。

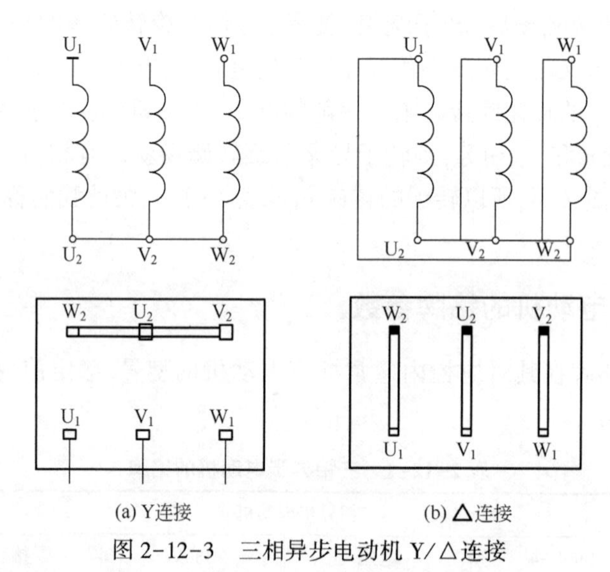

图 2-12-3 三相异步电动机 Y/△连接

(11)工作方式:电动机的工作方式分为连续、短时、间歇 3 种,是指输出额定功率的时间长短。

(12)温升:指电动机运行在稳定状态下,电动机温度与环境温度之差,环境温度规定为 40℃,如电动机铭牌上的温升为 90℃,则表示允许电动机的最高温度可以为 130℃。

CBL005 电动机的常用控制线路

五、电动机的常用控制线路

完成三相异步电动机的控制原理线路一般需要熟悉看懂电路图、接线图和布置图,初级工阶段要求掌握基本的电动机电路图。电动机电路图一般分电源电路、主电路和控制电路 3 部分。

电路图中,各电器的触头位置都表示电路未通电或电器未受外力作用时的常态位置,分析原理时,从触头的常态位置出发。同一电器的各元器件不按实际位置画在一起,而是按其在线路中所起作用分别画在不同电路中,但动作是相互关联的。比如接触器 KM 的线圈和触点分别画在主回路和辅助回路中,但标注相同的文字符号。

具有过载保护的接触器自锁控制电路如图 2-12-4 所示。其工作过程是:合上电源开关 QS,按下启动按钮 SB_1,控制电路电流经熔断器 FU_2、热继电器 FR、启动按钮 SB_1、闭合的停止按钮 SB_2、交流接触器线圈 KM 和 FU_2 构成回路,线圈 KM 得电,一方面使得控制电路的 KM 辅助常开触头闭合自锁,另一方面使得主电路的 KM 三对主触头闭合,主电路三相电源经闭合的 QS、熔断器 FU_1、闭合的 KM、热继电器 FR 通入三相交流电动机定子绕组,使之旋转起来。图中 FU_1 起短路保护作用,FR 起电动机过载保护作用。

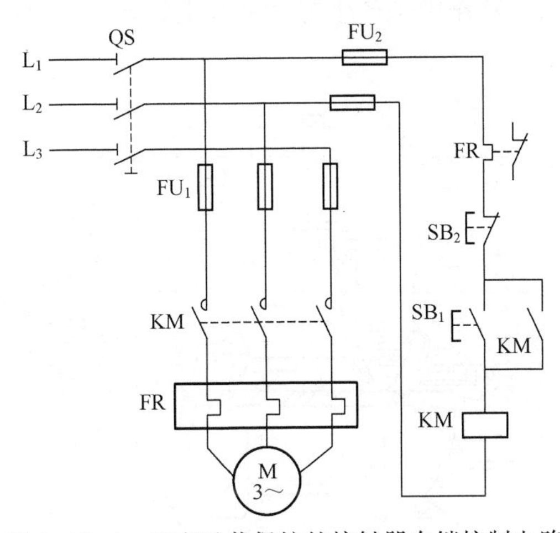

图 2-12-4　具有过载保护的接触器自锁控制电路

三相交流异步电动机的控制电路根据其作用不同可分为启动、调速和制动三类。

(一)三相异步电动机的启动

电动机启动控制电路可分为全压启动、降压启动和软启动。全压启动又叫直接启动,是将额定电压通过断路器直接加在电动机定子绕组上,使电动机启动的方法。其优点是启动设备简单、操作方便、启动迅速;缺点是启动电流大。降压启动是利用启动设备将加在电动机定子绕组上的电源电压降低,启动结束后恢复其额定电压运行的启动方式。

(二)三相异步电动机的调速

为了适应生产的需要,在生产过程中需要人为地改变电动机的转速,称为调速。调速控制电路主要有变极调速、变转差率调速和变频调速 3 种。

(三)三相异步电动机的制动

电动机产生的电磁转矩与转子转向相反的状态,称为制动。三相异步电动机的制动方法可分为机械制动、回馈制动、反接制动和能耗制动。

六、电动机的接线方式

CBL006　电动机的接线方式

异步电动机定子绕组接成星形启动时,由电源供给的启动电流为接成三角形启动时的 1/3。采用三角形连接时,三相电源的线电流是相电流的$\sqrt{3}$倍。

一般而言,功率在 3kW 以下的中小型三相异步电动机,额定电压在 380V 时采用 Y 连接；功率在4kW以上、额定电压为380V时，采用△连接。另外根据系统许可，风机类大中型电动机可采用Y/△启动的方法降压启动，以减小电动机启动电流对电网和电动机绕组的冲击。

CBL007 直流电动机的结构和接线

七、直流电动机的结构和接线

（一）直流电动机的结构

直流电动机的结构如图2-12-5所示。它由定子和转子两大部分组成，定子由主磁极、换向极、机座及电刷装置等组成，其作用是产生磁场和支撑电动机。电枢由电枢铁芯、电枢绕组、换向器及转轴等组成，其作用是产生电动势和电磁转矩，实现能量转换。

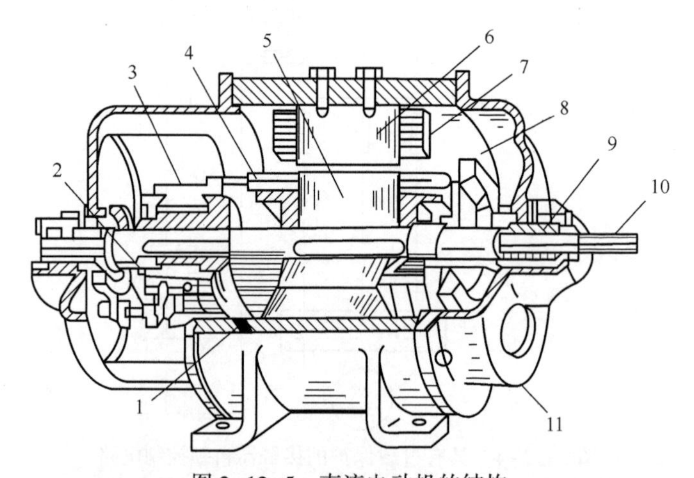

图2-12-5 直流电动机的结构

1—换向极绕组；2—电刷装置；3—换向器；4—电枢绕组；5—电枢铁芯；6—主磁极；7—励磁绕组；8—风扇；9—轴承；10—轴；11—端盖

下面分别介绍直流电动机主要部件的构造和作用。

(1)主磁极：主磁极用以产生主磁通，它由铁芯和励磁绕组组成。主磁极的铁芯多由低碳钢板（硅钢片）叠压而成。

(2)换向极：位于相邻的两主磁极间的几何中性线上有一小磁极，可以改善电动机的换向性能，减少换向时在电刷和换向器之间的接触面上产生的火花。

(3)电枢铁芯和电枢绕组：电枢铁芯可安放电枢绕组并用作电动机磁路，它一般用0.5mm厚的硅钢片冲压而成，以减少铁芯的涡流和磁滞损耗。电枢绕组的作用是产生感应电动势和通过电流产生电磁转矩，实现能量转换。

(4)换向器：换向器将外加直流电变为绕组中的交流电，产生恒定方向的转矩，使电动机连续转动。

(5)电刷装置：通过电刷装置，可以将直流电动机的电枢绕组与外电路连接。电刷装置通常由电刷、刷握和刷杆等组成。

（二）直流电动机的接线

直流电动机的接线方法与其励磁方式有关。根据励磁支路和电枢支路的关系，可以将直流电动机的励磁方式分为他励、并励、串励、复励（长复励、短复励）等几种。

(1)他励方式接线。他励方式接线特点是电枢绕组和励磁绕组相互独立,需另外备有直流电源进行励磁。

(2)并励方式接线。并励方式接线特点是电动机的励磁绕组与电枢绕组并联。并励绕组匝数多,导线细,电阻大。

(3)串励方式接线。串励方式接线特点是电动机的励磁绕组与电枢绕组串联。串励绕组匝数少,导线粗,电阻小。

(4)长复励方式接线。长复励方式接线特点是先接成串励形式,再接成并励形式。

(5)短复励方式接线。短复励方式接线特点是先并励后串励。注意串、并励绕组不能混淆。

八、电动机的电气交接试验

CBL008 电动机的电气试验

(一)电动机的试验分类

电动机试验可分为检查性试验和形式试验两种。检查性试验主要指电动机冷态下绝缘电阻和直流电阻的测定,以及绕线转子异步电动机转子开路电压的测定等项目;形式试验主要包括耐压试验、空载试验和堵转试验等项目。耐压试验又称为绝缘强度试验,包括交流耐压试验和直流耐压试验。

为确保操作人员的安全和电动机运行的可靠性,三相异步电动机在正式安装前要先进行绝缘电阻的测试检查,合格后方可进行绝缘强度试验。

(二)规范规定的电动机的试验项目

GB 50150—2016《电气装置安装工程 电气设备交接试验标准》规定交流电动机的试验项目主要包括:

(1)测量绕组的绝缘电阻和吸收比;

(2)测量绕组的直流电阻;

(3)定子绕组的直流耐压试验和泄漏电流测量;

(4)定子绕组的交流耐压试验;

(5)绕线式电动机转子绕组的交流耐压试验;

(6)检查定子绕组极性及其连接的正确性;

(7)电动机空载转动检查和空载电流测量等。

(三)绝缘电阻和吸收比

初级工要求掌握能够测量绕组的绝缘电阻和吸收比。

1. 电动机绝缘电阻测量

绝缘电阻是指加直流电压于电动机绕组,经过一定时间,极化过程结束后,流过绕组的泄漏电流对应的电阻,它主要受绝缘材料、温度、湿度、污损等要素的影响。

使用兆欧表测量绝缘电阻时,对于500V以下电压的电动机通常用500V兆欧表测量;对于500~1000V电压的电动机通常用1000V兆欧表测量;对于1000V以上电压的电动机通常用2500V兆欧表测量。

2. 吸收比测量

摇测60s的绝缘电阻值与15s时的绝缘电阻值之比称为吸收比。1000V及以上的电动机应测量吸收比。对于高压电动机通常是以测试 15s 和 60s 两个时间绝缘电阻值之比来评价绝缘干燥和清洁程度，吸收比除反映绝缘受潮情况外，还能反映整体和局部缺陷。

CBL009 电动机绝缘测试

项目二　电动机绝缘测试

一、准备工作

（一）设备

电动机。

（二）材料、工具

套筒扳手、电工工具、手摇式兆欧表。

（三）人员

电气安装调试工。必须穿戴劳动保护用品，严格按操作规程操作。

二、操作规程

测试电动机绝缘电阻可以采用手摇式兆欧表、电子式兆欧表等，这里以手摇式兆欧表测量为例进行说明。

（1）选择合适电压等级的兆欧表，兆欧表应水平放置，未接线之前，先摇动兆欧表，观察指针是否在“∞”处，再将“L”和“E”两接线柱短路，慢慢摇动兆欧表，指针应指在零处，短路时间应超过 1min。经开路和短路试验，证实兆欧表完好后方可进行测量。

（2）先切断电动机的电源，打开电动机接线盒，对各接线端进行验电，确认无电后，拆除动力接线和短接片，拆卸后物品摆放整齐规范。

（3）检查接线盒是否清洁、受潮，清除绕组接线端子的铁锈或杂物，对各相绕组进行对地放电。

（4）测试定子、转子绕组各相之间的绝缘电阻：将绝缘电阻表的“E”和“L”接线柱分别接被测电动机两相绕组，以 120r/min 的速度匀速摇动绝缘电阻表的手柄，待指针稳定后，读取示值并记录。用同样的方法测量其他绕组的相间绝缘电阻。

（5）测试每相绕组对地绝缘电阻：将绝缘电阻表的“E”接线柱与电动机的接地端子或电动机外壳相连，清除接触处的油漆或铁锈等，“L”接线柱接电动机任意相绕组的一端，摇动绝缘电阻表，待兆欧表指针稳定后读取读数并记录。

（6）多绕组电动机，用上述方法测各绕组的绝缘电阻。

（7）1000V 及以上的电动机测量吸收比：测试绝缘电阻时，分别记录 15s 和 60s 时的绝缘电阻值，并进行计算。

（8）测试完毕后，对绕组分别进行放电。

（9）对连接片进行复位，配件安装齐全，弹簧垫片、平垫片和螺母顺序安装正确。恢复电动机接线盒，按对角顺序安装固定螺栓。

（10）记录测量结果时，同时应记录对测量结果有影响的环境条件，如温度、湿度、摇表电压等级、量程、编号和被测物状况等。

(11)将测量值与规定值进行比较,若小于规定值,需分析原因,并对绕组进行干燥处理或加以检修。

三、技术要求

(1)一般地,常温下额定电压为1000V以下电动机的绝缘电阻不得低于0.5MΩ,额定电压不小于1000V的电动机,在运行温度时的绝缘电阻,定子不应低于1MΩ/kV,转子不低于0.5MΩ/kV。低于要求值时应对电动机进行干燥处理。

(2)1000V及以上的电动机应测量吸收比。吸收比R_{60}/R_{15}不应低于1.2,中性点可拆开的应分相测量。

四、注意事项

当用兆欧表摇测电气设备的绝缘电阻时,一定要注意“L”和“E”端不能接反,当“L”与“E”接反时,“E”对地的绝缘电阻同被测绝缘电阻并联,会使测量结果偏小,给测量带来较大误差。

项目三　电动机绕组首末端判断

CBL010　电动机绕组首末端判断

一、准备工作

(一)设备

电动机、万用表。

(二)材料、工具

套筒扳手、电工工具、干电池、导线、棉布。

(三)人员

电气安装调试工。必须穿戴劳动保护用品,严格按操作规程操作。

二、操作规程

(1)检查万用表的性能及完好性。万用表选用电阻挡,两只表笔分别短接和断开,检查万用表性能。检查完毕万用表置于交流最高挡。

(2)拆电动机接线盒盖,拆连接片,检查接线盒是否清洁,有无受潮现象,拆卸后物品放置规范。

(3)判断同相绕组。用万用表的电阻挡进行测量,电阻值为零或者最小的两线端为同一绕组的线端,并在每组线端做简易标记。

(4)判断各相绕组的首尾端。将万用表转换开关切换到10V直流电压或者10mA直流电流挡,将任意一组绕组的两个线端分别接到万用表的“-”端和“+”上,再将另一相绕组的一个线端接电池的正极,另一个线端去碰触电池负极,同时注意观察表针的瞬间偏转方向,若表针正转移(向右转动),则与电池正极相碰的那根线端为首端,与电池负极相连接的一根线端为末端,做好首末端标记。若表针瞬间反转移(向左转动),则该相绕组的首末端与上述判别正好相反。

（5）测其他相绕组。万用表与绕组的接线不动，用上述同样的方法判别第三相绕组的首末端。

（6）按照 U_1、U_2，V_1、V_2，W_1、W_2 进行标记。

三、技术要求

（1）在实际工作中，常会遇到电动机接线板损坏、三组定子绕组引出线的标记遗失或绕组首末端不明的情况，此时不可盲目接线，以免引起电动机内部故障，必须分清6个绕组引出线的首尾端后才能接线。

（2）一般电动机定子的绕组首、末端均引到出线板上，并采用符号 U_1、V_1、W_1 表示首端，U_2、V_2、W_2 表示末端。

（3）定子绕组引出线首末端判别除了上述方法外，还可以采用36V交流电源和灯泡判别首尾端或者采用电动机转子的剩磁和万用表法判断。

（4）采用电动机转子的剩磁和万用表法判断是利用转子中的剩磁在定子绕组中产生感应电势的方向关系来判别的，所以电动机转子必须有剩磁，即必须是运转过的或通过电的电动机。

四、注意事项

（1）正确使用万用表，判断同相，置于电阻挡，电阻值为零或者最小的两线端为同一绕组的线端。

（2）判断首尾端，万用表选择开关切换到直流电流挡（或直流电压挡也可以）量程可小些，这样指针偏转值明显。

（3）万用表使用完毕置于交流最高挡。

CBL011 电动机点动及连续运转

项目四 识读电动机点动及连续运转控制电路原理图

一、准备工作

（一）材料、工具

电动机点动及连续运转控制原理图、白纸、签字笔。

（二）人员

电气安装调试工。采用笔试或者提问方式回答。

二、操作规程

（一）叙述电气原理及读电动机控制原理图

1. 点动控制原理

电动机的点动控制是指按下按钮，电动机就能运转；松开按钮，电动机就停转的控制方法。电动机的点动控制原理如图2-12-6所示。

组合开关 QS 作为电源的隔离开关；熔断器 FU_1、FU_2 作为主电路、控制电路的短路保护电器；启动按钮 SB 控制接触器 KM 线圈得电（线圈获得电源）、失电（线圈失去电源）；接触器 KM 的主触点控制电动机 M 的启动和停止。

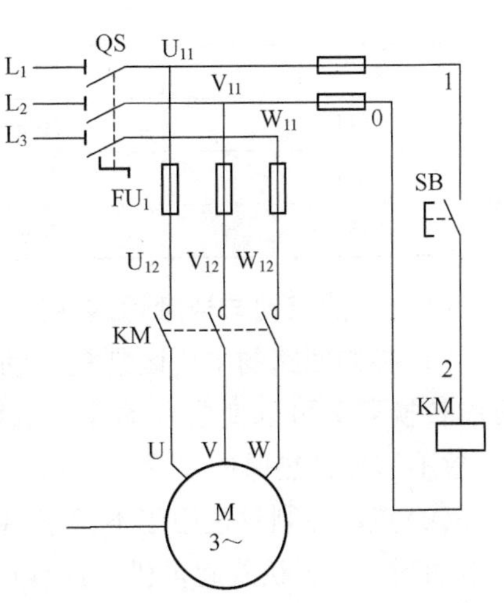

图 2-12-6　电动机点动控制原理图

组合开关 QS 合上后，按下启动按钮 SB，接触器线圈 KM 得电，接触器主触点 KM 吸合，三相交流电源 L_1、L_2、L_3 与电动机 M 接通，电动机运行。

松开启动按钮 SB，接触器线圈 KM 失电，接触器主触点 KM 断开，三相交流电源 L_1、L_2、L_3 与电动机 M 断开，电动机停止运行。

上面的控制原理图分为主电路和控制回路两部分。主回路就是从电源到电动机大电流通过的路径。控制回路包括接触器的线圈、按钮、熔断器等电气元件。

线号就是该导线的编号，处于相同节点的导线编号相同。属于同一电气元件的不同部分（如接触器的线圈和触点）按其功能和所接电路的不同，分别画在不同的电路中，但标注相同的文字符号。

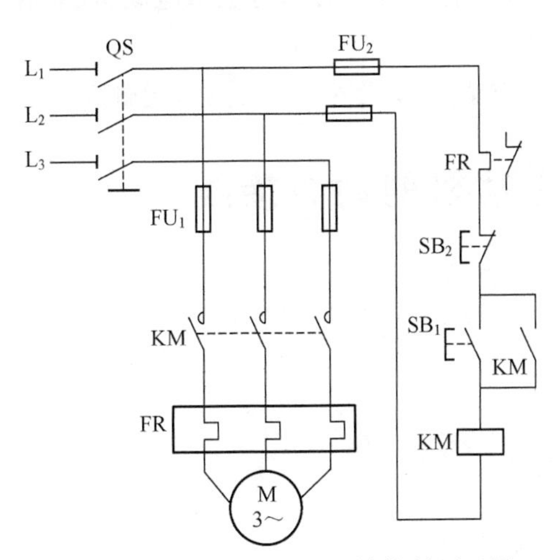

图 2-12-7　电动机连续运转控制原理图

2. 连续运转控制原理

在要求电动机启动后能单向连续运转时，则采用接触器自锁控制线路。这种线路的主电路和点动控制电路的主电路相同，但在控制电路中串接一个停止按钮 SB_2，在启动按钮 SB_1 两端并接了接触器 KM 的一对常开辅助触点。

电动机的连续运转控制原理如图 2-12-7 所示。线路的工作原理如下：合上电源开关 QS，按下启动按钮 SB_1，KM 线圈得电，KM 主触点闭合，电动机 M 启动，KM 常开辅助触点闭合自锁，电动机单向连续运转。这个电路还具有欠电压和失电压（或零电压）过载保护作用。热继电器 FR 的热元件串接在主电路中，将常闭触点 FR 串接在控制电路中。只有过载时，热继电器才动作。

（二）说明电气符号

常用电气符号及意义如表 2-12-2 所示。

表 2-12-2　常用电气符号及意义

电气符号	描　述	电气符号	描　述
L_1、L_2、L_3	三相交流电源	M	电动机
QS	组合开关	U_{11}、V_{11}、W_{11}、U_{12}、V_{12}、W_{12} 等	导线编号

续表

电气符号	描　述	电气符号	描　述
FU	熔断器	FR	热继电器
SB	按钮	U、V、W	电动机接线端子
KM	交流接触器	PE	接地线

（三）简述点动与连续运转区别和适用的范围

（1）控制回路的主要区别是点动控制回路自锁触点未接入，连续运转在其基本上加上万能转换开关可以变成点动控制电路；其主电路的区别是，由于点动控制电路不能长期运行，故不需加过热保护装置，而连续运转因为要长期运行，故要加过热保护装置。

（2）点动控制仅适用于不频繁启动的小容量电动机，常用于上升量及下降量要求严格的电动葫芦或者桥式起重机。连续运转控制方法常用于需要连续工作的各种电动机控制。但大多数情况点动控制和连续运转控制混用，因为在生产实践过程中，某些生产机械常要求既能正常启动，又能实现调整位置的点动工作。

三、注意事项

（1）接触器 KM 有失压与欠压保护。当电压降低或电压为零时，则线圈无法吸合触点，会使常开辅助触点恢复到断开状态，可使电路断开，起到保护作用，同时也对电动机起到保护作用。

（2）启动按钮 SB_1 接入电路的为常开触点，停止按钮 SB_2 接入电路的为常闭触点。

CBL012 三相异步电动机的动力接线

项目五　三相异步电动机的动力接线

一、准备工作

（一）设备

防爆电动机。

（二）材料、工具

电缆、自粘带、套筒扳手、电缆剥切刀、钢锯、压接钳、电工工具、铜终端、电烙铁、铁剪子、铜编织带、绑扎铜线、平锉刀、开口端子、卷尺、直尺、砂纸、棉布。

（三）人员

电气安装调试工。必须穿戴劳动保护用品，严格按操作规程操作。

二、操作规程

（一）准备工作

（1）检查电动机接线盒有无进水、受潮情况；检查接线柱或接线板的连接螺栓有无松动、锈蚀、过热痕迹，有故障时进行紧固和处理；检查电动机引线有无裂纹、破损现象；检查各种仪器性能是否良好。

(2)采用套筒扳手对角拆卸防爆接线盒盖上的螺栓;拆卸的螺栓摆放整齐;对接线盒盖及密封接头的密封面朝上放置,注意保护密封面。

(二)电缆绝缘测试

测试前采用短接线或接地线对电缆进行对地放电;对兆欧表进行性能测试后进行电缆绝缘测试。兆欧表摇至额定转速后,测量芯线对另两相芯线及地绝缘电阻读数并记录,测量完毕先断火线再停止摇动,然后对电缆放电。

(三)电缆终端头制作

(1)剥切电缆护套层、绝缘层。电缆外护套剥切长度根据电缆截面和现场情况确定。

(2)焊接铠装层接地线。接地线固定采用钢铠作卡子或者用铜线绑扎均可。铠装层的防腐层应清除彻底,铠装层与接地线间采用电烙铁进行锡焊,用自粘带包缠接地线。

(3)电缆干包式终端制作。

(四)电缆穿线、接线

(1)电缆穿线。电缆穿过提供的电缆密封件,如是胶圈密封,则要求密封胶圈切割尺寸正确,电缆固定紧固,无缝隙。密封应符合规范。

(2)压接电缆铜终端。检查压接钳配件,正确放置压接钳,使压接钳受力点处于水平位置;正确选择模具,制作过程中每个铜终端至少压接 2 次,压接间距均匀,接线端子压接后清理毛刺,接线端子采用绝缘带包缠,操作完毕整理压接钳。

(3)按照接线方式接线。按照铭牌或者设计图纸中接线方式接线,注意铜终端间距应符合要求,弹簧垫片、螺母应按顺序安装,芯线对接线螺栓不应产生额外应力,连接应牢固,接地线连接到接地螺栓上。

(五)清理现场

电动机接线盒安装时,螺栓应按顺序固定,清理现场。

三、技术要求

(1)如果没有设计特殊要求,按照标准图集 13D101-1~4《110kV 及以下电力电缆终端和接头》进行电动机动力接线。

(2)在设备接线盒内裸露的不同相导线间和导线对地间最小距离应大于 8mm,否则应采取绝缘防护措施。

(3)接地线应接在接地专用的接线端子上,接地线截面应符合设计和规范要求。

(4)三相异步电动机的转动方向与电源相序有关,如果转动方向与设计要求相反,应互换动力电缆的任意两相芯线。

模块十三　高、低压电器安装调试

项目一　相关知识

CBM001 低压电器的分类

一、低压电器的分类

低压电器是指工作在交流1000V（直流1500V）及以下电路中起控制、保护、调节、转换和通断作用的电器。

（一）低压电器按用途和控制对象不同分类

1. 低压控制电器

低压控制电器主要用来接通和断开线路，以及用来控制用电设备；如刀开关、低压断路器等。

2. 低压保护电器

低压保护电器主要用来获取、转换和传递信号，并通过其他电器对电路实现控制；如熔断器、交流接触器等。

（二）低压电器按动作方式不同分类

1. 自动切换电器

自动切换电器是依靠本身参数的变化或外来信号的作用，自动完成电路的接通或分断等操作。接触器、继电器等属于自动切换电器。

2. 非自动切换电器

非自动切换电器依靠外力（如人力）操作来完成电路的接通、分断、启动，以及正、反转和停止等操作。隔离开关、转换开关、按钮等属于保护电器。

CBM002 低压电器的主要技术参数

二、低压电器的主要技术参数

（1）额定电压。额定工作电压指电器长期工作承受的最高电压；额定绝缘电压是电器能承受的最大额定工作电压。在任何情况下，最大额定工作电压不应超过额定绝缘电压。

（2）额定电流。额定电流是指在规定的环境温度（40℃）下，允许长期通过电器的最大工作电流。

（3）额定频率。国家相关标准规定的交流电额定频率为50Hz。

（4）额定接通和分断能力。在规定的接通或分断条件下，电器能可靠接通或分断的电流值。

（5）额定工作制。正常条件下额定工作制分为8h工作制、不间断工作制、断续周期工作制或断续工作制、短时工作制。

(6)使用类别。根据操作负载的性质和操作的频繁程度将低压电器分为 A 类和 B 类。

三、低压电器设备外壳防护等级

CBM003 低压电器设备外壳防护等级

电动机和低压电器的外壳防护包括两种防护:第一种防护是对固体异物进入内部和对人体触及内部带电部分或运动部分的防护;第二种防护是对水进入内部的防护。

外壳防护等级标注如图 2-13-1 所示。

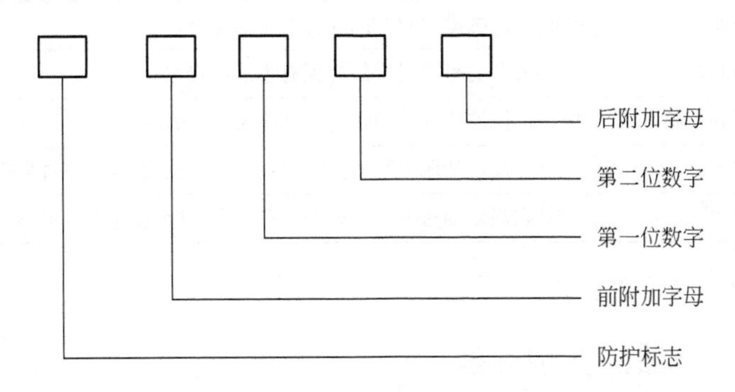

图 2-13-1　外壳防护等级标注

其中,第一位数字表示第一种防护等级;第二位数字表示第二种防护形式等级,仅考虑一种防护时,另一位数字用“×”代替。前附加字母是电动机产品的附加字母,W 表示气候防护式电动机,R 表示管道通风式电动机;后附加字母也是电动机产品的附加字母,S 表示在静止状态下进行第二种防护形式试验的电动机,M 表示在运转状态下进行第二种防护形式试验的电动机。

第一种防护等级分为 7 级,如表 2-13-1 所示。

表 2-13-1　第一种防护性能

等级	简　称	性　　能
0	无防护	没有专门的防护
1	防护大于 50mm 的固体	能防止直径大于 50mm 的固体异物进入壳内;能防止人体的某一大面积部分(如手)偶然或意外触及壳内带电或运动部分,但不能防止有意识地接近这些部分
2	防护大于 12mm 的固体	能防止直径大于 12mm 的固体异物体进入壳内;能防止手指触及壳内带电或运动部分
3	防护大于 2. 5mm 的固体	能防止直径大于 2. 5mm 的固体异物体进入壳内;能防止厚度(或直径)大于 2. 5mm 的工具、金属线等触及壳内带电或运动部分
4	防护大于 1mm 的固体	能防止直径大于 1mm 的固体异物体进入壳内;能防止厚度(或直径)大于 1mm 的工具、金属线等触及壳内带电或运动部分
5	防尘	能防止影响产品正常运行程度的灰尘进入壳内;能完全防止触及壳内带电或运动部分
6	尘密	能完全防止灰尘进入壳内;能完全防止触及壳内带电或运动部分

第二种防护等级分为 9 级,如表 2-13-2 所示。

表 2-13-2　第二种防护性能

等级	简　称	性　　能
0	无防护	没有专门的防护
1	防滴	垂直的滴水不能直接进入产品的内部
2	15℃防滴	与垂线成15℃范围内的滴水不能直接进入产品内部
3	防淋水	与垂线成60℃范围内的淋水不能直接进入产品内部
4	防溅	任何方向的溅水对产品应无有害的影响
5	防喷水	任何方向的喷水对产品应无有害的影响
6	防海浪或强力喷水	强烈的海浪或强力喷水对产品应无有害的影响
7	浸水	产品在规定的压力和时间下浸在水中，进水量应无有害影响
8	潜水	产品在规定的压力下长时间浸在水中，进水量应无有害影响

例如，IP54为防尘、防溅型电气设备。

CBM004 低压保护电器的保护类型

四、低压保护电器的保护类型

保护电器主要包括各种熔断器、磁力启动器的热继电器、电磁式过电流继电器和失压（欠压）脱扣器、低压断路器的热脱扣器、低压断路器的热脱扣器、电磁式过电流脱扣器和失压（欠压）脱扣器等。热继电器和脱扣器的区别在于：前者带有触头，通过触头进行控制；后者没有触头，直接由机械运动进行控制。

保护电器分别起短路保护、过载保护和失压（欠压）保护的作用。

短路保护是指线路或设备发生短路时，迅速切断电源。熔断器、电磁式电流继电器和脱扣器都是常用的短路保护装置。

过载保护是当线路或设备的载荷超过允许范围时，能延时切断电源的一种保护。热继电器的热脱扣器是常用的过载保护装置；熔断器可用作照明线路或其他没有冲击载荷的线路或设备的过载保护装置。

失压（欠压）保护是当电源电压消失或低于某一限度时，能自动断开线路的一种保护。失压保护由失压脱扣器等元件执行。

CBM005 低压断路器相关知识

五、低压断路器

低压断路器是具有一种或多种保护功能的保护电器，同时又具有开关的功能，故又称自动空气开关或自动开关。低压断路器的作用是：在正常情况下，不频繁地接通或开断电路；在故障情况下，切除故障电流，保护线路和电气设备。

（一）低压断路器分类及型号

低压断路器是利用空气作为灭弧介质的开关电器，所以又称为空气开关。低压断路器按用途分为配电用和保护电动机用；按结构形式分为塑壳式、框架式。

低压断路器的主要性能指标及技术参数有额定电压、额定频率、极数、壳架等级额定电流、额定运行分段能力、极限分断能力、额定短时耐受电流、过流保护脱扣器时间-电流曲线（反时限特性）、电流-温度特性曲线、安装形式、机械寿命及电寿命。

(二)低压断路器基本结构及工作原理

1. 低压断路器的结构

低压自动开关主要由感觉组件、判断组件、执行组件3部分组成。常用低压断路器由脱扣器、触头系统、灭弧装置、接线桩头、操动机构和外壳等部分组成。低压断路器必须具有自由脱扣操动机构。

2. 低压断路器的工作原理

低压断路器如图2-13-2所示,断路器正常工作时,主触头串联于三相电路中,合上操作手柄,外力使锁扣克服反作用力弹簧的拉力,将固定在锁扣上的动、静触头闭合,并由锁扣住牵引杆,使断路器维持在合闸位置。当线路发生短路故障时,电磁脱扣器产生足够的电磁力将衔铁吸合,通过杠杆推动搭钩与锁扣分开,锁扣在反作用力弹簧的作用下,带动断路器的主触头分闸,从而切断电路;当线路过载时,过载电流流过热元件使双金属片受热向上弯曲,通过杠杆推动搭钩与锁扣分开,锁扣在反作用力弹簧的作用下,带动断路器的主触头分闸,从而切断电路。

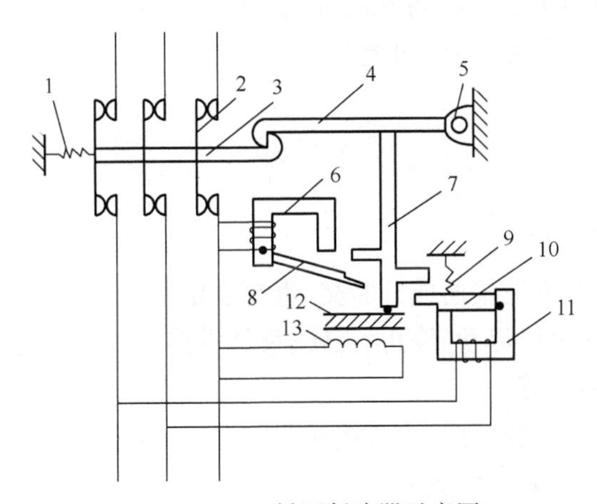

图2-13-2　低压断路器示意图

1,9—弹簧;2—触点;3—锁键;4—搭钩;5—轴;6—电磁脱扣器;7—杠杆;8,10—衔铁;
11—欠电压脱扣器;12—双金属片;13—电阻丝;4—低压断路器的灭弧装置

CBM006 低压隔离开关相关知识

六、低压隔离开关

低压隔离开关的主要作用是隔离电源。低压隔离开关可分为不带熔断器式和带熔断器式两大类。不带熔断器式隔离开关属于无载通断电器,只能接通或开断一定范围内的电流,起隔离电源作用;熔断器式隔离开关具有负荷保护和短路保护作用。隔离开关和熔断器组合并加装部分辅助元件,如操作杠杆、弹簧、弧刀、灭弧罩等,可组成负荷开关。

(一)隔离开关型号

隔离开关的型号及含义如图2-13-3所示。

(二)隔离开关的安装及使用注意事项

(1)隔离开关的刀片应垂直安装。

(2)双投开关在分闸位置时,应将刀片可靠地固定,不能使刀片有自由合闸的可能。

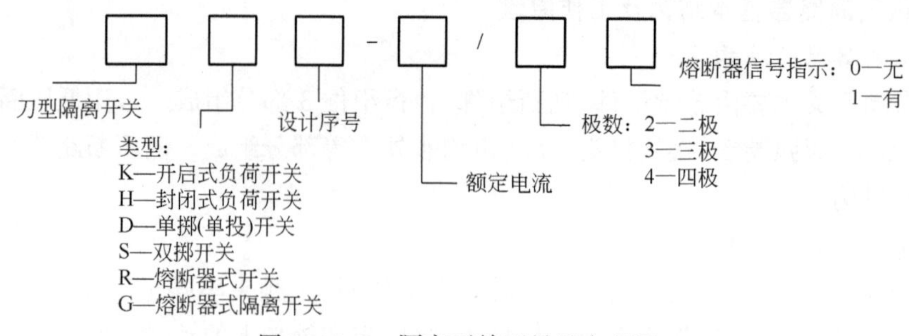

图 2-13-3 隔离开关型号及含义图

(3)动触头与静触头间应有足够大的接触压力，以免接触不良，造成刀片过热损坏。

(4)合闸操作时，各刀片应同时顺利地投入静触头的钳口且各极进入钳口的深度一致，不应有卡阻现象。

(5)隔离开关的底板绝缘良好，隔离开关的接线端子应接触良好。

(6)带有快分触头的隔离开关，各相的分闸动作应迅速一致。

(7)隔离开关垂直安装时，手柄向上时为合闸状态，向下时为分闸状态。其操作应灵活、可靠。

CBM007 低压接触器相关知识

七、低压接触器

(一)交流接触器的作用

接触器用于远距离频繁地接通或开断交、直流主电路及大容量控制电路。接触器的主要控制对象是电动机，能完成启动、停止、正转、反转等多种控制功能；也可用于控制其他负载，如电焊机以及电容器组等。

按主触头通过电流的种类，分为交流接触器和直流接触器。

(二)交流接触器型号及技术参数

真空交流接触器有 CKJ、CJZ、CZG、CKH 等系列，如图 2-13-4 所示。

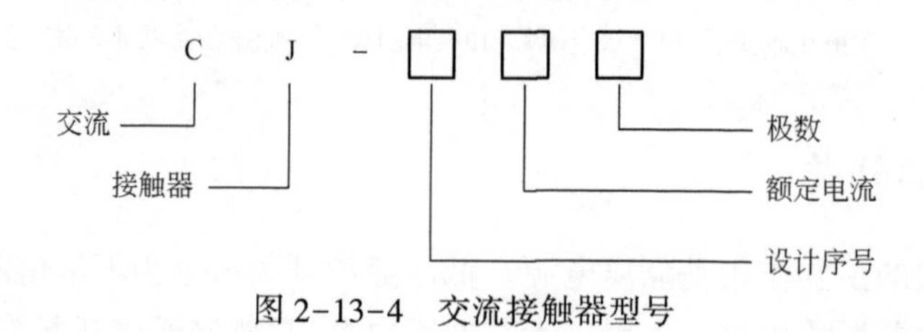

图 2-13-4 交流接触器型号

(三)交流接触器基本结构

交流接触器主要由电磁系统、触头系统、灭弧装置及辅助部件等组成。

电磁系统由电磁线圈、铁芯、衔铁等部分组成，利用电磁线圈的得电或失电，使衔铁和铁芯吸合或释放，实现接通或关断电路的目的。接触器的电磁线圈温升不能超过规定值(65℃)。

交流接触器的触头可分为主触头和辅助触头。主触头用于接通或开断电流较大的主电路；辅助触头用于接通或开断电流较小的控制电路。

(四)交流接触器工作原理

如图 2-13-5 所示,当按下按钮,接触器的线圈通电后,线圈中流过的电流产生磁场,使铁芯产生足够的吸力,克服弹簧的反作用力,将衔铁吸合,通过传动机构带动主触头和辅助动合触头闭合,辅助动断触头断开。当松开按钮,线圈失电,衔铁在弹簧反作用力的作用下返回,带动各触头恢复到原来状态。

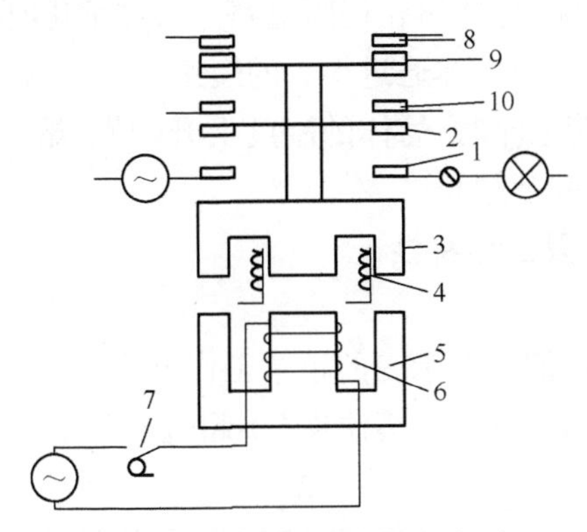

图 2-13-5　接触器示意图(桥式)

1—主静触头;2—主动触头;3—衔铁;4—反作用力弹簧;5—铁芯;6—线圈;
7—按钮;8—辅助动断静触头;9—辅助动触头;10—辅助动合静触头

八、低压熔断器

CBM008 低压熔断器相关知识

熔断器是一种保护电器,它串联于电路中。当电路发生短路或过负荷时,熔体熔断自动切断故障电路。

(一)低压熔断器的型号

低压熔断器的型号含义如图 2-13-6 所示。

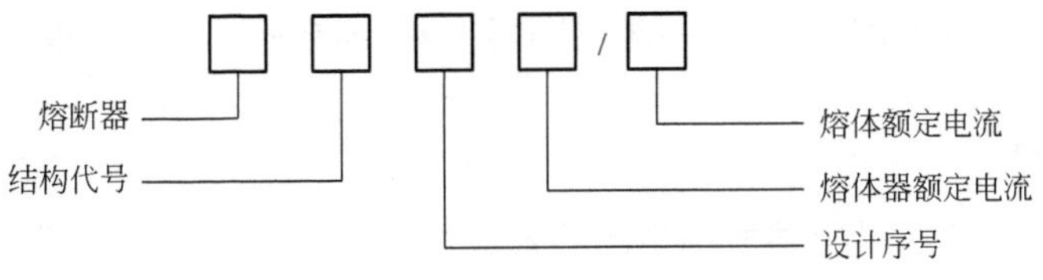

图 2-13-6　低压熔断器型号含义

结构代号:M 表示无填料密封管式;T 表示有填料密封管式;L 表示螺旋式;S 表示快速式;C 表示瓷插式。

(二)低压熔断器的使用类别及分类

(1)低压熔断器按结构形式的不同可分为半封闭插入式、无填料封闭管式、有填料封闭管式和自复式熔断器。

(2)按用途不同可分为一般工业用熔断器、半导体保护用熔断器和自复式熔断器等。

(3)按使用类别不同可分为 G 型和 M 型。G 型为一般用途熔断器,M 型为电动机保护用熔断器。

(4)熔断器按工作类型不同可分为 g 类和 a 类。g 类为全范围分断，a 类为部分范围分断。

(三)熔断器的工作原理

熔体是熔断器的核心部件。当电路正常运行时，通过熔断器的电流小于或等于熔体的额定电流，熔体发热温度不会使熔体熔断，熔断器可长期可靠运行；电路过负荷或短路时，流过熔断器的电流大于额定电流，熔体熔化切断电路。熔体熔化时间的长短，取决于所通过电流的大小和熔体熔点的高低。当熔体通过很大的短路电流时，熔体将爆熔化并汽化，电路迅速被切断；当熔体通过过负荷电流时，熔体的温度上升较慢，熔化时间较长。熔体的熔点越高，熔体熔化就越慢，熔断时间就越长。

(四)熔断器的技术参数及工作特性

1. 熔断器的技术参数

(1)额定电压指熔断器长期能够承受的正常工作电压。

(2)熔断器的额定电流指在一般环境温度(不超过 40℃)下，熔断器外壳和载流部分长期允许通过的最大工作电流。

(3)熔体的额定电流指熔体允许长期通过而不熔化的最大电流。

(4)极限开断电流指熔断器能可靠分断的最大短路电流。

2. 工作特性

(1)电流–时间特性。熔体的熔化时间与通过熔体电流之间的关系曲线，称为熔体的电流–时间特性，又称为安–秒特性。

(2)熔体的额定电流与最小熔化电流。熔体的额定电流指熔体长期工作而不熔化的电流。由安–秒特性曲线可以看出，随着流过熔体电流逐渐减小，当电流减小到一定值时，熔体不再熔化，熔化时间趋于无穷大，该电流值称为最小熔化电流，用 IZX 表示。

(3)熔断器短路保护的选择性。选择性是指当电网中有几级熔断器串联使用时，如果某一线路或设备发生故障时，保护该设备的熔断器应当熔断，切断电路，即为选择性熔断；如果保护该设备的熔断器不熔断，而上一级熔断器熔断，即为非选择性熔断。

CBM009 热继电器相关知识

九、热继电器

热继电器是利用流过继电器所产生的热效应而反时限动作的继电器。热继电器主要用于电动机的过载保护、断相保护、电流不平衡运行的保护及其他电气设备发热状态的控制。

按极数划分热继电器可分为单极、两极和三极 3 种；按复位方式分有自动复位式和手动复位式。

(一)热继电器的型号及含义

热继电器的型号及含义如图 2-13-7 所示。

第一单元	第二单元	第三单元	第四单元	第五单元
□	□	□	□	□

图 2-13-7 热继电器型号及含义

第一单元——JR 表示热继电器；

第二单元——设计序号；

第三单元——额定电流；

第四单元——极数；

第五单元——D 表示带断相保护装置。

(二)热继电器的结构

热继电器主要由热元件、动作机构、触头系统、电流整定值、复位机构和温度补偿元件等部分组成。

(三)热继电器的工作原理

使用时,将热继电器的三相热元件分别串接在电动机的三相主电路中,常闭触头串接在控制电路的接触器线圈中。当电动机过载时,流过电阻丝的电流超过热继电器的整定电流,电阻丝发热,主双金属片向右弯曲,从而推动触头系统动作,使接触器线圈断电,接触器触头断开,将电源切除,起保护作用。电源切除后,主双金属片逐渐冷却恢复原位,于是动触头在失去作用力的情况下,靠弓簧的弹性自动复位。

也可采用手动复位,将复位调节螺钉向外调节到一定位置,使动触头弓簧的转动超过一定角度失去反弹性,此时即使主双金属片冷却复原,动触头也不能自动复位,必须采用手动复位。

热继电器整定电流的大小可通过旋转电流整定旋钮来调节,旋钮上刻有整定电流值标尺。

为适应电动机过载特性的需要,热元件通过整定电流时,继电器或脱扣器不动作;通过1.2倍整定电流时,动作时间将近20min;通过1.5倍整定电流时,动作时间将近2min;为适应电动机启动要求,热元件通过6倍整定电流时,动作时间应超过5s。一般情况下,热元件的整定电流为电动机额定电流的0.95~1.05倍。一般继电器的动作电流整定值应为电动机额定电流的1.1~1.5倍。

CBM010 剩余电流保护装置相关知识

十、剩余电流保护装置(漏电保护器)

剩余电流保护装置是指电路中带电导体对地故障所产生的剩余电流超过规定值时,能够自动切断电源或报警的保护装置。

(一)保护装置的结构

剩余电流保护装置的主要元器件包括:检测元件(W)、判别元件(A)、执行元件(B)、试验装置(T)和电子信号放大器或电磁放大器(E)等部分。

(二)剩余电流保护装置的作用

低压配电系统中,剩余电流保护装置是防止直接接触电击事故的基本防护措施的补充保护措施,也是防止电气线路或电气设备接地故障引起电气火灾和电气设备损坏的技术措施之一。

(三)剩余电流保护装置对电网的要求

(1)剩余电流保护装置负荷侧的N线,只能作为中性线,不得与其他回路共用,且不能重复接地。

(2)TN-C系统的配电线路因运行需要,在N线必须有重复接地时,不应将剩余电流保护装置作为线路电源端保护。

(3)安装剩余电流保护装置的电气线路或设备,在正常运行时,其泄漏电流必须控制在允许范围内,选用的剩余电流保护装置的额定剩余不动作电流,应不小于被保护电气线路和设备的正常运行时泄漏电流最大值的2倍。当泄漏电流大于允许值时,必须对线路或设备进行检查或更换。

(4)安装剩余电流保护装置的电动机及其电气设备在正常运行时的绝缘电阻不应小于0.5MΩ。

(四)安装剩余电流保护装置的施工要求

(1)剩余电流保护装置标有电源侧和负荷侧时,应按规定安装接线,不得反接。

(2)安装剩余电流断路器时,应按要求在电弧喷出方向有足够的飞弧距离。

(3)组合式剩余电流保护装置其控制回路的连接,应使用截面积不小于1.5mm^{2}的铜导线。

(4)剩余电流保护装修安装时,必须严格区分N线和PE线,三极四线式或四极四线式剩余电流保护装置的N线应接入保护装置。通过剩余电流保护装置的N线,不得作为PE线,不得重复接地或接设备外露可接近导体。PE线不得接入剩余电流保护装置。

(5)电流保护器动作后,经检查未发现事故原因时,允许试送电一次,如果再动作,应查明原因找出故障,必要时对其进行动作特性试验,不得连续强行送电;除经检查确认为剩余电流保护器本身故障外,严禁私自撤出剩余电流保护器强行送电。

CBM011 刀开关相关知识

十一、刀开关

刀开关是手动开关,又称闸刀开关或闸刀,它只能用于手动不频繁操作,接通或断开低压电路的正常工作电流;包括胶盖刀开关、石板刀开关、铁壳开关、转扳开关、组合开关等。刀开关不能用于频繁启动。

刀开关的特点是有明显的断开点,没有或只有极为简单的灭弧装置,刀开关无力切断短路电流。刀开关下方应装有熔体或熔断器,开断过负荷和短路电流。

额定电流200A及以下的刀熔开关相间均带安全挡板;电流不小于400A线路中的刀开关都装灭弧罩。在电力拖动线路中最常用的是由刀开关和熔断器组成的负荷开关,负荷开关分为开启式负荷开关和封闭式负荷开关两种。

(一)开启式负荷开关

开启式负荷开关又称为瓷底胶盖刀开关,简称闸刀开关。其具体用途如下:

(1)用于照明和电热负载时,选用额定电压220V或250V,额定电流不小于电路所有负载额定电流之和的两极开关。

(2)用于控制电动机的直接启动和停止时,选用额定电压380V或500V,额定电流不小于电动机额定电流3倍的三极开关。

(二)封闭式负荷开关

封闭式负荷开关俗称铁壳开关,其具体选用方法如下:

(1)封闭式负荷开关的额定电压应不小于线路工作电压。

(2)封闭式负荷开关用于控制照明、电热负载时,开关的额定电流应不小于所有负载额定电流之和;用于控制电动机时,开关的额定电流应不小于电动机额定电流的3倍,或根据负荷开关的技术数据选用。

CBM012 万能转换开关相关知识

十二、万能转换开关

万能转换开关是由多组相同结构的触头组件叠装而成的多回路控制电器,主要用作控制线路的转换及电气测量仪表的转换,也可用于控制小容量异步电动机的启动、换向及变速。

(一)万能转换开关的结构

万能转换开关主要由接触系统、操作机构、转轴、手柄、定位机构等部件组成。

(二)万能转换开关符号含义

万能转换开关在电路中的符号如图 2-13-8 所示。图“——　——”代表一路触头,竖的虚线表示手柄位置。当手柄置于某一个位置时,就在处于接通状态的触头下方的虚线上标注黑点“●”。触头的通断也可用触头分合表来表示(表 2-13-3)。表中“×”表示触头闭合,空白表示触头分断。

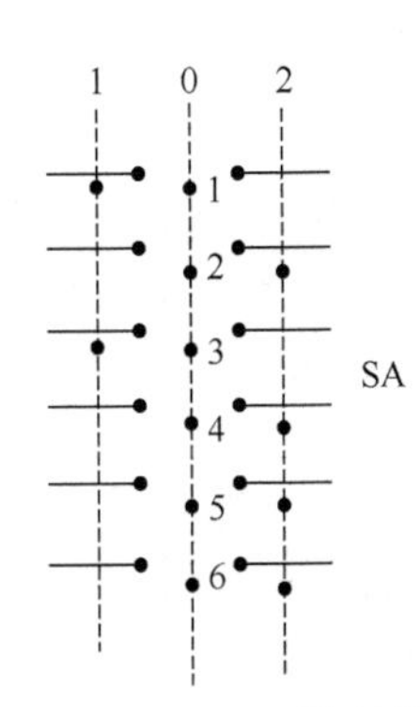

图 2-13-8　万能转换开关的符号

表 2-13-3　触头分合表

触点号	1	0	2
1	×	×	
2		×	×
3	×	×	
4		×	×
5		×	×
6		×	×

(三)万能转换的选用

万能转换开关主要根据用途、接线方式、所需触头对数和额定电流来选择。

CBM013 控制按钮相关知识

十三、控制按钮

(一)控制按钮功能、种类及结构

控制按钮是电气线路中一种最简单的发送主令的电器,常用于接通和断开控制电路,它和交流接触器的吸引线圈配合,可作远距离操作和控制电动机的运行、信号线路、电气联锁线路以及其他线路转换之用。它是一种手动电器。

按钮一般由按钮帽、复位弹簧、支柱连杆、外壳及桥式动、静触头组成。按钮根据触头正常情况下分合状态分为启动按钮、停止按钮和复合按钮。按钮帽形式分,主要有一般钮、紧急钮、带灯钮、带灯紧急钮、旋钮、点动钮、选择钮、钥匙钮和自锁钮等。

(二)按钮的颜色规定

按钮的颜色规定如下:启动按钮为绿色;停止或急停按钮为红色;启动和停止交替动作的按钮为黑色、白色或灰色;点动按钮为黑色;复位按钮为蓝色(若还具有停止作用,则为红色）；黄色按钮用于对系统进行干预。

（三）按钮的检查

对按钮的测试主要集中在触头的通断是否可靠，一般采用万用表的欧姆挡测量。测试过程中对按钮进行多次操作并观察按钮的操作灵活性，查看是否有明显的抖动现象。

（四）按钮的安装与使用

按钮安装在面板上时，应布置整齐，排列合理，如根据电动机启动的先后顺序，从上到下或从左到右排列。按钮的安装应牢固，安装按钮的金属板或金属按钮盒必须可靠接地。

CBM014 行程开关相关知识

十四、行程开关

行程开关又叫限位开关，它是靠生产机械的某些运动部件与它的传动部位发生碰撞，使其触头通断从而限制生产机械的行程、位置或改变其运行状态。行程开关有按钮式、旋转式等。

（一）行程开关型号及含义

行程开关型号及含义如图 2-13-9 所示。

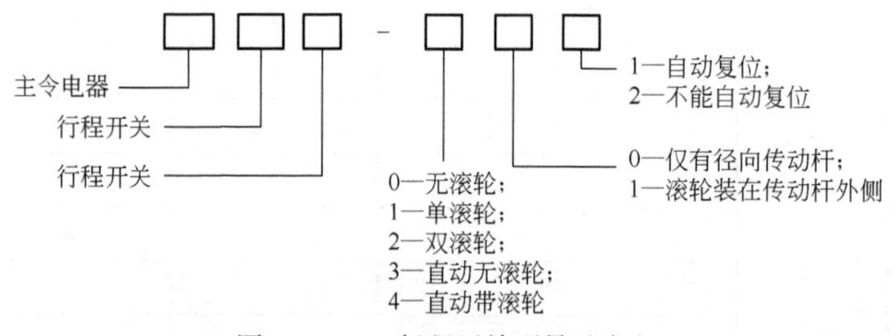

图 2-13-9 行程开关型号及含义

（二）行程开关结构及工作原理

行程开关由触头系统、操作机构和外壳组成。防爆行程开关的结构和外壳具有防爆功能。

当运动机械的挡铁压到行程开关的滚轮时，传动杠杆连同转轴一起转动，使凸轮推动撞块，当撞块被压到一定位置时，推动开关快速动作，使其常闭（动断）触头断开，常开（动合）触头闭合；当滚轮上的挡铁移开后，复位弹簧就使行程开关各部分恢复原始位置。这种单轮自动恢复式行程开关是依靠本身的恢复弹簧来复原，在生产机械的自动控制中应用较广泛。

项目二　低压断路器安装

一、准备工作

（一）设备

断路器、万用表。

（二）材料、工具

剥线钳、斜口钳、压线钳、钢卷尺、电工工具、安装板、导线、尼龙扎带、压接端头、异型管、自攻螺丝等。

（三）人员

电气安装调试工。必须穿戴劳动保护用品，严格按操作规程操作。

二、操作规程

（一）低压断路器的检查

（1）检查断路器接线端子与连接导线是否坚固，其他连接部件的接触状态有无异常。

（2）检查断路器的绝缘距离及绝缘性能是否符合规范要求。

（二）选择导线

选择导线的颜色、导线的截面。

（三）低压断路器的安装

（1）低压断路器必须竖直安装在配电板、电器梁架上，其外廓应横平竖直。

（2）断路器接线。上闸口静触头接电源，下闸口动触头接负荷。电动操作的断路器，按装置中标注的按钮常开触头接常开按钮，标注常闭触头接常闭按钮。

（四）接线完毕检查

（1）导线与电气元件连接紧密牢固。

（2）走向一致，排列整齐美观。

（3）线号套管标正确。

（五）通电前检查

检查电源线接线是否正确；断路器是否在分闸态。

（六）通电试验

注意断路器分、合闸顺序，检查断路器动作是否可靠。

三、技术要求

（1）低压断路器安装应符合的要求：

① 低压断路器宜垂直安装，其倾斜度不大于5°。

② 低压断路器与熔断器配合使用时，熔断器应安装在电源侧。

③ 安装螺栓不得少于3条且应稳固，与其他元件左右方向相隔不得小于50mm，上下相隔距离应视接线方便而定，但不得小于100mm。

④ 在铁质箱内安装时，应衬垫绝缘纸。安装中使用的螺栓应有平垫和弹簧垫。

（2）低压断路器操作机构安装应符合的要求：

① 操作手柄或传动杠杆的开、合位置应正确；操作力不应大于产品的规定值。

② 电动操作机构接线应正确；在合闸过程中，开关不应跳跃；开关合闸后，限制电动机或电磁铁通电时间的联锁装置应及时动作；电动机或电磁铁通电时间不应超过产品的规定值。

③ 开关辅助接点动作应正确可靠，接触应良好。

④ 抽屉式断路器的工作、试验、隔离三个位置的定位应明显，并应符合产品技术文件的规定。

⑤ 抽屉式断路器空载时进行抽、拉应无卡阻，机械联锁应可靠。

四、注意事项

（1）低压断路器需按照规定的方向（如垂直）安装，否则会影响脱扣器动作的准确性及通断能力。

（2）断路器安装要平稳，否则塑料式断路器会影响脱扣动作，而抽屉式断路器则可能影响二次回路连接的可靠性。

项目三　低压隔离开关安装

一、准备工作

（一）设备

隔离开关、万用表。

（二）材料、工具

圆嘴钳、剥线钳、斜口钳、压线钳、钢卷尺、电工工具、安装板、导线、尼龙扎带、压接端头、异型管、自攻螺丝等。

（三）人员

电气安装调试工。必须穿戴劳动保护用品，严格按操作规程操作。

二、操作规程

（一）开启式负荷开关的安装

（1）开启式负荷开关必须垂直安装，且合闸操作时，手柄的操作方向应从下向上；分闸操作时，手柄操作方向应从上向下。不允许平装或倒装，以防止发生误合闸事故。

（2）电源进线接在开关上部的进线端上，用电设备应接在开关下部熔体的出线端上。

（3）开关用作电动机的控制开关时，应将开关的熔体部分用导线直连，5kW 以上电动机需在出线端另外加装熔断器作短路保护。

（4）安装后检查刀片和夹座是否成直线接触，若刀片和夹座不正或夹座力不够，用电工钳夹住扳直、扳拢。

（5）按负荷容量将熔断丝用螺丝刀接到接线螺栓上。更换熔体时，必须在闸刀断开的情况下按原规格更换。

（6）盖上开关盒盖，拧紧螺栓。

（二）带连杆操纵隔离开关的安装

（1）安装隔离开关时，应注意母线与隔离开关接线端子相连时，不应存在极大的应力，并保证接触可靠。

（2）在安装杠杆操纵机构时，应调节好连杆的长度保证操作到位。安装完毕一定要将灭弧室装牢。

(3)安装时要特别注意把手面板与开关底板之间的距离不能误差过大,距离过大会使动触头不能全部插入到静触头中,达不到触头接触面积要求,使触头过热。距离过小,动触头插入过深,同样影响接触面积,而且拉开时面板把手不能到达分闸位置。

三、技术要求

(1)刀开关应垂直安装。

(2)可动触头与固定触头的接触应良好;大电流的触头或刀片宜涂电力复合脂。

(3)双投刀闸开关在分闸位置时,刀片应可靠固定,不得自行合闸。

(4)安装杠杆操纵机构时,应调节杠杆长度,使操作到位且灵活;开关辅助接点指示应正确。

(5)开关的动触头与两侧压板距离应调整均匀,合闸后接触面应压紧,刀片与静触头中心应在同一平面,且刀片不应摆动。

(6)带熔断器或灭弧装置的负荷开关接线完毕后,检查熔断器应无损伤,灭弧栅应完好,固定可靠;电弧通道应畅通,灭弧触头各相分闸应一致。

四、注意事项

(1)胶盖刀开关必须垂直安装在控制屏或开关板上,不能倒装。

(2)为了保障安全,开关外壳必须连接良好的接地线。

项目四　低压接触器安装

一、准备工作

(一)设备

低压接触器、万用表。

(二)材料、工具

圆嘴钳、剥线钳、斜口钳、压线钳、钢卷尺、电工工具、安装板、导线、尼龙扎带、压接端头、异型管、自攻螺丝等。

(三)人员

电气安装调试工。必须穿戴劳动保护用品,严格按操作规程操作。

二、操作规程

(1)接触器必须竖直安装在配电板、电器梁架上,其外廓应横平竖直,安装螺栓不得少于3条且应稳固,与其他元件左右方向相隔不得小于50mm,上下间隔距离应视接线方便而定,但不得小于100mm。在铁制板箱内安装时,应衬垫绝缘纸。安装中使用的螺栓应有平垫和弹簧垫。

(2)接触器上闸口应与电源连接。一般由熔断器引来,下闸口应与负载连接。

(3)接触器的控制回路是用按钮与接触器的线圈连接而进行控制的。

三、技术要求

(1)按规定留有适当的飞弧空间,以免飞弧烧坏相邻器件。

(2)注意安装位置应正确,除特殊订货外,一般应安装在垂直面上。

(3)安装与接线时,注意勿使零件失落掉入电器内部。安装孔的螺钉应装有弹簧垫圈与平垫圈,并应拧紧螺钉以防松脱。

(4)灭弧罩必须完整无缺且固定牢靠,绝不允许不带灭弧罩或带破损灭弧罩运行。

(5)检查接线正确无误后,应在主触头不带电的情况下操作几次,然后测量接触器的动作值和释放值,须符合产品规定要求。

四、注意事项

(1)接触器安装时,其底板应与地面垂直,倾斜度应小于5°。

(2)接触器安装接线时,应注意勿使用螺钉、垫圈、接线头等零件失落,以免落入接触器内部造成机械卡阻和短路故障。

项目五　低压熔断器安装

一、准备工作

(一)设备

低压熔断器、万用表。

(二)材料、工具

圆嘴钳、剥线钳、斜口钳、压线钳、钢卷尺、电工工具、安装板、导线、尼龙扎带、压接端头、异型管、自攻螺丝等。

(三)人员

电气安装调试工。必须穿戴劳动保护用品,严格按操作规程操作。

二、操作规程

(1)检查熔断器及其他电气元器件。

(2)根据电气元器件及熔断器规格型号选择导线。

(3)元器件安装。

① 瓷插式熔断器安装:将熔断器底座用木螺钉固定在配电板上;将剥出绝缘层的导线插入熔断器底座的针孔接线柱内,拧紧螺钉;熔断器的上端应接电源,下端接负载;安装瓷插件,将剪下合适长度的熔断丝,沿熔断丝接线柱顺时针方向弯过一圈。

② 螺旋式熔断器的安装:应将连接插座底座触点的接线端安装于上方(上线)并与电流线连接;将连接瓷帽、螺纹壳的接线端安装于下方(下线),并与用电设备导线连接。这样就能在更换熔断丝旋出瓷帽后,螺纹壳上不会带电,确保人身安全。

(4)通电前检查电源线的接线,断路器的分、合闸状态。

(5)通电试验。

三、技术要求

(1)熔断器必须满足运行要求和安全要求。熔断器的触头或接线须紧固可靠,运行中应定期检查和不定期抽查,及时紧固触头和接线。

(2)熔断器及熔体的选择应符合被保护电器及线路的要求,不得使用未注明额定电流的熔体,严禁用铜丝代替熔体,更换熔体必须与原安装的熔体型号规格一致,不得随意变更。

(3)熔断器一律垂直安装。

(4)熔断器熔体熔断后,必须查明原因并排除故障后方可更换。更换熔体时,一般应停电进行。跌落式熔断器可用拉杆操作。低压熔断器更换后,除负荷为容量较小的照明回路外,严禁带负荷合闸。

四、注意事项

(1)熔断器应垂直安装,以保证插刀和刀夹座紧密接触,避免增大接触电阻,造成温度升高而误动作。

(2)安装时熔断丝两头应顺时针方向沿螺钉绕一圈,拧紧螺钉的力应适当,不要过紧以免压伤熔丝,也勿过松造成接触不良甚至螺钉或熔丝松脱。

(3)要正确选择和使用符合规格与质量要求的合格熔体,表面已严重氧化熔体的不能使用。

(4)安装熔体要停电进行。

项目六　热继电器安装

一、准备工作

(一)设备

热继电器、接触器、万用表。

(二)材料、工具

斜口钳、圆嘴钳、剥线钳、电工工具、端子排、安装板、导线、尼龙扎带、压接端头等。

(三)人员

电气安装调试工。必须穿戴劳动保护用品,严格按操作规程操作。

二、操作规程

(1)热继电器的安装可竖装、可水平装设。其上端与接触器连接,下端与负载连接,安装时应避开热源,以避免误动。

(2)热继电器必须安装在配电板、电器梁架上,其外廓应横平竖直,安装螺栓不得少于3条且应稳固,与其他元件左右方向相隔不得小于50mm,上下间隔距离应视接线方便而定,但不得小于100mm。在铁制板箱内安装时,应衬垫绝缘纸。安装中使用的螺栓应有平垫和弹簧垫。

三、技术要求

(1)热继电器安装方向与规定方向相同,倾斜度不得超过5°,如与其他电器装在一起,尽可能将它装在其他电器下面,以免受其他电器发热的影响。

(2)检查安装接线是否正确,安装接线时,应检查接线是否正确,与热继电器连接的导线截面应满足负荷要求,安装螺钉不得松动,防止因发热影响元件正常动作。

四、注意事项

环境温度对热继电器动作的快慢影响很大,应尽可能减少因环境温度变化对继电器带来的影响。

项目七　剩余电流保护装置安装

一、准备工作

(一)设备

剩余电流保护装置、万用表。

(二)材料、工具

斜口钳、圆嘴钳、剥线钳、电工工具、导线、端子排、安装板、尼龙扎带、压接端头等。

(三)人员

电气安装调试工。必须穿戴劳动保护用品,严格按操作规程操作。

二、操作规程

(1)剩余电流保护装置标有电源侧和负荷侧时,应按规定安装接线,不得反接。

(2)安装剩余电流断路器时,应按要求在电弧喷出方向有足够的飞弧距离。

(3)组合式剩余电流保护装置其控制回路的连接,应使用截面积不小于1.5mm^2的铜导线。

(4)剩余电流保护装置安装时,必须严格区分N线和PE线,三极四线式或四极四线式剩余电流保护装置的N线应接入保护装置。通过剩余电流保护装置的N线,不得作为PE线,不得重复接地或接设备外露可接近导体。PE线不得接入剩余电流保护装置。

三、技术要求

(1)剩余电流动作保护器安装后应检验其工作特性,在确认能正常动作后方允许投入使用。具体检验项目为:①用试验按钮试验3次,均应正确动作。②带负荷分合开关3次,不得有误动作。③各相用试验电阻接地试验1次,应正确动作。

(2)用500V绝缘电阻表摇测低压线路和电气设备的绝缘不应小于0.5MΩ。

四、注意事项

(1)安装剩余电流动作保护器后,不能撤掉原有低压供电线路和电气设备的接地保护措施,但应按有关规程的要求进行检查和调整。

(2)剩余电流动作保护器标有负载侧和电源侧时,应按规定安装接线,不得反接。

项目八　操作柱安装

一、准备工作

(一)设备

操作柱、万用表。

(二)材料、工具

砂轮切割机、台钻、电锤、电工工具、槽钢(或角钢)、镀锌钢管、电缆、尼龙扎带、压接端头、膨胀螺栓、手锤、钢卷尺、可挠金属保护管等。

(三)人员

电气安装调试工。必须穿戴劳动保护用品,严格按操作规程操作。

二、操作规程

(1)安装前检查:检查合格证、接线图等随机资料是否齐全;检查操作柱的外壳及面板上所装元器件是否符合设计要求,拧开 4 个角上的螺栓,查看内部是否有接线端子。

(2)预制电缆保护管:

详见“模块十一　电缆线路安装调试”的“项目三　电缆管的加工及敷设”。

(3)安装电缆保护管:详见“模块十一　电缆线路安装调试”的“项目二　电缆管的加工及敷设”。

(4)电缆穿保护管:详见“模块十一　电缆线路安装调试”的“项目四　电缆导管内电缆的敷设”。

(5)操作柱的安装:如果是壁挂式,先量好防爆操作柱背面安装角的距离或直接把防爆操作柱放到需要安装的位置后做好标记,然后在墙壁标记处打安装孔钉上膨胀螺栓安装即可。如果是立柱式,先把防爆操作柱放到需安装的位置后做好标记,然后再取下,在标记处安装孔钉上膨胀螺栓安装即可。

(6)操作柱的接线:进行校线,并对芯线编号,对应操作柱内端子进行接线,端子上的螺栓松紧一致,同一端子上导线不得多于 2 根。芯线捆扎必须横平竖直,弧度和余量一致,线号管上字迹清晰。多股的芯线,必须压接终端。接在电流表回路时,必须采用环形终端。备用芯线端部做好绝缘,留够长度,如果设计有接地要求,则进行接地处理。

(7)安装完后应及时对操作柱进行接地,并做好防护工作。

(8)操作柱的调试:按原理图,完成操作柱接线后,条件允许的情况下,在盘柜侧把主回路断开,送上控制回路的电源,进行单体功能测试。1 人在操作柱侧,按照图纸要求的功能进行操作,1 人在盘柜侧进行元器件的动作情况。应包括启/停按钮、启/停指示灯、启/停转换开关、启/停远程/就地联锁等。单体测试合格后,可与仪表专业进行远程联锁测试。所有合格后,才能进行电动机的试车。

三、技术要求

(1)操作柱安装应牢固,高度以设计要求为准,垂直度允许偏差为 1.5mm/m。

(2)电缆进入操作柱的弯曲度应自然、美观,不得有死弯。

四、注意事项

(1)安装后的操作柱必须用塑料布等进行包扎,做好成品保护。

(2)操作柱必须接地。如果设计图纸要求分支接地线为黄绿接地电缆,可直接压终端后,接在操作柱的接地螺栓上。如果分支接地线为镀锌扁钢,可采用 $16mm^2$ 黄绿接地线进行连接。

模块十四　滑接线、移动电缆安装调试

项目一　相关知识

CBN001 滑接线分类和特点

一、滑接线分类和特点

桥式起重机、门式起重机、单梁起重机和电动葫芦等移动设备的供电，基本都采用滑接线或软电缆的供电形式。滑接线又分为裸滑接线和安全滑接线。

裸滑接线包括角钢、圆钢、扁钢、轻轨、双沟铜线和铜质刚性滑接线，其中角钢、圆钢、扁钢、轻轨、双沟铜线适用于三相交流 50Hz、380V 电压，高电压采用铜质刚性滑接线。

安全滑接线是将异形铜材或铝材作为导电体，安装在 PVC 塑料制成的护罩内，起重机上的集电器从下方伸入护罩内同导电体滑触，没有导电体裸露在外。它最大的优点在于外部无电，有很强的防尘性能，配合特殊的接头，防水性能好。另一优点是滑触线路上的电压降小，从而可以节省运行时的电能损耗；还可制成弯曲段供电动葫芦等在弯道上运行。安全滑接线包括多极管式安全滑接线和单级组合式安全滑接线两种。

多极管式安全滑接线的特点是以塑料导管或金属导管为骨架，内部嵌入多根互相隔离的铜排为载流体。这种滑接线结构紧凑，占用空间小，适用于中、小容量的起重运输设备。

单级组合式安全滑接线按结构类型分为 H 型（Ⅰ型）和 S 型（Ⅱ型），按其材质可分为铜质和铝质。单级式安全滑接线各相分开安装，其载流量较大，适用于大、中容量的起重运输设备。

目前广泛应用于起重机上的滑接线一般为刚性滑接线和安全滑接线。

二、移动软电缆型号

在有爆炸危险或火灾危险的厂房，或对滑接线有严重腐蚀性气体的厂房内，均不能采用裸滑接线，而应采用移动软电缆供电。电动葫芦的轨道直线长度在 10m 以下时，也采用软电缆配电。软电缆供电一般采用具有橡套防护的、能承受较大机械外力作用和可挠的 YC 型或 YCW 型的三芯重型软电缆。

CBN002 材料和附件的检验

项目二　滑接线安装

一、准备工作

（一）设备

电焊机、电锤、无齿锯。

（二）材料、工具

工作台、钢锯、锤子、调直器、锉刀、紧线器、手提砂轮、电工工具、水准仪、水平尺、钢卷尺、钢直尺、绝缘电阻表。

（三）人员

电气安装调试工。必须穿戴劳动保护用品，严格按操作规程操作。

二、操作规程

（一）材料和附件的检验

材料及附件的检验应由施工技术员组织施工班组会同建设单位，按照设计图样和起重机的技术文件规定进行。

裸滑接线应检查其平直度，其中心偏差不宜大于全长的1/1000，且不得大于10mm。

安全滑接线到达现场后，应进行外观检查，应无损坏、变形、锈蚀。导电接触面应平整、无凸凹不平。安全滑接线的绝缘护套应完好，不应有裂纹及破损。

CBN003 滑接线的测量定位

（二）滑接线的测量定位

测量滑接线距离地面的高度应符合设计要求。无设计要求时，一般不得低于3.5m；在有汽车通过的部分，不得低于6m。

测量滑接线与其他设备之间的距离应符合设计和规范要求，一般距管道的距离不小于1.5m。滑接线距易燃气体、液体管道的距离不应小于3m。

测量每个支架的位置，用色笔准确标注每个支架安装的水平标高。

终端支架距离滑接线末端不应大于800mm。当起重机在终端位置时，滑接器距离滑接线末端不应少于200mm。不得在建筑物的伸缩缝和起重机的轨道梁接头处安装支架。

（三）支架的加工和安装

下料前应平直，采用机械剪切下料，切口卷边、毛刺用磨光机清除。

型钢支架钻孔采用电钻或冲床冲孔；型钢支架焊接应牢固，焊缝平整，高出焊面1.5~3mm。支架制作完成后做防腐处理。

支架安装可从吊车梁的一端开始，根据吊车轨道与支架的距离，可制作专用形尺或拉铁线找正。

支架利用膨胀螺栓、穿墙螺栓或焊接固定在梁上，在钢梁上安装可直接用电焊固定。

（四）瓷瓶的安装

安装前应用500V摇表，摇测绝缘电阻应符合要求。高压瓷瓶应进行耐压试验，使用的固定构件应符合设计要求。

在支架上安装瓷瓶时，瓷瓶需用红钢纸或类似材料制成的垫圈垫实，以防拧紧螺母或集电器移动时，损坏瓷瓶。

CBN004 滑接线的校直加工与安装

（五）滑接线的加工及安装

1. 裸滑接线安装做法

（1）选材加工。滑接线安装应平直，如有弯曲，则应在平板上或矫直台上先调直。滑触面应磨光，不得有凹坑及毛刺。

（2）滑接线的连接。采用与滑接线材料和截面积相同的连接托板，衬垫在滑接线接触面的背面，再用电焊固定，如图 2-14-1 所示。固定时，连接处应放平，尖端毛边应先用锉刀锉光，以免妨碍集电器的滑动。

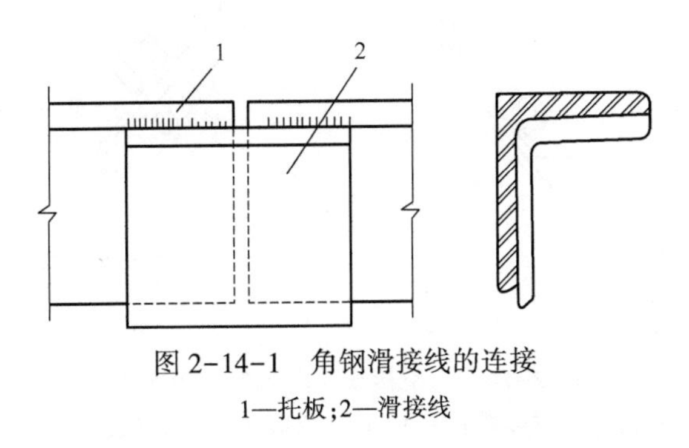

图 2-14-1　角钢滑接线的连接

1—托板；2—滑接线

(3)滑接线的起吊安装。滑接线在地面加工连接完成后，可用绳索将其吊到支架上。为防止滑接线弯曲变形，最好每隔 6m 设置一个捆扎滑接线的起吊滑轮(或支点)，慢慢吊起。将滑接线放入绝缘子上的内外夹板后，要进行水平和垂直度的水平找正，然后才能将滑接线固定。

(4)辅助导线的安装。如滑接线较长，为了防止电压损失超过允许值，需在滑接线上加装辅助导线。其材料一般采用铝排，每隔 12m 用 M10 螺栓将滑接线连接一次，连接处应涂上锡。其安装方法如图 2-14-2 所示。

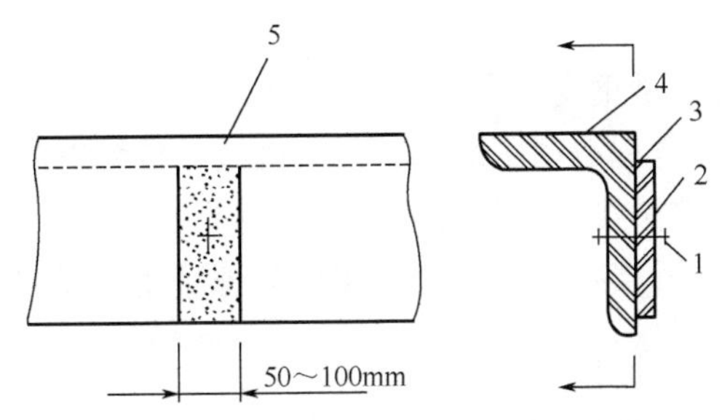

图 2-14-2　辅助导线与滑接线的连接

1—螺栓、螺母；2—铝排；3—角钢接触面涂锡；4—角钢滑接线；5—涂锡面

(5)补偿装置的安装。滑接线长度超过 50m 应加伸缩补偿装置，以适应建筑物沉降和温度变化而引起的变形，间隙两侧的滑接线，采用多股铜导线跨接导，其截面积大小应与电源引线相同，接触面应搪锡以保证接触良好。补偿装置两端的高度差不应超过 1mm。

(6)滑接线电源的安装。滑接线与电源的连接方法如图 2-14-3 所示，连接处也应搪锡，以保证接触良好。

(7)滑接线电源指示灯的安装。信号指示灯安装在滑接线的支架或墙壁等便于观察和显示的地方。

(8)滑接线刷漆着色。滑接线除滑触面外，应先刷防腐漆，要求均匀无漏刷，待防腐漆干后，按下列规定刷色漆：

① 上下排列的滑接线，由上向下 A(黄)、B(绿)、C(红)。

② 水平排列的滑接线，由内向外 A(黄)、B(绿)、C(红)。

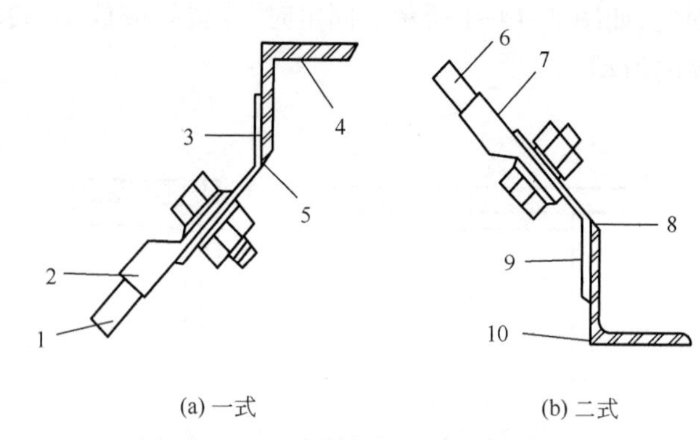

(a) 一式　　(b) 二式

图 2-14-3　滑接线与电源的连接方式

1,6—导线;2,7—接线端子;3,9—40×4 扁钢;4,10—滑接线;5,8—焊接处

2. 安全滑触线安装做法

将组装好的安全滑接线,全线逐步提升至支架高度,然后套入吊挂螺栓。初步固定后即可对安全滑接线进行调整。

安装集电器:先将集电器支架安装在吊车上,支架应与安全滑接线垂直,支架中心至安全滑接线表面的距离为Ⅰ型 92~100mm,Ⅱ型 125~135mm,然后将集电器安装在支架上,集电器的电刷应正对安全滑接线的载流体。调整集电器电源引线的长度,使电刷片前后基本水平。

(六)滑接触器安装

将滑接器安装在角钢或槽钢支架上。

滑接器安装好后,应在全程滑动中测试其余滑接线的接触电阻,其值应接近零。凡大于零处,应调整接触压力、修整滑接线水平度或除尽锈迹等。

滑接触器安装牢固,沿滑接线滑触可靠。在任何位置滑触器的中心线不应超出滑接线的边缘。

(七)试运行交验

滑接线及软电线安装完毕后,检查和清扫干净场地,用绝缘电阻表测量相间、相对地的绝缘电阻并记录。

检测符合要求后送电空载运行。检查无异常现象后,再带负荷运行,滑触器在运行中与滑接线全程滑接平滑,无较大火花和异常现象后,交建设单位使用。

CBN005 滑接线安装质量标准

三、技术要求

(1)安装应符合国家标准 GB 50256—2014《电气装置安装工程 起重机电气装置施工及验收规范》和图集 06D401—1《吊车供电线路安装》的规定和要求。

(2)接触面应平整无锈蚀、导电良好。

(3)额定电压为 0.5kV 以下的滑接线,其相邻导电部分间和导电部分对接地部分间的净距不应小于 30mm;户内 3kV 滑接线和相对地净距不得小于 100mm。当不能满足要求距离时,滑接线应采取绝缘隔离措施。

(4)滑接线安装后应平直,滑接线之间的距离应一致,滑接线的中心线应与起重机轨道的实际中心线保持平行，其偏差应小于10mm。

(5)型钢滑接线长度超过50m或跨越建筑物伸缩缝时，应装设伸缩补偿装置。伸缩补偿装置应安装在与建筑物伸缩缝距离最近的支架上。在伸缩补偿装置处，滑接线应留有10～20mm的间隙。间隙两侧的滑接线，应采用软导线跨越，跨越线应留有余量。

(6)伸缩补偿装置间隙的两侧，均应有滑接线支持点，支持点与间隙之间的距离，不宜大于150mm。

(7)型钢滑接线焊接时，应附连接托板；用螺栓连接时，应加跨接软线。滑接线焊接接头处的接触面应平整光滑，其高差不应大于0.5mm。圆钢滑接线应减少接头。

(8)滑接线及滑接器的导电部位对地绝缘电阻值应大于0.5MΩ。

(9)安全式滑接线长度大于200m时，应加装伸缩补偿装置。

(10)安全式滑接线的支架安装应牢固，间距应小于3m。

项目三 移动软电缆的安装

一、准备工作

(一)设备

电焊机、电锤、无齿锯。

(二)材料、工具

型钢滑道、软电缆、牵引滑车、电缆滑车、终端滑车、钢丝绳、钢锯、调直器、锉刀、紧线器、电工工具、水准仪、水平尺、钢卷尺、钢直尺、绝缘电阻表。

(三)人员

电气安装调试工。必须穿戴劳动保护用品，严格按操作规程操作。

二、操作规程

CBN006 移动软电缆安装及要求

(一)材料和附件的检验

移动软电缆滑道采用型钢时，应检查是否平直、平正光滑，机械强度是否符合要求。

移动软电缆检查外皮有无破损，测量其绝缘电阻是否符合要求。

(二)软电缆滑道安装

支架在起重机轨道上焊接牢固。不得咬肉及损伤轨道。用螺栓固定支架时，每个支架不应少于两条螺栓，应有防松措施，固定应牢固。

将滑道固定在支架上。

(三)软电缆安装

滑道安装后，利用悬挂电缆夹将移动软电缆挂在钢丝绳上面，电缆卡与软电缆之间绑扎牢固，利用固定在起重机本体上的牵引杆拉动吊卡移动。

软电缆两端应分别用电缆夹与起重机和滑道可靠地卡固。电缆不得有扭绞，电缆夹卡固距离均匀。

电缆卷筒应符合设计要求，固定牢固。电缆的长度和重砣的行程相适应，放缆和收缆拉力一致，起重机放缆到终端位置时，留有余量。

三、技术要求

（1）悬挂装置的电缆夹应与移动电缆可靠固定，电缆夹间的距离不宜大于5m。

（2）软电缆移动段的长度应比起重机移动距离大15%～20%。

（3）如无设计规定时，长度大于20m时应加装牵引绳。牵引绳长度应短于软电缆移动段的长度。牵引绳要选择适当的吊索弧垂。终端拉紧装置的调节要有一定余量：当滑接线吊索长度不大于25m时，调节余量不应小于0.1m；吊索长度大于25m时，调节余量不应小于0.2m。

（4）卷筒式软电缆放缆到终端时，卷筒上应保留两圈以上的电缆。

第三部分

中级工操作技能及相关知识

模块一　施工技术准备

项目一　相关知识

ZBA001 领会图样等技术资料

一、领会图样等技术资料

(一)工程电气设备安装资料图纸范围

一般一套工程电气图纸包括但不限于表 3-1-1 所列内容。

表 3-1-1　电气安装资料图纸目录

序　号	文件名称
1	电气图纸目录
2	电气设计说明
3	电气专业设计统一规定
4	电气设备材料表
5	用电负荷表
6	电气设备规格书
7	爆炸危险区域划分图
8	高(低)压配电系统图
9	变配电所布置图
10	端子柜接线图
11	防雷、接地平面图
12	动力配线平面图
13	照明配线平面图
14	动力箱(照明箱)系统图
15	电缆作业表
16	安装大样图

(二)电气施工图的阅读方法

针对一套电气施工图,应先熟悉电气图例符号,弄清图例符号所代表的内容,然后再按以下顺序阅读,最后针对某部分内容进行重点识读。

(1)看标题栏及图纸目录。

了解工程名称、项目内容、设计日期及版本、图纸内容及数量等。

(2)看设计说明。

了解工程概况、设计依据等,了解图纸中未能表达清楚的各有关事项,如供电电源的来源、供电方式、电压等级、线路敷设方式、防雷接地、设备安装高度及安装方式等。

(3)看设备材料表。

了解工程中所用的设备和材料的型号、规格和数量等,设备材料表可供设计概算和施工预算时参考,但是表中的数量一般只作为概算估计数,不作为设备和材料的供货依据,可结合施工平面图编制设备材料采购计划表。

(4)看系统图。

先阅读动力系统图和照明系统图,系统图反映了系统的基本组成、主要电气设备、元件之间的连接情况以及它们的规格、型号、参数等。它是概括地把整个工程的供配电线路用单线连结形式表示的线路图,它不表示电气设备、电气线路的具体空间位置关系。阅读系统图时,可根据电流入户方向,由进户线——配电箱——各支路的顺序依次阅读。

(5)看平面布置图。

平面布置图是一线施工必看的现场依据,主要包括变(配)电所电气设备安装平面图、照明平面图、动力平面图、防雷接地平面图等。

通过阅读相应系统图,了解系统基本组成之后,就需全面阅读动力平面图、照明平面图,了解电气设备的规格、型号、数量、安装位置及线路的起始点、敷设部位、敷设方式和导线根数等。平面图的阅读可按照以下顺序进行:电源进线—总配电箱—干线—支线—分配电箱—电气设备。

施工前,结合平面图和电气设备材料表,对设备材料进行校核,提交施工设备材料采购计划表。经营人员、技术人员依据平面图编制工程预算和施工方案,然后再组织施工。

(6)看控制原理图。

了解系统中电气设备的电气自动控制原理,以指导设备安装和调试运行工作。

(7)看安装接线图。

了解电气设备的布置与接线。应与控制原理图对照阅读,进行系统的配线和调校。

(8)识读安装大样图(详图)。

安装大样图是用来具体表示设备安装方法的图样,同时又是编制工程材料计划的主要参考图样之一。安装大样图一般采用全国通用电气装置标准图集。从安装大样图中可以了解电气设备的具体安装方法、安装部件的具体尺寸等。

ZBA002 照明工程相关图纸

二、照明工程相关图纸

照明工程中常用的图纸有照明系统图、照明平面图和照明安装标准图集。照明系统图是表示照明供电与配电的基本情况的图纸(图 3-1-1)。照明平面图是表示装置内照明设备和线路平面布置的图纸(图 3-1-2),通常是按不同标高的框架或设备平台分别画出。照明平面图不仅是进行安装施工的主要依据,也是安装施工单位编制工程造价和施工方案的依据。两者均由设计单位提供。照明安装标准图集是表示常用设备、灯具的具体安装图,一般照明安装参照国家建筑标准图集 96SD469《常用灯具安装》,爆炸危险环境的照明安装参照标准图集 12D401—3《爆炸危险环境电气线路和电气设备安装》。

(一)照明系统图的内容

(1)表明照明的安装容量和计算负荷。

引入线及照明箱 Lead-in and lighting box	自动开关 Circuit breaker 额定值(A) Rating / 整定值(A) Setting	回路编号 Loop No.	相序 Phase No.	导线型号芯数截面(mm²) 管径规格及敷设方式 Type, core and section of wire tube size and laying mode	线长(m) Wire length(m) / 管长(m) Conduit length(m)	灯具(个) Fixture(pc) / 插座(个) Socket(pc)	容量 (kW) Capacity	灯具编号及安装地点 Lighting fixture No.and location
3130LP01-P 由SS-1300区域变电所引来 ZR-YJV-0.6/1 5×10mm² 穿GG32镀锌钢管 BXM8050-6/K iC65L-C25A/3P iC65L-C40A/4P SPD Pe=3.96kW Pjs=5.28kW COSφ=8.91A Ijs=8.91A 3130LP01	iC65L-C16A/1P	LP01-1L2	L2，N，PE	ZR-YJV-0.6/1 3×2.5 GG20	141 / 133	17 /	0.935	11-01～17
	iC65L-C16A/1P	LP01-2L2	L2，N，PE	ZR-YJV-0.6/1 3×2.5 GG20	138 / 130	15 /	0.825	12-01～15
	iC65L-C16A/1P	LP01-3L1	L1，N，PE	ZR-YJV-0.6/1 3×2.5 GG20	206 / 166	18 /	0.990	13-01～18
	iC65L-C16A/1P	LP01-4L3	L3，N，PE	ZR-YJV-0.6/1 3×2.5 GG20	174 / 153	11 /	0.605	14-01～11
	iC65L-C16A/1P	LP01-5L3	L3，N，PE	ZR-YJV-0.6/1 3×2.5 GG20	147 / 111	11 /	0.605	15-01～11
	iC65L-C16A/1P	LP01-6L1	L1，N，PE					备用

图 3-1-1　照明系统图示例

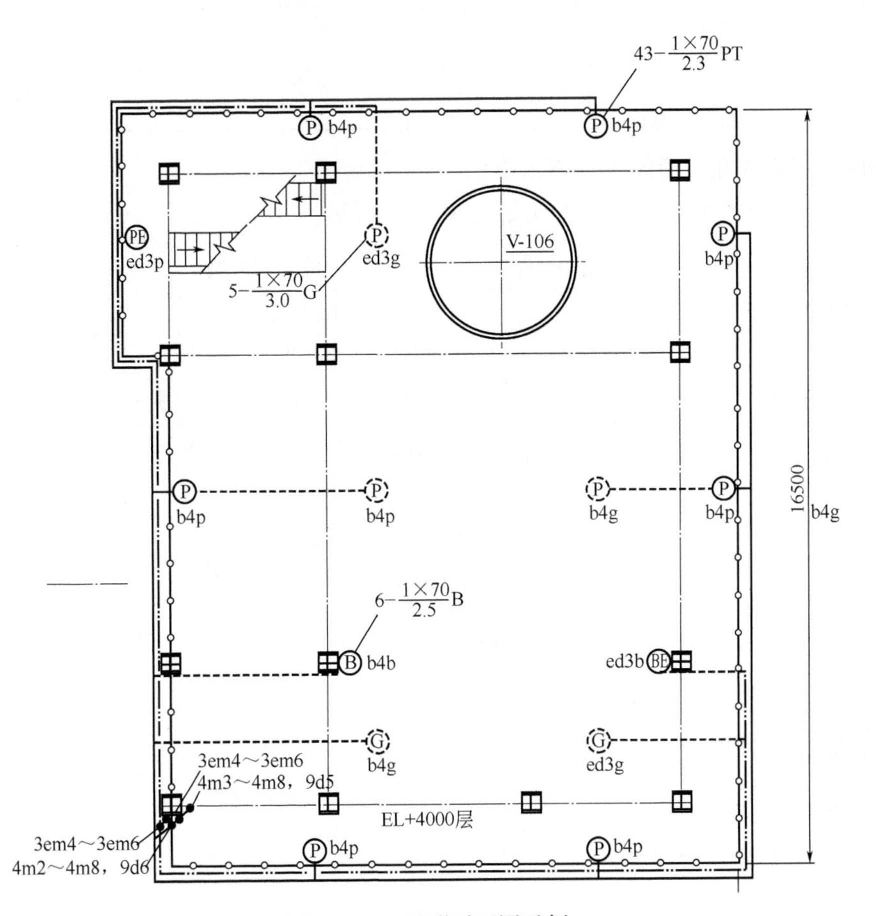

图 3-1-2　照明平面图示例

（2）表明导线或电缆的根数、型号、穿管管径和配线方式。

（3）表明三相电源的分配各回路容量、回路数和回路编号。

（4）表明照明箱、盘、柜的规格型号，照明配电箱支线回路断路器及进线断路器的规格型号等。

（二）照明平面图的内容

（1）表明线路的敷设位置和敷设方式。

（2）表明开关、灯具、插座、配电箱的安装位置、安装方法和标高等。

（3）表明开关、灯具、插座、配电箱的连接方式，开关、灯具和插座回路编号及其回路所需导线的根数。

（三）照明平面图上的表示方法

照明平面图上的表示方法如表 3-1-2 所示。

表 3-1-2　照明平面图上的表示方法

符　号	含　义	符　号	含　义
—/—	单根导线		防爆照明配电箱
—/—（3） —///—	3 根导线		引上、引下配线
——	正常照明线	(P)	防爆平台灯
----------------	应急照明线	(G)	防爆吊杆灯

（四）照明灯具在平面图上的表示方法

照明灯具在平面图上的表示方法如表 3-1-3 所示。

表 3-1-3　照明灯具在平面图上的表示方法

表示方法	表示含义
$a-b\frac{c\times d}{e}f$	a：灯具数量
	b：灯具型号（Y：荧光灯；G：防爆灯；B：壁灯）
	c：灯泡（管）数；　d：功率（W）
	e：安装高度，距本层地坪或平台的距离（m）
	f：安装方式（G：吊杆灯；C：吸顶灯；B：壁灯；PT：平台灯；PE：应急灯）

ZBA003　识读接地平面图并统计实物工程量

项目二　识读接地平面图并统计实物量

一、准备工作

（一）材料、工具

接地平面图、计算器、记录纸、签字笔。

(二)人员

电气安装调试工,笔试操作。

二、操作规程

(一)先看图纸比例、尺寸标注和标高

(1)图纸比例:图纸上所画图形的大小与实际大小的比值称为图纸比例,常用符号“M”来表示。一般工程图采用缩小比例,在图纸右下角的表格框内注明,习惯上用 1 : n 表示,常用的比例为 1 : 100。

(2)尺寸标注:电气施工图上标注尺寸一般以毫米(mm)为单位。总图中的标注尺寸单位可以以米(m)为单位,并应至少取小数点后两位。

(3)标高:在电气工程图中一般采用相对标高,表示方法为 EL+16.500,符号为等腰直角三角形,下面的横线为某处高度的界线,符号上面注明标高。

(二)阅读设计说明

一般设计说明在防雷接地平面图的右侧或下侧空白处,说明内容包括防雷分类级别、接闪器和引下线的规格和敷设方法、接地体和接地线的规格和敷设方法、接地装置的形式、接地电阻要求、依据的规范和图集等。

(三)接地图例

○表示接地极;—/——/——表示接地线。

(四)接地工程量计算

(1)某变电所防雷工程平面布置如图 3-1-3 所示。

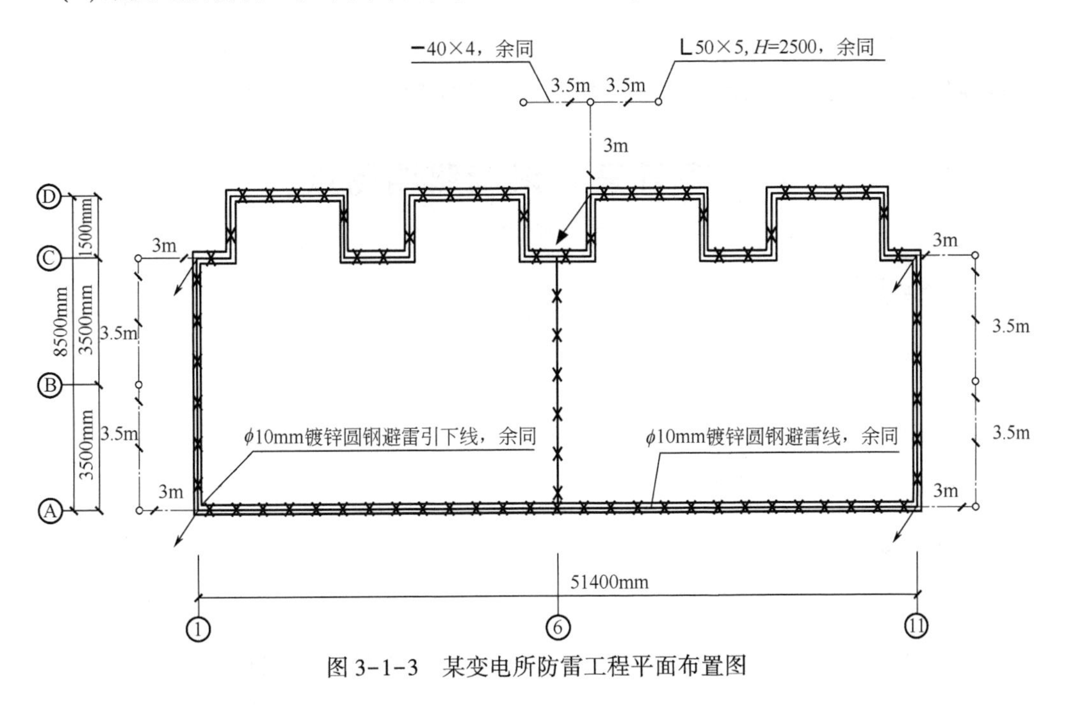

图 3-1-3　某变电所防雷工程平面布置图

(2)避雷网在平屋顶四周沿檐沟外折板支架敷设,其余沿混凝土块敷设。折板上口距室外地坪 19m，避雷引下线均沿外墙引下，并在距室外地坪 0.45m 处设置接地电阻测试断接卡子，土壤为普通土。

（3）工程量计算如表 3-1-4 所示。

表 3-1-4　防雷接地工程量计算表

序号	项目名称	计算式及数值	总计数量
1	避雷网沿折板支架安装 镀锌圆钢 ϕ10mm	51.4（A 轴全长）+51.4（D 轴全长）+1.5×8（D 轴凹凸部分）+7（1 轴全长）+7（11 轴全长）= 128.8（m） 128.8×（1+3.9%）= 133.82（m）	233.84m
	避雷网沿混凝土块支架安装 镀锌圆钢 ϕ10mm	8.5-1.5（6 轴全长减去凹凸部分）= 7.0（m） 7.0×（1+3.9%）= 7.27（m）	
	避雷引下线敷设 镀锌圆钢 ϕ10mm	19×5（楼总高×引下线根数）-0.45×5（断接卡子距室外地坪高）= 92.75（m）	
2	断接卡子制作、安装	5 套（每根引下线一套）	5 套
3	接地极制作、安装 ∟50×5，H=2500	3×3＝9（根）	9 根
4	户外接地母线敷设-40×4	[3（距墙）+0.7（埋深）+0.45（断点高）]×5（5 处）+3.5（间距）×2×3＝41.75（m） 41.75×（1+3.9%）= 43.38（m）	43.38m
5	独立接地装置调试	3 组（按每组接地装置测试计算）	3 组

三、技术要求

接地母线、引下线、避雷网长度一般都需加上附加长度，附加长度为全长的 3.9%。

ZBA004　识读照明图纸

项目三　识读照明图纸

一、准备工作

（一）材料、工具

照明系统图、照明平面图、照明材料表、尺子、计算器、签字笔、记录纸。

（二）人员

电气安装调试工，笔试操作。

二、操作规程

（一）阅读照明系统图

（1）应先阅读相对应的照明系统图，了解整个系统的基本组成、相互关系。

（2）搞清楚照明的供电方式和电压。

（3）熟悉照明箱电源引入方式，熟悉照明干线或支线接入三相电路的相别、干线和支线的敷设方式和部位。

(4)熟悉电缆或导线规格型号、保护管管径及敷设方式。

(5)熟悉灯具容量、编号、数量和安装地点。

(二)阅读照明平面图

(1)按照从电源引入线到总配电箱,然后从总配电箱沿着各条干线到分配电箱,再从各个分配电箱沿着各条支线分别读到各个灯具的顺序读图。

(2)阅读图上的文字说明和设计所采用的图形符号代表含义。

(3)了解建筑物、框架和设备的基本情况,如结构、功能和各层标高等。

(4)熟悉灯具、插座在建筑物、框架和设备平台上的分布及安装位置,同时要了解灯具的型号规格、性能、特点和对安装方式、安装高度的要求。

(5)核实照明配电箱、各种照明灯具、插座、开关数量是否和材料表一致。

(6)核实保护管的长度与材料表是否有较大出入。

(7)核实电缆、导线型号和数量是否与材料表有较大出入。

(三)查阅其他专业的施工图纸

查阅建筑施工图、工艺管道平面图、设备平面布置图,关注是否与管线和现场平台、框架有冲突碰撞,关注是否有对照明有特殊要求的位置。

模块二　施工资源准备

项目一　相关知识

ZBB001 施工机具计划编制要求和现场管理

一、施工机具计划编制要求

施工准备阶段应根据项目施工组织设计(施工技术措施)中的施工方法和进度计划的要求,与工程任务紧密地联系在一起,编制本专业的施工机具计划,合理地提出施工机具进出场的时间,提高施工机具的利用率。

施工机具计划编制建议采用主要施工机具一览表的形式编制,如表3-2-1所示。如有需要外加工订货的项目,要提出加工及进场日期。施工机具的数量除了考虑满足施工高峰期的要求,还要考虑有效的周转使用。电气施工除了需编制施工机具计划,还需编制试验设备一览表。

表3-2-1　接地施工机具一览表(按4组人施工)

序号	设备名称	型号及规格	单位	数量	耗电功率 kW	进出场时间	备注
1	挖掘机	SY215C-10	台	1		05/01—05/10	
2	接地极钻孔机		台	1	3	05/11—05/12	土质坚硬时接地极安装
3	手持式砂轮切割机	J3GY-LD-400A	台	2	2.2	05/01—05/30	
4	电焊机	ZX7-400	台	4	15	05/01—05/30	
5	台钻	ZX-16	台	2	0.5	05/01—05/30	
6	磨光机	SM-150	台	4	1	05/01—05/30	
7	铁锤		把	4		05/01—05/30	
8	铁锹		把	8		05/01—05/30	

配备机具设备时应考虑以下因素。

(1)技术先进性:机具设备技术性能优越,测量仪器精度等级符合要求。

(2)使用可靠性:机械设备在使用过程中能稳定地保持其应有的技术性能,安全可靠地运行。

(3)便于维修性:机械设备要便于检查、维修和修理。

(4)此外应满足运行安全性、经济实惠性、成套性、节能性、环保性、灵活性等要求。

二、施工机具的现场管理

施工机具管理的主要内容包括:机具技术档案,技术操作规程,机具技术状况的诊断,机具保养与修理，操作人员的技术培训与考核，建立健全机具责任制等。

物资部门根据机械和器具资源投入计划，进一步落实自有设备资源和当地租赁市场的资源配备情况，并对主要施工机具再次进行检查与保养，保证机械和器具以良好的状态进驻现场。

施工机具进场时，要检查施工机具的档案资料，要明白施工机具的生产厂家、出厂日期、能力、产品合格证、上次检测记录等情况。

施工机具检查确认后，要办理确认手续，对电动机具做到一机一闸一保护。做好日常管理，加强在使用运行过程中对施工机具进行维护和保养。

ZBB002 根据图纸写出防爆区域照明配管所需机具和材料

项目二　根据图纸写出防爆区域照明配管所需机具和材料

一、准备工作

（一）材料、工具

照明平面图、计算器、记录纸、签字笔。

（二）人员

电气安装调试工，笔试操作。

二、操作规程

（一）阅读照明平面图

阅读照明平面图，了解照明线路的敷设方式，常用的线路敷设方式的文字符号如表 3-2-2 所示。

表 3-2-2　线路敷设方式的文字符号

序　号	名　称	文字符号
1	暗敷	C
2	明敷	E
3	钢管	S,SC
4	电缆桥架	CT
5	金属软管	F
6	水煤气管	G,SC
7	瓷夹	K,PK
8	电线管	T,MT
9	塑料管	P,PC
10	塑料线槽	PL

（二）了解工作内容

大多数石油化工厂照明穿线管均采用热镀锌钢管、防爆活接头、防爆接线盒连续密封方式，通过热镀锌角钢支架固定敷设，连接处涂抹导电膏增强接地导通性能。防爆区域照明配管的工作内容包括：测位、支架预制、支架钻孔、支架焊接、锯管、套丝、煨弯、配管、固定、接地，补漆。

1. 支架制作安装

制作好的支架应把焊渣除净，并做除锈、防腐处理，支架刷漆应均匀完整。

支架应用机械钻孔，严禁用电、气焊开孔。

2. 照明配管安装

配线钢管应采用低压流体输送用镀锌焊接钢管。

钢管与钢管、钢管与电气照明设备、钢管与钢管附件之间的连接，应采用螺纹连接。不得采用套管焊接，螺纹加工应光滑、完整、无锈蚀，在螺纹上应涂以电力复合脂或导电性防锈脂。不得在螺纹上缠麻或绝缘胶带及涂其他油漆。

电气照明线路之间不得采用倒扣连接；当连接有困难时，应采用防爆活接头，其接合面应密贴。

（三）清楚工程量和材料规格

（1）如果图纸中提供设备材料表，可以直接得到工程量，否则需根据图纸尺寸计算出所需镀锌钢管、镀锌角钢支架的工程量。

（2）照明电缆（线）保护管支架尺寸规格应根据保护管直径、排列根数，合理选择角钢规格。如图纸有具体要求，则按其规定选择；当无规定时，则按施工经验参照表 3-2-3 适当选择。

表 3-2-3 照明电缆（线）保护管支架尺寸规格表 单位：mm

保护管规格	*DN*15 （单根）	*DN*20 （单根）	*DN*15～20 （2～4 根）	*DN*25～50 （2 根及以下）	*DN*25～50 （3～5 根）
支架尺寸	∟30×4 ∟35×4	∟30×4 ∟35×4	∟40×4 ∟45×4	∟40×4 ∟45×4	∟50×5

（3）明配钢管应排列整齐，固定点间距应均匀，*DN*15～20mm 钢管的支架间的最大距离应为 1.5m；管卡与终端、弯头、电气器具或盒（箱）边缘的距离宜为 150～500mm。

（4）支架长度一般为 150mm，但还应考虑建筑物、管道、设备以及保温层、防水层等因素影响，适当增减支架长度。

（四）选择机具

防爆区域常用照明配管施工机具如表 3-2-4 所示。

表 3-2-4 防爆区域照明配管施工机具一览表（按一组人施工）

序号	设备名称	型号及规格	单位	数量	耗电功率 kW	备 注
1	手持式砂轮切割机	ϕ400mm	台	1	2.2	角钢、钢管切割
2	角向磨光机	ϕ150mm	台	2	0.75	断口打磨
3	圆锉		把	2		打磨
4	台钻	ZX-16	台	1	0.75	支架钻孔

续表

序号	设备名称	型号及规格	单位	数量	耗电功率 kW	备　注
5	电动套丝机(含支架)	板牙 1/2~3/4in,1~1(1/4)in,1(1/2)~2in	台	1	3	钢管套丝
6	电动液压弯管机	DWG-2A	台	1	0.75	钢管弯管(*DN*15~50mm)
7	手动弯管器	4/6分	个	1		现场钢管弯管
8	电焊机	ZX7-400	台	1	15	支架焊接
9	电锤钻	GBH2000RE	把	1	0.8	混凝土钻孔
10	卷尺	5m	把	1		下料测量
11	水平尺		把	1		支架安装
12	磁力线坠		个	2		垂直管路调整
13	电工工具	5件套	套	4		
14	管钳	10in	把	2		拧紧钢管
15	手锤		把	2		清除药皮
16	电源盘	AC 220V	只	2		提供电源

项目三　根据图纸写出接地施工所需机具和材料

一、准备工作

(一)材料、工具

接地平面图、计算器、记录纸、签字笔。

(二)人员

电气安装调试工,笔试操作。

二、操作规程

(一)阅读接地平面图

查看在防雷接地平面图的右侧或下侧空白处的设计说明,了解防雷分类级别、接闪器和引下线的规格及敷设方法、接地体和接地线的规格及敷设方法、接地装置的形式、接地电阻要求、依据的规范和图集等。

(二)了解工作内容和施工计划

(1)接地施工一般施工程序包括以下内容:预制接地极、划线、机械挖沟、人工挖沟、锤击接地极、敷设接地干线、连接接地极与接地干线、敷设接地支线、焊接或者热熔焊接地线、隐蔽工程检查、回填、测量接地电阻。

(2)岩石地带的接地极安装需要钻孔,需考虑钻孔机具。

(3)按照施工计划安排由几组人进行施工,一般分区域分别施工,确定施工机具的配置。

（三）计算工程量，提出材料计划

根据接地平面图核对材料表工程量，提供最终的材料计划，上报物资供应部门，进行领料施工。

（四）选择机具

根据表 3-2-1 进行选择。

模块三 照明系统预制、安装

项目一 相关知识

ZBC001 高杆灯的种类和结构

一、高杆灯的结构和种类

(一)高杆灯的结构

高杆灯一般指15m以上钢制锥形灯杆和大功率组合式灯架构成的新型照明装置。它由灯头、内部灯具电器、灯杆、电动升降系统及基础部分组成。

内部灯具多由泛光灯和投光灯组成,一般采用6~24盏400~1000W金卤(白光)或高压钠灯作为主要光源,近些年也有采用LED灯作为光源的趋势。电脑时控器自动控制开关灯时间及部分照明或全照明,照明半径达60m。

灯杆一般为八棱、十二棱、十八棱锥形杆体,由高强度优质钢板经剪制、折弯、自动焊接成形,一般高度有15m、20m、25m、30m、35m、40m等规格,设计最大抗风能力可达60m/s,每种规格由2~4节插接组成,配法兰钢底盘。

电动升降系统由电动机、卷扬机、三组热浸镀锌钢丝绳及电缆等组成。灯杆体内安装,升降速度为每分钟3~5m。

(二)高杆灯的种类

高杆灯一般可分为升降式和非升降式。升降式主杆高度一般是18m以上,升降式高杆灯设手动和电动两种升降控制方式。升降式高杆灯所有灯具的密封等级为IP65国际标准,以防止尘土、雨水的浸入,保证灯泡的使用寿命。灯具的材料一般采用耐腐蚀性好的铝合金板和不锈钢。

二、太阳能路灯的结构和工作原理

(一)太阳能路灯基本机构

太阳能路灯主要是通过太阳能板,把光能转换为电能,然后达到照明功效。主要由太阳电池组件、支架、光源、控制器、蓄电池、电控箱(内装控制器、蓄电池)、灯杆、灯具几部分组成,如图3-3-1所示。

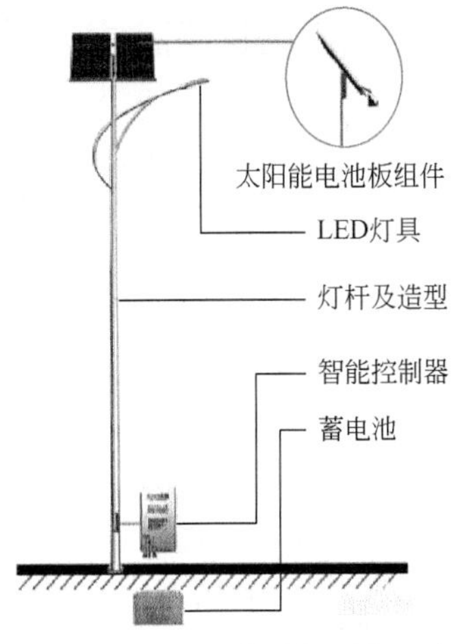

图3-3-1 太阳能路灯系统组成

1. 充放电部分

1)太阳能电池组件

太阳能电池板主要功能是吸收太阳光,将光能转换成电能后对蓄电池进行充电,大部分太阳能电池板都是悬挂式安装在灯杆上。

2)蓄电池

蓄电池主要功能是存储太阳能电池板转换的电能以及为路灯提供电能。目前都选用免维护、防水铅酸蓄电池或胶体蓄电池。蓄电池采用并联连接,通常情况下并联组数不宜超过4组。

2. 控制部分

(1)太阳能控制器。太阳能控制器主要功能包括放电保护、光控开关。

放电保护:当蓄电池放电到一定范围时,控制器会自动关闭,避免继续放电。

光控模式:当光强降到启动点以下时,控制器延时10min开通负载,光强升到启动点以上时,控制器延时10min关闭输出。

(2)电源转换器。电源转换器主要作用是保证输出电压稳定,包括升压模块、降压模块等。

(3)光源部分。太阳能路灯采用LED灯作为光源。

ZBC003 太阳能路灯的结构和工作原理

(二)太阳能路灯的工作原理

太阳能路灯利用太阳电池的光生伏特效应原理,白天太阳电池吸收太阳能光子能量产生电能,通过控制器储存在蓄电池里,当夜幕降临或光电板周围光照度较低时,蓄电池通过控制器向光源供电,通过设定,一定的时间后切断,如图3-3-2所示。

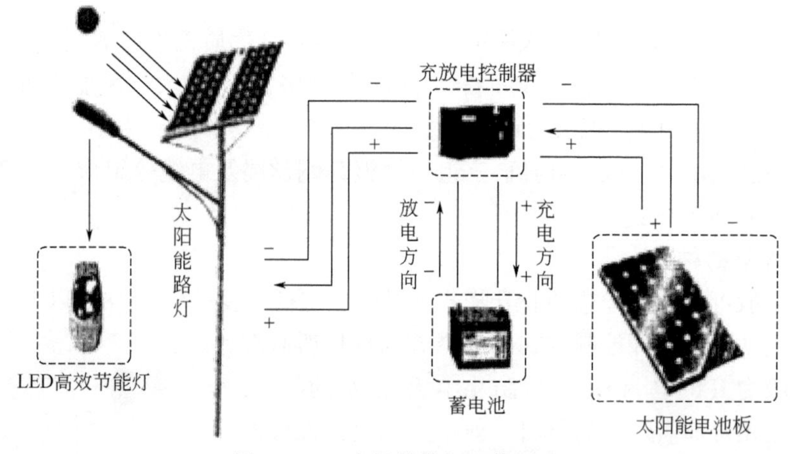

图3-3-2 太阳能路灯工作原理

ZBC005 应急照明控制原理

三、应急照明控制原理

(一)应急照明系统的类型和工作原理

应急照明按照施工区域的不同可分为备用照明、安全照明和疏散照明。按照灯具的应急供电方式和控制方式的不同,应急照明又可分为自带电源非集中控制型、自带电源集中控制型、集中电源非集中控制型、集中电源集中控制型四类系统。

下面主要介绍自带电源非集中控制型系统和集中电源集中控制型系统的工作原理与性能要求。

1. 自带电源非集中控制型系统工作原理

自带电源非集中控制型系统在正常工作状态时,市电通过应急照明配电箱为灯具供电,用于正常工作和蓄电池充电。

发生火灾时,相关防火分区内的应急照明配电箱动作,切断消防应急灯具的市电供电线路,灯具的工作电源由灯具内部自带的蓄电池提供,灯具进入应急状态,为人员疏散和消防作业提供应急照明和疏散指示。建筑物内应急照明和疏散指示一般以自带电源独立控制型为主。

2. 集中电源集中控制型系统工作原理

集中电源集中控制型系统在正常工作状态时,接入应急照明集中电源,用于正常工作和电池充电,通过各防火分区设置的应急照明分配电装置将应急照明集中电源的输出提供给消防应急灯具。应急照明控制器通过实时检测应急照明集中电源、应急照明分配电装置和消防应急灯具的工作状态,实现系统的集中监测和管理。

发生火灾时,应急照明控制器接收到消防联动信号后,下发控制命令至应急照明集中电源、应急照明分配电装置和消防应急灯具,控制系统转入应急状态,为人员疏散和消防作业提供照明和疏散指示。

(二)应急照明系统的性能要求

1. 应急转换时间

系统的应急转换时间不应大于 5s;高危险区域使用系统的应急转换时间不应大于 0.25s。

2. 应急工作时间

持续应急工作时间不少于 30min。

3. 应急灯具的选择

应急照明灯具采用能瞬时可靠点燃的光源灯,选用荧光灯或无极灯,不应采用金属卤化物灯和钠灯等启动时间较长的灯具。

(三)应急照明电源和电缆要求

集中电源型的应急照明系统由独立的应急照明配电箱供电,应急照明配电箱电源来自配电室内应急照明配电柜。应急照明电源原则上采用 EPS/UPS 集中供电方式,在应急照明较少或 EPS 电源提供困难处采用带蓄电池的应急灯。

应急照明电缆采用耐火电缆。

四、防爆灯具相关知识

ZBC006 防爆灯具相关知识

(一)防爆灯具的意义和标志

防爆灯具是安装在爆炸危险场所最普遍的电气设备,主要依靠防爆外壳和防火花电路等来达到防爆性能。爆炸物质为爆炸性气体混合物的防爆场所为Ⅱ类,所用的防爆灯具的防爆标志为 EX Ⅱ。根据有无释放源、扩散速度及通风条件分为 0 区、1 区和 2 区三个危险区。

(二)防爆灯具的分类

按防爆类型分类,对于Ⅱ类防爆灯具可分为隔爆型、增安型、正压型、无火花型和粉尘防爆型等,也可以由其他防爆类型和上述各种防爆型式结合成复合型和特殊型。下面主要介绍隔爆型和增安型两种灯具。

1. 隔爆型“d”灯具

隔爆型“d”灯具在正常工作时,能产生火花电弧或高温的部件置于隔爆外壳内,隔爆外壳能承受内部的爆炸压力而不致损坏,并能保证内部的火焰气体通过间隙传播时降低能量,不足以引爆壳外的气体。

2. 增安型“e”灯具

增安型“e”灯具在正常工作时不会产生电弧、火花和危险高温，在结构上再进一步采取保护措施，提高灯具的安全性和可靠性。为防护尘埃、固体异物和水进入灯腔内触及或积集在带电部件上产生跳火、短路或破坏电气绝缘等危险，有多种外壳防护方式起到保护电气绝缘的作用。IP 等级是针对电气设备外壳对异物侵入的防护等级，来源是国际电工委员会的标准 IEC 60529—2013《机壳提供的防护等级(IP 代码)》，IP 等级的格式为 IP××，其中××为两个阿拉伯数字，第一标记数字表示防尘和防止外物侵入的等级，分为 0~6 级。第二标记数字表示防水保护等级，分为 0~8 级。数字越大表示防护等级越高。防爆灯具是一种密封灯具，其防尘能力至少为 4 级以上。例如 IP65，表示：防尘等级为 6，完全防止粉尘进入；防水等级为 5，防止喷射的水浸入。

按安装使用形式分类，防爆灯具常见的安装方式有吸顶式、壁装式、吊杆式、法兰式、护栏式等，在石油炼化工程现场使用最多的是平台立杆式。

(三) 防爆灯具的线路

照明线路采用电缆或导线穿钢管沿立柱、梁、平台、梯子明敷，采用钢管敷设时采用镀锌角钢支架固定，*DN*15~20mm 钢管的支架间的最大距离应为 1.5m。

五、智能照明控制系统

随着电子信息技术水平的不断提高，智能照明控制系统在炼化装置的应用范围也在日渐拓展，照明智能调控装置安装于线路前端，可通过内置的智能控制器或可编程控制器、时间继电器、光敏控制器等，对节电系统的工作曲线进行自动控制，从而轻松调控整条线路上的负载，节电率高达 40%。

智能照明控制系统除具有照明就地、远程、手动、自动控制功能外，还具备声、光控模式，满足不同场景的需要。如夜晚来临，系统检测到有人体运动或者声音大于设置值时点亮走道照明，并根据场景需要自动调节照度。

ZBC010 常见照明系统故障

六、照明系统故障

(一) 照明系统断路故障

产生断路的原因主要是熔丝熔断、线头松脱、断线、开关未接通、铝线接头腐蚀等。

如果一个灯具不亮而其他灯具都亮，应首先检查灯丝是否烧断或灯泡是否变色。若灯泡无异常，则应检查开关和灯头是否接触不良、有无断线等。为了尽快查出故障点，可用试电笔测灯座的两极是否有电，若两极都不亮说明相线断路；若两极都亮(带灯泡测试)，说明零线断路；若一极亮一极不亮，说明灯丝未接通。对于日光灯来说，还应对其启辉器进行检查。

如果几盏灯具都不亮，应首先检查总保险是否熔断或回路开关是否接通。也可按上述方法及试电笔判断故障在总相线还是总零线，检查出故障后，将其排除即可。

(二) 照明系统短路故障

1. 造成短路的原因

(1)用电器具接线不规范，以致接头碰到一起。

(2)灯座或开关受潮或进水,螺口灯头内部松动、灯座顶芯歪斜等造成内部短路。

(3)导线绝缘外皮损坏或老化损坏,并在零线和相线的接触处碰线。

2. 处理方式

发生短路故障时,会出现打火现象,并引起短路保护装置动作。当发现短路打火时,应先查出发生短路的原因,找出故障点,处理后再恢复送电。

(三)照明系统漏电故障

1. 漏电危害

相线绝缘损坏而接地、用电设备绝缘损坏使外壳带电等原因,均会造成漏电。漏电不但造成电力浪费,还可能造成人身触电伤亡事故。

2. 漏电故障查找方法

(1)首先判断是否确实漏电。

可用兆欧表进行测试线路的绝缘电阻值,或在被检查照明线路的总开关后串接一只电流表,接通全部电灯开关,取下所有灯泡,进行仔细观察,若电流指针摇动,则说明漏电。指针偏转多少,取决于电流表的灵敏度和漏电电流的大小。若偏转多则说明漏电大。确定漏电后可按下一步继续进行检查。

(2)判断是相线与零线之间的漏电,还是相线与大地间的漏电,或者是两者兼而有之。

以接入电流表检查为例,切断零线,观察电流的变化:电流表指示不变,是相线与大地之间漏电;电流表指示为零,是相线与零线之间的漏电;电流表指示变小但不为零,则表明相线与零线、相线与大地之间均有漏电。

(3)确定漏电范围。

拉下断路开关,电流表若不变化,则表明是总线漏电;电流表指示为零,则表明是分路漏电;电流表指示变小但不为零,则表明总线与分路均有漏电。

(4)找出漏电点。

按前面介绍的方法确定漏电的分路或线段后,依次拉断该线路灯具的开关,当拉断某一开关时,电流表指针回零或变小,若回零则是这一分支线漏电,若变小则除该分支漏电外还有其他漏电处;若所有灯具开关都拉断后,电流表指针仍不变,则说明是该段干线漏电。

依照上述方法依次把故障范围缩小到一个较短线段或小范围之后,便可进一步检查该段线路的接头及电线穿管口处等有否漏电情况。当找到漏电后,应及时妥善处理。

项目二　高杆灯的安装

ZBC002 高杆灯的安装

一、准备工作

(一)设备

钢丝绳、手拉葫芦、吊车、电焊机。

(二)材料、工具

高杆灯散件、铁锤、垫木、卷尺、细钢丝、电工工具、绝缘电阻测试仪、信号笔。

(三)人员

电气安装调试工操作,混凝土工配合。必须穿戴劳动保护用品,严格按操作规程操作。

二、操作规程

(一)安装前准备工作

(1)根据装车和装箱清单仔细清点全部构件。

(2)检查构件是否破损、弯曲、扭曲,镀锌层是否被破坏。

(3)每节杆体上的标牌标明杆体的类型、订单号、分段数,在杆体内侧用彩笔标明了杆体的重量。核实发货是否正确,吊车起吊能力是否足够。

(4)依据图纸上提供的最大和最小套接长度,在杆体上做好标记,供套接时使用。

(5)基础验收和基础埋件的整理,清除混凝土基础表面的杂物,拆除包裹在预埋件螺栓上的防护物,复核各螺栓之间的间距尺寸(包括对角线尺寸),确认螺栓位置尺寸与图示尺寸相符。检查螺栓螺纹有无损伤。

(二)套接灯杆

(1)卸车,把各节灯杆按顺序铺放在地面上,最下面一节电气维护门开门口向上,顶端采用垫木垫起大约与底部成水平。

(2)套接前先将一根长度长于杆高的细钢丝自电气门穿入杆体内,用于以后穿钢丝绳和电缆的引导。

(3)套接从杆体的最下节开始,逐节向上进行。对接灯杆按照图纸要求在插入的细杆端标记出套接深度。

(4)在杆体的两侧焊有用于挂套拉紧钢丝绳的螺母,上下两节的螺母在同一直线位置上。

(5)将上一节杆体用吊车吊起,使口径大的一端对准基座节前端,缓慢套入,尽可能地套入较大深度,在该节的前端垫上木垫块。

(6)在上下两节杆体的两侧螺母上拧上螺栓,固定上拉紧钢丝绳和手拉葫芦,收紧手拉葫芦,直至达到套接深度标志,同时可以采用铁锤敲击套接部分杆体,帮助杆体套紧。

(7)按上述步骤和方法,依次套接其他单节杆体。

(三)穿钢缆和电缆

插入灯盘固定圆环。电动机挂主钢缆,接电源线。将卷扬机主钢缆、辅助钢缆与电缆固定在一起,用胶带扎紧,从灯杆底部用铁丝引至灯杆顶端。

(四)组装灯杆顶部辅助钢缆滑轮和主电缆滑轮

将主电缆和辅助钢缆放入滑轮内加保险螺栓固定,固定完毕要保障滑轮转动灵活。安装避雷防雨帽。

(五)起杆

(1)吊带一端固定灯杆底部,另一端系在最后一节灯杆靠近灯杆顶部 2/3 处,系绳方便脱钩。

(2)调整灯杆垂直上紧螺栓。

(六)组装灯盘并起升

(1)如果灯盘底部圆环直径小于灯杆直径,则需要将灯盘逐一吊升至合适位置再进行拼接固定。

(2)安装灯具在灯盘上,穿线,两头预留 500mm。

(3)松主钢缆,收紧辅助钢缆,检查灯盘水平,如偏差严重需重新调整辅助钢缆松紧度。

(4)收紧主钢缆,灯盘升至顶端挂钩后,在合适位置用胶布做标记。

(5)灯盘升到最顶端时,灯盘内圈会触碰那 3 个挂钩,在内圈圆管升到挂钩中间位置时,再将灯盘往下降,如果在降的过程中发现灯盘一侧变得很斜,那就说明上面的 3 个挂钩没有全部挂上,需要调整。如果在下降过程中灯头呈水平下降,且钢丝绳已经不再受力,说明灯盘已在挂钩上挂好,安装完毕。

三、技术要求

(1)安装前检查灯杆不得有影响强度的裂纹、灰渣、焊瘤、弧坑和针状气孔,并且无折皱和中断的缺陷。

(2)灯杆插接深度应大于插接处端直径的 1.5 倍,且不得低于 500mm。

(3)灯杆安装垂直度偏差不大于 3‰。

(4)在灯杆内电缆不应有接头(电缆接插头除外),并留有一定的长度余量。主电缆标称截面除应满足载流量要求外,还应满足抗拉机械强度的要求。电缆应与钢丝绳可靠固定,使其自身不单独承受牵引力。

(5)灯杆顶部设有驱动盘、防护罩和符合规范的避雷针,灯杆基础应预埋接地极,灯杆接地电阻应不大于 10Ω。

四、注意事项

(1)当横向风大于 5m/s 时或下雨天气,不得进行灯杆吊装,不得对灯盘进行升降。

(2)升降灯盘时,下方直径 5m 内不允许站人。操作人员在 5m 直径之外遥控操作。

项目三　太阳能路灯的安装

ZBC004　太阳能路灯的安装

一、准备工作

(一)设备

挖掘机、现场混凝土搅拌机、吊车、插入式振捣器。

(二)材料、工具

太阳能路灯(散件)、混凝土成品、水泥盖、钢管、铁锹、电工工具、钢丝绳、导线、绑扎带、绝缘电阻测试仪。

(三)人员

电气安装调试工操作,混凝土工配合。必须穿戴劳动保护用品,严格按操作规程操作。

二、操作规程

（一）地基浇注

（1）确定路灯安装位置：根据施工图纸及勘查现场地质的情况，确认开挖位置以下没有其他设施（如电缆、管道等），路灯顶部应没有长时间遮阳物体，否则要更换位置。

（2）开挖路灯基坑：在立灯位置开挖路灯基坑，深 1～1.3m。

（3）电池槽砌筑：在挖成的基坑中砌成电池槽，用以埋放电池，按蓄电池槽尺寸做水泥盖。

（4）浇筑路灯基础预埋件。

（5）待等到混凝土完全凝固之后（3～5 天，天气晴朗 3 天即可），才可以进行太阳能路灯的安装。

（二）太阳能电池组件的安装

（1）将太阳能电池板放到电池板支架上，并用螺栓拧紧，使其牢固可靠。

（2）连接太阳能电池板的输出线，注意接正确电池板的正负极，并将电池板的输出线用扎带扎牢。

（3）接好线之后对电池板接线处进行镀锡，以防止电线氧化。然后将接好线的电池板放到一边，等待穿线。

（三）灯具安装

（1）将灯线从灯臂中穿出，在安装灯头处一端留出一段灯线，以便安装灯头。

（2）将灯杆支起，将灯线另一端从灯杆预留的顺线孔处穿出，将灯线顺到灯杆顶头一端。并在灯线的另一端安装好灯头。

（3）将灯臂与灯杆上的螺栓孔对准，然后用快速扳手将灯臂用螺栓拧紧。目测灯臂无歪斜后对灯臂进行紧固。

（4）把灯线穿出灯杆顶端的一端做好标记，与太阳能电池板的连接线一同用保护管穿到灯杆底部一端，并将太阳能电池板支架固定在灯杆上。检查螺栓都拧紧之后等待吊车起吊。

（四）起吊

（1）灯杆起吊之前一定要检查各部件的固定情况，查看灯头和电池板是否有偏差，并进行适当的调整。

（2）将吊绳穿在灯杆合适的位置，缓慢起吊灯具。避免吊车钢丝绳划损电池板。

（3）当灯杆起吊到地基正上方时，缓慢放下灯杆，同时旋转灯杆，调整灯头正对路面，法兰盘上的孔对准地脚螺栓。

（4）法兰盘落在地基上以后，依次套上平垫、弹簧垫和螺母，最后用扳手将螺母均匀拧紧，将灯杆固定。

（5）撤掉起吊绳，检查灯杆是否倾斜，必要时对灯杆进行调整。

（五）蓄电池的安装

（1）将蓄电池放入电池槽内，电源线从灯杆基础中预先固定的管中穿出，连接控制器，盖上电池槽的水泥盖。

（2）如果将蓄电池置于控制箱内，须轻拿轻放，防止砸坏电源箱。

(3)蓄电池的输出线与电线杆内的控制器相连时必须用穿线管进行保护。

(六)控制器接线

(1)按照技术要求将导线连接到控制器。注意接线顺序是先接蓄电池,再接太阳能组件,然后接负载。接线操作时一定要注意各路接线与控制器上标明的接线端子不能接错,正负两极性不能碰撞,不能接反,否则控制器将被损坏。

(2)调试路灯工作是否正常。设置控制器的模式,让路灯亮起来,查看是否有问题,若没有问题,设置好亮灯时间后将控制器放入灯杆内,把灯杆的灯盖封好。

(3)通电前测试导线绝缘电阻,合格后,方可送电试亮。

(七)太阳能路灯组件调整

(1)太阳能路灯安装完成之后,检查整体路灯的安装效果,对于所立灯杆有倾斜的,应重新调整。最终使所安装路灯整体整齐划一。

(2)检查电池板的朝阳角度是否有偏差,电池组件的朝向要朝南,可以以指南针方向为准。调整电池板的朝向和仰角,使受光时间最长。

(3)检查灯臂、灯头是否歪斜,若灯臂或者灯头不正,还需要重新进行调整。

(八)二次预埋

待到所安装路灯全部调整整齐划一,灯臂灯头都没有歪斜之后,对灯杆底座进行二次预埋。用水泥将灯杆底座砌成一小方块,使太阳能路灯更加牢固可靠。

三、技术要求

(1)灯具与基础应固定可靠,地脚螺栓应有防松措施;灯具接线盒盒盖防水密封垫齐全、完整。

(2)在灯臂、灯盘、灯杆内穿线不得有接头,穿线孔口或管口应光滑、无毛刺,并应采用绝缘套管或包带包扎,包扎长度不得小于200mm。

(3)路灯安装使用的灯杆、灯臂、抱箍、螺栓、压板等金属构件应进行防腐处理;各种螺栓紧固,宜加垫片和弹簧垫,紧固后螺栓露出螺母不得少于两个螺距。

(4)太阳能灯具应安装在光照充足、无遮挡的地方,应避免靠近热源。

(5)电池组件与支架连接时应牢固可靠,组件的输出线不应裸露,并用扎带绑扎固定。

(6)控制系统接线顺序应为蓄电池—电池板—负载;系统拆卸顺序应为负载—电池板—蓄电池。

项目四　防爆照明配电箱的安装

ZBC007 防爆照明配电箱的安装

一、准备工作

(一)设备

切割机、套丝机、手电钻、焊机。

(二)材料、工具

BXM系列防爆照明配电箱(IIB)、保护管、电缆、支架、压接钳、电工工具、卷尺、角尺、水平尺、钢板尺、线坠、桶、刷子。

（三）人员

电气安装调试工。必须穿戴劳动保护用品，严格按操作规程操作。

二、操作规程

（一）支架安装

（1）采用10号镀锌槽钢作安装支架，支架的具体形式按设计图纸而定，一般为上、中、下3个支撑架。

（2）将槽钢或角钢调直，量好尺寸，画上锯口线，采用切割机机械切割。

（3）对下料后的槽钢或角钢进行喷砂除锈，刷防锈漆或银粉。

（4）根据配电箱固定螺栓的位置进行螺栓孔标注，在支架上钻孔。

（5）把支架焊接固定在所在位置的钢立柱上。配电箱支架焊接必须满焊，焊接饱满无缺失，焊接后清除焊渣，涂防腐漆。

（二）防爆照明配电箱安装

（1）安装前先检查防爆照明配电箱的密封圈，若发现密封圈有老化现象应立即更换。

（2）检查防爆照明配电箱的隔爆面，并及时为隔爆面补涂防锈油。

（3）防爆照明配电箱安装方式一般包括壁挂式和落地式。落地式的动力柜均需配备底盘，底盘高100mm，用10号槽钢制作。

（4）防爆照明配电箱、防爆照明应急照明箱安装高度均为中心距地面1.5m，支架与箱体之间采用螺栓连接的形式固定，螺栓采用镀锌螺栓，按对角顺序紧固。

（5）在振动地点的固定螺栓应有防松装置。

（三）电缆接线

（1）一般采用下出下进方式，进线口与电缆、导线引入连接后，应保持电缆引入装置的完整性和弹性密封圈的密封性，并应将压紧元件用工具拧紧，且进线口应保持密封。

（2）电缆的中性线和地线分别接至照明箱内零线（N）和保护地线（PE线）汇流排。

（四）封堵多余进线口

防爆照明配电箱的多余进线口的弹性密封圈和金属垫片、封堵件要齐全，将压紧螺母拧紧使进线口密封，金属垫片厚度不小于2mm。

三、技术要求

（1）防爆照明配电箱一般采用复合型结构，开关箱采用隔爆型结构，母线箱及出线箱采用增安型结构。铸铝合金外壳，内装高分断小型断路器，具有过载短路保护功能并可根据要求增加漏电保护等功能。

（2）防爆照明配电箱垂直度的要求：箱体高50cm以下，允许偏差1.5mm；箱体高50cm以上，允许偏差3mm。

（3）配电箱油漆完整，箱体内外清洁，部件齐全、好用，回路编号清楚，导线与接线端子连接牢固紧密，不伤芯线。裸露带电部分之间及与金属外壳之间的电气间隙不应小于6mm。导线进入箱体绝缘保护良好。同一端面端子上导线连接不多于2根，防松垫圈等零件齐全。

项目五　防爆照明灯具的安装与接线

ZBC008 防爆照明灯具的安装

一、准备工作

(一)设备

切割机、套丝机、手电钻、电锤、焊机、万用表、绝缘电阻表。

(二)材料、工具

防爆照明灯具、灯杆、保护管、电缆、支架、接线盒、压接钳、电工工具、卷尺、角尺、水平尺、钢板尺、线坠、绝缘胶带、桶、刷子。

(三)人员

电气安装调试工操作。必须穿戴劳动保护用品,严格按操作规程操作。

二、操作规程

(一)施工准备

(1)详细阅读产品使用说明书,熟悉灯头的结构、安装方式等。

(2)检查防爆灯具的防爆标志、外壳防护等级和温度组别是否符合设计图纸要求,是否与爆炸危险环境相适配。

(二)灯头接线

导线或电缆压接到灯头的接线端子上,连接完恢复灯头,保护好密封面,拧紧固定螺栓,导线或电缆穿密封圈、电缆密封接头到保护管,密封严密。

(三)连接灯杆

灯具和灯杆间通过双外螺纹的防爆活接头连接。

(四)安装支架或膨胀螺栓

按设计要求预制安装支架,护栏式防爆灯杆安装两个支架,支架一般采用 30mm×30mm×3mm 镀锌角钢制作。

(五)灯杆安装

采用 U 形管卡固定灯杆到支架上,灯杆与防爆接线盒采用螺纹连接,有要求的可以采用防爆活接头连接。

(六)安装壁灯吊链

(1)在弯管处用镀锌链条或型钢拉杆加固。

(2)调整角度,使吊链延长线和水平面呈 30°(角度根据灯杆弯曲角度定)。

(七)接线盒接线

导线和电缆采用 PVC 绝缘胶带包扎后,穿电缆密封接头、密封垫圈进入接线盒,压接到接线盒内接线端子上,注意保留一定余度。所有未使用的进线口需采用密封垫片和堵头进行密封。

三、技术要求

（1）灯具有下列情况应停止使用：外壳发现变形、灯罩有裂痕、盖及外壳上的螺纹有严重划伤或损伤，玻璃有裂纹。

（2）灯具外罩应齐全，螺栓应紧固，不准随意对防爆灯进行改装或更换防爆灯零件。

（3）防爆灯具应有“EX”标志和标明防爆电气设备的类型、级别、组别的铭牌，并在铭牌上标明防爆合格证号。

（4）灯具的种类、型号和功率，应符合设计和产品技术条件的要求，不得随意变更。

（5）灯具的隔爆结合面不得有锈蚀层，不能有划痕，紧固螺栓应无松动、锈蚀，不得任意更换，弹簧垫圈等防松设施应齐全，弹簧垫圈应压平。

（6）灯具的安装位置应离开释放源，且不得在各种管道的泄压口及排放口上方或下方。

（7）照明灯具若与其他管线或构筑物碰撞，施工可视现场情况做局部调整，如遇特殊情况，可适当调节灯具高度。

（8）导管与防爆灯具、接线盒之间连接应紧密，密封良好，螺纹啮合扣数应不少于5扣，并应在螺纹上涂以电力复合脂或导电性复合脂。

ZBC009 航空障碍灯的安装

项目六　航空障碍灯的安装

一、准备工作

（一）设备

切割机、电焊机。

（二）材料、工具

灯具、支架、接地线、电工工具、台虎钳、圆锉、水平尺、冲击钻、钢直尺、500V摇表、卷尺、绝缘胶布、数字万用表、钢锯。

（三）人员

电气安装调试工。必须穿戴劳动保护用品，严格按操作规程操作。

二、操作规程

（一）施工准备

（1）核对灯具的型号规格参数是否符合要求，是否为具有防雨性能的专用灯具，防护等级是否符合要求。检查灯具外观是否正常，是否有摩擦、变形、受潮、镀层剥落锈蚀、玻璃罩破损等现象。

（2）检查屋顶施工完毕、无渗漏。检查外墙装饰、航空障碍灯的安装平台是否满足安装要求。

（3）检查相关回路管线敷设到位，预埋管线在穿线后是否有防水措施。

（二）支架制作安装

（1）根据图纸预制灯具支架，要求支架加工精细、孔距准确。支架表面进行氟碳喷涂，涂层在完全干燥固化前(正常条件下一般为 2h)避免受到雨淋,做好涂层保护。

(2)将灯具支架与烟囱平台钢结构或者屋外幕墙上预埋件进行焊接,焊接应牢固,焊后清理涂防腐涂料。

(三)灯具安装

(1)将航空障碍灯与支架用螺栓固定,将避雷针固定在灯具支架上。

(2)安装时不要将光电控制感光头对向附近的光源,同时要确保感光头没有被附近的物体遮挡。

(3)从防水接头接入电源线,按标签上的端子定义正确连接电源信号线和接地线,将电源线引至灯具内压接牢固。

(四)控制箱安装

(1)一般采用明装电箱的安装方式,箱体距地标高 1.2m。

(2)控制箱配用数字式可编时间控制器,以控制设定时间开启电源,也可以根据光照度自动控制中光强、高光强障碍灯分别同步闪光。

(五)线路测试、航空障碍灯系统调试

(1)通电前测量电气线路的绝缘电阻,检验合格后,方允许通电试运行。

(2)通电后应仔细检查和巡视,检查灯具的控制是否灵活、准确;开关与灯具顺序是否对应;灯具的自动通断电源控制装置动作准确。

三、技术要求

(1)航空障碍灯的选型根据安装高度决定:距地面 45m 以下装设时采用低光强障碍灯,低光强障碍灯为常亮红色发光,一般不单独使用,需与中光强、高光强障碍灯配合使用;离地面 45m 以上 150m 以下建筑物及其设施使用中光强航空障碍灯;离地面 150m 以上建筑物及其设施,使用高光强障碍灯,为白色闪光灯。

(2)航空障碍灯作为特种设备,必须有中国民用航空局机场司指定的检测中心出具的合格检测报告方才有效。

(3)为了防止设备因进水而发生故障,航空障碍灯只可以直立安装,不允许水平安装。

(4)安装在烟囱、冷却塔上的航空灯不允许安装在建筑物顶上,应当安装在低于烟囱口、冷却塔顶 1.5~3m 的部位且呈正三角形水平布置。

(5)安装在水塔、高层楼房上的航空障碍灯,应当安装在建筑物顶上,但是必须在避雷针的保护范围之内。

(6)同一建筑物或建筑群航空障碍灯具间的水平和垂直距离不大于 45m,即如果物体的顶部高出其地面 45m 以上,必须在其中间加障碍标志灯。

(7)不同位置安装的航空障碍灯在电气控制上达到同步控制的要求。

四、注意事项

(1)高光强航空障碍灯为密封结构,非专业维修人员请不要拆装。

(2)航空障碍灯安装属于高空作业,不得随意上下抛掷物品,要合理使用传递绳和工具袋,吊装物品要由起重工指挥。

模块四　变压器安装调试

项目一　相关知识

ZBD001　变压器附件的组成及作用

一、变压器附件的组成及作用

变压器的主要组成部分为铁芯和绕组，为了满足生产需要并使变压器安全、可靠地运行，还设有储油柜、安全气道和气体继电器等附件。如图 3-4-1 所示。

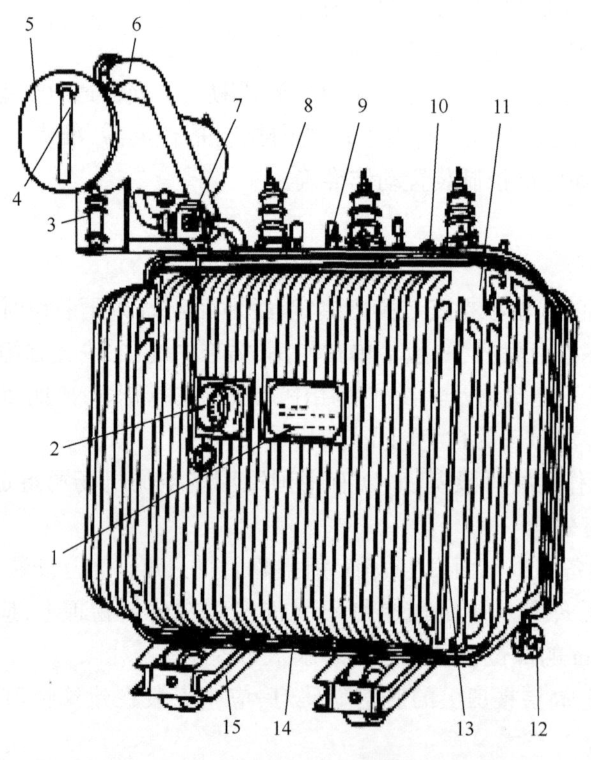

图 3-4-1　中小型油浸式电力变压器外形图

1—铭牌；2—信号式温度计；3—吸湿器；4—油标；5—储油柜；6—安全气道；7—气体继电器；8—高压套管；9—低压套管；10—分接开关；11—油箱；12—放油阀门；13—器身；14—接地板；15—小车

（一）分接开关

变压器的电压调整是利用装在某侧绕组的分接开关来减少或增加绕组的线匝，从而改变电压比。由于高压绕组常套在外面、高压侧电流小等原因，因此通常在高压绕组上抽出适当的分接。

(二)冷却装置

变压器的冷却装置是起散热作用的装置,根据容量大小不同,采用不同的冷却装置。

(三)储油柜(油枕)

储油柜位于变压器油箱上方,通过气体继电器与油箱相通。储油柜的作用就是保证油箱内总是充满油,并减小油面与空气的接触面,从而减缓油的老化。一般变压器在正常运行时,储油柜油位应该在油位计 1/4~3/4 的位置。

(四)安全气道(防爆管)

安全气道位于变压器的顶盖上,其出口用玻璃防爆膜或防爆阀封住。当变压器内部出现严重故障,而气体继电器失灵时,油箱内部的气体便冲破防爆膜从安全气道喷出,安全气道可保护变压器不受严重损害。

(五)吸湿器

为了使储油柜内上部的空气保持干燥和避免粉尘的污染,油枕通过吸湿器与大气相通。吸湿器内装有氯化钙或氯化钴浸渍过的硅胶,它能吸收空气中的水分。当它受潮到一定程度时,其颜色由蓝色变为粉红色。

(六)气体继电器

气体继电器位于储油柜与箱盖的联通管之间。在变压器内部发生故障产生气体时,接通信号或跳闸回路,进行报警或跳闸以保护变压器。

(七)高、低压绝缘套管

变压器内部的高、低压引线是经绝缘套管引到油箱外部的,它起着固定引线和对地绝缘的作用。套管由带电部分和绝缘部分组成。

二、变压器油的作用及检验方法

ZBD003 变压器油的作用及检验方法

(一)变压器油的作用

变压器油的作用是绝缘和冷却,油的质量直接影响整个变压器的绝缘性能。常用的变压器油有 45 号、25 号和 10 号等,它是按油的低温性能(凝固点)来分类的,如 25 号变压器油的凝固点不高于−25℃。

(二)变压器油的成分

变压器油是由润滑油精制而成的碳氢化合物的混合物,主要成分是烷烃、环烷烃和芳香烃类。良好的变压器油是清洁而透明的液体,无沉淀物、机械杂质悬浮物及棉絮状物质。

(三)变压器油的特性试验及取样

1. 变压器油检验

根据试验的目的和内容可分为理化特性试验和电气特性试验。理化特性试验包括分析试验和简化分析试验。电气特性试验包括电气强度试验和介质损耗因数的测试。

电气强度试验即测量绝缘油的瞬时击穿电压值,35kV 及以下电压等级的绝缘油要求其击穿电压不小于 35kV;60~220kV 时击穿电压不小于 40kV。常用的设备是绝缘油强度测试仪。

油介损也是衡量变压器油质好坏的重要指标之一,用绝缘油介损测试仪来测量。它能灵敏地反映绝缘油的老化程度。

对设备带来的变压器油和每批新到的补充油均应有检验报告作为依据。现场应根据规定对变压器油选择击穿电压、介质损耗正切值试验、简化分析或全面分析的检验。施工中若碰到补充油和原来油不同，就要进行混合试验，合格后才能混合使用；原则上不同牌号的新油不能混合使用。

2. 变压器油取样

取样油瓶最好选用500mL的毛玻璃口瓶，洗刷干净，并置于烘箱内烘干，取样时应取自箱底或桶底，先开启放油阀，冲去阀口脏物，再将取样瓶用油冲洗两次，然后装满油，将瓶塞塞好。对于气相色谱法分析的油样，要用深色有塑料塞和塑料螺旋盖的酒精瓶，应分别从变压器下部和气体继电器两处去取。

取样的比例应符合相关规定，当用油桶时，根据油桶数量进行取样，如1个油桶时取1个样；2~5个油桶时取2个；6~20个油桶时取3个样。进行油中水分含量测定用的油样，可同时用于油中溶解气体分析，不必单独取样。油样应尽快分析，做油中溶解气体分析的油样不得超过4天；做油中水分含量的油样不得超过7天。

ZBD004 变压器滤油方法及注油要求

三、变压器滤油方法及注油要求

（一）变压器滤油方法

过滤方法有压力过滤法、离心分离法和真空喷雾法。压力过滤法是使用压力式滤油机，用油泵压力迫使油通过过滤纸除去脏物和水分。离心分离法是使用离心式滤油机，利用离心力将密度大于油的水分和杂质分离出去。真空滤油机是把变压器油经过加热使黏度降低，流动性提高，有助于水分析出。真空滤油效率高、质量好，被广泛采用。

（二）变压器注油

变压器油经简化试验、混合试验合格后，即可注油。

变压器注油最好采用真空注油法，如果条件不具备，110kV及以下变压器可以非真空注油。

注入油的温度最好高于器身温度，并且最低不得低于10℃，以防止水分的凝结。在抽真空时要监测油箱的弹性变形程度。注油后应继续维持真空不少于2h。

带有载调压开关的变压器，开关油箱与变压器油箱用管与抽真空管并联起来，使开关油室与变压器油箱同时抽真空；注油时也应同时抽真空注油。

注油时应从下部油阀进油，利于气体排出，但是加注补充油时应通过储油柜注入，防止气体存在于器身某一位置或气体继电器中，引起局部绝缘能力降低或误动作。

注油完毕，应对油箱、套管、升高座、气体继电器、散热器及安全气道等处多次排气，直至排尽为止。

（三）变压器热油循环

220kV及以上电压等级的变压器真空注油后必须进行热油循环。220~330kV的循环时间不得少于24h，500kV变压器不得少于48h。

热油循环必须用真空滤油机进行，其出口温度不得低于50℃，也不得高于80℃；油箱内温度不应低于40℃。热油循环时间按制造厂产品说明书进行，一般为48h。

四、电压互感器工作原理及型号

ZBD005 电压互感器的原理及型号

(一) 电压互感器工作原理

电压互感器是利用电磁感应原理工作的,类似一台空载运行的降压变压器。原理如图 3-4-2 所示。电压互感器一次绕组匝数多,二次绕组匝数少,使用时互感器的高压绕组与被测电路并联,低压绕组与测量仪表电压线圈并联,其二次侧不能短路,否则绕组将被烧毁。

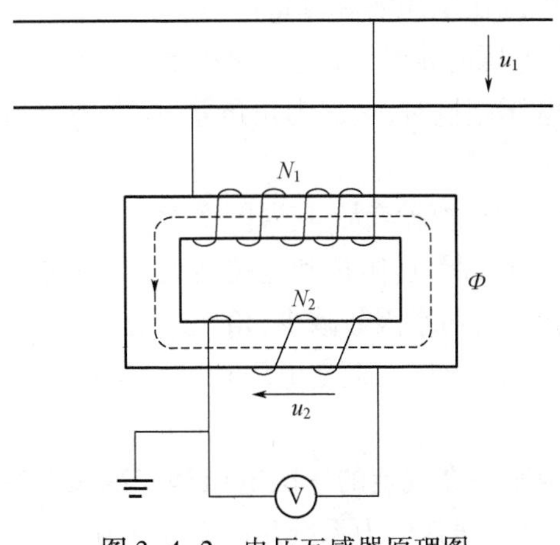

图 3-4-2　电压互感器原理图

(二) 电压互感器型号

电压互感器型号的字母含义表示如图 3-4-3 所示。

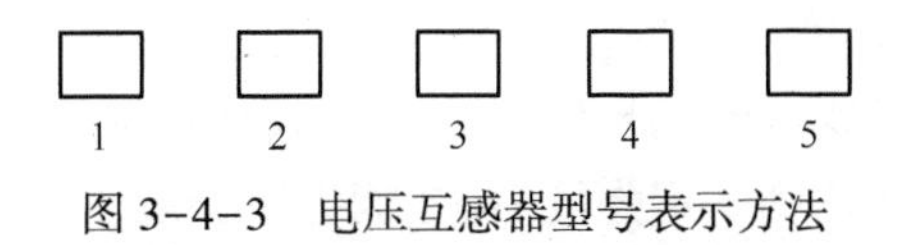

图 3-4-3　电压互感器型号表示方法

第 1 位表示互感器类别:J—电压互感器。

第 2 位表示结构特点:D—单相;S—三相;C—串级;W—五铁芯柱。

第 3 位表示绝缘方式:G—干式;J—油浸;C—瓷绝缘;Z—浇注绝缘;R—电容式。

第 4 位表示使用特点:W—五柱三绕组;J—有接地保护用的辅助线圈;B—带补偿角差绕组。

第 5 位数字表示电压互感器额定电压。

五、电压互感器的容量及误差

ZBD006 电压互感器的容量及误差

(一) 电压互感器容量

电压互感器的容量(VA)是指其二次绕组允许接入的负载功率,分额定容量和最大容量。额定容量是指对应于最高准确级次的容量,最大容量是允许发热条件规定的极限容量。由于电压互感器的误差随二次负载功率的大小而变化,容量增大,准确度降低,因此每个给定容量和一定的准确级次相对应。

（二）电压互感器误差和准确度

电压互感器的测量误差分为两种：一种是变比误差；另一种是角度误差。

（1）计算变比误差应用下式：

$$\Delta U\% = \frac{kU_2 - U_{1n}}{U_{1n}} \times 100\% \tag{3-4-1}$$

式中 k——电压互感器的变压比；

U_{1n}——电压互感器的一次额定电压，V；

U_2——电压互感器的二次电压实际测量值，V。

（2）角度误差是指二次电压的相量 U_2 与一次相量 U_1 之间的夹角，角误差的单位是分。当二次电压相量超前一次电压相量时，规定为正角差，反之为负角差。这两种误差与下列因素有关。

① 互感器的励磁电流：励磁电流增大，其误差增大。

② 互感器的电阻、感抗以及漏抗：阻抗和漏抗增大，误差增大。

③ 互感器的二次负载大小，功率因数减少，角误差增大。

④ 一次电压波动：只有一次电压在额定电压±10%范围内波动时，才能保证不超过准确度规定的允许值。

电压互感器的精度等级是指在规定的一次电压和二次负荷变化范围内，负荷功率因数为额定值时，误差的最大限值。通常电力系统用的有 0.2、0.5、1、3、3P、4P 级等，0.2 级用于电能表计量电能，0.5 级用于一般测量仪表，其他一般用于保护。

ZBD007 电压互感器安装及试验要求

六、电压互感器安装及试验要求

（一）电压互感器安装要求

电压互感器一般多装在成套配电柜内或直接安装在混凝土台上，装在混凝土台上的电压互感器要等混凝土干固并达到一定强度后，才能进行安装工作，且应仔细检查电压互感器外部。如遇异常情况，则应对器身进行检查，但应在厂家技术人员指导下进行。

1. 电压互感器外部检查

检查瓷套管有无裂缝，边缘是否毛糙或损坏；附件是否齐全；二次接线板是否完整清晰等。

2. 电压互感器安装注意事项

（1）互感器安装应水平，并列安装的互感器应排列整齐，同一组互感器的极性方向一致，二次接线端应安装在便于检查的一侧。

（2）接线时应注意不使其受到拉力，并应注意接线正确，且极性不应接错。

（3）电压互感器二次侧不能短路，通常在一次侧装设熔断器、二次侧安装带有快速切断的 MCCB 作为短路保护。

（4）二次侧必须有一端接地，以防止一、二次线圈绝缘击穿，造成一次侧高压窜入二次侧，危及人身安全及设备安全。互感器外壳亦必须接地。

（二）电压互感器试验项目及要求

（1）测量绝缘电阻：使用 2500V 兆欧表测量一次绕组对二次绕组及外壳、各二次绕组间及其对外壳的绝缘电阻应不宜低于 1000MΩ。

(2)测量介质损耗因数:电压等级 35kV 及以上互感器的应测量介质损耗因数,测试时使用介损测试仪。

(3)交流耐压试验:应按出厂试验电压的 80%进行;二次绕组之间及其对外壳的工频耐压试验电压标准应为 2kV。

(4)接线组别和极性:必须符合设计要求,并应与铭牌和标志相符。

(5)误差测量:用于关口计量的互感器必须进行误差测量;用于非关口计量,电压等级 35kV 及以上的互感器,宜进行误差测量;用于非关口计量,电压等级 35kV 以下的互感器,检查互感器变比,应与制造厂铭牌值相符,对多抽头的互感器,可只检查使用分接头的变比;非计量用绕组应进行变比检查。

(6)直流电阻测量:一次绕组直流电阻测量值与换算到同一温度下的出厂值比较,相差不宜大于 10%。二次绕组直流电阻测量值与换算到同一温度下的出厂值比较,相差不宜大于 15%。

七、电流互感器的工作原理及型号

ZBD008 电流互感器的原理及型号

(一)电流互感器工作原理

图 3-4-4 为电流互感器的工作原理图,它的一次绕组匝数少,串联在线路里,其电流大小取决于线路的负载电流,由于接在二次侧的电流线圈的阻抗很小,因此正常运行时相当于一台短路运行的变压器。

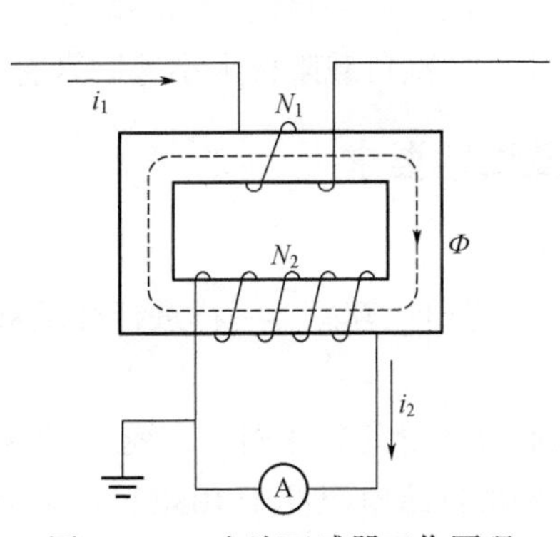

图 3-4-4　电流互感器工作原理

(二)电流互感器型号

电流互感器型号表示方法如图 3-4-5 所示。

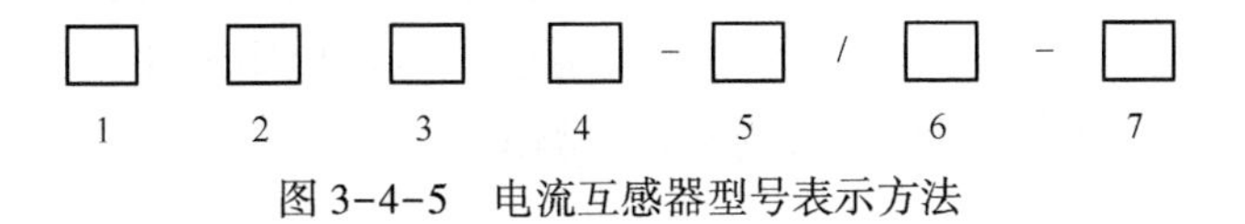

图 3-4-5　电流互感器型号表示方法

第 1 位表示互感器类别:L—电流互感器。

第 2 位表示结构形式:A—穿墙式;B—支柱式;C—瓷箱缘;D—单匝式;F—复匝式;J—接地保护;M—母线式;Q—线圈式;R—装入式;Y—低压式;Z—支柱式。

第 3 位表示绝缘方式:C—瓷绝缘;D—差动保护;G—改进式;J—树脂浇注;K—塑料外

壳；L—电缆电容型；M—母线式；P—中频的；Q—加强型；S—速饱和的；W—户外式；Z—浇注绝缘型。

第4位表示使用特点：B—保护级。

第5位表示额定电压。

第6位表示准确级。

第7位表示额定电流。

如LQJ-10表示额定电压为10kV绕组式浇注绝缘的电流互感器。

ZBD009 电流互感器的容量及误差

八、电流互感器的容量及误差

(一) 电流互感器容量

电流互感器的容量即允许接入的二次负载容量，可以用视在功率表示。

(二) 电流互感器误差和准确度

电流互感器的准确级次是以最大变比误差和相角差来区分的，准确度级别在数值上是变比误差极限的百分数，一般可分为0.2、0.5、1.0、0.25、0.5S、5P、10P级。根据电力互感器鉴定规程，测量用互感器和保护用电流互感器的标准程度不同。

电流互感器的测量误差分为变比误差和角度误差。当互感器一次电流为额定电流时，二次负载越大，则变比误差和角度误差就越大；但一次电流低于电流互感器额定电流时，互感器的变比误差和角度误差也随着增大。互感器的角误差是指二次电流的相量与一次电流相量的夹角；当二次电流超前于一次电流相量时，为正角差，反之为负角差。电流互感器的误差与励磁安匝、一次电流大小及二次负载阻抗大小等因素有关。

ZBD010 电流互感器安装及试验要求

九、电流互感器安装及试验要求

(一) 电流互感器安装要求

电流互感器在安装之前也应像电压互感器一样进行外观检查，符合要求后再进行安装。安装时应注意以下几点：

(1) 每相电流互感器的中心应尽量安装在同一直线上，各互感器的间隔应均匀一致。

(2) 当电流互感器二次线圈的绝缘电阻低于10MΩ时，必须予以干燥处理。

(3) 接线时应注意不使接线端子受到额外拉力，保证接线正确。

(4) 电流互感器的备用二次绕组端子应先短接后接地。

(二) 电流互感器试验

电流互感器的试验项目及所用设备与电压互感器基本相同，但测量直流电阻时规定，对于同型号、同规格、同批次电流互感器一、二次绕组的直流电阻和平均值的差异不宜大于10%；若电流互感器用于保护时应进行励磁特性测试。

ZBD011 整流变压器相关知识

十、整流变压器

(一) 用途和特点

整流变压器是根据电磁感应原理制成的一种变换交流电压的设备。其一次侧接交流电网，称为网侧；二次侧接整流器，称为阀侧。整流器不同于电力变压器之处在于：

(1)电流波形不是正弦波。整流器各臂在一个周期内轮流导通,导通时间只占一个周期一部分,流经整流臂的电流波形是接近于断续的矩形波。

(2)对于整流变压器,其原、副绕组的功率有可能相等,也可能不等。

(3)根据整流装置的要求,整流变压器阀侧有多种接法。

(4)与普通变压器相比,整流变压器的耐受短路电动力的能力必须严格符合要求。

(二)移相

由于整流变绕组电流是非正弦的,含有高次谐波;为了减小对电网的谐波污染,提高功率因数,必须提高整流设备的脉波数。通常脉波数 12 及以上的整流设备由两个或多个脉波数为 6 的整流单元并联构成,相互之间有一个相位移,可以通过改变接法或在变压器网侧或有载调压变压器一次侧设置移相线圈而得到。

(三)调压方式

整流负载的工作特性常要求有载调压。整流设备的有载调压方式按其工作原理分成两大类:一类是由变压器来实现变磁通调压;另一类是由晶闸管元件或饱和电抗器来实现相位控制调压。

(1)变压器的变磁通调压由有载分接开关来实现,其调压速度比较慢,一般以秒计;直流输出电压波形不因调压而改变;网侧功率因数变化很小。变压器的变磁通有载调压主要有在一次侧分接头调压、自耦变压器调压和在主变压器-串联变压器调压等几种方式。

(2)相位控制调压速度快,直流输出电压波形有畸变,交流分量增加;网侧功率因数几乎随直流输出电压成正比改变。

ZBD012 其他变压器

十一、其他变压器

(一)自耦变压器

自耦变压器的结构特点是一、二次绕组共用一个绕组,它们之间既有磁的联系,又有电的直接联系。对于降压自耦变压器,一次绕组的一部分充当二次绕组;对于升压自耦变压器,二次绕组的一部分充当一次绕组。将一、二次绕组共用部分的绕组称为公共绕组。

(二)弧焊变压器

弧焊变压器是一台特殊的降压变压器,其空载电压为 60~75V;额定负载时电压在 30V 左右;焊接电流可在一定范围内调节;短路电流不大,一般不超过额定电流的 2 倍,且焊接电流稳定。

弧焊变压器具有较大的电抗并可以调节。弧焊变压器的一、二次绕组分装在两个铁芯柱上。为获得电压迅速下降的外特性及实现弧焊电流可调,可采用串联可变电抗器法和磁分路法。

(三)接地变压器简介

接地变压器结构与一般三相芯式变压器相似,它的铁芯为三相三柱式,每一铁芯上有两个匝数相等、绕向相同的绕组,组成曲折形的星形接线方式。接地变压器的特点是:对三相平衡负荷呈高阻抗状态,对不平衡负荷呈低阻抗状态;单相接地故障时,接地变压器的中性点电位升高到系统电压,在阻抗上会产生一个接地电流;绕组相电压无三次谐波分量。

（四）隔离变压器

隔离变压器一般是指 1：1 的变压器。由于次级不和地相连，次级任一根线与地之间没有电位差，使用安全，常用作维修电源。

（五）电子变压器

电子变压器也就是开关稳压电源，它实际上就是一种逆变器。首先把交流电变为直流电，然后用电子元件组成一个振荡器将直流电变为高频交流电，通过开关变压器输出所需要的电压并经二次整流后供用电器使用。

ZBD013 变压器的直流电阻测量

十二、变压器的直流电阻测量

（一）试验目的

通过对变压器各相绕组测量直流电阻，可以检查绕组导线的焊接质量、有无匝间短路、分接开关接触是否良好、绕组有无断股、各绕组引出线与出线套管的连接是否紧固等。

（二）仪器选择

根据直流电阻数值的大小，可以分别选择采用单臂电桥、双臂电桥或直阻快速测试仪进行测量。目前，常用的是直阻快速测试仪；如果直流电阻数值小于 10Ω，不宜采用单臂电桥。

（三）接线方法

单相测量和三相测量的接线如图 3-4-6 所示。

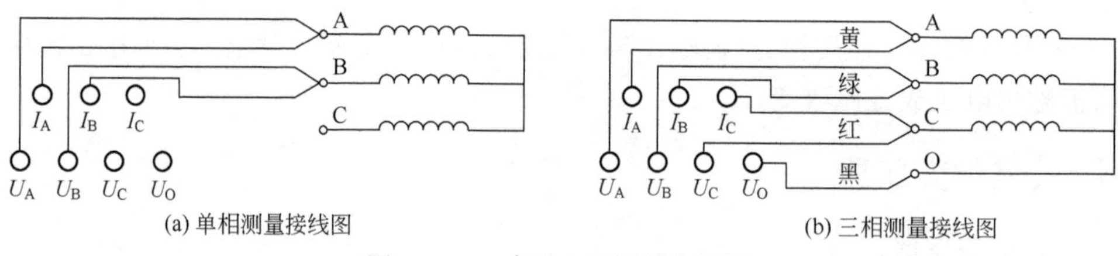

(a) 单相测量接线图　(b) 三相测量接线图

图 3-4-6　直流电阻测量接线图

（四）测试结果的判断

直阻测试结果应经过温度换算，然后与以往的测试结果进行比较，应无明显变化；而且各相直流电阻应基本相同。测试结果的判定为：1600kVA 及以下电压等级三相变压器，各相测得值的相互差值应小于平均值的 4%，线间测得值的相互差值应小于平均值的 2%；1600kVA 以上三相变压器，各相测得值的相互差值应小于平均值的 2%；线间测得值的相互差值应小于平均值的 1%；变压器的直流电阻，与同温下产品出厂实测数值比较，相应变化不应大于 2%。

（五）三相电阻不平衡的可能原因

（1）分接开关接触不良。主要反映在一两个分接处的电阻偏大，且三相之间电阻不平衡。

（2）焊接不良。如绕组本身焊接不良或绕组与引线之间的焊接不良等都会使电阻产生不同程度偏大的误差。

（3）套管中的导电杆引线连接不良。

（4）绕组产生匝间或层间短路。

（5）三角形连接的绕组，其中一相断线，没有断线的两相，线端间的电阻为正常值的 1.5

倍,而断线相的线端间电阻为正常值的 3 倍。

十三、变压器的介质损耗测量

ZBD014 变压器的介质损耗测量

(一)试验目的

变压器介质损耗试验的目的是对变压器生产过程中的工艺质量和制造质量进行监督。该项试验可以间接鉴别变压器绝缘在高电压作用下的可靠性,并可验证变压器真空处理的好坏、受潮、脏污等影响,以便及时发现缺陷。

(二)仪器选择

介质损耗正切值试验常用的仪器有 QS1 交流电桥(西林电桥)、智能型介质损耗因数测试仪。

(三)测试方法

变压器整体介质损耗因数试验时,因变压器外壳直接接地,如果用 QS1 交流电桥应采用反接法。利用智能型介质损耗因数测试仪进行测试的接线如图 3-4-7 所示。

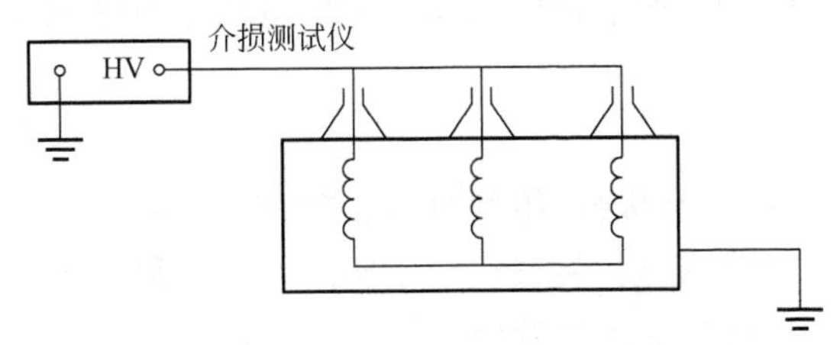

图 3-4-7　介质损耗因数测试试验接线示意图

(四)测试结果的判断

交接试验规程有关变压器介质损耗因数规定如下:

(1)当变压器电压等级不小于 35kV 且容量不小于 8000kVA 时,应测量介质损耗因数。

(2)被测绕组的介质损耗因数不应大于产品出厂试验值的 130%。

(3)当测量时的温度与产品出厂试验温度不符合时,应根据公式换算到同一温度时的数值进行比较。

十四、变压器的连接组别

ZBD015 变压器的连接组别

变压器的连接组别是指变压器高、低压绕组的连接方式及以时钟序数表示的相对位移的通用标号。通常用一次侧线电压相量作为分针,固定指在时钟 12 点的位置,二次侧的线电压相量作为时针。如在 Ynd11 的接法中 11 就是表示当一次侧线电压相量作为分针指在时钟 12 点的位置时,二次侧的线电压相量在时钟的 11 点位置;也就是说二次侧的线电压滞后一次侧线电压 330°(或超前 30°)。

一般配电变压器采用 Yyn0 和 Dyn11 两种连接。近几年来,Dyn11 连接的配电变压器逐渐得到广泛应用,这是由于它有以下优点:

(1)有利于抑制高次谐波。因为 $3n$ 次谐波励磁电流在三角形接线的一次绕组中形成环流,不至于注入高压侧公共电网中去。

(2)有利于单相接地短路故障的保护和切除。因为 Dyn11 连接的变压器,其零序阻抗比 Yyn0 连接的阻抗要小很多。

(3)有利于单相不平衡负荷的使用。国家相关标准规定:Dyn11 连接的变压器,其中性线电流一般不应超过低压侧额定电流的 40%,或应按制造厂的规定选择中性电流;而 Yyn0 连接的变压器,其中性线电流不应超过低压侧额定电流的 25%。

ZBD016 变压器的极性、接线组别和变比试验

十五、变压器的极性、连接组别和变比试验

(一)试验目的

(1)检查变压器的极性和连接组标号是否符合铭牌标志规定。

(2)检查变压器变压比的误差是否在规程规定的合格范围内。

(二)仪器选择

(1)优先选用变压器全自动变比测试仪,也可采用变比电桥,在测量变压器变压比的同时也校验了极性和接线组别。

(2)用干电池和万用表也可以测量极性和接线组别。

(3)用三相交流电源和电压表通过测量各端子间的电位差,画相量图,也可判断接线组别。

(三)试验方法

1. 采用变比电桥

采用变比电桥试验变压比和极性、组别时,只需将变压器的一、二次套管出线端子与电桥上的同名端子相连。在接好线后,将被试变压比的标准值和接线组别等数据输入电桥内,再调节电桥平衡,即可读出变压比误差数值。

2. 用直流法测试变压器极性

用一节干电池接在变压器的高压端子上,在变压器的二次侧接上一毫安表或微安表,试验时观察当电池开关合上时表针的摆动方向,即可确定极性。

如图 3-4-8 所示,将干电池的正极接在变压器一次侧 A 端子上,负极接到 X 上,电流表的正端接在二次侧 a 端子上,负极接到 x 上,当合上电源的瞬间,若电流表的指针向零刻度的右方摆动,而拉开的瞬间指针向左方摆动,说明变压器是减极性的。

3. 用直流法测试接线组别

直流法是最为简单实用的测量变压器绕组接线组别的方法,如图 3-4-9 所示是对 Y/Y 接法的三绕组变压器用直流法确定组别的接线,对于其他形式的变压器接线相同。用一低压直流电源如干电池加入变压器高压侧 AB、BC、AC,轮流确定接在低压侧 ab、bc、ac 上的电压表指针的偏转方向,从而可得到 9 个测量结果。将所测得的结果组别及极性对照表进行对照,即可知道该变压器的接线组别。

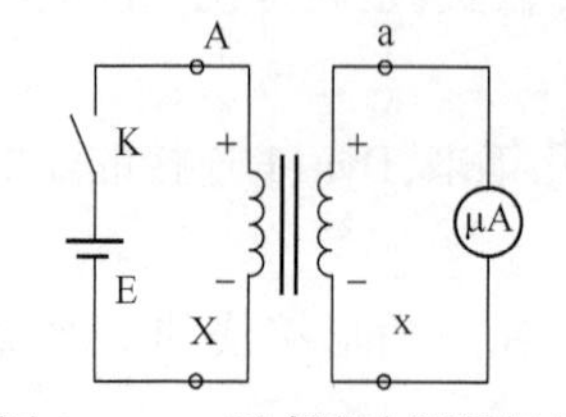

图 3-4-8 用直流法测量极性

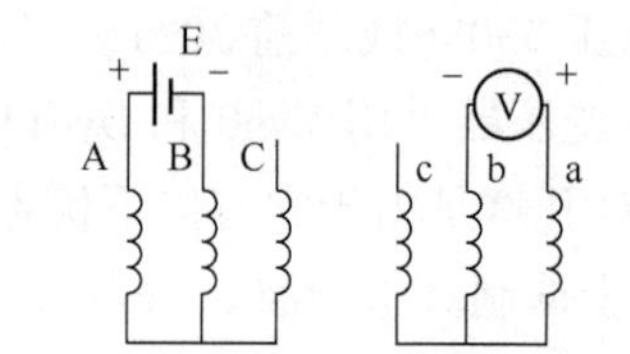

图 3-4-9 用直流法确定接线组别

4. 用综合变比测试仪测量极性、组别及变比

按照厂家说明书进行设定、接线和操作，接线时注意高低压连线不能接反，否则会击穿或损坏设备。

（四）测试结果的判断

（1）规定变压器的三相接线组别和单相变压器引出线的极性，必须与设计要求及铭牌上的标记和外壳上的符号相符。

（2）检查所有变压器分接头的电压比，与制造厂铭牌数据相比应无明显差别，且应符合电压比的规律；电压等级在 220kV 及以上的电力变压器，其电压比的允许误差在额定分接头位置时为±0.5%。

十六、变压器的调压装置安装及试验要求

ZBD018　变压器的调压装置安装及试验要求

在电力系统中调压的方法很多，例如调节发电机出口电压、用同步调相机、在负载端并联电容等，但采用最多的还是变压器调压，它是通过分接开关来调节的。

（一）变压器分接开关的种类

无载调压分接开关（OCTC）是指在切换分接头时必须在变压器完全停电的情况下进行的分接开关，一般有 3~5 个分头。

有载调压分接开关（OLTC）是指在切换分接头时，不需要变压器停电就可切换。它由调换开关、选择开关、范围开关和操作机构等部分组成，一般有 7~15 个分头。

如某台 10kV 变压器铭牌显示有载调压的调压范围为±3×2.5%，表示变压器有 7 挡有载调压分接开关，每挡的调整电压为 250V（2.5%×10000）。其最高挡（7 挡）电压为 10750V（10000+3×250），1 挡为 9250V。

（二）分接开关安装前检查

（1）分接开关的规格及技术参数应与变压器设计要求相符，制造厂提供的各项技术资料应齐全。

（2）分接开关及其附件、专用工具应齐全，无锈蚀及机械损坏。

（3）分接开关头盖及头部法兰与变压器连接处的螺栓应紧固，密封应良好，无渗漏油现象。

（4）检查电动机构和分接开关的分接位置指示是否相同，并都在整定工作位置。

（5）有载开关的油室与变压器本体应使用相同的绝缘油，应符合相关规定。

（6）对有载开关的储油柜、吸湿器及其他附件，应按制造厂的技术要求，做相应的检查与调试。

（三）分接开关安装要求

一般情况下，变压器出厂前分接开关已经安装完毕，只需要检查安装完的情况；当需要现场安装时，应在厂家技术人员的指导下或严格按照技术说明书进行安装。

（四）分接开关试验要求

对于有载调压装置，GB 50150—2016《电气装置安装工程　电气设备交接试验标准》做出了如下规定：

（1）变压器带电前应进行有载调压切换装置切换过程试验，检查切换开关切换触头的

全部动作顺序，测量过渡电阻阻值和切换时间，应符合规程规定。

（2）在变压器无电压下，手动操作不少于2个循环，电动操作不少于5个循环。其中电动操作时电源电压为额定电压的85%及以上。操作无卡涩、连动程序，电气和机械限位正常。

（3）循环操作后，进行绕组连同套管在所有分接下直流电阻和电压比测量，试验结果应符合变压器试验项目中的相关规定。

（4）在变压器带电条件下进行有载调压开关电动操作，动作应正常。操作过程中，各侧电压应在系统电压允许范围内。

（5）绝缘油注入切换开关油箱前，其击穿电压应符合绝缘油的规定。

ZBD019 变压器投送电前的检查

十七、变压器投送电前的检查

变压器带电前，应进行全面的检查，如不符合运行条件应立即处理。检查内容如下：

（1）变压器储油柜、冷却器等各处的油阀应打开；再次排放空气并检查是否有渗漏现象。

（2）检查变压器接地系统的接地是否良好。

（3）套管瓷件应清洁，油位应正常。

（4）检查调压开关置于运行挡位。

（5）检查冷却器控制回路接线是否正确，启动是否正常。

（6）检查气体继电器方向是否正确，蝶阀是否打开，继电器是否放空，油气通道是否畅通。

（7）检查变压器保护测量信号及控制回路的接线是否正确，各保护系统均应经过实际传动试验。

（8）检查压力释放阀是否取下锁片。

（9）确定变压器引出线连接良好，相位、相序符合要求。

（10）确定变压器的交接试验项目无遗漏，无缺项，绝缘试验合格。

（11）检测变压器设置的各种保护动作整定应正确，包括差动、过流、速断、零序保护等，整定值符合设计要求。

（12）室内变压器周围及间隔内清洁无杂物，门窗完好，照明充足，通风装置良好，消防器材齐全。

（13）送电前应编制送电方案并经审批，操作、监护和检查人员到位，各负其责。

ZBD020 变压器空载投入冲击试验

十八、变压器空载投入冲击试验

变压器不能带负荷投入，所有负荷开关应全部拉开。规程规定变压器试运前，必须进行全电压冲击试验，以考验变压器的绝缘和保护装置。

全电压冲击应由高压侧投入，5次冲击合闸时，每次间隔时间宜为5min，无异常现象，且励磁涌流也不应引起保护装置误动作；如有异常情况应立即断电进行检查。对中性点接地的电力系统，试验时变压器中性点必须接地；无电流差动保护的干式变压器可冲击3次。

变压器空载运行检查方法主要是听声音。变压器正常时，发出连续均匀的“嗡嗡”声，而异常时有以下几种声音：

(1)声音较大而均匀时，可能是外加电压比较高。

(2)声音较大而嘈杂时，可能是芯部有松动。

(3)有嗞嗞声音时，可能是芯部和套管有表面闪络。

(4)有爆裂声响，可能是芯部有击穿现象，应严加注意，并应查出原因及时处理。

在冲击试验中操作人员应观察冲击电流的大小，电压表的指示。如在冲击过程中有轻瓦斯动作，应取油样做气相色谱分析，以便做判断。

冲击试验通过后，宜空载运行 24h，或时间长短视实际需要而定，如无异常便可带负荷运行了。

ZBD021 变压器的异常运行及分析

十九、变压器的异常运行及分析

变压器发生事故之前，一般都会有异常情况出现。变压器运行中的异常一般有以下几种情况。

(一)声音异常

(1)电网发生过电压。发生单相接地或产生谐振过电压时，将产生粗细不均匀的“尖响”噪声。

(2)变压器过负荷时，将使变压器发出的沉重电磁“嗡嗡”声增大。

(3)变压器有杂声，声音比平时大或其他明显杂声，可能为铁芯紧固件或绑扎有松动，或硅钢片振动增大所致。

(4)变压器有局部放电声。若变压器内部或外表面发生局部放电，声音中就会夹杂“噼啪”放电声。

(5)若变压器的声音夹杂有水沸腾声，且温度急剧上升、油位升高，则应判断为变压器绕组发生短路故障或调压开关接触不良。

(6)变压器有爆裂声，则是变压器内部或表面绝缘击穿。

(二)油温异常

(1)内部故障引起油温异常。变压器内部故障，如绕组匝间短路、线圈对周围屏树枝状放电、潜油泵油流产生带电效应烧坏线圈、铁芯多点接地使涡流增大而过热等。

(2)冷却器运行不正常引起温度异常。冷却器异常如潜油泵停运、风扇损坏、散热器管道积垢、冷却效果不良等，都会引起温度升高。

(三)油位异常

变压器油枕的油位表，一般有+40℃、+20℃、-30℃三条线，分别表示使用地点环境在最高、年平均温度下满载时和最低温度下空载时的油位线。根据这三个标志可以判断变压器各种运行状态下的正常油位，以避免发生高温下满载时溢油或低温下空载时变压器内缺油的现象。

(四)外观异常

(1)套管闪络放电。常见原因是套管表面脏污、高压套管制造中末屏接地焊接不良、系统内部或外部过电压等。

(2)渗漏油现象。如蝶阀胶垫材质不良、高压套管基座电流互感器出线桩头胶垫处不密封或无弹性等。

（五）瓦斯动作的情况

瓦斯保护是变压器的主保护，轻瓦斯动作于信号，重瓦斯作用于跳闸。

（1）轻瓦斯动作的原因：变压器内部有轻微故障；变压器内部存在空气；二次回路故障等。

（2）重瓦斯动作的原因：可能变压器内部发生严重故障，引起油分解出大量气体，也可能是二次回路故障等。

（六）分接开关出现故障的情况

变压器油箱上有"吱吱"的放电声，电流表随响声发生摆动，瓦斯保护可能发出信号，油的闪点降低。这些都可能是分接开关故障而出现的现象。

ZBD022 变压器的常见故障处理

二十、变压器的常见故障处理

（一）常见故障类型

变压器故障所表现的现象极其复杂，但大致可以分为四个方面：磁路中产生的故障、电路内发生的故障、结构及装配上所发生的故障和介质部分发生的故障。磁路中发生的故障是指铁芯、铁轭及夹件结构发生的故障；电路内发生的故障是指线圈、绕组绝缘及接线端所发生的故障。

（二）变压器自动跳闸处理

当变压器的断路器跳闸后，运行人员应采取下列措施：

（1）若有备用变压器，应立即将其投入，以恢复供电，然后再查明故障原因。

（2）若无备用变压器，则应尽快转移负荷、改变运行方式，同时查明何种保护动作。

（3）在检查跳闸原因时，应检查变压器有无明显的异常现象。若检查为外部故障如过负荷、外部短路或保护装置二次回路误动作，则可不经内部检查重新投入运行。

（4）若确认是内部故障造成，则应对变压器进行事故分析，如通过电气试验、油化分析等进行分析比较。

（三）变压器油温超限处理

变压器油温升高超过制造或规定的最高顶层油温时，值班人员应按以下步骤检查处理：

（1）检查变压器的负载和冷却介质温度，并与在同一负载和冷却介质温度下正常的温度核对。

（2）用酒精温度计所指示的上层油温核对温度测量装置。

（3）检查变压器冷却装置、散热器冷却情况及变压器室的通风情况。若温度升高的原因是冷却系统的故障，应尽可能在运行中排除故障；若运行中无法排除故障且变压器又不能立即停止运行，值班人员应按规定调整该变压器负载至允许温度下的相应容量；若判断为内部故障，应立即将变压器停止运行。

（4）变压器在各种额定电流下运行，若顶层油温超过 105℃，应立即降低负载。

（四）变压器着火处理

若变压器着火时，应立即采取以下措施：

（1）立即断开电源，停止冷却器运行。

(2)立即断开变压器各侧断路器,隔离开关,退出所有保护。

(3)如果油从上溢出,应打开下部油门,将油位降低。

(4)如果油箱炸裂,应迅速将油箱中的油全部排出,使油流入储油坑或储油槽,并将残油燃烧的火焰扑灭。

(5)散热器漏油着火,应立即关闭散热器上、下油门,并将燃烧的火焰扑灭。

(6)灭火时要使用不导电的二氧化碳、干粉、四氯化碳等灭火剂。不得已时,可对于溢出地面的油火用砂子、泥土扑灭,严谨使用水或普通灭火器灭火。

二十一、干式变压器

干式变压器是指铁芯和绕组不浸渍在绝缘油中的变压器。干式变压器多采用自然空气冷却(AN)和强迫空气冷却(AF)。干式变压器主要分为开启式、封闭式、浇注式。具有安全、防火、无污染、热稳定性好、低噪声、免维护、体积小、质量轻、占地空间小等特点。干式变压器常配备温度检测和保护系统,可自动检测和巡回显示三相绕组各自的工作温度,能自动启动、停止风机,并有报警、跳闸等功能设置。

项目二　变压器附件的安装

ZBD002　变压器附件的安装

一、准备工作

(一)设备

吊车、汽车、变压器附件。

(二)材料、工具

起吊工具、倒链、撬棍、电工工具、力矩扳手、梯子、钢卷尺、板尺、白布、酒精、木槌等。

(三)人员

电气安装调试工、起重工、架子工、辅助工。必须穿戴劳动保护用品,严格按操作规程操作。

二、操作规程

(一)变压器附件检查与清扫

(1)变压器部件清扫和检查。变压器的零部件如橡皮圈、螺栓、压圈等要认真清点和检查,并妥善保管。

(2)冷却装置清扫和检查。管式散热器清扫,利用现有构架、扒杆或吊车将散热器吊起,向散热器注入变压器油进行循环冲洗,同时用木槌轻轻敲打使焊渣下落,冲洗半小时即可。

(3)储油柜检查。胶囊式储油柜用不大于0.02MPa的压缩空气检漏,并检查油位计是否完好。

(4)压力释放器检查。压力释放器内部应清理干净,动作值校验合格,检查微动行程开关动作正确、绝缘性能合格。

（5）安全气道检查。安全气道（防爆管）及连通管内部应清理干净。安全气道隔膜如果损坏，最好换上备品。

（6）吸湿器检查。呼吸器（吸湿器）主要检查其内部硅胶是否受潮，普通硅胶受潮后变为透明体，未受潮的是乳白色。

（7）净油器检查。净油器内部应清理干净，检查滤网是否完好，硅胶或活性氧化铝是否干燥，已破碎的细小颗粒不要装入。

（8）气体继电器试验。气体继电器安装前应交电气试验室做专门试验，项目有密封试验、轻瓦斯动作容积试验和重瓦斯动作流速试验。

（9）温度计检查。温度计应送试验室检验，并按整定值进行整定。

（10）套管清扫检查。开箱后清点零件是否齐全，检查瓷套有无损坏。

（二）附件安装

1. 变压器套管安装

（1）低压套管安装：卸开低压套管盖板及旁边的人孔盖，在套管孔上放好新的橡皮圈及压圈，将套管徐徐放入，再把低压线圈引出线连接在套管的桩头上。调整引出线的位置使其离箱壁远一些，然后把套管压件装上，将套管紧固在箱盖上。

（2）高压套管安装：先拆去油箱上高压套管孔的临时盖板，用白布将法兰擦干净。有升高座时，应先安装套管式电流互感器和升高座，同时安装绝缘筒并注意开口方向。在吊装套管之前，先拧下顶部的接线端头、均压罩和压盖等，拆去为运输而装设的密封垫和密封螺帽，下部均压球也要检查清理一下。套管表面应全部擦一遍，特别是下部要求非常干净。

2. 调压开关安装

调压开关在检查合格后，吊装进切换开关油箱内，紧固头部螺栓，安装好位置标示牌，并盖好分接开关头盖，注意正确放置密封圈。

3. 冷却器安装

安装管式散热器和强迫油循环风冷却器时，先将蝶阀全部关闭，然后将连接法兰临时封闭板除去。由起重机把设备吊起，再分别将上下联管法兰螺栓拧紧。

4. 储油柜安装

储油柜吊装时应稳妥，严防碰坏变压器套管。安装要牢固，管路密封，注油时胶囊式储油柜应按制造厂规定进行，一般从变压器油箱逐渐注入，慢慢将胶囊内的空气排净，然后再放油使储油柜内油面下降至规定油位即可。

5. 气体继电器安装

继电器安装在变压器油箱与储油柜之间的连接管路中，安装时位置、方向应正确，用扳手紧固法兰螺栓。安装完后，打开油阀和气塞，排出气体，使继电器内充满变压器油，当气塞有油排出时关紧气塞。

6. 安全通道安装

安全气道装在油箱的上盖上，由一个喇叭形管子与大气相通，管口用薄膜玻璃板或酚醛纸板封住，安装后密封应良好。

7. 吸湿器安装

呼吸器安装时，先卸掉变压器油枕下与吸湿器连接管上的密封挡板与密封垫，换上密封圈后装上吸湿器，然后拧下吸湿器下部的盛油杯，去掉下口密封垫，在油杯中加入 1/3 容量合格的变压器油后再拧到吸湿器上。

8. 净油器安装

安装前应将干燥的吸附剂硅胶或活性氧化铝装入罐内，然后固定紧固，安装后打开连接蝶阀将油放入，同时旋开上部气塞排气至油溢出，旋紧气塞，将连接蝶阀关闭。

9. 压力释放器安装

压力释放阀一般安装在变压器油箱盖上或侧壁上，安装时将变压器本体上的安装法兰与蝶阀、压力释放阀的安装螺栓孔对齐（蝶阀两端的密封胶圈要放平），将安装螺纹拧紧。

10. 温度计安装

先将油箱顶的温度计插座清理干净，注入变压器油，然后把温度计插入拧紧。信号温度计安装时不要把温包碰坏，不要把外罩上的玻璃打破，金属软管不得压扁或急剧扭曲，弯曲半径不得小于 50mm；温度计接线要正确。

三、技术要求

（1）冷却装置清扫检查的目的是清除焊渣和铁锈，检查密封是否良好、有无渗油现象，可用气压或油压进行密封试验，应符合相关规定。

（2）储油柜清扫时应确保胶囊的长方向与柜台保持水平，与法兰口连接处不允许有扭曲褶皱现象。

（3）对已经装好压力释放器的变压器，要把防止运输压力释放器误动的压板或固定装置拆除。

（4）净油器安装在变压器上部时净化效率高，装在下部时易于更换，安装位置视情况而定。

（5）套管安装时注意拧紧螺栓要先对角紧固再四周均匀旋紧，防止套管因受力不均匀而损坏。

（6）压力释放器安装方向应正确，升高座内应清洁，密封应严密。

（7）气体继电器检查试验合格后方可安装，壳体标明箭头方向应指向储油柜。对于新出厂的继电器，安装使用前必须先取出继电器芯子，拆除运输固定用的绑扎带。

四、注意事项

（1）夜间施工必须有充足的照明。

（2）施工过程中应注意防止二次污染，即注意对地面，墙壁及盘柜油漆的保护。

（3）施工废料应及时放入废料箱内，废料箱应有专人清理，确保工完料尽场地清。

（4）严格执行施工方案，施工前必须进行安全技术措施交底，参加交底人员必须签字。作业人员应提高自我保护意识，做到“三不伤害”。工具、器具、安全防护用具等设施每天使用前应检查是否完好。

（5）安全设施（如脚手架、围栏和孔洞盖板等）的拆除（包括部分拆除）必须经过安全员的许可，由搭设人员拆除，现场安全设施有专人监督管理。

项目三　变压器油绝缘强度试验

一、准备工作

(一)设备

全自动油介电强度测试仪、温湿计等。

(二)材料、工具

油杯、电源线、接地线、电工工具、白布、试验记录表等。

(三)人员

电气安装调试工。必须穿戴劳动保护用品,严格按操作规程操作。

二、操作规程

(1)打开仪器,将高压罩拿起,取出油杯倒油,用试油将油杯洗涤 2~3 次。

(2)将油杯放入仪器,安放好,并盖好高压罩。

(3)将控制面板的手/自动转换开关按下,自动指示灯亮,将升压速度开关拨于试验位置,开启电源开关。

(4)计算机进行自检,2s 后进入测试程序菜单,按确认键就可以设定。

(5)设定参数。有静放时间长短(一般 5min)、是否搅拌(一般搅拌 1min)、升压范围等,根据需要进行设定。

(6)设置完毕,按确认键返回主菜单,系统将会按照参数自动打压 5 次。

(7)打压完后系统自动报警,按选择键可以显示每次击穿电压和平均值。

(8)手动打压时基本相同,可按照设备说明书进行。

(9)测试完毕关闭电源,将试验结果记录在试验原始记录本上。

三、技术要求

(1)调整电极间距应为 2. 5mm,且试验油应浸过电极为宜。

(2)通电前务必盖好高压罩,否则不会升压。

(3)升压过程中其升压速度一般为 2kV/s。

(4)对投入投运前的变压器油,35kV 及以下电压等级,其击穿电压不小于 35kV 即为合格。

(5)对运行中的变压器油,35kV 及以下电压等级,其击穿电压不小于 30kV 即为合格。

(6)对于运行中的变压器,10kV 及以下变压器可补入不同牌号的油,但应做混油的耐压试验,并应符合相关规范规定;35kV 及以上变压器应补入相同牌号的油,也应做油耐压试验。

四、注意事项

(1)仪器外壳良好安全接地。

(2)在更换油样时应切断电源,试验人员应站在绝缘垫上进行测试,以防发生触电。

(3)测试过程中禁止误动高压罩,以防高压伤人。

(4)试验中应有监护人员进行全过程监护。

(5)试验前检查油样是否浑浊、有无杂质或颜色过深等现象并做好记录。

项目四　变压器滤油

一、准备工作

(一)设备

压力式滤油机。

(二)材料、工具

油桶、交流电源、电工工具、滤油纸、油管路、变压器油等。

(三)人员

电气安装调试工、辅助工。必须穿戴劳动保护用品,严格按操作规程操作。

二、操作规程

(1)压力式滤油机就位,安装法兰、进出油管。在电动机启动之前,必须将耐油塑料管和排油管安装好,被使用的管子应先检查,不应有堵塞和泄漏现象。

(2)接线。正确接线,防止触电,设备外壳应接地。

(3)安装滤纸。操作前将冲好孔的滤纸仔细地夹在每个滤板之间;放好滤纸后,推上压紧板,旋转手轮将滤板压紧。

(4)盖好油箱盖并检查,将滤油机进出油管放在储油桶内。

(5)打开进口阀,关闭取样阀。

(6)通电对电动机进行试运转,确认电动机转向与标示方向一致。否则应进行调相。

(7)接通电动机电源使滤油机正常工作,经过循环滤油达到标准。

(8)从滤油机取样阀门提取油样进行检验,合格后停止滤油。

(9)滤油结束,先关闭油泵的进口阀门,再关放油阀门停泵。

三、技术要求

(1)滤油前应检查变压器油化验单。

(2)滤纸在安装前先烘干,应无任何破损现象。滤纸的数量一般为2~4张,根据过滤的要求和滤纸的质量而定。

(3)压紧滤板时,只允许一人操作,以免损坏滤板。

(4)电动机在启动时若反转,则停电进行验电,无电后拆下三相相线中的任两相进行调换。

(5)滤油机及油系统的金属管道宜进行防静电接地。

(6)滤油过程中压力升高至0.5MPa以上或压力低于0.35MPa时,系统滤纸被击破或滤纸吸收大量水分毛细管扩张，失去过滤能力，应及时更换。

（7）工作时如发现油箱的渗油位置超过油标，可开启回油阀，将油放净，再关闭回油阀。

四、注意事项

（1）工作区内严禁明火、烟火。

（2）滤油时必须有专人看护，防止跑油。

（3）运行中有异常声响或漏油应立即停机处理。

（4）工作完毕后，清理现场，废滤油存放在指定地点，不得到处乱丢。

项目五　互感器变比及极性试验

一、准备工作

（一）设备

互感器综合测试仪、电流互感器。

（二）材料、工具

接地线、电工工具、万用表、温湿计、绝缘胶带、试验记录表格等。

（三）人员

电气安装调试工、辅助工。必须穿戴劳动保护用品，严格按操作规程操作。

二、操作规程

（1）记录被试设备的铭牌数据。

（2）将设备用接地端子连接到保护接地；连接 CT 一次侧的一个端子和二次侧的一个端子到保护接地，确保 CT 其他端子全部断开；用红色和黑色测试线连接测试仪与 CT 端子，用黄色和黑色测试线将 CT 的二次侧连接到测试仪二次侧的 S_1、S_2 插孔；用绿色和黄色测试线将 CT 的一次侧连接到测试仪一次侧的 P_1、P_2 端子上。

（3）核实接线无误后，接通设备电源，在参数界面下，用旋转鼠标切换光标到类型栏，选择将要开始的试验项目。

（4）如进行电流互感器伏安特性、变比和极性的测试，移动光标进行选择，进入参数设置界面；根据被试互感器铭牌输入相关内容。

（5）按“开始”键进行自动测试。

（6）测试完毕后显示各种测试结果，可以根据需要进行记录、打印、保存文件。

三、技术要求

（1）互感器综合变比测试仪具有电流互感器、电压互感器的变比、极性、误差、伏安特性、拐点计算、交流耐压、退磁等项目的测试功能，可根据实际需要进行选择。

（2）同一 CT 其他绕组开路，CT 的一次侧及设备要接地。

（3）电流互感器二次侧的额定电流，一般为 1A 和 5A，根据被试设备进行选择。

(4)参数设置中最大测试电流,一般可设定为额定二次电流值。

(5)电压互感器在进行接线时可根据厂家说明书逐步进行,接线完毕核对后再开始试验。

四、注意事项

(1)调压器开关及输出开关在断开位置方可接线盒拆线。

(2)试验前本装置应可靠接地。

(3)电流互感器二次线圈不应有接地点。

(4)做完试验应及时回零,严禁在高电压、大电流下长时间停留。

项目六　变压器绕组直流电阻试验

一、准备工作

(一)设备

直流电阻测试仪、电力变压器、万用表。

(二)材料、工具

接地线、电工工具、温湿计、绝缘胶带、试验记录表格等。

(三)人员

电气安装调试工、辅助工。必须穿戴劳动保护用品,严格按操作规程操作。

二、操作规程

(1)对变压器外观进行检查。

(2)记录被试设备的铭牌数据。

(3)合理摆放设备,将直流电阻测试仪的外壳可靠接地,并接入与设备匹配的工作电源。

(4)进行正确接线试验,将两个测试线夹对夹起来,合上仪器电源开关,按下任意电阻挡位按钮,旋动调零按钮,使直流电阻快速测试仪面板上数字显示窗内的指示为零。

(5)关闭仪器电源开关。

(6)将直流电阻快速测试仪的测试线夹分别接于变压器侧 A 相和 C 相的引出端接线柱上,并检查变压器挡位开关所在的挡位。

(7)打开电源开关。

(8)选择测量电流,按下“测量”键后开始对绕组充电;此时,各绕组的电流开始逐渐上升,如果充电进度条和电流显示值长时间停滞不前,则可能所测阻值超出当前电流的测量范围,电流达不到预设值;可按“退出”键返回,重新选择电流再试。当达到预定的电流时,进入恒流状态。设备开始显示各相的电阻值,随着各相电阻值逐步趋于稳定,不平衡率将逐步减小。在此状态下,可以按“分接”键来调整和设置当前分接值或绕组名,以便对测量结果进行标注。

(9)测量完毕后,按“退出”键结束测量,此时,直流电阻测试仪开始自动放电,显示器相应地做出放电指示，蜂鸣器鸣叫。放电完毕，将回到初始界面，即可开始拆除测量接线。

(10)重复步骤(4)~(9)对其他绕组进行测量，测试完毕将试验设备及部件整理恢复原状。

(11)使用专用工具调整变压器挡位到另外一挡，依照以上顺序测试 AB、BC 和 AC 相，直至把所有挡位测试完毕。

三、技术要求

(1)接好地线后对变压器充分放电。

(2)试验前，对变压器外观进行检查(包括瓷瓶、油位、接地线、分接开关等)。

(3)检查仪器仪表合格证是否在有效期内，并进行仪器调零，以消除测试连线电阻对测量结果的影响。

(4)三相测量适用于 yn 星形连接并且有中性引出端的绕组，对于 yn 连接的绕组由于连接铜排的影响，三相和单相测量结果会有所差异，建议使用单相测量。

(5)记录试验数据时还应记录试验时间、地点温度、湿度、分接开关挡位。

(6)直阻测试结果应经过温度换算，然后与过去的测试结果进行比较。

(7)低压绕组连同套管的直流电阻测试方法与上述测试方法相同，测试时应根据厂家资料所显示电阻值选择适当的挡位。

(8)由于变压器的电感量较大，电流稳定所需的时间较长，为了得到准确结果，必须等测试值显示稳定后再进行读数。

四、注意事项

(1)测量仪表的准确度应不低于 0.5 级。

(2)连接导线应有足够的截面，且接触必须良好。

(3)准确测量绕组的温度或变压器顶层油温度并作为测试时的环境温度，且上下层温差不宜超过 3℃。

(4)无法测定绕组或油温度时，测量结果只能按三相是否平衡进行比较判断，绝对值只作参考。

(5)测量绕组的直流电阻时，应采取措施，在测量前后对绕组充分放电，防止直流电源投入或断开时产生高压，危及人身及设备安全。

(6)非被试绕组应开路；测量低压绕组时，在电源开关通、断的瞬间可能会产生较高的感应电压，应注意人身安全。

项目七　变压器绕组介质损耗因数测量

一、准备工作

(一)设备

智能型介损测量仪、兆欧表、电力变压器。

（二）材料、工具

接地线、电工工具、万用表、温湿计、绝缘胶带、试验记录表格等。

（三）人员

电气安装调试工。必须穿戴劳动保护用品，严格按操作规程操作。

二、操作规程

（1）先用干燥清洁的布擦去其表面的污垢。

（2）检查套管有无裂纹及烧伤情况。

（3）把仪器摆放平整并检查试验电源电压与测试设备工作电压相符。

（4）检查保护接地线是否连接可靠。

（5）测量变压器的绝缘情况。

（6）根据被试设备接地情况正确选择正、反接法。

（7）将介质损耗自动测试仪测试线与本体插孔相连接，其屏蔽线接地；另一端接在被试设备套管的电杆上（测试三相变压器高压绕组时将低压绕组短接并接地，测试三相变压器低压绕组时将高压绕组短接并接地）。

（8）将仪器电压挡位开关拨至试验所需电压挡位，将短接线插入所需电压挡位，接通测试电源，电源指示灯亮。

（9）按复位按钮使显示器归零。

（10）按下测试按钮等待测试，当等待红灯发亮时测量完毕，读取并记录数据（其相应电容值将同时测出显示）。

（11）关闭测试电源，电源指示灯灭。

（12）使用接地良好的接地线对被试变压器充分放电。

三、技术要求

（1）根据设备的安装情况确定采用哪种接线，并在相应的菜单中选择其接线方法。

（2）根据不同设备正确选择测试电压等级，并在相应的菜单选项中选择所需电压。

（3）为保证测量精度，当小电容量被试品损耗较小时，一定要保证被试设备低压端各引线端子间绝缘良好，在相对空气湿度较小的环境中测量。

（4）仪器应可靠接地，接地不好可能造成危险。

（5）仪器启动后，除特殊情况外，不允许突然关断电源，以免引起过压损坏设备。

（6）试验结束必须对变压器进行可靠充分放电，防止残余电荷伤及他人。

四、注意事项

（1）仪器尽量选择在宽敞，安全可靠的地方使用。

（2）测试过程中如遇危及安全的特殊情况时，可紧急关闭总电源。

（3）断开面板上的电源开关，断开试验电源且要有明显断开点后，才能进行接线更改或结束工作。

（4）由于仪器自身带有升压装置，应注意与高压引线的绝缘距离及人员安全。

项目八　变压器变比测量

一、准备工作

（一）设备

变压器变比组别测试仪、兆欧表、电力变压器、万用表。

（二）材料、工具

接地线、电工工具、温湿计、绝缘胶带、试验记录表格等。

（三）人员

电气安装调试工。必须穿戴劳动保护用品，严格按操作规程操作。

二、操作规程

（1）将仪器摆放平整，把测试仪测试导线的高压部分 A、B、C 和低压部分 a、b、c 分开并分别接入测试仪和被测试变压器相应的端子上。

（2）在测试仪输入要测试的变压器的计算变压比。

（3）将面板上的功能键置于与铭牌标识组别相同的接线组别。

（4）接通测试电源，电源指示灯亮，按复位按钮使显示器归零。

（5）按下测试按钮开始测试，经过约 60s，数字屏界面右上方显示出的是变压器的接线组别，数字屏界面左侧的 4 位数字则显示的是变压器的变比误差（%），记录测试结果。

（6）关闭电源。

（7）转换被测变压器的挡位，按照上述步骤（2）~（6）分别测试出各挡位下的变比误差。

三、技术要求

（1）进行单相变压器变比测试时，应使用仪器的 A、B、a、b 共 4 个接线柱进行测试。

（2）测试仪器必须经过鉴定合格并在使用期内，测试仪的外壳必须牢靠接地。

（3）测试人员接触设备前，应对被试设备进行可靠充分放电。

（4）测试完毕应对地充分放电，约 30s 后再断开线路。

（5）接线时绝对不能将测试线的高低压接反，否则会产生高压，造成仪器损坏或人身伤害。

（6）对于特殊接线方式的变压器，其试验方法应按照厂家相关资料进行。

四、注意事项

（1）变压器与测试仪接线中，高低压侧不能接反。

（2）如果在测试中，测试仪出现“高低压侧接反”指示灯亮，应及时关机，检查改正错误后再进行测试。

（3）在测试中，操作人员不允许接触变压器和测试仪的接线端子。

（4）变比测试仪测试之前必须保证仪器接地端子与大地可靠相连。

项目九　变压器铁芯及夹件绝缘测量

ZBD017 变压器铁芯及夹件绝缘试验

一、准备工作

(一)设备

兆欧表、电力变压器。

(二)材料、工具

接地线、电工工具、万用表、温湿计、绝缘胶带、试验记录表格等。

(三)人员

电气安装调试工。必须穿戴劳动保护用品,严格按操作规程操作。

二、操作规程

(1)把被测变压器铁芯引出线绝缘子擦拭干净,将兆欧表量程选定为2500V,兆欧表"L"端接变压器铁芯绝缘子引出线部分;用裸线将高压侧端子A、B、C短接,同时用裸线将低压测端子a、b、c短接后接外壳并可靠接地并且连接兆欧表E端。

(2)选择挡位并开始测试,选择测试时间60s,接通测试电源,电源指示灯亮,开始测试。

(3)时间到后自动停止测试,读取测试值并做记录,此时的读数为变压器铁芯对变压器高压绕组和变压器低压绕组及变压器外壳的绝缘电阻。

(4)关闭测试电源,电源指示灯灭。

(5)对变压器放电,恢复设备接线,记录试验结果。

三、技术要求

(1)进行此项试验的目的是检查变压器外部及内部硬件部分有无物理损伤、检查与铁芯绝缘的各紧固件及铁芯绝缘电阻是否符合要求、将测得的绝缘电阻值进行纵向和横向比较来分析判断其性能状况。

(2)进行器身检查的变压器,应测量可接触到的穿心螺栓、轭铁夹件及绑扎钢带对铁轭、铁芯、油箱及绕组压环的绝缘电阻。当轭铁梁及穿心螺栓一端与铁芯连接时,应将连接片断开后进行试验。

(3)不进行器身检查的变压器或进行器身检查的变压器所有安装工作结束后应进行铁芯和夹件(有外引接地线的)的绝缘电阻测量。

(4)铁芯必须为一点接地;对变压器上有专用的铁芯接地线引出套管时,应在注油前测量其对外壳的绝缘电阻。

(5)采用2500V兆欧表测量,持续时间为60s,应无闪络及击穿现象。

四、注意事项

(1)在铁芯上工作时,注意不要将灰尘、泥土及异物带上变压器,脚上的绝缘鞋最好用干净的新塑料袋保护起来。

(2)在铁芯上工作时,工作人员要防止脚下打滑,以防摔倒。

(3)测试完毕应检查铁芯上有无工具、材料及其他异物,工作人员还应检查自身有无物品遗留在变压器铁芯上。

(4)阴雨天或空气相对湿度大于 80%RH 时不得进行此项测试。

项目十　变压器呼吸器小修

一、准备工作

(一)设备

变压器。

(二)材料、工具

组合工具、电工工具、密封圈、硅胶、变压器油、白布等。

(三)人员

电气安装调试工。必须穿戴劳动保护用品,严格按操作规程操作。

二、操作规程

(1)呼吸器拆卸前检查。检查玻璃筒是否清洁干净,是否完整无裂纹;观察呼吸器内吸湿剂是否变色;检查连接管是否密封良好。

(2)呼吸器拆卸。首先拧开底部油封碗,松开呼吸器与油枕呼吸导管连接处的螺栓,卸下上部油枕连管或隔膜胶管的连接,取下呼吸器。

(3)拆除呼吸器油罐。45°斜向放置呼吸器,用平口螺丝刀松开呼吸器底部旋盘,旋转取下油罐,再取下小玻璃筒,进行清洗。

(4)拆除硅胶罐顶盖。旋开并取下长螺杆,竖向放置呼吸器,将顶盖向上提起,打开硅胶罐,更换新的硅胶。

(5)呼吸器组装。更换不合格的硅胶;换上密封圈后装上呼吸器;用白布清洁油杯。清洁玻璃管,向油杯内装入适量变压油,大玻璃筒内油位宜比最低油位高 1cm,底部小玻璃筒浸入大玻璃筒内。

(6)安装完后,应检查呼吸器密封胶是否严密。

三、技术要求

(1)运行中的变压器更换硅胶时,变压器瓦斯保护要退出运行。

(2)呼吸器底油封应注油至油面线,无油面线的油浸过进气口以上即可,以起到油封过滤作用。

(3)更换硅胶时在顶盖下面留 1/6~1/5 的高度间隙。

(4)变色硅胶呈蓝色,如呈红色则是受潮失效,应在 115~120℃ 温度下干燥数小时,呈天蓝色可再用。

四、注意事项

(1)呼吸器拆除时应从底部托扶住呼吸器，避免其掉落破损。

(2)呼吸器拆除后，用崭新、干燥的毛巾包住呼吸导管，以免空气及杂质进入油枕。

(3)如果拆除硅胶罐时有玻璃胶，可用小刀轻轻刮开密封部分，切忌用蛮力。

ZBD023　023
干式变压器的
安装及试验

项目十一　干式变压器的安装及试验

一、准备工作

(一)设备

吊车、干式变压器、手动叉车。

(二)材料、工具

组合工具、电工工具、水平尺、盘尺、线坠、水平仪、力矩扳手、钢板尺、撬棍、滚杠、接电线等。

(三)人员

电气安装调试工、起重工。必须穿戴劳动保护用品，严格按操作规程操作。

二、操作规程

(1)准备工作。准备好施工工器具，对安装人员进行安装前的培训和交底，各作业人员职责分明。

(2)变压器拆箱和外观检查。变压器运到施工现场后，应及时组织业主、监理、物资部等代表联合进行拆箱检查并做好记录。对损坏或质量不合格的变压器应及时采取措施解决。检查变压器外壳无变形、锈蚀、磨损，前后门锁应齐全完好，钥匙齐备。

(3)变压器内部检查。检查线圈绝缘层应完整，无裂纹、破损、变位现象；检查温度计及温控箱均应完好，铭牌清晰齐全；检查低压侧母线出口位置与配电柜母线位置应吻合；检查风扇及绝缘子无裂纹、变形。

(4)变压器本体安装就位。变压器就位前，应先用螺丝刀拆下变压器本体与盘柜侧母线相连的绝缘隔板，以便变压器引出线与盘柜母线的找正及连接。配合起重人员将变压器运到现场，根据设计图纸及厂家说明书进行安装。安装固定后，应用线坠测量其水平度和垂直度偏差，若不符合规范要求，应采用垫片等进行调整。

(5)变压器低压侧母线与盘柜母线连接。安装前核对相序应一致，相色标志正确齐全；两侧母线的接触面必须保持平整、清洁、无氧化膜；母线的接触面应连接紧密，连接螺栓应用力矩扳手紧固，其力矩应符合规范要求。

(6)变压器的接地。变压器本体上外壳铁构件及铁芯接地点用 $50mm^2$ 以上多股铜芯线两端压端子后连接与接地网；中性点直接与接地网可靠连接；检查变压器底座槽钢基础应与接地网可靠连接。

(7)变压器安装完后检查。检查变压器内不能有异物遗留，底座与基础接触导通良好，接地牢固可靠。若长时间不投用应用彩条布遮盖好，以免污染变压器本体。

(8)变压器在安装完成后即可进行交接试验，操作步骤同油浸变压器。

(9)变压器试验完成后，应将挡位连接片调整到额定挡位。

三、技术要求

(1)变压器安装后，其水平度和垂直度不应大于1mm；且前面与盘柜前面应在同一水平面上，其偏差不应大于1mm。

(2)连接螺栓、螺母、垫片应采用镀锌件。

(3)母线的连接应良好，绝缘支撑件、安装件应牢固可靠；母线相间及对地距离不应小于20mm。

(4)所有设备标书、相色标识及回路名称要清晰、不易褪色。

(5)变压器的温度仪表在安装前应进行检定，合格后固定在变压器本体指定处。

(6)交接试验的标准参考油浸变压器。

(7)变压器控制回路接线完成后，应检查前后门电磁锁联锁逻辑、温控装置和风扇冷却装置动作的正确可靠性。

(8)干式变压器在额定电压下空载合闸3次，合格后，便可带负荷运行。

四、注意事项

(1)设备安装前，室内的土建工作应结束，达到防雨、防潮、防腐、防尘的要求。

(2)运输过程应有防护措施，避免冲击过大。

(3)施工过程应避免损坏套管及附件。

(4)进入施工现场的施工人员应穿戴合格的劳动保护服装，并做到“工完料净场地清”。

模块五 盘柜及母线安装调试

项目一 相关知识

一、高压配电装置的用途及分类

ZBE001 高压成套配电装置的用途和分类

高压成套配电装置是将每个单元的断路器、隔离开关、电流互感器、电压互感器，以及保护、控制、测量等设备集中装配在一个整体柜内，根据电气主接线的要求，选择所需的功能单元，由多个功能单元(高压开关柜)在发电厂、变电所或配电所安装后组成的配电装置。

高压成套配电装置按其结构特点可分为金属封闭式、金属封闭铠装式、金属封闭箱式和SF_6封闭式组合电器等;按断路器的安装方式可分为固定式和手车式;按安装地点可分为户外式和户内式。

开关柜应具有“五防”联锁功能，即防误分/合断路器，防带负荷拉合隔离开关，防带电挂接地线或合接地刀闸，防带接地线(或接地刀闸)合断路器，防误入带电间隔。

二、10kV 开关柜简介

ZBE002 10kV 开关柜简介

(一)KYN28-10 型高压开关柜

KYN28-10 型高压开关柜为具有“五防”联锁功能的中置式金属铠装高压开关柜，用于额定电压为 3~10kV，额定电流为 1250~3150A，单母线接线的发电厂、变电所和配电室中。

开关柜柜体是由薄钢板构件组装而成的装配式结构，柜内由接地薄钢板分隔为主母线室、小车室、电缆室和继电器室。

(二)XGN-10 型金属封闭固定式开关柜

XGN-10 型金属封闭固定式开关柜适用于 3~10kV 三相交流 50Hz 单母线或单母线带旁路母线系统中，作为接受和分配电能之用。

(三)RGC 型金属封闭单元组合 SF_6 开关柜

RGC 型高压开关柜为金属封闭单元组合 SF_6 式高压开关柜。常用于额定电压 3~24kV、额定电流 630A 单母线的发电厂、变电所和配电所中。

三、10kV 环网柜简介

ZBE003 10kV 环网柜简介

户外环网柜又称环网供电单元，它是由两路以上的开关共箱组成的预装式组合电力设备。

(一)HXGHI-10 型环网柜

HXGHI-10 型环网柜主要由母线室、断路器室和仪表室等部分组成。

母线室在柜的顶部，三相母线水平排列。母线室前部为仪表室，母线室与仪表室之间用隔板隔开。仪表室内安装电压表、电流表、换向开关、指示器和操作元件等。计量柜的仪表室可安装有功电度表、无功电度表、峰谷表（可装设 1 台多功能电能表）和负荷控制器等。断路器室自上而下安装负荷开关、熔断器、电流互感器、避雷器、带电显示器和电缆头等设备。开关柜具有“五防”联锁功能。

环网柜的高压母线截面要根据本配电所的负荷电流与环网穿越电流之和选择，以保证运行中高压母线不过负荷运行。

（二）SM6 环网终端柜

环网终端柜作为高压受电和控制设备，应设置必要的过电压保护（避雷器）和继电保护（熔断器）装置。

ZBE004 35kV 开关柜简介

四、35kV 开关柜简介

（一）JYN1-35（F）型金属封闭型开关柜

JYN1-35（F）型交流金属封闭型移开式开关柜系三相户内装置的金属封闭开关设备，作为额定电压为 35kV 的单母线或单母线分段系统的成套装置。

JYN1-35（F）开关柜在一般条件下允许相间及相对地距离不小于 300mm，开关柜由型钢及弯制钢板焊接而成，分柜体和小车两大部分。柜体以接地的金属板或绝缘板分隔成小车室、母线室、隔离触头室、电缆室、继电器室、端子室等。小车按其用途区分为断路器小车、隔离小车、避雷器小车、V 形接法电流互感器小车、Y 形接法电压互感器小车、单相电压互感器小车、所用变压器小车等。

（二）KYN10-40.5 型铠装移开式金属封闭型开关柜

KYN10-40.5 型铠装移开式金属封闭型开关柜适用于三相交流，额定电压为 35kV、40.5kV，额定电流为 2000A 的单母线户内系统。开关柜主要由柜体和可移开部件（俗称小车）组成。开关柜由型钢及弯制钢板焊接而成，柜内用接地的金属隔板按功能分隔成 4 个独立隔室，即小车室、母线室、电缆室、继电器室。开关柜设计了可靠的“五防”闭锁系统。

1. 推进机构与断路器之间的联锁

只有当断路器处于分闸状态，小车才可以运动，防止了带负荷推拉小车。移开式（抽出式）高压开关柜，手车在工作和试验位置时，断路器才能进行合、分操作。

2. 小车与接地开关之间的联锁

合接地开关时，小车必须移出柜外、防止了带电合接地开关；接地开关闭合的同时，机械联锁块挡住了小车运行轨道，使小车无法进入柜内，防止了接地开关处于合闸状态送电的误操作发生。

3. 二次插头和小车锁定机构之间的联锁

如果小车二次插头不插好，小车的锁定机构将无法转到锁定位置，使小车在工作位置（试验位置）无法锁定。

4. 隔离小车的联锁

为避免隔离小车在相关断路器没有分闸的情况下推拉，在小车前盖板上装一把电磁锁，电磁锁锁住与小车锁定机构手柄一起联动的圆盘，只有电磁锁有电，锁才被打开。

5. 柜后门与接地开关及断路器间联锁

断路器柜后门安装一行程开关及一把电磁锁,行程开关的常开触点断开断路器的合闸回路,只有后门完全关好后,断路器才能合闸。

ZBE005 高压成套配电装置安装技术要求

五、高压成套配电装置安装技术要求

(1)柜体结构有防止事故蔓延扩大的措施,并能在一次侧不停电的情况下,安全地检修二次侧设备。

(2)备有机械或电气的安全联锁装置,能保证按规定程序进行操作。

(3)柜内一次回路的电气设备与母线及其他带电导体布置的距离均应符合规程要求。

(4)柜内所装电器与设备符合下列要求:

① 正常工作条件下,电器与设备的游离气体、电弧和火化不危及人身安全。

② 柜上或柜内所装各种电器与设备,能单独方便地拆装更换。

(5)断路器与操动机构的安装方式,能保证不影响断路器的分合闸速度及触头行程。

(6)小车式高压开关柜还应满足下列要求:

① 同型号小车式高压开关柜的小车能够互换。

② 小车应具有工作位置、试验位置和检修位置。

③ 柜内一次隔离触头有可靠的安全措施,能保证小车退出柜体时进柜检修人员的安全。

④ 小车体与柜体间有可靠的接地装置。

(7)开关柜须有以防止电气误操作为主要目的"五防"功能。

(8)开关柜在达到"五防"要求的同时,应遵循下列技术要求:

① 优先采用机械闭锁,并有紧急解锁机构。

② "五防"中除防止误分、误合断路器可采取提示性措施外,其他"四防"原则上采用强制性闭锁。

③ "五防"闭锁不应影响开关分(合)闸速度特性。

④ 如用电磁闭锁,闭锁回路电源要与继电器保护、控制信号回路分开。

⑤ 闭锁装置应尽量做到结构简单可靠,操作维修方便。

(9)高压开关柜的一次和二次电气回路及其电器的绝缘强度,应能承受 1min 工频耐压试验而无击穿或闪络现象,工频试验电压数值见表 3-5-1。

表 3-5-1 一、二次设备工频试验电压

额定电压,kV	≤0.5(二次回路)	3	6	10	35
持续 1min 的工频试验电压	1.0	24	32	42	80

ZBE006 柜顶小母线的安装

六、柜顶小母线的安装

(一)柜顶小母线的作用

柜顶小母线是指放置在屏顶或柜顶,汇集信号电源、交流电压电源、信号电源的公用线。一般采用铜棒或电缆进行连接。

（二）柜顶小母线编号

（1）直流控制、信号及辅助小母线符号回路标号见表 3-5-2。

表 3-5-2　直流控制、信号及辅助小母线符号回路标号

序号	小母线名称	原编号		新编号一		新编号二	
		文字符号	回路编号	文字符号	回路编号	文字符号	回路编号
1	控制回路电源	+KM，-KM		L+、L-		+、-	
2	信号回路电源	+XM，-XM	701、702	L+、L-		+700、-700	7001、7002
3	事故音响信号（不发遥信时）	SYM	708			M708	708
4	事故音响信号（用于直流屏）	1SYM	728			M728	728
5	事故音响信号（用于配电装置时）	2SYMⅠ、2SYMⅡ、2SYMⅢ	727Ⅰ、727Ⅱ、727Ⅲ			M7271、M7272、M7273	7271、7272、7273
6	事故音响信号（发遥信时）	3SYM	808			M808	808
7	预告音响信号（瞬时）	1SYM、2YSM	709、710			M709、M710	M709、710
8	预告音响信号（延时）	3SYM、4YSM	711、712			M711、M712	711、712
9	预告音响信号（用于配电装置时）	YSMⅠ、YSMⅡ、YSMⅢ	729Ⅰ、729Ⅱ、729Ⅲ			M7291、M7292、M7293	7291、7292、7293
10	控制回路断线预告信号	KDMⅠ、KDMⅡ、KDMⅢ					
11	灯光信号	（-）XM	726			M726	726
12	配电装置信号	XPM	701			M701	701
13	闪光信号	（+）SM	100			M100	100
14	合闸	+HM、-HM		L+、L-		+、-	
15	“信号未复归”光字牌	FM、PM	703、716			M703、M706	703、716
16	指挥装置音响	ZYM	715			M715	715
17	自动调整周波脉冲	1TZM、2TZM	717、718			M717、M718	717、718
18	自动调整电压脉冲	1TYM、2TYM	M717、M718			M717、M718	717、718
19	同步装置越前时间整定	1TQM、2TQM	719、720			M719、M720	719、720
20	同步装置发送合闸脉冲	1THM、2THM、3THM	721、722、723			M721、M722、M723	721、722、723
21	隔离开关操作闭锁	GBM	880			M880	880
22	旁路闭锁	1PBM、2PBM	881、900			M881、M900	881、990

（2）交流电压信号辅助小母线回路标号见表 3-5-3。

表 3-5-3　交流电压信号辅助小母线回路标号

名　称	文字符号	回路标号
同步电压(待并系统)小母线	TQMa,TQMc	(A610,C610)
同步电压(运行系统)小母线	(TQM1A,TQM2c)	(A620,C620)
自同步发电机残压小母线	(TQMj)	(A780)
第一组母线段(或奇数)电压小母线	1VBa,1VBb(VBb),1VBc 1VBL,1VBX,1VBN	A630,B630,C630 L630,Sa630,N630
第一组母线段(或偶数)电压小母线	2VBa,2VBb(VBb),2VBc 2VBL,2VBX,2VBN	A640,B640,C640 L640,Sa640,N640
6~10kV 备用段电压小母线	(9YMa,9YMb,9YMc)	(A790,B790,C790)
转角小母线	ZMa,ZMb,ZMc	(A790,B790,C790)
低电压保护小母线	(1DYM,2DYM,3DYM)	(011,012,013)
电源小母线	(DYMa,DYMn)	X
旁路母线电压切换小母线	(YQMC)	(C712)

注:()内为旧文字符号或回路标号。表中交流电压小母线的符号和标号适用于 TV 二次侧中性点接地系统。()中的适用于 TV 二次侧 V 相接地系统。

七、表计的校验

ZBE016　表计的校验

根据国家相关规定,电测仪表必须经过校验。

(一)仪表的校验期限

按照规定,0.1、0.2、0.5 级仪表的定期检验每年不得少于 1 次,其他准确度等级仪表的校验期限如表 3-5-4 所示。

表 3-5-4　电测仪表的校验期限

仪表种类	安装场所或使用条件	定期检验次数
配电盘指示及记录仪表	主要设备或主要线路的配电盘仪表	每年一次
	其他配电盘仪表	每两年一次
试验用指示及记录仪表	标准表	每年一次
	常用的可携式仪表	每年两次
	其余的可携式仪表	每年一次
电能表	标准电能表	每年两次
	主要线路(包括大用户)的电能表	每年两次
	容量在 5kW 以上的电能表	每两年一次
	容量在 5kW 以下的电能表	每五年一次

(二)仪表的校验方法

电测仪表的检验一般是利用电测仪表校验后,采用直接比较法进行。

(三)仪表的校验项目

常见的仪表校验方式是周期性校验,主要项目有外观检查、倾斜影响、仪表基本误差的检定、降变差的试验。

(四)测量数据的处理

校验仪表后,测得的数据和计算后的数据在填入校验证书时都应经过化整。判断仪表是否合格是以化整后的数据为依据的。

(五)检定结果的处理

检定完成以后,对被检表所做的检定项目要在检定原始记录中进行处理。

(1)基本误差(包括上升和下降时的基本误差)中的最大值作为基本误差。

(2)升降变差中的最大值作为升降变差。

(3)计算某一带数字的分度线的修正值时,所取的实际值应是该分度线上再次测量所得的实际值的平均值。

(4)测得的原始数据和经过计算后得到的数据在填入检定证书前都需进行数据修约,判断仪表是否超差是根据修约后的数据进行的。

(5)对全部检定项目都符合规程要求的仪表,判定为合格。

(6)经检定为合格的仪表发检定证书。不合格的仪表发检定结果通知书,对降级使用的仪表,可以发给降级后的检定证书。

(7)根据国家检定规程规定,原始记录应至少保留一年。

ZBE009 低压配电系统停送电步骤

八、低压配电系统停送电操作步骤

(一)停、送电组织措施

(1)停、送电必须上级批准,并告之相关用户;送电后检查设备运行情况是否正常,并报告上级。

(2)停、送电必须两人执行。

(3)准确记录停、送电的时间及停电事由。

(二)停电步骤

1. 停电

(1)先断开出线柜用户线路的断路器,再断开隔离开关。

(2)先断开进线柜的总断路器,再断开总隔离开关。

(3)由配电室停、送电人员断开该配电室的10kA高压回路户外隔离开关,并做好停电、验电、挂接地线、挂标示牌等工作。

(4)最后应检查断路器、隔离开关是否在断开位置。

2. 验电

(1)在停电线路工作地段装接地线前,要先验电,验明线路确无电压。

(2)线路的验电应逐相进行。检修联络用的断路器或隔离开关时应在其两侧验电。

3. 挂接地线

(1)线路验明确实无电压后,操作人员必须在工作线路上(断路器的下端)挂接地线。凡是有可能反送电到停电线路的分支线也必须挂接地线。

(2)挂接地线时,应先接接地端,后接导线端,接地线连接要可靠,不准缠绕。拆接地线时的程序与此相反。装、拆接地线时,工作人员应使用绝缘棒,人体不得碰触接地线。

(3)接地线应有接地和短路导线构成的成套接地线. 成套接地线必须用多股软铜线组

成，其截面不得小于 $2.5mm^2$。

4. 挂指示牌

在断路器或隔离开关操作机构上悬挂“有人工作，严禁合闸”的标示牌。

(三)送电

(1)线路工作完毕后，工作负责人(停电联系人)必须到变配电室申请送电，并担任操作监护人。

(2)送电程序与停电程序相反。每合闸一个开关，观察仪器仪表、指示灯是否显示正常，测量三相电压。

九、低压配电屏的常见故障及处理

ZBE011 低压配电屏的常见故障及处理

低压配电屏的常见故障及处理方法见表3-5-5。

表3-5-5　低压配电屏的常见故障及处理方法

序号	故障现象	可能原因	处理方法
1	电源指示灯不亮	(1)指示灯接触不良或灯丝烧断； (2)电源无电压	(1)检查及更换灯泡； (2)检查电力变压器一、二次侧是否有电，如没有，检查油断路器或跌落式熔断器是否合闸。若均正常，则应向供电部门反映
2	电压过低	(1)低压线路太长； (2)变压器电压调节开关位置不合适； (3)负荷过大； (4)系统电压过低	(1)更换成大截面积的导线； (2)调整电压调节开关的位置； (3)减轻负荷； (4)请供电部门处理
3	三相电压不平衡	(1)电力变压器二次侧三相电压不平衡； (2)三相负荷不平衡； (3)相线接地； (4)电力变压器二次侧的零线断线	(1)检修或更换变压器； (2)调整三相负荷； (3)查明并消除接地点； (4)查出断线处并处理好
4	三相电流不平衡	(1)三相电压不平衡； (2)三相负荷不平衡； (3)暂时的单相负载	(1)查明电压不平衡原因并处理； (2)调整三相负荷； (3)不必处理
5	熔体熔断	(1)外线路短路； (2)电动机等负载发生短路等故障； (3)过负荷	(1)查明并消除短路点； (2)断开负载，换上熔断器再试，检修电动机等负载； (3)减轻负荷至规定范围
6	屏内电器烧毁	(1)接线错误，造成短路； (2)电器容量过小； (3)环境恶劣，灰尘大； (4)电器受潮或被雨淋	(1)纠正接线错误； (2)换上与负荷相匹配的电器； (3)改善环境条件，采取防尘措施或换上防尘电器； (4)做好防潮防雨措施
7	屏内电器爆炸	(1)电器分断能力不够，当外线路或母排发生短路时，将开关等电器炸毁； (2)在没有灭弧罩的情况下操作开关设备，引起弧光短路； (3)误操作； (4)电器被雨淋或使用环境中有导电介质存在； (5)二次回路导线损伤并触及框架或检修后将导线头、工具等遗忘在屏内； (6)老鼠、蛇等小动物钻入屏内造成短路	(1)选择遮断容量能适应供电系统的电气设备； (2)必须装好灭弧罩才能操作开关； (3)严格执行操作规程，防止误操作； (4)采取防雨措施，改善环境条件，加强维护； (5)检修时不可损伤二次回路，检修完毕应认真检查，将所有杂物清除，整理好线路，确认无问题后方可投入使用； (6)设置防护网，以防小动物钻入

续表

序号	故障现象	可能原因	处理方法
8	母排连接处过热	(1)过负荷； (2)接头接触不良(如压紧螺栓松动、螺母滑扣、弹簧垫圈失效,并由此产生氧化层)	(1)减轻负荷； (2)用细锉除去氧化层并修整连接面,涂上薄薄一层导电膏,然后垫上新的弹簧垫圈,将压紧螺钉拧紧

ZBE012 UPS的工作原理及组成

十、UPS 系统

(一)UPS 的工作原理及组成

静态交流不间断电源装置(UPS)是一种高质量、高稳定性的独立电源装置。

1. UPS 的结构

UPS 系统将整流器、逆变器、交流静态开关、蓄电池组、控制保护插件等组件分别装配在柜内,各组件之间采用电缆连接,全套装置由 2～10 台柜组成,柜体类似开关控制柜,四面均可开启。

蓄电池组作用:(1)在市电正常情况下,能把交流电能经整流器变成的能量以化学能的形式可靠地暂时储存起来;(2)在市电事故情况下,能把化学能变成电能,经逆变器向负载提供充足的电流。

2. UPS 的工作原理

晶闸管整流器采用隔离变压器组成 12 相全桥晶闸管整流电路,将三相交流电变为直流,并滤去交流成分,将平稳的直流经晶闸管逆变器变换成 12 级阶梯波交流 50Hz 的输出电压,经滤波整形后输出交流 50Hz 的正弦波 380/220V 电压。

逆变器由 4 个逆变桥组成,其中 2 个为滞后逆变桥组,2 个为超前逆变桥组,且两组均由 0°和 30°桥串联而成。当逆变器输出电压在额定值时,超前与滞后两个矢量设计为±45°于基础量,两个矢量在 0～45°变化。采用晶体振荡器,可控制逆变器输出频率精度达到±0.01%,逆变频率应调至同步于市电频率,以保证逆变器输出频率在规定的允许范围内。

交流静态开关每一路均由两只反并联的快速晶闸管组成。本装置为静态开关旁路、蓄电池浮充接线方式单机不停电电源系统,可采用自动或手动切换旁路电源。

3. UPS 的供电类型

UPS 的供电类型有单台 UPS 供电系统、并联 UPS 供电系统和多重化 UPS 供电系统。

4. UPS 的工作条件

UPS 适用于以下工作场合:海拔 1000m 以下;室内环境温度 0～40℃;室内相对湿度不大于 85%;无剧烈振动、冲击,垂直倾斜度不超过 5°的场所;无易燃导电尘埃、无腐蚀性气体及无爆炸性危险的场所。

ZBE014 蓄电池的原理及参数

(二)蓄电池的工作原理及参数

1. 蓄电池的原理

蓄电池是可逆的,既可由化学能转变为电能(称为放电),又可由电能转变为化学能(称为充电),是独立可靠的直流电源。

蓄电池分为铅酸蓄电池和碱性蓄电池两大类。铅酸电池可作启动用、牵引用、固定型及其他用途，它用填满海绵状铅的绒状铅(Pb)板作负极，填满二氧化铅的铅板作正极，并用27%～37%的稀硫酸做电解质。碱性蓄电池包括镉－镍和铁－镍等品种，其正极活性物质都采用羟基氧化镍，负极为海绵状镉和铁，电解液为20%的氢氧化钾。电力系统所采用的蓄电池主要是铅蓄电池，工程中常用的免维护蓄电池是指阀控式密封铅酸蓄电池。

2. 蓄电池的参数

(1)电池电动势：它是指电池正负极平衡时的电势差，在数值上等于开路电压。

(2)开路电压：电池在开路状态下的端电压。

(3)电池工作电压是指电池有电流通过的端电压，在电池放电初始的工作电压称为初始电压。蓄电池以一定的放电率在25℃环境温度下放电至能再反复充电用的最低电压称为放电终止电压。当镉镍电池以连续恒定电流放电时，应根据终止电压来判断电池放电是否终止。

(4)电池容量是指电池储存电量的数量，以符号 C 表示，单位为 A·h；它是放电电流和放电时间的乘积。

(5)电池内阻是指电流通过电池时所受到的阻力，宏观上测出的电池内阻(即稳态内阻)由欧姆电阻和极化电阻组成。

(6)循环寿命是在一定放电条件下，电池工作至某一容量规定值之前，电池所能承受的循环次数。

项目二　10kV 盘柜安装

一、准备工作

(一)准备

10kV 开关柜、台钻、手电钻、砂轮、电焊机、气焊工具、台虎钳、电工刀汽车、汽车吊、手推车、卷扬机、绝缘电阻表、万用表、钢丝绳、麻绳索具等。

(二)材料、工具

槽钢、镀锌螺栓、螺母、垫片、地脚螺栓、焊条、锯条、氧气、乙炔气、锉刀、扳手、钢锯、钢丝钳、螺钉旋具、钢丝绳、麻绳索具、水准仪、钢丝绳、麻绳索具、水准仪等。

(三)人员

电气安装调试工、焊工、起重工、辅助工等。必须穿戴劳动保护用品，严格按操作规程操作。

二、操作规程

(一)开关柜搬运与开箱检查

开关柜运到现场后，应进行开箱检查。开箱检查设备与设计是否相符，有无损坏、锈蚀等情况，检查附件、备件、技术资料等是否齐全。

(二)立柜

(1)松开母线室顶盖螺栓，卸去顶盖。

(2)松开断路器室下可抽出式水平隔板的固定螺栓，并将水平隔板卸下。

(3)松开和移去电缆盖板。

(4)从开关设备左侧控制小线槽移去盖板，右前方控制线槽盖板亦同时卸下，卸下吊装板及紧固件。

(5)在此基础上，逐个安装开关柜，包括水平和垂直两方面，开关柜安装不平度不得超过1mm/m，全长不超过5mm。

(6)调整好的开关柜，应盘面一致，排列整齐，柜与柜之间用螺栓拧紧，无明显缝隙。

(7)调整完备再全部检查一遍，然后用电焊(或连接螺栓)将开关柜底座固定在基础型钢上。如果用电焊固定，则每个柜的焊缝不少于4处，每处焊缝长度100mm左右。

(三)母线的安装

(1)用清洁干燥的软布擦揩母线，检查绝缘套管是否有损伤，在连接部位涂上导电膏。

(2)逐个安装母线，将母线段和对应的分支小母线接在一起，连接时插入合适的垫块，用螺栓拧紧。

(四)接地装置

(1)用预设的连接板将各柜的接地母线连接在一起。

(2)在开关柜内部连接所有需要接地的引线。

(3)将基础框架与接地母线相连，若开关柜排列超过10台以上，必须有2个以上的接地母线。

(4)将接地开关的接地线与开关柜接地主母线连接。

(五)柜内清扫及设备检查调试

(1)开关柜立好后对柜内进行清扫，清除杂物，用抹布将各设备擦干净。

(2)对柜内隔离开关、断路器等设备进行检查、调整。

三、技术要求

(1)开关柜的水平误差应不大于1‰，垂直误差不大于其高度的1.5‰。

(2)柜体排列要求：单列时，柜前走廊以2.5m为宜；双列布置时，柜间操作走廊以3m为宜。

(3)拼装顺序：按工程需要与安装图纸的要求，将开关柜运至需安装的特定位置，如果组合排列为10台以上，并柜工作应从中间部位开始。

(4)成列盘柜安装完后，其偏差应满足：相邻两盘顶部水平偏差不得超过2mm，成列盘顶部水平偏差不得超过5mm；相邻两盘边的盘面偏差不得超过1mm，成列盘面偏差不得超过5mm；盘间接缝不得超过2mm。

四、注意事项

(1)柜体运输或吊装过程应注意防止柜体倾倒伤人。

(2)柜底加垫时不得将手伸入盘底，盘柜并列时应防止靠近时挤伤手。

(3)上道工序验收合格后方可进行下道工序。

项目三　柜顶小母线安装

一、准备工作

(一)设备

台虎钳、电锤、绝缘电阻表、万用表、吸尘器等。

(二)材料、工具

母线材料、终端、膨胀螺栓、胶带、锉刀、手锤、扳手、钢锯、卷尺等。

(三)人员

电气安装调试工。必须穿戴劳动保护用品,严格按操作规程操作。

二、操作规程

(1)测量放线。

在柜顶小母线安装时需对孔洞大小、预埋铁片的尺寸、标高位置等进行检查,确保与设计图纸上的要求一致。

(2)制作安装支架。

在有预埋件的柜上,将小母线支架安装在预埋件上;若无预埋件,则使用钢制膨胀螺栓对支架进行支撑固定。

(3)小母线矫正。

柜顶小母线安装之前,对小母线进行矫正,使其尽可能平直。

(4)下料。

一般采用手工锯断的方式,对柜顶小母线进行切割。

(5)母线加工。

安装柜顶小母线之前,主要是对小母线进行弯曲处理。

(6)小母线的连接。

小母线一般使用焊接、夹板螺栓或贯穿螺栓进行连接。对于管形和棒形的小母线,在进行连接的时候,需要用专用的线夹进行连接,不能使用锡焊进行连接。

(7)母线安装。

小母线支持点的间距要求:低压母线小于900mm;高压母线小于1200mm。

(8)母线涂相色漆。

柜顶小母线安装完毕后,要对小母线进行涂漆处理。

(9)送电前检查。

送电前要对小母线进行全面的检查,对安装过程中丢弃的杂物和废物进行清理。对柜顶小母线安装过程的螺栓、接线点等部位进行检查,对螺母、弹簧垫圈等细小零件的固定进行确认,检查油漆相色。

三、技术要求

(1)屏顶小母线不同相或不同极的裸露载流部分之间,裸露载流部分与未经绝缘的金属体之间，电气间隙不得小于 12mm，爬电距离不得小于 20mm。

（2）安装完毕的小母线，其两侧应有标明小母线符号或名称的绝缘标志牌，字迹应清晰、工整，不易脱落。

（3）屏内小母线强、弱电引下线采用分开布置。

四、注意事项

（1）对小母线架上的细小零件如螺栓、平垫、弹簧垫等，要好好保管。

（2）涂漆过程要求做到均匀涂抹，在设备接线端、夹板处以及螺栓两侧 10~15mm 不能涂漆。

ZBE007 封闭式母线桥的安装

项目四 封闭母线桥安装

一、准备工作

（一）设备

吊车、电焊机、台钻、手枪钻、扳手、力矩扳手、切割机、绝缘电阻表、万用表、吸尘器等。

（二）材料、工具

角钢、槽钢、封闭式母线桥及其附件、膨胀螺栓、线坠、卷尺等。

（三）人员

电气安装调试工、焊工、起重工、辅助工等。必须穿戴劳动保护用品，严格按操作规程操作。

二、操作规程

（一）设备开箱检查

（1）检查设备及附件，其规格、数量、品种应符合设计要求。

（2）检查设备及附件，分段标志应清晰齐全、外观无损伤变形，母线绝缘电阻符合设计要求。

（二）支架制作

（1）根据施工现场结构类型，支架采用角钢或槽钢制作，应采用一字形、L 形、U 形、T 形 4 种形式。

（2）支架的加工制作按选好的型号、测量好的尺寸断料制作，加工尺寸最大误差为 5mm。

（3）支架上钻孔应用台钻或手电钻钻孔，不得使用气焊割孔，孔径不得大于固定螺栓直径 2mm。

（4）螺杆套扣，应用套丝机或套丝板加工，不许断丝。

（三）支架的安装

（1）封闭插接母线的拐弯处以及与箱（盘）连接处必须加支架，直段插接母线支架的距离不应大于 2m。

(2)固定支架的膨胀螺栓不少于 2 个,一个吊架应用 2 根吊杆,固定牢固,螺纹外漏 2~4 扣,膨胀螺栓应加平垫圈和弹簧垫,吊架应用螺母加紧。

(3)支架及支架与埋件焊接处刷防腐油漆。

(四)封闭式母线的安装

(1)封闭插接母线进行组装,每段母线对接前绝缘电阻测试应合格,绝缘电阻值不小于 20MΩ 时才能安装组对。

(2)母线槽,固定距离不得大于 2.5m,水平敷设距地高度不应小于 2.2m。

(3)母线槽的端头装封闭罩,各段母线槽外壳的连接应是可拆的,外壳间有跨接地线,两端应可靠接地。

(4)母线与设备连接采用软连接,母线紧固螺栓应用力矩扳手紧固。

(5)对封闭式母线进行全面的整理,清扫干净,接头连接紧密,相序正确,外壳接地(PE)或接零(PEN)良好。绝缘摇测和交流工频耐压试验合格才能通电。低压母线的交流耐压试验电压为 1kV,当绝缘电阻值大于 10MΩ 时,可用 2500V 兆欧表摇测替代,试验持续时间 1min,无闪络现象。

(6)送电空载运行 24h 无异常现象,办理验收手续,同时移交验收资料。

三、技术要求

(1)绝缘子的底座、套管的法兰、保护网(罩)及母线支架等可接近裸露导体应接地(PE)或接零(PEN)可靠。

(2)封闭、插接式母线安装应符合下列规定:

① 母线与外壳同心,允许偏差为±5mm。

② 当段与段连接时,两相邻段母线及外壳对准,连接后不使母线及外壳受额外应力。

(3)低压母线交接试验应符合下列规定:

① 相间和相对地间的绝缘电阻值应大于 0.5MΩ。

② 电气装置的交流工频耐压试验电压为 1kV,当绝缘电阻值大于 10MΩ 时,可采用 2500V 兆欧表摇测替代,试验持续时间 1min,无击穿闪络现象。

四、注意事项

(1)安装结束后,对共箱母线内部及时进行清理,母线内部不得留有任何异物,固定母线的支持件应清理干净,且无损坏现象。

(2)共箱封闭母线外壳接地应可靠牢固,全长导通良好。

项目五　低压配电系统调试

ZBE008　低压配电系统调试

一、准备工作

(一)设备

继电保护综合测试仪、标准电流表、标准电压表、大电流发生器、标准互感器、数字万用表、500V/1000V/2500V 兆欧表、相序表、单相自耦变压器、三相调压器、同步计时器、电子数字毫秒仪等。

（二）材料、工具

螺钉旋具、验电笔、电工工具、安全警戒绳、绝缘胶带、绝缘靴和绝缘手套等。

（三）人员

电气安装调试工、焊工、起重工、辅助工等。必须穿戴劳动保护用品，严格按操作规程操作。

二、操作规程

为了确保配电系统正常、稳定地运行，对可能出现的各种故障现象进行模拟试验，以检查和验证远方报警及显示的正确性。

（一）一般检查

（1）盘柜内的元部件装配与图纸相符，无外部损伤。

（2）盘柜的元部件铭牌上的参数符合设计要求。

（3）盘柜内部接线及端子排接线符合图纸要求，盘柜内的导线无接头，导线的线芯无损伤。电缆芯线和所配导线均应有其回路标识，且标识准确、清晰。

（4）主回路抽屉及元件可动部分动作灵活轻便，无卡阻碰撞现象，抽屉能互换。抽屉的机械闭锁、电器闭锁装置应动作正确可靠。

（5）抽屉与柜体间的二次回路连接插件应接触良好。抽屉与柜体间的接触及柜体框的接地应良好。

（二）单元件调试

（1）测量低压电器绝缘电阻。其绝缘电阻值不应小于 1MΩ，在比较潮湿的地方不小于 0.5MΩ。

（2）电压线圈动作值校验应符合规定。

（3）低压电器动作情况检查。对采用电动机或液压、气压传动方式操作的电器，当电压、液压或气压在额定值的 85%~110%时，电器应能可靠工作。

（4）低压电器采用的脱扣器的整定。各种过电流脱扣器、失压和分励脱扣器、延时装置等应按使用要求进行整定，其整定值误差不得超过产品技术条件的规定。

（三）互感器试验

参见变配电系统相关知识。

（四）表计校验

参见盘柜及母线安装相关知识。

（五）控制回路调试

（1）校线。

（2）测量绝缘电阻。

（3）交流耐压试验。

（4）48V 及以下回路可不做交流耐压试验。

（5）控制回路模拟动作。

(六)主回路调试

(1)校线。根据原理图,用数字万用表按顺序一步步地检查柜内的接线,应符合图纸要求;根据原理图和端子图用数字万用表校线,将同一电缆的同一芯线一端接地,测量另一端是否对地导通,断开,再测。

(2)测量绝缘电阻。配电装置及馈电线路的绝缘电阻不应小于0.5MΩ。测量馈电线路的绝缘电阻时应将断路器、用电设备、电器和仪表等断开。

(3)动力配电装置的交流耐压试验。试验电压1000V持续时间为1min。当回路绝缘电阻值在10MΩ以上时,可采用2500V兆欧表代替,试验持续时间为1min。

(七)模拟保护动作试验

根据设计图纸所采用的保护,短接有关的端子应能满足图纸要求,输出报警信号或跳闸。常用的有过电流保护、欠电压保护、过电压保护、差动保护、零序保护等。

(八)送电前检查

(1)线路检查应无短接与错接现象。

(2)设备接地良好。

(3)测量绝缘电阻应符合要求。

(九)送电

(1)合上控制回路电源,将开关置于试验位置,按动开关后应能正确动作,且其指示灯显示正确。

(2)将开关置于工作位置并点动,检查设备运行是否正常,运行方向是否正确,若方向相反,则要换相。

(3)将钳形电流表卡在B相,启动,监视盘面表计指示是否正常。记录空载启动电流和运行电流。

(十)调试后工作

检查试验记录是否齐全、正确,填写试验报告。检查不符合项是否关闭。

三、技术要求

(1)电压互感器和电流互感器连接时要注意极性。

(2)电流互感器在正常工作时二次侧不得开路。

(3)电压互感器在工作时二次侧不得短路。

(4)电压互感器和电流互感器的二次侧有一端必须接地。

四、注意事项

(1)在试验现场应悬挂试验警示牌,并在试验场地周围拉上警示带。

(2)因试验需要断开电气设备的接头,拆前应做好标记,恢复连接后应进行检查。

项目六　表计校验

一、准备工作

（一）设备

交流指示仪表检定装置等。

（二）材料、工具

安全警戒绳、绝缘胶带、电源线、试验专用接线、电工工具等。

（三）人员

电气安装调试工。必须穿戴劳动保护用品，严格按操作规程操作。

二、操作规程

（一）外观检查

（1）仪表外观检查。

表盘上或外壳上至少应有下述标志符号：仪表名称或被测表的标志符号；型号；系别符号；准确度等级；厂名或厂标；制造标准号；制造年月或出厂编号；电流种类；正常工作位置；互感器的变比。

（2）仪表的端钮和转换开关上有用途标志。

（3）从外表看，零部件完整，无松动，无裂缝，无明显残缺或污损；当倾斜或轻摇仪表时，内部无撞击声。

（4）向左右两方向旋转机械零件，指示器转动灵活、左右对称。

（5）指针不弯曲，与标度盘表面间的距离要适当。

（6）检查有无封印，外壳密封是否良好。

（二）可动部分的倾斜影响检查

检验时，按规定的角度使被检仪表自工作位置向前、后、左、右四个方向倾斜，倾斜情况下的指示值与规定工作位置时的指示值之差，不应超过规定。

（三）测定基本误差

1. 电流表的校验

检定一块额定电流为5A，满刻度为100格的直流电流表，步骤如下：

（1）开总电源开关，按"↑"或"↓"键将光标移到"指示仪表"处，再按回车键确认。

（2）按"↑"或"↓"键将光标移至"直流电流表"处，按回车键确认。

（3）屏幕提示"量程选择100V"，按回车键确认。

（4）屏幕提示"量程选择5A"，按回车键确认。

（5）屏幕提示"被检表单量程（A）"，按"5"，再按回车键确认。

（6）屏幕提示"被检表单量程（A）"，按回车键确认。

（7）屏幕提示"电压变比（kV/V）"，按回车键确认。

（8）屏幕提示"电流变比（A/A）"，按回车键确认。

(9)按“检表”键，屏幕显示“手动检表”。

(10)按“K3”键，清除前变比关系。

(11)升电流至被校验点，例如校 1A 这点，则按“20”“电流”，被检表指针指在 1A 这点附近，再用“↑”“↓”“→”“←”四个调节键将指针精确指在 1A 这点上。

(12)按“1”和“常数”，再按“检表”键，则 1A 这点的误差显示在屏幕上。

(13)其余各点的校法类同。校验完后再按“K2”键，输入被检表编号，按回车键确认，然后按“打印”键将校验结果打印出来。

2. 电压表的校验

检定一块满刻度为 12kV，额定电压为 100V，变比为 12/100 的交流电压表，步骤如下：

(1)开总电源开关，按“↑”或“↓”键将光标移到“指示仪表”处，再按回车键确认。

(2)按“↑”或“↓”键将光标移至“交流电压表”处，按回车键确认。

(3)屏幕提示“量程选择 100V”，按回车键确认。

(4)屏幕提示“量程选择 5A”，按回车键确认。

(5)屏幕提示“被检表单量程(kV)”，按“12”，再按回车键确认。

(6)屏幕提示“被检表单量程(kV)”，按回车键确认。

(7)屏幕提示“电压变比(kV/V)”，按“12”“K3”“100”，再按回车键确认。

(8)屏幕提示“电流变比(A/A)”，按回车键确认。

(9)按“检表”键，屏幕显示“手动检表”。

(10)按“K1”键，屏幕右上角由“%”变为“T”，这时如果要校验 5kV 这点误差，直接按“5”“电压”键，这时指针指在 5kV 附近，再用“↑”“↓”“←”“→”四个调节键将指针精确指在 5kV 处。

(11)再按“检表”键，屏幕上显示该点误差。

(12)同样方法校验其他各点误差。

(13)校验完各点后，按“K2”键，输入该被检表编号，按回车键确认。然后按“打印”键将校验结果打印出来。

(四)升降变差的测定

在极性不变和指示器升降方向不变的前提下，首先使被检表指示器从一个方向平稳移向标度尺某一个分度线，读取标准表的读数，然后再从另一方向平稳地移向标度尺的同一个分度线，再次读取标准表的读数，标准表两次读数之差即为升降变差。若被测量连续可调，则测定升降变差可与测定基本误差一同进行。

三、技术要求

(1)检验装置的综合误差与被检表基本误差之比宜为 1∶5，最低要求应为 1∶3。

(2)检验交流电流表、电压表时，将其接在标准装置的 B 相。

(3)装置初设量程为电压 100V，电流 5A，如被检表量程不为 5A 或 100V，则特别注意重新确认。

四、注意事项

校验与 PT 连接的电压表时，应断开被校表与 PT 二次连接，谨防 PT 二次带电返送到一次伤人。

ZBE010 低压母线核相

项目七 低压母线核相

一、准备工作

（一）设备

万用表、相序表、电工工具、盘柜操作专用工具等。

（二）材料、工具

安全警戒绳、绝缘胶带、绝缘靴和绝缘手套等。

（三）人员

电气安装调试工。必须穿戴劳动保护用品，严格按操作规程操作。

二、操作规程

（一）核相目的

核相目的是保障两段母线的相序相同、相位相同、电压相等。低压柜两段核相时，母联柜是不能投入的。母联柜投入时相当于并联了。

（二）核相方法

（1）用相序表分别检查Ⅰ段母线一次侧及二次侧、Ⅱ段母线一次侧及二次侧，相序旋转方向必须一致，同为逆时针或同为顺时针。

（2）一次侧核相。把万用表拨在交流 500V 挡，一只表笔接第一线路的其中一相，另一只表笔接第二线路其中一相，等读数稳定后记录下来所对应的电压值读数和对应位置，读数为 0 的两相为同相，测量 6 次就可以准确判断，只有同相时可以并网。核相示意图如图 3-5-1 所示。

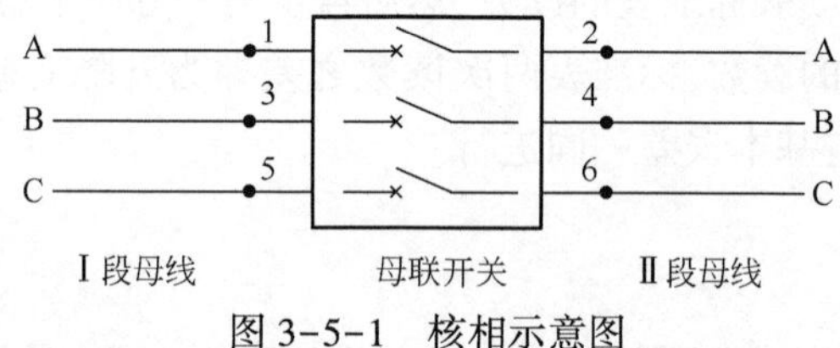

图 3-5-1 核相示意图

用万用表测量电压：$U_{12}=0$、$U_{14}=380V$、$U_{16}=380V$，则两段的 A 母线为同相；

用万用表测量电压：$U_{32}=380V$、$U_{34}=0$、$U_{36}=380V$，则两段的 B 母线为同相；

用万用表测量电压：$U_{52}=380V$、$U_{54}=380V$、$U_{56}=0$，则两段的 C 母线为同相。

（3）二次侧核相：同一次侧核相方法一致。

（4）核相结束。

三、技术要求

(1)分别对两段母线的一次和二次侧进行相序旋转方向的检查。

(2)在一次侧,分别测量两段母线的相对电压,同相应为零。

(3)在二次侧,分别测量两段母线的相对电压,同相应为零。

(4)一次侧和二次侧的核相结果应一致。

四、注意事项

(1)母线核相至少需要3个人。

(2)核相工作人员必须按规定穿棉制工作服、绝缘鞋,使用安全带,戴安全帽、绝缘手套,在工作现场应设置安全围栏。

(3)核相前,应对尚未安装好的电缆头进行固定,电缆头相间、与设备之间必须有0.3m的安全距离。核相PT断路器在工作位置。

项目八　UPS安装

ZBE013　UPS的安装

一、准备工作

(一)设备

UPS柜、吊车、电焊机、手电钻、冲击钻、兆欧表、万用表等。

(二)材料、工具

角钢、槽钢、卷尺、扳手、线坠、锡锅、喷灯、电工工具、工具袋、工具箱、高凳等。

(三)人员

电气安装调试工、焊工、起重工、辅助工等。必须穿戴劳动保护用品,严格按操作规程操作。

二、操作规程

(一)设备的检查及验收

(1)规格、型号、台数应与设计相符。

(2)外观完整、无损伤,产品说明书等技术文件齐全,附件、备件齐全。

(3)电子元件的检查,检查柜内电子元件规格、型号、数量是否与图样相符,且无损伤。二次接线应整齐美观,构架、插件及抽屉导轨等所有螺栓、防松装置必须紧固。

(4)有冷却系统的储油箱及管路应无漏油现象,其油面应与标定的刻度指示一致。

(二)柜体的安装

UPS柜体的安装方法及要求基本同低压配电柜的安装。

(三)主回路线缆及控制电缆铺设

(1)UPS进出线都支持下进出线方式,可以通过地槽铺设电缆或采用桥架电缆铺设方法。

(2)线缆及控制电缆铺设应符合国家有关现行技术标准。

(3)线缆铺设完毕后应进行绝缘测试,线间及对地绝缘阻值应大于0.5MΩ。

(四)设备安装接线

1. 一次回路接线

(1)一次回路电缆穿越金属框架或构件时,三相电缆均应在一起穿越。

(2)一次回路电缆进入设备内应剥离外绝缘层和铠装钢带,同时对剥离部分进行绝缘处理。

(3)工作零线(N)引至设备的中性母线上连接;保护线(PE)为黄绿双色线,引至设备接地装置或接地母线上。

2. 二次回路接线

(1)所有接线有明确标记,连接紧固。

(2)线束的走向横平竖直,无过多的交叉,尼龙扎带不宜抽拉过紧。

(3)所有分支线束在分支前后都要用扎带捆扎。

(4)连接到端子的每一根线缆有防振弯曲,弯曲长度要一致。

(5)接线端子需浸锡处理。

三、技术要求

(1)柜体的接地必须良好,接地电阻≤1Ω。

(2)UPS装置的“市电电源”和“旁路电源”端应接在市电停电后供电母线段上,专用低压柜应和UPS装置并列安装。

(3)柜体就位后,柜内外污垢应清除干净。

四、注意事项

(1)柜体需要绝缘安装时,基础型钢和地脚螺栓等预埋件应用绝缘导线与专用接地极连接,也可使用绝缘垫或绝缘套管使其绝缘。

(2)装置的电源引入线及输出线应用软母线或软电缆,连接时不得使装置的元件受到应力的作用,软母线或软电缆截面的载流量应大于UPS装置的最大电流容量,且应选择防腐材料的母线。

ZBE015 蓄电池组的安装及调试

项目九 蓄电池柜安装及调试

一、准备工作

(一)设备

电池柜、电池充放电仪、吊车、电焊机、手电钻、冲击钻、兆欧表、万用表等。

(二)材料、工具

角钢、槽钢、卷尺、扳手、线坠、电工工具、工具袋、工具箱、梯子等。

(三)人员

电气安装调试工、焊工、起重工、辅助工等。必须穿戴劳动保护用品,严格按操作规程操作。

二、操作规程

(一)设备的检查及验收

(1)制造厂的技术文件、设备的规格型号、数量符合设计要求且无损伤。

(2)蓄电池无滴漏现象,极柱无腐蚀,表面清洁无污,电解液清晰透明。

(3)电池柜中的电池连接正确,排列整齐、分层放置、螺母紧固、无放电及滴漏痕迹,输出端电压正确。

(4)蓄电池绝缘良好。

(二)蓄电池的安装

(1)同一蓄电池组的电池具有相同的特性,即采用同一型号的产品。

(2)安装前进行外观检查,主要检查是否有裂纹、损伤,密封是否良好,有无渗漏现象;正、负极接线柱极性正确,无变形、损伤;连接条、螺栓及螺母应齐全。

(3)电池搬运过程中不应触动极柱和排气阀,电池摆放时要注意电池极性方向。

(4)安装过程中要确保单体蓄电池之间的间距不应小于5mm,且成排成列的蓄电池应高低一致,排列整齐。

(5)在连接电池极间连线时应使用绝缘工具,并应佩戴绝缘手套。

(6)联络线要紧固,连接部分涂以电力复合脂。连接时,先连好每一层,再连接层间。

(7)电缆引出线的正负极标识正确,正极应为赭色,负极为蓝色。

(8)电缆连接完后,接线端子处应安装绝缘防护罩;标明蓄电池的编号。

(三)蓄电池的充放电

(1)蓄电池充放电前准备好临时电源,检查蓄电池充放电测试仪是否良好。

(2)充电前检查并记录单体蓄电池的初始端电压和整组电压。

(3)免维护蓄电池对充电时的最大充电电流进行限制,一般不大于0.1C。

(4)充电开始后,每一个小时记录一下充电电流、电池组电压、单节电池电压、电池温度及室温等数据。

(5)完全充电的蓄电池组开路静置24h后,测量开路电压和容量,并做好记录。

(6)利用试验设备对蓄电池进行放电,宜采用恒定电流放电到其中一个蓄电池电压为1.80V时终止放电。

(7)放电期间每隔一个小时测量并记录单体蓄电池的端电压、表面温度及整组蓄电池的端电压。

(8)放电结束后,蓄电池应尽快进行完全充电。

(9)蓄电池充好电后,应按产品技术文件的要求进行使用与维护。

(四)蓄电池的运行

(1)蓄电池的初充电。在新装或大修后的第一次充电叫初充电,初充电应按照制造厂的规定进行。

(2)蓄电池的运行方式。蓄电池的运行为充电-放电运行方式和浮充电运行方式。

三、技术要求

(1)蓄电池安装时先将电池柜零配件就位,先安装底板,再安装前后侧板。电池柜安装位置距离墙壁及其他设备 0. 5m 以上。

(2)先安装最底层电池,再依次安装上面层的电池,电池垂直侧最少有 10mm 的间隔。

(3)用连接线缆连接电池端子时应用绝缘胶布将另一端子包好,以免造成电池短路。电池串联连接极性,旋拧固定端子必须用力矩扳手,接好后用力抽拉每根电池电缆的端子,检查其是否压紧,保证可靠连接。

(4)蓄电池连接线长度一致。通常先进行电池间电缆的连接,然后是层之间的,最后进行电池开关电缆的连接。

(5)蓄电池组在室内或柜内安装好后,必须将电池外壳、柜内柜外、室内室外清扫干净。

(6)蓄电池充放电时的连接根据充电机的额定电压、额定电流决定,常用的有串联、并联、混联 3 种方法。

(7)为了保证蓄电池能可靠地供电,蓄电池组平时不能过度地放电。通常,当放电达其额定容量的 75%~80%时,即要停止放电,并对其充电。

四、注意事项

(1)酸性和碱性蓄电池不得同室安装。

(2)在充电过程中不能停电,特别是第一阶段,如遇突然停电,要进行补充电。

项目十　低压开关柜受电操作步骤

一、准备工作

(一)设备

数字万用表、500V/1000V/2500V 兆欧表、相序表等。

(二)材料、工具

螺钉旋具、验电笔、电工工具、绝缘靴和绝缘手套、防火用具、警戒绳、警示牌等。

(三)人员

电气安装调试工。必须穿戴劳动保护用品,严格按操作规程操作。

二、操作规程

(一)低压开关柜受电要求达到的条件

(1)电气设备单体调试完且合格。

(2)所有保护继电器调校完并符合设计值。

(3)所有主回路、操作回路校验完且合格。

(4)所有线路相间、相地绝缘电阻已测试完并出具报告。

(5)所有电气设备开关应处于“0”或分闸位置。

(6)设备接地良好。

(二)受电前检查

(1)开关柜的检查:检查柜内的清洁度;检查柜内防误操作机构是否可靠;主回路抽屉可动部分动作应灵活轻便,无卡阻碰撞;抽屉的机械闭锁、电器闭锁装置应动作正确可靠。

(2)绝缘检查:受电回路电缆、设备、母线等绝缘检查。

(3)操作电源检查:直流操作回路电源检查;控制回路、合闸回路、信号回路电源检查。

(4)开关柜操作试验:开关柜控制、信号及合闸电源模拟操作;检查各开关柜电动分合闸动作是否可靠;检查母联 BZT 装置动作是否可靠等。

(三)受电操作步骤

(1)测量Ⅰ段进线电缆及母线绝缘。

(2)将 1 号进线柜断路器摇至试验位置,做就地和远方合、分闸各一次,动作可靠。

(3)将 1 号进线柜断路器摇至工作位置,合上断路器开关。

(4)测量Ⅰ段母线,确认母线带电。

(5)测量Ⅰ段 PT 二次电压,确保 PT 带电。

(6)核对Ⅰ段母线相序。

(7)间隔 5min(观察变压器及母线有无异常),若无异常,进行第二次冲击;若有异常,应处理完毕方可进行第二次冲击。

(8)间隔 5min,进行第三次冲击;无异常后不断开开关。

(9)测试 2 号进线柜电缆及母线绝缘应合格。

(10)将 2 号进线柜断路器摇至试验位置,做就地和远方合、分闸各一次,动作可靠。

(11)将 2 号进线柜断路器摇至工作位置,合上断路器开关。

(12)测量Ⅱ段母线,确认母线带电。

(13)测量Ⅱ段 PT 二次电压,确保 PT 带电。

(14)核对Ⅱ段母线相序。

(15)间隔 5min(观察变压器及母线无异常),若无异常,进行第二次冲击,若有异常,应处理完毕方可进行第二次冲击。

(16)间隔 5min,进行第三次冲击,无异常后不断开开关。

(17)Ⅰ、Ⅱ段母线核相。

(18)系统分段空载运行并观察运行情况。

三、技术要求

(1)小母线绝缘电阻值在断开所有其他并连支路时不应小于 10MΩ。二次回路的每一支路和断路器、隔离开关的操作机构的电源回路等绝缘电阻值均不应小于 1MΩ。在比较潮湿的地方可不小于 0.5MΩ。

(2)受电至少 3 个人,2 人操作,1 人监护。

模块六　二次接线与检验

项目一　相关知识

ZBF001 电流互感器二次回路知识

一、电流互感器二次回路

（一）电流互感器的极性端标注方法

电流互感器的极性是指它的一次绕组和二次绕组间电流方向的关系。如果一次电流和二次电流在铁芯中产生的磁通方向相同，这样的电流互感器极性标注称为减极性；反之称为加极性。除特殊情况外，电流互感器均采用减极性。

（二）电流互感器二次侧接线要求

同相套管内的电流互感器，根据需要其二次绕组可采用串联接线或并联接线。

（1）电流互感器二次绕组串联接线。电流互感器两个相同的二次绕组串联接线时，二次回路内的电流不变，变比不变，感应电动势增大一倍，容量增加一倍，准确度不变。

（2）电流互感器二次绕组并联接线。电流互感器二次绕组并联接线时，由于每个电流互感器的变比未变，因而二次回路内的电流将增大一倍。为了使二次回路内流过的电流仍为原来的电流，则一次电流应较原来额定电流降低 1/2 使用，变比为原来的 1/2，而容量不变。

（三）电流互感器与继电器的几种常用接线方式

电流互感器常用的接线方式有三相星形接线方式、两相不完全星形接线方式、两相电流差接线方式以及三角形接线方式。

1. 三相星形接线

它由 3 台电流互感器和 3 块电流继电器组成。这种保护接线对各种故障（如三相、两相、单相接地短路）都能满足要求，起到保护作用，而且具有相同的灵敏度。它适用于中性点直接接地系统的线路电流保护及变压器的电流保护。

2. 两相不完全星形接线

此种接线用两台电流互感器和两块电流继电器（装在 U、W 或 A、C 两相上）对应连接起来。它对各种相间短路能够满足要求，适用于变压器中性点不接地或经过消弧线圈接地的电力系统中，用于线路的电流保护。

3. 两相电流差接线

这种接线方法是利用两只电流互感器分别装在 U、W（A、C）两相上，采用一只电流继电器 KA，接于两相电流差回路。在中性点不直接接地的系统中，除接地短路保护不动作外，对其他任何形式的相间短路故障均能起到保护作用。但这种接线仅适用于作为线路或电动机保护，而不适用于 Y，d 或 Y，yn 接线的变压器。

4. 三角形接线

三角形接线是由 3 台电流互感器和 3 块电流继电器组成。在中性点直接接地的电力系统中，对于任何形式的短路故障都能起到保护作用。

（四）电流互感器二次侧不允许开路的原因

当电流互感器二次侧开路时，二次电流为零且二次磁通消失，一次电流完全变成了激磁电流，铁芯中磁通密度急剧增加，使铁芯达到饱和，二次侧出现高电压，对人、仪表和电流互感器本身的安全将带来威胁。

二、电压互感器二次回路

ZBF002　电压互感器二次回路知识

由于测量仪表和继电保护装置要求接入的电压不同，形成各种不同的电压互感器接线形式，现将常用的几种电压互感器的接线形式介绍如下。

（一）单相电压互感器接线方式

这种简单的接线方式应用于单相或三相系统中，电气元件接任一线电压上。接线图如图 3-6-1 所示。此种接线，电压互感器一次侧不能接地，二次绕组一端是接地的。单相电压互感器一次绕组为线电压，二次绕组额定电压为 100V。

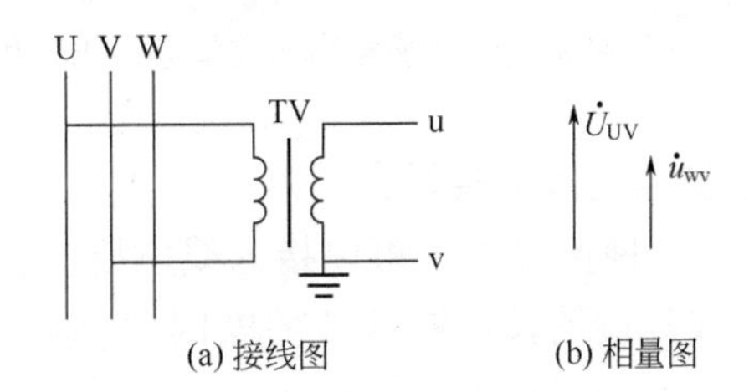

图 3-6-1　单相电压互感器接线图

（二）两台单相电压互感器构成 V-V 接线方式

接线图如图 3-6-2 所示，此种接线，互感器一次绕组不能接地，二次绕组 V(B)相接地。适用于中性点非直接接地或经过消弧线圈接地的电网中，且只能测线电压，不能测相电压，二次绕组额定电压为 100V。

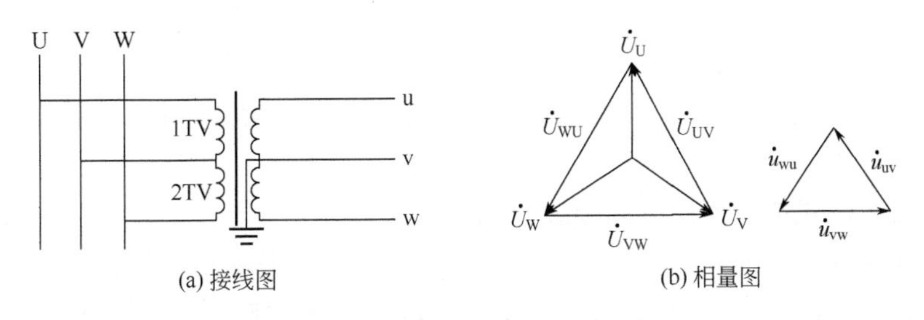

图 3-6-2　电压互感器 V-V 接线图

（三）三台单相电压互感器构成的星形接线方式

接线图如图 3-6-3 所示，电压互感器一、二次绕组中性点是直接接地的，二次绕组引出一根中性线。在中性点直接接地的系统中，这种接线可以将仪表和继电器接入相电压或线电压。在中性点非直接接地或经过消弧线圈接地的系统中，这种接线可用来接入线电压和供电绝缘监视用的零序电压。一次绕组电压为系统相电压，二次绕组额定电压为 $100/\sqrt{3}$V；对于一次系统为中性点直接接地方式并发生单相接地故障时，辅助二次绕组电压为 100V，对于一次系统为中性点非直接接地或经过消弧线圈接地方式并发生单相接地故障时，辅助二次绕组电压为 100/3V。

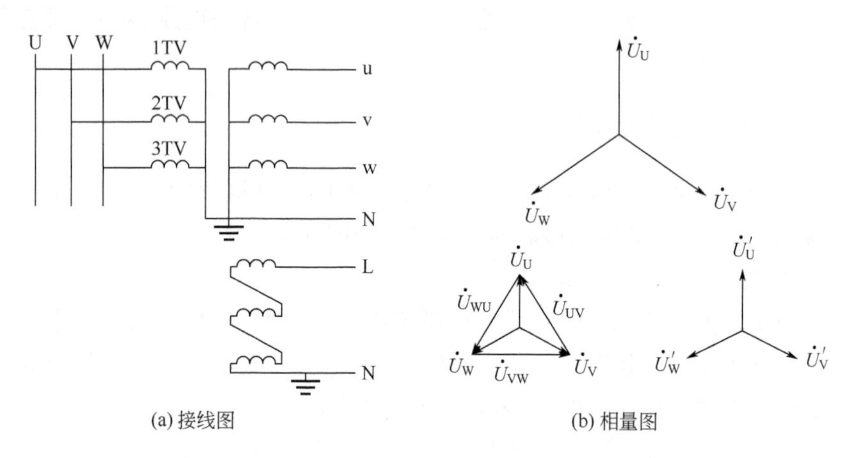

图 3-6-3　三只单相电压互感器构成的星形接线图和相量图

（四）三相三柱式电压互感器的星形接线方式

接线图如图 3-6-4 所示，这种接线方式可以接入线电压和相电压，三相三柱式电压互感器用在中性点非直接接地或经过消弧线圈接地的电网中。必须注意，其一次绕组电压为的中性点是不允许接地的，一次绕组电压为接地系统相电压，二次绕组额定电压为 $100/\sqrt{3}$V。

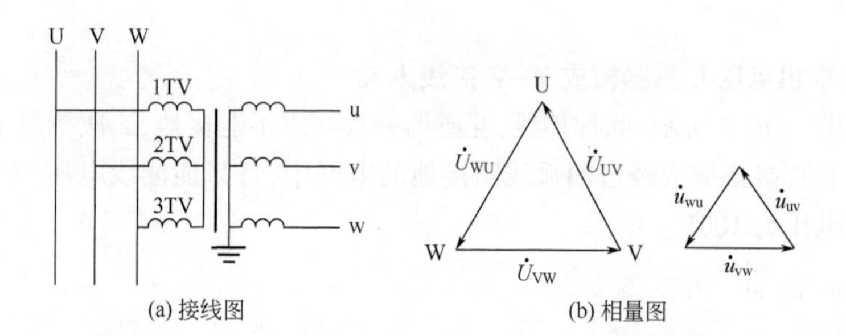

图 3-6-4　三相三柱式电压互感器的星形接线图和相量图

（五）三相五柱式电压互感器的接线方式

接线图如图 3-6-5 所示，这种接线方式可以接入线电压和相电压，在接成零序的辅助二次绕组引出端 L 和 N 上，可以接入接地保护用继电器和信号指示器。其一次绕组接入系统相电压，主二次绕组额定相电压为 $100/\sqrt{3}$V，辅助二次绕组电压按 100/3V 设计。

应注意的是，电压互感器二次侧接地是保护接地，不允许短路。这是为了防止因互感器绝缘损坏时，高压窜入低压而对二次设备和人员造成伤害。

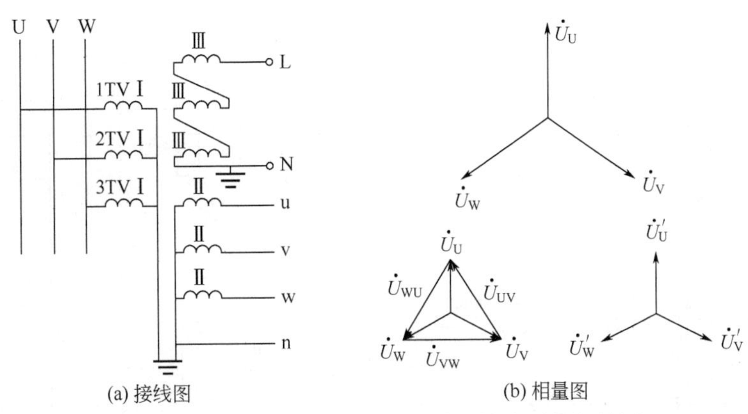

(a) 接线图　　(b) 相量图

图 3-6-5　三相五柱式电压互感器接线图和相量图

ZBF003　断路器控制二次回路知识

三、断路器控制二次回路

(一) 断路器控制的方式

对断路器合闸和跳闸操作的控制，按控制地点分为就地控制和集中控制两种；现代化的发电厂和变电所的断路器都是在主控室内进行集中控制。按控制电源的性质分为直流操作和交流操作两种类型。断路器的控制方式按控制电源电压分为强电控制和弱电控制。

(二) 断路器的位置指示

断路器的跳闸、合闸状态在主控制室应有明确的指示信号，一般有双灯制(红、绿灯)和单灯制(白灯)两种接线方式。在双灯制接线图中，红灯(HR)亮表示断路器在合闸状态，绿灯(HG)亮表示断路器在跳闸状态。单灯制用灯光和控制开关手柄位置来表示断路器手动跳、合闸位置。

(三) 电磁操作灯光监视的断路器控制与信号电路图

图 3-6-6 是电磁操作灯光监视的断路器控制与信号电路图。控制电压为 DC 220V 或 DC 110V，该电路图广泛应用于镉镍电池或铅酸蓄电池供电的发电厂和变电所。

控制与信号回路动作过程如下。

(1) 手动合闸前，断路器处于“跳闸后”位置，控制开关 SA 置于“跳闸后”位置。回路为：L+—FU_1—SA11-10—KCF3—绿灯 HG—断路器辅助常闭触点 QF—接触器 KM—L-，形成通路，绿灯 HG 发平光。此时 KM 线圈两端虽有一定电压，但由于 HG 内附加电阻的分压作用，不足使 KM 动作。绿灯 HG 亮，它不仅指示断路器正处在跳闸位置，还监视了合闸回路的完好性。

(2) 在合闸回路完好的情况下，将 SA 置于“预备合闸”位置，HG 经 SA9-10 触点接至闪光母线 M100(+)上，HG 闪光，此时提醒运行操作人员核对操作对象是否有误，核对无误后，将 SA 置于“合闸”位置，控制开关 SA5-8 触点接通，回路为：L+—FU_1—SA5-8—KCF_2 常闭触点→断路器辅助常闭触点 QF—KM 线圈—FU_2—L-。KM 线圈通电，其常开触点闭合，接通合闸线圈回路，使合闸线圈 YC 带电，由操作机构使断路器 QF 合闸，QF 辅助常闭触点断开，绿灯熄灭。

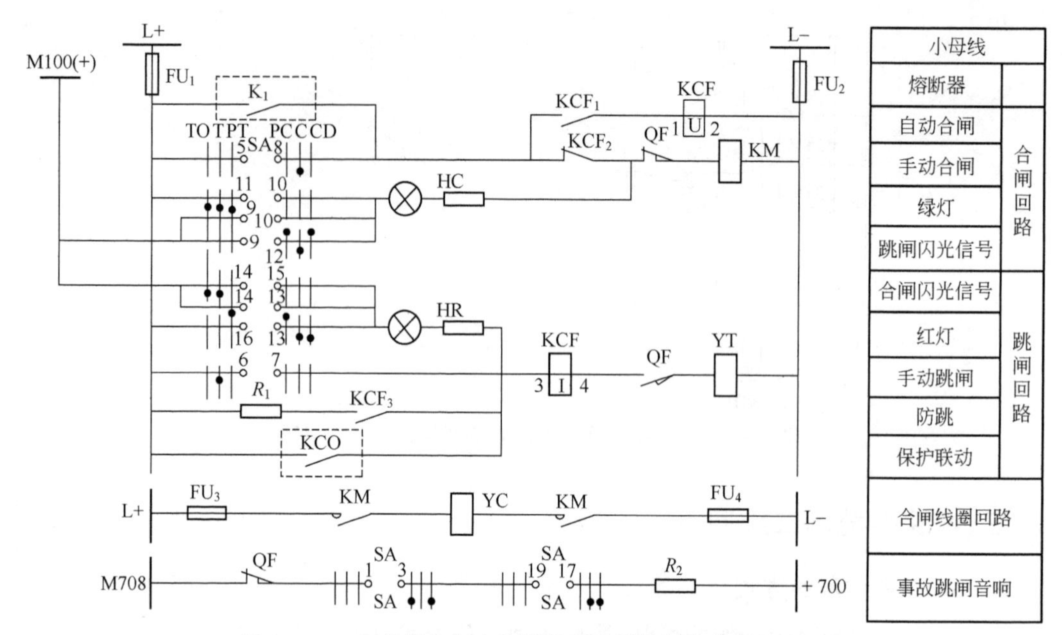

图 3-6-6 电磁操作灯光监视的断路器控制与信号电路图

SA—控制开关；HR，HG—红绿灯；FU_1 ~ FU_4—熔断器；

R_1，R_2—电阻；KCF—防跳继电器；KM—合闸接触器；YC，YT—合、跳闸线圈

（3）合闸完毕后，控制开关 SA 自动复归至“合闸后”位置，回路为：L+—FU_1—SA16-13 触点—红灯 HR—KCF3-4 电流线圈—断路器辅助常开触点 QF—跳闸线圈 YT—FU_2—L-，形成回路。红灯 HR 发平光。同理由于 HR 内附加电阻的分压作用，不足使 YT 动作，红灯 HR 亮，它不仅指示断路器正处在合闸位置，还监视了跳闸回路的完好性。

（4）手动跳闸操作时，先将控制开关 SA 置于“预备跳闸”位置，HR 经 SA13-14 接至 M100（+）上，HR 闪光。核对操作无误后，再将控制开关 SA 置于“跳闸”位置，开关 SA6-7 触点接通，YT 线圈通电，经操作机构使断路器跳闸，回路为：L+—FU_1—SA6-7 触点接通—KCF3-4 电流线圈—断路器辅助常开触点 QF—YT 跳闸线圈—FU_2—L-。跳闸后，QF 辅助常开触点断开，HR 熄灭，开关 SA 自动复归至“跳闸后”位置，绿灯 HG 发平光。

（5）断路器自动控制的基本原理与手动相同，不再赘述。

（四）弹簧操作灯光监视的断路器控制与信号电路图

图 3-6-7 为弹簧操作灯光监视的断路器控制与信号电路图如图 3-6-7 所示。

该电路图的工作原理与电磁操作的断路器相比，有以下特点：

（1）当断路器无自动重合闸装置时，在其合闸回路中串有操动机构的辅助常开触点 Q_1。只有在弹簧拉紧到位，Q_1 闭合后，才允许合闸。

（2）当弹簧未拉紧时，操动机构的两对辅助常闭触点 Q_1 闭合，启动蓄能电动机 M，使合闸弹簧拉紧。弹簧拉紧后，两对常闭触点 Q_1 断开，合闸回路中的辅助常开触点 Q_1 闭合，电动机 M 停止转动。此时，进行手动合闸操作，合闸线圈 YC 带电，使断路器 QF 利用弹簧蓄能的能量进行合闸。合闸弹簧在释放能量后，又自动蓄能，为下一次动作做准备。

（3）当断路器装有自动重合闸装置时，由于合闸弹簧正常运行处于蓄能状态，所以能可

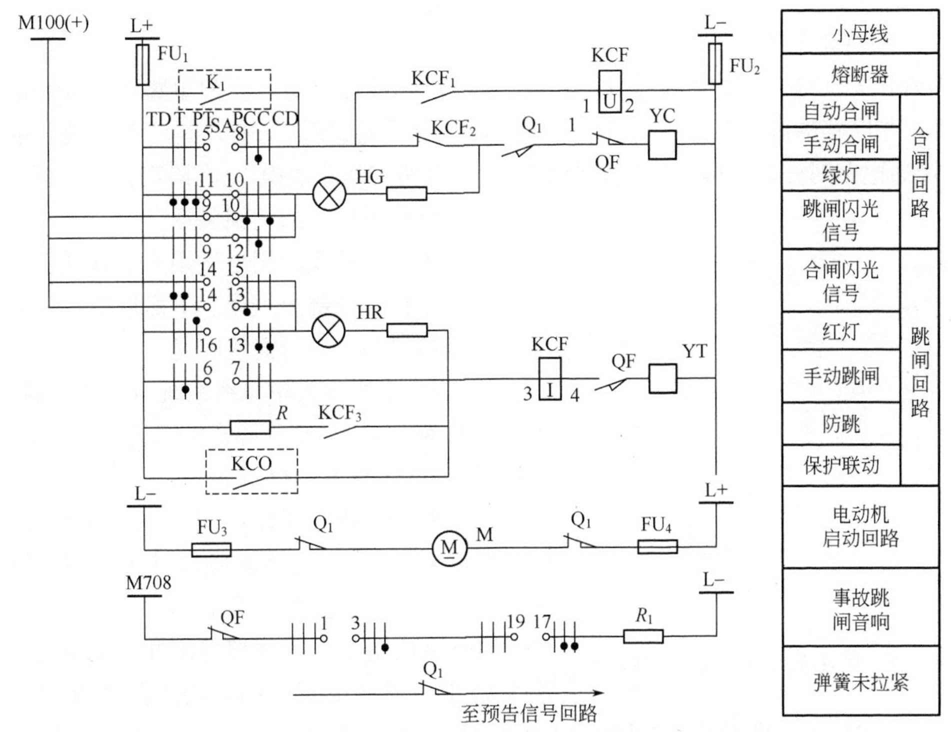

图 3-6-7　弹簧操作灯光监视的断路器控制与信号电路图

靠完成一次重合闸动作。如果重合不成功又跳闸，将不能进行第二次重合，但为了保证可靠“防跳”，电路中仍有防跳措施。

(4) 当弹簧未拉紧时，操作机构的辅助常闭触点 QF_1 闭合，发“弹簧未拉紧”信号。

ZBF004　隔离开关二次回路知识

四、隔离开关的二次回路

(一) 隔离开关的控制方式

隔离开关的控制方式分就地控制和远方控制两种，110kV 及以下的隔离开关一般采用就地控制；220kV 及以上的隔离开关既可以采用就地控制也可以采用远方控制；330kV 及以上的变电站多采用远方控制。根据操作机构的控制方式又分为手动和电动两种。

(二) 隔离开关控制回路的基本要求

(1) 防止带负荷拉合隔离开关。

(2) 防止带接地刀闸而合对应回路隔离开关。

(3) 防止带电合接地刀闸。

(4) 远方操作脉冲是短时的，完成操作后，远方操作回路能自动断电。

(5) 隔离开关有工作状态的位置信号。

(6) 隔离开关机构箱应配置加热器，防止箱内发生凝露现象，影响设备绝缘。

(三) 隔离开关控制回路的基本组成

(1) 操作回路。完成隔离开关分、合闸操作任务的二次回路。

(2) 闭锁回路。反映隔离开关与断路器、隔离开关与接地刀闸之间的外部联锁关系。

（3）信号回路。反映隔离开关工作状态的位置信号。

（四）隔离开关的闭锁回路

隔离开关没有专用的灭弧装置，不能用来切断或接通负荷电流和短路电流，因此，隔离开关必须与断路器配合使用。在操作时应遵循：断开电路时，先断开断路器后拉开隔离开关；在接通电路时先合上隔离开关后合断路器。为切实防止误操作，在隔离开关与断路器之间装设了机械或电气的闭锁装置。

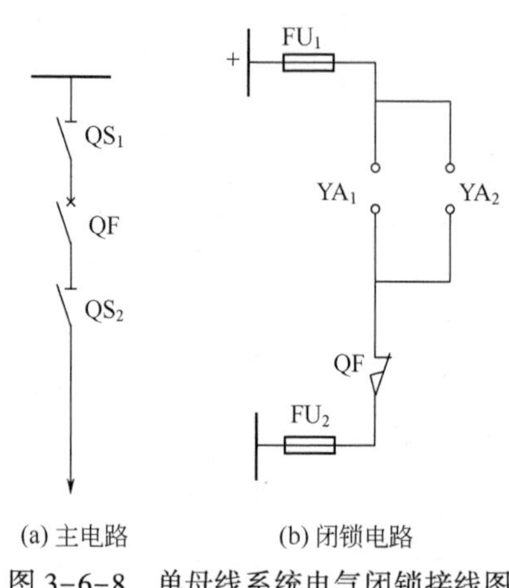

图 3-6-8 单母线系统电气闭锁接线图

电气闭锁装置是利用电磁锁来实现的。电磁锁由电锁和电钥匙两部分组成。下面以单母线系统的电气闭锁接线为例进行简答阐述。

图 3-6-8 所示为单母线系统电气闭锁接线图。图中 YA_1 和 YA_2 分别为隔离开关 QS_1 和 QS_2 的电磁锁插座，其工作原理分析如下。

手动断开线路的操作：要断开运行的线路，首先应断开断路器，然后再断开隔离开关。当断路器跳闸后，辅助触点接通，将电源电压引至母线隔离开关 QS_1 的电磁插座 YA_1 及线路隔离开关 QS_2 的电磁插座 YA_2 上。当将电钥匙插入线路隔离开关的电锁插座 YA_2 内时，电钥匙的线圈被接通，电磁铁被磁化，将电锁内铁芯吸出，从而解除了隔离开关手柄的闭锁，使其可以进行手动操作，将隔离开关 QS_2 拉开，同时用铁芯将隔离开关手柄重新锁在开位置上。母线隔离开 QS_1 的操作顺序与线路隔离开关相同。手动投入线路的操作顺序与断开线路时相反。

ZBF005 操作电源回路知识

五、操作电源回路

（一）操作电源简介

发电厂及变电所的操作电源分为直流操作电源和交流操作电源，以直流操作电源为主。直流操作电源又分为独立电源和非独立电源两种。蓄电池属于独立直流电源。直流电源为继电保护装置、自动装置和断路器等控制回路提供可靠的工作电源。

（二）直流绝缘监测装置回路的重要性

发电厂、变电站的直流系统比较复杂，从主控制室到室外变配电现场的电缆数量多，电缆因破损、绝缘老化、受潮等原因发生接地的可能性较多，发生一点接地时，由于没有短路电流，熔断器不会熔断，仍可继续运行，但不允许长期运行，必须及时发现、消除。因此，直流回路绝缘的好坏必须经常进行监视，这样可及时发现一极绝缘下降或接地故障。

（三）电压的测量及绝缘监视

图 3-6-9 所示为直流电压测量及直流绝缘监视装置原理接线图，通过转换开关 1SA 可以对两组直流母线进行绝缘监视及电压测量。

（1）母线对地电压和母线间电压的测量。用一只直流电压表 V_2 和一只转换开关 3SA 来切换，分别测出正极对地电压（3SA 触点 1-2 和 9-10 闭合）或负极电压（3SA 触点 1-4 和 9-12 闭合）。

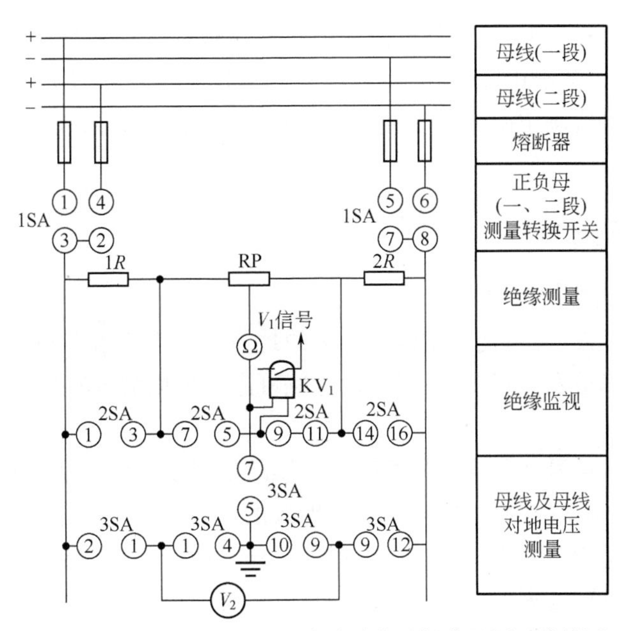

图 3-6-9　直流电压测量及直流绝缘监视装置原理接线图

(2)绝缘监视。绝缘监视装置能在某一极绝缘下降到一定数值时自动发出信号。其监察部分由电阻和一只内阻较高的继电器构成。当不测量母线对地电压时,3SA 触点 5-7 及 2SA 触点 7-5 和 9-11 都在闭合状态。

(3)绝缘测量。绝缘测量部分由电阻、电位器、转换开关和一只高内阻磁电式电压表组成。直流系统正常时,2SA 的 1-3 和 14-16 两对触点断开,由于正、负极对地绝缘电阻都很大,可以认为它们相等,将电位器的滑动触头放在中间,则电桥处于平衡状态。当某一极对地绝缘下降时,电桥失去平衡,欧姆表指针偏转,指示出负极对地绝缘电阻下降。若欲测量直流系统对地绝缘电阻,可通过调节电位器使电桥重新平衡,电压表指针指示出直流系统对地的绝缘电阻。

(四)直流系统的电压监视电路

电压监视装置用来监视直流系统母线电压,如图 3-6-10 所示。

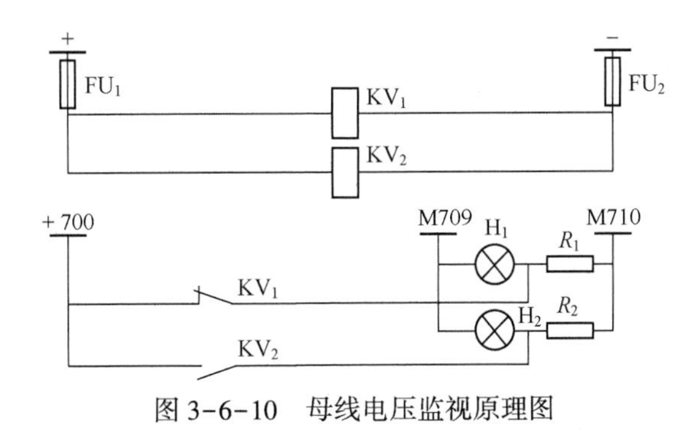

图 3-6-10　母线电压监视原理图

图 3-6-10 中 KV_1 为低压继电器,KV_2 为过电压继电器。当直流母线电压低于或高于允许值时,KV_1 或 KV_2 动作,光字牌 H_1 或 H_2 灯亮,发出预告信号。

由于直流母线电压过低，可能使继电保护装置和断路器操动机构误动或拒绝动作；电压过高，会损坏长期带电的继电器、信号灯或缩短其使用寿命。所以通常低压继电器 KV_1 动作电压整定为直流母线额定电压的 75%，过电压继电器 KV_2 动作电压整定为直流母线额定电压的 1.25 倍。

ZBF006 信号回路知识

六、信号回路

（一）中央信号回路的重要性

中央信号装置是发电厂、变电站信号集中的地方。当电气设备或电力系统发生异常情况，都由它及时、准确地发出指令和信号，运行值班人员根据信号的性质进行正确地分析、判断和处理。

中央信号分事故信号和预告信号两部分。事故信号是指电力系统发出的信号让值班人员尽快地、正确地限制事故的发展，将已发生事故的设备单元进行隔离，以保证其他设备继续运行。预告信号是指电力系统或电气设备发生异常情况，信号装置"提示"值班人员必须立即采取有效措施进行处理。中央信号的复归方法有就地复归和中央复归。

（二）中央信号装置的基本要求

（1）断路器事故跳闸时，能及时发出音响信号（警笛）并伴有光字信号显示事故的性质。

（2）发生异常时能及时发出区别事故音响的信号（警铃），并伴有光字信号显示异常的性质。

（3）能对中央信号装置进行监视和试验，以保证其状态完好。

（4）当发生音响信号后，能自动或手动复归音响，并且使显示的事故或异常的光字保留，不影响再次发生事故或异常时信号的报出。

（三）事故信号回路

图 3-6-11 所示为简单的就地复归事故音响信号装置接线图。图中 HAU 为蜂鸣器，M708 为事故音响小母线。当断路器 1QF 在合闸状态时，其控制开关在"合闸后"位置，1SA1-3、1SA17-19 均接通，断路器常闭辅助触头断开，蜂鸣器因不通电而不发声。当任一台断路器（如 1QF）事故跳闸时，其常闭辅助触头闭合，不对应回路接通，通路为：+700—HAU—1SA1-3—1SA17-19—1QF—-700。蜂鸣器发出音响。

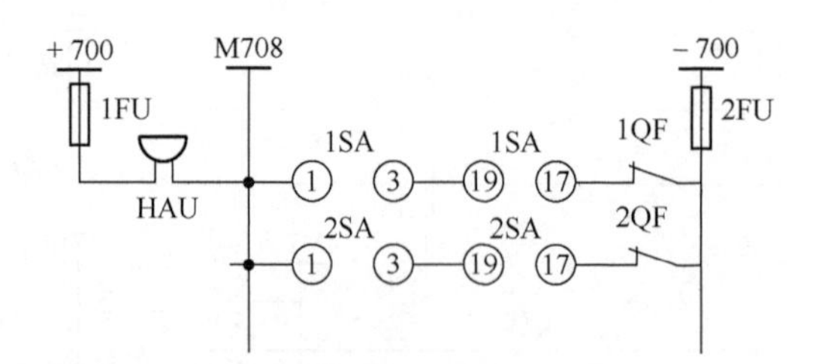

图 3-6-11　就地复归事故音响信号装置接线图

（四）预告信号装置

预告信号装置是当设备和系统发生故障或某些不正常运行情况时，能自动发出音响和光字牌信号的装置。预告信号的灯光装置是光字牌，音响装置是电铃。

图 3-6-12 所示为由 ZC-23 型冲击继电器构成的中央预告信号的启动回路。图中 K_1 为冲击继电器,SM 为转换开关,在试验位置时 SM13-14、SM15-16 触点接通。如果电气设备发生不正常工况,则 K 触点闭合,这时信号电源+700—FU_1—K 的常开触点—H—M709 和 M710—SM15-16—冲击继电器 K_1 的脉冲变压器 U—-700,形成通路,冲击继电器 K_1 启动,经延时启动警铃,发出预告信号。

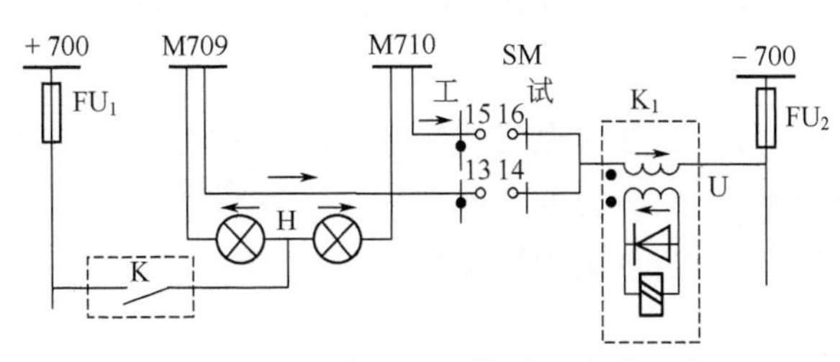

图 3-6-12　中央预告信号的启动回路

ZBF007　二次回路故障的查找方法

七、二次回路故障的查找方法

(一)二次电气故障的分类

二次故障的种类繁多,根据二次故障的构成特点,常见的电气故障有电源故障、电路故障、设备和元件故障。电源故障主要表现为电源的缺相、电源接线错误等;电路故障主要指断路、短路、短接、接地及接线错误等;设备和元件故障主要指温度过热造成元件、设备烧毁,机械故障,电器击穿以及元件、设备的性能变劣等。

(二)故障的查找与分析方法

故障点的查找通常有直接感知、仪器检测、类比法和试探法等。有些电气故障通过人的感知就可以判断设备的故障状态,但很多故障需要借助各种仪器、仪表来确定故障部位,如类比法是采用与同类完好设备进行比较来确定故障的方法。

根据故障现象分析故障原因是查找电气故障的关键。在分析二次故障时,常常用到状态分析法、图形分析法、单元分析法、回路分析法、推理分析法和简化分析法等。如图形分析法就是根据故障情况,依据电气装置的构成、原理、功能的二次图进行分析;简化分析法就是注重分析主要的、核心的、本质的部件。

ZBF008　电源故障的查找方法

八、电源故障的查找方法

电源有故障时电路便不能正常工作,甚至会造成设备损坏。这里所指的电源故障,不是指电源设备故障而是电源特性故障,如电源电压、极性、连接等方面的故障。

(一)相线与零线的识别

相线和零线的识别方法有很多,可归纳为两类:一是带电识别法,如试电笔、万用表法等;二是不带电识别法,主要根据有关颜色、数字、符号标记来识别。

根据导线的颜色判别时,一般情况下零线的颜色为浅蓝色。插座作为电源输出的接口,应按标准规范接线,一般准则为:当为单相二孔插座,相线在上(或右),中性线在下(或左);单相三孔插座,接地线在上,相线在右,中性线或零线在左;三相四孔插座,中性线或零线在上,其余为相线。

(二)三相电源故障的查找

三相电源故障主要应注意相序是否符合要求、是否缺相及三相电压是否对称。

(1)查找相序故障最主要的是检查、测定三相电源的相序。

(2)查找三相电压不平衡故障可采用试电笔、万用表等进行测量。

(3)直流电源正负极性的判断可用试电笔和万用表进行测量,也可根据字符标记识别(正极为+,负极为-),还可根据线芯或导线颜色进行识别(红色或棕色为正极,黑色或蓝色为负极)。

查交流电极性故障实际上是核对电气装置、设备与电源间连接时的极性是否正确。通常情况下,电源的极性是明确的,只要准确地判断装置和设备的极性即可。在实际接线中,主要检查仪用互感器的接线是否正确,常用的方法有感应法(直流)和电压法。其接线图如图 3-6-13 所示。

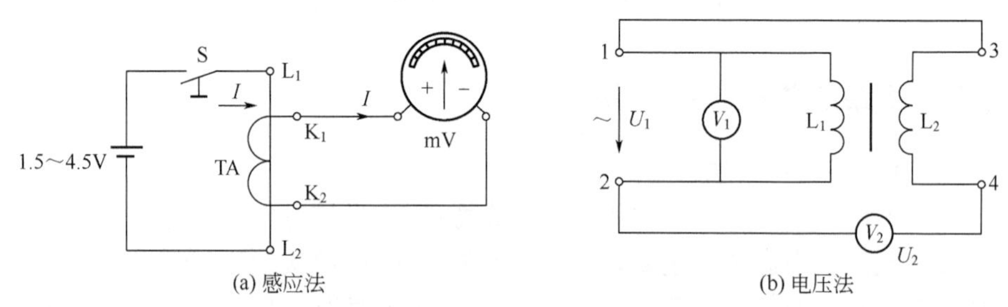

图 3-6-13　交流电极性测试方法

在用感应法判断两绕组极性时,当 S 合上的瞬间,若毫伏或毫安表表指针正向偏转(向右),说明绕组 L_1、K_1 为同极性端,L_2、K_2 为同极性端。若反转,说明 L_1、K_2 为同极性端,L_2、K_1 为同极性端。

在用电压法判断两绕组极性时,图中 U_1 为 L_1、L_2 绕组上施加的电压,U_2 为 2、4 之间的测量电压,是实际上绕组 L_1 两端的电压和 L_2 上感应电压的叠加值。若 U_1 大于 U_2,说明绕组 L_1、L_2 的 1、3 端为同极性;若 U_1 小于 U_2,说明绕组 L_1、L_2 的 1、4 端为同极性。

ZBF009 电路故障的查找方法

九、电路故障的查找方法

(一)电路故障的基本类型

电路故障是指在一个电路内除电源和元件本身故障以外,使电路不能正常工作的其他一切故障。大致可以分断路故障、接地故障、极性故障、连接故障、短路和短接故障。

(二)电路故障查找的一般方法

根据电路故障的特点和不同表现形式,查找电路故障通常有:回路分割法、回路状态分析法、阻抗分析法、电位分析法和电流电压分析法等。如电位分析法就是通过测量和分析电路中某些点的电位及其分布情况来确定电路故障的类型和部位;电流电压分析法是根据阻抗的变化导致了电流的变化、电压的变化来分析确定电路的故障。

(三)断路故障的查找

(1)断路故障最基本的表现形式是回路不通。断路故障表现的主要现象有:装置不能工作;火灾的发生(断路点引发的电弧故障);三相电路发生一相断路时会引起电动机因缺相而烧毁，或者导致三相电路不对称，各相电压发生变化等现象。

（2）查找断路的方法有电压法、电位法和电阻法。

（四）短路故障的查找

（1）按照不同的情况，短路故障分为单相接地短路、相间短路、匝间短路等。

（2）短路故障具有以下特点：短路点的电阻（电抗）为零或接近零。短路电流具有很大的破坏性，发生短路后一般不能再通电检查（与断路故障不同）。短路故障发生后，电路的保护元件动作，而保护元件可能控制多个回路组成的区域，因而查找电气短路故障，必须先从故障区域找出故障回路，然后再在故障回路中找到短路故障点。

（3）短路故障查找方法。短路故障的查找有万用表法、灯泡法等。

（五）电路接地故障的查找方法

查找电路接地故障，只要测量电路对地的绝缘电阻即可。

ZBF010　无源元件故障的查找方法

十、无源元件故障的查找方法

一个电气装置或一种设备由许多元器件构成的，其中电阻器、电容器和电感线圈是应用最多的元件，被称为无源元件。

（一）电阻器的故障查找

电阻器的常见故障有断线、短路、阻值变化等。

查找电阻器断线和短路故障一般可在不带电情况下，用万用表欧姆挡进行测量。查找电阻阻值变化故障主要通过识别电阻、检测电阻器的电阻值。电阻值的测量方法有欧姆法、电桥法和伏安法，其中欧姆法精度不高；电桥法精度比较高，方法简单；伏安法即电压电流法，其基本原理即是欧姆定律。

（二）电容器的故障查找

电容器的故障有断路故障、短路故障、电容量下降、极性接反等现象。

断路和短路的查找，可用万用表测量电阻的方法进行判断。检查电容器电容量是否降低，定性的测量可采用类比法。例如，利用万用表电阻挡测量，表的指针迅速指向零，然后慢慢上升。上升时间越长，电容量越大，这一时间可与同类型电容进行比较。电容量的定量测量，常用的方法有交流电容电桥法和万用表法。

（三）电感器的故障查找

电感器又称电磁线圈，其故障的主要表现形式有：线圈短路、断线及铁芯故障等。

线圈短路、断线故障的查找可用万用表欧姆挡进行检查。

（四）二极管故障查找

查找二极管故障的方法是正确识别极性，通过测量正方向电阻来判断其故障。

ZBF012　二次回路的运行

十一、二次回路运行

二次回路的任务是反映一次系统的工作状态，控制一次系统并在一次系统发生故障时能使事故部分迅速退出工作。运行经验证明，所有二次回路在系统运行中都必须处于完好状态，应能随时对系统中发生的各种故障或异常运行状态做出正确的反应，否则造成的后果是严重的。因此，在运行中应加强巡视检查，其类型及内容如下。

(一)综合检查

(1)检查二次设备有无灰尘,应使其保证绝缘良好。定期对二次线、端子排、控制仪表盘和继电器的外壳等进行清扫。

(2)检查表针指示是否正确,有无异常。

(3)检查监视灯、指示灯指示是否正确,光字牌是否完好,保护连接片是否在要求的投停位置。

(4)检查信号继电器有无掉牌。

(5)检查警铃、蜂鸣器是否良好。

(6)检查继电器的接点、线圈外观是否正常,检查继电器运行有无异常现象。

(7)检查保护的操作部件,如熔断器、保护连接片、电流和电压回路的试验部件是否处在正确位置。

(8)各类保护的工作电源是否正常可靠。

(9)断路器跳闸后,应检查保护动作情况,并查明原因。

(二)交接班检查

(1)各断路器控制开关手柄的位置与断路器位置及灯光信号是否相对应。

(2)检查各同步回路的同步开关,其上应无开关手柄。检查主控制室供同步开关操作的开关手柄,应只有一个,并且同步转换开关应在“断开”位置,同步闭锁转移开关应在“投入”位置,电压表、频率表及同步表的指示应在返回状态。

(3)检查事故信号、预告信号的音响及闪光信号、灯光及光字牌显示是否正常。

(4)检查继电保护屏上的压板、组合开关的接入位置是否与一次设备的运行位置相对应,信号灯显示是否正常。

(5)检查继电器、表计外壳是否完整、是否盖好。

(6)检查端子箱、操作箱、端子盒的门是否关好,有无损坏。

(7)检查故障录波器是否正常。

(8)检查直流监视灯是否亮。

(9)用绝缘监察装置检查直流绝缘是否正常。

(10)检查表计是否正常,有无过负荷。

(11)检查各断路器的工作状态是否与实际相符,有无异常响声。

(三)装置或机构动作后的处理

当继电保护和安全自动装置动作、开关跳闸或合闸以后,值班人员应做的工作如下:

(1)恢复音响信号。

(2)根据光字牌、红绿灯闪光等信号及标记指示判断故障原因,恢复音响及灯光信号或将开关恢复至相应位置。

(3)在继电保护屏上详细检查继电保护和安全动作装置及故障录波器的动作情况并做好记录,然后恢复动作信号,及时向调度汇报。

(4)低频减载装置动作,开关跳闸,此时不能合闸送电,应做好记录,向当值调度员汇报,听候处理。

(5)向主管领导及主管技术部门汇报事故情况。

项目二 识读断路器基本分合闸控制原理图

一、准备工作

(一)材料、工具

黑色中性笔、答题纸、断路器基本分合闸控制原理图(图 3-6-14)。

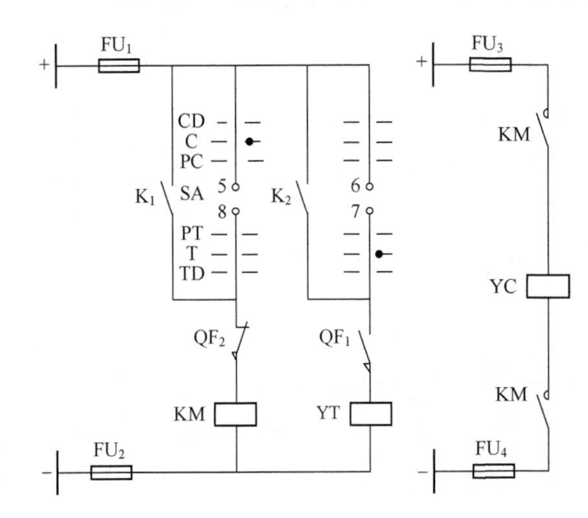

图 3-6-14 6kV 断路器分合闸控制原理图

(二)人员

电气安装调试工。

二、操作规程

(1)合闸操作。手动合闸是将控制开关 SA 打在“合闸”位置,此时 5、8 触点瞬时接通;而断路器在跳闸位置时其动断触点 QF_2 是接通的,所以合闸接触器 KM 线圈通电启动,其动合触点接通,断路器合闸线圈 YC 通电启动,断路器合闸。当合闸操作完成后,断路器的动断辅助触点 QF_2 断开,合闸接触器 KM 线圈断电,在合闸回路中的两个动合触点断开,切断断路器合闸线圈 YC 的电路;同时,断路器动合触点 QF_1 接通,准备好跳闸回路。

断路器的自动合闸是自动重合闸装置的出口触点 K_1 闭合实现的。

(2)跳闸操作。手动跳闸是将控制开关 SA 打至“跳闸”位,此时其 6、7 触点接通,而断路器在合闸位置时其动合触点 QF_1 是接通的,所以跳闸线圈 YT 通电,断路器进行跳闸。当跳闸操作完成后,断路器的动合触点 QF_1 断开,而动断触点 QF_2 接通,准备好合闸回路。

断路器的自动跳闸是由保护装置出口继电器 K_2 触点闭合实现的。

项目三　识读断路器串联防跳控制原理图

一、准备工作

(一)材料、工具

黑色中性笔、答题纸、断路器串联防跳控制原理图(图 3-6-15)。

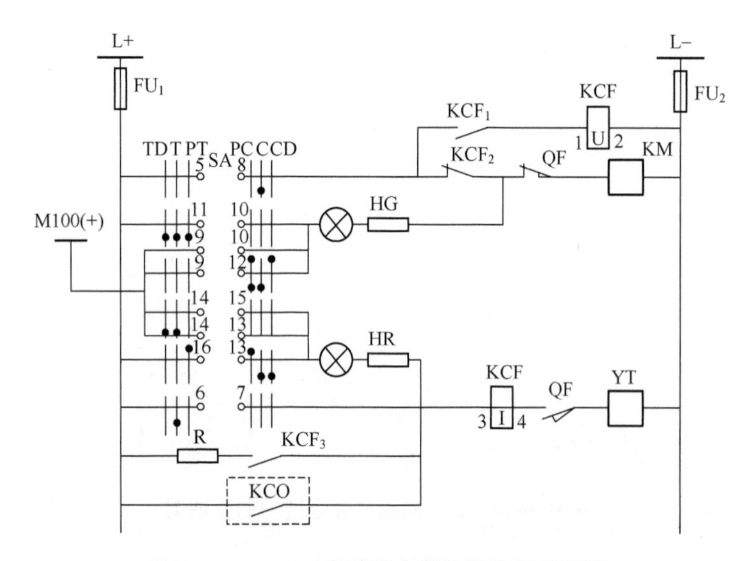

图 3-6-15　6kV 断路器串联防跳控制原理图

(二)人员

电气安装调试工。

二、操作规程

(1)图中 KCF 为专设的"防跳"继电器。若控制开关位于合闸后的位置,SA5-8 触点仍接通,如果保护动作,保护出口继电器 KCO 的常开触点闭合,使断路器跳闸,此时 KCF 的电流线圈带电,其触点 KCF_1 闭合。

(2)如果合闸信号未接触,则 KCF 的电压线圈自动保持,其触点 KCF_2 断开合闸接触器回路,使断路器不能再合闸。只有合闸信号解除,KCF 的电压线圈断电后,控制回路才恢复原来状态。

(3)触点 KCF_3 的作用:防止断路器辅助触点 QF 断开较慢,保护出口继电器 KCO 复归,其触点便会先切断跳闸回路电流,从而使 KCO 触点烧坏。即 L+—FU_1—R—KCF_3—KCF3-4 电流线圈—QF—YT—L-。并接 KCF_3 后就可以避免这个问题。

项目四　识读隔离开关控制原理图

一、准备工作

(一)材料、工具

黑色中性笔、答题纸、隔离开关控制原理图(图3-6-16)。

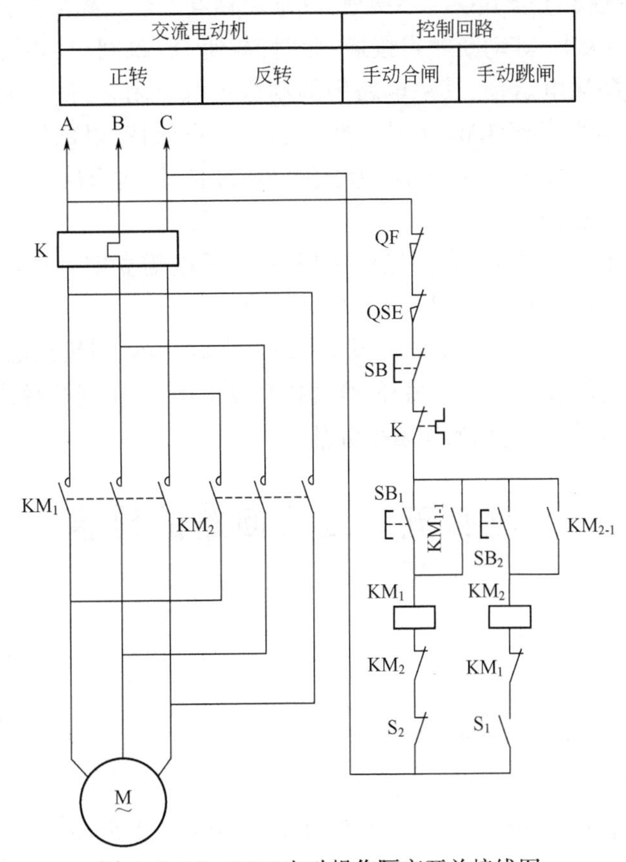

图3-6-16　10kV电动操作隔离开关接线图

(二)人员

电气安装调试工。

二、操作规程

图中SB_1、SB_2为合、跳闸按钮;SB为紧急接触按钮;KM_1为合闸接触器,KM_2为跳闸接触器;K为热继电器,QSE为接地刀闸的辅助触点;S_1、S_2为隔离开关合、跳闸终端开关(隔离开关合闸后,S_1合闸终端开关合上,S_2跳闸终端开关断开)。其动作原理分析如下:

(1)隔离开关合闸操作。与隔离开关相对应的断路器QF在跳闸状态时,其动断辅助触点闭合;接地刀闸QSE断开时,其辅助动断触点闭合;隔离开关QS在跳闸终端位置(其跳闸

终端开关 S_2 闭合）且无跳闸操作（即 KM_2 的动断触点闭合）时，按下隔离开关合闸按钮 SB_1，则合闸接触器 KM_1 通电启动，其主电路中的动合主触点闭合，使三相交流电动机 M 正向转动，使隔离开关 QS 合闸。同时，合闸接触器的动合辅助触点 KM_{1-1} 闭合进行自保持，以确保隔离开关充分合闸到位。隔离开关合闸后，合闸终端开关 S_1 闭合，为跳闸做好准备；同时跳闸终端开关 S_2 断开，合闸接触器 KM_1 线圈失电，其动合主触点断开，电动机 M 停止转动。

（2）隔离开关跳闸操作。同理，欲进行隔离开关跳闸操作，其相应的断路器 QF 也必须在跳闸状态（其动断触点闭合）、QSE 不接地（其动断触点闭合），隔离开关 QS 在合闸终端位（S_1 闭合），KM_1 线圈失电，其动断触点接通；此时，欲使 QS 跳闸，只要按下 SB_2 跳闸按钮，跳闸接触器 KM_2 线圈通电启动，其主电路中的动合主触点闭合，使三相电动机 M 反向转动，使隔离开关 QS 跳闸，并经 KM_2 的动合触点 KM_{2-1} 自保持，以确保隔离开关跳闸到位。隔离开关跳闸后，跳闸终端开关 S_2 闭合，为合闸做好准备；同时合闸终端开关 S_1 断开，KM_2 失电返回，电动机 M 停止转动。

（3）电动机紧急停止。在跳、合闸操作过程中，如因故需立即停止操作，可按下紧急接触按钮 SB，使跳、合闸接触器失电，电动机立即停止转动。

（4）跳、合闸回路保护。电动机 M 启动后，如因故障发热，则热继电器 K 动作，其动断触点断开整个控制回路，操作停止。另外，合闸接触器 KM_1 和跳闸接触器 KM_2 的动断触点互相闭锁跳闸、合闸回路，以避免操作发生混乱。

ZBF011 二次回路的检验

项目五 二次回路的检验

一、准备工作

（一）设备

万用表、电池灯、1000V 兆欧表等。

（二）材料、工具

图纸及设备说明书、焊锡膏、焊锡丝、1.5~4mm^2 铜鼻子、2.5mm^2 软导线、电工工具等。

（三）人员

电气安装调试工。必须穿戴劳动保护用品，严格按操作规程操作。

二、操作规程

（1）设备元件检查。检查外观应该完整无损，安装牢固，铭牌应标识清楚。

（2）检查设备、元件的安装位置与设计相符。

（3）检查控制按钮、控制开关等的触点及其连接应与设计要求一致。

（4）检查信号灯能正常工作，颜色合适，光字牌正确清晰。

（5）检查各种标志应齐全、正确。

（6）检查控制电缆应固定牢靠，标志清楚，备用线芯应整齐地排在线束内。

（7）检查直流电源的正负极接线正确。

(8)检查仪用互感器的连接正确。

(9)检查回路绝缘应符合规范要求。

(10)进行二次回路耐压试验。

(11)恢复检查或测试过程中拆除的导线。

三、技术要求

(1)设备若经过拆装,应注意核对安装是否正确,避免通电时损坏,甚至引起事故。

(2)设备间相互连接时,应检查无外应力。

(3)设备辅助开关触点的转换应与一次设备或机械部件的动作相对应。

(4)设备与端子排的螺栓应紧固可靠,无严重灰尘,箱内应无潮湿、进水现象。

(5)布线应符合图样固定,接线正确,布置合理,整齐美观。

(6)导线端部的标示应清晰正确,套管应整齐无反套现象。

(7)直流正负极接反可造成直流接地,在弱电回路中损坏元件。

(8)交直流回路不应存在短路和接地现象。

(9)二次回路绝缘电阻的测试结果应符合:

① 小母线在断开所有并联支路时应不小于 10MΩ。

② 二次回路的每一支路和断路器、隔离开关操动机构的电源回路等,应不小于 1MΩ。

③ 接在主电源回路上的操作回路,保护回路和 500~1000V 的直流发电机的励磁回路应不小于 1MΩ。

④ 在比较潮湿的地方,绝缘电阻可降低到 0.5MΩ。

(10)当二次回路绝缘电阻合格后,可进行回路的交流耐压试验。

四、注意事项

(1)现场作业人员着装必须符合有关规定,高空作业必须使用安全带,上下传递物品须用绳索传递,严禁抛掷物品。

(2)试验电源应在保护试验电源柜或者指定电源箱接取,严禁从运行设备上接取。

(3)加强现场文明管理,人员应着装整齐,行为礼貌,现场标志明确,工具、器具摆放有序。

(4)工作中严防运行的电流回路开路、电压回路短路。

(5)因检验需要临时短接或断开的端子、打开不经保护压板跳闸的连线,应做好安全措施并逐个记录,在试验结束后及时恢复。

模块七　变配电系统调试运行

ZBG001 高压试验的意义和分类

项目一　相关知识

一、高压试验的意义和分类

(一)高压试验的意义

(1)交接试验的意义在于检验制造单位生产的电气设备质量是否合格;检验电气设备在安装施工过程中是否受到损坏,安装质量是否符合规程要求;检验新安装的电气设备是否满足投入电力系统运行的技术条件要求。

(2)预防性试验的意义是要及时发现电气设备在运行中出现的各种潜伏性缺陷,根据缺陷的程度,对不合格的电气设备安排检修或进行更换,以保证安全运行。

(二)高压试验的分类

(1)根据试验内容不同,高压试验可分为绝缘试验和特性试验。

绝缘试验是对电气设备绝缘状况的检查试验,主要包括电气设备外绝缘外观检查、绝缘特性数据测试和耐压试验,又可分为非破坏性试验和破坏性试验。非破坏性试验的方法有绝缘电阻和吸收比测量、直流泄漏电流测量、绝缘介质损耗因数测量等;破坏性试验有直流耐压试验、交流耐压试验及冲击耐压试验等。

通常把绝缘试验以外的电气试验统称为特性试验,该试验的目的是检验电气设备的技术特性是否符合有关技术规程的要求,以满足电气设备正常运行的需要。如电力变压器常进行的特性试验项目有电压比、直流电阻测试、极性或连接组别、空载电流等。

(2)根据试验目的、任务不同,可分为交接试验、预防性试验和其他试验。

电气设备安装竣工后的验收试验称为交接试验。新安装的电气设备必须经过试验合格,才能办理竣工验收手续。电气设备交接试验严格执行 GB 50150—2016《电气装置安装工程 电气设备交接试验标准》。

预防性试验是指对已投入运行的电气设备,为了及时发现运行中设备的隐患,预防事故发生或设备损坏,对设备进行的试验或检测。电气设备预防性试验执行 DL/T 596—1996《电力设备预防性试验规程》。

其他试验包括临时性试验、带电测量和在线监测以及电气设备的工厂试验。电气设备在运行中如果遇到异常情况,根据具体需要,临时对电气设备进行事故调查试验称为临时性试验。所谓带电测量是指在运行电压下的设备,采用专用仪器,由人员参与进行的测量。而在线检测是指不影响设备运行的条件下,对设备状况连续或定时进行的监测,它一般是自动进行的。

ZBG002 高压试验的总体要求

二、高压试验的总体要求

(一)对于绝缘试验的总体要求

(1)对于气候条件的要求。进行绝缘试验时,被试品温度不应低于5℃,户外试验应在良好的天气进行,且空气湿度一般不高于80%。

(2)对试验顺序的要求。先进行非破坏性试验,最后进行破坏性试验。如果非破坏性试验不通过,则不再往下进行破坏性试验。

(3)对试验电压极性的要求。直流高压试验时,应采用负极性接线。

(4)电力设备的额定电压高于实际使用工作电压时的试验电压确定。当采用额定电压较高的设备以加强绝缘时,应按照设备额定电压的试验标准确定试验电压;当采用额定电压较高的设备作为代用设备时,应按照实际使用的额定工作电压确定试验电压;当为满足高海拔地区的要求而采用较高电压等级的设备时,应根据安装地点实际使用的额定工作电压确定其试验电压。

(5)连在一起的多个电气设备的绝缘试验的规定。进行绝缘试验时,除制造厂装配的成套设备外,宜将连接在一起的各种设备分离开来单独试验。同一试验标准的设备可以连在一起试验。

(6)充油静止时间的规定。油浸式变压器及电抗器的绝缘试验应在充满合格油,静止一定时间,待气泡消除后方可进行。静置时间按照制造厂要求进行,当制造厂无规定时,则应依据规范规定进行。

(7)充气设备静止时间的规定。交接试验标准规定断路器密封试验泄漏值的测量应在断路器充气24h后进行;测量SF_6气体含水量应在封闭式组合电器充气48h后进行。

(二)保证试验质量,防止发生误判断

电气试验要保证试验质量,必须防止误试验、误接线和误判断。防止误试验就是要防止搞错试验项目及防止试验标准执行错误;防止误接线就是要做到试验接线正确;防止误判断就是要做到对试验结果进行综合分析,并做出正确判断。为了能获得真实的试验数据,试验所用的仪器仪表必须有足够的精度,为此专业部门应定期对设备进行精确检验。

ZBG003 泄漏电流测量和直流耐压试验

三、泄漏电流测量和直流耐压试验

(一)试验方法

利用直流升压装置产生一个可以调节的试验用直流高压,施加在被试电气设备的主绝缘上。通过测量流过被试品的泄漏电流,检验被试品的绝缘状况,或通过施加规定的直流试验电压和耐压时间来考核被试品的耐电强度。

(二)直流泄漏电流测量和直流耐压试验的特点

直流泄漏电流测量与绝缘电阻测量的原理基本相同,都是对被试品施加直流电压。绝缘电阻表指示的读数是绝缘电阻值,实际上所反映的也是在直流电压作用下被试品的泄漏电流大小。所不同的是,直流泄漏电流测量和直流耐压试验利用直流高压发生装置可以调节所需要的高电压,并利用微安表精确测量泄漏电流的大小,从而有利于对被试品的绝缘状况做出更为准确的判断。

（三）直流试验电压的要求

在进行直流高压试验时，一般用交流低压单相电源，经调压器调压、升压试验变压器升高电压，然后经整流装置产生一个包含脉动成分的直流电压，再经滤波电容平稳波形，最后输出一个单极性（正极或负极）、波形符合要求的直流电压。

（1）对极性的要求。在现场直流电压绝缘试验中，规定采用负极性接线，即负极加压，正极接地。其目的是防止外绝缘的闪络和易于发现绝缘受潮等缺陷。

（2）对波形的要求。规定在直流电压试验时，作用在被试品上的直流电压其波纹系数应不大于3%。

（3）对试验电源容量的要求。直流电压发生装置应具备足够的输出电流容量，以满足在对电容量较大的试品进行升压试验时充电时间不致过长，并保证不致引起严重的电压降而影响试验结果。试验时所需电流一般不超过1mA。

（四）试验结果的判断

直流耐压试验和泄漏电流试验一般都结合进行，直流泄漏电流的合格标准和直流耐压加压持续时间在试验规程中都有明确规定。在直流耐压试验时，将试验电压保持规定的时间后，如被试品无破坏性放电，微安表读数没有超出规程规定范围，而且也没有出现指针向增大方向摆动（升压过程中的充电电流引起指针摆动属于正常现象）等异常情况，则认为直流耐压试验合格。

ZBG004 介质损耗因数测量

四、介质损耗因数测量

通过测量绝缘介质在交流电压作用下电阻性电流 I_R 与电容性电流 I_C 的比值可以判断绝缘介质的损耗情况，这一比值称为介质损因数，记作 $\tan\delta$，δ 为介质损耗角。通过测量介质损耗因数可以检查被试品是否存在绝缘受潮和劣化等缺陷。

（一）$\tan\delta$ 测量的原理和意义

在绝缘试验时，通过测量介质损耗因数 $\tan\delta$ 来反映介质损耗的大小。当被试设备的绝缘由于受潮、含有气隙或因老化而劣化时，有功功耗电流增加，介质损耗因数也增加。因此可用介质损耗因数来判断绝缘是否受潮劣化或存在其他缺陷。必须说明，$\tan\delta$ 所反映的是电气设备整体绝缘有功损耗对电容电流的比值，对局部缺陷反应不够灵敏。

（二）测量方法

目前，全自动智能化的介质损耗测试已获得普遍应用，只要按照厂家说明书进行操作接线即可。对于过去普遍使用的西林电桥，其正接线测量法适用于被试品整体可以与地面隔离的情形，当被试品不能与地隔离时只能按反接线测试。

（三）影响测试结果的因素

有关实验规程规定电力设备的 $\tan\delta$ 试验应在良好的天气、试品及环境温度不低于5℃的条件下进行。对运行中的电力变压器做预防性试验时，尽量在油温低于50℃时进行。当绝缘介质温度上升时，介质损耗增加。

（四）试验结果的判断及注意事项

对于 $\tan\delta$ 测试结果的主要判断依据是有关试验规程中给出的合格标准。但应注意：

（1）试品具有较大电容量时，$\tan\delta$ 测试不能有效反映试品中可能存在的局部缺陷。

(2)要注意温度对 $\tan\delta$ 测试结果的影响。一般来说,对同一设备,$\tan\delta$ 随温度的升高而升高。但其变化的程度不仅与设备的绝缘结构有关,还与设备的绝缘状况有关。

(3)试验电压变化对 $\tan\delta$ 测试结果的影响。良好绝缘的 $\tan\delta$ 不随试验电压 U 的升高而增大,只有在接近设备额定电压时 $\tan\delta$ 才随试验电压 U 的升高略有增大。当试验电压降低时,$\tan\delta$ 仍沿原来上升时的曲线下降。但当绝缘中存在气隙、老化、受潮等情况时,$\tan\delta$ 会随试验变化。

五、直流电阻测量

ZBG005 直流电阻测量的方法和注意事项

(一)测量直流电阻的意义

有些电气设备具有线圈等导电回路(如电动机、变压器等),测量这些设备导电回路的直流电阻,能够及时发现线圈等导电回路的隐患,防止不合格的设备投入运行。对断路器等开关设备测量直流电阻是为了校验开关触头是否接触良好,引线连接是否紧固,防止运行中触点产生过热引起事故。

(二)直流电阻测量方法

直流电阻测试的基本原理是在被测回路上施加某一直流电压,根据电路两端电压和电路中电流的数量关系,测出回路电阻。根据阻值大小判断电路连接和接触是否完好。测量方法有电流电压表法或平衡电桥法。

(1)电流电压表法。电流电压表法又称直流压降法,其原理是在被测电路中通一直流电流,测量两端压降,根据欧姆定律计算出被测电阻。

(2)平衡电桥法。平衡电桥法是根据被测电阻阻值的大小选择比例臂的比例关系,调节电桥平衡,直接读出被测电阻数值。

(3)快速充电和直流电阻自动测试仪。在测量大容量电力变压器的直流电阻时,由于绕组具有很大的电感,接通直流电源后,整个充电过程较长,为了节省时间,需要采取特殊方法实现快速充电。目前用得较多的全压恒流电源作为测量电源就能收到快速充电的效果。

随着电子技术和微处理器技术的发展,目前已经出现了多种基于直流压降法的直流电阻自动测试仪,不仅测量精度高,而且测试速度快。

(三)测量直流电阻的注意事项

(1)测量电感性被试物时的充电过程。在测量电感性被试物时,刚给上直流电源的瞬间被测回路电流不能突变,显示的"阻值"很大,随着时间的延长,充电过程逐渐结束,"阻值"逐渐下降,最后稳定在某一数值,这才是测得的最后结果。

(2)直流电阻数值与温度有关。直流电阻的数值和温度有关,为了比较同一被试物在不同时期的测量结果,必须进行温度换算,这时应注意温度测量的准确性。

(3)直流电阻测得数值的精度与选择的倍率有关。在使用电桥测量直流电阻时,应适当选择电桥的倍率,以使测得的电阻值读数位数最多。

六、工频耐压试验

ZBG006 工频耐压试验

(一)耐压试验的目的

耐压试验考核电气设备是否具备规程规定的绝缘裕度,对电气设备进行耐压试验时,需要施加一个比正常运行电压高出很多的试验电压。因此，耐压试验属于破坏性试验。

（二）交流耐压试验的分类

根据耐压试验时试验电压波形的不同，有交流耐压、直流耐压和冲击耐压等不同耐压试验。交流耐压试验又分为工频耐压试验和感应耐压试验。

（三）工频耐压试验时的“容升”现象

在交流电路中，当电容电流或电感电流流经电路中的电抗时，在电抗上的电压降会使末端电压降低或抬高。工频耐压试验时出现的“容升”现象就是试验时的容性电流流经试验变压器一、二次绕组时在漏抗上的压降所致，影响“容升”数值的因素主要有电流和试验变压器一、二次漏抗；漏抗或电流越大，则“容升”数值越大。试验变压器的漏抗大小用阻抗电压表示，这个数据还与试验变压器的额定电压比和额定容量有关。因此，在同样试验电流下，试验变压器的阻抗电压、额定电压比越大，“容升”数值越大；试验变压器的额定容量越小，“容升”数值越大。

（四）工频耐压试验的容量计算

工频耐压试验时要求试验设备具有足够高的输出电压，以满足耐压试验时对试验电压的要求。同时试验设备还必须具备足够的容量，避免出现过载。试验变压器和调压器的容量与电压、电流有关。电压数值取决于耐压试验时的试验电压高低，亦即根据被试品的试验电压选择合适的试验变压器和调压器。试验电流及变压器的容量的计算公式为

$$I=\omega C_x U \tag{3-7-1}$$

$$P=\omega C_x U^2\times 10^{-3} \tag{3-7-2}$$

式中 I——试验变压器高压侧应输出的电流，mA；

P——试验变压器的容量，kVA；

ω——角频率（$2\pi f$）；

C_x——被试品电容量，μF；

U——试验电压，kV。

（五）工频耐压时试验电压的测量方法

测量方法一般有：采用电容分压器或电阻分压器配低压电压表；高压电压互感器配低压电压表；静电电压表；在高压侧接测量球隙，比对校正低压侧电压表；通过试验变压器的测量绕组测量电压。

ZBG007 相序和相位的测量

七、相序和相位的测量

（一）相序和相位的概念

在三相电力系统中，各相的电压或电流依其先后顺序分别达到最大值（以正半波幅值为准）的次序，称为相序。在三相电力系统中，规定三相达到最大值的次序为A、B、C时称作正相序；如次序为A、C、B，则称为负相序。

（二）相序的测量

测量相序时，一般采用相序表进行测量。对于380V及以下的系统，可采用量程合适的相序表直接测量；对于高压系统，应通过电压互感器在低压侧进行测量。常用的相序表有旋转式和指示灯式两种。

使用旋转相序表测量时将三相电压接入相序表的三个接线柱，根据其转动方向的不同可判断正、负相序，即顺时针方向为正相序，反之为负相序。指示灯式相序表分为电容式和电感式。根据测量时相序表中指示灯亮暗程度来判断被测电压（或电流）的相序。

（三）低压定相

对于220kV以上系统一般采用低压定相，即通过电压互感器二次电压定相。在其低压侧用万用表依次测量aa′、ab′、ac′、ba′、bb′、bc′、ca′、cb′、cc′的电压，根据测量结果，电压接近于零或等于零为同相，电压为线电压者为异相。

对于380V及以下电压的相位测量，可利用万用表的电压挡直接测量判断。分别测量AA′、AB′、AC′、BA′、BB′、BC′、CA′、CB′、CC′的电压，根据测量结果，电压接近零或等于零者为同相。

（四）高压定相

对于220kV及以下系统一般采用外接电压互感器、电阻杆或无线核相器高压定相。由于高压无线核相器采用最新电力电子检测技术和无线传输技术，操作安全可靠，使用方便，克服了有线核相器的诸多缺点而得到广泛应用。

八、微机保护的特点及结构

ZBG008 微机保护的特点及结构

（一）微机保护的特点

微机保护是指将微型机、微控制器等器件作为核心部件构成的继电保护。它具有维护调试方便、可靠性高、易于获得附加功能、灵活性大等优点；同时可以使保护性能得到很好改善，如变压器差动保护如何鉴别励磁涌流与内部故障等问题。

（二）微机保护的硬件构成

典型的微机保护硬件结构由数据采集（模拟量输入）系统、开关量（数字量）输入/输出系统、微机主系统组成。

（1）数据采集系统。数据采集系统包括电压形成、模拟低通滤波、采用保持（S/H）、多路转换器（MPX）、模数转换（A/D）等功能模块，完成将模拟量准确地转换为微型机能够识别的数字量。

（2）开关量输入/输出系统。在保护工作过程中，需要检测大量的开关量来反映被保护对象的运行状态，参与实现保护功能；保护动作命令也是通过开关量输出接口送出实现对设备的控制。

（3）微机主系统。微机主系统是微机保护的核心，包括微处理器（MPU）、只读存储器（ROM）或闪存内存单元（FLASH）、随机存取存储器（RAM）、定时器/计数器、并行接口和串行接口等。微机执行编制好的程序，对数据采集系统输入到RAM区的原始数据进行分析、处理，完成各种继电保护的测量、逻辑和控制功能。

九、微机保护的试验项目及注意事项

ZBG009 微机保护的试验项目及注意事项

（一）试验项目

微机继电保护装置检验是现场检验的内容之一，具体包括以下内容。

（1）装置外部检查：这是最基本的检查，目的是检查装置的各项指标是否与要求相符，工艺水平是否符合要求。

(2)绝缘试验:交流系统是中性点接地系统,但交流系统的多点接地会造成保护测量不准确,导致保护误动或拒动。直流系统是不接地系统,单点接地不能造成误动或拒动,但两点或多点接地往往导致保护不能正确动作。

(3)上电检查:它是对装置上电后基本信息的检查和调整。

(4)逆变电源检查:它是微机型装置的重要组成部分,是装置工作的电源。逆变电源作用是变换电压值,隔离干扰,提高供电可靠性。

(5)开关量输入回路检验:进行新安装装置的验收检验时,应在保护屏柜端子排处,对所有引入端子排的开关量输入回路依次加入激励量,观察装置的行为;分别接通、断开连接片及转动把手,观察装置的行为。

(6)模拟变化系统检验:模拟变化系统检验主要包括零点漂移检验、幅值和相位精度检验。

(二)注意事项

1. 试验前准备

(1)拆除保护屏对外连接的交流电流和电压回路,防止二次电流电压对一次设备反供电。

(2)打开相关跳合闸连接片,根据现场设备运行情况,对单一线路且一次设备停电,只打开跳合本设备连接片,特别是在设备部分停电时。

(3)查清联跳回路电缆接线,如需拆头,应拆端子排内侧并用绝缘胶布包好,做好记录。

(4)所使用试验仪器外壳与被试品保护装置外壳在保护屏同一点接地。

(5)保护柜前后做好标志,将工作部分和运行部分严格分开。

2. 试验中注意事项

(1)断开保护装置的电源后才允许插拔插件。

(2)调试过程中发现有问题要先查找原因,不要频繁更换芯片。

(3)检验中尽量不要使用烙铁。

(4)保护传动时应相互协调并由专人指挥,传动时二次回路均符合正常运行状态。

3. 送电前准备

(1)打印定值并与定值单核对,确保定值正确无误。

(2)测量交流电路的直流电阻。

(3)检查交流电流回路和电压回路接线。

(4)检查装置各种指示灯和液晶显示屏显示均正确。

(5)检查装置连接片必须按运行规程要求正常投入。

ZBG010 低压电动机微机综合保护装置

十、低压电动机微机保护监控综合装置介绍

(一)概述

低压电动机微机保护监控综合装置(简称低压综保)是基于微处理器技术开发研制的电动机智能管理装置。通过先进的现场总线通信技术、微处理技术和 DSP 技术,保护监控装置为低压电动机提供了一整套专业化的,集保护、测量和控制于一体的智能化管理方案,

是过程控制系统电动机智能化管理的理想选择。

（二）保护功能介绍

1. 三相电流不平衡保护

该功能可设定相关参数，如动作值、分闸延时时间等，保护分闸为延时分闸。不平衡度计算方法一般为用最大相电流（或最小相电流）和三相平均电流差值与三相平均电流比值的绝对值的百分数。

2. 堵转保护

堵转保护用于区分电动机是正常运行还是堵转，当电动机运行电流大于额定电流并达到延时后，保护动作出口。为躲开电动机的启动电流，堵转保护在电动机启动过程中自动退出，当电动机堵转时间 t 大于电动机设定启动时间 T_{op} 的 1.5 倍时自动投入。

3. 启动超时保护

启动超时保护是当电动机在规定的启动时间内没有完成启动时的保护动作，当电动机启动时自动投入该保护；当电动机启动完成后（$T>T_{QD}$，T 为电动机启动时间），如果电动机电流大于启动时间过长的电流定值，经延时后保护动作；当 $T>1.5T_{QD}$ 时，自动退出该保护。

4. 自动再启动

自动再启动功能具有两个方面的含义，一是当系统发生晃电且接触器跳开时，三相电压恢复后立即发出合闸命令，保证电动机连续运行；二是当系统发生较长时间停电时，当三相电压恢复后，综合保护装置根据设计的延时时间，分时分批发出合闸命令，重新启动电动机。

5. 低电压保护

当电压下降后，需要把相同的电能转换成机械能，由于能量守恒，电流量必须增大。长时间欠压运行，会对电动机带来严重的损害。当电动机回路中的三相电压最大值低于保护整定值时，启动低压保护（低电压保护功能和自动再启动功能不可同时投入）。

6. 过压保护

电动机长时间运行在超过额定电压的电网中会对电动机带来极大的危害，低压综合保护装置对电压进行连续监测，当三相电压中的任意一相电压高于过压保护整定值时，立即启动过压保护，对电动机进行保护。

7. 漏电保护

零序漏电保护功能取样于外接漏电互感器，主要用于非直接接地的保护，以零序电流的大小来判断是否启动零序漏电保护。零序漏电保护可选择动作于跳闸，也可选择动作于报警信号。

8. 启动中过流保护

在电动机启动过程中，任一相电流大于整定值后，经整定延时后动作于跳闸。

9. 零序过流保护

零序过流保护功能，用于电动机接地故障保护，对于电动机所在的低压电网，中性点一般不接地或经消弧线圈/电阻接地，其定子单相接地主要由绝缘损坏引起，其零序电流主要为电容电流。零序过流保护可选择动作于跳闸，也可选择动作于报警信号。

10. 欠载保护

电动机欠载运行时，由于功率因素较低，因此电流可能不一定会很小；欠功率保护根据电动机的有功功率进行保护，能更好实现过载保护。

11. 外部故障

保护器通过检测定义为外部故障的开关量输入信号，当发生状态改变并持续一定时间（即延时时间）时，如果在延时时间内仍未恢复，保护器执行外部故障保护动作命令，同时操作面板上显示外部故障动作信息。

12. 热过载保护

装置用数字方法建立电动机的发热模型，在各种运行工况下，对电动机提供准确的过热保护。紧急情况下，如在过热状态下必须启动电动机，可以按装置面板上的“复位”键，人为清除热记忆值。用户设置定值时，可以参考装置提供的热过载保护特性曲线。

（三）显示及按键说明

1. 面板说明

通常保护装置有 4 个按键及指示灯，功能分别为：

（1）设置。空闲状态按此键进入设置菜单（主菜单或子菜单）编辑状态下，按此键表示确认修改。

（2）数据。在菜单界面下，按此键向上翻页，设置编辑模式下对数值进行+1，在有多个功能项的菜单下，按此键可选择某一功能。

（3）移位。在菜单界面下，按此键向下翻页，在设置模式下，按此键将对数值进行移位。

（4）复位。在设置模式下，按此键回上一级菜单；在保护器出现故障报警时，按此键保护器复位。

（5）状态指示灯。保护器上电，该指示灯常亮；电动机启动过程中，该指示灯闪烁（闪烁频率较快）；启动完成后，正常运行，该指示灯闪烁（闪烁频率较慢）。

（6）通信指示灯。当数据通信成功时，该指示灯亮。

2. 菜单设置及参数

保护器在空闲状态下按“设置”键进入菜单界面，按“移位”键可向下翻页，按“数据”键可向上翻页。

（1）菜单结构：

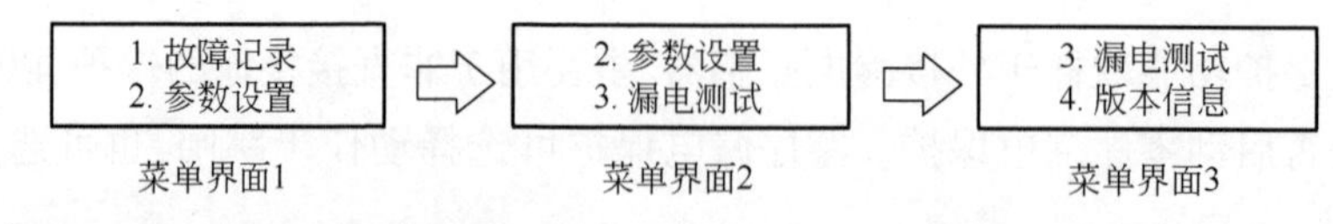

（2）故障记录：在以上“菜单界面 1”中，当数字“1”闪烁时，按“设置”键即可进入故障记录的查阅，如保护器在运行中无发生故障，按“设置”键进入后将显示“尚无报告”。该系列保护器共可记录 8 条电动机跳闸故障信息，为故障诊断和事故分析提供强有力的依据。

（3）参数设置：在“菜单界面 1”中按“移位”键切换光标闪烁行，当数字“2”闪烁时按“设置”键进入密码确认界面，缺省设置为“0000”，按“设置”键进入“参数设置”下的子菜单。

项目二 电流互感器介损测试

一、准备工作

(一)设备

自动抗干扰精密介损测试仪、万用表等。

(二)材料、工具

电工工具、温湿计、放电棒、接地线、绝缘胶布、试验记录表格等。

(三)人员

电气安装调试工。必须穿戴劳动保护用品,严格按操作规程操作。

二、操作规程

(1)在试验现场周围装设围栏,悬挂高压止步等警示牌,摆放温湿度计。

(2)抄录被试电流互感器的铭牌参数。

(3)检查被试电流互感器的外观是否完好,必要时对套管进行擦拭和烘干处理。

(4)将介损测试仪水平放稳,按试验要求进行连线。

(5)确认接线正确后,试验人员撤到绝缘垫上,相关人员远离被试品。

(6)大声呼唱,确认相关人员都在安全距离外,接通电源,打开仪器开关。

(7)选定测量模式后启动高压允许开关,调整电压到合适值,正确设置仪器的参数,开始测量。

(8)等待测量完成,断开高压运行开关,记录测量数据。

(9)测量结束,断开仪器总电源开关,断开电源盘开关,拔掉电源插头。

(10)用放电棒对电流互感器充分放电。

(11)拆除试验接线(先拆测量线,再拆接地线,拆接地线时先拆设备端,再拆接地端)。

(12)整理仪器,记录温度和湿度,把仪器放回原位。

(13)测量数值与标准或历史数据比较,判断是否合格,撰写试验报告。

三、技术要求

(1)互感器的绕组 $\tan\delta$ 测量电压应为 10kV,末屏 $\tan\delta$ 测量电压为 2kV。

(2)试验前后对试品充分放电,防止残余电荷伤人。

(3)加压前,应认真检查试验接线,调压器零位、表计倍率、量程及仪表的开始状态均正确。

(4)当对绝缘性能有怀疑时,可采用高压法进行试验,在 $(0.5\sim1)U_m/\sqrt{3}$ 范围内进行。其中,U_m 表示允许电压的最大值,$\tan\delta$ 变化量不应大于 0.002,电容变化量不应大于 0.5%。

四、注意事项

(1)使用前必须将仪器的接地端子可靠接地。

（2）加压前所有人员必须远离高压才能开始测量。

（3）被试设备周围有运行设备时，做好感应电压防范措施。

（4）试验时认真监护，防止人员触及加压部位，试验人员必须取得试验负责人许可后方可进行加压并呼唱。整个加压过程中应精力集中。

（5）拆除设备引线，拆前做好标记，接后应认真检查。

（6）在空气湿度大于80%的天气禁止试验。

项目三　电压互感器直流电阻测试

一、准备工作

（一）设备

直流电阻测试仪、万用表等。

（二）材料、工具

电工工具、温湿计、放电棒、接地线、绝缘胶布、试验记录表格等。

（三）人员

电气安装调试工。必须穿戴劳动保护用品，严格按操作规程操作。

二、操作规程

（1）先进行一次绕组直流电阻测量；PT外壳接地，将直流电阻测试仪接地端子接地。

（2）测试仪正极电压和电流线接在一次绕组A端。

（3）负极电压电流线接一次绕组N端。

（4）仪器接通电源。

（5）检查接线正确后，工作人员与施加电压部位保持足够的安全距离。

（6）开机，选择测试电流。当确认被试品和仪器可靠连接后，按屏幕显示的"▼""▲"对应按键切换所需要的测试电流。

（7）按"测量"键后即开始测试，经过几秒钟屏幕中间的显示区将显示测量的电阻值。

（8）测量完毕，按"复位"键进行放电，有"嘀嘀"报警声，待放电指示完毕后才能进行试验接线。

（9）重复上述步骤，测量二次绕组的直流电阻。

三、技术要求

（1）试验时，机壳必须可靠接地。

（2）将测量温度与以前测量温度和出厂测量温度对比，必要时换算到同一温度下对比。

（3）按照一次绕组的测量方法重复测量二次绕组直流电阻，测试前注意变换"电流量程"，并记录测量数值。

（4）一次绕组直流电阻测量值与换算到同一温度下的出厂值比较，相差不宜大于10%。

（5）二次绕组直流电阻测量值与换算到同一温度下的出厂值比较，相差不宜大于15%。

四、注意事项

(1)在测量完感性负载时不能直接拆掉测试线,关闭输出时,电感会通过仪器泄放能量,一定要在放电指示完毕后才能拆掉测试线。

(2)采用专用的测试线,防止导线截面达不到要求影响试验结果。

(3)测试线夹与充电电流选择不当,绕组充电时间不够,会影响测试结果。

(4)避免测试线破损、断线,被测绕组的连接要牢固可靠,去除氧化层或脏污,减少测量误差。

项目四 电流互感器变比误差测量

一、准备工作

(一)设备

大电流发生器、调压器、标准电流互感器、被试电流互感器、互感器校验仪、万用表等。

(二)材料、工具

电工工具、电源线、接地线、绝缘胶布、试验记录表格等。

(三)人员

电气安装调试工。必须穿戴劳动保护用品,严格按操作规程操作。

二、操作规程

(1)试验前检查。检查被试互感器外观无损伤,绝缘套管清洁,接线端钮完好无损。

(2)测量原理接线图。用比较法进行电流互感器变比误差测试,其原理接线图如图 3-7-1 所示。

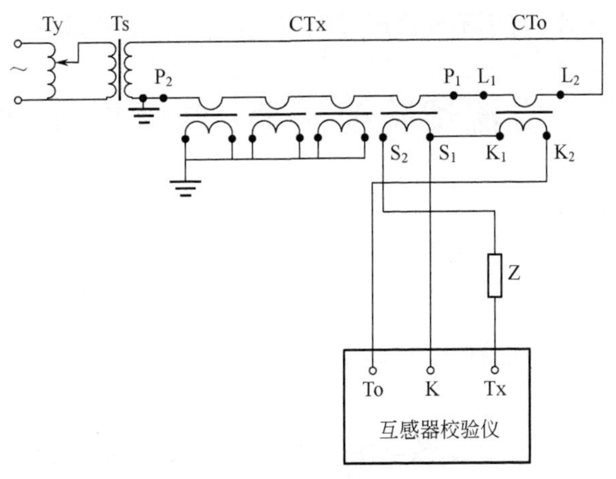

图 3-7-1 电流互感器原理接线图

Ty—调压器;Ts—升流器;CTo—标准电流互感器;CTx—被试电流互感器;Z—电流负载箱

(3)接线。用电缆将标准电流互感器、被试电流互感器和升流器进行连接，确保连接紧固。采用线夹和端子板连接一次线，应尽量保持较大的接触面。

(4)将调压器旋钮放在最低位，标准电流互感器放在正确变比位置上，将两块电流表调零。将互感器校验仪置于电流互感器误差测量挡。

(5)检查接线无误后送电，缓慢调节调压器，观察两台电流表至有电流指示，平稳地升起一次电流至额定值5%左右，读取校验仪读数。如未发现异常，升流到最大测量电流点，然后降到零准备正式测量。若有异常应及时排除。

(6)调节调压器使输出电流为额定一次电流的1%、5%、20%、100%和120%，记录被试互感器的读数，并做好记录。

(7)将自耦调压器电压减低，回零，断开电源，试验完毕，拆除一、二次接线。

(8)计算变比误差，误差应在2%以内为合格。

三、技术要求

(1)一次电流线截面应根据被试电流互感器的额定一次电流选取，并尽量缩短连线的长度。

(2)除被试的二次绕组外，其余二次绕组应用导线短接，短接应牢靠。

(3)误差点可根据实际情况和要求增减。

(4)当发现被试电流互感器的误差超差时，允许进行退磁后再测试；退磁时其余铁芯的二次线圈均应短接；同一铁芯中有多个二次绕组时其余的二次绕组应开路。

四、注意事项

(1)测试工作不得少于两人，一人操作，一人监督操作，以确保安全。

(2)仪器必须有良好接地，使用中升流变压器和操作台必须可靠接地，以保证安全。

(3)试验工作应遵守电业安全工作规程有关规定，应制定切合实际的安全措施，不允许长时间在额定容量下工作，特别不允许超过额定电流运行，以防过热。

项目五　交流试验变压器(含操作台)的使用

一、准备工作

(一)设备

交流试验变压器、高压试验控制台等。

(二)材料、工具

交流电源插座、仪器配套导线、放电棒、接地线、抹布、警戒线、警示牌、电工工具、绝缘手套、绝缘鞋等。

(三)人员

电气安装调试工。必须穿戴劳动保护用品，严格按操作规程操作。

二、操作规程

(一)安装前准备工作

(1)检查试验变压器和操作台的完好性,检查设备是否在检验合格有效期内。

(2)检查操作台上电压表和电流表是否完好,指针是否在零位。

(3)检查试验仪器配套导线的绝缘性能是否良好,导线是否齐全。

(4)安装放电棒,将便携式伸缩型高压放电棒伸缩部分全部拉出。在使用之前,应检查放电棒的外表、接地线、接地夹头和放电电阻是否完好。

(5)试验设备布置要有足够的距离。

(6)试验现场拉上警戒线,挂好警示牌,并派专人监护。

(二)绝缘电阻测试

(1)被测试品在耐压试验前,必须先进行绝缘试验。

(2)判断结果合格后,方可进行耐压试验。

(三)接地线连接

(1)将被试品外壳可靠接地。

(2)将试验变压器和控制箱的接地螺栓连接接地线,利用试验设备自带接地线,或采用铜编织线可靠接地,接地线尽可能距离最短。

(3)把配制好的接地线插头插入放电棒的头端部位的插孔内,将地线的另一端与大地连接,接地要可靠。

(四)试验接线

按照图 3-7-2 正确接线。

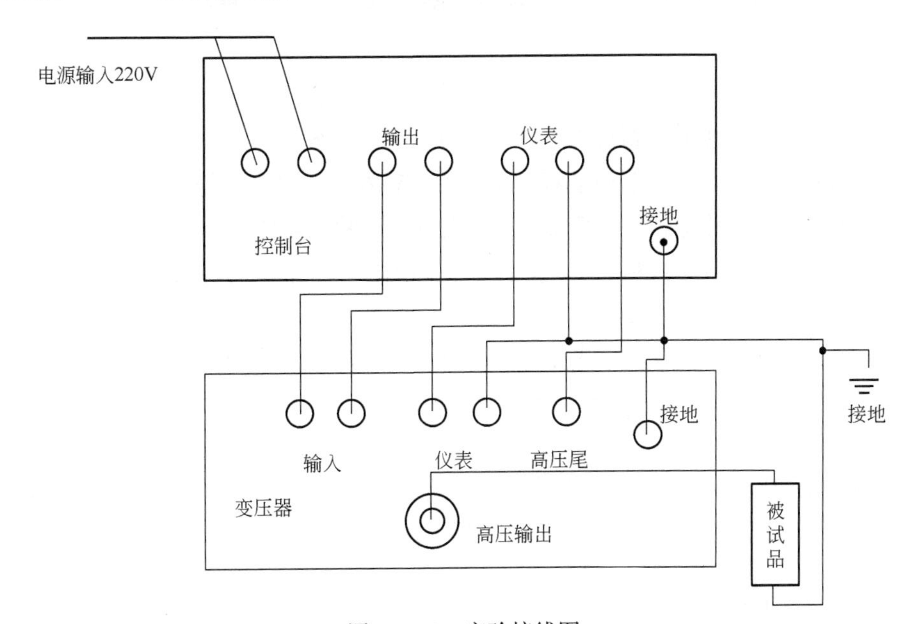

图 3-7-2　实验接线图

（五）升压

（1）升压前，首先检查调压器是否在零位。

（2）接通电源，绿色指示灯亮，按下启动按钮，红色指示灯亮，等待升压。

（3）顺时针匀速旋转调压器手柄，进行升压。

（4）升压从零开始，不可冲击合闸，升压速度在75%试验电压以前，可以是任意的，自75%电压开始应均匀升压，约为每秒2%试验电压的速率升压。

（5）升压过程中密切监视高压回路，监听被试品是否有异常声响，并密切监视仪表读数，不仅要监视电压表的变化，还应监视电流表的变化及被试品电流的变化。

（6）升至规定试验电压时，开始计算时间，持续规定的耐压时间。

（7）试验中发现表针摆动或被试品有异常声响、冒烟等，应立即降下电压，拉开电源，在高压侧挂上接地线后，再查明原因。

（六）降压

试验时间到后，迅速将调压器回零，降下电压。按下停止按钮，然后切断电源。

（七）放电

（1）放电时应先用放电棒前端的金属尖头，慢慢靠近已断开试验电源的试品。此时放电棒经过一放电电阻进行对地放电。然后再用放电棒上接地线上的钩子去钩住试品，进行第二次直接对地放电。

（2）对高压部分可能被充电的部位一一用放电棒进行放电，拆除高压引线。

（3）严禁未拉开试验电源用放电棒对试品进行放电。

（八）拆除接线、复原归位

拆除所有接线，拆除放电棒，把试验设备和附件进行归位，整理现场。

三、技术要求

（1）工频耐压试验电压的测量误差一般要求不大于3%。

（2）工频耐压试验时试验电源的频率只要在45~65Hz，即认为符合工频耐压的要求。

（3）交流耐压试验时将短路杆安装上，直流耐压试验时短路杆需抽出。

（4）被试品为有机绝缘材料时，试验后应立即触摸表面，如出现普遍或局部发热，则认为绝缘不良，应立即处理，然后再做耐压试验。

（5）有时耐压试验进行了数十秒钟，中途因故失去电源，使试验中断，在查明原因，恢复电源后，应重新进行全时间的持续耐压试压，不可仅进行“补足时间”的试验。

（6）在升压和耐压过程中，如发现电压表指针摆动很大，电流表急剧增加，调压器往上升方向调节，电流上升，电压基本不变甚至有下降趋势，被试品冒烟、出气、焦臭、闪络、燃烧或发出击穿响声，应立即停止升压，降压停电后查明原因。

四、注意事项

（1）试验高压引线如果与被试件有一段距离，要有绝缘支撑物，保证高压引线对地距离符合要求。

(2)交流耐压试验应在环境温度不低于5℃、空气相对湿度不高于80%条件下进行。

(3)仪器所使用的电源插座必须有良好的接地。

(4)万一发生紧急情况,应立即切断电源,拔出高压测试线。

(5)当仪器停止使用或储存时,请避免存放在直接光照、高温、高湿或灰尘较多的地方。

模块八　电缆线路安装调试

项目一　相关知识

ZBH001 电缆截面的选择

一、电力电缆的选择

在选用电线电缆时，一般要注意电线电缆型号、规格（导体截面）的选择。

（一）电线电缆型号的选择

选用电线电缆时，要考虑用途、敷设条件及安全性等。

根据用途的不同，可选用电力电缆、架空绝缘电缆、控制电缆等。

根据敷设条件的不同，可选用一般塑料绝缘电缆、钢带铠装电缆、钢丝铠装电缆、防腐电缆等。

根据安全性要求，可选用阻燃电缆和耐火电缆等。阻燃电缆按燃烧时的烟气特性可分为一般阻燃电缆、低烟低卤阻燃电缆和无卤阻燃电缆三大类。在同一通道中敷设的电缆应选用同一阻燃等级的电缆，敷设在有盖槽盒、有盖板的电缆沟中的电缆若已采取封堵、阻水、隔离等阻燃措施，可降低一级阻燃要求。耐火电缆主要适用于在火灾时仍需要保持正常运行的线路，如炼油化工的消防系统、应急照明系统、报警及重要的监测回路等。

（二）电线电缆截面的选择原则

确定电线电缆的截面积时，一般应考虑发热条件、经济电流密度、电压损失、机械强度等选择条件。

（1）按发热条件选择。导线和电缆在通过正常最大负荷电流（即计算电流）时产生的发热温度，不应超过其正常运行时的最高允许温度。

（2）按经济电流密度选择。高压线路和特大电流的低压线路，应按规定的经济电流密度选择导线和电缆的截面积，以使线路的年运行费用接近最少，节约电能和有色金属。

（3）按电压损失条件选择。导线和电缆在通过正常最大负荷电流时产生的电压损失，不应超过正常运行时允许的电压损失。

（4）按机械强度条件选择。导线和电缆在通过正常最大负荷电流时的机械强度不应降低。

根据经验，低压动力线因其负荷电流较大，故一般先按发热条件选择截面，然后验算其电压损失和机械强度；低压照明线因其对电压水平要求较高，可先按允许电压损失条件选择截面，再验算发热条件和机械强度；对高压线路，则先按经济电流密度选择截面，然后验算其发热条件和允许电压损失；而高压架空线路，还应验算其机械强度。

电力电缆持续允许载流量的环境温度，通过不同散热区段的电缆导体截面的选择，宜按其中散热较差区段条件选择。

回路中不带电流表的铜芯控制电缆，截面不小于 $1.5mm^2$；带电流表、电压表回路截面不小于 2.5mm^2,芯线均为单股线。

ZBH002 电缆绝缘和护层类型的选择

二、电缆绝缘和电缆护层类型的选择

(一)常用电缆的绝缘类型的选择

(1)低压电缆宜选用聚氯乙烯或交联聚乙烯型挤塑绝缘类型,中压电缆宜选用交联聚乙烯绝缘类型。明确需要与环境保护协调时,不得选用聚氯乙烯绝缘电缆。

(2)高压交流系统中电缆线路,宜选用交联聚乙烯绝缘类型。

(3)移动式电气设备或有较高柔软性要求的回路,应选用橡皮绝缘等电缆。

(4)60℃以上高温场所,应按经受高温及其持续时间和绝缘类型要求,选用耐热聚氯乙烯、交联聚乙烯或乙丙橡皮绝缘等耐热型电缆;100℃以上高温环境,宜选用矿物绝缘电缆。高温场所不宜选用普通聚氯乙烯绝缘电缆。

(5)-15℃以下低温环境,应按低温条件和绝缘类型要求,选用交联聚乙烯绝缘电缆、聚乙烯绝缘电缆、耐寒橡皮绝缘电缆。低温环境不宜选用聚氯乙烯绝缘电缆。

(6)除上面(4)(5)明确要求的情况外,6kV 以下回路,可选用聚氯乙烯绝缘电缆。对 6kV 重要回路或 6kV 以上的交联聚乙烯电缆,应选用内、外半导电与绝缘层三层共挤工艺特征的形式。

(二)常用电缆护层类型的选择

(1)交流系统单芯电力电缆,当需要增强电缆抗外力时,应选用非磁性金属铠装层,不得选用未经非磁性有效处理的钢制铠装。

(2)在潮湿、含化学腐蚀环境或易受水浸泡的电缆,其金属层、加强层、铠装层应有聚乙烯外护层,水中电缆的粗钢丝铠装应有挤塑外护层。

(3)在人员密集的公共设施,以及有低毒阻燃性防火要求的场所,可选用聚乙烯或乙丙橡皮等不含卤素的外护层。防火有低毒性要求时,不宜选用聚氯乙烯外护层。

(4)除-15℃以下低温环境或药用化学液体浸泡场所,以及有低毒难燃性要求的电缆挤塑外护层宜选用聚乙烯外,其他可选用聚氯乙烯外护层。

(5)直埋敷设时电缆护层的选择,应符合下列规定:

① 电缆承受较大压力或有机械损伤危险时,应具有加强层或钢带铠装。

② 在流砂层、回填土地带等可能出现位移的土壤中,电缆应具有钢丝铠装。

③ 白蚁严重危害地区用的挤塑电缆,应选用较高硬度的外护层,也可在普通外护层上挤包较高硬度的薄外护层,也可采用金属套或钢带铠装。

除以上几条情况外,可选用不含铠装的外护层。

(6)敷设在桥架等支撑较密集的电缆,可不含铠装。

(7)明确需要与环境保护相协调时,不得采用聚氯乙烯外护层。

(8)除应按(3)(4)的规定,以及 60℃以上高温场所应选用聚乙烯等耐热外护层的电缆外,其他宜选用聚氯乙烯外护层。

ZBH003 喷灯及工业热风枪的使用方法

三、喷灯、工业热风枪的使用方法

收缩热缩电缆终端制品可以采用以下任意一种方法,如:恒温烘箱、丙烷灯、液化气明火、汽油喷灯和工业电热风枪。其中最常用的就是喷灯和工业热风枪。

（一）喷灯的使用方法

喷灯使用前应先加油，其加入量为油桶容积的3/4，加油后将注油口的螺钉拧紧，并检查喷嘴调节阀是否拧紧，检查打气筒是否漏油或渗油。

使用前先将喷嘴加热，在点火碗中注入2/3燃油，点火后待碗内燃油将要烧尽时，即可认为喷嘴已经达到燃油汽化的温度，这时将调节阀慢慢拧开，少量燃油就会喷出燃烧，稍待一会即可打气使用。

使用完毕后，先将调节阀拧紧使火熄灭，并随即将调节阀拧开检查是否已使火熄灭，确定熄灭后，将注油口螺钉松开放气，待喷嘴冷却后再拧紧。

（二）喷灯在使用时的注意事项

（1）尽可能在空气流通的地方工作，以免燃烧气体充满室内。

（2）喷灯使用时间不宜太长，筒体发烫时应停止使用。

（3）喷灯不可在火炉上点火，以防爆炸。

（4）变配电所检修变压器或油断路器时，禁止使用喷灯，其他部位使用时与带电部分应保持一定的距离，10kV以下不小于1.5m，10kV及以上不小于3m。

（5）注意火焰与热缩管的距离，均匀移动，火焰的外焰与热缩管表面呈45°角，并且要边移动边加热，不可过于靠近套管表面或集中在一处加热，否则会产生薄厚不均或烧伤套管。

（三）工业热风枪的使用方法

先将工业热风枪的温度调节旋钮置于低段，然后将开关扳到1挡或2挡，马达会发出嗡嗡的响声，然后再将温度调节旋钮向高段的方向慢慢调节，电热线会自动加热而发红。

如果停止使用热风枪，将温度调节旋钮调至低段，再把开关置于0挡，然后将热风枪的前管朝上直立放置，空气会使其自然冷却。

（四）工业热风枪在使用时的注意事项

采用工业热风枪时，必须从电缆终端的一端向另一端均匀加热或从中间向两端均匀加热至热缩管收缩，不可从两端向中间加热，否则易造成空气鼓包现象。

ZBH004 电缆头常见类型和适用范围

四、电缆终端、接头

（一）电缆终端和接头的定义

电缆终端是安装在电缆末端，以使电缆与其他电气设备或架空输电线连接的装置。电缆中间接头是连接电缆与电缆的导体、绝缘、屏蔽层和保护层，以使电缆线路连续的装置。电缆终端与中间接头统称为电缆附件。

（二）电力电缆终端和接头的种类

电力电缆终端和接头制作主要包括：绕包式、热收缩式、冷收缩式、预制件装配式、瓷套型干式、复合套型干式等。现场中常用的是前三种。

按照安装环境不同，电缆终端又分为户外式和户内式，在户外使用时应当使用户外电缆终端，环境温差大时宜使用冷缩型电缆终端；在室内使用时选择户内型电缆终端。在易燃易爆等不允许有火种场所的电缆终端，应选用冷缩电缆终端附件。

绕包式终端是由绝缘、导体屏蔽和/或绝缘线芯屏蔽由多层绕包带构成的终端，适用于

0.6/1kV 及以下电压等级的室内明敷设的交联聚乙烯绝缘电缆及聚氯乙烯绝缘电缆，不宜在户外使用。

热缩式终端是将具有电缆附件所需要的热缩管材、分支套和雨裙（用于户外终端）套装在经过处理的电缆末端或接头处，加热收缩而形成的电缆终端。

冷缩式终端是将预扩张、内有支撑物的弹性体终端套管、分支套等，现场套在经过处理后的电缆末端，抽出支撑物，收缩压紧在电缆上而形成的电缆终端。

（三）冷缩电缆终端、热缩电缆终端及预制式电缆终端的区别

（1）冷缩电缆终端头具有体积小、操作方便、迅速、无须专用工具、适用范围宽和产品规格少等优点。与热收缩式电缆附件相比，无需用火加热，且在安装以后挪动或弯曲，不会像热缩式电缆附件那样出现附件内部层间脱开的危险。

热缩电缆终端的价格虽然较低，但是需要辅助工具和加热烘烤才能安装，不够简便。而冷缩终端头相较于热缩终端更加方便，无须加热烘烤，只需要一个人就可以完成施工。目前现场常用的是冷缩电缆终端。

（2）与预制式电缆终端相比，冷缩电缆终端不像预制式电缆附件那样与电缆截面一一对应，规格多，同时在安装到电缆上之前，预制式电缆附件的部件是没有张力的，而冷缩电缆终端头处于高张力状态下，因此必须保证在储存期内，冷收缩式部件不应有明显的永久变形或弹性应力松弛，否则安装在电缆上后不能保证其有足够的弹性压紧力，从而不能保证良好的界面特性。

五、电缆接地

ZBH005 电缆接地要求

电力安全规程规定：电气设备非带电的金属外壳都要接地，因此电缆的金属钢铠和屏蔽层都要可靠接地。

通常 35kV 及以下电压等级的电缆都采用两端接地方式。因为这些电缆大多数是三芯电缆，正常运行中流过三个线芯的电流总和为零，在金属屏蔽层外基本上没有磁链，在金属屏蔽层两端就基本上没有感应电压，所以两端接地后不会有感应电流流过金属屏蔽层。

采用单芯电缆时，当电缆通过电流时就会有磁力线交链金属屏蔽层，使其两端出现感应电压。感应电压的大小与电缆线路的长度和流过导体的电流成正比，电缆很长时，护套上的感应电压叠加起来可达到危及人身安全的程度，在线路发生短路故障、遭受操作过电压或雷电冲击时，屏蔽上会形成很高的感应电压，甚至可能击穿护套绝缘。

单芯电缆如果两端的屏蔽同时接地，在屏蔽层与大地之间形成回路，会产生感应电流，电流会导致屏蔽层发热，不但损耗大量电能，也影响线路正常运行。为了避免这种现象的发生，通常采用一端接地方式，当线路很长时还可以采用中点接地和交叉互联等方式。

在制作电缆终端时，将钢铠和屏蔽层分开接地，是为了便于检测电缆内护层的好坏；在检测电缆护层时，在钢铠与屏蔽间通上电压，如果能承受一定的电压就证明内护层完好无损。如果没有这方面的要求，也可以将钢铠与铜屏蔽层分开引出后根据设计要求接地。

铠装电力电缆终端的接地线应采用铜绞线或镀锡铜编织线，其截面面积不大于 $120mm^2$ 时，接地线截面不小于 $16mm^2$；截面面积不小于 $150mm^2$ 时，接地线截面不小于 $25mm^2$。

ZBH006 1kV 电缆热缩终端制作

项目二 1kV 及以下电缆热缩终端制作

一、准备工作

（一）设备

喷灯或大功率工业热风枪、液压压线钳及压接模具。

（二）材料、工具

1kV 交联聚乙烯绝缘电缆、热缩头一套、电缆支架、钢锯、电烙铁、焊锡、钢挫、电缆刀、电工工具、绝缘电阻测试仪、绑扎铜线、细砂纸、粗砂纸、卷尺、PVC 带。

（三）人员

电气安装调试工。必须穿戴劳动保护用品，严格按操作规程操作。

二、操作规程

（一）测量电缆绝缘

选用 1000V 绝缘电阻测试仪（兆欧表），对电缆进行绝缘电阻测试，电缆测量完毕后，应将芯线分别对地放电。

（二）剥切电缆外护套、铠装、内护套

（1）剥除外护套：用卡子将电缆垂直固定，从电缆端头量取 550mm（户外量取 750mm），剥切电缆外护套。外护套断口以下 350mm 部分用砂纸打毛并清洗干净，以保证外护套收缩后密封性能可靠。

（2）剥除铠装：从外护套断口往上量取 30mm 钢铠，用 PVC 带做标记，在铠装上绑扎 ϕ2.0mm 的铜线，绑线的缠绕方向应与铠装的缠绕方向一致，使铠装越绑越紧不致松散。锯铠装时，其圆周锯痕深度应均匀，不得锯透，损伤内护套。剥铠装时，应首先沿锯痕将铠装卷断，铠装断开后再向电缆端头剥除。

（3）剥除内护套及填料：从钢铠断口往上量取 20mm 内护层，剥除其余内护套，用刀子横向切一环形痕，深度不超过内护套厚度的一半。然后纵向剥除内护套，刀子切口应在两芯之间，防止切伤金属屏蔽层。剥除内护套后应将金属屏蔽带末端用聚氯乙烯胶粘带扎牢，防止松散。切除填料时刀口应向外，防止损伤金属屏蔽层。

（三）焊接铠装接地线

（1）用锉刀打毛铠装表面，用铜绑线将一根铜编织带端头临时扎紧在铠装上，用锡焊牢后去掉临时铜绑线，再在外面绕包几层 PVC 胶带。

（2）自外护套断口以下 40mm 长范围内的铜编织带均需进行渗锡处理，使焊锡渗透铜编织带间隙，形成防潮段。

（四）热缩分支手套

（1）在电缆内、外套端口上绕包两层填充胶，将铜编织带压入其中，在外面绕包几层填充胶，再分别绕包三岔口，绕包后的外径应小于分支手套内径。

（2）套入分支手套，并尽量拉向三芯根部。

（3）取出手套内的隔离纸，从分支手套中间开始向下端热缩，然后向手指方向热缩。

(五)剥除绝缘层,压接接线端子

将电缆端部接线端子再加5mm长的绝缘剥除,并将绝缘层断口打磨成45°角,擦除导体,套入接线端子进行压接。压接后将线端子表面用砂纸打磨光滑、平整。

(六)热缩绝缘管

清洁绝缘层,每相套入绝缘管,与分支手套搭接不少于30mm,绝缘套管要上一根压住下一根,从根部向上加热收缩,绝缘管收缩后应平整、光滑、无皱纹、气泡。

(七)套热缩相色管

将相色管接相位颜色分别套入各相,环绕加热收缩。

(八)清理现场

施工结束后,工作负责人依据施工验收规范对施工工艺、质量进行自查验收,按要求清理施工现场,整理工具、材料。

三、技术要求

(1)电缆终端的制作,应由经过培训的熟悉工艺人员进行,并严格遵守制作工艺要求。

(2)在室外制作高压电缆终端、中间接头时,环境空气相对湿度不宜大于70%。当湿度大时,可提高环境温度或加热电缆。

(3)热缩电缆附件的安装必须连续施工,一次完成,以免受潮,10kV及以下电缆热缩终端应于4h内制作完成。

(4)收缩热缩附件时用火不宜太猛,以免灼伤材料,火焰沿圆周方向均匀摆动向前收缩;收缩分支手套时应从中间往两端收缩,收缩终端绝缘管时应从下端往上收缩,收缩中间热缩管时应从中间往两端收缩。

(5)户外热缩终端需安装防雨裙。

四、注意事项

(1)施工现场应符合安全防火规定,现场应有灭火器材,使用喷灯须注意防火防爆。

(2)开始收缩管件时,调节喷灯火焰呈黄色柔和火焰,谨防高温蓝色火焰,避免烧伤热缩材料。在加热时要缓慢地接近材料,在其周围移动确保径向收缩均匀,再缓慢延伸,火焰由下往上收缩有利于排除气体和增强密封。

(3)不要随意切割热收缩管。

(4)热缩终端在没有完全冷却时,不准移动电缆。

项目三　10kV电缆冷缩终端制作

ZBH007 10kV电缆冷缩终端制作

一、准备工作

(一)设备

冷缩式电缆终端一套(含冷缩三指套、冷缩护套管、冷缩终端、密封管等)、液压压线钳及压接模具。

（二）材料、工具

电缆、接地线、铜终端、电缆支架、手锯、电缆刀、电工工具、锉刀、砂纸、恒力弹簧、电缆清洁纸、填充胶、硅胶、纱布、白布、PVC 胶带、相色带、卷尺、签字笔。

（三）人员

电气安装调试工。必须穿戴劳动保护用品，严格按操作规程操作。

二、操作规程

（一）电缆预处理

（1）剥除外护套。将电缆校直、擦净，固定牢固，量好剥除的尺寸，用电缆刀剥去从安装位置到接线端子的外护套。

（2）剥除钢铠。外护套端口往外量取 30mm 的钢铠，用铁丝捆绑或恒力弹簧固定，以防松散。用钢锯环形锯割钢铠，钢丝钳夹紧撕开，去除钢铠。

（3）剥除内护套和填充物。钢铠端口往外量取 10mm 的内护套，环切后再从内往外纵切，剥除内护套，割掉填充物。

（4）电缆分相。在电缆线芯分叉处将线芯扳弯，弯曲不宜过大，以方便操作为宜。但一定要保证弯曲半径符合规定要求，避免铜屏蔽层变形、折皱和损坏。

（二）钢铠接地线安装

（1）将三角垫锥用力塞入电缆分叉处，用砂纸和锯条打磨钢铠上的防锈漆，用恒力弹簧将钢铠地线固定在钢铠上。为确保牢固，接地线要留 10～20mm 的出线头，恒力弹簧将其绕一圈后，把外露的出线头反折回来，再用恒力弹簧缠绕。固定铜屏蔽地线也如此。

（2）在恒力弹簧上缠绕两层 PVC 胶带。

（三）填充胶缠绕

自断口以下 50mm 至整个恒力弹簧、钢铠及内护层，用填充胶缠绕两层，三岔口处多缠一层，这样做的冷缩指套饱满充实。

（四）铜屏蔽地线固定

将一端分成三股的地线分别用三个小恒力弹簧固定在三相铜屏蔽上，缠好后尽量把弹簧往里推。将钢铠地线与铜屏蔽地线分开，不要短接。

（五）自粘带缠绕

在填充胶及小恒力弹簧外缠一层黑色自粘带。

（六）绝缘冷缩三指套安装

先将指端的三个小支撑管略微拽出一点（从里看和指根对齐），再将指套套入尽量下压，逆时针先将大口端塑料条抽出，再抽指端塑料条。

（七）冷缩护套管套装

将冷缩管套至指套根部，与指套搭接至少 20mm，逆时针抽出塑料支撑条，抽出时用手扶着冷缩管末端，定位后松开，根据冷缩管端头到接线端子的距离切除或加长冷缩管，或切除多余的线芯。

（八）铜屏蔽层处理

按照电缆附件说明书，正确测量好铜屏蔽层切断的位置，用 PVC 胶带缠绕标记，采用电缆刀环切铜屏蔽层,切割深度不能超过 2/3,用手顺铜带扎紧方向将铜屏蔽剥下。

(九)外半导电层剥除

从铜屏蔽上端在外半导层 10~20mm 处,用 PVC 胶带缠绕标记,用钳子剥除外半导电层。再将外半导电层端口处用刀具倒角,切出 45°坡口,用砂纸打磨光滑,打磨时注意保护绝缘层。

(十)绝缘层和内半导层剥除

按接线端子的长度量取切割绝缘层的长度,用 PVC 胶带缠绕标记,采用电缆刀剥切各相绝缘层,去除内半导层,露出铜导线。在绝缘层断口处切出 45°坡口。

(十一)接线端子压接

采用液压压线钳压接接线端子接头,由端子底部向上开始压接,每个端子至少压接两次,处理压接处的毛刺,接线端子与主绝缘之间采用绝缘带包平。

(十二)主绝缘层表面清洁

用电缆清洁纸擦拭主绝缘层表面,清洁时注意应从绝缘端擦向外半导层端,不得反向擦,以免将半导电物质带到主绝缘层表面。不得来回擦拭,清洁纸不得重复使用,擦拭过半导层的清洁纸绝不能再擦拭主绝缘。

(十三)冷缩终端固定

(1)安装冷缩终端前,在半导电胶带绕包端部与主绝缘交界位置、主绝缘表面均匀地涂抹硅脂膏,套上冷缩终端,终端内附应力控制管。

(2)慢慢拉动终端内的支撑条,直到和终端端口对齐。将终端穿进电缆线芯并和安装限位线对齐,轻轻拉动支撑条,使冷缩管收缩。

(十四)密封管固定

用填充胶将端子压接部位的间隙和压痕缠平,从最上一个伞裙至整个填充胶外缠绕一层密封胶,终端上的密封胶外要缠绕一层 PVC 带。

高压电缆冷缩终端示意图如图 3-8-1 所示。

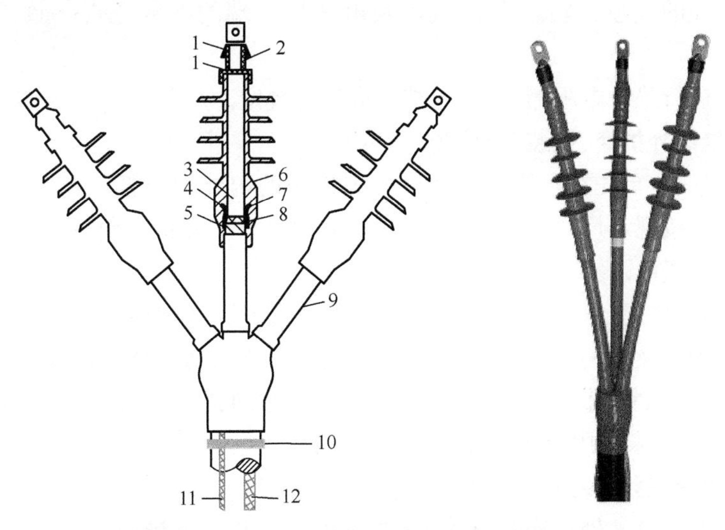

图 3-8-1　高压电缆冷缩终端结构示意图

1—绝缘胶带;2—密封绝缘管;3—主绝缘层;4—半导电层;5—铜屏蔽层;6—冷缩终端;7—应力锥;8—半导电胶;9—冷缩绝缘管;10—PVC 胶带;11—小接地编织线;12—大接地编织线

三、技术要求

（1）制作电缆终端时，从剥切电缆开始应连续操作直至完成，缩短绝缘暴露时间。

（2）铠装接地线和线芯屏蔽接地线在终端头内的引出外置应错开一个角度，两接地线不可有电气上的连通。

（3）压接接线端子时，压接达到一定压力或合模后，保持压力 10～15s，再松开模具，压接后接线端子不能有明显的弯曲。

（4）电缆终端上应有明显的相色标志，且应与系统的相位一致。

ZBH008 35kV 冷缩式电缆中间接头制作

项目四　35kV 冷缩式电力电缆中间接头制作

一、准备工作

（一）设备

冷缩式电缆接头一套、液压压线钳及压接模具。

（二）材料、工具

电缆、手锯、电缆刀、剪刀、电工工具、绝缘电阻测试仪、锉刀、砂纸、抹布、PVC 胶带、卷尺、签字笔。

（三）人员

电气安装调试工。必须穿戴劳动保护用品，严格按操作规程操作。

二、操作规程

（一）准备工作

（1）核对电缆的类型、电压等级、截面及电缆另一端的参数是否一致，是否符合设计要求。

（2）对电缆进行绝缘电阻测定，测定结果应符合规定。

（二）剥切电缆外护套、铠装、内护套

（1）剥除外护套：首先在电缆的两侧套入附件中的内外护套管。先将电缆末端外护套保留 350mm，然后按规定尺寸剥除外护套，要求断口平整。外护套断口以下 350mm 部分用砂纸打毛并清洗干净。

（2）剥除铠装：按规定尺寸在铠装上绑扎铜线，根据尺寸锯铠装和剥除铠装。

（3）剥除内护套及填料：在应剥除内护套处用刀子横向切一环形痕，深度不超过内护套厚度的一半。纵向剥除内护套时，刀子切口应在两芯之间，防止切伤金属屏蔽层。剥除内护套后应将金属屏蔽带末端用聚氯乙烯胶粘带扎牢，防止松散。

（三）电缆分相，锯除多余电缆线芯

（1）在电缆线芯分叉处将线芯扳弯，弯曲不宜过大，以方便操作为宜。

（2）将接头中心尺寸核对准确后，锯断多余电缆芯线。锯割时，应保证电缆线芯端口平直。

（四）剥除铜屏蔽层和外半导电层

（1）剥切铜屏蔽时，在其断口处用 ϕ1.0mm 镀锡铜绑线扎紧或用恒力弹簧固定，切割时，只能环切一刀痕，不能切透，以防损伤半导电层。剥除时，应从刀痕处撕剥，断开后向线芯端部剥除。

（2）铜屏蔽层的断口应切割平整，不得有尖端和毛刺。

（3）外半导电层应剥除干净，不得留有残迹。剥除后必须用细砂纸将绝缘表面吸附的半导电粉尘打磨干净，并清洗光洁。剥除外半导电层时，刀口不得伤及绝缘层。

（4）将外半导电层端部切削成小斜坡并用砂纸打磨。

（五）剥切绝缘层，套中间接头管

（1）剥切线芯绝缘和内半导电层时，不得伤及线芯导体。剥除绝缘层，应顺线芯绞合方向进行，以防线芯导体松散。

（2）绝缘层端口用刀或倒角器将绝缘端部倒 45°角。

（3）中间接头管应套在电缆铜屏蔽保留较长一端的线芯上，套入前必须将绝缘层、外半导电层、铜屏蔽层用清洁纸依次清洁干净，套入时，应注意塑料衬管条伸出一端先套入电缆线芯。

（4）将中间接头管和电缆绝缘用塑料布临时保护好，以防碰伤和灰尘杂物落入。

（六）压接连接管

（1）必须事先检查连接管与电缆线芯标称截面相符，压接模具与连接管规范尺寸应配套。

（2）连接管压接时，两端线芯应顶牢，不得松动。

（3）压接后，连接管表面尖端、毛刺用锉刀和砂纸打磨平整光洁，必须用清洁纸将绝缘层表面和连接管表面清洗干净。应特别注意不能在中间接头端头位置留有金属粉屑或其他导电物体。

（七）安装中间接头管

（1）在中间接头管安装区域表面均匀涂抹一薄层硅脂，并经认真检查后，将中间接头管移至中心部位，其一端必须与记号齐平。

（2）抽出衬管条时，应沿逆时针方向进行，其速度必须缓慢均匀，使中间接头管自然收缩。

（八）连接两端铜屏蔽层

铜网带应以半搭盖方式绕包平整紧密，铜网两端与电缆铜屏蔽层搭接，用恒力弹簧固定时，夹入铜编织带并反折恒力弹簧之中，用力收紧，同时用 PVC 胶带缠紧固定。

（九）恢复内护套

（1）电缆三相接头之间的间隙，必须用填充料填充饱满，再用 PVC 带或白布带将电缆三相并拢扎紧。

（2）绕包防水带应覆盖接头两端的电缆内护套足够长度。

（十）连接两端铠装层

铜编织带两端与铠装层连接时，必须先用锉刀或砂纸将钢铠表面进行打磨，夹入并反折恒力弹簧之中，用力收紧，并用 PVC 胶带缠紧固定，以增加铜编织带与钢铠的接触面和稳固性。

(十一)恢复外护套

(1)绕包防水带。

(2)在外护套防水带上绕包两层铠装带。

(3)30min 以后方可进行电缆接头搬移工作,以免损坏外护层结构。

三、技术要求

(1)电力电缆接头两侧电缆的金属屏蔽层、铠装层应分别连接良好,不得中断。

(2)电缆中间接头连接点的接触电阻应不大于同长度同规格电缆的 1.2 倍。

(3)并列敷设的电缆,其接头的位置宜相互错开。

(4)电缆明敷时的中间接头,应用托板托置固定。

(5)直埋电缆中间接头盒外面应有防止机械损伤的保护盒(环氧树脂接头盒除外)。位于冻土层内的保护盒,盒内应注以沥青。

(6)在爆炸危险环境内,电缆间不宜直接连接,在非正常情况下,必须在相应的防爆接线盒或分线盒内连接或分路。

ZBH009 电力电缆直流耐压试验

项目五 电力电缆直流耐压试验

一、准备工作

(一)设备

绝缘电阻测试仪(2500V 及以上)、直流耐压设备(图 3-8-2)、微安表。

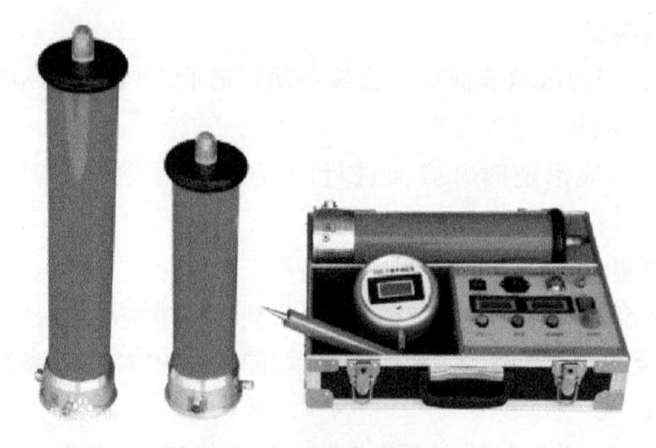

图 3-8-2 直流耐压试验设备

(二)材料、工具

电缆、电工工具、短接线、抹布、记录纸、计算器、笔、安全警示带等。

(三)人员

电气安装调试工。必须穿戴劳动保护用品,严格按操作规程操作。

二、操作规程

(一)绝缘电阻测试

采用2500V绝缘电阻测试仪测量电力电缆各相对地、相间的绝缘电阻。

(二)耐压前准备

(1)先对电缆验电,并接地充分放电,将两端电缆头绝缘表面擦拭干净,减少表面泄漏电流引起的误差,必要时可在电缆头相间加设绝缘挡板。

(2)试验器在使用前应检查其完好性,连接电缆不应有断路和短路,设备无破裂等损坏。

(3)试验场地设好遮拦,在电缆一端挂好警示牌,电缆两端派专人看守以防外人靠近。

(三)试验连线

(1)将倍压筒从机箱中取出放置到合适的安全位置,分别连接好电源线、电缆线和接地线。保护接地线与工作接地线以及放电棒的接地线均单独接到试品的地线上(即一点接地)。严禁各接地线相互串联。接地线采用专用接地线。

(2)测试当前相耐压试验时,其他两相导体、金属屏蔽和铠装一起连接接地。

(四)升压

(1)电源开关放在关断位置并检查调压电位器应在零位。

(2)接通电源开关,顺时针方向平缓调节调压电位器,输出端即从零开始升压。加压时,应按4阶段~6阶段均匀升压,每阶段应停留1min,并应读取泄漏电流值,试验电压升至规定值后应维持15min,期间应读取1min和15min时泄漏电流,测量时应消除杂散电流的影响。

(五)降压

如果电缆无异常,缓慢降低试验电压至零,然后断开试验电源。

(六)放电并测量绝缘电阻

用限流电阻对被试电缆对地放电数次,然后再直接对地放电,放电时间不应少于5min,最后断开接至被试品的铜导线,测量被试验相的绝缘电阻。其他另外两相试验方法相同。

三、技术要求

(1)额定电压为0.6/1kV的电缆线路应用2500V兆欧表测量导体对地绝缘电阻代替耐压试验,试验时间应为1min。

(2)额定电压为18/30kV及以下的橡塑绝缘电缆直流耐压试验电压应为额定电压的4倍。

(3)电缆的泄漏电流具有下列情况之一者,电缆绝缘可能有缺陷,应找出缺陷部位,并予以处理:①泄漏电流很不稳定;②泄漏电流随试验电压升高急剧上升;③泄漏电流随试验时间延长有上升现象。

四、注意事项

(1)使用直流高压试验器的工作人员必须是具有“高压试验上岗证”的专业人员。

（2）在工作电源进入直流高压试验器前加装两个明显断开点；当更换试品和接线时应先将两个电源断开点明显断开。

（3）为防止杂散电流对试验结果的影响，一般应将微安表装在高电压侧进行测量。

（4）微安表输出到电缆导体上应用屏蔽线作为引线，排除电引线对地及周围产生电晕电流影响，使测量泄漏电流更正确。

模块九 电动机安装调试

项目一 相关知识

ZBI001 电动机的启动方式

一、三相异步电动机的启动

三相异步电动机从接通电源开始,转速从零增加到额定转速的过程称为启动。对于电动机的启动,基本要求主要有两点:一是要有足够大的启动转矩;二是启动电流不要太大。足够大的启动转矩可以保证能启动并尽量缩短启动时间;减小启动电流可以减少对电网电压波动、电动机自身绝缘老化和使用寿命的影响。

(一)笼形异步电动机的启动方法

笼形异步电动机的启动方法包括全压启动、降压启动、软启动和变频启动。这里主要介绍前两种启动方法。

1. 全压启动

全压启动又称直接启动,启动时,将额定电压通过开关(刀开关、组合开关、低压断路器等)或接触器直接加在定子绕组上,使电动机启动。这种启动方法的优点是启动设备简单、操作方便、启动迅速;缺点是启动电流大。允许直接启动的电动机容量通常有如下规定:

电动机由专用变压器供电,且电动机频繁启动时电动机容量不应超过变压器容量的20%;电动机不经常启动时,其容量不超过变压器容量的30%。

若无专用变压器,照明与动力共用一台变压器时,允许直接启动的电动机的最大容量应以启动时造成的电压降不超过额定电压的10%~15%的原则规定。

容量在7.5kW以下的三相异步电动机一般均可采用直接启动。

2. 降压启动

降压启动是利用启动设备将加在电动机定子绕组上的电源电压降低,启动结束后恢复其额定电压运行的启动方式。降压启动时,因为启动电流减小,启动转矩也大大减小,此法一般只适用于电动机空载或轻载启动。降压启动的方法有以下几种。

1)自耦变压器降压启动

自耦降压启动利用自耦变压器的多抽头来降低加在电动机定子绕组上的端电压。既能适应不同负载启动的需要,又能得到更大的启动转矩,是一种经常被用来启动不频繁启动、较大容量电动机的降压启动方式。

2)Y-△启动

对于正常运行的定子绕组为三角形接法的鼠笼式异步电动机来说,如果在启动时将定子绕组接成星形,待启动完毕后再接成三角形,就可以降低启动电流,减轻它对电网的冲击。这样的启动方式称为星三角减压启动,或简称为星三角启动(Y-△启动)。星三角启动的缺点是启动转矩只有三角形直接启动时的 1/3，启动转矩降低很多，而且是不可调的，因此只能适用于空载或者轻载启动的设备上。

3）延边三角形降压启动

延边三角形降压启动是在 Y-△启动方法的基础上发展的，在启动时，将电动机的定子绕组的一部分接成了 Y 形，另一部分接成了△形，当启动结束时，再把绕组改接成△形接法正常运行。延边三角形降压启动的缺点是结构复杂、绕组抽头多，故此方法在实际应用中受到了一定的限制。

（二）绕线型异步电动机的启动

对于重载启动的机械负载，如起重机、卷扬机、龙门吊车等，广泛采用启动性能较好的绕线型异步电动机。绕线型异步电动机的转子绕组为三相对称绕组，转子回路串入可调电阻或频敏变阻器，可以减小启动电流，同时增大启动转矩。

绕线型异步电动机比较常用的启动方法有以下两种：转子回路串变阻器启动和转子回路串频敏变阻器启动。当绕线式异步电动机在轻载启动时，采用频敏变阻器启动，重载时一般采用串变阻器启动。

ZBI002 电动机的调速

二、三相异步电动机的调速

为了适应生产的需要，满足生产机械的要求，在生产过程中需要人为地改变电动机的转速，称为调速。根据异步电动机的转速关系式可知，通过改变定子绕组的磁极对数 p、电源频率 f 或转差率 s，可以实现步电动机的调速。

$$n=n_1(1-s)=\frac{60f}{p}(1-s) \tag{3-9-1}$$

式中 n——电动机转速，r/min；

n_1——电动机同步转速，r/min；

s——转差率；

f——电源频率，Hz；

p——磁极对数，个。

（一）变极调速

当电源频率不变时，改变电动机的磁极对数，电动机的同步转速随之成反比变化。若电动机磁极对数增加一倍，同步转速下降一半，电动机的转速也几乎下降一半，即改变磁极对数可以实现电动机的有级调速。

变极调速的优点是设备简单、运行可靠，为了满足不同生产机械的需要，定子绕组采用不同的接线方式，可获得恒转矩调速或恒功率调速。缺点是电动机绕组引出头比较多，调速的平滑性差，调速级数少，必要时需与齿轮箱配合，才能得到多级调速。对于不需要无级调速的生产机械，如金属切削机床、通风机、升降机等，多速电动机得到比较广泛的应用。

（二）变频调速

变频调速是改变电源频率 f，从而使电动机的同步转速 n_1 变化达到调速的目的。考虑到正常情况下转差率很小，故异步电动机转速 n 与电流频率 f 成正比，改变电动机供电频率即可实现调速。

变频调速的主要优点是调速范围大、调速平滑、机械特性较硬、效率高。但它需要一套专用变频电源,调速系统比较复杂、设备投资较高。近年来随着晶闸管技术的发展,为获得变频电源提供了新的途径。变频调速是近代交流调速发展的主要方向之一。三相异步电动机的变频调速在很多领域内已获得广泛应用,如球磨机、鼓风机及炼油化工企业中的某些设备等。

(三)改变转差率调速

改变外加电压或者改变转子电路的电阻,都可以改变转差率,从而改变电动机的转速,前者用于鼠笼式异步电动机,后者适用于绕线式异步电动机。

(1)改变外加电压:改变加在异步电动机定子绕组上的电压,电动机的转矩和电压的平方成正比,其最大转矩随电压的平方减小而下降,产生最大转矩的临界转差率不变。

(2)改变转子回路电阻调速:改变转子回路的电阻调速,只适用于绕线式异步电动机。增加转子回路电阻,最大电磁转矩不变,但产生最大转矩的转速要发生变化。当负载转矩一定时,不同转子电阻对应不同的稳定转速,而且随转子电阻的增加,电动机转速下降。

三、电动机的保护装置

ZBI003　电动机的保护装置

异步电动机的保护是一个复杂的问题。在实际使用中,应按照电动机的功率、类型、控制方式和配电设备等不同来选择和调整相适应的保护装置。

(一)保护装置的分类

电动机的损坏主要是绕组过热或绝缘性能降低引起的,而绕组的过热往往是流经绕组的电流过大引起的。对电动机的保护主要有电流检测、温度检测和综合保护等类型。

1. 电流检测型保护装置

电流检测型保护装置包括双金属片式热继电器、电动机保护用断路器、电子式过电流继电器和固态继电器。

2. 温度检测型保护装置

温度检测型保护装置主要包括双金属片式温度继电器、热保护器和热敏电阻温度继电器。

3. 微机式电动机综合保护装置

微机式电动机综合保护装置是一种新颖的综合性电动机保护装置,适用于380V、3kV、6kV、10kV的各种系统(中性点接地系统、小电流接地系统、直接接地系统),作为大中型同步和异步电动机(数百千瓦以上)内部故障、过载等的保护。

异步电动机的保护是电气装置和机械设备可靠、正常运转的关键之一。直接检测电动机绕组的温度来保护过载引起的过热是有效的保护方式,但由于微机式电动机综合保护装置需要直接埋入电动机绕组里,价格较贵、维修困难等,仅在部分频繁操作场合使用。从经济性考虑,采用电流检测型保护装置更为有利。对动作性能要求较高、功能要求较全或价格昂贵的大功率电动机实施保护,则可采用电子式或固态继电器。对一般要求的电动机,则采用带热-磁脱扣功能的断路器。

(二)保护装置与异步电动机的协调配合

1. 过载保护装置与电动机的协调配合

(1)过载保护装置的动作时间应比电动机启动时间略长一点。电动机过载保护装置的特性只有躲开电动机启动电流的特性,才能确保其正常运转;但其动作时间又不能太长,其特性只能在电动机热特性之下才能起到过载保护作用。

（2）过载保护装置瞬时动作电流应比电动机启动冲击电流略大一点。如有的保护装置带过载瞬时动作功能，则其动作电流应比启动电流的峰值大一些，才能使电动机正常启动。

（3）过载保护装置的动作时间应比导线热特性小一点，才能起到供电线路后备保护的功能。

2. 过载保护装置与短路保护装置的协调配合

一般过载保护装置不具有分断短路电流的能力。一旦在运行中发生短路，需要由串联在主电路中的短路保护装置（如断路器或熔断器等）来切断电路。若故障电流较小，属于过载范围，则仍应由过载保护装置切断电路，故两者的动作应有选择性。

ZBI004 电动机正反转控制电路的结构与原理

四、电动机正、反转控制电路的结构和原理

在实际应用中的设备往往要求运动部件能向正反两个方向运动，如起重机械的吊钩和小车等，这些机械都要求电动机能实现正、反转两个旋转方向的控制。当改变通入电动机定子绕组的三相电源相序，即接入电动机的三相电源进线中任意两相对调时，电动机就可以改变旋转方向。

工作原理：电动机正、反转运行控制，常采用双重联锁正反转控制电路。所谓双重联锁，就是同时采用接触器的动断辅助触点和复合按钮的动断触点，在一个电路工作时，把另一个电路“锁住”的控制，如图 3-9-1 所示。

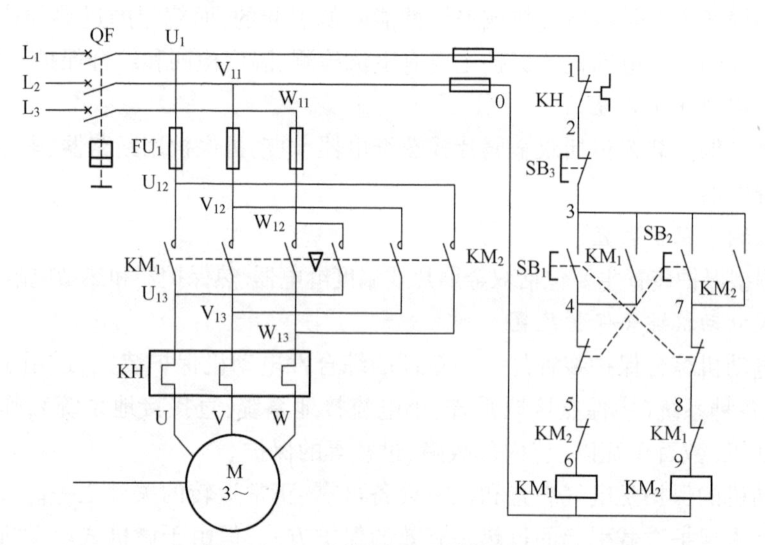

图 3-9-1　电动机正、反转控制电路

（一）正转工作过程

合上断路器 QF，按下正转启动按钮 SB_1，正转交流接触器 KM_1 线圈得电，KM_1 主触头闭合，并联在 SB_1 两端的 KM_1 辅助触点自锁，电动机正转运行。

联锁保护过程：正转启动按钮 SB_1 按下时，常开触点闭合，与此联锁串联在反转控制电路的常闭触点断开，这时按反转启动按钮 SB_2，反转交流接触器 KM_2 线圈不能得电。同时因为正转交流接触器 KM_1 线圈得电，串联在反转控制电路的正转交流接触器 KM_1 的常闭触点断开，这时即使按钮联锁失效，反转交流接触器 KM_2 线圈也不能得电。

按下停止按钮 SB_3，正转交流接触器 KM_1 线圈失电，电动机停止运行。

（二）反转工作过程

合上断路器 QF，按下反转启动按钮 SB_2，反转交流接触器 KM_2 线圈得电，KM_2 主触头闭合，并联在 SB_2 两端的 KM_2 辅助触点自锁，电动机反转运行。

联锁保护过程：反转启动按钮 SB_2 按下时，常开触点闭合，与此联锁串联在正转控制电路的常闭触点断开，这时按正转启动按钮 SB_1，正转交流接触器 KM_1 线圈不能得电。同时因为反转交流接触器 KM_2 线圈得电，串联在正转控制电路的反转交流接触器 KM_2 的常闭触点断开，这时即使按钮联锁失效，正转交流接触器 KM_1 线圈也不能得电。

按下停止按钮 SB_3，反转交流接触器 KM_2 线圈失电，电动机停止运行。

五、电动机 Y-△启动控制电路的结构与原理

ZBI005　电动机Y-△启动控制电路的结构与原理

有些电动机的定子绕组需要三角形接法运行。可是三角形接法的电动机启动时需要的启动电流很大，将影响电网中其他电气设备的运行，这时就需要电动机按星形接法启动，启动后再转换成三角形接法运行。这种控制电路称为星三角降压启动控制电路，简称 Y-△降压启动。用时间继电器转换的自动 Y-△启动控制电路的电气原理图如图 3-9-2 所示。

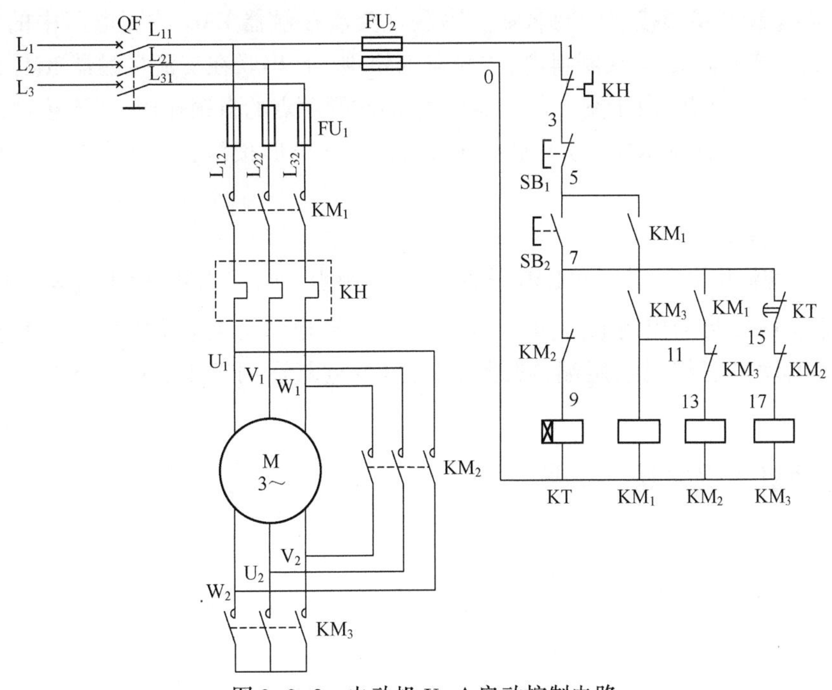

图 3-9-2　电动机 Y-△启动控制电路

采用 Y-△启动时，启动电流只是原来按三角形接法直接启动时的 1/3。如果直接启动时的启动电流以 $6\sim7I_e$ 计，则在 Y-△启动时，启动电流是额定电流 I_e 的 2~2.3 倍。同时启动电压也只是为原来三角形接法直接启动时的 $1/\sqrt{3}$。当负载对电动机启动力矩无严格要求又要限制电动机启动电流，且电动机满足 380V 及接线条件为三角形的才能采用 Y-△启动方法。

Y-△启动时间由时间继电器或空气延时头来实现，与电动机功率和启动负荷有关。一

般由设计给出定值，若设计无规定，经验计算方法为：$t=4+\sqrt{2}P$（s），其中 P 为电动机的功率，求出后再根据启动负荷实际情况进行调整。

（一）Y-△转换电路

采用交流接触器 KM_3 短路三相绕组的同名端，交流接触器 KM_1 为三相绕组的另一端供电的方式称为星形接法。交流接触器 KM_3 断开，通过交流接触器 KM_1 和 KM_2 共同作用形成三角形接法。两种接法的转换用时间继电器 KT 控制，保证电动机正常启动后正常转换。

（二）星形启动过程

合上断路器 QF，按下启动按钮 SB_2，交流接触器 KM_3 线圈得电，主触点 KM_3 吸合，串联在交流接触器 KM_2 线圈电路中的常闭触点 KM_3 断开，串联在交流接触器 KM_1 线圈电路中的常开触点 KM_3 吸合，KM_1 线圈得电，主触点 KM_1 吸合，电动机进入星形启动状态，交流接触器 KM_1 的常开触点闭合自锁。同时时间继电器 KT 线圈得电，通电延时常闭触点 KT 闭合。

（三）三角形运行过程

当时间继电器 KT 达到延时时间，通电延时常闭触点 KT 断开，交流接触器 KM_3 线圈失电，主触头 KM_3 断开星形接法的同名端。串联在交流接触器 KM_2 线圈电路中的常闭触点 KM_3 闭合，交流接触器 KM_2 线圈得电，主触点 KM_2 吸合，串联在交流接触器 KM_1 线圈电路中的常开触点 KM_3 断开，由于交流接触器 KM_1 的常开触点的自锁作用，交流接触器 KM_1 线圈保持得电状态，主触点 KM_1 与主触点 KM_2 组成三角形接法，电动机进入三角形运行状态。

（四）停止过程

按下 SB_1，交流接触器 KM_1 和 KM_2 线圈失电，主触点 KM_1 和 KM_2 断开，电动机停止运行。

也有其他 Y-△启动控制电路，可节省一个接触器，电动机主电路中采用 KM_2 辅助常闭触点来短接电动机三相绕组尾端，容量有限，故该电路适用于 13kW 以下电动机的启动控制。

ZBI006 电动机干燥方法

六、电动机干燥方法

（一）干燥条件

电动机较容易受潮，因此安装前应检查绝缘情况。如满足下列条件时，可以不经干燥直接投入运行，否则应进行干燥处理。

（1）额定电压在 1000V 以下的电动机，运输和保管期间线圈未显著受潮，绕组的绝缘电阻不得低于 0.5MΩ；额定电压为 1000V 以上的电动机，运行温度时的绝缘电阻：定子不低于 1MΩ/kV，转子不低于 0.5MΩ/kV。

（2）1000V 及以上的电动机应测量吸收比（在 60s 时所测得的电阻值 R_{60} 与绝缘电阻表在 15s 时所测得的电阻值 R_{15} 之比）。吸收比不应低于 1.2，中性点可拆开的应分相测量。

电动机绝缘电阻应在绕组和外壳间、各相绝缘间、各部分间（如集电环和外壳间）及不同绕组间进行测量。

(二)干燥目的

电动机干燥的目的是把线圈中含有的潮气除去,提高它的绝缘性能,保证其安全运行。

(三)干燥方法

1. 烘箱干燥法

把需要干燥的电动机定子或转子放在保温的烘箱或干燥室内,并可加引鼓风机鼓风进行有效的热循环。

2. 现场干燥法

小型电动机可用红外线灯泡或100~500W的普通白炽灯泡进行干燥。具体方法是:把转子取出来,把灯泡放在定子内,接通电源点亮灯泡即可,改变灯泡的功率可以改变温度,温度高时可以停电。加热时热源离线圈不能太近,并应不断移动加热部位,使加热体均匀受热,加热时线圈的最高温度不得超过80℃。

3. 低电压干燥法

对于6kV电动机,将380V三相电源接入其定子线圈,依靠线圈本身铜损和铁芯铁损所产生的热量来干燥,通入线圈的电流为电动机额定电流的50%~80%,大型电动机的温度可用埋在铁芯或线圈间的测温元件来测量,小型电动机可用红外线测温仪测量,线圈的最高温度不得超过90℃。

4. 其他干燥法

如有条件,也可采用磁铁感应干燥法、外壳铁损干燥法、交流电干燥法和直流电干燥法等。

(四)干燥温度要求

干燥时其升温速度应缓慢上升,一般保持在5~8℃/h,并打开电动机上的观察孔,以利于潮气排出。铁芯和绕组的最高允许温度应根据绝缘等级确定。带转子进行干燥的电动机,当温度达到70℃以后,应至少每隔2h将转子转动180°。

(五)电动机干燥完毕的标志

额定电压在1000V以下的电动机,运输和保管期间线圈未显著受潮,绕组的绝缘电阻不得低于0.5MΩ;1000V及以上的电动机吸收比≥1.2,绝缘电阻值≥1MΩ/kV,并在同一温度下5h稳定不变,三者缺一不可。

七、电动机就位安装

ZBI007　电动机就位安装

(一)收货检验

收货后,检验电动机有无外部损伤,检验所有的铭牌数据是否符合设计要求。

经拆卸大修后的电动机以及尚未投入运行的新设备中的电动机,在安装前,均应先行对电动机进行安装前的检查:

(1)检查铭牌所示型号、功率、电压、频率、接法等参数是否与设计值及电路电压相符。

(2)检查电动机的引出线端子是否焊接或压接良好,编号是否齐全。

(3)检查其绕组间及绕组对地绝缘电阻是否合格。

(4)检查电动机的转轴是否能自由旋转。

(5)检查电动机内部有无杂物。

(6)检查轴承是否有油。

（7）对于绕线转子异步电动机，还应检查电刷表面是否全部紧贴集电环，导线是否相碰，电刷提升机构是否灵活，电刷的压力是否正常。

（二）电动机吊装

小型电动机可用人力抬到基础上进行安装，可将铁棒穿过电动机上部吊环，将其抬运到基础上。较大的电动机需用起重设备来吊装。

搬运前应仔细检查吊钩、制动部分是否完好，只有确认执行部件完好无损才可搬运。不允许用绳子套在电动机的带盘或转轴上抬电动机。

（三）电动机与底座间的安装

（1）炼油装置中大多数电动机常固定在混凝土底座上。地脚螺栓直接浇注在底座内，这种底座一般需进行两次混凝土浇筑。电动机与底座之间一般采用螺栓连接。

（2）垫板安装。为了确保水平安装电动机，一般在转轴上采用水平仪校正，在底板下部采用厚度为 0.5～5mm 的金属垫片来调整。

（3）地脚螺栓安装。拧紧电动机地脚和垫板间的螺栓并留有 1～2mm 的缝隙。采用合适的方式调整电动机对接同心度后，再按对角线交错依次拧紧 4 个地脚螺栓。

（四）电动机与被拖动机械间中心线的校正

安装中，经常需进行中心校正的是带传动和联轴器传动。联轴器传动校正中心线的目的是使电动机和被拖动机械的轴线重合，通常采用以下几种方法进行中心线校正：

（1）用钢直尺和塞尺校正。

（2）用测微规及百分表校正。

（3）用激光对中仪校正。

ZBI010 电动机空载转动检查和空载电流测量

八、电动机空载转动检查和空载电流测量

（1）电动机空载转动的运行时间应为 2h。启动电动机后，记录电动机空载转动时的空载电流，并判断是否异常。空载电流 I_0 可以根据电动机的额定电流 I_n 和额定功率因数 $\cos\phi$ 进行估算［$I_0=2I_n(1-\cos\phi)$］。大功率的电动机空载电流 I_0 为额定电流的 20%～35%，小功率的电动机空载电流 I_0 为额定电流的 35%～50%。绕线式电动机总体空载电流会比上述经验值大一些。

（2）当三相电源平衡时，电动机的三相空载电流中任何一相与三相平均值的偏差值应不大于平均值的 10%。

（3）当电动机与其机械部分的连接不易拆开时，可连在一起进行空载转动检查试验。

（4）交流电动机带负荷连续启动次数：如无产品规定时，鼠笼式电动机冷态下启动次数允许连续启动两次，每次时间间隔不得少于 5min，在热态时允许启动一次（停止 1.5h 之内或温度高于 40℃的电动机为热状态）。

（5）振动（双振幅值）不应大于表 3-9-1 中的规定值。

表 3-9-1 电动机振动的双倍振幅值

同步转速，r/min	3000	1500	1000	≤750
双倍振幅值，mm	0.05	0.085	0.10	0.12

(6)滚动轴承的电动机不允许窜动,滑动轴承的电动机窜动值不超过2~4mm。

(7)在正常情况下,电动机长期运行的温度应符合电动机的绝缘等级,电动机的绝缘等级是指其所用绝缘材料的耐热等级,分A、E、B、F、H级。它们的允许工作温度分别为105℃、120℃、130℃、155℃、180℃。允许温升是指电动机的温度与周围环境温度相比升高的限度。

(8)滑动轴承温度不应超过80℃,滚动轴承温度不应超过95℃。

项目二 测量定子绕组的直流电阻

ZBI008 测量绕组的直流电阻

一、准备工作

(一)设备

电动机、直流电阻测试仪。

(二)材料、工具

套筒扳手、活扳手、电工工具、温湿表、试验表格等。

(三)人员

电气安装调试工。必须穿戴劳动保护用品,严格按操作规程操作。

二、操作规程

(1)先切断电动机的电源,打开电动机接线盒,拆除动力接线和短接片,拆卸后物品摆放整齐规范。

(2)检查接线盒是否清洁、受潮,清除绕组接线端子的铁锈或者杂物,对各相绕组进行对地放电。

(3)正确接线。对于接线盒内有6个出线端的绕组,把直流电阻测试仪的表笔分别接到定子绕组相别U_1-U_2、V_1-V_2、W_1-W_2的两端,测量相直流电阻;对于有3个出线端的绕组,则在每2个出线端间测量线直流电阻。

(4)打开直流电阻测试仪电源开关,通过确定键选择电流挡位或电阻挡位。选择电流时要估测量程,超量程或欠量程时,按“返回”键,重新选择测试电流再试。

(5)选好电流后,按下“确定”键开始充电。

(6)测试完毕后,按“复位”键,一定要等放电报警声停止后,重新接线进行下次测量,或者拆除测试线。

(7)存储、打印测试结果。

(8)表格填写。正确填写绕组相别、直流电阻、电阻差及温度,并判断是否合格。

(9)恢复电动机接线盒,安装固定螺栓,紧固接线盒螺栓要求对角紧固。

三、技术要求

(1)测量异步电动机定子绕组的直流电阻是为了检查绕组有无断线和匝间短路,检查焊接部分有无虚焊或开焊、接触点有无接触不良等现象。

（2）绕组的阻值大小随温度的变化而变化，在测定绕组实际冷态下的直流电阻时，要同时测量绕组的温度，以便将该电阻换算成基准工作温度下的数值，再进行判断。

（3）测量绕组的直流电阻，应符合下列规定：

① 1000V 以上或容量 100kW 以上的电动机各相绕组直流电阻值，相互差别不应超过其最小值的 2%；

② 中性点未引出的电动机可测量线间直流电阻，相互差别不应超过其最小值的 1%；

③ 特殊结构的电动机各相绕组直流电阻值与出厂试验值差别不应超过 2%。

四、注意事项

（1）在测量各相绕组时，应选择相同的电流挡位进行测量，避免造成系统的测试误差。

（2）测量时，注意电动机转子未抽出的，应保持转子静止不动。

ZBI009 定子绕组的直流耐压试验和泄漏电流测量

项目三 定子绕组的直流耐压试验和泄漏电流测量

一、准备工作

（一）设备

电动机、直流高压发生器、泄漏电流表。

（二）材料、工具

套筒扳手、活扳手、220V 交流电源盘、电源开关、警示牌、安全围栏、接地线、放电棒、试验专用线、电工工具、试验表格等。

（三）人员

电气安装调试工。必须穿戴劳动保护用品，严格按操作规程操作。

二、操作规程

（一）准备工作

（1）试验测试仪在使用前应检查其完好性，连接电缆不应有断路和短路，设备无破裂等损坏。

（2）被试电动机周围设置安全围栏，并派专业人员监护。

（二）接地线的连接

保护接地线与工作接地线以及放电棒的接地线均应单独接到电动机的地线上（即一点接地）。严禁各接地线相互关联，应分别使用专用接地线。

（三）试验回路接线

将机箱、分压筒放置到合适位置分别连接好电缆线、接地线和电源线，电动机为星形接线中性点引出的，应拆开中性点连接片，其他相绕组短路接地，被试相接至机箱输出端，分相进行直流耐压试验。

（四）试验操作

（1）电源开关放在关断位置并检查调压电位器应在零位。过电压保护整定值一般为试验电压的1.1倍。

(2)空载升压验证过电压保护整定是否灵敏。

(3)接通电源开关,顺时针方向平缓调节调压电位器,输出端即从零开始升压,升至所需电压后,按规定时间记录电流表读数,并检查控制箱及高压输出线有无异常现象及声响。

(4)试验电压应按每级0.5倍额定电压分阶段升高,每阶段应停留1min,记录每段试验电压和每段泄漏电流,到预定值维持1min(最高为3倍的额定电压)看泄漏情况。

(5)试验完毕,降压,关闭电源。

(五)放电

放电过程分为两步,大电容试品放电时应用专用放电电阻棒。放电时不能将放电棒立即接触试品,应先将放电棒逐渐接近试品,到一定距离空气间隙开始游离放电,有“嘶嘶”声,当无声音时可用放电棒放电,最后直接接上地线放电。

三、技术要求

(1)直流耐压试验主要考核电动机的绝缘强度,如绝缘有无气隙或损伤等;而泄漏电流测量主要是反映线棒绝缘的整体有无受潮、劣化,也能反映线棒端部表面的洁净情况,通过泄漏电流的变化能更准确地予以判断。

(2)对中性点已引出的电动机才进行直流耐压试验,中性点连线未引出的可以不进行此项试验。

(3)定子绕组直流耐压试验和泄漏电流测量,应符合下列规定:

① 1000V以上及1000kW以上、中性点连线已引出至出线端子板的定子绕组应分相进行直流耐压试验。

② 试验电压应为定子绕组额定电压的3倍。在规定的试验电压下,各相泄漏电流的差值不应大于最小值的100%;当最大泄漏电流在20μA以下,根据绝缘电阻值和交流耐压试验结果综合判断为良好时,可不考虑各相间差值。

③ 泄漏电流不应随时间延长而增大。

④ 泄漏电流随电压不成比例地显著增长时,应及时分析。

模块十　发电机安装调试

项目一　相关知识

ZBJ001 柴油发电机组的组成与分类

一、柴油发电机组的组成和分类

柴油发电机组是以柴油为动力，驱动交流同步发电机而发电的电源设备。它主要用作：电信、金融、国防、医院、学校、工矿企业等的应急备用电源；移动通信、战地及野外作业、车辆及船舶等特殊用途的独立电源；大电网无法输送到的地区的独立供电主电源等。

（一）柴油发电机组的组成

柴油发电机组是内燃发电机组的一种，由柴油机、交流同步发电机、控制箱、联轴器和公共底座等部件组成。

一般生产的成套机组，都是用一公共底座将柴油机、交流同步机和控制箱等主要部件安装在一起，成为一体，即一体化柴油发电机组。大功率机组除柴油机和发电机装置在型钢焊接而成的公共底座上外，控制屏、燃油箱和水箱等设备需单独设计，便于移动和安装。

柴油机的飞轮壳与发电机前端盖轴采用凸肩定位直接连接构成一体，采用圆柱形的弹性联轴器，由飞轮直接驱动发电机旋转。为了减小噪声，机组一般需安装专用消声器，有时需要对机组进行全屏蔽。为了减小机组振动，在连接处需要安装减振器或橡皮减振垫。

（二）柴油发电机的分类

柴油发电机组的分类方法很多，按照发动机转速的高低可分为高速机组、中速机组、低速机组；按照功率的大小可分为大型机组、中型机组、小型机组；按照发电机的输出电压频率可分为交流发电机组和直流发电机组；按照控制方式分为手动机组、自启动机组和微机控制自动化机组；按照用途分为常用机组、备用机组和应急机组；按照外观构造分为基本型机组、静音型机组、车载机组、拖车机组和集装箱式机组。

ZBJ002 柴油发电机组的型号与参数

二、柴油发电机组的型号及参数

（一）柴油发电机组的型号

大部分国产发电机组的型号如图 3-10-1 所示。其中符号及数字代表的型号含义如下。

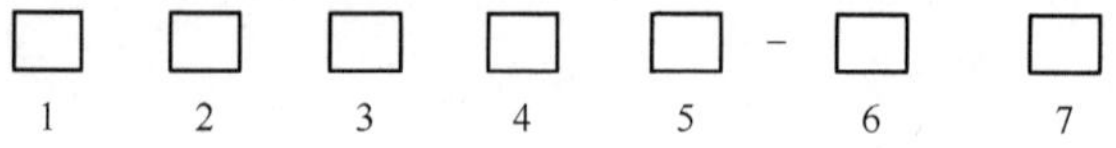

□ □ □ □ □ - □ □

1 2 3 4 5 6 7

图 3-10-1　柴油发电机组的型号

1—机组输出的额定功率，用数字表示。

2—机组输出电流的种类:G—交流工频;D—交流中频;S—交流双频;Z—直流。

3—机组的类型:F—陆用;FC—船用;Q—汽车电站;T—拖(挂)车。

4—机组的控制特征:Z—自动化;S—低噪声;SZ—低噪声自动化;缺位为手动(普通型)。

5—设计序号,用数字表示。

6—变形代号,用数字表示。

7—环境特征:TH—温热带型,缺位为普通型。

(二)柴油发电机组的额定参数

对发电机组而言,额定值就是指机组铭牌上所标示的数据。

(1)相数:发电机组的输出有单相和三相两种。

(2)额定频率:柴油发电机组以额定转速运行时的电压频率,一般为50Hz。

(3)额定转速:柴油发电机组的常见额定转速一般为3000r/min、1500r/min和750r/min。

(4)额定电压:柴油发电机组以额定转速运行时的空载电压。通常单相柴油发电机组的额定电压为230V(220V),三相柴油发电机组的额定电压为400V(380V)。

(5)额定电流:发电机组输出额定电压和额定功率时的输出电流,单位为A。

(6)额定容量/额定功率:柴油发电机组的额定电压和额定电流之积称为额定容量,单位为VA或kVA。发电机组铭牌上标出的是额定功率,等于额定容量与额定功率因数之积,单位是W或kW。

(7)最大输出容量/最大输出功率:允许发电机组短时间超载运行时的输出容量(输出功率),一般为额定输出容量(额定输出功率)的110%。

(8)额定功率因数:机组的额定输出功率(有功功率)与额定容量(视在功率)之比称为机组的额定功率因数。当机组容量一定时,其功率因数越高,则输出的有功功率就越多,机组的利用率也越高。一般情况下,机组的功率因数不允许低于0.8。

三、柴油机的工作原理与组成

ZBJ003　柴油发电机的工作原理与组成

(一)柴油机的工作原理

把燃料燃烧时所放出的热能转换成机械能的机器称为热机。热机可分为外燃机和内燃机两类。燃料燃烧的热能通过其他介质转变为机械能的称为外燃机,如蒸汽机和汽轮机等。燃料在发动机气缸内部燃烧,将热能转变为机械能的称为内燃机,如柴油机、汽油机和燃气轮机等。

柴油机是将柴油直接喷射入气缸与空气混合燃烧得到热能,并将热能转变为机械能的热力发动机。柴油机中热能与机械能的转化,是通过活塞在气缸内工作,连续进行进气、压缩、做功、排气4个过程来完成的。如柴油机活塞走完4个冲程完成一个工作循环,称该机为四冲程柴油机;如活塞走完2个冲程完成一个循环,称该机为二冲程柴油机。

(二)柴油机的组成

柴油机在工作过程中能输出动力,除了将燃料的热能转变为机械能的燃烧室和曲柄连杆机构外,还必须具有相应的机构和系统予以保证:

(1)机构组件。主要包括气缸体、气缸盖和曲轴箱,是柴油机各机构系统的装配基体。

曲柄连杆机构是柴油机的主要运动件，热能转变为机械能，需要通过曲轴柄连杆机构完成。

（2）配气机构。由气门组及传动组组成，排气系统由空气过滤清器、进气管、排气管与消声器等组成，它的作用是保证柴油机换气过程顺利进行。

（3）供给与调速系统。它的作用是将一定量的柴油，在一定的时间内，以一定的压力喷入燃气室与空气混合，以便燃烧做功。它主要由柴油箱、输油泵、喷油泵、喷油器、调速器等组成。

（4）润滑油系统。它是将润滑油送到柴油机各运动件的摩擦表面，有减小摩擦、冷却、净化、密封和防锈等作用。主要由机油泵、机油滤清器、机油散热器、阀门及油管等组成。

（5）冷却系统。它是将柴油机受热零件的热量传出，以保持柴油机在最适宜的稳定状态下工作。冷却系统分为水冷和风冷两种。

（6）专用的启动装置。

ZBJ004 柴油机的分类与型号

四、柴油机的分类与型号

（一）柴油机的分类

柴油机根据活塞的运动方式可分为往复活塞式和旋转活塞式两种。由于旋转活塞式柴油机还存在不少问题，所以目前尚未得到普遍应用。柴油发电机组、汽车和工程机械多以往复活塞式柴油机为动力。往复活塞式柴油机分类方法如下。

（1）按一个工作循环的行程数分类：有四冲程和二冲程。发电用柴油机多为四冲程。

（2）按冷却方式分类：有水冷式和风冷式。发电用柴油机多为水冷式。

（3）按进气方式分类：有增压式和自然吸气式。

（4）按气缸数分类：有单缸、双缸和多缸柴油机。

（5）按气缸排列分类：有直列式、V形、卧式和对置式。

（6）按柴油机转速或活塞平均速度分类：有高速柴油机（标定转速大于1000r/min或活塞平均速度大于9m/s）、中速柴油机（介于高速和低速之间）和低速柴油机（标定转速小于600r/min或活塞平均速度小于6m/s）。

（7）按用途分类：有发电用、汽车用、工程机械用、拖拉机用、铁路机车用、船舶用、农用柴油机等。

（二）柴油机型号

内燃机的型号由阿拉伯数字、汉语拼音字母或英文缩写字母组成。其型号包括四个部分，如图3-10-2所示。

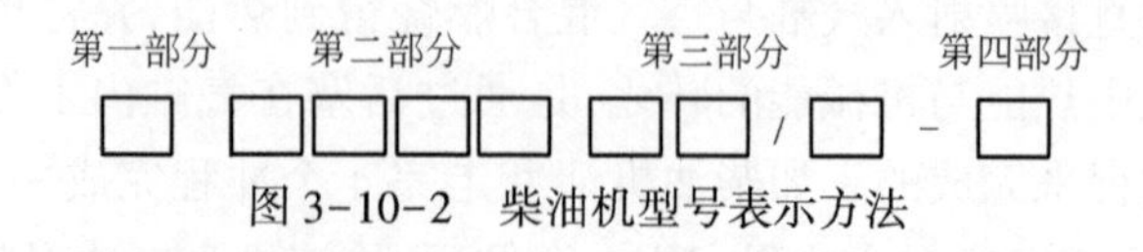

图3-10-2 柴油机型号表示方法

第一部分：由制造商代号或系列号组成。

第二部分：由气缸数、气缸布置形式符号、冲程形式符号和缸径符号组成。

第三部分：由结构特征符号和用途特征符号组成。

第四部分：区分号。同系列产品需要区分时，允许制造商选用适当符号表示。第三部分与第四部分可用"-"分隔。

(三)常见柴油机型号举例说明

(1)G12V190ZLD——12缸、V形、四冲程、缸径190mm、冷却液冷却、增压中冷、发电用柴油机。

(2)R175A——单缸、四冲程、缸径75mm、冷却液冷却、通用型柴油机。

(3)YZ6102Q——6缸、直列、四冲程、缸径102mm、冷却液冷却、车用柴油机。

五、发电机的用途与分类

ZBJ005 发电机的用途与分类

(一)发电机的用途

发电机是将其他形式的能源转换成电能的机械设备。即水流、气流、燃料燃烧或原子核裂变产生的能量转化为机械能传给发电机,由发电机转换为电能。发电机在工农业生产、国防、科技及日常生活中有广泛的用途。

(二)发电机的分类

发电机的工作原理都基于电磁感应定律和电磁力定律,达到能量转换的目的。发电机可分为直流发电机和交流发电机。

交流发电机又可分为同步发电机和异步发电机两种。同步发电机既能提供有功功率,也能提供无功功率,可满足各种负载的需要。异步发电机由于没有独立的励磁绕组,其结构简单,操作方便,但是不能向负载提供无功功率,而且还需要从所接电网中汲取滞后的磁化电流。因此异步发电机运行时必须与其他同步电机并联,或者并接相当数量的电容器,它只能较多地应用于小型自动化水电站。

直流发电机有换向器,结构复杂,制造费时,价格较贵,且易出故障,维护困难,效率也不如交流发电机。

(三)同步发电机分类

常用的同步发电机又可根据不同分类方法分为以下几种:

(1)按原动机类型分类,有汽轮发电机、水轮发电机、风力发电机、柴油发电机和燃气轮发电机。

(2)按冷却方式分类,有外冷式发电机和内冷式发电机。

(3)按冷却介质分类,有气冷发电机、气液冷发电机和液冷发电机等。

(4)按照结构形式分类,有旋转磁极式发电机和旋转电枢式发电机。发电厂的大型发电机属于旋转磁极式。

六、同步发电机的工作原理

ZBJ006 同步发电机的工作原理

同步电机是根据电磁感应原理工作的一种交流电机。从原理上讲其工作是可逆的,它不仅可以作为发电机运行,也可以作为电动机运行。同步发电机的另一种特殊运行方式为同步调相机,或称同步补偿机,专门用来向电网发送滞后的无功功率,以改善电网的功率因数。

同步发电机定子上装有在空间上彼此相差120°相位的三相对称绕组,转子磁极上装有励磁绕组,由直流电励磁。当励磁绕组中通入直流电流时,就在气隙中产生恒定的主极磁场。

当同步发电机的转子在原动机的拖动下达到同步转速时，转子绕组在气隙中所建立的磁场相对于定子来说是一个与转子旋转方向相同、转速大小相等的旋转磁场，该磁场在三相对称绕组中产生三相感应电动势。

当同步发电机带负载后，定子绕组构成闭合回路，产生定子电流，该电流是三相对称电流，因而要在气隙中产生与转子旋转方向相同、转速大小相等的旋转磁场。此时定子、转子间旋转磁场相对静止，气隙中的磁场是定子、转子旋转磁场的合成。由于气隙中磁场的改变，定子绕组中感应电动势的大小也会发生相应变化。

在三相电枢绕组中产生对称的三相正弦空载电动势（即开路相电压），其有效值为

$$E_0=E_m/\sqrt{2}=4.44fN\phi_0k_W \tag{3-10-1}$$

式中 f——频率，取决于同步发电机转子的转速 n 和磁极对数 p，$f=\frac{pn}{60}$（Hz）；

N——每相绕组的总串联匝数；

ϕ_0——每极基波磁通，Wb；

k_W——电枢绕组分布系数，$k_W<1$；

E_0——励磁电动势（也称主电势、空载电势、转子电势），V；

E_m——励磁电动势的最大值，V。

在实际应用中，三相交流发电机的三套绕组按设计规定的接线方法进行内部连接，并将三相绕组的6根首尾线端引出，然后按星形或三角形连接。

ZBJ007 同步发电机的基本结构

七、同步发电机的基本结构

（一）同步发电机的基本类型

同步发电机按其结构形式可分为旋转电枢式和旋转磁极式。旋转电枢式同步发电机的电枢是转动的，磁极是固定的，电枢电势通过集电环和电枢引出与外电路连接。旋转电枢式只适用于小容量的同步发电机。

旋转磁极式同步发电机的磁极是旋转的，电枢是固定的；电枢绕组的感应电势不通过集电环和电刷而直接送往外电路，其绝缘能力和机械强度好且安全可靠。目前，旋转磁极式结构已成为包括船舶发电机在内的中、大型同步电机的基本结构类型。

在旋转磁极式同步发电机中，按照磁极的形状又可分为隐极式和凸极式；隐极式的转子没有明显凸出的磁极，其气隙是均匀的，转子成圆柱形，可以降低转子表面线速度；凸极式的转子上有明显凸出的磁极，气隙不均匀，极弧下气隙较小，极间部分气隙较大。

无论是隐极式转子还是凸极式转子，其磁极均以N—S—N—S极顺序排放，励磁绕组的两个出线端分别接到固定在转轴上彼此绝缘的两个滑环上或旋转整流器的直流侧上，以产生磁极主磁通。

（二）同步发电机的基本结构

有刷旋转磁极式同步发电机的结构主要由定子、转子、集电环以及端盖与轴承等部分组成。定子主要由铁芯、绕组和机座三部分组成，是发电机电磁能量转换的关键部件。转子由转轴、转子磁轭、磁极和集电环等组成。

无刷同步发电机的结构分为静止和转动两大部分。静止部分包括机座、定子铁芯、定子

绕组、交流励磁机定子和端盖等；转动部分包括转子铁芯、磁极绕组、转轴、轴承、交流励磁机的电枢、旋转整流器和风扇等。

ZBJ008　同步发电机的额定参数

八、同步发电机的额定参数

同步发电机在出厂前经严格的技术检查鉴定后，在发电机定子外壳明显位置上有一块铭牌，上面规定了发电机的主要技术数据和运行方式。这些数据就是同步发电机的额定值，为了保证发电机可靠运行，在使用过程中必须严格遵守。

(1)额定容量和额定功率。

额定容量是指在额定运行条件下，发电机出线端输出的最大允许视在功率，单位为kVA。额定功率是指额定运行条件下，发电机出线端输出的最大允许有功功率，单位为kW。

(2)额定电压。

额定电压是额定运行时发电机输出端的线电压，单位是V或kV。

(3)额定电流。

额定电流是额定运行时定子输出端的线电流，单位为A或kA。

(4)额定功率因数。

在额定运行条件下，发电机的有功功率和视在功率的比值称为额定功率因数。

(5)额定频率。

发电机电枢输出的交流电的频率，单位为赫兹(Hz)，我国标准工频为50Hz。

(6)额定转速。

额定运行时发电机的转速即为同步转速，单位为r/min。

(7)相数。

相数即发电机的相绕组数。6kW以上的柴油发电机组通常为三相交流发电机。

(8)温升。

温升指发电机在额定负载运行时允许最高温升。

在发电机的铭牌上，除了上述额定值外还有其他运行数据如励磁电压、额定励磁电流和绝缘等级等。

ZBJ009　发电机的励磁方式及灭磁原理

九、发电机的励磁方式及灭磁原理

(一)发电机的励磁方式

发电机的励磁系统是发电机的重要组成部分之一，其作用就是在发电机转子绕组上加一电流，使得转子绕组产生磁场，在原动力的作用下使转子旋转并达到一定转速，此时定子绕组开始切割磁力线，这样在转子绕组两端形成一定电动势。按发电机励磁电源的不同有两种基本类型，即自励和他励。设有专用励磁电源的称为他励方式；他励方式根据提供励磁电源不同又分为交流励磁机供电的励磁方式和直流发电机供电的励磁方式。自励形式是直流励磁电流由自身输出的交流电经过整流并调节后获得，自励励磁系统按功率引出方式分又可分为自并励励磁系统和自复励励磁系统。

(二)发电机与励磁电流的有关特性

(1)电压的调节。自动调节励磁系统是以电压为被调量的负反馈控制系统。无功负荷电流是造成发电机端电压下降的主要原因,当励磁电流不变时,发电机的端电压将随无功电流的增大而降低。但为了满足用户对电能质量的要求,需要调节励磁电流来维持发电机的端电压基本保持不变。

(2)无功功率的调节。发电机与系统并联运行时,可以认为是与无限大容量电源的母线运行,改变发电机励磁电流,感应电势和定子电流随之变化,此时发电机的无功电流也跟着变化。当发电机与无限大容量系统并联运行时,为了改变发电机的无功功率,必须调节发电机的励磁电流。此时改变的发电机励磁电流并不是通常所说的"调压",而是只改变了系统的无功功率。

(3)无功负荷的分配。并联运行的发电机根据各自的额定容量,按比例进行无功电流的分配。大容量发电机应负担较多无功负荷,而容量较小的则负担较少的无功负荷。为了实现无功负荷自动分配,可以通过自动高压调节的励磁装置,改变发电机励磁电流维持其端电压不变。

(三)灭磁原理

发电机的灭磁就是消灭发电机转子内部存储的能量的过程,它的主要目的是加快正常的停车速度,降低因为发电机故障时可能导致的损坏,把故障造成的损失减小到最低程度。

发电机的灭磁根据消灭能量的方式可以分为耗能灭磁和移能灭磁。耗能灭磁是串联灭磁电阻以消耗掉转子内部的能量,根据灭磁电阻不同,又可分为线性灭磁、非线性灭磁和线性电阻加非线性电阻组合灭磁;移能灭磁根据移能方式有机械开关并联移能灭磁、电子开关移能灭磁,也可以分为直流灭磁、交流灭磁和交直流双重灭磁。

对发电机灭磁系统的主要要求是可靠而迅速地消耗存储在发电机中的磁场能量。最简单的灭磁方式是切断发电机的励磁绕组与电源的连接。但是这样将使励磁绕组两端产生较高的过电压,危及主绝缘的安全。为此,灭磁时必须使励磁绕组接至可使磁场能量耗损的闭合回路中。

ZBJ010 直流发电机的工作原理

十、直流发电机的工作原理

如图 3-10-3 所示,在一对静止的磁极间安置一个能绕中心轴 OO'旋转的线圈 $abcd$,线圈的首端和尾端分别连在两个相互绝缘、半圆状、铜质的换向片上。换向片固定在转轴上,随转轴转动,但与轴绝缘。换向片又与两个静止不动的电刷 A、B 相连接。线圈固定在与轴同时转动的铁芯上,通常称为转子或电枢,而线圈与外电路连接,就是通过换向片和电刷实现的。电刷和磁极在空间静止不动,又称为发电机定子。定子、转子之间有空气隙,称为气隙。

当外力带动电枢转动,线圈在磁场中旋转时,线圈由于切割磁力线而产生感应电动势,采用滑环和电刷装置将线圈中产生的感应电动势输出到外电路中。分析可知由电刷两端引出向外电路供出的是正弦交流电动势,采用换向器(图中与电刷相连的半圆环)可实现电刷 A 总是与位于 N 极下的导体接触(电刷 B 总是与位于 S 极下的导体接触),就可在 A、B 两电刷间输出脉动直流电动势。在发电机转子上装许多导体和换向片,它们在空间相隔一定角度,则可得到平直的直流输出。

直流发电机的工作原理可归纳为:直流发电机在原动机的拖动下旋转,电枢上的导体切

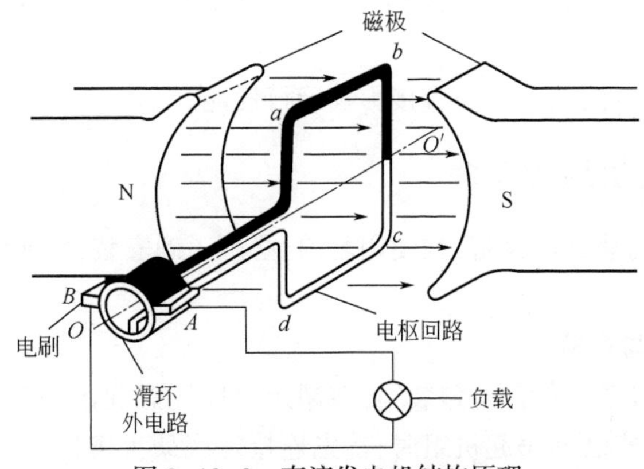

图 3-10-3　直流发电机结构原理

割磁力线产生交变的感应电动势，再通过换向器的作用在电刷间获得直流电压输出。

直流发电机的可逆原理：一台直流发电机可作为发电机运行，也可作为电动机运行。如果电刷上不加直流电压，由原动机拖动发电机的电枢，则电刷端可引出直流电动势作为直流电源，输出电能。如果在两电刷端上加上直流电压，将电能输出电枢，电枢就会转动，即可将电能转换机械能，称为电动机，这就是直流发电机的可逆原理。

ZBJ011　直流发电机的基本结构

十一、直流发电机的基本结构

直流发电机的基本结构分为静止和转动两部分，静止部分称为定子，旋转部分称为转子（电枢）。

定子主要由主磁极、机座、换向极、端盖及电刷装置等组成。转子部分包括电枢铁芯、电枢绕组、换向器、风扇和转轴等。

主磁极的作用是产生恒定的主极磁场，由主磁极铁芯和套在铁芯上的励磁绕组组成。铁芯的上部是极身，下部是极掌。极掌的作用是减小气隙的磁阻，使气隙磁能沿气隙空间分布更均匀，并有支撑绕组的作用。在转子转动时齿、槽移动造成极掌表面的磁感应强度变化会引起铁芯涡流损耗，为了减小涡流损耗的影响，主磁极铁芯常常用 1~1.5mm 厚的低碳钢冲片叠压而成，片间有起绝缘作用的氧化层，然后再用螺杆固定在机座上。

换向极的作用是改善换向，消除发电机带负载时换向器上产生的有害火花。换向极由铁芯和绕组两部分组成，装在两个主极之间几何中性线处。由于换向极与转子之间有较大的气隙，涡流损耗不太大，因此换向极铁芯可以用整块钢来加工。

机座一方面作为主磁路的一部分（常称为定子磁轭），另一方面作为发电机机械支撑。

电枢铁芯用来通过磁通并嵌放电枢绕组，是主磁路的一部分。由于转子在定子主磁极产生的恒定磁场内旋转，因此电枢铁芯内的磁通是交变的，为减少涡流和磁滞损耗，通常用两面涂绝缘漆的 0.5mm 硅钢片叠压而成。冲片上有均匀分布的嵌放电枢绕组的槽和轴向通风孔。

电枢绕组是产生感应电动势和电磁转矩、实现机电能量转换的关键部件。

换向器是直流发电机特有的关键部件，将电枢绕组内部的交流电动势转换成电刷间的直流电动势。

电刷装置由电刷、刷握、刷杆和刷杆座等组成，保证电枢转动时电刷与换向器表面有良好的接触。

气隙是主磁路的一部分，其大小直接影响运行性能。

ZBJ012 柴油发电机组的安装

十二、柴油发电机组的安装

柴油发电机组是高速旋转设备，在使用之前，必须正确安装，才能保证机组安全可靠、经济合理地运行。

（一）机组的搬运与存放

机组与其他电气设备一般都有包装箱，在搬运时应注意起吊的钢锁系扎在机器的适当部位，轻吊轻放。为了安装而吊起机组时，首先连接好底架上突出的升吊点，然后检查是否已牢牢挂住，焊接处有无裂缝，螺栓是否收紧等。安装前应先安排好搬运路线，在机房应预留搬运口。

当机组运到目的地后，应尽量放在库房内；如果没有库房需要在露天存放时，则将油箱垫高，防止雨水浸湿，箱上应加盖防雨帐篷，以防日晒雨淋损坏设备。

（二）开箱检查

开箱前应首先清除灰尘，查看箱体有无破损。核实箱号和数量，开箱时切勿损坏机器。开箱顺序是先拆顶板、再拆侧板。拆箱后应根据机组清单及装箱清单清点全部机组及附件，并核对图纸。开箱后的机组要注意保管，必须水平放置，法兰及各种接口必须封盖、包扎，防止雨水及灰沙浸入。

（三）划线定位

按照机组平面布置图所标注的机组与墙或者柱中心之间、机组与机组之间的关系尺寸，划定机组安装地点的纵、横基准线。机组中心与墙或者柱中心之间的允许偏差为20mm，机组与机组之间的允许偏差为10mm。

（四）了解设计内容，准备施工材料

检查设备，了解设计内容，明了施工图纸，参阅说明书。根据设计图上所需要的材料进行备料，然后根据施工组织计划的先后，将材料送到现场。

（五）机组的安装步骤

（1）测量基础和机组的纵横中心线：机组在就位前，应依照图纸放线画出基础和机组的纵横中心线及减振器定位线。

（2）吊装机组：吊装时应用足够强度的钢丝绳索套在机组的起吊位置，按要求将机组吊起，不能套在轴上，同时也要防止碰伤油管和表盘。对准基础中心线和减振器，并将机组垫平。

（3）机组找平：利用垫铁将机器调至水平。安装精度是纵向和横向水平偏差为0.1mm/m。垫铁和机座之间不能有间隔，应使其受力均匀。

（4）柴油机油箱及管路的安装：柴油机本体上都装设有燃油箱，通常可供发动机工作3~6h。用户也可根据需要自行配套。配套安装的油箱尽可能靠近发动机，使发动机燃油输送泵保持最小输入阻力，且保证在运转时不泄漏，否则会导致空气进入燃油系统，使柴油机运行不稳定，影响其输出功率。

(5)控制屏的安装:一体式控制屏直接安装在机组发电机的上方,与发电机连接处有减振器;分体式控制屏采用隔室和非隔室安装两种方式。控制屏与机组的距离不宜超过10m。

十三、柴油发电机组投运前的试验及检查

ZBJ013　柴油发电机组投运前的试验及检查

(一)试验前应具备的条件

(1)柴油发电机组机务安装全部结束,装入润滑油、冷却液等介质。

(2)电气安装结束,并经验收合格。

(3)启动前机房的照明、通风、通信、土建设施应符合电气设备运行要求。

(4)有关的警告、标牌悬挂完毕,消防设备完善。

(二)柴油发电机组的试验

(1)绝缘电阻:对于发电机绝缘电阻的测量可以判断发电机所有带电部分对机壳的绝缘状态。发电机在冷态下,不带任何外部引线来进行测量检查。对于定子绕组,由于中性点连在一起,因此只需测一次。其他的测量还包括转子绕组、励磁绕组、加热器及传感器等对机壳绝缘电阻。要求冷态时发电机绕组及温度传感器对机壳的绝缘电阻不应低于30MΩ;各相绝缘电阻的不平衡系数不应大于2。

(2)定子线圈直流电阻:发电机绕组的直流电阻不仅与发电机的损耗有关,而且对发电机的励磁电压、短路电流等特性参数有影响。绕组直流电阻的大小与导线规格及绕组形式有关。测量的直流电阻换算至发电机出厂试验同温度下的电阻误差应小于2%。

(3)绕组工频耐压:在试验电压下耐压1min,应无击穿闪络现象。

(4)动力电缆绝缘:用1000V绝缘摇表测量,其绝缘值不低于0.5MΩ。

(三)柴油发电机组保护系统检查

柴油机保护系统有高水温、低油压和超速保护。当机组运行中,一旦柴油机出现高水温、低油位和超速时,电接点水温表接点、电接点油压表接点和过速继电器触点闭合,发出光报警信号或使柴油机自动停机,起到了保护作用。在调试时,应采用模拟信号的办法检查信号、动作情况是否正确。

(四)发电机投运前的检查

(1)测量线路、设备、元件的绝缘电阻应良好,并复查电气线路接线正确紧固,接地电阻符合要求。

(2)检查电刷完整、接触良好,接线及位置正确,刷握灵活,弹簧压力正常。

(3)确认温度表、电压表、电流表、转速表、频率表、功率表、功率因数表等完好、准确。

(4)检查励磁开关和负荷开关是否在断开位置,将励磁变阻器调到电阻最大值位置,晶闸管励磁装置应将电位器调到零位。

(5)检查一、二次回路的熔断器是否完整,熔丝额定电流是否符合要求,保护回路连接板是否投入。

(6)将发电机出口开关断开,全部投入,发电机升压至空载额定电压,在母线与发电机输出电压两侧进行核相试验。发电机输出电压的出线标识应与母线相序相符。

(7)检查蓄电池电压是否正常,连接头是否牢固,有无生锈现象。

(8)检查冷却系统应严密、无漏风现象,冷却效果及效率良好。轴承润滑良好、不漏油。

项目二　柴油发电机组安装

一、准备工作

（一）设备

吊车、电焊机、千斤顶、柴油发电机组。

（二）材料、工具

电工工具、水平仪、塞尺、卷尺、钢板尺、电锤、绝缘带、电焊条、防锈漆、膨胀螺栓、撬棍、白布、电源线等。

（三）人员

电气安装调试工、起重工、焊工、辅助工。必须穿戴劳动保护用品，严格按操作规程操作。

二、操作规程

（1）基础验收。柴油发电机组本体安装前应根据设计图纸、产品样本或柴油发电机组本体实物对设备基础进行全面检查，是否符合安装尺寸；尺寸核实后，应在基础上标出纵横中心线和减振器的定位线。

（2）吊装机组。用吊车将机组整体吊起，把随机配的减振器装在机组的地下。当现场无吊车作业条件时，可将机组放在滚杠上，滚至设计位置。

（3）安装减振器。用千斤顶将机组一端抬高，注意机组两边的升高应一致，直至底座下的间隙能安装抬高一端的减振器；释放千斤顶，再抬机组另一端，装好减振器，撤出滚杠，释放千斤顶。

（4）机组找平。把发动机的气缸盖打开，将水平仪放在气缸盖上部端面上进行检查。当不满水平误差要求时用垫铁进行找平。

（5）附件系统的安装。排风管、冷却系统、排烟管及电气盘柜的安装应参照相关专用规范。

（6）机组中心的找正。以柴油机联轴器为基准，用钢板尺在四周 0°、90°、180°、270° 四点处测出发电机联轴中心偏移，对高低偏差可在发电机机座下加减垫片进行调整，对左右偏差可移动发电机左右位置调整。

（7）固定。地脚螺栓固定时，四周螺栓应均匀紧固，且垫铁不能悬空。若进行灌浆处理，应根据相关专业要求进行。

三、技术要求

（1）设备安装前开箱点件时应由安装单位、供货单位、建设单位、工程监理共同进行，并做好记录。

（2）一般情况下，减振器无须固定，只需在减振器下垫一层薄薄的橡胶板。如果需要固定，划好减振器的地脚孔的位置，吊起机组，埋好螺栓后，放好机组，最后拧紧螺栓。

(3)垫铁和机组之间不能有间隔，以使其受力均匀。

(4)热风管安装要求平、直，偏差不大于1%；与散热器连接，要采用软接头。

(5)排烟管安装应加消音器。

(6)安装燃油系统时，应保证柴油无渗漏；连接软管要采用优质环箍，不要用铁丝捆扎，以免松脱或切破油管。

(7)发电机中心找正时可用百分比中心找正法，此法适用于容量大、高速和对轴同心要求精度高的机组。

四、注意事项

(1)安装地点保持通风良好，发电机端应有足够的进风口，柴油机组端应有良好的出风口。

(2)安装地点的周围应保持清洁，避免在附件放置能产生蒸汽或腐蚀性气体的物品。

(3)柴油发电机底座接触混凝土安置前，需关注现场地面的硬化及机座的浇铸质量。

(4)在室内必须将排烟管道通到室外，管径必须不小于消音器的出烟管径。

(5)机组外壳必须有可靠的保护接地。

项目三 柴油发电机组拆卸

一、准备工作

(一)设备

吊车、电焊机、千斤顶、柴油发电机组。

(二)材料、工具

电工工具、开口扳手、梅花扳手、活动扳手、套筒及扭力扳手、平口旋具、十字旋具、手钳、手锤和专用拉钳等。

(三)人员

电气安装调试工、起重工、焊工、辅助工。必须穿戴劳动保护用品，严格按操作规程操作。

二、操作规程

(1)拆卸前检查。主要内容包括零件是否齐全、零件的结构特点、设备故障情况等。

(2)拆卸外部大型部件。

(3)拆卸供油系统。

(4)拆卸冷却、润滑、启动和充电系统。

(5)拆卸配气机构、飞轮及齿轮箱盖板。

(6)拆卸气缸盖。

(7)拆卸活塞连杆组及曲轴。

(8)拆卸气缸套。

（9）拆卸交流同步发电机。

三、技术要求

（1）拆卸前应合理布置工作场所及工作台，以便放置工具和拆卸零件。

（2）拆卸时应首先放净燃油、机油及冷却水；然后按照先外部后内部、先附件后主体、先拆连接部位后拆零件、先拆总成后拆组合件的原则进行。

（3）在更换旋转整流器元件时，应注意导通方向与原元件方向一致。并用万用表测量其正向及反向电阻。

（4）更换励磁绕组时应注意磁极的极性。

（5）拆卸螺纹连接件时必须正确使用各种扳手，避免损坏螺母和螺栓。

四、注意事项

（1）必须在机器完全冷却的情况进行。

（2）认真做好核对记号工作。

（3）拆卸时不能猛敲猛打，必须正确使用各种工具。

（4）拆开各连线时应注意线头标号。

（5）拆卸的零部件应妥善保管，不可随意乱放。

模块十一 高、低压电器安装调试

项目一 相关知识

一、高压电器的基本知识

ZBK001 高压电器基本知识

(一)高压电器的种类

高压电器是电力系统的重要设备,在电能生产、传输和分配过程中,高压电器在电力系统中起着控制、保护和测量作用。高压电器按照它在电力系统中的作用可以分为:

(1)开关电器。如断路器、接地开关等。

(2)保护电器。如熔断器、避雷器。

(3)测量电器。如电压互感器、电流互感器。

(4)限流电器。如电抗器、电阻器。

(5)成套电器与组合电器。

(6)其他,如电力电容器等。

(二)高压电器应满足的要求

(1)绝缘安全可靠。

(2)在额定电流下长期运行时,其温升合乎国家标准,且有一定的短时过载能力。

(3)能承受短路电流的热效应和电动力效应而不致损坏。

(4)开关电器应能安全可靠地关合和开断规定的电流,提供继电保护和测量信号用的电器应具有符合规定的测量精度。

(5)高压电器,特别是户外工作的高压电器应能承受一定自然条件的作用。

二、高压断路器的型号及用途

ZBK002 高压断路器的型号及用途

(一)高压断路器的用途

高压断路器在高压电路中起控制作用,在正常运行时接通或断开电路,遇到故障情况时在继电保护装置的作用下迅速断开电路,特殊情况下可靠地接通短路电流。

(二)高压断路器的类型

高压断路器按安装地点分为户内式和户外式两种;按灭弧原理或灭弧介质可分为油断路器、真空断路器、六氟化硫(SF_6)断路器等。

真空断路器,是利用“真空”作为绝缘介质和灭弧介质的断路器,它的核心是真空灭弧室。

六氟化硫(SF_6)断路器是采用具有绝缘性能和灭弧性能强的 SF_6 气体作绝缘介质和灭弧介质,具有灭弧能力强、断口耐压高、灭弧时间短等特点。SF_6 气体在电弧作用下分解为低氟化合物，大量地吸收电弧能量，使电弧迅速地冷却而熄灭。SF_6 断路器因动作快、性能好、噪声小，体积小、维护少、寿命长等特点，在 35kV 及以上电压等级电路中被广泛应用。

（三）断路器型号及含义

ZW 系列：高压户外真空断路器。

ZN 系列：高压户内真空断路器。

LW 系列：高压户外 SF_6 断路器。

LN 系列：高压户内 SF_6 断路器。

（四）断路器的基本结构

断路器的结构包括导电回路、灭弧装置、绝缘系统、操动机构和基座。

（1）导电回路：包括动静触头、中间触头以及各种形式的过渡连接。

（2）灭弧装置：在断路器开断过程中快速熄灭电弧，减少燃弧时间。

（3）绝缘系统：包括导电部件对地之间绝缘、同相断口间绝缘、相间绝缘。

（4）操动机构：操动机构来实现断路器的操作或分别保持其相应的分合闸位置。

（5）基座：用于支撑断路器绝缘支撑件和传动结构的底座。

ZBK003 真空断路器的结构及灭弧原理

三、真空断路器的结构及灭弧原理

真空断路器是发电厂、变电所和高压用户变电所 3～5kV 电压等级中广泛使用的断路器。

（一）真空断路器的结构

真空断路器均采用整体式结构，由一次电气部分、操作机构和底座等组成。断路器的电气部分由绝缘骨架、上出线导电夹、下出线导电夹、真空灭弧室、软连接线或滚动式连接及绝缘子等组成；操作机构由箱体、储能系统、传动系统、分合闸保持与释放装置及二次控制系统组成；底座则用于将电气部分和操作机构相连接并固定于开关柜内。

（二）真空灭弧室的灭弧原理

真空断路器的灭弧方法属于真空灭弧。真空灭弧室中的触头断开过程中，依靠触头产生的金属蒸气使触头间产生电弧。当电流接近零值时，电弧熄灭。一般情况下，电弧熄灭后，弧隙中残存的带电质点继续向外扩散，在电流过零值后很短时间（几微秒）内弧隙便没有多少金属蒸气，立刻恢复到原有的“真空”状态，使触头之间的介质击穿电压迅速恢复，达到触头间介质击穿电压大于触头间恢复电压条件，使电弧彻底熄灭。

ZBK004 SF_6断路器的结构及灭弧原理

四、SF_6 断路器的结构及灭弧原理

（一）SF_6 断路器的分类

SF_6 断路器灭弧室结构按灭弧介质压气方式的不同可分为双压式灭弧室和单压式灭弧室。

按吹弧方式不同可分为双吹式灭弧室、单吹式灭弧室和外吹式灭弧室、内吹式灭弧室。

按触头运动方式的不同可分为变开距灭弧室和定开距灭弧室。

按吹弧气体能量的取得方式分为压气式灭弧室和自能式灭弧室。

(二)SF_6 断路器结构及灭弧原理

SF_6 断路器在结构上可分为支柱式和罐式两种。

支柱式 SF_6 断路器在断路过程中，由动触头带动压气缸动使缸体内建立压力。当动、静触头分开后，灭弧室的喷口被打开时，压气缸内高压 SF_6 气体吹动电弧，进行灭弧。另外，在灭弧过程中由于电弧的高温使 SF_6 分解，体积膨胀后产生一定压力，进一步增强断路器电弧熄灭能力使电弧迅速熄灭。

五、高压断路器的操作机构

ZBK005 高压断路器的操作机构

(一)作用与要求

断路器的操作机构是用来控制断路器分闸、合闸和维护合闸状态的设备。

操作机构应满足以下基本要求：足够的操作功、较高的可靠性、动作迅速及具有自由脱扣装置。

(二)操作机构分类

断路器操作机构按合闸能源取得方式分为手动操作机构、电磁操作机构、永磁操作机构、弹簧蓄能操作机构、气动操作机构和液压操作机构等。

(1)电磁操作机构是直流螺管电磁合闸的操作机构，它需要配备大容量的直流合闸电源。

(2)永磁操作机构是由分、合闸线圈产生的磁场与永磁体产生的磁场叠加来完成分、合闸操作的操作机构。永磁操作机构常与真空断路器和 SF_6 断路器配合使用。

(3)电动弹簧蓄能操作机构简称为弹簧机构，是一种利用合闸弹簧张力合闸的操作机构。

(4)液压操作机构是利用液压油作为传递介质，依靠高压油传递能量进行分合闸的操作机构。

(三)操作机构的结构型号含义及动作原理

(1)操作机构型号的含义如图 3-11-1 所示。

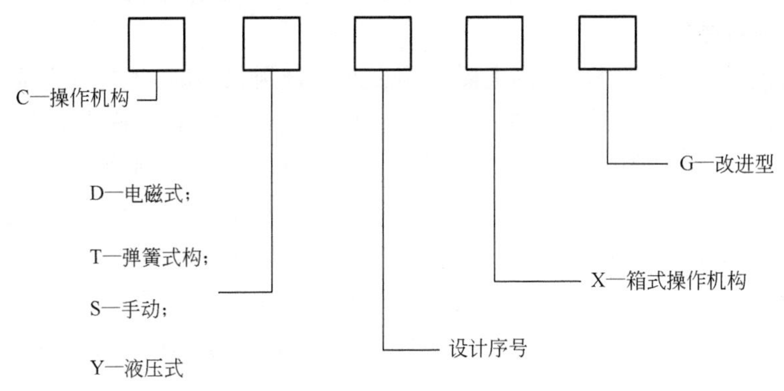

图 3-11-1　操作机构型号含义图

(2)CD 型电磁操作机构及工作原理(图 3-11-2)。

合闸机构有合闸四连杆、合闸电磁铁、可绕固定轴 O_8 转动的托架 9、可绕铰链轴 O_3 转动的滚轮 10 等，当电动合闸时，合闸电磁铁动作，合闸顶杆向上快速运动，将原在最低位置

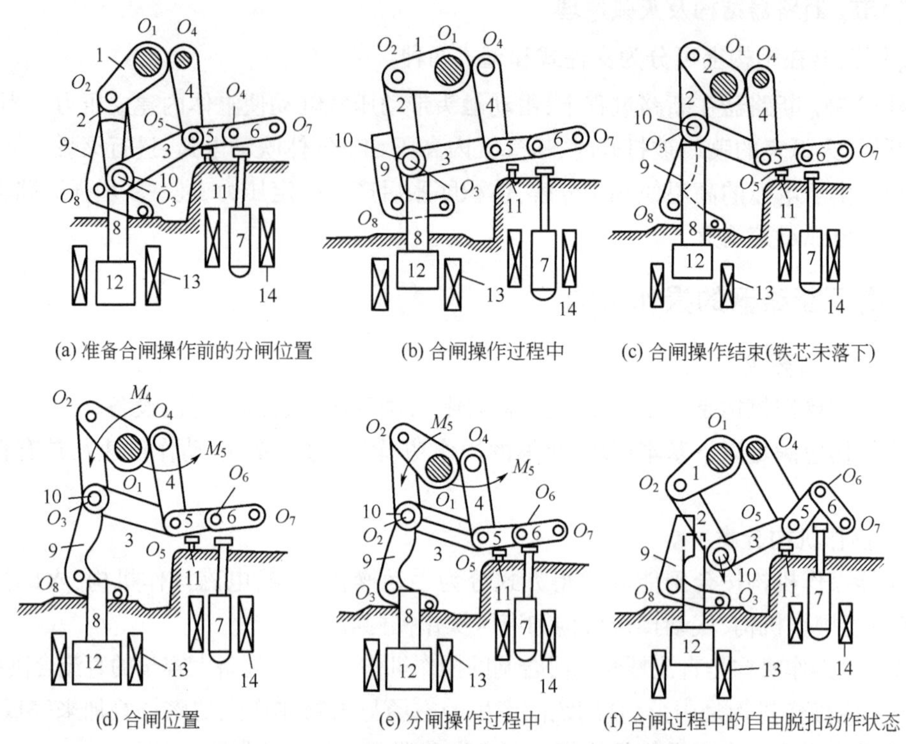

(a) 准备合闸操作前的分闸位置　(b) 合闸操作过程中　(c) 合闸操作结束(铁芯未落下)

(d) 合闸位置　(e) 分闸操作过程中　(f) 合闸过程中的自由脱扣动作状态

图 3-11-2　CD 型电磁铁操作机构及工作原理

1,2,3,4,5,6—连杆；7—分闸电磁铁；8—合闸电磁铁顶杆；9—支持托架；10—滚轮；11—定位螺杆；12—合闸电磁铁；13—合闸线圈；14—分闸线圈

的滚轮 10 连同铰链轴 O_3 迅速向上推，稍高过托架 9 的上端。这时连杆 S 绕轴 O 轴顺时针转一角度，连杆 2 向上平移，并借助于轴 O_2 使连杆 1 带动主轴 O_1 顺时针转一角度，同时各组辅助接点也被联动，合闸电磁铁断电。滚轮回落时被托架上端托住，滚轮企图向右滑动，又被分闸连杆顶住，这时合闸电磁铁虽已无电，合闸顶杆虽已回落，但靠托架等机械部分仍使断路器保持在合闸状态。

分闸机构包括有分闸连杆、分闸电磁铁等。处于合闸状态时，连杆 3 总企图向右移，因此轴 O_5 受到往右推的推力。在调整时，使轴 O_6 位于轴 O_5 和轴 O_7 连线下方 0.5~1mm 处，只得向下运动，然而定位螺杆 11 阻止它向下移动。这样达到力的平衡，维持各连杆位置不变。当电动分闸时，分闸电磁铁动作，分闸顶杆向上快速运动。顶杆正对铰链轴 O_6，O_6 被推上升，当超过 O_5 和 O_7 连线时，由于使连杆向右移动的推力也产生了使 O_6 向上的分力，使轴 O_6 加速向上运动，带动连杆 3 右移，使滚轮迅速从托架上端滑下来，从而使主轴 O_1 逆时针转动，引起断路器快速分闸。同时各辅助接点组相应联动、分闸回路断电。分闸顶杆落回原处，分闸过程结束。

ZBK007　高压隔离开关的型号及用途

六、高压隔离开关的型号及用途

（一）隔离开关的作用

隔离开关没有灭弧装置，不允许用它带负载进行分闸或合闸操作。隔离开关分闸时，必须在断路器切断电路之后才能再拉隔离开关；合闸时，必须先合上隔离开关再用断路器接通电路。

隔离开关的主要作用有隔离电源、倒闸操作、拉/合小电流电路。

(二) 高压隔离开关的结构

高压隔离开关主要由片状静触头、双刀动触头、瓷绝缘、传动机构(转轴、拐臂)和框架(底座)组成。

(三) 隔离开关类型

(1)按安装地点可分为户内式隔离开关和户外式隔离开关。

(2)按刀闸运动方式可分为水平旋转式隔离开关、垂直旋转式隔离开关和插入式隔离开关。

(3)按每相支柱绝缘子数目可分为单柱式隔离开关、双柱式隔离开关和三柱式隔离开关。

(4)按操作特点可分为单极式隔离开关和三极式隔离开关。

(5)按有无接地刀闸可分为带接地刀闸和无接地刀闸。

(四) 隔离开关的型号及含义

隔离开关的型号及含义如图 3-11-3 所示。

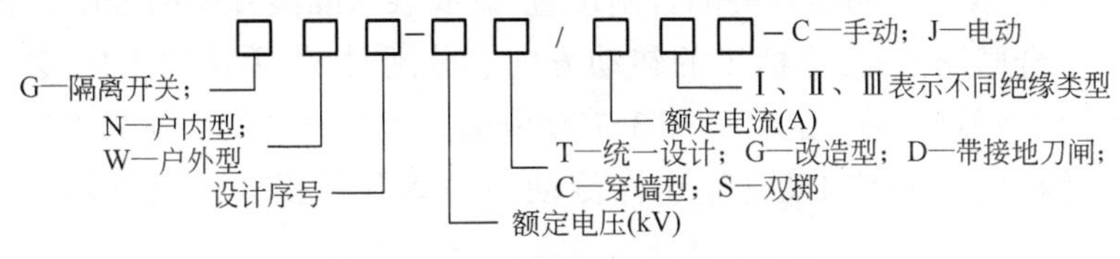

图 3-11-3　隔离开关型号含义图

ZBK008 高压隔离开关的操作机构

七、高压隔离开关的操作机构

隔离开关采用操作机构进行操作，以保证操作安全、可靠，同时也便于在隔离开关与断路器之间安装防止误操作闭锁装置。

隔离开关操作机构有手动操作机构、电动操作机构、液压操作机构等。常用的手动操作机构有 CS6(户内型)和 CS11F(户外型)等。电磁操作机构必须应用直流电源。

(一) 隔离开关操作机构型号及含义

隔离开关操作机构型号及含义如图 3-11-4 所示。

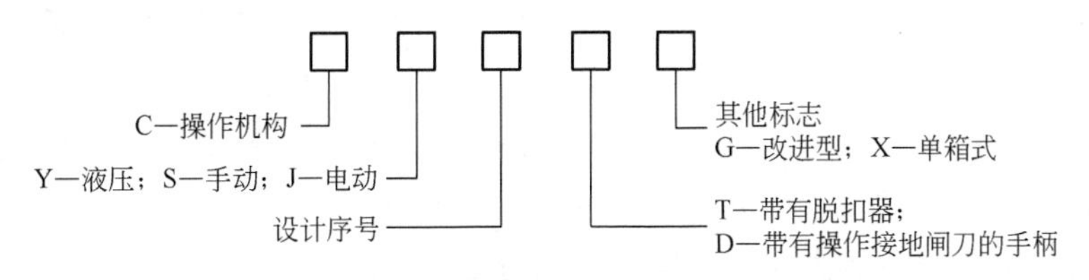

图 3-11-4　隔离开关操作机构型号及含义

(二) 手动式操作机构

CS6 系列手动杠杆式操作机构结构如图 3-11-5 所示。

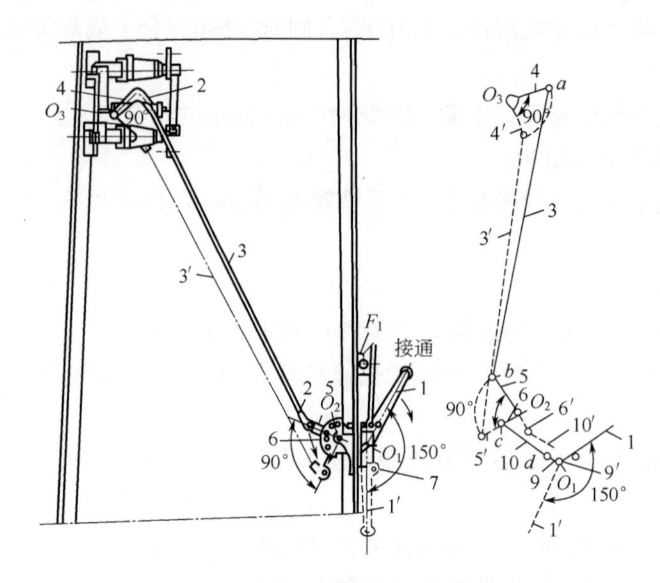

图 3-11-5 CS6 系列手动杠杆操作机构结构示意图

1—手柄；2—接头；3—牵引杠；4—拐臂；5—连杆；6—扇形杆勺；7—底座；8，9，10—连杆

图 3-11-5 中实线表示隔离开关的合闸位置，虚线表示隔离开关的分闸位置，箭头表示隔离开关进行分、合闸操作时，手柄 1 的转动方向。分闸时，将手柄向下旋转 150°，经连杆带动使扇形杆 6 向下旋转 90°，由牵引杆 3 带动隔离开关拐臂 4 向下旋转 90°，使隔离开关分闸。合闸时，手柄向上旋转 150°，经连杆传动使隔离开关拐臂向上旋转 90°，完成合闸操作。

隔离开关合闸后，连杆 9 与 10 之间的铰接轴处于死点位置之下。因此，可以防止短路电流通过隔离开关时，因电动力而使隔离开关刀闸自行断开。

ZBK010 高压负荷开关的型号及用途

八、高压负荷开关的型号及用途

高压负荷开关是高压电路中用于额定电压下接通或断开负荷电流的开关电路。它虽有灭弧装置，但灭弧能力较弱，只能切断和接通正常的负荷电流，不能用来切断短路电流。

高压负荷开关起隔离电源的作用，负荷开关能够带负荷操作。高压负荷开关可以带负荷拉合电路但不允许切断短路电流。

一般情况下，负荷开关与高压熔断器配合使用，由熔断器起短路保护作用。

负荷开关按使用场所可分为户内式负荷开关和户外式负荷开关；按灭弧方式可分为油浸式负荷开关、产气式负荷开关、压气式负荷开关、真空负荷开关和六氟化硫负荷开关。

负荷开关操作机构有手动、电动弹簧蓄能和电动操作机构等，具有自动脱扣装置的操作机构，在熔断器撞击器的作用下，负荷开关可自动快速分闸。

高压负荷开关的分断能力与高压熔断器的分断能力不同。高压负荷开关分断小于一定倍数的过载电流，高压熔断器分断较大的过载电流和短路电流。

负荷开关的型号及含义如图 3-11-6 所示。

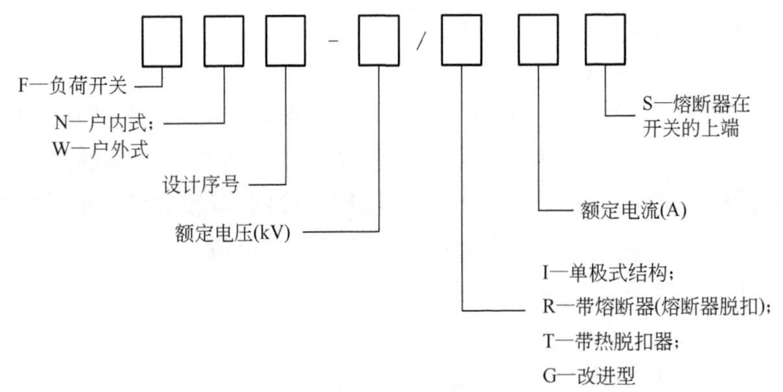

图 3-11-6　负荷开关的型号及含义

九、高压负荷开关的结构与工作原理

ZBK011 高压负荷开关的机构及工作原理

(一)FN5-10 系列高压负荷开关

FN5-10 系列高压负荷开关机构如图 3-11-7 所示。

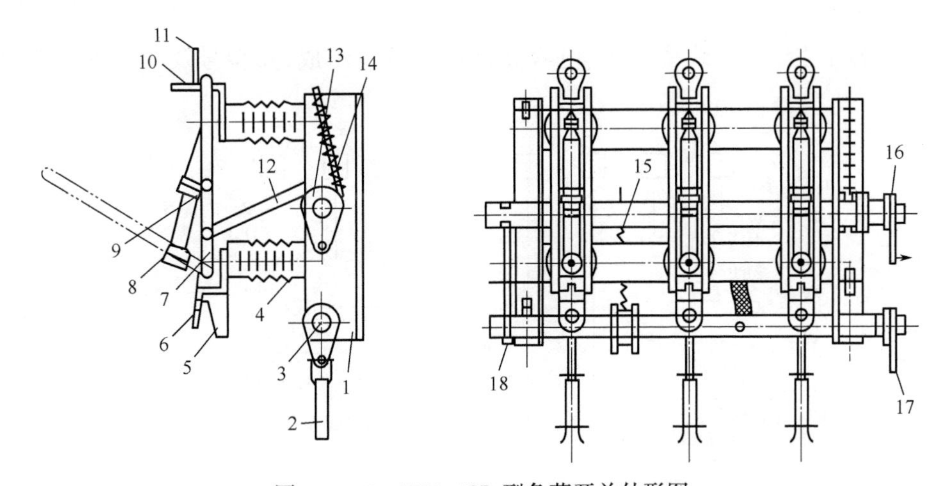

图 3-11-7　FN5-10D 型负荷开关外形图

1—底架；2—接地触刀；3—接地触座；4—支柱绝缘子；5—接地静触座；6—支座接线板；7—负荷开关；8—灭弧管；9—扭簧及扭簧销轴；10—导向片；11—触座接线板；12—拉杆；13—转轴；14，15—弹簧蓄能机构；16，17—操作盘；18—联锁机构

FN5-10 系列高压负荷开关的底部为底架，内装传动机构，若带接地刀闸，还配有联锁机构，底架上装有 6 只绝缘子起支持作用。上、下绝缘子分别装有触座、支座，触刀装在支座上，与触座接触后形成电流回路，灭弧器装于两个触刀片之间。

负荷开关合闸时，主回路与辅助回路并联，电流大部分流经主回路，当负荷开关分闸瞬间，主回路先断开，电流只通过辅助回路。由于开关继续运动，致使灭弧管内的弹簧压缩到某一极限位置时，动弧触头快速与静弧触头分离，将电弧迅速拉长，同时灭弧管内的压缩空气吹向电弧，使电弧迅速熄灭。

负荷开关底架中装有与绝缘拉杆相连的转轴，转轴转动使触刀运动。底架的一侧装有弹簧装置及操作装盘(两侧都可安装)，由操作机构驱动使压缩弹簧蓄能，过死点后弹簧释放的能量作用于转轴上，实现快速分/合闸。

（二）BFN1 型压气式负荷开关

BFN1 系列压气式负荷开关、BFN2 系列压气式负荷开关-熔断器组合电器，适用于12kV 及以下三相配电系统中，作为变压器、电缆、架空线路等电力设备的控制和保护之用。可用于城网、农网的终端变电站及箱式变电站，适用于环网、双辐射供电单元的控制和保护。

BFN1 系列压气式负荷开关可以分合负载电流和过载电流。

BFN2 系列压气式负荷开关熔断器组合电器可以分合负载电流、过载电流、开断线路短路电流（由熔断器完成）。

负荷开关可以分合的最大分合电流是负荷电流。

ZBK013 高压电容器的型号及用途

十、高压电容器的型号及用途

（一）高压电容器的用途

高压电容器是电力系统的无功电源之一，用于提高电网的功率因数。

高压电容器按其功能可分为移相并联电容器、串联电容器、耦合电容器、脉冲电容器等。

（二）型号说明

高压电容器主要由出线瓷套管、电容元件组和外壳组成，其型号及含义如图 3-11-8 所示。

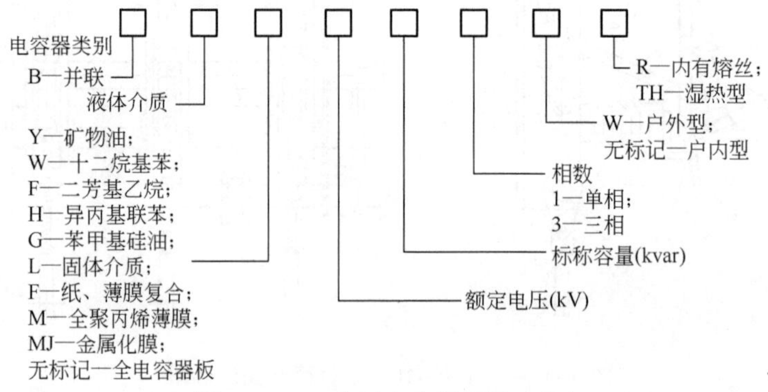

图 3-11-8 高压电容器型号及含义

ZBK014 电容器的补偿原理

十一、电容器的补偿原理

电力系统中，电动机及其他有线圈的设备除从线路中取得一部分电流做功外，还要从线路上消耗一部分不做功的电感电流。功率因数 $\cos\phi$ 就是用来衡量这一部分不做功的电流的。当电感电流为零时，功率因数等于 1；当电感电流所占比例逐渐增大时，功率因数逐渐下降。显然，功率因数越低，线路额外负担越大，发电机、电力变压器及配电装置的额外负担也较大。这除了降低线路及电力设备的利用率外，还会增加线路上的功率损耗，增大电压损失，降低供电质量。为此，应当提高功率因数。提高功率因数最方便的方法是并联电容器，产生电容电流抵消电感电流，将不做功的所谓无功电流减小到一定的范围以内。

图 3-11-9 补偿前线路上的感性无功电流为 I_{L0}，线路上的总电流为 I_0，并联电容器，产

生一电容电流 I_C 抵消部分感性电流，使得线路上的感性无功电流减小为 I_L，线路上的总电流减小为 I。

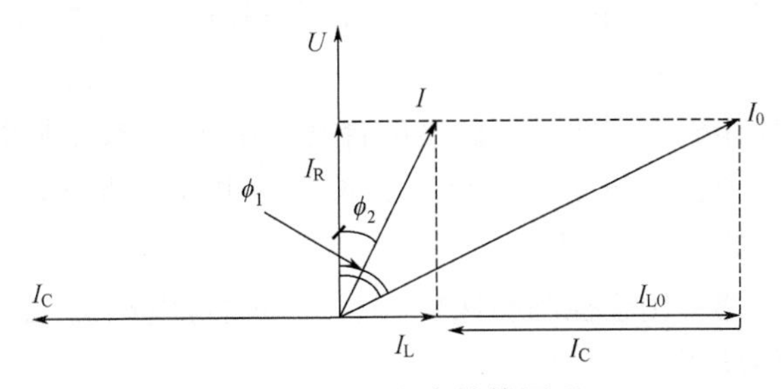

图 3-11-9　电容补偿原理

由图可知，如将功率因数从 $\cos\phi_1$ 提高到 $\cos\phi_2$，需要的电容电流为

$$I_C=I_{L0}-I_L=I_R(\tan\phi_1-\tan\phi_2) \tag{3-11-1}$$

式中，I_R 为线路上的有功电流。由该式不难求得要求补偿的无功功率为

$$Q=P(\tan\phi_1-\tan\phi_2) \tag{3-11-2}$$

式中　Q——需要的无功功率，kW；

P——平均有功功率（或计算有功功率），kW；

ϕ_1——补偿前的功率因数角，(°)；

ϕ_2——补偿后的功率因数角，(°)。

补偿用电力电容器安装在高压边或低压边；可以集中安装，也可以分散安装。从补偿完善的角度看，低压补偿比高压补偿好，分散补偿比集中补偿好；从节省投资和便于管理的角度看，高压补偿比低压补偿好，集中补偿比分散补偿好。

十二、交流高压真空接触器的型号、结构及工作原理

ZBK016　交流高压真空接触器的结构及工作原理

（一）交流高压真空接触器的型号及含义

交流高压真空接触器型号及含义如图 3-11-10 所示。

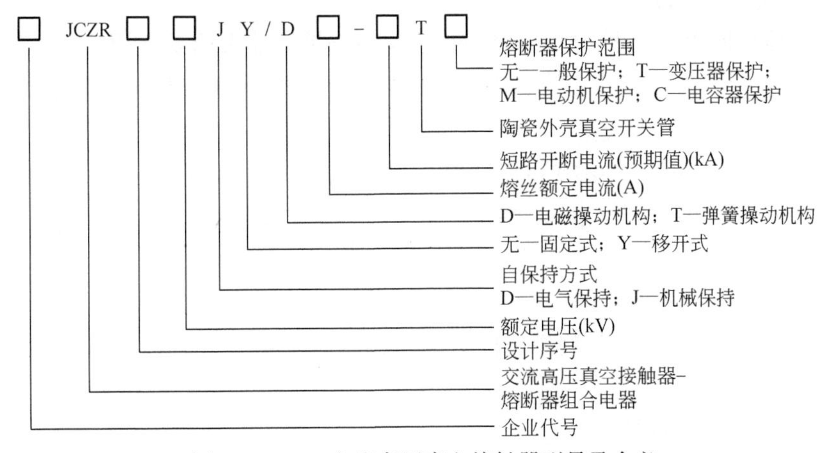

图 3-11-10　交流高压真空接触器型号及含义

（二）交流高压真空接触器的结构

交流高压真空接触器主要由真空灭弧室、操作机构、控制电磁铁、电源模块及其他辅助部件组成，全部元件安装在由树脂整体浇铸的上框架和由钢板装配而成的下框架所组成的部件中。

控制电磁铁通过操作机构而实现接触器的合闸操作，分闸操作则由分闸弹簧实现。

交流高压接触器无须经常维护仍能保证其长久的电气与机械寿命。一般电气寿命在20万次以上，机械寿命在30万次以上。

交流高压真空接触器可用于控制和保护（配合熔断器）电动机、变压器、电容器组等，尤其适合需要频繁操作的场所。

（三）交流高压真空接触器的自保持方式

（1）机械保持方式：合闸时，合闸电磁铁受电动作，通过操作机构使接触器合闸，由合闸锁扣装置使接触器保持合闸状态；分闸时，分闸电磁铁得到信号后动作使合闸锁扣装置解扣，由分闸弹簧驱动操作机构完成分闸。

（2）电磁保持方式：合闸时，电磁线圈合闸绕组得电动作，通过操作机构使接触器合闸，合闸完成后，由辅助开关将保持绕组串联进回路，使接触器保持合闸状态；分闸时，切断电磁线圈的供电回路，由分闸弹簧驱动操作机构完成分闸。电磁自保持需要控制电源实现自保持。

ZBK017 高压熔断器的类型及结构

十三、高压熔断器的类型及结构

高压熔断器在通过短路电流或严重过载电流时熔断，以保护电路中的电气设备。在3~35kV系统中，熔断器可用于保护线路、变压器、电动机及电压互感器等。

高压熔断器按安装地点可分为户内式高压熔断器和户外式高压熔断器；按熔管安装方式可分为插入式高压熔断器和固定安装式高压熔断器；按动作特性可分为固定式高压熔断器和自动跌落式高压熔断器；按工作特性可分为有限流作用高压熔断器和无限流作用高压熔断器；按保护特性可分为全范围保护用高压限流熔断器、电动机保护用高压限流熔断器、变压器用高压限流熔断器、油浸插入式变压器过载保护用熔断器、电压互感器用高压熔断器等。

（一）户内式高压熔断器

户内式高压熔断器有多种类型，这里对XRN系列熔断器做简要介绍。

XRN系列熔断器为限流式有填料高压熔断器。瓷质熔件管的两端有导电端盖，构成密封的熔断器熔管。熔管的陶瓷芯上绕有工作熔体和指示熔体，熔体两端与端盖连接。

熔体用银、铜和康铜等合金材料制成细丝状，熔体中间焊有降低熔点的小锡（铅）球。利用“冶金效应”降低熔丝的熔点，改善切断过负荷电流的安秒特性。指示熔丝为一根由合金材料制成的细丝。

熔体的熔断指示器在熔管的一端，正常运行时指示熔体拉紧熔断指示器。工作熔体熔断时也使指示熔体熔断，指示器被弹簧推出，显示熔断器已熔断，或在熔体熔断时引爆火药，使撞击器动作。

（二）户外式高压熔断器

1. 户外跌落式熔断器

户外跌落式熔断器有多种类型，这里对RW4-10系列熔断器做简要介绍。

RW4-10 系列熔断器熔管由环氧玻璃钢或层卷纸板组成。熔体又称熔丝，熔丝安装在消弧管内。熔丝的一端固定在熔管下端，另一端拉紧上面的压板，维持熔断器的通路状态。熔断器安装时，熔管的轴线与铅垂线成一定倾斜角度，一般为 25°±5°，以保证熔丝熔断时熔管能顺利跌断。

当熔丝熔断时，熔丝对压板的拉紧力消失，上触头从抵舌上滑脱，熔断器靠自身重力绕轴跌落。同时，电弧使熔管内的消弧管分解生成大量气体，熔管内的压力剧增后由熔管两端冲出，冲出的气流纵向吹动电弧使其熄灭。

2. 户外限流式熔断器

户外限流式熔断器有多种类型，这里对 RXW-35 型限流式熔断器做简要介绍。

RXW-35 型限流式熔断器是 35kV 户外式高压熔断器，主要用于保护电压互感器。熔断器由瓷套熔管及棒形支持绝缘子和接线端帽等组成。熔管装于瓷套中，熔件放在充满石英砂填粒的熔管内。

十四、高压套管的结构及作用

ZBK018　高压套管的结构及作用

(一)高压套管的作用

套管在高压导体穿过与其电位不同的隔板时，起绝缘和支持作用，常用于变压器、断路器等设备的引出线对金属外壳的绝缘，也用于母线穿过墙壁时的绝缘。

(二)套管分类

(1)按绝缘结构和主绝缘材料的不同分为：单一绝缘套管、复合绝缘套管、电容式套管、胶纸电容式套管。

(2)按用途不同可分为穿墙套管和电器套管。其中，电器套管按具体配套对象分为变压器套管、互感器套管、断路器套管、电容器套管。

(3)套管基本结构。

① 纯瓷套管：它以瓷套为绝缘，瓷套外为瓷裙。纯瓷套管适用于 10kV 系统。

② 充油套管：它在 35kV 及以下电力变压器中使用较多，由瓷套、法兰、导体及一些绝缘材料构成，瓷套内腔充以绝缘油。

③ 电容式套管：它由电容芯子、瓷套、连接套筒和其他固定附件所组成。电容芯子为套管的主绝缘，瓷套作为外绝缘和保护芯子的容器。

十五、高压电抗器的结构及作用

ZBK019　高压电抗器的结构及作用

电抗器在电力系统中起限流、稳流、无功补偿、移相等作用，是一种电感元件。

(一)电抗器分类及作用

(1)按结构可分为空心电抗器、铁芯电抗器和带气隙的铁芯电抗器。

(2)按冷却介质可分为干式电抗器和油浸式电抗器。

(3)按作用分为并联电抗器、串联电抗器、限流电抗器、滤波电抗器、启动电抗器和分裂电抗器。

并联电抗器在变电站低压侧，用以长距离输电线路的电容无功补偿，使输配电系统电压稳定运行。

串联电抗器在并联补偿电容器装置中，与并联电容器串联连接，用以抑制电压放大，减少系统电压波形畸变和限制电容器回路投入时的冲击电流。

限流电抗器串联连接在 6~63kV 输变电系统中，在系统发生故障时，用以限制短路电流。

滤波电抗器与电容组成谐振回路，滤除指定的高次谐波。

启动电抗器与交流电动机串联连接，用以限制电动机的启动电流，启动后电抗器被切除。

分裂电抗器在配电系统正常运行时其电感很低，一旦出现故障，则对系统呈现出较大的阻抗以限制故障电流，这种电抗器常被使用在所有情况下保持隔离的两个分离馈电系统中。

（二）电抗器结构

（1）空心电抗器：采用无油电抗器、无铁芯、多层绕组并联的筒形结构；绕组整体经浸渍形成一个整体，线圈表面涂有防护层。

（2）铁芯电抗器：铁芯电抗器每相有一个线圈，其铁芯的芯柱由若干铁饼叠装而成，铁饼间用绝缘板隔开，形成间隙，铁饼与铁轭由压紧装置通过螺杆压紧形成一个整体。采用带间隙铁芯的主要目的是避免磁饱和。

ZBK020 高压避雷器的结构及作用

十六、高压避雷器的结构及作用

避雷器是与电气设备并接在一起的一种过电压设备。

（一）避雷器的分类

避雷器主要有阀型避雷器和氧化锌避雷器两种类型。

（二）避雷器结构

（1）阀型避雷器：阀型避雷器是以碳化硅阀片为主要元件的避雷器，主要用于变配电设备的防雷和内部过电压防护。

（2）氧化锌避雷器：它的基本结构有阀片和绝缘两部分。阀片是以氧化锌为主要成分，由金属氧化物组成的，所以也称为金属氧化物避雷器，用 MOA 表示，具有非线性和导电性。在正常工作电压下，避雷器只有很小的泄漏电流通过，而在过电压下动作后并无工频续流通过。

氧化锌避雷器具有抗污性能强、动作迅速无续流、动作负载能力强、体积小、质量轻、结构简单、寿命长、运行维护方便等特点，已广泛应用于电力系统的电气设备防雷中。

（三）型号及含义

FS 型——无并联电阻，用于小容量配电系统的保护。

FZ 型——有并联电阻，用于中等及大容量变电站的电气设备保护。

FCZ 型——有磁吹限流间隙，用于 35~500kV 变电站的电气设备保护。

FCD 型——有磁吹限流间隙，工频续流值低，用于旋转电动机的保护。

项目二 真空断路器安装调整

一、准备工作

(一)设备

真空断路器、万用表、电焊机、切割机、台钻等。

(二)材料、工具

钢卷尺、电工工具、力矩扳手、套筒扳手、梅花扳手、管钳等。

(三)人员

电气安装调试工。必须穿戴劳动保护用品,严格按操作规程操作。

二、操作规程

(一)真空断路器的运输与保管

运输和装卸时不允许倾翻和强烈振动,不可遭受雨淋。汽车运输时,其允许颠簸程度相当于三级路面上以 30km/h 的速度行驶时的颠簸程度。

(二)真空断路器或真空灭弧室运到使用现场后的验收

(1)检查产品铭牌、产品合格证等是否与订货单相符,根据装箱单核实文件、附件、备品有无遗漏。

(2)用清洁的抹布擦净真空断路器、绝缘瓷瓶、拉杆、灭弧室外壳上的尘垢。

(3)清理后进行外观检查,看其有无损伤及锈蚀。如发生受潮,应将开关的绝缘拉杆等放在 70~80℃的干燥箱中烘烤 24h。

(4)真空断路器应该保存在防雨、防腐、防潮的室内,应避免阳光直射。严禁把产品同酸、碱类化学药品存放在一起。产品长期存放在仓库内,每 6 个月应检验一次。

(三)真空断路器的安装

1. 安装程序

(1)基础检查:产品外形孔距与基础地脚孔距一致,用垫铁校平基础的上平面,要求不大于 1‰。

(2)安装断路器本体:按厂家标记的起吊点进行起吊,将其慢慢放在基础台面上,穿上地脚螺栓,摆正校平垫铁,再用扳手紧固地脚螺栓。

(3)安装接线连接(端子)板。

(4)安装一次连接引线。

(5)敷设并制作、连接直流蓄能电动机回路和交流加热回路电源。

2. 断路器内部检查

(1)松开箱盖螺栓,分别用 2t 拉链葫芦吊起断路器,检查箱内一切完好无损,无其他杂物。

(2)解体检查灭弧室,应组装正确、中心孔径一致、安装位置正确、固定牢固。

(3)检查触头无散落、松动现象,排放整齐。导电回路无松动及接触不良现象。

(4)确认无绝缘损伤,密封情况良好,固定螺栓紧固受力均匀。

(5)引线绝缘无损伤、脱焊。端子排完整、接线编号正确、接触良好。

(6)提升杆及导向板应无弯曲变形,无裂纹,绝缘漆层完好、干燥、绝缘电阻值符合要求。

(7)油箱绝缘隔板无损伤、受潮现象。

(8)内部检查无误后,落下断路器,并密封好箱盖紧固螺栓。

(四)真空断路器安装检查时的调试

1. 行程开距调整

真空断路器的触头开距调整可通过调节分闸限位螺钉的高度,使导杆的总行程达到规定值。触头开距可以从灭弧室动导电杆的实际行程测得,可由总行程减去接触行程算得。触头开距达不到要求时,可通过旋转与真空开关管动导电杆连接件,调节接触行程大小取得。对于分闸限位器为橡皮垫或毡垫的真空断路器,可以调节缓冲垫的厚度。增加缓冲垫的厚度,触头开距就减小,反之就增大。

2. 接触行程调整

用操作手柄(或专用扳手)操作断路器,拔出绝缘子端上金属销,即可旋转与真空灭弧室动导电杆连接头来实现调整。对于螺距为1.5mm的连接头,旋转90°、180°、270°和360°,调节距离分别为0.375mm、0.75mm、1.125mm或1.5mm;对于螺距为1mm的连接头,旋转90°、180°、270°、360°时对应的调节距离分别为0.25mm、0.5mm、0.75mm或1mm。假若连接头不能旋转90°和270°,可借助旋转真空灭弧室来实现。调节完毕后复原再试验。这种调节可反复进行,直到符合标准规定为止。

3. 三相同步性调整

真空断路器的三相在分合闸操作时要求灭弧室的触头同时分离和同时接触,最大误差不超过1ms。调节方法同接触行程调整,用三相同步指示灯或其他仪器检查。

4. 分合闸速度调整

操作机构的分合闸速度主要取决于产品的设计制造要求,用户一般不需要做调整。

5. 真空断路器灭弧室真空度检查

灭弧室的真空压力检查有火花计法、工频耐压法和真空度测试仪测试法。

三、技术要求

(一)真空断路器运到现场后的检查

(1)开箱前包装应完好。

(2)断路器的所有部件及备件应齐全,无锈蚀或机械损伤。

(3)灭弧室、瓷套与铁件间应粘接牢固,无裂纹及破损。

(4)绝缘部件不应变形、受潮。

(5)断路器的支架焊接应良好,外部油漆完整。

(二)真空断路器到达现场后的保管

(1)断路器应存放在通风、干燥及没有腐蚀性气体的室内。

(2)断路器存放时不得倒置,开箱保管时不得重叠放置。

(3)开箱后应进行灭弧室真空度检测。

(4)断路器若长期保存,应每个月检查一次,在金属零件表面及导电接触面应涂一层防锈油脂,用清洁的油纸包好绝缘件。

(三)真空断路器的安装与调整要求

(1)安装应垂直,固定应牢靠,相间支持瓷件在同一水平面上。

(2)三相连动杆的拐臂应在同一水平面上,拐臂角度一致。

(3)安装完毕后,应先进行手动慢分、合闸操作,无不良现象时方可进行电动分、合闸操作。

(4)真空断路器的行程、压缩行程及三相同期性,应符合产品的技术规定。

(四)真空断路器导电部分要求

(1)导电部分的可挠铜片不应断裂,铜片间无锈蚀;固定螺栓应齐全紧固。

(2)导电杆表面应洁净,导电杆与导电夹应接触紧密。

(3)导电回路接触电阻值应符合产品的技术要求。

(4)电器接线端子的螺栓搭接面及螺栓的紧固要求,应符合 GB50149—2010《电气装置安装工程　母线装置施工及验收规范》的规定。

(五)真空断路器安装完后的要求

(1)动、静触头无散落、松动现象,排放整齐。导电回路无松动及接触不良现象。

(2)无绝缘损伤,密封情况良好,固定螺栓紧固受力均匀。

(3)引线绝缘无损伤、脱焊。端子排完整,接线编号正确,接触良好。

(4)油箱绝缘隔板无损伤、受潮现象。

四、注意事项

(1)在安装时,注意防止瓷瓶损坏,真空密封面不得碰损,弄脏。

(2)安装前,将真空断路器的所有绝缘部分用干抹布擦干净。

项目三　SF_6 断路器安装调整

ZBK006 高压断路器的安装

一、准备工作

(一)设备

吊车、真空断路器等。

(二)材料、工具

电工工具、钢卷尺、水平仪、力矩扳手、套筒扳手、梅花扳手、方木、干湿温度计、尼龙绳套、内六角扳手等。

(三)人员

电气安装调试工、起重工。必须穿戴劳动保护用品,严格按操作规程操作。

二、操作规程

(1)六氟化硫断路器安装前对基础复核并应符合要求。

(2)六氟化硫断路器安装前应进行下列检查：

① 断路器零部件应齐全、清洁、完好。

② 灭弧室或罐体和绝缘支柱内预充的六氟化硫等气体的压力值和六氟化硫气体的含水量应符合产品技术要求。

③ 均压电容、合闸电阻值应符合制造厂的规定。

④ 绝缘部件表面应无裂缝、无剥落或破损，绝缘应良好，绝缘拉杆端部连接部件应牢固可靠。

⑤ 瓷套表面应光滑无裂纹、缺损，外观检查有疑问时应探伤检验；瓷套与法兰的接合面应牢固，法兰结合应平整、无外伤和铸造砂眼。

⑥ 传动机构零件应齐全，轴承应光滑无刺，无焊接不良现象。

⑦ 组装用的螺栓、密封垫、密封脂、清洁剂和润滑油脂等的规格必须符合产品的技术规定。

⑧ 密度继电器和压力表应经检验。

(3)灭弧室检查组装时，空气相对湿度应小于 80%，并采取防尘、防潮措施。

(4)六氟化硫断路器不应在现场解体检查，当有缺陷必须在现场解体时，应经制造厂同意，并在厂方人员指导下进行。

(5)支柱(座)安装。

对于拼装支架，用专用吊具吊起支柱，使其处于水平位置，先装上两条支腿，再将支柱平放于方木上，安装第三条支腿，装好支腿上的连接板。对于整体式支座，则直接吊装。用吊车将支柱(座)吊装于断路器基础螺栓上，并依次拧紧支腿、连接板和地脚螺栓，用支腿下加垫片支平支角。

(6)把均压电容器安装在灭弧瓷套的法兰上。

(7)吊装灭弧室，安装密度继电器：

① 用专用吊具吊起灭弧室三联箱，拆开三联箱两侧的盖板，取出过滤器，放入烘箱中。

② 拆下支柱上的包装罩，检查接头尺寸，安装控制锁紧螺母，拆下灭弧室组件的包装底板，将其吊装在支柱上，注意不要压坏自动接头，使两端头自动对齐插入，以连接支柱与灭弧室气路，拧紧螺母。

③ 装上卡环，从烘箱中取出过滤器，装入三联箱中，盖上盖板，用力矩扳手拧紧螺栓。

④ 安装密度继电器和真空压力表。

(8)安装操作机构。

(9)安装控制柜及电缆。按断路器出厂说明书连接密度继电器、蓄压器、漏氨指示器等电气线路，检查各电气回路，电缆进入柜内处用防火泥密封。

(10)充 SF_6 气体。安装专用充放气装置，放掉原产品中的 SF_6 气体，抽真空到 40Pa 后继续抽 30min，然后充入合格的 SF_6 气体。三联箱也按上述方法放气、抽真空、充 SF_6 气体。

三、技术要求

(1)六氟化硫断路器的基础或支架,应符合下列要求:

① 基础的中心距离及高度的误差不应大于 10mm。

② 预留孔或预埋铁板中心线的误差不应大于 10mm。

③ 预埋螺栓中心线的误差不应大于 2mm。

(2)六氟化硫断路器的组装,应符合下列要求:

① 按制造厂的部件编号和规定顺序进行组装,不可混装。

② 断路器的固定应牢固可靠,支架或底架与基础的垫片不宜超过 3 片,其总厚度不应大于 10mm;各片间应焊接牢固。

③ 同相各支柱瓷套的法兰面宜在同一水平面上,各支柱中心线间距离的误差不应大于 5mm,相间中心距离的误差不应大于 5mm。

④ 所有部件的安装位置正确,并按制造厂规定要求保持其应有的水平或垂直位置。

⑤ 密封槽面应清洁,无划伤痕迹;已用过的密封垫(圈)不得使用;涂密封脂时,不得使其流入密封垫(圈)内侧与六氟化硫气体接触。

⑥ 应按产品的技术规定更换吸附剂。

⑦ 应按产品的技术规定选用吊装器具、吊点及吊装程序。

⑧ 密封部位的螺栓应使用力矩扳手紧固,其力矩值应符合产品的技术规定。

(3)设备接线端子的接触表面应平整、清洁、无氧化膜,并涂以薄层电力复合脂;镀银部分不得锉磨;载流部分的可挠连接不得有折损、表面凹陷及锈蚀。

(4)支柱(座)安装要求。

① 支柱(座)与基础的垫片不宜超过 3 片,总厚度不应大于 10mm。

② 同相各支柱瓷套的法兰面宜在同一平面上。

③ 各支柱中性线间距离的误差不应大于 5mm,相间中性距离的误差不应大于 5mm。

(5)六氟化硫断路器调整。

① 断路器调整后的各项动作参数应符合产品的技术规定。

② 六氟化硫断路器和操动机构的联合动作,应符合下列要求:在联合动作前,断路器内必须充有额定压力的 SF_6 气体;位置指示器动作应正确可靠,其分、合位置应符合断路器的实际分、合状态;具有慢分、慢合装置者,在进行快速分、合闸前,必须先进行慢分、慢合操作。

③ SF_6 气体的管理及充注应符合相关规范的规定。

四、注意事项

(1)六氟化硫断路器的安装,应在无风沙、无雨雪的天气下进行。

(2)在六氟化硫断路器安装调试过程中要严防 SF_6 气体泄漏。

ZBK009 高压隔离开关的安装

项目四　高压隔离开关安装调整

一、准备工作

(一)设备

高压隔离开关、吊车、电焊机、电钻等。

(二)材料、工具

电工工具、铁锯、量具、人字梯、力矩扳手、水平仪、电动葫芦、吊带等。

(三)人员

电气安装调试工、焊工、起重工。必须穿戴劳动保护用品,严格按操作规程操作。

二、操作规程

(一)安装前检查

安装前,详细检查隔离开关的型号、规格是否符合设计图纸的要求;绝缘子表面应清洁、无裂纹、无破损,瓷、铁粘接应牢固;底座转动部分应灵活;联动机构应完好;接线端子及载流部分应清洁;动、静触头的接触应良好(可用 0.05mm 的塞尺进行检查:线接触的刀闸,塞尺应塞不进去;接触宽度为 50mm 以下的面接触刀闸,塞尺塞进的长度应不超过 4mm;接触宽度为 60mm 以上的面接触刀闸,塞尺塞进的长度应不超过 6mm);绝缘电阻是否符合要求(可用绝缘电阻表测量,10kV 隔离开关的绝缘电阻应在 1000MΩ 以上)。

(二)安装方法与步骤

图 3-11-11 和图 3-11-12 是 GN19-10/400、630 型 10kV 隔离开关及操作机构的安装示意图。

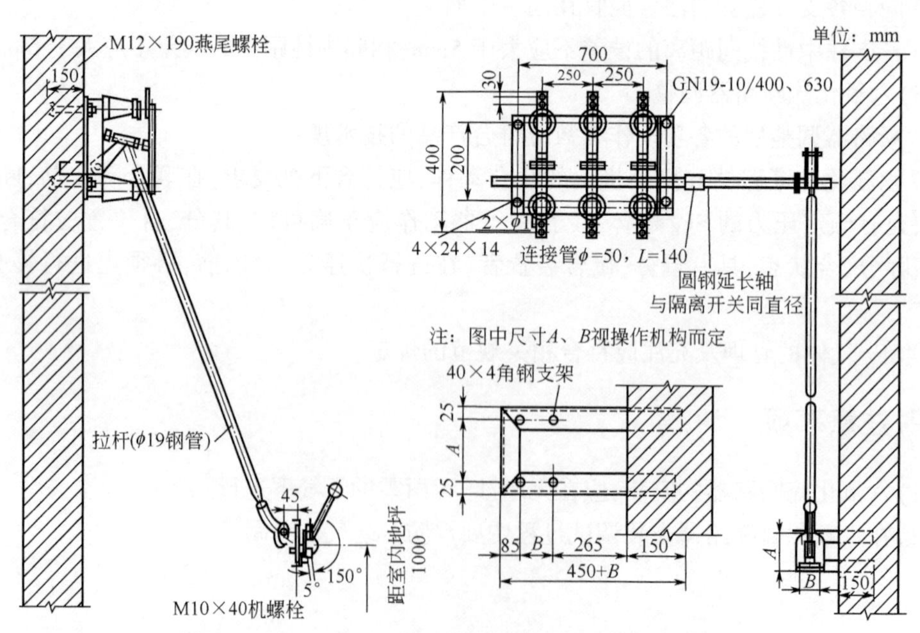

图 3-11-11　10kV 隔离开关及操作机构在侧墙上安装图

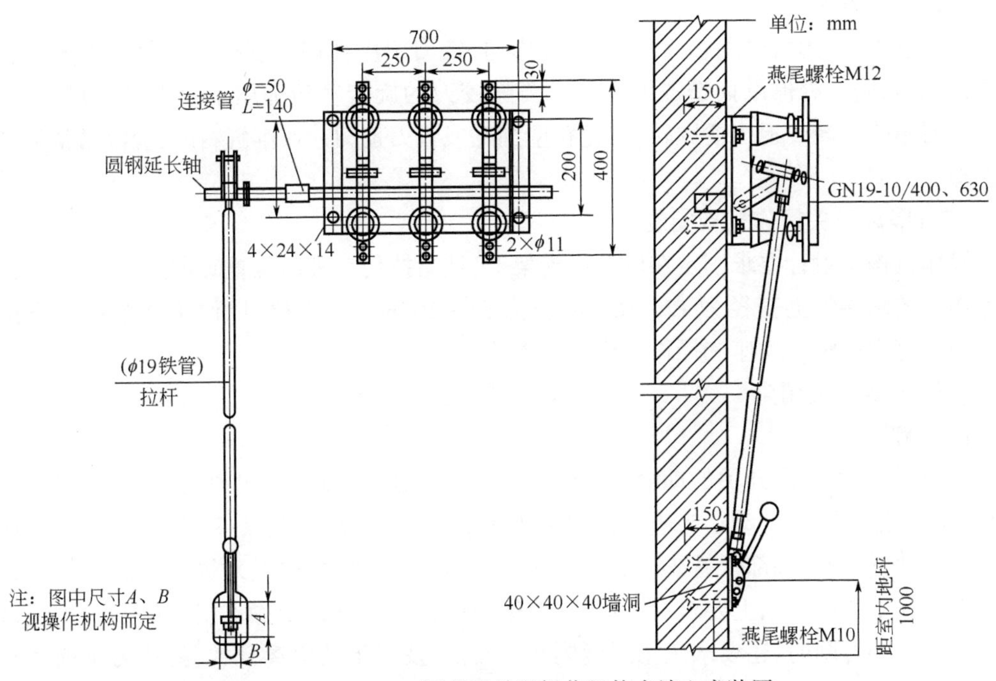

图 3-11-12　10kV 隔离开关及操作机构在墙上安装图

按照设计图纸指定的位置，预埋好开关座的地脚螺栓及操作机构的支架。

吊装开关本体，用水平仪校正开关安装的位置，然后将其紧固。

（三）圆锥销孔加工

隔离开关的轴的延长常常采用圆锥销来固定，这个圆锥销的孔必须经锥铰刀加工。

1. 钻孔

隔离开关圆锥销的锥度选 1∶50 为宜，故铰孔的锥铰刀也应选 1∶50，如图 3-11-13 所示。锥铰刀的刀刃是全部参加切削的，为了铰孔省力，可先将孔钻成阶梯形（图 3-11-14）。阶梯形的最小直径按锥孔小端直径确定，并留有铰削余量，孔径为 5～20mm 的铰削余量为 0.2～0.3mm。

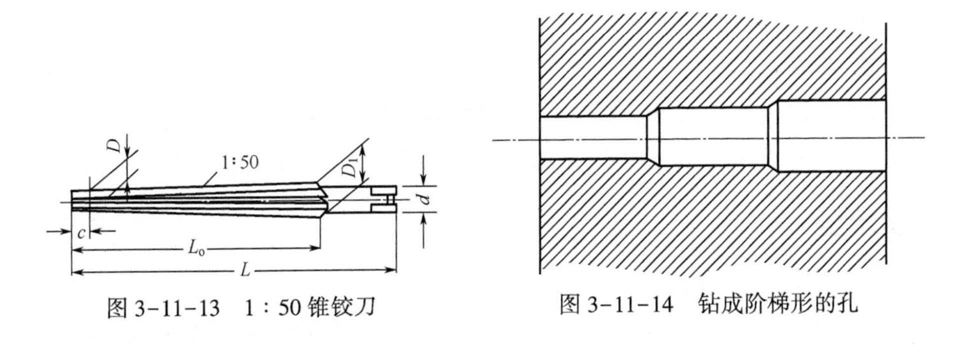

图 3-11-13　1∶50 锥铰刀　　图 3-11-14　钻成阶梯形的孔

四个销孔方向确定时，要保证开关在分闸或合闸状态，圆锥销小端均有偏向下的方向，圆锥销不致脱落。

2. 铰孔工作要点

手铰过程中，用力要平整，旋转速度要均匀，铰刀不应摇摆。变换铰刀每次停歇位置应不同，以消除同一处停歇而造成的振痕。要随铰刀的旋转轻巧加压于铰手，进给量不可太大。铰刀不能反转。退出要顺转，以免孔壁刮毛或铰刀崩刃。铰削缸料时，应经常清屑和润滑冷却。

（四）隔离开关操作机构安装

操作机构按设计要求固定在墙上或支架上，然后按传动轴的位置确定操作杆的长度，并在操作杆的两端焊上直径为12~16mm、长为55~100mm的螺栓，以便于调节操作杆的长度。安装完后应将开关座和操作机构可靠接地。

（五）隔离开关调整

1. 合闸调整

合闸时，要求隔离开关的动触头无侧向撞击或卡住，否则要通过改变静触头的位置，使动触头刚好进入插口。动触头进入插口的深度，不能小于静触头长度的90%，但也不应过深。要使动、静触头底部保持3~5m的距离，以防止在合闸过程中，对固定静触头的绝缘子的冲击。若不能满足以上要求，则可通过调整操作杆的长度以及操作机构的旋转角度来达到调整目的。合闸时，还要求三相刀闸同步。35kV及以下的隔离开关，三相刀闸前后相差不得大于3mm。若不能满足要求，则可通过调节触刀中间支撑绝缘子的连接螺旋长度来改变刀闸的位置。

2. 分闸调整

分闸时，刀闸的打开角度应符合制造厂的规定。若不能满足要求，则可以通过改变操作杆的长度，以及操作杆的连接端部在操作机构扇形板上的位置来达到目的。

3. 辅助触头调整

可通过改变耦合盘的角度来调整辅助触头，使常开辅助触头在开关合闸行程的80%~90%时闭合；常闭辅助触头在开关分闸行程的75%时断开。

4. 操作机构手柄位置调整

合闸时手柄向上，分闸时手柄向下。在分闸或合闸位置时，其弹性机械锁销应自动进入手柄的定位孔中。

5. 试操作

开关粗调完毕，应经3~5次的试操作，操作过程中再进行细调，完全合格后，才将隔离开关转轴上的拐臂位置固定，然后钻孔，打入圆锥销，使转轴和拐臂永久紧固。

调整完毕后，应将所有螺栓拧紧，将所有开口销脚分开；并进行接线和开关底座接地。

三、技术要求

（1）隔离开关相与相、相与地、相与接地刀的绝缘电阻，应符合规范要求。

（2）合闸后触头的接触电阻应小于0.001Ω，分闸后的绝缘电阻应大于300Ω。

（3）隔离开关合闸后，触头间的相对位置、分闸后触头间的净距离或拉开角度，应符合产品技术条件的规定。

（4）定位螺钉应调整适当并加以固定，一般可用锁母锁死或用电焊点焊住，防止传动装置拐臂超过死点。

(5)所有传动部位应涂以适合当地气候条件的润滑脂;触头面应涂以少许中性凡士林或复合脂。

(6)操作隔离开关时应准确迅速,一次分(或合)闸到底,中间不得停留。

四、注意事项

(1)施工间隔应拉好警示带,非施工人员未经允许不得入内。

(2)隔离开关刀闸与支柱绝缘子在地面连接时,防止绝缘子碰撞。

项目五　高压负荷开关安装调整

ZBK012　高压负荷开关的安装

一、准备工作

(一)设备

负荷开关、吊车等。

(二)材料、工具

电工工具、水平仪、焊接工具、压接钳、绳索、铁滑轮、力矩扳手、梯子、尺子、断线钳、手锤等。

(三)人员

电气安装调试工、起重工。必须穿戴劳动保护用品,严格按操作规程操作。

二、操作规程

(1)安装前开箱检查随机文件及附件是否齐全,开关瓷件、触头等是否有损坏,清除开关上的尘土、杂物,仔细擦抹支持绝缘子及动静触头表面。

(2)起吊开关:

① 地面电工将开关吊点用钢丝套连接,控制夹角为120°左右,装好开关上的设备线夹,2人上电杆挂好滑车组、穿好绳套,杆上电工用卷尺量好安装位置做好标记,一端由地面电工用卸扣把绳套固定于钢丝套上。

② 开关上系上1~2根控制拉绳,另一端放至地面由电工拉住,上下互相配合,慢慢吊起,杆上电工应防止被开关撞到身体及脚扣或挂住安全带,一般采取1人在就位点上方,一人下方的站位。

(3)安装开关:起吊到位后拉绳稳固,可缠绕电杆3~4圈。杆上电工与地面拉控制绳人员配合将校正开关贴近电杆,拧开螺栓将抱箍套上电杆,拧好螺栓,同时协调好安装位置尽量平、正,以及应注意静触点在送电侧方向。

(4)校正开关:用控制绳、小榔头校正扭斜后,拧紧。

(5)装接导线:杆上电工1人拆开导线,1人装瓷横担,并用扎线固定导线,然后两人配合量取好至开关设备线夹距离,用断线钳剪断6根搭接导线后,1人用钢丝刷刷净导线,涂上凡士林,将导线插入设备线夹拧紧,同法操作另5根。

(6)安装接地:另一人爬至开关下方,吊上 ϕ25mm 的铜塑线,用刀剥皮后用手拧紧做好端头。安装开关接地线 3 处(弯度与开关 20mm),后沿电杆紧贴引下,每隔 1~1.5m 用铝线绑扎固定。

(7)安装操作杆:甲电工将操作杆吊上连接开关,乙电工装抱箍及联络杆段,后两人对站,吊上操作机钩安装于一定高度 2.5m 以上,并试操作分、合开关 3~4 次。

(8)安装避雷器:开关应安装避雷器(按设计要求确定组数)并接地,开关也应接地。

(9)清理现场,做到工完料尽场地清。

三、技术要求

(1)开关装好后应使接线连接良好、美观、自然,开关高度合适,静触头方向正确。

(2)负荷开关合闸时,应使辅助刀闸先闭合,主刀闸后闭合;分闸时,应使主刀闸先断开,辅助刀闸后断开。

(3)在负荷开关合闸时,主固定触头应可靠地与主刀刃接触;分闸时,三相灭弧刀片应同时跳离固定灭弧触头。

(4)合闸时,在主刀闸上的小塞子应正好插入灭弧装置的喷嘴内,不应有对喷嘴剧烈碰撞的现象。

(5)螺栓应紧固,试操作应灵活无异常,分、合指示清晰。

(6)接地连接接触应良好、平整、无扭斜;电气间隙应符合要求:相与相间为 30cm,相和电杆、构件间为 20cm。

四、注意事项

(1)杆上作业转位时不得失去安全带的保护,脚不得踩开关联杆及触头、灭弧装置、裙套。

(2)校正开关时使用锤击,应防止脱落,不得戴手套,随时查看锤松动情况。

ZBK015 电力电容器的安装

项目六　高压电容器安装

一、准备工作

(一)设备

电容器组、叉车、电焊机等。

(二)材料、工具

电工工具、水平仪、千斤顶、绳索、力矩扳手、梯子、水平尺、钢卷尺、手锤等。

(三)人员

电气安装调试工、焊工。必须穿戴劳动保护用品,严格按操作规程操作。

二、操作规程

(一)施工前检查

(1)检查电容器支架预埋件是否按设计要求预埋且平整牢固。

(2)检查防护网栅距电容器支架预埋件距离是否符合设计要求。

(二)拆箱检查

(1)确认电容器铭牌所标技术参数与设计图纸相符。

(2)检查电容器外壳无变形、锈蚀现象,瓷件无破损,瓷、铁粘接牢固。

(3)检查电容器支架焊接质量是否良好,支架孔距是否与支持绝缘子设计间距吻合,槽钢是否平整,现场测量确认。

(4)详细阅读电容器安装使用说明书,明确安装方法及安装注意事项,检查产品各相关配件及备品备件是否齐全。

(5)通知电气试验人员对全部电容器进行检验及试验,并要求其向施工人员提供每一只电容器的实际容量值及电容器组容量匹配清单。

(三)测量、划线

在电容器室支架支持绝缘子预埋件上,根据设计及图纸确定支架绝缘子固定螺栓位置并划线。

(四)安装调整

(1)焊接电容器支持绝缘子固定螺栓(或底座槽钢)。

(2)安装支架支持绝缘子,使其上平面水平误差不大于2mm。

(3)按顺序逐件安装支架。安装时应本着先下后上,先主后次的原则;在每个部件安装后仔细检查是否达到厂家安装要求。

(4)按试验人员提供的电容器组容量匹配清单,确保每个电容器组与各放电线圈并联的电容的差值不超过5%。

(5)安装母线支持绝缘子后,安装主母线及熔断器分支母线(熔断器分支母线与主母线间夹角以45°为宜),后安装熔断器。

(6)各部件的连接螺栓紧固要求应符合规范规定值。

(7)电容器组各部件安装完毕后,应按产品说明书进行电容器之间以及与主母线之间的导线连接,并保证顺序正确。

(8)对电容器组的安装方向、序号进行核对,对电容器组支持绝缘子、支架水平度进行测试。

(9)检查电容器组接线位置、接线顺序、接触可靠性,对出现的误差及时纠正,直到符合设计及产品安装要求为止。

(五)电容器组测试

电容器组安装调整完毕后,由试验人员按产品说明书及设计规范的要求进行电容器组绝缘试验和容量匹配检验等,施工班组进行配合。

(六)尾工处理

(1)焊接接地线,电容器组底座与主地网必须连接可靠。

(2)电容器组安装调试完毕后,应对电容器组进行整体清扫检查。

三、技术要求

(1)电容器安装后铭牌应面向通道一侧,并标有顺序编号。

(2)电容器端子连线应采用软导线,接线应对称一致,整齐美观。

(3)电容器与系统连接可采用母线,但在安装连接时不要使电容器出线套管受到机械应力。

(4)分层安装时,一般不超过三层,层间不应加隔板。电容器母线对上层构架的垂直距离不应小于20cm,下层电容器的底部距地面应大于30cm。

(5)电容器构架间的水平距离不应小于0.5m,每台电容器之间的距离不应小于50cm。

(6)要求接地的电容器,其外壳应与金属构架共同接地。

(7)户外安装的电容器应尽量安装在台架上,台架底部距地面不应小于3m;采用户外落地式安装的电容器组,应安装在变/配电所围墙内的混凝土地面上,底面距地不小于0.4m。同时电容器组应安装在不低于1.7m的固定遮拦内,具备防止小动物进入的措施。

(8)电容器室的环境温度应不超过40℃。

(9)电容器室的防火等级应按二级防火设计,装置的架构采用阻燃材料。

四、注意事项

(1)电容器必须经过充分放电后才能触摸及安装。

(2)电容器室内应留有维护通道,其宽度净距不小于1200mm,用于巡视、检修、更换。

项目七　高压避雷器安装

一、准备工作

(一)设备

避雷器、吊车、电焊机等。

(二)材料、工具

电工工具、绝缘摇表、活动扳手、力矩扳手、直尺、钢卷尺、梯子、水平尺、手锤等。

(三)人员

电气安装调试工、起重工、焊工。必须穿戴劳动保护用品,严格按操作规程操作。

二、操作规程

(一)有关土建工程和设备安装工程验收检查

(1)检查避雷器支架的标高是否符合设计要求。

(2)检查避雷器支架的垂直度是否符合设计要求。

(3)检查避雷器支架顶面杆帽的平整度是否符合设计要求。

(4)检查设备支柱的防腐层应完好。

(二)设备开箱检查

(1)打开包装箱,对照装箱清单,清点附件数量、规格,应该与设计要求相符,随机文件、试验报告应齐全。

(2)检查设备型号规格应符合设计要求。

(3)检查设备瓷件外观应该清洁无裂纹、损伤,瓷套与铁法兰间的粘接应牢固,法兰泄水孔应通畅。

(4)检查每一只避雷器的每一部分应该齐全,不得随意替代。

(5)每个避雷器单元不得任意拆开,破坏密封和损坏元件。

(6)安装前,应将避雷器置于干燥环境中,且应分置,不得放倒。

(三)避雷器试验

(1)用2500V的摇表测试瓷绝缘强度和底座的绝缘强度应该符合产品技术要求,测量前应将瓷套表面擦干净。

(2)测试泄漏电流应符合产品技术要求。

(3)对于氧化锌避雷器,应测量其在运行电压下的持续电流,以及对于工频参考电流下的工频参考电压或直流参考下的直流参考电压,测量值应符合产品技术要求。

(4)对于氧化锌避雷器,应测量直流参考电压和0.75倍直流参考电压下的泄漏电流,测量值应符合产品技术要求。

(四)安装本体

(1)将计数器连接线的一端安装在避雷器本体的圆盘法兰上,另一边等待避雷器安装完成后与计数器连接。

(2)先将避雷器的底座安装在避雷器支柱的杆帽上,固定好,注意底座与相连的避雷器本体的绝缘应良好。

(3)选出避雷器的第一节垂直安装在底座上,用手拧好固定螺栓,注意让阀型避雷器的喷口防爆板应该朝向安全地点,不得朝向其他设备,以免避雷器动作时引起其他设备短路。

(4)依次选出避雷器的中间各节,按照次序依次安装在下节上,注意每一节的方向应该与第一节相同。安装时在法兰面涂上凡士林油或复合脂。

(5)选出避雷器的最上一节,在最上一节上安装固定避雷器设备线夹和均压环,方向要求三相一致且有利于制作设备引线,均压环的安装应水平,不得歪斜,不得变形。

(6)将最后一节安装在已经安装好的避雷器的其他节上。调整避雷器的垂直度,同时调整三相避雷器,要求其中心在同一直线上。

(7)用力矩扳手紧固所有螺栓。

(8)在安装夹板的计数器支撑板上安装计数器,计数器固定好后,连接计数器和避雷器。

(9)将避雷器的设备支架按照设计要求用扁铁与主接地网相连,质量符合规范接地篇的要求。避雷器计数器的接地端要与主接地网相连,接地线规格符合设计要求。

(10)安装完后,测量避雷器本体高压端各金属件至接地体的绝缘距离;检查所有计数器是否相同。

三、技术要求

(1)避雷器起吊及安装时应用绳索,且只允许单节起吊,起吊过程中避免冲击及碰撞。

(2)避雷器的绝缘底座安装应水平。

(3)避雷器安装应垂直,其垂直度应符合制造厂的要求。

(4)并列安装的避雷器相间中心距允许偏差为 10mm;铭牌应位于易于观察的同一侧。

(5)所有安装部位螺栓应紧固,力矩应符合产品技术文件要求。

(6)设备接线端子的接触表面应平整、无毛刺,并应涂以电力复合脂。

(7)避雷器引线的连接不应使设备端子受到超过允许的承受应力。

(8)操作规程中避雷器试验项目的(3)(4)应选其一进行试验。

四、注意事项

(1)拆接引线时,要使用梯子,并有人扶持。

(2)传递工具、器具、材料时应使用传递绳,不得抛掷。

模块十二　火灾自动报警控制装置安装调试

项目一　相关知识

ZBL001　火灾自动报警系统介绍

一、火灾自动报警系统介绍

火灾自动报警系统是火灾探测报警与消防联动控制系统的简称，是以实现火灾早期探测和报警、向各类消防设备发出控制信号并接收设备反馈信号，进而实现预定消防功能为基本任务的一种自动消防设施。它由火灾探测报警系统、消防联动控制系统、可燃气体探测控制系统及电气火灾监控系统组成。

火灾探测报警系统由火灾探测器、触发器件和火灾报警装置等组成，能及时、准确地探测保护对象的初起火灾，并做出报警响应，是保障人员生命安全的最基本的建筑消防系统。

消防联动控制系统由消防联动控制器、消防控制室图形显示装置、消防电气控制装置、消防电动装置、消防联动模块、消防栓按钮、消防应急广播设备、消防电话等设备和组件组成。在火灾发生时联动控制器按设定的控制逻辑准确发出联动控制信号给消防设备，完成对灭火系统、疏散诱导系统、防烟排烟系统及防火卷帘等其他消防相关设备的控制功能，并将动作信号反馈给消防控制室。

可燃气体探测报警系统由可燃气体报警控制器、可燃气体探测器和火灾声光警报器组成，能够在保护区域内泄漏可燃气体的浓度低于爆炸下限的条件下提前报警。它是火灾自动报警系统的独立子系统，属于火灾预警系统。

电气火灾监控系统由火灾监控器、电气火灾监控探测器组成，能在发生电气故障，产生一定电气火灾隐患的条件下发出警报，实现电气火灾的早期预防，避免电气火灾的发生。它是火灾自动报警系统的独立子系统，属于火灾预警系统。

ZBL002　常见火灾报警装置的类型

二、常见火灾报警装置的类型

（一）点型感烟火灾探测器

点型感烟火灾探测器是以烟雾等固体微粒为主要探测对象，适用于火灾初期有阴燃阶段的场所。它一般适用于办公楼的厅堂、办公室等室内场所。有大量水汽滞留、可能产生腐蚀性气体、气流速度大于5m/s、相对湿度经常大于95%、在正常情况下有烟滞留的场所不宜选用感烟探测器。

（二）点型感温火灾探测器

点型感温火灾探测器主要是利用热敏元件来探测火灾的发生。探测器中的热敏元件发生物理变化，从而将温度信号转变成电信号，并进行报警处理。

(三)线型红外光束感烟探测器

线型红外光束感烟探测器的探测源为红外线,利用烟雾的扩散性,可以探测出一定范围之内的火灾。其工作原理是利用烟雾减少红外发光器发射到红外收光器的光束光量来判定火灾。

(四)可燃气体探测器

可燃气体探测器是一种对单一或多种可燃气体浓度响应的探测器。常见的可燃气体有天然气、液化气、煤气、烷类、炔类、烃类等可燃性气体,以及醇类、酮类、苯类、汽油等有机可燃蒸气。

(五)点型感光火灾探测器

点型感光火灾探测器即火焰探测器,是响应火灾发出的电磁辐射的火灾探测器。根据火焰辐射光谱所在的区域,又分为红外火焰探测器和紫外火焰探测器。红外火焰探测器是响应波长高于700nm辐射能通量的探测器;紫外火焰探测器的工作原理与红外火焰探测器类似,不同的是紫外火焰探测器的响应波长低于400nm辐射能通量。

(六)手动火灾报警按钮

在火灾探测器没有探测到火灾的时候,人员可以手动按下手动报警按钮,报告火灾信号。

(七)火灾报警控制器

火灾报警控制器是火灾自动报警系统的心脏,可向探测器供电,具有下述功能:

(1)用来接收火灾信号并启动火灾报警装置,也可用来指示着火部位和记录有关信息。

(2)启动火灾报警信号或通过自动消防灭火控制装置启动自动灭火设备和消防联动控制设备。

(八)可燃气体报警控制器

可燃气体报警控制器可接收检测探头的信号,实时显示测量值,同时输出控制信号,提示操作人员及时采取安全处理措施,或自动启动事先连接的控制设备。

(九)区域显示器(火灾显示盘)

区域显示器(火灾显示盘)是安装在楼层或独立防火区内的火灾报警显示装置,用于显示本楼层或分区内的火警情况。

(十)消防联动控制器

消防联动控制器是一种火灾报警联动控制器,以微控制器为核心,用NV-RAM存储现场编程信息,通过RS-485串行口可实现远程联机,可实现多种联动控制逻辑。

ZBL003 火灾探测器的分类

三、火灾探测器的分类

火灾探测器是火灾自动报警系统的基本组成部分之一,一般按其探测的火灾特征参数、监视范围、复位功能、拆卸性能等进行分类。

(一)根据火灾特征参数分类

根据探测火灾特征参数的不同,可以将火灾探测器分为感烟火灾探测器、感温火灾探测器、感光火灾探测器、气体火灾探测器、复合火灾探测器五种基本类型。

感温火灾探测器，即响应异常温度、温升速率和温差变化等参数的探测器。感烟火灾探测器，即响应悬浮在大气中的燃烧和/或热解产生的固体或液体微粒的探测器，还可分为粒子感烟火灾探测器、光电感烟火灾探测器、红外光束火灾探测器、吸气性火灾探测器等。感光火灾探测器，即响应火焰发出的特定波段电磁辐射的探测器，又称火焰探测器，还可分为紫外火灾探测器、红外火灾探测器及复合式火灾探测器等类型。气体火灾探测器，即响应燃烧或热解产生的气体的火灾探测器。复合火灾探测器，即将多种探测原理集中于一身的探测器，它还可分为烟温复合火灾探测器、红外紫外复合火灾探测器等。

（二）根据监视范围分类

火灾探测器根据其监视范围的不同，分为点型火灾探测器和线型火灾探测器。

点型火灾探测器，即响应一个小型传感器附近的火灾特征参数的探测器；线型火灾探测器，即响应某一连续路线附近的火灾特征参数的探测器。

（三）根据其是否具有复位（恢复）功能分类

火灾探测器根据其是否具有复位功能，分为可复位探测器和不可复位探测器两种。

可复位探测器，即在响应后和在引起响应的条件终止时，不更换任何组件即可从报警状态恢复到监视状态的探测器；不可复位探测器，即在响应后不能恢复到正常监视状态的探测器。

（四）根据其是否具有可拆卸性分类

火灾探测器根据其维修和保养时是否具有可拆卸性，分为可拆卸探测器和不可拆卸探测器两种类型。

可拆卸探测器，即探测器设计成容易从正常运行位置上拆下来，以方便维修和保养；不可拆卸探测器，即在维修和保养时探测器设计成不容易从正常运行位置上拆下来。

四、火灾报警装置系统验收

ZBL006　火灾报警系统的验收

火灾自动报警系统竣工后，建设单位应负责组织施工、设计、监理等单位进行验收。验收不合格不得投入使用。

（1）火灾报警控制器（含可燃气体报警控制器）和消防联动控制器应按实际安装数量全部进行功能检验，其他各种用电设备、区域显示器应按下列要求进行功能检验：

① 实际安装数量在5台以下，全部检验。

② 实际安装数量在6~10台，抽验5台检验。

③ 实际安装数量超过10台，按实际安装数量30%~50%的比例、但不少于5台抽验。

（2）火灾探测器和手动火灾报警按钮，按下列要求进行模拟火灾响应和故障信号检验：

① 实际安装数量在100只以下时，抽验20只（每个回路都应抽验）。

② 实际安装数量超过100只时，每个回路按实际安装数量10%~20%的比例进行抽验，但抽验总数应不少于20只。

③ 被检查的火灾探测器的类别、型号、适用场所、安装高度、保护半径、保护面积和探测器的间距等均应符合设计要求。

ZBL004 火灾报警装置的安装

项目二　常见火灾报警装置的安装

一、准备工作

(一)设备

万用表、火灾报警系统需安装的设备。

(二)材料、工具

电工工具、电锤、锤子、梯子、卷尺、膨胀螺栓、记号笔等。

(三)人员

电气安装调试工。必须穿戴劳动保护用品,严格按操作规程操作。

二、操作规程

(一)安装前准备

(1)火灾自动报警系统的设备安装,应按设计图纸进行,不得随意更改。

(2)安装前,应检查经国家检测中心检测通过的设备证书、当地消防部门颁发的准许使用证书以及设备合格证书。

(3)安装前,应具备平面布置图、接线图、安装图、系统图以及其他必要的技术文件。

(4)安装前,先必须熟悉厂家的使用操作说明书等资料,熟悉图纸。

(5)对已完成施工的配线工程,进行交接。根据现场实际情况,制定安装方案。

(6)安装的设备及器材运至施工现场后,应严格进行开箱检查,并按清单造册登记,设备及器材的规格型号应符合设计要求。产品的技术文件应齐全,具有合格证和铭牌。设备外壳、漆层及内部线路、绝缘应完好,附件、备件齐全。

(二)探测器安装

(1)探测器的安装定位。结合设计图纸和规范要求,用卷尺测量出距离建筑物边缘的距离,用记号笔做好标记。

(2)探测器的固定。

① 探测器的固定,主要是底座的固定。先安装探测器的底座,待整个火灾报警系统全部安装完毕时,最后安装探测器。

② 探测器一般有两个螺钉固定在固定盒上。应根据探测器固定螺栓的间距和螺栓的直径选择相配套的固定盒。

③ 探测器暗装施工时,应根据施工图中探测器位置和有关规定,确定探测器的实际位置,固定盒及配管一并埋入楼板层内。使用钢管配线时,管路应连接成一导电通路。

④ 吊顶内安装探测器,固定盒安装在吊顶上面,根据探测器的安装位置,先在吊顶上钻个小孔,根据孔的位置,将固定盒与配管连接好,配至小孔位置,将配管固定在吊顶的龙骨上或吊顶内的支、吊架上。固定盒应紧贴在吊顶上面,然后对吊顶上的小孔扩大,扩大面积不应大于固定盒的面积。

(3)探测器的安装。

① 探测器底座的外接导线,应留有不小于15cm余量,入口处应有明显标志。

② 探测器安装时,先将预留在盒内的导线用剥线钳剥去绝缘外皮,露出线芯10~15mm(注意不要碰掉编号套管),顺时针连接在探测器底座的各级接线端上,然后将底座用配套的螺栓牢固固定在固定盒上,上好防潮罩。最后按设计图要求检查无误,再拧上探测器头。

③ 调试前将探测器盒旋入或插入底座,当系统采用多线制时按照产品接线图进行接线;当为两线制时应进行地址编码。编码器可能在底座上,也可能在探测器盒上。所谓编码器就是8只或7只微型开关,每只依次表示二进制数码的位数,可进行二进制、十进制的编码,一般接通表示“1”,断开表示“0”。编码时应按说明书进行。

④ 探测器底座的穿线孔宜封堵,安装完毕后的探测底座应采取保护措施。

(三)新型火灾报警装置安装

(1)红外感烟探测器应按产品说明书进行安装。发射器和接收器应相对安装在保护空间的两端,安装前应互相平行且垂直于地面。

(2)缆式线形探测器可敷设在室内顶棚上,距离顶棚垂直距离小于0.5m;热敏电缆安装在电缆托架或支架上时必须紧贴电力电缆或控制电缆的外护套,且为正弦波方式敷设。

(3)红外线火焰探测器的安装应按产品说明书进行,必须符合规范要求,安装时应避免使阳光或灯光直射或反射到探测器上;探测器的有效探测范围内不应有障碍物。

(4)紫外线火焰探测器的安装应按产品说明书进行,必须符合规范要求,应安装在墙上或其他支撑物上,并牢靠固定。

(5)手动报警按钮安装在探测总线回路中。不设编址开关,地址号按其安装顺序自动分配。安装时,将其外壳固定在墙上,三个端子ABC接入0.2~1.5mm^{2}的线,A、B之间接临时跨线,用于布线检查,布线正常后去掉。

(6)接口模块的种类很多,但功能各异,安装时应注意同一报警区域的模块应安装在同一个金属箱内,且应有防潮、防腐蚀的措施。

(四)区域报警控制器的安装

(1)壁挂式控制器安装时首先根据施工图位置,确定好控制器的具体位置,量好箱体的孔眼尺寸,在墙上划好孔眼位置,然后进行钻孔,孔应垂直墙面,使螺栓间的距离与控制器上孔眼位置相同。安装控制器应平直端正,否则应调整箱体上的孔眼位置。

(2)控制器安装在支架上时,应先将支架加工好,进行防腐处理,支架上预定固定螺栓的孔眼,然后将支架装在墙上。控制器的周围要留有适当空间,不得有妨碍操作的障碍物。

(3)控制器应安装牢固,不得倾斜。安装在轻质墙上时,应采取加固措施,用膨胀螺栓固定。控制器质量小于30kg使用$\phi8\times120$mm膨胀螺栓;控制器质量大于30kg则采用$\phi10\times120$mm膨胀螺栓固定。

(4)控制器的外部接线应经过接线箱进入控制器。引入控制器的电缆或导线应整齐,避免交叉,并应固定牢靠;导线引入线穿线后,在进线管处应封堵。

(5)控制器的接地应牢固并有明显标志。

三、技术要求

（一）点型感烟、感温火灾探测器的安装要求

（1）探测器至墙壁、梁边的水平距离不应小于 0.5m。

（2）探测器周围水平距离 0.5m 内不应有遮挡物，以免影响使用效果。

（3）探测器至空调送风口最近边的水平距离不应小于 1.5m。

（4）在宽度小于 3m 的内走道顶棚上安装探测器时，宜居中安装。点型感温火灾探测器的安装间距不应超过 10m，点型感烟火灾探测器的安装间距不应超过 15m，探测器至端墙的距离，不应大于安装间距的一半。

（5）探测器宜水平安装，当确实需要倾斜安装时，倾斜角不应大于 45°。

（二）线型红外光束感烟探测器的安装要求

（1）收、发光器安装应牢固。

（2）发光器和收光器之间的探测区域不宜超过 100m。

（3）探测器至侧墙水平距离不能大于 7m，且不能小于 0.5m。

（三）可燃气体探测器的安装要求

安装位置应根据探测气体的密度确定，若其探测气体密度小于空气密度，探测器安装在泄漏点的上方或者探测气体聚集点的上方。若探测气体密度大于或等于空气密度，探测器安装在泄漏点的下方。

（四）手动火灾报警按钮的安装要求

手动火灾报警按钮安装在明显和便于人员操作的部位。当安装在墙上时，其底边距离地（楼）面的高度保证在 1.3~1.5m。

（五）控制器类设备的安装要求

火灾报警控制器、可燃气体报警控制器、区域显示器、消防联动控制器等统称控制器类设备。当在墙壁上安装时，其底边距离地（楼）面的高度要保证在 1.3~1.5m，其靠近门轴的侧面距墙不能小于 0.5m，工作人员在设备正面操作的距离不能小于 1.2m。当控制类设备落地安装时，其底边要高出地（楼）面 0.1~0.2m。引入或引出控制器类设备的电缆或导线，应符合下列要求：

（1）配线应整齐，不得相互交叉，且配线要固定牢固。

（2）端子板的每个接线端，接线的数量不得超过 2 根。

（3）控制器的主电源应有明显的永久性标志，并应直接与消防电源相连，严禁使用普通工作电源为其供电。

四、注意事项

（1）探测器安装的底座应固定牢固，接线必须可靠压接或焊接；当采用焊接时，不得使用腐蚀性的助焊剂。

（2）探测器的确认灯应面向便于工作人员观察的主要入口方向。

（3）探测器在没有装到底座上之前应妥善保管，并采取防尘、防潮、防腐蚀措施。

（4）热敏电缆敷设时严禁硬性折弯、扭转，防止护套破损。必须弯曲时其半径应大

于 20cm。

(5)安装过程应严格按照厂家说明书、安全操作规程进行。

项目三 火灾报警装置系统调试

ZBL005 火灾报警装置系统的调试

一、准备工作

(一)设备

兆欧表、万用表、火灾探测器综合调试仪器等。

(二)材料、工具

电工工具、对讲机、梯子等。

(三)人员

电气安装调试工。必须穿戴劳动保护用品,严格按操作规程操作。

二、操作规程

(一)准备工作

火灾报警系统的调试工作,在系统施工完毕后进行。系统调试前,应组织专业人员对系统编制出相应的调试方案;应按设计文件要求对设备的规格、型号、数量、备品备件等进行查验;应按相应的施工要求对系统的施工质量进行检查。

因工程特殊原因不能安装的部分设备,应采取妥善措施隔离,确保不影响已安装部分的设备,同时应在图纸上做出标记。

(二)探测器调试

探测器应采用综合调试仪逐个进行试验,探测器报警,确认灯常亮,控制器所报出的位置符合图纸要求;拆除任一探测器,控制器应在 30s 内报出代表该部位的故障信号。

(三)点型感烟、感温火灾探测器调试

(1)采用专用的检测仪器或模拟火灾的方法,逐个检查每只探测器的报警功能,探测器能发出火灾报警信号。

(2)对于不可恢复的火灾探测器采取模拟报警方法逐个检查其报警功能,探测器能发出火灾报警信号。

(四)红外光束感烟火灾探测器调试

(1)用减光率为 0.9dB 的减光片遮挡光路,不能发出报警信号。

(2)用减光率为 1.0~10.0dB 的减光片遮挡光路,能够发出报警信号。

(五)可燃气体探测器调试

依次逐个将可燃气体探测器按产品生产企业提供的调试方法使其正常动作,探测器能发出报警信号。

(六)点型感光火灾探测器调试

采用专用检测仪器和模拟火灾的方法在探测器监视区域内最不利处检查探测器的报警功能,探测器能正确响应。

(七)手动火灾报警按钮调试

手动报警器应采用专用测试钥匙或手动报警开关,确认灯常亮,控制器所报出的位置数据符合图纸要求;拆除手动报警器的引线,报警器应在30s内报出代表部位的故障信号。

(八)可燃气体报警控制器调试

切断可燃气体报警控制器的所有外部控制连线,将任一回路与控制器相连接后,接通电源进行功能试验。

(九)区域显示器(火灾显示盘)调试

将区域显示器(火灾显示盘)与火灾报警控制器相连,检查下列功能并记录:

(1)区域显示器(火灾显示盘)能在3s内正确接收和显示火灾报警控制器发出的火灾报警信号。

(2)消音、复位功能。

(十)消防联动控制器调试

将消防联动控制器与火灾报警控制器、任一回路的输入/输出模块及该回路模块控制的受控设备相连接,切断所有受控现场设备的控制连线,接通电源。使其分别处于自动和手动状态,检查其状态显示,进行下列功能检查并记录,控制器应满足下列相应要求:

(1)使至少50个输入/输出模块同时处于动作状态,检查消防联动控制器的最大负载功能。

(2)消防联动控制器与各模块之间的连接线断路和短路时,消防联动控制器能在100s内发出故障报警信号。

三、技术要求

(一)火灾报警控制器的调试要求

(1)使控制器与探测器之间的连线断路和短路,控制器应在100s内发出故障信号(短路时发出火灾报警信号除外);在故障状态下,使任一非故障部位的探测器发出火灾报警信号,控制器应在1min内发出火灾报警信号,并应记录火灾报警时间;再使其他探测器发出火灾报警信号,检查控制器的再次报警功能。

(2)使控制器与备用电源之间的连线断路和短路,控制器应在100s内发出故障信号。

(3)检查其他功能是否完好,如消音、复位功能、自检功能和屏蔽功能等。

(二)可燃气体探测器调试要求

对探测器施加达到响应浓度值的可燃气体标准样气,探测器能在30s内响应。撤去可燃气体,探测器能在60s内恢复到正常监视状态。

(三)手动火灾报警按钮调试要求

(1)对可恢复的手动火灾报警按钮,施加适当的推力使报警按钮动作,发出报警信号。

(2)对不可恢复的手动火灾报警按钮,采用模拟动作的方法使其发出报警信号。

(四)可燃气体报警控制器调试要求

(1)控制器与探测器之间的连线断路和短路时,控制器能在100s内发出故障信号。

(2)在故障状态下,使任一非故障探测器发出报警信号,控制器在1min内发出报警信号,并应记录报警时间;再使其他探测器发出报警信号,检查控制器的再次报警功能。

四、注意事项

(1)火灾自动报警系统连续运行120h无故障后才可以填写相关的调试报告。

(2)调试过程中应对工作或功能不正常的部件、线路进行检查,必要时更换备件重新测试。

(3)调试工作应由相关专业如给排水、电梯专业配合完成。

(4)严格按照操作规程进行调试,高空作业应做好防护措施。

模块十三　闭路电视监控装置安装调试

项目一　相关知识

ZBM001 闭路电视监控系统的组成及结构模式

一、闭路电视监控系统的组成及结构模式

（一）闭路电视监控系统组成

闭路电视监控系统是安全技术防范体系中的一个重要组成部分，一般由前端设备、传输设备、终端设备组成。该系统具有信息来源广（单台或多台摄像机）、传输距离远、直接传输等特点。

（1）前端设备：主要用于获取被监控区域的图像或影像资料，由摄像机和镜头、云台、编码器、防尘罩等组成。其中摄像机是整个系统的核心，用来衡量系统的规模以及图像质量的优劣。

（2）传输设备：将摄像机输出的视频、音频信号馈送到中心机房或其他监视点，由馈线、视频电缆补偿器、视频放大器等组成。

（3）终端设备：分为处理/控制设备、记录/显示设备两部分，主要用于显示和记录、视频处理、输出控制信号、接收前端传来的信号，包括监视器、各种控制设备和记录设备等。

（二）闭路电视监控系统的结构模式

根据对视频图像信号处理/控制方式的不同，监控系统结构分为以下模式：简单对应模式、时序切换模式、矩阵切换模式、数字视频网络虚拟交换/切换模式。

（1）简单对应模式：监视器和摄像机简单对应。如图 3-13-1 所示。

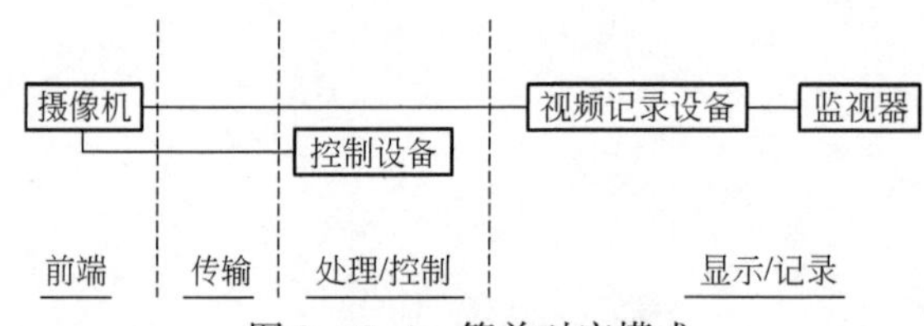

图 3-13-1　简单对应模式

（2）时序切换模式：视频输出中至少有一路可进行视频图像的时序切换。如图 3-13-2 所示。

（3）矩阵切换模式：可以通过任一控制键盘，将任意一路前端视频输入信号切换到任意一路输出的监视器上，并可编制各种时序切换程序。如图 3-13-3 所示。

（4）数字视频网络虚拟交换/切换模式：模拟摄像机增加数字编码功能，被称作网络摄像机，数字视频前端也可以是别的数字摄像机。如图 3-13-4 所示。

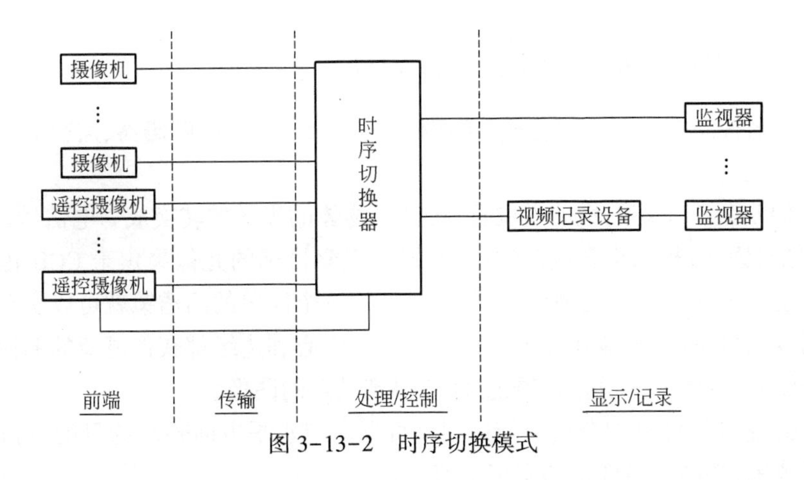

图 3-13-2　时序切换模式

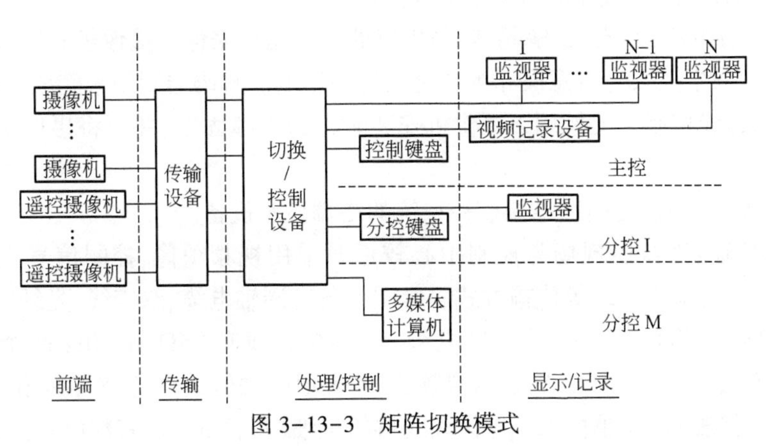

图 3-13-3　矩阵切换模式

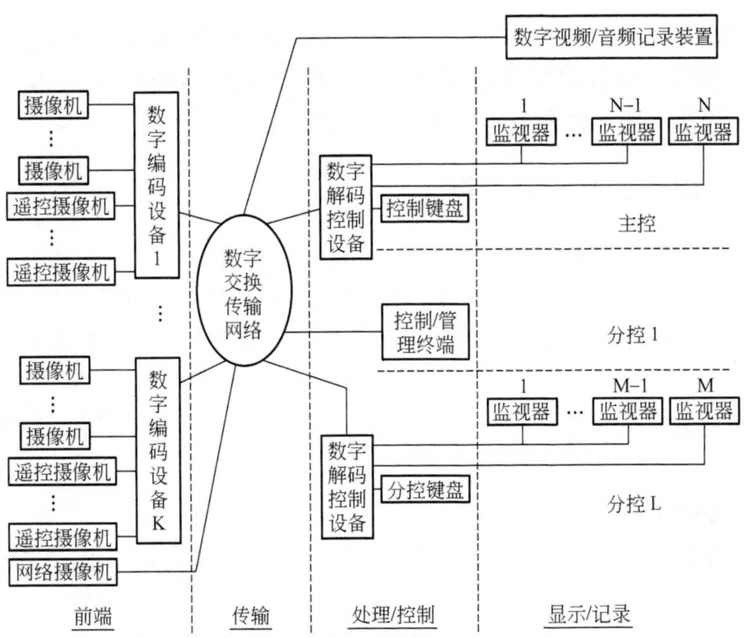

图 3-13-4　数字视频网络虚拟交换/切换模式

ZBM002 闭路电视监控系统的主要组成设备

二、闭路电视监控系统的主要组成设备

闭路电视监控系统主要由摄像机、摄像机镜头、云台、护罩、解码器、监视器、信号传输装置及支架等组成。

（1）摄像机：处于系统的最前沿位置，将被摄物体的光图像转换成为电信号。

（2）摄像机镜头：根据小孔成像的原理，把被观察目标的光像聚焦于 CCD 传感器件上，在传感器件上产生的图像将是物体的倒像，虽然用一个简单的凸透镜就可以实现上述目的，但这时的图像质量不高，不能在传感器件成像板的中心和边缘都获得清晰的图像，为此往往附加若干透镜元件，组成一道复合透镜，才能得到满意的图像。

（3）云台：它与摄像机配合使用能达到垂直方向与水平方向转动的目的，可扩大一台摄像机的监视范围，提高了摄像机的实用价值。

（4）护罩（防尘罩）和支架、解码器：防尘罩的作用是用来保护摄像机和镜头不受诸如有害气体、大颗粒灰尘及人为有意破坏等环境条件的影响。解码器则用来完成对摄像机镜头、全方面云台的总线控制。支架用于摄像机安装时作为支撑固定，并可将摄像机连接于安装部位的辅助器件上。

（5）监视器：监视器是闭路电视监控系统的终端显示设备。

（6）信号传输：当监控现场与控制中心较近时采用视频图像、控制信号直接传输的方式；当距离较远时，采用光纤等传输方式。常用设备有同轴电缆、双绞线、光纤。视频线是用来传输视频基带模拟信号的一种同轴电缆，一般视频线有 75Ω 和 50Ω 两个阻抗。常用 SYV75-5-1 方法表示，其中 SYV 表示视频线（S 表示同轴射频电缆，Y 表示聚乙烯，V 表示聚氯乙烯）；75 代表阻抗（单位 Ω）；5 代表线材的粗细（单位 mm），其数值越大，信号传输距离越远；1 表示单根导线。

（7）控制设备与监视设备包括视频信号分配放大器、矩阵（视频信号切换器）、终端控制器（操作键盘）、报警扩展打印器、字符发生器、终端解码器、终端控制器、多画面分割器、视频移动探测器、隔离接地环路变压器及控制机柜等。

ZBM003 闭路电视监控传输

三、闭路电视监控系统的传输

（一）传输方式的选择要求

（1）传输方式的选择取决于系统规模、系统功能、现场环境和管理工作的要求。一般采用有线传输为主、无线传输为辅的方式。可靠性要求高或者布线便利的系统，应优先选用有线传输方式。

（2）选用的传输方式应保证信号传输的稳定、准确、安全、可靠，且便于布线、施工、检测和维修。

（二）传输线缆的选择要求

（1）传输线缆的衰减、弯曲、屏蔽、防潮等性能要满足系统设计要求，并符合线管产品标准的技术要求。

（2）信号传输线的耐压不得低于 AC 250V，并且要有足够的机械强度。铜芯绝缘导线、电缆芯线的最小横截面积应满足下列要求：

① 穿管敷设的绝缘导线不得小于1.0mm^2。

② 线槽内敷设的绝缘导线不得小于0.75mm^2。

③ 多芯导线的单股线芯不得小于0.5mm^2。

（三）视频信号传输电缆要求

（1）所选用的电缆防护层应符合电缆敷设方式及使用环境的要求。

（2）室外线路要选用外导体内径为9mm的同轴电缆，并采用聚乙烯外套。

（四）光缆的要求

（1）长距离传输时可采用单模光纤，距离较短时可采用多模光纤。

（2）光缆的结构及允许的最小弯曲半径、最大抗拉强度等机械参数，要满足施工条件的要求。

（五）线缆的敷设要求

（1）敷设电缆时，多芯电缆的最小弯曲半径应大于其外径的6倍，同轴电缆的最小弯曲半径应大于其外径的15倍。

（2）线缆槽敷设截面利用率不应大于60%，线缆穿管敷设截面利用率不应大于40%。

（六）光缆敷设的要求

（1）敷设光缆前，应对光纤进行外观检查。核对光缆长度，并根据施工图选配光纤。

（2）敷设光缆时，其最小弯曲半径应大于光缆外径的20倍。采用牵引机进行牵引时，牵引力应加在加强芯上，不得超过150kgf（1kgf=9.8N），牵引速度为10m/min，一次牵引的直线长度不得超过1km，光纤接头的预留长度不应小于8m。

（3）光缆敷设后，要检查光纤有无机械损伤，并对光缆敷设损耗进行抽测。

四、闭路电视监控系统调试及验收

ZBM005 闭路电视监控系统调试及验收

（一）系统调试

系统调试之前，应编制完成相关的技术性文件。调试工作应由项目负责人或相当于工程师资格的专业技术人员主持，并编制调试大纲。调试前，检查工程的施工质量，对施工中出现的问题，如错线、虚焊、开路或短路等应予以解决，应有详细的文字记录。调试项目有：

（1）检查调试摄像机的监控范围、聚焦、环境照度与抗逆光效果等。

（2）检查并调整对云台和镜头等的遥控功能。

（3）检查并调整视频切换控制主机的操作程序、图像切换、字符叠加等功能。

（4）调整监视器、录像机、图像处理器、同步器、编码器、解码器等设备。

（5）当系统具有报警联动功能时，应检查与调试自动开启摄像机电源、自动切换音/视频到指定监视器、自动实时录像等功能。

（6）检查与调整监视图像与回放图像的质量。

（7）系统调试结束后，根据调试记录，如实填写调试报告。调试报告经建设单位认可后，系统才能进入试运行阶段。

（二）系统验收

施工验收应由建设、设计、施工、监理等有关部门组成验收小组负责验收工作。严格按照验收方案进行验收。验收时应做好记录，签署验收证书并应立卷、归档。工程项目验收合格后，才能交付使用。当检验不合格时，应由责任单位负责整改，再行检验，直至合格。

对系统中主要设备的检验，采取简单随机抽样法进行抽样检验。抽样率不得低于20%且不应少于3台；当设备数量少于3台时，应100%检验。检验过程应遵循先子系统，后集成系统的顺序进行。

（三）技术验收

（1）技术验收由验收小组的技术验收组负责。

（2）对照初步设计争论意见、设计整改落实意见和工程检验报告，检查系统的主要功能和技术性能指标，应符合设计任务书、工程合同、国家现行标准和管理规定等相关要求。

（3）对照竣工报告、初验报告、工程检验报告检查系统配置，包括设备数量、型号、安装部位，应符合正式设计文件的要求。

ZBM004 闭路电视监控系统设备的安装

项目二　安装监控摄像头

一、准备工作

（一）设备

摄像机、配套支架、兆欧表、万用表等。

（二）材料、工具

电锤、电工工具、自攻螺丝、梯子、记号笔等。

（三）人员

电气安装调试工。必须穿戴劳动保护用品，严格按操作规程操作。

二、操作规程

（1）设备及材料验收。按照设计图纸核对设备、材料的规格型号，仔细阅读厂家安装说明书。

（2）取出支架，按图纸确定安装位置，检查好胀塞和自攻螺丝的大小型号是否合适，检查预埋的管线接口是否处理好，测试电缆是否畅通。

（3）拿出摄像机和镜头，按照事先确定的摄像机镜头型号和规格，仔细装上镜头（红外摄像机和一体式摄像机不需安装镜头），确认固定牢固后，接通电源，连通主机或现场使用监视器、小型电视机等，调整好光圈焦距。

（4）拿出支架、胀塞、自攻螺丝、螺丝刀、小锤、电钻等工具，按照事先确定的位置，装好支架。检查牢固后，将视频监控设备按照约定的方向装上。

（5）安装摄像机护罩：打开护罩上盖板和后挡板；抽出固定金属片，将摄像机固定好；将电源适配器装入护罩内；复位上盖板和后挡板，理顺电缆，固定好，装到支架上。

（6）把焊接好的视频电缆插头插入视频电缆的插座内（用插头的两个缺口对准摄像机视频插座的两个固定柱，插入后顺时针旋转即可），确认固定牢固、接触良好。

（7）将电源适配器的电源输出插头插入监控摄像机的电源插口，并确认牢固度。

（8）把电缆的另一头按同样的方法接入控制主机或监视器（电视机）的视频输入端口，

确保牢固、接触良好。

(9)接通监控主机和摄像机电源,通过监视器调整摄像机角度到预定范围,调整摄像机镜头的焦距和清晰度,进入录像设备和其他控制设备调整工序。

(10)安装完毕,清理现场。

三、技术要求

(一)摄像机的安装要求

(1)在搬运、架设摄像机的过程中,不得打开镜头盖。

(2)在高压带电设备附近架设摄像机时,要根据带电设备的要求确定安全距离。

(3)在强电磁干扰环境下,摄像机的安装应与地绝缘隔离。

(4)摄像机机器配套装置安装要牢固稳定,运转灵活,避免损坏,并与周边环境相协调。

(5)从摄像机引出的电缆要预留 1m 的余量,不得影响摄像机的转动,摄像机的电缆和电源线均应固定牢固、结实,并且不得使插头承受电缆的自重。

(6)摄像机的信号线和电源线分别引入,外露部分用护管保护。

(7)先对摄像机进行预先安装,经通电试看、细调,检查各项功能,观察监控区域的覆盖范围和图像质量,符合要求后进行加固。

(8)摄像机安装在室外时,检查其防雨、防尘、防潮的设施是否符合设计要求。

(二)支架、云台、解码器的安装要求

(1)根据设计要求安装好支架,确认摄像机、云台与其配套部件的安装位置合适。

(2)解码器固定安装在建筑物或支架上,留有检修空间,不能影响云台、摄像机的运动。

(3)云台安装好之后,检查云台的转动是否正常,确认无误后,根据设计要求锁定云台的起点、终点。

(4)检查确认解码器、云台、摄像机联动工作正常。

(5)当云台、解码器安装在室外时,检查其防雨、防尘、防潮的设施是否符合设计要求。

(三)视频编码设备的安装要求

(1)确认视频编码设备及其配套部件的安装位置符合设计要求。

(2)视频编码设备安装在室内设备箱时,要采取通风与除尘措施。如果必须安装在室外时,要将视频编码设备安装在具备良好防雨、防尘、通风、防盗的设备箱内。

(3)视频编码设备固定安装在设备箱内,应留有线缆安装空间与检修空间,在不影响设备各种连接线缆的情况下,分类安放并固定线缆。

(4)检查确认视频编码设备工作正常,输入、输出信号正常,满足设计要求。

四、注意事项

(1)安装过程中不要用手碰镜头。

(2)确定安装支架前,最好先在安装的位置通电测试一下,以便得到更合理的监视效果。

(3)如果使用画面分割器、视频分配器等后端控制设备,请参照具体产品的接线方式进行。

（4）一般普通枪式摄像机使用500~800mA 12V电源，红外摄像机使用1000~2000mA 12V电源，请参照产品说明选用适合的产品。

项目三　闭路电视监控系统调试

一、准备工作

（一）设备

扫频仪、电平表、电视信号发生器、步话机、电视机、万用表等。

（二）材料、工具

电工工具、手电、爬梯、绝缘胶布、安全带、记录表格等。

（三）人员

电气安装调试工。必须穿戴劳动保护用品，严格按操作规程操作。

二、操作规程

（一）调试顺序

一般情况下，应按天线系统、前端设备、干线系统、分配系统和用户端的顺序进行调试。

（二）调试操作

（1）天线的调整：首先将天线的输出75Ω同轴电缆直接插接在电平表上测量信号电平；再适当调整天线方向或高度，观察指示有无变化；最后把天线方向固定在最大位置上。

（2）天线实测：将天线馈线接在电视机的天线插孔上，接通电源，观察每个频道的图像和伴音质量。

（3）前端设备调试：将天线信号接入混合器，对于有源混合器应调整输入端的电位器，使混合器输出电平差在2dB左右；再接入放大器，并直接测试输出端各频道的电平，使其大于105dB；然后在放大器输出端接彩色电视机，观察各频道收视效果和交互干扰情况。

（4）干线系统的调试：首先调整干线放大器输入端各频道的电平差；再调整干线放大器输出端的电平，以免产生干扰。

（5）分配系统调试：关掉前端电源，并将放大器的输出端断开，同时将电视信号发生器的输出端接在前端的分配器上，选择U道信号，调整输出电平至与设计相符，然后用电视机进行测量和观看，其值应符合设计相符。

（6）调试完毕后即可将放大器接入前端的分配器，检查无误后即可开机工作。

三、技术要求

（1）天线位置的初步选择应符合信号最强的原则；天线应安装在建筑物的最高点，方向应对准电视发射塔。

（2）对于无源混合器，应在强信号频道的混合器输入端加衰减器，使输出控制在±2dB。

（3）分配系统若有线路放大器，应先用万用表检查各分支线路有无短路或断路，确认无问题后再接通电源，然后测其输出输入电平及各频道间的电平差，应符合要求。

(4)有源分配系统有无交互干扰决定着系统能否正常工作,可在系统输入端接入高、中、低3个频道信号,如有干扰可调整更换放大器。

四、注意事项

(1)调整时示值若无明显变换说明元件存在问题,应逐个检查,排除后再重新测试。

(2)调整过程中登高作业做好安全防护措施。

模块十四　扩音呼叫装置安装调试

项目一　相关知识

ZBN001 常见语音通信的方式

一、常见语音通信的方式

目前，大部分石油化工企业使用的语音通信方式主要有调度电话系统、无线对讲系统和广播系统。

（一）调度电话系统

调度电话系统是石油化工企业安全生产管理工作中首选的语音通信方式，通过调度电话来进行企业生产操作的统一指挥和调度。由于调度电话的振铃声音相对较小，再加上话筒和听筒没有采用隔音降噪技术处理，在平均超过 70dB 的环境下进行语音通信清晰度较低，因此仅适用于安静的室内环境，在室外往往达不到预期的效果。

（二）无线对讲系统

无线对讲系统作为石油化工企业辅助语音通信的方式出现。无线对讲机的使用比调度电话更加方便、灵活，但是在易燃易爆、高层金属框架装置、各类金属容器内使用时，由于屏蔽作用导致语音通话的效果较差。

（三）广播系统

在石油化工企业安全生产的过程中，广播系统在广播找人、紧急事故或发生火灾对相关人员进行疏散等方面发挥了至关重要的作用。但是广播系统只能单向通信，不能双向通信。

（四）扩音呼叫系统

为了解决石油化工企业存在易燃易爆、高噪声、强电磁干扰以及无线电信号屏蔽等恶劣环境下语音通话的质量问题，同时又弥补上述三种语音通信方式的不足，扩音呼叫系统应运而生。它能够在噪声 70~100dB 的场所下使工作人员的通话有足够的清晰度、流畅度和稳定度。

ZBN002 扩音呼叫系统的组成

二、扩音呼叫系统的组成

依据技术路线、工作原理和技术实现方式的不同，扩音呼叫系统大致分为有主机式和无主机式。

（一）有主机式扩音呼叫系统

有主机式扩音呼叫系统的主机设置在控制室内，系统由电话交换机、前置话站、扬声器、放大器、电源和接线端子排等单元组成。放大器单元一般为功率输出模块并且可以迭加和互换，话音和扩音采用不同规格的电缆组成多回路。

(二)无主机式扩音呼叫系统

无主机式扩音呼叫系统不设置主机系统,一般由合并分离器、录音单元、与其他通信系统接口联动设备、电源、话站以及总线组成。每个话站由对讲话机(放大器)和扬声器组成。可集中呼叫也可以分组呼叫,话站与话站之间呈并联关系,话站与总线呈并联关系,电源则为统一供电。

有主机式扩音呼叫系统与无主机式扩音呼叫系统相比,除了增加交换功能外,还实现了点到点对讲、寻呼广播、紧急广播、会议通话以及报警等通信功能,与其他通信系统的可整合性和兼容性更强。目前有主机式的扩音呼叫系统已经逐步开始为各大石油化工企业所接受和采用。

(三)有主机式扩音呼叫系统与无主机式扩音呼叫系统的差别

有主机式扩音呼叫系统与无主机式扩音呼叫系统的区别如表 3-14-1 所示。

表 3-14-1　主机式扩音呼叫系统与无主机式扩音呼叫系统的区别

比较内容	无主机式系统	有主机式系统
系统结构	硬件连接为主,继电器控制方式	有 CPU 主控单元,软件控制
布线方式	所有话站都并联在系统总线上	话站采用星形布线方式
功放方式	分散功放,功放在每个话站内	集中功放,在系统主机柜内
功能特点	功能少	功能多
业务需求	单区域内一呼全响	点对点通话关系强
设计制图	简单;一条总线就可连接所有话站	复杂;都要从主配线架连到每个话站,有时中间还需要接配线箱
整体费用	相当,系统总线电缆贵	相当,系统主机设备贵
适用范围	广播找人、对讲通话	既有广播对讲方式,也可以实现点对点呼叫需求

三、扩音呼叫系统的开通与调试

ZBN005　扩音呼叫系统的开通与调试

(一)扩音呼叫系统的开通

系统开通之前,要检查系统的所有连接和各单机设备状态均应符合下列要求。

(1)系统开通与调试应在安装施工全部完毕后进行。

(2)系统开通与调试工作应由专业技术人员负责实施,编制调试大纲。

(3)系统开通与调试前的检查应符合要求。

(4)通电前各设备电源开关要处于"关闭"状态,各设备功能控制要处于初始状态;功率放大器输出控制旋钮要处在最大衰减的位置。

(5)开启各设备的电源开关时,要先开启总电源开关,然后按系统信号传输顺序逐一开启各设备电源开关。

(6)系统开通时,要逐步调整扩声系统至正常工作状态。

(7)主扬声器系统和辅助扬声器系统的开通要符合下列要求:

① 先对主扬声器系统进行开通与检验,然后再对辅助扬声器系统进行开通与检验。

② 当某个扬声器系统出现无声、声音过小、声音失真或有交流声等异常时,应加以

排除。

③ 对各扬声器系统的辐射角度进行调整。

(8)可升降扬声器系统的开通应符合下列要求：

① 先对各单只扬声器系统辐射角度进行调整，调整时应将扬声器系统降至地面，不得悬空调整，应在扬声器系统无信号输入状态下进行。

② 在提升过程中，应先将扬声器系统提升至距地面约 100mm，悬停不小于 30min，观察受力点的状态，无异常现象方可继续提升。

③ 开通完毕后，应将扬声器系统升至设计规定的位置并将其牢固锁定。

(9)各分区扬声器系统的开通应符合下列要求：

① 各分区扬声器系统，声音应全部正常。

② 有音量控制器的扬声器系统，音量控制应正常。

③ 播放广播时，各广播分区声音应正常。

(二)扩音呼叫系统的调试

(1)系统调试应在系统开通完成并确认合格后进行。

(2)系统调试由专业人员主持。

(3)调试时，应先对系统各级工作电平进行合理分配。

ZBN003 常见扩音呼叫系统的设备安装

项目二 常见扩音呼叫系统的设备安装

一、准备工作

(一)设备

话站、扬声器电锤等。

(二)材料、工具

电工工具、万用表、膨胀螺栓、自攻螺丝、梯子等。

(三)人员

电气安装调试工。必须穿戴劳动保护用品，严格按操作规程操作。

二、操作规程

(一)工艺流程

设备定位──→设备安装──→检查安装质量──→工程验收。

(二)设备安装

(1)话站的安装。

① 话站必须具备呼叫和通话开关，并且具有自动消除噪声功能。

② 话站的设置点要根据工艺要求，设置在临近操作岗位，方便使用与维修，最好设置在装置区内的道路边、人员出入口、框架楼梯口、操作平台、罐区周围、物料传输人行走道、控制室、变电所等处。

③ 要根据不同的场所选择桌式话站、防爆型墙挂式话站等。

④ 两个话站之间的距离不要超过50m,话站的安装位置要背向或者尽量远离噪声源。

⑤ 话站的安装高度为中心距离所在地面1.3~1.5m,面向操作通道。

(2)扬声器的安装。

① 要根据不同的场所选用不同类型的扬声器,在装置控制室、变电所等场所选用音箱;在生产框架、罐区等场所要选用防爆型扬声器。

② 在生产装置框架或厂房的同一层,扬声器要在同一方向设置。

③ 在噪声较大的生产装置内部,输出声压级应比环境噪声级高10dB以上。

④ 安装高度视环境条件而定,不宜低于2.5m。

⑤ 扬声器在安装时,必须对固定点进行检查,加装独立柔性防坠落安全措施,其承重能力不得低于扬声器系统自身重量的2倍。

⑥ 采用软连接方式吊装扬声器系统时,吊装系统要采用镀锌钢丝绳或镀锌铁链作为吊装材料,不得使用铁丝吊装。

(3)各类接线箱(盒)的安装。

① 各类接线箱、接线盒、控制板的安装要符合设计要求。

② 各类接线箱(盒)的安装要平整、牢固,面盖板开闭灵活、无卡阻现象,外观和表面要完好无损。

③ 接线箱箱体与预埋管口连接时,要采取管护口及金属锁母连接,不得焊接。

三、技术要求

(1)挂装扬声器系统时,要符合下列要求:

① 挂装扬声器系统的安装支架要严格按照设计要求制作和安装。

② 扬声器系统在实墙上壁挂时,采用镀锌膨胀螺栓固定,膨胀螺栓的规格、数量、间距要满足承重要求。

(2)安装可升降扬声器系统时,要符合下列要求:

① 检查扬声器系统的吊装位置,要安全可靠。

② 升降系统在升降过程中无卡阻、跳动、摇晃现象,电缆盘要通畅无阻,机械与电气控制系统的动作要一致。

(3)其他要求:

① 室外扬声器系统的安装要有防水措施。

② 室外扬声器系统安装时,其中轴线在水平方向上要略微向下安装。

四、注意事项

(1)吸顶音箱的安装需要考虑均匀分布,应合理利用天花结构,避开灯光、空调和检修口等位置。

(2)采用落地式音箱时要特别注意音箱扩声覆盖区域尽量远离话筒的指向区域,以免噪声系统啸叫。

(3)话站避免安装在经常振动、灰尘多或会接触水、油的地方。

(4)接线箱内的电缆或导线应在箱内预留一段长度,作为备用。

ZBN004 扩音呼叫线路的敷设

项目三　扩音呼叫线路的敷设

一、准备工作

（一）设备

话站、扬声器、兆欧表、电锤等。

（二）材料、工具

电锤、线缆、电工工具、金属保护管、线槽、自攻丝、锤子、梯子等。

（三）准备

电气安装调试工。必须穿戴劳动保护用品，严格按操作规程操作。

二、操作规程

（一）工艺流程

管道预制——→管路敷设——→系统布线——→绝缘测试——→工程验收。

（二）扩音呼叫线路敷设

（1）石油化工装置区域内的扩音呼叫电缆，要沿管架、生产框架、厂房墙壁等支撑物敷设。

（2）当扩音呼叫系统电缆与其他通信/仪表桥架路由相同时，可以借用其桥架敷设，如果与通信/仪表桥架不同路由，且通信/仪表电缆较多时，则要设置专用桥架。

（3）扩音呼叫系统电缆在桥架内的填充率要控制在50%~70%。

（4）扩音呼叫系统电缆中的本质安全型电缆和非本质安全型电缆要分开敷设，当在同一桥架内敷设时，要采用设置隔板的形式分开敷设。

（5）线路路由要根据下面的原则及不同线路敷设方式的特殊要求综合考虑。

① 线路应短直、安全稳定、便于施工及维护。

② 主干电缆线路与配线电缆线路的路由，要尽可能走向一致，便于引上和分线。

③ 线缆在敷设时，要尽量避开易使电缆损伤的地方，减少与其他管线等障碍物的交叉和跨越。

（三）线缆终接

（1）线缆在接线前，对已布放的线缆进行对地绝缘电阻、线间绝缘电阻和线缆通断检测，测量结果要符合设计要求并做好记录。

（2）要核实线缆标识内容是否正确。

（3）焊接线缆接头时，不得使用酸性焊剂，焊锡应饱满光滑，不得虚焊。接点处要用相应的套管做保护和绝缘，并且牢固固定。

三、技术要求

（1）石油化工装置的扩音呼叫线路要符合下列要求：

① 扩音呼叫系统终端设备所处的环境是腐蚀区域时，必须选择具备防腐蚀性的电缆。

② 扩音呼叫系统终端设备所处的环境是爆炸危险区域时，必须选择铜芯电缆，其导线截面要放大一级，电缆进出设备时要采取密封措施。

(2)线缆桥架或线缆槽沟内布放线要符合下列要求：

① 线缆的规格、型号要符合设计要求。

② 线缆桥架和槽沟的走向、尺寸要符合设计要求。

③ 布放的线缆排列要整齐、不拧绞。若遇有交叉时，粗线在下，细线在上。

④ 线缆桥架内线缆垂直敷设时，在线缆的上端和每间隔 1.5m 处要固定在桥架的支架上水平敷设时，在线缆的首、尾、转弯及每间隔 5~10m 处进行固定。

四、注意事项

(1)穿线之前，要检查管路是否畅通，管内是否安置了牵引线或拉线，要先安装护口再进行穿线。

(2)穿线前，线缆两端要做好标识，标识书写要清晰、准确，选用不宜破损的材料。

(3)管内穿入多根线缆时，线与线之间不得相互拧绞，并且不得受到外力挤压和损伤。

(4)对于不能直接敷设到位的线管，在线管出线终端口至设备接线端子之间的路段用长度不超过 1.5m 金属软管连接。

模块十五　电话通信装置安装调试

项目一　相关知识

ZBO001 电话通信系统的分类与组成

一、电话通信系统的分类与组成

(一)电话通信系统的分类

电话通信系统可按所用的传输媒介,信源的种类,信号的属性、结构和复用方式等特征进行分类。

(1)按传输媒介分有有线通信系统和无线通信系统。

(2)按信号的结构分有模拟通信系统、数字通信系统和分组数据通信系统等。

(3)按复用方式分有频分复用(FDM)系统、时分复用(TDM)系统和码分复用(CDM)系统等。

(二)电话通信系统的组成

电话通信系统由电话机、电话交换机和传输电路3个主要部分组成。电话机能够方便地实现终端用户之间的呼叫、通话、有声电和电声转换、发送拨号信号、响铃等功能。实现这五大功能的部件依次是送受话器、叉簧、拨号盘、电话铃和电话回路。

(1)送话器是一个装着炭粒的小盒子。盒子的后面有一个固定电极,前面有个振动膜。当对着送话器讲话时,振动膜随声音的大小变化做幅度不等的振动,使炭粒时而压紧,时而放松,从而使流过两个电极之间的电流也跟着变化。

(2)受话器的主体是一个绕有线圈的永久磁铁。对方传来的话音电流在通过线圈时产生一个磁场,吸引磁铁前的薄铁片产生振动,发出声音。

电话交换机主要用来满足大范围内任何用户之间相互通话的要求。电话交换机就控制方式而论,主要分布线逻辑控制(WLC)和存储程序控制(SPC)两种。当交换机工作时,控制部分自动监测用户的状态变化和所拨号码,并根据要求执行程序,从而完成各种交换功能。

ZBO002 通信线路工程器材的检验

二、通信线路工程器材的检验

(一)市话通信电缆单盘检验

(1)外观检查:电缆外护套无损伤,随盘的各种证明资料齐全完整。

(2)密封性能检查:综合护套铜芯全塑电缆要有出厂气压,充入干燥气体,在气压达到30~50kPa稳定3h后,电缆的气压值要符合要求。

(3)市话通信电缆芯线色谱或排列端别应符合标准,电缆A、B端标记要正确、明显。

(4)市话通信电缆的主要电气特性、绝缘指标要符合规定。

（二）光缆单盘检验

（1）光缆外观检查：光缆盘包装完整，光缆外皮、光缆端头封装要完好无损，各种随盘资料齐全，光缆A、B端标志正确、明显。

（2）单盘光缆的光纤传输特性、长度要符合设计要求，单盘测试结果要与出厂检验记录一致。

（三）电杆检验

环形钢筋混凝土电杆的检验要符合下列要求：

（1）环形钢筋混凝土电杆应为锥形体，锥度为1/75。

（2）环形钢筋混凝土电杆有宽度超过0.5mm的环向裂纹、有可见纵向裂缝或者混凝土破碎部分总面积超过$200mm^2$情况之一时，不得使用。

（四）接头盒检验

（1）光缆接头盒及光缆终端盒的主要指标要符合表3-15-1中的规定。

表3-15-1　光缆接头盒及光缆终端盒的主要指标

项　目	密封性能	绝缘电阻	耐压强度
光缆接头盒	光缆接头盒内充气压力为(100±5)kPa，浸泡在常温清水容器中稳定观察15min，应无气体逸出或稳定观察24h，气压表指示无变化	光缆接头盒沉入1.5m深的水中浸泡24h后，光缆接头盒两端金属构件与地之间的绝缘电阻要≥20000MΩ	光缆接头盒沉入1.5m深的水中浸泡24h后，光缆接头盒两端金属构件之间、金属构件与地之间在15kV直流电下1min不击穿、无飞弧现象
光缆终端盒		光缆终端盒两端金属构件之间、金属构件与地之间的绝缘电阻要≥20000MΩ	光缆终端盒两端金属构件之间、金属构件与地之间在15kV直流电下1min不击穿、无飞弧现象

（2）全塑电缆接续护套要符合下列要求。

① 热缩管：表面光滑、无划痕、材质厚薄均匀、金属配件无锈蚀，零配件齐全有效。内壁涂热融胶均匀，保气型热缩管的耐压要符合标准。缩管纵向收缩不大于8%。

② 热注缩套管：外观表面光滑无斑痕，材质厚薄均匀，零配件齐全有效。

（五）接线子检验

（1）电缆扣式接线子外观应完整，外壳材质应具有透明度，卡接要牢固。

（2）电缆模块接线子外观规整无断裂，卡接要牢固。

（3）接线子的初始接头电阻要符合规定。

（4）接线子外壳对地绝缘电阻应$\geq 1\times10^5$MΩ（温度为20℃±5℃，相对湿度为60%~80%）。

（六）配线架检验

（1）电缆配线架保安接线排应符合以下要求：

① 保安接线排的塑料材质具有不延燃性。

② 保安接线排的接线端子温度在（20±5）℃、相对湿度为60%~80%时与外壳间的绝缘电阻不应小于1000MΩ。

（2）光纤配线架应符合以下要求：

① 光纤配线架各功能模块应齐全、装配完整。

② 光纤配线架的高压防护接地装置与机架间的绝缘电阻≥1000MΩ/500V，机架间的耐

压≥3000V,1min 内不击穿、无飞弧现象。

（七）交接箱检验

（1）光缆交接箱应符合下列要求：

① 光缆交接箱密封条粘接应平整牢固,门锁开启应灵活可靠;箱门开启角度≥120°;经涂覆的金属构件表面涂层附着力牢固,无起皮、掉漆等缺陷。

② 光缆交接箱高压防护接地装置,其地线截面积≥$6mm^2$。

③ 光缆交接箱体高压防护装置与机架间的绝缘电阻≥2000MΩ,箱体间的耐压≥3000V,1min 内不击穿、无飞弧现象。

（2）电缆交接箱应符合下列要求：

① 电缆交接箱的箱体应完整、无损伤、无腐蚀、零配件齐全、箱体外壳严密,门锁开启灵活可靠。

② 电缆交接箱任意两个端子之间及任意端子与接地之间的绝缘电阻≥5000MΩ,任意两个端子之间及任意端子与接地之间在接通 500V 交流电时,1min 内不击穿、无飞弧现象。

③ 查验出厂检验记录,室内交接箱防护等级应达到 IP53 级标准,室外交接箱防护等级达到 IP65 级标准。

ZBO003 光（电）缆路由

三、光（电）缆路由

光（电）缆在穿管道敷设前要进行路由复测。路由及敷设方式要以规划部门批准的红线和批准的施工图设计为依据。对于 500m 以上的较大路由变更,设计单位要到现场与监理、施工单位协商,由建设单位批准,并填写“工程设计变更单”。

光（电）缆、管道路由要避开铁路及公路升级、改道、取直、扩宽和路边规划的影响地段。核定“四防”（防腐蚀、防白蚁、防强电、防雷）等地段的长度、措施及实施的可能性。核定通信线路穿越铁路、公路、地下管线等障碍的具体位置和保护措施。通信线路与其他建筑设施的隔距要符合表 3-15-2 和表 3-15-3 中的规定。

表 3-15-2 直埋光（电）缆与其他建筑设施间的最小净距 单位：m

名 称	平行时	交越时
通信管道边线（不包含人孔）	0.75	0.25
非同沟的直埋通信光（电）缆	0.5	0.25
直埋电力电缆（35kV 以下）	0.5	0.5
直埋电力电缆（35kV 及以上）	2.0	0.5
架空线杆及拉线	1.5	
给水管（管径小于 300mm）	0.5	0.5
给水管（管径为 300~500mm）	1.0	0.5
给水管（管径大于 500mm）	1.5	0.5
高压油管、天然气管	10.0	0.5
热力、排水管	1.0	0.5
热力、下水管	1.0	0.5

续表

名　　称	平行时	交越时
燃气管(压力小于 300kPa)	1.0	0.5
燃气管(压力为 300~1600kPa)	2.0	0.5
排水沟	0.8	0.5
房屋建筑红线或基础	1.0	

注:采用钢管保护时,与水管、燃气管、石油管交越时的净距可减小至 0.15m。穿越埋深与光(电)缆相近的各种地下管线时,光(电)缆宜在管线下方通过。

表 3-15-3　架空通信线路交越其他电气设备的最小垂直净距　　单位:m

其他电气设备	最小垂直净距		备　注
	架空电力线路有防雷保护设备	架空电力线路无防雷保护设备	
≤1kV 电力线	1.25	1.25	最高线条到供电线条
1~≤10kV 电力线	2.0	4.0	最高线条到供电线条
35~≤110kV 电力线	3.0	5.0	最高线条到供电线条
110~≤220kV 电力线	4.0	6.0	最高线条到供电线条
220~≤330kV 电力线	5.0		最高线条到供电线条
330~≤500kV 电力线	8.5		最高线条到供电线条
供电接户线(带绝缘层)	0.6		最高线条到供电线条
电力变压器	1.6		最高线条到供电线条

注:供电线为被覆线时,光(电)缆也可以在供电线上方交越。当光(电)缆必须在上方交越时,跨越档两侧电杆及吊线安装应做加强保护装置。通信线应架设在电力线路的下方位置。

四、设备安装及验收要求

ZBO007　设备安装与验收

(一)机房端

(1)光缆在进出孔、ODF 架端要挂牌编号,标牌与竣工资料相符。

(2)光缆内的金属构件在终端处要接地。

(3)光缆进出孔要用防火胶泥堵塞。

(4)光缆在槽道中布放应顺直,无明显扭绞、交叉,进出槽道部位应绑扎并有挂牌。

(二)交接箱

(1)交接箱装配应零配件齐全、无损坏、端子牢固,编扎好的成端光缆应在箱内固定,并进行对号测试和绝缘测试。

(2)交接箱必须单设接地,接地线应符合设计要求,其接地电阻应不大于 10Ω。

(3)交接箱箱号、光缆编号应符合设计要求,箱内跳纤布放合理、整齐,无接头且不影响模块支架开启。

(4)墙式交接箱的安装位置应选择坚实、牢固、安全的墙面;交接箱底部距地平线、箱体距墙角的距离应符合设计要求。

(三)线路

1. 架空线路敷设

(1)架空光缆抽查的长度应不小于光缆全长的 10%,沿线检查杆路与其他设施间距、光缆及接头安装质量、预留光缆盘放、与其他线路交越、靠近供电线保护措施等是否合格。

(2)电杆应按设计规定的杆距立杆,因地形特殊情况距离不要超过 65m。

(3)拉线装置应符合设计要求,拉线应采用镀锌钢绞线,拉线固定方式以设计的材料为准实施。

(4)靠近高压电力设施的拉线,应根据设计规定加装绝缘子。

2. 管道敷设

(1)管道光缆抽查数为人井总数的 10%,检查光缆及接装潢的安装质量、保护措施、预留光缆的盘放以及管口堵塞、光缆及子管标志。

(2)直埋式光缆应全部沿线检查其路由及位置、规格、数量、埋深,加固保护措施。

(3)子管不得跨井敷设,在管道内不得有接头,管孔应按设计要求封堵。

(四)测试及通话试验

(1)查线主要是接线的正确可靠与否及编号是否正确统一,检查端子及导线或电缆线芯的绝缘电阻,检出率应为 100%。

(2)设备及电话机的测试和检查一般应按厂家提供的安装使用说明书进行。

(3)防雷接地电阻、保护接地电阻的测试应符合要求。

(4)通话试验主要验证接线是否正确、线号是否对应、声音效果如何,必要时应用电平表测试。

(五)工程试运行

(1)光(电)缆线路工程经初验合格后,应按设计要求的试运行期立即组织工程产品试运行。

(2)工程试运行应由维护部门或建设单位委托的代维单位进行试运行期维护,并应全面考察工程质量,如发现问题应由责任单位返修。

(3)试运行时间不应少于 3 个月。试运行结束后半个月内,向上级主管部门报送工程竣工报告。

(六)工程终验

在工程试运行结束后,由建设单位根据试运行期间系统主要性能指标是否达到设计要求及对存在遗留问题的处理意见,组织设计、监理、施工和接收单位参加,对工程进行终验,并给出书面评价。

ZBO004 光缆测试

项目二　光缆测试

一、准备工作

(一)设备

光时域反射仪、光纤耦合器、绝缘摇表、偏振模色散检测仪、万用表等。

(二)材料、工具

光缆、对讲机、电切割刀、电工工具、锯弓等。

(三)人员

电气安装调试工。必须穿戴劳动保护用品,严格按操作规程操作。

二、操作规程

（一）施工工序

施工准备⟶外观检查⟶光缆开剥⟶A、B 端判别⟶单盘测试⟶光缆密封⟶不合格产品控制。

（二）施工准备

（1）根据到货清单，核对光缆的盘号、型号、规格、盘长、端别、数量，应符合订货合同规定或设计要求。

（2）根据光缆出厂质量合格证和测试记录并对照实物检查光缆程式、光纤、绝缘介质、加强芯、色谱标识等符合技术标注的规定。

（3）对使用的工具、仪表要进行检查，确保性能指标正常。

（4）光时域反射仪、绝缘电阻测试仪经过鉴定并在鉴定有效期内，检查仪表所需电源应安全可靠。

（三）缆盘外观检查

检查外观包装有无破损，缆线有无损坏、压扁等情况，并详细记录。

（四）光缆开剥

（1）对光缆头压扁、创伤、出厂的原封粘连等部分应切除后再进行端头的开剥。

（2）用环切刀在距光缆端头 500mm 处环切外护套，轻折几次使环切处折断，往端头侧用力拉，剥去外护套露出内护套。

（3）在内护套上，距端头 400mm 处，用单面刀片环切，轻轻地将内护套折断抽出，如果护套过紧，一次不容易抽出，可分多段处理。

（4）用剪刀剪去松解包层，在离端头 400mm 处用切割刀将光纤外塑护套管切除，露出裸光纤。依次用酒精棉擦净光纤。

（五）光缆 A、B 端判别

（1）填充型光缆应检查填充是否饱满。

（2）面对光缆截面，由领示色按顺时针方向排列时为 A 端，反之为 B 端面。

（3）光缆纤芯色谱的排列与编号以出厂的排列为准。

（六）单盘测试

（1）用酒精棉擦拭光纤。

（2）按照光纤切割刀使用说明书中的使用方法，对光纤进行端面制作。

（3）将制作好端面的光纤放入光纤耦合器，耦合器的另一端接 1km 测试光纤，测试光纤的另一端接 OTDR 的光输出口。

（4）选择测试范围、测试脉宽，调整折射率，分 1310nm 波长和 1550nm 波长两个窗口进行测试。

（5）启动 OTDR 上的激光管对被测光纤进行扫描取样，一段时间后停止扫描，在 OTDR 显示器上移动 A 光标和 B 光标，使光标置于被测试光纤的两端，读出光纤的长度，再将光标分别移动到光纤曲率的平滑处，读出每公里衰减。具体测试按照设备操作说明书进行。

（6）若采用 G. 655 单模光纤，其传输速率达到 10Gb/s 以上时，还应测试偏振模色散。

（7）填写光缆盘测试记录表，应记录光纤长度、衰减并填写测试仪器、测试温度、测试人员、日期、记录人等信息。

（七）光缆密封

测试完光纤后，用钢锯锯掉所有开剥部分，最好用热缩帽对光缆进行密封，对光缆盘保护层及时复原。

（八）不合格品控制

对达不到出厂指标或设计标准的光缆应及时通知厂家，分析原因，按不合格品控制程序处理。

三、技术要求

（1）对运到现场的光缆进行数量清点和外观检查，如发现异常应做重点检查。

（2）不符合要求的光缆严禁使用。

（3）单盘测试后及时做好记录。

（4）在光缆开剥、测试及密封头过程中，其弯曲半径不应小于光缆外径的 20 倍。

（5）光缆单盘固有传输损耗应满足：当波长 1310nm 时衰减小于 0.35dB/km；波长 1550nm 时小于 0.22dB/km。

四、注意事项

（1）仔细检查测试所用电源，测试完毕及时切断电源。

（2）缆盘应放置平衡，以免发生意外。

（3）使用光时域反射仪时严禁肉眼直视发射端孔，以免灼伤眼睛。

（4）光纤系玻璃纤维，切割下的光纤收集处理好，以免刺伤人。

ZBO005 光（电）缆敷设

项目三　光（电）缆敷设

一、准备工作

（一）设备

吊车、板车、牵引机、引导装置等。

（二）材料、工具

电工工具、滑轮、牵引绳、穿管器等。

（三）人员

电气安装调试工、司机、起重工。必须穿戴劳动保护用品，严格按操作规程操作。

二、操作规程

（一）敷设前准备

（1）检查敷设路径，清除杂物，保持管路畅通。

（2）制作线路敷设路径表，按照施工方案要求做好准备工作。

(3)将所需线路运至指定位置,并做好敷设前检查。

(二)敷设直埋光(电)缆

(1)直埋光(电)缆埋深应满足通信光缆线路工程设计要求的有关规定,具体埋设深度应符合表3-15-4中的标准。光(电)缆在沟底应是自然平铺状态,不得有绷紧腾空现象。

表3-15-4　直埋光(电)缆埋深标准

<table>
<tr><th colspan="2">敷设地段或土质</th><th>埋深,m</th><th>备　注</th></tr>
<tr><td colspan="2">普通土</td><td>≥1.2</td><td></td></tr>
<tr><td colspan="2">半石质、砂砾土、风化石</td><td>≥1.0</td><td rowspan="2">从沟底加垫100mm细土或沙土,此时光缆的埋深可相应减少</td></tr>
<tr><td colspan="2">全石质</td><td>≥0.8</td></tr>
<tr><td colspan="2">流沙</td><td>≥0.8</td><td></td></tr>
<tr><td rowspan="2">公路边沟</td><td>石质(坚石、软石)</td><td>边沟设计深度以下0.4</td><td rowspan="2">边沟设计深度为公路或城建管理部门要求的深度</td></tr>
<tr><td>其他土质</td><td>边沟设计深度以下0.8</td></tr>
<tr><td colspan="2">公路路肩</td><td>≥0.8</td><td></td></tr>
<tr><td colspan="2">穿越公路</td><td>≥1.2</td><td>距路基面或距路面基底</td></tr>
</table>

(2)光(电)缆可同其他通信光缆或电缆同沟敷设,同沟敷设时应平行排列,不得重叠或交叉,缆间的平行净距应≥100mm。

(3)埋式光(电)缆进入人(手)孔处应设置保护管。光(电)缆铠装保护层应延伸至人孔内距第一个支撑点约100mm处。

(4)埋设后的单盘光缆,应检测金属外护层对地绝缘电阻,使用高阻计500V DC,2min或在兆欧表指针稳定后显示值指标应不低于10MΩ·km,其中允许10%的单盘光缆不低于2MΩ。

(三)敷设架空光(电)缆

(1)架空光(电)缆敷设后应自然平直,并保持不受拉力、应力,无扭转,无机械损伤。

(2)应根据设计要求选用光(电)缆的挂钩程式。光(电)缆挂钩的间距应为500mm,允许偏差为±30mm。挂钩在吊线上的搭扣方向应一致,挂钩托板应安装齐全、整齐。

(3)布放吊挂式架空光缆应在每1~3根杆上做一处伸缩预留。伸缩预留在电杆两侧的扎带间下垂200mm。

(4)电缆接头在近杆处,200对及以下的电缆接头距电杆应为600mm,200对以上电缆接头距电杆应为800mm,允许偏差均为±50mm。

(四)敷设墙壁光(电)缆

(1)不宜在墙壁上敷设铠装或油麻光(电)缆。

(2)墙壁光(电)缆离地面高度应不小于3m。

(五)敷设吊线式墙壁光(电)缆

(1)吊线式墙壁光(电)缆使用的吊线程式应符合设计要求。

(2)墙上支撑的间距应为8~10m,终端固定物与第一只中间支撑的距离应不大于5m。

(六)敷设管道光(电)缆

(1)子管不得跨人(手)孔敷设,在管道内不得有接头。

（2）子管在人（手）孔内伸出长度一般为 200~400mm。

（3）光缆在各类管材中穿放时，管材的内径应不小于光缆外径的 1.5 倍。

（4）敷设后的光（电）缆应平直、无扭转、无交叉，无明显刮痕和损伤。

三、技术要求

光（电）缆线路的走向、端别应符合设计要求。分支光缆的端别应服从主干光缆的端别。光（电）缆敷设前应进行合理的配盘，配盘应满足以下要求：

（1）配盘应根据光（电）缆盘长和路由情况对距离和预留的要求综合考虑，尽量做到不浪费光（电）缆、施工安全和减少接头。

（2）配盘应按照设计要求，考虑路由情况，选择合适的光（电）缆结构。

（3）光缆应尽量按出厂盘号顺序排列，以减少光纤参数差别所产生的接头本征损耗。

（4）光缆配盘、敷设安装的重叠和预留长度应符合光缆在接头处的预留、光纤在接头盒内的盘留以及其他预留的要求，并符合表 3-15-5 中的规定。

表 3-15-5　光缆预留长度要求及增长参考值

项　目	敷设方式		
	直埋，m	管道，m	架空，m
接头处每侧预留长度	5~10	5~10	5~10

（5）光缆敷设安装的最小曲率半径应符合表 3-15-6 中的规定。

表 3-15-6　光缆敷设安装的最小曲率半径

光缆外护层形式	无外护层或 04 型	53、54、33、34 型	333 型、43 型
静态弯曲	10*D*	12.5*D*	15*D*
动态弯曲	20*D*	25*D*	30*D*

注：*D* 为光缆外径，单位为 mm。

（6）光（电）缆敷设中要保证外护层的完整性，无扭转、打小圈和浪涌的现象发生。

（7）光（电）缆敷设完毕，应保证线缆或光纤良好，缆端头应做密封防潮处理，不得浸水。

（8）架空光缆敷设时要满足下列要求：

① 架空光缆在平地敷设时，使用挂钩吊挂。光缆接头应选择易于维护的直线杆位置，预留光缆用预留支架固定在电杆上。

② 架空杆路的光缆每隔 3~5 挡杆要求做 U 形伸缩弯，大约每 1km 预留 15m。

③ 引上架空（墙壁）光缆用镀锌钢管保护，管口用防火泥堵塞。

（9）管道光缆敷设时要满足下列要求：

① 光缆敷设前管孔内穿放子孔，光缆选 1 孔同色子管始终穿放，空余所有子管管口加塞子保护。

② 为了减少光缆接头损耗，管道光缆应采用整盘敷设。

③ 敷设管道光缆之前必须清刷管孔。子孔在人（手）孔中的余长应露出管孔 150mm 左右。

④ 光缆在人（手）孔内安装，如果手孔内有托板，光缆在托板上固定，如果没有托板则将

光缆用膨胀螺栓固定,且膨胀螺栓钩口向下。

四、注意事项

(1)运输光(电)缆时应避免倾倒,砸伤人。

(2)缆盘应放置平稳,避免敷设过程中伤人或损坏缆线。

(3)敷设过程严格执行安全操作规程,高空作业应采取防护措施。

项目四 光缆接续与封装

ZBO006 光缆接续与封装

一、准备工作

(一)设备

光纤熔接机。

(二)材料、工具

光缆接续盒、多芯光缆、光纤端面切割刀、剥纤钳、束管剥除钳、电工工具、万用表、除尘气球、酒精棉、热熔套管、卷尺、锯弓、标签纸。

(三)人员

电气安装调试工。必须穿戴劳动保护用品,严格按操作规程操作。

二、操作规程

(一)准备工作

放置好工作台,将操作工具、材料擦拭干净待用,并摆放整齐有序。

(二)护套开剥

(1)先确定光缆的 A、B 端。

(2)然后在两端光缆上各套入两只直径为 1.7cm 的 O 形挡圈待用。

(3)距离光缆端头 1300mm 处,用专用切割刀切护套,然后轻折使环切处折断,往端口侧用力抽出(如护套过紧,一次不易抽出,可分 2~3 段或纵剖处理)。

(4)从光缆缆芯端头松解包层至护套切口处,并用刀片或剪刀将包层割除,露出束管及加强芯。

(5)依次用棉纱或酒精棉将束管及加强芯上的油膏擦净,并剪去填充物等。

(6)距护套切口处 40mm,剪去多余的加强芯。

(三)连接支架

(1)将光缆固定在工作台支架上,保持两侧光缆基本平直对应。

(2)夹箍距外护套切口 5mm,如缆身小于夹箍内直径,应在该部位缠绕外护套切口处用黑色绝缘胶带包扎 2 层,缆身距切口处 2cm。

(3)加强芯固定牢固,不得超出紧固螺栓 5mm。

(四)盘留板安装和光纤接续

(1)按顺序检查光纤的排列,把两侧光纤分开理顺。

(2)距光缆护套切口10mm处,用束管专用切割刀将光纤束管环切一周,轻轻折断并抽出,露出光纤(光纤束管可分段切除)。

(3)用酒精棉擦净光纤上的油膏,然后把光纤放置在盘留板的引入槽内,并用绑扎带将光纤松套管绑扎在槽孔上,不宜太紧,应稍能移位松动。

(4)将光纤熔接机及接续专用工具擦洗干净,将材料放置在操作台上,把各部位电源按规定接好。

(5)按要求擦洗干净光纤,开剥,制备断面,并按光纤熔接工艺进行熔接。

(6)每完成一根光纤接续后,应把光纤余长留在盘留板槽道内。

(7)接完4根光纤后再安装一块光纤盘留板。安装时将第二块盘留板安放在第一块盘留板上方,使上下轴孔对齐,并用L形轴销穿入轴孔内定位,然后用盘留板一侧外角搭扣扣住下面一块盘留板。

(五)接头盒的安装

(1)在光缆夹箍外侧100mm范围内,用砂纸打毛再用酒精棉擦净护套上的油污。

(2)将下半片接头盒从下面合在接头位置,用记号笔在缆身上分别画出各部位标记(密封、挡圈),再将半片接头盒拿开。

(3)分别将两端的一个O形圈先放置到夹箍处,然后在中间记号线间,用橡胶密封带缠绕2周,缠绕接缝处应粘接牢固。缠绕直径略大于O形挡圈的直径。

(4)用橡胶密封带缠绕堵头1~2周,使缠绕直径略大于堵头最大直径。然后放入合适位置。

(5)将另一个橡胶挡圈移至最外侧的标记线上,该部位也要用酒精擦净。

(6)把橡胶密封胶条(2根)嵌入盒体两边槽道内,与两端橡胶密封带相粘连。

(7)将下半片接头盒体从下朝上合在接头位置,使各接圈及密封胶带均落在盒体两端的槽道中。将上半片接头盒体在接头位置与下半片盒体合拢,使两侧固孔位对准。

(8)把内六角螺栓从上往下穿入不锈钢压板眼孔,拧在不锈钢压板两侧各个螺孔内(上下两块压板已预配在盒体上)。紧固时应重新检查挡圈等是否到位。

(9)将各部分紧固螺栓继续成对角、交替均匀拧紧,直至上下盒体密合为止。

(六)施工结束

安装完毕,清理现场后方可进行后续光纤测试。

三、技术要求

(1)对填充型光缆,接续时应采用专用清洁剂去除填充物,严禁用汽油清洁。

(2)光纤、铜导线应编号,并作永久性标记。

(3)光缆加强芯在接头盒内必须固定牢固,金属构件在接头处应成电气断开状态。

(4)光缆加强芯的连接应根据设计要求和接头盒的结构夹紧、夹牢。

(5)光缆接头盒安装必须牢固、整齐,两侧必须作预留伸缩弯。

(6)架空光(电)缆交接箱应安装在H杆的工作平台上,工作平台的底部距地面应不小于3m,且不影响道路通行。

(7)光纤预留在接头盒内的光纤盘片上时,应保证其曲率半径不小于30mm,且盘绕方向应一致，无挤压、松动。带状光缆的光纤接续后应理顺，不得有“S”弯。

（8）光纤的固定接头应采用熔接法，光纤熔接后应采用热熔套管保护。

（9）接头套管内应放置防潮剂和接头责任卡。

（10）封装完毕，应测试检查并做好记录，需要做地线引出的，应符合设计要求。

四、注意事项

（1）在切割光纤时，端面不应出现毛刺、缺陷、不平整、刀痕过深、刀痕处有放射性裂纹等现象；每接完一根光纤应对接续处进行加强热熔处理。

（2）热熔过程中，应确保光纤洁净、平直。

（3）盒体安装时各片橡胶挡圈均应必须入槽道内。

（4）密封条、带的嵌置和缠绕应严格按规定尺寸操作。

（5）在拧紧各部位螺栓时应交替对称均匀地进行，不得集中在一个部位。

（6）操作过程中应严格遵守操作规程，避免造成人身伤害和设备损坏。

理论知识练习题

初级工理论知识练习题及答案

一、单项选择题(每题4个选项,只有1个是正确的,将正确的选项号填入括号内)

1. AA001 电阻器的文字符号为( )。
   A. R B. Z C. DZ D. L
2. AA001 电流互感器的文字符号为( )。
   A. YH B. TA C. L D. DL
3. AA001 电力变压器的文字符号为( )。
   A. TN B. TM C. TL D. TC
4. AA002 识别概略图时应主要关注( ),不要求弄清电气原理和接线等。
   A. 系统的组成和相对位置关系 B. 原理
   C. 接线 D. 结构
5. AA002 概略图和框图多采用( ),只有在某些380/220V低压配电系统中,概略图才部分采用多线图表示。
   A. 多线图 B. 单线图 C. 位置图 D. 结构图
6. AA002 概略图应采用( )或者带注释的框绘制。
   A. 图形符号 B. 符号
   C. 文字 D. 同时采用符号和文字
7. AA003 识读电气原理图的基本方法不包括( )。
   A. 看主电路和辅助电路 B. 看联锁保护电路
   C. 看特殊功能电路 D. 看平面布置
8. AA003 辅助电路不包含( )。
   A. 控制电路 B. 信号电路 C. 接地电路 D. 照明电路
9. 1AA003 分析辅助电路时要根据主电路中( )和执行电器的控制要求,逐一找出控制电路中的其他控制环节,将控制线路“化整为零”,按功能不同划分成若干个局部控制线路来进行分析。
   A. 各电动机 B. 各用电设备 C. 灯具 D. 变压器
10. AB001 电气系统图往往采用( )。
    A. 概略图 B. 单线图 C. 三线图 D. 三相四线图
11. AB001 只有某些( )低压配线系统才部分采用三线图或三相四线图。
    A. 380/220V B. 380V
    C. 220V D. 380V 或 220V
12. AB001 电气系统图是指( )按一定次序连接成的电路图,又称主接线图。
    A. 用电设备 B. 一次设备 C. 设备 D. 二次设备

13. AB002　动力平面图是用来表示(　　)平面图。
A. 电动机类动力设备、配电箱的安装位置
B. 配电箱的安装位置
C. 供电线路敷设路径、方法
D. 以上全是

14. AB002　动力线路在平面图上采用(　　)相结合的方法表示出线路的走向,导线的型号、规格、根数、长度,线路的配线方式,线路用途等。
A. 图线和框图　　B. 文字符号和表
C. 图线和文字符号　　D. 文字和框图

15. AB002　下列关于动力平面图所表示的主要内容,叙述不正确的是(　　)。
A. 电力设备的安装位置、安装标高　　B. 电力设备的型号、规格
C. 动力配电箱的安装位置　　D. 设备的接地路线

16. AB003　钠灯的代号为(　　)。
A. Na　　B. Ne　　C. Xe　　D. IN

17. AB003　投光灯的符号为(　　)。
A. L　　B. T　　C. J　　D. H

18. AB003　在常用灯具类型符号的表示方法中,T 表示(　　)。
A. 投光灯　　B. 荧光灯
C. 吸顶灯　　D. 卤钨探照灯

19. AC001　导体的电阻与(　　)无关。
A. 加在导体两端的电压　　B. 导体的温度
C. 导体的长度　　D. 导体的截面积

20. AC001　同一温度下,相同规格的四段导线,(　　)导线的电阻值最小。
A. 铁　　B. 铜　　C. 铝　　D. 银

21. AC001　电阻的国际单位是(　　)。
A. Ω　　B. F　　C. H　　D. C

22. AC002　1 法拉等于(　　)微法。
A. 10^2　　B. 10^6　　C. 10^3　　D. 10^4

23. AC002　电容器具有储存(　　)的性能。
A. 电荷　　B. 电量　　C. 电流　　D. 电能

24. AC002　两只均为 10μF 的电容,并联后的等效电容为(　　)。
A. 20μF　　B. 10μF　　C. 5μF　　D. 30μF

25. AC003　电感的国际单位为(　　)。
A. F　　B. H　　C. W　　D. Ω

26. AC003　电感对直流电的阻碍作用称为感抗,用(　　)表示。
A. L　　B. X_L　　C. $I/\omega L$　　D. 0

27. AC003　感抗与交流电的频率和线圈的电感成(　　)。
A. 正比　　B. 反比　　C. 无关　　D. 非线性

28. AC004　1 安培等于(　　)微安。

A. 10^2　　B. 10^6　　C. 10^3　　D. 10^4

29. AC004　对电压、电流的关系叙述正确的是(　　)。

A. 在闭合电路中,电流的大小与电压有关

B. 在闭合电路中,电流的大小与电压无关

C. 电压越高,电流越大

D. 电压越低,电流越小

30. AC004　电流的国际单位为(　　)。

A. A　　B. kA　　C. mA　　D. V

31. AC005　电压的国际单位为(　　)。

A. A　　B. V　　C. kV　　D. mV

32. AC005　1 伏特等于(　　)毫伏。

A. 10　　B. 100　　C. 1000　　D. 10000

33. AC005　下列对电压和电动势的叙述不正确的是(　　)。

A. 两者的基本单位相同　　B. 电压的正方向为电压降的方向

C. 电动势的正方向为电位升高的方向　　D. 两者的正方向都是电位降落的方向

34. AC006　下列对电动势的叙述正确的是(　　)。

A. 电动势的方向规定为电位升高的方向　　B. 电动势是电场力对单位电荷所做的功

C. 电动势就是高电位　　D. 电动势就是电压

35. AC006　电动势的单位为(　　)。

A. J　　B. V　　C. W　　D. A

36. AC006　下列对电位的叙述正确的是(　　)。

A. 电位是电荷在电场中所具有的位能大小的反映

B. 电位就是电动势

C. 电位的单位是 J

D. 想知道某点的电位,不需要指定“特殊点 O”

37. AC007　下列关于电功率的叙述,正确的是(　　)。

A. 单位时间内电流所做的功　　B. 一段时间内电流所做的功

C. 单位时间内电流所做功的 2 倍　　D. 一段时间内电流所做功的 2 倍

38. AC007　电功率的单位用(　　)表示。

A. 瓦特(W)　　B. 焦耳(J)

C. 千瓦时(kW · h)　　D. 伏安(VA)

39. AC007　电阻通过电流消耗的电功率可用(　　)表测量。

A. 电流　　B. 电压　　C. 功率　　D. 欧姆

40. AC008　直流电的频率是(　　)。

A. 0Hz　　B. 50Hz　　C. 60Hz　　D. 100Hz

41. AC008　下列不属于直流电源的是(　　)。

A. 碱性电池　　B. 铅酸电池　　C. 充电电池　　D. 市网电源

42. AC008　下列对直流电的叙述不正确的是(　　)。

A. 直流输电没有相位差　　B. 直流输电线路是两根导线

C. 直流输电的有功损耗大　　D. 直流输电适合两个电力系统的互联

43. AC009　部分电路的欧姆定律的内容是(　　)。

A. 通过电阻的电流与电源两端的电压成正比

B. 通过电阻的电流与电源两端的电压成反比

C. 通过电阻的电流与电阻两端的电压成正比

D. 通过电阻的电流与电阻两端的电压成反比

44. AC009　部分电路欧姆定律与全电路的欧姆定律的区别是(　　)。

A. 部分电路欧姆定律适用于简单电路

B. 全电路欧姆定律适用于复杂电路

C. 部分电路欧姆定律适用于闭合电路

D. 全电路欧姆定律适用于闭合电路

45. AC009　已知某一段电路中的电阻是10Ω,电路两端电压是220V,则流过电路的电流是(　　)。

A. 22A　　B. 2200A　　C. 220A　　D. 10A

46. AC010　基尔霍夫第二定律指出,任何一个闭合回路内电阻压降的代数和(　　)电动势代数和。

A. 等于　　B. 大于　　C. 小于　　D. 不小于

47. AC010　基尔霍夫第二定律是研究电路中(　　)之间关系的。

A. 电压与电流　　B. 电压与电阻　　C. 电压、电流、电阻　　D. 回路电压

48. AC010　基尔霍夫第一定律的内容是:流入节点的电流之和(　　)流出节点的电流之和。

A. 等于　　B. 大于　　C. 小于　　D. 小于或等于

49. AC011　习惯上称的交流电,其变化规律是随时间按(　　)函数规律变化的。

A. 正弦　　B. 余弦　　C. 正切　　D. 余切

50. AC011　正弦交流电的(　　)不随时间按一定规律做周期性变化。

A. 电压、电流的大小　　B. 电动势、电压和电流的大小和方向

C. 频率　　D. 电动势、电压、电流的大小

51. AC011　某一交流电周期为0.001s,则其频率为(　　)。

A. 0.001Hz　　B. 100Hz　　C. 1000Hz　　D. 50Hz

52. AC012　在正弦交流纯电阻电路中,正确反映电流与电压之间关系的表达式是(　　)

A. $i=V/R$　　B. $I=U/R$　　C. $i=u/R$　　D. $I=U_m/R$

53. AC012　下列不属于纯电阻器件的是(　　)。

A. 白炽灯　　B. 日光灯　　C. 电炉　　D. 变阻器

54. AC012　纯电阻电路的电压和电流最大值之间符合(　　)。

A. 欧姆定律　　B. 基尔霍夫第一定律

C. 基尔霍夫第二定律　　D. 以上全是

55. AC013 在纯电感电路中,线圈的外加电压和自感电动势(　　)。
A. 大小相等、方向相反　B. 大小相等、方向相同
C. 大小不等、方向相反　D. 大小不等、方向相同
56. AC013 在纯电感电路中,电压和电流同频率时,电流相位比电压相位(　　)。
A. 超前 90°　B. 滞后 90°　C. 超前 45°　D. 滞后 45°
57. AC013 在纯电感电路中,将瞬时功率的(　　)称为无功功率。
A. 最大值　B. 有效值　C. 平均值　D. 最小值
58. AC014 在纯电容电路中,电压与电流同频率时,电流相位比电压相位(　　)。
A. 超前 90°　B. 滞后 90°　C. 超前 45°　D. 滞后 45°
59. AC014 纯电容电路中(　　)。
A. 通直流,隔交流　B. 通交流,隔直流
C. 交流电与直流电都能通过　D. 交流电与直流电都不能通过
60. AC014 在纯电容电路中,电路的无功功率为瞬时功率的(　　)。
A. 最大值　B. 最小值　C. 平均值　D. 有效值
61. AD001 下列属于半导体材料的是(　　)。
A. 锗　B. 塑料　C. 二氧化硅　D. 炭粉
62. AD001 在 P 型半导体中,(　　)是多数载流子。
A. 空穴　B. 电子　C. 硅　D. 锗
63. AD001 在 N 型半导体中,(　　)是多数载流子。
A. 空穴　B. 自由电子　C. 硅　D. 锗
64. AD002 在 PN 结的 P 区侧带(　　)。
A. 负电　B. 正电　C. 不带电　D. 负电或不带电
65. AD002 当 P 型半导体和 N 型半导体接触后,由于交界面两侧半导体类型不同,存在(　　)浓度差。
A. 电子和硅　B. 电子和空穴　C. 空穴和锗　D. 硅和锗
66. AD002 在 PN 结的 N 区侧带(　　)。
A. 负电　B. 正电　C. 不带电　D. 负电或不带电
67. AD003 下列关于二极管的叙述不正确的是(　　)。
A. 二极管具有单向导电性　B. 二极管具有反向特性
C. 二极管具有反向击穿特性　D. 二极管具有一定的超载能力
68. AD003 关于二极管的分类,下列不属于按照用途分的是(　　)。
A. 整流二极管　B. 开关二极管　C. 稳压二极管　D. 锗二极管
69. AD003 二极管的主要参数包括(　　)。
A. 最大正向电流　B. 反向击穿电压　C. 反向电流　D. 以上全是
70. AE001 电力系统是(　　)的一部分。
A. 动力系统　B. 电力网　C. 电力线路　D. 配电系统
71. AE001 电力系统的基本参量包括(　　)。
A. 总装机容量　B. 年发电量　C. 最大负荷　D. 以上全是

72. AE001　高压配电网常指(　　)。

A. 35～110kV　B. 66～110kV　C. 10 以上　D. 110 以上

73. AE002　电力负荷的单位用(　　)表示。

A. kVA　B. kW　C. P　D. S

74. AE002　电力系统的最大负荷一般是指规定时间内，如(　　)，电力系统总有功功率负荷的最大值。

A. 一天　B. 一月　C. 一年　D. 以上全是

75. AE002　电力系统不包括(　　)。

A. 用电负荷　B. 线路损失负荷　C. 供电负荷　D. 平均负荷

76. AE003　下列选项属于一类负荷的是(　　)。

A. 首都机场　B. 广播电视　C. 自来水厂　D. 商场

77. AE003　下列选项不属于二类负荷的是(　　)。

A. 重要的交通与通信枢纽　B. 广播电视

C. 自来水厂　D. 商场

78. AE003　电力负荷根据用户在国民经济中所在的部门分类，可分为(　　)。

A. 三类　B. 四类　C. 二类　D. 五类

79. AF001　电工测量仪表按照用途可分为(　　)等。

A. 电流表　B. 电压表　C. 钳形表　D. 以上全是

80. AF001　电工测量仪表按照工作用途分类，不包括 (　　)。

A. 磁电系　B. 电磁系　C. 便携式　D. 电动系

81. AF001　下列仪表系列代号的含义，不正确的是(　　)。

A. B 代表谐振　B. D 代表电动　C. X 代表谐振　D. L 代表整流

82. AF002　磁电系仪表按其结构可分为(　　)。

A. 外磁式　B. 内磁式　C. 内外磁结合式　D. 以上全是

83. AF002　磁电系仪表测量机构允许通过的(　　)很小。

A. 电流　B. 电压　C. 电阻　D. 功率

84. AF002　磁电系仪表扩大量程的方法是(　　)。

A. 对于电流表，并联一个小电阻

B. 对于电流表，并联一个大电阻

C. 对于电流表，串联一个小电阻

D. 对于电流表，串联一个大电阻

85. AF003　电磁系仪表常用来测量(　　)。

A. 直流电流和直流电压　B. 交流电流和交流电压

C. 直流电流和交流电流　D. 直流电压和交流电压

86. AF003　电磁系仪表按其结构不同，可分为(　　)。

A. 吸引型　B. 排斥型　C. 外磁式　D. A 和 B

87. AF003　电磁系仪表允许通过较大的(　　)。

A. 电压　B. 电流　C. 电阻　D. 功率

88. AF004　下列关于电动系仪表的说法正确的是(　　)。

A. 用来进行直流电量的精密测量　　B. 用来进行交流电量的精密测量

C. 精度没有提高　　D. 用可动铁芯代替可动线圈

89. AF004　电动系仪表由(　　)组成。

A. 固定线圈　　B. 活动线圈　　C. A 和 B　　D. 可动铁芯

90. AF004　电动系仪表可制成(　　)。

A. 电流表　　B. 电压表　　C. 功率表　　D. 以上全是

91. AF005　某员工使用电流表测电路中的电流,试触时,发现指针不动。在分析原因时,他做出如下判断,其中正确的是(　　)。

A. 电流表的量程选小了　　B. 电流表的量程选大了

C. 电流表的"+""-"接线柱接反了　　D. 电路中某处断路

92. AF005　用电流表测电流时,某同学接入电路的是 0~0.6A 的量程,却在 0~3A 的量程中读成 2.4A,则实际测得的电流应是(　　)。

A. 0.48A　　B. 0.24A　　C. 0.12A　　D. 0.36A

93. AF005　把两只小灯泡串联接到电源上,合上开关 S 后,会发现 L_1 比 L_2 亮,则(　　)。

A. 通过 L_1 的电流大　　B. 通过 L_2 的电流大

C. 通过两灯的电流一样大　　D. 无法判断

94. AF006　关于电压表的使用,下列说法正确的是(　　)。

A. 电压表不能直接测量电源电压,否则会烧坏

B. 要尽可能选大的量程,以免损坏电压表

C. 经试触后,被测电压不超过小量程时,应选用较小量程

D. 电压表接入电路时,不用考虑"+""-"接线柱的接法

95. AF006　为了不影响电路的工作状态,电压表本身的内阻抗要(　　)。

A. 尽量大　　B. 尽量小　　C. 不用考虑　　D. 无法确定

96. AF006　下列关于扩大电压表量程的方法,说法不正确的是(　　)。

A. 串联一个高值的附加电阻　　B. 交流电路中采用电压互感器

C. A 和 B　　D. 并联一个高值的附加电阻

97. AF007　被测线路的电流要(　　)钳形表的量程。

A. 低于　　B. 高于　　C. 等于　　D. 随便都行

98. AF007　钳形表测试完电流后,应立即取下仪表,并拨到(　　)。

A. 最大电压挡　　B. 最大电流挡　　C. 最小电流挡　　D. 最小电压挡

99. AF007　使用钳形表时应有(　　)操作。

A. 1 人　　B. 2 人　　C. 3 人　　D. 无要求

100. AF008　万用表使用完,应将转换开关置于(　　)最大值。

A. 交流电流　　B. 交流电压　　C. 直流电压　　D. 直流电流

101. AF008　万用表的转换开关是实现(　　)。

A. 各种测量种类及量程的开关　　B. 万用表电流接通的开关

C. 接通被测物的开关　　D. 通电的开关

102. AF008　下列关于万用表测量电阻，说法不正确的是（　　）。

A. 应估测电阻大小

B. 应选择合适倍率

C. 调节调零电位器旋钮

D. 指针停留在表盘满刻度的 1/4～3/4 变化时可读数

103. AF009　测量绝缘电阻时使用的仪表是（　　）。

A. 接地电阻测试仪　B. 绝缘电阻表　C. 万用表　D. 功率表

104. AF009　绝缘电阻表应根据被测设备的（　　）来选择。

A. 额定功率　B. 额定电压　C. 额定电阻　D. 额定电流

105. AF009　绝缘电阻表测量时，手摇发电机应由慢到快，转速应达到（　　），并保持匀速，使指针稳定。

A. 120r/min　B. 100r/min　C. 80r/min　D. 140r/min

106. AF010　电能计量装置分为（　　）。

A. 五类　B. 四类　C. 三类　D. 六类

107. AF010　下列关于智能电能表的说法，不正确的是（　　）。

A. 所有表都有电压、电流、功率、功率因素等监测参数

B. 增加了电流的规格等级

C. 单相表均为费控表

D. 增加了阶梯电价功能

108. AF010　电能表可以测量（　　）。

A. 电阻　B. 电流　C. 电功率　D. 电能

109. AG001　验电器分（　　）验电器。

A. 低压　B. 高压　C. A 和 B　D. 中压

110. AG001　低压验电笔检测电压的范围是（　　）。

A. 60～500V　B. 50～500V　C. 60～400V　D. 50～400V

111. AG001　钢笔式低压验电器由（　　）等组成。

A. 氖管　B. 电阻　C. 弹簧　D. 以上全是

112. AG002　十字形螺钉旋具常用的规格有（　　）。

A. 3 个　B. 4 个　C. 5 个　D. 2 个

113. AG002　关于螺钉旋具的说法不正确的是（　　）。

A. 按柄材料可分为木柄和塑料柄

B. 可以使用金属杆直通柄顶

C. 使用螺钉旋具时，手不得触及螺钉旋具的金属杆

D. 按照头部形状不同分为一字形和十字形两种

114. AG002　下列不属于一字形螺钉旋具常用规格的是（　　）。

A. 50mm　B. 40mm　C. 150mm　D. 200mm

115. AG003　电工钳的常用规格不包含（　　）。

A. 150mm　B. 175mm　C. 200mm　D. 180mm

116. AG003　电工钳由(　　)组成。

A. 钳头和钳柄　B. 钳口和钳柄　C. 钳头和钳口　D. 钳头和铡头

117. AG003　电工钳剪切带电导线时,下列说法不正确的是(　　)。

A. 不得同时剪切相线和零线　B. 不得同时剪切两根相线

C. 剪切前,应进行绝缘检查　D. 可以同时剪切相线和零线

118. AG004　尖嘴钳绝缘柄的耐压值为(　　)。

A. 500V　B. 380V　C. 220V　D. 630V

119. AG004　电工用断线钳的耐压值为(　　)。

A. 500V　B. 630V　C. 1000V　D. 380V

120. AG004　剥线钳的手柄耐压为(　　)。

A. 500V　B. 630V　C. 1000V　D. 380V

121. AG005　下列关于活扳手的说法不正确的是(　　)。

A. 可用来紧固螺母

B. 可用来旋松螺母

C. 可以反方向用力

D. 不准用钢管套在手柄上作加力杆使用

122. AG005　电工刀剖削导线绝缘层时,刀面与导线或(　　)倾斜。

A. 45°　B. 30°　C. 60°　D. 40°

123. AG005　下列关于电工刀的说法,不正确的是(　　)。

A. 割削时刀口应朝外

B. 不能直接在带电体上进行操作

C. 割削导线绝缘层时,刀面与导线呈 45°倾斜

D. 只能用来割削导线绝缘层

124. AG006　下列关于冲击电钻说法,不正确的是(　　)。

A. 冲击电钻只能在混凝土上钻孔

B. 冲击电钻常用于在配电板(盘)、建筑物或其他金属材料、非金属材料上钻孔

C. 冲击钻可以作普通电钻用

D. 冲击钻可以作电锤用

125. AG006　冲击电钻作普通钻使用时,使用(　　)。

A. 专用冲击钻头　B. 麻花钻头　C. 钻头　D. 梅花钻

126. AG006　电工用冲击电钻,可钻(　　)的圆孔。

A. 8～16mm　B. 8～20mm　C. 6～20mm　D. 6～16mm

127. AH001　划线选择基准的类型为(　　)。

A. 以两个互成直角的平面为基准　B. 以两条中心线为基准

C. 以一个平面和一条中心线为基准　D. 以上全是

128. AH001　下列关于冲眼的要求,说法不正确的是(　　)。

A. 对线位置要准确,冲点不能偏离线条　B. 在线条交叉与转折处不必冲眼

C. 线条长而直时,冲眼距离可大些　D. 精加工表面严禁冲眼

129. AH001　下列关于划线时的找正和借料的说法,正确的是(　　)。
A. 划线前做好对毛坯工件的找正
B. 毛坯表面与基准面处于平行或垂直的位置
C. 通过试剂和调整可使各加工表面都有一定的加工余量
D. 以上全是
130. AH002　用手锯分割原材料或加工工件的操作叫(　　)。
A. 锯削　B. 凿削　C. 锉削　D. 錾削
131. AH002　锯削速度以(　　)为宜。
A. 10~20 次/min　B. 20~40 次/min　C. 20~30 次/min　D. 10~40 次/min
132. AH002　锯条根据锯齿的牙距大小可分为(　　)。
A. 3 种　B. 2 种　C. 4 种　D. 5 种
133. AI001　电焊机的主体是(　　)。
A. 一台特殊的变压器　B. 变压器
C. 电流互感器　D. 电压互感器
134. AI001　电焊机空载时,无焊接电流,电抗线圈不产生(　　)。
A. 电流　B. 磁场　C. 压降　D. 电动势
135. AI001　焊接变压器空载电压的高低,取决于变压器的(　　)。
A. 电压　B. 电流　C. 变比　D. 容量
136. AJ001　不属于良导体的材料是(　　)。
A. 铜　B. 铝　C. 锰铜　D. 铁
137. AJ001　关于高电阻导电材料,下列说法不正确的是(　　)。
A. 用于制造精密电阻器　B. 铝是高电阻导电材料
C. 锰铜是高电阻导电材料　D. 用于制造各种电器的主要导电材料
138. AJ001　用于制造精密电阻器的材料,不包括(　　)。
A. 康铜　B. 锰铜　C. 铁铬铝合金　D. 铝
139. AJ002　绝缘材料统一的型号规格一般由(　　)组成。
A. 4 位数　B. 3 位数　C. 2 位数　D. 5 位数
140. AJ002　按照绝缘材料的最高允许工作温度分类,可将绝缘材料分为(　　)。
A. 6 个等级　B. 7 个等级　C. 5 个等级　D. 4 个等级
141. AJ002　绝缘材料的主要特点是具有极高的(　　)。
A. 腐蚀性　B. 导电性　C. 电阻率　D. 耐寒性
142. AJ003　常用的磁性材料中,硅钢片为(　　)材料。
A. 硬磁　B. 软磁　C. 中性　D. 剩磁
143. AJ003　硅在硅钢片中的主要作用是(　　)。
A. 降低磁滞损耗、提高导磁率　B. 增强绝缘性能
C. 提高磁滞损耗、降低导磁率　D. 提高导电性
144. AJ003　下列关于软磁材料的说法不正确的是(　　)。
A. 硅钢片和纯铁是软磁材料　B. 磁滞回线较宽
C. 易磁化　D. 易去磁

145. AJ004　不属于铝导线特点的是(　　)。

A. 导电性能好　B. 容易加工　C. 容易焊接　D. 价格便宜

146. AJ004　截面积相同的铝芯导线较铜芯导线在相同温度下的载流量(　　)。

A. 大　B. 小　C. 相同　D. 不确定

147. AJ004　下列关于电工所用导线的说法不正确的是(　　)。

A. 分为电磁线和电力线　B. 电磁线用来制作各种电感线圈

C. 电力线则用来做各种电路连接　D. 丝包线属于电力线

148. AJ005　电阻率较小的导线是(　　)。

A. 铜导线　B. 铝导线　C. 铁导线　D. 钢芯铝绞线

149. AJ005　不属于铜导线特点的是(　　)。

A. 易加工　B. 易焊接　C. 导电性能好　D. 密度比铝小

150. AJ005　电动机线圈使用铜导线的原因是(　　)。

A. 铜比铝便宜　B. 铜的资源比铝丰富

C. 铜导线比铝导线易加工　D. 铜导线的机械强度比铝高

151. BA001　现行国家标准《电气装置安装工程 接地装置施工及验收规范》的标准代号是(　　)。

A. GB 50168—2006　B. GB 50168—2016

C. GB 50169—2006　D. GB 50169—2016

152. BA001　国际电工协会标准的代号是(　　)。

A. API　B. IEC　C. CECS　D. GBJ

153. BA001　关于电气施工中执行标准的原则,下列选项中描述正确的是(　　)。

A. “工程建设强制性条款”在施工中按业主要求执行

B. 若设计文件无明确规定时,由主管工程师审批后列出执行标准清单

C. 施工中当各种规范要求不一致时,采用要求较高的标准规范

D. 如果设计文件已明确规定,按设计文件选用;新版规范颁发后,施工单位自行按新版规范执行

154. BA002　在施工准备阶段,下列工作属于电气施工人员职责范围的是(　　)。

A. 进行技术交底　B. 编制接地施工技术措施

C. 熟悉照明施工技术措施　D. 编制施工组织设计、质量计划

155. BA002　以下(　　)内容不属于电气施工技术措施(方案)应具有的基本内容。

A. 编制说明、工程概况　B. 施工进度计划、劳动力需求计划

C. 主要施工方法、施工手段用料　D. 施工组织机构、人员简历

156. BA002　工程施工前,专业技术人员向施工人员进行技术交底,技术交底的形式不包括(　　)。

A. 通过召集会议形式进行技术交底

B. 通过现场口头指导的方式

C. 将技术交底内容纳入施工组织设计中

D. 对施工方案现场授课形式进行技术交底

157. BA003 下列常用材料型号中，常用来制作接地支线的是（ ）。
A. ∠40×4 B. DN20 C. Φ12 D. -25×4

158. BA003 爆炸火灾危险区域电气设备的防爆结构形式不包含（ ）。
A. 增压型 B. 增安型 C. 隔爆型 D. 本安型

159. BA003 温度组别 T4 表示该设备的最高表面温度允许值是（ ）。
A. 75℃ B. 100℃ C. 135℃ D. 400℃

160. BA004 三孔插座中相线接线（ ）。
A. 右孔 B. 左孔 C. 正上方孔 D. 无要求

161. BA004 欲将运行中的电气设备与电源完全断开，关于停电程序的说法正确的是（ ）。
A. 先高压后低压
B. 先低压后高压
C. 高低压同时
D. 先拉隔离开关再断开负荷开关

162. BA004 在已断开电源的母线上工作时，当长度在（ ）以上的母线至少要有两处接地。
A. 5m B. 10m C. 15m D. 20m

163. BB001 电气设备安装前，建筑工程应具备的条件不包括（ ）。
A. 电气配电间及控制室的门、窗、墙壁、装饰棚应施工完毕，地面应抹光
B. 预埋件及预留孔的位置和尺寸应符合设计要求
C. 钢结构框架防火施工完毕
D. 基础槽钢应固定可靠

164. BB001 当与爆炸危险区域相邻且位于附加二区内时，变配电室地坪应较室外地坪（ ）。
A. 低 0.5m 以上
B. 低 1m 以上
C. 高 0.6m 以上
D. 高 1m 以上

165. BB001 中低压开关柜的柜顶净空宜不小于（ ）。
A. 0.5m B. 0.6m C. 1.0m D. 1.2m

166. BB002 特种作业操作证有效期为（ ）年，每（ ）年复审一次，满（ ）年需要重新考核换证。
A. 6 年，3 年，6 年
B. 6 年，2 年，6 年
C. 3 年，1 年，3 年
D. 6 年，3 年，3 年

167. BB002 计量校准员证有效期为（ ）年。
A. 6 B. 3 C. 2 D. 1

168. BB002 在防雷及接地系统安装中，不需要使用的机具是（ ）。
A. 热熔焊机
B. 电焊机
C. 切割机
D. 套丝机

169. BB003 在进入超过（ ）声音标准的强噪声作业区前必须戴上耳塞，以保护听力不受损害。
A. 55dB B. 65dB C. 80dB D. 85dB

170. BB003 下列关于电工绝缘防护用具的说法正确的是（ ）。
A. 每年做一次耐压试验

B. 每次使用前都应做绝缘性能的检查

C. 绝缘手套可作为高压工作的基本安全用具

D. 绝缘手套、绝缘鞋和绝缘靴只有经过检查不合格的才更换

171. BB003 在工频电压 1kV 以上的作业环境作业，作为防护跨步电压的绝缘靴必须做耐压试验，耐压值应达到（ ）以上。

A. 6kV B. 10kV C. 15kV D. 20kV

172. BB004 在工程电气设备安装、调试工程中，不属于 A 类计量器具的是（ ）。

A. 兆欧表 B. 钳形电流表

C. 高压验电仪 D. 接地电阻测试仪

173. BB004 需要强检的工作计量器具，检定周期一般为（ ）。

A. 3 个月 B. 半年 C. 1 年 D. 3 年

174. BB004 接地电阻测试仪属于（ ）类计量器具。

A. A B. B C. C D. D

175. BB005 万用表在使用完毕后，应将转换开关调至（ ）挡。

A. 交流电压最大 B. 直流电压最大 C. 电流 D. 欧姆

176. BB005 采用万用表检测运行中直流小母线的电流时，应把万用表（ ）。

A. 并联在被测电路中 B. 串联在被测电路中

C. 表笔接在电源两端 D. 表笔分别接到母线与地

177. BB005 使用万用表前，先进行万用表通断的检查，应把挡位旋钮调到（ ）。

A. 交流电压最大 B. 交流电流最大 C. $R\times10k$ D. 20nF

178. BC001 锌基合金材质的接地线应采用（ ）方式。

A. 焊接搭接 B. 套管连接 C. 螺栓连接 D. 放热焊接

179. BC001 接地极可分为（ ）。

A. 自然接地极和人工接地极 B. 接地体和接地线

C. 接地装置和接地线 D. 角钢接地极和圆钢接地极

180. BC001 爆炸危险环境内的电气设备与接地线的连接，宜采用多股软绞线，其铜线最小截面面积不得小于（ ）。

A. $2.5mm^2$ B. $4mm^2$ C. $10mm^2$ D. $16mm^2$

181. BC002 下列接地不属于工作接地的是（ ）。

A. 变压器中性点直接接地 B. 电源中性点经消弧线圈接地

C. 变压器外壳直接接地 D. 避雷器接地

182. BC002 电源中性点直接接地的作用不包含（ ）。

A. 保持三相电压基本平衡 B. 绝缘设计按线电压考虑，增强安全系数

C. 降低了人体的接触电压 D. 保护设备能迅速动作切除故障线路

183. BC002 若中性点不接地，当一相接地，人站在地面上又触及另一相时，人体受到的接触电压将接近（ ）。

A. 零 B. 额定电压 C. 相电压 D. 线电压

184. BC003　保护接地是指电网的中性点(　　)。
A. 接地且设备外壳接地　　B. 不接地,设备外壳接地
C. 接地,设备外壳接地　　D. 不接地,设备外壳接零

185. BC003　保护接地用于中性点(　　)的供电运行方式。
A. 直接接地　　B. 不接地　　C. 经电阻接地　　D. 电感线圈接地

186. BC003　保护接地和保护接零的区别不包括(　　)。
A. 保护原理不同,保护接地是限制漏电设备对地电压不超过安全范围
B. 适用范围不同,保护接零只适用于中性点直接接地的低压电网
C. 线路结构不同,保护接地中保护线和中性线严格分开
D. 保护设备不同,变压器只适合保护接零

187. BC004　将电气设备和用电装置的金属外壳与(　　)相接称为接零。
A. 接地装置　　B. 导线　　C. 系统零线　　D. 大地

188. BC004　保护接零是指(　　)。
A. 负载中性点接零线
B. 负载中性点及外壳都接中性线
C. 电源的中性点不接地而外壳接地
D. 低压电网电源的中性点接地,电气设备外壳和中性点连接

189. BC004　保护接零的零线上要求(　　)。
A. 不得装设熔断器及开关　　B. 装设熔断器及开关
C. 装设漏电保护器　　D. 和中性线不能连接

190. BC005　为了防止电磁干扰而进行的接地称为(　　)接地。
A. 防静电接地　　B. 屏蔽接地　　C. 保护接地　　D. 重复接地

191. BC005　DCS 系统中模拟信号电缆的屏蔽层应(　　)。
A. 不接地　　B. 在控制室端单端接地
C. 在现场仪表处单端接地　　D. 在现场仪表处和控制室端双端接地

192. BC005　以下关于屏蔽接地的说法中,理解错误的是(　　)。
A. 单端接地时屏蔽层有电势环流通过
B. 屏蔽层单端接地方式适合长度较短的线路
C. 在屏蔽层双端接地情况下,金属屏蔽层不会产生感应电压
D. 在屏蔽层单端接地情况下,非接地端的金属屏蔽层对地之间有感应电压存在

193. BC006　在 TN 系统中,除了对电源中性点进行工作接地外,还在一定的处所把 PE 线或 PEN 线再进行接地,这种接地就是(　　)。
A. 保护接地　　B. 工作接地　　C. 重复接地　　D. 保护接零

194. BC006　下列说法中不属于重复接地的作用的是(　　)。
A. 降低碰壳故障时所有被保护设备金属外壳的对地电压
B. 保持三相电压基本平衡
C. 改善架空线路的防雷性能
D. 缩短漏电故障持续时间

195. BC006 由于(　　)对雷电流有分流作用,可以降低雷击过电压,改善架空线路的防雷性能。

A. 保护接零　B. 保护接地　C. 重复接地　D. 工作接地

196. BC007 下列接地中,能够造成整个建筑物的正常非带电导体处于电气连通状态,以达到减少电位差效果的是(　　)。

A. 保护接地　B. 重复接地　C. 重复联结　D. 等电位联结

197. BC007 不属于等电位联结形式的是(　　)。

A. 总等电位联结　B. 分支等电位联结

C. 局部等电位联结　D. 辅助等电位联结

198. BC007 辅助等电位、局部等电位的铜保护联结线在无机械保护时的截面积不应小于(　　)。

A. $2.5mm^2$　B. $4mm^2$　C. $6mm^2$　D. $16mm^2$

199. BC008 管道防静电接地点不包括(　　)。

A. 管廊支架处　B. 管道分支处

C. 阀门法兰处　D. 管道进出装置处

200. BC008 容量为(　　)及以上的储罐,其接地点不应少于两处,且接地点的间距不应大于(　　)。

A. $50m^3$,15m　B. $50m^3$,30m　C. $100m^3$,20m　D. $100m^3$,30m

201. BC008 下列接地施工中,不属于防静电接地范畴的是(　　)。

A. 空压机外壳接地

B. 密闭的运煤带敷设接地线

C. 浮顶罐罐顶与罐体之间跨接接地

D. 空气管道及通风管道上的金属网过滤器接地

202. BC009 防雷装置的基本原理是(　　)。

A. 过电压保护　B. 保护电气设备

C. 消除感应电压　D. 为雷电流泄入大地形成通道

203. BC009 高压架空输电线路,通常采用(　　)防雷措施。

A. 避雷线　B. 避雷器

C. 避雷针　D. 防雷放电间隙

204. BC009 若采用柱内钢筋作引下线时,要求钢筋直径不小于(　　)。

A. 8mm　B. 10mm　C. 12mm　D. 14mm

205. BC010 携带式和移动式用电设备应用专用的(　　)接地。

A. 扁钢接地线　B. 圆钢接地线

C. 黄绿双色绝缘多股软铜绞线　D. 黄黑双色绝缘多股软铜绞线

206. BC010 移动式用电设备的接地线截面积不应小于(　　)。

A. $1.5mm^2$　B. $2.5mm^2$　C. $4mm^2$　D. $16mm^2$

207. BC010 携带式用电设备的接地线截面积不应小于(　　)。

A. $1.5mm^2$　B. $2.5mm^2$　C. $4mm^2$　D. $16mm^2$

208. BC011　垂直敷设的接地极长度一般为(　　)。

A. 2m　B. 2.5m　C. 3m　D. 5m

209. BC011　下列关于断接卡的设置地点，叙述错误的是(　　)。

A. 在接地电阻检测点设置

B. 在引下线和接地线连接处设置

C. 在引入室内接地支线处设置

D. 在接地线与反应器、罐、换热器等设备连接处设置

210. BC011　常用的人工接地极不能采用(　　)制成。

A. 螺纹钢　B. 角钢　C. 钢管　D. 圆钢

211. BC012　若设计图纸未对接地极顶面埋设深度有具体规定时，接地极顶面埋设深度不应小于(　　)。

A. 0.5m　B. 0.6m　C. 0.8m　D. 1m

212. BC012　水平接地极的间距不宜小于(　　)，垂直接地极的间距不宜小于(　　)。

A. 2m,5m　B. 5m,其长度

C. 2m,其长度的1/2　D. 5m,其长度的2倍

213. BC012　接地极埋设位置距离建筑物、建筑物出入口或人行道应大于(　　)。

A. 1m　B. 2m　C. 3m　D. 5m

214. BC013　明敷接地线，在导体的全长度或区间段及每个连接部位附近的表面，应涂刷(　　)。

A. 通长银粉　B. 黄绿相间的条纹

C. 刷白色底漆并标以黑色标识　D. 红白相间的条纹

215. BC013　接地线搭接焊后，在焊接部位外侧(　　)范围内，应采取可靠的防腐处理。

A. 50mm　B. 100mm　C. 150mm　D. 200mm

216. BC013　关于接地干线的敷设，下列说法错误的是(　　)。

A. 接地干线应在不同的两点或两点以上与接地网相连接

B. 接地线在穿过已有建筑物处，应加装钢管进行保护

C. 接地干线与建筑物墙壁间的间隙应为10~15mm

D. 严禁在一个接地线中并联几个需要接地的电气装置

217. BC014　接地模块的电极芯与接地线采用搭接焊，搭接长度不能小于扁钢宽度的(　　)，且不得少于(　　)棱边焊接。

A. 2倍,3个　B. 2倍,2个

C. 3倍,2个　D. 3倍,3个

218. BC014　接地模块中内置的电极芯一般不采用(　　)材料。

A. 热镀锌钢　B. 铜覆钢　C. 铝包钢　D. 不锈钢

219. BC014　圆柱形和梅花形接地模块一般采用(　　)埋设。

A. 串联　B. 深井　C. 水平　D. 垂直

220. BC015　长距离无分支管道应每隔(　　)重复接地一次。

A. 30m　B. 50m　C. 100m　D. 150m

221. BC015 爆炸危险环境中,铠装电缆接入电气设备时,其接地线应与(　　)连接。
A. 电气设备内接地螺栓　B. 电气设备外接地螺栓
C. 电气设备紧固螺栓　D. 接地支线

222. BC015 爆炸危险环境内的操作柱与接地线的连接宜采用(　　)连接。
A. 多股软绞线　B. 聚氯乙烯电缆　C. 镀锌扁钢　D. 镀锌圆钢

223. BC016 避雷针应垂直安装牢固,垂直度允许偏差为(　　)。
A. 1/1000　B. 2/1000　C. 3/1000　D. 5/1000

224. BC016 避雷针底座应焊接(　　)根引下线与接地网或避雷带连接。
A. 1　B. 2　C. 3　D. 多

225. BC016 独立避雷针及其接地装置与道路或建筑物的出入口等的距离小于 3m 时,下列做法不恰当的是(　　)。
A. 采取均压措施　B. 铺设卵石　C. 铺设沥青地面　D. 铺设钢板

226. BC017 避雷线弯曲半径不得小于圆钢直径的(　　)。
A. 2 倍　B. 4 倍　C. 6 倍　D. 10 倍

227. BC017 避雷线在建筑物的变形缝处应(　　)。
A. 设断接卡　B. 煨弯补偿
C. 跨接黄绿软绞线　D. 安装挠性连接管

228. BC017 避雷线如采用扁钢,一般厚度不小于(　　);如采用圆钢,一般直径不得小于(　　)。
A. 3mm,8mm　B. 3mm,12mm　C. 4mm,8mm　D. 4mm,12mm

229. BC018 避雷引下线扁钢的截面不得小于(　　)。
A. 12mm×3mm　B. 20mm×3mm
C. 25mm×4mm　D. 40mm×4mm

230. BC018 避雷引下线与避雷针(带)之间的连接一般不采用(　　)。
A. 螺栓连接　B. 电焊　C. 热剂焊　D. 放热焊接

231. BC018 避雷引下线明敷时,断接卡子设置的部位距地高度为(　　)。
A. 0.5m　B. 1~1.5m　C. 1.5~1.8m　D. 大于 1.5m

232. BD001 独立避雷针的接地电阻不宜大于(　　)。
A. 30Ω　B. 10Ω　C. 4Ω　D. 1Ω

233. BD001 电源容量小于 100kVA 的变压器或发电机的工作接地,接地电阻不应大于(　　)。
A. 30Ω　B. 10Ω　C. 4Ω　D. 1Ω

234. BD001 电气设备不带电金属部分的保护接地,接地电阻不宜大于(　　)。
A. 30Ω　B. 10Ω　C. 4Ω　D. 1Ω

235. BD002 由于场地限制无法外延并且地下有可以利用的电阻率低的地层,一般采用(　　)降阻。
A. 外延接地网法　B. 深钻式接地极
C. 扩网法　D. 敷设水下接地网

236. BD002　在高土壤电阻率地区降低接地电阻的措施，一般不包括(　　)方式降阻。

A. 组成复合接地极组　　B. 深钻式接地极

C. 置换成低电阻率的土壤　　D. 在埋设接地装置的地方浇以盐水

237. BD002　高电阻率的土壤置换成低电阻率的土壤时，应避免使用(　　)土壤，否则会腐蚀接地电极，导致接地电阻增加。

A. 酸性　　B. 碱性　　C. 中性　　D. 潮湿

238. BD003　以下不属于大型接地装置的是(　　)。

A. 110kV 及以上电压等级变电所的接地装置

B. 装机容量在 200MW 以上的火电厂和水电厂的接地装置

C. 等效面积在 $5000m^2$ 以上的接地装置

D. 工作负荷在 50MW 以上的炼化装置的接地装置

239. BD003　接触电位差是指当接地短路电流流过接地装置时，地面上距设备水平距离 1.0m 处与沿设备外壳、架构或墙壁离地面的垂直距离(　　)处两点间的电位差。

A. 1.0m　　B. 1.5m　　C. 1.8m　　D. 3.0m

240. BD003　跨步电位差是指当接地短路电流流过接地装置时，地面上水平距离为(　　)的两点间的电位差。

A. 1.0m　　B. 1.5m　　C. 1.8m　　D. 3.0m

241. BD004　在测试接地电阻时，接地电阻测试仪的两根辅助接地极 P 和 C 分别在距被测接地体(　　)和(　　)处打入。

A. 20m，30m　　B. 30m，20m　　C. 20m，40m　　D. 40m，20m

242. BD004　如果有雨雪天气，最好在雨雪后连续(　　)个晴天后进行接地电阻的测试。

A. 2　　B. 3　　C. 4　　D. 5

243. BD004　以下关于接地电阻测试仪的辅助接地极的说法中，理解错误的是(　　)。

A. 辅助接地极插入深度不小于 0.4m

B. 可以用 ϕ6mm 以上的钢棍作为辅助接地极

C. 辅助接地极设置在泥地、回填土、树根旁、草丛等位置

D. 辅助接地极 P 与仪表电位端相连，C 与仪表电流端相连

244. BD005　要求选用接地导通测试仪的分辨率为(　　)，准确度不低于(　　)级。

A. 0.5mΩ，0.5　　B. 1mΩ，1.0　　C. 1mΩ，1.5　　D. 10mΩ，1.5

245. BD005　接地导通测试仪采用的是四端子法测量，因此可消除(　　)带来的误差。

A. 导线电阻和接触电阻　　B. 接地引下线与主接地网连接点电阻

C. 接地网的绝缘电阻　　D. 接地网的直流电阻

246. BD005　对接地装置进行电气完整性测试时，测试值在(　　)表示状况良好。

A. 0.05Ω 以下　　B. 0.05～0.2Ω　　C. 0.2～1Ω　　D. 1Ω 以上

247. BD006　当接地装置所在的变电所的有效接地系统的最大单相接地短路电流不超过 35kA 时，跨步电位差一般不宜大于(　　)。

A. 36V　　B. 80V　　C. 85V　　D. 110V

248. BD006　一个电气设备的接触电位差不宜明显大于其他设备，一般不宜超过(　　)。

A. 36V　B. 80V　C. 85V　D. 110V

249. BD006　转移电位一般不宜超过(　　)。

A. 36V　B. 85V　C. 110V　D. 220V

250. BD007　采用单极法测量土壤电阻率时，测量结果和(　　)无关。

A. 单级接地极的接地电阻　B. 单级接地极的直径

C. 单级接地极的埋深深度　D. 接地电阻测试仪与单极接地极的距离

251. BD007　用单极法测量土壤电阻率时，应尽量减小地下金属管道的影响，要求最近的测试电极与地下管道之间的距离(　　)极间距离。

A. 不小于　B. 小于　C. 大于等于　D. 等于

252. BD007　采用四级法测量土壤电阻率时，两电极之间的距离不应小于电极埋设深度的(　　)。

A. 2 倍　B. 6 倍　C. 10 倍　D. 20 倍

253. BE001　照明方式不包括(　　)。

A. 一般照明　B. 局部照明　C. 应急照明　D. 混合照明

254. BE001　装置内(　　)以上的烟囱需要安装障碍照明。

A. 30m　B. 45m　C. 90m　D. 100m

255. BE001　应急照明是指因正常照明的电源失效而启用的照明，不包括(　　)。

A. 障碍照明　B. 疏散照明　C. 备用照明　D. 安全照明

256. BE002　下列光源中不属于气体放电光源的是(　　)。

A. 荧光灯　B. 卤钨灯　C. 金属卤化物灯　D. 低压钠灯

257. BE002　通过电流流经导电物体，使之在高温下辐射光能的光源是(　　)。

A. 热辐射光源　B. 固体发光光源　C. 气体放电光源　D. 太阳能光源

258. BE002　与气体放电光源相比，热辐射光源具有的优点是(　　)。

A. 光效高　B. 寿命长

C. 显色性好　D. 能制成各种不同光色

259. BE003　光通量的单位符号是(　　)。

A. lx　B. cd　C. lm　D. lm/W

260. BE003　光源(　　)内发出的可见光量之和称为光通量。

A. 1s　B. 1min　C. 10min　D. 1h

261. BE003　下列不属于电光源的光度参量指标的是(　　)。

A. 照度　B. 显色指数　C. 光通量　D. 发光效率

262. BE004　卤钨灯是在(　　)中充入微量卤化物。

A. 荧光灯　B. 白炽灯

C. 高压汞灯　D. 金属卤化物灯

263. BE004　白炽灯用久后会变黑的原因是(　　)。

A. 卤钨循环　B. 灯丝发热烤得发黑

C. 灯泡外壁积累的灰尘　D. 蒸发的钨沉淀在玻璃灯壳内壁

264. BE004　下面关于卤钨灯的说法中，叙述错误的是(　　)。
A. 发光效率高于白炽灯　　B. 不可在灯管周围放置易燃物品
C. 点亮的灯碰到水会炸裂　　D. 安装要求高，尽量水平安装

265. BE005　(　　)灯管与镇流器、变压器必须匹配，否则会难以保证灯管启动到适合的功率。
A. 荧光灯　　B. 白炽灯　　C. LED 灯　　D. 金属卤化物灯

266. BE005　荧光灯管的光色取决于(　　)。
A. 灯管的材质　　B. 管内所涂荧光粉和所填充气体种类
C. 电压的高低　　D. 镇流器

267. BE005　无极荧光灯由三部分组成，不包含(　　)。
A. 耦合器　　B. 灯泡　　C. 电极　　D. 高频发生器

268. BE006　作为高压汞灯的核心元件，(　　)内充汞与惰性气体。
A. 石英电弧管　　B. 外泡壳　　C. 高频发生器　　D. 玻璃灯管

269. BE006　高压汞灯放电时，内部汞蒸气压达到(　　)大气压。
A. 小于 1 个　　B. 1 个　　C. 2~15 个　　D. 10 个以上

270. BE006　高压汞灯的优点是(　　)。
A. 光效高、寿命长、耐震动　　B. 功率因素高
C. 启动时间短　　D. 显色指数高

271. BE007　高压钠灯的发光效率是高压汞灯的(　　)倍。
A. 1.5~2　　B. 2~3　　C. 4　　D. 10

272. BE007　高压钠灯使用时(　　)与灯泡规格相应的镇流器。
A. 无须外接　　B. 需高压激发　　C. 需并联　　D. 需串联

273. BE007　高压钠灯的缺点不包括(　　)。
A. 显色指数比较低　　B. 显色性差　　C. 光源的色表低　　D. 发光效率低

274. BE008　金属卤化物灯的发光效率与(　　)无关。
A. 灯的外形尺寸　　B. 所含金属种类　　C. 镇流器的容量　　D. 工艺结构

275. BE008　金属卤化物灯按填充物可分为四类，不包含(　　)。
A. 钠铊铟类　　B. 钪钠类　　C. 卤钨类　　D. 卤化锡类

276. BE008　下列关于欧标金卤灯和美标金卤灯的说法中，理解错误的是(　　)。
A. 两者的内胆填充物不同
B. 美标金卤灯靠触发器启动，欧标不需要
C. 美标的光通量高，而欧标的显色性好
D. 美标金卤灯内填充物质是钪钠系列

277. BE009　LED 灯环保节能的表现不包括(　　)。
A. 不含汞
B. LED 灯泡的组装部件可以非常容易拆装，容易回收
C. 发热量不高，把电能量尽可能地转化成了光能
D. 外壳采用玻璃材质

278. BE009 LED 节能灯的使用寿命是白炽灯泡寿命的( )。
A. 100 倍 B. 50 倍 C. 30 倍 D. 10 倍

279. BE009 因为( )发热量不高,把电能量尽可能地转化成了光能,所以最节能。
A. 白炽灯 B. LED 灯 C. 高压钠灯 D. 镝灯

280. BE010 爆炸危险环境或大型厂房宜采用( )控制。
A. 照明箱集中 B. 就地分散 C. 配电间统一 D. 控制室集中

281. BE010 照明线路保护管的管径不应小于( )。
A. *DN*15mm B. *DN*20mm C. *DN*25mm D. *DN*32mm

282. BE010 照明线路每单相分支回路的电流一般不宜超过( )。
A. 15A B. 20A C. 25A D. 30A

283. BE011 应急照明配线采用( )明配方式。
A. 绝缘电线 B. 电缆沿桥架敷设
C. 耐火电缆穿镀锌钢管 D. 阻燃电缆穿镀锌钢管

284. BE011 代表照明线路穿焊接钢管敷设方式的标注符号是( )。
A. PC B. SC C. CT D. TC

285. BE011 电线管内敷设导线总面积(包括绝缘层)不应超过管内净截面积的( )。
A. 40% B. 50% C. 60% D. 70%

286. BE012 选择照明导线截面时,需考虑计算的负荷电流( )导线的长期载流量。
A. 大于 B. 小于 C. 不超过 D. 等于

287. BE012 照明线路最大允许电压损失为( )。
A. ±1% B. ±2. 5% C. ±5% D. ±10%

288. BE012 按照机械强度要求,照明线路穿管敷设的铝绝缘导线的最小截面为( )。
A. 0. 5mm^2 B. 0. 8mm^2 C. 1mm^2 D. 2. 5mm^2

289. BE013 导线截面积在( )及以下的单股铜芯线可直接与设备、器具的端子连接。
A. 6mm^2 B. 10mm^2 C. 16mm^2 D. 35mm^2

290. BE013 每个设备的端子接线不多于( )根导线。
A. 1 B. 2 C. 3 D. 4

291. BE013 截面积在( )及以下的多股铜芯线拧紧搪锡或接续端子后与设备、器具的端子连接。
A. 2. 5mm^2 B. 4mm^2 C. 6mm^2 D. 10mm^2

292. BE014 照明支架一般采用( )进行配制。
A. 镀锌扁钢 B. 镀锌槽钢 C. 镀锌圆钢 D. 镀锌角钢

293. BE014 照明支架采用角钢下料切割时,下料误差应在( )范围内。
A. 3mm B. 5mm C. 8mm D. 10mm

294. BE014 照明配管施工时,下列部位不需要增设支架的是( )。
A. 活接头两端 B. 接线盒两端 C. 转弯处 D. 保护管终端

295. BE015 下列切割照明保护管方式不正确的是( )。
A. 钢锯锯割 B. 管子割刀切割 C. 火焊气割 D. 电动切割机切割

296. BE015 明配保护管时,弯曲半径不宜小于管外径的( ),当两个接线盒间只有一个弯曲时,其弯曲半径不宜小于管外径的( )。

A. 4 倍,4 倍　B. 4 倍,6 倍　C. 5 倍,4 倍　D. 6 倍,4 倍

297. BE015 直径在 50~150mm 的金属保护管宜采用( )进行煨弯。

A. 弯管弹簧　B. 电动液压弯管机

C. 简易矩形木条弯管器　D. 手动弯管器

298. BE016 在水平或垂直敷设的明配保护管,其水平或垂直安装的允许偏差为( )。

A. 1‰　B. 1. 5‰　C. 3‰　D. 2%

299. BE016 管径为 *DN*20mm 的钢管与电气设备、接线盒间的螺纹连接处,螺纹啮合有效扣数不少于( )。

A. 5 扣　B. 6 扣　C. 8 扣　D. 10 扣

300. BE016 采用断续配管方式的照明保护管施工时,下列做法错误的是( )。

A. 管与管之间断开距离不得大于 300mm　B. 加配带接地螺栓的护口

C. 连接用照明电缆保护套筒　D. 配套安装套筒接地跨接线

301. BE017 室内照明开关安装高度为距地面( )。

A. 2m　B. 1. 5m　C. 1. 3m　D. 1. 1m

302. BE017 质量超过( )的悬吊灯具,需固定在预埋的吊钩上。

A. 0. 5kg　B. 2kg　C. 3kg　D. 5kg

303. BE017 单相三孔插座,面对插座的左孔与( )连接。

A. 相线　B. 零线　C. 地线　D. PE 线

304. BE018 在安装灯具前先进行外观检查和绝缘测试,灯具引出导线的绝缘电阻不能小于( )为合格。

A. 0. 1MΩ　B. 0. 5MΩ　C. 1MΩ　D. 1. 5MΩ

305. BE018 钢管敷设时,( )不需要安装挠性连接管。

A. 管路通过隔墙、楼板或地面引入其他场所时

B. 管路与电气设备连接有困难处

C. 管路通过建筑物的伸缩缝

D. 管路通过楼梯间和沉降器间的沉降缝处

306. BE018 钢管敷设时,不需要安装隔离密封盒的部位是( )。

A. 在电气设备的进线口(无密封装置)　B. 离楼板、墙面或地面 300mm 左右处

C. 管径为 50mm 以上的管路每隔 15m 处　D. 进灯具接线盒前的水平管段

307. BE019 如果设计无要求,照明配电箱明装时中心距地面( )。

A. 2m　B. 1. 5m　C. 1. 3m　D. 1. 1m

308. BE019 照明配电箱接线需参照( )进行线路连接。

A. 照明平面图　B. 动力平面图　C. 照明原理图　D. 照明系统图

309. BE019 按照照明配电箱形式不同,配电箱固定方式分为三种,不包括( )。

A. 暗装配电箱埋设固定　B. 暗装配电箱胶粘固定

C. 支架固定明装配电箱　D. 金属膨胀螺栓固定明装配电箱

310\. BF001 三相照明配电干线的最小相负荷不宜超过三相负荷平均值的(　　)。

A. 150%　　B. 130%　　C. 115%　　D. 85%

311\. BF001 照明配电干线的三相负荷不平衡会造成的后果不包括(　　)。

A. 最大负荷的相线烧断　　B. 中性线就有电流通过

C. 三相电压不对称　　D. 烧坏照明电器

312\. BF001 三相四线制系统中,气体放电灯为主要负荷的回路,中性线截面(　　)相芯线截面。

A. 不宜大于　　B. 等于　　C. 不宜小于　　D. 不确定

313\. BF002 绝缘电阻测试仪(兆欧表)使用前应进行自检,通常要完成(　　)试验。

A. 开路　　B. 短路　　C. 开路和短路　　D. 回零

314\. BF002 用数字兆欧表测试照明线路,当显示屏显示"1"时,下列说法正确的是(　　)。

A. 绝缘电阻为 1MΩ

B. 绝缘电阻为 1GΩ

C. 需转换更低量程

D. 被测的绝缘电阻值超过仪表量程的上限值

315\. BF002 用兆欧表测试照明线路的绝缘电阻,最好选择(　　)电压等级的兆欧表。

A. 250V　　B. 500V　　C. 2000V　　D. 2500V

316\. BF003 炼化装置照明系统通电连续试运行时间要求为(　　)。

A. 2h　　B. 8h　　C. 24h　　D. 48h

317\. BF003 照明系统通电连续试运行时,应每(　　)记录运行状态 1 次,连续试运行时间内无故障为合格。

A. 2h　　B. 4h　　C. 8h　　D. 12h

318\. BF003 照明系统送电顺序应是(　　)。

A. 先合上总进线开关,再合上各分回路电源开关,然后逐次合上灯具等的控制开关

B. 先逐次合上灯具等的控制开关,再合上各分回路电源开关,最后合上总进线开关

C. 先逐次合上各分回路电源开关,再合上灯具等的控制开关,最后合上总进线开关

D. 先合上总进线开关,再逐次合上灯具等的控制开关,然后合上各分回路电源开关

319\. BG001 电力变压器一、二次电流之比与(　　)。

A. 一、二次绕组匝数成正比　　B. 一、二次绕组匝数成反比

C. 一、二次绕组匝数无关　　D. 变压器的铁心有关

320\. BG001 电力变压器一、二次电压之比与(　　)。

A. 一、二次绕组匝数成正比　　B. 一、二次绕组匝数成反比

C. 一、二次绕组匝数无关　　D. 变压器的铁心有关

321\. BG001 电力变压器的用途不包含(　　)。

A. 变压　　B. 变流　　C. 变阻抗　　D. 变功率

322\. BG002 仪用互感器包含电压互感器和(　　)两种。

A. 电流互感器　　B. 自耦变压器

C. 降压变压器　　D. 电炉变压器

323. BG002　电压互感器的作用是(　　)。

A. 配电　　B. 调压　　C. 整流　　D. 测量和保护

324. BG002　一台变压器型号为 S7-500/10,其中的 500 代表(　　)。

A. 额定电压 500V　　B. 额定电流 500A

C. 额定容量 500VA　　D. 额定容量 500kVA

325. BG003　电力变压器主要用于输配电系统中,将电压(　　)以满足输电或用户对电压的要求。

A. 升高　　B. 降低　　C. 稳定　　D. 升高或降低

326. BG003　在远距离输送电能时,首先要将发电机的输出电压通过升压变压器升高到几万伏或者几十万伏,以(　　)输电线路上的能量损耗。

A. 增大　　B. 改变　　C. 减小　　D. 不变

327. BG003　变压器是利用电磁感应过程将一种电压等级的交流电能变换为同(　　)的另一种等级的交流电能的静止电器。

A. 阻抗　　B. 频率　　C. 相位　　D. 电压

328. BG004　变压器铁芯采用互相绝缘的薄硅钢片制造,其主要目的是为了降低(　　)。

A. 铜耗　　B. 涡流损耗　　C. 杂散损耗　　D. 磁滞损耗

329. BG004　变压器的绝缘套管外线做成多级伞形的目的是(　　)。

A. 增加爬电距离　　B. 消除磁场干扰　　C. 减少材料　　D. 避免淋雨

330. BG004　变压器的铭牌上的额定容量是指(　　)。

A. 有功功率　　B. 无功功率　　C. 平均功率　　D. 视在功率

331. BG005　电力变压器的额定电压是指(　　)。

A. 线电压有效值　　B. 线电压最大值

C. 相电压有效值　　D. 相电压最大值

332. BG005　运行的电力变压器外加一次电压不应超过额定电压的(　　)。

A. 85%　　B. 95%　　C. 105%　　D. 115%

333. BG005　变压器的额定容量单位是(　　)。

A. kW　　B. kvar　　C. kVA　　D. kW·h

334. BG006　进行绝缘特性试验,对绝缘施加直流电压时,流过绝缘介质的电流是(　　)。

A. 泄漏电流　　B. 电容电流

C. 吸收电流　　D. 以上三个电流之和

335. BG006　对被试品进行绝缘电阻测试时,对其过程说法不正确的是(　　)。

A. 最初绝缘电阻值最大　　B. 绝缘电阻随加压时间逐渐上升

C. 最初总电流最大,绝缘电阻最小　　D. 充电电流和吸收电流随时间衰减

336. BG006　关于吸收电流,下列叙述错误的是(　　)。

A. 吸收电流是衰减缓慢的有损耗极化电流

B. 吸收电流是由绝缘体中各种介质极化所引起的

C. 吸收电流的大小与试验品绝缘的均匀程度密切相关

D. 绝缘比较均匀则吸收电流较大,吸收现象不太明显

337. BG007 当现场需要安装变压器基础型钢且若设计对型钢构架地面无要求时，施工时可将其顶部高出地面（ ）。

A. 10mm B. 100mm C. 200mm D. 300mm

338. BG007 在变压器基础验收中，关于变压器轨道的说法不正确的是（ ）。

A. 基础的中心与标高应符合设计要求 B. 轨面标高的误差不应超过±5mm

C. 轨道水平误差不应超过±6mm D. 轨距与轮距应互相吻合

339. BG007 在变压器基础验收中，变压器轨面对设计标高的误差不应超过（ ）。

A. ±10mm B. +5mm C. ±5mm D. ±1mm

340. BG008 变压器分接开关外观检查的主要内容不包含（ ）。

A. 位置 B. 指示 C. 密封 D. 相色

341. BG008 变压器外观检查的主要项目不包含（ ）。

A. 绝缘 B. 器身 C. 引出线 D. 散热器

342. BG008 下列关于变压器的压力释放阀外观检查说法不正确的是（ ）。

A. 弹簧应无松动 B. 阀盖应无松动

C. 压力释放阀密封应良好 D. 触点动作状况无须检查

343. BG009 变压器搬运过程中，不应有冲击或严重震动的情况，利用机械牵引时，牵引的着力点应在变压器重心以下，以防倾斜，运输斜角不得超过（ ），防止内部结构变形。

A. 5° B. 15° C. 25° D. 180°

344. BG009 变压器的主要发热部件是（ ）。

A. 散热片 B. 铁芯和线圈 C. 套管和接线箱 D. 金属构件和油箱

345. BG009 装有气体继电器的变压器本体就位时，应使变压器顶盖沿气体继电器气流方向有（ ）的升高坡度，制造厂规定不需安装坡度者除外。

A. 1%～1.5% B. 2% C. 3% D. 5%

346. BG010 变压器电压等级为35kV及以上且容量在（ ）及以上时，应测量吸收比。

A. 1000kVA B. 1600kVA C. 2000kVA D. 4000kVA

347. BG010 测量变压器的吸收比与产品出厂值相比应无明显差别，在常温下不小于（ ）。

A. 0.9 B. 1.1 C. 1.3 D. 1.5

348. BG010 电气设备的吸收比是指其绝缘电阻（ ）的比值。

A. R_{60s}/R_{15s} B. R_{15s}/R_{60s} C. R_{600s}/R_{60s} D. R_{90s}/R_{30s}

349. BH001 低压配电系统通常包括（ ）、受电柜（进线柜）、馈电柜（控制各功能单元）、无功功率补偿柜等。

A. 盘柜 B. PLC柜 C. 计量柜 D. 备用电源柜

350. BH001 低压配电屏按基本结构可分为（ ）和组合式两种。

A. 混合式 B. 焊接式 C. 拼装式 D. 连接式

351. BH001 固定式低压配电柜按外部设计不同可分为（ ）和封闭式。

A. 混合式 B. 移动式 C. 封闭式 D. 开启式

352. BH002　GGD 低压配电柜用于交流 50Hz，额定工作电压（　　）及以下，额定电流 400A～4000A 的电力系统中。

A. 220V　　B. 380V　　C. 660V　　D. 1000V

353. BH002　GCL 抽出式开关柜用于交流 50（60）Hz，额定工作电压（　　）及以下，额定电流 400～4000A 的电力系统中作为电能分配和电动机控制使用。

A. 220V　　B. 380V　　C. 660V　　D. 1000V

354. BH002　GCK 电动控制柜，柜体共分水平母线区、垂直母线区、（　　）和设备安装区等 4 个互相隔离的区域。

A. 电缆区　　B. 电容区　　C. 测量区　　D. 高压区

355. BH003　盘柜基础型钢在安装过程中，其不直度允许偏差（　　）。

A. <0. 5mm/m　　B. <1mm/m

C. <1. 5mm/m　　D. <2mm/m

356. BH003　盘柜基础型钢安装时全长顶部平面度允许偏差应（　　）。

A. <1mm　　B. <5mm　　C. <10mm　　D. <20mm

357. BH003　盘柜基础型钢顶部应高出抹平面（　　）（手车式柜除外）。

A. 1mm　　B. 5mm　　C. 10mm　　D. 20mm

358. BH004　盘柜单独或成列安装时，其垂直度的允许偏差应小于（　　）。

A. 1. 5mm　　B. 2mm　　C. 2. 5mm　　D. 3mm

359. BH004　盘柜单独或成列安装时，相邻两盘顶部水平允许偏差应小于（　　）。

A. 2mm　　B. 2. 5mm　　C. 3mm　　D. 3. 5mm

360. BH004　盘柜成列安装时，成列盘面的允许偏差应小于（　　）。

A. 5mm　　B. 7mm　　C. 8mm　　D. 10mm

361. BH005　回路电压超过 380V 的端子板应有足够的绝缘，并涂以（　　）标识。

A. 蓝色　　B. 绿色　　C. 红色　　D. 黑色

362. BH005　低压盘柜内二次配线的截面不应小于（　　）。

A. $4mm^2$　　B. $3mm^2$　　C. $2mm^2$　　D. $1.5mm^2$

363. BH005　盘柜上的小母线应采用直径不小于（　　）的铜棒。

A. 2mm　　B. 3mm　　C. 4mm　　D. 6mm

364. BH006　低压配电屏投运前，绝缘电阻应不小于（　　）。

A. 0. 22MΩ　　B. 0. 5MΩ　　C. 1MΩ　　D. 2MΩ

365. BH006　配电装置需保持必要的安全通道，低压配电装置正面通道宽度单列布置时不小于（　　）。

A. 2m　　B. 1. 5m　　C. 0. 7m　　D. 0. 5m

366. BH006　以下说法不正确的是（　　）。

A. 抽屉式配电屏动、静触头应接触良好，并有足够的接触压力

B. 盘柜内各开关操作灵活，无卡涩，各触点接触良好

C. 用 1000V 兆欧表测量绝缘电阻，应不小于 0. 5MΩ

D. 用板尺检查盘柜内母线连接处接触是否良好

367. BH007 下列不属于电压配电屏巡视检查项目的是(　　)。

A. 检查二次回路绝缘是否良好

B. 检查盘柜表面油漆是否脱落

C. 检查电气屏柜上电气元件

D. 检查盘柜屏面上“分”“合”信号灯是否正确

368. BH007 下列属于电压配电屏巡视检查项目的是(　　)。

A. 检查电气屏柜基础接地是否良好

B. 检查盘柜表面油漆是否脱落

C. 检查二次回路绝缘是否良好

D. 检查成列盘柜盘间缝隙

369. BH007 低压配电装置背面通道内高度低于 2.3m 无遮拦的裸导电部分与对面墙或设备的距离不应小于(　　)。

A. 0.8m　　B. 1m　　C. 1.2m　　D. 1.5m

370. BH008 频繁操作的交流接触器,(　　)个月进行一次检查。

A. 1　　B. 3　　C. 6　　D. 12

371. BH008 交流接触器的吸引线圈,在线路电压为额定值的(　　)时吸引线圈应可靠吸合。

A. 90%~105%　　B. 85%~105%　　C. 50%~90%　　D. 30%~65%

372. BH008 在电压低于额定值的(　　)时交流接触器的吸引线圈则应可靠地释放。

A. 20%　　B. 30%　　C. 40%　　D. 50%

373. BH009 支柱绝缘子的作用是:使母线对地绝缘、(　　)。

A. 母线相间绝缘　　B. 支持固定母线

C. 固定盘柜　　D. 连接母线

374. BH009 支柱绝缘子安装前要测绝缘,绝缘电阻值应大于(　　)。

A. 1MΩ　　B. 5MΩ　　C. 10MΩ　　D. 50MΩ

375. BH009 支柱绝缘子支持固定 3~10kV 水平母线时,其支持点的距离为(　　)。

A. 800mm　　B. 1000mm　　C. 1200mm　　D. 1500mm

376. BH010 50mm×5mm 的铜母线在其立弯加工过程中,最小弯曲半径是(　　)。

A. 5mm　　B. 10mm　　C. 20mm　　D. 50mm

377. BH010 下列关于母线弯曲的工艺要求,说法不正确的是(　　)。

A. 矩形母线应进行冷弯,不得进行热弯

B. 母线开始弯曲的位置距母线连接处不应小于 100mm

C. 母线开始弯曲的位置距母线连接处不应小于 50mm

D. 母线开始弯曲处距最近绝缘子的母线支持夹板边缘不应大于 0.25L,但不得小于 50mm

378. BH010 母排在安装过程中发现其局部部位凹凸不平或轻微弯曲变形,可用(　　)对其矫正。

A. 木锤　　B. 铁锤　　C. 铜棒　　D. 都可以

379. BH011　当母线平放时,固定夹板外面的螺栓应套上支持套筒,使母线与夹板之间有(　　)的间隙。

A. 1~1.5mm　　B. 2~8mm　　C. 3~5mm　　D. 3~10mm

380. BH011　下列不属于母线在支柱绝缘子上的固定方法的是(　　)。

A. 用螺栓直接将母线拧在支柱绝缘子上

B. 用夹板固定

C. 用卡板固定

D. 用卡扣固定

381. BH011　母线在母线室的安装方式有立装和(　　)两种。

A. 弯装　　B. 平装　　C. 斜装　　D. 其他方式

382. BH012　上下安装的母线正确的相序排列是(　　)。

A. 由上向下,依次是 A、B、C　　B. 由上向下,依次是 A、C、B

C. 由上向下,依次是 B、C、A　　D. 由上向下,依次是 C、B、A

383. BH012　三相电路的零线或中性线均应为(　　)。

A. 淡蓝色　　B. 黑色　　C. 红色　　D. 绿色

384. BH012　直流母线正极为(　　)。

A. 淡蓝色　　B. 黑色　　C. 红色　　D. 赭色

385. BH013　在电气母线安装分项工程中,规定 M12 螺栓的紧固力矩是(　　)。

A. 8.8~10.8N·m　　B. 17.7~22.6N·m

C. 31.4~39.2N·m　　D. 51.0~60.8N·m

386. BH013　在电气母线安装分项工程中,规定 M10 螺栓的紧固力矩是(　　)。

A. 8.8~10.8N·m　　B. 17.7~22.6N·m

C. 31.4~39.2N·m　　D. 51.0~60.8N·m

387. BH013　母线平置时,贯穿螺栓应由下往上穿,其余情况下,应置于维护侧,螺栓长度宜露出(　　)。

A. 1~2 扣　　B. 2~3 扣　　C. 3~4 扣　　D. 4~5 扣

388. BH014　下列不属于母线巡视检查项目的有(　　)。

A. 母线是否清洁　　B. 母线相色是否有脱落

C. 母线是否过热　　D. 母线是否带电

389. BH014　铜母线螺栓连接时,母线接头处长期最高发热温度为(　　)。

A. 40℃　　B. 60℃　　C. 80℃　　D. 105℃

390. BH014　铝母线螺栓连接时,母线接头处长期最高发热温度为(　　)。

A. 40℃　　B. 65℃　　C. 80℃　　D. 105℃

391. BI001　下列不属于电气一次设备的是(　　)。

A. 高压隔离开关　　B. 高压断路器

C. 高压熔断器　　D. 接线端子

392. BI001　下列不属于母线主接线方式的是(　　)。

A. 单母线　　B. 双母线　　C. 桥形接线　　D. 带旁路母线

393. BI001　下列不属于有母线作用的是(　　)。

A. 汇集电能　B. 分配电能　C. 改变电能　D. 传输电能

394. BI002　在复杂的继电保护装置的二次回路中,用(　　)图更为清晰、易于阅读。

A. 屏面布置图　B. 安装接线图　C. 展开式原理图　D. 归总式原理图

395. BI002　二次回路中,电流回路编号的范围是(　　)。

A. 1~199　B. 1~399　C. 400~599　D. 600~799

396. BI002　二次回路中,电压回路编号的范围是(　　)。

A. 1~199　B. 1~399　C. 400~599　D. 600~799

397. BI003　不属于接线端子分类的是(　　)。

A. 一般端子　B. 试验端子　C. 连接端子　D. 电流端子

398. BI003　下列表述中不正确的是(　　)。

A. 剥取导线绝缘层后,应尽快与冷压接端子压接,避免线芯产生氧化膜

B. 压接后导线与端头的抗拉强度应不低于导体本身抗拉强度的 50%

C. 若有两个压线螺钉时其端头长度应保证两个螺钉均接触固定

D. 通常不允许两根导线接入一个冷压接线端头

399. BI003　端子排垂直布置时,排列由上而下,水平布置时排列由左而右,其顺序一般为(　　)。

A. 交流电流回路,交流电压回路,信号回路,控制回路和其他回路等

B. 交流电压,回路控制回路,交流电流回路,信号回路和其他回路等

C. 控制回路,信号回路,交流电流回路,交流电压回路和其他回路

D. 信号回路,交流电压回路,交流电流回路,控制回路和其他回路

400. BI004　二次回路控制电缆芯数截面为 2.5mm^2 时,电缆芯数不宜超过(　　)芯。

A. 37　B. 40　C. 32　D. 24

401. BI004　二次回路配线中,当芯线截面为 4~6mm^2 时,电缆芯数不宜超过(　　)芯。

A. 10　B. 16　C. 32　D. 37

402. BI004　当电缆用于弱电控制回路时,其芯数宜超过(　　)。

A. 60 芯　B. 50 芯　C. 32 芯　D. 12 芯

403. BI005　在二次回路配线中,除电流回路外,其截面不应小于(　　)。

A. 2.5mm^2　B. 2mm^2　C. 1.5mm^2　D. 0.5mm^2

404. BI005　在二次回路配线中,直流、交流回路(　　)在同一根电缆中。

A. 可以　B. 不要求　C. 严禁　D. 以上都不对

405. BI005　高压设备二次保护回路接地绝缘导线最小截面积为(　　)。

A. 不小于 6mm^2　B. 不小于 4mm^2　C. 不小于 2.5mm^2　D. 不小于 1.5mm^2

406. BI006　导线在线槽内敷设时,不应超过线槽截面积的(　　)。

A. 85%　B. 75%　C. 65%　D. 50%

407. BI006　二次回路配线应整齐、清晰和美观,每个接线端子上最多不超过(　　)根导线。

A. 1　B. 2　C. 3　D. 4

408. BI006　下列二次回路配线的要求中，错误的是（　　）。

A. 柜内所有导线不应有接头

B. 导线均应标明其回路标号

C. 二次回路的接地应设专用螺栓

D. 保护用的强电和弱电回路控制电缆可以合用一根电缆

409. BI007　接入保护、控制等逻辑回路的控制电缆时，若采用带有金属屏蔽层的电缆，则其屏蔽层（　　）。

A. 接电气保护地　B. 接仪表屏蔽地　C. 不接地　D. 接零

410. BI007　二次回路安装接线图不包括（　　）。

A. 屏背面接线图　B. 屏面布置图　C. 动力平面图　D. 端子排图

411. BI007　下列不属于电缆标志牌应包含的内容的是（　　）。

A. 电缆盘号　B. 电缆编号　C. 电缆型号　D. 电缆起始点

412. BJ001　输电线路按电压等级分类，不包含（　　）。

A. 高压输电线路　B. 中压输电线路　C. 特高压输电线路　D. 超高压输电线路

413. BJ001　金具在架空线路中的作用不包含（　　）。

A. 导电　B. 调节　C. 支持　D. 保护

414. BJ001　当架空线路为多棚线时（多层架设），自上而下的顺序是（　　）。

A. 动力、高压、照明及路灯　B. 高压、动力、照明及路灯

C. 路灯、照明、动力及高压　D. 照明、动力、高压及路灯

415. BJ002　低压拔梢水泥杆的梢径一般是（　　）。

A. 150mm　B. 190mm　C. 230mm　D. 260mm

416. BJ002　单回路的配电回路，10m 杆的埋设深度宜为（　　）。

A. 1.5m　B. 1.7m　C. 2.0m　D. 3.0m

417. BJ002　杆塔按在线路上的作用分类，不包含（　　）。

A. 锥形杆　B. 直线杆塔　C. 耐张杆塔　D. 转角杆塔

418. BJ003　选择架空导线截面不必考虑（　　）因素。

A. 强度和保护　B. 电压损失　C. 发热　D. 绝缘

419. BJ003　低压架空线路不宜采用（　　）。

A. 钢芯铝绞线　B. 橡皮铝绞线　C. 裸铝绞线　D. 铜绞线

420. BJ003　架空导线 LGJ-35/6 表示（　　）。

A. 铝芯部分标称截面为 $35mm^2$、钢芯标称截面为 $6mm^2$ 的钢芯铝绞线

B. 铝芯部分标称截面为 $6mm^2$、钢芯标称截面为 $35mm^2$ 的钢芯铝绞线

C. 铝芯部分标称截面为 $35mm^2$、电压为 6kV 的钢芯铝绞线

D. 电压为 35kV、铝芯标称截面为 $6mm^2$ 的钢芯铝绞线

421. BJ004　高压针式绝缘子一般用于（　　）。

A. 直线杆　B. 耐张杆　C. 终端杆　D. 分支杆

422. BJ004　下列关于绝缘子的选用依据叙述正确的是（　　）。

A. 工作电压　B. 机械强度　C. 最大使用荷载　D. 以上都是

423. BJ004　10kV 配电线路中，直线杆上可选用(　　)绝缘子。

A. 瓷拉棒　　B. 瓷横担　　C. 碟式　　D. 悬式

424. BJ005　导线的连接应该选用(　　)。

A. 耐张线夹　　B. U 形挂环　　C. 并沟线夹　　D. UT 形线夹

425. BJ005　下列金具中属于保护金具的是(　　)。

A. 铝包带　　B. 耐张线夹　　C. 并沟线夹　　D. U 形挂环

426. BJ005　(　　)的作用是将悬式绝缘子组装成串，并将一串或数串绝缘子连接起来悬挂在横担上。

A. 接续金具　　B. 保护金具　　C. 连接金具　　D. 支持金具

427. BJ006　拉线与电杆的夹角一般为(　　)。

A. 小于 30°　　B. 30°~45°　　C. 45°~60°　　D. 大于 60°

428. BJ006　常见的拉线制作材料是(　　)。

A. 钢绞线　　B. 镀锌钢绞线　　C. 镀铜钢绞线　　D. 镀镁钢绞线

429. BJ006　拉线绝缘子的装设位置，应使拉线沿电杆下垂时，绝缘子离地面高度在(　　)以上。

A. 1m　　B. 1.5m　　C. 2m　　D. 2.5m

430. BJ007　架空线的横担安装时，其端部上下左右斜扭不得大于(　　)。

A. 20mm　　B. 25mm　　C. 30mm　　D. 40mm

431. BJ007　焊接好的电杆，整根弯曲度不得超过杆身长度的(　　)，否则应隔开重焊。

A. 0.5‰　　B. 1.0‰　　C. 2.0‰　　D. 2.5‰

432. BJ007　倒落式人字抱杆整立电杆时，当电杆吊离地面 1m 左右时，考虑电杆和各受力点的安全，应(　　)起吊。

A. 暂停　　B. 缓慢　　C. 稍慢　　D. 稍快

433. BJ008　架空线路连接时，接头处的机械强度不应低于原导线强度的(　　)。

A. 50%　　B. 70%　　C. 80%　　D. 90%

434. BJ008　35kV 架空线路在导线紧线时，弧垂应满足设计要求，误差不应大于(　　)。

A. −1%~+1%　　B. −5%~+5%

C. −2.5%~+2.5%　　D. −2.5%~+5%

435. BJ008　铝绞线及钢绞线采用钳压法连接时，导线端头露出管外部分不得小于(　　)。

A. 5mm　　B. 10mm　　C. 15mm　　D. 20mm

436. BJ009　35kV 架空电力线路跨越道路时，距地面的最小垂直距离应不低于(　　)。

A. 5m　　B. 6m　　C. 7m　　D. 8m

437. BJ009　当高压架空线路的档距为 60m 时，导线间的最小线间距离为(　　)。

A. 0.65m　　B. 0.7m　　C. 0.75m　　D. 0.8m

438. BJ009　双回路导线同杆垂直排列架设时，两侧导线截面之差不宜大于(　　)。

A. 一级　　B. 二级　　C. 三级　　D. 四级

439. BJ010　架空线路送电试运前应进行巡线检查，下列不属于巡线检查项目的是(　　)。

A. 检查相序　　B. 检查拉线　　C. 检查接地电阻　　D. 检查绝缘电阻

440. BJ010　架空线路进行合闸冲击试验时,应在额定电压下进行(　　)。

A. 5 次　B. 3 次　C. 2 次　D. 1 次

441. BJ010　10kV 架空线路的绝缘电阻用 2500V 绝缘摇表测试时应在(　　)以上,否则应查明原因。

A. 1MΩ　B. 5MΩ　C. 300MΩ　D. 500MΩ

442. BK001　电缆线芯一般分(　　)两种材质。

A. 铜芯和铝芯　B. 铜芯和钢芯　C. 钢芯和铝芯　D. 铅芯和铜芯

443. BK001　用来保护电缆不受外力的损伤和防止水分浸入的基本结构是(　　)。

A. 线芯　B. 绝缘层　C. 屏蔽层　D. 保护层

444. BK001　外保护层用来保护内护层免受外界的机械损伤和化学腐蚀,一般由(　　)构成。

A. 铝包　B. 钢铠和黄麻衬垫　C. 聚氯乙烯护套　D. 橡套和钢丝铠甲

445. BK002　10kV 及以下交联聚乙烯绝缘电缆长期允许最高工作温度是(　　)。

A. 65℃　B. 70℃　C. 80℃　D. 90℃

446. BK002　下列关于耐火电缆与阻燃电缆的说法中,错误的是(　　)。

A. 两者都属于塑料绝缘电缆

B. 阻燃电缆的绝缘层、护套、外护层全部或部分采用阻燃材料

C. 阻燃电缆一般适用于应急照明和消防系统

D. 耐火电缆是在导体和绝缘层间增加耐火层

447. BK002　油浸纸绝缘电缆的缺点不包括(　　)。

A. 不宜做高落差敷设　B. 结构复杂、成本高

C. 允许工作场强较低　D. 浸渍剂容易淌流

448. BK003　交联聚乙烯绝缘铜芯聚氯乙烯护套电力电缆型号是(　　)。

A. YJV　B. YJLV　C. VJV02　D. KYJV22

449. BK003　电缆型号的组成和排列顺序依次是(　　)。

A. 类别、导体、绝缘、内护层、金属屏蔽、铠装层、外护层

B. 类别、绝缘、导体、内护层、金属屏蔽、铠装层、外护层

C. 类别、绝缘、导体、金属屏蔽、内护层、铠装层、外护层

D. 类别、绝缘、导体、金属屏蔽、铠装层、内护层、外护层

450. BK003　KVV32 电缆型号中的 3 表示的含义是(　　)。

A. 聚氯乙烯外护套　B. 聚乙烯外护套　C. 圆钢丝铠装　D. 钢带铠装

451. BK004　电力电缆的载流量与(　　)无关。

A. 规定的温升　B. 电缆周围的环境温度

C. 电缆周围的环境湿度　D. 电缆各部位的结构尺寸

452. BK004　电缆 VV-1kV 3×35+1×16 的长期允许载流量大约是(　　)。

A. 82A　B. 95A　C. 106A　D. 115A

453. BK004　下列选项中,不属于载流量概念范围的是(　　)。

A. 用电负荷的额定电流　B. 长期工作条件下的允许载流量

C. 短时间允许通过的电流　D. 在短路时允许通过的电流

454. BK005 电缆及其有关材料如不立即安装,应按( )要求储存。

A. 电缆盘必须集中室内存放

B. 电缆附件的绝缘材料机防火涂料、堵料应密封良好,室内保管

C. 电缆桥架按区域叠放整齐

D. 电缆盘平放整齐

455. BK005 电缆及附件在安装前的保管,其保管期限为( ),当需长期保管时,应符合设备保管的专门规定。

A. 三个月及以内 B. 半年及以内 C. 一年及以内 D. 两年及以内

456. BK005 下列关于电缆及附件的运输,正确的做法是( )。

A. 吊装时吊绳绑系在电缆盘上

B. 将电缆盘从运输车上直接推下

C. 便于电缆盘滚动,可先将电缆两端的封帽取下

D. 采用汽车运输时,要将楔块放置在电缆盘下的两侧,防止其来回滚动和碰撞

457. BK006 炼化装置的电缆线路,敷设方式通常不包括( )。

A. 电缆穿钢管埋设

B. 电缆直埋铺沙盖砖

C. 电缆沿电缆托盘或桥架敷设

D. 电缆沿地面明敷,过路穿钢管保护

458. BK006 电缆敷设方法按动力源可分为( )。

A. 水平敷设和垂直敷设 B. 吊车敷设和倒链敷设

C. 人工敷设和机械牵引敷设 D. 桥架敷设和电缆沟敷设

459. BK006 机械敷设电缆的速度不宜超过( )。

A. 10m/min B. 15m/min C. 20m/min D. 30m/min

460. BK007 电缆桥架根据制造材料划分,其中不包括( )。

A. 玻璃钢电缆桥架 B. 铝合金电缆桥架

C. 复合性电缆桥架 D. 锌包钢电缆桥架

461. BK007 对耐腐蚀性能要求较高、要求洁净的场所或者临海盐雾腐蚀环境,一般优先选用( )。

A. 玻璃钢电缆桥架 B. 铝合金电缆桥架

C. 冷浸镀锌电缆桥架 D. 热浸镀锌电缆桥架

462. BK007 因为能有效防护屏蔽干扰,( )最适用于敷设计算机电缆、通信电缆、热电偶电缆及其他高灵敏系统的控制电缆等。

A. 槽式桥架 B. 梯级式桥架

C. 铝合金桥架 D. 托盘式桥架

463. BK008 爆炸危险环境内,保护管两端的管口处应堵塞密封胶泥,填塞深度不得小于( ),且不得小于( )。

A. 管子内径,40mm B. 管子内径的一半,40mm

C. 管子内径,30mm D. 管子内径的一半,30mm

464. BK008　在爆炸 1 区内的电缆线路(　　)有中间接头。

A. 不应　　B. 严禁

C. 可以　　D. 在相应的防爆接线盒或分线盒内可以

465. BK008　铝芯绝缘电缆与铜接线端采用(　　)方式连接。

A. 熔焊　　B. 钎焊

C. 铜-铝转换接头　　D. 铜-铝过渡接头

466. BK009　电缆沟内支架的安装固定通常采用(　　)。

A. 将支架立柱与沟底预埋件焊接　　B. 膨胀螺栓将支架立柱与沟壁固定

C. 将支架横担与沟壁上的预埋件焊接　　D. 将支架立柱与沟壁上的预埋件焊接

467. BK009　当设计无规定时，电缆沟内支架层间净距不应小于低压电缆外径的(　　)再加 10mm。

A. 1.5 倍　　B. 2 倍　　C. 2.5 倍　　D. 3 倍

468. BK009　电缆支架最上层至电缆沟顶的距离不宜小于(　　)。

A. 50mm　　B. 100mm　　C. 150mm　　D. 300mm

469. BK010　明敷电缆管的支持点间的距离，无设计规定时，不宜超过(　　)。

A. 3m　　B. 2m　　C. 1.5m　　D. 1m

470. BK010　金属电缆管采用套接时，套接的短套管或带螺纹的管接头的长度，不应小于电缆管外径的(　　)倍。

A. 3　　B. 2.2　　C. 2　　D. 1.5

471. BK010　埋地敷设的电缆管应有不小于(　　)的排水坡度。

A. 1%　　B. 0.1%　　C. 10mm　　D. 100mm

472. BK011　直埋电缆在以下(　　)位置不要求设置明显的方位标志或标桩。

A. 直线段每隔 50~100m 处　　B. 电缆接头处

C. 爆炸区域分界处　　D. 转弯处

473. BK011　直埋电缆敷设时，高电压等级的电缆宜敷设在低电压等级电缆的(　　)。

A. 下面　　B. 上面　　C. 左面　　D. 不能一起敷设

474. BK011　直埋电缆穿越农田时，电缆表面距地面的距离不应小于(　　)。

A. 0.5m　　B. 0.7m　　C. 1.0m　　D. 1.2m

475. BK012　下列选项中，不属于导管内电缆敷设前的准备工作的是(　　)。

A. 测试电缆绝缘电阻

B. 清除管内杂物和积水

C. 在管口套上塑料护圈

D. 将临时电缆标牌用透明胶带裹扎在电缆前部

476. BK012　在下列地点中，(　　)不需要设置保护管。

A. 从电缆沟引到盘柜

B. 从电缆沟引到防爆照明箱的电缆

C. 从电缆桥架引到电气设备的电缆

D. 电缆进入建筑物、隧道、穿过楼板及墙壁处

477. BK012 电缆穿保护管敷设后,管口应直接堵塞防火堵料,填塞深度不得小于(　　)。
A. 20mm　B. 30mm　C. 40mm　D. 50mm

478. BK013 电缆沟应有必要的防火措施,其中错误的是(　　)。
A. 电缆接头表面做阻燃处理　B. 电缆沟内充满砂
C. 进出电缆沟的电缆保护管管口封堵　D. 设置适当的阻火分割封堵

479. BK013 敷设在电缆沟内的电缆线路如有接头,接头采用(　　)。
A. 热缩中间接头　B. 冷缩中间接头
C. 压接后做阻燃处理　D. 防火保护盒保护

480. BK013 电力电缆和控制电缆应分别安装在电缆沟的两边支架上,如不能满足,则将控制电缆安置在电力电缆(　　)的支架上。
A. 上面　B. 下面　C. 里面　D. 外面

481. BK014 桥架与桥架之间用连接板连接,连接螺栓采用半圆头螺栓,螺母应位于(　　)。
A. 桥架内侧　B. 桥架外侧　C. 支架下侧　D. 桥架底板上

482. BK014 在铝合金电缆桥架上不得用(　　)作接地干线。
A. 镀锌扁钢　B. 镀锌圆钢　C. 黄绿铜软导线　D. 裸铜导体

483. BK014 当钢制电缆桥架直线段长度超过(　　),其连接宜采用伸缩连接板。
A. 15m　B. 20m　C. 30m　D. 50m

484. BK015 电缆敷设时,电缆应从电缆盘的(　　)引出。
A. 上方　B. 下方　C. 垂直方向　D. 无要求

485. BK015 能作为正式固定电缆的绑扎的是(　　)。
A. 铁丝　B. 线绳　C. 铜丝　D. 塑料绑线

486. BK015 并列敷设电力电缆,其接头盒的位置应(　　)。
A. 平行并列　B. 上下并列　C. 相互错开　D. 相互重叠

487. BK016 关于电缆竖井敷设的说法理解错误的是(　　)。
A. 竖井为钢筋混凝土结构
B. 竖井内有贯通上下的接地扁钢
C. 敷设在竖井中的电缆无须铠装防护
D. 竖井敷设一般常见于水电站、电缆隧道出口以及高层建筑等场所

488. BK016 竖井内电缆敷设采用上引法时,电缆盘安放在竖井(　　),卷扬机放在(　　)。
A. 下端,上端　B. 上端,下端　C. 下端,下端　D. 上端,上端

489. BK016 电缆竖井敷设时,在电缆端部与牵引钢丝绳之间,应(　　),使电缆上的扭力及时得到释放。
A. 加装牵引头　B. 加装防捻器
C. 安装制动装置　D. 安装联动装置

490. BK017 电缆隧道中宜优先选用(　　)电缆。
A. 交联聚乙烯　B. 聚氯乙烯　C. 聚乙烯　D. 油浸纸

491. BK017 电缆隧道一般不适用于(　　)场合。
A. 大型电厂或变电所
B. 天然气处理厂
C. 多根高压电缆从同一地段跨越内河
D. 电缆并列敷设在 20 根以上的城市道路

492. BK017 隧道内电缆敷设时，临时照明用的电源电压不得大于(　　)。
A. 12V　　B. 24V　　C. 36V　　D. 220V

493. BK018 穿越不同防火区的电缆桥架需进行防火封堵，采用的措施不包括(　　)。
A. 安装阻火墙　　B. 在电缆上涂刷防火涂料
C. 用有机堵料填充电缆之间　　D. 采用防火包进行封堵

494. BK018 电缆防火涂料涂刷一般为 2~3 遍，漆膜厚度需保证在(　　)以上。
A. 0. 5mm　　B. 0. 6mm　　C. 0. 8mm　　D. 1mm

495. BK018 下列选项中，不需要涂刷防火涂料的部位是(　　)。
A. 电力电缆接头两侧
B. 进入孔洞的电缆两侧 1m 范围内
C. 电缆终端头下端 1m 范围内
D. 电力电缆接头相邻电缆 2~3m 长的区段

496. BK019 当电缆存放地点在敷设前 24h 内，交联聚乙烯电力电缆的平均温度和敷设时温度低于(　　)时，应将电缆升温后才能敷设。
A. 0℃　　B. −10℃　　C. −15℃　　D. −20℃

497. BK019 把电缆整体移到封闭的防护棚内，提高室内空气温度进行电缆预热，当空气温度为 5~10℃时，电缆需要静置(　　)。
A. 24h　　B. 36h
C. 48h　　D. 72h

498. BK019 待电缆温度达到并高于规定温度再进行快速敷设施工，敷设前放置时间一般不得超过(　　)。
A. 0. 5h　　B. 1h　　C. 2h　　D. 4h

499. BK020 适用 0. 6/1kV 及以下的交联聚乙烯绝缘电缆及聚氯乙烯电缆的户内终端头是(　　)。
A. 绕包式电缆终端　　B. 冷收缩式电缆终端
C. 热收缩式电缆终端　　D. 预制件装配式电缆终端

500. BK020 电力电缆截面面积为 120mm^2 时，接地线截面面积不小于(　　)。
A. 10mm^2　　B. 16mm^2　　C. 25mm^2　　D. 35mm^2

501. BK020 电力电缆截面面积不小于 150mm^2 时，接地线截面面积应不小于(　　)。
A. 10mm^2　　B. 16mm^2　　C. 25mm^2　　D. 35mm^2

502. BK021 为便于比较电缆绝缘电阻值，可将不同温度时的绝缘电阻值换算到(　　)时的值。
A. 10℃　　B. 20℃　　C. 25℃　　D. 30℃

503. BK021　测量绝缘电阻前应将被试品接地放电，对电容量较大的电缆一般放电时间至少为(　　)。

A. 1min　B. 2min　C. 5min　D. 8min

504. BK021　测量 0.6/1kV 以上、6kV 以下电缆的绝缘电阻应选用(　　)绝缘电阻表。

A. 250V　B. 500V　C. 2500V　D. 5000V

505. BL001　电动机按其供电电源种类可分(　　)两大类。

A. 同步电动机和异步电动机　B. 直流电动机和异步电动机

C. 直流电动机和交流电动机　D. 笼型电动机和绕线转子电动机

506. BL001　同步电动机的旋转速度与(　　)有严格的对应关系。

A. 频率　B. 电压　C. 电流　D. 电阻

507. BL001　以下属于同步电动机的特点的是(　　)。

A. 旋转磁场的旋转速度与电流的变化是同步的

B. 磁极对数为 4

C. 转速随负载的变化稍有变化

D. 转速保持恒定不变

508. BL002　气隙是指(　　)之间的间隙。

A. 定子绕组与转子绕组　B. 转子轴与转子铁芯

C. 转子铁芯与定子铁芯　D. 定子绕组与定子铁芯

509. BL002　笼形异步电动机实现降压启动的方法包括(　　)。

A. 通过调节转子电流　B. 借助于自耦变压器或接触器

C. 在转子回路串联有调节电阻　D. 变频启动

510. BL002　三相绕线转子异步电动机与笼形异步电动机相比较，启动方式相同点不包括(　　)。

A. 在转子回程串联有调节电阻　B. 可以直接启动

C. 借助于外接设备　D. Y/△起动

511. BL003　控制交流电动机的转速不包括(　　)方法。

A. 改变磁极对数　B. 改变交流电源频率

C. 改变电源电压　D. 在电动机中嵌入多个磁极对数的绕组

512. BL003　4 级电动机同步转速为(　　)。

A. 4500r/min　B. 3000r/min

C. 1500r/min　D. 750r/min

513. BL003　变极调速只能实现电动机的(　　)。

A. 无级变速控制　B. 有级变速控制

C. 变频调速控制　D. 改变磁极对数

514. BL004　用来表示同步电动机型号的字母是用(　　)表示。

A. Y　B. T　C. TF　D. Z

515. BL004　电动机的绝缘等级不包括(　　)。

A. A　B. B　C. C　D. E

516. BL004　电动机功率因数是指电动机额定运行时从电网吸收的有功功率与视在功率的比值，通常为（　　）。

A. 0.3~0.6　　B. 0.75~0.9　　C. 1.0　　D. 1.0~1.2

517. BL005　电动机控制原理图一般分电源电路、主电路和（　　）三部分。

A. 控制电路　　B. 接线图　　C. 原理图　　D. 布置图

518. BL005　下列关于全压启动的说法中，理解错误的是（　　）。

A. 又叫直接启动

B. 是将额定电压通过断路器直接加在电动机定子绕组上，使电动机启动

C. 缺点是启动电流小，启动转矩小

D. 优点是启动设备简单、操作方便、启动迅速

519. BL005　电动机启动控制电路可分为全压启动、（　　）和软启动。

A. 直接启动　　B. 变频启动　　C. 空载启动　　D. 降压启动

520. BL006　三相异步电动机的星-三角启动法属于（　　）。

A. 升压启动　　B. 直接启动　　C. 降压启动　　D. 拖动启动

521. BL006　有一台三相异步电动机采用三角形接法，下列说法正确的是（　　）。

A. 定子绕组的末端连接成一点　　B. 定子绕组的始端连接成一点

C. 3 个定子绕组并联并引出　　D. 6 个出线端首尾相接

522. BL006　采用三角形连接时，三相电源的线电流是相电流的（　　）倍。

A. 1/3　　B. $\sqrt{3}$　　C. $2\sqrt{2}$　　D. 3

523. BL007　直流电动机的定子由主磁极、（　　）、机座及电刷装置等组成。

A. 电枢铁芯　　B. 电枢绕组

C. 换向极　　D. 换向器

524. BL007　（　　）的作用是产生感应电动势和通过电流产生电磁转矩，实现能量转换。

A. 电枢绕组　　B. 主磁极　　C. 电刷装置　　D. 换向器

525. BL007　直流电动机的励磁方式分为他励、并励、串励、（　　）等几种。

A. 分励　　B. 复励　　C. 过励　　D. 欠励

526. BL008　（　　）及以上的电动机应测量吸收比，吸收比不应低于（　　）。

A. 380V，1.2　　B. 380V，1.3　　C. 1000V，1.2　　D. 1000V，1.3

527. BL008　GB 50150—2016《电气装置安装工程　电气设备交接试验标准》规定交流电动机的试验项目不包括（　　）。

A. 定子绕组的交流耐压试验　　B. 测量绕组的绝缘电阻

C. 测量绕组的直流电阻　　D. 测量低压电机的吸收比

528. BL008　定子绕组的绝缘电阻不受（　　）要素的影响。

A. 绕组电源接入方式　　B. 绝缘材料

C. 温度　　D. 污损

529. BL009　测试电动机的绝缘电阻时，接线盒内连接片必须（　　）。

A. 打开　　B. 连接三相绕组末端

C. 串联连接　　D. 并联连接

530. BL009 6kV 电动机吸收比的计算公式是(　　)。

A. $R_{60s}\times R_{15s}$　B. R_{60s}/R_{15s}　C. R_{15s}/R_{60s}　D. R_{60s}/R_{30s}

531. BL009 常温下低压电动机的绝缘电阻不得低于(　　),否则应对电动机进行干燥处理。

A. 0. 1MΩ　B. 0. 5MΩ　C. 1MΩ　D. 1MΩ/kV

532. BL010 判别定子绕组引出线首末端的方法中,(　　)要求电动机必须是运转过的或通过电的才能实施。

A. 干电池和万用表法　B. 直流电源和万用表法

C. 电动机转子的剩磁和万用表法　D. 36V 交流电源和灯泡法

533. BL010 采用干电池和万用表法判别定子绕组引出线首末端的过程中,正确使用万用表,判断同相时应置于(　　)。

A. 电阻挡　B. 直流电流挡　C. 直流电压挡　D. 交流最高挡

534. BL010 判断电动机任意相绕组的首尾端时,万用表选择开关切换到(　　),这样指针偏转值明显。

A. 电阻挡　B. 直流电流较小挡

C. 直流电流较高挡　D. 交流最高挡

535. BL011 想了解从电源到电动机大电流通过的路径,需了解(　　)。

A. 动力平面图　B. 动力系统图

C. 控制原理图的主电路部分　D. 控制原理图的控制回路部分

536. BL011 电动机点动与连续运转的控制原理图中,二者之间的区别是(　　)。

A. 主电路相同,控制回路不同　B. 主电路不同,控制回路不同

C. 主电路相同,控制回路相同　D. 主电路不同,控制回路相同

537. BL011 电动机的控制原理图中,启动按钮 SB_1 接入电路的为(　　),停止按钮 SB_2 接入电路的为(　　)。

A. 常开触点,常闭触点　B. 常闭触点,常开触点

C. 常开触点,延时闭合触点　D. 延时断开触点,常闭触点

538. BL012 控制三相异步电动机正、反转是通过改变(　　)实现的。

A. 电流大小　B. 电流方向　C. 电动机结构　D. 电力电缆相序

539. BL012 电动机星形连接中,电动机中性点是指(　　)。

A. 电动机三相绕组 U_0 的中点

B. 电动机三相绕组 U_1、U_2 的中点

C. 电动机三相绕组 U_1、V_1 的中点

D. 电动机三相绕组末端 U_2、V_2、W_2 连在一起的点

540. BL012 三相异步电动机的转动方向与(　　)有关。

A. 电压大小　B. 电流大小　C. 电源相序　D. 频率大小

541. BM001 低压电器通常是指交流频率 50Hz 额定电压 1000V 和直流(　　)及以下电器。

A. 500V　B. 1000V　C. 1200V　D. 1500V

542. BM001　电路的接通和分断是靠(　　)电器来实现。

A. 保护　　B. 控制　　C. 热继电器　　D. 时间继电器

543. BM001　低压电器按其动作方式又可分为自动切换电器和(　　)电器。

A. 非自动切换　　B. 非电动　　C. 非机械　　D. 控制

544. BM002　低压电器额定工作制分为(　　)、不间断工作制、断续周期工作制或断续工作制、短时工作制。

A. 4h 工作制　　B. 8h 工作制　　C. 12h 工作制　　D. 24h 工作制

545. BM002　低压电器根据操作负载的性质和操作的频繁程度分为(　　)和(　　)类。

A. A 类,B 类　　B. C 类,D 类　　C. 甲类,乙类　　D. 以上都是

546. BM002　额定电流是指在规定的环境温度(　　)下,允许长期通过电器的最大工作电流。

A. 30℃　　B. 40℃　　C. 50℃　　D. 60℃

547. BM003　电气设备外壳的防护等级为 IP××,其中关于第一个×的含义说法正确的是(　　)。

A. 对水进入内部的防护

B. 不要求规定特征数字

C. 防止各个方向的强烈喷水

D. 外壳防止人体接近壳内危险部件及固体异物进入壳内设备的防护等级

548. BM003　电气设备外壳的防护等级是指(　　)。

A. 绝缘等级　　B. 防爆等级

C. 外壳防水和防外物的等级　　D. 外壳表面温度允许等级

549. BM003　IP54 中的 5 指的是什么(　　)。

A. 防尘　　B. 防溅　　C. 防喷水　　D. 无防水

550. BM004　下列不是保护电器作用的是(　　)。

A. 短路保护　　B. 过载保护　　C. 失压(欠压)保护　　D. 过电流保护

551. BM004　熔断器是常用的(　　)保护装置。

A. 短路　　B. 过载　　C. 失压　　D. 过电流

552. BM004　热继电器的热脱扣器是常用的(　　)保护装置。

A. 短路　　B. 过载　　C. 失压　　D. 过电流

553. BM005　低压断路器正常工作时,主触头(　　)于三相电路中。

A. 串联　　B. 并联　　C. 混联　　D. 以上都可以

554. BM005　低压断路器按用途分为配电用和(　　)。

A. 保护电动机用　　B. 系统用　　C. 保护用　　D. 开关用

555. BM005　低压断路器必须具有(　　)。

A. 自由脱扣操动机构　　B. 外壳

C. 弹簧　　D. 开关

556. BM006　隔离开关的主要作用是(　　)。

A. 断开电源　　B. 断开开关　　C. 隔离电源　　D. 断开故障点

557. BM006　低压隔离开关可分为不带熔断器式和(　　)。

A. 负载型　　B. 熔断型　　C. 隔离电源　　D. 带熔断器式

558. BM006　熔断式隔离开关具有负荷保护和(　　)作用。

A. 短路保护　　B. 隔离作用

C. 过流保护　　D. 过压保护

559. BM007　接触器的代号为(　　)。

A. H　　B. K　　C. C　　D. J

560. BM007　接触器的电磁线圈温升不能超过规定值(　　)。

A. 50℃　　B. 65℃　　C. 70℃　　D. 75℃

561. BM007　交流接触器主要发热元件是(　　)。

A. 线圈　　B. 主触点　　C. 常开触点　　D. 常闭触点

562. BM008　熔断器在配电回路中起(　　)作用。

A. 短路保护　　B. 过流保护　　C. 过压保护　　D. 失压保护

563. BM008　低压熔断器按用途可分为(　　)。

A. 3 类　　B. 4 类　　C. 5 类　　D. 6 类

564. BM008　熔断器的字母代号为(　　)。

A. C　　B. K　　C. R　　D. L

565. BM009　常用的热继电器按结构和动作可分为(　　)。

A. 2 类　　B. 3 类　　C. 4 类　　D. 5 类

566. BM009　热继电器的字母代号为(　　)。

A. LJ　　B. RJ　　C. SJ　　D. WJ

567. BM009　一般情况下,热元件的整定电流为电动机额定电流的(　　)。

A. 0. 5~1. 05 倍　　B. 0. 80~1. 05 倍

C. 0. 95~1. 05 倍　　D. 1. 0~2. 0 倍

568. BM010　装设剩余电流动作保护器的电动机及其他电气设备的绝缘电阻不应小于(　　)。

A. 0. 3MΩ　　B. 0. 5MΩ　　C. 1. 0MΩ　　D. 1. 5MΩ

569. BM010　组合式剩余电流保护装置其控制回路的连接,应使用截面积不小于(　　)的铜导线。

A. 1. 5mm^2　　B. 1. 2mm^2　　C. 1. 0mm^2　　D. 0. 3mm^2

570. BM010　熔断器应安装在剩余电流保护装置的(　　)。

A. 电源侧　　B. 短路侧　　C. 负荷侧　　D. 左侧

571. BM011　下列叙述不正确的是(　　)。

A. 刀开关不能切断故障电流

B. 刀开关按极数可分为单极、双极和三极

C. 刀开关可用于不频繁接通与分断额定电流以下负载

D. 额定电流 200A 及以上的交流刀熔开关和直流 100~1000A 的刀熔开关都装有灭弧装置

572. BM011　在用字母表示低压电器类型时,字母代号 H 代表(　　)。

A. 刀开关和转换开关　　B. 接触器

C. 控制器　　D. 电阻器

573. BM011　关于低压自动开关,下列叙述不正确的是(　　)。

A. 在各系列刀型转换开关中,100~600A 均采用单刀片

B. 额定电流 200A 及以上的交流刀熔开关相间带有安全挡板

C. 刀开关可用于不频繁接通与分断额定电流以下负载

D. 刀开关不能切断故障电流

574. BM012　万能转换开关的主要作用是控制线路的转换及(　　)、控制小容量电动机的启动、换向及变速。

A. 动力线路和控制线路转换　　B. 电气测量仪表的转换

C. 小型电气设备转换　　D. 其他

575. BM012　万能转换开关的触头分合表中“×”表示触头(　　)。

A. 分断　　B. 故障　　C. 闭合　　D. 其他

576. BM012　万能转换开关的触头分合表中“空白”表示触头(　　)。

A. 分断　　B. 故障　　C. 闭合　　D. 其他

577. BM013　低压控制电路中停止按钮的颜色为(　　)。

A. 红色　　B. 绿色　　C. 黄色　　D. 浅蓝色

578. BM013　低压控制电路中启动按钮的颜色为(　　)。

A. 红色　　B. 绿色　　C. 黄色　　D. 浅蓝色

579. BM013　下列不属于按钮帽形式的是(　　)。

A. 一般钮　　B. 紧急钮

C. 带灯钮　　D. 复合钮

580. BM014　行程开关有(　　)和旋转式。

A. 按钮式　　B. 复合式　　C. 自锁式　　D. 桥式

581. BM014　行程开关属于(　　)电器。

A. 主令　　B. 开关　　C. 保护　　D. 控制

582. BM014　防爆行程开关具有(　　)功能。

A. 自锁　　B. 控制　　C. 保护　　D. 防爆

583. BN001　安全滑接线的优点在于(　　)。

A. 适合于爆炸火灾环境　　B. 有很强的防尘性能和防水性能

C. 有防腐蚀性能　　D. 能承受较大机械外力作用

584. BN001　目前广泛使用在起重机上的滑接线一般为(　　)。

A. 铜滑接线和型钢滑接线　　B. 安全滑接线和角钢滑接线

C. 刚性滑接线和安全滑接线　　D. 移动软导线和角钢滑接线

585. BN001　安全滑接线的种类包括(　　)。

A. 铜滑接线和型钢滑接线　　B. 轻轨滑接线和角钢滑接线

C. 多极管式滑接线和单级组合式滑接线　　D. 移动软导线和角钢滑接线

586. BN002　滑接线的中心应与起重机轨道的实际中心线保持平行,其偏差应小于(　　)。

A. 10mm　　B. 8mm　　C. 6mm　　D. 4mm

587. BN002　下面不需要参加滑接线材料及附件的检验的单位和个人有(　　)。

A. 项目技术经理　　B. 施工技术员　　C. 施工班组　　D. 建设单位有关人员

588. BN002　安全滑接线到达现场后,应进行外观检查,下面不属于检查范围的是(　　)。

A. 检查有无锈蚀

B. 检查有无损坏、变形

C. 检查是否有足够的机械强度

D. 检查导电接触面是否平整、有无凸凹不平

589. BN003　测量滑接线距离地面的高度应符合设计要求。设计无要求时,一般不得低于(　　)。

A. 6m　　B. 4m　　C. 3.5m　　D. 2.5m

590. BN003　滑接线距易燃气体、液体管道的距离不应少于(　　)。

A. 6m　　B. 4m　　C. 3.5m　　D. 3m

591. BN003　终端支架距离滑接线末端不应大于(　　)。

A. 1m　　B. 0.8m　　C. 0.6m　　D. 0.5m

592. BN004　集电器支架安装时,支架中心至安全滑接线表面的距离为Ⅰ型(　　),Ⅱ型(　　)。

A. 60~90mm,92~100mm　　B. 92~100mm,125~135mm

C. 100~125mm,125~135mm　　D. 125~135mm,150~200mm

593. BN004　滑接线在地面加工连接完成后,每隔(　　)设置一个捆扎滑接线的起吊滑轮(或支点),慢慢吊起。

A. 10m　　B. 8m　　C. 6m　　D. 5m

594. BN004　如滑接线较长,为了防止电压损失超过允许值,需在滑接线上加装辅助导线。每隔(　　)用M10螺栓将滑接线连接一次,连接处应涂上锡。

A. 12m　　B. 10m　　C. 8m　　D. 6m

595. BN005　起重机裸滑接线连接多采用(　　)。

A. 螺纹连接　　B. 铆接　　C. 螺纹连接　　D. 焊接

596. BN005　测试滑接器导电部位与钢架的绝缘电阻应大于(　　)。

A. 0.5MΩ　　B. 1MΩ　　C. 5MΩ　　D. 10MΩ

597. BN005　关于滑接线连接,下列说法错误的是(　　)。

A. 型钢滑接线焊接时,应附连接托板

B. 用螺栓连接时,应加连接托板

C. 圆钢滑接线应减少接头

D. 滑接线焊接接头处的接触面应平整光滑,其高差不应大于0.5mm

598. BN006　移动电缆移动段的长度应比起重机移动距离长,当移动长度大于(　　)时,应加牵引绳。

A. 20m　　B. 30m　　C. 40m　　D. 50m

599. BN006 卷筒式软电缆放缆到终端时,卷筒上应保留( )的电缆。
A. 无须保留 B. 一圈以上 C. 两圈 D. 两圈以上

600. BN006 下列说法中符合移动式电缆安装质量标准的是( )。
A. 滑车电缆与钢丝绳的绑扎宜用专用线夹,间距应为 1m
B. 移动电缆移动段的长度应比起重机移动距离长 15%~20%
C. 钢索悬挂电缆夹间的距离不宜大于 0.5m
D. 悬挂装置的电夹与其连接零件间应能自由转动

二、判断题(对的画"√",错的画"×")

( )1. AA001 电气图中的文字符号分为基本文字符号和辅助文字符号。
( )2. AA002 图纸说明包括图纸目录、技术说明、器材明细表和动力平面图等。
( )3. AA003 概略图只是概略表示系统或分系统的基本组成、相互关系及其主要特征。
( )4. AB001 电气系统图往往采用三线图。
( )5. AB002 电气平面布置图包括动力、照明、接地三种。
( )6. AB003 照明器具文字标注的内容通常包括电光源种类、灯具类型、安装方式、灯具数量、额定功率等。
( )7. AC001 流过导体的电流增大,则导体的电阻减小。
( )8. AC002 电容的典型故障主要表现为失效(开路)、电容量减小和击穿。
( )9. AC003 电感具有"通直阻交"的作用。
( )10. AC004 电路中电流大小可以用电流表进行测量,测量时是将电流表串联在电路中。
( )11. AC005 已知电路中 a、b 两点电位相等,即 $U_a=U_b$,则端电压 $U_{ab}=0$。
( )12. AC006 电动势的正方向是负极指向正极、高电位指向低电位的方向。
( )13. AC007 电功率是指单位时间内电流所做的功。
( )14. AC008 碱性电池属于直流电源。
( )15. AC009 由欧姆定律可知 $R=U/I$,因此电阻与电压和电流有关。
( )16. AC010 在任一闭合回路中,沿一定方向绕行一周,电动势的代数和恒等于电阻上电压降的代数和。
( )17. AC011 大小和方向随时间按照正弦函数规律变化的电压和电流称为正弦交流电。
( )18. AC012 在纯电阻电路中,电压的瞬时值与电流的瞬时值的乘积叫作有功功率。
( )19. AC013 在纯电感电路中,因 R 为零,$X=X_L$,则复阻抗为 $1/j\omega L$。
( )20. AC014 在纯电容电路中电流与电压的相位关系是:电流超前电压 90°。
( )21. AD001 半导体是指导电能力介于导体和绝缘体之间的物质,例如硅等。
( )22. AD002 PN 结具有反向截止特性。
( )23. AD003 半导体二极管最高反向工作电压一般为反向击穿电压的 1/3~2/3。
( )24. AE001 配电网中高压配电网是指 63~110kV 的电力网。
( )25. AE002 电力系统的用电负荷是指用户的用电设备在某一时刻实际取用的功率的总和。

(　　)26. AE003　商贸中心的用电负荷属于三类负荷。
(　　)27. AF001　仪表的外形有五种。
(　　)28. AF002　磁电系仪表测量机构允许通过的电流很小。
(　　)29. AF003　电磁系仪表允许通过的电流较大。
(　　)30. AF004　电动系仪表包括可动铁芯。
(　　)31. AF005　任何一个已经制成的电流表,它的量程都是可变的。
(　　)32. AF006　为了不影响电路的工作状态,电压表本身的内阻抗要尽量大。
(　　)33. AF007　钳形表测量电流前应先估计被测电流的大小,选用适当量程。
(　　)34. AF008　万用表的转换开关是实现万用表电流接通的开关。
(　　)35. AF009　绝缘电阻表应根据被测设备的额定电压来选择。
(　　)36. AF010　电能表可以测量电能和电流。
(　　)37. AG001　低压验电器用以检验对地电压在 380V 及以下的电气设备。
(　　)38. AG002　使用螺钉旋具时,应按螺钉的规格选用适合的刀口。
(　　)39. AG003　电工钳常用的规格有 100mm、200mm 和 300mm 三种。
(　　)40. AG004　剥线钳用于剥削直径在 6mm 以下的塑料、橡皮电线线头的绝缘层。
(　　)41. AG005　活动扳手是仅用来紧固螺母的一种专用工具。
(　　)42. AG006　冲击电钻作普通电钻用时,使用的是麻花钻头。
(　　)43. AH001　根据图纸或实物的尺寸,用划线工具准确地在工件表面上划出加工界线的操作称为划线。
(　　)44. AH002　手锯起锯角度约为 60°。
(　　)45. AI001　电焊机的主体是一台变压器。
(　　)46. AJ001　锰铜是高电阻导电材料。
(　　)47. AJ002　绝缘材料主要特点是具有极高的电阻率。
(　　)48. AJ003　软磁材料的磁滞回线较窄。
(　　)49. AJ004　铝导线容易焊接。
(　　)50. AJ005　电阻率较小的导线是铜导线。
(　　)51. BA001　施工规范的"工程建设强制性条款"在施工中是否执行需按照业主的要求。
(　　)52. BA002　对不同层次的施工人员,其技术交底深度与详细的程度不同。
(　　)53. BA003　防爆电气设备的防爆级别表示其防爆能力的强弱,分为 A、B、C、D 四级。
(　　)54. BA004　现场变配电的高压电气设备停电后,可以单人从事修理工作。
(　　)55. BB001　高低压配电室应采用耐磨、防滑、高强度地面,一般采用抗静电地板。
(　　)56. BB002　高压电工作业指对 10kV 及以上的高压电气设备进行运行、维护、安装、试验等作业。
(　　)57. BB003　绝缘靴在使用时要注意底部磨损情况,如果花纹被磨掉则不能继续使用。
(　　)58. BB004　B 类计量器具必须送交法定计量检定机构定期检定。
(　　)59. BB005　用万用表测量电阻值,如果屏幕显示"1",表明已经超过量程范围,应将量程开关转到较高挡位上。

(　　)60. BC001 腐蚀地区的人工接地极一般采用纳米碳复合防腐镀锌扁钢或者锌基合金材料。

(　　)61. BC002 炼油化工装置中,一般工作接地、防雷接地、防静电接地和保护接地共用一个接地系统。

(　　)62. BC003 同一供电系统内,设备的外露可导电部分可经公共的 PE 线保护接地,也可采用保护接零方式。

(　　)63. BC004 保护接零是借助接零线路使设备漏电形成单相短路,促使线路上的保护装置动作,以及时切断故障设备的电源。

(　　)64. BC005 当频率高于 1MHz 时,电缆最好在多个位置接地,一般至少应做到双端接地。

(　　)65. BC006 在 TN-S(三相五线制)系统中,装有剩余电流动作保护器后的 PEN 导体需设置重复接地。

(　　)66. BC007 金属管道连接处和给水系统的水表需加跨接线,以保证水管的等电位联结和接地的有效。

(　　)67. BC008 可燃粉尘的袋式集尘设备,应用金属丝穿缝并进行接地。

(　　)68. BC009 暗敷引下线,宜采用镀锌圆钢或扁钢,优先选用圆钢,圆钢直径不应小于 8mm;扁钢截面积不应小于 $48mm^2$,其厚度不应小于 4mm。

(　　)69. BC010 在中性点不接地系统中,移动式用电设备可不需敷设接地线,在附近装设接地装置代替敷设接地线,优先利用附近的自然接地极。

(　　)70. BC011 施工现场可以采用火烤方式进行接地线弯制。

(　　)71. BC012 如果现场地质情况致使接地极无法垂直砸入地下,可采用钻孔的方法施工。

(　　)72. BC013 接地扁钢敷设时,宜将调直的接地扁钢平放置于沟内。

(　　)73. BC014 当接地模块电极芯与接地干线连接材料为铜与铜或铜与钢材连接时,应采用热剂焊。

(　　)74. BC015 地下直埋金属管道可不做静电接地。

(　　)75. BC016 安装避雷装置按照从上到下的顺序,先安装避雷针,再安装引下线和接地装置。

(　　)76. BC017 建筑物屋顶上有铁栏杆、冷却水塔、电视天线等突出物时,这些部位的金属导体都应与避雷网焊接成一体。

(　　)77. BC018 建构筑物只有一组接地极时,可不做断接卡子,但要设置测试点。

(　　)78. BD001 炼油化工装置中,一般把工作接地、防雷接地、防静电接地和保护接地共用一个接地系统。若防静电接地的接地电阻不宜大于 10Ω,则应满足接地电阻最高要求值。

(　　)79. BD002 将接地装置附近的高电阻率的土壤置换成低电阻率的土壤,置换范围在接地体周围 0.5m 以内和接地体的 1/3 处。

(　　)80. BD003 接地装置的电气完整性测试是测量接地装置的绝缘电阻值。

(　　)81. BD004 钳式接地电阻测量仪不仅适用于单点接地系统,还能检测环路接地电阻。

(　　)82. BD005　采用高内阻电压表测试接地装置的电气完整性，是在被试电气设备的接地部分与参考点之间加恒定直流电流，测试出由该电流这段金属导体上产生的电压降，并换算到电阻值，但应注意扣除测试引线的电阻。

(　　)83. BD006　接触电位差的测试重点是场区边缘的和运行人员常接触的设备，如隔离开关、接地开关、构架等。

(　　)84. BD007　在冻土区测试土壤电阻率时，测试电极需打入冰冻线以上。

(　　)85. BE001　根据炼化装置的生产、布置情况，大多工作场所采用一般照明，对部分观察位置等处采用混合照明或分区一般照明。

(　　)86. BE002　在烟囱顶部及中部设置航空障碍灯，应优先采用太阳能航空障碍灯。

(　　)87. BE003　一般采用利用系数法进行照度计算，对特殊照明用途者可用逐点计算法计算照度。

(　　)88. BE004　卤钨灯的效率低于白炽灯，寿命比白炽灯短。

(　　)89. BE005　无极灯的光效比钠灯和金属卤钨灯高。

(　　)90. BE006　自镇流高压汞灯在外泡壳内安装了一根钨丝作为镇流器，可不必再外接镇流器。

(　　)91. BE007　高压钠灯的寿命长达 2500~5000h，是高压汞灯的 4 倍。

(　　)92. BE008　金属卤化物灯是在高压汞灯基础上添加各种金属卤化物制成的。

(　　)93. BE009　LED 灯是新一代固体冷光源，具有光效高、耗电少，寿命长、易控制、免维护、安全环保的特点。

(　　)94. BE010　对于高强气体放电灯，照明线路单相分支回路的电流不宜超过 30A。

(　　)95. BE011　照明供配电系统配线方式有放射式、树干式或放射式与树干式两种相结合的方式。

(　　)96. BE012　载流量选择是考虑在短路电流通过时不至于由于导线温升超过允许值。

(　　)97. BE013　爆炸危险环境的照明导线间连接，可采用螺栓固定、压接、熔焊和绕接。

(　　)98. BE014　在直管段的照明管路，支架间距应满足 1.5~2m 均匀布置。

(　　)99. BE015　电线保护管的弯曲处，不应有折皱、裂缝和凹陷，且弯扁程度不应大于管内径的 20%。

(　　)100. BE016　明敷的硬塑料管在埋地敷设和进入设备时，地面 200mm 至地下 50mm 段，应用钢管保护。

(　　)101. BE017　三相五孔插座接线空间有限，可以用短接线把插座的接地端子与零线端子短接。

(　　)102. BE018　电气设备、接线盒和照明配电箱上多余的孔，应在弹性密封圈的外侧安装钢质封堵件，钢质封堵件应经螺母压紧。

(　　)103. BE019　照明配电箱配电时，多股电线应压接接线端子或搪锡，螺栓垫圈下螺栓两侧压接的导线截面应相同。

(　　)104. BF001　照明配电箱每个分支线灯数一般在 20 个以内，最大负荷电流在 10A 以内时可增至 25 个。

(　　)105. BF002　手摇兆欧表测试完后，需先停止摇动手柄，再断开测量接线。

(　　)106. BF003　民用住宅照明系统通电连续试运行时间要求为 12h。
(　　)107. BG001　变压器原、副边绕组的电压比等于原、副边绕组的匝数比。
(　　)108. BG002　SFZ-10000/10 表示自然循环风冷有载调压、额定容量为 10000kVA、高压绕组额定电压 10kV 的电力变压器。
(　　)109. BG003　变压器是用来改变交流电压大小的电气设备。
(　　)110. BG004　变压器的绕组是变压器的磁路部分。
(　　)111. BG005　变压器的效率是输入的有功功率与输出的有功功率之比的百分数。
(　　)112. BG006　测量极化指数是为了判断高电压、大容量设备是否存在受潮、脏污等绝缘缺陷。
(　　)113. BG007　变压器基础的中心与标高应符合设计要求，轨道水平误差不应超过 5mm。
(　　)114. BG008　变压器本体外观检查时应检查变压器器身、标识、密封、油漆及电缆接线、密封状况等。
(　　)115. BG009　变压器气体继电器顶盖上标志的箭头应指向变压器本体。
(　　)116. BG010　测量变压器绝缘电阻的目的是检验变压器整体绝缘是否良好，以及发现变压器内部是否存在短路、断线、瓷件破裂等现象。
(　　)117. BH001　低压配电屏是按一定的配线方案将有关低压一、二次设备组装起来，每一个主电路方案对应一个或多个辅助方案，从而简化了工程设计。
(　　)118. BH002　GGD 型低压配电柜适用于发电厂、变电所、工业企业等电力用户作为交流 50Hz、额定工作电压 380V、额定电流 3150A 的配电系统中作为动力、照明及配电设备的电能转换、分配与控制之用。
(　　)119. BH003　盘柜基础型钢在安装过程中，其水平度允许偏差小于 1mm/m。
(　　)120. BH004　配电柜底座固定在基础型钢上，当焊接时，每个柜的焊缝不应少于 4 处，每处的焊缝长约 5cm。
(　　)121. BH005　配电柜内的配线应采用截面不应小于 $2.5mm^2$。
(　　)122. BH006　配电柜投运前应用卷尺检查母线连接处接触是否良好。
(　　)123. BH007　低压配电屏巡视检查中发现的问题应及时处理并记录。
(　　)124. BH008　对低压配电装置的有关设备，应定期清扫，不用定期摇测绝缘电阻。
(　　)125. BH009　支柱绝缘子使母线对地绝缘，并且支持固定母线。
(　　)126. BH010　规格为 50mm×5mm 的铜母线在其平弯加工过程中，最小弯曲半径是 5mm。
(　　)127. BH011　硬母线长度超过 20m 应加伸缩节。
(　　)128. BH012　A、B、C 三相交流母线的颜色依次为：黄、蓝、红。
(　　)129. BH013　矩形母线可以冷弯，也可以热弯。
(　　)130. BH014　维修母线时，应检查母线相色是否正确以及油漆是否完整，如有脱落，应停电补涂。
(　　)131. BI001　电流互感器属于二次设备。
(　　)132. BI002　设备连接导线的编号，采用相对编号法。

(　　)133. BI003　接线端子的每侧接线为 1 根,不得增加。
(　　)134. BI004　仪表控制电缆在满足截面积要求的情况下可以代替动力电缆使用。
(　　)135. BI005　在电能计量柜中计量元件的电流回路二次配线截面积一般采用 $2.5mm^2$。
(　　)136. BI006　捆扎导线时,导线标称截面积为 $1.5mm^2$ 的导线束,一般要求导线数量不应超过 30 根,最大不得超过 50 根。
(　　)137. BI007　强电和弱电回路可以合用一根电缆。
(　　)138. BJ001　架空线在电杆上的排列次序为:当面向负荷时,左起依次是 L_1、L_2、L_3、N、PE。
(　　)139. BJ002　钢筋混凝土电杆使用年限长,维修费用少,是目前应用最广的一种电杆。
(　　)140. BJ003　架空线路中,最常用的导线是铜绞线和钢芯铝绞线。
(　　)141. BJ004　针式绝缘子常用于电压较低和导线张力不大的配电线路上。
(　　)142. BJ005　接续金具的作用是用于导线和避雷线的接续和修补等。
(　　)143. BJ006　拉线棒外露地面部分的长度应为 500~700mm。
(　　)144. BJ007　螺母拧紧后螺杆露出螺母的长度,双螺母者允许和螺母相平。
(　　)145. BJ008　不同金属、不同规格、不同绞制方向的线材,不得在同一耐张段内连接。
(　　)146. BJ009　铝及钢芯铝导线在正常情况下运行的最高温度不得超过 70℃,事故情况下不得超过 90℃。
(　　)147. BJ010　冲击合闸试验后线路成功空载运行 24h,即可正式运行。
(　　)148. BK001　三芯、四芯电缆芯线的截面一般为扇形。
(　　)149. BK002　交联聚乙烯绝缘电缆和聚氯乙烯绝缘电缆、聚乙烯绝缘电缆相比,交联聚乙烯绝缘电缆耐热性能最好,介电性能最优。
(　　)150. BK003　一般电缆的规格除标明型号外,还应说明电缆的额定电压、芯数、标称截面积和阻燃、耐热等。
(　　)151. BK004　电缆导体中流过电流时,导体会发热,如果在某一个状态下发热量小于散热量时,电缆导体就有一个稳定的温度。
(　　)152. BK005　电缆盘不应竖放运输、竖放储存,以免挤压或使电缆线圈混乱。
(　　)153. BK006　电缆敷设前应按设计和实际路径计算每根电缆的长度,合理安排每盘电缆,减少电缆接头。
(　　)154. BK007　在工程防火要求较高的场所,宜采用铝合金电缆桥架。
(　　)155. BK008　爆炸危险环境中的电缆保护管两端的管口处,应将电缆周围用非燃性纤维堵塞严密,再填塞密封胶泥。
(　　)156. BK009　安装直线段电缆桥架的支架时,先安装桥架起始点的立柱,在起终点两立柱间拉一钢丝,再安装其他立柱。
(　　)157. BK010　金属电缆管的连接采用直接对焊,两管口应对准,焊接应牢固。
(　　)158. BK011　直埋敷设于冻土地区时,电缆必须埋入冻土层以下。
(　　)159. BK012　交流单芯电缆不得单独穿入钢管内。

(　　)160. BK013　高低压电缆同沟敷设时,高压电缆应在下层,低压电缆在上层。
(　　)161. BK014　敷设铝合金电缆桥架时,不可以和钢制支架直接接触。
(　　)162. BK015　并联运行的电力电缆,敷设时应长度相等。
(　　)163. BK016　电缆竖井内敷设时,应严格执行受限空间作业安全措施,进入竖井内部前,进行气体检测,合格后方能进入作业,安排监护人,填写作业记录。
(　　)164. BK017　电缆隧道内敷设时,应在隧道的人孔处或隧道进出口处装设进出风口,在出风口装设强迫排风管道装置进行通风,通风要求在夏季不超过室外空气温度10℃为原则。
(　　)165. BK018　电缆沟进入建筑物处采取防火堵料封堵,需要在适当位置预留孔洞作为增设电缆备用,孔洞内填塞柔性有机防火堵料。
(　　)166. BK019　用单相电流升温铠装电缆时,电缆金属护层应两端接地,防止在铠装内形成感应电流。
(　　)167. BK020　电缆终端焊接接地线时,采用电焊焊接铠装层接地线。
(　　)168. BK021　绝缘电阻测试接线时,将非被试相缆芯与金属保护层短接,直接接在在兆欧表上的接线端子“E”,被试电缆的测量芯线接兆欧表的“L”。
(　　)169. BL001　三相异步电动机多用在工业上,单相交流电动机多用在民用电器上。
(　　)170. BL002　笼形异步电动机的三相对称定子绕组嵌放在定子内圆均匀分布的槽内,三组均匀分布,空间位置彼此相差120°。
(　　)171. BL003　一般情况下,电动机的实际转速高于旋转磁场的转速。
(　　)172. BL004　如果电动机铭牌上的温升为50℃,则表示允许电动机的最高温度可以为50℃。
(　　)173. BL005　具有过载保护的电动机控制电路中,FU_1 起短路保护作用,FR 起电动机过载保护作用。
(　　)174. BL006　一般而言,功率在3kW以下的中小型三相异步电动机额定电压在380V时采用Y连接。
(　　)175. BL007　直流电动机的主磁极用以产生主磁通,它由铁芯和励磁绕组组成。
(　　)176. BL008　吸收比除反映绝缘受潮情况外,还能反映整体和局部缺陷。
(　　)177. BL009　电动机绝缘电阻测试前后,均需对绕组进行放电。
(　　)178. BL010　万用表使用完毕归挡,置于电阻最高挡。
(　　)179. BL011　属于同一电器元件的不同部分(如接触器的线圈和触点)按其功能和所接电路的不同,分别画在不同的电路中,但可以标注相同的文字符号。
(　　)180. BL012　电缆穿过提供的电缆密封件,如是胶圈密封,则要求密封胶圈切割尺寸正确,电缆固定紧固,无缝隙。
(　　)181. BM001　交流接触器是一种广泛使用的保护电器。
(　　)182. BM002　国家标准规定的交流电额定频率为60Hz。
(　　)183. BM003　低压电器的外壳防护包括两种防护:第一种防护是对固体异物进入内部和对人体触及内部带电部分或运动部分的防护;第二种防护是对水

进入内部的防护。

( )184. BM004 保护电器分别起短路保护、过载保护、开关和失压(欠压)保护的作用。

( )185. BM005 低压断路器是一种重要的控制电器和保护电器,断路器都装有灭弧装置,因此可以安全的带负荷合、分闸。

( )186. BM006 隔离开关的刀片应倾斜安装。

( )187. BM007 接触器的电寿命一般不能低于其机械寿命的 1/4。

( )188. BM008 熔断器具有安秒特性。

( )189. BM009 热继电器的字母代号为 WJ。

( )190. BM010 剩余电流保护装置负荷侧的 N 线,可以作为中性线,也可以重复接地。

( )191. BM011 刀开关只能用于手动不频繁操作,接通或断开低压电路的正常工作电流。

( )192. BM012 万能转换开关主要根据用途、接线方式、所需触头对数和额定电流来选择。

( )193. BM013 按钮是一种主令电器。

( )194. BM014 防爆行程开关的结构和外壳与一般行程开关一样。

( )195. BN001 在有爆炸危险或火灾危险的厂房内,或对滑接线有严重腐蚀性气体的厂房,均不能采用移动软电缆供电。

( )196. BN002 移动软电缆滑道采用型钢时,不仅要检查其是否平直、平正、光滑,还需检查机械强度是否符合要求。

( )197. BN003 滑接线与管道的距离不应少于 2m。

( )198. BN004 滑接线与电源的连接处应刷锡,以保证接触良好。

( )199. BN005 型钢滑接线长度超过 30m 时应装设补偿装置以适应建筑物沉降和温度变化引起的变形。

( )200. BN006 牵引绳长度应短于软电缆移动段的长度。

答　案

一、单项选择题

1. A　2. B　3. B　4. A　5. B　6. A　7. D　8. C　9. A　10. B
11. A　12. B　13. D　14. C　15. D　16. A　17. B　18. A　19. A　20. D
21. A　22. B　23. A　24. A　25. B　26. B　27. A　28. B　29. B　30. A
31. B　32. C　33. D　34. A　35. B　36. A　37. A　38. A　39. C　40. A
41. D　42. C　43. C　44. D　45. A　46. A　47. D　48. A　49. A　50. C
51. C　52. B　53. B　54. A　55. A　56. B　57. A　58. A　59. B　60. A
61. A　62. A　63. B　64. A　65. B　66. B　67. D　68. D　69. D　70. A
71. D　72. A　73. B　74. D　75. D　76. A　77. A　78. B　79. D　80. C
81. C　82. D　83. A　84. A　85. B　86. D　87. B　88. B　89. C　90. D
91. D　92. A　93. C　94. A　95. A　96. D　97. A　98. B　99. B　100. B
101. A　102. D　103. B　104. B　105. A　106. A　107. B　108. D　109. C　110. A
111. D　112. B　113. B　114. B　115. D　116. A　117. D　118. A　119. C　120. A
121. C　122. A　123. D　124. A　125. B　126. D　127. D　128. B　129. D　130. A
131. B　132. A　133. A　134. C　135. C　136. C　137. B　138. D　139. A　140. B
141. C　142. B　143. A　144. B　145. C　146. B　147. D　148. A　149. D　150. D
151. D　152. B　153. C　154. C　155. D　156. B　157. D　158. A　159. C　160. A
161. B　162. B　163. C　164. C　165. D　166. A　167. B　168. D　169. D　170. B
171. C　172. C　173. C　174. A　175. A　176. B　177. C　178. D　179. A　180. B
181. C　182. B　183. D　184. B　185. B　186. D　187. C　188. D　189. A　190. B
191. B　192. A　193. C　194. B　195. C　196. D　197. B　198. B　199. A　200. B
201. A　202. D　203. A　204. C　205. C　206. B　207. A　208. B　209. C　210. A
211. B　212. D　213. C　214. B　215. B　216. D　217. A　218. C　219. D　220. C
221. A　222. A　223. C　224. B　225. D　226. D　227. B　228. C　229. C　230. A
231. C　232. B　233. B　234. C　235. B　236. A　237. A　238. D　239. C　240. A
241. C　242. B　243. C　244. B　245. A　246. A　247. B　248. C　249. C　250. D
251. A　252. D　253. C　254. B　255. A　256. B　257. A　258. C　259. C　260. A
261. B　262. B　263. D　264. C　265. A　266. B　267. C　268. A　269. C　270. A
271. B　272. D　273. D　274. C　275. C　276. B　277. D　278. B　279. B　280. A
281. B　282. A　283. C　284. B　285. A　286. C　287. C　288. D　289. B　290. B
291. A　292. D　293. B　294. A　295. C　296. D　297. B　298. B　299. A　300. A
301. C　302. C　303. B　304. B　305. C　306. D　307. B　308. D　309. B　310. D

311. A　312. C　313. C　314. D　315. B　316. C　317. A　318. A　319. B　320. A
321. D　322. A　323. D　324. D　325. D　326. C　327. B　328. B　329. A　330. D
331. A　332. C　333. C　334. D　335. A　336. D　337. B　338. C　339. C　340. D
341. A　342. D　343. B　344. B　345. A　346. D　347. C　348. A　349. C　350. B
351. D　352. B　353. C　354. A　355. B　356. B　357. C　358. A　359. A　360. A
361. C　362. D　363. D　364. B　365. B　366. D　367. B　368. C　369. B　370. B
371. B　372. C　373. B　374. A　375. C　376. D　377. B　378. A　379. A　380. D
381. B　382. A　383. A　384. D　385. C　386. B　387. B　388. D　389. C　390. C
391. D　392. C　393. C　394. C　395. C　396. D　397. D　398. B　399. A　400. D
401. A　402. B　403. C　404. C　405. B　406. B　407. B　408. D　409. B　410. C
411. A　412. B　413. A　414. B　415. A　416. B　417. A　418. D　419. B　420. A
421. A　422. D　423. B　424. C　425. A　426. C　427. B　428. B　429. D　430. A
431. C　432. A　433. D　434. D　435. D　436. C　437. B　438. C　439. D　440. B
441. C　442. A　443. D　444. B　445. D　446. C　447. B　448. A　449. C　450. C
451. C　452. C　453. A　454. B　455. C　456. D　457. D　458. C　459. B　460. D
461. B　462. A　463. A　464. B　465. D　466. D　467. B　468. C　469. A　470. B
471. B　472. C　473. A　474. C　475. C　476. A　477. C　478. B　479. D　480. A
481. B　482. D　483. C　484. A　485. D　486. C　487. C　488. A　489. B　490. A
491. B　492. C　493. A　494. C　495. C　496. A　497. D　498. B　499. A　500. B
501. C　502. B　503. C　504. C　505. C　506. A　507. D　508. C　509. B　510. A
511. C　512. C　513. B　514. B　515. C　516. B　517. A　518. C　519. D　520. C
521. D　522. B　523. C　524. A　525. B　526. C　527. D　528. A　529. A　530. B
531. B　532. C　533. A　534. B　535. C　536. B　537. A　538. D　539. D　540. C
541. D　542. B　543. A　544. B　545. A　546. B　547. D　548. C　549. A　550. D
551. A　552. B　553. D　554. A　555. A　556. C　557. D　558. A　559. C　560. B
561. A　562. A　563. A　564. C　565. A　566. B　567. C　568. B　569. A　570. C
571. D　572. A　573. A　574. B　575. C　576. A　577. A　578. B　579. D　580. A
581. A　582. D　583. B　584. C　585. C　586. A　587. A　588. C　589. C　590. D
591. B　592. B　593. C　594. A　595. D　596. A　597. B　598. A　599. D　600. B

二、判断题

1. √　2. ×　正确答案：图纸说明包括图纸目录、技术说明、器材明细表和施工说明书等。3. √　4. ×　正确答案：电气系统图往往采用单线图，只有某些 380/220V 低压配线系统才部分采用三线图或三相四线图。　5. ×　正确答案：电气平面布置图包括动力、照明两种。6. √　7. ×　正确答案：流过导体的电流增大，则导体的电阻不变。　8. √　9. √　10. √　11. √　12. ×　正确答案：电动势的正方向是负极指向正极、低电位指向高电位的方向。13. √　14. √　15. ×　正确答案：虽然由欧姆定律可知 $R=U/I$，但电阻与电压和电流无关。16. √　17. √　18. ×　正确答案：在纯电阻电路中，电压的瞬时值与电流的瞬时值的乘积叫作瞬时功率。 19. × 正确答案:在纯电阻电路中,因 R 为零,$X=X_L$,则复阻抗为 $j\omega L$。 20. √ 21. √ 22. √ 23. × 正确答案:半导体二极管最高反向工作电压一般为反向击穿电压的 1/2~2/3。 24. × 正确答案:配电网中高压配电网是指 35~110kV 的电力网。 25. √ 26. × 正确答案:商贸中心的负荷属于二类负荷。 27. √ 28. √ 29. √ 30. × 正确答案:电动系仪表由固定线圈和活动线圈组成。 31. × 正确答案:任何一个已经制成的电流表,它的量程都是固定的。 32. √ 33. √ 34. × 正确答案:万用表的转换开关是各种测量种类及量程的开关。 35. √ 36. × 正确答案:电能表只能测量电能。 37. × 正确答案:低压验电器用以检验对地电压在 250V 及以下的电气设备。 38. √ 39. × 正确答案:电工钳常用的规格有 150mm、175mm 和 200mm 三种。 40. √ 41. × 正确答案:活动扳手是用来紧固或旋松螺母的一种专用工具。 42. √ 43. √ 44. × 正确答案:手锯起锯角度约为 15°。 45. × 正确答案:电焊机的主体是一台特殊的变压器。 46. √ 47. √ 48. √ 49. × 正确答案:铝导线不容易焊接。 50. √ 51. × 正确答案:施工规范中"工程建设强制性条款"在施工中必须执行。 52. √ 53. × 正确答案:防爆电气设备的防爆级别表示其防爆能力的强弱,分为 A、B、C 三级。 54. × 正确答案:现场变配电的高压电气设备无论带电与否,单人值班不准超越遮拦和从事修理工作。 55. × 正确答案:高低压配电室应采用耐磨、防滑、高强度地面,一般采用水磨石地面。电气值班(或控制)室采用抗静电地板。 56. × 正确答案:高压电工作业指对 1kV 及以上的高压电气设备进行运行、维护、安装、试验等作业。 57. √ 58. × 正确答案:B 类计量器具可送交所属企业中心试室定期检定校准,中心试验室无权检定的项目,可提交社会法定计量检定机构就近检定。 59. √ 60. √ 61. √ 62. × 正确答案:同一供电系统内,电气设备的保护接地、保护接零应保持一致,不得一部分设备做保护接零,另一部分设备做保护接地。 63. √ 64. √ 65. × 正确答案:在 TN-S(三相五线制)系统中,装有剩余电流动作保护器后的 PEN 导体不允许设重复接地。因为如果中性线重复接地,三相五线制漏电保护检测就不准确,无法起到准确的保护作用。 66. × 正确答案:金属管道连接处不需加跨接线,给水系统的水表需加跨接线,以保证水管的等电位联结和接地的有效。 67. √ 68. × 正确答案:引下线宜采用镀锌圆钢或扁钢,优先选用圆钢,暗敷敷设时,其圆钢直径不应小于 10mm,扁钢截面积不应小于 80mm^2。 69. √ 70. × 正确答案:应避免采用加热方式进行热煨接地线,以免破坏镀锌层,影响接地寿命。 71. √ 72. × 正确答案:接地扁钢敷设时,应将其侧放放置于沟内,而不可放平,侧放时散流电阻较小。 73. √ 74. √ 75. × 正确答案:安装避雷装置按照从下到上的顺序,先安装集中接地装置,再安装引下线,最后安装避雷针,且与引下线连接。 76. √ 77. √ 78. × 正确答案:防静电接地如与其他接地系统连接,应满足接地电阻最低要求值。 79. √ 80. × 正确答案:接地装置的电气完整性测试是测量接地装置的各部分及与各设备之间的直流电阻值。 81. × 正确答案:钳式接地电阻测量仪不适用于单点接地系统,只能检测环路接地电阻。 82. √ 83. √ 84. × 正确答案:在冻土区测试土壤电阻率时,测试电极需打入冰冻线以下。 85. √ 86. √ 87. √ 88. × 正确答案:卤钨灯的灯丝温度比一般白炽灯高,卤钨灯的效率高于白炽灯,光色好,寿命比白炽灯长。 89. × 正确答案:无极灯的光效一般为 65Lm/W,远低于钠灯和金属卤钨灯。 90. √ 91. √ 92. √ 93. √ 94. √ 95. √ 96. × 正确答案:载流量选择是考虑在最大允许连续负荷电流通过的情况下,导线发热不超过线芯所允许的温度。 97. × 正确答案:爆炸危险环境的照明导线连接,可采用有防松措施的螺栓固定、压接、钎焊、熔焊,但不得绕接。 98. √ 99. × 正确答案:电线保护管的弯曲处,不应有折皱、裂缝和凹陷,且弯扁程度不应大于管外径的 10%。 100. √ 101. × 正确答案:三相五孔插座的接地线或接零线均应接在上孔,插座的接地端子不应与零线端子连接。102. √ 103. √ 104. √ 105. × 正确答案:手摇兆欧表测试完后,需先断开测量接线,再停止摇动手柄,以防止由于被试设备上积聚的电荷反馈放电而损坏仪表。 106. × 正确答案:民用住宅照明系统通电连续试运行时间要求为 8h。 107. √ 108. √ 109. √ 110. × 正确答案:变压器的绕组是变压器的电路部分。 111. × 正确答案:变压器的效率是输出的有功功率与输入的有功功率之比的百分数。 112. √ 113. √ 114. √ 115. × 正确答案:变压器气体继电器顶盖上标志的箭头应指向变压器储油柜。 116. √ 117. √ 118. √ 119. √ 120. × 正确答案:配电柜底座固定在基础型钢上,如用电焊,每个柜的焊缝不应少于 4 处,每处的焊缝长约 10cm。 121. × 正确答案:配电柜内的配线应采用截面不应小于 $1.5mm^2$。 122. × 正确答案:配电柜投运前应用塞尺检查母线连接处接触是否良好。 123. √ 124. × 正确答案:对低压配电装置的有关设备,应定期清扫,摇测绝缘电阻。 125. √ 126. × 正确答案:规格为 50mm×5mm 的铜母线在其平弯加工过程中,最小弯曲半径是 10mm。 127. √ 128. × 正确答案: A、B、C 三相交流母线的颜色依次为:黄、绿、红。 129. × 正确答案:矩形母线应进行冷弯,不得进行热弯。 130. × 正确答案:维修母线时,应检查母线相色是否正确以及油漆是否完整,如有脱落,应趁停电机会补涂。 131. × 正确答案:电流互感器属于一次设备。 132. √ 133. × 正确答案:每个接线端子每侧接线宜为 1 根导线,不得超过 2 根。当 2 根导线与同一端子连接时,优先采用连接端子。 134. × 正确答案:仪表控制电力在满足截面积要求的情况下也可以代替动力电缆使用。 135. × 正确答案:电能计量柜中计量元件的电流线路导线截面积不应小于 $4mm^2$。 136. √ 137. × 正确答案:强电和弱电回路不能合用一根电缆,应分开敷设。 138. × 正确答案:架空线在电杆上的排列次序为:当面向负荷时,左起依次是 L_1、N、L_2、L_3、PE。 139. √ 140. × 正确答案:架空线路中,最常用的导线是铝绞线和钢芯铝绞线。 141. √ 142. √ 143. √ 144. √ 145. √ 146. √ 147. × 正确答案:冲击合闸试验后线路成功空载运行 72h,即可正式运行。 148. √ 149. √ 150. √ 151. × 正确答案:电缆导体中流过电流时,导体会发热,如果在某一个状态下发热量等于散热量,电缆导体就有一个稳定的温度。 152. × 正确答案:电缆盘不应平放运输、平放储存,以免挤压或使电缆线圈混乱。 153. √ 154. × 正确答案:在工程防火要求较高的场所,不宜采用铝合金电缆桥架。 155. √ 156. √ 157. × 正确答案:金属电缆管的连接采用短套管或带螺纹的管接头套接,不宜直接对焊。 158. × 正确答案:直埋敷设于冻土地区时,电缆宜埋入冻土层以下,当无法深埋时可埋设在土壤排水性好的干燥冻土层或回填土中,也可采取其他防止电缆受到损伤的措施。 159. √ 160. √ 161. × 正确答案:铝合金电缆桥架可以和热浸锌钢制支吊架上直接接触,但钢制支吊架表面为喷涂粉末涂层或涂漆时,应在与铝合金桥架接触面之间采用聚氯乙烯或氯丁橡胶衬垫隔离。 162. √ 163. √ 164. √ 165. √ 166. √ 167. × 正确答案:电缆终端焊接接地线时,先用锯条将钢铠焊接地线部位打毛镀锡，用电烙铁焊接铠装层接地线。 168. × 正确答案：绝缘电阻测试接线时，将非被试相缆芯与金属保护层一同接地，接兆欧表上的接线端子“E”，被试电缆的测量芯线接兆欧表的“L”。 169. √ 170. √ 171. × 正确答案：一般情况下，电动机的实际转速低于旋转磁场的转速。 172. × 正确答案：如果电动机铭牌上的温升为50℃，则表示允许电动机的最高温度可以为环境温度加上50℃。 173. √ 174. √ 175. √ 176. √ 177. √ 178. × 正确答案：万用表使用完毕归挡，置于交流最高挡。 179. √ 180. √ 181. √ 182. × 正确答案：国家标准规定的交流电额定频率为50Hz。 183. √ 184. × 正确答案：保护电器分别起短路保护、过载保护和失压（欠压）保护的作用。 185. √ 186. × 正确答案：隔离开关的刀片应垂直安装。 187. × 正确答案：接触器的电寿命一般不能低于其机械寿命的1/5。 188. √ 189. × 正确答案：热继电器的字母代号为RJ。 190. × 正确答案：剩余电流保护装置负荷侧的N线，只能作为中性线，不得与其他回路共用，且不能重复接地。 191. √ 192. √ 193. √ 194. × 正确答案：防爆行程开关的结构和外壳具有防爆功能。 195. × 正确答案：在有爆炸危险或火灾危险的厂房内，或对滑接线有严重腐蚀性气体的厂房，均不能采用裸滑接线，而应采用移动软电缆供电。 196. √ 197. × 正确答案：滑接线与管道的距离不应少于1.5m。 198. √ 199. × 正确答案：型钢滑接线长度超过50m时应装设补偿装置以适应建筑物沉降和温度变化引起的变形。 200. √

中级工理论知识练习题及答案

一、单项选择题(每题4个选项,只有1个是正确的,将正确的选项号填入括号内)

1. AA001 保护接地在接线图中标注的文字符号为( )。

A. E B. P C. PE D. PEN

2. AA001 信号在接线图中标注的文字符号为( )。

A. X B. S C. C D. FB

3. AA001 同步在接线图中标注的文字符号为( )。

A. ASY B. ASN C. SYN D. SYY

4. AB001 二次回路图中交流电流回路由( )供电。

A. 交流电源 B. 直流电源 C. 电压互感器 D. 电流互感器

5. AB001 二次接线图不包括( )。

A. 电气系统图 B. 交流电流回路

C. 交流电压回路 D. 继电保护回路

6. AB001 二次回路展开式原理图中,主电路垂直线布置在图的( )。

A. 左方或上方 B. 右方或下方 C. 左方或下方 D. 右方或上方

7. AC001 建筑结构施工图是表示( )各承重构件的布置、形状、大小、材料、构造及其相互关系的图样。

A. 建筑物 B. 构筑物 C. 厂房 D. 基础

8. AC001 基础图是表示建筑物( )基础部分的平面布置和详细构造的图样。

A. ±0 以下 B. 地面以下

C. 室外地面以下 D. 室内地面以下

9. AC001 框架式基础所用的混凝土不低于( )。

A. C15 B. C20 C. C25 D. C30

10. AC002 土建布置图图样采用( )绘制。

A. 正投影 B. 正视图 C. 俯视图 D. 剖面图

11. AC002 土建布置图一般不包括( )。

A. 详图 B. 剖面图 C. 平面图 D. 剖视图

12. AC002 投影线( )于投影面时,称为正投影。

A. 重合 B. 倾斜 C. 平行 D. 垂直

13. AD001 串联电路中有2只10Ω的电阻,其等效电阻为( )。

A. 5Ω B. 10Ω C. 15Ω D. 20Ω

14. AD001 串联电路中有5Ω、10Ω、15Ω的3只电阻,其中分压最大的电阻为( )。

A. 5Ω B. 10Ω C. 15Ω D. 都不是

15. AD001　串联电路中有 5Ω、10Ω 的 2 只电阻，10Ω 电阻与 5Ω 电阻上的电压降之比等于(　　)。

A. 0. 5　　B. 1　　C. 2　　D. 3

16. AD002　两电阻并联，各支路电流分配情况为(　　)。

A. 两支路电流相等

B. 电阻小的支路分得的电流小

C. 电阻小的支路分得的电流大

D. 总电流是按电阻值的正比分配在两个电阻上

17. AD002　在一个闭合电路中，两节 1. 5V 电池并联，电池内阻为 0. 2Ω，电流为 1A，则电路的电阻为(　　)。

A. 1Ω　　B. 1. 3Ω　　C. 1. 4Ω　　D. 1. 5Ω

18. AD002　并联电路中有 5Ω、10Ω、15Ω 三只电阻，其中分得电流最大的电阻为(　　)。

A. 5Ω　　B. 10Ω　　C. 15Ω　　D. 都不是

19. AD003　阻值分别为 5Ω、10Ω、15Ω 的 3 个电阻构成的电路。等效为 $R_{总}$ = 7. 5Ω，那么该电路的连接形式为(　　)。

A. 串联　　B. 并联

C. 5Ω 和 10Ω 串联再和 15Ω 并联　　D. 10Ω 和 15Ω 并联再和 5Ω 串联

20. AD003　2 个 10Ω 的电阻并联，再与一个 5Ω 电阻串联，其总电阻为(　　)。

A. 10Ω　　B. 15Ω　　C. 20Ω　　D. 25Ω

21. AD003　在一个端电压为 10V 的闭合电路中，2 个 10Ω 电阻并联再与 1 个 5Ω 电阻串联，流过 5Ω 电阻的电流是(　　)。

A. 0. 4A　　B. 0. 5A　　C. 1A　　D. 2A

22. AD004　交流电的相位反映了正弦量的变化过程，该相位是指变化着的(　　)。

A. 电流　　B. 电动势

C. 相位差　　D. 电角度

23. AD004　正弦量的三要素是指(　　)。

A. 周期、频率与角频率　　B. 相角、角频率与周期

C. 正弦量中的平均值、周期与相角　　D. 正弦量中最大值、角频率与初相位

24. AD004　两个同频率的正弦量交流电相角差为(　　)的两个正弦量，称之为反相。

A. 0°　　B. 90°　　C. 180°　　D. 360°

25. AD005　$U=U_m\sin(\omega t+\phi)$ 正弦交流电电压瞬时值表达式中，其中 U_m 表示(　　)。

A. 最大值　　B. 有效值　　C. 初相角　　D. 频率

26. AD005　从正弦交流电的解析表达式中可以看出交流电的(　　)。

A. 有效值　　B. 最大值　　C. 周期　　D. 频率

27. AD005　正弦交流电的波形图描绘的是电流的大小和方向随(　　)变化的曲线。

A. 电动势　　B. 电压　　C. 频率　　D. 时间

28. AD006　在 RLC 电路中，电阻消耗的功率为(　　)的有功功率。

A. 电抗　　B. 支路　　C. 总电路　　D. 电阻回路

29. AD006　有功功率的单位是(　　)。

A. F　　B. W　　C. VA　　D. var

30. AD006　在交流电路中关于有功功率的叙述,正确的是(　　)。

A. 每一个瞬间电压与电流的乘积

B. 一个周期内电压与电流乘积的平均值

C. 一个周期内电压与电流乘积的最大值

D. 一个周期内电压与电流乘积的$\sqrt{3}$倍

31. AD007　无功功率的单位是(　　)。

A. F　　B. W　　C. VA　　D. var

32. AD007　在具有电容的交流电路中关于无功功率的叙述,正确的是(　　)。

A. 单位时间所做的功　　B. 单位时间放出的热量

C. 单位时间所储存的电能　　D. 单位时间内与电源交换的电能

33. AD007　在纯电感(电容)电路中,将瞬时功率的(　　)称为无功功率。

A. 最大值　　B. 最小值　　C. 平均值　　D. 有效值

34. AD008　下列关于视在功率的叙述,不正确的是(　　)。

A. 视在功率的单位是伏安

B. 视在功率包括有功功率和无功功率

C. 视在功率是有功功率和功率因素的比值

D. 视在功率是指交流电路中电源提供的总功率

35. AD008　在具有电阻和电抗的交流电路中,电压有效值与电流有效值的乘积称为(　　)。

A. 功率　　B. 电功率

C. 视在功率　　D. 瞬时功率

36. AD008　视在功率有一确定的(　　)。

A. 额定值　　B. 有效值　　C. 最大值　　D. 平均值

37. AD009　交流电路中电压与电流之间相位差ϕ的(　　)值被称为功率因数。

A. 正弦　　B. 余弦　　C. 正切　　D. 余切

38. AD009　交流电路的功率因数在数值上是(　　)。

A. 有功功率与视在功率的比值　　B. 有功功率与无功功率的比值

C. 无功功率与视在功率的比值　　D. 无功功率与有功功率的比值

39. AD009　已知电动机三角形连接于380V三相四线制系统中,其三相电流均为10A,有功功率为1.14kW,功率因数为(　　)。

A. 0.03　　B. 0.1　　C. 0.33　　D. 1.0

40. AD010　发电机三相电动势达到(　　)的先后顺序,称为相序。

A. 最大值　　B. 最小值　　C. 有效值　　D. 平均值

41. AD010　三相交流电的相序可分为(　　)。

A. 正序　　B. 负序

C. 正序和负序　　D. 正序和零序

42. AD010　下列关于三相交流电的说法，不正确的是(　　)。
A. 三相电动机结构简单
B. 三相交流电应用没有单相交流电广泛
C. 三相发电机比尺寸相同的单相发电机输出的功率大
D. 输送同样大的功率时，三相输电线比单相输电线节省材料

43. AD011　在星形连接中，电源的中性点是指(　　)。
A. 电源三相绕组 AX 绕组的中点
B. 电源三相绕组 BY 绕组的中点
C. 电源三相绕组 CZ 绕组的中点
D. 电源三相绕组末端 X、Y、Z 连在一起的点

44. AD011　三相电源做星形连接时，线电压是相电压的(　　)。
A. $\sqrt{2}$倍　　B. $\sqrt{3}$倍　　C. 2 倍　　D. 3 倍

45. AD011　三相电源做三角形连接时，线电流是相电流的(　　)。
A. $\sqrt{2}$倍　　B. $\sqrt{3}$倍　　C. 2 倍　　D. 3 倍

46. AD012　在负载为星形接法的电路中，线电压是相电压的(　　)。
A. 1 倍　　B. 3 倍　　C. $\sqrt{2}$倍　　D. $\sqrt{3}$倍

47. AD012　在负载为三角形连接的电路中，其线电流与相电流的相关系为(　　)。
A. 相位差为零　　B. 线电流超前 30°
C. 线电流滞后 30°　　D. 线电流超前 60°

48. AD012　在负载做三角形连接的电路中，线电压是相电压的(　　)。
A. 1 倍　　B. 3 倍　　C. $\sqrt{2}$倍　　D. $\sqrt{3}$倍

49. AD013　在三相交流电路中，三相负载消耗的总功率(　　)3 个单项负载的功率之和。
A. 等于　　B. 大于　　C. 小于　　D. 无法确定

50. AD013　关于对称的三相交流电路，下列说法错误的是(　　)。
A. 各相电流相等　　B. 各相功率因数相等
C. 各相电压有效值相等　　D. 各相电流的有效值相等

51. AD013　在对称的三相交流电路中，总的有功功率是每相有功功率的(　　)倍。
A. 1　　B. 2　　C. 3　　D. 4

52. AE001　三极管按其结构类型分为(　　)管和(　　)管。
A. NPN，PNP　　B. NNP，PNP
C. NPN，NPP　　D. 以上全不是

53. AE001　三极管从外形看有三个电极，其中字母 c 表示的是(　　)。
A. 基极　　B. 集电极　　C. 发射极　　D. 以上全不是

54. AE001　下列关于三极管的工作状态，说法不正确的是(　　)。
A. 放大状态　　B. 截止状态　　C. 饱和状态　　D. 不饱和状态

55. AF001　决定电力系统的供电质量的指标不包括(　　)。
A. 电压　　B. 波形　　C. 频率　　D. 电流

56. AF001 额定电压为10kV及以下时,电压波动允许值为(   )。
A. 1.5%   B. 1.6%   C. 2%   D. 2.5%

57. AF001 不属于抑制或减少电压波动的措施是(   )。
A. 减少系统阻抗   B. 提高供电电压等级
C. 减少供电系统容量   D. 采用合理的接线方式

58. AF002 电力网和用电设备的额定电压为380V,则发电机的额定电压为(   )。
A. 127V   B. 220V   C. 380V   D. 400V

59. AF002 下列不属于高压系统电力网和用电设备额定电压的是(   )。
A. 6kV   B. 10kV   C. 50kV   D. 63kV

60. AF002 下列关于电力系统电压等级的特点说法不正确的是(   )。
A. 用电设备的额定电压比电网的额定电压高5%
B. 用电设备的额定电压和电网的额定电压一致
C. 发电机的额定电压比同级电网的额定电压高5%
D. 变压器的额定电压分一次绕组额定电压和二次绕组额定电压

61. AF003 下列关于电压等级的选择说法不正确的是(   )。
A. 电压等级的选择,由公式就可以概括
B. 正确选择电压等级,对运行费用很重要
C. 正确选择电压等级,对运行的灵活性很重要
D. 正确选择电压等级,对电力系统的投资很重要

62. AF003 提高所选用的电压等级,在输送距离、输送容量一样时,线路上的功率损耗会(   ),电压损失会(   )。
A. 增多,减少   B. 减少,减少
C. 减少,增多   D. 增多,增多

63. AF003 电压等级越高,线路上的绝缘等级要(   )。
A. 提高   B. 降低   C. 不变   D. 都不正确

64. AG001 继电保护装置需要操作电源的是(   )。
A. 逻辑部分、执行部分、信号部分   B. 逻辑部分、执行部分、测量部分
C. 信号部分、执行部分、测量部分   D. 逻辑部分、信号部分、测量部分

65. AG001 (   )用来测量被保护对象的运行状态。
A. 逻辑部分   B. 测量部分   C. 信号部分   D. 执行部分

66. AG001 下列关于继电保护的任务,说法不正确的是(   )。
A. 实现电力系统的自动化
B. 实现电力系统的远动化
C. 当电力系统发生故障,能将故障设备从电力系统中切除
D. 当电力系统发生不正常工作情况时,能自动、及时、有选择性地发出信号通知运行人员进行处理

67. AG002 继电保护装置按其被保护的对象分类,不包括(   )。
A. 电压保护   B. 母线保护   C. 发电机保护   D. 变压器保护

68. AG002　继电保护装置按其所起的作用分类，不包括(　　)。

A. 主保护　B. 后备保护　C. 辅助保护　D. 断线保护

69. AG002　属于按保护原理分类的保护为(　　)。

A. 失磁保护　B. 电压保护　C. 断线保护　D. 失步保护

70. AG003　继电器按其结构形式分类，目前主要有(　　)。

A. 电流继电器、电压继电器、温度继电器

B. 测量继电器、中间继电器、气体继电器

C. 温度继电器、信号继电器、电磁式继电器

D. 电磁式继电器、感应式继电器、半导体式继电器

71. AG003　气体继电器是专门用来保护(　　)的。

A. 发电机　B. 电力系统　C. 电力变压器　D. 高压电动机

72. AG003　(　　)继电器的特点是触头数量多，容量大。

A. 电流继电器　B. 中间继电器　C. 时间继电器　D. 温度继电器

73. AG004　当电流超过某一预定数值时，反应电流升高而动作的保护装置叫作(　　)。

A. 过电压保护　B. 过电流保护　C. 差动保护　D. 速断保护

74. AG004　定时限过流保护电路中，继电器均采用(　　)。

A. 电磁式继电器　B. 感应式继电器　C. 半导体式继电器　D. 都可以

75. AG004　过流保护灵敏度(　　)。

A. $Sp \geqslant 1.25 \sim 1.5$　B. $Sp \geqslant 1.05 \sim 1.25$　C. $Sp \geqslant 1.25 \sim 1.75$　D. $Sp \geqslant 1.5 \sim 1.75$

76. AG005　速断保护的动作电流应躲过它所保护线路(　　)的(　　)短路电流。

A. 末端、最大　B. 末端、最小　C. 首端、最大　D. 首端、最小

77. AG005　速断保护只能保护本机线路中(　　)的一部分线路。

A. 靠近负载　B. 靠近电源　C. 远离电源　D. 任何线路均可

78. AG005　速断保护的灵敏度应按线路首端的两相短路电流作为(　　)短路电流来检验。

A. 最小　B. 最大　C. 不用考虑　D. 最小或最大

79. AG006　电气设备正常情况下，差动电流(　　)。

A. 等于零　B. 大于零　C. 小于零　D. 无法确定

80. AG006　差动保护是利用(　　)工作的。

A. 基尔霍夫定律　B. 欧姆定律　C. 楞次定律　D. 以上均可

81. AG006　发生单相接地故障后，系统还可以继续工作(　　)。

A. 0.5h　B. 1h　C. 2h　D. 3h

82. AH001　双臂电桥测量电阻的范围为(　　)。

A. 1Ω 以下　B. 3Ω 以下　C. 5Ω 以下　D. 10Ω 以下

83. AH001　下列关于直流电桥说法不正确的是(　　)。

A. 选择适当的比例臂

B. 测量前先估测被测电阻的大小

C. 测量完毕，先松开检流计按钮，再松开电源按钮

D. 测量时，先按下检流计按钮，然后按下电源按钮并锁住

84. AH001 QJ36 型单双臂电桥设置粗调、细调按钮的主要作用是(　　)。
A. 保护标准电阻箱
B. 保护电源,以避免电源短路而烧坏
C. 保护被测的低电阻,以避免过度发热烧坏
D. 保护电桥平衡指示仪,便于把电桥调到平衡位置

85. AH002 接地电阻测量仪是测量(　　)的装置。
A. 绝缘电阻　B. 直流电阻　C. 接地电阻　D. 以上全对

86. AH002 接地电阻测量仪不包括(　　)。
A. 手摇发电机　B. 电流互感器　C. 电压互感器　D. 检流计

87. AH002 接地电阻测量仪测量标度盘读数小于(　　),应将倍率置于较小的一挡重新测量。
A. 0. 1　B. 1　C. 5　D. 10

88. AH003 功率表量限的选择实际上是(　　)的选择。
A. 电流量限　B. 电压量限
C. 电流量限和电压量限　D. 电流量限和电阻量限

89. AH003 关于功率表与其他电动系仪表的区别,下列说法不正确的是(　　)。
A. 动圈串入负载电路
B. 定圈串入负载电路
C. 定圈与动圈不是串联使用的
D. 动圈与附加电阻串联后再并入负载电路

90. AH003 功率表的刻度标的是(　　)。
A. 格数　B. 瓦特数
C. 分割格常数　D. 以上均不正确

91. AI001 楔角是錾子切削刃(　　)间的夹角。
A. 前面和后面　B. 左面和右面　C. 前面和左面　D. 后面和右面

92. AI001 錾削硬钢和铸铁时楔角取(　　)。
A. 30°~50°　B. 50°~60°　C. 60°~70°　D. 70°~80°

93. AI001 后角取决于握錾位置,一般取(　　)。
A. 3°~6°　B. 5°~6°　C. 5°~8°　D. 6°~8°

94. AI002 锉削的精度可达到(　　)。
A. 1mm　B. 0. 1mm　C. 0. 01mm　D. 0. 001mm

95. AI002 对于锉刀的选择,下列说法不正确的是(　　)。
A. 根据材料选择　B. 根据加工精度选择
C. 根据工件尺寸大小选择　D. 根据工件表面形状选择

96. AI002 锉削速度一般为(　　)左右。
A. 20 次/min　B. 30 次/min　C. 40 次/min　D. 50 次/min

97. AI003 一般钻大孔的钻速比钻小孔时的钻速(　　)。
A. 慢　B. 快　C. 一样　D. 不一定

98. AI003　钻深孔时，一般钻孔深度达到直径（　　）时钻头要退出排屑。

A. 1 倍　B. 2 倍　C. 2.5 倍　D. 3 倍

99. AI003　直径超过（　　）的大孔，先用 0.5～0.7 倍孔径的钻头先钻小孔，然后再用所需孔径的钻头扩孔。

A. 20mm　B. 25mm　C. 30mm　D. 35mm

100. AJ001　工件接头处的对缝尺寸为（　　）。

A. 0～1mm　B. 0～1.5mm　C. 0～2mm　D. 0～2.5mm

101. AJ001　工件的焊接方式按工件的结构、形式、体积和所处位置的不同分类，不包括（　　）。

A. 平焊　B. 立焊　C. 仰焊　D. 侧焊

102. AJ001　下列关于平焊的说法，不正确的是（　　）。

A. 焊缝位于水平位置

B. 熔融的金属液和熔渣容易相混

C. 焊接反面时，运条速度要适当加快

D. 对需要焊接的工件，在焊接正面时，运条速度要快

103. AJ002　运条时焊条前端按（　　）个方向移动。

A. 一　B. 两　C. 三　D. 四

104. AJ002　引弧的方法有（　　）和（　　）两种。

A. 划擦法，接触法　B. 划擦法，摩擦法　C. 接触法，摩擦法　D. 以上均可

105. AJ002　焊接引弧时，应将焊条向上提起（　　）。

A. 1～2mm　B. 2～3mm　C. 2～4mm　D. 3～4mm

106. AJ003　热熔焊接不能焊接（　　）。

A. 铝　B. 纯铜　C. 黄铜　D. 锻铁

107. AJ003　导线与导线焊接中不包括（　　）。

A. 对接　B. 搭接　C. 丁字连接　D. 平行连接

108. AJ003　热熔焊接不用于（　　）。

A. 管道　B. 防雷接地　C. 保护接地　D. 防静电接地

109. AJ004　气割切割所用的可燃气体主要是（　　）。

A. 乙炔和丙烷　B. 氧气和乙炔　C. 氧气和丙烷　D. 氩气和乙炔

110. AJ004　气割时，金属燃烧的反应热比预热火焰高（　　）。

A. 5～7 倍　B. 5～8 倍　C. 6～8 倍　D. 6～9 倍

111. AJ004　（　　）是利用可燃气体与氧气混合燃烧的预热火焰将金属加热到燃烧点，并在氧气射流中剧烈燃烧而将金属分开的加工方法。

A. 气焊　B. 气割　C. 热熔焊　D. 电弧焊

112. AK001　下列不属于索具的是（　　）。

A. 麻绳　B. 平衡梁　C. 钢丝绳　D. 尼龙绳

113. AK001　下列不属于专用吊具的是（　　）。

A. 平衡梁　B. 吊装梁　C. 吊耳　D. 卸扣

114. AK001　大型安装工地上最常用的是(　　)。
A. 管式平衡梁　　B. 槽钢型平衡梁
C. 桁架式平衡梁　　D. 特殊结构平衡梁

115. AK002　下列关于钢丝绳的描述不正确的是(　　)。
A. 刚性较大不易弯曲　　B. 挠性不好,使用不够灵活
C. 高速运行时,运转稳定,没有噪声　　D. 强度高、弹性大、能承受冲击载荷

116. AK002　在结构吊装中,常用作溜绳或者起吊较轻的构件的索具是(　　)。
A. 棕绳　　B. 钢丝绳　　C. 吊装带　　D. 尼龙带

117. AK002　汽车起重机按起重量大小可分为(　　)。
A. 轻型、重型　　B. 中型和重型　　C. 轻型、中型　　D. 轻型、中型和重型

118. AL001　下列不属于电气设备安装准备工作内容的是(　　)。
A. 技术准备　　B. 接地预埋　　C. 临时设施准备　　D. 施工机具准备

119. AL001　电气设备安装技术准备工作不包括(　　)。
A. 审查施工图纸　　B. 划分施工程序
C. 编制施工组织设计　　D. 编制施工进度计划

120. AL001　电气设备安装施工阶段不包括(　　)。
A. 盘柜接线　　B. 安装电气设备　　C. 进行电缆敷设　　D. 电气设备调试

121. AL002　下列选项中,不属于电气设备安装收尾调试阶段工作内容的是(　　)。
A. 竣工验收　　B. 通电试运行
C. 施工资料的整理　　D. 安装质量的评定

122. AL002　电气设备安装收尾调试阶段的工作不包括(　　)。
A. 通电试运行　　B. 工程预验收　　C. 绘制竣工图　　D. 电气设备的调试

123. AL002　质量评定不包括(　　)。
A. 互检　　B. 监理单位的检查
C. 施工班组的自检　　D. 施工单位质量部门的检查评定

124. AM001　企业计量管理制度包括(　　)。
A. 建立计量档案　　B. 完善计量测试手段
C. 建立企业计量管理制度　　D. 以上全对

125. AM001　计量的检定形式不包括(　　)。
A. 入库检定　　B. 周期检定　　C. 发放检定　　D. 出厂前检定

126. AM001　关于施工企业的计量管理,下列说法不正确的是(　　)。
A. 用好计量器具　　B. 保证计量器具准确
C. 保证各种测试数据的准确可靠　　D. 为搞好项目管理提供计量保证

127. AN001　电流通过人体,对人的危害程度与下列(　　)无关。
A. 电流大小　　B. 持续时间
C. 电压高低　　D. 电气设备的容量

128. AN001　电流对人体的伤害可分为(　　)两大类。
A. 电击和电伤　　B. 电击和电弧烧伤　　C. 电伤和电弧烧伤　　D. 电伤和皮肤金属化

129. AN001　电伤不包括(　　)。

A. 烫伤　B. 电烙印　C. 电弧烧伤　D. 皮肤金属化

130. AN002　下列关于直接接触触电,说法不正确的是(　　)。

A. 分为单相触电和两相触电

B. 两相触电比单相触电要严重得多

C. 发生两相触电时,作用于人体的电压等于相电压

D. 发生两相触电时,作用于人体的电压等于线电压

131. AN002　跨步电压距离故障点或接地极(　　),电压(　　)。

A. 越近,越大　B. 越远,越大　C. 越近,越小　D. 没有关系

132. AN002　接触电压的大小和人体的站立位置有关,当人体距离接地故障(　　),接触电压值(　　)。

A. 越近,大　B. 越远,越大　C. 越远,越小　D. 没有关系

133. AN003　保护接地的接地电阻不能大于(　　)。

A. 1Ω　B. 2Ω　C. 4Ω　D. 10Ω

134. AN003　保护接地的接地电阻(　　),流过人体的电流就(　　),危险性就(　　)。

A. 越大,越小,越小　B. 越小,越小,越小　C. 越小,越大,越大　D. 越大,越小,越大

135. AN003　国际电工委员会(IEC)将低压电网配电制及保护方式分为(　　)。

A. 二类　B. 三类　C. 四类　D. 五类

136. AN004　金属容器内一般选择(　　)安全电压。

A. 6V　B. 12V　C. 24V　D. 36V

137. AN004　行灯的电压不应超过(　　)。

A. 24V　B. 36V　C. 42V　D. 60V

138. AN004　低电压是指用于配电的交流系统中(　　)及以下的电压等级。

A. 220V　B. 380V　C. 630V　D. 1000V

139. AN005　如果发生触电者呼吸困难或心跳失常,应立即施行(　　)。

A. 静卧观察　B. 心肺复苏术

C. 立即送往医院　D. 人工呼吸或胸外心脏按压

140. AN005　在抢救中,只有(　　)才有权决定触电者已经死亡。

A. 医生　B. 抢救者　C. 触电者家属　D. 触电者领导

141. AN005　下列关于触电急救,说法不正确的是(　　)。

A. 现场救护　B. 就近拉开电源开关

C. 用手去拉触电人员　D. 现场救护触电者迅速脱离电源

142. AO001　绝缘防护用具不包括(　　)。

A. 绝缘靴　B. 绝缘垫　C. 绝缘隔板　D. 绝缘操作杆

143. AO001　绝缘隔板只能在(　　)及以下的情况下使用。

A. 10kV　B. 35kV　C. 63kV　D. 110kV

144. AO001　放设绝缘隔板时,带电体到绝缘隔板边缘的距离不得小于(　　)。

A. 10cm　B. 20cm　C. 25cm　D. 30cm

145. AP001　火灾可以分为(　　)个等级。

A. 二　B. 三　C. 四　D. 五

146. AP001　火灾可以分为(　　)。

A. 二类　B. 三类　C. 四类　D. 六类

147. AP001　C 类火灾,也就是(　　)。

A. 液体火灾　B. 气体火灾　C. 金属火灾　D. 可燃固体火灾

148. AP002　泡沫灭火器适用于(　　)。

A. 金属火灾　B. 水溶性易燃液体火灾

C. 带电设备火灾　D. 非水溶性可燃液体火灾

149. AP002　二氧化碳灭火器不能扑灭(　　)。

A. 活泼金属火灾　B. 精密仪器火灾

C. 图书、档案火灾　D. 600V 以下电气设备火灾

150. AP002　泡沫灭火器不适用于(　　)。

A. 木材火灾　B. 煤油火灾

C. 带电设备火灾　D. 非水溶性可燃液体火灾

151. BA001　(　　)反映了系统的基本组成、主要电气设备、元件之间的连接情况以及它们的规格、型号、参数等。

A. 照明平面图　B. 照明系统图　C. 动力平面图　D. 控制原理图

152. BA001　电气安装资料图纸一般不包括(　　)。

A. 总平面布置图　B. 动力平面图

C. 防雷、接地平面图　D. 爆炸危险区域划分图

153. BA001　系统图包括高压系统图、低压系统图和(　　)。

A. 端子排系统图　B. 动力系统图　C. 接地系统图　D. 照明系统图

154. BA002　下列信息中,不能从照明系统图中获得的信息是(　　)。

A. 照明的计算负荷

B. 灯具的安装位置

C. 导线或电缆的根数、型号和穿管管径

D. 三相电源的分配各回路容量、回路数和回路编号

155. BA002　照明灯具在平面图上的安装方式表示为 C,说明该灯具安装方式是(　　)。

A. 吊杆灯　B. 吸顶灯　C. 台灯　D. 应急灯

156. BA002　照明灯具在平面图上的表示方法如下式所示,其中 e 的代表含义是(　　)。

$$a-b\,\frac{c\times d}{e}f$$

A. 灯具数量　B. 灯具型号　C. 安装高度　D. 安装方式

157. BA003　电气工程图的标高一般采用(　　)。

A. 绝对标高　B. 相对标高　C. 海拔高度　D. 对地面标高

158. BA003　图纸中接地极的表示方法是(　　)。

A. ●　B. ⊙　C. ◎　D. ○

159. BA003 电气工程图常用的比例为( )。
A. 1∶1000 B. 1000∶1 C. 1∶100 D. 100∶1

160. BA004 室内照明开关安装高度为( )。
A. 1.5m B. 1.3m C. 1m D. 0.4m

161. BA004 阅读照明平面图时,下列说法理解错误的是( )。
A. 了解照明干线或支线接入三相电路的相别
B. 阅读图上的文字说明和设计所采用的图形符号代表含义
C. 核实灯具、保护管、电缆(导线)的长度与材料表是否有较大出入
D. 熟悉灯具、插座在建筑物、框架和设备平台上的分布及安装位置

162. BA004 下列图例中,照明平面图中的---------------表示的是( )。
A. 接地线 B. 正常照明线 C. 事故照明线 D. 动力电缆

163. BB001 编制电气施工机具计划应依据施工方法和( )的要求。
A. 安全管理 B. 工程任务 C. 进度计划 D. 资源配备

164. BB001 电气施工机具设备计划除了需编制施工机具一览表,还需编制( )。
A. 备品备件表 B. 手段用料表 C. 设备材料表 D. 试验设备一览表

165. BB001 配备机具设备时应考虑技术先进性,主要是指( )。
A. 机械设备要便于检查、维修和修理
B. 机械设备在使用过程中有对施工安全的保障性能
C. 机具设备技术性能优越,测量仪器精度等级符合要求
D. 机械设备在使用过程中能稳定地保持其应有的技术性能,安全可靠地运行

166. BB002 单根 *DN*20mm 照明电缆(线)保护管的支架型号一般选择( )。
A. ∠30×4 B. ∠40×4 C. ∠45×4 D. ∠50×5

167. BB002 下列机具中,在炼化现场照明配管安装中不需要的是( )。
A. 套丝机 B. 电动液压弯管机
C. 电焊机 D. 气焊设备

168. BB002 照明保护管的支架开孔采用( )。
A. 电焊开孔 B. 气焊开孔 C. 台钻钻孔 D. 液压开孔器开孔

169. BC001 高杆灯由灯头、内部灯具电器、灯杆、( )及基础部分组成。
A. 蓄电池 B. 法兰钢底盘 C. 太阳能电池板 D. 电动升降系统

170. BC001 高杆灯的灯杆一般设计最大抗风能力可达( )。
A. 30m/s B. 50m/s C. 60m/s D. 100m/s

171. BC001 升降式高杆灯所有灯具的防护等级为国际标准( ),以防止尘土、雨水的浸入。
A. IP46 B. IP55 C. IP56 D. IP65

172. BC002 高杆灯灯杆通常安装垂直度偏差不大于( )。
A. 3mm B. 5mm C. 2‰ D. 3‰

173. BC002 高杆灯套接灯杆时,一般从杆体的( )开始。
A. 最下节 B. 最上节 C. 中间节 D. 最细节

174. BC002 高杆灯灯杆套接时,在上、下两节杆体的两侧各焊接一螺母,下列说法错误的是(　　)。

A. 挂套拉紧钢丝绳
B. 挂套吊装用钢丝绳
C. 螺母应在同一直线位置上
D. 固定手拉葫芦,收紧手拉葫芦,使灯杆达到套接深度标志

175. BC003 太阳能路灯主要是通过太阳能板,把(　　)转换为电能,然后达到照明功效。

A. 热能　B. 动能　C. 光能　D. 势能

176. BC003 下列选项中,不属于太阳能路灯控制部分的是(　　)。

A. 升压模块　B. 降压模块　C. 太阳能电池板　D. 太阳能控制器

177. BC003 太阳能路灯的蓄电池采用(　　)连接。

A. 先串联再并联　B. 先并联再串联　C. 串联　D. 并联

178. BC004 太阳能路灯组件调整时,电池板的朝向要(　　)。

A. 朝上　B. 朝下　C. 朝南　D. 朝东

179. BC004 至少在地基浇筑后(　　)天才可以进行太阳能路灯的安装。

A. 1　B. 2　C. 3　D. 4

180. BC004 下列关于太阳能路灯安装的说法中,错误的是(　　)。

A. 接好线之后对电池板接线处进行镀锡
B. 灯杆起吊后,再组装太阳能电池组件和灯具
C. 待到所安装路灯全部调整整齐划一,需对灯杆底座进行二次预埋
D. 灯杆法兰盘上固定在地基的地脚螺栓上,地脚螺栓应有防松措施

181. BC005 按照应急供电形式分,应急照明可分为集中供电型和(　　)。

A. 自带电源型　B. 太阳能供电型
C. 晶闸管直流供电型　D. 普通照明混合供电型

182. BC005 高危险区域使用应急照明系统的应急转换时间不应大于(　　)。

A. 0.25s　B. 0.5s　C. 3s　D. 5s

183. BC005 装置区内的应急照明电缆一般采用(　　)。

A. 阻燃电缆　B. 耐火电缆
C. 屏蔽电缆　D. 聚氯乙烯电缆

184. BC006 防护等级的第一个标记数字表示防尘和防止外物侵入的等级,最高级别是(　　)。

A. 3 级　B. 4 级　C. 6 级　D. 8 级

185. BC006 防爆灯具的防护等级为 IP65,表示的含义是(　　)。

A. 完全防止粉尘进入;防止大浪浸入
B. 完全防止粉尘进入;防止喷射的水浸入
C. 防止人的手指接触到电器内部的零件;防止大浪浸入
D. 完全防止外物侵入,虽不能完全防止灰尘侵入,但灰尘的侵入量不会影响电器的正常运作;防止浸水时水的浸入

186. BC006　防爆灯具是一种密封灯具,其防尘能力至少(　　)以上。

A. 3 级　　B. 4 级　　C. 5 级　　D. 6 级

187. BC007　如果设计无规定,防爆照明配电箱安装高度一般为(　　)。

A. 底部距地面 1.5m　　B. 中心距地面 1.5m

C. 底部距地面 2m　　D. 中心距地面 2m

188. BC007　室外防爆照明配电箱体与支架之间采用(　　)方式固定。

A. 卡接　　B. 焊接　　C. 螺栓连接　　D. 搭接套接

189. BC007　下列材料中,常被用来预制防爆照明配电箱的支架的是(　　)。

A. *DN*50mm 镀锌钢管　　B. −40mm×4mm 镀锌扁钢

C. ∠30 镀锌角钢　　D. 10 号镀锌槽钢

190. BC008　防爆灯具的安装位置应离开释放源,且不得在各种管道的(　　)的上方和下方。

A. 管托　　B. 阀门

C. 排污阀　　D. 泄压口及排放口

191. BC008　导管与防爆灯具之间的螺纹啮合扣数应不少于(　　)。

A. 4 扣　　B. 5 扣　　C. 6 扣　　D. 7 扣

192. BC008　下列有关防爆灯具安装的说法,错误的是(　　)。

A. 灯具的隔爆结合面的锈蚀层和划痕需进行处理

B. 灯具上的连接螺栓都应有防松装置

C. 照明灯具若与其他管线或构筑物碰撞,施工可视现场情况做局部调整

D. 检查防爆灯具的规格是否符合设计要求,还应检查是否与爆炸危险环境相适配

193. BC009　灯具安装在烟囱顶上时,应安装在(　　)的部位且呈正三角形水平布置。

A. 低于烟囱口 1~1.5m　　B. 低于烟囱口 1.5~3m

C. 低于烟囱口 5~6m　　D. 烟囱顶端

194. BC009　同一建筑物或建筑群上,航空障碍灯具间的水平和垂直距离不应大于(　　)。

A. 45m　　B. 60m　　C. 80m　　D. 150m

195. BC009　航空障碍灯具的选型根据(　　)决定。

A. 有效光强　　B. 建筑物种类　　C. 安装高度　　D. 照明光源

196. BC010　照明电路的常见故障不包括(　　)。

A. 断路　　B. 短路　　C. 漏电　　D. 电源电压低

197. BC010　造成照明回路短路的原因不包括(　　)。

A. 用电器具接线不好,以致接头碰到一起

B. 灯座或开关受潮或进水

C. 灯头接触不良

D. 导线绝缘外皮损坏

198. BC010　用试电笔测灯座的两极是否有电,若两极都亮(带灯泡测试),说明(　　)。

A. 相线接地　　B. 灯丝未接通

C. 相线断路　　D. 零线断路

199. BD001　电力变压器油枕的主要作用是(　　)。

A. 为器身散热　　B. 保护变压器　　C. 补油和储油　　D. 防止油箱爆炸

200. BD001　下列不属于油浸变压器常用冷却方式的是(　　)。

A. AF　　B. ONAN　　C. ONAF　　D. OFAF

201. BD001　变压器套管是引线与(　　)间的绝缘。

A. 油箱　　B. 铁芯　　C. 高压绕组　　D. 低压绕组

202. BD002　变压器呼吸器的作用是(　　)。

A. 清除吸入空气中的杂质和水分

B. 清除变压器油中的杂质和水分

C. 清除各种故障时产生的油烟

D. 吸收和净化匝间短路时产生的烟气

203. BD002　变压器的储油柜位于变压器油箱的上方,通过(　　)与油箱相通。

A. 压力释放器　　B. 气体继电器　　C. 冷却装置　　D. 吸湿器

204. BD002　气体继电器安装前应进行校验,检验项目不包含(　　)。

A. 密封试验　　B. 耐压试验　　C. 轻瓦斯动作　　D. 重瓦斯动作

205. BD003　变压器油在变压器内主要起(　　)作用。

A. 绝缘和冷却　　B. 消弧　　C. 润滑　　D. 填补

206. BD003　变压器油在受潮时,其击穿强度(　　)。

A. 不变　　B. 急剧升高　　C. 急剧下降　　D. 无法判断

207. BD003　变压器油在取样时,若油桶数量为 3 个,则应该取油样数量为(　　)。

A. 1 个　　B. 2 个　　C. 3 个　　D. 4 个

208. BD004　下列关于真空滤油的说法不正确的是(　　)。

A. 效率高、质量好,被广泛采用

B. 可使黏度降低,流动性提高,有助于水分析出

C. 过滤后的变压器油要取油样试验,判断变压器油是否净化处理合格

D. 滤油前应用少量的新油进行清洗设备,冲洗后的油可以继续使用

209. BD004　真空注油过程中,下列说法不正确的是(　　)。

A. 注油完毕不必再对油箱、套管、升高座、气体继电器、散热器及安全气道等排气

B. 注入油的温度不得低于 10℃,以防止水分的凝结

C. 能有效除去变压器器身和绝缘油中的气体、水分

D. 抽真空时要监测油箱的弹性变形程度

210. BD004　110kV 变压器热油循环注油完毕后施加电压前,静止时间应不小于(　　)。

A. 24h　　B. 12h　　C. 8h　　D. 6h

211. BD005　下列对电压互感器叙述错误的是(　　)。

A. 正常运行时,相当于一个空载变压器　　B. 二次侧允许开路

C. 二次侧允许短路　　D. 二次匝数较少

212. BD005　电压互感器使用时应将其一次绕组(　　)接入被测电路。

A. 串联　　B. 并联　　C. 混联　　D. 以上均可以

213. BD005 通常情况下电压互感器能将系统高电压变为( )的标准低电压。

A. 5V B. 60V C. 100V D. 110V

214. BD006 用来馈电给电能计量的专用电压互感器,应该选用准确级次为( )的电压互感器。

A. 0. 2 B. 1 C. 3 D. 5

215. BD006 电压互感器的角误差与( )无关。

A. 二次负载功率因数大小 B. 互感器二次负载大小

C. 互感器一次电压波动 D. 互感器容量大小

216. BD006 下面关于电压互感器误差说法错误的是( )。

A. 与一次电压波动无关

B. 与互感器的励磁电流有关,励磁电流增大,其误差增大

C. 与二次负载功率因数有关,功率因数减少,角误差增大

D. 与互感器的电阻、感抗以及漏抗有关,阻抗和漏抗增大,使误差加大

217. BD007 电压互感器二次绕组直流电阻测量值,与换算到同一温度下的出厂值比较,相差不宜大于( )。

A. 15% B. 10% C. 5% D. 25%

218. BD007 关于电压互感器安装的注意事项,下列说法不正确的是( )。

A. 互感器外壳必须接地

B. 电压互感器二次侧可以短路运行

C. 互感器安装应水平,并列安装的互感器应排列整齐

D. 油浸式互感器油位正常,密封应良好,无渗油现象

219. BD007 电压互感器的交流试验耐压值应按( )的 80%进行。

A. 铭牌上的额定电压 B. 出厂试验电压

C. 实际运行电压 D. 线电压

220. BD008 电流互感器的二次线圈与铁芯都应( )。

A. 对地绝缘 B. 对壳绝缘 C. 接地 D. 浸漆

221. BD008 电流互感器一、二次绕组相比,( )。

A. 二次绕组匝数多 B. 一次绕组匝数较多

C. 一、二次绕组匝数一样多 D. 一次绕组匝数是二次绕组匝数的 2 倍

222. BD008 电流互感器在正常运行时,二次绕组( )。

A. 接近短路状态 B. 呈短路状态 C. 呈开路状态 D. 允许开路

223. BD009 电流互感器二次绕组额定电流可能为( )。

A. 0. 5A B. 2A C. 3A D. 5A

224. BD009 电流互感器的变比误差和相角误差与( )无关。

A. 一次电流大小 B. 二次负载阻抗

C. 二次电压 D. 环境温度

225. BD009 已知 200/5A 的电流互感器一次线圈匝数为 2 匝,则二次绕组匝数为( )。

A. 20 匝 B. 60 匝 C. 80 匝 D. 100 匝

226. BD010　在一般的电流互感器中产生误差的主要原因是存在着(　　)。
A. 负荷电流　　B. 激磁电流
C. 容性泄漏电流　　D. 感性泄漏电流

227. BD010　对于一般的电流互感器,其误差的绝对值随着二次负荷阻抗的增大而(　　)。
A. 减小　　B. 增大　　C. 不变　　D. 不确定

228. BD010　在测量直流电阻时,同型号、同规格、同批次电流互感器一、二次绕组的直流电阻和平均值的差异不宜大于(　　)。
A. 1%　　B. 2%　　C. 5%　　D. 10%

229. BD011　通过移相的方法不能改变整流变压器的(　　)。
A. 谐波污染程度　　B. 功率因数　　C. 输出波形　　D. 网侧电压

230. BD011　下列关于变压器的变磁通调压方式说法不正确的是(　　)。
A. 调压速度快　　B. 调压速度慢
C. 网侧功率因数变化小　　D. 直流输出电压波形不变

231. BD011　下列关于特殊变压器说法不正确的是(　　)。
A. 自耦变压器共用一个绕组　　B. 整流变压器电流波形是正弦波
C. 隔离变压器次级不和大地相连　　D. 弧焊变压器是一个降压变压器

232. BD012　下列不属于弧焊变压器特点的是(　　)。
A. 空载电压应在 60~75V　　B. 在额定负载时输出电压在 30V 左右
C. 具有较大的电抗,且可以调节　　D. 一、二次绕组共用一个绕组

233. BD012　关于自耦变压器,以下说法不正确的是(　　)。
A. 一、二次绕组是独立的绕组　　B. 变压比公式:$k=\frac{U_1}{U_2}=\frac{E_1}{E_2}=\frac{N_1}{N_2}$
C. 交流变流公式:$I_1=-\frac{N_2}{N_1}\dot{I}_2=-\frac{1}{k}\dot{I}_2$　　D. 绕组之间既有磁的联系又有电的联系

234. BD012　自耦变压器的公用绕组导体流过的电流(　　)。
A. 较大　　B. 较小
C. 等于负载电流　　D. 等于原、副边电流之和

235. BD013　以下关于测量变压器绕组直流电阻的目的叙述不正确的是(　)。
A. 检查绕组有无匝间短路
B. 各相绕组的电阻是否平衡
C. 开关的接触电阻及波形是否良好
D. 为用户提供作为安装、运行和维护的原始数据

236. BD013　测量变压器绕组直流电阻的目的是(　　)。
A. 判断绝缘是否下降　　B. 测量绝缘是否受潮
C. 判断接头是否接触良好　　D. 保证设备的温升不超过上限

237. BD013　下列各项中对变压器绕组直流电阻的测量值有影响的是(　　)。
A. 变压器上层油温及绕组温度　　B. 变压器绕组绝缘受潮
C. 变压器油质状况　　D. 环境湿度

238. BD014 电力变压器被测绕组的 tanδ 值不应大于产品出厂试验值的(　　)。

A. 85%　　B. 115%　　C. 120%　　D. 130%

239. BD014 变压器的介质损耗因数不能判断(　　)。

A. 绕组是否变形　　B. 真空处理的好坏　　C. 脏污程度　　D. 是否受潮

240. BD014 一台变压器运行一年后,其介质损耗因数由 0.37%上升至 3.2%,可能的原因是(　　)。

A. 电容屏产生悬浮电位　　B. 油纸中有气泡

C. 超负荷运行　　D. 严重受潮

241. BD015 电力变压器一、二次绕组对应电压之间的相位关系称为(　　)。

A. 变压比　　B. 阻抗比　　C. 短路电压比　　D. 连接组别

242. BD015 Y、d5 连接组别中的组别号 5 是指原边线电势超前对应的副边线电势(　　)电角度。

A. 210°　　B. 150°　　C. 100°　　D. 50°

243. BD015 对于单相变压器,其一、二次侧相电压的相位差只有(　　)两种。

A. 180°和 0°　　B. 180°和 90°　　C. 240°和 120°　　D. 60°和 120°

244. BD016 交接试验时,220kV 及以上的电力变压器其电压比的允许误差在额定分接头位置时为(　　)。

A. ±0.5%　　B. ±1%　　C. ±1.5%　　D. ±2%

245. BD016 变压器变比测试时所有分接头的电压比与制造厂铭牌数据相比应无明显差别;无明显差别的意思不包含(　　)。

A. 电压等级在 35kV 以下,电压比小于 3 的变压器电压比允许偏差不超过±1%

B. 其他分接的电压比应在变压器阻抗电压值(%)的 1/10 以内,但不得超过±1%

C. 其他所有变压器额定分接下电压比允许偏差不超过±0.5%

D. 其他所有变压器额定分接下电压比允许偏差不超过±1%

246. BD016 变压器一、二次绕组均接成星形,绕向相同,首端为同极性端,连接组称号为 Y,yn0;若原边取首端,副边取尾端为同极性端,则连接组标号为(　　)。

A. Y,yn4　　B. Y,yn6　　C. Y,yn8　　D. Y,yn10

247. BD017 测量与变压器铁芯绝缘的各紧固件的绝缘电阻,必须在变压器(　　)进行。

A. 运行中　　B. 安装竣工后

C. 运行一段时间后　　D. 安装施工过程中

248. BD017 测量与变压器铁芯绝缘的各紧固件的绝缘电阻时,绝缘摇表的量程应选择(　　)挡位。

A. 500V　　B. 1000V　　C. 2500V　　D. 5000V

249. BD017 为降低变压器铁芯中的(　　),叠片间要互相绝缘。

A. 无功损耗　　B. 电压损耗　　C. 短路损耗　　D. 涡流损耗

250. BD018 关于变压器无励磁分接开关的特点,下列说法不正确的是(　　)。

A. 安装在高压侧　　B. 不停电下可进行操作

C. 不可带负载调节　　D. 调压范围小

251. BD018　变压器变换分接以进行调压所用的开关称为(　　)。

A. 分接开关　B. 分段开关　C. 负荷开关　D. 分列开关

252. BD018　通过变压器有载调压的分接开关,在保证不切断负荷电流的情况下,由一个分接头切换到另一个分接头,以达到改变变压器(　　)的目的。

A. 接线形式　B. 输出容量　C. 效率　D. 变比

253. BD019　主变压器投停电都必须合上各侧中性点接地刀闸,以防止(　　)损坏变压器。

A. 过电流　B. 过电压

C. 局部过热　D. 电磁冲击力

254. BD019　变压器呼吸器中的硅胶受潮后会变成(　　)。

A. 粉红色　B. 白色　C. 蓝色　D. 绿色

255. BD019　下面描述中,不属于变压器投送电前检查要求的是(　　)。

A. 气体继电器内有无气体,并且其阀门打开

B. 高低引线与母线的连接及母线相色

C. 周围环境温度、湿度

D. 继电保护装置动作情况

256. BD020　关于变压器冲击合闸试验,下列说法不正确的是(　　)。

A. 变压器可带负荷投入

B. 变压器试运前,必须进行全电压冲击试验

C. 如在冲击过程中轻瓦斯动作,应取油样做气相色谱分析

D. 对中性点接地的电力系统,试验时变压器中性点必须接地

257. BD020　变压器正常运行的声音是(　　)的“嗡嗡”声。

A. 断断续续　B. 连续均匀　C. 时大时小　D. 无规律

258. BD020　在变压器冲击合闸试验中,操作人员的错误做法是(　　)。

A. 辨别变压器运行声音　B. 观察冲击电压值

C. 观察冲击电流值　D. 退出变压器的保护

259. BD021　用 2500V 兆欧表测量变压器线圈之间和绕组对地的绝缘电阻,若其值为零,则线圈之间和绕组对地可能有(　　)现象。

A. 断开　B. 击穿　C. 油温突变　D. 变压器着火

260. BD021　变压器声音中夹杂“噼啪”的放电声,不可能是(　　)造成的。

A. 不接地的部件静电放电　B. 调压开关接触不良放电

C. 瓷套管污秽严重　D. 变压器过负荷

261. BD021　变压器空载运行时有“嗞嗞”的响声,主要由(　　)产生的。

A. 绕组振动　B. 零部件振动

C. 整流、电炉等负荷　D. 芯部和套管有表面闪络

262. BD022　对变压器进行灭火时,不应选用(　　)灭火剂。

A. 水　B. 干粉　C. 二氧化碳　D. 四氯化碳

263. BD022　变压器在各种额定电流下运行,若顶层油温超过(　　),应立即降低负载。

A. 105℃　B. 85℃　C. 65℃　D. 55℃

264. BD022　变压器油枕油位计的+40℃油位线，是表示（　　）的油位标准位置线。

A. 变压器温度在+40℃时　　B. 环境温度在+40℃时

C. 变压器温升至+40℃时　　D. 变压器温度在+40℃以上时

265. BD023　下列干式变压器分类不属于同一分类方式的是（　　）。

A. 开启式　　B. 封闭式　　C. 浇注式　　D. 铁芯式

266. BD023　干式变压器测量温度的原件是（　　）。

A. 水银温度计　　B. 热电阻传感器　　C. 压力传感器　　D. 红外测量仪

267. BD023　干式变压器低压侧(380V)母线对地距离不应小于（　　）。

A. 10mm　　B. 15mm　　C. 20mm　　D. 100mm

268. BE001　高压成套配电装置按其结构特点可分为金属封闭式、金属封闭铠装式、金属封闭箱式和（　　）。

A. 金属铠装式　　B. 非金属组合式

C. 金属非封闭式　　D. SF_6 封闭式组合电器

269. BE001　高压成套配电装置按断路器的安装方式可分为固定式和（　　）。

A. 非固定式　　B. 封闭式　　C. 手车式　　D. 组合式

270. BE001　高压成套配电装置按安装地点可分为户外式和（　　）。

A. 非固定式　　B. 户内式　　C. 手车式　　D. 组合式

271. BE002　开关柜采用焊接时，每台柜每处焊缝长度约（　　）。

A. 150mm　　B. 100mm　　C. 50mm　　D. 30mm

272. BE002　高压开关柜单列排列时，柜前走廊的宽度以（　　）为宜。

A. 2m　　B. 2. 5m　　C. 3m　　D. 4m

273. BE002　高压开关柜双列排列时，柜间操作走廊宽度以（　　）为宜。

A. 2m　　B. 2. 5m　　C. 3m　　D. 4m

274. BE003　HXGH1—10 型环网柜的仪表室，可安装有功电度表、无功电度表、峰谷表、（　　）和负荷控制器等。

A. 多功能电能表　　B. 无功电能表　　C. 电流互感器　　D. 电压互感器

275. BE003　选择环网柜高压母线的截面时，需要以（　　）与环网穿越电流之和为根据。

A. 负荷电流　　B. 短路电流

C. 1. 1 倍过负荷电流　　D. 1. 3 倍过负荷电流

276. BE003　HXGHI-10 型环网柜主要由（　　）、断路器室和仪表室等部分组成。

A. 电缆室　　B. 母线室　　C. 计量室　　D. 开关室

277. BE004　开关柜主要由（　　）和可移开部件（俗称小车）组成。

A. 负荷开关　　B. 断路器　　C. 柜体　　D. 母线

278. BE004　KYN10-40. 5 开关柜内用接地的金属隔板按功能分隔成 4 个独立隔室，即小车室、（　　）、电缆室、继电器室。

A. 仪表室　　B. 母线室　　C. 断路器室　　D. 负荷开关室

279. BE004　高压开关柜断路器处于（　　），小车可以运动。

A. 试验位置　　B. 分闸位置　　C. 合闸位置　　D. 工作位置

280. BE005 6kV 高压开关柜内电器的绝缘强度,应能承受 1min 工频耐压(　　)试验,而无击穿或闪络现象。

A. 11kV　B. 18kV　C. 32kV　D. 41kV

281. BE005 高压小车应具有三种位置,即工作位置、(　　)和检修位置。

A. 试验位置　B. 接地位置　C. 闭合位置　D. 推出位置

282. BE005 配电柜"五防"系统要求优先采用(　　),并有紧急解锁机构。

A. 电磁闭锁　B. 闭锁装置　C. 机械闭锁　D. 强制闭锁

283. BE006 小母线编号中,符号"~"表示(　　)性质。

A. 正极　B. 负极　C. 交流　D. 直流

284. BE006 小母线编号中,(　　)用-XM 表示。

A. 直流控制母线正极　B. 直流信号母线正极

C. 直流信号母线负极　D. 直流控制母线负极

285. BE006 下列(　　)表示 I 段电压小母线 A 相。

A. 1YMa　B. 1Ya　C. 1YNA　D. 1YNa

286. BE007 封闭母线对接前绝缘电阻值大于(　　)时才能安装组对。

A. 0. 5MΩ　B. 10MΩ　C. 20MΩ　D. 30MΩ

287. BE007 封闭、插接式母线安装,母线与外壳同心,允许偏差为(　　)。

A. ±3mm　B. ±5mm　C. ±7mm　D. ±10mm

288. BE007 低压母线的交流耐压试验电压为 1kV,当绝缘电阻值大于 10MΩ 时,可用(　　)兆欧表摇测替代,试验持续时间为 1min。

A. 500V　B. 2000V　C. 2500V　D. 3000V

289. BE008 低压电器绝缘电阻值不应小于(　　)。在比较潮湿的地方可不小于(　　)。

A. 1MΩ,0. 5MΩ　B. 5MΩ,10MΩ　C. 10MΩ,100MΩ　D. 100MΩ,500MΩ

290. BE008 配电装置及馈电线路的绝缘电阻不应小于(　　)。

A. 0. 5MΩ　B. 1MΩ　C. 5MΩ　D. 10MΩ

291. BE008 电流互感器在正常工作时,(　　)不得开路。

A. 一次侧　B. 二次侧　C. 一、二次侧　D. 都可以

292. BE009 停送电操作时必须挂接地线,接地线必须用多股软铜线组成,其截面不得小于(　　)。

A. 0. 5mm^2　B. 1. 5mm^2　C. 2. 5mm^2　D. 4mm^2

293. BE009 下列局部停电步骤正确的是(　　)。

A. 断开需要停电的断路器,再断开隔离开关,最后应检查断路器、隔离开关是否在断开位置

B. 断开需要停电的隔离开关,再断开断路器,最后应检查断路器、隔离开关是否在断开位置

C. 断开需要停电的隔离开关,再断开断路器,最后应检查断路器、隔离开关是否在断开位置

D. 断开需要停电的总断路器,再断开总隔离开关,最后应检查断路器、隔离开关是否在断开位置

294. BE009 配电室送电时的顺序是（ ）。
A. 负荷侧—低压出线—低压进线 B. 低压进线—低压出线—负荷侧
C. 负荷侧—低压进线—低压出线 D. 低压出线—负荷侧—低压进线

295. BE010 下列关于低压母线核相说法错误的是（ ）。
A. 母线核相时要统一口令行动一致 B. 母线核相需要 3 人同时完成
C. 母线核相时要穿戴保护用品 D. 核相断路器在工作位置

296. BE010 低压母线送电前母线核相最少需要（ ）人。
A. 1 B. 2 C. 3 D. 4

297. BE010 低压母线用万用表核相时，万用表应在交流（ ）挡。
A. 300V B. 500V C. 1000V D. 2500V

298. BE011 下列不属于配电盘指示灯不亮的原因的是（ ）。
A. 指示灯接触不良 B. 电源无电压 C. 灯丝烧断 D. 过负荷

299. BE011 配电盘指示灯灯丝烧断，应该（ ）。
A. 更换灯泡 B. 更换电源 C. 不必处理 D. 更换接线

300. BE011 下列不属于配电盘熔体熔断的原因的是（ ）。
A. 负载发生短路等故障 B. 线路短路
C. 电源无电压 D. 过负荷

301. BE012 逆变的概念是（ ）。
A. 交流电转换成直流电的过程 B. 直流电转换成交流电的过程
C. 交流电转换成交流电的过程 D. 直流电转换成直流电的过程

302. BE012 UPS 使用环境的最佳温度是（ ）。
A. 10℃ B. 15℃ C. 0～40℃ D. −5～35℃

303. BE012 UPS 主要由整流器、（ ）、交流静态开关、蓄电池组和控制保护插件等四部分组成。
A. 逆变器 B. 滤波器 C. 静态旁路 D. 静态开关

304. BE013 UPS 线缆铺设完毕后应进行绝缘测试，线间及对地绝缘阻值应大于（ ）。
A. 0.5MΩ B. 10MΩ C. 50MΩ D. 100MΩ

305. BE013 UPS 柜体的接地必须良好，接地电阻应不大于（ ）。
A. 1Ω B. 2Ω C. 3Ω D. 4Ω

306. BE013 下列不属于 UPS 电子元件检查项目的有（ ）。
A. 电子元件规格 B. 数量 C. 型号 D. 大小

307. BE014 蓄电池是（ ）。
A. 独立可靠的直流电源 B. 独立可靠的交流电源
C. 非独立直流电源 D. 非独立交流电源

308. BE014 电池的容量是指（ ）乘积。
A. 电流和电压 B. 电流和时间 C. 电压和时间 D. 电流和电阻

309. BE014 电力系统所采用的蓄电池主要是（ ）。
A. 铁镍电池 B. 镉镍电池 C. 铅蓄电池 D. 碱性蓄电池

310. BE015 当镉镍电池以连续恒定电流放电时,应根据(　　)来判断电池放电是否终止。

A. 终止电压　　B. 放出容量　　C. 放电时间　　D. 电解液密度

311. BE015 为了保证蓄电池能可靠地供电,蓄电池平时不能过强地放电。通常,当放电约达其额定容量的(　　)时,即要停止放电,对其充电。

A. 60%　　B. 70%　　C. 75%~80%　　D. 85%

312. BE015 下列对变电所蓄电池的安装说法不正确的是(　　)。

A. 安装前应进行外观检查,须符合设计及规范要求

B. 安装完毕应标明蓄电池的编号

C. 安装过程应使用绝缘工具

D. 不同厂家的电池可以互用

313. BE016 0.1 级仪表的定期检验,每年不得少于(　　)。

A. 1 次　　B. 2 次　　C. 3 次　　D. 5 次

314. BE016 试验用标准仪表的定期检验,每年不得少于(　　)。

A. 1 次　　B. 2 次　　C. 3 次　　D. 5 次

315. BE016 判断电测仪表是否合格是以(　　)的数据为依据的。

A. 比较后　　B. 化整后　　C. 绝对误差　　D. 相对误差

316. BF001 电流互感器三相星形接线能对(　　)故障起到保护作用。

A. 三相短路　　B. 两相短路　　C. 单相接地短路　　D. 以上均可

317. BF001 下列关于电流互感器两相星形接线的说法,不正确的是(　　)。

A. 可做相间短路保护　　B. 可测量三相不平衡电流

C. 适用于中性点接地系统　　D. 适用于经过消弧线圈接地的电力系统

318. BF001 为了人身安全,电流互感器的二次侧应(　　)。

A. 装熔断器　　B. 不装熔断器　　C. 不接地　　D. 以上均错误

319. BF002 电压互感器 V-V 接线方式适用于(　　)的电网中。

A. 中性点非直接接地　　B. 中性点直接接地

C. 中性点不接地　　D. 所有系统

320. BF002 运行中的电压互感器严禁二次侧(　　)。

A. 短路　　B. 接地　　C. 开路　　D. 安装熔断器

321. BF002 通常说的三台电压互感器二次侧的开口三角绕组是用来测量(　　)。

A. 对地相电压　　B. 线电压　　C. 负序电压　　D. 零序电压

322. BF003 当断路器处于跳闸状态时,而合闸回路完好,此时(　　)灯亮。

A. 绿　　B. 红　　C. 黄　　D. 蓝

323. BF003 下列关于断路器防跳继电器的说法,错误的是(　　)。

A. 防跳继电器的电流线圈接在跳闸回路里

B. 防跳继电器的电压线圈接在合闸回路里

C. 防跳继电器的保持用的电压线圈,通过本身的常开触点(KCF)接入合闸回路

D. 当合闸过程中,如正遇永久性故障,保护出口继电器触点 KCO 闭合,断路器跳闸,并启动防跳继电器 KCF

324. BF003　断路器在跳合闸位置监视灯串联一个电阻的目的是(　　)。

A. 延长灯泡寿命　　B. 补偿灯泡的额定电压

C. 防止灯座短路造成断路器误跳闸　　D. 限制通过跳合闸线圈的电流

325. BF004　隔离开关在操作时应遵循(　　)原则。

A. 断开电路时先拉开隔离开关

B. 断开电路时后拉开隔离开关

C. 接通电路时后合上隔离开关

D. 接通或断开电路时先后拉合隔离开关或断路器均可

326. BF004　隔离开关的主要作用是(　　)。

A. 切断有载电流　B. 切断短路电流　C. 切断负荷电流　D. 隔离电源

327. BF004　隔离开关控制回路的基本要求不包括(　　)。

A. 防止带接地刀闸而合对应回路隔离开关

B. 防止带负荷拉合隔离开关

C. 防止带电合接地刀闸

D. 防止带电误入间隔

328. BF005　直流系统绝缘监察装置的信号部分是用来监视(　　)。

A. 一极绝缘下降及一极接地　　B. 两极绝缘同等下降

C. 两极同时接地　　D. 短路

329. BF005　直流系统电压监察装置的过电压继电器动作电压整定为直流母线额定电压(　　)倍。

A. 0. 75　B. 1. 25　C. 1. 0　D. +0. 85

330. BF005　发电厂和变电站必须由蓄电池组直流系统供电的回路不包括(　　)。

A. 合闸回路　B. 信号回路　C. 控制回路　D. 正常照明回路

331. BF006　中央信号装置按其复归方法可分为(　　)。

A. 就地复归　　B. 中央复归

C. 就地复归和中央复归　　D. 以上三种说法都不对

332. BF006　下图表示的是中央信号的(　　)。

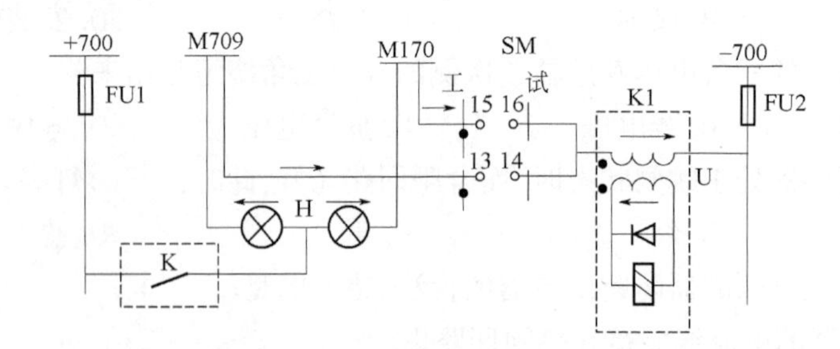

A. 中央预告信号的启动回路

B. 就地复归事故音响信号回路

C. 冲击继电器构成的事故信号回路

D. 中央复归不重复动作的中央事故信号回路

333. BF006　中央事故信号装置的回路展开图中,字母 HAU 代表(　　)。

A. 光字牌　　B. 蜂鸣器　　C. 试验按钮　　D. 复位按钮

334. BF007　在进行线圈匝间短路故障判断时,通过与一个同类型且完好线圈的直流电阻值进行对比,判断其好坏,这种方法称之为(　　)。

A. 类比法　　B. 试探法　　C. 仪器检测　　D. 直接感知

335. BF007　电源接线错误属于(　　)。

A. 电路故障　　B. 电源故障　　C. 设备故障　　D. 元件故障

336. BF007　下列(　　)属于故障点的查找手段和方法。

A. 试探法　　B. 直接感知法　　C. 仪器检测　　D. 以上都是

337. BF008　下列不属于三相电源故障的是(　　)。

A. 缺相　　B. 相序故障　　C. 电压不平衡　　D. 发电机缺相

338. BF008　在不带电情况下,可根据有关规程规范的规定判别相线和零线,零线的颜色为(　　)。

A. 黄色　　B. 绿色　　C. 红色　　D. 蓝色

339. BF008　在用感应法判断两绕组极性时,在开关 S 合上的瞬间,下列说法正确的是(　　)。

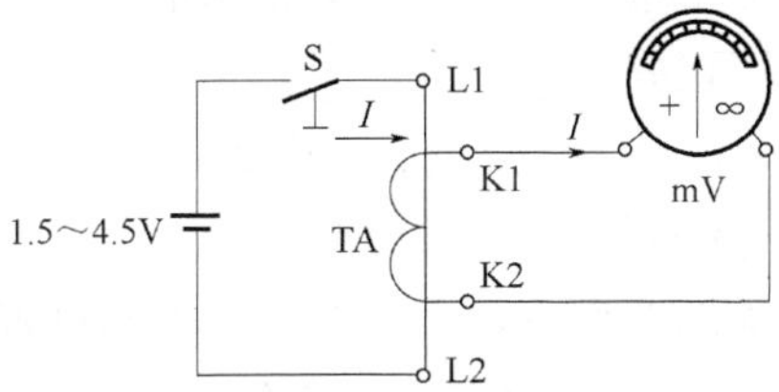

A. 若毫伏表表指针向右偏转,则绕组 L_1、K_1 为同极性端

B. 若毫伏表表指针向右偏转,则绕组 L_1、K_2 为同极性端

C. 若毫伏表表指针向左偏转,则绕组 L_1、K_1 为同极性端

D. 若毫伏表表指针向左偏转,则绕组 L_2、K_2 为同极性端

340. BF009　下列故障不属于电路故障的是(　　)。

A. 电压不平衡　　B. 短路故障　　C. 接地故障　　D. 断路故障

341. BF009　下列不属于断路故障现象的是(　　)。

A. 回路不通　　B. 接触不良　　C. 断线　　D. 接地

342. BF009　在中性点不接地系统中发生单相接地,接地相电压为零,则非接地相电压为原来的(　　)。

A. $\sqrt{3}$倍　　B. 3 倍　　C. 1 倍　　D. $\sqrt{2}$倍

343. BF010　下列关于电阻值的测量方法说法不正确的是(　　)。

A. 电桥法精度高

B. 欧姆法精度不高

C. 安培表外接法适用于大电阻的测量

D. 安培表外接法适用于小电阻的测量

344. BF010　用万用表对某一电容器进行测量时，下列说法不正确的是（　　）。
A. 万用表指针指向“0”时说明电容器短路
B. 万用表指针指向“∞”时说明电容器断路
C. 不能利用万用表的电阻挡判断同类型电容器的好坏
D. 万用表开始指向“0”，然后逐渐升高，最后停在“∞”，说明电容器正常

345. BF010　对某一电磁线圈进行测量时，发现其阻值为零，说明该线圈（　　）。
A. 完全短路　B. 匝间短路　C. 断线　D. 完好

346. BF011　在比较潮湿的地方，二次回路配线的绝缘电阻值应（　　）。
A. 不小于 10MΩ　B. 不小于 0. 5MΩ　C. 小于 0. 5MΩ　D. 大于 10MΩ

347. BF011　在二次回路的绝缘电阻测试中应该用（　　）绝缘电阻表。
A. 5000V　B. 2500V　C. 1500V　D. 500V

348. BF011　小母线在断开所有并联支路时，绝缘阻值应不小于（　　）。
A. 0. 5MΩ　B. 1MΩ　C. 5MΩ　D. 10MΩ

349. BF012　当继电保护和安全自动装置动作、开关跳闸或合闸以后，值班人员的做法错误的是（　　）。
A. 做好记录　B. 恢复音响信号
C. 自行处理可不必向调度汇报　D. 根据信号及标记指示判断故障原因

350. BF012　电流继电器的符号是（　　）。
A. KV　B. KA　C. KM　D. KC

351. BF012　造成系统频率下降的原因是（　　）。
A. 无功功率过剩　B. 无功功率不足　C. 有功功率过剩　D. 有功功率不足

352. BG001　新安装电气设备在安装竣工后，交接验收时必须进行（　　）。
A. 临时性试验　B. 预防性试验　C. 交接试验　D. 其他试验

353. BG001　电力变压器的特性试验项目不包含（　　）。
A. 电压比测量　B. 交流耐压试验　C. 联结组别测量　D. 直流电阻测量

354. BG001　在运行电压下的设备，采用专用仪器，由人员参与进行的测量为（　　）。
A. 临时性试验　B. 在线监测　C. 交接试验　D. 带电测量

355. BG002　测量 SF_6 气体含水量应在封闭式组合电器充气后（　　）进行。
A. 24h　B. 36h　C. 48h　D. 72h

356. BG002　对于电气设备的绝缘试验，下列说法不正确的选项是（　　）。
A. 先进行非破坏性试验，合格后再进行破坏性试验
B. 同一试验标准的设备可以连在一起试验
C. 直流高压试验时应采用负极性接线
D. 充油设备的下层温度作为测试温度

357. BG002　电力设备的额定电压高于实际使用工作电压时的试验电压，如为满足高海拔地区的要求而采用较高电压等级的设备时，其试验电压应按照（　　）来确定。
A. 在安装地点实际使用的额定工作电压　B. 可承受的最高试验电压
C. 设备的额定电压　D. 设计电压

358. BG003 直流耐压试验时,如果试验电压保持规定的时间后,判断是否合格的标准是( )。
A. 被试品无破坏性放电 B. 微安表读数没有超出规程规定范围
C. 微安表没有出现指针向增大方向摆动 D. 以上都是

359. BG003 耐压试验的目的就是考核电气设备是否具备规程规定的( )。
A. 抗干扰能力 B. 机械强度 C. 绝缘裕度 D. 电场强电

360. BG003 电气设备直流泄漏电流的测量,采用( )测量其大小。
A. 微安表 B. 毫安表 C. 万用表 D. 电压表

361. BG004 介质损耗因数测量时的试验电压不超过被试设备的额定工作电压,属于( )。
A. 感应耐压试验 B. 非破坏性试验 C. 破坏性试验 D. 特性试验

362. BG004 绝缘试验时,tanδ 随温度增加而( )。
A. 增加 B. 下降 C. 减小 D. 明显下降

363. BG004 通过测量( )可以检查被试品是否存在绝缘受潮和劣化等缺陷。
A. 电感 B. 电容 C. 电阻 D. 介质损耗因数

364. BG005 测量直流电阻不能检测( )。
A. 是否存在匝间短路 B. 引出线接触是否良好
C. 设备的绝缘状况 D. 导线的焊接质量

365. BG005 某试验站对断路器触头回路进行接触电阻测量,试验人员通过测量结果,可以分析出( )。
A. 断路器承受的最大短路电流 B. 开关触头接触是否良好
C. 断路器绝缘是否良好 D. 断路器控制回路的好坏

366. BG005 直流电阻测试仪测量结束后,仪器进入消弧状态,作用为( )。
A. 恢复快速测试仪电源电压 B. 将试品上的残余电荷泄放掉
C. 恢复快速测试仪电源电流 D. 熄灭测量电流引起的电弧

367. BG006 关于交流耐压试验的“容升”现象,下列说法不正确的是( )。
A. 漏抗或电流越大,则“容升”数值越大
B. 试验变压器的额定容量越小,“容升”数值越小
C. 影响“容升”数值的因素主要有电流和试验变压器一、二次漏抗
D. 在同样试验电流下,试验变压器的阻抗电压、额定电压比越大,“容升”数值越大

368. BG006 规程规定电力变压器、电压互感器、电流互感器交接及大修后的交流耐压试验电压值均比出厂值低,这主要是考虑( )。
A. 试验容量大,现场难以满足 B. 试验电压高,现场不易满足
C. 设备绝缘的积累效应 D. 绝缘裕度不够

369. BG006 任何被试品应先进行其他绝缘试验,合格后再进行( )试验。
A. 交流耐压 B. 直流耐压 C. 泄漏电流 D. 介质损耗角正切值

370. BG007 相序表是检测电源( )的电工仪表。
A. 相位 B. 频率 C. 周波 D. 正反相序

371. BG007　发电机并网运行时发电机电压的相序与电网电压相序要（　　）。
A. 相反　B. 相同　C. 无关　D. 不能一致

372. BG007　核对 6kV 线路三相电源的相序时，采用（　　）。
A. 相位表　B. 周波表　C. 高压相序表　D. 低压相序表

373. BG008　属于电量模拟量的有（　　）。
A. 断路器的工作位置触点　B. 断路器的外部闭锁触点
C. 断路器的辅助触点　D. 断路器的电压值

374. BG008　不属于典型的微机保护硬件结构的是（　　）。
A. 微机主系统　B. 自动保护装置
C. 数据采集系统　D. 开关量输入/输出系统

375. BG008　微机主系统是微机保护的核心，其中 ROM 是指（　　）。
A. 闪存内存单元　B. 随机存储器　C. 微处理器　D. 只读存储器

376. BG009　检验二次回路的绝缘电阻应该使用（　　）绝缘摇表。
A. 250V　B. 1000V　C. 2500V　D. 5000V

377. BG009　微机保护装置模拟变化系统检验不包括（　　）。
A. 幅值　B. 绝缘测试　C. 相位精度　D. 零点漂移检验

378. BG009　微机继电保护装置现场检验的内容主要包括（　　）。
A. 外部检查　B. 绝缘试验　C. 上电检查　D. 以上都是

379. BG010　电动机在启动过程中，当电压下降后，需要把相同的电能转换成机械能，由于能量守恒，电流量必须（　　）。
A. 增大　B. 减小　C. 不变　D. 无法判断

380. BG010　低压电动机微机综合保护中零序漏电保护功能主要用于（　　）系统的保护。
A. 直接接地　B. 不接地　C. 非直接接地　D. 以上都是

381. BG010　堵转保护用于区分电动机是正常运行还是堵转，当电动机运行电流大于额定电流并达到延时后，保护动作出口。为躲开电动机的启动电流，堵转保护在电动机启动过程中自动（　　）。
A. 退出　B. 投入　C. 无须此保护　D. 以上说法均可

382. BH001　回路中带电流表的控制电缆，铜芯截面不小于（　　）。
A. $1mm^2$　B. $1.5mm^2$　C. $2.5mm^2$　D. $4mm^2$

383. BH001　根据经验，低压动力线一般先按（　　）选择截面，然后再用其他因素验算。
A. 发热条件　B. 电压损失　C. 机械强度　D. 敷设方式

384. BH001　导线和电缆在（　　）时产生的电压损失，不应超过用电设备正常运行时允许的电压损失。
A. 通过短路故障电流　B. 通过电缆允许载流量
C. 通过正常最大负荷电流　D. 通过用电设备额定电流

385. BH002　60℃以上高温场所，应按经受高温及其持续时间和绝缘类型要求，不宜选用（　　）绝缘的电缆。
A. 聚乙烯　B. 聚氯乙烯　C. 交联聚乙烯　D. 乙丙橡皮

386. BH002　移动式电气设备的电力电缆,应选用(　　)绝缘的电缆。

A. 橡皮　B. 聚乙烯　C. 聚氯乙烯　D. 交联聚乙烯

387. BH002　在潮湿、含化学腐蚀环境中或易受水浸泡的电缆,其金属层、加强层、铠装上应有(　　)。

A. 聚乙烯绝缘　B. 聚乙烯外护层　C. 聚氯乙烯外护层　D. 交联聚乙烯绝缘

388. BH003　喷灯使用前应先加油,其加入量为储油罐容积的(　　)。

A. 100%　B. 1/2　C. 2/3　D. 3/4

389. BH003　除变压器或油断路器外,其他部位使用喷灯时,明火与 10kV 带电部分的距离不应小于(　　)。

A. 1.5m　B. 2m　C. 3m　D. 4m

390. BH003　使用热风枪加热收缩热缩管,不可(　　),否则易造成空气鼓包现象。

A. 从电缆终端下端向上端加热　B. 从电缆终端上端向下端加热

C. 从两端向中间加热　D. 从中间向两端加热

391. BH004　热缩电缆终端与冷缩电缆终端相比,优点是(　　)。

A. 价格较低

B. 一个人就可以完成施工

C. 无须辅助工具和加热烘烤

D. 安装后弯曲电缆不会出现附件内部层间脱开

392. BH004　(　　)是连接电缆与电缆的导体、绝缘、屏蔽层和保护层,以使电缆线路连续的装置。

A. 电缆终端　B. 电缆附件　C. 电缆中间接头　D. 电缆接线盒

393. BH004　冷缩电缆终端与预制式电缆终端相比,下列说法错误的是(　　)。

A. 冷缩电缆终端头在安装前处于高张力状态

B. 冷缩电缆终端与电缆截面一一对应,规格多

C. 在储存期内,冷收缩式部件不应有明显的永久变形

D. 在安装到电缆上之前,预制式电缆附件的部件是无张力的

394. BH005　35kV 及以下电压等级的电缆通常都采用(　　)接地方式。

A. 不需　B. 一端　C. 两端　D. 中性点直接

395. BH005　单芯电缆通常都采用(　　)接地方式。

A. 不需　B. 一端　C. 两端　D. 中性点直接

396. BH005　单芯电缆金属屏蔽层上感应电压的大小,与(　　)和流过导体的电流成正比。

A. 屏蔽层的厚度　B. 电缆线路的长度

C. 电缆线路的电阻　D. 电缆线路的额定电压

397. BH006　制作电缆热缩终端中,下列关于喷灯加热的说法错误的是(　　)。

A. 现场应有灭火器材,使用喷灯需注意防火防爆

B. 火焰由下往上收缩有利于排除气体和增强密封

C. 调节喷灯火焰呈蓝色火焰,避免烧伤热缩材料

D. 在加热时要缓慢地接近材料,在其周围移动确保径向收缩均匀

398. BH006　在室外制作高压电缆终端、中间接头时，环境空气相对湿度不宜大于(　　)。

A. 60%　　B. 70%　　C. 80%　　D. 90%

399. BH006　采用工业热风枪收缩终端绝缘管时，应(　　)收缩。

A. 从上往下　　B. 从下往上

C. 从中间往两端　　D. 沿圆周方向

400. BH007　三芯电力电缆冷缩终端内的金属屏蔽层、铠装层的接地应(　　)。

A. 共用一根接地线　　B. 串联

C. 引出后短接　　D. 分别引出并错开一个角度

401. BH007　制作电缆冷缩终端时，用电缆清洁纸擦拭主绝缘层表面，清洁时注意应(　　)，不得反向擦。

A. 从绝缘端擦向外半导层端　　B. 从外半导层端擦向绝缘端

C. 从绝缘端擦向内半导层端　　D. 从屏蔽层擦向绝缘层端

402. BH007　安装冷缩终端前，在半导电胶带绕包端部与主绝缘交界位置、主绝缘表面均匀地涂抹(　　)。

A. 硅脂膏　　B. 导电膏　　C. 填充胶　　D. 清洁剂

403. BH008　在爆炸危险环境内，电缆间的连接方法不正确的是(　　)。

A. 不应直接连接　　B. 应做中间接头直接连接

C. 在防爆接线盒内连接　　D. 在分线盒内连接

404. BH008　下列关于电缆中间头的制作，叙述不正确的是(　　)。

A. 电缆芯线必须采取焊接或压接

B. 电缆中间头对机械强度有要求

C. 制作前应做好两端电缆的类型、电压等级、截面的核对工作

D. 为了避免接头太大，仅需连接两端铠装层，铜屏蔽层可以不续接

405. BH008　电缆中间接头连接点的接触电阻应不大于同长度、同规格电缆的(　　)倍。

A. 0. 5　　B. 1. 0　　C. 1. 2　　D. 2

406. BH009　额定电压为 0. 6/1kV 的电缆线路可以用(　　)代替直流耐压试验。

A. 电缆直流电阻测试

B. 串联谐振变频耐压试验

C. 1000V 兆欧表测量导体对地绝缘电阻试验

D. 2500V 兆欧表测量导体对地绝缘电阻试验

407. BH009　电缆直流耐压试验加压时分阶段均匀升压，每阶段应停留(　　)，并应读取泄漏电流值，试验电压升至规定值后应维持(　　)。

A. 1min，5min　　B. 1min，15min　　C. 2min，5min　　D. 2min，15min

408. BH009　电缆直流耐压试验中，关于试验回路接地线路叙述不正确的是(　　)。

A. 接地线采用专用接地线

B. 直流耐压操作箱和倍压筒的接地线应串联后再连接接地

C. 保护接地线与工作接地线以及放电棒的接地线均单独接到指定的地线上

D. 测试当前相耐压试验时，其他两相导体、金属屏蔽和铠装一起连接接地

409. BI001　下列笼形异步电动机的启动方法中,不属于降压启动的是(　　)。

A. Y-△启动　　B. 直接启动

C. 延边三角形启动　　D. 自耦变压器降压启动

410. BI001　下列电动机中,适合直接启动的是(　　)。

A. 容量在 37kW 以下的三相异步电动机

B. 由专用变压器供电,频繁启动的电动机容量不超过变压器容量的 30%

C. 无专用变压器,启动时造成的电压降不超过额定电压的 10%~15%的电动机

D. 由专用变压器供电,电动机不经常启动,其容量超过变压器容量的 30%

411. BI001　三相异步电动机启动时,(　　)越大越能保证电动机启动并尽量缩短启动时间。

A. 负载　　B. 启动转矩　　C. 电源频率　　D. 额定电压

412. BI002　下列关于电动机变极调速的说法中,错误的是(　　)。

A. 当电源频率不变时,若电动机极数增加一倍,同步转速下降一半

B. 改变磁极对数可以实现电动机的无级调速

C. 优点是设备简单、运行可靠,可获得恒转矩调速或恒功率调速

D. 缺点是电动机绕组引出头比较多,调速的平滑性差,调速级数少

413. BI002　绕线式电动机的调速原理,就是在转子回路中串入一个可变电阻,随转子电阻的增加,电动机转速(　　)。

A. 下降　　B. 升高　　C. 不变　　D. 可高可低

414. BI002　鼠笼式异步电动机通过改变转差率实现调速的措施是(　　)。

A. 改变电源频率　　B. 改变转子电路的电阻

C. 改变加在转子绕组上的电压　　D. 改变加在定子绕组上的电压

415. BI003　电动机的保护装置主要包括电流检测和(　　)检测两大类型。

A. 电阻　　B. 电压　　C. 温度　　D. 频率

416. BI003　对动作性能要求较高、功能要求较全或价格昂贵的大功率电动机实施保护,一般采用(　　)。

A. 热继电器　　B. 热保护器

C. 电子式或固态继电器　　D. 带热-磁脱扣功能的断路器

417. BI003　电动机过载保护装置的动作时间应比电动机启动时间(　　)。

A. 长　　B. 短　　C. 一样　　D. 无关联

418. BI004　三相异步电动机的转动方向与(　　)有关。

A. 电压大小　　B. 电流大小　　C. 电源相序　　D. 频率大小

419. BI004　在三相异步电动机正反转控制线路中,联锁方式不包括(　　)。

A. 按钮连锁　　B. 接触器连锁

C. 接触器、按钮双重连锁　　D. 行程开关连锁

420. BI004　在三相异步电动机复合联锁的正反转控制线路中,如果其中正转按钮联锁失效,会发生的现象是(　　)。

A. 正、反转交流接触器同时吸合　　B. 正转交流接触器 KM_1 线圈得电吸合

C. 反转交流接触器 KM_2 线圈得电吸合　　D. 反转交流接触器 KM_2 线圈不能得电

421. BI005　电动机 Y-△启动控制电路一般需要配备（　　）个交流接触器来实现控制要求。

A. 1　　B. 2　　C. 3　　D. 4

422. BI005　异步电动机采用 Y-△启动时，启动电流及启动转矩是三角形接法直接启动时的（　　）。

A. 3 倍　　B. $1/\sqrt{3}$倍　　C. 1/3 倍　　D. 2/3 倍

423. BI005　三相异步电动机的启动电流一般是额定电流的（　　）。

A. 2~3 倍　　B. 3~5 倍　　C. 6~7 倍　　D. 8~10 倍

424. BI006　电动机常用的干燥方法不包括（　　）。

A. 烘箱干燥法　　B. 喷灯干燥法

C. 外壳铁损干燥法　　D. 白炽灯泡烘烤法

425. BI006　电动机干燥时，铁芯和绕组的最高允许温度应根据（　　）确定。

A. 潮湿程度　　B. 绝缘等级　　C. 额定电流　　D. 绝缘电阻值

426. BI006　将 380V 三相电源接入 6kV 电动机定子线圈来进行干燥，通入线圈的电流约为电动机额定电流的（　　）。

A. 20%~30%　　B. 30%~50%　　C. 50%~80%　　D. 80%~100%

427. BI007　电动机混凝土底座一般需进行（　　）次混凝土浇铸。

A. 1　　B. 2　　C. 3　　D. 4

428. BI007　下列方法中，不属于电动机与被拖动机械间中心线的校正方法的是（　　）。

A. 用水平尺校正　　B. 用钢直尺和塞尺校正

C. 用测微规及百分表校正　　D. 用激光对中仪校正

429. BI007　为了确保水平安装电动机，一般在底板下部采用（　　）来调整。

A. 木块　　B. 竹片　　C. 铝片　　D. 金属垫片

430. BI008　特殊结构的电动机各相绕组直流电阻值不应超过出厂试验值的（　　）。

A. 1%　　B. 2%　　C. 4%　　D. 5%

431. BI008　中性点未引出的电动机可测量线间直流电阻，其相互差别不应超过（　　）。

A. 其最小值的 1%　　B. 其平均值的 1%　　C. 其最小值的 2%　　D. 其平均值的 2%

432. BI008　测量异步电动机定子绕组的直流电阻的目的不包括（　　）。

A. 检查绕组有无断线和匝间短路　　B. 检查绕组有无与外壳短路

C. 检查焊接部分有无虚焊或开焊　　D. 检查接触点有无接触不良

433. BI009　10kV 电动机定子绕组的直流耐压试验电压应为（　　）。

A. 16kV　　B. 20kV　　C. 25kV　　D. 30kV

434. BI009　电动机进行泄漏电流测量时，能反映绝缘的整体有可能受潮、劣化的现象是（　　）。

A. 泄漏电流未随时间延长而增大

B. 泄漏电流随电压不成比例地显著增长

C. 最大泄漏电流在 20μA 以下，各相的差值大于最小值的 100%

D. 在规定的试验电压下，各相泄漏电流的差值不大于最小值的 100%

435. BI009 电动机直流耐压试验电压应按每级(　　)分阶段升高,每阶段应停留 1min。

A. 0.5 倍额定电压　　B. 0.6 倍额定电压

C. 1 倍额定电压　　D. 1.5 倍额定电压

436. BI010 当三相电源平衡时,电动机的三相空载电流中任何一相的偏差值应不大于(　　)。

A. 最小值的 5%　　B. 最小值的 10%

C. 平均值的 5%　　D. 平均值的 10%

437. BI010 大功率的电动机空载电流 I_0 约为额定电流的(　　)。

A. 5%~15%　　B. 20%~35%　　C. 35%~50%　　D. 40%~60%

438. BI010 对于笼形异步电动机,冷态下启动次数允许连续启动(　　),每次时间间隔不得少于(　　)。

A. 2 次,5min　　B. 2 次,10min　　C. 3 次,5min　　D. 3 次,10min

439. BJ001 柴油发电机组的组成不包含(　　)。

A. 控制系统　　B. 发电机　　C. 柴油机　　D. 变压器

440. BJ001 (　　)是目前应用最广泛的发电设备。

A. 柴油(汽油)发电机组　　B. 燃气涡轮发电机组

C. 核能发电机组　　D. 火力发电机组

441. BJ001 发电机组按照用途分类不包含(　　)。

A. 常用发电机组　　B. 备用发电机组

C. 应急发电机组　　D. 自启动发电机组

442. BJ002 柴油发电机组的功率因数一般情况下不低于(　　)。

A. 0.5　　B. 0.6　　C. 0.8　　D. 0.9

443. BJ002 交流频率固定是 50Hz,下列(　　)不是柴油发电机组常见的转速。

A. 3000r/min　　B. 1800r/min　　C. 1500r/min　　D. 750r/min

444. BJ002 额定功率为 300kW、交流工频、陆用、设计序号为 18 的普通型柴油发电机组的型号是(　　)。

A. 500GFZ　　B. 300GFZS18　　C. 300PT1　　D. 300GF18

445. BJ003 四行程柴油机的带机体的曲轴连杆机构的部件不包含(　　)。

A. 连杆、曲轴、飞轮　　B. 气缸体、气缸盖　　C. 活塞、活塞环　　D. 柴油箱

446. BJ003 下列零部件中不属于四行程柴油机的配气和进排气机构的是(　　)。

A. 空气滤清器、排气管　　B. 进气门、排气气门

C. 凸轮轴、挺杆　　D. 节温器

447. BJ003 四冲程柴油机的工作循环是在曲轴旋转两周(720°),即活塞往复运动 4 个冲程中,完成了进气、压缩、工作、(　　)这 4 个过程。

A. 吸气　　B. 做功　　C. 排气　　D. 排油

448. BJ004 下面是按照柴油机气缸数目分类的是(　　)。

A. 风冷式柴油机　　B. 增压式柴油机

C. 多缸柴油机　　D. 直列式柴油机

449. BJ004 下列对型号为 G12V190ZLD 柴油机描述正确的是( )。
A. 12 缸、V 形、四冲程、缸径 190mm、冷却液冷却、增压中冷、发电用柴油机
B. 12 缸、V 形、四冲程、功率 190kW、冷却液冷却、增压中冷、发电用柴油机
C. 单缸、V 形、二冲程、缸径 190mm、冷却液冷却、增压中冷、发电用柴油机
D. 1200kW、V 形、四冲程、转速 1900r/min、冷却液冷却、增压中冷、发电用柴油机
450. BJ004 下列不属于按气缸排列分类柴油机的选项是( )。
A. 直列式　B. 卧式气　C. V 形　D. 多缸
451. BJ005 下列发电机的种类不属于按照冷却介质分类的是( )。
A. 气冷　B. 内冷　C. 液冷　D. 气液冷
452. BJ005 与同步发电机相比，异步发电机的特点是( )。
A. 直流电流励磁　B. 可提供有功功率
C. 可提供无功功率　D. 不提供无功功率
453. BJ005 常见的同步发电机分类中，不同于其他几种分类方法的是( )。
A. 交流发电机　B. 汽轮发电机　C. 柴油发电机　D. 水轮发电机
454. BJ006 当同步发电机在额定电压下带负荷运行时，调节励磁电流大小，可改变( )。
A. 转速　B. 输出转矩
C. 输出无功功率　D. 输入无功功率
455. BJ006 三相同步电动机的转子在( )时，才能产生同步电磁转矩。
A. 稍高于同步转速　B. 稍低于同步转速
C. 同步转速　D. 直接启动
456. BJ006 同步发电机的电极对数与转速的关系是( )。
A. 无关　B. 导数　C. 正比　D. 反比
457. BJ007 隐极式转子通常制成细长的圆柱体，是为了( )。
A. 减小损耗　B. 节省材料
C. 减小涡流　D. 降低转子表面速度
458. BJ007 同步发电机的( )与交流电( )之间保持严格不变的关系，这是同步发电机与异步发电机的基本差别之一。
A. 转速；频率　B. 电压；电流　C. 转速；电压　D. 型号；电压
459. BJ007 ( )是同步发电机磁路的一部分。
A. 转子铁芯　B. 转子绕组　C. 定子铁芯　D. 定子绕组
460. BJ008 发电机的额定功率通常用( )单位表示。
A. kVA　B. A　C. kW　D. V
461. BJ008 发电机的额定电压是指额定运行时发电机输出端的( )。
A. 相电压　B. 相电流　C. 线电压　D. 线电流
462. BJ008 发电机的功率因数在视在功率一定的条件下，有功功率变大则( )。
A. 功率因数时大时小　B. 功率因数变小
C. 功率因数不变　D. 功率因数变大

463. BJ009 转动着的发电机若未加励磁,则(　　)。
A. 可认为其不带电　　B. 也应认为有电压
C. 确认励磁未加,可认为其未带电　　D. 确认励磁电流为零时,可认为其不带电

464. BJ009 当并励发电机的负载变动时,如欲把它的端电压保持额定值不变,则可以通过(　　)的方法来调节。
A. 增加发电机的转速　　B. 改变励磁变阻器 R_f
C. 减小发电机转速　　D. 调节电流

465. BJ009 不断减少励磁电流,最终会使发电机定子电流(　　)。
A. 减小　　B. 不变　　C. 增大　　D. 不确定

466. BJ010 下列关于直流发电机的工作原理说法正确的是(　　)。
A. 直流发电机线圈内产生的是直流电,供给外部电路的也是直流电
B. 直流发电机线圈内产生的是交流电,供给外部电路的是直流电
C. 它是利用通电线圈在磁场中受到力的作用而转动的原理工作的
D. 换向器的作用是改变线圈中的电流方向

467. BJ010 直流发电机的电枢是由原动机拖动旋转,在电枢绕组中产生(　　),将机械能转换成电能。
A. 电流　　B. 磁场　　C. 电压　　D. 感应电动势

468. BJ010 当直流电动机刚进入能耗制动状态时,电动机将因惯性继续旋转,此时电动机实际处于(　　)运行状态。
A. 直流电动机　　B. 直流发电机　　C. 交流电动机　　D. 交流发电机

469. BJ011 电枢铁芯通常用两面涂绝缘漆的 0.5mm 的硅钢片叠压而成的原因是(　　)。
A. 节省材料　　B. 减小涡流
C. 消除有害火花　　D. 减小气隙的磁阻

470. BJ011 直流发电机的定子磁场是(　　)。
A. 恒定磁场　　B. 脉振磁场　　C. 旋转磁场　　D. 匀强磁场

471. BJ011 发电机运行时,铜损与电流的平方成正比;铁损与电压的平方成正比,它们均变换为(　　)。
A. 机械能　　B. 动能　　C. 电能　　D. 热能

472. BJ012 柴油发电机组在安装时,机组中心与墙之间的运行偏差为(　　)。
A. 5mm　　B. 10mm　　C. 20mm　　D. 30mm

473. BJ012 发电机组在进行找平时,安装精度每米偏差不应超过(　　)。
A. 0.1mm　　B. 0.5mm　　C. 1mm　　D. 1.5mm

474. BJ012 下列关于低压柴油发电机的动力和控制电缆在直埋敷设时的做法,错误的是(　　)。
A. 回填土前应经隐蔽工程验收合格
B. 两者交叉时的最小净距为 500mm
C. 可以敷设在管道上方或下方
D. 若采取隔离措施,两者平行敷设时最小净距为 0.10m

475. BJ013　关于柴油发电机的绝缘测试，下列说法不正确的是(　　)。

A. 各相阻值的不平衡系数不应大于 2　　B. 规范未作规定可不进行测试

C. 阻值应大于 1MΩ/kV　　D. 投运前必须进行测试

476. BJ013　发电机定子绕组直流电阻换算至出厂试验同温度下的电阻误差应(　　)。

A. 大于 2%　　B. 小于 2%　　C. 小于 1%　　D. 不做要求

477. BJ013　柴油发电机组的常见保护不包含(　　)。

A. 超速保护　　B. 过载保护　　C. 短路保护　　D. 瓦斯保护

478. BK001　下列不是高压电器应满足的要求的是(　　)。

A. 提供继电保护和测量信号用的电器应具有符合规定的测量精度

B. 开关电器应能安全可靠地关合和开断规定的电流

C. 接通和分断能力

D. 绝缘安全可靠

479. BK001　开关电器应能安全可靠地关合和(　　)规定的电流。

A. 绝缘　　B. 开断　　C. 短路　　D. 开路

480. BK001　提供继电保护和测量信号用的高压电器应具有符合规定的(　　)。

A. 绝缘强度　　B. 开断能力　　C. 测量精度　　D. 开路

481. BK002　真空断路器的内绝缘主要采用(　　)。

A. 压缩空气　　B. 六氟化硫　　C. 高真空　　D. 绝缘油

482. BK002　高压断路器基本结构分为五部分：导电回路、(　　)、绝缘系统、操动机构和基座。

A. 灭弧装置　　B. 绝缘介质　　C. 绝缘油　　D. 绝缘杆

483. BK002　下列对六氟化硫断路器的描述，不正确的是(　　)。

A. 开断能力强　　B. 噪声小，无火灾危害

C. 灭弧和绝缘能力强　　D. 不适于频繁操作

484. BK003　真空断路器受潮时，应将开关的绝缘拉杆等放在 70～80℃ 的干燥箱中烘烤(　　)。

A. 6h　　B. 12h　　C. 24h　　D. 36h

485. BK003　真空断路器分合闸操作时要求灭弧室的触头同时(　　)和同时(　　)，最大误差不超过 1ms。

A. 分离，接触　　B. 分离，合闸　　C. 合闸，接触　　D. 合闸，分闸

486. BK003　下列不属于灭弧室真空压力检查方法的是(　　)。

A. 火花计法　　B. 工频耐压法

C. 电阻测试法　　D. 真空度测试仪测试

487. BK004　SF_6 断路器灭弧室检查组装时，空气相对湿度应小于(　　)，并采取防尘、防潮措施。

A. 50%　　B. 70%　　C. 75%　　D. 80%

488. BK004　SF_6 断路器安装基础的中心距离及高度的误差不应大于(　　)。

A. 8mm　　B. 10mm　　C. 18mm　　D. 20mm

489. BK004　SF_6 断路器支架或底架与基础的垫片不宜超过(　　),其总厚度不应大于(　　)。

A. 3 片,10mm　　B. 5 片,10mm

C. 3 片,15mm　　D. 5 片,8mm

490. BK005　断路器操作机构按合闸能源取得方式的不同可分为手动操作机构、电磁操作机构、永磁操作机构、(　　)、气动操作机构和液压操作机构等。

A. 弹簧蓄能操作机构　　B. 分合闸操作机构

C. 电动操作机构　　D. 其他操作机构

491. BK005　电磁操动机构是利用(　　)产生的机械操作力矩使开关完成合闸的。

A. 电动力　　B. 电磁功　　C. 弹簧力　　D. 液压油

492. BK005　符合断路器操作机构基本要求的是(　　)。

A. 对操作功不做要求　　B. 足够大的操作功

C. 不需要有操作功　　D. 巨大的操作功

493. BK006　真空断路器安装检查时的调试不包括(　　)。

A. 分合闸速度调整　　B. 接触行程调整

C. 行程开距调整　　D. 触头调整

494. BK006　下列关于 SF_6 断路器安装的说法错误的有(　　)。

A. 均压电容器安装在灭弧瓷套上

B. 电缆进入柜内处用防火泥密封

C. 六氟化硫断路器不应在现场解体检查

D. 同相各支柱瓷套的法兰面宜在同一平面上

495. BK006　SF_6 断路器安装时,同相各支柱瓷套的法兰面宜在同一水平面上,各支柱中心线间距离的误差不应大于(　　)。

A. 3mm　　B. 5mm　　C. 7mm　　D. 10mm

496. BK007　隔离开关按操作特点分,可分为单极式和(　　)。

A. 双极式　　B. 三极式　　C. 多极式　　D. 无极式

497. BK007　GN2-10/1000 代表额定电流为(　　)的户内隔离开关。

A. 500A　　B. 1000A　　C. 1500A　　D. 2000A

498. BK007　GW4-35/2000 表示(　　)。

A. 额定电流为 2000A 的户外隔离开关

B. 额定电流为 4000kA 的户外断路器

C. 额定电流为 4kA 的户外隔离开关

D. 额定电流为 35kA 的户外断路器

499. BK008　GW4-110 型隔离开关操作时,操动机构的交叉连杆带动两个绝缘支柱向相反方向转动(　　),闸刀便断开或闭合。

A. 70°　　B. 80°　　C. 90°　　D. 120°

500. BK008　(　　)操作机构必须用直流电源。

A. 电动弹簧蓄能　　B. 手动弹簧蓄能　　C. 手动　　D. 电磁

501. BK008　关于隔离开关操作机构的作用,下列说法不正确的是(　　)。
A. 使操作人员与带电部分保持足够的安全距离
B. 为高压开关的分、合闸提供足够的速度
C. 提高开关的操作能力
D. 便于隔离开关的安装
502. BK009　隔离开关的绝缘可用绝缘电阻表测量,10kV 的隔离开关的绝缘电阻应在(　　)以上。
A. 1000MΩ　　B. 2000MΩ　　C. 2500MΩ　　D. 3000MΩ
503. BK009　隔离开关的圆锥销的锥度选(　　)为宜。
A. 1∶30　　B. 1∶50　　C. 1∶75　　D. 1∶100
504. BK009　隔离开关操作杆的两端焊上直径为 12~16mm、长(　　)的螺栓,以便于调节操作杆的长度。
A. 20~100mm　　B. 30~80mm　　C. 50~90mm　　D. 55~100mm
505. BK010　FN5-10R 型负荷开关是利用组合的(　　)达到短路保护作用。
A. 熔断器　　B. 热脱扣器　　C. 热继电器　　D. 继电保护装置
506. BK010　负荷开关按灭弧方式可分为(　　)、产气式、压气式、真空和六氟化硫负荷开关。
A. 油浸式　　B. 负气式　　C. 熔断式　　D. 非油浸式
507. BK010　负荷开关按使用场所可分为户内式和(　　)。
A. 非户内式　　B. 户外式　　C. 电磁式　　D. 电动式
508. BK011　高压负荷开关不可以用于(　　)。
A. 切断负荷电流　　B. 切断短路电流
C. 关合负荷电流　　D. 负载电流
509. BK011　关于高压负荷开关的特点和作用,下列说法错误的是(　　)。
A. 高压负荷开关大多有隔离高压电源的作用
B. 高压负荷开关常与熔断器一起使用
C. 高压负荷开关有简单的灭弧装置
D. 高压负荷开关能断开短路电流
510. BK011　高压负荷开关必须与(　　)串联使用。
A. 高压熔断器　　B. 高压接触器
C. 高压断路器　　D. 高压电容器
511. BK012　负荷开关在正常情况下不能拉合(　　)电流。
A. 短路　　B. 重载　　C. 轻载　　D. 空载
512. BK012　下列关于负荷开关的叙述,错误的是(　　)。
A. 负荷开关合闸时三相刀片与固定触头应同量接触,前后误差不大于 3mm
B. 可以在额定电压和额定电流条件下接通和断开电流
C. 负荷开关用来切、合的电路为空载电路
D. 高压负荷开关具有简单的灭弧装置

513. BK012 负荷开关合闸时,应使( )先闭合,( )后闭合。
A. 主触头,辅助触头 B. 辅助触头,主触头
C. 主刀闸,辅助刀闸 D. 辅助刀闸,主刀闸

514. BK013 电容按其功能可分为移相电容器、串联电容器、耦合电容器和( )四大类。
A. 纸介电容器 B. 云母电容器 C. 微调电容器 D. 脉冲电容器

515. BK013 成品电容器上所标明的电容值是( )。
A. 最大容量 B. 最小容量 C. 标称容量 D. 准确容量

516. BK013 高压电容器主要由( )、电容元件和外壳组成。
A. 出线瓷套管 B. 弹簧 C. 铁芯 D. 吊耳

517. BK014 当电感电流为( )时,功率因数等于1。
A. 0A B. 0.5A C. 1A D. 2A

518. BK014 安装电容器进行补偿时可采用( )。
A. 个别补偿、分散补偿、集中补偿 B. 逐一补偿、分散补偿、集中补偿
C. 个别补偿、逐一补偿、分散补偿 D. 个别补偿、集中补偿、逐一补偿

519. BK014 当电感电流为零时,功率因数等于( )。
A. 0 B. 0.5 C. 1 D. 2

520. BK015 电容器室的环境温度应不超过( )。
A. 30℃ B. 40℃ C. 45℃ D. 50℃

521. BK015 电容器组各相所接总容量相互之间的差值应小于三相平均电容量的( )。
A. 3% B. 5% C. 10% D. 15%

522. BK015 电容器分层安装时,一般不宜超过( )。
A. 3层 B. 4层 C. 5层 D. 10层

523. BK016 JCZR2-10JY/D50型交流高压接触器为( )接触器。
A. 空气绝缘 B. SF_6 C. 真空 D. 油

524. BK016 交流变压器真空接触器的电气寿命一般为( )。
A. 1万次 B. 10万次 C. 20万次 D. 30万次

525. BK016 JCZR2-10JY/D50型交流高压接触器采用的自保持方式一般为( )。
A. 机械自保持 B. 电磁自保持 C. 磁力自保持 D. 液压自保持

526. BK017 高压熔断器按动作特性可分为固定式熔断器和( )熔断器。
A. 自动跌落式 B. 非固定式 C. 移动式 D. 电动式

527. BK017 高压熔断器按工作特性可分为有限流作用熔断器和( )熔断器。
A. 固定式 B. 保护用 C. 无限流作用 D. 自动跌落式

528. BK017 高压熔断器按熔管安装方式可分为( )安装熔断器和固定式安装熔断器。
A. 非固定式 B. 插入式 C. 跌落式 D. 移动式

529. BK018 高压套管按用途不同可分为穿墙套管和( )。
A. 电器套管 B. 变压器套管 C. 断路器套管 D. 电容式套管

530. BK018 高压套管按绝缘结构和主绝缘材料的不同分类,不包括( )。
A. 单一绝缘套管 B. 复合绝缘套管 C. 电容式套管 D. 电器套管

531. BK018　高压充油套管由瓷套、(　　)、导体和绝缘材料组成。

A. 连接套筒　　B. 瓷裙

C. 法兰　　D. 触头

532. BK019　电抗器按冷却介质可分为干式电抗器和(　　)。

A. 油浸式电抗器　　B. 湿式电抗器

C. 并联电抗器　　D. 真空电抗器

533. BK019　限流电抗器(　　)在 6~63kV 输变电系统中，在系统发生故障时，用以(　　)。

A. 串联，限制断路电路　　B. 并联，限制短路电流

C. 串联，限制短路电流　　D. 并联，限制断路电流

534. BK019　并联电抗器在(　　)，用以长距离(　　)。

A. 变电站低压侧，输电线路的电容无功补偿

B. 变电站高压侧，输电线路的电容无功补偿

C. 变电站低压侧，配电线路的电感补偿

D. 变电站高压侧，配电线路的电感补偿

535. BK020　正常情况下，氧化锌避雷器内部(　　)。

A. 通过工作电流　　B. 通过泄漏电流

C. 无电流流过　　D. 通过其他电流

536. BK020　下列不属于金属氧化物避雷器的特点的是(　　)。

A. 结构简单，运行维护方便　　B. 残压高，通流容量小

C. 动作迅速，无续流　　D. 体积小，重量轻

537. BK020　FCZ 型避雷器多用于(　　)变电站的电气设备保护。

A. 35~500kV　　B. 110kV 以上　　C. 10kV　　D. 6kV

538. BL001　下列不属于火灾探测报警系统选项的是(　　)。

A. 火灾声光警报器　　B. 火灾报警装置　　C. 火灾探测器　　D. 触发器件

539. BL001　下列关于电气火灾监控系统说法不正确的是(　　)。

A. 它由火灾监控器、电气火灾监控探测器组成

B. 消防电动装置属于电气火灾监控系统

C. 它是火灾自动报警系统的独立子系统

D. 它属于火灾预警系统

540. BL001　下列关于火灾自动报警系统说法不正确的是(　　)。

A. 它由火灾探测报警系统、消防联动控制系统、可燃气体探测控制系统及电气火灾监控系统组成

B. 它是探测报警与消防联动控制系统的简称

C. 可燃气体探测报警系统属于火灾预警系统

D. 电气火灾监控系统不属于火灾预警系统

541. BL002　点型感温探测器是以(　　)为主要探测对象的探测设备。

A. 火焰　　B. 烟雾　　C. 气体　　D. 温度

542. BL002　下列关于常见火灾报警装置说法不正确的是(　　)。
A. 可燃气体探测器是仅能对单一可燃气体浓度响应的探测器
B. 感光火灾探测器可分为红外火焰探测器和紫外火焰探测器
C. 点型感烟探测器适用于火灾初期有阴燃阶段的场所
D. 火灾报警控制器可向探测器供电

543. BL002　感光火灾探测器是响应火灾发出的(　　)的火灾探测器。
A. 高温　　B. 浓烟　　C. 光线　　D. 电磁辐射

544. BL003　下列属于按照火灾探测器监视范围划分的是(　　)。
A. 点型火灾探测器　　B. 复合火灾探测器
C. 可拆卸探测器　　D. 离子探测器

545. BL003　火灾探测器根据其维修和保养是否具有可拆卸性,可以分为(　　)。
A. 可复位探测器和不可复位探测器　　B. 可拆卸探测器和不可拆卸探测器
C. 点型火灾探测器和线型火灾探测器　　D. 感温火灾探测器和感烟火灾探测器

546. BL003　下列不属于感烟火灾探测器的是(　　)。
A. 红外光束感烟探测器　　B. 光电感烟探测器
C. 粒子感烟探测器　　D. 感光探测器

547. BL004　探测器周围水平距离(　　)内,不应有遮挡物,以免影响使用效果。
A. 0. 5m　　B. 1m　　C. 2m　　D. 3m

548. BL004　探测器当确实需要倾斜安装时,倾斜角不应大于(　　)。
A. 15°　　B. 30°　　C. 45°　　D. 60°

549. BL004　线型红外光束感烟探测器的发光器和收光器之间的探测区域不宜超过(　　)。
A. 25m　　B. 50m　　C. 75m　　D. 100m

550. BL005　火灾报警控制器调试时,使控制器与备用电源之间的连线断路和短路,控制器应在(　　)内发出故障信号。
A. 10s　　B. 50s　　C. 100s　　D. 150s

551. BL005　对可燃气体探测器施加达到响应浓度值的可燃气体标准样气时,探测器应在(　　)内做出响应。
A. 3s　　B. 5s　　C. 10s　　D. 30s

552. BL005　进行可燃气体探测器调试时,撤去可燃气体之后,应在(　　)内恢复到正常监视状态。
A. 10s　　B. 30s　　C. 60s　　D. 90s

553. BL006　消防联动控制系统中其他各种用电设备、区域显示器如果实际安装数量为 10 台,那么竣工验收时应检验(　　)台。
A. 1　　B. 3　　C. 5　　D. 10

554. BL006　火灾探测器(含可燃气体探测器)和手动火灾报警按钮,如果实际安装数量为 90 台,那么竣工验收时应至少检验(　　)台。
A. 10　　B. 20　　C. 30　　D. 45

555. BL006 火灾报警控制器(含可燃气体报警控制器)和消防联动控制器应按实际安装数量( )进行功能检验。

A. 10%　B. 20%　C. 30%　D. 全部

556. BM001 下列选项中,不能作为闭路电视监控系统视频传输设备的是( )。

A. 天线　B. 信号馈线　C. 视频放大器　D. 视频电缆补偿器

557. BM001 下列选项中,不属于闭路电视特点的是( )。

A. 信息来源可是单台或多台摄像机　B. 用视频直接传输

C. 传输距离远　D. 开路传输

558. BM001 下列选项中,属于闭路电视监控系统前端设备的是( )。

A. 视频放大器　B. 摄像头　C. 监视器　D. 光缆

559. BM002 下列不属于防护罩基本作用的是( )。

A. 防盗　B. 防尘　C. 防人为破坏　D. 防有害气体

560. BM002 下列选项中,( )不是闭路电视监控系统信号传输的媒介。

A. 光纤　B. 双绞线　C. 电力电缆　D. 同轴电缆

561. BM002 闭路电视监控系统视频信号线的标准阻抗为( )。

A. 100Ω　B. 75Ω　C. 50Ω　D. 25Ω

562. BM003 敷设光缆时,其最小弯曲半径应大于光缆外径的( )倍。

A. 6　B. 10　C. 15　D. 20

563. BM003 牵引光缆时,牵引力不得超过( ),牵引速度为不得超过( )。

A. 150kg,20m/min　B. 150kg,10m/min

C. 100kg,20m/min　D. 100kg,10m/min

564. BM003 穿管敷设的信号导线,线芯最小横截面积不得小于( )。

A. 0. 5mm^2　B. 0. 75mm^2　C. 1. 0mm^2　D. 2. 5mm^2

565. BM004 当监控摄像机安装在室外时,要检查其( )的设施是否符合设计要求。

A. 防雨　B. 防潮　C. 防尘　D. 以上全部

566. BM004 摄像机的信号线和电源线( )。

A. 必须穿管保护　B. 不必穿管保护　C. 可以沿树木敷设　D. 可以沿脚手架敷设

567. BM004 视频编码设备如要安装在室外时,要选择具备( )的设备箱。

A. 相应的 IP 防护等级　B. 通风良好

C. 防盗功能　D. 以上全部

568. BM005 闭路电视监控系统调试工作一般应由( )来主持,并编制调试大纲。

A. 项目负责人或专业技术人员　B. 生产厂家

C. 设计单位　D. 监理单位

569. BM005 摄像机的调试项目包括( )。

A. 检查摄像机的聚焦情况　B. 检查摄像机的监控范围

C. 检查摄像机的环境照度与抗逆光效果　D. 以上全部

570. BM005 闭路电视监控系统验收的抽样率不得低于( ),且不应少于( )台。

A. 10%,5　B. 10%,3　C. 20%,5　D. 20%,3

571. BN001 为了解决石油化工企业存在易燃易爆、高噪声、强电磁干扰以及无线电信号屏蔽等恶劣环境下语音通话的质量问题,(　　)技术应运而生。
A. 广播系统　B. 无线通信系统　C. 调度电话系统　D. 扩音呼叫系统

572. BN001 下列选项中,(　　)是作为石油化工企业辅助语音通信的方式出现。
A. 广播系统　B. 无线通信系统　C. 调度电话系统　D. 扩音呼叫系统

573. BN001 调度电话系统主要适用于(　　)。
A. 安静的室内环境　B. 嘈杂的室外环境　C. 石油化工装置区　D. 以上全部

574. BN002 有主机式扩音呼叫的系统结构是由(　　)来控制的。
A. 硬件控制　B. 软件控制　C. 人工控制　D. 继电器控制

575. BN002 有主机式扩音呼叫系统的功放形式为(　　),无主机式扩音呼叫系统的功放形式为(　　)。
A. 集中功放,集中功放　B. 分散功放,分散功放
C. 集中功放,分散功放　D. 分散功放,集中功放

576. BN002 随着相关技术的不断完善和发展,目前(　　)已经逐步开始为各大石油化工企业所接受和采用。
A. 广播系统　B. 无线通信系统
C. 调度电话系统　D. 有主机式扩音呼叫系统

577. BN003 两个话站之间的距离不要超过(　　)。
A. 50m　B. 60m　C. 70m　D. 80m

578. BN003 话站在安装时,应注意(　　)。
A. 朝向噪声源　B. 背向噪声源　C. 尽量远离噪声源　D. B 和 C

579. BN003 在生产装置框架或厂房内安装扬声器或音箱时,扬声器或音箱的方向(　　)。
A. 向上、向下交叉安装　B. 朝同一方向安装
C. 相互交叉安装　D. 没有要求

580. BN004 布放的线缆若遇有交叉时,粗线(　　),细线(　　)。
A. 在下,在上　B. 在上,在下
C. 在内侧,在外侧　D. 在外侧,在内侧

581. BN004 线缆桥架内线缆垂直敷设时,在线缆的上端和每间隔(　　)处要固定在桥架的支架上。
A. 1m　B. 1. 5m　C. 2m　D. 2. 5m

582. BN004 扩音呼叫系统电缆在桥架内的填充率要控制在(　　)。
A. 40%以下　B. 20%~50%　C. 50%~70%　D. 80%以上

583. BN005 主扬声器系统和辅助扬声器系统在开通时,要遵循(　　)的原则。
A. 先开通主扬声器,再开通辅助扬声器　B. 先开通辅助扬声器,再开通主扬声器
C. 主扬声器、辅助扬声器同时开通　D. 就近原则

584. BN005 可升降扩音呼叫系统在开通完毕后,要将扬声器(　　)。
A. 降至地面　B. 升至任意的高度
C. 升至设计规定的高度　D. 锁定至设计规定的高度

585. BN005 各分区扬声器在开通、调试时，要求满足该区域扬声器(　　)。

A. 50%正常工作即可　　B. 70%正常工作即可

C. 80%正常工作即可　　D. 100%正常工作

586. BO001 下列选项中(　　)主要用来满足大范围内任何用户之间相互通话的要求。

A. 路由器　　B. 调制解调器　　C. 电话交换机　　D. 电话传输电路

587. BO001 电话通信系统按信号的结构分为(　　)。

A. 模拟通信系统　　B. 数字通信系统

C. 分组数据通信系统　　D. 以上全部

588. BO001 电话通信系统按复用方式分为(　　)。

A. 频分复用系统　　B. 时分复用系统

C. 码分复用系统　　D. 以上全部

589. BO002 光缆接头盒的密封性能检查应在水中稳定观察(　　)，以无气体逸出为合格。

A. 1min　　B. 3min　　C. 5min　　D. 15min

590. BO002 通信光(电)缆室内交接箱防护性能应达到(　　)的等级。

A. IP15　　B. IP20　　C. IP53　　D. IP65

591. BO002 接线子外壳对地绝缘电阻应不小于(　　)。

A. 1×10MΩ　　B. 1×10^{3}MΩ　　C. 1×10^{5}MΩ　　D. 1×10^{7}MΩ

592. BO003 对于(　　)以上的较大路由变更，设计单位要到现场与监理、施工单位协商，由建设单位批准，并填写“工程设计变更单”。

A. 100m　　B. 300m　　C. 500m　　D. 700m

593. BO003 下列选项中，不属于“四防”内容的是(　　)。

A. 防腐蚀　　B. 防白蚁　　C. 防爆炸　　D. 防雷

594. BO003 通信线应架设在电力线路的(　　)位置。

A. 上方　　B. 下方　　C. 上风侧　　D. 下风侧

595. BO004 光缆单盘固有传输损耗应满足：当 1550nm 波长衰减应(　　)。

A. 大于 0. 22dB/km　　B. 小于 0. 22dB/km

C. 大于 0. 35dB/km　　D. 小于 0. 35dB/km

596. BO004 光缆衰减测试时应使用(　　)进行测量。

A. 光时域反射仪　　B. 光纤熔接机　　C. 绝缘摇表　　D. 万用表

597. BO004 光缆单盘固有传输损耗应满足：当 1310nm 波长衰减应(　　)。

A. 大于 0. 22dB/km　　B. 小于 0. 22dB/km

C. 大于 0. 35dB/km　　D. 小于 0. 35dB/km

598. BO005 光(电)缆在普通土下直埋时，埋深要大于(　　)。

A. 0. 6m　　B. 0. 7m　　C. 1. 0m　　D. 1. 2m

599. BO005 光(电)缆与其他通信光缆同沟敷设时，缆间的平行净距应大于(　　)。

A. 10mm　　B. 50mm　　C. 100mm　　D. 300mm

600. BO005 架空敷设光(电)缆时，挂钩的间距应为(　　)。

A. 500mm　　B. 1000mm　　C. 2000mm　　D. 3000mm

601. BO006 光缆加强芯在接头盒内必须固定牢固,金属构件在接头处应成电气(　　)状态。

A. 连接　　B. 断开　　C. 短路　　D. 通路

602. BO006 光纤预留在接头盒内的光纤盘片上时,应保证其曲率半径不小于(　　)。

A. 10mm　　B. 20mm　　C. 30mm　　D. 40mm

603. BO006 架空光缆接头盒安装在吊线上时,接头盒室外两侧(　　)做预留伸缩弯。

A. 必须　　B. 不必　　C. 视情况　　D. 无所谓

604. BO007 架空光缆抽查的长度应不小于光缆全长的(　　)。

A. 10%　　B. 30%　　C. 50%　　D. 70%

605. BO007 光缆交接箱必须单设接地装置,其接地电阻应不大于(　　)。

A. 4Ω　　B. 10Ω　　C. 20Ω　　D. 30Ω

606. BO007 架空敷设光缆时,如因地形特殊,其电杆之间距离不要超过(　　)。

A. 50m　　B. 65m　　C. 80m　　D. 100m

二、判断题(对的画"√",错的画"×")

(　　)1. AA001 不接地保护的辅助文字符号为 PU。

(　　)2. AB001 二次接线图分原理图和展开图两大类。

(　　)3. AC001 常见的螺栓锚固有一次埋入法、预留孔法、钻孔锚固法三大类。

(　　)4. AC002 剖面图主要用来表达建筑物内部的横向结构。

(　　)5. AD001 电阻串联时,其等效电阻大于其中阻值最大的电阻。

(　　)6. AD002 并联电路中,并联电阻中的电流及电阻所消耗的功率均与各电阻的阻值成正比。

(　　)7. AD003 电路中既有组件的串联又有组件的并联,则称为混联电路,也称复联电路。

(　　)8. AD004 交流电的有效值,又称均方根值。

(　　)9. AD005 正弦交流电的波形图描绘的是电流的大小和方向随时间变化的曲线。

(　　)10. AD006 有功功率的单位为 W。

(　　)11. AD007 纯电感电路,无功功率大于零。

(　　)12. AD008 视在功率是指交流电路中电源提供的总功率。

(　　)13. AD009 功率因数角是电流滞后于电压的相角。

(　　)14. AD010 三相交流电的相序可分为正序和零序。

(　　)15. AD011 三相电源星形连接时,线电压在数值上为相电压的$\sqrt{3}$倍。

(　　)16. AD012 负载三角形接法,负载的相电流在数值上等于线电流。

(　　)17. AD013 在对称的三相交流电路中,总的有功功率等于每相有功功率的 3 倍。

(　　)18. AE001 三极管有三种工作状态,即放大状态、截止状态和饱和状态。

(　　)19. AF001 10kV 及以下高压供电和低压电力用户电压平移为±7%。

(　　)20. AF002 发电机的额定电压比同级电网额定电压高 2.5%。

(　　)21. AF003 电压等级越高,线路上绝缘等级要相应提高。

(　　)22. AG001　继电保护装置的测量部分、执行部分和信号部分均需要操作电源。
(　　)23. AG002　继电保护装置按保护原理分为电流保护、电压保护、距离保护、差动保护、方向保护和零序保护。
(　　)24. AG003　中间继电器可使保护具有一定的动作时限,从而实现保护的选择性。
(　　)25. AG004　过流保护要求灵敏度 $s_p \geqslant 1.25 \sim 1.5$。
(　　)26. AG005　速断保护通常与差动保护配合使用,构成所谓的"两段式保护"。
(　　)27. AG006　差动保护是利用基尔霍夫定律工作的。
(　　)28. AH001　双臂电桥又称凯尔文电桥。
(　　)29. AH002　使用接地电阻测试仪时,应将倍率开关置于最大倍率。
(　　)30. AH003　功率表的刻度标的是瓦特数。
(　　)31. AI001　錾削是用手敲击錾子对工件进行切削加工的一种方法。
(　　)32. AI002　锉削速度一般为 30 次/min 左右。
(　　)33. AI003　常用的扩孔方法有用麻花钻扩孔和用扩孔钻扩孔。
(　　)34. AJ001　平焊时,运条方向与工件成 30°~60°。
(　　)35. AJ002　焊接引弧的方法有划擦法和接触法两种。
(　　)36. AJ003　热熔焊接可以焊接铝。
(　　)37. AJ004　气割切割所用的可燃气体主要是乙炔和氧气。
(　　)38. AK001　双吊车吊装是指用两台主吊车和一台辅助吊车进行的吊装。
(　　)39. AK002　汽车起重机按起重量大小可分为轻型、中型和重型三种。
(　　)40. AL001　电气设备安装技术准备工作包括编制施工进度计划。
(　　)41. AL002　投电属于电气设备安装施工阶段的工作。
(　　)42. AM001　计量分长度计量、力学计量、重量计量等。
(　　)43. AN001　电流对人体的伤害可分为电击和电伤两大类。
(　　)44. AN002　发生两相触电时,作用于人体的电压等于相电压。
(　　)45. AN003　保护接地的接地电阻不能大于 1Ω。
(　　)46. AN004　在低压配电系统中,广泛采用额定动作电流不超过 30mA 、无延时动作的剩余电流动作保护器,作为直接接触触电保护的补充防护措施。
(　　)47. AN005　发现触电者呼吸困难或心跳失常,应立即施行人工呼吸或胸外心脏按压。
(　　)48. AO001　常用的绝缘防护用具包括绝缘手套、绝缘夹钳、绝缘靴、绝缘隔板、绝缘垫(毯)等。
(　　)49. AP001　一般火灾是指造成 3 人以下死亡,或者 10 人以下重伤,或者 1000 万元以下直接财产损失的火灾。
(　　)50. AP002　干粉灭火器适用于扑救可燃液体、气体、电气火灾以及不宜用水扑救的火灾。
(　　)51. BA001　阅读系统图时,可根据电流入户方向,由进户线—配电箱—各支路的顺序依次阅读。
(　　)52. BA002　了解灯具、配电箱的安装位置、安装方法和标高需要阅读照明平面图。

( )53. BA003 计算接地母线、引下线、避雷网工程量时一般都需加上附加长度,附加长度为全长的5%。

( )54. BA004 照明平面图按照从各个灯具沿着各条支线到分配电箱,然后从分配电箱沿着各条干线到总配电箱,再从总配电箱到电源引入线的顺序读图。

( )55. BB001 电气施工机具的数量除了考虑满足施工高峰期的要求外,还要考虑有效的周转使用。

( )56. BB002 电气照明线路之间不得采用倒扣连接,当连接有困难时,应采用防爆活接头。

( )57. BC001 电动升降系统安装在高杆灯杆内,由电动机、卷扬机、三组热浸镀锌钢丝绳及电缆等组成。

( )58. BC002 套接高杆灯各节灯杆时,把灯杆按顺序铺放在地面上,最下面一节电气门开门口应向上,顶端采用垫木垫起大约与底部成水平。

( )59. BC003 太阳能路灯的工作原理是:白天太阳电池组件向蓄电池组充电,光电板周围光照度较低时蓄电池组提供电力给 LED 灯光源供电,实现照明功能。

( )60. BC004 太阳能路灯安装时,一般将蓄电池放入砌筑的电池槽内,将控制器放入灯杆内。

( )61. BC005 应急照明灯具不应采用金属卤化物灯和钠灯等灯具。

( )62. BC006 防护等级中的第二标记数字表示防尘保护等级,数字越大表示防护等级越低。

( )63. BC007 防爆照明配电箱的多余进线口应采用原有垫片封堵。

( )64. BC008 防爆照明灯杆与防爆接线盒必须采用防爆活接头连接。

( )65. BC009 航空障碍灯只可以直立安装,不允许水平安装。

( )66. BC010 在被检查照明线路的总开关后串接一只电流表,接通全部电灯开关,取下所有灯泡,进行仔细观察,若电流指针摇动,则说明漏电。

( )67. BD001 变压器的防爆管是用于变压器正常呼吸的安全气道。

( )68. BD002 变压器储油柜的油面高度是随着油箱中油的膨胀而上升,随油的冷缩而下降的。

( )69. BD003 变压器不同牌号的绝缘油或同牌号的新油与运行过的油混合使用前,必须做混油试验。

( )70. BD004 变压器注油前,应对油进行混合试验和分析,合格后方可进行注油。

( )71. BD005 电压互感器在准确度允许的负载范围内,能够精确地测量一次电压。

( )72. BD006 当电压互感器的二次电压相量超前于一次电压相量时,规定角误差为负角差。

( )73. BD007 电压互感器 Y,yn 接法常用在大电流接地系统中。

( )74. BD008 电流互感器在正常运行时,接近于断路状态,相当于一个开路运行的变压器。

( )75. BD009 电流互感器二次绕组的额定电流都规定为10A。

( )76. BD010 电流互感器的备用二次绕组端子应先短接后接地。

( )77. BD011 整流变压器和普通变压器的原理相同,都是根据电磁感应原理制成的一种变换交流电压的设备,其原、副边功率也相等。

( )78. BD012 弧焊变压器具有较大的电抗,且可以调节。

( )79. BD013 1600kVA 及以上容量等级三相变压器测得的直流电阻值,线间相差不应小于平均值的 4%。

( )80. BD014 测量变压器绕组的介损正切值时,主要是用于检查绕组是否受潮、老化。

( )81. BD015 国家标准规定 Y yn0 接线的变压器中线电流不超过变压器额定电流的 35%。

( )82. BD016 检查变压器的三相接线组别和单相变压器引出线的极性,必须与设计要求及铭牌上的标记和外壳上的符号相符。

( )83. BD017 测量变压器铁芯与夹件的绝缘电阻时,用 500V 兆欧表检查,持续时间为 5min,应无闪络及击穿现象。

( )84. BD018 有载调压分接开关由调换开关、选择开关、范围开关和操作机构等部分组成。

( )85. BD019 接于中性点接地系统的变压器,在进行合闸时,其中性点可不接地。

( )86. BD020 对中性点接地的电力系统,变压器冲击合闸试验时变压器中性点可不接地。

( )87. BD021 运行中的变压器若发出沉重的“嗡嗡”声,则表明变压器过载。

( )88. BD022 变压器运行中发出“嗞嗞”声时,应停电检查变压器内部分接头是否有接触不良现象。

( )89. BD023 干式变压器是指铁芯和绕组浸渍在绝缘油中的变压器。

( )90. BE001 高压成套配电装置是将每个单元的断路器、隔离开关、电流互感器、电压互感器,以及保护、控制、测量等设备集中装配在一个整体柜内,在发电厂、变电所或配电所安装后组成的配电装置。

( )91. BE002 开关柜运到现场后,开箱检查合格后才能安装。

( )92. BE003 高压环网柜没有防误操作闭锁装置。

( )93. BE004 KYN10-40.5 型铠装移开式金属封闭型开关柜适用于三相交流,额定电压 35kV、40.5kV,额定电流 2000A 单母线户内系统。

( )94. BE005 “五防”闭锁影响开关分(合)闸速度特性。

( )95. BE006 柜顶小母线是指放置在屏顶或柜顶,汇集信号电源、交流电压电源、信号电源的公用线。

( )96. BE007 固定封闭式母线桥架支架的膨胀螺栓不少于两个,一个吊架应用两根吊杆,固定牢固。

( )97. BE008 配电系统调试是为了确保配电系统正常、稳定地运行,对可能出现的各种故障现象进行模拟试验,以检查和验证远方报警及显示的正确性。

( )98. BE009 低压配电系统停、送电经上级经批准后才可以停电;送电后应检查设备运行情况是否正常。

( )99. BE010 核相的目的是保障两段母线的相序相同,相位也相同,电压相等。
( )100. BE011 低压配电盘三相电流不平衡,应查明原因,调整三相负荷。
( )101. BE012 UPS 整流器经滤波整形后输出交流 50Hz 的正弦波 380/220V 电压。
( )102. BE013 UPS 装置的"市电电源"和"旁路电源"端应接在市电停电后供电母线段上,专用低压柜应和 UPS 装置并列安装。
( )103. BE014 电力系统所采用的蓄电池主要是铅蓄电池。
( )104. BE015 为了保证蓄电池能可靠地供电,蓄电池平时不能过度地放电。通常,当放电约达其额定容量的 60%时,即要停止放电,对其充电。
( )105. BE016 电测仪表的检验一般是利用电测仪表校验后,采用直接比较法判断。
( )106. BF001 电流互感器两相电流差接线方式不适用于 Y,d 或 Y,yn 接线的变压器的相间短路故障保护。
( )107. BF002 电压互感器二次侧接地是保护接地,作用是防止因互感器绝缘损坏时,高压窜入低压而对二次设备和人员造成危险。
( )108. BF003 在开关控制回路中防跳继电器是由电压线圈启动、电流线圈保持来起防跳作用。
( )109. BF004 隔离开关能用来切断或接通负荷电流和短路电流。
( )110. BF005 在直流系统中,无论哪一极的对地绝缘被破坏,则另一极电压升高。
( )111. BF006 中央信号分为事故信号和预告信号。
( )112. BF007 简化分析法就是根据二次故障的具体情况,注重分析主要的、核心的、本质的部件或元件的方法。
( )113. BF008 查找电压源的故障时,应特别注意电压源输出端是否短路,也就是说,电压源是不允许开路的。
( )114. BF009 当发生短路故障时,回路阻抗接近于零,短路电流具有很大的破坏性,与查找断路故障不同,一般不宜再通电检查。
( )115. BF010 当用伏安法测量电阻阻值时,如果阻值较大,应采用安培表外接法。
( )116. BF011 当二次回路进行交流耐压试验时,其试验电压应为 2500V,持续时间为 5min。
( )117. BF012 电流互感器一次和二次绕组间的极性应按加极性原则进行标注。
( )118. BG001 通常把绝缘试验以外的电气试验统称为特性试验,该试验的目的是检验电气设备的技术特性是否符合有关技术规程的要求,以满足电气设备正常运行的需要。
( )119. BG002 电气试验中,防止误试验就是要防止搞错试验项目和防止试验标准执行错误。
( )120. BG003 对泄漏电流的测量结果进行判断时,应把泄漏电流值换算到同一温度下,并与历次试验进行比较。
( )121. BG004 测量 $\tan\delta$ 试验主要反映设备绝缘的整体缺陷,对局部缺陷反应也很灵敏。
( )122. BG005 当温度升高时,变压器的直流电阻减小。

( )123. BG006 进行交流耐压试验时，试品的端电压有“容升”现象，这是因为试验变压器的漏抗压降和试品的电压相量相反的缘故。

( )124. BG007 在三相电力系统中，规定以“A、B、C”标记区别三相的相序，当它们分别达到最大值的次序依次为 A、B、C，称作正相序；如次序为 A、C、B，则称为负相序。

( )125. BG008 微机保护是指将微型机、微控制器等器件作为核心部件构成的继电保护。

( )126. BG009 跳闸连接片的开口端应装在下方，接到断路器的合闸线圈回路。

( )127. BG010 三相电流不平衡保护中平衡度计算方法一般为用最大相电流（或最小相电流）和三相平均电流差值与三相平均电流比值的绝对值的百分数。

( )128. BH001 低压动力线因其负荷电流较大，故一般先按发热条件选择截面，然后验算其电压损失和机械强度。

( )129. BH002 敷设在桥架等支撑较密集的电缆，可选用不含铠装的电缆。

( )130. BH003 检修变压器时，采用喷灯收缩变压器电缆的热缩电缆终端。

( )131. BH004 绕包式电缆终端头一般都安装在户外，不宜在室内使用。

( )132. BH005 当单芯电缆线路很长时还可以采用中点接地和交叉互联等方式。

( )133. BH006 10kV 及以下电缆热缩终端应于一天内制作完成。

( )134. BH007 用电缆清洁纸擦拭主绝缘层表面，应从半导体层端擦向绝缘端。

( )135. BH008 并列敷设的电缆，其两个中间接头的位置应并齐。

( )136. BH009 电缆直流耐压试验结束后，先断开接至被试品的试验线路，然后再对被试电缆进行直接对地放电，放电时间不应少于 5min。

( )137. BI001 因为电动机 Y-△启动时启动转矩降低很多，而且是不可调的，因此只能适用于空载或者轻载启动的设备上。

( )138. BI002 负载运行的三相异步电动机保持电动机内磁通不变，若降低电源频率，电动机转速也会降低。

( )139. BI003 电动机过载保护装置瞬时动作电流应比电动机启动冲击电流略大一点。

( )140. BI004 对调电动机的三相电源进线中任意两相，电动机就可以改变旋转方向。

( )141. BI005 可以用两个接触器来实现 Y-△启动控制电路，电动机主电路中采用 KM_2 辅助常闭触点来短接电动机三相绕组尾端，但缺点是容量有限。

( )142. BI006 电动机干燥时应密切关注升温温度，大型电动机的温度可用埋在铁芯或线圈间的测温元件来测量，小型电动机可用红外线测温仪测量。

( )143. BI007 电动机对接同心度后，按对角线交错依次拧紧 4 个地脚螺栓。

( )144. BI008 定子绕组的直流阻值大小和温度无关，根据规范判断直流电阻测试仪所测的结果是否合格。

( )145. BI009 直流耐压试验主要考核电动机的绝缘强度，如绝缘有无气隙或损伤等。

( )146. BI010 停车 1.5h 之内的电动机允许连续启动两次。

( )147. BJ001 为了减小噪声，机组一般需安装专用消声器，特殊情况下需要对机组进行全屏蔽。

( )148. BJ002 发电机组的额定容量就是其额定功率,等于额定电压和额定电流之积。
( )149. BJ003 柴油发电机就是柴油机驱动发电机运转。
( )150. BJ004 柴油机按转速分类可分为超高速、高速、中速、低速和超低速。
( )151. BJ005 发电机是将其他形式的能源转换成电能的机械设备。
( )152. BJ006 同步发电机在额定条件下运行时负载转矩减小,其励磁电流一定减小。
( )153. BJ007 对于同步发电机,只有隐极式转子的磁极均以 N—S—N—S 极顺序排放,励磁绕组的两个出线端分别接到固定在转轴上彼此绝缘的两个滑环上或旋转整流器的直流侧上,以产生磁极主磁通。
( )154. BJ008 发电机的额定功率因数是指发电机的有功功率和额定容量的比值。
( )155. BJ009 当励磁电流不变时,发电机的端电压将随无功电流的增大而增大。
( )156. BJ010 直流发电机是将机械能转换成电能,直流电动机是将电能转换成机械能,这就是是直流发电机的可逆原理。
( )157. BJ011 极掌的作用是减小气隙的磁阻,使气隙磁能沿气隙空间分布更均匀,并有支撑绕组的作用。
( )158. BJ012 吊装时应用足够强度的钢丝绳索套在机组的起吊位置,不能套在轴上,同时也要防止碰伤油管和表盘,按要求将机组吊起,对准基础中心线和减振器,并将机组垫平。
( )159. BJ013 容量在 200MW 及以上的机组应测量极化指数,极化指数在常温下应不小于 1.3。
( )160. BK001 接地开关是保护电器。
( )161. BK002 高压断路器在正常运行时接通或断开电路,故障情况下迅速断开电路,特殊情况下可靠地接通短路电流。
( )162. BK003 真空断路器长期存放在仓库内,每 1 年应检验一次。
( )163. BK004 在联合动作前,SF_6 断路器内必须充有额定压力的 SF_6 气体。
( )164. BK005 永磁操作机构常与真空断路器和高压熔断器配合使用。
( )165. BK006 真空断路器安装应垂直,固定应牢靠,相间支持瓷件在同一水平面上。
( )166. BK007 隔离开关分闸时,必须在断路器切断电路之前拉隔离开关;合闸时,必须先合上隔离开关,再用断路器接通电路。
( )167. BK008 隔离开关和断路器分断后都有明显可见的断开点。
( )168. BK009 隔离开关的操作机构按设计要求固定在墙上或支架上,要求按传动轴的位置确定转动轴的长度。
( )169. BK010 负荷开关用来接通和分断小容量的配电线路和负荷,它只有简单的灭弧装置,常与高压熔断器配合使用,电路发生短路故障时由高压熔断器切断短路电流。
( )170. BK011 FN3-10R/400 是带热脱扣器的负荷开关。
( )171. BK012 高压负荷开关可以带负荷拉合电路但不允许切断短路电流。
( )172. BK013 BWF10.5-25-1 表示 10.5kvar、25kV 单相高压电容器。

( )173. BK014 功率因数越大，线路额外负担越大，发电机、电力变压器及配电装置的额外负担也越大。
( )174. BK015 电容器室的防火等级应按三级防火设计，装置的架构采用阻燃材料。
( )175. BK016 交流高压真空接触器广泛应用于电压互感器的控制。
( )176. BK017 RXW-35 型熔断器是非限流式户外高压熔断器。
( )177. BK018 套管是在高压导体穿过与其电位不同的隔板时，起绝缘和支持作用的设备。
( )178. BK019 电抗器采用带间隙铁芯的主要目的是避免磁饱和。
( )179. BK020 避雷器是与电气设备并接在一起的一种过电压设备。
( )180. BL001 可燃气体探测报警系统是火灾自动报警系统的独立子系统，属于火灾预警系统。
( )181. BL002 正常情况下有烟滞留的场所不可以选用感烟探测器。
( )182. BL003 火灾探测器根据其监视范围的不同可分为点型火灾探测器和线型火灾探测器。
( )183. BL004 当火灾报警控制类设备落地安装时，其底边与地（楼）面平齐。
( )184. BL005 区域显示器（火灾显示盘）的调试过程中，要看其是否具备消音和复位功能。
( )185. BL006 火灾报警装置实际安装数量在 5 台以下者，可以不用全部检验。
( )186. BM001 根据对视频图像信号处理/控制方式的不同，视频安防监控系统分为简单对应模式、时序切换模式和矩阵切换模式。
( )187. BM002 摄像机镜头是由一个凸透镜制成的。
( )188. BM003 闭路电视监控系统的传输方式一般采用无线传输为主，有线传输为辅的传输方式。
( )189. BM004 摄像机预留的信号线和电源线，为了美观，可以缠绕在支架或摄像机外壳上。
( )190. BM005 闭路电视监控系统检验过程应遵循先子系统，后系统联调的顺序进行。
( )191. BN001 广播系统的优点是既能单向通信，又可以双向通信。
( )192. BN002 有主机式扩音呼叫系统和无主机式扩音呼叫系统相比较，有主机式扩音呼叫系统的功能较为强大。
( )193. BN003 为了保证操作人员的人身安全，如果在爆炸危险环境区域安装话站时，话站的安装位置要尽可能地远离该区域。
( )194. BN004 扩音呼叫系统焊接线缆接头时，不得使用酸性焊剂。
( )195. BN005 开启扩音呼叫系统各设备的电源开关时，要先开启总电源开关，然后按系统信号传输顺序逐一开启各设备电源开关。
( )196. BO001 电话通信系统按传输媒介可以分为有线通信系统和无线通信系统。
( )197. BO002 市话通信电缆的密封性能检查：综合护套铜芯全塑电缆要有出厂气压，充入干燥气体，在气压达到 30～50kPa 稳定 3h 后，电缆的气压值要符合要求。

(　　)198. BO003　直埋光(电)缆与燃气管平行敷设时,最小净距为 1m。

(　　)199. BO004　在光缆开剥、测试及密封头过程中,其弯曲半径不应小于光缆外径的 20 倍。

(　　)200. BO005　光(电)缆的主干光缆的端别应服从分支光缆的端别。

(　　)201. BO006　光(电)缆交接设备的地线可以与其他装置共用接地系统。

(　　)202. BO007　光缆进出设备、建筑物等的孔洞要用防火泥堵塞。

答　　案

一、单项选择题

1. C　2. B　3. C　4. D　5. A　6. A　7. A　8. D　9. B　10. B
11. D　12. D　13. D　14. C　15. C　16. C　17. C　18. A　19. C　20. A
21. C　22. D　23. D　24. C　25. A　26. B　27. D　28. C　29. B　30. B
31. D　32. C　33. A　34. C　35. C　36. A　37. B　38. A　39. B　40. A
41. C　42. B　43. D　44. B　45. B　46. D　47. C　48. A　49. A　50. A
51. C　52. A　53. B　54. D　55. D　56. D　57. C　58. D　59. C　60. A
61. A　62. B　63. A　64. A　65. B　66. C　67. A　68. D　69. B　70. D
71. C　72. B　73. B　74. A　75. A　76. A　77. B　78. A　79. A　80. A
81. C　82. A　83. D　84. D　85. C　86. C　87. B　88. C　89. A　90. A
91. A　92. C　93. C　94. C　95. A　96. C　97. A　98. D　99. C　100. C
101. D　102. D　103. C　104. A　105. D　106. A　107. B　108. A　109. A　110. C
111. B　112. B　113. D　114. B　115. B　116. A　117. D　118. B　119. D　120. D
121. A　122. B　123. B　124. D　125. D　126. D　127. D　128. A　129. A　130. C
131. A　132. B　133. C　134. B　135. B　136. B　137. B　138. D　139. D　140. A
141. C　142. D　143. B　144. B　145. C　146. D　147. B　148. D　149. A　150. C
151. B　152. A　153. D　154. B　155. B　156. C　157. B　158. D　159. C　160. B
161. A　162. C　163. C　164. D　165. C　166. A　167. D　168. C　169. D　170. C
171. D　172. D　173. A　174. B　175. C　176. C　177. D　178. C　179. C　180. B
181. A　182. A　183. B　184. C　185. B　186. B　187. B　188. C　189. D　190. D
191. B　192. A　193. B　194. A　195. C　196. D　197. C　198. D　199. C　200. A
201. A　202. A　203. B　204. B　205. A　206. C　207. B　208. D　209. A　210. A
211. C　212. B　213. C　214. A　215. D　216. C　217. A　218. B　219. B　220. C
221. A　222. A　223. D　224. D　225. C　226. B　227. A　228. D　229. D　230. A
231. B　232. D　233. A　234. B　235. C　236. C　237. A　238. D　239. A　240. D
241. D　242. B　243. A　244. A　245. D　246. B　247. B　248. C　249. D　250. B
251. A　252. D　253. B　254. A　255. C　256. A　257. B　258. D　259. B　260. D
261. D　262. A　263. A　264. B　265. D　266. B　267. C　268. D　269. C　270. B
271. B　272. B　273. C　274. A　275. A　276. B　277. C　278. B　279. B　280. C
281. A　282. C　283. C　284. C　285. A　286. C　287. B　288. C　289. A　290. A
291. B　292. C　293. A　294. B　295. D　296. C　297. B　298. D　299. A　300. C
301. B　302. C　303. A　304. A　305. A　306. D　307. A　308. B　309. C　310. A

311. C 312. D 313. A 314. A 315. B 316. D 317. C 318. B 319. A 320. A
321. D 322. A 323. B 324. C 325. B 326. D 327. D 328. A 329. B 330. D
331. C 332. A 333. B 334. A 335. B 336. D 337. D 338. D 339. A 340. A
341. D 342. A 343. D 344. C 345. A 346. B 347. D 348. D 349. C 350. B
351. D 352. C 353. B 354. D 355. C 356. D 357. A 358. D 359. C 360. A
361. B 362. A 363. D 364. C 365. B 366. B 367. B 368. C 369. A 370. D
371. B 372. C 373. D 374. B 375. D 376. B 377. B 378. D 379. A 380. C
381. A 382. C 383. A 384. C 385. B 386. A 387. B 388. D 389. C 390. C
391. A 392. C 393. B 394. C 395. B 396. B 397. C 398. B 399. B 400. D
401. A 402. A 403. B 404. D 405. C 406. D 407. B 408. B 409. B 410. C
411. B 412. B 413. A 414. D 415. C 416. C 417. A 418. C 419. D 420. D
421. C 422. C 423. C 424. B 425. B 426. C 427. B 428. A 429. D 430. B
431. A 432. B 433. D 434. B 435. A 436. D 437. B 438. A 439. D 440. A
441. D 442. C 443. B 444. D 445. D 446. D 447. C 448. C 449. A 450. D
451. B 452. D 453. A 454. C 455. C 456. D 457. D 458. A 459. C 460. C
461. C 462. D 463. B 464. B 465. A 466. B 467. D 468. B 469. B 470. A
471. D 472. C 473. A 474. C 475. B 476. B 477. D 478. C 479. B 480. C
481. C 482. A 483. D 484. C 485. A 486. C 487. D 488. B 489. A 490. A
491. B 492. B 493. D 494. A 495. B 496. B 497. B 498. A 499. C 500. D
501. D 502. A 503. B 504. D 505. A 506. A 507. B 508. B 509. D 510. A
511. A 512. C 513. D 514. D 515. C 516. A 517. A 518. A 519. C 520. B
521. A 522. A 523. C 524. C 525. A 526. A 527. C 528. B 529. A 530. D
531. C 532. A 533. C 534. A 535. B 536. B 537. A 538. A 539. B 540. D
541. D 542. A 543. D 544. A 545. B 546. D 547. A 548. C 549. D 550. C
551. D 552. C 553. C 554. B 555. D 556. A 557. D 558. B 559. A 560. C
561. B 562. D 563. B 564. C 565. D 566. A 567. D 568. A 569. D 570. D
571. D 572. B 573. A 574. B 575. C 576. D 577. A 578. D 579. B 580. A
581. B 582. C 583. A 584. D 585. D 586. C 587. D 588. D 589. D 590. C
591. C 592. C 593. C 594. B 595. B 596. A 597. D 598. D 599. C 600. A
601. B 602. C 603. A 604. A 605. B 606. B

二、判断题

1. √ 2. × 正确答案：二次接线图分原理图和安装图两大类。 3. √ 4. × 正确答案：剖面图主要用来表达建筑物内部的纵向结构。 5. √ 6. × 正确答案：并联电路中，并联电阻中的电流及电阻所消耗的功率均与各电阻的阻值成反比。 7. √ 8. √ 9. √ 10. √ 11. √ 12. √ 13. √ 14. × 正确答案：三相交流电的相序可分为正序和负序。 15. √ 16. × 正确答案：负载三角形接法，负载的相电流在数值上等于 $1/\sqrt{3}$ 线电流。 17. √ 18. √ 19. √ 20. × 正确答案：发电机的额定电压比同级电网额定电压高 5%。

21. √ 22. × 正确答案：继电保护装置的逻辑部分、执行部分和信号部分均需要操作电源。 23. √ 24. × 正确答案：时间继电器可使保护具有一定的动作时限，从而实现保护的选择性。 25. √ 26. × 正确答案：速断保护通常与过流保护配合使用，构成所谓的“两段式保护”。 27. √ 28. √ 29. √ 30. × 正确答案：功率表的刻度标的是格数。 31. √ 32. × 正确答案：锉削速度一般为 40 次/min 左右。 33. √ 34. × 正确答案：平焊时，运条方向与工件成 65°~80°。 35. √ 36. × 正确答案：热熔焊接主要可焊接纯铜、黄铜、青铜、铜包钢、纯铁、不锈钢、锻铁、镀锌钢铁、铸铁、铜合金、合金钢等金属材料。 37. × 正确答案：气割切割所用的可燃气体主要是乙炔和丙烷。 38. × 正确答案：双吊车吊装是指用两台主吊车和一台或两台辅助吊车进行的吊装。 39. √ 40. × 正确答案：电气设备安装技术准备工作不包括编制施工进度计划。 41. × 正确答案：投电属于电气设备安装收尾调试阶段的工作。 42. × 正确答案：计量分长度计量、力学计量、电磁计量等。 43. √ 44. × 正确答案：发生两相触电时，作用于人体的电压等于线电压。 45. × 正确答案：保护接地的接地电阻不能大于 4Ω。 46. √ 47. √ 48. × 正确答案：常用的绝缘防护用包括绝缘手套、绝缘靴、绝缘隔板、绝缘垫（毯）等。 49. √ 50. √ 51. √ 52. √ 53. × 正确答案：计算接地母线、引下线、避雷网长度一般都需加上附加长度，附加长度为全长的 3.9%。 54. × 正确答案：照明平面图按照从电源引入线到总配电箱，然后从总配电箱沿着各条干线到分配电箱，再从各个分配电箱沿着各条支线分别读到各个灯具的顺序读图。 55. √ 56. √ 57. √ 58. √ 59. √ 60. √ 61. √ 62. × 正确答案：防护等级中的第二标记数字表示防水保护等级，数字越大表示防护等级越高。 63. × 正确答案：防爆照明配电箱的多余进线口应安装防爆封堵，其弹性密封圈和金属垫片、封堵件要齐全，并将压紧螺母拧紧使进线口密封，金属垫片厚度不小于 2mm。 64. × 正确答案：防爆照明灯杆与防爆接线盒采用螺纹连接，有要求的可以采用防爆活接头连接。 65. √ 66. √ 67. × 正确答案：变压器的防爆管不是用于变压器正常呼吸的安全气道。 68. √ 69. √ 70. √ 71. √ 72. × 正确答案：当电压互感器的二次电压相量超前于一次电压相量时，规定角误差为正角差。 73. × 正确答案：电压互感器 Y，yn 接法常用在小电流接地系统中。 74. × 正确答案：电流互感器在正常运行时，接近于短路状态，相当于一个短路运行的变压器。 75. × 正确答案：电流互感器二次绕组的额定电流都规定为 5A。 76. √ 77. × 正确答案：整流变压器和普通变压器的原理相同，都是根据电磁感应原理制成的一种变换交流电压的设备，但其原、副边功率可能相等，也可能不相等。 78. √ 79. × 正确答案：1600kVA 及以上容量等级三相变压器测得的直流电阻值，线间相差不小于平均值的 1%。 80. √ 81. × 正确答案：国家标准规定 Y yn0 接线的变压器中线电流不超过变压器额定电流的 25%。 82. √ 83. × 正确答案：用 2500V 兆欧表检查，持续时间为 1min，变压器铁芯与夹件应无闪络及击穿现象。 84. √ 85. × 正确答案：接于中性点接地系统的变压器，在进行合闸时，其中性点必须接地。 86. × 正确答案：对中性点接地的电力系统，变压器冲击合闸试验时变压器中性点必须接地。 87. √ 88. × 正确答案：变压器运行中发出“嗞嗞”声时，应检查变压器套管表面是否有闪络现象。 89. × 正确答案：干式变压器是指铁芯和绕组不浸渍在绝缘油中的变压器。 90. √ 91. √ 92. × 正确答案：高压环网柜应有防误操作闭锁装置。 93. √ 94. × 正确答案：“五防”闭锁不应影响开关分(合)闸速度特性。 95. √ 96. √ 97. √ 98. × 正确答案:低压配电系统停、送电必须上级批准,并告之相关用户;送电后检查设备运行情况是否正常,并报告上级。 99. √ 100. √ 101. √ 102. √ 103. √ 104. × 正确答案:为了保证蓄电池能可靠地供电,蓄电池平时不能过度地放电。通常,当放电约达其额定容量的75%~80%时,即要停止放电,对其充电。 105. √ 106. √ 107. √ 108. × 正确答案:在开关控制回路中防跳继电器是由电流线圈启动、电压线圈保持来起防跳作用。 109. × 正确答案:隔离开关没有专用的灭弧装置,不能用来切断或接通负荷电流和短路电流,因此,隔离开关必须与断路器配合使用。 110. × 正确答案:在直流系统中,如果正极对地绝缘破坏,则负极电压降低;如果负极绝缘破坏,则正极电压升高。 111. √ 112. √ 113. × 正确答案:查找电压源的故障时,应特别注意电压源输出端是否短路,也就是说,电压源是不允许短路的。 114. √ 115. × 正确答案:当用伏安法测量电阻阻值时,如果电阻值较大,应采用安培表内接法。因为此时电流表内阻与电阻阻值相比可以忽略不计。 116. × 正确答案:当二次回路进行交流耐压试验时,其试验电压应为1000V,持续时间为1min;48V及以下电压等级回路可不做交流耐压试验。 117. × 正确答案:电流互感器一次和二次绕组间的极性应按减极性原则进行标注。 118. √ 119. √ 120. √ 121. × 正确答案:测量 $\tan\delta$ 试验主要反映设备绝缘的整体缺陷,而对局部缺陷反应不灵敏。 122. × 正确答案:当温度升高时,变压器的直流电阻随着增大。 123. √ 124. √ 125. √ 126. × 正确答案:跳闸连接片的开口端应装在上方,接到断路器的跳闸线圈回路。 127. √ 128. √ 129. √ 130. × 正确答案:检修变压器时,禁止使用喷灯。 131. × 正确答案:绕包式电缆终端头一般都安装在室内,不宜在户外使用。 132. √ 133. × 正确答案:10kV及以下电缆热缩终端应于4h内制作完成。 134. × 正确答案:用电缆清洁纸擦拭主绝缘层表面,清洁时注意应从绝缘端擦向外半导层端,不得反向擦,以免将半导电物质带到主绝缘层表面。 135. × 正确答案:并列敷设的电缆,其中间接头的位置宜相互错开。 136. × 正确答案:电缆直流耐压试验结束后,对被试电缆先用限流电阻对地放电数次,然后再直接对地放电,放电时间不应少于5min,最后再断开接至被试品的试验线路。 137. √ 138. √ 139. √ 140. √ 141. √ 142. √ 143. √ 144. × 正确答案:定子绕组的阻值大小是随温度的变化而变化的,在测定绕组实际冷态下的直流电阻时,要同时测量绕组的温度,以便将该电阻换算成基准工作温度下的数值,再进行判断。 145. √ 146. × 正确答案:停车1.5h之内或温度高于40℃的电动机为热状态,在热状态时电动机允许启动一次。 147. √ 148. × 正确答案:发电机组的额定容量不是额定功率。柴油发电机组的额定电压和额定电流之积称为额定容量。单位为VA或kVA。发电机组铭牌上通常标出的是额定功率,它等于额定容量与额定功率因数之积,或者等于额定电压、额定电流和额定功率因数三者之积,单位是W或kW。 149. √ 150. × 正确答案:柴油机按柴油机转速或活塞平均速度分类,有高速(标定转速大于1000r/min或活塞平均速度大于9m/s)、中速(介于高速和低速之间)和低速柴油机(标定转速小于600r/min或活塞平均速度小于6m/s)。 151. √ 152. × 正确答案:同步发电机在额定条件下运行时负载转矩减小,其励磁电流不一定减小。 153. × 正确答案:无论是隐极式转子还是凸极式转子,其磁极均以N—S—N—S极顺序排放,励磁绕组的两个出线端分别接到固定在转轴上彼此绝缘的两个滑环上或旋转整流器的直流侧上，以产生磁极主磁通。 154. × 正确答案：发电机的额定功率因数是指在额定运行条件下，发电机的有功功率和视在功率的比值。 155. × 正确答案：当励磁电流不变时，发电机的端电压将随无功电流的增大而降低。 156. √ 157. √ 158. √ 159. × 正确答案：对于容量 200MW 及以上机组应测量极化指数，极化指数不应小于 2.0。 160. × 正确答案：接地开关是开关电器。 161. √ 162. × 正确答案：真空断路器长期存放在仓库内，每 6 个月应检验一次。 163. √ 164. × 正确答案：永磁操作机构常与真空断路器和 SF_6 断路器配合使用。 165. √ 166. × 正确答案：隔离开关分闸时，必须在断路器切断电路之后才能在拉隔离开关；合闸时，必须先合上隔离开关，再用断路器接通电路。 167. × 正确答案：断路器分断后无明显可见的断开点，因此需和隔离开关配合使用。 168. × 正确答案：隔离开关的操作机构按设计要求固定在墙上或支架上，然后按传动轴的位置确定操作杆的长度。 169. √ 170. × 正确答案：FN3-10R/400 是带熔断器的负荷开关。 171. √ 172. × 正确答案：BWF10.5-25-1 表示 10.5kV、25kvar 单相高压电容器。 173. × 正确答案：功率因数越低，线路额外负担越大，发电机、电力变压器及配电装置的额外负担也越大。 174. × 正确答案：电容器室的防火等级应按二级防火设计，装置的架构采用阻燃材料。 175. × 正确答案：交流高压真空接触器广泛应用于控制和保护（配合熔断器）电动机、变压器、电容器组等。 176. × 正确答案：RXW-35 型熔断器是限流式户外高压熔断器。 177. √ 178. √ 179. √ 180. √ 181. √ 182. √ 183. × 正确答案：当控制类设备落地安装时，其底边要高出地（楼）面 0.1～0.2m。 184. √ 185. × 正确答案：实际安装数量在 5 台以下者，应全部检验。 186. × 正确答案：根据对视频图像信号处理/控制方式的不同，视频安防监控系统分为：简单对应模式、时序切换模式、矩阵切换模式、数字视频网络虚拟交换/切换模式。 187. × 正确答案：摄像机镜头为得到满意的图像，往往附加若干透镜元件，组成一道复合透镜。 188. × 正确答案：闭路电视监控系统的传输方式一般采用有线传输为主，无线传输为辅的传输方式。 189. × 正确答案：从摄像机引出的电缆要预留 1m 的余量，不得影响摄像机的转动。 190. √ 191. × 正确答案：广播系统缺点，是只能单向通信，不能双向通信。 192. √ 193. × 正确答案：话站的设置点要根据工艺要求，设置在临近操作岗位，方便使用与维修，最好设置在装置区内的道路边、人员出入口、框架楼梯口、操作平台、罐区的周围、物料传输人行走道、控制室、变电所等处。 194. √ 195. √ 196. √ 197. √ 198. √ 199. √ 200. × 正确答案：光（电）缆的分支光缆的端别应服从主干光缆的端别。 201. × 正确答案：交接设备的地线必须单独设置，地线的接地电阻应满足 YD 5121—2010《通信线路工程验收规范》内附录 E 的相关要求。 202. √

附 录

附录 1 职业技能等级标准

1. 工种概述

1.1 工种名称

工程电气设备安装调试工。

1.2 工种代码

629030202。

1.3 工种定义

使用机具和检测仪器,从事电气设备、电气装置、照明装置的安装、调试以及线缆敷设的人员。

1.4 适用范围

工程电气设备安装、调试、维修。

1.5 工种等级

本工种共设五个等级,分别为:初级(五级)、中级(四级)、高级(三级)、技师(二级)、高级技师(一级)。

1.6 工作环境

室内、室外,常温作业。

1.7 工种能力特征

身体健康,具有一定的识图、学习理解、表达能力和空间感,四肢灵活,动作协调,听、嗅觉较灵敏,视力良好,具有分辨颜色的能力。

1.8 基本文化程度

高中毕业(或同等学力)。

1.9 培训要求

初级技能不少于 120 标准学时;中级技能不少于 180 标准学时;高级技能不少于 210 标准学时;技师不少于 180 标准学时;高级技师不少于 180 标准学时。

1.10 鉴定要求

1.10.1 适用对象

(1)新入职的操作技能人员;

(2)在操作技能岗位工作的人员；

(3)其他需要鉴定的人员。

1.10.2　申报条件

具备以下条件之一者可申报初级工：

(1)新入职完成本职业(工种)培训内容，经考核合格人员。

(2)从事本工种工作1年及以上的人员。

具备以下条件之一者可申报中级工：

(1)从事本工种工作5年以上，并取得本职业(工种)初级工职业技能等级证书。

(2)各类职业、高等院校大专及以上毕业生从事本工种工作3年及以上，并取得本职业(工种)初级工职业技能等级证书。

具备以下条件之一者可申报高级工：

(1)从事本工种工作14年以上，并取得本职业(工种)中级工职业技能等级证书的人员。

(2)各类职业、高等院校大专及以上毕业生从事本工种工作5年及以上，并取得本职业(工种)中级工职业技能等级证书的人员。

技师需取得本职业(工种)高级工职业技能等级证书3年以上，工作业绩经企业考核合格的人员。

高级技师需取得本职业(工种)技师职业技能等级证书3年以上，工作业绩经企业考核合格的人员。

1.10.3　鉴定方式

分理论知识考试和操作技能考核。理论知识考试采用闭卷笔试方式为主，推广无纸化考试形式；操作技能考核采用现场操作、模拟操作、实际操作笔试等方式。理论知识考试和操作技能考核均实行百分制，成绩皆达60分以上(含60分)者为合格。技师还需进行综合评审，综合评审包括技术答辩和业绩考核。综合评审成绩是技术答辩和业绩考核两部分的平均分。

1.10.4　鉴定时间

理论知识考试90分钟；操作技能考核不少于60分钟；综合评审的技术答辩时间40分钟(论文宣读20分钟，答辩20分钟)。

2. 基本要求

2.1　职业道德

(1)遵规守纪，按章操作；

(2)爱岗敬业，忠于职守；

(3)认真负责，确保安全；

(4)刻苦学习，不断进取；

(5)团结协作，尊师爱徒；

(6)谦虚谨慎，文明生产；

(7)勤奋踏实，诚实守信；

(8)厉行节约，降本增效。

2.2 基础知识

2.2.1 识绘图知识

(1)识绘图基本知识。

(2)电气施工图。

(3)建筑结构图。

(4)机械零件和装配图。

2.2.2 电气、机械基础知识

(1)电工学基础知识。

(2)电子电路基础知识。

(3)磁场与磁路。

(4)电力系统供电基础知识。

(5)继电保护基础知识。

(6)电工测量仪器、仪表基础知识。

(7)计算机基础与数字通信基础知识。

(8)可编程序控制器(PLC)基础知识。

(9)应用机械基础知识。

2.2.3 工程电气设备安装知识

(1)安装、调试常用器具设备知识。

(2)钳工相关知识。

(3)电、气焊及热熔焊焊接知识。

(4)起重吊装基础知识。

(5)电气材料基础知识。

(6)电气设备安装基本过程。

(7)施工前的组织与准备。

2.2.4 其他必备知识

(1)计量基础知识。

(2)电气安全技术知识。

(3)电气安全用具。

(4)消防基本知识。

(5)生产管理知识。

(6)质量管理知识。

(7)HSE 管理知识。

2.2.5 法律、法规和标准、规范知识

(1)《中华人民共和国劳动法》有关内容。

(2)《中华人民共和国建筑法》有关内容。

(3)《中华人民共和国电力法》有关内容。

(4)《中华人民共和国安全生产法》有关内容。

3. 工作要求

3.1 初级

职业功能	工作内容	技能要求	相关知识
一、施工准备	（一）施工技术准备	1. 能识读电气施工图中常用电气图形和文字符号的含义 2. 能看懂一般的电气平面图 3. 能领会施工方案、技术交底的要求 4. 能确认电气材料和设备的标识和功能 5. 能领会和遵守电工施工操作规程 6. 能严格执行已制定的安全隐患防范措施 7. 能进行单人徒手心肺复苏操作	1. 施工质量验收规范 2. 电气安装标准图集 3. 施工图纸 4. 施工方案和技术交底的内容 5. 常用设备、材料的标识方法 6. 电工施工操作规程
	（二）施工资源准备	1. 能确认施工现场的电源、水源及工具、材料存放场所等临时设施 2. 能看懂安装设备、材料的装箱清单 3. 能完成安装设备、材料的清点和外观检查，并做出记录 4. 能使用和保养万用表、兆欧表、钳形电流表、接地电阻测试仪等电气测量仪表 5. 能使用和保养手电钻、压接钳、台钻、弯管机、套丝机等安装工机具 6. 能使用直尺、游标卡尺、塞尺等常用量器具 7. 能熟知电动工具的安全操作要求	1. 施工条件的要求 2. 施工人力和机具的准备 3. 个人防护的要求 4. 计量器具的检验和使用要求 5. 测量仪表和工器具使用方法及其安全操作注意事项
二、防雷及接地系统安装调试	（一）防雷及接地系统预制、安装	1. 能完成接地极、接地线和断接卡的预制 2. 能完成接地极的安装 3. 能完成接地线的安装 4. 能完成接地模块的安装 5. 能完成管线、设备及钢结构的接地连接 6. 能完成避雷针的预制安装 7. 能完成避雷带的预制安装 8. 能完成避雷引下线的安装	1. 电气接地装置的组成 2. 工作接地的相关知识 3. 保护接地的相关知识 4. 保护接零的相关知识 5. 屏蔽接地的相关知识 6. 重复接地的相关知识 7. 等电位联结的相关知识 8. 防静电接地的相关知识 9. 防雷和防雷装置的相关知识 10. 携带式和移动电气设备的接地
	（二）防雷及接地系统调试	1. 能完成接地电阻的测量 2. 能完成接地装置的电气完整性测试 3. 能完成场区地表电位梯度、接触电压差、跨步电压和转移电位的测试 4. 能完成土壤电阻率的测试	1. 接地电阻的要求 2. 降低接地电阻的措施 3. 接地装置的其他特性参数

续表

职业功能	工作内容	技能要求	相关知识
三、照明系统安装调试	(一)照明系统预制、安装	1. 能完成照明支架的预制安装 2. 能完成照明保护管的断切、煨弯、套丝、管口处理 3. 能完成照明保护管的敷设 4. 能完成室内照明灯具的安装 5. 能完成室外照明系统安装 6. 能完场照明配电箱的安装 7. 能完成照明电缆(线)敷设及接线	1. 照明方式和种类 2. 电光源的种类 3. 电光源的主要性能指标 4. 各种灯具的特点和适用场合 5. 照明配电与控制的要求 6. 照明配线方式 7. 导线截面的选择 8. 导线的连接工艺要求
	(二)照明系统调试	1. 能完成照明系统绝缘检查 2. 能完成照明回路通电试亮	照明系统三相平衡的技术要求
四、变配电系统安装调试	(一)变压器安装调试	1. 能按照图纸完成基础验收 2. 能完成变压器外观检查 3. 能配合完成整体到货变压器的安装、固定 4. 能完成变压器中性点接地的连接 5. 能配合完成变压器滤油、注油	1. 变压器的结构和工作原理 2. 变压器绕组及套管的绝缘要求和测试方法 3. 变压器施工及验收规范 4. 变压器的随机文件
	(二)盘柜及母线安装调试	1. 能按照图纸要求完成基础验收、基础型钢制作 2. 能完成成套配电柜就位、找正、固定 3. 能完成母线的矫正、下料、煨制、钻孔、接触点(面)加工、标识相色漆 4. 能完成母线的预制和安装	1. 成套低压配电柜基础知识及安装规范 2. 低压配电装置的运行维护 3. 母线制作、安装规范要求
	(三)二次接线与检验	1. 能完成简单电动机控制回路的布线、接线及检查 2. 能参与完成低压系统控制回路的接线及检查	1. 二次回路的基本知识 2. 二次回路接线施工及验收规范
五、动力系统安装调试	(一)架空线路安装调试	1. 能使用电杆登高器具、紧线工器具及安全器具等 2. 能完成架空线路电杆、基坑、金属构件、导线、绝缘子等检查 3. 能完成架空线路施工前的机具安装 4. 能参与完成电杆安装、金具组装、绝缘子安装及拉线、导线架设等工作 5. 能完成架空导线的连接和固定 6. 能完成线路受电前的试验及检查工作	1. 架空线路各组成部分的基础知识 2. 弧垂的计算及测量 3. 架空线路施工验收规范和施工安全注意事项

续表

职业功能	工作内容	技能要求	相关知识
五、动力系统安装调试	(二)电缆线路安装调试	1. 能完成支吊架的制作与安装 2. 能完成电缆管的加工及安装 3. 能完成直埋电缆的敷设 4. 能完成电缆导管内电缆的敷设 5. 能完成电缆沟内电缆的敷设 6. 能完成电缆桥架的安装 7. 能完成桥架上电缆的敷设 8. 能完成电缆竖井内电缆的敷设 9. 能完成电缆隧道内电缆的敷设 10. 能完成电缆防火阻燃设施的施工 11. 能完成电缆升温 12. 能完成低压电缆绕包式终端的制作 13. 能完成电缆绝缘电阻的测量	1. 电缆的基本结构 2. 电缆的种类和特点 3. 电缆、电线的型号 4. 电缆载流能力和温升 5. 电缆及附件的运输与保管 6. 电缆线路敷设的类别和一般要求 7. 电缆桥架的种类和使用场所 8. 爆炸危险环境内的电缆线路施工要求
	(三)电动机安装调试	1. 能完成电动机绝缘的测试 2. 能判断三相异步电机定子绕组首末端 3. 能识读电动机点动及连续运转控制电路原理图 4. 能完成三相异步电动机的动力接线	1. 电动机的分类 2. 三相交流异步电动机的结构和工作原理 3. 三相异步电动机的铭牌参数 4. 电动机的常用控制线路 5. 电动机的接线方式 6. 直流电动机的结构和接线 7. 电动机的电气交接试验项目和要求
	(四)高、低压电器安装调试	1. 能完成低压断路器、低压隔离开关、低压接触器、低压熔断器的安装 2. 能完成热继电器、剩余电流保护装置及操作柱的安装	1. 低压电器基础知识 2. 常见低压电器介绍
	(五)滑接线、移动电缆安装调试	1. 能完成材料及附件检验 2. 能完成滑接线的测量定位 3. 能完成绝缘子和支架安装 4. 能完成滑接线的校直加工与安装 5. 能完成移动软电缆的安装	1. 滑接线分类和特点 2. 移动软电缆的型号 3. 滑接线、移动软电缆施工作业条件

3.2 中级

职业功能	工作内容	技能要求	相关知识
一、施工准备	(一)施工技术准备	1. 能识读接地平面图并统计实物量 2. 能识读照明图纸并统计实物量	1. 工程电气设备安装图纸 2. 电气施工图的阅读方法
	(二)施工资源准备	1. 能编制施工机具、施工手段用料计划 2. 能编制试验调试设备需用计划	施工机具计划编制要求和现场管理

续表

职业功能	工作内容	技能要求	相关知识
二、照明系统安装调试	(一)照明系统预制、安装	1. 能完成升降式高杆灯的组装 2. 能完成太阳能路灯的安装 3. 能完成防爆照明箱的安装 4. 能完成防爆照明灯具的安装与接线 5. 能进行智能照明控制系统的安装与调试 6. 能完成航空障碍灯的安装 7. 能根据照明图纸进行实物工程量统计	1. 高杆灯的种类和结构 2. 太阳能路灯的结构及工作原理 3. 常用应急照明控制回路的控制原理 4. 防爆灯具相关知识 5. 常见照明系统故障
三、变配电系统安装调试	(一)变压器安装调试	1. 能完成变压器散热片、油枕、升高座等附件安装 2. 能完成变压器瓦斯、压力释放、温度传感器等接线 3. 能完成变压器真空滤油、注油 4. 能在指导下完成变压器本体交接试验 5. 能完成无载调压装置的调整 6. 能完成变压器受电前检查 7. 能完成干式变压器安装接线 8. 能在指导下完成干式变压器的交接试验	1. 变压器附件的结构和工作原理 2. 互感器的工作原理及试验标准 3. 变压器交接试验规范要求和试验方法、注意事项 4. 滤油机使用方法和注意事项 5. 特殊变压器的结构及原理
	(二)盘柜及母线安装调试	1. 能完成中压柜的安装 2. 能完成柜顶小母线安装 3. 能完成封闭式母线桥安装 4. 能完成低压配电系统调试 5. 能完成低压母线核相工作 6. 能完成 UPS 系统安装 7. 能完成表计校验 8. 能完成低压配电柜受电操作	1. 高压配电柜基础知识及安装要求 2. 表计校验知识 3. 低压配电系统停送电操作 4. 低压配电柜常见故障及处理 5. UPS 相关知识 6. 力矩扳手的使用方法
	(三)二次接线与检验	1. 能完成二次回路布线、接线 2. 能完成二次回路接线检查 3. 能完成电气与仪表工艺联锁接线	1. 常见二次接线原理图与安装图 2. 电气二次回路的故障处理
	(四)变配电系统调试运行	1. 能使用介损测试仪测试设备的介损值 2. 能使用直流电阻测试仪测试设备的直阻 3. 能使用大电流发生器对设备进行施加电流 4. 能根据保护定值单设置低压电动机保护回路定值,并在指导下完成试验	1. 高压试验基本知识 2. 微机保护基础知识 3. 低压电动机保护基础知识
四、动力系统安装调试	(一)电缆线路安装调试	1. 能完成电缆热缩终端制作 2. 能完成高压电缆冷缩终端制作 3. 能完成高压电缆中间接头制作 4. 能完成电力电缆直流耐压试验	1. 电力电缆型号、截面的选择 2. 电缆绝缘和电缆护层类型的选择 3. 喷灯、工业热风枪等热源工具的使用方法 4. 电缆终端、接头常见类型和制作工艺 5. 电缆接地要求 6. 电缆终端制作厂家说明书

续表

职业功能	工作内容	技能要求	相关知识
四、动力系统安装调试	（二）电动机安装调试	1. 能完成电动机就位安装 2. 能测量绕组的直流电阻 3. 能完成定子绕组的直流耐压试验和泄漏电流测量 4. 能完成电动机空载转动检查和空载电流测量 5. 能熟知电动机试运的各项参数要求和测量方法	1. 三相异步电动机的启动方法 2. 三相异步电动机的调速方法 3. 电动机的保护装置 4. 电动机正、反转控制电路的结构和原理 5. 电动机 Y-△启动控制电路的结构和原理 6. 电动机干燥方法
	（三）发电机安装调试	1. 能参与完成发电机主体及附属设备检查验收 2. 能完成 0.4kV 成套柴油发电机组及附属设备的安装操作 3. 能参与完成 10kV 发电机主体及附属设备安装	1. 发电机结构、工作原理、主要参数等知识 2. 发电机励磁、灭磁原理及结构 3. 柴油发电机组的安装及试验规范
	（四）高、低压电器安装调试	1. 能完成各类高压断路器安装 2. 能完成高压隔离开关安装 3. 能完成高压负荷开关安装 4. 能完成高压电容器安装 5. 能完成高压避雷器安装 6. 能完成高压熔断器安装	1. 高压电器基础知识 2. 常见高压电器的安装规范
五、弱电系统安装调试	（一）火灾报警控制装置安装调试	1. 能看懂系统安装设计图纸 2. 能完成探测器、控制器等设备及材料到货验收 3. 能完成系统的线路敷设 4. 能完成探测器按钮安装、接线 5. 能完成探测器按钮编码 6. 能完成区域报警器安装接线 7. 能在指导下完成系统单校、联锁	1. 探测器、按钮等产品说明书 2. 火灾报警系统原理、施工图及知识 3. 火灾报警系统安装及验收规范
	（二）闭路电视监控装置安装调试	1. 能看懂系统安装设计图纸 2. 能完成系统线路、摄像机、云台、显示器成套装置等设备及材料到货验收 3. 能完成系统线路敷设 4. 能完成摄像机、电动云台安装接线 5. 能完成显示器等成套装置安装接线 6. 能在指导下完成摄像机、云台检验 7. 能在指导下完成系统联锁、切换等调试工作	1. 摄像机、云台产品说明书 2. 闭路电视监控系统安装及验收规范
	（三）扩音呼叫装置安装调试	1. 能看懂系统安装设计图 2. 能完成设备及材料到货验收 3. 能完成系统线路敷设 4. 能完成系统设备安装与接线 5. 能在指导下完成扩音系统调试工作	1. 扩音设备、扬声器等产品说明书 2. 扩音呼叫系统原理 3. 扩音呼叫系统安装及验收规范要求
	（四）电话通信装置安装调试	1. 能看懂电话通信系统设计图 2. 能完成分线箱、话机、小型交换机等设备及材料到货验收 3. 能完成线路敷设、线对识别、跳接线 4. 能完成系统分线箱、话机、交换机安装与接线 5. 能在指导下完成系统调试工作	1. 交换机、分线箱、话机等产品说明书 2. 电话通信系统安装及规范要求

3.3 高级

职业功能	工作内容	技能要求	相关知识
一、施工准备	(一)施工技术准备	1. 能审查电气施工图纸 2. 能参与本专业施工组织设计、施工技术措施的编写	1. 电气图纸审查内容 2. 施工组织设计、施工技术措施编制要求
	(二)施工资源准备	1. 能完成现场临时施工用电负荷的计算 2. 能编制临时施工用电设备和材料表 3. 能合理规划本工种预制场地,完成现场临时用电设施配置 4. 能编制本工程电气施工的人力计划	临时施工用电管理相关知识
二、变配电系统安装调试	(一)变压器安装调试	1. 能完成变压器吊罩、器身检查、滤油、干燥 2. 能完成变压器各项交接试验项目 3. 能完成变压器继电保护试验 4. 能进行变压器有载调压装置和气体、温度保护系统调整及接线 5. 能完成变压器投、送电前的检查	1. 变压器安装、试验方法及注意事项 2. 变压器继电保护原理 3. 变压器运行常见故障
	(二)盘柜及母线安装调试	1. 能完成 GIS 组合电器安装 2. 能完成 SF_6 气体试验及充注 3. 能够完成母线试验 4. 能完成高压母线核相 5. 能完成快切装置调试 6. 能完成 UPS 装置试验 7. 能识读单母线分段 BZT 原理图和安装接线图 8. 能完成母线停送电操作	1. 箱式变电站的概述 2. 高压成套配电装置受送电、运行及维护 3. GIS 组合电器安装及调试知识 4. 备用电源自投原理 5. 快切装置相关知识
	(三)变配电系统调试运行	1. 能选择系统接地运行方式 2. 能完成架空线路继电保护调试 3. 能掌握电气设备在线监测运行 4. 能使用串联谐振试验设备 5. 能完成变电所"五防"系统调试 6. 能完成小电流选线装置调试 7. 能处理调试过程出现异常情况	1. 电力系统接地方式 2. 架空线路继电保护知识 3. 电气设备在线监测 4. 串联谐振设备的组成及原理 5. 常见保护装置的工作原理及调试方法
三、动力系统安装调试	(一)电缆线路安装调试	1. 能使用检测仪器检测电缆故障点 2. 能完成插拔头电缆终端的制作 3. 能完成电力电缆工频交流耐压试验 4. 能完成电缆串联谐振耐压试验 5. 能完成水底电缆的敷设 6. 能完成变频电缆的敷设 7. 能进行电缆交叉互联系统试验	1. 电缆故障原因的分析和电缆故障的判断方法 2. 电缆故障检测 3. 水底电缆的敷设注意事项 4. 变频电缆的敷设注意事项 5. 交叉互联系统的原理和安装步骤
	(二)电动机安装调试	1. 能完成电动机抽芯 2. 能完成定子绕组的交流耐压试验 3. 能完成电动机带负荷运转 4. 能完成高压同步电动机轴承的绝缘电阻测量 5. 能处理异步电动机常见故障	1. 电动机的继电保护方式 2. 电动机的电流速断保护的原理和整定计算方法 3. 电动机的过负荷保护的原理和整定计算方法 4. 电动机的低电压保护的原理和整定计算方法 5. 电动机变频控制的相关知识 6. 电动机软启动的相关知识 7. 异步电动机常见故障判断与排除方法 8. 同步电动机的工作原理和分类

续表

职业功能	工作内容	技能要求	相关知识
三、动力系统安装调试	(三)发电机安装调试	1. 能参与完成发电机转子、定子、母线等附件安装 2. 能完成发电机组开机前检查和自动切换、并网调整 3. 能完成发电机、励磁机本体试验 4. 能完成发电机继电保护试验 5. 理解发电机工作原理及工艺系统	1. 发电机各项静态性能测试及试验方法 2. 发电机励磁、同期调试内容及方法 3. 发电机继电保护调试原理及调试方法
	(四)高、低压电器安装调试	1. 能完成高压断路器试验 2. 能完成高压电容器试验 3. 能完成高压避雷器试验 4. 能完成高压绝缘子试验 5. 能完成高压套管试验	1. 高压电器的试验知识 2. 常见高压电器运行维护 3. 电容器保护原理

3.4 技师

职业功能	工作内容	技能要求	相关知识
一、施工准备	(一)施工技术准备	1. 能讲解电气施工图纸、施工组织设计内容 2. 能编制材料单 3. 能编制施工预算 4. 能编制施工进度计划	1. 电气工程施工预算相关知识 2. 材料单编制 3. 安装工程量清单计价 4. 施工图预算和施工预算 5. 施工进度计划的编制
二、变配电安装调试	(一)变压器安装调试	1. 能完成变压器常见保护整定计算 2. 能完成变压器真空干燥 3. 能完成变压器差动保护调试 4. 能完成变压器绕组变形试验 5. 能完成变压器局部放电试验 6. 能主持大型变压器投电前的验收检查和投电操作 7. 能主持大型变压器的安装和调试	1. 变压器常见保护整定原理 2. 变压器差动保护原理及调试方法 3. 局部放电试验的基础知识及操作方法 4. 绕组变形试验原理及调试方法 5. 变压器运行特性及检修
	(二)盘柜及母线安装调试	1. 能完成母线差动保护调试 2. 能完成断路器失灵保护调试 3. 能完成母联失灵保护调试 4. 能完成母联充电及过流保护调试 5. 能完成 GIS 耐压试验	1. 母线保护整定 2. GIS 耐压试验 3. 电力电容器保护整定
	(三)变配电系统调试运行	1. 能完成线路常见保护整定计算 2. 能完成设备局部放电测量 3. 能处理系统调试及运行过程出现的问题 4. 能完成大型变电所投送电操作	1. 线路保护整定原理 2. 局部放电测试原理及方法 3. 系统运行知识
三、动力系统安装调试	(一)电缆线路安装调试	1. 能完成高压电缆瓷套式户外终端制作 2. 能完成 66～220kV 交联聚乙烯绝缘电力电缆接头制作	66～220kV 交联聚乙烯绝缘电力电缆户外终端的相关知识

续表

职业功能	工作内容	技能要求	相关知识
三、动力系统安装调试	(二)电动机安装调试	1. 能完成6kV电动机保护整定计算与调试 2. 能完成同步电动机励磁装置的安装和联动调试 3. 能用可编程序控制器完成电动机控制回路的编程	1. 电动机比率制动式微机差动保护的原理和整定计算 2. 电动机磁平衡差动保护的原理和整定计算 3. 高压电动机的其他继电保护原理 4. 同步电动机失步保护 5. 可编程序控制器的基本指令及其使用
	(三)发电机安装调试	1. 能完成发电机差动保护试验 2. 能完成发电机励磁及同期系统调试 3. 能完成发电机空载、短路等动态试验 4. 能在指导下完成汽轮发电机安装工作 5. 能完成发电机带载运行下各项性能测试和试验	1. 发电机各项动态性能测试、试验方法 2. 发电机差动保护原理及调试方法 3. 发电机运行相关知识 4. 柴油发电机组容量的选择要求
四、综合管理	(一)生产管理	1. 能协助施工部门进行施工计划、调度及人员管理 2. 能进行成套低压配电柜安装工程综合管理 3. 能进行防雷接地安装工程综合管理 4. 能进行照明安装工程综合管理	1. 施工计划编制知识 2. 施工机械管理知识 3. 施工材料管理知识 4. 施工进度控制 4. 现场文明施工管理 5. 5S管理
	(二)技术管理	1. 能制定油浸电力变压器安装等施工方案的编写 2. 能参与投标中技术标书的编制 3. 能参与项目的图纸会审、设计变更的审核，并提出有效措施和建议 4. 能完成技师技术论文答辩 5. 能完成交工资料表格的填写	1. 电气施工技术管理知识 2. 工程投标基础知识 3. 电气施工工序交接管理 4. 电气隐蔽工程检验管理 5. 施工设计变更 6. 技师论文的编写和答辩
	(三)质量管理	1. 能配合完成QC小组活动 2. 能组织电气作业指导书的编制 3. 能进行电力变压器安装质量分析与控制 4. 能进行盘柜安装质量分析与控制 5. 能进行电缆线路安装质量分析与控制 6. 能进行电动机的电气检查和接线施工质量分析控制 7. 能进行照明器具及配电箱安装质量分析与控制 8. 能进行接地装置及避雷针(带、网)安装质量分析与控制	1. QC小组活动的相关知识和程序 2. 电气作业指导书编制 3. 工程质量检验评定 4. 施工质量事故处理程序

续表

职业功能	工作内容	技能要求	相关知识
四、综合管理	(四)安全管理	1. 能辨识接地安装施工的危害因素和环境因素,并进行风险分析 2. 能辨识照明安装施工的危害因素和环境因素,并进行风险分析 3. 能辨识盘柜安装施工的危害因素和环境因素,并进行风险分析	1. HSE 管理手册 2. HSE 程序文件 3. 危险有害因素的分类 4. 危害因素辨识与风险评价的范围 5. 危害因素辨识与风险评价的周期 6. 危害因素辨识的内容 7. 风险评价的方法 8. 制定控制、削减措施
	(五)培训管理	1. 能讲授本专业技术理论知识 2. 能对初级、中级、高级工进行技能培训和考核 3. 能讲授施工中判断问题和处理问题的技艺 4. 能制作 PPT 课件 5. 能使用 Excel 2010、Word 2010 和 AutoCAD 软件	1. 培训流程和方法 2. 授课技巧 3. PPT 课件制作 4. HSE 培训矩阵 5. 建立 Excel 2010 工作簿与输入资料 6. Word 2010 编辑技巧与打印输出 7. AutoCAD 基础知识

3.5 高级技师

职业功能	工作内容	技能要求	相关知识
一、施工准备	(一)施工技术准备	1. 能编制电气安装工程的施工组织设计方案和特殊工艺规程 2. 能讲解本专业的施工技术文件 3. 能审核作业指导书、工艺文件及操作规程 4. 能应用国内外新技术、新工艺、新材料、新设备	新技术、新工艺、新材料、新设备的技术文件
二、综合管理	(一)生产管理	1. 能配合工艺专业完成单机试运和联动试运,分析与本专业衔接的故障,并提出合理化建议 2. 能协助施工部门完成竣工验收	1. 施工竣工验收的程序 2. 竣工验收的要求 3. 单机试运行 4. 联动试运行
	(二)技术管理	1. 能审核交工资料 2. 能完成本专业技术论文及工作总结 3. 能组织科技进步课题的开题报告编写 4. 能组织工法的编写 5. 能解决本专业的施工难点问题	1. 三查四定相关知识 2. 竣工资料管理知识 3. 施工技术档案管理知识 4. 科技进步开题报告编写的相关知识 5. 工法编写的相关知识
	(三)质量管理	能分析质量事故产生原因及采取相应预防措施	1. 质量体系运行知识 2. 质量分析与控制方法
	(四)安全管理	1. 能制定常见电气作业安全技术措施 2. 能编写临时用电方案	1. 安全电压标准及其等级 2. 防止电击的基本措施 3. 停电作业的安全技术措施 4. 防止静电危害的技术措施 5. 临时用电安全管理要求和管理

续表

职业功能	工作内容	技能要求	相关知识
二、综合管理	(五)培训管理	1. 能对高级工和技师进行培训和考核 2. 能传授电气设备安装调试中的特殊工艺 3. 能熟练使用计算机进行文字处理及制作简单多媒体课件	1. 培训管理基础知识 2. 计算机办公软件应用知识 3. 工程电气设备安装专业英语

4. 比重表

4.1 理论知识

项目			初级(%)	中级(%)	高级(%)	技师、高级技师(%)
基本要求		基础知识	25	25	30	23
专业知识	施工准备	施工技术准备	1	2	1	3
		施工资源准备	3	1	1	
	防雷及接地系统安装调试	防雷及接地系统预制、安装	9			
		防雷及接地系统调试	3			
	照明系统安装调试	照明系统预制、安装	10	5		
		照明系统调试	2			
	变配电系统安装调试	变压器安装调试	5	11	10	9
		盘柜及母线安装调试	7	8	11	6
		二次接线与检验	4	6		
		变配电系统调试运行		4	12	10
	动力系统安装调试	架空线路施工	5			
		电缆线路安装调试	10	5	6	2
		电动机安装调试	6	5	8	4
		发电机安装调试		6	11	7
		高、低压电器安装调试	7	10	10	
		滑接线、移动电缆安装调试	3			
	弱电系统安装调试	火灾报警控制装置安装调试		3		
		闭路电视监控装置安装调试		3		
		扩音呼叫装置安装调试		3		
		电话通信装置安装调试		3		

续表

项目			初级(%)	中级(%)	高级(%)	技师、高级技师(%)
相关知识	综合管理	生产管理				7
		技术管理				7
		质量管理				7
		安全管理				9
		培训管理				6
合计			100	100	100	100

4.2 技能操作

项目			初级(%)	中级(%)	高级(%)	技师(%)	高级技师(%)
专业知识	施工准备	施工技术准备	4		4		
		施工资源准备	4	5	4		
	防雷及接地系统安装调试	防雷及接地系统预制、安装	5				
		防雷及接地系统调试	4				
	照明系统安装调试	照明系统预制、安装	5				
		照明系统调试	4				
	变配电系统安装调试	变压器安装调试	13	24	14	30	30
		盘柜及母线安装调试	9	14	18	18	18
		二次接线与检验		10			
		变配电系统调试运行		10	14	9	9
	动力系统安装调试	架空线路施工	9				
		电缆线路安装调试	13	10	14	5	5
		电动机安装调试	13	10	5	9	9
		发电机安装调试			4	9	9
		高、低压电器安装调试	13	5	23		
		滑接线安装调试	4				
	弱电系统安装调试	火灾报警控制装置安装调试		4			
		闭路电视监控装置安装调试		4			
		扩音呼叫装置安装调试					
		电话通信装置安装调试		4			

续表

项目			初级（%）	中级（%）	高级（%）	技师（%）	高级技师（%）
相关知识	综合管理	生产管理				4	4
		技术管理				4	4
		质量管理				4	4
		安全管理				4	4
		培训管理				4	4
合计			100	100	100	100	100

附录2　初级工理论知识鉴定要素细目表

行业:石油天然气　　工种:工程电气设备安装调试工　　等级:初级工　　鉴定方式:理论知识

行为领域	代码	鉴定范围（重要程度比例）	鉴定比重	代码	鉴定点	重要程度	备注
基础知识 A 25%	A	识绘图基本知识（1∶2∶0）	1%	001	常用电气图形和文字符号含义	X	上岗要求
				002	电气工程图的分类和识图一般方法	Y	
				003	识读电气原理图	Y	
	B	电气施工图（3∶0∶0）	2%	001	识读电气一次系统图	X	
				002	识读动力平面图	X	上岗要求
				003	识读照明平面图	X	上岗要求
	C	电工学基础知识（13∶1∶0）	7%	001	电阻的概念	X	上岗要求
				002	电容的概念	X	上岗要求
				003	电感的概念	X	上岗要求
				004	电流的概念	X	上岗要求
				005	电压的概念	X	上岗要求
				006	电位、电动势的概念	X	上岗要求
				007	电功、电功率的概念	Y	上岗要求
				008	直流电的概念	X	上岗要求
				009	欧姆定律	X	上岗要求
				010	基尔霍夫定律	X	上岗要求
				011	交流电的概念	X	上岗要求
				012	纯电阻电路相关知识	X	上岗要求
				013	纯电感电路相关知识	X	上岗要求
				014	纯电容电路相关知识	X	上岗要求
	D	电子电路基础知识（1∶0∶2）	1%	001	半导体的基本知识	X	
				002	PN 结及其特性	Z	
				003	半导体二极管相关知识	Z	
	E	电力系统供电基础知识（2∶1∶0）	2%	001	电力系统与电力网	X	
				002	电力系统的负荷	Y	
				003	电力负荷的分类	X	
	F	电工测量仪器仪表基础知识（9∶1∶0）	5%	001	电工仪表的分类	X	
				002	磁电系仪表知识	X	
				003	电磁系仪表知识	X	
				004	电动系仪表知识	X	

续表

行为领域	代码	鉴定范围（重要程度比例）	鉴定比重	代码	鉴定点	重要程度	备注
基础知识 A 25%	F	电工测量仪器仪表基础知识（9：1：0）	5%	005	电流表基础知识	X	上岗要求
				006	电压表基础知识	X	上岗要求
				007	钳形表基础知识	X	上岗要求
				008	万用表基础知识	X	上岗要求
				009	绝缘电阻表基础知识	X	上岗要求
				010	电能表基础知识	Y	
	G	电工安装、调试常用器具设备知识（6：0：0）	3%	001	验电器的使用	X	上岗要求
				002	螺钉旋具的使用	X	上岗要求
				003	电工钳的使用	X	上岗要求
				004	尖嘴钳、剥线钳的正确使用	X	上岗要求
				005	活扳手、电工刀的正确使用	X	上岗要求
				006	冲击电钻的正确使用	X	上岗要求
	H	钳工相关知识（1：1：0）	1%	001	划线与冲眼相关知识	X	上岗要求
				002	锯削相关知识	Y	
	I	电、气焊及热熔焊（0：1：0）	1%	001	电弧焊的设备与工具	Y	
	J	电气材料基本知识（1：2：2）	2%	001	常用的导电材料知识	X	上岗要求
				002	常用的绝缘材料知识	Y	
				003	常用的磁性材料知识	Y	
				004	铝导线的特点	Z	
				005	铜导线的特点	Z	
专业知识 B 75%	A	施工技术准备（4：0：0）	1%	001	常用电气施工质量验收规范和标准图集	X	
				002	施工技术措施（方案）、技术交底	X	
				003	常用设备、材料的标识方法	X	上岗要求
				004	电工安全操作规程	X	上岗要求
	B	施工资源准备（4：1：0）	3%	001	电气设备安装前达到的施工条件	Y	
				002	人力及安装机具准备	X	上岗要求
				003	个人防护要求	X	上岗要求
				004	计量器具的检验和使用要求	X	
				005	万用表的使用	X	上岗要求
	C	防雷及接地系统预制、安装（18：0：0）	9%	001	电气接地装置相关知识	X	
				002	工作接地相关知识	X	
				003	保护接地相关知识	X	
				004	保护接零相关知识	X	
				005	屏蔽接地相关知识	X	

续表

行为领域	代码	鉴定范围（重要程度比例）	鉴定比重	代码	鉴定点	重要程度	备注
专业知识B 75%	C	防雷及接地系统预制、安装（18：0：0）	9%	006	重复接地相关知识	X	
				007	等电位联结安装要求	X	
				008	防静电接地相关知识	X	
				009	防雷和防雷装置相关知识	X	
				010	携带式和移动式电气设备的接地	X	
				011	接地极、接地线、断接卡的预制	X	上岗要求
				012	接地极的安装	X	上岗要求
				013	接地线的安装	X	上岗要求
				014	接地模块的安装	X	
				015	管线、设备及钢结构的接地连接	X	上岗要求
				016	避雷针的安装	X	
				017	避雷带的安装	X	上岗要求
				018	避雷引下线的安装	X	上岗要求
	D	防雷及接地系统调试（5：2：0）	3%	001	接地电阻的要求	X	上岗要求
				002	降低接地电阻的措施	X	上岗要求
				003	接地装置的其他特性参数	X	
				004	接地电阻的测量	X	上岗要求
				005	接地装置的电气完整性测试	X	
				006	场区地表电位梯度、接触电位差、跨步电压和转移电位测试	Y	
				007	土壤电阻率的测试	Y	
	E	照明系统预制、安装（10：7：2）	10%	001	照明方式和种类	Y	
				002	电光源的种类及选用原则	Z	
				003	电光源的主要性能指标	Z	
				004	卤钨灯的特点和适用场合	Y	
				005	荧光灯的特点和适用场合	Y	
				006	高压汞灯的特点和适用场合	Y	
				007	高压钠灯的特点和适用场合	Y	
				008	金属卤化物灯的特点和适用场合	Y	
				009	LED 灯的特点和适用场合	Y	
				010	照明配电与控制	X	
				011	照明配线方式	X	
				012	导线截面的选择	X	
				013	导线的连接工艺要求	X	上岗要求
				014	支架预制、安装	X	上岗要求

续表

行为领域	代码	鉴定范围（重要程度比例）	鉴定比重	代码	鉴定点	重要程度	备注
专业知识B 75%	E	照明系统预制、安装（10：7：2）	10%	015	照明保护管预制	X	上岗要求
				016	照明保护管敷设	X	上岗要求
				017	室内照明设备的安装	X	上岗要求
				018	室外照明灯具安装	X	上岗要求
				019	照明配电箱的安装	X	上岗要求
	F	照明系统调试（3：0：0）	2%	001	照明三相平衡的技术要求	X	
				002	照明系统绝缘检查	X	上岗要求
				003	照明回路通电试亮	X	上岗要求
	G	变压器安装调试（9：0：1）	5%	001	变压器的工作原理	X	
				002	变压器的分类及型号	X	
				003	变压器的用途	Z	
				004	变压器的基本结构及铭牌	X	
				005	变压器的技术参数	X	
				006	绝缘电阻及吸收比的测量原理	X	
				007	变压器基础安装及验收	X	上岗要求
				008	变压器外观检查	X	上岗要求
				009	整体到货变压器安装	X	上岗要求
				010	变压器绝缘电阻及吸收比试验	X	上岗要求
	H	盘柜及母线安装调试（12：1：1）	7%	001	低压配电装置的用途及分类	X	
				002	常用低压成套配电装置介绍	Z	
				003	盘柜基础的制作安装	X	上岗要求
				004	盘柜的安装	X	上岗要求
				005	盘柜上电器的安装要求	X	
				006	低压配电屏的安装及投运前检查	X	
				007	低压配电屏的巡视检查	X	
				008	低压配电装置的运行维护	X	
				009	支柱绝缘子的安装	X	上岗要求
				010	母线的制作	X	上岗要求
				011	母线的安装	X	上岗要求
				012	母线涂色及排列的规定	Y	上岗要求
				013	母线安装的技术要求	X	上岗要求
				014	母线的维修	X	
	I	二次接线与检验（5：1：1）	4%	001	电气一、二次设备和回路的概述	X	
				002	二次回路图的分类及编号	Y	
				003	二次回路接线端子介绍	Z	

续表

行为领域	代码	鉴定范围（重要程度比例）	鉴定比重	代码	鉴定点	重要程度	备注
专业知识B 75%	I	二次接线与检验（5：1：1）	4%	004	控制电缆芯数和根数的选择	X	
				005	二次回路导线截面的选择	X	
				006	二次回路的布线方法	X	上岗要求
				007	二次回路的电缆接线	X	上岗要求
	J	架空线路施工（7：2：1）	5%	001	架空线路安装概述	X	
				002	杆塔及基础的种类	Z	上岗要求
				003	导线的分类及选用	X	
				004	绝缘子的型号及选用	X	
				005	金具的类型及选用	X	
				006	拉线的分类及安装要求	X	
				007	杆塔组立工艺及要求	Y	
				008	导线架设工艺及要求	Y	
				009	架空线路的技术要求	X	
				010	架空线路的测试要求	X	
	K	电缆线路安装调试（19：2：0）	10%	001	电缆的基本结构	X	上岗要求
				002	电缆的种类和特点	X	上岗要求
				003	电缆、电线的型号	X	上岗要求
				004	电缆载流能力及温升	X	
				005	电缆及附件的运输与保管	X	
				006	电缆线路敷设的类别和一般要求	X	
				007	电缆桥架的种类和使用场所	X	
				008	爆炸危险环境内的电缆线路施工要求	X	
				009	支吊架的制作与安装	X	上岗要求
				010	电缆管的加工及敷设	X	上岗要求
				011	直埋电缆的敷设	X	上岗要求
				012	电缆导管内电缆的敷设	X	上岗要求
				013	电缆沟内电缆的敷设	X	上岗要求
				014	电缆桥架的敷设	X	上岗要求
				015	桥架上电缆的敷设	X	上岗要求
				016	电缆竖井内电缆的敷设	Y	
				017	电缆隧道内电缆的敷设	Y	
				018	电缆线路防火阻燃设施的施工	X	
				019	电缆升温措施	X	
				020	电缆绕包式终端制作	X	上岗要求
				021	电缆绝缘电阻测量	X	上岗要求

续表

行为领域	代码	鉴定范围（重要程度比例）	鉴定比重	代码	鉴定点	重要程度	备注
专业知识B 75%	L	电动机安装调试（10∶2∶0）	6%	001	电动机的分类	Y	
				002	三相交流异步电动机的结构	X	
				003	三相交流异步电动机的工作原理	Y	
				004	三相异步电动机的铭牌参数	X	
				005	电动机的常用控制线路	X	上岗要求
				006	电动机的接线方式	X	上岗要求
				007	直流电动机的结构和接线	X	
				008	电动机的电气试验	X	
				009	电动机绝缘测试	X	
				010	电动机绕组首末端判断	X	
				011	电动机点动及连续运转	X	上岗要求
				012	三相异步电动机的动力接线	X	上岗要求
	M	高、低压电器安装调试（12∶2∶0）	7%	001	低压电器的分类	X	
				002	低压电器的主要技术参数	Y	
				003	低压电器设备外壳防护等级	Y	
				004	低压保护电器的保护类型	X	
				005	低压断路器相关知识	X	上岗要求
				006	低压隔离开关相关知识	X	上岗要求
				007	低压接触器相关知识	X	上岗要求
				008	低压熔断器相关知识	X	上岗要求
				009	热继电器相关知识	X	
				010	剩余电流保护装置相关知识	X	
				011	刀开关相关知识	X	上岗要求
				012	万能转换开关相关知识	X	上岗要求
				013	控制按钮相关知识	X	上岗要求
				014	行程开关相关知识	X	上岗要求
	N	滑接线、移动电缆安装调试（4∶2∶0）	3%	001	滑接线分类和特点	Y	
				002	材料和附件的检验	Y	
				003	滑接线的测量定位	X	上岗要求
				004	滑接线的校直加工与安装	X	上岗要求
				005	滑接线安装质量标准	X	
				006	移动软电缆安装及要求	X	

注：X—核心要素；Y——般要素；Z—辅助要素。

附录3　初级工操作技能鉴定要素细目表

行业：石油天然气　　工种：工程电气设备安装调试工　　等级：初级工　　鉴定方式：操作技能

行为领域	代码	鉴定范围（重要程度比例）	鉴定比重	代码	鉴定点	重要程度	备注
操作技能 A 100%	A	施工准备（1∶0∶0）	8%	001	使用万用表测量交流、直流电压、电阻	X	上岗要求
	B	防雷及接地系统安装（2∶0∶0）	9%	001	接地极的安装	X	上岗要求
				002	测量避雷网的接地电阻	X	
	C	照明系统安装（2∶0∶0）	9%	001	*DN*20mm 镀锌钢管下料切割、套丝与煨弯	X	上岗要求
				002	照明系统通电试亮	X	
	D	变配电系统安装调试（4∶1∶0）	22%	001	整体到货变压器安装	X	
				002	10/0.4kV 变压器绝缘电阻和吸收比测试	X	
				003	变压器外观检查	X	上岗要求
				004	矩形硬母线搭接加工制作安装	Y	
				005	两台开关柜找正和固定	X	
	E	动力系统安装调试（8∶3∶1）	52%	001	采用钢绞线与 UT 线夹制作拉线	Y	上岗要求
				002	组装并安装低压横担	Y	
				003	判断电缆规格型号	X	上岗要求
				004	电缆绝缘电阻测试	X	上岗要求
				005	制作低压动力铠装电缆绕包式终端	X	
				006	用万用表和干电池判定电动机首尾端	X	
				007	识读点动与连续运行控制电路原理图	X	
				008	低压防爆电动机动力接线	X	
				009	低压断路器的安装	X	
				010	RL6 熔断器的安装	Y	
				011	操作柱安装	X	
				012	软电缆安装	Z	

注：X—核心要素；Y——一般要素；Z—辅助要素。

附录4　中级工理论知识鉴定要素细目表

行业:石油天然气　　工种:工程电气设备安装调试工　　等级:中级工　　鉴定方式:理论知识

行为领域	代码	鉴定范围(重要程序比例)	鉴定比重	代码	鉴定点	重要程度	备注
基础知识 A 25%	A	识绘图基本知识(1:0:0)	1%	001	电气图样常用辅助文字符号	X	
	B	电气施工图(1:0:0)	1%	001	电气二次接线图基本知识	X	
	C	建筑结构图(2:0:0)	1%	001	识读基础图	X	
				002	识读土建布置图	X	
	D	电工学基础知识(13:0:0)	6%	001	电阻串联电路相关知识	X	
				002	电阻并联电路相关知识	X	
				003	混联电路相关知识	X	
				004	正弦交流电的要素	X	
				005	交流电的表示方法	X	
				006	有功功率的概念	X	
				007	无功功率的概念	X	
				008	视在功率的概念	X	
				009	功率因素的概念	X	
				010	三相交流电的产生	X	
				011	三相电源的连接	X	
				012	三相负载的连接	X	
				013	三相电功率的概念	X	
	E	电子电路基础知识(0:1:0)	1%	001	半导体三极管相关知识	Y	
	F	电力系统供电基础知识(3:0:0)	1%	001	电力系统的供电质量	X	
				002	电力系统的电压等级	X	
				003	电压等级的选择	X	
	G	继电保护基础知识(6:0:0)	3%	001	继电保护的概念	X	
				002	继电保护装置的分类	X	
				003	保护继电器一般知识	X	
				004	过电流保护知识	X	
				005	线路速断保护知识	X	
				006	差动保护知识	X	

续表

行为领域	代码	鉴定范围（重要程序比例）	鉴定比重	代码	鉴定点	重要程度	备注
基础知识 A 25%	H	电工测量仪器仪表基础知识（3：0：0）	1%	001	单双臂电桥相关知识	X	
				002	接地电阻测试仪表相关知识	X	
				003	功率表相关知识	X	
	I	钳工相关知识（1：2：0）	1%	001	錾削相关知识	Y	
				002	锉削相关知识	Y	
				003	孔加工相关知识	X	
	J	电、气焊及热熔焊（1：3：0）	2%	001	工件接头类型与焊接方式	Y	
				002	焊接引弧、运条及焊接安全要求	Y	
				003	热熔焊知识	X	
				004	气割知识	Y	
	K	起重、吊装基础知识（0：1：1）	1%	001	起重概念与术语	Y	
				002	起重机具	Z	
	L	电气设备安装基本过程（2：0：0）	1%	001	准备阶段、施工阶段相关内容	X	
				002	收尾调试阶段、竣工验收阶段相关内容	X	
	M	计量基础知识（1：0：0）	1%	001	计量基础知识	X	
	N	电气安全技术知识（5：0：0）	2%	001	电流对人体的伤害	X	
				002	触电方式	X	
				003	保护接地和保护接零知识	X	
				004	安全电压的概念	X	
				005	触电急救	X	
	O	电气安全用具（1：0：0）	1%	001	绝缘安全用具相关知识	X	
	P	消防基础知识（0：1：1）	1%	001	火灾的概念及分类	Y	
				002	灭火器的分类及使用	Z	
专业知识 B 75%	A	施工技术准备（4：0：0）	2%	001	领会图样等技术资料	X	
				002	照明工程相关图纸	X	
				003	识读接地平面图并统计实物工程量	X	
				004	识读照明图纸	X	
	B	施工资源准备（1：1：0）	1%	001	施工机具计划编制要求和现场管理	Y	
				002	根据图纸写出防爆区域照明配管所需机具和材料	X	
	C	照明系统预制、安装（6：3：1）	5%	001	高杆灯的种类和结构	Y	
				002	高杆灯的安装	X	
				003	太阳能路灯的结构和工作原理	Y	

续表

行为领域	代码	鉴定范围（重要程序比例）	鉴定比重	代码	鉴定点	重要程度	备注
专业知识B 75%	C	照明系统预制、安装（6：3：1）	5%	004	太阳能路灯的安装	X	
				005	应急照明控制原理	Z	
				006	防爆灯具相关知识	X	
				007	防爆照明配电箱的安装	X	
				008	防爆照明灯具的安装	X	
				009	航空障碍灯的安装	Y	
				010	常见照明系统故障	X	
	D	变压器安装调试（19：3：1）	11%	001	变压器附件的组成及作用	X	
				002	变压器附件的安装	X	
				003	变压器油的作用及检验方法	X	
				004	变压器滤油方法及注油要求	Y	
				005	电压互感器的原理及型号	X	
				006	电压互感器的容量及误差	X	
				007	电压互感器安装及试验要求	X	
				008	电流互感器的原理及型号	X	
				009	电流互感器的容量及误差	X	
				010	电流互感器安装及试验要求	X	
				011	整流变压器相关知识	X	
				012	其他变压器	Y	
				013	变压器的直流电阻测量	X	
				014	变压器的介质损耗测量	X	
				015	变压器的连接组别	X	
				016	变压器的极性、接线组别和变比试验	X	
				017	变压器铁芯及夹件绝缘试验	X	
				018	变压器的调压装置安装及试验要求	X	
				019	变压器投送电前的检查	X	
				020	变压器空载投入冲击试验	X	
				021	变压器的异常运行及分析	Y	
				022	变压器的常见故障处理	Z	
				023	干式变压器的安装及试验	X	
	E	盘柜及母线安装调试（10：3：3）	8%	001	高压成套配电装置的用途和分类	Y	
				002	10kV 开关柜简介	Z	
				003	10kV 环网柜简介	X	
				004	35kV 开关柜简介	X	
				005	高压成套配电装置安装技术要求	X	

续表

行为领域	代码	鉴定范围（重要程序比例）	鉴定比重	代码	鉴定点	重要程度	备注
专业知识 B 75%	E	盘柜及母线安装调试（10：3：3）	8%	006	柜顶小母线的安装	X	
				007	封闭式母线桥的安装	X	
				008	低压配电系统调试	Y	
				009	低压配电系统停送电步骤	Z	
				010	低压母线核相	X	
				011	低压配电屏的常见故障及处理	X	
				012	UPS 的工作原理及组成	X	
				013	UPS 的安装	X	
				014	蓄电池的原理及参数	Y	
				015	蓄电池组的安装及调试	X	
				016	表计的校验	Z	
	F	二次接线与检验（10：1：1）	6%	001	电流互感器二次回路知识	X	
				002	电压互感器二次回路知识	X	
				003	断路器控制二次回路知识	X	
				004	隔离开关二次回路知识	X	
				005	操作电源回路知识	X	
				006	信号回路知识	X	
				007	二次回路故障的查找方法	X	
				008	电源故障的查找方法	X	
				009	电路故障的查找方法	X	
				010	无源元件故障的查找方法	X	
				011	二次回路的检验	Y	
				012	二次回路的运行	Z	
	G	变配电系统调试运行（9：1：0）	4%	001	高压试验的意义和分类	Y	
				002	高压试验的总体要求	X	
				003	泄漏电流测量和直流耐压试验	X	
				004	介质损耗因数测量	X	
				005	直流电阻测量的方法和注意事项	X	
				006	工频耐压试验	X	
				007	相序和相位的测量	X	
				008	微机保护的特点及结构	X	
				009	微机保护的试验项目及注意事项	X	
				010	低压电动机微机综合保护装置	X	
	H	电缆线路安装调试（7：2：0）	5%	001	电缆截面的选择	X	
				002	电缆绝缘和护层类型的选择	Y	

续表

行为领域	代码	鉴定范围（重要程序比例）	鉴定比重	代码	鉴定点	重要程度	备注
专业知识 B 75%	H	电缆线路安装调试（7∶2∶0）	5%	003	喷灯及工业热风枪的使用方法	X	
				004	电缆头常见类型和适用范围	Y	
				005	电缆接地要求	X	
				006	1kV 电缆热缩终端制作	X	
				007	10kV 电缆冷缩终端制作	X	
				008	35kV 冷缩式电缆中间接头制作	X	
				009	电力电缆直流耐压试验	X	
	I	电动机安装调试（8∶2∶0）	5%	001	电动机的启动方式	X	
				002	电动机的调速	X	
				003	电动机的保护装置	Y	
				004	电动机正反转控制电路的结构与原理	X	
				005	电动机 Y-△启动控制电路的结构与原理	X	
				006	电动机干燥方法	X	
				007	电动机就位安装	Y	
				008	测量绕组的直流电阻	X	
				009	定子绕组的直流耐压试验和泄漏电流测量	X	
				010	电动机空载转动检查和空载电流测量	X	
	J	发电机安装调试（11∶1∶1）	6%	001	柴油机组的组成与分类	X	
				002	柴油发电机组的型号与参数	X	
				003	柴油发电机的工作原理与组成	X	
				004	柴油机的分类与型号	Y	
				005	发电机的用途与分类	X	
				006	同步发电机的工作原理	X	
				007	同步发电机的基本结构	X	
				008	同步发电机的额定参数	X	
				009	发电机的励磁方式及灭磁原理	X	
				010	直流发电机的工作原理	X	
				011	直流发电机的基本结构	Z	
				012	柴油发电机组的安装	X	
				013	柴油发电机组投运前的试验及检查	X	
	K	高、低压电器安装调试（15∶3∶2）	10%	001	高压电器基本知识	X	
				002	高压断路器的型号及用途	Y	
				003	真空断路器的结构及灭弧原理	Y	
				004	SF_6 断路器的结构及灭弧原理	X	
				005	高压断路器的操作机构	X	

续表

行为领域	代码	鉴定范围（重要程序比例）	鉴定比重	代码	鉴定点	重要程度	备注
专业知识B 75%	K	高、低压电器安装调试（15：3：2）	10%	006	高压断路器的安装	X	
				007	高压隔离开关的型号及用途	X	
				008	高压隔离开关的操作机构	X	
				009	高压隔离开关的安装	X	
				010	高压负荷开关的型号及用途	X	
				011	高压负荷开关的机构及工作原理	Z	
				012	高压负荷开关的安装	X	
				013	高压电容器的型号及用途	X	
				014	电容器的补偿原理	X	
				015	电力电容器的安装	X	
				016	交流高压真空接触器的结构及工作原理	X	
				017	高压熔断器的类型及结构	X	
				018	高压套管的结构及作用	X	
				019	高压电抗器的结构及作用	Z	
				020	高压避雷器的结构及作用	Y	
	L	火灾报警控制装置安装调试（6：0：0）	3%	001	火灾自动报警系统介绍	X	
				002	常见火灾报警装置的类型	X	
				003	火灾探测器的分类	X	
				004	火灾报警装置的安装	X	
				005	火灾报警装置系统的调试	X	
				006	火灾报警系统的验收	X	
	M	闭路电视监控装置安装调试（4：1：0）	3%	001	闭路电视监控系统的组成及结构模式	Y	
				002	闭路电视监控系统的主要组成设备	X	
				003	闭路电视监控传输	X	
				004	闭路电视监控系统设备的安装	X	
				005	闭路电视监控系统调试及验收	X	
	N	扩音呼叫装置安装调试（4：0：1）	3%	001	常见语音通信的方式	Z	
				002	扩音呼叫系统的组成	X	
				003	常见扩音呼叫系统的设备安装	X	
				004	扩音呼叫线路的敷设	X	
				005	扩音呼叫系统的开通与调试	X	
	O	电话通信装置安装调试（7：0：0）	3%	001	电话通信系统的分类与组成	X	
				002	通信线路工程器材的检验	X	
				003	光（电）缆路由	X	
				004	光缆测试	X	

续表

行为领域	代码	鉴定范围（重要程序比例）	鉴定比重	代码	鉴定点	重要程度	备注
专业知识 B 75%	O	电话通信装置安装调试（7:0:0）	3%	005	光(电)缆敷设	X	
				006	光缆接续与封装	X	
				007	设备安装与验收	X	

注：X—核心要素；Y——一般要素；Z—辅助要素。

附录 5　中级工操作技能鉴定要素细目表

行业：石油天然气　　工种：工程电气设备安装调试工　　等级：中级工　　鉴定方式：操作技能

行为领域	代码	鉴定范围（重要程度比例）	鉴定比重	代码	鉴定点	重要程度	备注
操作技能 A 100%	A	施工准备（1：0：0）	5%	001	根据图纸写出防爆区域照明配管所需机具和材料	X	
	B	变配电系统安装调试（10：2：0）	58%	001	识别油浸变压器各部件名称并简述其功能	X	
				002	变压器油绝缘强度试验	X	
				003	测量变压器变比及接线组别	X	
				004	测量变压器直流电阻	X	
				005	变压器呼吸器小修	Y	
				006	低压母线核相	X	
				007	低压成套开关柜受电操作	X	
				008	检定交流电压表	Y	
				009	识读断路器分合闸控制原理图	X	
				010	处理断路器拒绝跳闸故障	X	
				011	测量电流互感器绝缘电阻及介质损耗	X	
				012	大电流发生器的使用（测试电流互感器变比试验）	X	
	C	动力系统安装调试（5：0：0）	25%	001	制作低压动力铠装电缆热缩终端	X	
				002	制作 10kV 电缆冷缩终端	X	
				003	识读时间继电器控制的 Y-△启动控制电路原理图	X	
				004	识读按钮联锁正反转电路原理图	X	
				005	避雷器安装	X	
	D	弱电系统安装（1：1：）	12%	001	安装手动火灾报警按钮	Y	
				002	电话通信光缆制作	Z	
				003	安装视频监控设备	X	

注：X—核心要素；Y—一般要素；Z—辅助要素。

附录 6　高级工理论知识鉴定要素细目表

行业:石油天然气　　工种:工程电气设备安装调试工　　等级:高级工　　鉴定方式:理论知识

行为领域	代码	鉴定范围(重要程度比例)	鉴定比重	代码	鉴定点	重要程度	备注
基础知识 A 30%	A	机械零件和装配图(1:0:0)	1%	001	机械零件图和装配图的内容	X	
	B	晶闸管电路知识(5:0:0)	2%	001	晶闸管的结构和参数	X	JD
				002	晶闸管的工作原理及测试	X	
				003	晶闸管触发电路	X	JD
				004	晶闸管的保护	X	
				005	晶闸管的选择和检测	X	
	C	磁场与磁路(11:0:0)	7%	001	磁的基本概念	X	
				002	电流的磁场	X	
				003	磁通、磁感应强度的概念	X	
				004	磁导率、磁场强度的概念	X	
				005	磁化及磁性材料	X	
				006	磁路的概念	X	
				007	磁路欧姆定律	X	
				008	法拉第电磁感应定律	X	
				009	楞次定律	X	JD
				010	自感、互感的概念	X	
				011	涡流的概念	X	
	D	电工测量仪器仪表基础知识(1:0:0)	1%	001	示波器的结构与工作原理	X	
	E	可编程控制器基础(3:0:0)	2%	001	PLC 的组成及特点	X	JD
				002	PLC 硬件及各部分作用	X	
				003	PLC 编程相关知识	X	JD
	F	起重、吊装知识(0:1:0)	1%	001	吊装知识	Y	
	G	电气安全用具知识(3:0:0)	2%	001	高压验电器知识	X	
				002	绝缘安全用具的试验	X	
				003	绝缘安全用具使用保管	X	
	H	质量管理知识(3:4:2)	5%	001	质量的基本内容	Y	
				002	与质量相关的术语	Y	

续表

行为领域	代码	鉴定范围（重要程度比例）	鉴定比重	代码	鉴定点	重要程度	备注
基础知识 A 30%	H	质量管理知识（3：4：2）	5%	003	质量管理的原则	Z	
				004	质量管理体系的内容	Y	
				005	质量管理文件	Y	
				006	工程项目质量控制概述	Z	
				007	PDCA 循环原理概述	X	
				008	三阶段控制原理概述	X	
				009	“三全”控制原理概述	X	
	I	HSE 管理知识（6：3：1）	6%	001	HSE 的含义	Y	
				002	HSE 管理体系	Y	
				003	HSE 体系的基本内容	Z	JD
				004	安全生产管理制度	X	
				005	工程施工安全检查的主要内容	Y	
				006	工程施工安全检查的主要形式	X	
				007	电气工程安全检查的要求	X	
				008	电气工程检查的方法	X	
				009	电气工作票	X	
				010	日常安全检查表的编制	X	
	J	劳动法基本内容（1：0：0）	1%	001	《中华人民共和国劳动法》有关内容	X	JD
	K	生产管理（3：0：0）	2%	001	班组管理基本知识	X	
				002	班组经济核算	X	JD
				003	班组作业计划的制定	X	
专业知识 B 70%	A	施工技术准备（2：0：0）	1%	001	电气图纸审查内容	X	
				002	施工组织设计及施工技术措施编制要求	X	
	B	施工资源准备（1：1：0）	1%	001	施工临时用电管理	Y	
				002	施工临时用电负荷计算和设施的选择	X	
	C	变压器安装（11：3：2）	10%	001	变压器绝缘结构介绍	Y	JD
				002	变压器交流耐压试验	X	JD
				003	变压器停送电操作原则	X	JD
				004	变压器空载试验	Z	
				005	变压器负载试验	Z	JS
				006	变压器器身检查	Y	
				007	变压器保护设置	X	
				008	变压器非电量保护原理	X	
				009	变压器差动保护原理	X	JD

续表

行为领域	代码	鉴定范围（重要程度比例）	鉴定比重	代码	鉴定点	重要程度	备注
专业知识 B 70%	C	变压器安装（11：3：2）	10%	010	变压器气体保护原理	X	JD
				011	变压器电流速断保护原理	X	
				012	变压器过负荷保护原理	X	JS
				013	变压器过电流保护原理	X	
				014	变压器零序保护原理	X	
				015	变压器闭锁调压及通风启动保护原理	X	
				016	自耦变压器保护原理	Y	
	D	盘柜及母线安装调试（12：4：1）	11%	001	箱式变电站的概述及特点	Y	JD
				002	高压成套配电装置送电前完成的工作	X	
				003	高压成套装置运行和维护	Y	
				004	GIS 组合电器的安装	X	
				005	SF_6 气体的充注	X	
				006	SF_6 气体湿度测试	X	JD
				007	SF_6 气体泄漏检查	X	
				008	SF_6 气体继电器和压力表校验	X	
				009	GIS 主回路直流电阻测试	X	
				010	GIS 元件及联锁试验	X	JD
				011	备用电源自动投入装置的接线方案	X	JD
				012	备用电源自投的原则和控制逻辑	X	
				013	快切装置的工作原理及调试	Z	
				014	母线的耐压试验	Y	
				015	母线停送电操作	X	JD
				016	高压母线核相	X	JD
				017	UPS 装置的试验及试运行	Y	
	E	变配电系统调试运行（16：2：2）	12%	001	电力系统接地方式概述	X	JD
				002	中性点直接接地系统	X	
				003	中性点不接地系统	X	
				004	中性点经消弧线圈接地系统	X	JD
				005	中性点经电阻接地系统	X	
				006	线路的电流电压保护原理	X	JS
				007	线路的距离保护和差动保护原理	X	JD、JS
				008	自动重合闸介绍	X	
				009	避雷器在线监测	X	
				010	变压器在线监测	X	
				011	发电机在线监测	Y	

续表

行为领域	代码	鉴定范围（重要程度比例）	鉴定比重	代码	鉴定点	重要程度	备注
专业知识B 70%	E	变配电系统调试运行（16：2：2）	12%	012	少油式电气设备在线监测	Z	
				013	油中溶解气体在线监测	Z	JD
				014	串联谐振装置的原理及结构	X	JD
				015	串联谐振装置的试验方法	X	
				016	故障录波装置的原理及调试	X	
				017	小电流选线装置的原理及调试	X	
				018	“五防”装置的原理及调试	X	
				019	自动化装置的概述及调试	X	JD、JS
				020	电力系统短路的类型及危害	Y	
	F	电缆线路安装调试（7：2：0）	6%	001	电缆故障分析	Y	
				002	电缆故障检测	X	
				003	水底电缆的敷设	Y	
				004	变频电缆的敷设	X	
				005	交叉互联系统的原理和安装	X	
				006	制作插拔头电缆终端	X	
				007	10kV电力电缆工频交流耐压试验	X	
				008	电缆串联谐振耐压试验	X	JD
				009	交叉互联系统试验	X	
	G	电动机安装调试（10：2：0）	8%	001	电动机继电保护方式	X	
				002	电动机的电流速断保护	X	
				003	电动机的过负荷保护	X	
				004	电动机的低电压保护	X	
				005	电动机变频控制	X	
				006	电动机软启动	X	
				007	异步电动机常见故障判断与排除方法	X	JD
				008	同步电动机的工作原理和分类	Y	
				009	电动机抽芯	Y	
				010	定子绕组的交流耐压试验	X	
				011	电动机带负荷运转	X	
				012	高压同步电动机轴承的绝缘电阻测量	X	JD
	H	发电机安装调试（13：3：2）	11%	001	柴油发电机组的启动方式	Y	
				002	柴油发电机组的运行	X	
				003	柴油发电机组的并车运行	X	
				004	发电机的日常维护与保养	Z	
				005	柴油机常见故障检修	Y	JD

续表

行为领域	代码	鉴定范围（重要程度比例）	鉴定比重	代码	鉴定点	重要程度	备注
专业知识B 70%	H	发电机安装调试（13：3：2）	11%	006	发电机控制屏常见故障检修	Y	
				007	发电机定子绕组绝缘电阻测量	X	
				008	发电机转子绕组绝缘电阻测量	X	
				009	发电机直流电阻测量	X	
				010	发电机直流泄漏及直流耐压试验	X	
				011	发电机定子绕组交流耐压试验	X	JS
				012	发电机转子交流阻抗和功率损耗测量	Z	
				013	发电机轴电压测量	X	JD
				014	发电机定子绕组匝间短路保护	X	
				015	发电机定子绕组单相接地保护	X	JD
				016	发电机失磁保护	X	JD
				017	发电机励磁回路接地保护	X	JD
				018	发电机过电压及负序过电流保护	X	
	I	高、低压电器安装调试（13：2：1）	10%	001	断路器的绝缘试验	Y	
				002	断路器导电回路直流电阻的测量	Y	
				003	真空断路器的机械特性试验	X	
				004	金属氧化物避雷器的试验	X	
				005	电容器的试验	X	JS
				006	高压套管的试验	X	
				007	电抗器的试验	X	
				008	绝缘子的试验	X	
				009	断路器的运行维护	X	JD
				010	高压电容器的运行维护	Z	JD
				011	电容器的故障处理	X	
				012	避雷器的运行维护	X	
				013	开关电器中电弧的产生及灭弧方法	X	JD
				014	电容器的保护	X	JD
				015	并联电容器组的保护	X	JD
				016	并联电抗器组的保护	X	JD

注：X—核心要素；Y—一般要素；Z—辅助要素。

附录7　高级工操作技能鉴定要素细目表

行业：石油天然气　　工种：工程电气设备安装调试工　　等级：高级工　　鉴定方式：操作技能

行为领域	代码	鉴定范围（重要程度比例）	鉴定比重	代码	鉴定点	重要程度	备注
操作技能 A 100%	A	施工准备（2：0：0）	8%	001	识读动力、照明及接地平面图并提出审图意见	X	
				002	施工临时用电负荷计算	X	
	B	变配电系统安装调试（10：0：0）	46%	001	变压器绕组连同套管的工频交流耐压试验	X	
				002	按设定条件进行变压器断电操作	X	
				003	变压器有载调压分接开关试验	X	
				004	SF_6 气体微量水分测试	X	
				005	高压电线核相	X	
				006	识读单母线分段 BZT 原理图及安装接线图	X	
				007	仿真变 35KV Ⅱ母线由运行转检修	X	
				008	识读电压互感器电压回路接线图	X	
				009	识读三相一次重合闸控制回路图	X	
				010	变频谐振试验设备的使用	X	
	C	动力系统安装调试（10：0：0）	46%	001	制作 110kV 交联聚乙烯绝缘电缆插拔式终端	X	
				002	中高压电缆工频交流耐压交接试验	X	
				003	高压电缆的串联谐振交流耐压试验	X	
				004	定子绕组的交流耐压试验	X	
				005	柴油发电机启动试验	X	
				006	10kV 真空断路器机械特性测试	X	
				007	用电容表测量电力电容器电容量	X	
				008	用介损测试仪测量电力电容器介质损耗	X	
				009	电力电容器交流耐压试验	X	
				010	测量氧化锌避雷器直流 1mA 下的电压 U_{1mA} 和 $0.75U_{1mA}$ 下的泄漏电流	X	

注：X—核心要素；Y——般要素；Z—辅助要素。

附录8 技师及高级技师理论知识鉴定要素细目表

行业:石油天然气　　工种:工程电气设备安装调试工　　等级:技师及高级技师　　鉴定方式:理论知识

行为领域	代码	鉴定范围（重要程度比例）	鉴定比重	代码	鉴定点	重要程度	备注
基础知识 A 23%	A	数字电路（4：0：0）	2%	001	数字信号与数字电路	X	
				002	数制相关知识	X	
				003	不同数制间的转换	X	
				004	基本逻辑门电路	X	
	B	电工测量仪器仪表基础知识（4：0：0）	2%	001	测量的基本方法	X	
				002	测量误差的分类	X	
				003	测量误差的表示方法	X	
				004	测量数据的处理	X	
	C	计算机基础与数字通信基础知识（3：0：0）	2%	001	计算机硬件系统相关知识	X	
				002	计算机软件系统相关知识	X	
				003	数字通信技术相关知识	X	
	D	应用机械基础知识（4：3：0）	5%	001	带传动相关知识	X	
				002	链传动相关知识	X	
				003	齿轮传动相关知识	X	
				004	螺栓、键、销的安装	X	
				005	轴承的安装	Y	
				006	齿轮安装工艺	Y	
				007	联轴节的安装	Y	
	E	施工前的组织与准备（7：0：0）	5%	001	施工组织设计的编制依据和原则	X	
				002	工程概况和施工部署	X	
				003	施工方案的编制	X	
				004	施工进度计划和资源需求计划	X	JD
				005	施工准备及施工技术组织措施计划	X	
				006	电气工程施工预(决)算	X	
				007	施工方案和施工预算的审查	X	JD
	F	质量管理知识（2：0：0）	1%	001	质量管理的依据和影响	X	
				002	电气安装工程质量控制	X	
	G	HSE 管理知识（3：0：0）	2%	001	施工现场文明施工管理	X	
				002	施工现场环境保护的管理	X	
				003	施工现场职业健康安全卫生管理	X	

续表

行为领域	代码	鉴定范围（重要程度比例）	鉴定比重	代码	鉴定点	重要程度	备注
基础知识A 23%	H	建筑法有关内容（0：1：0）	1%	001	《中华人民共和国建筑法》相关知识	Y	
	I	电力法有关内容（2：0：0）	1%	001	《中华人民共和国电力法》总则和电力建设	X	
				002	电力生产和电力供应	X	
	J	安全生产法有关内容（2：1：0）	2%	001	生产经营单位的安全生产保障	X	
				002	从业人员的安全生产权利、义务	X	
				003	生产安全事故的应急救援与调查管理	Y	
专业知识B 41%	A	施工技术准备（5：0：0）	3%	001	电气工程施工预算	X	
				002	材料单编制	X	
				003	安装工程量清单计价	X	
				004	施工图预算和施工预算	X	JD
				005	施工进度计划的编制	X	
	B	变压器安装调试（12：2：0）	9%	001	变压器的干燥	X	JD
				002	变压器二次谐波制动的差动保护原理	X	
				003	变压器励磁涌流的产生及识别	X	
				004	变压器纵差保护整定	X	JD、JS
				005	变压器过比流保护整定	X	
				006	变压器其他保护整定	X	
				007	变压器绕组变形试验	X	JD
				008	变压器局部放电试验	Y	
				009	变压器感应耐压试验	Y	JD
				010	变压器的允许运行方式	X	
				011	变压器的并列运行	X	JD
				012	变压器的外特性	X	JS
				013	变压器效率特性	X	JS
				014	变压器检修	X	JS
	C	盘柜及母线安装调试（7：2：1）	6%	001	母线的故障及其保护方式	X	
				002	电流差动母线保护	Y	JD
				003	电流比相式母线保护	Y	
				004	断路器失灵保护	Z	
				005	母联失灵及母差死区保护	X	
				006	母联充电及过流保护	X	
				007	GIS 现场耐压试验	X	JD
				008	母线差动保护整定	X	
				009	母联保护整定	X	

续表

行为领域	代码	鉴定范围（重要程度比例）	鉴定比重	代码	鉴定点	重要程度	备注
专业知识 B 41%	C	盘柜及母线安装调试（7：2：1）	6%	010	电力电容器保护整定	X	
	D	变配电系统调试运行（10：3：3）	10%	001	线路电流速断保护整定	X	
				002	线路限时电流速断保护整定	X	
				003	线路过电流保护整定	X	
				004	局部放电特性及原理	X	
				005	局部放电测试方法	Y	
				006	脉冲电流法测量局部放电量	X	JD
				007	电气设备内部放电类型及干扰识别	Y	
				008	互感器局部放电测量	X	
				009	变电所受送电程序	X	JD、JS
				010	铁磁谐振判断及处理	Z	JD
				011	防止电气误操作措施	Y	
				012	防止大型变压器损坏措施	Z	
				013	防止互感器损坏措施	Z	
				014	防止电力电缆损坏措施	X	
				015	防止 GIS 开关设备事故措施	X	JD
				016	防止接地网和过电压事故措施	X	
	E	电缆线路安装调试（2：1：0）	2%	001	66~220kV 交联聚乙烯绝缘电力电缆户外终端	Y	
				002	高压电缆瓷套式户外终端制作	X	
				003	66~220kV 交联聚乙烯绝缘电力电缆接头安装	X	
	F	电动机安装调试（7：0：0）	4%	001	电动机比率制动式微机差动保护	X	
				002	电动机磁平衡差动保护	X	
				003	高压电动机的其他继电保护	X	
				004	同步电动机失步保护	X	
				005	6kV 电动机保护整定计算与调试	X	JS
				006	可编程序控制器的基本指令及其使用	X	
				007	同步电动机励磁装置的安装和联动调试	X	
	G	发电机安装调试（8：2：1）	7%	001	发电机纵差保护	X	JD
				002	发电机低频及逆功率保护	X	
				003	发电机其他保护	X	JD
				004	发电机空载试验	X	
				005	发电机带载试验	Y	
				006	同步发电机的基本特性	X	
				007	同步发电机的稳态运行特性	Z	JS

续表

行为领域	代码	鉴定范围（重要程度比例）	鉴定比重	代码	鉴定点	重要程度	备注
专业知识 B 41%	G	发电机安装调试（8：2：1）	7%	008	同步发电机的电枢反应及功率调节	Y	
				009	同步发电机常见故障检修	X	
				010	发电机中性点接地方式的选择	X	
				011	柴油发电机组容量的选择	X	
综合管理知识 C 36%	A	生产管理（8：2：1）	7%	001	施工计划编写的要求	Y	
				002	施工机械管理的要求	X	
				003	施工材料管理的要求	X	JD
				004	施工进度控制的要求	X	
				005	施工质量控制的要求	X	
				006	现场文明施工的要求	X	
				007	5S 管理知识	X	JD
				008	施工竣工验收的程序	Y	
				009	竣工验收的要求	X	
				010	单机试运行	X	
				011	联动试运行	Z	
	B	技术管理（8：2：1）	7%	001	电气施工技术管理	X	JD
				002	工程投标基础知识	Y	
				003	电气施工工序交接管理	X	
				004	电气隐蔽工程检验	X	
				005	施工设计变更管理的要求	X	
				006	“三查四定”管理要求	X	
				007	竣工资料管理要求	X	
				008	施工技术档案管理要求	Z	
				009	工法编写要求	Y	
				010	技师论文编写要求	X	JD
				011	技师论文答辩要求	X	
	C	质量管理（10：1：1）	7%	001	QC 小组活动介绍	X	JD
				002	QC 小组活动程序	X	JD
				003	电气作业指导书编制	X	
				004	工程质量检验评定	Y	
				005	施工质量事故处理程序	Z	
				006	电力变压器安装质量分析与控制	X	
				007	盘柜安装质量分析与控制	X	
				008	电缆线路安装质量分析与控制	X	

续表

行为领域	代码	鉴定范围（重要程度比例）	鉴定比重	代码	鉴定点	重要程度	备注
综合管理知识 C 36%	C	质量管理（10∶1∶1）	7%	009	电动机的电气检查和接线质量分析控制	X	
				010	二次回路接线质量分析与控制	X	
				011	照明器具及配电箱、板质量分析与控制	X	
				012	接地装置及避雷针（带、网）安装质量分析与控制	X	
	D	安全管理（13∶1∶0）	9%	001	危险有害因素的分类	X	
				002	危害因素辨识与风险评价的范围	X	
				003	危害因素辨识与风险评价的周期	X	
				004	危害因素辨识的内容	X	JD
				005	风险评价的方法	Y	
				006	制定控制、削减措施	X	JD
				007	安全电压标准及其等级	X	
				008	防止电击的基本措施	X	
				009	停电作业的安全技术措施	X	
				010	防止静电危害的技术措施	X	
				011	防静电接地的注意事项和要求	X	
				012	临时用电安全管理要求	X	
				013	临时用电设备的安全要求	X	
				014	临时用电许可管理	X	
	E	培训管理（8∶2∶0）	6%	001	培训管理知识	Y	
				002	培训的流程	X	
				003	培训的方法	X	
				004	授课技巧	X	
				005	PPT 课件制作	X	
				006	HSE 培训矩阵相关知识	Y	JD
				007	建立 Excel 工作簿与输入资料	X	
				008	Word 编辑技巧与打印输出	X	
				009	AutoCAD 基础知识	X	
				010	工程电气设备安装专业英语	X	

注：X—核心要素；Y—一般要素；Z—辅助要素。

附录9　技师及高级技师操作技能鉴定要素细目表

行业：石油天然气　　工种：工程电气设备安装调试工　　等级：技师及高级技师　　鉴定方式：操作技能

行为领域	代码	鉴定范围（重要程度比例）	鉴定比重	代码	鉴定点	重要程度	备注
操作技能 A 100%	A	变配电系统安装调试（13∶0∶0）	57%	001	微机变压器差动动作调试	X	
				002	微机变压器保护装置整组检验	X	
				003	整理 6kV 配电变压器试验报告并综合分析判断试验结果	X	
				004	变压器绕组变形试验	X	
				005	大型变压器投送电程序	X	
				006	变压器风机停运故障处理	X	
				007	110kV 电流互感器更换	X	
				008	断路器失灵保护调试	X	
				009	母联充电保护及母联过流保护调试	X	
				010	GIS 交流耐压试验	X	
				011	简述变电所 6kV 双电源高压配电装置受送电程序	X	
				012	35kV 干式电压互感器局放试验	X	
				013	110kV 油浸式电流互感器伏安特性试验	X	
	B	动力系统安装调试（4∶1∶0）	23%	001	高压电缆瓷套管户外终端制作	X	
				002	用可编程序控制器完成电动机正-反转的编程及电路接线	X	
				003	电动机微机保护装置的调试	X	
				004	叙述发电机零序电流式定子接地保护调试步骤	X	
				005	叙述发电机同期系统调试步骤	Y	
	C	综合管理（3∶1∶1）	20%	001	编写高压配电柜安装方案	X	
				002	宣读技术论文及答辩	Y	
				003	叙述照明安装施工质量控制	X	
				004	分析接地施工工作危险性	X	
				005	用 Excel 编制并打印材料表	Z	

注：X—核心要素；Y——一般要素；Z—辅助要素。

附录 10　操作技能考核内容层次结构表

级别	操作技能							合计
	施工准备	防雷及接地系统安装调试	照明系统安装调试	变配电系统安装调试	动力系统安装调试	弱电系统安装调试	综合管理	
初级工	8 分 5～20min	9 分 10～45min	9 分 10～45min	22 分 10～100min	52 分 15～60min			100 分 50～270min
中级工	5 分 10～30min			58 分 10～60min	25 分 20～100min	12 分 20～50min		100 分 60～240min
高级工	8 分 20～50min			46 分 20～60min	46 分 20～150min			100 分 60～210min
技师、高级技师				57 分 30～150min	23 分 30～120min		20 分 30～50min	100 分 90～320min

附录 11　常用试验设备

序号	名称	主要用途	产地
1	串联谐振设备	用于高压电缆、变压器、发电机、GIS 开关、电动机的交流耐压试验	武汉、南京
2	交流耐压设备	用于高压电气设备、电气元件、绝缘材料进行工频高压下的绝缘强度试验	武汉、南京
3	直流高压试验设备	用于高压电气设备、电气元件、绝缘材料进行直流高压下的绝缘强度试验	武汉、济南
4	数字高压兆欧表	用于各种绝缘材料的电阻值及变压器、电动机、电缆及电气设备等的绝缘电阻测量	日本、武汉
5	异频介损自动测试仪	用于各种高压电力设备介损正切值及电容量测量	武汉
6	局部放电测试仪	用于互感器、电缆、套管、电容器、变压器及其他高压电气局部放电的定量测试	武汉
7	三倍频感应耐压发生器	用于测量电力变压器、电压互感器等绕组纵绝缘试验	武汉、西安
8	变压器绕组变形测试仪	用于测量变压器的绕组变形	武汉
9	变压器有载开关测试仪	用于测量电力变压器及特种变压器有载分接开关电气性能指标	武汉、南京
10	绝缘油介电强度测试仪	用于测量变压器、油断路器、充油电缆、电力电容器和油套管等含油高压电气设备绝缘油的击穿电压	武汉
11	绝缘油闭口闪点仪	用于测试变压器油的闭口闪点值	淄博、武汉
12	绝缘油介损试仪	用于测量变压器油等液体的介质损耗因数和直流电阻率	武汉、长沙
13	绝缘油酸值测试仪	用于测量变压器油的 pH 值	淄博、武汉
14	绝缘油微水测试仪	用于测量绝缘油中的微量水分	淄博、武汉
15	绝缘油色谱分析仪	用于测量变压器油中溶解的气体含量分析	武汉
16	变比组别极性测试仪	用于测量变压器变比、组别及极性	武汉
17	直流电阻快测仪	用于测量电力变压器、大型电动机、互感器等各种电感线圈的直流电阻	武汉
18	继电保护测试仪	用于微机保护、继电保护、励磁、计量、故障录波等装置测试	北京、广州、武汉
19	回路电阻测试仪	用于测试高低压开关的主触头接触电阻值、母线接触电阻值	武汉
20	伏安变比综合测试仪	用于 CT 伏安特性试验、CT 极性试验、CT 变比极性试验，自动计算 CT 的任意点误差曲线，CT 变比比差等	武汉
21	断路器动特性测试仪	用于各种少油、多油开关、真空开关、六氟化硫断路器的动特性测试	武汉
22	氧化锌避雷器直流泄露测试仪	用于氧化锌避雷器泄漏电流、参考电压的测量	武汉
23	高压核相仪	用于电力线路、变电所的相位校验	武汉

续表

序号	名称	主要用途	产地
24	无线高压核相仪	用于电力线路、变电所的相位校验	武汉
25	数显语音验电器	用于检验设备是否带电并显示实时电压	武汉
26	SF_6 微水校验仪	用于测量 SF_6 气体水含量	美国
27	SF_6 气体密度继电器校验仪	用于测量 SF_6 气体的压力值	武汉
28	SF_6 气体检漏仪	用于 SF_6 气体泄漏量的定性检测	美国
29	钳形电流表	用于不切断电路的情况下来测量流过电缆、导线电流	上海
30	万用表	用于测量直流电流、直流电压、交流电流、交流电压、电阻、音频电平、电容量半导体的一些参数	美国
31	相位仪	用于检查差动保护极性、电流向量	上海、武汉
32	相序表	用于检测 PT 二次回路相序、低压回路相序、UPS 电源相序等	上海、武汉
33	发电机转子交流阻抗测试仪	用于检查发电机转子绕组匝间短路	武汉
34	避雷器放电计数器	用于检测避雷器放电动作计数检测	武汉、苏州
35	蓄电池充放电测试仪	用于蓄电池充电、放电、单体检测、在线监测	武汉
36	避雷器特性测试仪	用于测试避雷器全电流中的容性电流,阻性电流	武汉
37	大电流发生器	电流互感器和气体设备的电流负载及升温试验	武汉
38	数字式双钳相位伏安表	用于电流电压回路检查	上海、武汉
39	电容电感测试仪	用于电站现场测量,并联电容器组中的单个电容器电容值(电抗器的电容值)	武汉、北京
40	输电线路参数测试仪	用于输电线路参数的测量	武汉
41	接地电阻测试仪	用于测量各种装置的接地电阻、土壤电阻率及地电压	武汉、上海
42	钳形接地电阻测试仪	用于测量电气设备的接地电阻	武汉、上海
43	大地网接地电阻测试仪	用于测量大地网的接地电阻等参数	武汉、长沙
44	接地导通测试仪	用于变电站内各个电力设备接地引下线之间的导通电阻值的测量	武汉、长沙
45	放电棒	用于释放试品残余的电荷	石家庄、武汉
46	电缆故障定位仪	用于查找故障电缆点在哪里	武汉、西安
47	绝缘靴手套耐压测试设备	用于绝缘靴手套的耐压测试	武汉
48	绝缘鞋	用于保护试验人员	石家庄
49	绝缘手套	用于保护试验人员	石家庄
50	专用测试线包	用于各种试验时接线的补充	武汉
51	光时域反射仪	用于进行光纤长度、光纤的传输衰减、接头衰减和故障定位等的测量	美国

参 考 文 献

[1] 中国石油天然气集团公司职业技能鉴定指导中心. 工程电气设备安装调试工. 北京:石油工业出版社,2010.

[2] 国家电力监管委员会电力业务资质管理中心. 电工进网作业许可考试参考教材:低压类理论部分. 北京:中国财政经济出版社,2012.

[3] 国家电力监管委员会电力业务资质管理中心. 电工进网作业许可考试参考教材:低压类实操部分. 北京:中国财政经济出版社,2012.

[4] 国家电力监管委员会电力业务资质管理中心. 电工进网作业许可考试参考教材:高压类理论部分. 北京:中国财政经济出版社,2012.

[5] 国家电力监管委员会电力业务资质管理中心. 电工进网作业许可考试参考教材:高压类实操部分. 北京:中国财政经济出版社,2012.

[6] 国家电力监管委员会电力业务资质管理中心. 电工进网作业许可考试参考教材:特种类高压试验专业. 杭州:浙江人民出版社,2013.

[7] 国家电力监管委员会电力业务资质管理中心. 电工进网作业许可考试参考教材:特种类继电保护专业. 杭州:浙江人民出版社,2013.

[8] 国家职业资格培训教材编审委员会. 电气设备安装工. 北京:机械工业出版社,2014.

[9] 中国航空规划设计研究总院有限公司. 工业与民用配电设计手册. 4 版(上下册). 北京:中国电力出版社,2016.

[10] 杨育勇. 电力设施安装企业工长培训读本. 北京:中国水利水电出版社,2008.

[11] 电力企业复转军人培训系列教材编委会. 输电线路. 北京:中国电力出版社,2015.

[12] 方大千,方成,方立,等. 高低压电器维修技术手册. 北京:化学工业出版社,2013.

[13] 杨贵恒,张海呈,张寿珍,等. 柴油发电机组实用技术技能. 北京:化学工业出版社,2013.

[14] 国家安全生产监督管理总局职业安全技术培训中心. 电工作业(初训). 北京:中国三峡出版社,2005.

[15] 河南省劳动保护宣传教育中心. 电工作业安全技术(培训教材). 北京:气象出版社,2003.